中 国 建 筑 教 育

Chinese Architectural Education

2013 全国建筑教育学术研讨会论文集

Proceedings of 2013 National Conference on Architectural Education

主　编

全国高等学校建筑学学科专业指导委员会

湖南大学建筑学院

Chief Editor

National Supervision Board of Architectural Education，China

The School of Architectural Hunan University

中国建筑工业出版社

图书在版编目（CIP）数据

中国建筑教育：2013全国建筑教育学术研讨会论文集/全国高等学校建筑学学科专业指导委员会主编．—北京：中国建筑工业出版社，2013.9

ISBN 978-7-112-15889-8

Ⅰ.①中… Ⅱ.①全… Ⅲ.①建筑学-教育-中国-学术会议-文集 Ⅳ.①TU-4

中国版本图书馆CIP数据核字（2013）第222862号

责任编辑：陈　桦　王　惠
责任设计：董建平
责任校对：肖　剑　王雪竹

中国建筑教育
Chinese Architectural Education
2013全国建筑教育学术研讨会论文集
Proceedings of 2013 National Conference on Architectural Education
主　编
全国高等学校建筑学学科专业指导委员会
湖南大学建筑学院
Chief Editor
National Supervision Board of Architectural Education，China
The School of Architectural Hunan University
*
中国建筑工业出版社出版、发行（北京西郊百万庄）
各地新华书店、建筑书店经销
北京红光制版公司制版
廊坊市海涛印刷有限公司印刷
*
开本：880×1230毫米　1/16　印张：35¾　字数：1180千字
2013年9月第一版　2013年9月第一次印刷
定价：**88.00**元
ISBN 978-7-112-15889-8
（24619）

编　委　会

中国建筑教育——开放的过去，开放的今天，开放的未来

仲德崑
全国高等学校建筑学专业指导委员会　主任
东南大学教授　博士生导师

一、中国建筑教育，起始于一个开放的过去

中国现代建筑教育的发展历程可以说是始于一个相对开放的环境。

中国传统的建筑教学一直是将建筑作为一种技艺以师徒口手相授的方式进行的，这种方式持续了两千余年。

现代建筑学科的建立可以上溯到1902年清政府公布的中国第一个官方的大学学制《钦定学堂章程》，即“壬寅学制”，其中将“土木工学”、“建筑学”列入工艺科目内。1904年颁布的《奏定学堂章程》“癸卯学制”中，又增订了包括土木、建筑在内的各门科目。

我国最早实际开设的建筑科是1923年刘敦桢、柳士英在江苏省立苏州工业专门学校创办的建筑科。1927年，国立中央大学在南京创办建筑系，这是国内公认的第一个高等学校建筑学科，开创了中国近现代高等建筑教育的先河，刘敦桢、杨廷宝和童寯是当时南京建筑教育的代表人物。1928年梁思成受当时东北大学校长张学良之邀，在东北大学开办了建筑学专业，并于1932年培养出了第一批毕业生。自此，中国现代建筑教育之树开始逐渐长成。

1949年新中国建立之前，建筑学专业发展缓慢，到解放前夕，仅有十一所院校开办了建筑学专业，分别是中央大学、东北大学、北京大学、中山大学、天津工商学院、重庆大学、克强大学、圣约翰大学、清华大学、唐山工学院和北洋大学等，多为留洋归国的中国建筑师主持开办，他们带来了西方的建筑思想与观念，引入了西方的建筑教育模式，对中国近、现代建筑的形成与发展带来了重要的影响。

从1952年专业调整直至1966年全国有八所院校开办建筑学专业，包括南京工学院（原中央大学，今东南大学）、清华大学、天津大学、同济大学、西安建筑工程学院（今西安建筑科技大学）、重庆土木建筑学院（后改为重庆建筑工程学院，现并入重庆大学）、华南理工学院（今华南理工大学）和哈尔滨建筑工程学院（现并入哈尔滨工业大学），即建筑学界常常提到的“老八校”。它们奠定了我国建筑学专业教育的基本格局，为后来建筑教育的发展和中国建筑人才的培养打下了坚实的基础。

二、中国建筑教育，发展于一个开放的今天

1980年代后，伴随着改革开放和城乡建设的大发展，我国的建筑学专业开始进入了快速发展的时期。开设建筑学专业的学校数量增长迅速，其数量由20世纪50、60年代的8所，发展到90年代的60余所。从1980年代初，一批国内建筑学精英开始赴欧美访问和求学，以后逐步回到国内，又一次以开放的姿态为当时封闭的中国建筑教育引进了先进的教育理念和教学方法，大大地推进了中国建筑教育的跨越式发展。

进入新的世纪以来，我国经济和城市建设进入了跨越式发展的时期，城市化进程急剧加快，社会对建筑人才需求也飞速增加，众多学校纷纷开办建筑学专业。开办建筑学专业的院校从单纯的工科院校扩展到文理类、艺术类、师范类、农林类院校等，形成了空前开放的办学环境。截止2012年，全国共有近

260所高校开办了建筑学专业，在校本科生和硕士生、博士生已经近10万人。

1. 开放的建筑学专业教育评估的建构

改革开放后，建筑业立足国内，面向国际发展成为必然的选择。为了加强与国际建筑界的合作，注册建筑师制度和学位评估制度的建立成为我国建筑业和建筑教育发展的必然趋势。1986年，成立了“全国高等学校建筑学专业指导委员会”；1988年8月，建设部批准了关于建立注册建筑师资格考试与建筑教育评估的建议，并成立了“全国高等学校建筑学专业教育评估委员会”，拟定了“高等院校建筑学专业本科教育质量评估指标体系”，评估体系对建筑学专业教育的培养目标、课程设置和办学基本条件作了全面的规定，确定了建筑学专业教育学制最短为5年。1995年国务院颁发的第184号令《中华人民共和国注册建筑师条例》，标志着我国注册建筑师制度的诞生，并且把专业教育与评估和注册建筑师制度挂钩。“全国高等学校建筑学专业指导委员会”和“全国高等学校建筑学专业教育评估委员会”的成立对我国建筑学专业教育的战略发展研究、建筑教育普及与质量提升、以及建筑学专业的设置标准建立起到了巨大的推动作用。

在学习和借鉴美、英等国专业教育评估经验的基础上，1992年评估委员会开始进行建筑学专业的评估试点工作，率先对清华大学、东南大学、同济大学和天津大学4所院校的本科建筑学专业进行评估试点。建筑学专业评估为加强国家、行业对建筑学专业教育的宏观指导和管理，保证建筑学专业基本教育质量，保证学生了解建筑师的专业范畴和社会作用，获得执业建筑师必需的专业知识和基本训练，并为高等学校的建筑学专业获得相应的专业学位授予权，为与世界上其他国家相互承认同等专业的评估结论及相应学历创造条件。截至2012年，通过建筑学专业教育评估的学校有48所，占开办该专业高校的19%。这些学校分为通过7年复评（16所）和通过4年复评（32所）两类。2008全国高等学校建筑教育评估委员会作为正式成员发起并签署的《建筑学专业教育评估认证实质性对等协议》（即中国、美国、英联邦、澳大利亚、韩国、墨西哥六国和地区在澳大利亚首都堪培拉联合签署的《堪培拉协议》），标志着我国建筑学专业教育评估的国际互认取得了实质性的进展，为我国注册建筑师制度与国际接轨创造了必要条件。

2. 开放的建筑学新的学科体系的建构

2012年，在教育部、住房和城乡建设部的领导下，对我国建筑学学科设置、专业设置、学位设置进行了重大的调整，构建了建筑学、城乡规划学、风景园林学三个独立的一级学科，并把这三个一级学科作为一个学科群加以建设。这就形成了一个开放的学科体系，三个一级学科，相对独立，同时又互相依存，形成一个互为支撑、互为补充的学科群体。三个一级学科的设立和建筑行业内注册师制度的建立一一对应，将会大大推进和提升建筑学、城乡规划和风景园林的执业水准和质量，更好地服务于我国的现代城市建设。

在建构建筑学、城乡规划学、风景园林学三个独立的一级学科的同时，建筑学自身的学科体系也作了进一步的完善，初步形成了建筑设计及其理论、建筑历史与理论及历史建筑保护、建筑技术科学、城市设计及其理论、室内设计及其理论五个主要支撑的二级学科体系。

3. 开放的《高等学校建筑学专业本科指导性规范》的编写

2012年，为了适应当今建筑学教育飞速发展的需求，根据教育部和住房和城乡建设部的要求，全国高等学校建筑学专业指导委员会通过对国内外建筑学专业的调查以及教学思想和教学改革的研究，组织了国内主要院校及专家，对于2003年10月制定的《全国高等学校土建类专业本科教育培养目标和培养方案及主干课程教学基本要求——建筑学专业》进行了全面的修订，编写了2013版《高等学校建筑学专业本科指导性规范》，不日即将正式颁布。《高等学校建筑学专业本科指导性规范》明确提出了建筑学专业的培养目标、培养规格、教学内容和课程体系，并对建筑学专业办学的基本教学条件提出了要求。《专业规范》在附录中列出了建筑学专业的知识体系及其中的知识领域、知识单元和知识点，以及建筑学专业实践体系及其中的实践领域、单元和知识技能点，并对建筑学专业的核心课程作了简要的描述。

《专业规范》提出了建筑学专业办学的最低要求，体现一般性的指导意见，其核心是要求办学院校切实按照文件所制定的内容进行专业建设和学生培养。同时，全国高等学校建筑学专业指导委员会提倡开放办学的姿态，希望各校在保证本规范基本要求的前提下，努力创造自身的办学特色。专业指导委员会认为建筑学专业对学生培养的重点在于培育学生的人文和科学精神，拓宽学生的知识领域，提升学生的创造性思维，提高学生的实践能力，努力培养符合时代要求的新型建筑学专门人才。

4. 开放的教学工作委员会体系的建构

经过几年的策划筹备，全国高等学校建筑学专业指导委员先后成立了 4 个教学工作委员会：建筑数字技术教学工作委员会、建筑技术教学工作委员会、建筑历史教学工作委员会和建筑美术教学工作委员会，进行常规的日常教学研讨和指导工作。建筑学专业指导委员会下属的教学工作委员会组织体系大大地提高了各专业教学工作委员会和专业教师进行教学研讨的积极性，他们自行组织各专业方向的活动，制定教学课程体系，编写教材，进行专业教师培训；对于全国各高校建筑学各专业方向的教学质量的提升，起到了巨大的作用。

5. 开放的建筑教育研讨、交流和学术活动

1）全国高等学校建筑教育学术研讨会暨院长系主任大会

全国高等学校建筑学专业指导委员会每年举办一次全国高等学校建筑教育学术研讨会暨院长系主任大会。每年由一所具备实力的建筑院系承办，形成全国建筑院系一年一度的盛事。每年就一个主题对建筑教育和教学的问题进行专题的研讨，会议论文由中国建筑工业出版社正式出版。

今年在湖南大学召开的全国高等学校建筑教育学术研讨会暨院长系主任大会将会是本届和新一届专业指导委员会交接的一次盛会，会议主题定位“开放的建筑教育”。

自 2001 年以来的会议情况如下：

召开时间	召开地点	承办单位	主　　题
2001.08	乌鲁木齐	新疆工学院	“研究生教育和本科生毕业设计教学”
2002.10	武汉	华中科技大学，武汉大学	“建筑教育的特色”
2003.08	长春	吉林建筑工程学院	“建筑教育：全球化背景下的地区主义”
2004.08	成都	西南交通大学	“各校各年级的各类教案”
2005.09	沈阳	沈阳建筑大学	“新时期建筑学和建筑教育的再思考”
2006.10	济南	山东建筑大学	“应对能源与生态问题的建筑教育”
2007.09	北京	中央美术学院	“建筑教育的特色与未来”
2008.10	厦门	华侨大学、厦门大学	“建筑教育的新内涵”
2009.10	重庆	重庆大学	“建筑学教育与建筑学科的科学发展”
2010.09	上海	同济大学	“建筑教育的社会责任”
2011.09	呼和浩特	内蒙古工业大学	“建筑学教育体系的建构与完善”
2012.09	福州	福州大学	“建筑教育与文化传承”
2013.10	长沙	湖南大学	“开放的建筑教育”

2）全国性建筑教学专题研讨会

全国高等学校教建筑学学科专业指导委员会每年举办若干次建筑教学专题研讨会，每年由 2—3 所知名建筑院系承办，确定一个专题，就建筑教学中的具体问题进行专题的研讨，十分具有成效。自 2001 年以来举办的专题教学研讨会已有数十次。

3）全国大学生建筑设计作业评选与观摩

全国高等学校教建筑学学科专业指导委员会每年举办一次全国大学生建筑设计作业评选与观摩，这项活动自1993年以来已举办了20届。每年均依托一所建筑院系展开，对不少院系而言，都是该院系当年度的一桩盛事。每年的竞赛和作业观摩的成果均由中国建筑工业出版社结集出版。这项活动经历了三个阶段：

（1）1993～2000年：全国大学生建筑设计竞赛

竞赛设立的最初目的是为了发挥先进、优秀的建筑院系的教学传统和优势，以优秀的学生作业和教师指导水平为普通或后进的建筑院系的教学活动作出示范，提高全国大学生建筑设计作业水平。

经过八年的学生竞赛，所取得的成绩斐然，学生作业质量在很大程度上得到提升。在全国居于领先教学地位的院系与原本处于后列的学校相比，其作业水平的差距缩小。

（2）2001～2010年：全国大学生建筑设计作业观摩与评选

由于一方面原本普通的院系教学水平和学生作业水平大增，一方面设于大学三年级的竞赛对日益富于特色的各院系自身教学带来较大冲击，故将竞赛改为对各院系自身教学影响不大的作业观摩与评比。目的一是舒缓原来竞赛的激烈竞争，加大互相学习观摩的友好气氛；二是保全各院系特色，不使之或多或少地被强行纳入统一的比赛标准；三是不打扰各院系自有的教学安排。

经过十年，传统上力量雄厚的一部分院系的办学特色在一年一度的作业观摩上得到展示；地域不同、层次不同的各院系也充分体现出各自富于特点的教学课题。港台地区的建筑院系也不时送作业参加，使得高校建筑教学活动进一步百花齐放，推进了全国各地各院校教学特色的形成。

（3）2011年至今：全国高校建筑设计教案与作业观摩与评选

在教学中，“教”和“学”是一对互动过程，仅仅考察学生的作业只可以窥见教学的结果，对设计课题背后的设置目标、意图等却难以洞见。于是，自2011年始，作业评优活动克服评比实际操作上的具体困难，改为教案、作业放在一起接受观摩和评比的做法。

通过几次活动，可以看到，不少院系的教案独具匠心，前后呼应地将教学活动延续下去，教学活动成为一个完整的系统工程。应该说全国大学生建筑设计作业与教案观摩与评选，推进了各校对于教学内容和教学方法的研究，教师对于教学的投入和教学热情大大提高，因此对于全国建筑院系的教学研究起到了十分重要的实际指导作用。

4）全国大学生建筑设计竞赛

由于作业观摩和教案观摩替代了原先的设计竞赛，为了弥补这一不足，全国高等学校教建筑学专业指导委员会自2006年起，每年举办一次“Revit杯全国大学生建筑设计竞赛”，并被列入教育部指导的全国大学生竞赛。

建筑学是实践性很强的学科，建筑设计业界也会频频举办各类投标、竞赛活动。事实上，国内目前各建设项目在方案设计阶段的遴选基本都是以投标、竞赛完成。竞赛也自然成了建筑教学活动中使学生练兵不辍的训练内容。

为了延续建筑学科的设计竞赛传统，专指委于2006年开始与富有前瞻眼光的国际大型企业接触，共同关心中国建筑教育未来，每年度均以当时的建筑界动向设置题目，如，国际新锐的数字化技术、全球热议的低碳环保专题……，吸引并鼓励学有余力的建筑学专业大学生踊跃参加。

竞赛从当初对技术要求较低开始起步，逐步引导大学生深入关心设计技术——计算机辅助设计、数字化建模、建筑物日常运作技术——物理数据分析、生态环保技术等。

5）建筑学专业教材和教学参考书的建设

教材工作始终是专指委的日常工作，专指委对于教材工作十分重视。在过去的十几年中，专指委和中国建筑工业出版社等出版社合作，重复建设了《高校建筑学专业教学指导委员会规划推荐教材》，在其他系列教材和教学参考书的工作中也取得了很好的成果，累计出版了数百种建筑学专业教材，其中包括国家级“十一·五”和“十二·五”规划教材，土建学科“十一·五”和“二十·五”规划教材。

6）《中国建筑教育》杂志

《中国建筑教育》杂志由全国高等学校建筑学专业指导委员会和全国高等学校建筑教学评估委员会、中国建筑学会合作创办。这是一个建筑教育和建筑教学研讨的园地。经过几年的试办，取得了一定的经验，也获得了全国各高校建筑学科的认同，不少学校把这本杂志列为核心期刊。目前正在大力推进《中国建筑教育》杂志的工作，采取了如下措施：成立了专职的编辑室，增加了专职的编辑人员，加快刊号的申请，筹集办刊经费。力争明年实现季刊（每年 4 期），进而实现双月刊。

7）全国建筑设计教学研习班

针对全国建筑院校急剧增加，建筑设计教学师资严重缺乏的现状，自 2011 年以来，全国高等学校教建筑学学科专业指导委员会和香港中文大学联合举办全国建筑设计教学研习班，每年来自全国数十所院校的青年教师参加了研习班，取得了十分好的指导和培训效果，对于全国高校建筑设计教学必定有重大的推进作用。

8）网络建设

与 ABBS. com 合作建立了全国高等学校建筑学专业指导委员会网页（主要内容/论坛在 http：//www. abbs. com. cn/bbs/post/page？ bid＝58），设有年度工作简况（http：//www. abbs. com. cn/bbs/post/view？ bid＝58&id＝338994891），将本来按时间顺序的众多内容按主题又进行了归纳，按栏目整理了以下内容主题的活动情况：

全国高等学校建筑学学科专业指导委员会年会

全国建筑院系院长系主任大会暨学术研讨会

Autodesk 杯全国建筑院系建筑设计作业评优/教案评优

Revit 杯全国建筑设计竞赛

建筑数字技术教学研讨会

……

建立了全国建筑院校的网络联络系统。

三、中国建筑教育，期待于一个开放的未来

回顾近百年历史，在开放的社会环境下，中国建筑教育与社会同步发展。而今经济提速、科技更新、文化变迁以及社会的多元化发展对建筑人才的创新思维能力、工作方式及方法均产生了巨大的影响；如何应对建筑学科领域的新发展，是当代建筑教育不可回避的重要议题。在全球化、信息化、地域化以及多学科融贯交叉日益频繁的背景下，建筑教育需要更加开放的态度以应对未来的挑战。

1. 基于开放性与国际化的中国建筑教育

今天的中国建筑教育，是全球化背景下的开放性与国际化的专业教育。国际专业教育的多边互认、各国执业建筑师的同台竞技与共同发展、国内外建筑院校的多边合作，已经是中国建筑界和建筑教育界的日常图景。互联网特别是移动互联网技术的日益普及，使得这种开放性与国际化的建筑教育交流和合作变得更为便利。

近年来，我国的建筑院校，特别是一些学术和教学领先的建筑院校的建筑教育，已经展现出这种开放性和国际化的趋势，以顺应全球化的发展。清华大学与哈佛大学、麻省理工学院的教学合作，东南大学与苏黎世高工长达 20 余年的教学合作，同济大学与普林斯顿大学和德国学校的合作，天津大学与拉维莱特建筑学院的合作，中央美院和代尔夫特的合作等，已经成为开放性和国际化的成功典范。

2. 具有地域特色的建筑教育探索

全球化和地域化从来都是一对互相矛盾同时又相互依存的现象。中国的建筑教育在开放性和国际化的同时，绝不可以放弃自身的地域特征。地方文化的延续，地方材料的应用，地方技术的传承，都应该体现在我国的建筑教育体系中。

3. 数字信息技术支撑平台作用下的建筑学教学

今天的数字信息技术的飞速发展，已经大大地改变了传统建筑设计的手段和方法。3D 建模、BIM 数字信息模型、VR 虚拟现实、GD 生成设计、数控建造 HI 人工智能等方面的突破完全改变了建筑和城市空间和形态的动态表达方式。而互联网技术的飞速发展（同步视频教学和交流、海量文件的远程传输）使得建筑学教学的方式产生革命性的变化。我们的建筑教育应该以一个完全开放的姿态，我们的建筑教育者应该随时汲取新的知识和能量，迎接数字信息技术支撑平台作用下的建筑学教学的光明未来。

4. 多技术复合支撑体系下的建筑设计教学

建筑设计在理念上、空间上以及视觉效果上，历来离不开技术和材料的创新运用。建筑技术、结构技术、材料技术、设备技术及其工程应用与建筑专业教育的关系一直是密不可分的，是培养专业人才的建筑教育的重要内容之一。

当我国当今一轮建设热潮完成之后，遗产保护和旧建筑的改造和再利用将会在中国未来的城乡建设工作对象中占据越来越大份额。中国建筑教育应该积极关注并在教学指导内容中加入建筑遗产保护和旧建筑改造利用等方面的内容。

日益严峻的人类生存环境恶化和生态可持续发展的需求，要求中国建筑教育强化建筑师职业操守和环境伦理的教育。低碳、绿色和建筑设计的生态策略应该成为我国建筑教育的重要内容。

5. 推行卓越工程师计划，密切高校和企业的教育合作

近两年来教育部大力推行的卓越工程师计划，势必对中国建筑教育产生重要影响。建筑学专业需不断完善培养方案，优化教学计划，在理论教学和实践训练之间找好结合点。加强学生实践能力的训练，把试验、实习、设计等实践环节作为知识传授、技能训练和创新培养的载体，努力培养建筑学学生的创新意识、创新思维、创新能力和实践能力。

2013 年国际建筑教育学术研讨会的主题为“开放的建筑教育”。会议旨在从开放的办学思想、广义的学科交叉、开放的知识体系等方面出发，邀请学界专家齐聚岳麓山下的千年学府，对未来建筑教育的多元化、多样性与教学特色进行具体研讨。来自全国各高等学校的专家、学者和教师积极撰写了数百篇论文，由于篇幅有限，我们组织了论文集遴选专家组对稿件进行了筛选，选出了一批论文结集出版。

在论文集出版之前，执行编委会要我写一篇前言。这篇题为“中国建筑教育——开放的过去，开放的今天，开放的未来”的文章，回顾过去，检讨现在，展望未来，作为本书的代前言。

我自 2001 年担任全国高等学校建筑学专业指导委员会主任，为了推进中国建筑教育的发展和全国建筑院校的各位同仁一起努力工作了 13 年的时光。筚路蓝缕，辛勤耕耘，其中艰辛和快乐，都是和大家共同分享；些许成就，微薄贡献，也是和大家一起共同取得的。在我即将卸任的此时此刻，回想起这一切，我深感欣慰。

13 年，从历史的发展来讲，只是一瞬之间。但是，对于一个人来说却是一段不短的年华。13 年间发生的许许多多事件，13 年间和各校同仁和朋友共同经历的林林总总的往事，还时时萦绕在我的心头。我愿藉此机会，对于过去 13 年间全国各建筑院校的同仁和朋友们对于专指委和我个人的支持，深深鞠上一躬，表示衷心感谢。同时，也藉此机会衷心地祝愿中国建筑教育，有一个更加开放和美好的未来。90 年前在南京开始长成的建筑之树，终将形成参天的建筑之林，巍巍腾起在世界的东方。

2013 年 9 月

初稿于南京半山灯庐

成稿于长沙岳麓山下

目　　录

Contents

基于开放性与国际化的中国建筑教育

陈　喆　孙　颖　胡凤来
北京工业大学建筑与城市规划学院
Chen Zhe　Sun Ying　Hu Fenglai
Beijing University of Technology

"开放式"建筑学专业教学模式的探索与实践
Exploration and Practice of The "Open" Teaching Mode of Architecture

摘　要：以优质教育资源的有效整合为基础，以制度化、体系化建设为抓手，以"工程素质、国际视野和创新能力"培养为目标，构建了校企间、国际间、校际间、专业间、课程间的全方位"开放式"教学模式。

关键词：开放式，教学模式，资源整合

Abstract: In order to effectively integrate the educational resources of high quality as the basis, taking the construction of system, system as the starting point, with "quality engineering, international vision and innovation ability training as the goal," constructing university-enterprise, international, professional, inter-school, between curriculum to the full range of "open" teaching mode.

Keywords: open, teaching mode, resource integration

目前我国建筑学专业人才培养面临着工程教育与社会脱节、学生工程实践能力和创新能力不足等问题，如何参照国际建筑教育经验，提出适合中国特色的建筑人才培养模式是摆在我们面前的一个紧迫课题。

在此基于"知行合一"（教育家：陶行知）和"资源择优配置"（经济学家：茅于轼）的理念，我们提出了以社会和校内教育资源有效整合为基础，以制度化、体系化建设为抓手，以"工程素质、国际视野和创新能力"培养为目标，构建校企间、国际间、校际间、专业间、课程间和教学手段的全方位"开放式"教学模式，以对接教育部的"卓越工程师培养计划"的要求（图1）。

1　校企联合与开放

以整合社会资源为龙头，建立联动的校企合作机制，实行工程师进课堂、双师制、产学研一体化等创新模式，使学生工程能力的培养社会化、体系化和制度化。

1.1　企业人才培养资源梳理

目前建筑业在我国飞速发展，各类设计企业无论规模还是数量均比前几年有了很大发展，在教学中如何因地制宜，充分开发这一资源宝库，是"卓越工程师的培养计划"落地生根的关键。如北京就有较高水准的建筑设计院所100余所，具有甲级资质的设计单位50多所，这里聚集的具有丰富建筑设计经验的高级人才数以万计，是高校建筑学教学有待开发和利用的宝贵社会资源。所以在校外人才培养基地的建设上，根据人才培养需求，把握社会资源为我所用的办学理念，建立社会资源明细库，构建多层次、多类型的校外人才培养基地的格局。

根据教学需要与合作企业共建工程素质培养企业专家分类库，如工程师库、企业高级专家库、毕业生库和

作者邮箱：cz2005@bjut.edu.cn

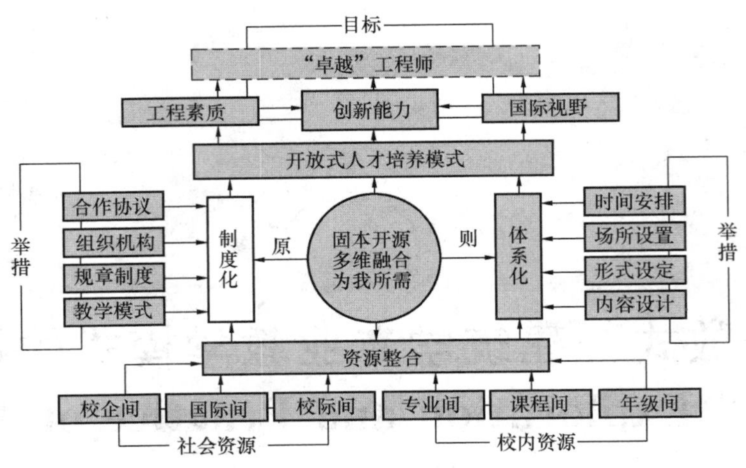

图 1 "开放式"教学模式示意图

企业人事干事库等，这些资源库为校企合作的各项活动提供了有力支持。如根据工程师从业经历分类建库，为工程师进课堂和实习答辩、毕业答辩等提供人员支持，使之得以有序和常态化开展（图 2）。

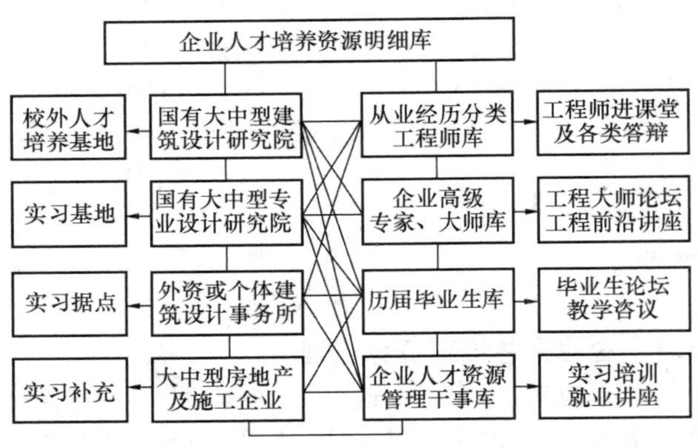

图 2 校企合作人员分类库及校企合作主要内容示意图

1.2 多层次校企合作模式的创立

我们积极探索校企合作的新形式、新途径和适宜的合作机制，完善和细化双方的合作事宜。在内容上、形式上作积极探索，创建多层次合作模式（图 3），实现校企共赢和持续发展的机制。

2 国际间交流与开放

随着国家的日益开放，国际交流在各院校越来越普遍，但如何整合国际专业办学交流资源，将各类国际交流体系化、制度化，培养学生的国际视野和国际交流能力，构建多模式、多层次、受益面大的国际联合教学体系也是摆在各学院面前的一个重要课题。在此我们主要依托以下三种模式开展国际交流合作。

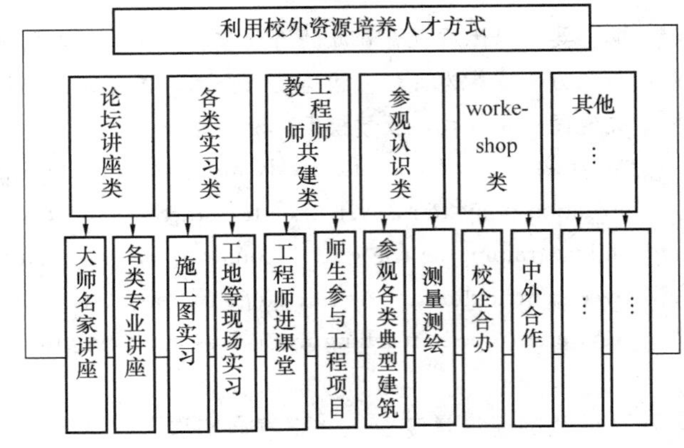

图 3 校企合作主要方式示意图

2.1 合作培养

（1）本科生交换项目

合作双方在签署校级协议的情况下，开展等人次互换本科生、互认学分，一般为半年。此类项目为本科生开阔视野，体验和融入国际化环境，初步掌握国际交流、学习技能建立一条快捷的途径。

（2）本科生"4+2"项目

此项目基于双方签署的联合培养协议和课程衔接协议，学生在国内学习 4 年，在国外合作院校学习 2 年，获得我校的本科学位和国外院校的硕士学位。即合作双方在互认培养计划和学分的基础上，优先选择专业能力强、英语交流顺畅的学生第五年赴国外直接攻读硕士学位。

2.2 合作教学

合作教学将在国际合作的两校交替进行，包括以下两种方式：

（1）设计课程教学

根据教学计划，聘请外籍教授与本校教师共同组成国际教学团队，在教学目标、培养环节的原则问题上达成一致后，分别采取不同的方式参与设计课程教学，给学生提供多元化的设计理念和更宽广的创作空间。目前这一方式主要在二、三年级的设计课程和四年级的城市设计课程实施。

（2）夏季工作营

分为国内和国外举行两种方式。一般是以工作营所在城市或地区建设发展中的热点问题进行设计研究，确立主题和分项子题。邀请国外 3～5 所合作院校共同参与，为期 2 周。每所院校派出 2 名教授和6～8 名学生，与其他院校混编组成专项研究小组。使学生在国际专业交流能力方面和工程能力培养方面得到收获。

2.3 国外专家工作室

针对政府对城市发展中关注的前瞻性课题，选择资深外国专家担纲学术带头人，组建国外专家工作室。如 2010 年成立绿色建筑设计研究所，聘请有“绿色建筑之父”之称的新西兰奥克兰大学建筑学院罗伯特教授担任所长；成立北京可持续住房与城市更新研究所，聘请荷兰代尔夫特大学罗斯曼担任所长。专家每年来校工作至少 3 个月，并深入到教学课堂，同时在相关课题的研究中有意引入高年级优秀本科生，使之较早了解和接触顶级科研活动。

在管理上，充分认识到国际交流存在着较大的不确定性和随机性的特点，将制度化和体系化作为建设的重点，从而保证了该项工作的稳定性和长效性。

3 校际间联合与开放

同城或同省间拥有建筑学专业的学校日益增多，但又往往限于门第、归属或各种观念，联系和交流远远不够，而在国外各类大学或专业的联盟十分普遍，所以创立建筑学专业的市域或省域联盟十分必要。

在北京有建筑学专业的院校有 7 所，近几年，每年一次的教学研讨会已将各方紧密联系，所以如果能建立专业教学联盟，并适当邀请外埠学校参加，定期举办教学研讨、学生作业联展、教学观摩、联合课程设计、学分互认等工作，将会促进校资源共享、各取长补短，十分有利于地域建筑教育的发展（图 4）。

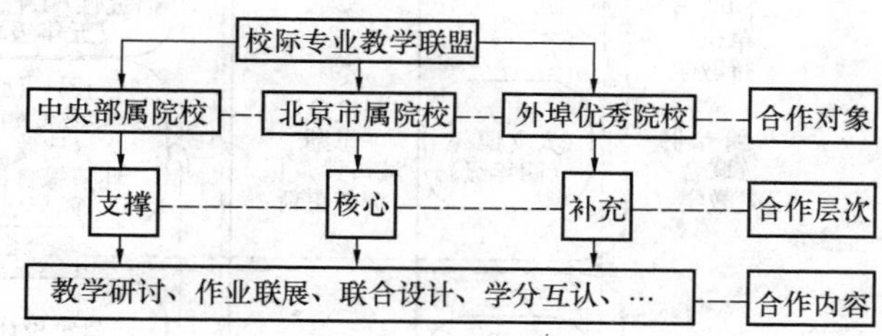

图 4 校际专业教学联盟示意

4 专业联合与开放

专业大类招生一直是各校积极推广的专业交流和竞争的主要模式，但目前建筑学专业这方面在我国的推行并不被普遍看好。所以在此之外的探索和尝试就显得比较有价值。我们的实践主要是通过专业联合的方式进行的，如建筑、规划、风景园林小类联合，建筑、土木、交通大类联合；文、理、工广义联合；以培养宽口径、厚基础、具有创新能力的复合型工程人才。

（1）建筑学与城乡规划、风景园林专业联合主要是为了强化建筑学专业学生广义建筑学的设计理念，培养建筑师的社会责任感和与相关专业合作及职业发展拓展能力（图 5）。

具体措施：

① 将建筑学和城乡规划学两个一级学科专业的本科教学的 1～3 年基本打通；为培养两个专业的宽口径、厚基础人才提供了条件；

② 在四年级教学中采取了 1＋X 的课程体系，1 为必修的建筑设计主干课，X 为选修的跨专业专题设计，强调课程间的联系性与开放性，强调跨专业专题设计，以提升学生的设计深度与完成度。

（2）建筑学与建筑结构、设备工程、桥梁工程、交通规划联合主要是为了提高建筑学专业学生的技术素养和专业综合能力，最终提高学生专业协同设计能力及综合创新能力。

具体措施：

① 参加各类工程科技竞赛，各专业学生在教师的指导下联合设计，共同完成竞赛成果；

② 积极参加各类绿色建筑设计项目，根据需要联合环能专业、材料学、机电学专业师生与建筑学师生一起组成跨专业合作团队完成设计任务。

（3）文、理、工联合主要是为了培养建筑学生兼具

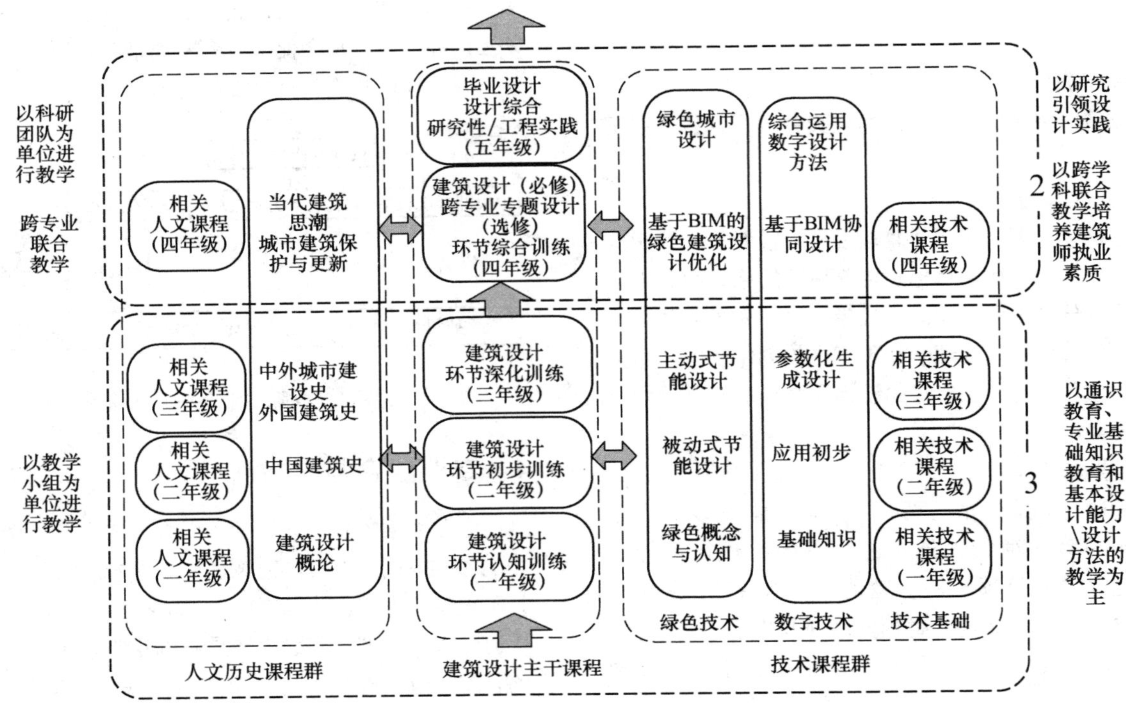

图 5　建筑学专业及课程开放体系架构示意

发散性思维与逻辑性思维能力，同时培养学生能够基于学科交叉基础上的创新意识和能力。

具体措施：

① 要求建筑学学生至少选修 12 学分的人文、艺术类课程，并积极引导学生与这些专业的学生组成团队参与相关设计及竞赛，如广告创意大赛、挑战杯创业大赛等。

② 加大计算机辅助设计的课程学时与内容，鼓励学生结合自己建筑设计需要（如参数化设计需编程）选修计算机 的相关课程，参加各类绘图软件应用大赛等。

5　课程间开放

目前通用的教学模式是重视知识积累，在五年的大学教育中，通过知识传授的循序渐进，最后以毕业设计来全面应用与检验，这里称之为“知识积累型教学”(图 6)。但在实际运行中，存在着学生知识碎片化和学习动力及目的不明确的问题，同时以毕业设计最终全面

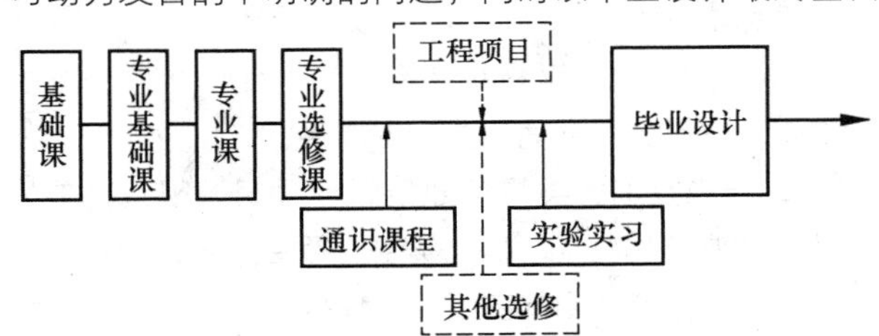

图 6　传统的知识积累型教学模式示意图

检验和应用过往学习的知识也是有一定问题。

为此我们认为应以现代工程教育为指导，引入 CDIO 教学模式，以建筑设计项目为驱动，变被动接收型学习为主动学习。即在课程体系设计上，以建筑项目为基点，学生为完成该项目的设计，必须掌握一定知识，为此学生可选自己需要的课程，建立学生以项目需求为驱动的教学课程体系（图 7），以增强学生专业兴趣及主动学习能力。

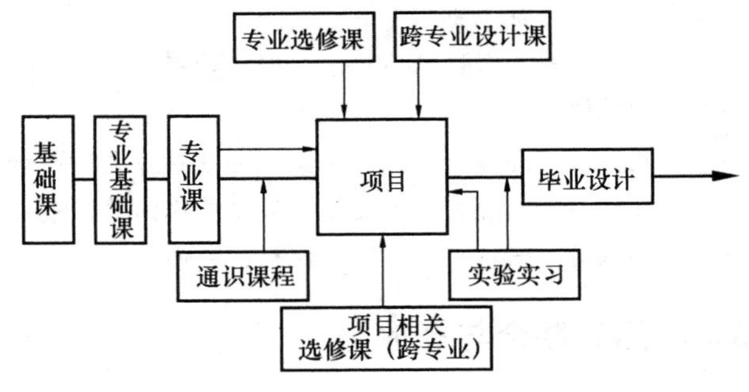

图 7　改革创新的项目驱动型教学模式示意图

6　教学方式的开放

多少年来，面对面的课堂讲课一直是大学教育的主要方式，但这些年新媒体的发展正在改变这一状况，特别是 MOOCS（微课）的出现，学生们可能在手机上就能完成想修的学分。

MOOC即Massive Open Online Course的首字母缩写，即“大规模开放网络课程”，目前，MOOC已经成为非常火的一个话题，是开放教育中的迅猛发展的新生事物，已有不少大学和组织提供大规模开放在线课程。其中较流行的有Coursera、edX、Udacity等。且有视频挂在youtube上。MOOCS有完整的教学模式，有参与，有反馈，有作业，有讨论和评价，有考试和证书，它点燃了学习者参与课程学习的激情。MOOCS严格的评价方式，是一些名校认可其作为学分的一个重要原因。

无疑MOOCS也将为建筑学开放式教育模式的发展点燃了一盏新的明灯，深层次地触动建筑教育的变革。这也正说明开放式的建筑教育探索要走的路还很远，要做的事还很多。

邓元媛
中国矿业大学建筑与城市规划研究所
Deng Yuanyuan
Institute of Architecture & Urban Planning, China University of Mining & Technology

引入“设计前期研究”的建筑设计教学

Architectural teaching introduce Prophase research of architectural designing

摘　要：如何避免快速城市化过程中因盲目建设而造成的资源浪费体现出建筑师的社会责任。建筑师通过更多的参与设计前期研究，从被动的设计任务执行者到主动的设计任务制定者，更好地保证建设任务的客观合理性。在建筑设计教学中引入设计前期研究环节，有利于培养学生的分析能力，从而形成更为科学、严谨的设计方法，以弥补传统教学方式的不足。本文以“矿区工人社区改造”城市设计教学实践为例，探讨引入设计前期研究的教学组织与实践。

关键词：前期调研，建筑设计，教学

Abstract: Large-scaled constructions bring new challenges to the architects. How to avoid blind construction reflects the social responsibility of architects. To ensure the objectivity and rationality of construction task, the architect must grasp the method of design prophase research. Thus He can change himself from passive design task executor to active decision makers. The introduction of prophase research to architectural design is to guide the designer to enhance the ability of information collection and analysis. Thus they can form a scientific, rigorous design basis. By the same time, it can make up for the shortcomings of traditional teaching methods. In this paper, take the project of “mine workers community transformation” as an example, the design teaching organization and practice are introduced.

Keywords: architectural teaching, introduce, prophase research of architectural designing

在当今快速城市化背景下，中国建筑市场正以前所未有的速度迅速扩张。值得注意的是，由于建设周期，特别是决策周期的缩短，难以避免设计任务的主观随意性，对设计依据的忽视，对城市未来空间发展规律与趋势的预测不足，造成了大量社会资源和财富的浪费。一些落成不久的项目，就提前面临退役或被改造的命运。例如使用仅 22 年的西湖边的浙大教学楼因用地位置不合理而被拆除；使用 15 年的青岛铁道大厦因客流量远远不能满足要求而被爆破。这些事实证明，对待新的建设项目，必须提高其前期决策的合理性和准确性，加强设计前期研究，制定出符合客观规律的设计任务书，才能保证项目的寿命。

建筑师，作为建筑设计的主体，传统上只是设计任务书的执行者。但是在新的背景下，为了避免为盲目和主观的任务埋单，设计师必须突破传统角色，主动参与到设计任务书的制定中。同时，设计师对设计的认识，必须突破建筑物质空间塑造这个范畴，从客观的角度掌握设计任务的本质，设计出满足社会性、实用性和科学性的作品。

这种建筑师职能内涵的扩大，对建筑设计人才的培养提出了新的要求，即建筑设计教学除了培养学生的专

作者邮箱：d_yuany@126.com

业技能外，还要引导学生主动思考和分析，具备客观分析设计背景与环境的能力，具备认识建筑社会属性的能力。

1 传统建筑设计教学现存问题

传统的建筑设计教学内容一般局限在建筑空间、功能及形体的设计上，强调培养学生物质空间的塑造能力。在这样的教学目标指导下，建筑设计任务书由老师给出，包括具体的建筑性质、各部分功能空间的大小及相互之间的关系，有时甚至包括建筑的形式特征要求等。

显然，这种设计流程跳过了前期对于设计任务的讨论，跳过了设计者对“为谁为何而做（why）”与“应该做怎样（what）的设计”的思考，而直接进入“怎样（how）进行单纯创作”的环节。学生的思考往往停留在空间组织与形式创造层面，依托较为感性的形象思维进行方案创作，很少去分析任务书的合理性，忽略了对诸如建筑的功能定位、规模确定、容积率、高度限制等问题的思考。同时忽视了建筑与城市、城市规划的关系，也不去考虑城市规划管理对建筑设计的引导与限制(以及提供的可能性)。这种对前期条件分析的缺失，必然导致设计的针对性不强，场所感缺失，主观随意性大。

2 设计前期调研对改进建筑设计教学的价值

2.1 设计前期调研对学科发展的价值

设计前期研究在欧美和日本等发达国家早已引起建筑师的充分重视。据日本建筑学会的统计，在日本近十年来，关于建设项目社会环境、使用者构成模式、环境心理研究、建筑创作理念和手段的研究、实态调查分析、空间构想评价等有关设计依据条件的前期研究工作的论文报告，一直占所有建筑学方面发表论文数量之首。这一研究在日本的普及，使日本的建筑学体制形成了一个完整的科学体系，使总体规划立项与建筑设计间建立起了一个科学的桥梁。

可见，设计前期研究可以扩大建筑学科研究的外延，通过统计学、数理解析法、心理量时态调查等研究方法，与其他学科发生联系，进行交融，使建筑学的学科体系更加完整而严密。

2.2 设计前期研究对工程实践的价值

工程实践中关于设计任务拟定的传统做法是，任务书由建设单位的非专业人士编制，编制的依据往往是个人的知识、经验、观念，更有一些完全是按照领导意志。任务书拟定缺少与使用者的互动交流，缺少全面的资料收集，缺少系统理论支持，呈现出难以避免的主观随意性。在这样的任务书指导下完成的设计，其经济效益、社会效益、使用效益均不尽如人意。

事实上，近年来的一些实际工程项目中，在“建筑设计”流程之前，存在着一个“建筑策划”阶段，这个阶段是为解决传统设计任务书科学性不足的问题而产生的。具体而言，就是通过理性的分析，制定科学、合理建筑设计任务的过程，这个任务由设计单位来承担。

建筑策划是在对社会、经济、技术条件的综合分析的基础上，科学地提出项目的空间构想的过程，是确定空间内容并将其量化的过程，是经过科学分析、逻辑论证的过程。可以避免任务书生成的主观主义和经验主义，同时为正确实现基本建设目标建立科学客观的监督审查标准。在建筑界，不少学者已经开始呼吁在基本建设程序中加入“建筑策划”这个环节，以保证其在实际项目中的展开。

2.3 设计前期调研对于建筑设计教学的价值

对应工程中的“建筑策划”环节的能力诉求，在教学中，相应地引入“设计前期研究”这个环节（图 1），通过这个环节的训练，使学生掌握理性科学地制定出设计任务书的方法，完成对设计依据的描述。

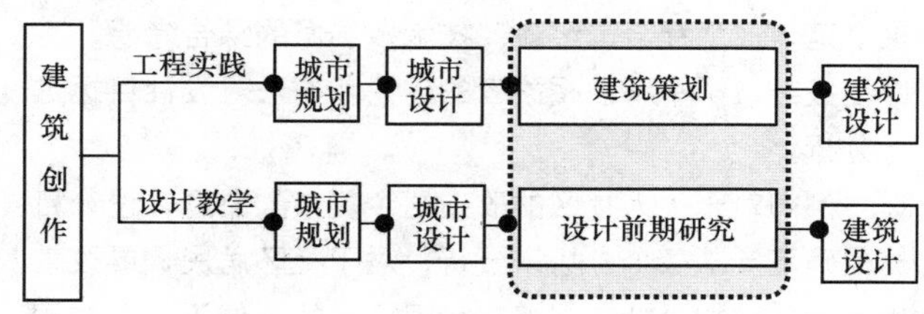

图 1 工程实践和设计教学对应流程

如果说建筑设计是解决问题的过程，那么设计前期研究就是寻求问题的过程。设计前期研究通过分析、调查和把握项目的内部、外部条件，科学地对项目未来的使用进行预测和评价，确定科学、合理切实可行的设计依据，以保证建筑设计的科学性和逻辑性以及社会效益和经济效益。在教学中，要贯彻的设计前期研究的方法，除了考虑工程实际做法外，还要结合学生本身的知识结构与能力，认知的特征。因此，在教学中，将设计前期研究的步骤分为：设计目标确定；内部条件调查；外部条件调查；设计任务拟定四个步骤。在这个过程中，主要提供社会调查、经济效益分析、效益评价等方法，体现出运用科学方法对任务书生成过程的研究。

3　引入设计前期研究的建筑设计教学组织

在具体的教学组织与实践中，选择有针对性的题目，创造设计前期研究的条件，将其融入整个教学环节。下面以城市设计课程“矿区工人社区改造设计”为例，阐述引入设计前期研究的建筑设计教学的组织与实践。

为了训练学生通过调查认识设计对象，认清设计条件的能力。选题充分考虑了所面对问题的复杂性和综合性。“矿区工人社区”是一个特色鲜明的“小社会”，具备研究的典型性。首先，社区的存在具有极强的产业依附性，即伴随着煤矿开采而产生，煤炭的衰竭而衰落。其次，社区居民社交网络具有特殊的黏度，曾经相同的职业背景，使社区居民之间具备认同感，和更为强烈的交往需求，更为固定的交往模式。

不同于一般的新建项目，对于这样现状特征明确的改造设计必须建立在对社区充分了解的基础上，如社区历史、问题、居民诉求等，从而让现实条件的确定性为下一步的设计带来明确的方向。因此，在这样的选题中，设计前期的分析的重要性更加清晰，有利于学生运用和掌握前期研究的方法。

3.1　确定设计目标

对于设计的目标确定，要引导学生突破物质空间这个范畴，从社会、经济、技术多层面的综合考虑，可以借鉴经济学中利益相关者的理论和方法对设计目标进行分析。

例如对于工人社区的改造这个复杂的命题，设计目标的确定要从多个立场来分析，对于社区居民，要改善生活条件，加强社交网络，实现个人的居住诉求；对于企业，要解决转型转产中的遗留问题，实现企业的责任；对于城市，要解决好企业职工的安置问题，稳定社会，实现社会效益；对于开发商，通过地块的改造，要实现经济效益。

在此分析的基础上，确定设计目标为：通过社区的改造，完善社区的综合功能，改善社区的物质空间环境，为社区居民创造和谐社交网络，从而提升城市整体社会环境，同时满足商业开发的经济效益。

3.2　外部条件调查——深入解读规划设计条件

对外部条件的解读，有利于提高学生对城市规划条件的认识，进而在限制条件中寻找“可能性”。城市规划设计条件主要涉及土地使用、环境容量、配套设施、城市设计及建筑设计等多方面，对地块内建筑的位置、形式、体量、高度、风格、色彩等产生影响。

在“矿区工人社区改造”这个题目进行过程中，教师布置任务时清楚地提供规划设计条件，除了用地条件图、红线和退红线等常规要求外，还提供了区位地形(图 2)、片区的控制性详细规划等信息。学生在进行设计时，充分了解城市周边条件的制约，对给定用地的区位条件、周边环境以及现状进行充分调查分析，建立起合理土地利用的概念。同时，根据城市、周边地段建设的要求及划定地块的相关信息，解读分析该地块的规划设计条件。该条件将成为学生下一阶段在该用地内进行建筑设计的依据。如用地周边的铁路运营情况对土地利用的影响，周边商品住宅的建设，市民公园的建设对用地功能的影响等。

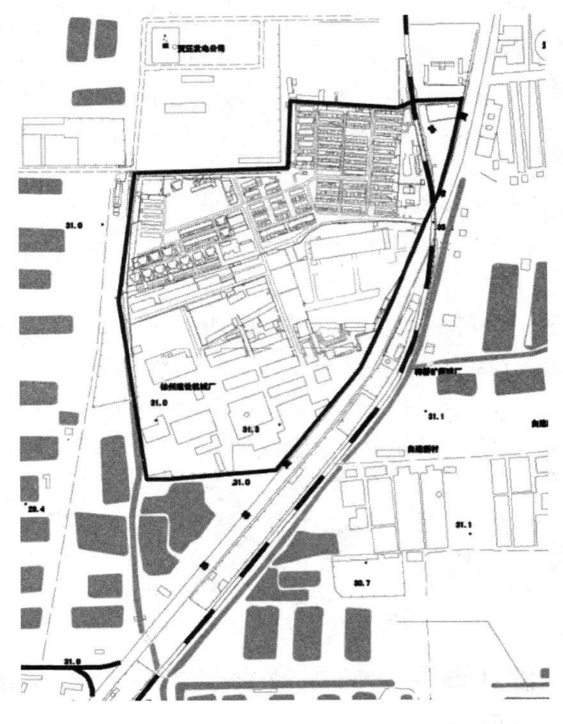

图 2　项目区位图

3.3　内部条件调查——深入落实现场调研

现场调研是了解内部条件的重要手段之一。通过扎实的调查研究工作，掌握大量的第一手资料，弄清研究对象发展的自然、社会、历史、文化的背景以及经济发展的状况和生态条件，找出其建设发展中拟解决的主要矛盾和问题，是对研究对象从感性认识上升到理性认识的必要过程，调查研究所获得的基础资料是对研究对象定性、定量分析的主要依据。

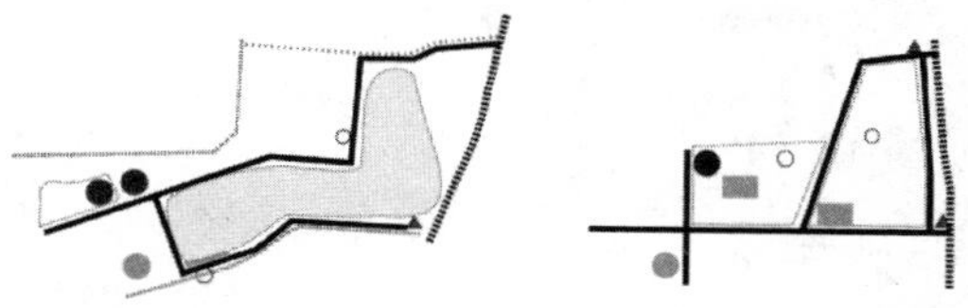
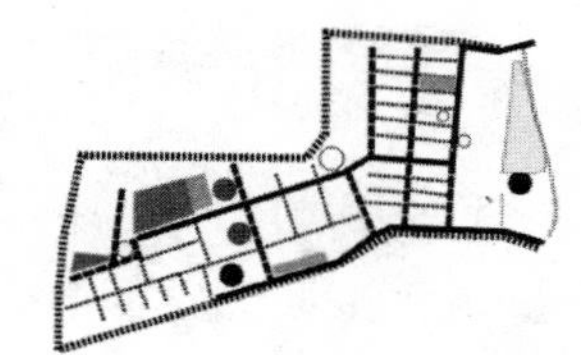
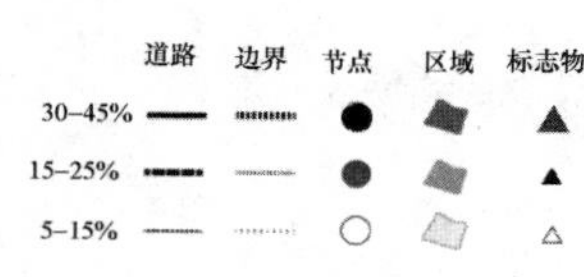

图 3 基于认知地图的居民社区意向分析

在该设计题目的前期，组织学生到场地进行实地调研。明确调研的目的是有效地了解住区历史和现状，获取社区意向。为后期有针对性的策略的提出建立扎实的基础。

调查中，同学使用了认知地图的调查方法，通过访谈、绘制社区意向图等方式，试图理性地分析居民的社区认知（图 3），以及进一步分析社区衰败的原因。通过整理数据和分析，总结出社区衰败的原因主要有：空间要素缺失与社区认同感丧失；设计中公共空间与居民的使用习惯不符；下层居民的社会网络需求难以满足等。

通过这样的调研分析，除了物质空间外，还充分地考虑了社会背景、文化特征以及社区居民的情感诉求，更加全面和综合地概括出社区的现状特征，给下一步的具体设计指明了方向。即将社区的改造和城市的发展结合起来，将服务业植入与解决居民就业结合起来，将环境改造与社区网络重构结合起来。

3.4 结合空间、技术、经济构想的设计任务书制定

结合前期对设计目标的确定，内、外部条件的调查结果，制定出考虑空间、技术、经济因素的任务书，是整个前期研究的关键成果。将对下一步的具体设计起到明确的指导作用。其内容包括：设计目标、功能定位、建筑性格意向、建筑空间组成要求、各组成部分的具体内容与空间大小、结构形式建议等。

在“矿区工人社区改造”的任务书中，对用地功能设定，就充分尊重了前期研究的结果。学生首先分析了社区衰败的原因，是受产业兴衰影响。产业的衰败导致工人失业，导致人口流失，社区老龄化，随之伴随着整体社区环境的衰败，仅仅从物质空间的层面很难彻底解决社区的根本问题。社区的复兴需要有新的产业注入，从而带来新的就业机会，通过吸引外来人口，带来新的活力。因此，对社区的功能设定为集居住、商业为一体的复合聚落。同时，根据该地区居民的劳动力特征，将商业定义为服务业为主的形态。这样充分地尊重现状，理性分析后得到的场地功能定位，为下一步的具体设计指明了方向。

在对改造户型的设计要求里面，强调结合居民的生活习惯，即亲近地面，室外公共活动居多等特点，建立了改造后社区建筑形态以低层为主，保留院落空间，保留社区交往的开放性的原则。这些都是前期分析直接反馈的结果，很好地体现了研究对象的特殊诉求，使设计任务更加符合研究对象的特征。

4 结语

从教学实践的效果来看，在建筑设计教学中引入设计前期研究环节，对提高注重“依据”的思维方式训练是有效的。这种方式有利于引导学生建立客观理性的分析方法与习惯，主动探索问题的实质和根源，变被动设计为主动设计。

同时，设计前期研究在建筑设计教学中的引入，使建筑学容纳更加丰富的社会、规划、经济的学科内涵，有利于建筑学在新的时代背景下形成更加完整的科学体系，使建筑设计的科学性和逻辑性、实用性及经济效益上升到一个新的高度。

参考文献

[1] 汪芳，朱以才. 基于交叉学科的地理学类城市规划教学思考——以社会实践调查和规划设计课程为例. 城市规划 [J]，2010/07，53～61.

[2] 顾大庆. 作为研究的设计教学及其对中国建筑教育发展的意义. 时代建筑 [J]，2007/03，14～19.

[3] 王建国. 中国建筑教育发展走向初探. 建筑学报 [J]，2004/02.

[4] 苏实，庄惟闵. 建筑策划中的空间预测与空间评价研究意义. 建筑学报 [J]，2010/04，24～26.

[5] 贾志林，王一平. 建筑策划与建筑师职能拓展. 四川建筑科学研究 [J]，2009/08，260～262.

窦平平
南京大学建筑与城市规划学院
Dou Pingping
School of Architecture and Urban Planning, Nanjing University

照片拼贴法辅助设计构思和表现❶

——剑桥大学—南京大学建筑与城市合作研究中心 2013 夏季工作坊

Photo Collage for Design Conception and Representation

——2013 Summer Workshop by Cambridge University—Nanjing University joint Research Centre on Architecture and Urbanism

摘　要：本文选取剑桥大学—南京大学建筑与城市合作研究中心 2013 夏季工作坊“日常性的培育”，对课程内容、教学方法以及学生作业成果进行简介。在剑桥大学设计课教学背景的参照下，重点介绍和讨论照片拼贴法在辅助设计构思和表现方面的教学方法和经验，其理论基础和发展，以及在当代中国建筑教育中的意义。

关键词：照片拼贴，设计构思和表现，现象学，日常性，寓居者

Abstract: This paper introduces 2013 Summer Workshop 'Cultivating Domesticity' led by Cambridge University-Nanjing University joint Research Centre on Architecture and Urbanism, its stepy-byy-step program and teaching method, and reviews the students' work. With the reference to the studio teaching in Cambridge, the paper focuses on photo collage as a design conception and representation method, discusses its theoretical backgroundand development, the way of teaching, and its importance to the architectural pedagogy in contemporary China.

Keywords: photo collage, design conception and representation, phenomenology, domesticity, occupant

南京大学自 2009 年起与剑桥大学合办了一系列理论研讨会和短期设计工作坊。2012 年剑桥大学—南京大学建筑与城市合作研究中心正式成立之后，双方的合作更加紧密和规律。此 2013 年度夏季工作坊❶，中心邀请了剑桥大学建筑系设计教授 Nichlas Ray 和昆士兰大学建筑学院院长 John Macarthur 教授共同开设为期一周的设计工作坊。此次主题“日常性的培育”（Cultivating Domesticity）由两位老师共同提出，照片拼贴是贯穿其中的重要方法。

中心 2012 夏季工作坊，JorisFach 的“在外用餐”(Eat Out)，也要求学生以照片拼贴作为主要操作方式。照片拼贴作为辅助设计构思和表现的方法，在欧洲有现象学的理论基础，并在以空间环境意识和人文思想培养见长的建筑院校具有三十多年的教学背景，但在国内尚没有系统的介绍和讨论。结合笔者在剑桥大学的学习和

作者邮箱：pd293@cam. ac. uk

❶ 中心 2013 年度夏季工作坊还包括剑桥大学设计课讲师 Mark Breeze 开设的以运动影像为手段辅助城市感知和建筑设计的短期课程“电影的建筑：氛围+记忆”（A Filmic Architecture: Atmosphere + Memory），由于本文主题关系，在此不作详细介绍。

评图经历，本文将以中心 2013 夏季工作坊为例，讨论照片拼贴法的教学方法和经验，其理论基础和发展，以及在当代中国建筑教育中的意义。

1 课程内容和步骤

工作坊为期五天半，学生为硕士研究生，共 21 人。

第一天：介绍课程；布置任务；提出策略。Ray 教授做题为《日常性的培育——英国经验的反思》(Cultivating Domesticity-some reflections on the UK experience) 的讲座。

第二天：关于空间构思与表现的理论课程；照片拼贴训练。Macarthur 教授做题为《关于日常性的思维开拓》(*Thinking About Domesticity*)，和《带着如画主义的眼镜：从“文明”到“拼贴城市”中的视角与政治》(*Looking Down with the Picturesque: viewpoint and politics from Civilia to Collage City*) 的讲座。

第三天和第四天：方案发展和深化，分组一对一改图。

第五天：方案表现，集体讲评。要求运用照片拼贴法展现方案可能的使用方式，并表现空间质量。

第六天上午：作业展览，公开评图。由墨尔本大学 Justyna Anna Karakiewicz 教授，剑桥大学 Mark Breeze 担当外请评委。

2 作业成果小结

拼贴作业一(图 1)巧妙地通过在素材照片的墙面上开洞的方式创造了进深，并通过一次主要的移动创造出了前后两个空间的视觉层次，对元素有选择的复制和粘贴创造了空间序列和环境光感，最终塑造了一个围合感强烈的备餐空间和一个通透且开敞的用餐空间。

拼贴作业二(图 2)充分利用了 Photoshop 软件无限的画板空间，对素材照片中垂直向元素加以利用，创造了多层次的纵深空间，辅以素材照片中的曲面元素，创造了富有美感的垂直交通系统，最终塑造了一个伴随上升而逐渐安静的休息和盥洗空间。由拼贴转化成的空间模型合理采用了素材照片中的材料质感和颜色，加强了空间中的竖向元素。

照片拼贴练习要求通过对一张素材照片的操作，创造一个使用性质完全不同的全新的空间，迫使学生打破常规思维。在操作的过程中，学生需要迅速认知素材照片中的空间性质，材质特征，元素位置，尺度和色彩，之后想象这些因子对空间认知的影响，并通过改变和重组这些因子之间的关系，达到创造另一种空间性质的目的。

设计作业一(图 3)利用多样的层高和户外平台在住区上部创造了一个人工地形，不仅在流线上连通了基地两侧的湖面景观，也为更大范围内的城市居民提供了适宜活动和交流的生态环境。照片拼贴(图 4)以混合并置的方式为设计意图做出了丰富的表达——人工地形的空间效果；居民多样的休闲活动；天井的尺度和空间感受；设计的原型——传统民居类型，窑洞；居住单元内部的空间层次和尺度。

设计作业二(图 5)通过将用餐空间从室内移至有顶棚的室外平台，并有组织地联系一系列平台，创造了一个共享的社区生活网络。照片拼贴(图 6)表达和强化了设计意图中重要的“反转”概念——首先是地面材质的反转，对楼下的室内客厅空间和与其相邻的庭院赋予了典型的室外地面材质，对楼上的半室外用餐空间和与其相邻的备餐空间赋予了室内地面材质。材质的反转引发了空间内与外性质的反转。拼贴通过楼上的热闹和楼下的安静之间的对比表达了对空间预期占有方式的反转，即，与邻居相连和共享的用餐空间取代客厅空间成为了居家活动的最佳发生地。

图 1 拼贴作业一（学生：胡绮玭）

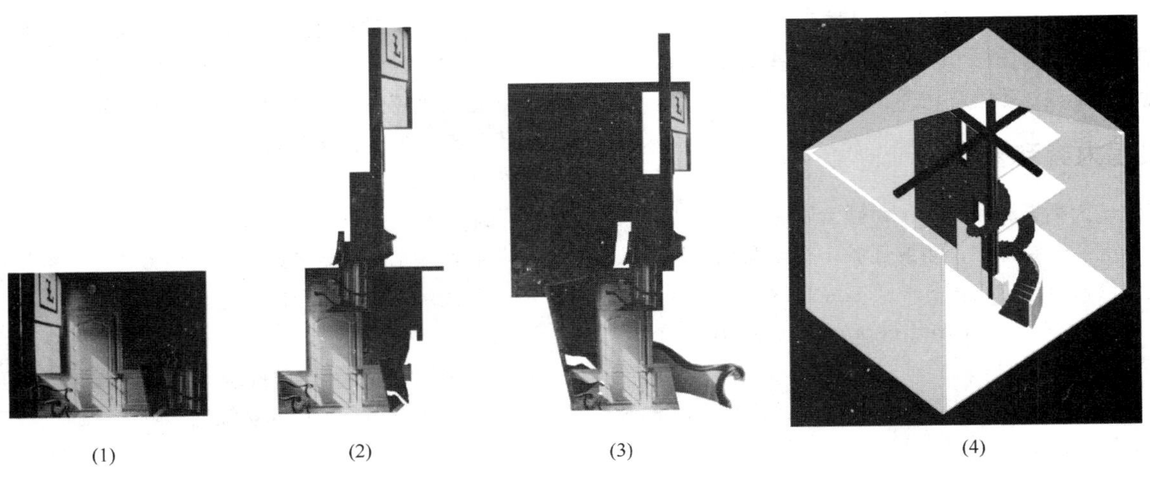
(1) (2) (3) (4)

图 2　拼贴作业二（学生：殷奕）

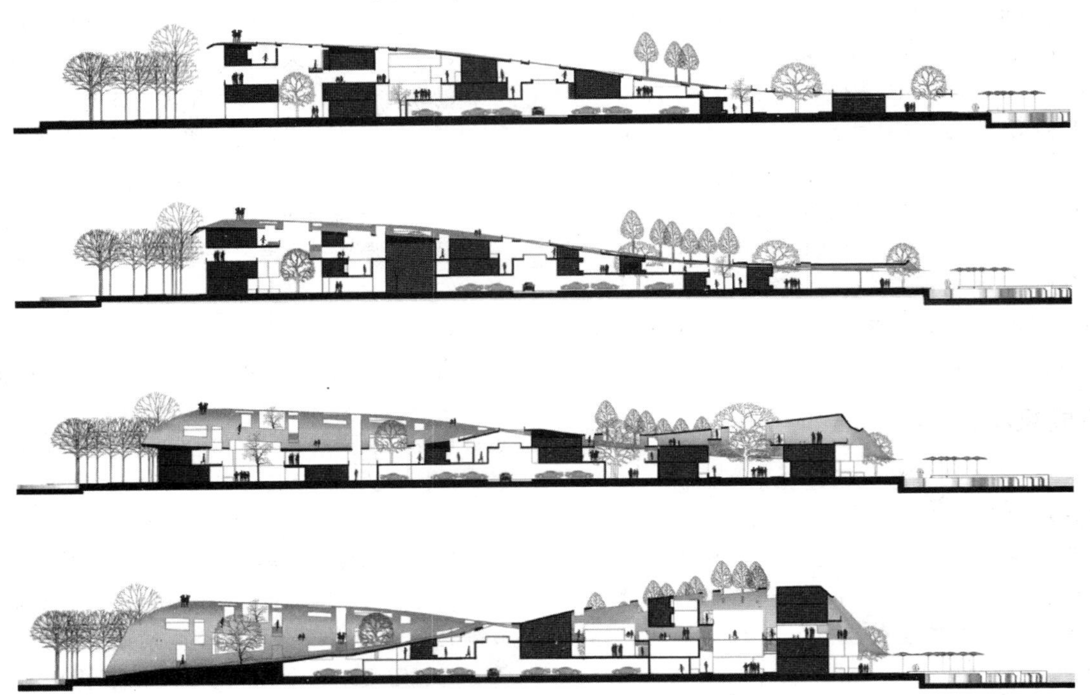

图 3　设计作业一（学生：胡绮玭，王洁琼，周雨馨）

图 4　设计作业一（学生：胡绮玭，王洁琼，周雨馨）

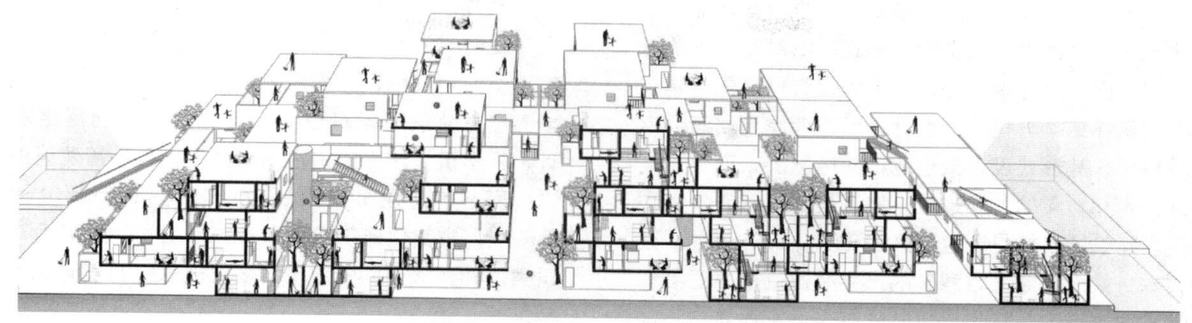

图 5　设计作业二(学生：殷奕，徐怡雯，陶敏悦)

图 6　设计作业二(学生：殷奕，徐怡雯，陶敏悦)

3　关于照片拼贴法的反思与拓展

现代主义建筑大师密斯·凡德罗在 20 世纪 30 年代至 40 年代积极采用照片拼贴法表达自己的建筑主张，多个建成和未建成作品中蕴含的思想以照片拼贴的形式流传至今(图 7)，启发了众多后人。密斯激进地批判古典主义建筑对人与社群关系的割裂，认为其使得文艺复兴以来逐渐建立的人的自我培育(德语：Bildung)受到冲击，他试图重新缝合建筑艺术与人的生活之间的关系。拼贴作为形象化的媒介充分且有力地表达了他的立场和意图，继而拼贴技艺包含的选取现成材料进行适当化应用的特性影响了他战后作品的结构表达，帮助他在实践中塑造和表现了他所理解的“新时代”。

在剑桥大学，建筑理论家 DaliborVesely 教授和 Peter Carl 教授自 20 世纪 70 年代起在对现象学的研究和教学中发展和推动了照片拼贴法，70 年代在剑桥任教的 Brit Andresen 教授于 80 年代到昆士兰大学任教时将这一方法引进。在剑桥大学和昆士兰大学，照片拼贴练习在二年级 studio 进行。常用的方法有：老师给学生一段丰富详实的对空间的文字描述，例如巴舍拉(Gaston Bachelard)的《空间诗学》(*Poetics of Space*)或卡尔维诺(Italo Calvino)的《看不见的城市》(*Invisible Cities*)节选，要求学生将文字转化为二维的图像表达，继而转化为三维的图像拼贴，最后根据给定任务书做一个建筑设计，要求表达出自己的拼贴中所体现的空间质量和材料特性。本次工作坊第二天的拼贴练习，没有给定文字描述，只给定“游戏规则”，并直接让学生面对陌生的照片，在熟悉照片内容的过程中操作，也是一种常用的方法。经过一系列照片拼贴训练的学生会自觉将其纳入建筑设计构思和表现的方法体系，在之后的作业中将这一方法运用和发展。

图 7　密斯的拼贴作品 Museum for a Small City，1941-1942

设计方法影响建筑空间的形式，而哲学基础决定设计方法。在剑桥大学的教学中，形式是由对寓居者的意义建构的，而非设计者。建筑的实体，若只是依据建筑设计者对实体结构与机能的设计，而不考虑寓居者介入的主观意识，其形式表现虽也能不断地发展，变化出运用先进技术和材料的“新”建筑，但不是真正意义上的现代建筑。建筑的实体是表达意义的工具，而非目的。建筑实体本身并没有意义，意义的产生是通过使寓居者体验其性质并进行主观使用。拼贴能够表达寓居者在不同时间点的空间体验，或可能的使用方式，是方案在空间与时间上的双重呈现。

4 照片拼贴法对当代中国建筑教育的意义

当代建筑正面对着快速传播的媒体图像和来源庞杂的原始图像。我们在认识到建筑图像化和媒体化的危险倾向的同时，也应当合理利用和转化信息时代的优势。照片拼贴便是对丰富易得的图像资源进行有意识和创造性地使用，这是早年的设计教学所不可想象的。拼贴训练适宜在低年级教学中引入，作为学生在日后对叠加了时间的空间进行认知、想象、构思和表现的一种方法。

照片拼贴法对于当代中国建筑教育的意义包括：培养学生对材质表面、质感、色彩等特性的敏感度，对构件在空间中的位置关系及其对塑造空间的作用的认知；培养学生从使用者对空间的真实体验和利用出发做设计，将建筑视作人的生活的承载物，去丰富建筑的容纳力，而不是将建筑视为“图画建筑”(Picture Architecture)❶，去美化建筑实体本身；帮助学生反思现有的建筑类型和建成空间的质量，发现被忽视的差异化的空间需求。

参考文献

[1] K. Michael Hays (1984) Critical Architecture: Between Culture and Form, Perspecta, Vol. 21, pp. 14-29.

[2] Eric K. Lum (1999) Architecture as Artform: Drawing, Painting, Collage, and Architecture 1945-1965, MIT doctorate thesis.

[3] Detlef Mertins (2005) Mies's Event Space, Grey Room, No. 20, pp. 60-73.

[4] 顾大庆(2007)中国的“鲍扎”建筑教育之历史沿革——移植、本土化和抵抗，《建筑师》第126期.

❶ “图画建筑”是对“鲍扎”(Ecole des Beaux-Arts)式设计训练的批判，指对图面表现的重视发展到一定程度，设计就成了美化图面效果的游戏。“鲍扎”教育的本质是把建筑设计作为一种与绘画密切相关的艺术形式。“鲍扎”式的建筑教育自1927年南京的中央大学设立建筑系起，在中国已经实行了近80年。“鲍扎”的形式也许已经不再，但很难说当代中国的建筑教育已经完全脱离了其束缚而进入了一个新的历史阶段。

韩衍军　董　宇　史立刚
哈尔滨工业大学
Han Yanjun　Dong Yu　Shi Ligang
Harbin Institute of Technology

国际化研究型本科设计类课程教学体系研究❶
TEACHING SYSTEM OF INTERNATIONAL AND RESERCH-BASED UNDERGRADUATE DESIGN COURSE

摘　要： 当前国内院校国际化建筑教学已经渐趋成熟，本科的建筑技术与设计课程整合化也渐为教学改革的热点，即本科课程在从“成果型”向“研究型”转轨，同时也有一部分新课程与教学的设置兼顾了二者的要素。近年来，哈工大在此类教学的创新与改革中做出了积极的尝试，搭建了初具规模的体系平台。本文介绍了国际化研究型本科设计类课程的体系架构要素、体系特色，以及体系执行的具体策略与措施，分析利弊，以期为同类教学提供参考。

关键词： 国际化，研究型，本科设计课程，教学体系，教学实验

Abstract: Current international architectural education of Chinese universities has become more mature. The integration of undergraduate technology and design course also gradually become the hot spot of teaching reform, namely the undergraduate courses transform from achievements to the research. This paper introduces elements of design courses, system features, and system implementation of specific strategies and measures of the international research-based undergraduate course, so as to provide reference for the similar teaching.

Keywords: international, research-based, undergraduate design course, teaching system, teaching experiment

1　背景

哈尔滨工业大学的建筑教育始于1920年——学校创立之初，历经了近一个世纪的发展与沿革。历史上，哈工大建筑学起初受苏联的法国学院派建筑教育影响颇深，而后经历了现代主义的包豪斯建筑教育及20世纪中叶美国德州骑警等教育体系的影响，逐渐形成了今日兼续传统、更新发展、开放多元的建筑教育特色[1]。虽然既有的教学体系在很多层面都取得了成功，但我们在实际的教学中，还是发现了一个庞大积累过后体系的弊端：

（1）长期的加法式发展，使得体系过于庞大，牵一发动全身。当需要缩减容量，解放出更多的教学时间应用到其他的新课程的时候，就会出现课时难于协调，旧有的课程难以削减——而旧课程又无法适应当前教学的情况。全体系只能进行缓慢的更新，但其更新速度已经无法适应当今建筑设计技术、工具及思想的更新。

（2）当今国际化交流与合作教学的趋势愈见明显，但如果教学体系内没有预留的教学实践或者适当的课题为国际化课程提供平台，就会让一些准备期较短的合作课程流于形式化，只能选择临时课题，而不能有针对性

作者邮箱：hanyj@hit.edu.cn

❶ 黑龙江省2013年高等教育教学改革项目“寒地可持续型住宅设计国际化课程教学体系研究”；黑龙江省哲学社会科学规划项目（12C035）

地结合常规课程教学，开展具有深度的合作。

（3）传统的教学模式过于强调学生的技能性训练，而非研究型的创新能力培养。很多研究型的课程要等到研究生的阶段，学生才能接触——这就导致在本科人才培养上的缺陷。要从匠人型转向侧重创新能力的设计师培养，就必须有相应的研究型课程的介入。

2 新体系的建立

2.1 “鲶鱼型”的课程引入

为了解决如上弊端，需要调整教学结构与内容组织。但众所周知，任何一个庞大的结构都不可能做一蹴而就的大幅调整，过大的手术会导致更为致命的伤害。我们在实际的教学操作中引入了“鲶鱼效应”理论，即以小而灵活，但学时相对固定的新的“鲶鱼”型课程来盘活整个教学格局。通过特定的小课程，来带动大体系的活络变动。

2.2 本科研究型课程教学方法的更新

传统的现代主义建筑设计教学更强调功能、形式的重复训练。而如今的设计观更强调多元的整合，尤其注重文化与技术融合，注重可持续生态技术在建筑设计中的运用。于是我们有针对性地，在特定的设计课授课周期中（三、四年级）融入建筑技术设计的内容，把研究建筑空间设计中的建筑技术问题作为重要的环节和内容与原有的课程设计结合起来。改革后的课程不再由建筑系教师独立承担，而是由建筑系和建筑技术系的教师共同合作完成。

2.3 国际化平台的搭建

与建筑技术系合作的同时，在本科教学中还尝试了搭建国际化联合教学平台。主要的方式有：

（1）通过联合境外的其他同类院系，开展联合教学。设计题目一般由双方教师结合学生水平和训练目的共同拟定，将学生组成不同的课程工作组，组织去境外参观考察，考察期通常在1～2个星期。此种形式能保证50%的学生出境率。考察回来后用一个月内剩余的时间来完成联合设计题目。

（2）利用每年组织固定的海外学术活动月，结合常规课程，举办设计工坊及系列讲座，进行课程内容的预热补充。可结合上一点中提到的活动同步进行，让学生接触多个海外院校的教学方法与教学思想（图1），并在常规课程之外接触到更多的相关专业训练。

（3）结合各建筑教研室的教学任务，由教研室的教师联络相关领域的海外知名教授，学校出资，聘任其为定期访问教授，每年参与1～2个月的常规设计类课程辅导，及理论课教学，使学生接受更广泛层面的指导，掌握更多的设计研究方法。

图1 海外学术活动月中外籍教师在进行建筑技术方向的讲授课程

3 新体系的特色

经过近3年的课程转型、体系搭建与逐步修正，新的教学体系已经初具规模，并发挥出愈为显要的作用，对全系的每年两学期向三学期的转型也做出了积极的试验意义。一方面，新体系依托于既有的课程，同时由于课程内容自身的内涵变得更加丰富，利用不同学术背景的师资协作，使体系在短时间内完成了快速的转化。另一方面，建筑学院与建筑设计院相联合，形成教学基地与实践基地的联动，学生在三、四年级的设计学习、技术掌握、与研究型创作，都可以在之后的设计院实习中完成检验。就目前的设计院反馈来看，已产生了积极效果，近三届的毕业生较之其前的毕业生，在新技术的运用与设计创新等方面都有着大幅度的提高。也就是说，新的体系并非仅注重研究型的能力培养，而是通过研究能力的代入，促成了学生在设计深度与设计创新双方面的提高。此外，已经逐步形成了较为稳定的国际联合式教学团队。值得一提的是，这样的团队人员并非是固定的，而是合作模式的相对稳定。每一学年展开的教学活动和任务具有相似性，但又会因配比的教师变化而带来选题上的变化。这样既能保证学生完成相应的训练和变化，也能在每次的训练中引入新的元素，使课程具有自我生长性。通过课程自身的微变化，比较不同教学元素给课程带来的效益。同时，使教师具有更灵活的选择，而不是绑定固定的教师。避免了课程因特定的教师缺席而无法进行的可能情况。

4 教学实验的执行

教学改革体系的转制是通过具体的教学实验步骤来实现的，主要有如下几个方面：

（1）新增基于建筑学专业自身的技术类课程，如参数化设计技术、性能化模拟，以及数控模型制作课程。设计工具在一定程度上决定了设计成果，因而一定程度上，近十几年来我们所看到的建筑设计作品的风格与理念上的巨大变化，都得益于计算机设计工具的又一次大幅度更新。回避新的技术显然不是积极的选择，对于大学建筑教育，应该是包容地接受新技术，将其纳入到自身的教学体系。使学生初步掌握，并具备自我深入学习的能力。并使其知晓，任何技术都是设计师在完成设计课题时的选择，但不是必要条件。此部分的课程属于理论与上机实践相结合的课程，更多的应用与真实掌握，需要学生在设计中来体验完成。因而这一部分课程更像是一种导引课，并没有占据太多的教学比例，但在其后的国际化联合课程与开放课程中又有相应的环节，用以实践和强化课程内容。

（2）利用开放式课程、联合设计课程等教学平台，针对三、四年级的建筑设计教学，强化巩固常规课程内容。在我们的常规体系中，住宅设计与综合设计是三、四年级的核心建筑设计课程，于是在开放式课程与联合设计课程之中，学院的课程责任教师会与合作教师（包括其他专业教师或者境外教师）通过网络提前展开备课讨论，商定设计任务书以及学生的课前准备工作。具体的设计内容作为常规设计课程呼应补充，但是更强调大团队合作，以及短周期的设计成果。这样的课程可以设立在常规课程之前或之后，达到预热或综合复习的目的。从而实现巩固学习成果，自然掌握讨论及研究学习能力的目的。

（3）另一种联合设计的课程形式是互动性更强的联合互访式教学方式，但这样的课程实行起来难度较大，不太容易形成稳固的定期合作。这种形式的优势是，更接近于常规的设计课程周期，较之于一般的国际工作坊式课程，有更深入的教学交流与成果。例如哈工大与MIT曾合作进行过体育建筑的联合课程设计，双方师生在课程推进中进行互访，或在哈工大或在MIT。采用共同题目，不同地段，由学生自行选择。开题、中期、答辩采用联合检查的形式，使双方师生在一个较长的周期性过程中，了解彼此的教学特色与形式，相互借鉴，开阔视野。从成果上来看也的确达到更佳的教学效果，参与此教学的学生在其之后的课程设计中也都表现出更为开拓的设计思维和更为精细化的设计深度（图2）。

图2 与美国麻省理工学院进行的互访式联合设计

（4）利用外籍教师驻校的周期，额外设置教学型系列讲座课程，以及教学讨论和观摩辅导课程。对于哈工大建筑学院来说，能够定期来访参与教学的外籍教师数量并不是很多，但每一位合约教授都是其相关领域的国际知名专家学者。因此如何使聘用效益最大化，使更多师生受益于其教学及研究成果是执行的关键。我们目前的方案是，在其工作周期内，经过其允许，安排特定的讲授讲座专题，面向全院师生，扩大学术学习范围与影响。另外还设有观摩辅导课程，由学院内常规任课老师提出邀请，客座教授参加课堂观摩，并参与辅导、答疑和讨论。而有些教授驻校时间较短，但在课程周期内，依然可以通过网络教学参与课程（图3）。

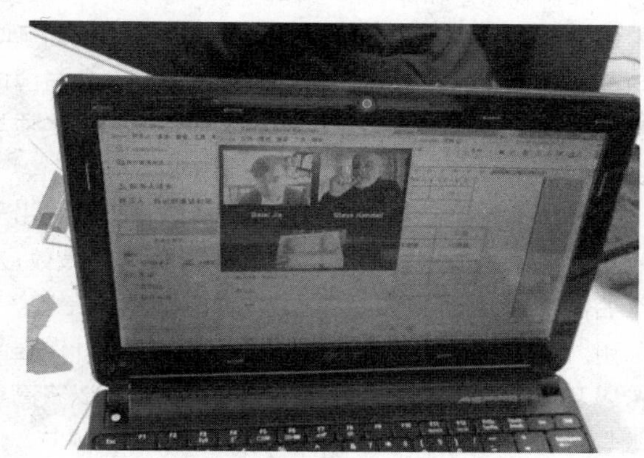

图3 与境外教师通过Skype等在线通信工具进行在线讨论、教学

5 总结与展望

综合来看，由于一二年级的课程主要针对设计基础教学，国际化研究型本科设计类课程教学体系主要是面向三四年级而创立的。目的是面向社会输送具有更强创新能力的设计人才，或者使本科—研究生的过渡更为平滑。就目前的教学成果来看，其收效是积极、良性的（图4）。学生在高年级阶段，经由此体系培养，拓展了其专业视野和设计能力，也锻炼了自身的研究型的学习

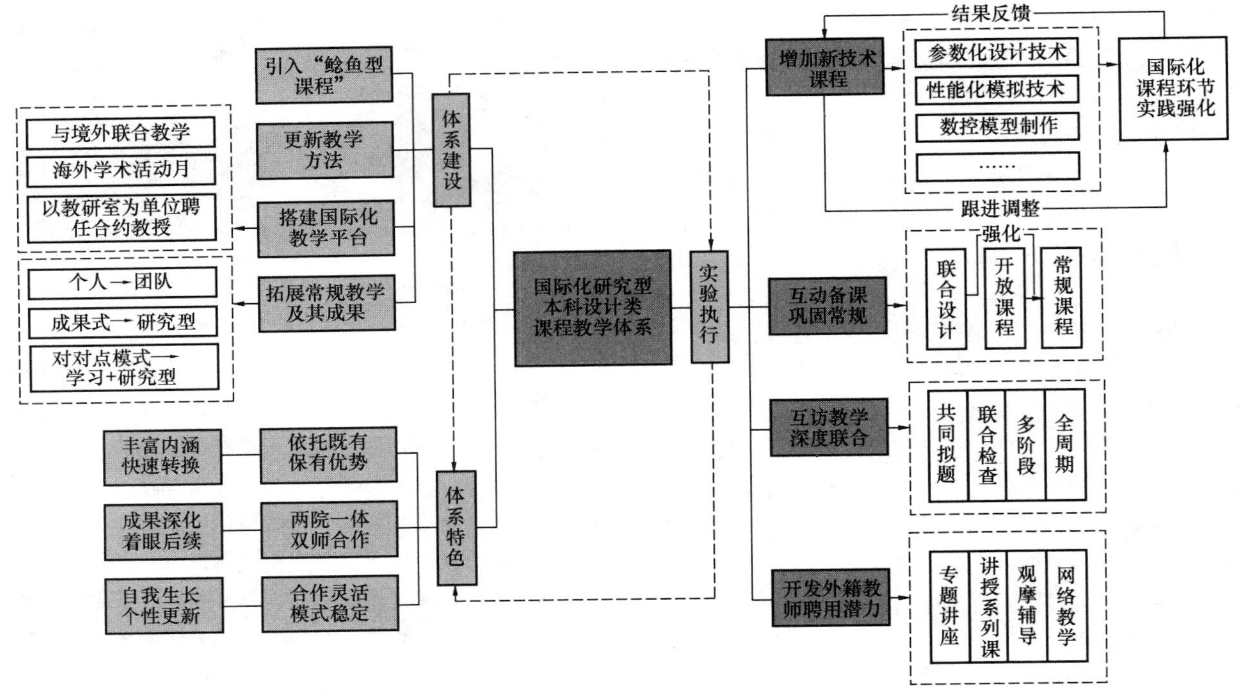

图 4　国际化研究型本科设计类课程教学体系结构图

能力，即自我完善和深化的创作能力。而不断介入的新元素能够使学生持续保持新鲜感，很大程度地调动了其学习理论和设计的积极性。有很多设计作业，参与国内的高校设计联评和国际竞赛，且都取得了很好的奖项与名次。

这些成果仅是一个良好的开端，可以预见的，由于国际化进程的逐渐深入，和课程体系自身的马太效应，在今后的教学实践中依然有很多的工作要去完善[2]。例如引入更多的合作专业，搭建更为综合的设计课程平台；以及将合作课程向常规课程转化，都是可以将高年级教学导向进一步深化的途径。但如何取舍、倾向，依然需要更多的实验性教学实践。

参考文献

[1] 梅洪元，孙澄．引智 聚力 特色办学——哈尔滨工业大学建筑教育新思维．城市建筑，2011，03：27～29.

[2] 邓蜀阳，龙灏．联合中的跨界与多元——建筑学联合设计教学的启迪与思考．室内设计，2013，01：28～32.

贺　永　扈龑喆
同济大学建筑与城市规划学院
He Yong　Hu Yanzhe
College of Architecture and Urban Planning, Tongji University

相同文化认同下的不同设计之道❶
——2011东亚建筑与城市设计工作坊侧记
The Same Culture Identity, the Different Strategy
——A Record of East Asian Architecture & Urban Design Workshop

摘　要：本文介绍了2011东亚建筑与城市设计工作坊的主题、相关背景及组织特色，并就相同文化认同背景下的中、日、韩三国学生在WORKSHOP期间的设计思维、工作方式的特点进行了分析和比较。
关键词：文化认同，工作坊，东亚
Abstract: The paper addressed the theme, background and organization of the 2011 East Asian Architecture & Urban Design Workshop, briefly analysis the characteristics of the students from China, Japan & Korea with the same culture identity.
Keywords: Culture identity, Workshop, East-Asia

从1996年开始，韩国釜山国立大学建筑系在每年的暑期都要举行一次东亚建筑与城市设计工作坊（East Asian Architecture & Urban Design WORKSHOP），工作坊邀请来自中、日、韩三国规划建筑院校的学生参加为期一周的集中设计交流。❷该工作坊的主旨在于让学生从城市的历史与文化入手，通过城市设计、建筑设计及景观设计的结合，在研究城市文脉的基础上，探索亚洲城市在21世纪的文化认同与文化传承。工作坊通过让来自不同国家、不同学校的学生、教师对于指定问题的设计探索，为他们提供一次重新认知东亚建筑传统、建筑文化，增进国际竞争的契机。同时，工作坊还促进了来自不同国家、不同学校的学生之间的对话和文化交流，为学生提供了一次对城市历史、建筑理论和设计实践之间关系的内在认知与体验。❸

从2002年开始，同济大学建筑与城市规划学院被邀请参加这一工作坊（WORKSHOP）的设计活动。学院每年派出10名左右的同学由1～2名教师带队组织参加，并在工作坊设计过程中取得了很好的成绩。❹2011年，学院派出2位指导教师和14名分别来自建筑学、城乡规划学、风景园林学三个学科的学生参加了这一工作坊的设计工作。

1　2011工作坊简介

2011年东亚建筑与城市设计工作坊的主题是“四十阶”（Forty Steps）。题目选择了位于釜山港附近的

---

❶ 中央高校基本科研业务费专项资金（基础研究人才培养计划）资助（编号：0100219092）；高等学校博士学科点专项科研基金（新教师类）资助（编号：20120072120064）。

❷ 2005年以前，在密阳国立大学（Miryang National University）举行，后来密阳大学并入釜山国立大学，从2007年开始，这一工作坊开始在釜山国立大学举行。

❸ http://164.125.174.23/summer/main_2011.htm.

❹ 从2007年开始，由孙彤宇和唐育虹老师带队，获金、银、铜奖各一项；2008年由岑伟老师带队，获两项银奖；2009年由周向频和张志敏老师带队，获金、银、铜奖各一项；2010年由胡滨和方勤老师带队，获银奖、铜奖各一项。

“四十阶”及其周边地区作为研究和讨论的对象，要求通过城市设计、建筑设计和景观设计相结合的手段重新设计“四十阶”及其周边区域的建筑、街道和景观。

1.1 “四十阶”（Forty－Steps）的简要历史

1407年左右，韩国釜山港开始向日本开发，即现在的草梁（Choryang）区被划定为日本人居住区，当时被称作倭馆（Weiguan），只有少量日本人居住在此。到了19世纪后期，日本居民的数量快速增长，在现在的东光洞（Dongwang-dong）地区形成了一个主要的日本人居住社区。

1950年，朝鲜战争爆发，大量难民涌入釜山，并把东光洞地区当作暂时避难场所。这个只有两条短短街道的区域成了难民和当地居民进行经济活动和社会活动的重要空间。位于这条街道的尽端的“四十阶”联系了位于地势较低处的街道空间和位于高处的居民居住空间，也就在这“四十阶”台阶上，难民与当地居民在这里通行、寻找工作和赖以生存的食物；在这里，难民们聚集、寻找、交换家庭失散成员的消息；同时，这个区域也成了美元和救济给养买卖的黑市。

为了展现曾经发生在这里的悲欢离合，并珍藏对那些逝去岁月的记忆，当地政府在“四十阶”竖立了纪念物，一些铁路路轨、老式路灯、原有的铺装、行道树、当年的电线杆等都被保留下来，并通过“四十阶”旅游文化主题街的建设，这里逐渐形成了一个新的旅游景点。让游客借此感受过去的时光，展现1950年到1960年间发生在这里的悲欢离合。❶

目前，该地区为当地居民的聚居地，区域内的建筑主要以住宅为主，建筑多为3～5层，建筑形式以现代建筑的方盒子为主，没有明显的地域建筑风貌特征，功能呈现居住、小型商业、简单加工业、旅游等多功能混合的状态。原有的四十阶已经经过重新设计，成为联系基地内两条位于不同标高、贯穿整个基地的主要道路的重要节点。

1.2 设计要求

本次设计工作坊的基地位于釜山的中区（Junggu）中央洞（Junggu-dong），离釜山港仅数分钟的路程。设计要求通过对建筑、街道和景观的再设计实现对包括“四十阶”及其附近的街道和部分区域的保护和复兴。位于“四十阶”之前的“四十阶”旅游文化主题街也是设计的一部分（图1）。题目设置要求相对较为宽泛，没有过多的限制，鼓励学生根据自己对场地的理解尽情发挥。

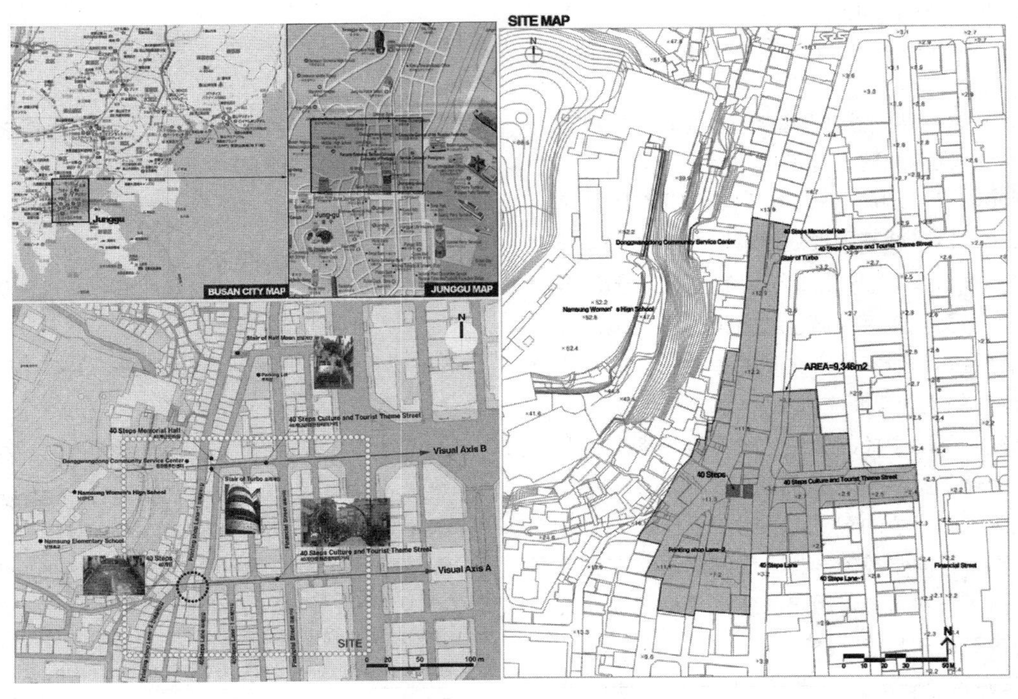

图1 基地区位与总平面

❶ 来自WORKSHOP的poster的介绍文字。

2 工作坊的组织过程

2.1 人员组成

2011 年东亚建筑与城市规划设计工作坊共由来自中、日、韩三国的四所大学的建筑及相关专业的 40 名学生和 7 名指导教师组成，参加的学校包括韩国釜山国立大学（Department of Architecture，Pusan National Univ. Korea)、中国同济大学（college of Architecture and urban planning，Tongji Univ. China)、日本九州大学（Department of Architecture，Kyshu Univ. Japan）和日本九州大分大学（Department of Architecture，Oita University，Japan)。其中釜山国立大学 1 名指导教师，15 名学生；同济大学 2 名指导教师，14 名学生；九州大学 1 名指导教师，8 名学生；九州大分大学 2 名指导教师，8 名学生。

2.2 设计分组

此次工作坊的组织采取了学生打乱混编、教师分组指导的方式进行。来自 3 个国家，4 所大学的 45 名学生在进入设计阶段后，采取随机抽签的方式将所有学生全部打乱重新分成每组包括 3 名学生的 15 个小组(Group)，每 5 个小组为 1 个大组，共形成 3 个大组(Studio)。来自四所大学的 7 名指导教师分成 3 组，每组分别指导一个 Studio。每个 Studio 中的 5 个小组的学生分别独自开展设计工作。每个 Studio 包括来自中、日、韩三国的学生，旨在促进学生们之间交流的同时，让学生与不同国家的指导教师进行接触，促进学生与其他国家指导教师之间的交流。

2.3 日程安排

2011 年的工作坊时间安排为 7 月 25 日至 7 月 30 日，共 6 天。工作坊的第一天（25 日）主要是接站、入住和欢迎晚宴，让学生和学生，指导教师与指导教师相互认识并有初步的了解；26 日，在韩国几位教授讲解了基地的历史背景和基本情况之后，由全体指导教师和学生对基地进行了现场参观（包括附近的一个游客中心)；从 27 日至 30 日是工作坊的设计工作时间，每天从早上 09：00 开始，下午 15：00 左右每个 Studio 会对一天的工作进行简单的汇报、交流，并由各组的指导教师进行集中的讲评，确保各组的工作进度。在 28 日的下午进行了中期讲评，全体指导教师对所有组学生的设计概念和设计阶段成果和设计进度进行了集中的点评。30 日最后一天 16：00 收集最终成果，16：00—17：00 进行集中的成果展示，17：00—18：00 进行了最终评议并举行了闭幕仪式。

2.4 成果评议

工作坊的最终成果要求每个小组（Group）提供一块 A1 大小的展板，成果的评选由初评和最终评议两个阶段组成。初评由包括 7 名指导教师和 8 名来自釜山国立大学和釜山当地建筑事务所的建筑师组成的 15 人评委团和 15 个小组共同投票进行评议，共 30 票，得票最多的前 6 个小组进入最后的角逐。最终评议由 15 名评委进行不记名的投票，首先选出 3 个铜奖，再选出 1 个金奖、最后剩余的 2 个组为银奖。

3 工作坊的特点

回顾 2011 东亚建筑与城市设计工作坊的整个设计工作过程，可以总结出以下几个特点：

3.1 工作安排紧凑，准备工作充分

东亚建筑与城市设计工作坊已经举办了将近二十年，组织方已形成了比较成熟的模式，并积累了丰富的经验，在工作坊举办期间，时间安排紧凑，题目的设置、设计内容、设计工作强度、设计工作节奏及总体进度控制比较合理。既保证了一定的工作强度，使设计成果达到应有的深度，也给参与的学生和指导教师留出了相对宽裕的时间，保证了学生与学生、指导教师与学生、指导教师与指导教师之间的了解和充分的交流。

3.2 完备的后勤保障

在工作坊期间，有来自釜山国立大学低年级的 4 名同学（包括一名中国留学生和一名日本留学生）负责工作坊所有的后勤工作，包括翻译、基地参观向导、外出就餐带队、图纸打印、帮助就医、订餐、所有工具和模型材料的管理，为参加工作坊的各国同学提供了有力的帮助，解决了后顾之忧，保证参加工作坊的学生全心投入到题目的设计和讨论之中。

3.3 网络实时更新

工作坊拥有自己的网站，所有往年工作坊的信息，包括设计任务、工作计划、讲座资料、组织机构、参与人员、参与过程中的影像、记录、资料、最终成果都可在网站上进行查询。而且在工作坊进行过程中，工作坊的进展及所有的影像资料专门由一名负责后勤的同学进行不断地更新，参加工作坊的师生和关注该工作坊的学

生家长可以通过网络最快地了解工作坊的实时动态，这一举措增强了学生的竞争意识，推动了学生在设计工作和设计进程中的投入，同时对于扩大工作坊的社会影响也起到了积极的作用。❶

3.4 学生主导，指导教师辅助

这次工作坊的另一特点是参加的同学与指导教师现场随机混合抽签分组，促进了来自不同国家的学生与学生、学生与指导教师、指导教师与指导教师之间的交流。工作过程中，指导教师根据自己的计划进行指导，每天上、下午都会留出学生独立工作的时间和空间。在每天晚餐前，指导老师会和学生就每天的设计思路、进度和内容进行充分交流，并做出具体指导和建议，保证指导教师对学生设计工作的进度把握的同时也保证了最终设计成果的深度。

4 工作坊总结

东亚建筑与城市设计工作坊设置的初衷就是致力于基于同一文化圈、同一文化认同的背景下，探索从不同的视角、不同的专业视角寻找对城市与建筑相关问题的解决策略。在工作坊过程中，中、日、韩三国的学生表现出较高的文化认同，如在公共空间与私人空间的关系、建筑与城市、建筑与人、建筑与自然的关系等许多共性问题上很快也很容易达成共识；但三个国家（包括日本九州大学的一名马来西亚留学生）的学生和指导教师在表现出同样的文化认同的同时，也有各自不同的思维方式、工作习惯和工作组织方式。

4.1 参与学生的特点

在工作坊期间，三个国家参与的同学分别表现出各自不同的特点：

在交流过程和交流表达方面，中国学生使用英语交流的能力和整体的水平表现突出，获得了日、韩两国指导教师的高度认可。中国学生的英语应用能力突出，并显出极大的开放性，愿意与其他国家的学生和指导教师进行积极的沟通和互动。日、韩两国学生在这一过程中用英语表达的水平稍显不足，由于英语口语表达的不足，在一定程度上也妨碍了设计过程中充分、深入的交流，对于一些专业问题的交流流于表面。在工作坊整个过程中，日、韩两国的学生初始表现相对拘谨，随着时间的推移和了解的加深，在后期的交流中表现出更多的主动性和热情。

整个设计过程，三个国家的同学都非常投入和努力，也表现出了不同的工作风格。中国学生很快就进入了工作状态，而且受学校长期训练的影响，每组同学很快就形成了团队工作的架构，有主导设计的核心同学，有负责专门汇报的同学，有配合工作的同学，分工明确，结构合理，设计推进有效有序，保证了设计成果的深度；日本学生则表现出了较强的个性，在方案初始阶段有较长时间的讨论过程，都在试图说服对方接受自己想法，在一定程度上导致后期深入设计的时间相对较短，设计成果的表达深度略显不足；韩国学生的工作风格则介于前两者之间，既有很好的团队协作能力，又保证了成果的深度。

在设计思路上，日本同学表现得比较优秀，设计之初的想法可谓天马行空，少受既有现实条件的限制，构思大胆，对合理性和现实性考虑较少，这在一定程度上也导致了后期深化的困难和成果表达上的深度不足；中国同学则相对理性，在设计过程中，从问题入手，积极探求解决之道，表现出了扎实的基本功和解决问题的能力；韩国同学则介于前两者之间，思路和想法上表现出少受既有条件约束的特点，设计也较为大胆，在后期推进过程中能保证较好的设计深度。

对于题目基地及其边界和范围的划定，中国学生还曾提出过质疑，表现出很好的独立思考的能力，认为用地边界的划分有其不合理的地方，曾试图与出题的韩国教授进行讨论和修改。为了保证工作坊的进度和公平，这一提议最终未获得批准。日本和韩国的学生则未有这方面的顾虑，严格按照任务书给定的要求开展设计，未见提出任何不同意见。

4.2 指导过程

对于初次参加工作坊的同学，工作伊始对于工作坊这种迥异于平时课程设计的工作方式表现出一定的不适应性，主要问题可以总结为：

（1）认为在开展设计前对于基地和周边环境的现状条件了解太浅，对于居住在那里的人口的真实需求了解甚少，无法对基地存在的问题进行全面的把握，难以相对准确、理性地抓住基地的核心问题。

（2）由于对于当地地方的政策法规的不了解，设计过程中许多类似课程设计过程中需要了解的强制性的规定、规范都不甚明了，导致设计的尺度把握不置可否，设计推进不够得心应手。

对于这个这两面的问题，指导教师给出的建议是：

---

❶ http：//164.125.174.23/summer/index.html。

（1）抓住工作坊工作的特点，在很短的时间内从个性化的视角抓住基地、环境和主题的特点，找寻最直接的问题，并尽快确立设计所要面临的问题，这也是工作坊训练的重要目标。

（2）在工作坊过程中，更多地关注寻找问题—发现问题—解决问题这样的设计的逻辑性和各阶段工作推进之间的联系性，对于设计思维、设计逻辑性的训练远重于设计内容本身。

（3）在工作坊过程中与同组同学、其他组同学、不同的指导教师的相互交流和思想的碰撞，远重于最终形成的成果，过程的意义远重于最终的成果。

在明确和充分认识了工作坊的这一特征之后，学生们不再纠结于平时课程设计中形成的惯性思维和工作方式，较快地进入了工作坊的工作状态，积极投入到工作坊的工作当中。

4.3 成果评价

本次的工作坊成果评选中，中国同学一个小组（小组编号 B-04，主题：冲突与共生 /conflict coexistence）获金奖（图 2），另一个小组（小组编号 C-01，主题：无缝 /gapless）获银奖（图 3），韩国学生一个小组（小组编号 C-04，主题：台阶 事件 /more steps，more events）获银奖（图 4），另有 3 个日本学生小组获得铜奖。

图 2 金奖方案

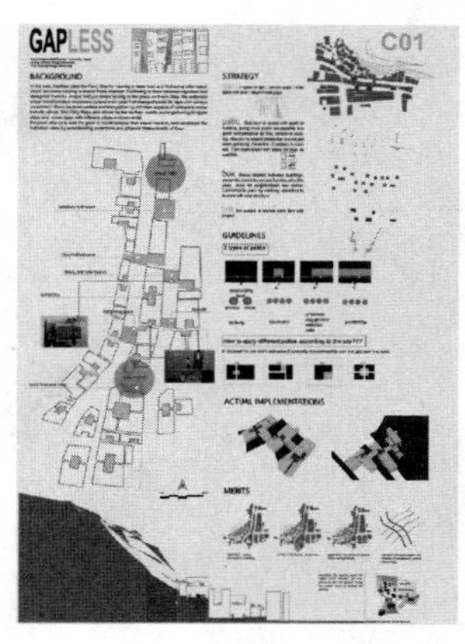

图 3 银奖方案 1

（1）冲突与共生（conflict coexistence）

金奖方案既关注到基地内建筑的肌理与周边建筑的肌理、当地居民的居住要求与商业化行为入侵、传统的居住形式与现代居住方式之间的冲突，同时也注意到建筑与景观、商业行为与居住行为、工作于居住、新与旧共存的现象。将现有的四十阶沟通区域内上下两个标高

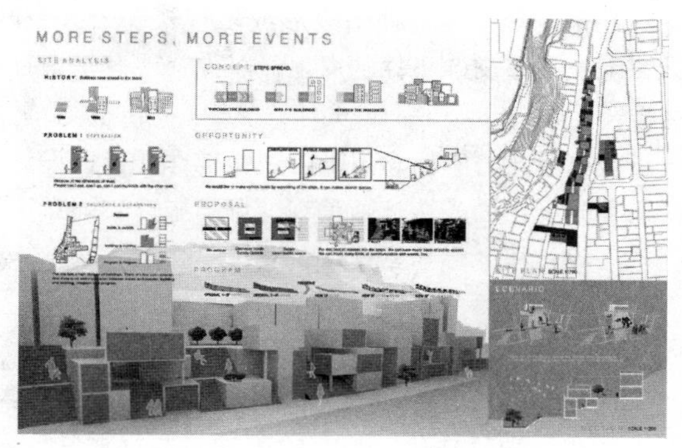

图 4 银奖方案 2

空间的方式通过延伸、作用、扩展手段将这一方式扩展到整个基地范围内，通过映射基地的历史变迁、商业业态类型、休闲景观现状的三条线索，形成空中、上、下两个标高三个高度的联系整个基地的“四十阶”，完成了对基地的完整控制和全面介入。

评委认为此方案对基地的主要问题的把握准确，切入的视角多维，关注的问题贴近现实，设计分析细致全面，设计综合了规划、建筑、景观等多方面的手段，想法大胆且具有个性鲜明，图面表达效果突出；不足之处在于可实行性较弱。

（2）间与无间（gapless）

中国同学的银奖方案注意到现有基地内除了四十阶是联系基地内两个不同标高的重要节点外，在现有建筑与建筑之间依然存在的有不为人关注的众多大大小小的“四十阶”，它们在联系基地两部分不同标高的同时也形成了原住居民进行交谈、休息的重要空间。该方案将这一发现即既有的建筑与建筑之间的“间”加入建筑内部露台、天井（patio）的要素，通过建筑内部的露台、天井（patio）的不通过开放程度与联系上下标高空间的“阶”共同形成整个场所的原住居民之间以及原住居民与外来游客之间交流的“无间”空间。

评委认为该方案设计入手概念独特，设计手法统一，概念表达清晰，图面表达优美；不足之处在于露台、天井（patio）的要素在建筑中的介入略显牵强，且会对原住居民的工作生活造成一定的影响。

（3）台阶与事件（more steps，more events）

韩国同学的银奖方案认为基地的主要问题是外部公共空间的缺失，导致居住在这里的人群之间以及居住在这里的人群与外来人群之间的交流缺乏，方案抓住本次工作坊的主题“四十阶”，以台阶与事件为主题，既呼应题目设置的要求，又契合对于基地的主要问题，通过扩展建筑与建筑之间的台阶、部分穿过建筑的台阶、全部穿过建筑的台阶等多种手段形成多种外部公共空间，以此来激发更多交流事件的发生，以弥补现有基地存在的主要不足。

评委认为该方案概念清晰，逻辑推理严谨，设计手法统一简洁，图面表达清晰美观，可实施性较强；不足之处在于设计概念稍显常规，创新性不强。

5 结语

不同于与西方国家学生之间进行的工作坊的交流，学生在初步接触时文化、观念的差异与冲突非常明显，东亚建筑与城市设计工作坊由处于同一文化圈的国家之间的学生组成，基于共同的文化认同，许多问题大家非常容易达成共识，甚至有时只是简单一个单词就可以将所有想要表达的问题表达清楚（虽然大家都需要用英语来交流，但交流的深度与共识却是与英语作为母语的西方学生交流无法比拟的）。这种文化上的认同和语境的连续性使得该工作坊的交流与讨论变得简单的同时，又贯穿着不同国家、不同区域、不同“微文化”的差异和不同的思考方式的冲突，为参加工作坊的学生提供了一个很好的拓展与学习的平台，这也许就是东亚建筑与城市设计工作坊在多年的实践中不断进步不断完善的魅力所在。

（感谢建筑与城市规划学院学工办金婕老师在本次工作坊前期的准备工作；感谢在韩国釜山国立大学留学的中国留学生王炜同学在工作坊期间对我们的帮助；感谢参加此次工作坊的 2007 级孙朴诚同学，2008 级方卓欣、张盼盼、黄斌全、刘昳、龚音嘉、管盈盈、吴梦荷、张子婴同学和 2009 级门畅、肖思洋同学的努力工作）

参考文献

［1］ 索健，范悦. 用全球化视角探索大规模既有住宅再生的方法. 建筑学报，2007.12，89-91。

胡一可　张昕楠　邵　笛
天津大学建筑学院
Hu Yike　Zhang Xinnan　Shao Di
School of Architecture，Tianjin University

浅析建筑设计中概念与选址关系解读

——以 D3 明日住宅竞赛获奖作品为例

The Relationship Between Concept and Site in Architectural Design

——Take Competition "D3 Housing Tomorrow" for Example

摘　要：本文以 2013 年 D3 明日住宅国际竞赛一等奖作品"云上的日子"为例，对作品的概念及设计过程进行解读，通过分析该项赛事历年经典作品，说明了设计概念与选址之间的密切联系，并探讨了在该方面推进建筑设计教学的方法。

关键词：国际竞赛，概念与选址，教学方法

Abstract：This paper gives interpretation of concept and designing process of the 1st prize work "Life on the Ropeway" in 2013 d3 Housing Tomorrow International Competition. By analyzing the classic works of the tournament over the years，this paper indicates that there is close relationship between design concept and site，and explores the aspects of teaching methods to promote architectural design.

Keywords：International Competition，Concepts and Location，Teaching Methods

美国时间 2013 年 3 月 4 日，"D3 明日住宅设计竞赛"评审委员会在纽约公布了 2013 年度竞赛获奖名单，由天津大学建筑学院张昕楠、胡一可老师指导，学生蝴蝶、胡伯骥、赵洋设计的参赛作品获得了第一名。"D3 明日住宅设计竞赛"致力发掘将住房与人类、环境和生态相结合的新兴力量和富有远见的建议，旨在促进设计作品对环境、文化和建筑全生命周期的探索，以期获得满足未来生活需求的新住房策略，倡导以新兴的规划策略、先进技术和新材料为创新手段，来挑战传统建筑形式。

2013 年度，"D3 明日住宅设计竞赛"评审委员会共计收到世界 60 多个国家学生的 800 余份参赛作品，最终选出了一、二、三等奖各一名及 16 个特别奖。唯一的一等奖作品"云上的日子"（Life on the Ropeway）来自中国，由天津大学建筑学院组成的师生团队获得（图 1）。该作品针对我国西南地区地质自然灾害频发的问题，借鉴独特的滑索交通方式进行居住空间体系的建构，提供了一种全新的居住模式，并因其浓郁的地域性和居住方式的创新性脱颖而出。

1　设计的起点——基于"此地"的设计概念

竞赛方案要针对具体问题，从当地的"土壤"中生长出来。D3 明日住宅设计竞赛的宗旨并非是对当下人类居住难题做出完整、准确的解答，而是要探索基于环境、文化和技术，提出能够满足未来生活需求的某一类型的新居住策略和模式。

"云上的日子"选址四川省汶川县。该区域常年降水量大，暴雨汇集于山谷形成山洪，形成的强烈泥石流使当地居民始终生活在危险之中；同时，特殊的地质条

图 1　作品“云上的日子”图纸

件也使人们创造出特别的交通方式——横跨于两山之间的由村民自发搭建的索道成了乡人特别是学龄儿童每天的必经之路。针对“此地”的环境问题和地域性特征，设计方案提出了利用索道体系，将多个聚落进行组合并从谷底移居至原址上空的解决策略。这样的处理，构建了一个基于索道体系、顺应山谷地貌、与环境互动，同时满足多样住居行为需求的方案；同时，结合索道而设置的水疏导系统将持续性灾难变为间歇性景观，为当地人提供全新的生活模式与栖居平台。对于该方案的获奖，媒体评论称“为了应对中国四川饱受洪水威胁的农村地区，云上的日子将村庄置于真实外景，这一可变的房屋系统落于悬索上，合理满足了村落的自然地貌并支撑社会需要。”

2012 年 D3 竞赛一等奖方案“Woolopolis”（图 2）也同样具有基于“此地”的设计特征。来自瑞典和新西兰的参赛团队选择了新西兰具有现代农村特点的地区并提出了相应的设计策略。设计概念对新西兰羊毛经济中传统的居住、修剪、产品制作被地形割裂的传统模式进行整合来提高资源利用率。“Woolopolis”采取的空间策略为：在地面上的建立立体的产业、居住网络设施，

图 2　Woolopolis

生活区域位于上层，产业区域位于下层。整个建筑像机器一样运作，在其中羊群被喂养和剪毛，羊毛被加工和买卖；同时，这个多元化的社区由农场和工厂里的工人、剪手、农业科学家、设计师和发明家共同居住。这样的整合居住模式，很好地解决了当地存在的核心问题。

由此可见，在 D3 明日住宅设计竞赛中，只有针对地域性具体问题，创造出合理的住居模式和空间，塑造更强的场所感，并进而将建筑、环境、概念达成合理的融合，才能得到评委的肯定和青睐。

2　设计的发展——基于“此地”艺术、工艺

D3 竞赛实验性强，对建筑的场地、高度、造型和技术指标等都不做限定，解决问题的方式具有多种可能。但是，要探讨人类居住模式的发展，解决人类面临的复杂问题，必须从建筑建构的层面寻求最独特的方案，关注地域性建构、关注地域性工艺的演化是近两年的获奖作品反映出的趋势。

在“云上的日子”中，村民们采用原始的手工艺，利用当地的竹子与藤条，像编制竹筐一样构架起大小不一不同规格的筐体单元，悬挂于位于山谷半空中的钢缆上，成为聚落新的生活平面。在其中独立营造的住所悬吊在筐体上部，下部留出的空间在筐体独立存在时可以作为客厅或劳作平台，而在多个筐体靠拢组合时则成了街道，市场，也会作为学校、小剧场，容纳村民的生活必需的方方面面（图 3）。

地域性工艺或艺术的转化是竞赛成功的关键因素之一。D3 竞赛 2011 年获得二等奖作品“LACE HILL”（图 4）着眼于缝合亚美尼亚历史，建立新的城市地标。

图 3 “云上的日子”空间组织及功能安排

方案将相邻的城市和景观缝起来，在介于乡村山坡生活和大密度都市的某处建立起一个整体生态的生活方式。为了建立起新的建筑城市景观，这个 85，000 平方米的项目将圆形露天剧场做了延伸与山体完美结合，其上覆盖当地植物，用回收灰水浇灌，让人联想起亚美尼亚传统花边刺绣，错综复杂的孔洞形成了梯田状的外部空间，便于自然通风，建构逻辑清晰明确。

由此可见，建筑锚固在场所中，与环境产生了千丝万缕的联系，而建筑的建造方式同样是所处环境的产物，更需要与地域工艺、艺术相依相生，它的存在应使建筑更像地域文化中生长出来。

3 设计的实现——基于当代的操作性

近年来，国际竞赛的导向性越来越明显，即天马行空的创意要有强大的技术支撑，同时需要考虑可能面临的各种实际问题，并提出具有针对性的解决策略。

在四川汶川县这样经济欠发达地区建筑钢索网络，庞大的工程资金究竟由谁负担，钢索体系的建成会对整个山区形成什么影响，当地的人们会对此作何反应，许多问题方案设计团队在目前是没有办法给出准确答案的；但是，在设计过程中至少可以对技术条件和功能组织进行深入思考。仅以索道形式为例，方案系统整合了索道的工作原理、可能的组织方式及动态交通过程。通过采取多种方式——以复线式、往复式和循环式三种体系来支持“吊屋”的重量，实现“吊屋”的移动和灵活组合。在这些技术类型组合的基础上，如何组织空间并引导人的行为成为设计的主要内容。

“云上的日子”的设想并不局限在建筑学专业，不仅从传统建筑学的空间、功能、流线和形象等方面寻求对“明日之宅”的突破，更综合了多专业内容，新的材料、新的工艺、新的交通运输方式、新的空间组合方式等，都赋予 D3“明日住宅”这一永恒的竞赛主题以全新的解读。钢缆末端的引流装置将山泉水分流导入钢缆内部的水管，整个系统形成一个交错的供水网络，并将水源导入居住单元上方的储水装置，在为居民提供生活用水的同时，人们可以通过调节储水量控制自己的居住单元沿索道自主滑动，在河谷上空与山间游移。在暴雨时，引流装置将过量的雨水截流，导入各个单元的储水罐，使人们的生活单元在重力作用下向高度较低的索道中部集中，从而躲避灾难，多余的雨水从河道上空倾泻而下形成一道特别的景观，同时也避免了对山体的过分冲刷，保持水土，为植被恢复留有时间（图 5）。

图 4 LACE HILL

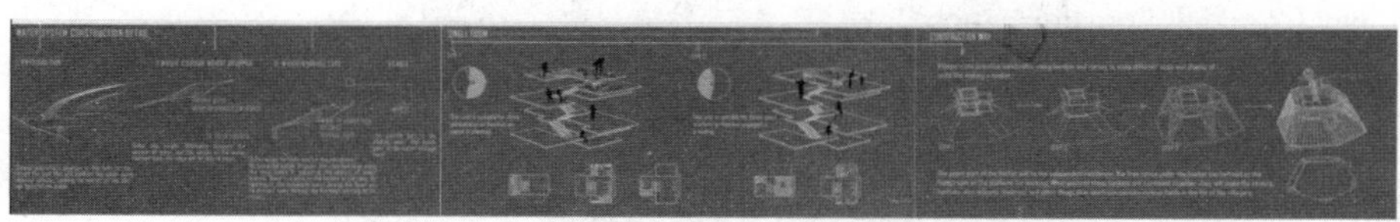

图 5 云上的日子

图 6　Vertical Village

2011 年 D3 竞赛一等奖方案“Vertical Village”关注的是农村住宅问题。由图 6 可以看出，该方案在场地中的锚固感较弱。设计者认为传统的村庄占用了过多的土地资源，因此在垂直体系中提出“3D 绘制维度”的概念以实现垂直村庄的想法。这种划分基于 3D 算法，通过计算机可以将点转译成面，并将一个确定的体块分成细胞体系。如果某一细胞有一户家庭入住，则可通过改变点的位置以创建丰富的私人空间领域。每个家庭可决定他们的房子在这个 3D 空间里的位置和放置方式。一系列被设计成循环系统和公共设施的细胞可给居住者提供便利和集体活动的空间。

图 7　Honey Cornked Transformation

2012 年 D3 竞赛二等奖方案“Honey Combed Transformation”（图 7）采用了自然界中的蜂巢和海绵作为形式来源，同时，利用仿生学知识——在细胞中紧密和空隙的转换——重建村庄缩影，使得整体建筑肌理与环境的融合关系明显加强。通过两种方式实现：一个是利用分隔的单元组成建筑，另一个是利用“闲置”的空间进行衔接。并提出高密度、多样性以及友好地改变自然来应对现代居住问题，最终落实到形式与空间是一种“生长”关系。

由 D3“明日住宅”竞赛大奖近年来的发展趋势可知，针对特定场地，对建筑“锚固”和建构方式与特定环境的关系要求逐年提高。建筑要在情理之中、意料之外，同时更要融入场景、融入环境。

结语

D3“明日住宅”竞赛要求参赛者以独特视角高度关注全人类所面临的问题，问题不是空泛的，需要针对特定的场所（环境）提出。而场所既不能极端特殊，也不能过于普适。在上述背景下进行建筑操作，并就此得到合理、巧妙的解答，是成功的关键。相应的技术支撑又会让设计方案更进一步。

贾　凡　刘彤彤
天津大学建筑学院
Jia Fan　Liu Tongtong
School of Architecture，Tianjin University

台湾建筑教育的人文性实践及其启示

The Humanistic Practice and Enlightenment of Taiwan Architectural Education

摘　要：承袭布扎教育体制的台湾高等建筑教育，在经历了半个多世纪的发展之后，目前已经有28所院校培养建筑专业的本科毕业生。各个学校由于地域、师资、传统等因素而有限地发展了各自的建筑教育特色，而其中一个共同的特点，就在于注重建筑教育的人文性和学生培养的全面化，大量人文性课程的开设和通识化教育为学生的择业选择提供了更广阔的平台。

关键词：台湾建筑教育，人文性，通识化教育

Abstract：Taiwan higher architectural education，which inherited Beaux education system，has developed more than half a century. Now there are 28 architecture departments in different universities or colleges in Taiwan，and there are almost 3000 students graduated from these departments each year. Due to the differences of regions，teachers and the traditional factors，each department has developed and improved its own characteristics of architectural education. However，all of them have one common characteristic，that is，emphasizing on the humanities of architectural education and a comprehensive training for students. A lot of humanities and general courses can provide a broader platform for graduates to choose occupation.

Keywords：Taiwan architectural education，humanistic，general education

中国大陆的现代建筑教育起源于20世纪20年代，之后经过了九十余年的发展，已逐渐趋于成熟和完善。随着大学教育的普遍化和广泛化，大学教育已不再是传统意义上的“精英教育”，而应更加全面化和多元化，本科建筑教育也是如此。在我国台湾，本科建筑教育的发展也呈现出不同的特色，有些方面值得我们借鉴和参考。

1　台湾建筑教育概况

1955年台南工学院（现成功大学）设立建筑工程系，为台湾高等建筑教育的起源，承袭布扎（Beaux Art）教育体制。随后，台湾其他院校也纷纷在工学院之下成立建筑工程系，将台湾早期的建筑教育定位为工程技术教育。直至1967年，汉宝德先生留美回到台湾，接任东海大学建筑系主任，台湾才正式建立以设计课程及设计理论为核心的建筑教育。

1990年以前，台湾只有成功大学、东海大学、淡江大学、中原大学、逢甲大学、文化大学六所高校设有建筑系，建筑学界常称“老六校”，直到1990年台湾教育主管部门开放大学科系的设立，以及2000年以后众多专科学校升为科技大学，目前已经有28所院校培养建筑专业的本科毕业生（截至2012年12月）。

表面上看起来这28所学校有公立大学和私立大学之分，有普通大学和科技大学之分，有四年制和五年

作者邮箱：619897473@qq. com

制之分，名称有建筑系、建筑设计学系、建筑及都市设计系之分，理论上应该按其名称、学制、办学宗旨来发展特色，可是实际上这些学校都受台湾教育主管部门的统一管理和牵制，包括最低毕业学分，必修课与选修课、通识课与专业课的比例等。另外由于大部分学生毕业之后面临建筑师执照的考试，多数学校的课程设置会与考试进行一定的关联。但是不可否认的是，各个学校由于地域、师资、传统等因素的区别，仍旧在有限的范围内发展了各校建筑教育的特色。而这些特色主要的共同点，在于人文性课程的开设和学生培养的全面化。❶

2　台湾本科建筑教育的特点

目前在台湾，建筑系本科教育通识化，硕士研究生教育专业通识化，博士研究生教育专业化已经成为一种趋势。本科教育的通识化，指的是给学生更多的机会去了解文学、历史、社会以及其他艺术门类的知识，让他们能够更加全面地从多角度思考专业问题；并且如果学生在本科阶段涉猎的知识较为广泛，也便于他们在进入社会以后更准确地选择自己从事的行业以及未来的事业领域。

随着本科教育的普及和进入社会的本科毕业生逐渐增多，台湾的本科建筑教育基本上是以“建筑从业人才”为培养目标的。私立东海大学建筑系原系主任陈格理教授一直在研究大陆和台湾建筑教育的区别和联系，他表示，两岸建筑教育最大的区别，是台湾所有大学的建筑系在建筑教育的目的定位上十分明确——培养建筑专业人才，而不是建筑师，所以台湾的建筑系课程开放得很宽，毕业之后不局限于做建筑设计❷。越来越多的建筑教育界学者认识到建筑教育与“建筑师”教育的差异性。台湾大学建筑与城乡研究所的夏铸九教授认为，大学部的建筑教育更多的应该是培养学生在四年或者五年的学习中，了解和认识建筑在社会和人们生活中的角色，应该是“弹性开放”、“多元自由”的，而非是现在这样以通过建筑师考试为教育目标❸。因此，台湾各建筑系课程设置的独特之处在于，虽然教育部门规定了学分数以及必修与选修、通识与专业学分的比例，但是各个学校往往在符合教育部门规定的情况下，根据自己的办学特色进行课程设置。

通过对台湾各建筑院校课程设置的分析，可以看出其建筑学人才的培养越来越趋向于全面性和社会性。必修课程中安排了一些培养文学修养和艺术品位的通识课程，也有一部分学校还设置了具有社会性的课程。据私立逢甲大学建筑系副教授郭锦津老师说，低年级学生从高中升到大学的建筑系，需要学习一些过渡性的课程，一方面能够培养他们的艺术修养，为今后的以设计为主干课程的学习奠定一定的基础；另一方面从类似高中学科的方面入手，以便促进他们尽快适应新的学习方法和内容❹。例如逢甲大学的建筑系学生入学之后除了要修习所有大学生都要修的英语和国文之外，建筑系为他们增设了文明史和文学欣赏这样具有通识性质的必修课，目的就是让学生能够在真正进入建筑主干课程的学习之前，对整个世界有更深刻的了解，并对其他艺术种类有更好的认识。

在选修课程上，除了一些建筑相关知识技能类的课程外，大部分学校也设置了人文社科等其他专业的课程，如私立淡江大学建筑系为大二的学生安排了艺术概论作为选修课，在建筑人才的培养方面也逐渐向全面发展的方向靠拢。

3　台湾建筑教育课程中的人文性课程

如前所述，为了在建筑本科教育中实现通识化，目前台湾排名较前的建筑系在课程计划中除了安排本专业及其相关专业课程外，还增设了其他领域的课程。表1给出了部分大学建筑系本科课程中人文类课程的设置情况❺。从表1可以看出，这些人文类课程主要分为文学及历史、其他艺术、社会科学三大类（图1）。

---

❶　张基义．多元纷呈混沌初始的台湾建筑教育［J］．台湾建筑学会会刊杂志，2011，1：25-27.

❷　笔者根据私立东海大学建筑系陈格理教授访谈记录整理。

❸　笔者根据台湾大学城乡研究所夏铸九教授访谈记录整理。

❹　笔者根据私立逢甲大学建筑系郭锦津教授访谈记录整理。

❺　根据各校建筑系网址整理：

成功大学建筑系 http：//www. arch. ncku. edu. tw/

私立东海大学建筑系 http：//arch. thu. edu. tw/thu _ arch/index. php

私立淡江大学建筑系 http：//www. arch. tku. edu. tw/index _ flash. htm

私立中原大学建筑系 http：//www. arch. cycu. edu. tw/

私立逢甲大学建筑系 http：//www. arch. fcu. edu. tw/welcome. html

私立实践大学建筑设计学系 http：//www. arch. usc. edu. tw/

台湾部分建筑系文化类课程设置情况　　表 1

学　校	课　程	修习年级	必/选修	学分	开设单位
成功大学	哲学与艺术	大二	必修	2	建筑系
	阅读与设计思考	大二	必修	2	建筑系
私立东海大学	资讯教育	大一	必修	3	建筑系
私立淡江大学	艺术概论	大二	选修	2	建筑系
	空间与社会	大三	选修	2	建筑系
私立中原大学	语文与修辞	大一	必修	2	通识中心
	文学经典阅读	大一	必修	2	通识中心
	博物馆与考古学导论	大五	选修	3	建筑系
	原住民的传统智慧	大五	选修	3	建筑系
私立逢甲大学	文明史	大二	必修	3	建筑系
	文学欣赏	大二	选修	3	建筑系
私立实践大学	电影艺术	大一	选修	2	建筑系
	跨领域空间创作工作营	大一	选修	2	建筑系
	西洋美术	大二	选修	2	建筑系
	中国美术	大二	选修	2	建筑系
	表演艺术	大三	选修	2	建筑系
	美学	大三	选修	2	建筑系

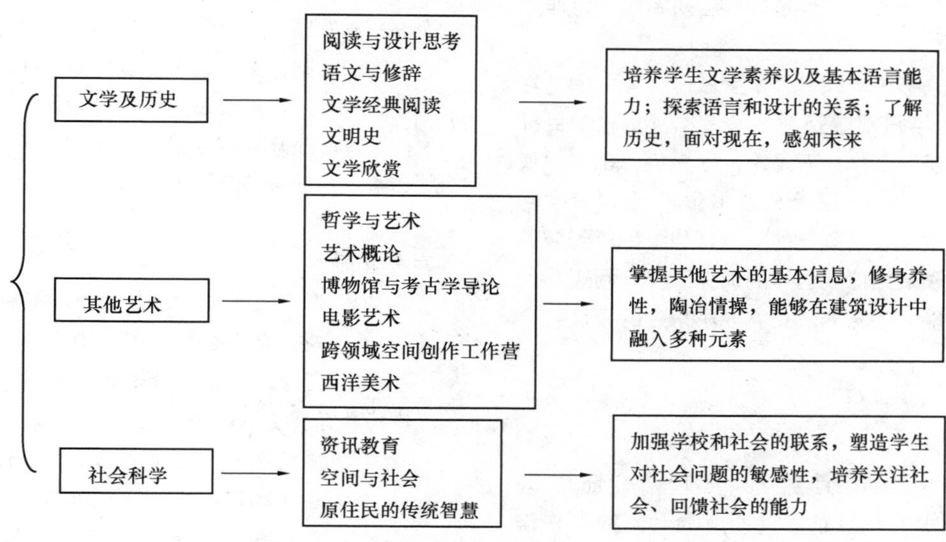

图 1　台湾本科建筑学课程体系中的人文类课程的分类

4　台湾人文建筑教育的典例与先锋——台湾实践大学建筑设计学系

台湾实践大学的建筑设计学系成立于 1991 年，办学目标为培养具备建筑设计领域思考视野和设计执行能力的专业人才。教学理念强调“工艺美学”、“人文视野”与“建筑专业“的深化和融合，旨在设计学院中塑造整体设计教育跨领域的多元特色。教学目标是根植文化艺术、深化人文熏陶的“人文建筑”，因此课程的安排方面，除了严谨扎实的专业基础训练外，还着重文学经典阅读和艺术欣赏的课程，并常设跨学科的人文艺术讲座，包括电影、音乐、文学、社会学、心理学等领域。实践大学建筑设计学系在课程安排上注重人文类教育的多元性和丰富性，同时，多元的师资配备是实现多

元教育的保证。❶

4.1 课程安排

实践大学建筑设计学系的课程分为五个部分，除了常规的设计课、实务和技术课、历史和建筑理论课外，还有两个大类，分别是艺术人文课程类和特殊开设课程类。

（1）艺术人文课程由五个部分组成

电影艺术、西洋美术、中国美术、表演艺术、美学。学生在这些课程的学习过程中，系统地了解和掌握多种艺术种类的基本理论和表达方式，能够在艺术世界的亦动亦静和声光色影中自由徜徉。学生通过这样多元化的学习，提高了自身艺术修养，对他们未来的建筑设计和工作都会产生重要的影响。

（2）特殊开设课程有讲座式课程和工作营两种

讲座式课程一般是邀请各界的专家做报告分享其专业的知识，通常以文学和社会学领域为主，如 2005 年度的课程主题是“建筑与文学”，邀请了数十位台湾知名的作家、诗人和文学评论家到校，就台湾现代文学和台湾当代文学做专题演讲；2006 年度的课程主题是建筑与创作、建筑与社会学，也是以社会知名学者讲座的形式授课。

工作营一般是指由老师带领学生做短时集中的学习和研究，如 2012 年跨领域空间创作工作营，教学目标是“一个好的表演（创作）者无论主题为何，都必须找到最好的方式赋予作品、赋予角色生命。”老师带领学生去探索表演艺术和设计创作的关系，分组完成表演的创作，最后通过表演结课。这样的训练不仅有利于学生设计发展与执行能力的培养，更着力于学生跨领域整合与创新思辨能力的养成。

4.2 师资配备

台湾实践大学建筑设计学系共有 12 名专任教师，其中有台湾最畅销的财经杂志《商业周刊》的专栏作家，有广播电台节目主持人，有漫画《老夫子》的作者，还有金马国际影展的评委。他们作为建筑系的教师，不像是我们通常意义上的建筑师，而是“混搭”跨界的社会学者，活跃在各个领域。实践大学建筑设计学系的专任教师除了开设理论性的课程外，还担任低年级的设计课教师，这样的安排是有一定目的性的，能够多角度多方位地启发学生的设计思维，并且以创意思考为出发点，提供足够的相关知识作为支持。

该大学建筑设计学系的毕业生中约有 50%选择自己创业，开店或者与其他专业的人才跨领域合作，做舞美设计、室内设计，甚至是平面设计和工业设计的工作；另外的 50%会继续深造和考取建筑师执照然后开业。毕业生创业的比例在笔者调研的十余所建筑系中远远高于其他院系，这和他们受到的教育是分不开的。

5 建筑教育向人文性发展的启示

大陆的大部分建筑院校目前还是以培养建筑师为培养目标和教学要求。跟台湾相比，大陆的培养目标更加专业化和技能化，这样的培养模式使得学生毕业后的择业面较窄，而台湾的本科建筑教学更加注重通识化，这也为学生的择业选择提供了更广阔的平台。

另外，从学生全面性的培养角度来看，作为将来建筑设计行业的从业者，台湾多数建筑系的课程安排更能激发学生的社会性和人文性潜能，这对整个建筑界乃至整个社会，都是一种更为负责的态度的体现。

通过对台湾本科建筑教育的分析，笔者认为，大陆的本科建筑教育应该从如下几个方面进行适当的改革：第一，基础课程设置的广度和深度；第二，教师配备的多元与多样；第三，专业课程设置的灵活性和跨域性。目前处于国际化和多元化背景之下，如何应对建筑学科领域的新发展，是大陆建筑教育必须面对的。基于已有的传统和基础，关注和审视境外高校建筑系的发展，借鉴好的经验并加以改造以适应社会现状及未来的发展需求，最终形成开放的建筑教育体系与各自的办学特色，是一条可资探索的道路。

参考文献

[1] 张基义．多元纷呈混沌初始的台湾建筑教育[J]．台湾建筑学会会刊杂志，2011，1：25-27.

[2] 夏铸九．全球资讯化社会的建筑教育——台湾建筑教育展望[J]．建筑师，2003，(9)：80-85.

[3] 傅朝卿．回到以建筑为核心价值的建筑教育[J]．建筑师，2011，(9)：72-75.

[4] 曾光宗．建筑教育与学生的基本学识能力[J]．建筑师，2011，(9)：102-105.

---

❶ 根据私立实践大学建筑设计学系网站内容 http://www.arch.usc.edu.tw/和建筑设计学系王俊雄教授访谈记录整理。

连 菲 韩衍军 孟 琪
哈尔滨工业大学建筑学院
Lian Fei Han Yanjun Meng Qi
Lecturer, School of Architecture, Harbin Institute of Technology

住宅设计课程中技术单元的植入与输出[1]
——与英国谢菲尔德大学联合教学实践

Implantation and Output of Technology Unit in Residential Studio
——Co-teaching Practice with University of Sheffield

摘 要："住宅设计"课程是哈尔滨工业大学建筑学院的一门传统专业必修课程，与英国谢菲尔德大学开展的住宅设计课程联合教学，是在原有寒地城市中小户型多层集合住宅的课程内容基础上，植入建筑技术的研究与设计单元，不仅增加了学生建筑技术方面的知识和设计意识，也加强了学生研究能力的培养和训练。多元化的师资队伍和跨专业间的协作，改变了以往课程教学单一师资、单一专业的教学模式；这种多元化的教学模式，可推广到其他建筑设计教学，形成新型建筑设计教学模式。

关键词：住宅设计，技术单元，联合教学，研究能力，多元化

Abstract: The Residential Studio is a required course for students of architecture in School of Architecture, Harbin Institute of Technology. In this course, which is a co-teaching between University of Sheffield and Harbin Institute of Technology, a technology unit is implanted, on the basic of traditional course content which is small and medium sized multi-storey residential on cold region. From the unite teaching, the students not only learn some basic knowledge about the residential design, but also learn some research methods in design process. The diversified teachers, who are from both china and Unite Kingdom, and Multi-disciplinary cooperation changes the course from simple mode to complex mode. This co-teaching mode can be extent to other architecture studios, and can form a new teaching mode of architecture design teaching.

Keywords: residential studio, technology unit, co-teaching, researching ability, diversification

1 住宅设计课程联合教学的背景介绍

"住宅设计"课程是哈尔滨工业大学建筑学院的一门传统专业必修课程，从开课之初到现在，一直将国际住宅建筑领域的前沿理念和中国实际国情密切结合作为本课程教学内容和模式的依据。当前，国际、国内各种类型的学术交流与合作日趋频繁，联合设计教学让不同的教学方法相互渗透，不同的技能手段相互结合，对吸收先进经验、扩大视野、改革创新、优化教学手段、促进教学质量的提高有着极大的益处。此外，在当前国内顶级的建筑类高校行列，无一例外地都面临着专业课程的国际化转型与面向研究型课程的转型问题。哈尔滨工业大学建筑学院的住宅设计课程在这样的背景下，也积极地探索将国际知名大学相

作者邮箱：lianfei.hit@gmail.com

[1] 2013 黑龙江省高等教育教学改革项目："寒地可持续型住宅设计国际化课程教学体系研究"。

关课程的教学模式进行引入和转译，结合自身教学传统和地域特点，形成紧随国际住宅建筑教学趋势、面向培养研究型人才的新的住宅设计教学模式。

哈尔滨工业大学与英国谢菲尔德大学开展的住宅设计课程联合教学，是在原有寒地城市中小户型多层集合住宅的课程内容基础上，植入建筑技术的研究与设计单元，并邀请谢菲尔德大学可持续建筑领域的 Fionn Stevenson 教授和声环境领域的康健教授主持建筑技术单元的教学，引领学生从可持续、声、光、热等方面进行研究和技术设计。这种联合教学的模式，既保留了原有的课程特色，又加入了新鲜元素，通过国际知名大学的建筑技术专家的授课，不仅增加了学生建筑技术方面的知识和设计意识，也加强了学生研究能力的培养和训练。

2 联合教学的过程

2.1 设计任务要求

在传统的建筑设计课程中，设计任务书是明确下达的，学生执行同样的任务，最终成果更多的是在形式感和空间上有所区别。在本次联合教学中，提出了开放性的住宅设计课题，分别在城市历史街区和新城区划出了几个地段供学生自主选择。学生根据选择的地段分组调研，以小组为单位作出调研报告，并根据基地的历史、环境、人文特点确定出了“找寻传统生活方式”、“注入养老社区活力”、“青年创业基地”、“中低收入经济适用住宅”、“可改造式住宅”等多个研究和设计方向，使设计题目和训练要求更加多元化。

2.2 教学日程安排

从设计题目的改革不难看出，联合教学的课题明显带有培养学生研究能力和创新能力的特征。联合教学分为三个阶段：准备阶段——讲题、基地调研、实例调研；构思阶段——建筑方案设计；完善阶段——成果图纸绘制。整个教学过程就是一个学生关注社会现象、发现问题、分析原因，最终提出解决问题的措施和手段的过程（表 1）。

住宅设计课程联合教学阶段内容及安排　　表 1

教学阶段	日期安排	教学内容	课后训练	课后训练比重
准备阶段	9.10—9.12	①任务书讲解及教学要求介绍；②住宅理论课的实地调研报告总结	自选住宅套型实例分析	5%
	9.13—9.16	①住宅套型实例分析汇报、讲评；②建筑技术系列讲座之一	自选住宅组合体实例分析	5%
	9.17—9.19	①住宅组合体实例分析汇报、讲评；②建筑技术系列讲座之二	①选择设计地段并分组；②选择设计的研究和发展方向；③针对选定的设计方向搜集、研究、归纳、整理资料	10%
	9.20—9.23	①确定每组设计地段并制作基地模型；②辅导学生确定各自的研究方向	针对选定的研究和发展方向搜集资料，逐步生成住宅设计的构思想法与概念	—
	9.24—9.26	①研究方向与设计构思概念汇报、讲评；②建筑技术系列讲座之三	—	—
设计生成阶段	9.27—10.10	①设计初步构思；②建筑技术设计指导、答疑	深化设计内容，进行总平面、平面功能组织及立面、剖面、建筑形态等设计	—
	10.11—10.21	①深化发展方案；②建筑技术软件指导	完善总平、平面功能组织及立面、剖面、建筑形态组织等要素，准备中期检查成果	—
	10.22	中期检查：集中检查平、立、剖和组合体造型图以及技术设计的草图	①依据中期检查修改意见，调整修改设计，完善方案；②着手制作实体模型与虚拟模型	20%
	10.23—10.28	①设计方案定案；②完善技术设计细节	—	—
实验课环节	应用相关软件，综合分析住宅设计中的“声、光、热”问题，生成技术报告			
设计完善阶段	10.29—11.01	完成课程设计成图	—	60%

3 技术单元的植入

3.1 植入模式

联合设计教学植入的建筑技术单元，并不是独立在三个教学阶段之外的，也不是插在某一个阶段内的，而是贯穿课程的整个教学阶段（图 1）。建筑技术单元包含的教学形式有系列讲座、课堂指导、软件介绍、指导技术报告。关于可持续建筑和建筑声光热的系列讲座在准备阶段里开展，通过外教和本校教师介绍与建筑技术相关的最新设计理念和趋势，学生在调研期间就能够形成对建筑技术设计的初步认识，并初步选择自己感兴趣的方向，为后续研究和开展设计奠定基础。在构思阶段，外教进入课堂对学生的建筑技术构想进行指导和答疑，并指导学生应用计算机软件来推敲建筑方案和技术设计细节。最后的完善阶段，学生除了建筑设计的图纸还要完成一份图文并茂的建筑技术研究报告，作为建筑技术单元的学习成果。

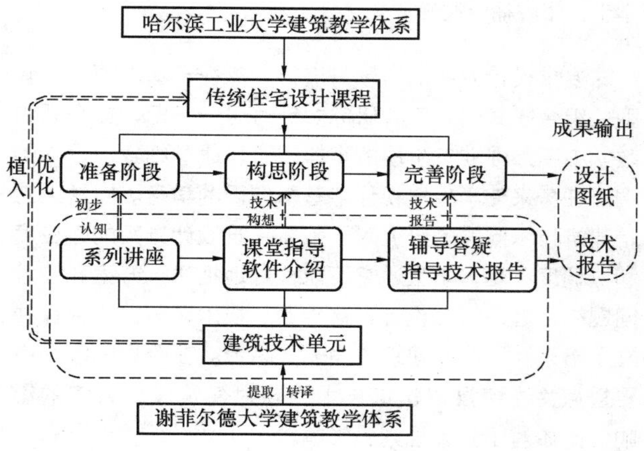

图 1 技术单元植入模式示意图

3.2 植入内容

(1) 可持续与环境

在可持续设计方面，指导学生研究可持续发展与环境问题，要让学生初步理解地域性和全球性的可持续发展与环境问题，识别场地中存在关键环境问题。使学生针对关键方面和主要空间进行技术研究，针对各自的设计提出一种可持续的设计策略和综合的环境策略。

学生可以从材料、能源利用、构造过程、生态与地域、终身使用等几个方面进行可持续设计研究，在技术研究基础上，学生针对各自的设计要从以下几方面对环境做出回应，分别是：

A. 场地和秩序分析：噪声、光线、日照、围绕地，以及关键空间的附加设施；

B. 场地规划：地点、朝向、建筑外形、景观、遮蔽物、曝光等；

C. 建筑策略：组织、材料、结构、构造、材料的获得等；

D. 服务策略：规划分区、服务路线、设备空间位置、能源管线位置。

在建筑技术教学环节中，学生除了要提供一个环境与可持续的综合策略，还要从建筑声学、供热、通风及采光等方面对设计中的各个因素进行整合。

(2) 声学

A. 场地规划：对噪声的屏障、植被等的控制，对积极声音和声景的利用。

B. 建筑围护结构：隔声措施的设计。

C. 建筑计划：对室内噪声的控制、声音隔绝的要求。

D. 听觉设计：说明混响、反射模式等。

E. 材料：从声学和可持续发展角度对室外和室内进行图解说明。

F. 设计中的技术：运用声学知识进行现场测量，并且运用声学软件验证设计的适宜性。

(3) 供热

A. 对重要空间图解说明热扩散阶段（包括快慢反应），并根据热扩散需要确定建筑布局方式。

B. 图解应减少哪部分建筑的热量损失，确定外部围护结构（墙，屋顶，窗）的 K 值，运用 Ecotect 软件来说明和测试设计。

(4) 通风及采光

A. 基地规划对于自然通风的策略。

B. 研究空间中日光/阴影的质量，说明控制采光的策略。

C. 估测和说明窗的尺寸（面积）及其位置，说明开窗是否符合采光和自然通风的需求，使用 Ecotect Radiance 软件来测试和改进设计。

4 技术单元的成果输出

除了在住宅设计的图纸和模型中体现对建筑技术问题的考虑和设计，学生经过了技术单元的训练，还要完成一个独立的技术报告。这个报告应包括两方面的内容：一是可持续设计和环境的概述，其中应当包括对重要环境因素的参考和对声学、供热、通风和采光的设计思路；二是对声学、供热、通风和采光三方面择一进行特殊研究的详细说明（图 2）。这个研究报告采用图文结合的方式，由文字、图表和关键的设计图组成。设计图应明确地展示环境设计方案，可以结合场地和模型照

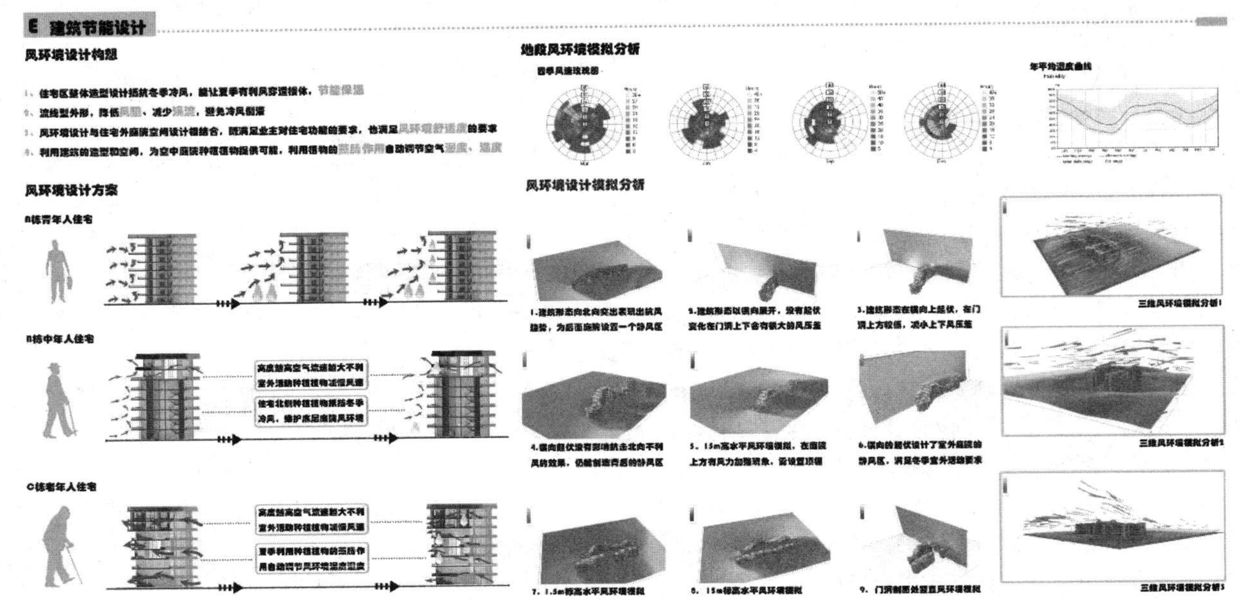

图 2　建筑技术报告节选（学生：张睿楠绘制）

片、计算机软件模拟图片、相关计算过程等。

5　住宅设计课程联合教学总结与展望

本次邀请谢菲尔德大学教授加盟的联合教学活动，是谢大教学模式与哈工大教学模式的碰撞与交流，是外籍教师与中方教师教学方法的碰撞与交流，是外籍教师的教学方式与中方学生学习方式的碰撞与交流。学生在本次联合教学活动中极大地提高了研究能力、沟通交流能力、创新能力，学会了建立理念、深入研究、展示与表达。

我们在住宅设计课程的传统教学模式中植入建筑技术的教学单元，有效解决了建筑设计教学的单一性问题，多元化的师资队伍和跨专业间的协作，共同完成了本次教学活动，改变了以往课程教学单一师资、单一专业的教学模式。这种多类型师资、多专业配合、多能力培养、多成果考核的多元化的教学模式，可以推广到其他建筑设计教学，形成新型的建筑设计教学模式。

当然，本次住宅设计课程的联合教学也反映了一些当前建筑教育所面临的问题，怎样解决这些问题就是我们需要深入思考、认真总结的地方。问题之一就是学生一味追求设计方案的新颖与流行，忽视了基本的住宅套型、组合模式的学习和研究。针对这一问题，在今后的教学中要加强准备阶段的资料调研，通过细致、深入的调研任务来使学生重视住宅基本知识的学习。问题之二是建筑技术问题的研究对于整体建筑设计方案的适应度和协调度不足，学生通常不能很好地把建筑方案和技术问题结合起来综合设计，这导致了技术环节的研究被独立了出来，不能与建筑方案充分融合。在今后的教学中要重点关注和强调建筑技术问题对建筑设计方案的影响，比如对于场地规划的影响。

经过反思和总结，我们会在今后的教学中不断探索建筑教学的改革之路，探索以培养学生研究能力、创新能力为目的的教学方法，逐渐形成完整、系统的新型建筑设计教学模式。

参考文献

[1]　邓蜀阳，龙灏．联合中的跨界与多元——建筑学联合设计教学的启迪与思考．室内设计．2013(1)：28-32.

梁 静 董 宇 史立刚
哈尔滨工业大学建筑学院
Liang Jing Dong Yu Shi Li gang
The School of Architecture of Harbin Institute of Technology

短期中英联合设计教学实践的启迪与思考
——以“6度未来设计”课程为例

The Study and Practice about Short-term Join
——Workshop Between HIT and the University of Sheffield

摘 要： 结合哈尔滨工业大学建筑学院与英国谢菲尔德大学建筑学院联合设计的教学实践，分析了短期联合设计课程的优势与特点，比较了中英建筑教学方式的差异。在提炼了外教教学中较为值得借鉴的教学理念与方法的基础上，探索了提升联合教学深度的有效合作模式。

关键词： 联合设计，短期课程，教学方法

Abstract: Based on the teaching practice between the School of Architecture of the University of Sheffield and the School of Architecture of Harbin institute of Technology, this paper analyzed the advantages and characteristics of international joint-workshop, found the differences of teaching method between China and the U. K. The foreign professors afforded us so many lessons in teaching philosophy and methods that we can explore effective cooperative mode to promote the depth of teaching.

Keywords: International joint-workshop, Short-term courses, Teaching method

近年来哈尔滨工业大学建筑学院积极与海外高校联合开展建筑设计课程，经过长期的积累与发展，目前联合设计课程已成为建筑学专业教学的一大特色。联合设计从最初的外籍教授单独来访，发展到今天的多种形式并重，涵盖了从本科生到研究生的各个教学阶段。联合设计促进了教学发展，为更全面的国际合作提供了契机，同时也对我们的教学提出了新的要求。本科生的联合设计教学覆盖面已从过去只有部分学生能够参与，到现在所有学生全部能够参与。在学院每年9月举办的海外学术活动月中，参与学生人数达到300人次，同期来访外籍教授达十余人。在各种形式的海外合作教学中，短期联合设计课程是受益面最大且资金投入相对较少的，因此这种形式成为最为常见的联合教学模式，本文就其中一项为本科三年级学生开设的课程做介绍与体会。

1 短期设计课程的特点

根据教学中的体会和学生们的反馈，与较长周期的设计课程相比，短期设计课程的主要特点如下：

（1）课程总体时间较短，一般为1～2周，学生通过头脑风暴激发思想火花，抓住闪现的灵感快速投入，快速设计。短期设计课程所要解决的问题与长周期的不同，侧重于最初的总体设计构思的创新性以及如何将设计构思转化成设计语言。

（2）分组合作，团体协作。联合设计注重开放性的原则，阻止学生禁锢在个人冥思苦想的封闭系统中，不局限于师生1∶1对话的单一传统教学方式里，加强学生之间的思维交流，以使学生扩散思维、启迪思路、激发灵感。

作者邮箱：lj9653@126.com

（3）聘请海外知名高校的核心师资成员，为本院教师提供一些新颖的教学理念和方法，对现有的教学体系形成有益的提升或补充；同时也带给学生以新意，从设计题目、学习环境，到工作方法都提高了学生的学习兴趣。虽然学生没有较长的时间绘制很多图纸，但他们会更注重于考虑如何使用有限的笔墨，通过何种方法更能恰当地表达设计意图。

2 “6度未来设计”课程

2.1 题目简介

本次联合设计课程的海外教授为英国谢菲尔德大学的 Irena Bauman 教授，同时是 Bauman Lyons 建筑事务所的创始人，并兼任《约克郡设计评论》杂志主编、英国皇家艺术协会成员等一系列社会职务。Irena 教授主张多学科、跨领域、大平台的“一体化”建筑设计研究，其设计实践也涉猎宽广，有着丰富的组织多学科协作经验，其多个工程项目都被报道、发表，且屡获奖项。

Irena 教授本次拟定的设计题目关注当前学界讨论的热点，即全球气候变暖对建筑设计的影响。未来的几十年内，全世界将经历 6℃的气温提升，以及随之俱来的降雨量增加和更多的极端天气。与此同时，世界人口将会超过 90 亿。城市将不得不应对扩张与萎缩，粮食、水资源的短缺，洪涝灾害，环境难民的持续涌入，以及许多无法预测，却不断发生的其他变化。作为未来的建筑师，如欲在如此变化的环境中做出贡献，就需要培养自身在变化的环境中的设计能力，以及在一个综合大团队里的协作能力；另外还要为他人的提升与价值实现创造条件，保持持续的研究与知识更新，更要把握住未来的发展趋势。而其中的重中之重，是需要创造新的建筑类型，改造既有的建筑，使其适应新的生活机制与生活方式。

基于此，本设计训练旨在为 2080 年的居民社区提供一体化的设计策略。设计任务包括：①研究未来气候的状况，及其对居住密度、施工方法、材料以及生活方式的影响；②提出地段的整合设计策略；③设计出新的住房类型以及新的社区机制。同时我们还将协同开展设计工作及了解团队工作以及个人角色。

本次设计任务选址于哈尔滨工业大学建筑学院教学楼西南角的一片住宅区，是学生们极为熟悉的地段，基地内多为 20 世纪 70～80 年代建成的多层住宅，另外保有一处仍在使用中的国家二级保护建筑，及废弃不用的高约 50 米的烟囱 2 座。基地南面遥望整治中的马家沟河，西侧毗邻一处城市绿化广场，基地四面均为城市单行道，其中东侧马路为夜市所占用，每天吸引大量商业人流。

2.2 学生方案

本课程为时一周，从周一开题至周日答辩，时间紧任务重，在 7 天里暂停其他所有课程，学生将全部精力用于此次设计。7 天的任务安排紧凑连续、强度较大，我们把大的任务量分解为若干个小任务，分散在每天的设计导引中，因此学生每天都有 1～2 个任务需要完成，并在详尽的具导引性的任务书的指导下出色地完成了本次设计任务（图 1）。在先后两次的现场调研中，学生在对地段形成感性认识的同时，边走边记录下现存的建筑及构筑物中，哪些需要保留，哪些需要拆除，并通过与当地居民交谈了解到许多基地相关信息，初步领会居民们对于社区未来发展的期望。在此基础上形成总体的设计构思。他们从基地现有的 2 座烟囱、马家沟河和绿化广场入手，引入了一条自然景观轴线，并根据私密程度的不同将基地划分为两部分，西侧靠近原有居住区，私密性较强，布置住宅建筑；东侧邻近马路夜市，公共性较强，安排商业与住宅一体化的 SOHO 商住类型，并将占用道路的喧嚣市场整合到建筑物的室内。对于未来气候的变化，除了在建筑技术设计中采取相应的遮阳与通风措施之外，学生们规划了一套与友好的环境田园

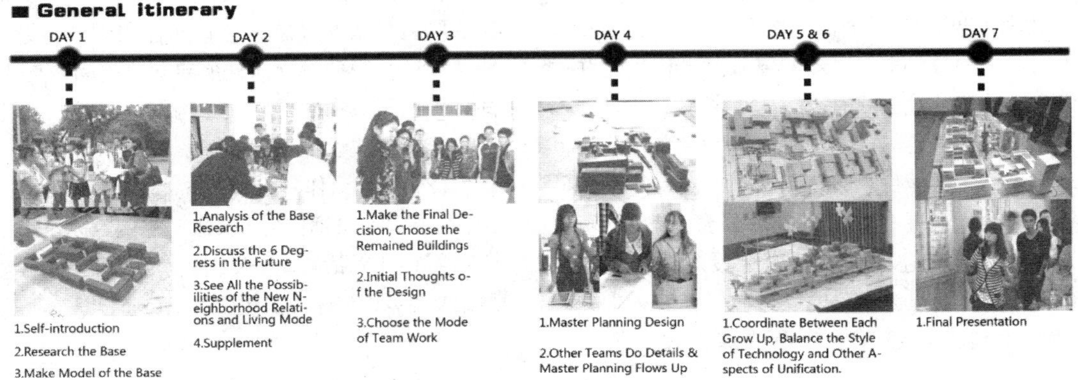

图 1　设计日程与任务

生活模式，不仅在被动的层面应对气候变化，而是积极主动地反馈自然，阻止环境向更糟糕的状态发展，形成逐步改进环境、优化社区的策略。

3 启迪与思考

3.1 任务设置的精细性

本次联合设计课时较短，双方教师均在“如何能在较短的时间内为学生带来更多的收获”而颇费功夫。因此此次设计题目的拟定过程，即是一个为本科三年级学生“量身打造”的课程设计过程。任务书同时可以作为本课程的详细说明、设计指南、课程流程计划，以及参考资料集。除提供了必要的设计背景及工作内容之外，还附上英国同年级学生的课程记录、作业范图，任务详尽到每天需要完成的工作，以及相关工作的背景资料和备注条文，在说明书后附有大量的延展阅读资料，可供对课程感兴趣的学生与教师参考。可以说，这样的一个内容详实、引人入胜的任务书就是一次精彩的教学示范，这个任务书自身就已经成为“研究型设计教学”的第一项教学特色。

3.2 教学过程的开放性

以往教学过程中，我们的教师较为重视学生设计成果的完成度，对于完成度较差的设计方案评价往往不高。但是在英国建筑设计教学中，教师并不过分看重设计成果的完成度，对于那些图纸没有画完，但是十分具有独创性或某些部分设计极有深度的方案同样会给予较高的评价，这一点也可以看作教学评价的开放性。这一评价标准使得那些非常具有独创性而设计过程难度较大的方案有了生存的土壤，从而大大促进了学生精益求精地对待自己的设计方案，而不仅仅是为了按时完成某张图纸而草草了事。当然这种不以设计成果完成度为唯一度量衡的评价标准也有可能会带来某些弊端，如学生工作拖拉、进度缓慢。因此设计进度的有效导引同样不容忽视。此外，本次课程首次尝试全组 14 名学生合作一个设计方案的大团队模式，此种工作方式更具开放性，学生逐渐摆脱闭门造车的个体行为模式，相互之间大量交换信息与智慧，在本次尝试中学生们均体会到了分工合作各司其职的意义。

3.3 设计成果的交流性

双方教师均十分重视设计成果的交流。英国建筑教

商业小组制作大比例过程模型

总图小组的方案推敲模型

商业小组大比例模型

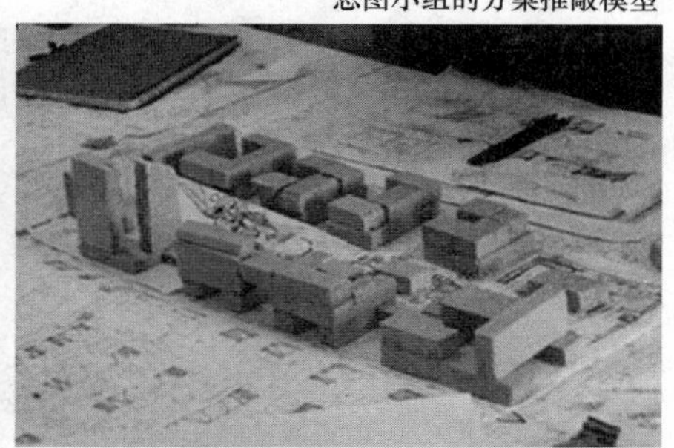
各组体量整合模型

最终成果模型

图 2 设计各阶段模型

育比较重视成果表达的技巧，所有的阶段讨论及成果汇报都采用 PPT 的形式＋团队解说演示的形式。虽然学生的徒手草图可能略显稚拙，但通过电脑的裁剪组织，亦可形成较为正式及条理清晰的汇报。此外，工作模型在此次课程中扮演了较为重要的角色，不论是设计过程中学生之间的交流还是成果汇报中与教师的交流，可拆卸可变动的模型成了极为便利的交流媒介（图 2）。在此次课程中，学生与教师之间采用英语交流，中国学生在作了准备后，所做的方案介绍给英国教授留下了深刻印象。

4 结语

学生通过联合设计与境外教授接触，了解了不同文化背景下设计方法和思路的不同之处，有利于学生更好地认识到自己优势和不足。英国教授教学方法丰富多样，更加强调分析思考的过程、设计者与业主的互动、不同设计者之间的合作，以及讲演、讨论的过程，口头和图纸模型的归纳能力。此外，联合设计的教学工作不同于普通的设计课，前期工作量较大，众多参加联合设计教学的教师不计较工作量的得失，承担了比一般教学任务多得多的工作，从组织联系、安排计划、拟定题目，到安排起居、落实场地、协调时间，付出很大精力。体现了为教学服务，为学生服务的奉献精神。2013 年 3 月，本次联合设计的学生作业在建筑学专业指导委员会主办的“中国建筑院校学生国际交流作业展”中获评为优秀作业，这也让我们感觉到，即便是短期的小型合作课程，只要认真投入、用心思考、积极准备、精诚协作，同样可以产出精品成果。脍不厌细，周以全之，这是我们在这次与 Irena 教授的合作教学实践中，所感悟到的设计教学精神与要义。

刘九菊　王时原
大连理工大学
Liu Jiuju　Wang Shiyuan
Dalian University of Technology

开放式教学体系下建造设计的探讨

A discussion about design/construction teaching in the open teaching system

摘　要：开放式教学体系能够有效地提高学生的学习能力，是21世纪人才培养的新模式。建造成为该教学体系下一个不可或缺的环节，从建造角度学习建筑设计知识，注重现场操作体验的学习方式。本文基于这一教学理念对建造设计教学研究进行了探讨。

关键词：开放式教学体系，建造，教学

Abstract: The open teaching system, which is a new mode of talent training in 21st century, can improve students' learning ability. Construction becomes the inevitable step in this teaching system. It is a way which emphasizes operating experience and helps to learn architectural design. Based on this idea, this article inquires into the architectural design teaching.

Keywords: Open teaching system, Construction, Teaching

追溯世界传统或乡土的建筑，很多是由无名匠人设计与建造完成，来自于他们建造上的哲理与智慧，超越了经济与美学范畴。随着社会分工越来越细，建筑过程开始细化，建筑知识亦走向专门化。绘图、模型制作和计算机辅助设计是至今沿用的建筑设计方法和建筑教学方法，但学生仍停留在“画匠”阶段，缺少对宏观尺度、真实材料、具体构造等概念认知，对空间物理环境的思考亦微乎其微，更不知道如何去建造建筑。建筑学说到底要始于造物，经由空间，抵达人民和土地的实践，以及反思出来的学问。建筑师不亲自动手造物，就会逐渐丧失对物的敏感度[1]。对材料以及建筑技术的使用，是目前建筑设计教学中主要的不足之处，所以在传统的设计教学中推动建造设计具有深刻意义。

1　建造设计教学研究概况

建造设计教学在国外可以追溯到德国格罗皮乌斯创立的包豪斯学院（Bauhaus School），“Bau”意为“建造”，“Haus”意为“房屋”。欧美在20世纪后期开展的建造设计教学可以看成是包豪斯学院精神的延续和拓展，将对材料的加工、连接等技术与材料、构法的表现结合起来，并通过较小构筑物的搭建使学生可以在短时间内完成全过程的体验[2]。建造成为一种将实际施工经验整合到建筑学教育中的途径，国外高校已有较为成熟的经验。

20世纪80年代后期以来，建造作为一种设计教学模式和方法，重新引起中国建筑教育界的关注。以南京大学、东南大学、清华大学、天津大学、香港中文大学、中央美术学院等高校为代表先后掀起建造与构建的教学实验，因涉及材料的选用、工序和技术等诸多问题，大部分以国际联合教学或工作坊的形式通过学生的参与、教师的支持、相关部门的资助得以实施。如2013 SD中国（中国国际太阳能十项全能大赛），目前我国有十几所学校报名参加，此次竞赛由美国能源部主办，以全球高校为参赛单位的太阳能建筑科技竞赛，即

将在山西大同举行。竞赛强调节能与建筑设计一体化设计、建造并运行一座功能完善、舒适宜居、具有可持续性的太阳能居住空间，学生作品在实践环节和对社会问题的关注之间形成了一个结合点。

2 开放式教学体系下的建造设计探索

大连理工大学在建筑学教学计划中，强调整体思维的理念，建立开放的知识体系，注重发挥相关知识在建筑设计中的作用。在教学内容上既注重相关课程的完整性，也注重与设计课的结合，有利于学生综合地掌握相关知识。在课程设置上结合课程设计展开建造设计教学具有极大的必要性，学生很是希望通过建造去探索和实验建筑材料、构造和装配，并以此作为设计过程的一部分。曾指导二年级学生设计竞赛“朵子寨绿色生态小学设计”，学生以竹子为主要建筑材料，以 1∶3 的比例手工操作进行竹子结构节点搭接和屋顶雨水收集、种植等被动式节能方式处理（图 1）。在课程作业“别墅”中，学生借助模型室以 1∶30 比例采用木结构搭建模型以获取对建筑空间的感知（图 2）。两组学生都以真实的材料、不同的尺度探索着建筑空间结构、构造节点关系，但仍缺少对构造逻辑的认知和对搭建方法的了解。

图 1

图 2

近年来学院引进外教共同开设的海天学者工作坊（Studio），形成一个国际性的设计教学模式，其中非常重视现场制作环节，为学生提供了一个将设计与建造相结合的机会。海天学者每年春季设置设计坊课题作为建筑设计（三）课程，注重开放性、实验性、互动性和体验性。虽然以建筑设计内容为中心，但面向全院建筑系、规划系以及艺术设计的学生开放，同时也允许不同年级的同学参与。《环境建构：适应型建筑环境的构想与实践》一书比较全面地记录了 2010 年环境建构 Studio 的课程内容和全过程。聘请日本东京大学、悉尼科技大学的外教组成教学组，通过环境认知、城市调研与分析、概念与设计提案、建构制作与空间体验等教学环节，在培养具有国际视野的设计人才的同时，探索本土化创新设计教学体系[3]。2013 年以“承构——城市的静脉”为主题（图 3、图 4），通过大连与悉尼两地实地调研与设计、试做，不断发展设计，再通过团队合作，从材料选购、制作，实现真实空间的创造，成为关于建造设计教学一个成功的案例。

图 3

图 4

借助指导大学生创新训练项目“秸秆建筑的建造实验”，笔者对建造设计教学进行了一些思考。对于密斯的名言“建筑开始于如何将两块砖仔细的连接在一起”，意大利建筑历史学家 Francesco Dal Co 在他的著作《Figures of Architecture & Thought》中提到，我们的注意力不应该放在砖上，应该探讨两块砖如何连接才能够产生我们想要的建筑意义，关注的重点应该在“连接”上面。“砖”、“仔细”、“连接”三个单词，亦道出了建造教学所要关注的三个基本问题：“材料”、“连接”和“表现”——“仔细地”连接而产生（建筑）的意义。

3 教学思想与题目设置

我国建筑教育界对于建造设计教学的研究与实践已经开展了很多年，将建造纳入教学体系的院校也在不断增加，但不同院校开展建造实验的形式有所不同。南京大学赵辰教授是倡导建构理论并对木构建筑有较深研究的学者，开设“木构建筑研究”课程，强调材料和尺度的真实性；东南大学将建造教学实验加入建筑物理环境性能作为考量因素，使之具有完整的边界而更接近于建筑物，以此推动学生对建筑性能与设计限定之间关系的认知；同济大学对本科生和研究生分别建立不同的课程单元与模块，形成系统的建造课程教学；等等。总的教学理念就是使用真实的建筑材料与尺度、注重现场操作过程、强调团队协作意识，通过建造学习建筑设计。

“秸秆建筑的建造实验”针对本科生二、三年级学生设置，同时作为大学生创新训练项目已获得学校的资助并被定为国家级项目。在选题时考虑到秸秆是一种可再生的、资源丰富的建筑材料，材料本身的生态性将能有效支持可持续发展的不变主题。秸秆建造技术早在一个多世纪之前发源于北美，近年来，在美国的西南大部分地区和加拿大、澳大利亚、法国、荷兰、德国等发达国家，已经将秸秆作为重要的建筑材料。建造实验以学院模型实验室作为交互平台，结合数字工艺，目的是了解材料的属性和结构的可能性，将从建筑作为庇护所必需的特性如防水、保温、采光和通风等方面为着手点挖掘材料的特性并完善其社会功能价值，如建筑遮阳。将秸秆作为建筑材料在各院校中进行建造实验的案例很少，实验的结果无论成功与否，我们都会从中学习建筑知识，总结建造经验。我们的出发点就像中国美术学院王澍教授主持的“业余工作室”所引领的教学观念“返回自然”、返回“建造现场”（图 5、图 6），强调自觉地选择自然材料，建造方式力图尽可能少地破坏自然，材料使用总是遵循一种反复循环更替的方式[4]。在象山校园项目中，建筑的成功经过了多次的实验。“业余工作室”的建筑师、年轻教师亲自参加建造实验，学习实验性设计的全过程。随着计算机辅助设计、数控加工（CNC）系统的不断完善，材料的性能从根本上发生了改变，传统材料会以一种全新的形态加入到实体建造中。

图 5

图 6

4 教学程序与实施方法

学生的建筑课程设计周期一般为 8 周，很难深度地进行对建筑构造的认知、对材料的理解。而如德国多特蒙德大学的建筑教育（多特蒙德模式），对于建筑学学生的培养，并非单从方案设计角度入手，而是以完成完整的设计项目为教学目标，致力于培养能进行独立工作的专业人员，而不是只会方案设计而不懂工程建造的人[5]。该项目计划历时一年，进行完整的设计与建造训练，最终将模型按照 1∶1 真实比例搭建，使学生对建筑的空间尺度、构造节点等方面会进行宏观与微观的把握，可以得到课堂上无法呈现的直观感受和操作实践。

在教学程序上计划按照四个流程进行：调研观察，在设计前期要求学生进行调研，深入观察现实生活以确定主题，收集基础信息并了解相关材料的使用与加工知识；构思设计，重视培养学生正确的建筑观，围绕材料、环境、空间、一定的功能展开设计，并以小尺度模型进行推敲；单元节点，确定使用的材料，进行单元与构造连接节点设计；整体建造，以模块化建造体系，灵活组合、协调各种尺度和单元之间的连接，确保整体成本和质量以得到控制。

建造设计教学整个过程需要建筑设计专业教师和建筑技术相关专业教师共同指导，同时也需要经验丰富的施工专家给予评定。如爱德华·赛克勒所说“一个合理的结构体系可能建造得很糟；而一些建造精良的建筑从结构的眼光看却不尽合理。”所以在教学方式上强调专业技术老师的指导和校内外专家的集体评图，深化设计，进行建造。

5 结语

建造是开放式建筑设计教学体系中一个不可或缺的环节，无论是结合课程设计或是设计竞赛，通过学生的参与，教师的指导（包括设计课教师和技术课教师），以较小建筑物或大比例构筑物进行实验，学生可以画中做，做中学，摆脱图纸或模型模拟的不真实感，通过1∶1的真实尺度来研究建筑，能够从中得到对于材料、空间、结构以及建造逻辑的认知，通过团队合作，体验建筑活动的全过程并获得解决实际问题的工作方式和思维模式。建筑是空间的艺术，也是创造空间的技术，建筑师不能丢弃“造物的本领”。

参考文献

[1] 刘东洋，建筑师应掌握“造物”的本领．新建筑，2013（1），39.

[2] 姜勇，泰瑞斯·柯瑞，宋晔皓等．从设计到建造——清华大学建造设计实验．新建筑，2011（4），18～21.

[3] 范悦，山代悟，周博编著．环境建构：适应型建筑环境的构想与实践．中国建筑工业出版社，2011，3～15.

[4] 王澍，陆文宇．循环建造的诗意．时代建筑，2012（2），66～69.

[5] 蔡永洁．大师·学徒·建筑师？——当今中国建筑学教育的一点思考．时代建筑，2005（3），75～77.

刘　阳　曹海婴　陈丽华
合肥工业大学建筑与艺术学院
Liu Yang　Cao Hai Ying　Chen Li Hua
College of Architecture and Art，HFUT

1＋N：以空间为核心“一核多维”的设计教学模式探索

——以三年级“城市旅馆设计”教学为例

1＋N：A Design Teaching Model of Focus-on-Space and Expand-on-Multidimensional

摘　要：传统的以功能类型为单元模块的设计教学，难以适应信息社会下建筑学学科内涵和外延的发展、建筑学专业学生素质的变化。因此，我们在基于新形势下建筑学科“内在性”和“外部性”特征，提出了以空间设计为核心，以问题为指引维度，以交叉学科方法为切入的1＋N“一核多维”设计教学模式。本文以一个设计教学为例，介绍了该模式的各个环节，并试图评价其得失。

关键词：问题，交叉学科方法，一核多维，内在性，外部性

Abstract：In this thesis，we discussed a design teaching model of *focus-on-space and expand-on-multidimensional* based on the analysis of architectural *internality* and *externality*. We issued that ‘space’ should be the basic of the design teaching and ‘multidimensional *problems*’ should provide the directions of teaching development. We also discussed the teaching development by *interdisciplinary method* in the case of urban hotel design of the third year class.

Keywords：problem，interdisciplinary method，Focus-on-space and Expand-on-Multidimensional，internality，externality

引子

“公共建筑设计”是建筑学专业二、三年级的主干课程，传统公共建筑设计教学模式侧重于各种功能类型建筑的设计训练，这种模式有利于学生较快掌握某些功能类型建筑的设计要点。但在当前的市场经济环境下，建设主体的多样化、价值判断的多元化，使建筑类型发展得愈加丰富，且类型之间的边界往往比较模糊，仅靠几种特殊类型教学是无法涵盖学生将来在实际工作中遇到的问题。更为严重的是这种教学模式依赖教师经验和既定理论规范体系，教学过程以单向的灌输为主，忽视了培养和发掘学生提出创造性解决方案的能力，导致学生在遇到新类型、新问题时无所适从。

因此，在借鉴兄弟院校的教改研究的基础上❶，我们提出了以培养学生的创造性设计能力、研究分析能

作者邮箱：haiy_man@163.com

❶ 韩冬青，龚恺，黎志涛等. 东南大学建筑教育发展思路新探［J］. 时代建筑，2001（S1）. p16-p19.

力、自主学习能力为目标的“1＋N”新教学模式。新的教学模式以问题为基点，在不同教学阶段设置不同的问题，最终的成果评价不仅依据问题的解答，更关注解决问题的方法和过程。

新的教学模式依据问题与建筑设计的关系，将其划分为几个层次。首先，“空间设计”作为建筑设计的核心问题，贯穿设计教学训练始终。其次，“功能”、“场地”、“形式”、“建造”等构成第二层次的问题，这组问题是传统建筑学学科关注主要内容，其评价建立在传统建筑学学科规范基础上，可以视为建筑的“内涵”问题，该组问题与“空间设计”一同构成二年级教学的重心。再次“生态”、“城市”、“文化”、“技术”等等构成第三个层次的问题，该组问题是当代建筑学关注的中心议题，其评价建立在多学科交叉基础上，可以视为建筑学的“外延”问题，该组问题与“空间设计”一道作为三年级教学的重点。由此在二、三年级分别构成了以“空间设计”为一核，以“场地”、“功能”等和“生态”、“城市”等为多向维度的“1＋N”一核多维的课程教学模式（图 1）。按照这一思路，我们对二、三年级设计课的教案作了调整，并以此指导教学。

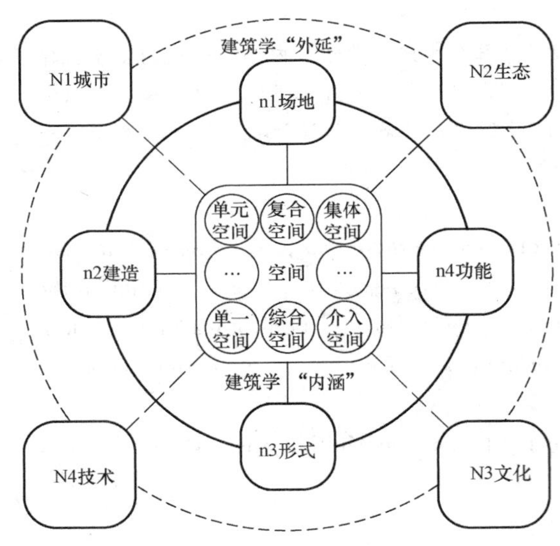

图 1　1＋N 以空间为核心的“一核多维”的教学模式

本文将以 2011-2012 下半学期三年级“公共建筑设计Ⅲ——城市旅馆设计”的教学为例，“1＋N”教学模式的各个环节，以及保障教学质量的措施，最后据此讨论“1＋N”教学模式得失。

1　教学目标——向建筑学外延拓展

旅馆设计是建筑学专业教学的经典题目之一，旅馆建筑设计具有功能复杂、空间多样、技术要求较强，牵涉到的规范较多等特点，较为强调学生的综合设计能力，对于三年级下学期的教学来说是一个比较合适的题目。但正是这种复杂性和多样性，往往使学生失去做设计的方向，进而陷入各种功能、技术和规范要求的条条框框中。

事实上，通过整个二年级和三年级上学期的学习，学生对于建筑空间的建造、功能、场地等问题都有了一个基本的认识和解决能力。因此，在这个阶段，需要做的是将这种能力深化并引向更宽广的思考维度，并且学习如何将技术手段结合更多元化的社会价值诉求。因此在教学目标的选择上，我们修订了过去以“功能”、“规范”等要求为主的状况，转而寻求学生去发掘、探讨和解决某些问题，这些问题是开放性的，既可以是建筑学科内，也可以是跨学科的。通过对这些问题的探索过程，使学生通过理解建筑在城市和社会生活中的作用，通过理解人在建筑和城市中的行为，来学习旅馆建筑中的“功能”、“技术”、“规范”等要求。

2　教学过程——跨学科方法的切入

本课程设计题目选址位于城市传统工业区和新兴的城市副中心区域，场地内有数栋遗留的厂房和少量办公楼。

教学过程中第一重要环节是调研，调研内容不局限于场地特征、功能等，还引导学生从“城市”、“生态”、“文化”等角度作形式多样的调研，如有的小组对基地与周边居民的日常生活的关系作了社会学调研，有的小组对场地内遗留的建筑物的结构、形式做了大量的分析（图 2），有的小组对区域的空间的生态格局作了分析研究。

图 2　基地内遗留建筑状况调研

教学过程中第二个环节是提出问题。在任务书解读以及教师的引导性教学基础上，学生首先明确城市旅馆的空间建构作为设计作业要解决的核心问题。同时，针对实地调研提出了几个扩展维度的问题，诸如：“区域生活空间结构的延续”、“可持续性建筑的生成”、“生态建筑的建造”等（图 3），并以此作为设计的出发点。

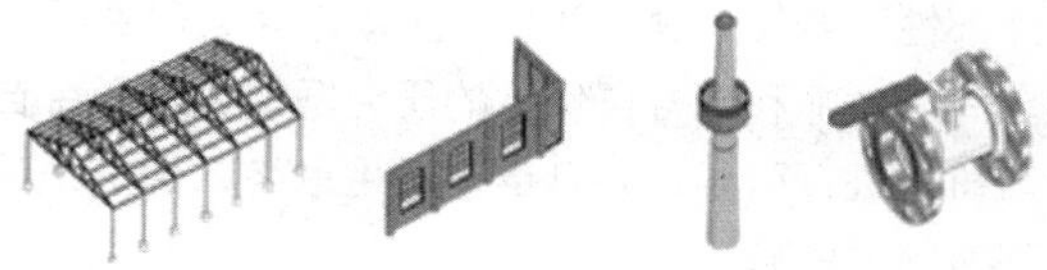

图 3　可持续性建筑生成问题

第三个环节是推动解决问题。通过对学生的初步构思问题进行梳理，教学小组认为设计发展基本集中在有关“城市”和“生态”两个维度上。据此，教学小组在设计辅导环节中针对性安排几次专题理论讲座，主要内容为“历史建筑改造利用原则与方法”、“Ecotect 绿色建筑评价和设计方法”等（图 4），通过对相关概念、策略和方法的教学，加强学生对问题的理解，并获得解决问题基本思路的操作方法。确定了设计思维发展的维度后，教师小组在以“空间”设计为核心的训练过程中也有的放矢。在有关旅馆设计的总平面规划、功能布局、结构选型以及技术措施选择上都能够与保持设计发展维度的结合，最终的设计方案要反映出对问题维度有创造性的探索。

传统的以类型为指引的教学过程比较侧重知识、规范等的讲解和运用。但在以问题为发展维度，以交叉学科为背景的教学模式下，我们认为注重有关“交叉学科方法”的教学应当占据教学的核心位置。因此，一方面教学小组强调传统建筑方法例如图解分析、模型推敲在设计过程中的运用，另一方面通过教学小组中不同研究背景的教师的专题讲座，介绍了基于跨学科视角的某些研究方法，例如社会统计分析、Ecotect 生态模型分析，并鼓励学生自主的探索多方法的综合运用，从而为设计形成强大依托（图 5）。

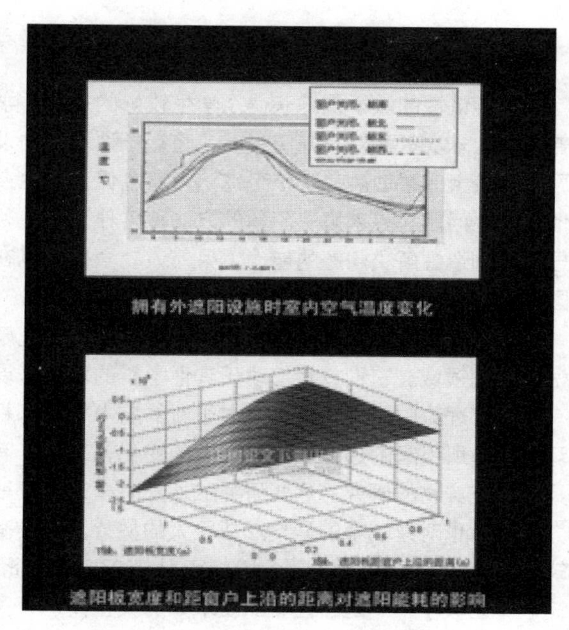

图 4　Ecotect 分析评价方法

3　教学成果——开放式评价

由于本次教学是第一次引入这种以学生为主导的问题指引式教学，依据问题提出的不同维度，导致形成的方案显然在价值取向上也具有多样性，因此带来了制定评价教学成果标准的难度。由此我们决定在教学成果评价中引入外部评价机制，组织进行公开评图。这样一方面可以利用学院跨学科、跨专业的师资力量对教学成果进行多视角且较为全面的评价，另一方面，这种开放学生参与的公开评图活动也能够使学生获得与非任课教师的交流机会。

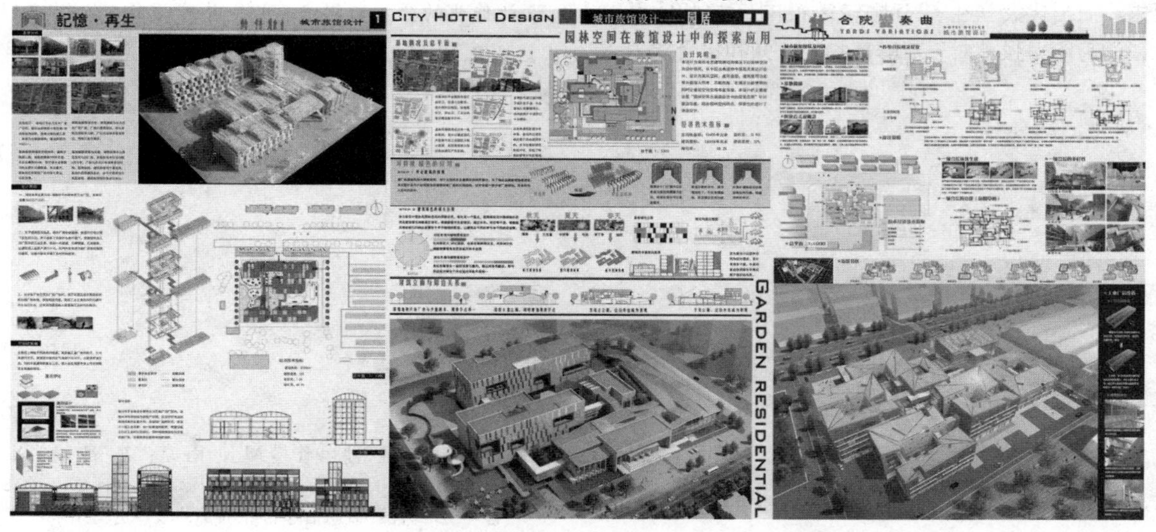

图 5　三份优秀作业，分别就“可持续性建筑改造”、“生态建筑”、“区域城市生活延续”等问题作出回应

4 小结与反思

本次尝试性的教学最终获得了学生较好的反响，学生普遍认为本次教学对于开阔视野，建立一种理性的设计思维有较大的帮助。教学小组也认为通过促进学生自主地去发现问题和寻求解决问题的方法，培养了学生独立思考和创造性解决问题的能力。另外该教学模式也在全国建筑学专业教案作业观摩活动中得到了认可。

目前，建筑学研究越来越多地将视野投向了传统建筑学之外的领域。它们或者借助于其他学科的发展来展开有关建筑理论的研究，或者侧重于新的技术材料和社会环境问题所引起的建造和使用方式的变化，来展开有关具体建筑实物的研究。这些研究从外部为建筑学汲取动力的同时也对建筑学的学科形成巨大的挑战。但没有建筑学的某种“内在性”，一切将无从谈起。❶ 因此，建筑学专业教学中“内在性”的要求如有关空间、有关建造的教学是建筑学专业教育的核心。但建筑设计作为一门应用科学，其价值判断具有明显的“外部性”❷，即：建筑具有对城市、社会乃至文化的能动作用，因此其价值评判不仅由建筑学自身的学科规范决定，也取决于外部的城市、社会、自然的规律和要求，这就导致与建筑设计相关的不同问题往往指向不同的社会生活和学科领域。如何在新的教学环境中将这种“外部性”与“内在性”结合起来，依托本次三年级的1＋N“一核多维”的建筑设计教学架构，我们做了一次主动尝试：教学小组中教师大都具有丰富的实践经验，同时在“生态建筑”、“城市设计”、“历史建筑保护和利用”等方向各有侧重的研究领域。因此，教师在教学中的作用在于紧紧扣住设计发展中核心的空间设计等建筑学的“内在性”要求。而当代大学生具有比较敏锐的感觉和活跃的思想，学习能力强，对于新鲜事物的认知和接受能力快。因此，我们鼓励学生在教学过程开拓思路，从建筑的“外部性”寻找问题，并且去主动地学习研究相关的内容。同时教师利用各自侧重的研究领域，对学生自主的学习研究进行引导，并且推动学生最终以建筑学的表达展现对问题的解决。

通过本次1＋N教学模式的探索也反映出某些问题：首先，学生个体知识背景的差异，导致其发现问题能力的差异，并且学生普遍缺乏深入探讨问题的能力，我们认为这可能需要通过提升相关的通识教育课程质量来弥补；其次，在现行的小学分课程模式下，课时安排偏少，而要引导学生作交叉学科维度的探索，相应的调研、理论课、讨论课安排得较多，这不可避免的对设计和辅导课时间产生冲击，最终导致设计方案的完成度不够。另外，这一教学模式也对教师的素质和教学方式带来一定的挑战，教师不仅需要在教学中不断扩充自己的知识，更重要的是在这种研究性的教学架构下，教师需要放弃部分课程主导权，让学生的学习更具主动性，由此提高学生的创造性能力。

参考文献

[1] 朱雷．空间操作［M］．南京：东南大学出版社，2010.

[2] 赫曼·赫兹伯格著．刘大馨等译．建筑学教程2［M］．天津：天津大学出版社，2008.

[3] 韩冬青，龚恺，黎志涛等．东南大学建筑教育发展思路新探［J］．时代建筑，2001（S1）.

[4] 仲德崑，陈静．生态可持续发展理念下的建筑学教育思考［J］．建筑学报，2007（01）.

[5] 叶鹏．2008年全国部分建筑院校三年级建筑设计作业的分析与思考［J］．华中建筑，2009（11）.

---

❶ 朱雷．空间操作［M］．南京：东南大学出版社，2010. p1.

❷ “外部性”概念借鉴自经济学领域，这里用来指建筑为城市或社会带来的各种类型的正效应和负效应。

刘 滢 于 戈 卜 冲
哈尔滨工业大学 建筑学院
Liu Ying Yu Ge Bu Chong
School of Architecture, Harbin Institute of Technology

基于开放性的U＋A过程式教学体系创新与实践
The Innovation and Practice of U＋A Procedural Teaching System on Openness

摘 要：本文以开放性的教学模式作为人才培养定位，探寻建筑设计课程教学体系的创新。并将国内外高水平建筑设计竞赛纳入教学环节，介绍哈尔滨工业大学建筑学院整合城市环境与建筑设计的过程式教学体系，开展三年级城市环境群体空间设计的教学实践。

关键词：开放性，U＋A过程式教学，城市环境，群体空间

Abstract: This article aims at seeking innovative teaching system for architectural design studio, based on teaching mode of openness as talent training. Through the teaching link of introducing high level architecture design competition, this paper introduces the procedural teaching of integrating urban environment and architecture design from the school of architecture in the Harbin Institute of Technology, and develops teaching practice of complex space design in urban environment.

Keywords: Openness, U＋A Procedural Teaching, Urban Environment, Complex Space

1 开放性的教学模式

随着中国经济实力的快速增长，城市化的快速推进，巨大的社会需求凸显出我国建筑教育相比国外著名院校而言，在项目实践能力、创新意识与创新能力培养方面的不足。哈尔滨工业大学建筑学院结合建筑学学科特点和自身教学特色与人才培养定位，在现有的建筑学专业培养标准基础上，积极倡导并强调学生结合项目实践进行多学科交叉和自主协作的开放性学习，以工程创新能力为核心，强化工程实践能力与工程设计能力。拟通过建筑设计课程教学体系改革，建立课程设计、实验设计、竞赛设计与工程实践相结合的开放体系，充分挖掘、选择和利用各种教学资源，在项目实际体验、构思设计、探索创新、内化吸收的过程中，增强开放性的设计教学环节。以此满足培养实践型、创新型工程项目建筑设计人才的需要，培养适应国家发展建设需求，适应国际化趋向，具有国际竞争力的“研究型、个性化、精英式”高素质毕业生。

2 U＋A过程式教学体系创新

依据哈尔滨工业大学建筑学专业开放性的教学模式改革，重构本科建筑设计课程体系和教学内容。以本科三年级城市环境群体空间课程为依托，在课程模块化基础上建立整合城市环境与建筑设计的U＋A过程式教学体系（图1）。有针对性地将一些高水平的，关注城市问题的建筑设计竞赛纳入到城市环境群体空间课程体系以内，根据国际、国内设计竞赛题目要求，开展教学，激发学生设计竞赛的热情及工程实践能力，促进教师辅导学生参与设计竞赛的长效机制。

在这种课程设计、实验设计、竞赛设计与工程实践相结合的开放体系下，培养学生开放性的思维习惯与

作者邮箱：E-mail：ly77428@yahoo.com.cn

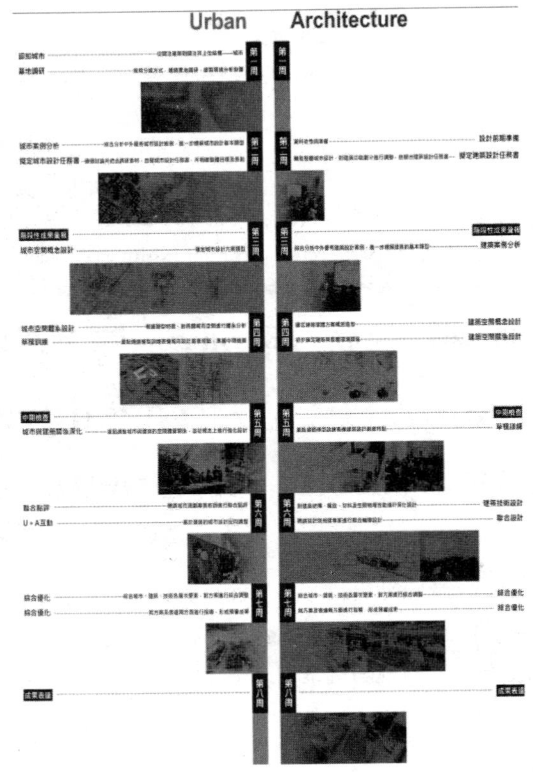

图 1　U+A 过程式教学体系示意图

创新能力。树立城市设计观念，掌握在城市环境中进行群体空间组合设计的基本方法与技巧，强调在整体、类型、个性化设计等相关课程节点的教学过程成果(图 2)。

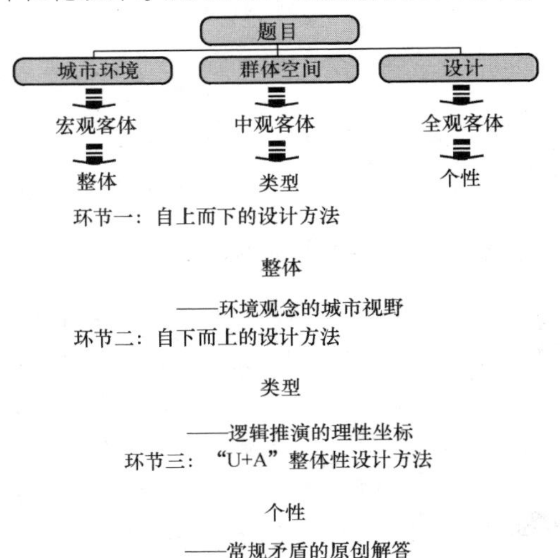

图 2　城市环境群体空间课程教学模块

(1) 环节一：整体——环境观念的城市视野[1]。在设计领域中，城市设计与建筑设计是两个有着共同交集的设计集合，它们在许多理论和观点上是一致的[2]。但是，在建筑设计过程中，往往忽视城市环境对建筑创作的激发与制约。只有将建筑设计视野扩展到城市环境层面，认真探讨城市设计与建筑设计的相互关系，才能更好地适应开放性的教学模式，实现建筑·环境·城市相整合的城市环境群体空间设计。

(2) 环节二：类型——逻辑推演的理性坐标[1]。以开放性的视角借助建筑类型学的方法，分析城市环境与建筑空间的关系，探寻建筑形式的起源。通过考察建筑形式及其与城市的关系，将建筑的形式还原为基本元素[3]，逻辑推演出建筑构成与形式的基本语法关系。

(3) 环节三：个性——常规矛盾的原创解答[1]。在对项目进行建筑类型的逻辑推演之后，给予宽松的开放性创作途径，充分激发学生的工程创新能力，培养学生的研究能力与实践能力，通过赋予其个性化的设计内容与研究课题，使学生能够正确解决城市环境群体空间的相关问题。

3　U+A 过程式教学体系实践

3.1　教学设计

三年级下半学期是建筑设计学习过程中最为重要的时期。是学生在经过了一定数量的题目训练之后，从设计程序、方法、思维过程到设计手法等多方面整体提高的阶段。在此阶段进行城市环境群体空间设计，引导学生分析建筑与城市环境之间的制约关系，建筑单体与群体之间的组合关系。本课程连续三年将 Autodesk Revit 杯大学生可持续建筑设计竞赛引入课堂（图 3，图 4），

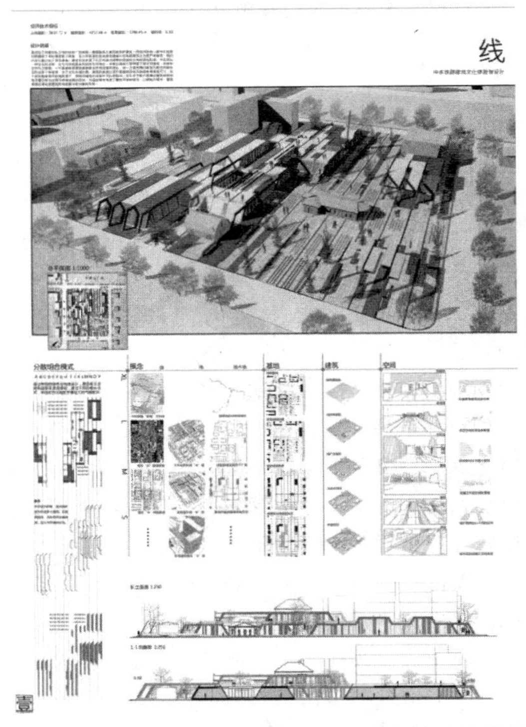

图 3　线场——中东铁路建筑文化遗产体验馆设计

依据竞赛的不同命题，由学生自由申报项目选题，以小组为单位，每组 2～3 人组成设计团队。通过与城市环境群体空间相关项目的设计训练，使学生深入理解城市环境对建筑群体空间的制约关系，借助三环节 U+A 过程式教学，树立从环境入手的建筑创作思维与创作方法，掌握建筑群体空间组合的一般规律及基本技巧。

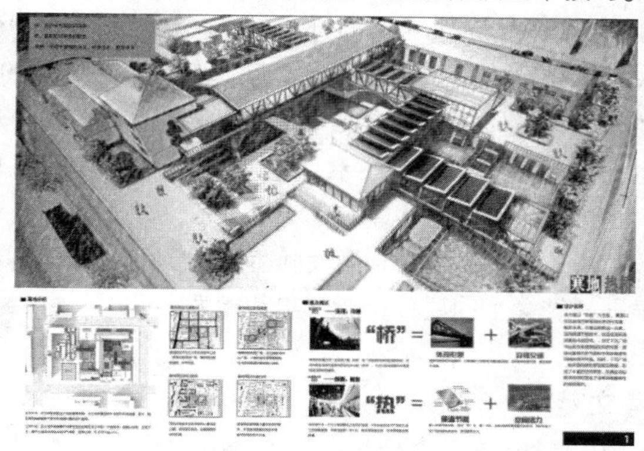

图 4　寒地"热桥"——中东铁路建筑文化遗产体验

本课程的教学目的为培养学生的综合设计能力和创造性思维能力。使学生树立环境观念，掌握群体空间设计的基本理论知识。较为熟练地掌握三维模型辅助设计的方法，增强学生的动手实验能力。掌握建筑设计、城市环境设计的相关知识和设计手法，强化学生的环境意识。在为期 56 学时的教学过程中，学生从方案的类型与城市环境的整体性入手，分析建筑整体造型与内、外部空间形态，将城市环境与建筑群体空间设计进行整合，从而生成群体空间优化方案。

3.2　教学过程

在城市环境群体空间的 U+A 过程式教学中，学生需要掌握城市设计与建筑设计领域宽广的理论与技术基础知识，了解建筑类型学的历史沿革和发展趋势。依据不同的竞赛主题，"绿色与再生——图文信息中心设计"、"中东铁路建筑文化遗产体验馆"或是"传统商业空间的再生"，都将遵循整体、类型、个性的三环节，进行开放性、多元化、交叉型的过程式教学。

发挥学生设计团队的协作精神，处理好方案"构想与实践"之间的差距，通过三环节过程节点的成果汇报，认真探讨方案与城市环境的契合度与可实现度，寻求建筑设计目标与城市设计目标二者之间的促进与统一。教师在课程进行过程中，需要起到整合设计构思，协调建筑与结构专业学生的协作计划，辅助学生进行模型设计与实验模拟，引导方案整体设计的发展走向（图 5）。

图 5　方案创作与分析

在 U+A 过程式教学中引入模型制作的实验手段，辅助整个过程教学。学生直观地建立起思维过程性草图与实体空间的对应关系，准确地与教师进行互动交流。过程体型草模的及时跟进与评价有效地提高学生对草图的设计和评价能力，辅助建筑创作思维（图 6）。

3.3　教学成果

在完成上述 3 个环节的教学过程后，引入公开评图制度，模拟实际设计竞赛评图过程，使学生在评图过程中真正感受到设计成果与图面表达的重要性，有效地促进教学质量与教学成果的提升，使学生设计作品做到能够准确地反映方案的构思意向。

通过本课程教学，建筑学专业的师生们可以对建筑群体空间与城市环境的互助性问题加以思考与讨论。帮助建筑学专业学生对城市设计等相关知识进行深入分析与实际应用，做到 U+A 的知识整合，在本科生学习阶段带领学生完成真正的跨学科教学环节，实现方案多元化、多视角、跨学科的开放性过程设计。同时，鼓励教师进行开放性的创新研修课与教学改革的申报与立项，继续探索建筑学专业设计类课程教学改革。推动教师参

图 6　方案模型分析与演进

与设计竞赛辅导的工作积极性，提高学生基于开放性的自主创新、团队组织、协作与领导的能力。

4　结论

建筑设计课程 U+A 过程式教学是一项系统的、复杂的教学过程，这种有侧重的建筑设计能力训练与培养模式，需要教师不断地在教学环节中实践与改进。通过指导学生围绕一个竞赛主题进行开放性的 U+A 过程式教学，使学生在方案生成的过程中循序渐进地完成整体分析、类型划分和个性创新的能力训练，强调学生对所学知识、技能的实际应用，充分发挥教师的指导作用和学生的创新地位。教师在教学过程中不断的实践与总结，将进一步拓宽这种建筑学专业开放性教学模式在教学改革中的思路和视野，激发师生们的创作灵感与创新思维，提升学生的项目创新与实践能力。

参考文献

[1]　李国友，李玲玲. 整体 类型 个性——特殊城市环境群体空间设计教学的环节设定. 城市建筑，2010，(4)：108～109.

[2]　窦志，赵敏. 试论城市设计与建筑设计的关系. 建筑学报，2002，(10)：9～12.

[3]　龙灏，田琦，王琦等. 建筑类型学开放体系的建构. 城市环境设计，2008，(4)：92～95.

[4]　杨宇振. 建筑类型与教学维度——高层建筑设计课程教学札记. 包志禹译. 新建筑，2009，(4)：108～114.

卢健松　杨梦云　徐　峰　袁朝晖
湖南大学建筑学院
Lu Jiansong　Yang Mengyun　Xu Feng　Yuan Zhaohui
Hunan University，School of Architecture

基于课程体系分析的建筑学本科毕业设计评价方法研究

Based on the analysis of curriculum system of evaluation method of architecture graduate design of research

摘　要：本研究拟通过建立建筑学本科毕业设计评价方法的优化，提高建筑学本科毕业设计成果质量，引导建筑学本科教学计划的制定。毕业设计评价方法研究中，通过对建筑学本科课程体系分组，分类计算，权重赋值等手段，提出基于本科课程体系设置的毕业设计评估方法。该方法所制定的评分制度于2013届湖南大学建筑学本科毕业设计评估中得以实践。通过对实验结果的统计与分析，对其不足之处予以修订；并通过毕业设计成果的分析解读出本科教学计划制定中的不足之处。

关键词：建筑学本科，课程体系，毕业设计，评价方法

Abstract：Reform of teaching plan of architecture undergraduate as this article starting point，this article start with an important link which is evaluation methods of architecture graduate design and put forward a set of innovative and effectual evaluation methods of architecture graduate design by ordering architecture undergraduate course，setting subentry and giving weighted value in the course of reform. This study will have new scoring system of graduate design application in evaluation of Hunan University architecture graduate design in 2013 and take statistic and analysis to the experimental results. This article draw certain conclusion that reasonable management of operational processes as well as innovative ways of thinking provide some directive basis for evaluation of architecture graduate design and education of undergraduate course.

Keywords：Architecture Undergraduate，Curriculum System，Graduate Design，Evaluation

1　建筑学毕业设计中的共同问题

“作为建筑学本科五年制教学的最终设计，培养体系的教学目标往往会将毕业设计指向一个体现教学质量与展现教学成果的终极目标。”[1]毕业设计是本科教育的重要环节，是学生在结束本科教育的终极实践练习。通过毕业设计，学生应能综合应用本科学习的理论知识与专业技能。毕业设计作为教学计划的一个重要环节，其难度，题目设置，以及最终设计成果也体现了建筑学本科五年教学成果。

然而，建筑学专业本科毕业设计存在诸多困境。湖南大学建筑学院建筑学专业教学中，由于经历生产实践

等社会实践过程，缺少专业课程的集中过程，毕业设计阶段相对松散；除此，出国、考研、就业面试的干扰也使得学生在毕业设计阶段往往难以集中精力，毕业设计成果参差不齐，亟待改善与加强。

作为中部地区有80余年办学经验的建筑院校，湖南大学建筑系毕业设计中所呈现出的问题具有一定的普遍性。如何强化本科毕业设计成果质量已经成为高等教育中共同关注的话题。2004年，教育部办公厅颁发的《关于加强普通高等学校毕业设计（论文）工作的通知》中指出："毕业设计（论文）是实现培养目标的重要教学环节，同时毕业设计（论文）的质量也是衡量教学水平，学生毕业与学位资格认证的重要依据。各类普通高等学校要进一步强化和完善毕业设计（论文）的规范化要求与管理，围绕选题、指导、中期检查、评阅、答辩等环节，制定明确的规范和标准。"

2　毕业设计评价方法的优化

毕业设计管理及成果优化途径是多样化的，既可以通过课程计划的整体调整，使学生获得较为专注的学习时段；也可以通过毕业设计教学过程中的管理强化，提高毕业设计教学质量。湖南大学建筑学院建筑学专业毕业教学过程中，着重以毕业设计成果的评价方法为核心，采用了校外评委参评，评分制度改革，组织毕业设计汇报展等多方位的手段，综合提高毕业设计教学成果的质量。

其中，评价机制的建立尤为关键。建立科学的评图机制，既可以增加建筑学评图过程中的合理性与科学性；也可以给予学生清晰的引导，指导学生对各知识点予以重视；评价结果可以反馈于教学的全过程，成为本科教学计划优化的重要参考依据，综合提高本科教学的整体水平。

3　评分制度的优化方法

传统毕业设计分数评价中，教师通常根据较为模糊的定性评分原则直接给出成绩。个人的学术倾向、美学偏好会对成绩产生较大干扰。而且，学生难以从成绩评定的过程中获得相关学术信息，不利于成果的改进。除此，分数客观性不强，难以反映出学生毕业设计中薄弱环节，不具备指导意义。

针对上述问题，本研究着重研究如何制定相对公正、科学、合理的毕业设计评分制度。将通过知识系统分类，权重赋值，分类计分等步骤制定科学合理的建筑学毕业设计评分制度。

设定分项及权重值

毕业设计评分制度改革中的重点是对评分设置分项及权重❶。首先将建筑学本科教学计划中的专业课程（含学门学类课、专业核心课、专业限选课，不含专业多选课）提取出来，然后根据课程所设置的内容将课程分为建筑表现、制图规范、总图设计、建筑设计、节点详图、结构设备6个大类；少量课程如室内设计、可持续建筑原理被归为第7类，鼓励学生在此方向做创新性探索和额外的设计工作。

此后，以本科教学计划中的学分数作为评价课程重要性的计分指标。将不同分组内的课程学分进行加和，以其除以表格内所有学分的总和作为该类课程的权重值。以学分为主要依据计算权重，可以避免不同专业教师对不同课程重要性的分歧；同时，有助于将毕业设计中的能力培养与学科体系中的课程体系建设关联起来。（表1，图1）

基于学分分布的本科毕业设计权重　　表1

考核项目	课　程		学分	权重
建筑表现	美术Ⅰ－Ⅲ		9	15%
	表现技法		2	
	建筑材料		2	
制图规范	工程图学		2	10%
	建筑阴影透视		3	
	计算机辅助建筑设计		3	
总图设计	规划设计	城市设计	3	10%
		城市规划原理	2	
		城市园林绿地规划	2	
	场地设计	场地设计Ⅰ－Ⅱ	4	
建筑设计	建筑设计Ⅰ－Ⅵ		24	50%
	设计基础Ⅰ－Ⅱ		7	
	设计概论		2	
	公共建筑设计原理		2	
	外国建筑史		2	
	中国古代建筑史		2	

---

❶　分项权重由分项所包含的课程学分之和除以全部分项总学分（不包括"其他"分项学分）按百分比计算而成。其他（加分项）属于额外权重，不算入百分之内。

续表

考核项目	课　程	学分	权重
节点详图	建筑构造Ⅰ－Ⅱ	5	5%
结构及设备的合理性	建筑力学	3	10%
	建筑结构与选型	3	
	建筑设备	3	
其他（加分项，不计入100分中）	可持续建筑技术	2	5%
	室内设计原理	2	

资料来源：本研究观点

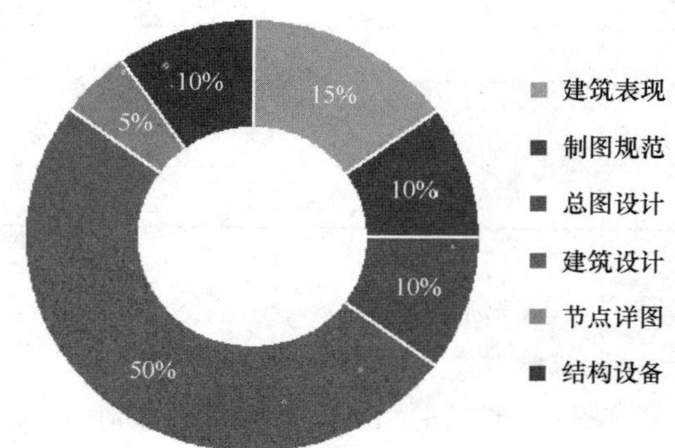

图1　建筑学本科毕业设计分项权重图

资料来源：本研究整理

由表1可以看出，按照该评分机制中的分类及权重分析，毕业设计将能较好地反映前期教学的导向，反映课程设置内在关联性；同时有助于以毕业设计为核心，发现建筑学本科教育中薄弱环节，对本科教学作较为客观、全面的引导。

由图1中看出，作为核心课程的建筑设计类课程权重最高，共占50%的分值。建筑表现类课程次之，反映本科建筑学教学偏重方案设计与建筑表现的倾向，但权重已经大大降低，仅为15%；制图规范、总图设计及结构设备合理性也各自单列了10%的分值。节点设计反映构造设计能力，但在毕业设计中不为建筑学本科生关注，此次将评分项单列，约占总成绩的5%。其他加分项的内容，旨在鼓励学生做有益的尝试和设计创新，所涉及的5%的分数，不在总成绩（百分制）之内，作为额外的成绩奖励单列。

4　评分制度实践及后评价分析

4.1　评分制度的实践

本研究在湖南大学建筑学院2013届毕业设计答辩过程中实践。此次答辩共有71名建筑学应届毕业生参加。学生分作6组，同题的小组不拆分，以免影响评价结果。各答辩小组设置4～6名答辩老师。在小组答辩老师，各组教师包含建筑设计、结构设备专业老师；各组均聘请了设计院审图经验丰富的校外答辩老师参加。

毕业设计的成绩由三部分组成：指导老师评定成绩占30%、评阅教师及答辩小组评定成绩占70%，综合两部分成绩并按四舍五入方式取整数后作为毕业设计的最终成绩。

毕业设计答辩过程中，首先，答辩学生就自己的毕业设计作15分钟左右的设计简介，答辩老师评阅完相关图纸后，逐一对学生进行提问。每组答辩老师都发放有毕业设计评分指南❶及该组答辩老师评分表（表2）。评分表中标明该组答辩学生及答辩评分的七大类分项，老师可依据毕业设计评分指南为指导，在评分表上给出学生每个分项成绩，分项成绩统一为十分制，方便教师评分。

建筑学本科毕业设计答辩老师评分样表　　表2

序号	考核项／姓名	学号	建筑表现	设计制图规范	总图设计	建筑设计	节点详图	结构及设备的合理性	其他（加分项）	备　注
1	学生A		7	7	7	7	5	8	0	
2	学生B		10	8	7.5	8.5	5	8	5	
3	学生C		8	8.5	7.5	8.5	6	7.5	5	
4	学生D		7	7	6.5	7	5	8	0	
5	学生E		8	8.5	8	8	7	8.5	5	

本组答辩情况综述：

专业：建筑学　组次：

答辩老师签名：教师甲

日期：

资料来源：本研究观点

注：考核项目分数均为10分制，具体参考2013年度湖南大学建筑学院本科毕业设计成绩评定办法指南

❶　毕业设计评分指南由表1制成，分为建筑表现、制图规范、总图设计、建筑设计、节点详图、结构及设备的合理性以及其他七大类分项，标明分项权重值，各分项均配有评分标准。作为教师评分时的参考依据。

毕业设计答辩老师评分汇总样表

表 3

学生姓名	学生 A	学号		专业		答辩组次		
毕业设计题目				设计难度				
指导教师姓名								
成员	姓名	分类	建筑表现	制图规范	总图设计	建筑设计	节点详图	结构设备	其他	设计评分
		权重	0.15	0.1	0.1	0.5	0.05	0.1	0.05	
答辩组长	教师甲		7	7	7	7	5	8	0	70
答辩组成员	教师乙		6.5	6	6.5	6.5	7	7	7	69
	教师丙		7	5	6	7	6	6	5	68
	教师丁		6	6	6	7	6	6	6	68
	教师戊		6	5	6	7	7	6	6	68
总分										68.45

备注：

总分：____________

评阅人签名：__________

资料来源：本研究观点

注：目前总分为答辩组老师给分的平均值，也可根据需求单独为答辩组长或校外评委单独加重权重。

答辩完成后，答辩秘书将答辩老师给每位学生的分项评分填写在评分汇总表上（表 3），教师各自的评分以及总的平均分均可一次计算出来，综合反映该生的学习情况。分项评分使得各答辩教师的评价相对合理。即使答辩老师在某一分项给出的分数偏差较大，对总答辩成绩的影响也较为微弱。

同时，可以通过对分项分数数据群的统计分析，可以反映出学生在七个评分分项里，哪个分项较为薄弱，进而反思与该分项相关的本科课程教育，提出合理的改善模式，强化建筑学本科教育。

4.2 结果的影响因素与分析

6 个毕业设计答辩小组中，5 个答辩小组按照实验流程，以毕业设计评分指南为指导，按照分项给出成绩；此外，专门设置了一组教师按照传统毕业设计评分办法评分，该小组教师的评分值将作为参照组进行数据分析。

4.2.1 分项平均成绩差异比较

第一项是比较各分项成绩的差异性，从而探讨建筑学毕业生在毕业设计中哪些分项较薄弱，从而改进相应的建筑学本科教育。

研究提取 5 个实验组的分项成绩，将所有分项成绩叠加，得出 7 个分项的平均成绩（图 2）。从图中可以看出，建筑设计评分最高，显示在建筑方案部分的教学效果良好。结构及设备方向也较为合理，评分偏高，为 7.8 分。制图规范与总图设计，相对较弱，为 7.5 和 7.4 分。而建筑表现分值偏低，仅仅为 7.2 分。节点详图分值很低，仅为 7.0 分，构造设计能力很弱，构造课程知识与设计能力培养的结合度较低。除此，学生的创新能力、拓展能力以及知识的灵活应用能力有待加强，生态设计与室内设计的加分项得分很少，“广义建筑技术一般指结构、构造、设备、物理等方面的知识，但由于重视建筑设计，建筑技术课程只是形同虚设，其结果建筑技术成了知识的摆设，使得设计与技术的分离。”[2] 如何培养学生的综合设计能力，仍然是建筑学本科教学中需要解决的课题。

4.2.2 校内校外答辩老师评分差异比较

各小组内分别聘请了校外建筑学专业的导师进行评分。校内外导师评分基本一致，反映评分标准基本合理；细节上有一些差异，可以做进一步思考（图 3）。

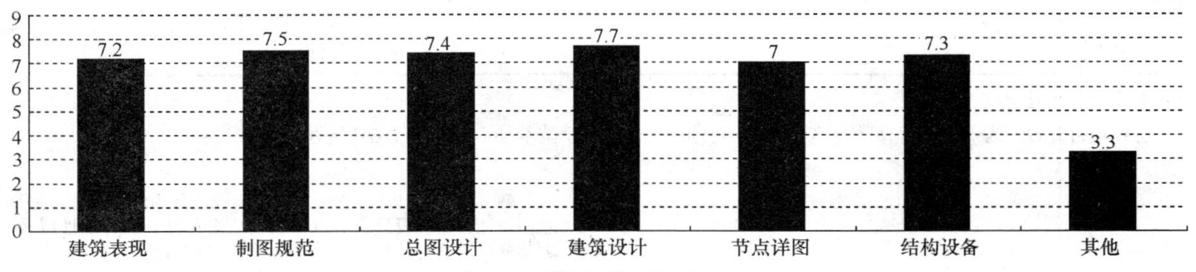

图 2 毕业设计分项评分比例

资料来源：本研究观点

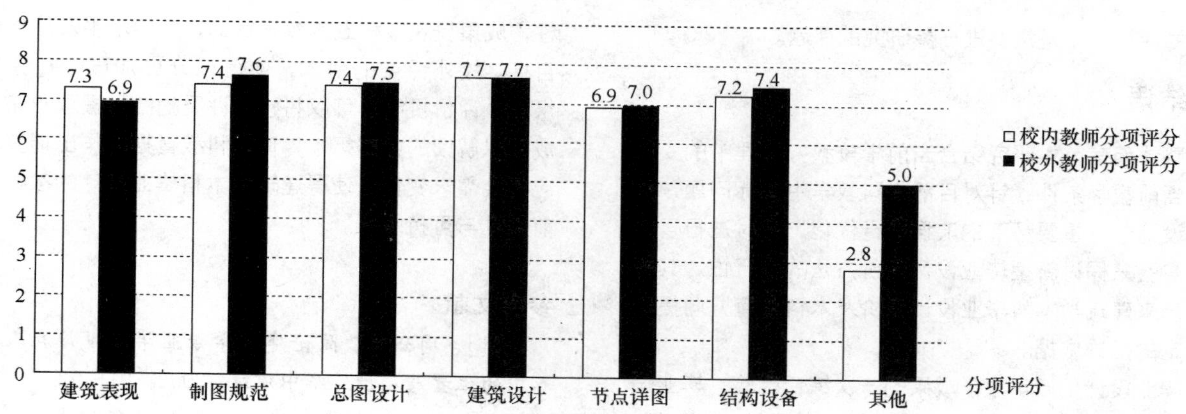

图 3　校内外答辩评委的评分差异

资料来源：本研究观点

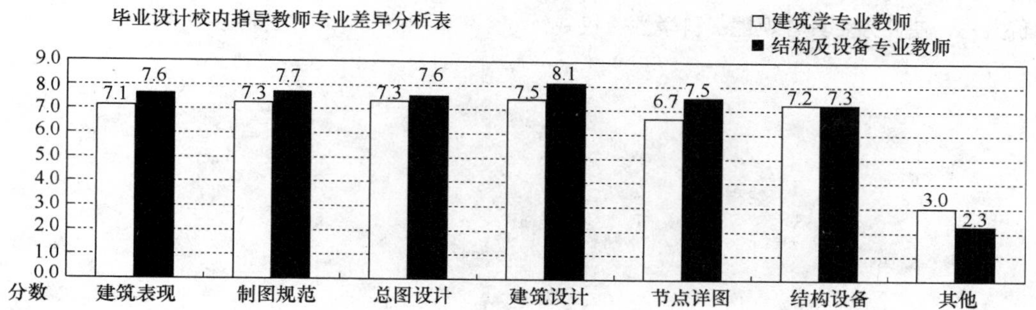

图 4　不同专业评委的评分差异

资料来源：本研究观点

在加分项上，校外老师给出分值较高，与校内导师的评价相比，高出 2.2 分。除此，校外评委在制图规范、总图设计、结构设备、节点详图几个评分点上，均给出了高于校内评委的分数，反映湖南大学建筑学院建筑学教育的成果，超出设计单位的期望值，培养方针及培养成果基本合理。

建筑设计评分项中，校内、校外老师给出的分值一致，反映校内外老师的专业认知的趋同。但在设计表现栏目中，校外老师的给分，远低于校内老师。湖南大学的教学传统中，设计表现表达能力的培养，一直是教学过程中的亮点。但近年来，由于贪恋 Skechup，以及诸多简单廉价的渲染软件，学生在室内外空间研究及表现上退步明显。除此，在徒手表达，设计思维分析等方面也缺乏足够的能力。建筑学是一门以图形思考与表达能力为基础的专业技能，设计表现能力的退步是本科教学过程中值得关注的问题。

4.2.3　专业与结构答辩老师评分差异比较

不同专业教师评分比较中，结构及设备专业教师在建筑表现，制图规范，总图设计，建筑设计，节点详图上要求会相对宽泛；而建筑设计专业教师的要求相对严苛。在结构设备、可持续建造等方向，结构设备的老师评分相对严格，而建筑学专业教师相对宽松（图 4）。

5　实施过程中的问题

本研究在实施过程中的主要问题表现为两个方面。

（1）增加了一个平均分核算的计算步骤，需要各组增加一位答辩秘书现场统计分数。由于毕业设计成绩需要根据不同组的难度以及教师的指导情况做调整，因此需要将各答辩小组的成绩于答辩结束后当日集中讨论。成绩统计计算必须及时，需要各组单独配备一名答辩秘书现场填写计算分值。

（2）部分教师对权重概念的理解不一致。以“建筑表现”15 分的分项分为例，为简化评分难度，表单上提请各位教师以十分制直接进行评分，权重转化在后台计算中直接调整计入。但部分教师坚持直接按照“建筑表现”15 分的分制直接给分（其他分项亦然），便于手工直接加出总分，更为简明直观。

如何简化评分流程，使其适应答辩现场的要求以及教师的评分习惯是需要进一步研究的课题。

6 结语

整体而言，本研究结合当前学校教务管理中的变化以及当前教学条件，针对目前本科教学中实际问题，对毕业设计这一重要环节的流程进行优化，同时进行了一系列实验来探讨新型毕业设计评价方法的可行性，其确立为未来建筑学本科毕业设计评价及本科教育方向提供了一定的指导依据。

毕业设计是五年教学成果的一次综合检验，毕业设计的管理以评分制度的设计，应适应五年制建筑学学科人才培养的要求，同时对本科学生综合能力水平进行合理的，有效的全面考察。新型毕业设计评价方法改变了传统主观评价方法，使评分更具客观性、科学性、权威性，成果反映本科五年教学目的，教学水平及最终培养目标。校外评委的引入，使得评分更加适应社会的需求。本评价机制，可以将校外评委的结论提取出来，形成可以解读的数据标本，使本科教育据此作出调整以适应社会需求变化，使得建筑学本科毕业设计的教学更具前瞻性与可持续性。

参考文献

［1］ 周公宁. 简论建筑学专业毕业设计在人才培养中的位置及属性. 华中建筑，2002：91～92.

［2］ 庞弘，刘峰. 建筑·观念·新技术——从建筑学毕业设计中得到启发. 见：湖北省土木建筑学会学术论文集（2000-2001 年卷）；2002. 91～92.

鲁 旭 李 昊
西安建筑科技大学建筑学院
Lu Xu Li Hao
School of Architecture，Xi’an University of Architecture & Technology

美国高等学校建筑学专业本科城市设计课程比较

Comparison about Urban Design Courses of Architectural undergraduate in the American Universities

摘 要：本文通过比较美国主要建筑类高等学校建筑学本科城市设计课程异同，了解城市设计教学在美国高等学校设置的基本情况和内容构成，为我国高等学校建筑学本科城市设计课程的建设提供有益的参考和借鉴。

关键词：美国高等学校，建筑学专业，本科，城市设计课程，比较

Abstract：This is a paper compares the education system among the American best architecture schools regard the issue of urban design in the undergraduate phase. From the background information and structure of the urban design education system in American architecture schools，we can absorb more to help us fund a better solution for our undergraduate education.

Keywords：American Colleges and Universities，Architecture，Undergraduate，Urban Design Course，Comparison

建筑物不是一个孤立的个体，它是一个在特定时间和特定环境中的实体存在，建筑与周边环境共同构成了它在人们意识中的形象。建筑学专业需要培养学生深入理解人们的生活方式与行为心理，认识空间环境的历史文脉与文化特质，建立整体的空间意识与场所概念，通过学习空间造型手段与工程技术方法，进行生活空间场所的塑造。从时间和空间两个维度的整体性切入点与思考路径是城市设计所倡导的主要内容，这是建筑学的核心价值观之一。在当代城市设计的发源地——美国，城市设计不仅仅是规划实践的主要类型之一，也是建筑类院校的主要研究领域和教学内容之一。无论在本科课程体系，还是研究生培养方向上，城市设计都占据着非常重要的位置。我国城市设计起步较晚，近年来随着城市建设向着广度和深度两个方面的发展，城市设计得到了明显的重视，在规划实践和科学研究方面取得了一些成果，各个学校在建筑学的课程体系中也开始增加了城市设计的理论和设计课程。但是，城市设计课程的建设依然相对滞后，没有发挥其应有的作用，只是将城市设计视为处理群体建筑的技术手段，课程的设置与内容存在较多的问题。西方国家尤其是美国在城市设计的研究和教育都起步比较早，也比较具有代表性。在今天的美国建筑学院和系所中，城市设计已经成为不可缺少的主要学习领域之一。本文希望通过分析和比较美国主要建筑类高校建筑学专业本科城市设计课程的总体情况，为国内提供有益的参考和借鉴。

1 美国建筑类高等学校样本的选择

每年美国国家建筑认证委员会（The National Architectural Accrediting Board 后文简称 NAAB）都会由 Design Intelligence 杂志对美国开设建筑学专业的高等

作者邮箱：xalihao@126.com

学校分别进行本科和研究生教学的评估，最后形成排名。参与评估排名工作的有来自教育界的名人，建筑从业者中的知名人士，还有来自不同学校的学生。大家在一起对所有大学提供的课程进行评估，讨论哪些大学为学生提供了更好的建筑学教育，在教学计划、专业训练和知识储备上为学生们今后的职业生涯铺设了更好的发展道路。我们比较了近四年位居前十的建筑类高校（参见表1），综合选择较为稳定的位居前列的高校作为样本，期望通过对这十所大学建筑学本科城市设计课程的比较研究，获得一个较为完整和全面的信息。

本研究最后选定的十所大学都是近四年在建筑学本科排名中有着很好表现的学校（参见表2）。NAAB的排名分本科阶段和研究生阶段，所以像哈佛大学，麻省理工学院这样一直以研究生教学见长的没有在列，但其中也不乏像莱斯大学、弗吉尼亚理工大学这样本科教学和研究生教学都列前茅的院校。美国高校的建筑学专业大体上在两类学院内设置，将建筑学列为设计类，和艺术设计，工业设计等专业作为一个学院，另外一类和国内的大部分院校一致，将建筑学作为一个学科大类，进而有城市规划，景观建筑学等专业组成。美国目前有建筑学专业的高校达413所，通过NAAB评估认证的高校是154所，毕业后颁发由NAAB承认的建筑学学士学位。这里需要做出补充的是很多学校（MIT、Columbia）为了鼓励学生进行城市设计的学习，在研究生阶段还特别设立了“城市设计证书”（Urban design Certificate），如果完成了城市设计的内容，那么学院会特别颁发这样的证书，而这也是受NAAB承认的非常具有分量的专业技能认证。

美国建筑类高等学校近四年排名[1] **表1**

学校/排名	2013	2012	2011	2010
康奈尔大学建筑学院 Cornell/School of Architecture	1	1	1	1
南加州建筑设计学院 Southern California Institute of Architecture	2	7	6	—
莱斯大学建筑学院 Rice University/School of Architecture	3	5	3	9
雪城大学建筑学院 Syracuse University/School of Architecture	3	7	2	2
加州州立理工大学圣路易斯奥比斯波建筑学院 California Polytechnic State Univ., San Luis Obispo/School of Architecture	5	4	4	3
得克萨斯大学奥斯汀分校建筑学院 University of Texas at Austin/School of Architecture	6	—	—	—
弗吉尼亚理工大学建筑与设计学院 Virginia Polytechnic Institute and State University/School of Architecture&Design	7	3	4	4
罗得岛设计学院建筑学院 Rhode Island School of Design/School of Architecture	7	6	11	7
艾奥瓦州立大学设计学院 Iowa State University/College of Design	9	9	—	18
奥本大学建筑设计工程学院 Auburn University/ College of Architecture, Design and Construction	9	—	—	—

研究选择的样本 **表2**

学　校	专业设置
康奈尔大学建筑学院 Cornell/School of Architecture	建筑学/城市规划/艺术 Architecture/City and Regional Planning/ Art
南加州建筑设计学院 Southern California Institute of Architecture	建筑学 Architecture
莱斯大学建筑学院 Rice University/School of Architecture	建筑学/建筑艺术 Architecture/Art in Architectural Studies
雪城大学建筑学院 Syracuse University/School of Architecture	建筑学 Architecture
加州州立理工大学圣路易斯奥比斯波建筑学院 California Polytechnic State Univ., San Luis Obispo/ School of Architecture	建筑学 Architecture

续表

学　　校	专业设置
得克萨斯大学奥斯汀分校建筑学院 University of Texas at Austin/School of Architecture	建筑学/城市规划/室内设计 Architecture/Community and Regional Planning/Architectural Interior Design
弗吉尼亚理工大学建筑与设计学院 Virginia Polytechnic Institute and State University/School of Architecture&Design	建筑学 Architecture
罗得岛设计学院建筑学院 Rhode Island School of Design/School of Architecture	建筑学/室内设计/艺术/景观建筑学/工业设计 Architecture/Interior Architecture/Art/Landscape Architecture/ Industrial Design/
艾奥瓦州立大学设计学院 Iowa State University/College of Design	建筑学/城市规划/室内设计/景观建筑学/工业设计 Architecture/Community and Regional Planning/Interior Architecture/Art/Landscape Architecture/Industrial Design
奥本大学建筑设计工程学院 Auburn University/ College of Architecture, Design and Construction	建筑学/室内设计/工业设计/建筑结构/图像艺术设计 Architecture/Interior Architecture/Industrial Design/Science in Building Construction/Fine Arts in Graphic Design

2　城市设计课程比较

建筑学专业本科在美国高等学校都采用 5 年学制，分秋季和春季两个学期。建筑类院校在学分的设置上，多数是要求学生每个学期修够 15－18 个学分。这里面一般来讲都会包含有一至两门的选修课，很多大学还要求学生必须修习本专业之外的一门课程。以理论课（讲座）形式出现的课程一般的强度在每周 3 个小时，而设计课的强度一般在每周 15 个小时左右。这样一来我们不难发现，一个学期 6 分的核心设计课无疑是建筑学学生学习的重心所在（参见表 3）。当我们看到城市设计相关的课程在有的学校能够占到 10 分甚至以上的时候，那么大学对于这门课的重视程度可想而知。

美国高等学校所有的课程都是开放的，所以在对学生的要求上也都是开放的。这一点在突出体现在城市设计的课程中。大多数院校所有专业、不同年级的（建筑、景观、规划）的学生都可以选择城市设计的课程，但为了保证学生对整个城市设计理论有一个完整的认识与学习，一般来说学院都会推荐一个系列课程。以弗吉尼亚理工大学为最具代表性，建筑学院的课程放在那里，同时开放给研究生院和本科的学生，在选择课程的时候没有什么限制因素，这样无论是讨论课还是设计课都会有很多来自不同背景和资历的声音，无形中大大提高了课堂的质量。这也许就是弗吉尼亚理工大学在本科和研究生阶段的教学都能列入前十名的原因。

城市设计课程的名称，开课时间与学分情况[2]　　**表 3**

学校/排名	课程名称	开课时间	学分
康奈尔大学建筑学院 Cornell/School of Architecture	设计课Ⅳ-A	四年级	6
	设计课Ⅳ-B		6
南加州建筑设计学院 Southern California Institute of Architecture	设计工作室	四年级	6
莱斯大学建筑学院 Rice University/School of Architecture	建筑设计原理Ⅳ	四年级	6
	城市理论的思考		3
	城市设计案例研究		3
雪城大学建筑学院 Syracuse University/School of Architecture	设计工作室	五年级	6
加州州立理工大学圣路易斯奥比斯波建筑学院 California Polytechnic State Univ., San Luis Obispo/School of Architecture	设计工作室	四年级	5
得克萨斯大学奥斯汀分校建筑学院 University of Texas at Austin/School of Architecture	设计课Ⅳ	三年级以上	6
	城市设计的历史、理论和评价		3
	城市设计实践		3

续表

学校/排名	课程名称	开课时间	学分
弗吉尼亚理工大学建筑与设计学院 Virginia Polytechnic Institute and State University/School of Architecture&Design	城市设计工作室	五年级	6
	城市设计研讨课		3
	城市形态论		3
罗得岛设计学院建筑学院 Rhode Island School of Design/School of Architecture	城市设计原理	四年级	6
艾奥瓦州立大学设计学院 Iowa State University/College of Design	设计课Ⅳ	四年级	6
奥本大学建筑设计工程学院 Auburn University/College of Architecture，Design and Construction	城市设计工作室	五年级	6

从表 3 可以看出，在课程的开设时间点上，各个大学之间似乎没有什么争议，全部考虑在高年级的时段开始城市设计的课程。培养学生城市设计的眼光和技能，涉及场地的分析，历史文化背景，经济结构支持，城市空间的理解能力和建筑群体的组合艺术甚至意识形态等复杂的内容。其中涉及的理论知识和理论课也都需要大量的阅读和师生之间深度的交流做基础。所以，在开启课程的时间点的选择上应该考虑在学生对建筑，城市有了深入认识，结合之前学习的建筑历史建立更成熟的建筑观，这时候的学生在阅读量和知识储备量还有对城市、建筑的理解能力上都已经趋于成熟，在这个时间点上，介入城市设计的知识效果会比较理想。

表 4 比较详细地介绍了各个院校的课程和简要的内容。可以看到，处于美国建筑教育领先地位的建筑类院校，都有城市设计相关的课程。这些院校里面大体上可以分为两类，其一是在本科高年级时把城市设计作为一个专项课程单独提出来，同时再辅以相关的理论课程，这样的学校包括康奈尔、奥本大学、雪城大学等。以奥本大学为例，他们在 1991 年的时候就由 Franklin Setzer 以 Birmingham 为中心成立了城市设计中心，教师和当地建筑师还有学生在一起工作、研究，这里成为了教学和提供学生实践工作的基地。再比如说雪城大学的社区设计中心，它不但是建筑学内部学科的融合，而是结合了其他专业包括社会学、政治学的学生一起来探讨如何影响城市的设计。其二是城市设计没有以单独工作室的形式出现，而是融汇在整个五年教学的环节当中。比如(莱斯大学、南加州建筑设计学院、得克萨斯大学奥斯汀分校)。在整个五年的课程规划中，从最开始城市设计的术语和基本理论，再到以批判的眼光看待当代城市设计的结果，最后帮助学生形成应对不同文化、历史、经济环境下的城市设计策略。在城市设计理论课的设置上，几乎所有大学都呈现出一个特点，那就是内容更新快。同样的课程编码，你会发现今年的课题和去年的课题内容完全不同，经常连教师都不是同一个人，但是教学的目的应该是殊途同归的。课程的成果以方案设计、论文及研讨课的形式做出总结。国内的大学不太重视研讨课，但是这种先阅读后讨论的形式不但能保证学生有超大的阅读量，而且非常有助于知识的消化吸收。

城市设计课程的形式，内容与考核[3] **表 4**

学校/排名	课程名称	课程形式	课　程　简　介	考核
康奈尔大学建筑学院 Cornell/School of Architecture	设计课Ⅳ	两个核心设计课程	涉及城市设计、建筑及其环境设计以及建筑技术的工作室。课程贯穿整个四年级，属于核心设计课程，以学期划分为上下两个阶段。题目的内容根据教师的安排有所不同，但主要训练学生通过模型以及图示的手段，来探讨城市层面的环境、空间以及人的活动之间在复杂城市背景之中的关系。工作室的课程是整个学期教学的重心，同时辅以两至三门的选修课程	设计方案
南加州建筑设计学院 Southern California Institute of Architecture	设计工作室	核心设计课程	课程将会选择不同的城市作为基地，让学生从第一感官出发，通过不同的工作室的比较，体验不同城市背景对生成不同的建筑设计到底起了什么样的作用。课程会有与教师相关的专题设计工作室可以选修，其中就有以 Paul Nakazawa 领头的研究中国南方珠江三角洲城市化和城市设计的团队	设计方案

续表

学校/排名	课程名称	课程形式	课程简介	考核
莱斯大学建筑学院 Rice University/School of Architecture	建筑设计原理Ⅳ	核心设计课程	每个学生要在工作室形成自己的方案，作为工作室的小组成果，他们将在一起探讨建筑设计和城市设计在公共空间的塑形中如何相互作用。此外，学生还会从狭窄的建筑观中解脱出来，形成自己对一个城市中具体地块环境的研究方法。通过模仿、变异、重叠等多种手法，学生会找到一种应对建成环境的手段。方案选择在 休斯敦城市中心区，这个地块的选择也将帮助学生更好地理解单纯的设计理念和现实工程之间不同的含义	设计方案
	城市理论的思考	理论课	与工作室同时进行的还有理论课的支持，“城市理论的思考”就是以批判的视角来看待现代主义的都市化。这门课程就是在理论上帮助学生在更广的范围内理解当代社会的都市化。学生在讨论课的基础上形成专门针 对郊区城市设计的一篇论文或者是具体的设计	论文 ＋ 汇报
	城市设计案例研究	案例研究	以巴西利亚为典型案例的城市设计研究	论文 ＋ 汇报
雪城大学建筑学院 Syracuse University/ School of Architecture	设计工作室	核心设计课	以某个具体方案为核心，结合了包括社会学、政治学、经济学的学生一起来探讨如何影响城市的设计，通过 交叉学科的讨论，让学生对城市设计有着更深刻的认识	设计方案＋论文
加州州立理工大学 圣路易斯奥比斯波建筑学院 California Polytechnic State Univ., San Luis Obispo/ School of Architecture	设计工作室	核心设计课	课程主要集中关注如何将建筑理论、设计过程、运作过程在城市背景下做有机的结合。课程的重点是结合城市设计导则进行建筑设计。课程的选题会注重突出实际工程，通过课程学生将会了解城市设计和建筑设计不是单独存在的，而是对功能、美学、建筑技术以及社会各个方面的融合，同时也会了解一个实际工程从开始到结束是如何运作的	设计方案
得克萨斯大学 奥斯汀分校建筑学院 University of Texas at Austin/Schoo of Architecture	设计课Ⅳ	核心设计课	设计课的目的有二，其一是把城市设计的重要原理介绍给学生们，其二是让学生结合之前学习的建筑历史建 立更成熟的建筑观，以激发日后的设计。课程主要由两个项目组成。第一个主要关注在规划的指导下和城市尺度上城市设计如何影响建筑设计；第二 个项目则是关注社会背景文化背景如何影响人们的行为、政策的制定、意识形态以及对建筑生成的影响	设计方案
	城市设计的历史、理论和评价	理论课程	课程由讲座、测试和讨论、案例研究、汇报演示几个部分构成。学生应将课程中讲座和阅读到的理论融会贯通，认识到城市设计理论对实际城市空间的影响，以及城市设计如何在建设城市环境时起到的衔接作用。具体来说，学生应通过此课程：①了解城市设计的理论和术语；②形成对当代城市化的理解和评价，以及相关理论的系统传承；③理解城市景观及结构的基础上探索城市设计策略；④在学术上扩大学生的知识面使得学生能够在学到的原理指导下，形成评价和讨论城市背景下的设计策略的能力	论文＋汇报
	城市设计实践	理论课、讨论课	此课程的目的是领悟。城市设计起了在质量、经济、可持续发展等各个方面的协同作用，它是公共部门和私人部门兴趣点的结合。课程将包括讲座，资料观影，还有在圣安东尼奥城和奥斯汀城的实地调研 之后会组织至少一次的正式讨论课，课上会邀请专业人士参与讨论。作业的设置是两个部分，一部分是对一 个特定问题的讨论，再一个是对一个地点的案例研究，结合以往所有相关问题的讨论	讨论＋论文

续表

学校/排名	课程名称	课程形式	课 程 简 介	考核
弗吉尼亚理工大学建筑与设计学院 Virginia Polytechnic Institute and State University/School of Architecture&Design	城市设计工作室	核心设计课	结合具体的项目，对前面接触到的城市设计理论做出一个总结性的设计	方案设计
	城市设计研讨课	讨论课	结合大量的阅读以讨论课的形式进行，同时会邀请客座教授参与讨论。	讨论＋论文
	城市形态论	理论课	课程将会学习功能、社会经济、地理位置、历史文化、政治等多方面因素对城市形态的影响。同时介绍理想城市和有关城市形态的理论。	讨论＋论文
罗得岛设计学院建筑学院 Rhode Island School of Design/School of Architecture	城市设计原理	核心设计课	城市设计原理核心工作室是让学生认识到城市是一个设计后的环境。交给学生通过体验、分析、设计来理解城市这个“人类最伟大的艺术品”。学生将用自己的设计来解决建筑、社会、公共空间以及结构技术等一系列问题。	方案设计
爱荷华州立大学设计学院 Iowa State University/College of Design	设计课Ⅳ	核心设计课	工作室重点关注建筑和城市的关系，解析建筑在不同城市背景下影响建筑生成的因素。成果是完成一个城市设计方案。	方案设计
奥本大学建筑设计工程学院 Auburn University/ College of Architecture, Design and Construction	城市设计工作室	核心设计课	工作室由在校教师和当地从业建筑师构成，结合实际项目综合训练学生在城市背景下应对设计的能力。	方案设计

3 小结

在美国城市设计的教学中，有的院校致力于培养学生良好全面的建筑观，让学生对城市设计的理论体系有着过硬扎实的了解。这类院校在实际的操作中，我们能够看到像莱斯大学这样有不同科研方向和背景的学者带队的工作室；像南加州建筑设计学院对中国南方珠江流域城市所做的研究，也有像雪城大学那样对跨学科合作设计而做出的探索。与此同时有的院校则注重设计能力和实际工程项目的结合，保证学生毕业以后能很好地将所学应用在日后的职业生涯中。像奥本大学这样以教师和建筑师组成的集教学和实际工程为一体的 教学实验工作室也是很有特点的一类代表。建筑学专业本科的城市设计教学活动在国内各院校开展的时间不长，我们可以借鉴和参考美国高校的相关做法，采用多元和灵活的教学手段，强化城市设计在建筑学教学体系中的作用，提高学生对空间环境的整体意识和价值取向。

参考文献

http://www.naab.org/

http://www.di.net/

http://www.design.iastate.edu/architecture/index.php

http://catalog.iastate.edu/collegeofdesign/architecture/

http://www.risd.edu/Academics/Architecture/

http://www.soa.utexas.edu/

http://cadc.auburn.edu/Pages/default.aspx

http://soa.syr.edu/index.php

http://www.arch.calpoly.edu/

http://www.cornell.edu/

http://archdesign.vt.edu/

陆诗亮　黎　晗　解潇伊
哈尔滨工业大学建筑学院
Lu Shiliang　Li Han　Xie Xiaoyi
Harbin Institute of Technology，School of Architecture

当代大学生建筑设计竞赛国内外比较研究❶
Comparative study of contemporary college students' architectural design competition at home and abroad

摘　要：本文主要研究国内大学生建筑设计竞赛的流程和赛制的现状，针对国内中联杯、Revit 杯、U＋L 新思维、UA 创作奖以及霍普杯等有代表性竞赛的优势和问题进行分析，同时对比 UIA、eVolo、D3、VIA 等国际知名建筑竞赛的优势，在此基础上总结出国内竞赛的主要问题，提出竞赛的组织原则和解决办法，探索国内大学生建筑竞赛的发展模式。

关键词：大学生，建筑设计竞赛，国内外，比较研究

Abstract：This paper mainly studies the process of the domestic college students architectural design competition and the situation of competition system. In view of analysis the advantages and problems of Zhonglian cup，Revit cup，U ＋ L，UA ，Huopu cup and other typical design competitions in China，at the same time compare the UIA，Evolo，D3，VIA and other international well-known architectural competition. On this basis，summed up the main problems of the domestic competition，put forward the competition organizing principle and solution of the problem. To explore the development of the mode of domestic college students architectural design competition

Keywords：College Students，Architecture Design Competition，Home and Abroad，Comparative Study

1　绪论

近年国内各类大学生建筑设计竞赛层出不穷。学生团队和指导教师的参与热情蓬勃高涨，一些学校将诸如 revit 杯、中联杯等知名竞赛纳入教学计划，作为课程设计题目；同时大型竞赛的业界关注度也较高，评选成绩得到一些国内外高校和单位的认可；竞赛组织日趋成熟，各类建筑设计竞赛的形式趋于多样化和开放化。

各类建筑设计竞赛组织模式相似，学生可在指导老师带领下以个人或团队形式参与，人数要求不一，通常不多于 6 人，成果由主办方邀请相关领域权威构成团队共同评审。竞赛一般流程如图 1 所示。

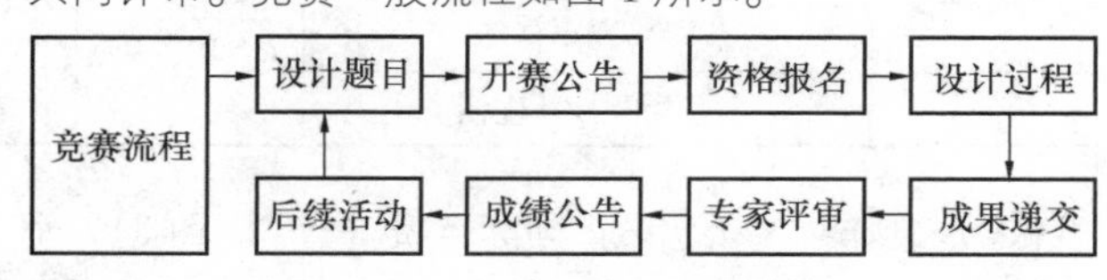

图 1　竞赛一般流程

建筑设计竞赛对学生建筑专业教学非常必要。作

作者邮箱：lsl761120@163. com

❶　2012 年黑龙江省高等学校教改工程项目，项目号：JG2012010190 中央高校基本科研业务费专项资金资助（项目自助编号：HIT. NSRIF. 201182）

为课程设计的有力补充，参与竞赛对学生的设计能力和视野培养等综合素质的提高帮助很大。设计能力方面，竞赛鼓励学生创新，训练学生分析解决问题的思维方法；提高空间形式的建构能力，引起学生对重要的建筑问题的关注；提升学生的建筑表现力和绘图技术的操作力。在视野培养方面，注重培养对社会问题的认知解决能力，增进学生对交叉学科的理解认识；训练学生的团队合作能力和沟通能力。

本文试图从国内外知名建筑设计竞赛的组织、历届题目、评委构成、关注的社会热点问题以及社会影响力等几方面比较国内竞赛的异同，针对国内的具体情况提出我国大学生建筑设计竞赛的良性发展模式。

2 国内主要竞赛现状评价

国内当下大学生建筑设计竞赛主要有中联杯、REVIT 杯，UA、U+L 和霍普杯、蓝星杯等几大主流建筑竞赛。

REVIT 杯全国大学生可持续建筑设计竞赛（表 1），此项竞赛突出可持续发展的主题，鼓励参赛方案体现对低碳城市和绿色建筑等方面的认识；鼓励发展计算机辅助设计、建筑信息模型以及建筑性能模拟等技术。不足之处在于由于承办方经常由老八校轮流坐庄，题目变化大，对基地选址要求过于详尽，题材过于真实；评审过于关注方案现实可行性。2012 年参赛作品有 700 多份。

REVIT 杯全国大学生可持续建筑设计竞赛信息简表 **表 1**

年份	竞赛题目	评委构成	组织单位	社会热点	参赛人员	社会影响
2008	大学生建筑设计作业观摩	国内建筑业专家学者	全国高校建筑学专业指导委员会+欧特克软件有限公司+老八校	可持续建筑设计	在校大学生、研究生及职业院校学生	弱
2010	低碳建筑生活科技馆					
2011	旧厂房改造					
2012	中东铁路建筑文化遗产体验馆					
2013	传统商业空间再生					

注：社会影响强弱以是否有建筑专业以外的其他社会媒体、杂志、舆论关注报道为准。

中联杯全国大学生建筑竞赛，目前已举办三届（表 2）。竞赛策划缜密，程序规范，评委构成权威云集，竞赛命题持续侧重社会问题和相关解决方案，注重新观念、新技术的运用，并融入绿色、可持续的理念，对基地选址并不作详细要求。不足之处在于命题变化较大，主题并不突出连续，任务与规模要求过于详细，大多数学校将之作为学生作业训练，更趋于学生作业风格。2012 年参赛作品有 873 份。图 2 是第二届获奖作品《激活城市》。

中联杯全国大学生建筑竞赛信息简表 **表 2**

年份	竞赛题目	评委构成	组织单位	社会热点	参赛人员	社会影响
第一届	“公共客厅”	国内建筑业专家学者	中国建筑学会+全国高校建筑学专业指导委员会+中国联合工程公司	民生、社会、历史、发展	在校大学生、研究生及职业院校学生	弱
第二届	我的城市，我的明天——创意青年社区					
第三届	老社区　新生活					

UA 创作奖·概念设计国际竞赛（表 3、图 3），举办较早，命题新颖，且有延续性，时代感强。通过城市中的类型建筑的表达关注揭示尖锐的社会问题，对建筑基地选址并不作详细要求，设计内容关注点与学生作业迥异，更趋向于概念的表达。不足之处在于作为国际竞赛，命题过于类型化，宣传推介受主办单位地域影响较大，区域外部人员参与少，与社会接轨性不足，缺少国际性大师级人物评价。2012 年参赛作品有 533 份。

“U+L 新思维”学术双年会暨全国大学生概念设计竞赛（表 4），形式开放，有特色选题和自主选题可供自由选择；要求宽泛，设计背景、场所自定，表现方式不限；与研讨会论文结合，相互支撑；关注城市、建筑、景观的多学科交叉。不足在于命题范围过于宽泛，专业界限模糊，造成各专业学生对竞赛认识不足，参与热情不浓厚，这也给作品的评审带来难度和更多的质疑。参赛作品数量并不多。

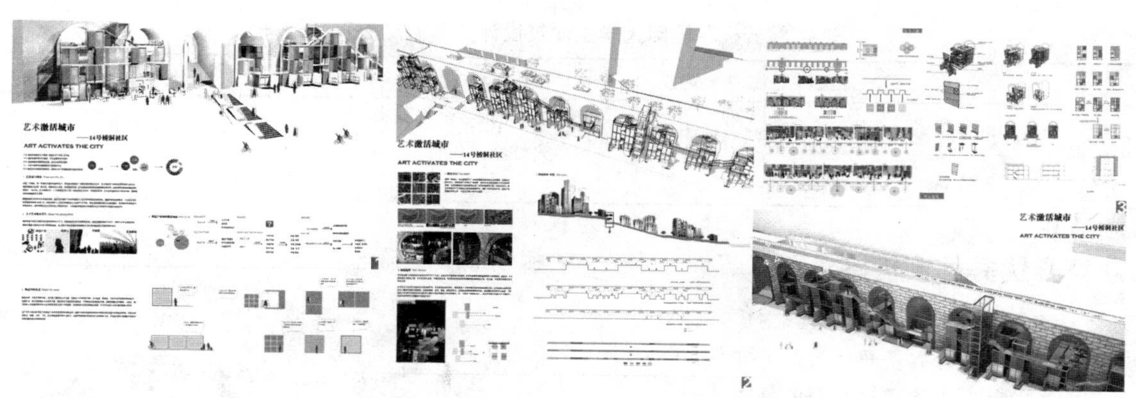

图 2　第二届中联杯一等奖获奖作品《激活城市》

UA 创作奖・概念设计国际竞赛信息简表　　表 3

年份	竞赛题目	评委构成	组织单位	社会热点	参赛人员	社会影响
2007	UA 城的大学建筑	国内建筑业专家学者	哈尔滨工业大学建筑设计院＋《城市建筑》杂志社	城市中的类型建筑	在校大学生、研究生及职业院校学生	弱
2008	UA 城的体育建筑					
2009	UA 城的交通建筑					
2010	UA 城的商业建筑					
2011	UA 城的“负”空间激活					
2012	UA 城的“活”建筑					

图 3　UA 创作奖・概念设计国际竞赛 2011 年评审现场

“U＋L 新思维”学术双年会暨全国大学生概念设计竞赛信息简表　　表 4

年份	竞赛题目	评委构成	组织单位	社会热点	参赛人员	社会影响
2004	城市与景观设计创新	国内建筑业专家学者	华中科技大学＋《新建筑》杂志社	城市建筑与景观	高校本科生、研究生	弱
2006	城市特色与城市发展					
2008	与环境结盟					
2010	低碳的城市与景观设计					
2012	一级学科背景下的城市与景观					

“霍普杯”国际大学生建筑设计竞赛（表 5），由国际建筑师协会（UIA）支持。2012 年起刚开始举办。竞赛重视全过程策划，通过全国巡展、颁奖典礼和“跟大师学设计”等系列活动，意图将竞赛变为有创意价值的长效项目，进而推动各校际间交流。从第一届看依然存在不足，竞赛要求过于详细，高度接近高校课程设计题目，学生发挥余地不大，对专业外人士吸引力不高，与社会接轨性不足；前期宣传力度还显薄弱，以至于竞赛没有在全国高校内推广起来，参赛作品多来自组织单位内部。2012 年参赛作品有 321 份。

“霍普杯”国际大学生建筑设计竞赛信息简表 　　表 5

年份	竞赛题目	评委构成	组织单位	社会热点	参赛人员	社会影响
2012	演变中的建筑——文化综合体	国内外建筑业专家学者	天津大学建筑学院＋《城市·环境·设计》（UED）杂志社	演变中的建筑	高校本科生、研究生	弱
2013	演变中的建筑——建筑的消融					

3　国外竞赛优秀案例借鉴

国外著名的建筑竞赛与国内竞赛相对比，在竞赛赛制，命题方向和评审等方面各有所长，下面具体分析中国学子参与较多的几大主流建筑竞赛的基本情况。

UIA 国际建筑竞赛（UIA International Architecture Competition）是由国际建协与联合国教科文组织共同举办的世界大学生建筑设计竞赛，竞赛每三年举办一次，具有很高的国际影响力与知名度。作品展览与颁奖结合世界建筑师大会同时进行。UIA 竞赛开放度高，命题真实，关注具体社会问题的真实解决办法。接受来自全球的建筑学子与建筑师团队的参与，具有广泛的包容度与独特的命题视角，参赛作品多达数千份以上。

美国 D3 建筑竞赛（D3 International Architectural Design Competition）面向全球，命题持久不变，只关注居住建筑。致力发掘将住房与人类、环境和生态相结合的新兴力量和富有远见的建议，旨在促进设计作品对环境、文化和生命周期流动的探索，倡导以新兴的规划策略、先进的技术和可替代材料为创新手段，来挑战传统建筑类型。2013 年参赛作品有 400 多份。图 4 是 2012 年的作品。

图 4　2012 年 D3 竞赛中一等奖 Hannes Frykholm（瑞典）和 Henry Stephens（新西兰）的作品

美国 eVolo 摩天楼国际建筑竞赛（eVolo Skyscraper Competition）自 2006 年设立起已成功举办了 6 届，始终以摩天楼作为题目。eVolo 设计题目与人类未来面临的困难与发展息息相关，对场地、建筑高度、外形和技术指标没有任何限定，旨在探索摩天楼在有限的城市空间里垂直发展的各种可能。参赛者主要为世界范围内的职业建筑师和高校师生。参赛作品在一千份左右。图 5 是 2012 年的作品。

威卢克斯国际建筑竞赛（VELUX）2004 年开始两年一届，活动规模逐年提高。大赛致力于鼓励学生探索日光照明这一建筑学永恒的相关主题，提高他们完整研究作品的优秀品质，拓展日光在建筑中的应用范围，包括美学、功能、环保以及建筑与环境的良性互动等等。大赛鼓励参赛选手通过任何规模形式的建筑项目或设计创意表达诠释自己对照明的认识。2012 年参赛作品 986 个。

以上国际著名竞赛信息汇总于表 6 之中。

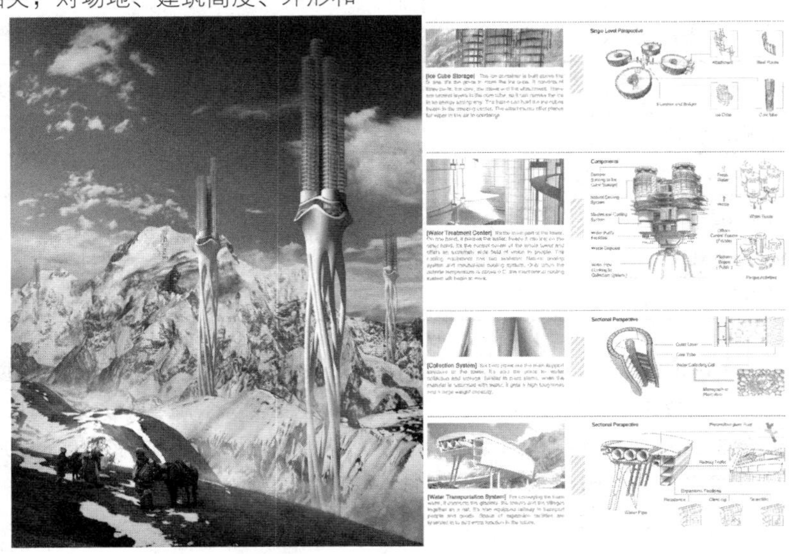

图 5　2012 年 eVolo 竞赛一等奖获奖作品喜马拉雅水塔，郑植、赵洪川、宋冬白，指导教师：陆诗亮

国际著名竞赛信息汇总 **表 6**

竞赛名称	竞赛题目	评委构成	组织单位	社会热点	参赛人员	社会影响
美国 D3	居住建筑	建筑师 艺术家 编辑 社会工作者 以往获奖者 ……	D3 杂志社	探索人类发展 环境问题	建筑师/ 学生/艺术家 ……	强
美国 eVolo	高层建筑		eVolo 杂志社			
UIA 国际建筑竞赛	真实项目		国际建协	具体问题		
威卢克斯	明日之光		威卢克斯公司＋UIA＋EAAE	光在建筑中的发展		

4　原则和现存问题分析

大学生建筑竞赛是对现行建筑教学的有力补充，建筑竞赛的质量关系到学生培养与行业人才输送，竞赛的组织、命题和评审需要合理的原则制约，主要体现在竞赛的评审和成绩公示应公平公正；充分鼓励学生创新，培养学生解决问题的能力；命题形式多样化，内容与时俱进；赛制应开放包容，宜邀请社会大众参与评审，吸纳建筑师队伍参赛。

近几年国内大学生建筑竞赛进步很快，与国外知名竞赛的差距在不断减小，但是还存在一些普遍性的问题。

（1）命题专业性过强，对社会问题关注较低。多数竞赛过于强调建筑学科专业理念，而忽略了建筑师的社会责任以及建筑的公众性质。命题是竞赛的核心，直接影响到竞赛的水准。命题视角应广泛引导和鼓励大学生关注社会问题。UA 创作奖 2012 年的命题就与这几年的社会热点结合紧密，值得学习。

（2）对建筑创新和学科交叉普遍不注重。国内多数竞赛，对于建筑技术方面的要求较空泛，对于参赛作品的技术设计方面关注较少，很少涉及建筑与其他交叉学科的融合。建筑竞赛应该引导学生更多的关注建筑技术和结构、物理、材料以及社会科学等相关知识，培养学生的综合素质。如威卢克斯建筑竞赛就一直引导学生对光环境的关注，是为数不多的从物理科学角度命题的建筑竞赛。

（3）参赛人群深度过浅，面向社会推介不足。多数建筑竞赛仅仅面向国内建筑院校学生团队推广，不利于竞赛作品的集思广益和行业的影响扩展。参赛者资格应尽量拓宽，吸纳不同层面的社会人员的参与。目前许多国外的竞赛越来越国际化，陆续有中国学生参与和获奖，在国内有一定知名度。诸如美国 D3 竞赛和 eVolo 摩天楼竞赛，都是由美国本土竞赛过渡为国际化竞赛，影响力较大，流传推介较广。

（4）竞赛评审局限于象牙塔，缺乏公众参与。竞赛评审应加入舆论媒体、社会意见以及专业外社会人士的参与，既有助于建筑概念的公众普及，也有助于学子在竞赛中关注最真实使用者的需求。国外竞赛在此方面做得较好，国内一些建筑竞赛也已开始探索，“台达杯”国际太阳能建筑竞赛利用网络评选，面向社会大众宣传推介，根据投票结果评选获奖作品。

（5）对于学生的团队能力训练不足。多数竞赛对参与学生人数有上限，缺乏对团队合作的鼓励和引导，不利于学生的团队合作能力的培养。建议竞赛的参赛要求中加入对学生分工方式的指导，或设置专门的团队创新奖项，以此来提高学生对团队合作的重视，以及分工合作能力和团队工作效率。

5　结语

随着中国建筑设计行业进入成熟期，社会对于建筑人才的要求将更加侧重于综合能力。一个优秀的建筑学毕业生不仅要有扎实的专业基础和设计能力，同时应该有较高的综合能力和跨专业视野。因此，各大竞赛均应重视其对学生培养的重要意义，在竞赛的组织和评审中，以更加负责的态度，不断对竞赛本身进行总结和改进，才能使国内建筑竞赛保持高水平长效发展。

参考文献

［1］　孔宇航．“接力游戏”记霍普杯国际大学生建筑设计竞赛组织过程．城市环境设计，2012，12：068.

缪 军 张竞予
华南理工大学建筑学院
Miao Jun Zhang Jingyu
Architecture School, South China University of Technology

中国实验建筑的本土理论价值以及对国内建筑教育的启示探讨

The Value of Chinese Experimental Architecture and the Enlightenment to Architecture Education

摘 要：21 世纪中国实验建筑师这样一个有着鲜明自身特点的群体对于国内建筑的发展起到了非常显著的启示与推动作用，引领了国内建筑思想的发展方向，掀起了国内的本土建筑创作热潮。本文从时间发展的角度观察、探讨国内的"实验建筑"现象，对其从产生之初到发展现状进行阶段式的比较分析，力图廓清其对于中国本土建筑理论发展的意义与影响，指出实验的态度与方法是国内建筑教育中值得促进和提倡的层面。

关键词：实验建筑，实验建筑师，本土，建筑理论，建筑教育

Abstract: In the new century, Chinese experimental architects have made a significant development to the internal architectural field. With the large number of experimental architectural creation, they have to some extent led the main stream of domestic architectural thoughts. This paper intends to discuss the phenomenon of Chinese experimental architecture. Explore the significance of Chinese experimental architecture in the view of Chinese native architecture theory. And discuss the enlightenment to internal architecture education.

Keywords: Chinese Experimental Architecture, Experimental Architect, Native, Architecture Theory, Architecture Education

在国内首先提出"实验建筑师"这一说法的艺术评论家王明贤很难想到，在短短十年之后，中国实验建筑师能够成为国内炙手可热的话题。国内一些有代表性的实验建筑师如张永和、王澍、都市实践、马清运、艾未未、刘家琨等等，成为首批亮相在国际视野下的中国建筑师。特别是王澍获得 2012 普利兹克奖事件，作为近半个世纪以来中国第一次获得国际建筑界的最高荣誉的建筑师，引起了广泛的关注。

国内建筑界对于当代中国实验建筑师的评价有诸多相异的观点，但是无可否认的是，21 世纪中国实验建筑师这样一个有着鲜明自身特点的群体对于国内建筑的发展起到了非常显著的启示与推动作用，引领了国内建筑思想的发展方向，掀起了国内的本土建筑创作热潮。

中国实验建筑产生于国内特定的社会环境下，具有特殊性。与西方"先锋实验"相比，其所处的社会文化语境与西方的先锋实验具有很大的差异。因此，其实验的议题是有明显差别的，所要达成的实验目的与结果也存在着本质上的差异。因而，中国实验建筑具有中国复杂社会文化条件下独有的特点，需要进行单独审视，明确其对于中国本土建筑发展的意义与影响。

作者邮箱：zzc010101@foxmail.com

1 中国实验建筑的发展脉络

1.1 萌芽：中国实验建筑的时代背景

近代以来，中国本土建筑学一直处在思想动荡的过程中，经历了由传统本土建筑向现代建筑的转型，而后又经历着由文化全球化引发的西方多元建筑话语的冲击。实验建筑师群体正是产生于多元冲突与变迁的时代背景之下。

20 世纪初，由于西方发达的工业文明对东方政治、经济与文化的冲击，使得国内在较短时间内摒弃了传统的以木构建筑为主的建筑体系，开始了现代化的转型。受国内第一代现代建筑师在国外留学期间所受建筑教育的影响，此时国内的建筑体系受巴黎美院的“布扎”(Beaux-arts）建筑教育模式影响较大，主要延续了西方古典主义的美学构架。而后，经历了 20 世纪 50～60 年代国内建筑发展的停滞的阶段，新古典主义美学根基在国内一直占据主导地位指导实践。

改革开放后的 20 世纪 80～90 年代，国内经济体制的变革引发了国内建设环境的巨变。改革开放造就了热火朝天的国内城市建设环境，同时造就了复杂、急速、廉价与浮躁的建筑氛围。由于中国建筑的现代化过程是特定的社会原因促成的，是迅速的、非原生的，在现代化的进程中缺乏思想解放的过程，因而一直是不彻底的。从表面看，经济发展与文化交流的热潮似乎促成了国内建筑的飞跃，而事实上，在一系列符号化的模仿与浮躁的商业化的背后，国内建筑仍然是以古典主义美学构架为根基，并未经历彻底的现代化过程，其本质仍然为受“布扎”教育体系影响的新古典主义。这在一定程度上造成了国内建筑思想的混沌与背离，表现为浮躁的商业化与西方建筑思潮的表面化泛滥等深层矛盾。

“矫情的模仿和抄袭终究不能代替真实的创作体验，表面的趋同毕竟无法掩盖深刻的文化差异，也无法逾越现实技术及观念上的滞后状态。”[1] 中国实验建筑正是针对这种背离与矛盾，以一个批判者的姿态产生的。

1.2 耕耘：中国实验建筑的成长期

1996 年 5 月 18 日，在华南理工大学召开的“南北对话：5.18 中国青年建筑师、艺术家研讨会”，第一次提出了“实验建筑”[2] 的命题；

1999 年 6 月，在北京召开的第 20 届世界建筑师大会主题展中，王明贤负责挑选了 10 件具有探索性的建筑作品，举办了“中国青年建筑师实验性作品展”(图 1)。

(1) 泉州小当代美术馆（方案）,张永和

(2) 中国科学院陈兴数字中心，张永和

(3) 苏州大学文正学院图书馆，王澍

图 1　部分作品——中国青年建筑师实验性作品展

从这以后，中国实验建筑正式进入国内建筑界的视野，泛指那些根植于当前国内环境，以独特的建筑创作对国内主流建筑观念造成影响，对国内建筑发展起到启示作用的建筑作品。

这里有两方面需要注意：首先，实验建筑的创作思想具有一定的创新性，通常具有对主流建筑观念的批判性，从批判中达到冲击传统意识形态的目的。其次，中国实验建筑中的创新，有别于西方先锋派强调艺术独创性的“先锋实验”，是指针对当前国内社会环境现状进行的建筑思想与设计手法的改良与契合，是本土意义上的“实验”；实验对中国本土建筑学发展的促进与启示，正是实验建筑的目的与价值所在。

实验建筑在改革开放之初复杂的环境下产生，其产生之初，在社会环境的影响下，即具有鲜明的自身特点。

第一，中国实验建筑正是针对在国内高速进行的城市建设热潮中的浮躁与矛盾，以批判者的姿态产生的，因而中国实验建筑在产生之初即具有非常明确的批判性。实验建筑的批判性决定了其存在的重要价值，经由批判性的思考，能够厘清一个世纪以来中国建筑的现代化过程中表现出的主要问题与矛盾。实验建筑的批判性较为温和地体现在建筑实践过程中，将批判性的思想带入建筑实践中，是一种比较适合国内文化环境的建筑批评方式。

第二，在当时，实验建筑是处在一种相当边缘化、被排挤的地位。王明贤先生曾经提到，在一次评奖中，由他提名的王澍的中国美院象山校区由于评委们反应冷淡而以落选告终。可见实验建筑产生之初在国内建筑领域中话语权的缺失程度。

第三，青年实验建筑师处在东西文化冲突与交融的年代，由于他们之间教育背景以及关注重心的差异，因此他们的作品与思想往往呈现出多样化的特点，往往不具有一个固定的主题、中心或明确的目的，而是较为松散的、个人化的（图2）。

（1）北京席殊书屋，张永和：对空间叙事的探讨

（2）杭州钱江时代，王澍：重现传统住宅的居住关系

（3）宁波天一广场，马清运：对城市与商业化的回应

图2 松散、个人化的建筑创作思想

1.3 破土：中国实验建筑的相对发展期

随着张永和、王澍、马清运等建筑师的发展成熟，他们已经在国内外高校担任要职并承担大型建设项目。如今，实验建筑师的作品与思想越来越多地介入到大众的视野中，逐渐成为国内建筑界关注的重心，中国实验建筑师群体已经逐渐发展成熟。中国的实验建筑从1999年最初在国内亮相以来，至今只不过经历了短短十余年时间。国内的实验建筑在短短的十余年中，从当初边缘化、被孤立的境地，到如今在国内建筑领域占据重要地位，成为国内建筑界在世界范围最先曝光的先锋，并且获得了相当规模的支持者，这不得不说是一个巨变。

2 中国实验建筑的本土理论价值

中国实验建筑处在中国复杂社会文化条件下，是针对中国本土建筑学现状与矛盾所进行的一种特殊的改良运动。中国实验建筑的意义主要在于对当前国内社会现状进行的建筑创作与设计手法上的契合，是具有本土意义的“实验”，具有本土理论价值。

吴良镛先生曾经提出“现代建筑本土化”与“本土建筑现代化”两种说法。中国实验建筑所体现出的本土建筑理论价值，也可以分为以下几个层面来理解。

第一是对本土文化传承的关注，通过对本土文化资源、对中国传统建筑的提炼与传承，使本土建筑具有现代性，产生具有本土文化内涵的现代建筑与思想。

第二是对国内当前社会特征状态的关注与探索。是指基于本土环境、经济、文化、社会条件等基本情况，结合当前社会特征与需求进行的建筑创作探索。

第三则表现为中西文化的植入嫁接的探索，是指对主流西方建筑理论进行结合国内社会文化现状的创造性地运用，将西方现代建筑思想与中国本土的社会文化语境相适应，结合本土经济、文化、社会条件等基本情况进行的建筑创作。

3 建筑实验与国内建筑教育

客观地说，21世纪中国实验建筑作品代表了当前时期中国建筑学的时代声音，是肩负社会与历史责任的少数建筑师的可贵探索。虽然他们处于边缘化、不被理解的境地；虽然面对中国当前复杂的社会文化语境，在困惑与摸索中前行，往往许多建筑实验不能够转为现实而停留在雏形阶段。但是，它根源于对社会现实的把握与文化传统的发扬，在快速与浮躁的社会现实中不急功近利，对中国本土建筑学的发展起到宝贵的启示与推动作用。

建筑界需要声音，当前中国现代建筑的发展进程中，实验建筑师通过探索与努力，形成国内建筑文化与世界的交流对话，为中国建筑发展带来了启示。与此同时，当一种建筑实验逐渐主流化的时刻，也是其使命完结而被新的实验所取代的时刻。王澍曾经提到，“建筑学要比较健康地发展，实验就应该是一个常态。就是对所有的不确定需要去发现的事物持续不断的思考，它应该是一个常态。”[3]因此，实验的态度与方法是国内建筑教育中值得促进和提倡的重要组成部分。首先，加强学生设计创新能力的培养以及多元化思维方式的引导；其次，是对于学生思辨能力的培养，通过加强理论阅读引导，使学生在教育中能够自主理解与分析多元的观点与知识，用引导法取代老旧的固定思想的僵化传授模式。最后，是对于实践动手能力的培养，通过将想法落实到实际的实验活动中的相关训练，提高学生各方面的独立钻研与实际操作的能力。我们更期望在第一代实验建筑师的影响下，国内青年建筑师的建筑探索能够包含更多的实验精神，对中国现代建筑的根本性变革真正起到先锋作用。

参考文献

[1] 饶小军. 实验建筑：一种观念性的探索 [J]. 时代建筑，2000，(02)：12-15.

[2] 张远大. 对中国实验建筑的滞后性观察 [J]. 山西建筑，2005，(09)：4-6.

[3] 李东，黄居正，王澍，皮特，张雷，易娜，钱强，葛明，童明，彭怒，董豫赣. “反学院”的建筑师——他的自称、他称和对话 [J]. 建筑师，2006，(04)：160-170.

邵　郁　韩衍军
哈尔滨工业大学
Shao Yu　Han Yanjun
Harbin institute of Technology

超越“功能”的建筑设计教学

——与香港大学的一次联合教学实践引发的思考

Architecture Design Education beyond Function

——Thinking from a collaborative teaching with Hong Kong University

摘　要：功能是建筑的使用要求，是使用者需求的反映。国内建筑院校的学生多数是理工科背景，形象思维能力较弱，功能通常被当作是形式的逻辑起点，这是传统的建筑设计教学所采用的方法。本文以哈尔滨工业大学和香港大学的一次联合设计为例，介绍了以开放建筑理论为媒介的一次设计教学尝试，着重分析学生在设计过程中面临的困难，并由此产生对传统建筑设计教学的思考。本文期待引发教育者对传统设计教学的思考。

关键词：功能，开放性，设计教学，可变

Abstract: Function is the basis requirement of a building, it is a reflection of user requirements. Students of Major in architecture in China usually possess engineering education background. They are always not good at imaginably thinking, so functions are usually the logical starting in traditional architecture design teaching. This theme introduces a teaching experiment based on open building theory, which is a joint work between HIT and HKU. We stress to analysis the student' s difficulties in design process, which arise thinking about traditional architecture design education.

Keywords: function, open, design education, changgable

1　背景

2013 年 3 月，哈尔滨工业大学建筑学专业四年级的“开放式研究型设计”课程中的一个小组与香港大学的贾倍思教授进行了联合教学。该课程是哈尔滨工业大学重点打造的一门特色课程，实行主讲教师申报制，与传统建筑设计类课程的差别是突出“开放式”和“研究型”两方面的特色，该课程突出“海内外结合、校企结合、本科教学与实践项目相结合、相关专业结合”等特色[1]。其中，“与海内外结合”是本校教师和海外教师合作共同出题指导设计，本文中与香港大学教授的联合教学就是属于这类题目。

本小组的题目突出了“开放式研究型设计”课程的两个特点。一是在“开放性”方面，本组的教师团队由本校教师和香港大学教授联合组成，学生团队则是由来

作者邮箱：shaoyuu@163. com

自哈尔滨工业大学建筑学院建筑学专业的 16 名四年级学生和设计学专业的 14 名三年级学生共同组成，在教师来说打破了海内外的界限，在学生来说打破了专业的界限；二是体现在“研究型”方面，设计题目是以双方教师对于开放建筑和住宅建筑适应性等方面的理论研究为基础，在设计要求方面，要求学生研究人的生活模式，空间的可变性和最大兼容性等问题。

设计题目是基于开放建筑理论[2]，该理论主张把建筑分为不变和可变两个部分，以期使建筑能最大限度地适应未来发展的需要。在该理论的指导下，设计通常分为两个阶段，即支撑体（support）设计和内部填充（infill）设计。在第一步的支撑体设计中，通常完成一个能适应不同功能的“建筑”，这个阶段的设计成果既不能按照一个类型的特定建筑设计，又要考虑将来发展成多种功能的。这个设计方法显然与我国通常采用的传统建筑设计教学中的方法有一定的差异性，在以类型为基础的建筑设计教学中，通常会把对功能的定位作为设计的第一步，学生显然也非常适应这样的思维方法。在这个设计中，学生在第一个阶段必须“超越”建筑固定的功能，因此没有了传统建筑设计的功能“泡泡图”可以作为第一个思考点，表现出很大的不适应。因此，整个教学过程学生经历了迷茫、摸索、研究，直到用各种新方法解决问题的“漫长历程”，也引发了教师对建筑设计教学的思考。

2 设计任务

本次设计由建筑学和设计学两个专业的学生共同完成，设计的主题是发展一个能适应时间和空间变化的建筑和室内设计的概念。设计重点解决两个方面的问题：一是“时间”，即在建筑物理结构允许的情况下，延长其使用寿命，它必须具有灵活性和可变性，以适应功能、环境以及建筑使用过程中所产生的诸多不可预见的事物的变化；二是“人”，如果多元化是描绘今天人们的观念和行为的语言，那么建筑如果不能和人们的日常生活互动的话就不能让人满意。人们通常会根据自己的需要改变并适应他们的环境。因此，这个设计鼓励能够适应行为、气候、事件等原因引起的变化的动态和有活力的空间手法，要求形式和空间的积极变化。

设计题目是一个青年旅社。该建筑要包括 40～50 间客房，类型可以考虑多人间、单人间、标准间和家庭套房等，还要有 200m^2 的多功能厅、停车场、室外活动场地，也可以包括健身中心、自助厨房、洗衣房以及任何学生认为感兴趣的功能用房。

这个看似一个小型宾馆的设计不同的是要考虑在其使用寿命内的功能和使用项目的改变，例如两个单人的房间合并成一个带有厨房、餐厅的公寓或者其他的形式。此外，旅馆也有可能转变成一个办公楼或者别的什么用途。在设计中要考虑不确定性，提供一个可变的结构。

整个设计任务分三个阶段展开。第一阶段是地段调研、场地分析、建筑和室内设施可以灵活改变的案例分析。第二阶段两个专业学生的工作分开进行。建筑学专业的学生被要求设计能适应任何内部系统和满足不同功能目的的开放建筑结构，这一阶段的设计仅研究可变的建筑立面、流线、结构，重点是研究开放式结构、复杂性、中立性、完整性、暂时性、灵活性，设计的基础性框架而非一个建筑，鼓励多样性、带有差异性的不确定性、模糊性等过程。设计学的同学在这一阶段的工作则是假设在建筑师 Baumschlager Eberle 设计的一栋开放住宅（图 1）购买了一个生活单元供一个人或两个人居住，它的结构、立面、入口是确定的，设计的重点是研究内装系统的可变性。研究的要点是既定结构的可变化的旅馆单元的室内设计，目标是适应任何建筑结构和多样目标的灵活可变的室内系统。这些对室内系统的研究结果将用在第三阶段。第三阶段是由建筑学专业和设计学专业的同学共同完成的，是把前两个阶段的研究成果进行碰撞和整合，这时的成果将成为一个完整的建筑设计。

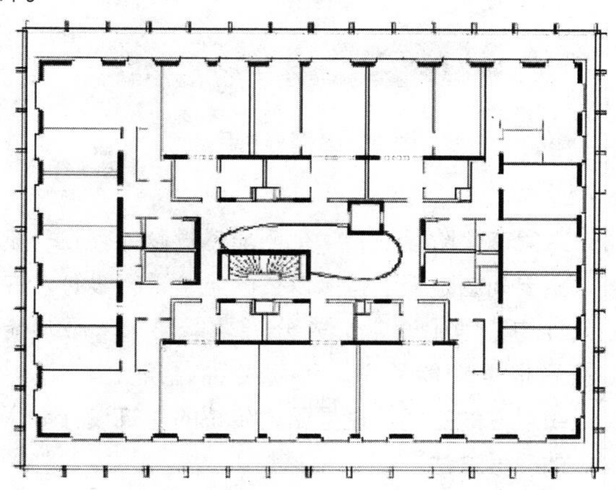

图 1　建筑师 Baumschlager Eberle 设计的开放式住宅平面图

3 面临的难题

从上面的教学过程可以看出，由于所选的地域和设计方法与以往的设计教学有较大的差别，学生面临了一些难题，因此引发了老师对教学过程的很多思考。

（1）第一阶段

在第一阶段中，学生的学习方法和研究内容与一般的建筑设计差别不大。哈工大在以往的建筑设计题目中大多会选择处在哈尔滨的设计地段，而本次建筑设计选择的香港地段，涉及不同的地域、不同的文化背景和生活模式要求下的研究。在这一阶段，调研既是对亚热带地区环境的认知，也是对经济发达的国际化都市生活模式的思考，这一阶段较多的是城市设计的内容，学生面临的难题主要是对不同地域和文化生活的把握，但总体来说是能够很好地解决的（图 2、图 3）。

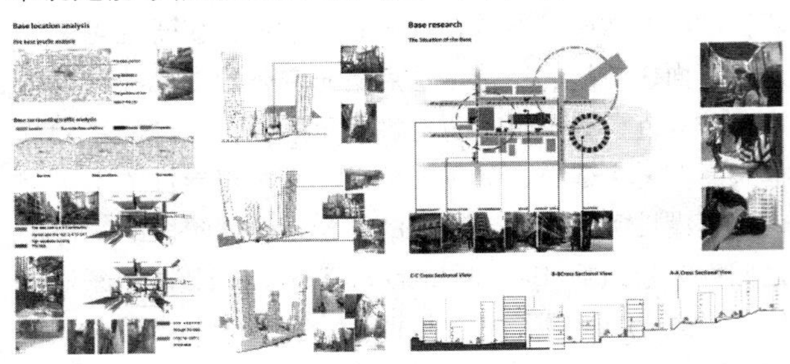

图 2 基地环境分析图

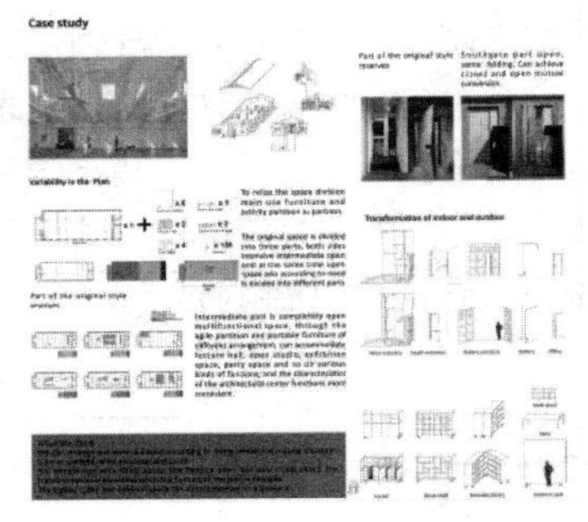

图 3 案例分析图

（2）第二阶段

进入第二个阶段后，学生明显感觉设计存在一定的难度，主要问题是无法按照以往的经验进行设计。在以往的设计中，学生通常会先分析功能要求、画功能泡图，然后根据功能关系，利用各种建筑元素（如墙、柱）组织对应的空间。这是国内传统的建筑设计教学采用较多的教学方法[3]。

然而，这样的方法在这个设计中显然不好用，因为题目要求设计能适应不同功能需求的开放建筑结构，这一中立性、不确定性和灵活性的要求使学生无所适从。学生害怕一种确定的功能会影响建筑的开放性，所以从一开始就采用“反功能”的方式。大多组的同学选择了框架结构，因为在他们的观念中框架结构是具有最大适应性的。而选择框架结构看似合理，其实是带给后面设计的趣味性、机会性和复杂性减少了。

这种认知显然制约了设计概念的生成，于是在这个过程中，香港大学的贾倍思教授及时地给予学生提示，希望同学们多考虑其他结构形式对建筑在未来形成多种可能性和模糊性的机会，同时也指出在这个设计中要研究人的生活情境所能带给建筑发展的可能性，经过多轮的指导和调整，学生终于形成较好的设计概念（图 4～图 6）。

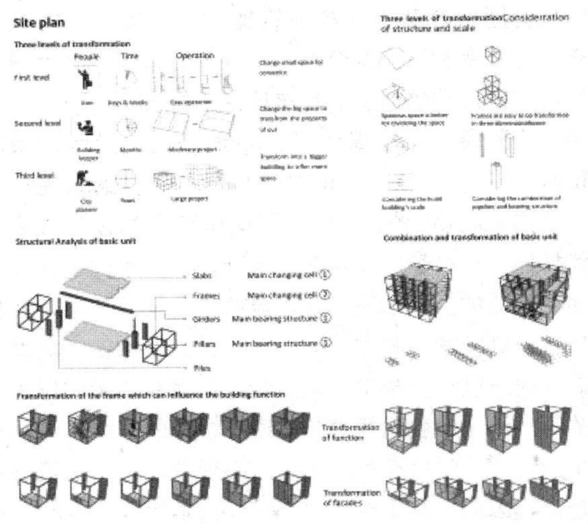

图 4 建筑学同学第二阶段的设计概念 1

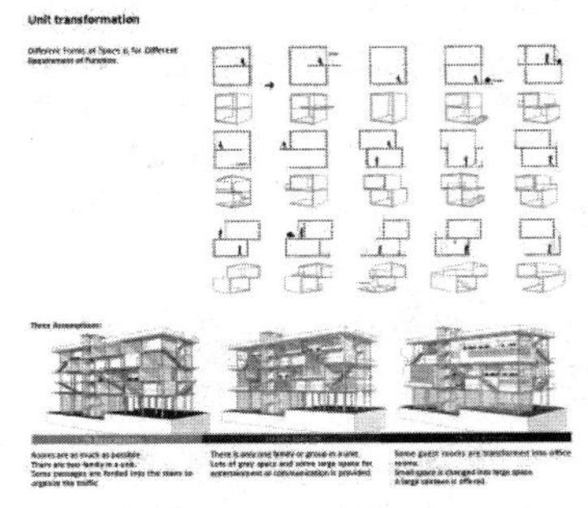

图 5 建筑学同学第二阶段的设计概念 2

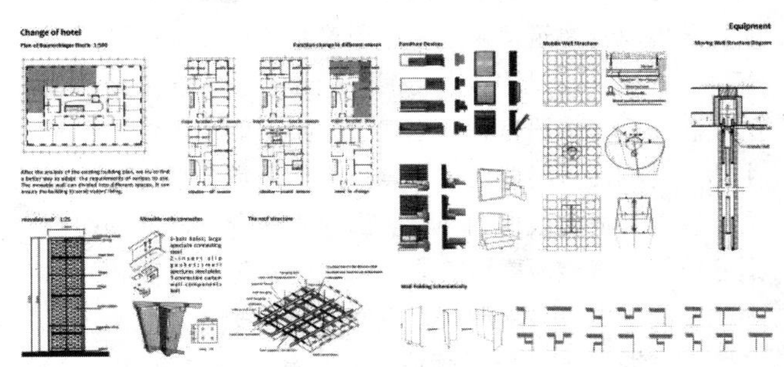

图 6 设计学同学第二阶段的设计概念

（3）第三阶段

在第三个阶段中，建筑学专业的学生要和设计学专业的学生成果进行整合。在这个阶段，设计学的学生

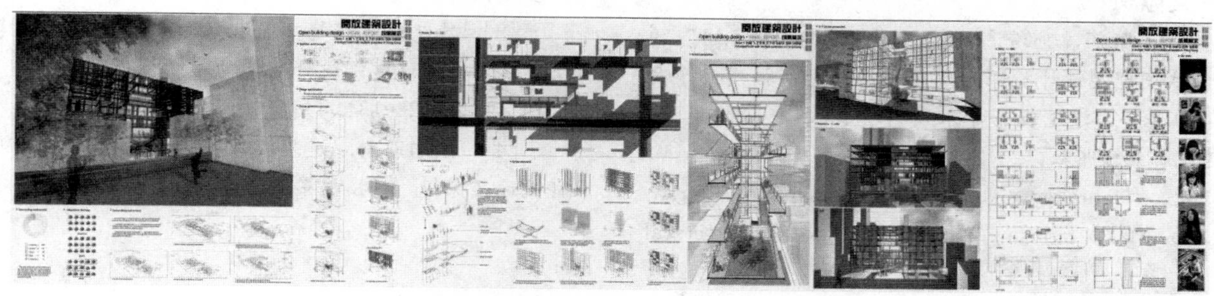

图 7　最后阶段图纸

要把在第二阶段研究的设计方法用在建筑学专业同学第二阶段的成果中。这时，设计好像回到一个正常的渠道，同学们开始设计一个有功能要求的常规建筑，然而难题又出现了。对建筑学专业的同学来说，他们发现设计中能够留给第三阶段的功能变化的机会和余地并不充分；而对于设计学专业的学生来说，因为他们在第二个阶段对于一个预选范围的研究仍然是考虑了几种预定的功能，所以他们的前期研究也显得过于局限。于是，双方进行了谈判、妥协和磨合，终于形成了比较满意的成果（图 7）。

4　对于课程的思考

在这次联合设计教学中，两校的教师尝试了一次非同传统设计教学的探索。在这次探索中，因为“超越”了传统意义的功能，因此产生了很多有趣的话题，我们得到了以下几方面的思考：

（1）对建筑功能的认知

功能是建筑的使用要求，是使用者需求的反映。建筑的功能和形式的对应关系一直被认为是对立统一的二元体，“形式追随功能”、“功能追随形式”、“形式唤起功能”、“形式产生功能”等等说法都是针对建筑的功能和形式的辩证关系来展开的[3]，国内建筑院校的学生多数是理工科背景，形象思维能力较弱，在低年级的教学中，功能通常被当作是形式的逻辑起点，设计教学以各种建筑类型的设计为起点，这正是传统的建筑设计教学所采用的方法。

然而，社会需求是发展变化的，对功能的认知也不是一成不变的，功能转变是建筑可持续发展的一个重要方面。阿尔弗雷德·罗斯说：“实际上，建筑功能是一个非常复杂的概念，它包含着设计必须考虑的所有因素——不仅是实用的、技术的、经济的因素，而且也包含心理的、感情的、美学的和精神的因素。它形成一个不断变化的有机的整体，始终是评价一切时代、一切文化的建筑和民间建筑的无限正确的准绳。”[4]尽管在教学中要强调建筑功能知识，但在指导学生设计过程中，更应该关注功能的动态变化，而不要让学生的思维仅局限于基于功能的空间组织。

（2）对建筑结构的认知

学生普遍认为框架结构能够适应未来发展的多种可能性，这是一个误区，框架结构具有较强的开放性，但是它的明了性使得它的隐喻性不强，所以对框架结构的功能适应性有一个正确的认知。在结构知识的理论讲授中，应该让学生认识到结构是形成满足功能的空间的有效载体，可通过专题设计练习等方法，让学生明白好的结构形式预示着空间的机会性，对于结构和构造等技术知识的掌握是丰富建筑创新的源泉。

（3）对生活情境的认知

本设计中的所谓“反功能”的设计过程，其从本质上来说是“多功能”的，是超越了固定“功能”的丰富功能的集合。郑重空间的不确定性源于对生活情境的思考。在教学过程中，学生处理功能问题时面临的问题就是对生活情境缺乏想象力，所以尽管我们在教学中采用强调功能的设计教学模式，但在实际设计中是缺乏依据的。在设计教学过程中，通过生活情境认知与训练空间组织能力相结合，能有效地开拓学生的思路，或许能取得事半功倍的效果，对培养学生的设计创新能力有重要作用。

5　结论

在建筑设计行业日益发展的今天，建筑教育也日趋多元化，本科建筑设计教学的改革与探索越来越丰富。随着建筑院校教育国际化的发展，开放式的建筑设计教学势必引发对传统教学模式的思考。在传统设计教学过程中，一草平面，二草立面的设计方法影响着几代建筑人。要超越传统思维的制约，就要在设计题目的设定和教学的设计上超越传统的模式。本课程的尝试即是对突破传统功能设计方法的一种尝试吧，以此期待对建筑设计教学的更多思考。

参考文献

[1] 邵郁，孙澄. 基于"卓越工程师计划"的《开放式研究型设计》课程改革思路. 见：福州大学主编. 2012全国建筑教育学术研讨会论文集. 北京：中国建筑工业出版社，2012，13～19.

[2] Habraken，N. John. Supports：An Alternative to Mass Housing. London：The Architectural Press，1972，5～10.

[3] 凌晓红. 超越功能表象的空间和形式构建能力训练——重议建筑设计教学的核心问题. 城市建筑. 2013（1），132～134.

[4] 欧阳莉莉. 建筑实用功能及精神功能创新的评价途径探析. 科技视界. 2012（29）.

孙 颖 陈 喆
北京工业大学建筑与城市规划学院
Sun Ying Chen Zhe
College of Architecture and Urban Planning, Beijing University of Technology, Beijing, China

常态化的建筑设计课程校企联合教学的实践与反思

The Practice and Reflecting on The coalition teaching of college and enterprise

摘 要：在我院建筑系入选教育部“卓越工程师计划”的大背景下，校企联合教学已成为建筑设计课程常态化的教学模式。本文通过对校企联合教学实践中遇到的具体问题的分析，从建构企业师资队伍、教学资源整合方式及教学评价等方面对校企联合教学提出了一些建议。

关键词：卓越工程师计划，建筑设计教学，校企联合教学，常态化

Abstract: Under the background of the department of architecture been selected into the "Excellent Engineer Program" hosted by Ministry of Education, The coalition teaching of college and enterprise has become a normal form within the architectural design courses. Some specific problems about the coalition teaching of college and enterprise are analysised in the article, I give some suggestions on "how to well structure the enterprise teacher team", "how to integrate the kind of teaching resources" and " how to evaluate scientifically on the student design".

Keywords: excellent engineer program, architectural design teaching, the coalition teaching of college and enterprise, cooperation design

1 教改的背景

1.1 我院建筑系入选卓越工程师计划

2010年3月，北京工业大学建筑与城市规划学院建筑学专业成为教育部首批“卓越工程师培养计划”试点专业，该计划旨在培养造就一大批创新能力强、适应经济社会发展需要的高质量各类型工程技术人才，为国家走新型工业化发展道路、建设创新型国家和人才强国战略服务。

卓越工程师计划其教育改革发展的战略重点是：更加重视工程教育服务国家发展战略；更加重视与工业界的密切合作；更加重视学生综合素质和社会责任感的培养；更加重视工程人才培养国际化。

1.2 建筑系应对卓越计划的总体思路

我系坚持“强化学校主体地位，突出企业客体特色”的指导思想，在“坚持自我，多维融合，唯我所需”前提下建构了的“开放式”教学体系。我们充分利用北京的区位优势和地缘特点，充分发挥国际大都市社会资源优势的特点，全方位整合优质教育资源，以社会教育资源和校内教育资源有效整合为基础，以制度化、体系化

建设为抓手，以“工程素质、国际视野和创新能力”培养为目标，构建了校企间、国际间、校际间、专业间、课程间和年级间的全方位“开放式”人才培养的教学体，以培养适合国家中长期发展战略的、具有良好“工程素质、国际视野、创新能力”的建筑学专业的卓越工程师。其中校企联合教学是我系开放式教学体系的重要组成部分，是保障卓越计划顺利实施的重要途径之一。

1.3 校企联合教学制度化、常态化

正是基于这样的大背景下，我系校企联合教学呈现制度化、常态化的教学态势，详见表1，其中建筑设计课程是建筑学的主干课程，企业参与建筑设计教学是校企联合教学的最重要的环节。

建筑系开展校企联合教学课程一览表　表1

课程类型	课程名称	开课年级	校企联合教学模式	具体要求
研讨课	新生研讨课	一年级	学校为主体，企业参与部分内容的讲授	至少4学时
设计类	建筑设计系列课程	（二～四年级）	学校为主体，工程师进课堂，教学模式多元化	每学期不少于32学时
	快题设计训练周	四年级	学校为主体，工程师进课堂，教学模式多元化	至少参与1次
	毕业设计	五年级	校企联合培养，双导师制，企业参与毕业答辩	
理论教学类	建筑材料	三年级下	学校为主体，企业参与部分内容的讲授	至少4学时
实践课程类	设计院见习	三年级下学期	以企业培养为主体	至少3周
	建筑师职业教育	四年级下	以企业培养为主体，校企相关人员主持（企业实习要求、实习管理、知识产权等教育）	1周
	设计院实习	五年级上	以企业培养为主体	五年级上学期，20～25周，至少20周

2 校企联合教学的目标

校企联合教学的目标就是整合社会资源，通过学校教育资源与社会资源的有效整合，解决教学脱离实践以及与行业发展前沿接轨问题，提升学生的工程素质和创新能力。

3 常态化建筑设计校企联合教学实践中的问题与对策

3.1 企业师资队伍的保障

建筑设计校企联合教学常态化后的首要解决的问题就是确保一批优秀的一线建筑师要在教学规定的时间来学校授课，而参与建筑设计联合教学的企业师资队伍主要来自各大设计院的一线建筑师，以设计院为主体的企业师资资源具有较大的不确定性和离散性的特点。我国目前正处于城市建设高峰期，由于学校地处北京，因此参与建筑设计教学的建筑师以北京各大设计院一线建筑师为主体。北京各大设计院有经验的一线建筑师都肩负着繁重的工程设计任务，难免有时因与教学安排有冲突而无法来学校参与教学，那么如何确保校企联合教学的正常开展，如何确保另行邀请的建筑师能有效地承担教学任务是我们必须解决的首要问题。

为了确保校企联合教学的企业师资和教学质量稳定性，我们借助校外人才培养基地、校外实习基地的建设，与十多家有实力的设计院签订了校企联合教学协议，并根据建筑设计题目及教学内容，请设计院人力资源部协助建立设计院企业师资资源库，最终建立我系校外外聘教师库，以确保学校有多名设计院师资可供选择邀请参与同一设计课程教学。

3.2 校企联合教学的资源高效整合

请企业参与教学无论在国内还是国外都是很普遍的一种教学方式，但校企联合设计教学常态化后，我们应该思索借助这么多优秀的企业师资，投入了这么多人力物力，我们应该如何更有效地整合企业师资资源，提高教学质量同时提升校内教师队伍的教学水平与科研能力。

我们认为学校明确教学需求和对社会资源有充分认知是提升校企联合教学质量的前提。北京工业大学建筑与城市规划学院建筑系多年来坚持环节教育，目前建筑设计系列课程的教学围绕“主体与命题、环境与形体、功能与空间、建构与形体、塑构与造型、表现与表达”六个环节明确教学目标、细化教学内容，并以此为基础，年级教学组长依据对校内师资与企业师资优势的认知的基础上，从如何更有效地整合教学资源为出发点，开展多元化校企联合教学，详见表2。

四年级教学环节、教学重点与师资　　表 2

阶段	教学环节		教学重点	讲　课	辅　导
1	主体与命题		主题思考：宾馆的起源、会议宾馆的职能、未来宾馆的可能性 命题：如何从环境与形体、功能与空间、建构与形体、塑构与造型、表现与表达五个环节出发形成自己的命题	建筑设计教师 一线建筑师：专题研究“酒店策划与酒店设计”	建筑设计教师
2	环境与形体	高层建筑的场地设计	场地的开口、布局与功能组织 场地环境设计	建筑设计教师	建筑设计教师 一线建筑师
		城市设计与高层建筑设计	城市环境与高层建筑设计定位 地段文脉与高层建筑形式	建筑设计教师 一线建筑师：宾馆优秀案例	
3	功能与空间	功能流线与空间的塑造和组织	功能与空间品质的塑造 行为心理与流线组织	建筑设计教师：公共部分流线设计 一线建筑师：后勤流线设计	建筑设计教师 结构、设备教师
4	建构与实体	高层及大跨结构选型及概念设计	高层结构选型： 高层、大跨空高层、大跨空间结构布置 屋盖及楼盖结构选型	结构教师	建筑设计教师、结构、设备、数字技术教师、一线建筑师
			高层结构表现： 结构技术与高层建筑形式	建筑设计教师	
		消防与高层建筑设计	高层建筑防火规范 汽车库防火规范	建筑设计教师	
		相关设备与高层建筑设计	高层建筑的设备要求特点 高层供水、采暖、通风、空调、电器、技术要求 高层建筑设备用房及管井面积空间估算的方法及布局原则	设备教师	
		声学设计方法	大会议室建筑声学分析图及混响时间计算 建筑顶棚、墙面节点详图 大会议室实现视线设计	声学教师	
		建筑材料的设计表达	建筑材料的性能 建筑材料的设计语言	建筑设计教师：常用建筑材料性能及设计 一线建筑师：建筑材料的设计语言经典案例	
		数字技术辅助建筑设计	结合学生建筑方案的需求，讲授如何借助ECOTECT、犀牛等软件辅助方案优化	数字技术教师（学生根据需要，自己邀请，学院认可工作量）	
5	塑构与造型	建筑形体的塑构基本方法 建筑形体的构成基本方法	高层建筑平面构成方法 高层建筑形体、空间塑构方法 高层建筑表皮的塑构方法		建筑设计教师 一线建筑师
6	表现与表达	建筑概念方案的表达	建筑概念方案构思（徒手或SKETCH） 建筑的总体布局、形体与室内外空间关系、形体与功能流线的适应性、形体关系的推敲		建筑设计教师

同时，校企联合教学效果的学生反馈（图1）也是我们不断调整教学方式的有效依据。例如，近年来很多学生反映校企联合设计评图多安排的是对设计最终成果的评价，虽然可以让学生听到更多专家和教师从不同角度对设计方案的评价，但很多好的建议学生已没有时间与精力去修改完善自己的设计方案。针对这种情况我们增设了设计中期评图环节，这次校企联合评图的重点是对学生概念性方案的点评，学生重点阐述自己的设计主题及概念性的设计方案，校企教师团队主要对学生设计定位及概念性方案的逻辑性进行评价，同时对设计方案的进一步调整与优化提出建议，学生普遍反映开拓了设计思路，提升了设计方案的可实现性。

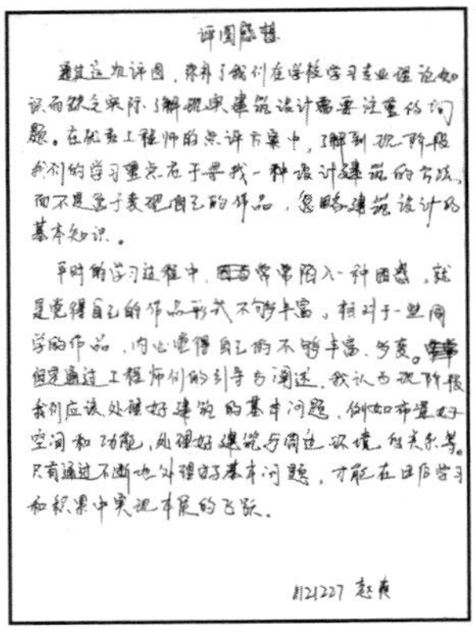

图1　学生对校企联合教学建议

此外，我们也会邀请参加设计联合教学的企业教师，根据教学中发现学生的弱点及我们教学中有待完善的地方给予我们教学优化的建议（图2），我们会积极对待并不断调整教学内容与方式。

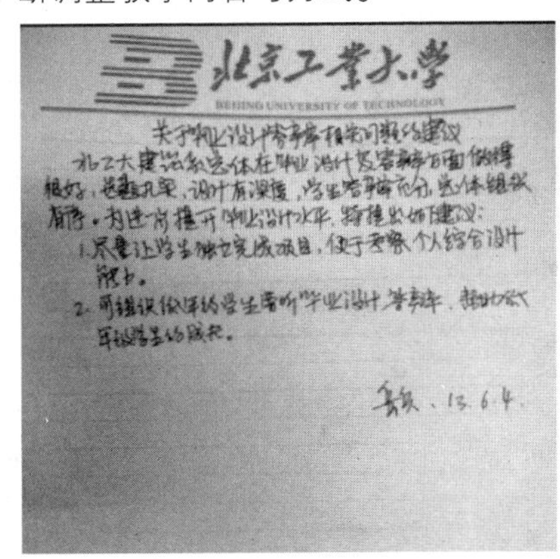
北京工业大学
BEIJING UNIVERSITY OF TECHNOLOGY

13.6.4

图2　设计院教师对校企联合教学建议

3.3　教学成果评价的客观性、科学性

校企联合评图是校企联合建筑设计教学的最重要的环节。教学成果的评价应具备客观性、科学性、公平性等特点。很多企业师资是首次参与教学评价，参与同一课程评价的企业师资也会有来自不同设计单位，具备不同职业背景，如何确保设计课程校企联合教学评价的客观性与科学性是我们遇到的又一难题。

为了便于企业师资很快了解我们的教学要求和教学评价标准，我们细化评分准则，详见表3，并配有各分数段的学生作业，以便引导企业教师更快地、更准确地评价学生的成果。

四年级高层宾馆评分细则　　　　表3

环节名称	考核重点	分值	成绩 ABCDE
主题与命题	1. 通过文献阅读及实地调研，解析如何从环境与形体、功能与空间、建构与实体、塑构与造型等环节入手形成设计理念的优秀的宾馆设计案例 2. 思考宾馆的起源、未来宾馆的发展趋势 3. 学生能够灵活地从五个教学环节中的某一或某几个环节入手，发现设计突破点，形成概念性设计方案	20	A
环境与形体	城市文脉、相邻地段环境、地段自身环境对建筑形体的影响	10	A
功能与空间	1. 人的行为、心理与空间塑造及组织 2. 多种功能空间的尺度协调与复杂流线设计 3. 外部环境与内部空间的互动设计	10	A
建构与实体	1. 高层、大跨空间结构选型与布局的合理性 2. 设备空间布局的合理性及尺寸估算的准确性 3. 建筑防火设计的合理性 4. 大会议室声学专题设计 5. 其他技术专题设计（如节能、建筑材料的表达等）	5 5 5 20 5	B
塑构与造型	造型设计有张力并与环境能良好对话，与功能相匹配	10	A
表现与表达	1. 建筑设计概念的表达 2. 建筑设计逻辑性的表达 3. 建筑设计方案的表达 4. 技术专题设计的表达	10	A
总分	92		

教师点评：

4 反思与建议

校企师资的不确定性与离散性，客观上要求师资队伍的多元化。从某种角度看这也是我们进一步挖掘企业资源价值的突破点。目前，我们借助数字化设备及学院网络教学平台，有意在某一专题讲座持续几年邀请不同设计院甚至相关领域专家做专题讲座，他们鲜活的思想不仅开拓了师生的视野，同时录像资料也可在企业专家授权的情况下，作为拓展教学资源挂于网上，供更多的学生自学浏览。同时，多元化的企业师资也提供了多元化的优秀建筑设计案例，为我学校教师更新课件和编撰建筑设计教材提供了丰富的资源。众多企业设计师与一线建筑设计师的密切接触，还为教师与设计院人员共同合作科研课题提供了更多的机会，而科研的合作是对校企联合教学深层次提升的最佳途径之一。

参考文献

[1] http://baike.baidu.com/view/ 2402813.htm.

[2] 孙颖，陈喆，李爱芳. 卓越工程师背景下的四年级建筑设计教学探索. 见：全国高等学校建筑学学科专业指导委员会，福州大学. 2012全国建筑教育研讨会论文集. 第一版. 北京：中国建筑工业出版社，2012.9.29～32.

田　利　王莉莉
上海应用技术学院建筑系
Tian Li　Wang Lili
Department of Architecture Shanghai Institute of Technology

美国建筑学教育的观察与启示
——通过一次合作、一年访学和一本文献对建筑教育国际化与开放性的认知

Observation and Enlightenment of Architectural Education of the United States
——Cognition on Internationalization and Openness of Architectural Education through a Cooperation, One Year Visiting Studies and a Literature

摘　要：通过建筑学专业教育的国际交流合作，感知美国建筑院校建筑学教育的多元化、实用性及其培养定位与特色。赴美访学，在建筑学院中直接体会专业教育的环境、方法与设计工作室教学。结合《建筑学院：三个世纪的北美洲建筑师教育》文献的阅读，较为全面地了解美国的建筑师教育发展历程与核心论题。合作、访学、文献三条途径相结合，综观美国的建筑学教育与建筑师的培养，获得建筑教育国际化和开放性的认知，从而产生相应的启示。

关键词：合作，访学，文献，国际化，开放性

Abstract: Through international exchanges and cooperation in the architectural education, the author apperceives the diversity, practicability, training orientation and characteristics of architectural education of the US. As visiting Scholar in the US, the author direct experiences the environment, methods of professional education and design studio teaching at the school of Architecture. Combining a literature reading, *Architecture School: Three Centuries of Educating Architects in North America*, he also acquires more comprehensive understanding of the development course and the significant themes of American educating architects. Based on three ways of cooperation, visiting studies and literature reading, the author observes architectural education and architect training of the US, gets the cognition of internationalization and openness of the architectural education, and has the corresponding enlightenment.

Keywords: Cooperation, Visiting Studies, Literature, Internationalization, Openness

作者邮箱：archtian@163.com

引言

中国建筑有着悠久的历史与辉煌的成就。然而，作为现代教育体系的建筑学专业在中国仅仅有着百年的历史，是由清末民国留学海外的建筑学者归国后开创的，并一步步发展至今。当代中国的建筑学教育作为引入与移植的产物，在与中国人的价值观、文化环境、生活空间的"冲突"中产生着变异与协调。在当今世界全球化、信息化的背景下，观察美国建筑学教育的发展历程、体会其多元化与国际化、多样性与开放性，在碰撞、冲突、思考、磨砺的积淀在过程中，会有不安的自省与自觉的变化。

1 一次合作

上海应用技术学院❶ 2008 年申报建筑学本科专业获批，2009 年开始招生，是目前上海四所开办建筑学专业的高校之一❷。在学校人才培养特色和教育支撑平台的基础上，上海应用技术学院建筑学学科发展定位是走以"应用技术和职业实践"为主导的建筑师培养道路，注重当代建筑科技导向和国际合作教育。

由于地处上海这一国际交流的桥头堡，国际交流频繁。2011 年，上海应用技术学院建筑系与美国劳伦斯理工大学（LTU)❸ 建筑与设计学院开展了院系交流合作，在互相交流合作模式、课程体系及学分互认、合作协议签署的过程中，开始切实感知了美国建筑教育的多元化。

这次院校交流及国际合作教育的契机是劳伦斯理工大学建筑与设计学院几位华人教授的推动。2011 年上半年，劳伦斯理工大学校长、教务长访问上海应用技术学院，学校层面签署合作备忘录。具体到院系与建筑学专业，联系人通过电子邮件交流人才培养计划及课程体系、学分转化、联合培养模式的问题，并在上海面对面实质交换意见；下半年，劳伦斯理工大学建筑与设计学院院长格兰（Glen S. Leroy）教授访问上海应用技术学院建筑系，签署合作教育协议，提供"3＋2"模式可授予两所学校的学士学位，和"4＋2"本硕联培模式，完成学业者可获得美国 LTU 的建筑学硕士学位。

在建筑学专业教育与建筑师培养目标上，注重技术层面和实践层面，使两校产生共识，最终达成合作协议。格兰院长来到上海，为学生们做了一场关于美国建筑学教育及 LTU 建筑学专业特色的简短报告。其核心观念就是美国建筑教育的多元化，以及 LTU 建筑学专业的教育特色。格兰首先提出，"Architecture Schools are not all alike in the United States!"即美国的建筑学院不全部是一样的。

在报告中，格兰将美国的建筑院校分为四类：

（1）研究型建筑学院 Research and Theory Schools

如：密歇根大学、明尼苏达大学、加州大学伯克利分校、哈佛大学的建筑学院（University of Michigan, University of Minnesota, University of California-Berkeley, Harvard University)；

（2）实践导向的建筑学院 Practice-oriented Schools

劳伦斯理工大学建筑学院的教育定位于此，另如：普拉特学院、波士顿建筑学院、德雷克赛尔大学、纽约理工学院、南加州大学的建筑学院（Pratt Institute, Boston Architectural College, Drexel University, New York Institute of Technology, University of Southern California)；

（3）艺术取向的建筑学院 Art Emphasis Schools

萨凡纳艺术设计学院、罗得岛设计学院、帕森设计学院的建筑学教育定位（Savannah College of Art and Design, Rhode Island School and Design, Parsons School of Design)；

（4）大师理论的建筑学院 Niche Theory Schools

如：弗兰克·劳埃德·赖特建筑学院、伊利诺理工学院、迈阿密大学、圣母大学的建筑学院（Frank Lloyd Wright School of Architecture, Illinois Institute of Technology, University of Miami, University of Notre Dame)。

劳伦斯理工大学在建筑学硕士教学中推出了一门课程："全球化的职业实践"。即在"4＋2"的后两年硕士学习阶段（即建筑学专业的高年级学生)，联系到全球不同语境的事务所中去进行与实践项目相结合的设计工

---

❶ 上海应用技术学院（Shanghai Institute of Technology,)，2000 年 4 月由上海轻工业高等专科学校、上海化学高等专科学校、上海冶金高等专科学校三所学校合并而成，上海市教委所属普通高校。由于原来三校具有相近专业环艺设计、建筑装饰、土木工程等，在当时接纳"埋藏"了近十名具有建筑学教育背景的教师，逐步具备了开办建筑学专业的基础。

❷ 目前上海开设建筑学专业的高校为同济大学（1952 年，并分别于 1996 年并入上海建材工业学院和上海城建学院、2000 年合并上海铁道大学的相关专业)、上海大学（1987 年)、上海交通大学（1993 年)、上海应用技术学院（2009 年)。

❸ 劳伦斯理工大学（Lawrence Technological University)，英文缩写为"LTU"。位于美国密歇根州南田市（属大底特律都市)。1932 年建校，校名为劳伦斯理工学院（Lawrence Institute of Technology)，1989 年改为此名。1962 年开设建筑学专业。学生规模约为 5000 人左右的一所小型私立学校，建筑与设计学院为该校最大的一个学院。

作室学习，如到亚洲的中国、越南等国家的事务所，或到南美、中东的事务所去，开拓学生的国际视野。

劳伦斯理工大学培养的建筑学毕业生中，进行全球化实践的代表首推美国 Gensler 设计公司西北太平洋和亚洲区办公室的总裁丹·维尼（Dan Winey，managing principal of the Pacific Northwest and Asia Region of Gensler）。丹毕业于劳伦斯理工大学建筑学院，以他为核心的设计团队 2008 年中标设计了中国上海陆家嘴 632 米高的上海中心。在 Gensler 事务所洛杉矶办公室门厅显著的位置，放置的就是中国的上海中心设计模型（图 1）。2010—2011 年，劳伦斯理工大学建筑学院的全球化职业实践课程的中心联络处就设在 Gensler 上海办公室，通过 Gensler 上海办公室联系其他愿意接受学生参与课程教学的建筑事务所。

图 1　Gensler 洛杉矶办公室、Dan Winey 和上海中心

在持续交流中，我们依稀看到了一些方向、明白了一些问题、寻求了一些路径。在上海目前似乎层级比较分明的几所建筑院校中，一个“年轻”的建筑系在现实条件下能做些什么、如何做并且具体落实下来，怎么持久，这无疑是一个时间的打磨过程和艰巨的成长历程。

2　一年访学

笔者于 2011 年 12 月—2012 年 12 月在美国内布拉斯加大学林肯分校（UNL）❶ 建筑学院，进行为期 1 年的访问交流。通过走进美国的建筑学院，参与设计工作室教学，体会其建筑学教育的国际化、开放性及设计工作室特色。UNL 于 1894 年开设建筑学专业，是 1900 以前北美洲最早设置建筑学专业的 20 所高校之一（第 13 所；20 所高校其中美国 19 所、加拿大 1 所）❷。

美国高等学校的开放性首先体现在，各高校都主动吸收或接纳来自世界各地的教授、研究人员、国际学生与各种名目的访问交流者，这里就是一个大的文化交流的平台。荣誉教授、客座教授、访问学者、博士后研究者、不同国籍的国际学生的到访，使得全世界不同文化背景的学生学者相聚在美国的高校，体现了兼容并蓄、海纳百川的精神实质。既有冲突、又相融合，寻求平等、自由、进步，这才是真正的开放。

美国的建筑学院都不遗余力地为自身营造完善优美的建筑馆及其环境，包括内外的软硬件设施，为建筑学专业学子提供优质的教育场所。毋庸置疑，环境体验与人文浸润是学习建筑的最佳途径。UNL 建筑学院的教学环境可以说是趋向这个目标。建筑馆西侧为著名建筑师菲利普·约翰逊的转型之作谢尔顿艺术博物馆，建筑馆和博物馆之间为开放式的雕塑广场，利用地形起伏设置有草坪、下沉庭园与小广场。建筑馆南侧为音乐系，雕塑广场南侧为演艺学院和音乐厅，北侧为艺术设计系。以雕塑广场为中心，这里着实是浸润艺术、体验环境、学习建筑的好地方（图 2）。

图 2　UNL 建筑馆、谢尔顿艺术博物馆和雕塑图

UNL 建筑馆是由两栋老建筑（UNL 的老法学院和老图书馆）改扩建，通过插建一个玻璃中庭连接而成。既有深厚的传统人文内涵，又反映了时代气息。空间小而紧凑、层次丰富，摒弃那种仅供人远观而使用价值不高的大而无用的空间。建筑馆主要功能空间由中庭、主评图展示厅（Gallery）、图书馆、设计教室、教授工作室、大小不同的评图与展示空间、行政办公和接待空间组成。地下室设有大空间模型工作室和材料商店、工具设备一应俱全；建筑学院的小型图书馆是学生的资料中心。信息时代，图书馆也拓展了原来的功能，提供了全方位的媒介资源信息服务。整个校园有无线网络覆盖，学院内提供给学生免费的无线打印。

---

❶ 内布拉斯加大学林肯分校（University of Nebraska-Lincoln），国内也有译为“内布拉斯加林肯大学”，英文缩写为“UNL”。位于美国中部内布拉斯加州林肯市（州府）。1869 年建校，1894 年开设建筑学专业。学生规模约为 24000 人左右的一所公立学校，学校设有包括建筑学院在内的 10 个学院，是内布拉斯加大学的最主要成员及最早的分校，是该州的学术文化中心。

❷ 见 Ioan Ockman，Editor；with Rebecca Williamson. Architecture School：Three Centuries of Educating Architects in North America. Cambridge，MA：The MIT Press，2012. 416.

建筑学院的开放空间、展示空间很多，利用率也较高。建筑学院的学生都把这里当作自己几年来专业学习的家和交流展示的舞台，不同年级、不同课程的作业成果展览，不断更替。许多教学成果展由学生自己组织成小型晚会，邀请广泛的人员参观、评价和交流，作为他们成长历程中的一次次阶段性小结。学院每隔两周一次的学术报告，也是相聚交流的重要场合。

建筑学院里每位教授（包括助理教授、副教授、教授）都有一间独立的办公室，空间不大，但很充实且有生命力。这样能保证建筑学教师在学校里教学科研工作的展开，深入与学生交流、面对面的教育，以及对学院、学科发展的参与。关键的一点是全体教授都有主体感和自我感。中国的大学里以行政体系来配置空间、分配资源的思路和分等级管理教授的模式值得深思。在UNL访学期间，笔者和另外一位来自韩国江原道大学（Kangwon National University，Korea）的访问教授也都得到一间独立的研究室，并配有免费的电话、网络和无线打印。

建筑学院的教师职位有限，数量不多，但教师的教育背景丰富、来源多元化，本校“近亲繁殖”的师资比例很小，这是对美国建筑院校师资稍有了解的人都能感受到的一个现实。目前，学院内亚裔教授有来自中日韩三国的教授各一名。内布拉斯加林肯大学建筑学院在20世纪90年代前后就有华人教授在此执教，他们是文革后中国大陆第一批来到美国中部进行发展的学者，进行了中国建筑教育界与UNL建筑学院的访问、交流与合作。

UNL建筑学院目前设有三个系四个专业，分别是建筑系、室内设计系、景观建筑学和社区与区域规划系。建筑系培养本科生（BSD-Architectural Studies）、建筑学硕士（MA）；室内设计系培养室内设计方向的设计科学学士（BSD-Interior Design）、室内设计科学硕士（MS in ID）；景观建筑学招收本科生（BLA），硕士阶段可以申请建筑学方向或者社区与区域规划方向。社区与区域规划只招收硕士研究生（MCRP）。建筑学院还培养以学术研究为职业取向的建筑科学硕士（MS in Architecture）、建筑学专业的哲学博士和教育学博士（PhD and EdD）；UNL的建筑学院与教育和人文科学学院相联合，提供一个致力于在建筑教育领域进行专门研究的博士学位（EdD in Architecture）。

秋季学期，笔者参与了建筑学硕士生1年级的设计工作室（Design Studio）教学，（“4+2”本硕连培学生的5年级）。UNL建筑学院的设计课程量大，每周3次，周一、三、五下午1：30—5：00。UNL建筑学院一学期是15个教学周，只做一个设计，但是设计过程相对比较完整，涵盖项目前期研究、现场调研（建筑旅行）、群体规划、建筑单体设计、技术体系与细部设计、成果表达、汇报展览等环节。

UNL建筑学院的马克（Mark A. Hoistad）教授开设的中国联合工作室（Joint Studio）的合作院校是天津大学建筑学院和重庆大学建筑城规学院，2009－2011年3年的秋季学期，联合工作室到天津大学建筑学院进行联合设计教学。2012年的这个秋季学期，设计课题选址在重庆渝中区，比较能突出反映山城风貌特色的地块——十八梯。设计项目命名为“协商的空间：混合使用在中国——重庆社区发展项目”（Negotiated Space：Mixed Use in China——Chongqing Community Development）。

具体设计教学的时间安排为：研究2周、群体规划4周、建筑概念1周、建筑框架3周、建筑深化2周、完善和表达3周。在项目前期的两周研究时间中，学生们做好了准备工作，总体规划阶段开始，他们来到中国进行建筑旅行，从上海入境，感受文化、体验城市、参观建筑、进行交流，在上海、南京、北京、西安旅行两周，第三周到重庆，探勘基地、体会文脉环境、分析问题、构思总图，在总结体验中进行自我表达，这是一种从文脉环境入手开始的总体设计。他们与重庆大学建筑城规学院的学生一起，进行一周的现场设计，然后返回美国，在自己的工作室内，开始结合基地模型、建筑体块、环境关系，逐步完成自己的项目总体规划，单体建筑的选择和设计概念也已经在酝酿中。

UNL建筑学院设计工作室教学的特点是课时量大，融会所学多门课程的知识，运用多种手段和技术工具。并注重实地文脉环境和以问题为导向的设计过程。通过特定选题和推进，涵盖设计过程较多环节，将各项知识和技能综合，以寻找问题、分析问题、解决问题的方式，通过创造性工作和建筑语言表达出来。

3 一本文献

2012年是美国高等建筑院校协会ACSA（Association of Collegiate Schools of Architecture，1912—）成立100周年。为了这个百年纪念出版了一本书《建筑学院：三个世纪的北美洲建筑师教育》（Architecture School：Three Centuries of Educating Architects in North America）（图4）。这本书由琼·奥克曼（Joan Ockman）主编，琼本人兼建筑教育家、历史学家、作家和编辑于一身，她组织了35位学者编写此书，是迄今为止所有出版物中第一本全面阐述北美洲建筑教育历

图 3　设计工作室、展示与评图

史的著作，系统回顾了北美洲建筑师教育的发展历程与核心论题。

图 4　*Architecture School*：*Three Centuries of Educating Architects in North America* 封面

这本书指出，根植于英国的学徒系统、法国的美术学院和德国的理工学校、北美洲的建筑师教育有着独特的跨越 300 年的历史。美国和加拿大的建筑师在十八世纪晚期开始确定自身的专门职业，但是直到近一个世纪后，北美的大学才开始提供正式的建筑训练，第一个建筑学专业 1865 年在 MIT 设立。北美洲的建筑师教育吸收了多种来源，带着美洲自身的合并与变调，到 20 世纪形成了今天我们所知的建筑院校这种教育机构。本书很好地阐释了建筑学教育作为一门现代学科和职业预备体系的形成。今天，大多的建筑师接受教育的学术环境吸收了人文科学、美术、应用科学、公共服务的哲学和方法论。

本书主要由导论、两部分主体内容和附录组成。内容编撰具有一个引人入胜的双向结构特色，即主编在导论结尾所称的，由编年回顾和主题词汇两条行进轴构成。

导论是主编撰写的反映本书全貌和线索的“教育的回归”（Introduction：The Turn of Education）。

按编年顺序的教育历程回顾是本书的第一部分（Part One：Chronological Overview），将北美洲的建筑教育发展历程根据年代顺序分为六个阶段：1860 年之前（定义建筑师职业）、1860—1920（美国大学中工科建筑与美术建筑的斗争）、1920—1940（美国现代主义对美术建筑的挑战）、1940—1968（现代主义成为主导）、1968—1990（单纯的终结——从政治运动到后现代主义）、1990—2012（未来就是现在）。

由阐释主题词汇的短文构成了本书的第二部分（Part Two：Thematic Lexicon），通过 29 个主题词及其论述短文分别阐释了建筑教育历史进程中浮现出来的有重要意义的主题或者话题，直接关联到建筑学教育的核心。

附录中将北美洲开设建筑学专业的高等院校分成了三阶段进行汇总和分布图示：

1865—1920，53 所（其中美国 49 所、加拿大 4 所）；

1921—1970，47 所（其中美国 40 所、加拿大 6 所、波多黎各 1 所）；

1971—2012，34 所（其中美国 31 所、加拿大 1 所、波多黎各 1 所、设在亚洲阿联酋的 1 所——沙迦美国大学）；

从 1998 年至今，美国仅有三所高校新增建筑学专业（2001、2004、2006）。合计 134 所，其中美国 120 所、加拿大 11 所、波多黎各 2 所、设在海外的 1 所。

这本书从编年回顾、关键主题阐释和院校附录汇总，使我们得到北美洲建筑教育的历史线索、史实、图像和核心论题，综观全貌的同时，领会了事物的核心。

4　认知与启示

合作，可以从交流者身上得到经验。访学，是个人化的学习体验。文献阅读，是通过间接知识以获得全貌，了解个人化的知识、经验和体验在全局中的谱系和位置。通过不同角度的观察相交融，相应地产生了一些片段的认知和思考。

4.1 建筑教育的多元化和多样性

在美国，建筑院校根据自身的资源进行定位，形成培养特色的多元化，更能适应多样化的需要。建筑院校学位设置多元化，学制教育和学分具有灵活性，师资和学生文化背景丰富，形成了包容开放的局面。因此，院校的教育特点也得以彰显，能在多元化的现实中找到自身。同时致力于建立一种自由宽松、富有灵活弹性和综合性的教学体系和设计工作室环境，尊重文化的多样性，发掘学生的可塑性，激发个性、主动性和创造力。

4.2 建筑教育和建筑实践的国际化

中国的现代建筑学教育本身就是国际化的产物，中国的建筑设计市场也已是国际建筑师竞秀的舞台，当代中国快速城市化及大规模建设为全球建筑师提供了极佳的展示空间和不可多得的机遇。然而，中国建筑教育的国际化现状主要仍是送出和引进，为世界建筑名校送出生源，让他们在那里得以成长为具有国际化视野和水平的建筑师；引进海外教授和博士。实际上，海归教授、博士与国内教授、自己培养的博士的不同待遇，本身就是对自身教育的一种不自信和不信任的表现，是一种自我否定。

中国的快速发展为建筑学科和建筑师提供了国际化的平台，然而我们飞速壮大的建筑学教育队伍能应对国际化的要求吗？从建筑师培养、建筑理论研究、建筑评论体系、学科交叉创新、建筑实践等领域，我们有多少是可以展示在国际化平台上的呢，达到了国际化的水准？我们书写的谱系和特色经得起全球化时代的考验吗？这是不得不令人思考的深刻问题。

4.3 建筑教育的开放性与社会体系

以建筑技术为核心的实践导向的建筑师培养是在学校培养出来的，还是在工作环境中培养出来的，这就是一个核心命题。技术素养、实践导向注重的是动手能力、实际操作、建造体系，或者说像“庖丁解牛”的建筑工匠一样的建筑师是在实践过程中成长出来的。学校教育能给予的或许只是一个基础平台和思想方法。

作为一门实践学科的建筑学，在教学中，或者说是在建筑师的培养过程中，能多大程度地与设计公司结合，或者说设计基础教育与设计实践教育的分水岭在哪里，学校应该多大程度地开放，向实践开放、向市场开放、向社会开放是需要我们思考的。正如《建筑学院：三个世纪的北美洲建筑师教育》书中所指出的，21世纪，建筑院校和建筑师职业受到全球化、数字技术、环境保护和市场经济的挑战，建筑教育的演化必然是一幅开放的图景。

一个开放的社会体系会促进教育体系的开放。或许从某种程度上可以认为，开放性、国际化与多元化是相互关联着的事物的不同的面而已。

参考文献

［1］Ioan Ockman，Editor；with Rebecca Williamson. Architecture School：Three Centuries of Educating Architects in North America. Cambridge，MA：The MIT Press，2012.

汪江华
天津大学建筑学院
Wang Jianghua
Tianjin University School of Architecture

建筑设计教学中的"内"与"外"

The Architectural 'Internal' and 'External' factors in Design Teaching

摘　要：设计方法是建筑设计教学实践中必然会遇到的问题。其中"由内而外"和"由外而内"两种设计方法截然不同的审美和价值取向，则从一个侧面反映了当前国内建筑教育体系改革过程中，人才培养目标与评价标准的变化。本文先后梳理了"由内而外"和"由外而内"两种设计方法的理论依据和逻辑起点，以及"内外统一"的过程；进而提出现代建筑设计理论的核心问题——即力图建立一种普适的、中性的形式结构体系。最后指出通过对现代建筑经典理论的系统解读，以及对当前设计课程体系中存在问题的反思，辩证处理好建筑设计课程中"内"与"外"两个范畴的关系，实现设计方法上的"内外统一"，将有利于实现专业设计课程体系各个阶段和各个关节的顺利衔接。

关键词：设计课程体系，设计方法，由内而外，由外而内，内外统一

Abstract: The question about the design method would be encountered inevitably, during architectural design teaching practice. And the difference between two design methods as "from the inside to outside" and "from the outside to inside " reflects that the changes of training objectives and evaluation criteria in the recent architectural education system reform in china. This article has listed the theoretical and logical starting point of these two design methods, as well as the design method 'internal and external factors unity' process, and points out the core question of modern architectural design theory, that is trying to establish and finding a universal, neutral form structure. Finally through interpretation of the modern architectural classical theory, and detection of the current problem in the curriculum of architecture design, the author tries to point out: it will be helpful to take the design methodology 'internal and external factors unity', in the architectural education system reform, and it will make the curriculum of architecture design more smooth at all stages.

Keywords: curriculum of architecture design, design methods, from the inside to outside, from the outside to inside, internal and external factors unity

为了适应现代化建设需要和建筑教育与国际接轨的大趋势，国内建筑院校自 20 世纪末，先后都开始推行了一系列设计课程体系改革。其中一条主要的线索就是从原来按功能复杂程度和规模大小纵向设置的，偏重培养学生基本职业技能的课程体系，逐步向类型化、模块化的横向设置的，偏重培养学生创造能力的课程体系的转变。同时，这一系列的课程体系改革，又通常都表现出非常强的延续性和渐进性的特点。正因如此，在这个转变的过程中，也就必然存在保留下来的部分原有课程设置与新的体系和目标不能充分协调同步的情况。

作者邮箱：tjdxwjh@163.com

目前，国内大部分建筑院校为了打好建筑设计教学的基础，通常在建筑设计教学入门阶段的课程设置和评价标准方面，着重强调基本功和专业素养的训练和培养，因而往往仍延续传统现代主义理论“由内而外”的设计方法和模式，强调建筑的功能与结构等内在因素的制约和重要性。然而，随着学生逐步进入高年级，在设计教学和历史理论课程的学习过程中接触到更多当代设计作品和思潮，又往往遵循了“由外而内”的逻辑。具体表现为：一方面，突出外部环境对建筑本体的要求，另一方面，强调形式结构自身的独立性，同时创造出丰富甚至怪异的建筑形体。这两种设计方法之间的不同取向，以及当前建筑设计课程体系的设置，往往让学生在这个转变过程中感到困惑和迷茫。而一旦这些学生熟悉并转向“由外而内的设计思路”，就开始娴熟地——甚至热衷于——通过计算机软件“制造”各类奇形怪状的建筑形体。即使这些方案往往仅停留在“空壳”的层面，但是其丰富夸张的空间和形体对于激发学生的创造力和热情，以及最后的设计成果，确实还是非常令人振奋和欣慰的。相比之下，原来设计教学入门阶段的设计课程设置则往往给人比较死板枯燥的印象。反过来，从教师和实际教学效果的角度来讲，不仅在设计教学入门阶段的设计课程又很难出现比较新颖的设计方案和高质量学生作业，而且在高年级的实际教学过程中，教师又往往为重新唤醒学生的创造力而费尽周折。

因而，“由内而外”和“由外而内”两种设计方法截然不同的审美和价值取向，可以说是从一个侧面反映了当前建筑设计教育体系改革过程人才培养目标与评价标准的变化。由此为切入点来分析和思考当前建筑设计课程改革过程中所反映出来的问题，或许有助于利于理顺和完善建筑设计课课程体系的设置与衔接。

1 内外之分

首先，需要说明一下本文中“内”与“外”的具体所指。有史以来，西方传统美学的艺术评价标准就是“形式与内容的统一”。希腊先哲苏格拉底的“金盾与粪篮”[1]的比喻和柏拉图关于“三种床”[2]的比喻可以说开辟了“形式与内容”二元对立美学体系的源头。西方古典美学在黑格尔那里达到了顶峰，他对艺术的总的定义是：“艺术即绝对理念的表现”。他说“美的理念决定了自己的形象，即内容决定形式。”[3]也就是说艺术作品背后总是隐藏着比作品本身更重要的东西，作品只是它外在的影子或媒介。可见，在这种二元对立的框架下，形式与内容的地位并不是平等的。艺术作品的形式只是表皮，而作品的内容——包括艺术家的情感、个性、理想——才是其真正的价值所在。

从古罗马维特鲁威提出“适用、坚固、美观”的观点开始，建筑功能、结构形式和材料、建筑形式三者统一，就成为西方传统建筑美学的基本评价模式。然而，受上述二元对立思想框架的影响，传统的建筑学理论将其分解为“内”与“外”两个层面。具体就是将“适用和坚固”相当于“功能与结构”两项对应于“内容”作为建筑的内在因素；而将“美观”对应于“形式”视为建筑的外在因素。这也基本可以看作是传统建筑学理论中“内”、“外”之分的源头，并由此开始形成了“内”与“外”相对确定的理论范畴。

此外，20 世纪 60 年代以后，随着后现代主义思想的兴起，理论界开始强调建筑对于外部环境因素的关照，主要指对于城市的历史文脉和自然环境的尊重。由于，在高年级的设计教学环境中，各个院校早都引入了历史街区和传统建筑保护，以及遗产更新等等内容，而这些教学环节也都能与现有设计课程体系有相对良好的衔接。而现有衔接问题主要体现在建筑设计入门阶段与前期的设计基础和后期的类型化、模块化的设计教学之间。本文主要是力图通过对经典现代建筑理论中“内”与“外”关系的梳理，来思考当前建筑设计入门阶段课程设置中如何合理设置教学目标和评价标准，具体讲就是如何把握功能、结构等内在要素与形式的关系问题。因此，本文中所指的“外”部因素主要是指建筑形式因素。

2 由内而外

“由内而外”，简单讲就是认为建筑的功能、结构、材料等因素对建筑设计具有内在规定性，并被认为是现代建筑运动的核心原则之一。其中功能和结构更是一个被认为是建筑灵魂，一个被认为是建筑的骨骼。

首先，我们一直将“功能主义”作为现代主义建筑

---

[1] 苏格拉底认为美与实用有关，并将合目的性作为美的基本前提。苏格拉底曾说：“如果适用，粪篮也是美的，如果不适用，金盾也是丑的。”

[2] 柏拉图就开辟了西方艺术的“模仿说”的源头，世界的本质在他那里是理念，而客观物质世界是理念的模仿，艺术在他那里就成了对这种理念模仿的模仿。对此，他曾列举著名的三种床的比喻来说明其中的关系。其中，神造的床是床的理念，是真实的；木匠只是按照床的理念制造出个别的床，它只是近似的真实体；而画家画的床，只是模仿别的床的外形，他离真实的距离就更远了。

[3] 朱生坚．黑格尔《美学》1835－1838．见：朱立元主编．西方美学名著提要．南昌：江西人民出版社．2000 年 10 月．第一版，172 页。

的一个重要特征，“形式追随功能”是功能主义最响亮的口号。现代建筑理论将功能作为建筑中“最为活跃的因素”和推动建筑发展的原动力，而与之相对应的建筑形式就只能沦为任由这种原动力摆布的结果。布鲁诺·塞维在《现代建筑语言》中将功能作为现代主义建筑反对古典建筑语言的原点。他认为按功能要求设计的原则是建筑学现代语言的普遍基础，在所有其他原则之上，“甚至在功能原则成为一条实用原则以前，它就是道德准则了。”❶ 正是利用这个准则，现代主义对于折中主义的批判与其说是在美学层面上进行的，不如说是一种道德上的批判。

其次，随着经典物理学，特别是三大力学的发展，使人类认识到每种结构形式都不能超出某种特定的极限。如果超出，结构自身就会因为自身的重力而引起应力崩塌。❷ 因此，每种结构形式也都有其最合适的、最经济的高度和跨度，超过一定的范围就必须改变结构系统。因而，特定尺度的建筑总是和某种特定的结构形式相对应的。这样就产生了另外一条基本的现代主义建筑原则：建筑的形式应该真实地反映和表现其特定的结构形式。

上述两点可以说是“由内而外”这一设计方法的理论逻辑原点。进而发展出的现代建筑理论认为，建筑要表里如一，建筑的形式应该真实地表现其内部的功能、结构和材料等等一系列原则。

3 由外而内

“由外而内”，简单讲就是认为建筑设计更多的要遵循外在的环境因素和形式自身的要求。密斯就曾提出与沙里文“形式追随功能”针锋相对的口号——“功能追随形式”。他始终认为“建筑本身要比它的功能更长久”，建筑的功能可能会随时间而改变，而建筑自身却并不会因之而改变。密斯终生追求的“纯净”建筑，追求一种放之四海而皆准的标准化、批量化的建筑风格，鼓吹“少就是多”的理念，甚至完全不顾功能要求而一律代之以精美的玻璃方盒子。

1926年柯布西耶正式提出了新建筑设计的五项原则：规则的方格形柱网、支撑结构和维护结构分开、自由的平面、自由的立面、屋顶花园。这与其说是建立了一套现在建筑的形式语法标准，倒不如说是一种全新的形式结构系统。而更重要的是，这种独立而又中性的建筑形式结构体系几乎可以应对各种复杂的功能，可以产生各种灵活的平面布局。通过功能和空间随意自由地划分使得建筑形式取得了极大的自由，这就使得建筑设计不必拘泥于功能、结构的限制，不必刻意追求功能、结构与形式的统一，而只是进行各种实体和空间要素的拼合。

由此可见，当时的密斯与柯布西耶都在努力寻找一种建筑的“永恒结构”，无论是柯布西耶的“新建筑五点”，还是密斯的玻璃方盒子，都力图建立一种普适的、中性的形式结构体系，或者说是一种放之四海而皆准的标准模式。采用这种模式的现代建筑几乎可以用相同的方式解决各种各样的功能和形式问题，达到一种“以不变应万变”的状态，最终变成了不分地域与文化，无视传统与文脉，千篇一律的“国际式”风格。

4 内外统一

通过上述对于经典现代建筑理论的梳理和分析可以发现：即使在现代主义建筑运动的过程中，那些身处最前沿的第一代建筑大师也并没有严格地去践行功能主义的信条或者“由内而外”的方法。正如多年来从事建筑设计方法的研究的G·勃罗德彭特先生所说，“严格的‘功能的’建筑是不存在的（使用者的反应不会一致）。奇怪的是某些理论家随心所欲地使用‘功能主义’这名词。”❸

20世纪五六十年代，在西方的经典现代建筑运动之后，逐渐兴起的结构主义思潮。结构主义者的目标是寻找事物背后“永恒的结构”，“他们将结构看作超社会、超时空的原始范畴，其结果是将建筑艺术看成是一个不受外界规律的自律性结构”。❹ 而这种“永恒的结构”就是一种包括空间和结构等诸多要素的“形式结构体系”。具体讲就是，将功能、结构、材料、形式、历史、文化等等都纳入到建筑设计需要综合考虑各种因素，进而希望通过建立某种内在的秩序或者模式，来统一协调和处理各种要素之间的关系，从而达到一种总体效益最大化的结果。也可以说，结构主义就是试图通过协调原来被置于对立地位的建筑“内”、“外”各种要素的关系，而发展出来的一种“内外统一”的设计方法。

需要指出的是，由于当时国内国际政治环境等历史原因，结构主义思想并没被又适时地引入到国内建筑学

---

❶ 布鲁诺·塞维著，席云平、王虹译，现代建筑语言，北京：中国建筑工业出版社，1986年3月，第一版，第7页。

❷ 因为我们知道这样一个力学常识：当一根梁的跨度增加一倍，要获得相同的承载力，其高度绝不是单纯地扩大两倍，即相关的结构，不一样的大小，其强度与各量的平方成正比。

❸ 汪坦．现代西方建筑理论动向（续二）．建筑师，23期，12页。

❹ 曾坚．当代世界先锋建筑的设计观念——变异　软化　背景　启迪．天津大学出版社，1995年12月 第一版，第7页。

界。而当 20 世纪 80 年代，伴随改革开放直接引入国内的建筑理论却是后现代主义思潮。因此，在国内相当长的时期内，对于现代建筑经典理论的介绍和研究都缺少结构主义这个整合统一的过程。这也是导致国内建筑设计教育中仍然可以看到“由内而外”与“由外而内”两套体系同时并存，并且时常出现碰撞的主要原因。

5 问题与思考

国内建筑设计教学课程体系的设置，基本上是一年级对应设计基础教学，从二年级开始专业设计教学。传统的建筑教育体系从一年级开始设置美术、制图等课程，主要培养学生的美术功底、表现技法和制图规范等。自 20 世纪 80 年代，国内建筑院校相继引入形态构成的概念，进而发展成为一整套设计初步教学内容和方法，主要培养学生对空间、尺度、体量的认知，并开始接触基本的设计方法和空间概念。

因此，刚刚步入二年级的学生首先需要面对的问题是认识和综合分析影响建筑设计的各种因素，特别是功能与结构问题。这两个问题不仅是现代建筑理论体系中的核心问题，同时也是二年级的专业设计课与一年级的设计基础课教学中区别最大的实际问题。因此，功能与结构自然而然地就成了传统建筑设计教学体系中起步阶段的核心问题。而且，从过去的实际教学经验来看，这样的教学体系设置也是行之有效的。即从一开始就抓住功能和结构问题，尤其是以功能为起点和线索，通过画功能气泡分析图等方式，对帮助学生理解建筑内部空间的秩序是非常有效的。

问题在于，原来按功能复杂程度和规模大小纵向设置的建筑设计课程体系中，二年级这样的课程设置能够非常平顺的与后面的课程相衔接，学生仅仅是面对功能类型和结构形式更加复杂的设计题目，通过掌握并熟练运用“由内而外”的设计方法，都能顺利地完成课程作业，而且通常都能设计出相对成熟的方案。然而，随着一系列建筑教育体系的改革，在原有的建筑设计课程体系中逐渐引入了类型化和模块化的教学内容和教学方法，其中直观的反应就是：这样的题目类型和课程安排往往更多是采用了一种“由外而内”的，或者说“先形式而后功能”的设计方法。这一变化不仅仅是一种设计思路的变化，更是当前我国建筑设计理论层面和建筑教育体系的改革过程所遇到的深层问题在某个局部的反应。

因此，在国内各建筑院校纷纷进行建筑教育改革的过程中，特别是建筑设计入门阶段，在制定设计课程培养目标和评价标准，以及具体的题目设置和教学环节的过程中，通过对现代建筑经典理论的反思和梳理，辩证处理好建筑设计课程中“内”与“外”两个范畴的关系，实现设计方法上的“内外统一”，或许有助于我们摆脱某些传统理论话语的局限和窠臼，有利于实现专业设计课程体系各个阶段和各个关节的顺利衔接。

参考文献

[1] 汪坦. 现代西方建筑理论动向（续二）. 建筑师 . 23 期.

[2] 曾坚. 当代世界先锋建筑的设计观念——变异 软化 背景 启迪. 天津：天津大学出版社. 1995 年 12 月. 第一版.

[3] 布鲁诺·塞维著. 席云平、王虹译. 现代建筑语言. 北京：中国建筑工业出版社. 1986 年 3 月. 第一版.

[4] 朱生坚. 黑格尔《美学》1835－1838. 见：朱立元主编. 西方美学名著提要. 南昌：江西人民出版社. 2000 年 10 月. 第一版.

王　倩
中国矿业大学力学与建筑工程学院
Wang Qian
School of Mechanics and Civil Engineering, China University of Mining and Technology

基于建筑设计基础教学框架的“建筑模型”教学研究

Teaching Research of Architecture Model Course based on Teaching Framework of Basis of Architecture Design

摘　要：建筑模型在培养学生的立体空间思维能力，加深对建筑设计的理解方面具有重要的作用和意义。当前形势下，传统的建筑模型课程已经不能满足课程教学的要求，为了适应新的变化和要求，《建筑模型》课程尝试与建筑设计基础课程打通与融合，结合设计基础课程中的建筑小品与小型建筑设计的相关环节，将实体建构和方案模型制作纳入到课程当中，培养学生的创造性思维，使之更适宜于新形势下建筑学专业的教学。

关键词：建筑模型，建筑设计基础，融合，创造性

Abstract: Architecture model in training students' three-dimensional space thinking ability, deepen the understanding of architectural design has an important role and significance. Under the current new situation, the traditional architecture model cannot meet the requirements for the emerging new theories and new software. In order to adapt to new changes and requirements, we attempts to get " Architecture model" course through with "Basis of Architecture Design" . Combining with the relevant link of Architectural sketch and small architectural design in "Basis of Architecture Design" design, we will build upon and entity model into the curriculum, cultivate the students' creative thinking, and make it more suitable for the teaching of architecture specialty under the new situation.

Keywords: Architecture model, Basis of Architecture Design, Fusion, Creativity

从20世纪20年代引进布扎的建筑教育模式以来，国内传统的建筑教育在某种程度上存在着重技巧，轻思维；重结果，轻过程；重表现，轻创意的倾向。模型制作在建筑创作构思阶段是不容忽视的重要的设计和构思手段，具有创造性和实践性的特点，而国内传统建筑教育却对其较为忽视。相比之下，国外建筑教育很早就对建筑创作中的模型表达非常重视。

《建筑模型》是建筑学专业主干必修课，也是建筑学专业实践教学环节中的一门重要的基础课程，其主要教学目的在于通过将平面设计转化为三维空间设计，以

作者邮箱：wangqian@cumt.edu.cn

直观的表达培养学生的立体空间思维能力，对培养学生创造力具有不可替代的作用。国内很多建筑院校在模型制作课程中，以强调“制作”为主，选取经典建筑，制作成果精细，与建筑基础课程相对独立。现在，这种教学模式问题和弊端也越来越明显，题目设置缺乏针对性，制作对象落后于当代建筑潮流，普遍性和可借鉴性减弱，学生处于被动学习。

我们认为，建筑模型课程不仅仅是模型制作，更重要的是融入对建筑空间、形式、节点等的实验性研究。目前国内各高校建筑学专业都在大力推进建造教学实践，通过在校园环境中搭建大尺度模型，让学生自己动手切割和组装材料，关注细部和节点，提高团队协作精神，为学生提供了体验设计、领悟空间的新的视角。毫无疑问，建造教学在建筑设计教学中的作用是非常重要的。因此，作为我校建筑设计基础框架系列课程之一，《建筑模型》已经开始结合建筑设计基础课程中的建筑小品和小建筑设计的教学环节，尝试用模型制作和实体建造的手法启发和引导学生逐渐深入解决建筑设计的基本问题，使之更适宜于新形势下建筑学专业的教学。

1 《建筑模型》课程的教学研究内容

首先，采用研讨式教学模式，提高学生学习主动性。以往的建筑模型课程主要以老师为主导，选取经典建筑，绘制复原图，进行模型制作，学生能够对建筑有一个较为全面而感性的认识。但是，在教学过程中，学生处于被动地位，主动参与较少，积极性不够。对于本课程我校采用研讨式的教学模式，以学生为中心，教师对教学情景和过程加以引导，模型成为一种设计手段，而非结果。学生通过模型制作，主动推敲和修改方案，与老师共同探讨和解决教学中的各种问题，进而加强对建筑设计的认识深度，提高学习主动性。

其次，打通与建筑设计基础的教学环节，加强学生创新性能力的培养。原有建筑模型课程选取一个经典建筑制作模型，而本次教改则将这种单一的方式转变为通过结合建筑设计基础课程中的建构和小设计环节，将学生自己设计的作品制作出来。这对学生来说非常具有成就感，积极性很高。在为期 6 周的课程期间，同学们强化了对空间的理解，能够深入的进行构思、设计、推敲与制作模型，动手能力得到较大提高，同时培养了利用模型推敲方案的学习习惯，最大程度的强化感性认识和理性思考，最终使学生创造性能力得到了培养。

第三，加强多媒体手段的应用，提高学生工作效率。建筑模型课程传统的教学手段是先复原建筑的平立剖面图，再进行小比例的模型制作，基本上是个人独立完成。本次教学改革注重加强教学手段的更新，增加多媒体手段，如建筑模型软件 SKETCHUP 的使用，明确构件尺寸，提高制作精度，从而更有效地完成模型制作和小品建造。

第四，将实体建造纳入课程，培养学生对功能、空间、结构三者相结合的能力。建筑模型课程进行建筑小品实体建构，可以加强学生的动手能力，初步形成材料和结构的概念，了解设计造型与结构、材料的基本关系。同时，增加了学生的造型能力和空间的想象力，培养了眼、脑、手之间的协调能力以及对功能、空间、结构三者相结合的能力。

第五，通过分组合作，锻炼学生的团结协作能力。建筑小品实体建构环节要求学生自由分组完成，小组内部讨论选择小品方案、材料、节点设计，进行合理分工和配合，最终较好地完成本环节的教学任务，学生的团队合作意识和沟通交流的能力也得到了很大的加强。

2 《建筑模型》教学研究的实践探索

为了构建完整、系统的建筑学基础课程框架，更好地开展建筑启蒙教育，我们打通了《建筑模型》、《建筑设计基础》、《建筑制图》等相关课程，教学内容及形式进行相互交叉和整合。由于学生一入学就开始对模型有所涉及，具备一些模型制作的基本知识，所以本课程的主要任务是有针对性的练习和提高。本次模型作业与同步进行的设计基础课程密切配合，分别安排了建筑小品的实体建构和小型建筑设计的模型制作。

2.1 建筑小品的实体建构

(1) 任务要求

建筑小品实体建构要求分组完成 3m 见方范围内 1∶2 的实体模型建构，完成该任务需要团队合作先进行前期调研、制作计划、选择恰当的材料和结构形式，通过实践不断修正，最终完成模型建构，要求造型美观、结构稳固、经济合理。

(2) 教学目标

加深对材料美学和力学特征的理解，基本完成节点设计，初步建立经济概念和结构概念，加强团队协作精神的培养。

(3) 建造过程

建构方案确定后，学生们对模型材料进行裁切、打孔和安装等工作。制作过程中，根据实际情况分析结构的受力、节点的连接、造型的美观等情况并随之进行方案的修改和调整，最终较好地完成了建筑小品建构的制作（图1）。

图1　学生实体建造过程图片

（4）作业成果（图2）

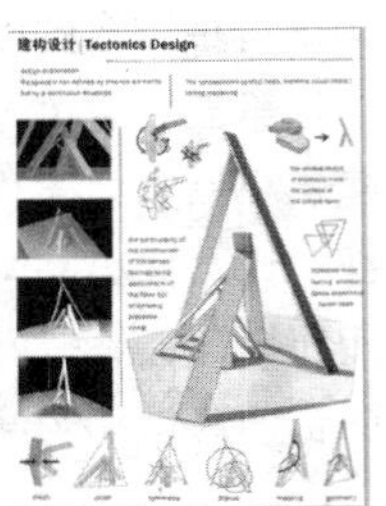

图2　建筑小品学生作业

2.2　小建筑模型制作

（1）任务要求

《建筑模型》课程第二个环节是完成设计基础课中小型建筑设计（茶室、展室、工作室）1∶30的模型制作。主要以模型为手段，对建筑的形态、空间、场地等进行推敲，并完成最终成果模型的制作，要求比例正确、材质合理、细部精良。

（2）教学目标

通过本环节的训练，学生应认识建筑模型制作的重要作用，熟悉建筑模型制作所使用的各种材料、工具的性能与使用特点，掌握建筑模型的制作方法和步骤，培养利用模型进行设计分析以及对建筑空间进行推敲调整的能力。

（3）模型制作

学生根据本人设计，选择实际制作材料，包括常见的纸板、KT板、PVC管、木板、木条、泡沫板等。在制作的过程中，学生会根据材料和结构的特性，以及建筑体量和空间的不同的表达需求修改方案、更换材料，经过不断调整和完善，独立完成最终模型制作。

（4）作业成果（图3）

2.3　品评展示阶段

模型制作完成后，在教学楼一层展厅进行展示。每组都会选派一名同学介绍本组模型的方案、材料选择、节点连接、组合安装等方面的内容，教师对模型进行现场讲评和分析，学生们互相讨论和评价模型制作的最终成果，并且交流制作的经验和体会。改进后的最终模型摆放在展厅供学院的老师和学生参观品评（图4）。

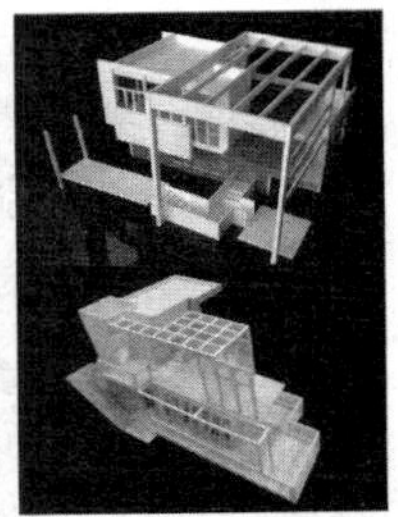

图3　小型建筑模型成果

图4　建筑小品建造成果展示

3　教学实践的经验和启示

3.1　成功经验

我们把《建筑模型》与建筑设计基础课程进行较好的融合与穿插，用建筑设计基础课程中的设计理论指导模型和建造，同时模型和建造也会深化学生对建筑设计理论的理解。这种方式是一种尝试，可以提高学生的学习兴趣，锻炼学生的动手能力，建立建筑空间感和尺度感。另外，建筑小品实体建构采用自由分组的形式进行，合作氛围较好。小组成员共同对模型制作方案进行推敲和分析，可以开拓思路，激发创作热情，提高设计水平，增强团队协作的意识。

3.2　不足之处

通过教学实践发现，建筑模型与建筑设计基础教学环节打通有助于一年级系列课程的教学开展，但由于时间和课程安排的原因，都在学期末结课，学生完成作业时间较为紧张，无法完全保证质量。在以后的课程中，将注意课程的安排，使二者既相互融合又相对独立，消除不利影响，确保课程有序进行。同时，由于学生缺乏结构概念，选择材料不够合理，出现模型整体性和稳定性欠佳，构件连接不当等问题。在今后的教学中，应当加强这方面的指导，提高教学效果。

4 总结和展望

《建筑模型》课程是《建筑设计基础》课程的有力补充，具有实践性和创造性的特点。建筑模型能够逼真再现建筑立体和空间的视觉形象，是更为直接的建筑设计的构思和表现手段。我校的建筑模型课程在建筑设计基础教学框架下与其他课程穿插与融合，将实体建造纳入课程，调动了学生的学习积极性，加强了学生创造性思维和动手能力的培养，锻炼了学生的团队协作能力、沟通交流能力，引导学生掌握了利用模型进行设计构思和分析的能力，达到了预期的教学目标。同样，通过建筑模型课程教学改革，教师对于课程的认识也不断深化，在今后的教学过程中将继续加以完善，力求能够更好地为建筑设计基础系列课程服务，把《建筑模型》课程建设成一门生动有趣，能够激发学生热情和兴趣的特色课程。

参考文献

［1］ 顾大庆. 绘图，制作，搭建和建构——关于设计教学中建造概念的一些个人体验和思考. 新建筑，2011，4：10～14.

［2］ 张彧，朱渊. “空间、建构与设计教学研究”工作坊设计实践——一种新的设计及教学方法的尝试. 建筑学报，2011，6：20～23.

［3］ 申洁. 环境·空间·建构——低年级建筑设计基础课程的教学模式探讨. 建筑与文化，2011，9：111-113.

吴　瑞　王毛真
西安建筑科技大学建筑学院
Wu Rui　Wang Maozhen
Xi'an University of Architectural Science and Technology

回归的策略
——法国 CRATerre 研究中心的教学启示

Returned Strategy
——the Teaching Revelation of CRATerre in France

摘　要：本文通过对作为联合国教科文组织“生土建筑、建造文化和可持续发展”教席所在地的法国格勒诺布尔国立高等建筑学院生土建筑研究中心 CRATerre 在生土建筑教育方面的经验介绍，希望为我国的建筑教育的发展提供积极可行的借鉴和参考，回归到建筑学科最基本的原点。

关键词：建筑教育，教学方法，生土建筑教育，回归的策略

Abstract: This article wants to provide positive and feasible reference to the future development of Chinese architectural education, also let it return to the basic origin , through relevant experience on CRATerre of ENSAG-AE&CC, which is the UNESCO Chair of “Earthen architecture, construction cultures and sustainable development” .

Keywords: Architectural Education, Teaching Method, Education of Earth Architecture, Returned Strategy

1　引言

面对全球化，我们越来越深切感受到自我迷失后的统一模式，思考的统一乏味，设计的统一拙劣，连带影响着教育的统一滞后。中国建筑教育依然步履缓慢地沉浸在后包扎时代的现代主义挣扎之中，诸多努力亦显得乏善可陈。

面对环境，我们依然贡献着 21 世纪最为快速的人口增长，侵蚀着有限的地球资源，以及因为快速工业化发展带来的各种环境问题，这一切对建筑师提出了严峻的挑战，对建筑教育工作者发出了改变的讯号，如何在建筑本体教育的同时培养学生的环境意识，建立设计与自然的关系显得极为迫切。

这些已经是老生常谈的问题，我们已然意识到问题的严重性，但传统教育基础的根深蒂固很难有本质的观念性改变，我们依然重复着现代主义的快节奏和所谓“空间形式”的概念游戏，殊不知在空间之外还有更多需要考虑的地方，诸如自然赋予我们的最本真的呈现。

2　回归

当然，以上的诸多疑惑不单属于我们，同样属于全世界的建筑工作者，正如弗兰姆普顿先生认为的，当一定的外来影响作用于文化和文明时，一切都取决于原有的、扎根的文化在吸收这种影响的同时对自身传统再创造的能力。笔者认为要谈中国建筑教育的未来，必须有一个理性回归，回归到建筑自身的生成条件与设计原则中来寻找到一种“再创造的能力”。[1]

2012 年笔者有幸在法国格勒诺布尔国立高等建筑学院（ENSAG）的生土建筑研究中心（CRATerre）参加了 DSA-Terre2012－2014 的课程，近距离认识了法国在生土建筑领域的研究和教育情况。更加坚定了笔者对“回归”的理解，以下便把法国生土建筑研究中心的

教育方法和模式加以描述。

3 基于生土建筑的教学模式

目前，世界上仍有超过 1/3 的人口居住在生土建造的房屋内。但经历了 20 世纪初的两次世界大战以及全球化背景下现代建筑材料的风靡，生土建筑已被遗忘，甚至当作贫穷的象征。直至 20 世纪 70 年代，对环境资源的过度消耗让一些建筑工作者开始反省，并寻找可持续发展的“新”材料，才又重新“回归”到“生土”作为建筑材料的可能性。正是在这种背景下，1979 年法国生土建筑研究中心 CRATerre 得以成立，并极大地影响了法国乃至欧洲的材料观念和教育理念，使得“生土”这个“旧”材料被赋予了“新”的含义。

经过多年的积累，从 1984 年开始 CRATerre 在 ENSAG 开设了 DSA—Terre 课程，进行以生土建筑为基础的专门化教学。1998 年，联合国教科文组织在 CRATerre 设立了教席（UNESCO Chair）“Earthen architecture，building cultures and sustainable development（生土建筑、建造文化和可持续发展）”。其中，DSA—Terre 课程成为国际化的生土建筑教育的专门化硕士后（post—master）课程，代表了当今生土建筑教育的最高水平。在 2000 年之后，CRATerre 每年都举办国际生土节，作为宣传和交流的学术平台，愈发让以自然材料为本体的建筑教育得到关注和影响。在他们所有的努力中贯穿其中的最重要的思想便是：基于可持续材料的文化建造，既输入了可持续发展的观念又因地制宜的结合着地方性文化，使得建筑学有了一个科学的、人文的发展观。

CRATerre 的研究和教学主要包括三个主要方面：其一，生土人居环境的发展；其二，生土材料的建造；其三，生土遗产的保护。在教学环节中把这三个方面有效的整合到大纲中，大致教学计划又分为以下过程：

第一步，生土建造文化的学习。主要进行基础知识的讲授，这一部分由经验丰富的资深教授们主课，涵盖人文、历史、地域环境、建造文化的方方面面，使生土建筑的前世今生得以全面展现，并从理论基础上建立了材料与地域文化的关联性思考，笔者在学习的过程中深感生土文化的魅力，并对地方性的生土建造有了较为全面的认识，也第一次系统建立了从材料和文化角度认知建造行为的观念。这和我们过度重视形式空间的方法有了本质区别，让建筑学真正回归到其本真的源流和文脉中，有了人味也有了感情。

第二步，在第一步的基础上，教师带领学生通过生土的不同呈现形式在工作坊进行简单的实体搭建，让学生对生土的不同类型和建造方式有一个基本认知。

第三步，在初步认识的基础上，进行更为精确的土鉴定训练，这里面分为两个部分，第一部分是野外测试，其目的是通过轻便简单的仪器获得土组成的大致信息，初步判定土是否满足建造要求。第二部分是在第一部分测试通过后，对土进行实验室测试，更为精细的测定土的成分、性质、含水率、强度等等性能指标。这一部分有些相似于中医的望、闻、问、切，需要学生看、闻、听、摸、品、鉴、研，这一步结束后学生建立了较强的研究意识，对材料的特性有了本质的了解，为下一步使用材料打下了扎实的基础。

第四步，在有了材料的基本认知后，教师以一个小设计为出发点，通过课程结合设计的方式，教授学生生土建筑相关的构造和结构知识。通过较短的时间让学生认识到材料面临的各种性能方面的缺陷以及如何避免缺陷的方法。这个过程从基础的材料特性的认知转换到了设计层面的认知。由于每个学生选择的建造形式和建造方式各不相同，面临的问题也五花八门，但通过教师的讲授和相互的讨论，这个过程变成了一个发现并解决问题的互动环节，在设计课完结答辩上也可看到大家解决各自问题之后的分享和喜悦。

第五步，开始在人居建筑环境层面教授学生解决实际问题的能力。第一部分，教授分析方法及使用分析工具的能力，并通过虚拟题目来锻炼学生。第二部分，讲解生土相关的行业规范及较为成功的范例，树立可持续的政策法规概念。第三部分，自选题目进行分组讨论，通过分析研究给出解决问题的方法和例子。这个过程把建筑学科与实际问题相联系，让学生正面认识问题，并提高解决复杂社会问题的能力。

第六步，生土建筑遗产的学习。第一部分，理论学习生土建筑遗产的相关价值，以及保护方法和策略。在理论课程的基础上，选择实际案例，指导学生现场完成生土建筑遗产的保护和修复工作。通过两周左右的现场实践，学生从实物中了解到了生土建筑的相关知识，并掌握了遗产保护的步骤方法。

第七步，在以上课程结束之后，学生会加入国际生土节的筹办工作，作为一年学习的结束。国际生土节为期三周，将邀请业界的相关人士和学校共同参与，并分享其研究成果。部分团队会完成与生土材料相关的实体搭建，其中 CRATerre 的学生将自行拟订方案并完成建造。最后一周，生土节将向社会开放，普通民众和专业人士共聚在一起分享、发现和创造生土魅力，展现其无限可能性，并由此扩大了公众的认知度。笔者有幸参与到日本学者 Kinya 先生的建造工作中，感受到了从材料

图 1　教学模式步骤 1～7

和情感认知空间的魅力，也感受到了作为一名有先见的学者和建筑师应该怀揣的时代和人文精神。

4　结论

相比较国内的建筑学授课内容，法国 CRATerre 生土中心的授课内容及步骤表现出了诸多优越性，当然其中也不乏缺点，但具体总结起来，他表现出了几个方面的进步是值得我们思考的：

（1）从材料角度的建筑学思考

可能是由于历史原因，国内建筑学教育长期禁锢于空间、形式、符号等问题的探讨中，学生已经习惯于图纸描绘建筑的方法，而缺少了对建筑学最为核心的基础——“建造”的理解。卡雷斯·瓦洪拉特理论阐释了在客观物质世界中决定建构理论的几个重要方面时，把重力及物理性、结构和材料形式、材料的组织形式作为最重要的三点来看待，他认为我们如何去做或者为什么这样去做，将直接影响着我们限定空间的表面所呈现出来的表达方式。他还强调到，我们所建造的东西，是对我们自身所表现的意识和反思最为直接而强有力的验证，亦是一种对彻底性的验证——代表着我们的建造结果是被描绘和塑造的空间意义中的一部分。[2] 因此当我们把思考回归到建筑最基本的材料和建造问题时，才可能创造一种非短暂的，具有文化性永恒气质的建筑。在历史的浪潮中才能真正地成为推动建筑发展的力量，而非随时代变迁而被人忘记的表象产物。这一点必须在教学中体现，让学生从一开始既能建立一种良好的设计意识和看待建筑基本问题的方法。

（2）可持续建筑观念的树立

随着环境的愈发恶劣，国外从政策法规到建筑师对可持续的认知都已经悄然进行了几十年，法国生土中心的生土建筑研究也已经开展了三十多年，成果斐然，影响巨大，已经受到普通民众的广泛支持，相关研究也已经纳入到教育体系之中。而我国的建筑业对此知之甚少，更不用提业外人士或普通民众了，因此如何推动建筑教育体系的良性发展，建立一个符合时代和环境意识的建筑学科基础教育是迫在眉睫的，法国 CRATerre 生土中心的教学模式对我们是一个有利的借鉴。

（3）个人手脑结合，团队协同合作

国内建筑学教育往往忽视动手能力和团队协同合作的培养，多数国内的学生表现出与西方学生的明显差距便是图纸表达完成后不知道如何进行下一步，并通过动手使之实现。而西方学生却能较好地手脑并用，准确的接续设计与建造。当然，这个过程也并非一个人能独立完成，必须通过团队的协同合作，因此在这个过程中，如何协作如何把设计转化成建造将是学生之间的一次重要考量，通过这样的训练，大家建立了合作意识，并相互分享经验，这种经历对于建筑学学生来说尤为宝贵。

参考文献

［1］ 罗小未. 外国近现代建筑史（第二版）［M］. 北京：中国建筑工业出版社，2005：368.

［2］ 卡雷斯·瓦洪拉特. 对建构学的思考——在技艺的呈现与缺失之间［J］. 时代建筑，2009.

［3］（法）Hugo Houben，Hubert Guillaud. Earth Construction—A Comprehensive Guide［M］. Warwickshire：ITDG Publishing，1994.

［4］ http：//craterre. org

谢振宇
同济大学建筑与城市规划学院
Xie Zhenyu
College of Architecture and Urban Planning, Tongji University

以设计深化为目的专题整合的设计教学探索

——同济建筑系三年级城市综合体“长题”教学设计

Design Teaching Exploration of Project Integration for deepening design

—— “long project” teaching design of city complex for third grade architectural undergraduate of Tongji University

摘　要：本文以培养学生设计深化能力为目标，提出了在建筑系高年级课程设计中，把商业综合体和高层建筑两项专题性课程设计，整合为城市综合体的17周“长题”的教改思考；并结合同济建筑系三年级下半学期的教学实践，具体介绍了城市综合体“长题”课程的教学设计和教学组织。

关键词：设计深化，专题整合，城市综合体，“长题”教学设计

Abstract: In order to cultivate the students deepening design ability, this paper puts forward the pondering of educational reform which integrates two thematic curriculum design——the design of the high-rise buildings and commercial complex into a 17 weeks “long project” of city complex in senior undergraduates design courses of Architecture Department of Tongji University. Combining with the teaching practice of half of the semester grade three of Architecture Department, this paper introduces the teaching design and teaching organization of “long project” of city complex.

Keywords: deepening design, project integration, city complex, “long project” teaching design

1　引言

一直以来，建筑学专业高年级的主干设计课，基本以每个学期安排两个各8.5周的课程设计为主要方式。这种学时分配方式，可能保证了每个课程设计在教学内容、教学组织和教学过程等方面的完整性，但其相对均质化的学时分配方式，对教学过程中出现的重形式轻技术，或重初期构思轻设计深化等现象有密切的关联。越来越多的专业教师以及业界同行意识到，设计教学中深化能力培养的重要意义，因而就有不少教改课题关注长短题结合、或设计任务中细化成果要求，或教学中增加技术深化环节或细部设计等。实际操作中，除了毕业设计，这类探索都会遇到一些问题，难以常态化或集体性组织，如，学期内设长短结合的课程设计，通常会受制于教学计划中课程设置，乃至学分分配和师资安排；又如，按一个课程设计的教学规律，学生从了解课程设计教学要点，掌握相对应的设计原理和知识点，通过调研和案例分析到设计构思、方案拓展、调整深化直至成果表达，8.5周的教学时段是比较短促的，经常在执行教学要求中出现虎头蛇尾的现象，而最容易被弃的是设计

作者邮箱：xiezhenyu@tongji.edu.cn

深化环节的教学要求。

三年前，卓越工程师计划在同济大学建筑系全面推进，由于学制的原因，对原先高年级的课程设计布局进行了较大的调整。在 2011 年全国建筑教育学术研讨会中，笔者在《从总纲、子纲到课程教学模块——同济建筑学本科高年级设计类课程教学模块化建构》一文，探讨了以深化与完善课程体系的系统性为目标，注重设计类课程与理论类、技术类课程的横向协同，提出在高年级设计类课程中建立模块化体系的思路与方法（图 1）。2012－2013 学年起，进入三年级阶段的 2010 级建筑学、历史建筑保护工程和室内设计专业学生，开始执行这一模块化课程设计教学计划。在三上学期完成建筑与自然环境设计、建筑与人文环境设计两个课程教学模块的基础上；在三下学期，把商业综合体设计和高层建筑设计了整合城市综合体课程设计，形成 17 周的“长题”，在确保两个课程模块的基本教学目标和要求的基础上，以提升设计深化能力为目标，探讨学期内课程贯通性和专题性相结合的教学成效。

2　课程组合和任务设计

把原本一个学期中相对独立运行的两个各课程设计组合起来，并不是简单的加法，除了两个课程模块有较好的关联性，更需要在确保两个课程的基本教学要求、教学要点、教学内容和成果要求的基础上，对设计任务、要求、学时分配、成果形式等作细致的设计。

2.1　“商业综合体”和“高层建筑”课程整合的可行性

商业综合体设计和高层建筑设计是同济建筑系高年级阶段两个重要的设计课程。“卓越工程师计划”下的教学计划，在调整学制和课程设计布局的过程中，把这两个课程设计安排在一个学期，两个课程由于学制的紧缩，都前移了半个学期，对学期内课程设计教学强度有较大的提升，同时也为探索学期内课程贯通和专题相结合的教学方式提供了契机。通常，商业综合体设计和高层建筑设计均按 8.5 周制定设计任务书、安排课程执行计划。教学实践中我们发现，对于三年级的学生来说，要切实达到各个课程模块的教学要求有些难度。商业综合体设计的教学要求中，强调掌握建筑群体与局部的空间组织、建筑群体与城市整体的关系；培养调查研究、立论思考、评议方法的综合设计能力；了解商业建筑的特点和基本设计方法。高层建筑设计的教学要求中，强调掌握现代高层建筑的设计规律，了解和运用结构、设备、垂直交通及消防等相关专业知识；掌握高层建筑的群体造型处理方法，认识高层建筑与城市环境及景观的关系；掌握宾馆建筑及商办建筑的设计特点与一般规律。从教学要求中不难发现，除了各自的技术性要求外，在与城市关系、建筑群体与局部的关系以及之前深

年级		课程模块	课程设计名称	教学关键点	选题	关联性课程	
						理论系列	技术系列
三年级	上	Ds-3a	建筑与人文环境	功能、流线、形式、空间	民俗博物馆、展览馆	-公共建筑设计原理（1） -公共建筑设计原理（2） -建筑理论与历史（1）	-建筑建构（1） -技术系列选修
		Ds-3b	建筑与自然环境	景观设计、剖面外墙设计	山地俱乐部		
	下	Ds-3c	建筑群体设计	空间整合、城市关系、调研	商业综合体、集合性学设施	-公共建筑设计原理（3） -高层建筑设计原理 -建筑理论与历史（2） -理论系列选修	-建筑结构（2） -建筑设备（水\电\暖） -人体工程学 -建筑特殊构造
		Ds-3d	高层建筑设计	城市景观、结构、设备、规范、防灾	高层旅馆、高层办公		
四年级	上	Ds-4a	住区规划设计	修建性详规、居住建筑、规范	城市住区规划	-居住设计原理 -城市设计原理、建筑评价 -建筑法规、建筑师职业教育 -理论系列选修	-建筑防灾 -环境控制学 -技术系列选修
		Ds-4b	城市设计	城市空间、城市景观、城市交通、城市开发的基本概念与方法	城市设计		
	下	Ds-4c	毕业设计	综合设计能力	多样化选题		

图 1　高年级设计课程设置

化设计中较难涉及的地下空间设计等方面，两个课程设计有很强的关联性。同时，在当今高密度的城市环境中，综合体和高层建筑的建设，是提高土地利用、提升城市品质的重要策略，商业综合体与高层建筑通常以功能复合的城市综合体的形式出现，大量的案例为课程中的调研分析提供了充分的支持。因此，以城市综合体为选题，整合商业综合体和高层建筑的专题要求，更体现了课程的真实性、城市性和时代性。

2.2 按城市综合体"长题"方式编制阶段设计任务书

课程设计任务书，一般包括教学要求、设计任务、成果要求、参考资料等几个部分，是课程设计教学的重要指引。在课题准备阶段，我们把商业综合体和高层建筑各8.5周的设计任务，整合成以城市综合体为题的17周课程设计。结合课程设计中学生的认知规律和设计进展，把17周的课程教学分为：群体概念设计（3周）、商业综合体专题（5.5周）、高层建筑专题（5.5周）和整合与深化（3周）四个阶段，按阶段编制设计任务书。如在群体概念设计阶段，强化调研和案例分析，在初步认识商业综合体和高层宾馆和办公建筑设计要求的基础上，完成总体布局设计，具体要求包括容量、体量的控制和组合，功能和流线的合理性，基地周边环境、规划及建筑的相互关系等等。在形成第一阶段设计成果后，进入专题设计阶段，商业综合体专题中，强化不同业态的空间特征和群体组合方法、公共空间和交通流线；掌握建筑群体与局部的空间组织、建筑群体与城市整体的关系；鼓励通过软件辅助进行建筑个体和群体的生态塑形。高层建筑专题中，集中掌握现代高层建筑的设计规律，了解和运用结构、设备、垂直交通及消防等相关专业知识、掌握高层建筑的群体造型处理方法，认识高层建筑与城市环境及景观的关系、倡导生态塑形技术在高层建筑设计中的运用。整合与深化阶段，重点对城市综合体进行空间整合，并对地下空间、设备系统、建筑细部等进行深化设计。

四个阶段的设计任务，既呈现顺序递进的关系，又突出专题设计内容和要求，且后面阶段的设计可以调整和优化前面阶段的设计成果，特别是整合与深化阶段，进一步促进了的各项设计内容的重组和深化。从而，充分发挥"长题"方式对培养学生设计深化能力的积极功效。

2.3 选择整合和专题相结合的导向性基地

商业综合体设计和高层建筑设计的设计基地，一般都在当地既有的城市环境中挑选。真实的基地对学生现场调研、各项约束条件的理解、场所体验等方面尤为关键。但在如今高密度的城市环境中，要找到比较纯粹的商业综合体基地，或高层建筑的基地越来越困难。而整合成城市综合体课程后，这类基地的可选择性就多些，并且在上海，有大量的城市综合体案例可供学生调研。我们在基地选择中遵循了几个原则，其一，地块的设计条件比较接近所在区域的规划设计条件，如容积率、建筑密度、建筑高度等；其二，考虑到"长题"中包含了商业综合体和高层建筑两个专题设计内容，基地应具备商业和高层可组合和分离的可能；其三，为积极引导学生对城市公共空间、地下空间、公共交通的组织和利用，特意选择了有地铁站点或地下轨道穿越的基地，为城市综合体地下空间的深化设计提供条件；其四，基地的多样性能给学生提供比较、选择的机会。课题准备中，我们从同济设计集团目前设计中的上海综合体项目中，筛选了3幅基地，供学生任选其一。

3 "长题"教学组织中的几项关键内容

目前同济建筑系高年级阶段的六个课程设计，实行的是全年级集体教学，共有6个班级近140名学生参加同一课程，参与课程指导的教师15～18位，教学过程中，"教"的方面主要通过年级大课、小组指导、阶段成果展评、公开评图等方式实施。集体性的课程设计教学，教学组织工作比较重要，尤其体现在"长题"中教学执行计划、系统性的大课组织、分阶段的公开评图和成绩评定方式和激励机制等方面。

3.1 教学要求明确的教学执行计划

以四个阶段的设计任务书为指导，教学小组制定了17周的教学执行计划（图2）。细化落实各个阶段和阶段中每个辅导课、原理课的内容与要求，以及每一阶段的节点和阶段成果，包括交流、讲评的方式。3周的群体概念设计阶段，教学的主要内容包括调研、基地和案例分析，建立建筑综合体与城市关系、群体空间组织和形体塑造的基本认识，形成总体层面的设计成果，并组织年级的交流展评。各5.5周的商业综合体和高层建筑专题，教学内容侧重于各自的建筑特征，如商业综合体中的功能、空间、交通、环境、形态的系统集成和要点深化；高层建筑中的形态、景观、标准层、垂直交通、地下空间、消防、结构和设备系统等。两个专题分别安排中期成果年级交流展评和专题成果的公开评图。最后3周的整合与深化阶段，教学重点在于调整和深化，强调技术设计和细部设计、设计深化和表达，并要求学生整合各个阶段设计成果，制作成 1200mm × 2300mm 展板，组织一次全年级的城市综合题学期作业展。

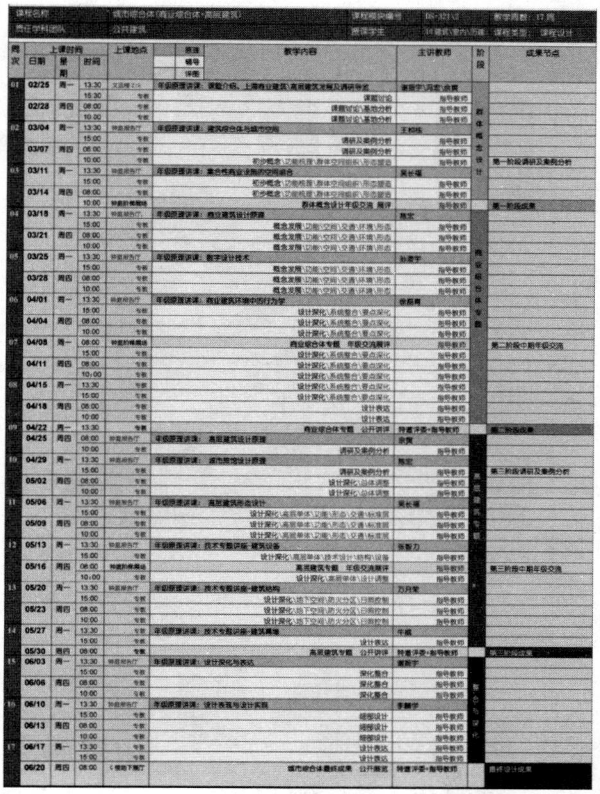

图 2　课程教学执行计划

3.2　系统性、即时性的大课教学组织

在教学执行计划中，大课的组织尤为关键。整个学期安排了 14 次共 28 学时的讲课，按各个阶段的教学内容和知识点，组织了 12 位教师主讲各个相关主题，大课的主讲老师不局限于该课程的指导教师，从课程的需要出发，邀请建筑系各学科团队中有研究专长的教师参与教学，同时，在技术深化环节，从设计院和专业公司聘请了 3 位资深技术人员担任课程顾问，充分发挥了“长题”教学方式在知识传授的系统性、完整性和即时性方面的优势。大课的内容包括基本原理，如建筑综合体与城市空间、商业建筑设计原理、高层建筑设计原理、城市旅馆设计原理等；设计方法，如集合性商业设施的空间组合、生态技术的数字设计方法、商业建筑环境中的行为学、高层建筑形态设计等；设计深化与表达，如设计表现与实现、地下空间设计等，尤其在课程设计的后期，3 位来自业界的课程顾问，分别作了建筑结构、建筑设备、建筑幕墙的技术专题讲座，有效地提升了学生的设计深化能力。

3.3　公开评图对设计深化教学的推力

公开评图是同济建筑系在高年级课程设计中的一项重要教学环节。每个课程设计结束时，建筑系从各大设计机构和事务所聘请资深建筑师和专家组成评审小组。评图中答辩的方式，不仅为学生提供了表达设计的机会，同时也获得各方评委的点评和鞭策。但这一评图方式在 8.5 周课程设计中略有遗憾的是，评图中评委们作出的评价和建议，对于学生来说，在本次课程设计中已没有反馈的机会，所谓木已成舟，只能期待下一个作业。而在城市综合体的“长题”教学中，除了各个阶段中的年级或班级的作业交流外，在商业综合体专题和高层建筑专题阶段组织了 2 次公开评图，但与以往课程设计公开评图的成效不一样的是，这两次公开评图，都对学生下一阶段的设计深化和调整具有直接的指导和引领作用，同时，在两次公开评图中，我们刻意为各个班级聘请了相同的评委，从而使得评委们对学生作业的进展比较了解，其相应的点评更有连贯性和推动力。

3.4　阶段性和激励性相结合的评分机制

城市综合体“长题”的评分，采用了阶段成绩评定和激励性成绩修正相结合的方式，一方面，这项课程设计本身就由商业综合体和高层建筑两个课程设计组成，学生在选课单上出现的是两个原理课程（公共建筑设计原理 3-群体建筑、高层建筑设计原理）和两个设计课程群体建筑设计和高层建筑设计，因此，分阶段评定成绩，既是对学生各个阶段学习成果的肯定和鞭策，也是完成既定课程教学计划和课程教学要求的重要保障。另一方面，课程的各个阶段呈递进和深化趋势，为鼓励学生在设计深化方面的努力和投入，教学小组的教师们达成共识，即后阶段设计质量提升可以修正之前的初评成绩，特别是最后阶段的综合成果展览，学生的成绩在整个学期成绩中占据较大的权重，这一激励方式，极大地激发了学生的深化设计热情和持力。此外，在最终作业展中，由全体指导老师参加，采用贴条的方式（不贴自己带教的班级）投票决定全年级的优秀作业，极大地激励了指导教师的教学热情。

4　结语

从“长题”的策划，到 17 周的师生共同努力，最终的学生作业以全年级展览的方式呈现。这一全年级的展览方式，在同济建筑系三年级的教学中可能还是第一次（这种形式通常只出现在毕业设计大展中），它是卓越计划下三年级课程设计教学成效的重要反映，也是对学期内贯通性和专题性相结合的课程设计教改探索的一次考评。整体上看，学生的课程设计作业质量和水准得到了较大的提升（图3，图4），单从学生作业中的商业综合体和高层建筑部分看，其设计质量和深度也超过以前单一的课程设计，真正达到“1＋1＞2”的长题教学成效。当然，由于这次城市综合体“长题”课程设计尚属教学探索，其中，师生的投入、教学的组织、院系的支持都是超常规的，如何让教改探索成为教学常态，如何提高全体指导教师的整体执教能力，以及深化设计与设计创新“长题”中教与学的持久力等等，确实需要进一步的思考和总结。

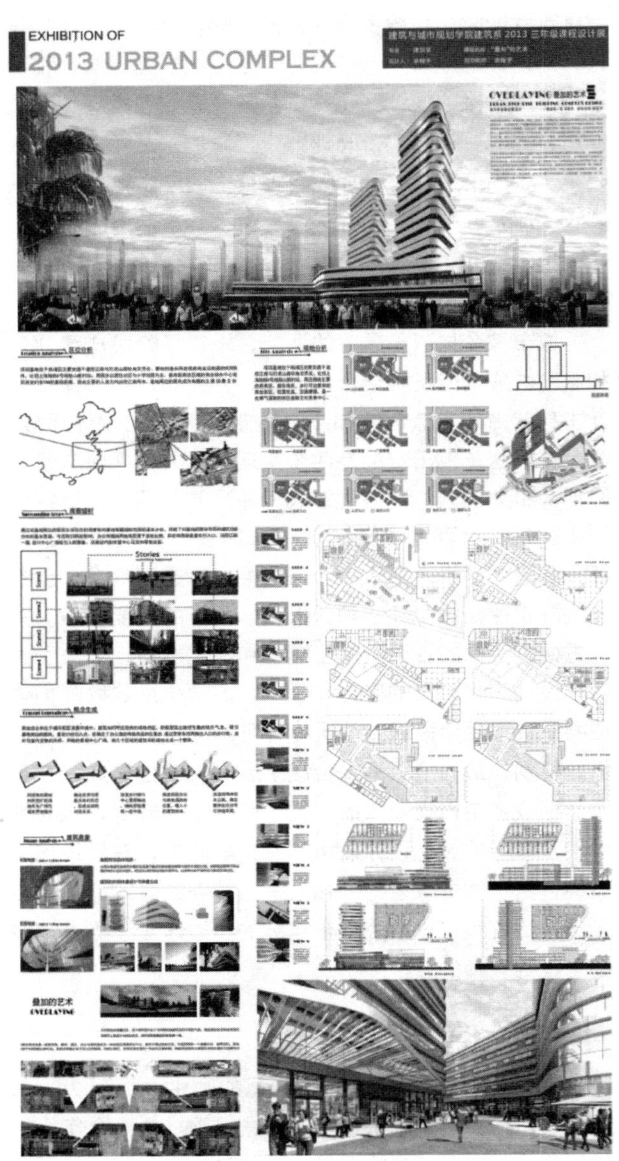

图3　学生作业-1

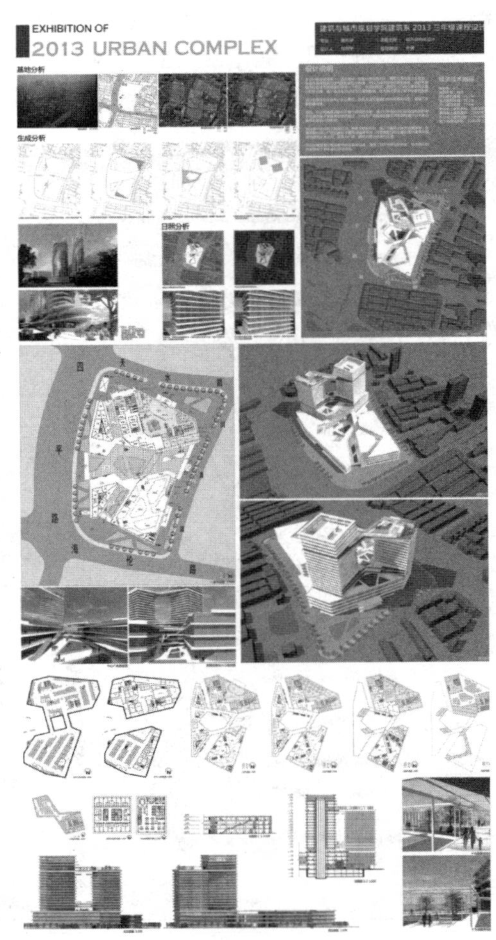

图4　学生作业-2

参考文献

[1]　谢振宇，张建龙．从总纲、子纲到课程教学模块——同济建筑学本科高年级设计类课程教学模块化建构．2011年全国建筑教育学术研讨会论文集/全国高等学校建筑学科专业指导委员会编．北京：中国建筑工业出版社．2011：23-28.

[2]　王方戟，武蔚．高年级建筑设计课程中的阶段特征讨论．2012年全国建筑教育学术研讨会论文集/全国高等学校建筑学科专业指导委员会编．北京：中国建筑工业出版社．2012：403-405.

[3]　吴长福．建立系统化、开放性的教学操作模式//同济大学 开拓与建构．北京：中国建筑工业出版社，2000：148-154.

[4]　同济大学建筑学专业卓越工程师培养计划2011.

[5]　同济大学建筑系三年级城市综合体设计指示书（17周）2013.

徐洪澎　李　思
哈尔滨工业大学建筑学院
Xu Hongpeng　Li Si
Harbin Institute of Technology

一次中俄短期工作坊的介绍及反思❶

The reflection an introduction of a short-term workshop between China and Russia

摘　要： 本文介绍了哈尔滨工业大学建筑学专业部分师生与莫斯科国立建筑学院来访师生所举行的一次短期建筑设计工作坊活动。全面地阐述了本次工作坊的题目、过程和成果。对比并反思了我们的建筑教育存在的问题，并提出了哈工大应与俄罗斯相关院校加强交流的国际化建设方向。

关键词： 俄罗斯莫斯科国立建筑学院，短期工作坊，徒手能力，形式主义，国际化方向

Abstract: This paper introduce a short-term workshop between some teachers and students of architecture in Harbin institute of Technology and some visiting teachers and students of Moscow State Civil Engineering University. It comprehensively expounds the topic, process and results of the workshop. Reflecting the architectural problems in education compares the two schools. And put forward that Harbin Institute of Technology should strengthen exchanges with some relevant colleges in Russia in the direction of internationalization.

Keywords: Moscow State Civil Engineering University, Short-term Workshop, Manual Ability, Formalism, The Direction of Internationalization

哈尔滨工业大学建筑学学科的历史可追溯到1920年建立的哈尔滨中俄工业学校铁路建筑科，至1938年一直采用俄式教学方法，实行俄语教学。可以说，哈尔滨工业大学自创建之始就具有鲜明俄罗斯教育传统的国际化特征[1]。但是从20世纪60年代苏联援建专家离开中国后，至今几十年间哈工大建筑学专业与俄罗斯的建筑教育交流并不多见。

2012年6月，哈尔滨工业大学代表团访问俄罗斯莫斯科国立建筑学院，这所学院创立于1749年，在俄罗斯建筑学院中占据首位[2]。双方代表为两校开展实质性的合作关系交换了意见并签署合作协议。2013年3月31日，哈工大建筑学院迎来第一批莫斯科国立建筑学院的师生。其团队由莫斯科国立建筑学院的科尔沙科夫 ·费奥多尔·尼古拉耶维奇教授及舒边科夫·米哈伊尔·瓦列里耶维奇副校长带领，学生代表8人。

1　工作坊介绍

按照计划，为增进双方的相互了解和学习，此次到访的俄方师生将与哈工大师生共同举办一次短期建筑设计工作坊。工作坊分为4个工作小组，每组由两名俄罗斯学生和四名哈工大建筑学院的学生组成，两校参与的学生既有本科生也有研究生，每一组高低年级学生均衡组合。指导教师有俄罗斯2名带队教师以及哈工大建筑学院的5名老师。工作坊于2013年4月2日开启，4月7日上午进行成果的展示及讲评，共5个设计工作日。

作者邮箱：xu-hp@163.com

❶ 黑龙江省教育科学“十二五”规划2012年度课题，基于新时期人才培养的建筑学专业本科高年级教学体系优化研究与实践。(GBB1212029)

由于这5天中还安排了讲座，以及俄罗斯师生的其他交流和参观等活动，所以实际的工作坊时间是非常紧张的。

1.1 题目

哈尔滨作为一座有着100多年历史且建筑遗迹丰富的城市，中东铁路高级员工住宅历史街区就是城市中心区最美丽的那一簇。该区域是依照霍华德的花园城市理念建设新城的重要组成部分，是早期俄罗斯风格住宅区的典型代表，并且为哈尔滨唯一保存“花园住宅区”基本原貌的地区。由于年久失修，几十年前的居民私建、滥建已导致整个地段环境质量很差，场地肌理组织也比较混乱（图1）。本次设计将着眼于其中的A片区，探讨城市的保护与复兴这一永恒的话题。因此，我们把题目定为“城市印记——哈尔滨中东铁路高级职工住宅历史街区保护与复兴”。这一题目的设定也是希望地段环境浓厚的俄罗斯文化背景能更好地架起两校师生沟通的桥梁。

图1 地段位置卫星图和地段内建筑环境照片

1.2 过程

工作坊开题后首先以组为单位进行前期调研，明确历史街区的历史沿革、现状情况，分析街区的建筑历史文化特征，研究该街区保护的必要性和复兴更新的可能性。在此基础上提出对基地及其中建筑进行保护、复兴的概念和对策。随后是进行小组内的讨论与分工，中俄教师共同参与每一组的问题探讨与解答（图2）。由于时间比较紧迫，因此每一天的工作任务都严格按照计划进行，具体时间安排如表1所示。

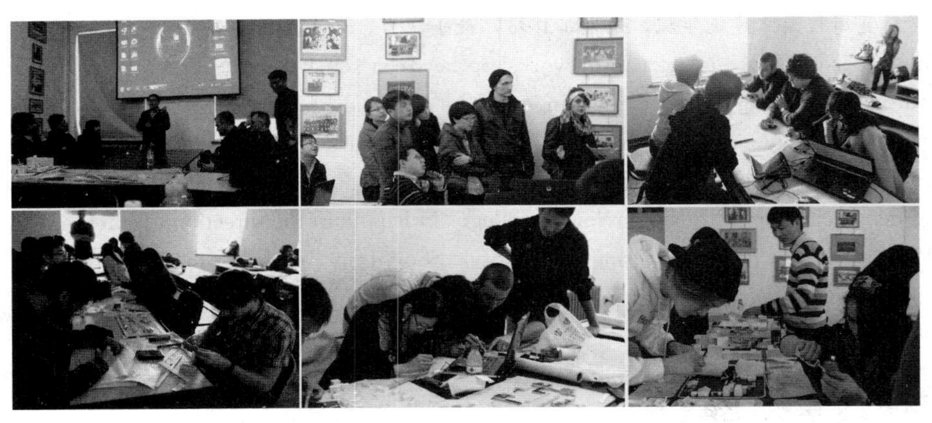

图2 工作坊过程照片

工作坊进度计划表 **表1**

日期	时间	进程	相关设计任务
4月2日	13：00—18：00	设计开题基地调研	熟悉和调研（明确设计内容）
4月3日	全天	设计时间或其他活动	
4月4日	上午	教师指导	理念和创意（生成设计理念）
4月5日	14：00—16：00	师生研讨	设计和深化（提出设计方案）
4月6日	全天	设计时间或其他活动	成果和表达（准备设计成果）
4月7日	13：00—15：00	成果发表	讲解和表达（讲述设计成果）

1.3 成果

最后的成果是各组出一张 900mm×1800mm 的徒手绘制图纸，一整套手工模型（图 3），并相应制作一份汇报文件。这一题目的难度系数非常大，复杂矛盾的交织往往使设计者难于理清思路、抓住重点。从四组的成果来看，在这么短的时间内，学生们的理念构思与表达程度还是比较理想的（图 4）。四个方案立意各不相同，空间构成各具特色。有的方案充分利用地下空间，恢复历史街区的原汁原味；有的方案以现代的建筑空间形成与历史建筑的对比和共生；有的方案从功能入手希望重新建立街区的活力之源；有的方案将历史街区打造成文化生态公园，用绿色环境衬托历史之美并填补城市中心区绿地空间的缺失。学生们在如此短的时间内完成方案构思并呈现完整地表达是难能可贵的。尤其是来自莫斯科国立建筑学院的学生，向我们展示了它们扎实的专业基本功，也在一定程度上反映了俄罗斯建筑教育的特色。

2 工作坊后的反思

与莫斯科国立建筑学院师生交流的时间并不长，但让我们看到了俄罗斯建筑教育中非常值得我们学习和反思的问题。

图 3 成果模型

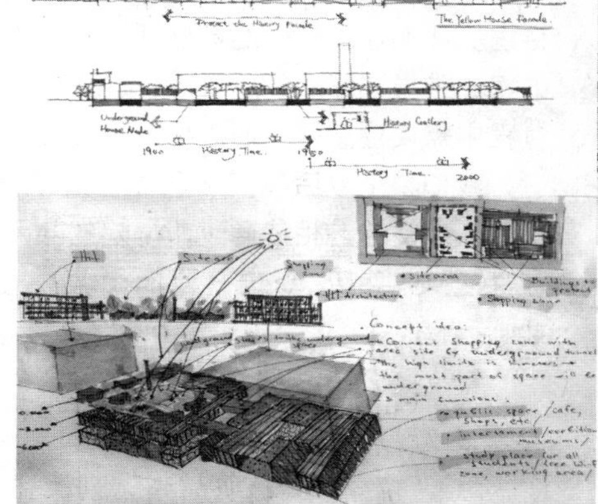

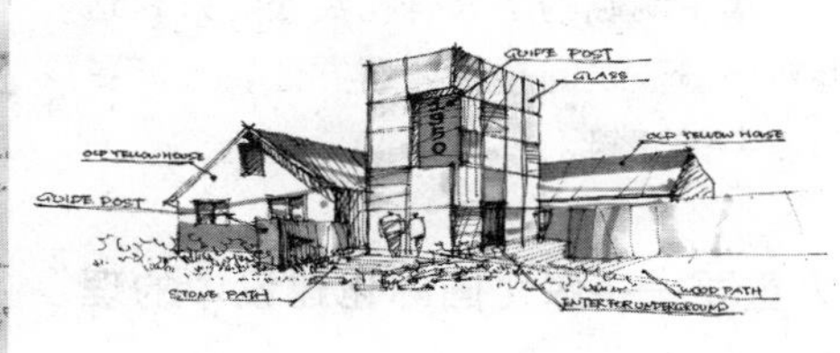

图 4 俄罗斯学生的快速草图

2.1 计算机不能替代徒手——动手能力培养的重新审视

我们观察到俄罗斯的学生更善于利用徒手的方式来表达设计理念，并且表达的效果都非常不错（图 4）。俄罗斯的建筑教育整体上沿袭西方的专业化教育，其发展过程中受到德国研究型大学和法国专业型学院等影响。在教学过程中十分重视低年级学生的专业基础训练，这也是哈工大在内的国内多所院校早期建筑教育的模板。如今，俄罗斯莫斯科建筑学院仍然坚持着自己的教育传统，在一、二年级的设计课程中禁止学生使用计算机表达，重点训练学生徒手草图、草模等能力。

随着近年来计算机辅助设计的发展，我们的学生在大一的时候就对当前流行的软件有了一定的了解和认知。至大二第一个小型课程设计作业开始，绝大多数学生就开始利用建筑软件来推敲方案。虽然建筑软件的确对建筑设计的发展起到了作用，但它毕竟还是作为辅助设计的工具。尤其在学生低年级打基础的时期，多用徒手草图、草模来推敲方案，不但使学生对方案有更直观的认识，而且促进学生手脑并用、快速构思，利于反复推敲方案。这一次交流活动也使我们认识到，在以后的教学过程中，应该坚定和加大对学生徒手能力的训练，夯实学生的这一专业基本素养。

2.2 创新需要有根基——过度形式主义的纠偏思考

近年来，随着哈工大建筑学院不断加强与国际前沿建筑学院之间的合作与交流，再加之网络资源流通越发便利，这使得学生们的专业视野得到极大扩展。当前世界优秀、前卫的建筑作品为学生们展示了国际上流行的设计理念与思潮。然而一些学生对这些具有视觉冲击的建筑形式和图面表达采取的仅仅是浅显的"拿来主义"，没有深究隐藏在这些优秀方案设计背后的设计思想以及理性而缜密的逻辑关系。

此次与莫斯科国立建筑学院师生的交流过程中我们了解到，俄罗斯的建筑学教育并不提倡单纯追求形式的方案，而是在一种被需要的条件下去表达适合的形式。在国际上异形、曲线形建筑大行其道的今天，我们能看到俄罗斯学生的很多构思比较朴实，能够按照某一设计理念深入设计，并不刻意追求建筑形式。扎实的建筑基本功，加之对理念实在、深入的设计，依然能够做出好的方案。

可以说，这为我们的建筑学子做了一个很好的榜样。通过这次交流坚定了我们对学生作业过渡形式主义的纠偏想法，注重日常课程设计中培养清晰的逻辑推敲过程。另外，需要让学生明确的是只有扎实处理好建筑的基本问题，掌握对一般建筑问题的处理方法，才能更好地处理形式更为复杂的建筑。

2.3 方向比努力重要——深化国际化建设中的理性选择

严格来说，哈工大建筑学院进行开放式、国际化建设依然处于起步的阶段，必然存在诸如对外交流频繁，形式多样，但对实施效果的掌控性不强等问题。这些问题根源在于我们还缺乏对国际教育环境以及自身情况的深刻了解，导致难以形成清晰的国际交流重点和方向。这已经成为我们下一步深化国际化建设的当务之急。

俄罗斯的建筑教育在近代曾步入世界最先进的行列，他们对自身教育传统有着强烈的自信和执着，加之近些年受国家经济的影响其国际化交流并不活跃，因此，其教学传统特色保持得相当完好。在交流中我们发现他们当前的建筑教育机制和我们几十年前的十分相似，而那时我们的建筑教育完全是向他们学习的。但是这并不说明俄罗斯的建筑教育是停滞的，事实上他们一直在深化着自身的传统与特色。比如，莫斯科国立建筑学院三年级后的教学也结合自身情况吸取了很多国际前沿的知识内容和教学方法。

哈工大建筑学教育起源具有浓重的俄罗斯特色，无论从传统，还是地域，哈工大与俄罗斯在建筑教育、科学研究等方面的交流都具有广阔而有利的空间。与其在教学及科研方面的交流，既能够帮助我们更好地找到自身传统教学特色的深化方向，又能够促进我们在相关核心研究方向的发展。

3 结语

远道而来的俄罗斯师生在短暂的一星期里给我们留下了非常深刻的印象，他们的教学与其他欧美建筑名校有所不同。时至今日，俄罗斯建筑教育的主线依然延续着近百年前的俄式建筑教育理念，根据国际建筑发展与人才需求变化进行慎重的改动，不断深化着自身的优良传统。他们注重学生的基础训练和动手能力，注重学生方案的推导和深入的过程等，这些也是今后我们在教学过程中需要注意的方面。

我们希望今后与莫斯科国立建筑学院进行更广泛、更深入地交流，相信通过两学院的共同努力，一定能够促进两学院相互学习、共同发展，让两校学生从中获利。

参考文献

［1］ 陈颖，刘德明．哈尔滨工业大学早起建筑教育的实践教学．华中建筑．2007（12）．

［2］ Kowaltowski DCCK，Bianchi G，de Paiva VT. Methods that may stimulate creativity and their use in architectural design education［J］. International Journal of Technology and Design Education，2010，20（4）：453-476.

杨　丽　庞　弘　周　婕
武汉大学城市设计学院
Yang Li　Pang Hong　Zhou Jie
Wuhan University School of Urban Design

从女性主义视角看中国建筑教育的变革

On the Changes of Chinese Architecture Education from the Perspective of Feminism

摘　要：西方教育理论中的女性主义思潮，带来了观察建筑教育的新视角。当前中国的建筑教育所经历的变革可以从女性主义教育的角度加以阐释：1. 建筑教育不再以培养个体建筑师的职业技能为最终目标，而是以女性主义教育所推崇的社会整体和谐为终极追求；2. 教学内容不再局限于传统的理工科课程，女性的知识、经验和情感正逐渐进入建筑学的综合学科知识体系；3. 教学中的师生关系从严格上下级的男性等级关系模式向女性文化的平等伙伴关系模式转变；4. 教学评价从忽视性别差异的单一标准向承认性别差异的多元化、人性化标准转变。

关键词：女性主义，建筑教育，变革

Abstract: Western education theories bring new view of feminism for the research on Chinese architecture education. The current changes in the Chinese architecture education can be elucidated from the perspective of Feminism: 1. The goal of architecture education has changed from professional training to social harmony which is promoted by Feminism education. 2. The content of education is no longer restricted to technological courses; the knowledge, experience and sensitivity of women have been integrated into the knowledge system of Architecture. 3. The relationship between teacher and student in Architecture education has changed from patriarchal up-bottom model to the Feminist equal partnership model. 4. The standard of education evaluation has changed from single standard to pluralistic and humanistic standards recognizing gender difference.

Keywords: Feminism, Architecture Education, Change

伴随女性主义（Feminism）的运动浪潮，女性主义教育（Feminist Education）在西方教育领域独树一帜，近年来影响越来越大，逐渐形成了教育理论研究中的一个流派，对于当代思想和教育领域产生了不可估量的影响。女性主义作为教育思潮的重要方向之一，主要指用女性的视角来体验、考察、解决教育问题，包括女性对教育的要求、理解和满足女性思维中的教育问题、女性解放的途径等。从19世纪末到20世纪初期，女性主义以自由主义、个人主义和社会民主为理论根基，在教育方面以消除性别压迫、争取女性受教育的权利为争取目标。20世纪70年代开始以女性主义价值观和方法论审视传统的教育观、教育理论和实践，关注课程内容和教学法中的性别歧视，并进行了较大规模的课程实践。从20世纪80年代末期开始，受到结构主义和解构主义理论的影响，女性主义教育思潮更为关注知识和权利的关系，力图解构父权制或男性的教育观、知识体系和核心概念，以性别视角和分析方法在教育领域掀起了一场革命[1]。

女性主义作为一种世界教育话语，其所具有的极大

作者邮箱：yangley@whu. edu. cn

的批判性，给我们营造了一个全新的思考空间。越来越多的教育实践和研究成果显示，中国当前的建筑教育正在或即将经历一系列深刻的变革。借助女性主义的研究视角，我们可以在世界范围和时代发展的双重坐标下，重新观察和理解这些变革的产生及其意义。

1 教育宗旨的转变

教育宗旨体现国家意志和精英阶层对建筑教育的理解和期望，对教育的培养目标、方向、过程及结果起着决定性的作用。女性主义关爱教育学认为，教育的宗旨应反映人文关怀。关爱教育学家 N・诺丁斯认为，关爱是女性的思维方式及行为方式，“负责照顾（家庭和子女）的一方，要对这些需要关爱的东西负责，对当时当地的情况负责，对可能预见的由她自己和她所关爱的一切所面临的未来负责”；同时关爱也是合理教育的基础，关爱教育学试图建立起一种新的、与女性相联系的价值观，如注重关怀、关系、情感以及面向大众的社会公正。

我国建筑教育的宗旨正经历着一场深刻的变革。20 世纪 80～90 年代，建筑学专业本科教育的培养目标是“对学生进行建筑师基本训练，使其毕业后成为高级工程技术人员”。这一目标在经济建设快速发展的时期有很强的现实意义，在一定程度上解决了专业人才短缺的实际问题。但同时也具有很强的局限性：如果以此目标为教育宗旨，建筑学仅仅停留在艺术与技术相结合的实用性层面，建筑设计成为建筑师个人表现的方式，城市成为明星建筑师炫耀个人技艺的舞台，将导致对建筑师的社会责任认识不足的被动局面。当代社会发展面临生态危机、环境危机、能源危机、恐怖事件、重大灾害等一系列威胁到人类生存的全球性问题，无疑更强化了建筑师的职业责任。

21 世纪以来，女性主义所推崇的社会整体和谐的价值观成为了建筑教育的终极追求。作为专业权威机构的全国高等学校建筑学学科专业指导委员会，在对高等院校建筑学科的教学指导中一方面强调可持续发展和社会整体和谐的价值观，另一方面引导学生在专业技能之外更加关注人格上的成熟和完善。近几年专指委举办的大学生建筑设计竞赛，在主题设置方面就充分反映了这种变化趋势。如，2006 年全国建筑院系大学生建筑设计竞赛以“更新的城市”为主题，引导学生关注“建筑物及人居环境的新旧和谐；邻里关系、结构的延续和发展变化”等城市和社会的整体和谐问题；2008 年 Autodesk Revit 杯全国大学生可持续建筑设计竞赛以“重建精神家园——汶川大地震都江堰纪念馆设计”为题，都充分体现了建筑学教育宗旨从技能培养到人文关怀的转变。

2 教学内容的更新

不论是古典主义的鲍扎体系，还是现代主义的包豪斯体系，传统建筑教育中的女性教育者和受教育者都始终是少数，被公认有所成就的更是极少数。我国在改革开放前建筑界的女性也并不多见，究其原因这与当时建筑学的教学内容以工程技术等理性知识为主有关。在西方正规教育体制中理性一直是备受推崇的智力特征。理性所代表的抽象思维、逻辑推理、独立自主地解决问题显然具有男性特征。女性的智力特征长期被简单地理解为是直觉的、情感的，也是原始的和价值更低的。因此，在教育领域以理性为重要标准的智力竞争中，获胜者往往是男性而不是女性。尤其在工程和技术类学科中，女性一直被认为能力不足[2]。

然而，在女性主义看来，女性在某些学科中表现欠佳的说法，实际由理性话语霸权所建构。女性主义指出，以理性为人类智力的标准，致使女性的智力特征被贴上否定性标签：女性不擅长逻辑思维、女性不拥有充分的推理能力、女性不善于空间想象等。女性主义者认为先前的认识论只关注男性这一社会强势群体的认知模式，制造了所谓的理性知识、科学知识，实则是男性的知识，而女性作为知识创造的另一主体，其体验、认知方式同样应该得到尊重。

女性主义的立场注重体验的分享，认为处于不同的社会位置的人或群体，由于其经历、身份、立场的差异对世界的认识和体验也具有差异性，同样都具有价值。20 世纪 80 年代，简・雅各布斯从观察居住社区的生活场景入手，提出混合功能的城市设计理论，颠覆了 CIAM 在《雅典宪章》上确立的以功能分区为基调的正统城市规划原理，其著作《美国大城市的死与生》成为建筑院校的经典专业书籍，使女性独特的知识、体验和情感成为学科知识体系中新的组成部分。2004 年普利兹克建筑奖获奖者扎哈・哈迪德（Zaha Hadid），着迷于波斯地毯繁复花样，从编织技巧中发展出建筑设计中的盘绕元素和盘旋手法。来自巴塞罗那的女建筑师贝娜蒂塔・塔格利亚布（Benedetta Tagliabue）也把织物编织运用到上海世博会西班牙馆的设计中。女性对生活的细致体验成为创作灵感和设计手法，这一课题在建筑研究中日益受到重视。

当前建筑学的教学内容已经突破了男性文化“功能主义”或“技术理性”的控制，建筑学科中女性文化的感性特征日益增强。主要表现在两个方面：一是引入了社会学、人类学、政治经济学、管理学等社会科学理论，向广义建筑学的综合性学科方向发展；二是建筑创作中充满女性特质的非理性、非线性思维正在成为研究的前沿热点与教学的重要内容。女性主义者坚信，女性的生活经验蕴含着使人生具有深度满足与欣慰感的种种技能和态度。重视女性生活经验的教育价值，不仅有助于教育性别平等的进一步推进，而且有助于男女两性的人格健全。

3 师生关系的变化

古典主义学院派的建筑教育，对于审美有一套严格约定的法则，教师对基本功的训练强调重复，学生只是机械地接受。现代主义的建筑教育将教学重点放在工程技术类知识的传授上，但在教学方式上与原有模式一脉相承，基本上都以“填鸭式”为主，师生关系类似于男权社会中的上下级等级关系。

女性主义认为知识是多元的、异质的，获得知识的途径也是多元的，因而她们强调对现象的多元化的理解。多元化的知识观消解了科学知识的权威性，不同类型的知识之间是平等的关系。女性主义者认为应当改变传统教学中以教师为中心的课堂模式，在课堂上建立民主、平等的师生关系，让“填鸭式”的教学过程转化为师生共同学习的过程。课堂上的权力结构不应是教师领导和控制学生的关系，而在于师生能量的聚集，能力和潜力的培养和发挥[3]。女性主义把反对权威、强调平等、强调学生在教学中的地位等作为教学原则，该原则指出知识并不是固定不变的，而应与经验相结合。教学不是固有过程的重复，对每一个学生而言师生关系和学习过程都是独一无二的。

信息时代，知识传播的广泛和迅速，使教师不再具有“闻道有先”的优势，从而也改变了“传道、授业、解惑”的师生关系。学习成为个人化的行为，对学院特定准备的知识的依赖性减少教学方式逐渐从教师上课辅导转向学生从不同渠道自学，并要自己设计自己的知识结构[4]。20世纪末开始，我国建筑教育界引入了以美国为代表的建筑学开放式教学体系，打破了传统封闭的教学模式，传统的师生关系也随之改变。在开放式教学体系中普遍采用“纵向工作室”，超越了传统“班级”的教学单元，由不同年级的学生采取自由报名、自由选择教师和课题的方法，组成设计小组进行学习。教师不再是知识的单一传授者，不同年级的学生可以相互交流、取长补短。我国的建筑学专业采用和发展了这种开放式教学体系，有的院系还将教师研究工作室与教学工作室相联系，采用研讨式教学模式，形成了教师主导、上下互动的教学链[5]。

在开放式教学中，知识并不是完全独立于个体而存在的纯粹客观的事物，而与个体的经验和感受结合起来。开放式的师生关系解构了知识的客观性和权威性，使学生在教学中享有更多的自由、平等和话语权。美国杰出女性主义理论家理安·艾斯勒在《圣杯与剑》中指出，男女关系已开始从以剑为象征的男性统治模式转变为以圣杯为象征的伙伴关系模式，这种伙伴关系模式是一种消除冲突、对抗和权力等男性统治话语、推进爱、温情、友谊等新的文化政治话语的模式。开放式的师生关系正是这种新的女性话语模式的反映。

4 教学评价标准的改变

合理健康的教育评价体系是教育能否健康发展的重要保证。长期以来，我国建筑教育都以专业成绩作为衡量学生优劣的单一标准。这种标准忽视性别差异，看似体现了完全的平等，但实际上是将“男性化”和“男性中心”的知识看成是建筑教育的主要内容，往往渗透了一定程度的性别歧视和性别忽视，对女性而言并不公平。女性主义者认为要从传统的强调男女平等的教育转化到注重性别公平的教育，因为真正体现了性别公平的教育应该承认性别差异，并关注女性不同于男性的特征。因此，女性主义开始把“男女平等”看成是在承认个体独特性的前提下女性与男性的具体的平等，这种平等不是女性进入男性领域、用男性标准来要求女性的权益和衡量女性的解放，而是女性以其自身为标准。

具体到教育领域，教育评价的模式和指标开始向着多元化和人性化的方向发展。新的教育评价标准不仅局限于教师的知识传授量和学生掌握知识的多少这一单一模式，还考虑到学生的性别、经历、个性和情感的差异，关注学生的人格完善、幸福、正直和对美的追求。对教师的评价不仅注重教师在课堂上的教学能力，同时也重视教师是以怎样的精神面貌出现在学生面前以及课堂和教学中，他们/她们是如何促使学生的主体精神和主体能力得到充分发展的。

评价标准的人性化和多元化不仅是女性解放的要求，同时也是建筑学学科发展的迫切需要。过去建筑学毕业生的主要就业方向是建筑设计单位，专业成绩是衡量学生优劣的唯一标准。近年来，建筑学已经走向了广义建筑学的发展阶段，建筑学专业教育也呈现出多元化的倾向。建筑学毕业生的就业途径除了建筑设计单位这一主流之外，已经拓宽到教学、科研、房地产公司、相关政府管理机构等等。可见评价标准的人性化和多元化，不仅是性别公平的体现，也适应了学科拓展的趋势，是两性和谐发展、社会共同进步的需要。

参考文献

[1] 肖巍．西方的女性主义教育思潮．理论与现代化，2006，(06)：91～98.

[2] Faulkner，Wendy，2001，The Technology Question in Feminism：A View from Feminist Technology Studies，in Women's Studies International Forum，24-1. 79～95.

[3] 曾颖，杨昌勇．女性主义对现代教育的批判、重构及启示．天津市教科院学报，2006，(04)：5～7.

[4] 贾倍思．跨校教学在建筑系研究生班设计课程中的应用．时代建筑，2001，(05)：55～56.

[5] 华中理工大学建筑学院．开放式建筑学专业教学改革初探．新建筑，2000，(01)：20～22.

姚　栋
同济大学建筑与城市规划学院
Yao Dong
College of Architecture and Urban Planning, Tongji University

在教学中贯彻“基地出发的设计”
Site-based Design in the Architecture Education

摘　要：基地不仅是建筑实践的开始，也应该是建筑设计出发的起点。由于建筑教育与创作中对基地的忽视，当前的建筑设计造成了城市地域特色丧失的现实。本着建立与基地的联系，发现基地的美，为基地做出贡献的原则，在建筑教育中贯彻“基地出发的设计”有助于共同塑造富有地域特色的建筑与城市。

关键词：基地，地域特色，基地出发的设计，建筑教育

Abstract: As the primary issue during the construction process, site should be the starting point of architecture design. Site was neglected in the traditional classic architecture education and many practices, which may lead to the reality of absence of vernacular architecture in contemporary China. Site-based Design (SBD) has three main principals: bridge the design with the site, discover the beauty of the site, and contribute to the site. The teaching and practices of SBD is essential in the built of architectures and cities with strong vernacular and regional features.

Keywords: Site, Site-based Design, Vernacular Style, Architecture Education

1　由基地出发

任何立足于实践的建筑设计都绕不开基地❶，基地不仅是建造过程的开始，更应该是建筑设计的起点。基地出发的设计是以基地及其周围环境综合要素作为研究对象与设计依据的研究型设计方法，是依托基地开展设计的态度。

不同于工程勘探设计中的“建筑基地”，“基地出发的设计”中探讨的基地是一个扩展的概念。《民用建筑设计通则（GB 50352—2005)》中“术语”所明确规定的，“建筑基地指——根据用地性质和使用权属确定的建筑工程项目的使用场地。”规范确立了建筑设计的操作范围，却遗漏了设计可能影响的范围。因此笔者更愿意将基地视作建筑占据并影响的区域。这个区域绝非仅仅是红线包围的地理边界，而包括其所在的街区、城市乃至更大的自然领域。基地的范围大小因不同的建筑而异，取决于项目本身也取决于建筑师的研究深度。例如马库斯在对纽约911遗址的研究中所提出的，三个层次基地范围“基地、研究区和效应区（Marcuse, 2004)”。

基地的价值正如凯文·林奇在《基地规划（Site Planning)》中所说—“基地规划是整理土地结构并在其间塑造空间的艺术，是联系建筑、工程、景观与城市规划的艺术。❷”凯文·林奇批评了草率对待基地的设计，并指出“这个疏忽是一种危险的错误，因为基地是环境的关键所在。它在生物学、社会学和心理学上所具有的影响远远超过它对造价和技术功能方面较明显的影响。”

作者邮箱：yaodong@tongji. edu. cn

❶ 与建筑实践相对，各种研究建筑自主性的纸上建筑，以及建筑装置往往不确定基地。

❷ 本段中两处摘录均直接翻译自凯文·林奇的著作《Site Planning》英文版，与中文版《总体设计》的翻译有不同。

我们无法忽视中国建筑师为设计富有地域特色的建筑所付出的努力，例如武夷山庄，例如方塔园，又例如菊儿胡同改造。但是与这些贡献相比，大多数当代中国建筑呈现了与基地无关的态度。以建筑师的视角回顾这35年间中国建筑设计的发展，地域特色丧失的原因可能包括：重视在特定类型建筑（如宾馆、公园等）中的探索而忽视了更普遍的建筑类型，强调对标签化形式语言（如大屋顶、斗拱等）的使用而忽略了地域风格的历时性变化，而更加重要的是忽略了基地在建筑城市地域特色塑造中的重要作用。

“橘生淮南则为橘，生于淮北则为枳。”建筑设计的道理也是一样。一旦脱离基地，单纯强调建筑语言的地域特色往往毫无意义。单一的地标（建筑物）或许可以在很多场合成为一座城市形象的抽象代表，却不可能完整反映地域特色。如果我们将这些反映地域特色的建筑物由基地移走，那么它们也就变成了死去的文物。

地域特色不等于单一的建筑风格，而是植根于此时此地，吾土吾民。正如吴良镛教授在《北京宪章》中所指出的“建筑学是地区的产物，建筑形式的意义来源于地区文脉，并解释着地方文脉（吴良镛，2002）”。新建筑可以形成或者破坏一个地域的特色，而关键就是地域的根本——作为建筑设计起点的“基地”。

2 教育中的问题

延续与创造地域特色是建筑学的核心问题，而在建筑设计教育中强化基地教育，并由浅入深地贯彻在全过程中，则是解决问题的关键。

因为忽视基地造成对地域特色的破坏可以溯源到文艺复兴开始的建筑学教育。从帕拉迪奥凌驾于基地之上的完美建筑——“圆厅别墅”，到迪朗以“解析与组合”为方式用类型化方法编撰的建筑学教科书中世界各地被统一地抹去了基地的建筑原型，再有鲍扎的学院派建筑教育中仅仅作为建筑语言从属的基地。现代主义以来许多的大师也在继续着学院派忽视基地的传统。柯布野心勃勃地在“光辉城市”中拆除了大片的巴黎城市，筱原一男刻意重绘没有基地的设计图都是典型的证据❶。

中国的建筑教育从建立之初就受到了学院派的深刻影响，而后秉承苏联体制也是对学院派的另一种坚持。20世纪90年代以来我国的建筑教育并不乏对基地的关注。例如，同济大学在20世纪90年代开始了“以“环境观”建立建筑设计教学新体系”的改革。又例如东南大学在2002年开始建立的以“环境·空间·建构”为核心的低年级教学体系中突出强调“场地/场所”的教学内容。然而整体而言，基地并不是我国建筑学教育的核心内容。现行的教育对于基地的认知存在以下的问题。

基地研究的低年级知识单元化是最为普遍的问题，在大多数院校，基地研究都不是高年级教学中的重点。另外，为了保证形态、功能和法规等知识点的充分训练，设计课程的基地往往经过简化处理，人为地造成了基地可以忽视的暗示。而训练匮乏则是至关重要的缺陷。缺乏明确的研究方法，准确的设计目标，尤其是对应的空间设计手段造成学生中普遍存在“基地研究与设计结果割裂”的现象。

“基地出发的设计”可以被简单地概括为三个层次的内容，即（1）建立与基地的联系，（2）发现基地的美，以及（3）为基地做出贡献。建立与基地的联系不仅仅是对于边界的形态呼应，更是探索环境对基地的要求。因此必须深入地了解基地，从形态、历史、自然、地理甚至人的行为等要素中寻找设计的依据。发现基地的美并非放弃造型的追求，而是通过“借景”实现建筑与基地的双赢，实现如同陶渊明诗句中描述的“采菊东篱下，悠然见南山”所描绘的美好意境。为基地做出贡献是对建筑设计的至高要求。良好设计的建筑物反映了地域的属性，满足了民众的需求，进而为社会做出贡献。贡献的方法并无定式，可以是毕尔巴鄂美术馆那样的为城市注入活力，也可以如圣塞巴斯蒂安音乐厅那样向自然展现的敬意，更可以像金泽美术馆那样将人与环境融为一体。

建筑师的培养是一个漫长的过程，每一项技能都需要通过不断重复完成积累。在学校与实践共同构成的建筑师培育平台上，学校注重方法与研究，而实践则更关注具体工程问题。无论功能、造型、结构、设备、材料、设计组织、工程管理，还是相关法规等内容，几乎都可以通过实践提高；唯有基地，在实践中鲜有进一步提高的机会，甚至随着工程与经济的压力进一步退化。此消彼长之间也就强化了建筑师对基地的忽视，并导致了因为脱离基地而造成的地域特色的集体迷失。

3 课程实践

“基地”的知识教育在同济正受到越来越多的关注，并逐步贯彻在各年级的理论与设计课程中。例如同济大学于2010年开设了面向建筑、规划和景观三个专业的

---

❶ 大师们的很多作品仍有良好的基地关系，但是往往从属于形态之后。

“城市阅读”一年级公共课程。又例如我自 2011 年开设的“城市地图（Meet Your Cities)”高年级英语课程，讲授基地出发设计的历史、方法与研究动态。我也努力尝试在设计课程中贯彻“基地出发的设计”教育。围绕“基地出发的设计”，笔者希望能够量体裁衣，因材施教，将抽象的基地研究转变为具备清晰目标与手段的设计方法。

在同济大学的课程体系中，开始建筑单体设计的二年级是引导学生认同“基地出发的设计”，避免单纯的形式追求是关键阶段。在“大学生活动中心”课程中，笔者利用布置作业的大课详细介绍了三个案例—佩罗的“梨花女大校园中心”、库哈斯的“IIT 校园中心”以及“威尔斯利学院校园中心”。这三个分别位于城市、远郊和自然环境中的案例很好地阐释了“基地出发的设计”的价值和贡献（图 1）。

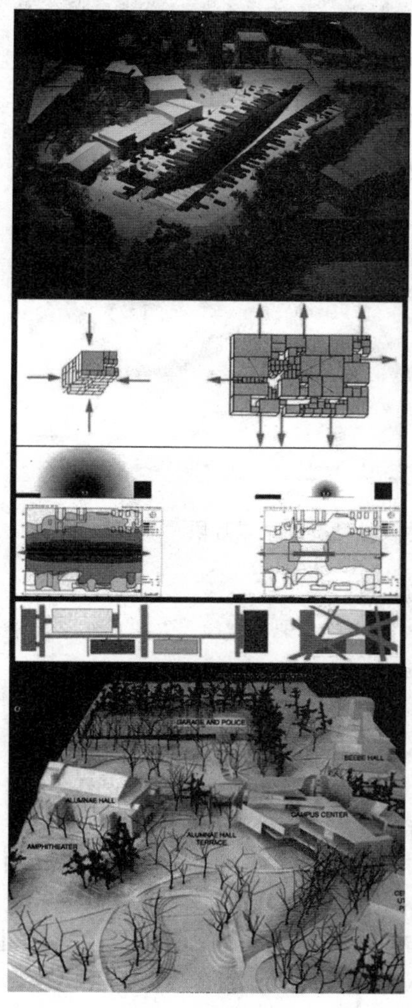

图 1　三个基地出发的设计
（图中自上而下分别为梨花女大、伊利诺伊理工大学与威尔斯利学院校园中心的建筑设计模型与分析图。）

四年级“住区与住宅设计”课程是本科阶段类型建筑中规范最复杂，知识点最难掌握的环节，住区也是最可能忽略基地的类型建筑。因此，对基地选择与过程中基地分析与落实的强调缺一不可。以 2011 年的“提篮桥”基地为例，笔者要求学生将基地调研转变为大范围的实体模型认知，并通过实景拼贴完成推敲。不需要效果图，取而代之以环境模型、实景推敲、手绘意向和大比例实体模型组成的综合成果汇报（图 2）。

图 2　“提篮桥”住区的设计过程
（图中为小组合作的基地模型，个人分别完成的实景合成，个人作业组合的混凝土街区模型以及个人成果的实体模型。）

五年级的毕业设计是本科教育的终点 。在 2012 年，笔者指导的 2 组 12 名学生参加“亚洲垂直都市”国际学生设计竞赛中，把为基地做出贡献作为教学目标。针对韩国首尔龙山基地，我们的学生通过细致的城市调查，深入的历史资料、地理信息搜寻，以及 16 个星期的艰苦设计，交出了“自然的维度”与“柔软的城市”两个方案。两个方案都体现了对基地的尊重，在新加坡汇报时获得了评委的一致好评，后一个方案荣获大赛的第三名。“柔软的城市”方案所提出的历史记忆维护，城市脉络生长，以及复合生态城市空间尺度的基本思路，不仅为首尔的基地提供了城市发展的新视角，对于其他类似的城市开发也有着一定的指导意义（图 3）。

地下地上“空”与建筑讨论叠加

To overlay the vacancy of underground and surface land with architecture discussion

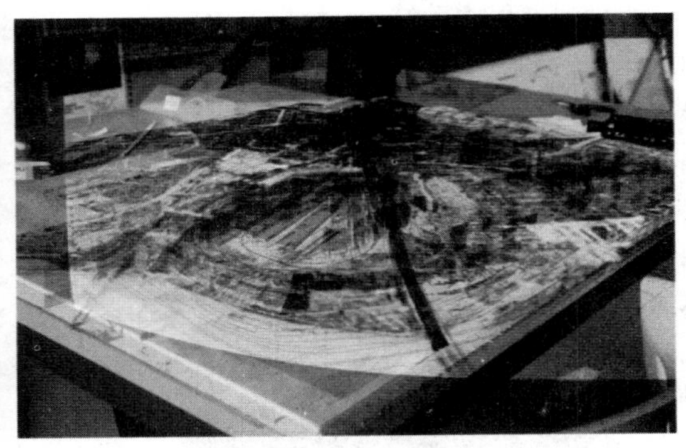

第一次粗糙的关于系统的研究和叠加，但显示了我们的方向。

It was the first time we researched and overlayed the systems,but it enlightened our furture orientation.

Team A

Team B

1946年

现在

图 3　同济参加“2012 亚洲垂直都市”国际学生设计竞赛的纪录片段

4　小结

回顾历史可以发现，当今中国建筑界所面临的地域特色丧失的困境有着如此清晰的原因。面向未来，在建筑学教育中尽快落实并贯彻“基地出发的设计”有着重要的现实意义。

“基地出发的设计”不是科学原理或者公式。基地与建筑实践相互依存，却并非互为因果，与功能、形态也并无矛盾排他关系。尊重基地并不能自然而然地生成伟大的建筑，却可以帮助我们共同维护地域的历史和环境。从基地出发，我们一定可以创造属于中国，又反映每一方水土的建筑环境。

参考文献

[1] 吴良镛．北京宪章［M］．北京：清华大学出版社，2002.

[2] Lynch，Kevin. Site Planning［M］. Cambridge：MIT Press，1984.

[3] 刘东洋．基地呀，基地，你想变成什么？[J]. 武汉：新建筑，2009（8）.

[4] Marcuse，P. Study area，site，and the geographic approach to public action［M］//Burns & Kahn，ed. Site Matters：design concepts，histories and strategies. New York and London：Routledge，2005.

[5] Moneo Rafael. The Murmur of the site［C］// Davidson，Cynthia，eds. Anywehere，New York：Rizzoli，1992：47-55.

叶　露
苏州大学建筑系
Ye Lu
Su Zhou University

基于开放式教育理念的设计课程教学改革
——以二年级综合设计（一）课程为例

Teaching reform of design course based on the concept of open style education
——The course of Integrated Design in second grade as an example

摘　要：在开放式建筑教育的理念和基础课程大平台的背景下，设计基础系列课程承担了教学改革的主要内容，综合设计（一）则是设计基础系列课程的缩影。通过对此课程的教学背景、选题设置、相关理论以及教学方式的分析，文章阐述了本次教学改革的思路、内容及成果意义。

关键词：开放式教育，综合设计，教学改革

Abstract: This series of basic design course assume the main content of teaching reform in the background of the concept of open style architectural education and the basic platform of design courses. The course of integrated design one is the epitome of design basic courses. This article expounds the idea, content and the significance of the teaching reform through the analysis of teaching background, topic setting, related theories and the teaching methods.

Keywords: The Open Style Education, Integrated Design, Teaching Reform

开放的社会文化背景，需要开放的教育观念，在当今飞速发展的中国，建筑教育更加需要以开放的姿态应对瞬息万变的世界。成立于 2005 年的苏州大学建筑与城市环境学院，正是在这样的大背景下，结合自身办学的特点，开展了一系列教学改革，设计基础系列课程便是教改的一项探索。

1　教学背景及教学目标

自 2010 年起，学院对设计基础课程平台进行了教学改革。在传统的教学体系下，建筑学、城市规划和室内设计是有一定关联度又有相对独立知识体系的三个专业，其基础课程也不尽相同，通常出现的问题是学生基础课程知识面过窄，这不仅限制了专业水平的提高，也在一定程度上限制了今后就业的选择口径。在“按大类招生、通识化培养”的开放式高等教育发展理念下，结合自身的招生及学院建设特点，教研组选择了“套餐加自助餐”的教学模式，提出了新的设计课程基础平台的教学方案，其主要内容是对建筑学、城市规划、室内设计等大类，在低年级不分专业，而是进行统一的大平台基础授课。通过统一基础课程的内容，不同分数段且报考不同专业的学生，在一二年级便得到了统一的“套餐式”教育，这种开放的授课模式将各专业的基础部分有机地联系起来，丰富了学生的知识面，为专业课的讲授打下了良好的基础，同时也为学生在高年级自由选择专业方向，选择“自助餐”式的教育，提供了基础平台。

设计基础系列课程正是基于开放式“大平台”理念

作者邮箱：yeluseu@126.com

而为一二年级设置的。为符合开放式教学的要求，教学大纲综合考虑了不同专业方向的基础知识、授课深度和教学要求，将一年级的设计基础课程分为四个部分：第一部分由设计认知、设计语汇、平面形态训练等环节组成，达到使学生初步具有平面形态构成的能力和运用设计语汇进行过程的分析及表达能力的目的；第二部分由平面设计训练、立体形态训练、制图及阴影透视等环节组成，使学生初步具有平面设计与立体形态构成的能力，具备基本的设计知识和表达技能；第三部分为测绘及空间构成，通过实地测量掌握基本的测绘技能，形成尺度概念；第四部分由色彩构成、实物结构建造等环节组成，达到基本具备色彩形态知识的目的，并通过实物建构，加强动手能力，了解建造的基本知识。

二年级基础课称为“综合设计”，而综合设计（一）则是第一个课程设计。其作用主要是对之前四个设计基础课程训练的小综合，同时也在基础训练和后面的综合设计课程之间建立衔接和过渡。本课程由设计认知、设计语汇、内部空间设计、外部小环境设计等环节组成，在进一步理解和熟悉四大构成的基础上，要求学生能够将所学的方法合理的运用到设计的过程中，同时学习并掌握基本的设计处理手法以及标准的制图方法，为今后的设计课程打下基础（图 1）。

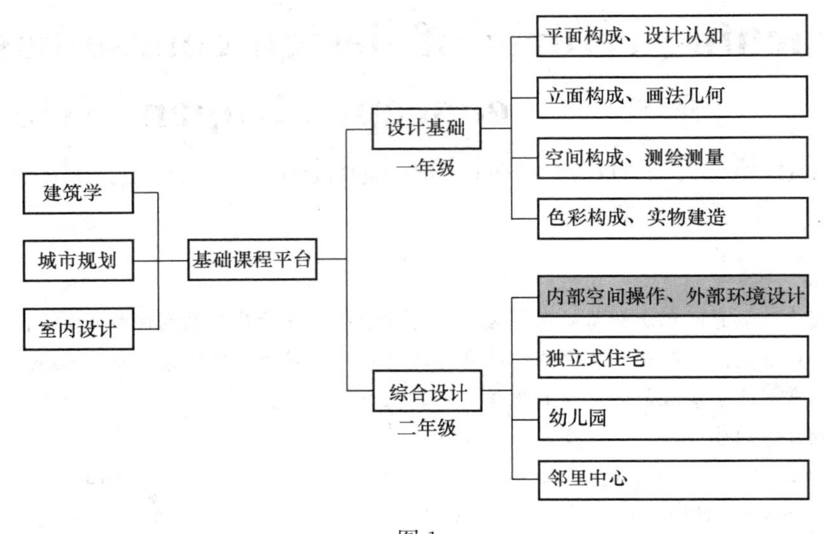

图 1

2 设计题目的构思与理论基础

开放式大平台的授课模式，对于课程的内容、深度、教学要求以及题目本身的设计都提出了很高的要求，为了更好地将多专业的基础知识融合，同时有针对性地进行训练，作为承前启后的过渡，综合设计（一）在选题及课程安排上作了充分的思考。综合设计（一）结合学院自身教学经验，对之前的课程设计进行了小结与反思。之前二年级的第一个课程设计以小别墅、小餐厅等为题，并设置一定的外部环境制约条件，这是较为传统的学院派教学套路。但较为明显的问题是，作为一个新兴的建筑院系，底蕴匪浅，首次课程设计，学生的关注点多、泛、杂，要么被当下某些流行的风格或怪异的造型吸引，要么受地产行业的影响，关注经营和销售问题，要么过于纠结内部功能和使用要求，而对尺度、空间及建构这些基本的建筑知识缺乏概念。为了对上述问题加以改进，更好地承上启下，此次教改重新设计了题目，并将综合设计（一）分为两大部分。

第一部分，内部空间操作，以理解室内空间设计系统的组成，学习室内设计系统的各个要素为主要目的。由于设计基础四中进行了 2×2×2 的空间模型建构（图 2），为了衔接对特定空间尺度的认知训练，综合设计（一）将外部条件剥离到第二部分中，将内部空间尺度限定为 6×6×6，要求学生在详细研究人、家具及内部空间的尺度后，作出合理的空间操作，包括建筑内部及外立面的统一化处理，从而避免了对外形的过度关注；同时，设计条件不对空间的具体功能作限制，以不确定空间及非功能空间作为载体，旨在最大限度地弱化“使用”对建筑空间的影响，让学生真正关注空间、尺度和建构，对限定空间的实体要素（比如，墙、板、柱等）的具体构件进行操作，将各种抽象要素转化为实体，理清各材料和构件在结构或构造层次上的组织、等级关系，表达清楚构件与构件交接部位的建构关系（图 3）。

图 2

图 3

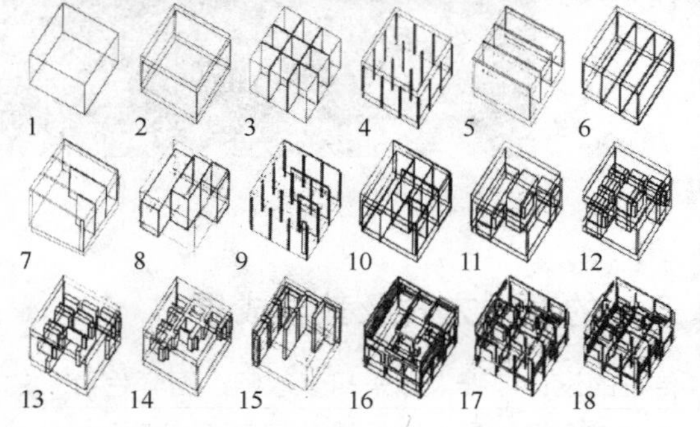

图 4

此题目设计的思想根源，其实来自对建筑自主性的关注。20 世纪 60 年代起，为反对功能主义技术论和社会需求决定论，并将建筑沦为一种服务性的工业，西方建筑界提出建筑学科的自律问题，其核心之一探讨了建筑形式的内在结构和自身的演变规则。这一时期，一些建筑师通过对建筑“原型”或“结构”的推演、转换进行形式创作，其中最有代表性的，包括以类型学为基本方法的意大利新理性主义，荷兰结构主义建筑和“纽约五”中一些建筑师的建筑实践，尤其以埃森曼的“卡纸板”系列住宅为经典（图 4）。这些建筑师的理论和方法与结构主义人类学、语言学等有着密切的关联，结构主义思想以间接或直接的方式被吸纳到建筑领域，并转化为建筑理论和形式操作策略。建筑的自主性原则是对消费社会唯市场论的有力反击，是建筑学自身发展过程中一次深刻的内省，对当今建筑学的教育有着深远的影响。在日益市场化和商业化的中国建筑界，建筑教育应该在基础阶段适度提倡对建筑自主性的关注，增强其理性分析和建立逻辑的能力，更好地提高专业水平，这同时也是与国际教育理念接轨的一种方式，因此对建筑自主性的关注是建筑教育发展过程中的一次思想解放与回归。

第二部分，外部空间环境设计，要求学生掌握人的尺度及基本的行为规律、外部空间尺度、空间形态的基本表现形式，并能够运用各种空间组织的手法设计室外环境空间。题目将地点设置在校园的一处空地，一边临河，一边临路，要求对四个6×6×6的盒子在规定的设计范围内进行自由组合，并对组合后的外部空间进行设计。通过总平面的布置将建筑外部场地的入口引导空间、广场及活动空间、景观绿化等进行合理地划分和空间组织，并且使建筑与其外部空间环境有机地结合在一起。

此题目的设置更多地考虑了环境设计的相关知识融入进来，以芦原义信的《外部空间设计》为理论基础，综合了环境建筑学和行为心理学的相关知识，以建筑单元组合方式以及建筑与环境形成的图底关系为出发点，引导学生正确认识外部空间、场地、景观三者之间的关系，并逐渐建立起建筑与环境一体化设计的基本概念。此题目与第一部分形成了有机地延续，在具体的外部空间操作中，同样强调建筑物与环境的建构关系和逻辑关系，通过训练进一步强化了理性的设计和分析过程(图5)。

图5

3 开放的教学方式及教学成果

传统的设计课程大多采用“教师改图学生听”的模式，由于综合设计是一年级设计基础和二年级综合设计课程的衔接，且考虑二年级学生的教学要求，在综合设计（一）的课堂上，教研组改变了这一传统的教学模式，采用了讨论课的形式，学生以小组为单位，分别介绍自己的想法和设计，其他人可以自由发表个人的意见和看法。这一改变让学生成为课堂的主体，教师则是参与者和倾听者，激发了学生的兴趣和热情，鼓励学生独立思考和判断，以及自由表达自己的想法。这种学生讨论、教师引导的方式取得了较为理想的效果，其主要表现在学生设计思路更加发散，更有想法，并且设计成果的表达也表现出多样性，避免了由于教师少学生多，而出现的思路单一，手法雷同等问题。

在组织开放式讨论课的同时，还采取了“走出去”的教学方式。“走出去”，一方面是指鼓励学生走出教室，走进基地，实地体验和感悟场所精神，感受空间尺度；另一方面是提倡走出教材，将与课程设计相关的重要理论著作列成书单，并结合公共建筑设计原理等理论基础课程，开展广泛的课外阅读。例如本次设计基础五课程的相关书籍就包括：《类型学建筑》、《形式·空间·秩序》《建构文化研究》、《外部空间设计》等。由于我国目前面临着高等教育知识结构滞后，教材内容脱离时代的现实问题，因此为学生列书单，将重要的理论著作和最前沿的成果以课外阅读的形式传授给学生，是一种积极有效的方式，并且这种阅读方式也为学生提供了选择的自由度。

4 结语

苏州大学建筑与城市环境学院是一个年轻而开放的学院，基础课程设计平台的设置，正是基于开放式建筑教育的一种尝试。综合设计则是教学改革中的环节之一，是开放式教学的典型代表，课程题目的设置虽看似简单，却也经过了反复的权衡与考量。教学方式的革新更显大胆而开放，从实际效果和学生的反映看，该课程设计不仅很好地起到了一年级和二年级之间承前启后的作用，也为其他课程的教学改革提供了参考和借鉴。

参考文献

[1] 栗德祥．呼唤开放式建筑教育体制．新建筑，2001.1：17.

[2] 韩冬青．走向整合与开放的建筑教育——东南大学建筑学专业教育改革的思路与举措．

2003 建筑教育国际论坛，2003：149～151.

[3] Kenneth Frampton 王骏阳 译 建构文化研究：论 19 世纪和 20 世纪建筑中的建造诗学 北京：中国建筑工业出版社 2007.

俞　泳　张建龙
同济大学建筑与城市规划学院
Yu Yong　Zhang Jianlong
College of Architecture and Urban Planning, Tongji University

面向创新思维的入门教学
——同济大学建筑设计基础理论课程的开放性
The Introductory Courses for Innovative Thinking
——the Reform of Basic Theory Courses in CAUP of Tongji University

摘　要：开放性教育是培养创造性人才的手段之一。近年来，同济大学建筑设计基础教学在“设计概论”和“建筑概论”课程中，探索开放性教学模式，特邀院外校外艺术家及学院各专业领域带头人，引入“艺术前沿导论”和“建筑前沿导论”模块，引导学生对建筑相关领域发展动态和学院自身研究发展方向，建立广阔的视野。

关键词：创造性，基础教学，建筑概论，设计概论

Abstract: The open education is good for creative thinking. This article will introduce the open reform of Basic Theory Courses in Tongji CAUP. A set of lectures of Art Frontier Introduction and Architecture Frontier Introduction are added into these courses in order to establish a wide view for new students.

Keywords: Creative, Basic Education, Introduction to Architecture, Introduction to Design

1　通识教育与创新思维

培养创新型人才是当前中国大学教育的核心目标。所谓创新思维，是指突破本领域的固有认识、开拓新领域、开创新成果的思维方式。创新思维往往是受到专业领域之外的启发，对专业领域之内的固有观念形成的反思。因此，创新思维的培养，首先需要对专业内外的广阔领域，建立一个全面的视野。

对于新入学的学生而言，由于中国的大学前教育的功利性，学生往往知识结构不够全面，思维方式习惯于寻找标准答案，与创新思维背道而驰。作为建筑设计入门教育，急需对此进行梳理，加强通识教育和跨专业交流。一方面，引导学生了解建筑相关领域的思维模式和发展动态，对本领域形成启发和突破，激发创新思维；另一方面，通过接触不同专业，便于学生各取所需，发现自身兴趣，明确未来学习方向。

2　国际趋势与同济传统

以培养创新思维为目标，强调通识教育和跨专业交流的开放性教学，是全球大学教育的发展趋势。

哈佛设计学院早在 1972 年，就在新落成的学院大楼中，构建开放式的教学空间，取消不同年级和专业的设计教室分隔，以一览无余的梯田式大空间，形成“创意集市”，促进创意的分享和传播；同时学生被要求选修一定比例的外专业学分，并鼓励不同专业学生合作完成课程设计。

麻省理工学院针对大学生需求的研究发现，低年级学生希望接触一个相对多样、广泛的社会构成，而高年

作者邮箱：yuyong@tongji. edu. cn

级学生的社交圈慢慢锁定到较为专业的社会构成。因此，学校提供了很多关于自然科学和工程技术类的介绍性课程，供低年级学生选修。在空间设计上，麻省理工学院用一组“无尽的走廊”系统，把许多不同专业的教学楼彼此连接在一起，走廊两侧采用玻璃隔断，促进学生在穿越途中，了解其他专业的教学情况。

在地球的另一端，澳大利亚墨尔本大学在 2010 年开始进行大刀阔斧的改革，将本科 96 个专业合并成 6 大本科学位，且本科生至少需要选修 1/4 的其他专业拓展课程。本科阶段以基础知识为主，研究生阶段才进入专业教育。这一改革应对当代社会对人才培养标准提出的新要求，被称为“墨尔本模式”。

开放性教学也是同济大学建筑与城市规划学院的传统特色，形成“兼收并蓄、博采众长”的教学理念。早在 1956 年，冯纪忠先生就提出了“放－收－放－收”的“花瓶式”教学模式，主张入门教学的开放性和拓展性。以此为基础，同济大学建筑设计基础教学从 2005 年开始，对基础理论课程进行开放性探索，在入门理论课程中引入“艺术前沿导论”和“建筑前沿导论”两组系列讲座，引导学生思考“世界在发生什么?”、“学科在研究什么?”以及“自己要学习什么?”三个问题。

3 教学目的与课程结构

同济大学一年级建筑设计基础理论课程包括“设计概论”和“建筑概论”两门课程。

第一学期为“设计概论”，配合“设计基础”实践课程同步进行。在此阶段中，学生尚不具备建筑设计专业知识，基本教学思路是通过更宽泛的设计训练，建立建筑设计所需的基本思维和观念。在“设计概论”课程中，增加“艺术前沿导论”模块，邀请院外或校外专家学者讲授，拓展学生对当代艺术历史脉络和发展动态的了解；

第二学期为“建筑概论”，配合“建筑设计基础”实践课程同步进行。在此阶段中，学生在上一阶段所建立的基本思维和观念的基础上，开始进入建筑设计训练。在“建筑概论”课程中，增加“建筑前沿导论”模块，邀请学院各专业领域带头人讲授，拓展学生对学院学科特色和各类专业领域的了解。

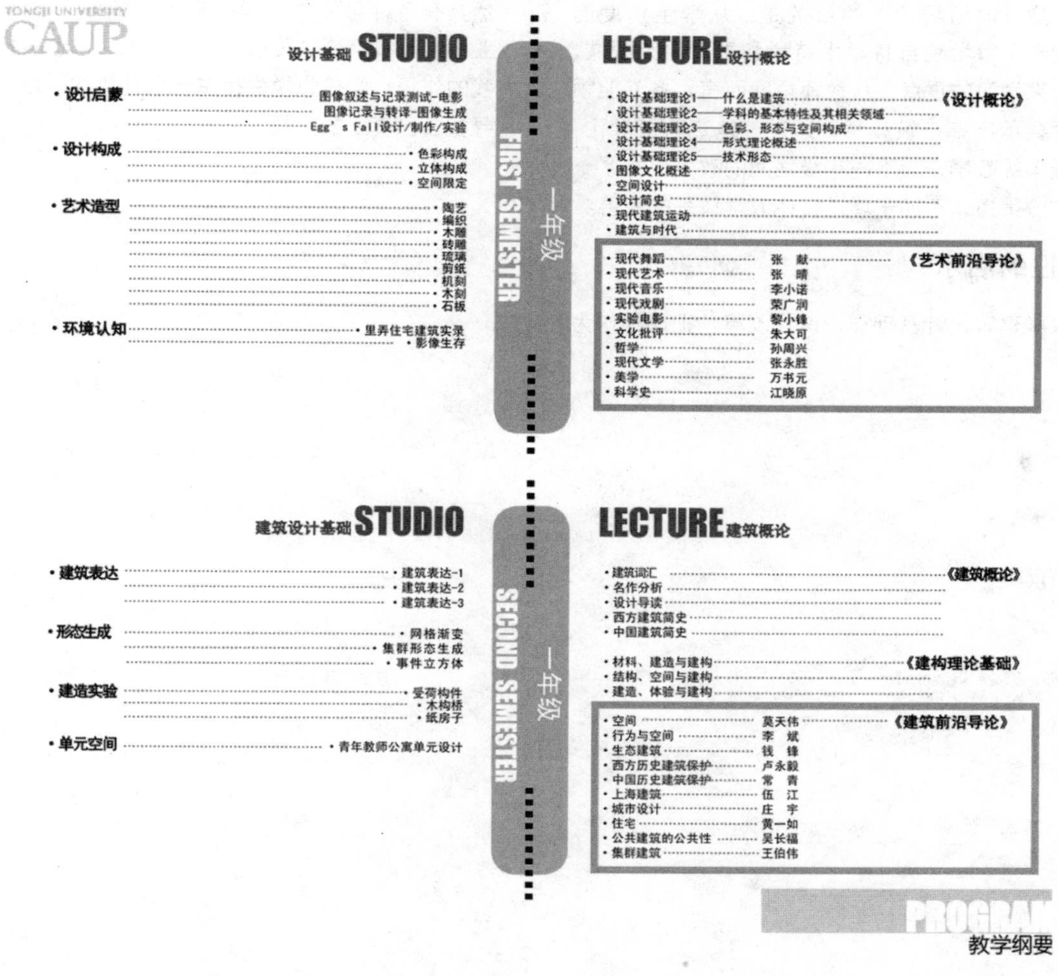

（1）“艺术前沿导论”系列讲座

“艺术前沿导论”邀请院外和校外专家学者，分门别类主要讲述当代艺术观念的历史脉络和发展动态，包括音乐、舞蹈、戏剧、电影、文学、哲学等等。

引入“艺术前沿导论”的目的是：当代建筑设计受当代艺术观念的影响很大，艺术领域的观念革新往往先于建筑领域而发生，因此，了解当代艺术发展动态，是获取建筑设计创新思维的重要源泉。多门类的艺术讲座，为学生打开一扇窗口，引导学生养成对建筑之外的领域持续关注的习惯，并成为伴随终身的一种生活方式。

从实际教学的效果来看，艺术前沿导论中的很多讲座都极具启发性。他们所形成的贡献，可分为两个方面，一方面是分析与创作方法，很多与建筑设计有异曲同工之处；一方面是思想和哲学观念，也是建筑教育所必须的，如批判的眼光、关注社会公平的意识等等。

（2）“建筑前沿导论”系列讲座

“建筑前沿导论”邀请学院各专业领域责任教授，概述建筑设计领域的各类研究方向。

引入“建筑前沿导论”的目的是：从学生角度而言，能够初步了解学院自身学术特色和重点研究领域，思考自身未来学习的重点；从教师角度而言，各专业领域带头人主要承担高年级教学，通过“建筑前沿导论”模块介入低年级教学，为不同年级之间的教学建立了一种开放性交流渠道，有助于增进整体教学体系的完善。

4 开放性的启示

同济大学建筑设计基础理论课程改革，把课程作为一个开放性平台，其开放性体现在两个方面：

（1）讲课教师的开放性：变单一主讲教师为多教师合作讲课模式，主讲教师除承担部分课程内容外，还是课程计划的制定者和教学过程的组织者；讲课教师不限于本院范围，可根据需要邀请院外校外专家学者参与讲课，视每年的教学要求灵活选择；

（2）讲课内容的开放性：讲课内容不再局限于单一课本或教材，而是采用模块化的开放结构，便于拓展讲课内容扩大学生知识面。当然，开放性内容的选择，仍然限定在课程目标的范围内，选择与建筑创作思维方式和学习方式有交集的主题，讲座进程也尽量安排与设计课程同步。

建构主义（Constructivism）学习理论认为，知识不是客观存在的，而是被主观建构出来的。因此，学习不是对知识的重现，而是对知识的建构，是在教师的帮助下由学生自己建构知识的过程。唯此，才能使学生具备创造能力。

上述改革的意义，实际上还不仅仅在于拓展知识面，从建筑教育培养目标角度，学生未来从事的职业仍然具有多种可能性，学生在大学的学习并非是终身职业，学校教育除了传授专业知识以外，也承担着发现自我的作用，学校为学生提供一个开放的平台，帮助他们寻找自己真正的兴趣。

袁朝晖　王维兰　魏春雨
湖南大学建筑学院
Yuan Zhaohui　Wang Weilan　Wei Chunyu
School of Architecture，Hunan University

以问题为导向的研究型教学模式在建筑设计教学中的应用

Application of "Problem-Based Learning" Research Educational Model in Graduation Project

摘　要：以问题为导向的教学模式是教师根据教学的需要设定明确的教学目标和研讨问题，由学生自主地进行研究探索的教学模式。这种模式强调"研究"和"创造"，改变了传统"讲授-接受"教学模式下学生学习动力和能力不足的问题，有利于激发学生的学习热情和积极性，培养学生独立思考和创新能力。本文以建筑学建筑设计课程教学为例，阐述以问题为导向的教学模式在教学环节中的应用，强调以问题为原点、以学生为中心、以小组为模式、以讨论为学习的教学方法。通过设计过程对问题的探究，引导学生在主动获取中掌握设计的思维与方法，任何既定问题的解决不是教学的唯一目标，更重要的是学生在解决方案中所经历的思考过程以及对这一过程的理解与积淀，通过这一教学模式的应用取得了满意教学效果。

关键词：问题为导向，研究型，教学，建筑设计

Abstract: Problem-based Learning research educational model is one of that teachers set clear research objectives and research issues according to the needs of teaching, and students conduct their own research and exploration。This model emphasizes "research" and "creation", changed the lack of learning motivation and capacity caused by the traditional "lecture-accept" teaching model, and help to stimulate students' enthusiasm and motivation and to cultivate independent thinking and innovation ability。This paper presents the application of problem-based Learning educational model in the architectural design, emphasis on issues as teaching materials, student-centered, small groups as a model and discuss as learning。The problem exploration through the design process guide students to grasp the design thinking and methods, any solution to the given problem is not the sole objective of teaching, and more important is that students are experiencing in the solution process of thinking, as well as this an understanding of the process and the accumulation。We obtain satisfactory teaching results through the application of this teaching model。

Keywords: Problem-based Learning, Research Model, Teaching, Architectural Design

建筑设计是建筑学专业本科教育的核心课程，其目的是培养学生综合运用所学知识进行科学研究与工程设计综合训练、培养创新思维与工程实践能力，是对学生的专业知识、创新能力和综合素质的提升。本文在开放教育和创新教育的背景下，对以问题为导向的研究型教学模式在建筑设计教学中运用进行探讨。

作者邮箱：yuanarchitect@163.com

1 以问题为导向的研究型教学模式

以问题为导向（Problem-based learning）的研究型教学模式强调以问题为原点、以学生为中心、以小组为模式、以讨论为学习的教学方法，学习过程一般分为五个阶段（表1）：① 问题的引论（Introduction of a Problem）：教师给学生提供最初的简明且易于关联的目标问题；② 议题架构（Inquiry and Formation of Hypotheses）：教师引导学生解决问题和资料查询，尤其向学生说明如何组织从以下四个方面解决问题的过程：事实、假设、学习议题和行动计划；③自主研究（Self－directed Research）：学生收集数据以及相关信息；④ 假设的论证（Testing of the Hypotheses）：学生反复论证并延伸假设，分享研究的成果；⑤ 评估及结论（Evaluation and Conclusions）：以个人和小组形式进行问题评估和总结解决问题的成功之处[1]。特别指出的是在每个研究阶段，教师要监督问题解决的过程以确保探讨问题方向的正确。

以问题为导向的学习过程　　表1

阶段	过　程	注　释
1	引论：学生正视目标问题	将学生分为3～4个小组，组织概念、想法和明确问题
2	查询：学生展开学习议题	学习议题是学生没有掌握但必须研究的论题。教师向学生说明怎样组织解决问题的简明步骤（如事实、假设、学习议题和行动计划）
3	自导学习：学生收集论证他们假设的数据和其他相关信息	教师引导学生按时以及任务分配
4	假设论证：学生碰头分享他们的信息资料和新发现	通常更多的学习议题未被发掘，需进一步深入研究探讨
5	评估及结论：学生编制或得出有关假设论证的结论	过程继续直到找到解决问题的答案或教师的干预

教师要引导学生选择问题，积极创设研究问题的情境，用不同角度的问题来促使学生“自我设疑”，通过生疑—质疑—解疑的过程进行思考。“疑”是激发思维的线索，使学生产生困惑并产生要求解决问题的强烈愿望。教学过程中，教师应以问题为契机，根据学生的思维过程，设计出难易适中、典型性强，具有探索性、开放性、启发性和对学生具有挑战的问题，使之贯穿于课堂教学始终[2]。

2 建筑设计教学应用研究

以问题为导向（PBL）教学策略的程序：提出问题—论据收集—讨论问题—讲解问题—归纳总结—思维训练。提出问题是铺垫，自学讨论是重点，归纳总结是升华。通过设计过程对问题的探究，引导学生在主动获取中掌握设计的思维与方法，注重学生在解决方案中所经历的思考过程以及对这一过程的理解与积淀。以 三年级“都市九年制义务教育中小学校园规划及单体设计”建筑设计课题为例，阐述此教学模式在该设计教学中的应用。

阶段一 问题提出（Introduction of Problem）

任务书仅提供用地现状及红线、自然班数量、设计目标及成果要求，其他自定。这与学生在之前课程设计中所有指标及功能要求都给定，依限定条件进行设计而不同，学生需对命题进行自主研究，拟出个性化的具体设计指标。从一开始学生就得转换角色主动把精力投入到学习中，进行系列目标问题思考：当前中小学由哪些功能构成？今后中小学会需要怎样的功能？功能怎样进行配置？建造规模如何控制？中小学校园与大学校园的异同？中小学生各自行为心理特征？义务制教育发展背景？义务制教育模式及特征？校园在城市中扮演怎样的角色？等诸多问题。在此阶段创设问题情境，激发学生积极思索和自主探究的欲望，自我扩充课题研究的内容与外延。

教师不给学生直接而具体的设计内容，只提供有关学习情境和线索，引导学生从社会、生活中去发现和确定问题，围绕问题开展研究性学习活动，从而解决问题，获得新的专业知识和设计经验。

阶段二 议题构架（Inquiry and Formation）

设计前期以3～5人小组为单位，课题小组学生根据目标问题，通过资料查询并在教师的引导下进行议题的确立：功能构成的内容及规模；功能配置的必须与筛选；建造规模的容积与生均指标控制；义务制教育的内涵及发展；中小学校园与大学校园在外部环境、尺度及心理上的异同；素质教育及开放教育背景下的教育模式（图1）；中小学生各自行为活动规律、爱好及心理需求（图2）；校园与城市在外部环境、时空及资源共享的对接等议题。

阶段三 自导研究（Self-directed Research）

学生根据各自确定的议题采用多种手段进行资料及

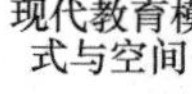

图 1　教育模式与空间的关系

图 2　中小学生行为心理需求

数据的收集：图书馆文献查阅；互联网信息整理；学校现场调研（表 2）；调研沟通及交流信息；建设主管部门的指导意见等多渠道的第一手资料。通过资料反馈信息的汇集，往往会出现相互间的冲突与矛盾，这就需要学生进行自主判断，尽可能花费最小的资源满足社会和物质环境需求。随着问题的不断质疑和深化，学生主动获取知识的动能也逐步加大。

中小学生行为心理调查　　表 2

年级	喜欢活动项目	相应活动空间类型
一、二年	滑梯、单杠、跳皮筋、沙子、爬山、戏水、捉昆虫、跑、跳、涂画	自然性、安全性强的娱乐场所性质的室外互动空间，兼顾小团体活动空间，如活动角；以及领域行空间，如个人享用的储物柜、游戏角
三、四年级	追逐、跳皮筋、扔飞盘、乒乓球、羽毛球、单杠	满足团体活动的场所或接近操场等大场地，走廊要宽，以及自主划分的动态空间

续表

年级	喜欢活动项目	相应活动空间类型
五、六年级	追逐、跳皮筋、连环画、篮球、转陀螺、羽毛球、聊天	思考与交流空间，如树下、角落、楼梯平台、花坛边沿等；以及自由表达空间，如表演场、广场、中庭
七、八、九年级	聊天、追逐、篮球、足球、散步、看书、吃零食	思考与停驻空间，让其有安全感的边沿场所，并鼓励进行各体育和游戏的空间

阶段四 议题论证（Testing）

根据议题的研究形式，学生分别采取以个人和小组的形式进行议题的口头汇报论证，如文献及资料性的相关议题采取个人独立论证，而调研及反馈信息（意见）的相关议题则以 2～3 人小组进行论证（图 3）。

在解决问题的环节中，小组成员间是一个分工协作和知识互补的合作过程，加强学生的团队协作精神。通过口头表述、思辨，学生的动手能力及创造能力得以锻炼和加强，另一方面所有相关资料和信息资源共享，极大丰富学生的专业视野。

阶段五 评估及结论（Evaluation and Conclusions）

阶段成果要求学生制作 PPT 进行汇报，汇报要求简明扼要地阐明基本观点及相关论据，以及探索的基本思路、途径、遇到的困难与解决的方法等（图 4）。对各组汇报存在的问题或内容不清楚之处，教师和其他同学可进行提问，由该小组同学负责解答。对该组报告不足之处，其他组同学也可给予补充，加以完善。学生汇报后，教师适时总结，指出成功与共性不足之处，正确引导对目标问题进行深层次探究。

邀请校方、建设主管职能部门人员、校内外专家模拟现实环境中方案投标场景，各自从目标定位、法规制度、专业评判等方面进行评估考量（表 3）。学生从中学会关注现实社会的真实问题，这既是一个专业实践学习的过程，更是一个社会知识积累的过程。

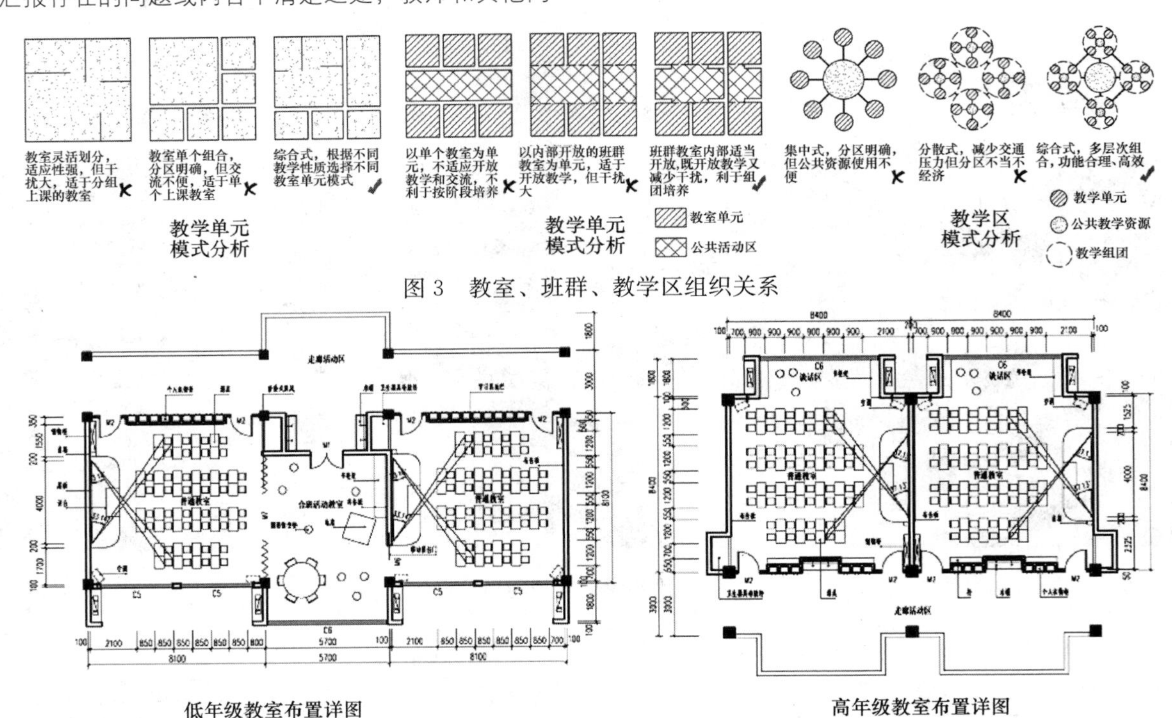

图 3 教室、班群、教学区组织关系

图 4 不同年级教室布置形式

评 量 检 核 表 **表 3**

考核知识点	考核要素	注 释
专业知识理解	议题理解的精确性	在建筑与实务上深入察觉议题之核心点，掌握重点
	议题理解的外延性	在建筑与实务上广泛察觉议题之不同层面，掌握可能性
专业判断分析	专业知识应用深度	专业知识应用之专精程度，采用高深知识内涵判断亦或肤浅直觉判断
	专业知识应用广度	专业知识应用之广泛程度，采用不同知识内涵判断亦或片面敷衍判断
	专业知识综合运用	专业知识应用之整合程度，采用高层次能力判断亦或单一视角判断
	技术实务协调性	知识应用与实务的协调亦或矛盾冲突
应变能力	适切性	方案内容对不同议题的切题性
	变通性	方案内容对不同议题的反应之连贯性
	多样性	方案内容的多元化
目标成果	完成度	方案成果的完整性
	整合度	方案成果各学科专业知识的交叉利用及前沿性
	操作度	方案成果操作的可行性及参考价值

3 总结

本课题是基于以问题为导向学习（PBL）教学模式在建筑设计中的应用研究，旨在促进学生通过问题设置情境化和团队协作的自主学习，获得更高水平的理解能力，掌握基本知识技能和更多适应社会能力，弥补了传统灌输式（chalk and talk）教学法在培养学生能力上的不足：沟通交流及团队协作能力；社会、环境、经济等专业问题的预知能力；综合运用专业知识实践能力[3]。

以问题为导向学习（PBL）教学模式通过在建筑设计中的实证研究，取得了满意的教学效果：一方面充分发挥学生的主体作用，学生不再是消极应对课程设计，而是积极主动地进行思考，按部就班地参与到每一阶段中，在教学过程中通过教师的启发、诱导，依靠学生自身的活动来实现教学目标；另一方面以问题为导向学习（PBL）是一种情境化的学习，培养学生自主学习习惯，融入社会而能自我成长为一名建筑设计执业者所具备扎实的专业知识（to know）、解决问题的设计技巧（to do）和为人之道（to be），包括团队协作精神、职业操守和沟通交流技巧。

以问题为导向学习（PBL）教学模式被当前建筑教育者所忽视，基于建筑知识体系的复合与多元，该教学法在专业教育中显得尤为重要，有助于填补交叉学科间、理论与实务间、科技与人文间、教学环境与就业环境间的知识空隙。

参考文献

[1] Randy I. Anderson，Anthony L. Loviscek and James R. Webb. Problem-based Learning in Real Estate Education. Journal Of Real Estate Practice And Education，2000，Vol. 3，No. 1：35～40.

[2] 张秋芝. 对以问题为导向研究性学习的探析. 牡丹江师范学院学报（哲社版），2006 年，No. 3：100.

[3] Elena Douvlou. Effective Teaching and Learning：Integrating Problem-based Learning in the Teaching of Sustainable Design. CEBE Transactions，2006，Vol. 3：23～ 37.

张　蔚
湖南大学建筑学院
Zhang Wei
Architectural Department of Hunan University

建筑学本科教育中的职业化训练
Professionalism Training in Architectural Undergraduate Education

摘　要： 职业建筑师的起源对建筑教育产生了深远影响，在现代建筑教育之初就形成了以“工匠精神”为主导的“建造体系”建筑教育，并借历史与理论课程提升学生对建筑精神的理解，培养了许多充满理想又有务实精神的建筑师，为世界建筑及建筑文化的发展做出了长远贡献。当今时代，无论是工作室的明星建筑师，或是设计公司里的职业建筑师，所面临的庞大的建造体系已不是传统匠人时代简单的社会生产关系，也不如现代主义建筑初期阶段的那么简单明了。要使优秀建筑方案成为现实，除了建筑师个人的建筑热忱和深厚的艺术修养、高超的设计技巧、对建筑技术的熟练操纵之外，还需面临许多建筑内外诸多管理体系中的问题。所以当代建筑生产程序的变化与发展，又反过来影响建筑教育的方向。建筑历史与理论、建筑技术与操作、建筑业务与管理成了当代建筑教育中职业化培训不可或缺的课程环节。

关键词： 工匠精神，建造体系，建筑理想，建筑精神，职业化训练，建筑技术理解，建筑师业务管理

Abstract: The original of the professional architecture was deeply affected the architectural education. The artisan spirit led the building system architectural education. The huge building system is not the same as the old one in ancient times which the Star architectures in studio and the professional architectures in architectural companies are faced to today, they also are not the same as the one of the original times of the modern architectural time. Who want to realize their architectural plans, they must possess the colligate qualities of the architectural passion, the deeply art-understanding, excellent design prowess, profound understanding of the architectural technology. Except these, they also need to know how to face to the problems of the management. Today, the change of the generative proceeding of the architecture is affecting the architectural education. The History and Theory course, Tectonic and building course and the business management of the architect are the necessary courses in the architectural professional training.

Keywords: artisan spirit, building system, architectural ideal, architectural spirit, professional training, understanding of the architectural technology, business management of the architect

1　职业建筑师的起源及对建筑教育的影响

纵观建筑历史发展过程，最初并没有正规的建筑师体系，从建筑师职业的起源来看，无论中西，无不与“工匠”、“建造”技术与艺术有关，即早期的“工匠”常常身兼数职，既是建筑师又是工程师、工匠，甚至兼为科学家、艺术家。就今天的话而言，当时没有专门的建筑设计师、工程师，也没有专门的施工单位，往往建筑师和工程师、工匠、管理者兼为一身，这自然要求作

作者邮箱：wei. zh@163. com

为工匠的建筑营建者不仅具有浓厚的文化艺术积淀，充满对人、对自然、对建筑艺术的理解，而且要熟谙工程技术的制作法则，并懂得建筑工程的过程管理程序。在当时科技不发达的时代，每事必亲历亲为，如此才能保证建筑作品的贯穿始终。正是这种“工匠精神”呈现了深邃的文化底蕴和精湛的技艺技巧，充满了建筑理想，成就了几千年建筑历史的辉煌。

我们在此梳理建筑师职业的起源，不仅是为明了“建造”职业与建筑师一脉相承的关系，明白古代工匠建造体系对建筑教育起源的引导作用并传承至今的国际化建筑教育体系，更是为警示当代中国建筑教育体系，当以务实精神培养有创意、有胆识，精通技术、善于协调的职业建筑师为己任；同时也提醒当代的职业建筑师和职能体系，应当回归以传统的“工匠精神”来对待身边的每一份工作，以求至善，减少形式的浮夸风、不求实际的工程浪费，以求与传统的“建造道德”寻求呼应和对话，以技能和职业服务于社会。

职业建筑师的历史起源及建筑教育历史的起源 **表1**

时期	建筑教育	建筑师职能	建筑学内容	建筑师性质	影　响
古希腊	师徒制	科学技术专家	城市建设、公共建筑、军事技术、时间和天象观测技术、机械师等	世俗化、非专业分工的建筑师	
古罗马	师徒制	建造房屋；制作日晷；制造机械	三类公共建筑物：防御用的；宗教用的；实用的（港口，剧场，广场，浴场等）	“伟大的建筑师”	
中世纪	师徒制	建筑工匠和总负责人，即“匠师”	修道院和大教堂；城堡和军事设施等	独立职业的建筑师仍不存在	巴黎圣母院的建造者蒙特罗，伦敦西斯敏教堂的建造者耶贝勒
文艺复兴		启蒙艺术家和早期科学家	以城池和公共建筑为中心，建筑与绘画、雕塑并列为艺术的三大门类——造型艺术和机械艺术一体化	建筑师重新从匠师中分离出来成为独立的职业，并恢复了“建筑师”的名称	以达·芬奇、米开朗基罗等为代表的近代建筑师，是区别于工匠与哲学家、神学家的具有神赐天赋的匠人，影响深远
古典主义	艺术学院	法国1671年创立的“皇家科学院”和于1819年建立“国立美术学校”成为综合艺术家的摇篮	房屋加装饰的造型艺术体系——技术与艺术脱节	折衷主义建筑师；手法主义建筑师；艺术家化的建筑师	纯艺术思维的建筑教育影响深远，美国的建筑教育起源于1865年MIT引入以巴黎美术学院为范本的建筑教育，并直接影响了中国建筑教育一个世纪之久
近现代	职业化建筑教育	1890年前后英国建筑联盟（AA，创立于1847年）的职业化演变——职业化培训基地	城市设计、建筑设计、室内设计、景观设计、技术设计等	现代意义的职业建筑师起源	在国际设计教育领域处于领导地位
中国古代	师徒制	以大匠、栋梁为核心工匠的建造体系	建造计划、设计、监管，同时专门制定了控制造价规范，以便政府的预算和成本控制	工匠	宋《营造法式》和清《工部工程做法则例》是这种规范的集大成者，李诚、样式雷等则是工程官员的代表

附：此表参考书目《建筑师职能体系和建造实践》，姜涌著

从这份简单的历史列表，可大致了解在文艺复兴时期及以前的建造活动中，建筑的技术和艺术是完全融为一体的，工匠本身是建筑艺术的集大成者，当时是以师徒制为建筑教育的主要模式，使传统的建造技艺代代相传下来。但中世纪时期受巴洛克思想的影响，建筑艺术成为服务于上层贵族社会的工具，最早成立于法国的“皇家科学院”建筑分院确立了艺术化的建筑和艺术家化的建筑师的风格，强调建筑形式美的追求，将建筑内部空间和外部形式、建筑艺术和技术完全分离，形成折中主义的建筑思潮，成为一大建筑教育门类直接影响了美国和中国的建筑教育，和传统的技术和艺术结合为一的建筑本质相悖而行，导致建筑浮于表现主义而缺失内涵。

英国于 1834 年成立英国建筑师学会，出版了最初的职业道德行为标准，明确规定 R1BA 的任务是“推进（advancement）民间的建筑技术（Architecture），推进与此相关的种种艺术和有关科学知识的获得，并使之普及……”[1] 1847 年成立的 AA 建筑联盟即作为建筑师职业培训的教育机构，并受英国工业革命成果的影响，重新将建筑纳回“建造体系”，并鼓励建筑师的创新思维，直接引导了职业建筑师教育体系的形成，也确立了职业建筑师的职能范围的职责，AA 建筑联盟“经历 160 年风雨磨砺，坚持发挥建筑师的个性，鼓励创新精神，培养出一批批建筑规划、景观设计等领域的顶尖人物，在国际设计教育领域处于领导地位”。[2]

这种教育体系发展至包豪斯建筑学校的建立，更强调对建筑建构的本质追求，这一传统即“制作”（making）的传统，这种体系注重技术工艺的教育，发掘新的材料，认为技术、材料和功用是设计创新的焦点，也是建筑师决策的依据”，它的出现标志着现代主义建筑教育的起源，其实也是回归传统的“工匠精神”最好的反应。

2 国内外建筑设计全程化管理模式对当代建筑教育的新要求

建筑建造发展至当代，已成为规模庞大的社会化职能体系。现今在国际上通行的“全程化设计管理制度”就是传统的“工匠营造”的延伸模式，只是规模更庞大，管理更复杂，面对的人群更多元，对建筑师的要求也更高，折射至建筑教育领域，又有了新的挑战。

国际通行的全程化建筑设计程序可以概括性地分为“策划——设计——施工”三大阶段，一般可以把建筑生产的全过程分为以下几个阶段：企划与计划（Planning）→设计（Design）——包括方案设计，扩初设计，施工图设计→工程招投标（Bidding）→施工（Construction）→运营及维护（Running），国外建筑师的职业服务（Service）不仅仅涵盖了建筑设计（Design）的过程，而且贯穿了整个建筑生产的过程，是建筑解决方案的创造和实施的过程。

在整个建筑生产的过程中，业主付出重金委托建筑师作为业主代理处理一切问题，要在前期阶段充分了解业主意图并为业主做决策，在设计阶段为业主做出最合理最好的方案，在施工阶段要代理业主进行施工管理以控制施工质量和进度，减少成本，并保证设计意图能正确地实现出来。所以建筑师的责任非常重大，需要英明的决断能力、高超智慧的方案设计能力、对建筑技术知识熟练掌握以便很好地配合施工图设计及施工技术管理，同时需要一定经济掌控能力，如图 1 所示。

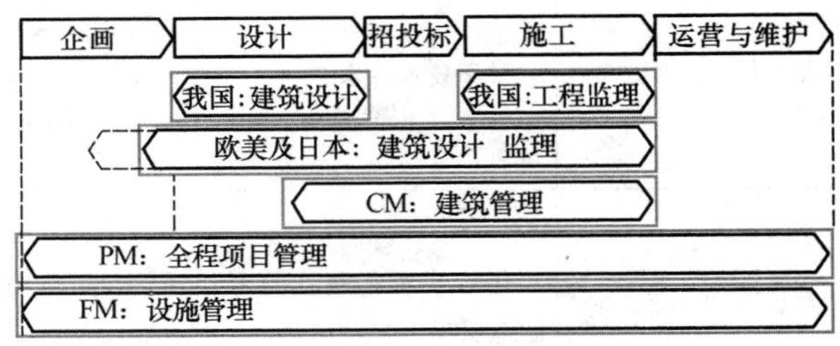

图 1 建筑生产过程中建筑师的职能范围

（图片来源：《建筑师职能体系和建造实践》）

如图 2 可以了解建筑师在设计过程中的协调工作量，可见建筑师从设计前期直至施工阶段，其各方的配

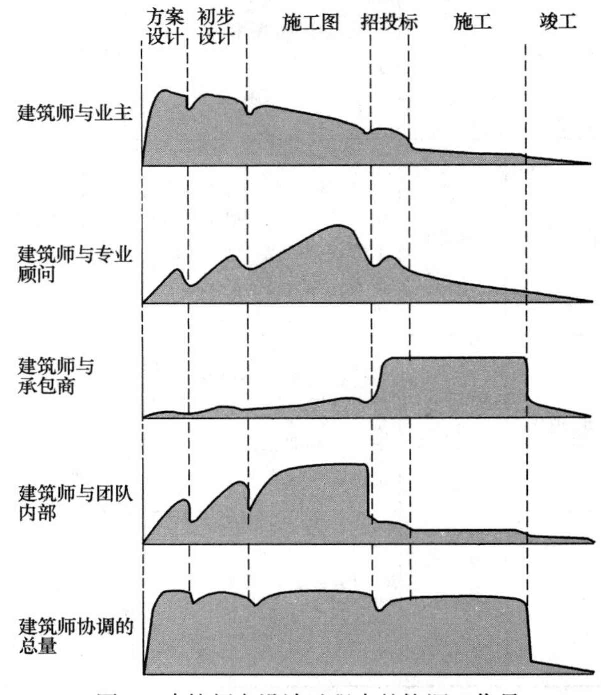

图 2 建筑师在设计过程中的协调工作量

（图片来源：《建筑师职能体系和建造实践》）

合工作量一直是满负荷操作，这决定了做决策的职业建筑师的素质要求：敏锐的观察、感知能力，缜密的逻辑分析能力；深厚的艺术修养，创造性解决方案问题的能力，精湛的技术知识运用能力；在整个阶段都需要建筑师需要有很强的组织协调能力和管理能力等。建筑师在整个过程中是担任着总编导，而不仅仅是明星建筑师的角色。

当今国内外建筑运营体制主要有建筑师工作室和建筑设计公司制，在我国还有国营建筑设计院体制。但无论哪一种体系，都要求建筑师有很高的建筑热忱和深厚的艺术修养、高超的设计技巧、对建筑技术的熟练操纵，同时还需适应甚至熟悉许多建筑内外诸多管理体系中的问题，如此才能保证优秀建筑产品得以落成实现。

从图 3 可看出我国的建筑设计项目的工作量主要涵盖在前期策划阶段和建筑设计阶段，且大量的工作主要是在建筑设计阶段，建筑师的任务基本就是设计、画图，交完图就基本完成了 90% 的工作量，对后期施工管理和监督基本上没有机会也没有能力介入，使很多技术问题不能在施工阶段直接消化吸收，导致技术知识不能灵活利用，建筑师在设计过程中不能很好地与业主、结构、设备等技术工种协调配合，对整个设计进程及施工进程缺乏管理锻炼，这都成为我国建筑师的薄弱环节，也就导致设计质量和设计意图难以执行实现。这也是困扰大部分建筑师最大的问题，所以很多建筑院校的毕业生在进入设计单位后都感很难适应，理想难以实现，时间管理难以控制；甚至很多青年建筑师工作一定年限，经历几次挫折后会转行从事他业。除了自身的问题外，也许这是主要问题所在。

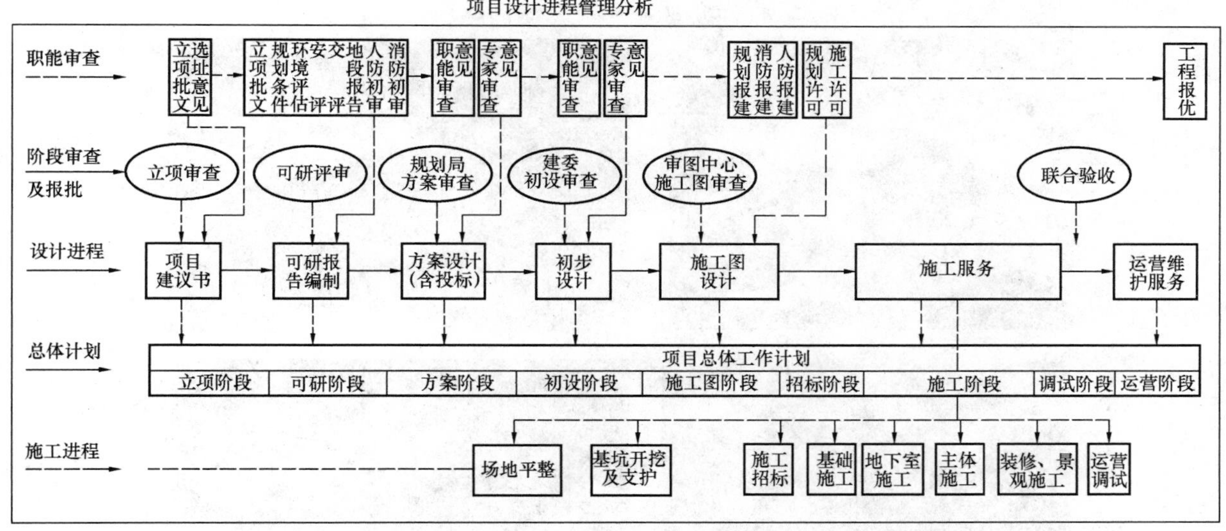

图 3　我国建筑设计项目管理程序

因此建筑教育的职业化训练是为培养有思想、有能力的职业建筑师为目标，而不是仅会画图的绘图员。有理想、有智慧、懂技术、善管理是任何一个优秀人才必备的基本素质，而对于一个优秀职业建筑师而言，艺术素质和历史理论知识的积累、分析能力锻炼、创新思维发展、技术思维培养、综合管理能力训练都是必不可少的素质，也是在进行职业化训练的建筑教育中需要得到学习和实践训练以充分储备的素质和技能。艺术素质和创造性思维需要在启蒙阶段就应培养，而技术和材料知识的积累与掌握则在建筑教育中显得尤为重要。另外，综合管理能力训练在学校里就需有接触了解，在社会实践中才能进一步熟练掌握，目前这一环节在建筑院校中的训练普遍都比较薄弱。

3　国内外建筑教育中的职业化训练

如前所述，建筑教育的职业化训练，应当包括历史与理论知识修养课程、艺术修养培训课程、建构技术设计实践课程和建筑师业务管理等相关课程。

3.1　技术思维培养及实践训练

高等建筑教育的职业化训练中，建构技术知识的掌握和模拟建造运用是很重要的实践教学环节，这在许多高等建筑院校中都得以充分重视和展现。

(1) 英国建筑联盟 AA 的职业化实践训练

英国建筑联盟 AA 的成立就是以职业化建筑教育为主要目标，其教育分四个阶段：

① 三年本科教育：一年级是 First Year，二、三年级称为 Intermediate School，三年本科毕业时拿到 RIBA Part1（皇家建筑师协会的第一级资格认证）。→

② 然后进入设计公司实习一年。这个阶段就是所学知识的实际运用、融汇和了解过程。→

③ 再到 Diploma School（四、五年级）学习，毕业时拿到 RIBA Part2 资格认证。也有人认为在 Diploma School 毕业后就是建筑学硕士了。→

④ 工作满足一定条件后可拿到 RIBA Part3 的资格认证，就相当于注册建筑师。

整个教育体系由 Unit 组成，根据不同导师的研究方向确定课程设置，形成多元化的设计思路和研究方向，鼓励学生的创造性思维，鼓励独立思考，锻炼发现问题和解决问题的能力。除了 Unit 之外，还有：

① Media Study 课程，主要是学习相关的艺术课程，训练艺术家式的思考，是一个有效的艺术培训，这一课程贯穿一、二、三年级，主要为开发学生的艺术性和独创性思维。

② Technical Study 课程，包括结构、构造、光学、材料等方面的研究。此课从一年级就开设，讲最基本的结构概念，直至三年级和五年级，对建筑结构和构造的要求特别高，要求是建筑方案的一部分，是技术支撑，每个方案必须是能实际建造起来的，这是实践训练的重要环节。

③ History and Theory 课程

④ Future Practice 课程，设在五年级，谈到建筑师业务和执业的问题，虽然是纸上谈兵，但为毕业生将来进入社会真正执业打下了理论基础。[3]

图 4 是英国建筑联盟 AA 的实物建造设计作品。

图 4　英国建筑联盟 AA 的实物建造设计作品（2007 年，图片来源：网络资料）

（2）注重“制作”实践的西方高等建筑院校

西方高等建筑院校的建筑教育中注重“制作”传统是始自包豪斯学校，它的宗旨和授课方向是“使艺术和手工艺与工业社会需求相统一”。包豪斯学校一直以对建筑建构的本质追求作为建筑教学的传统，这一传统即“制作”（making）的传统，这种体系“注重技术工艺的教育，发掘新的材料，认为技术、材料和功用是设计创新的焦点，也是建筑师决策的依据”，它的出现标志着现代主义建筑教育的起源。

以瑞士苏黎世联邦高等工业大学为例，其教育在强调建筑师知识及技能传授的基础上，力图打破学科的界限，提倡学科交叉，但依然保持设计的核心地位。

建筑学教程划分为三大板块，其第一大板块即核心板块，就是围绕建筑设计及构造，补充以建筑绘图方面的训练，设计过程包括：对建筑问题从不同侧面进行认识与分析、图解分析结论并提出空间和建造问题的解决途径、绘图表达空间和建造问题的解决方案、发展概念并考虑实际建造的可行性、对方案进行全面评估；ETH 建筑学教育最大的特点是将建筑设计和建筑技术结合进同一个教学板块——设计[4]，这对于建筑设计和技术课程的融合大有裨益，对学生来了解结构、材料、构造知识和建筑空间艺术的关系也非常有益。

（3）国内建筑教育的建构技术研究情形

我国的建筑教育近几年也对建造实践和建构文化研究的越来越重视。香港大学、南京大学、东南大学、同济大学、清华大学、北大建筑学研究中心、湖南大学等学校的建筑学院都设置了相应的建造实践课。湖大建筑学本科三年级开设了建构文化研究课和木构建造课，强调材料、结构、构造细部设计对建筑空间的生成与引导作用，并强调通过对材料的操作制作来了解的结构性能和材料构造做法呈现的表皮肌理效果。通过技术课与设计课联合授课加深对技术理论知识的理解，通过模型制作实践加深对技术知识实际运用的掌握。四年级则开设了大跨空间设计，通过大跨度空间结构的形态来决定建筑的生成，并且结合数字化设计技术探讨新型材料和新型结构的可能性，拓展了结构技术知识领域，使学生面对未来实际工程时不至茫然。图 5、图 6、图 7 是一些建构的设计或模型。

图 5　校园图书信息文化中心表皮细部设计（湖南大学建筑学院 2010 级 黄飞亚 2013. 6）

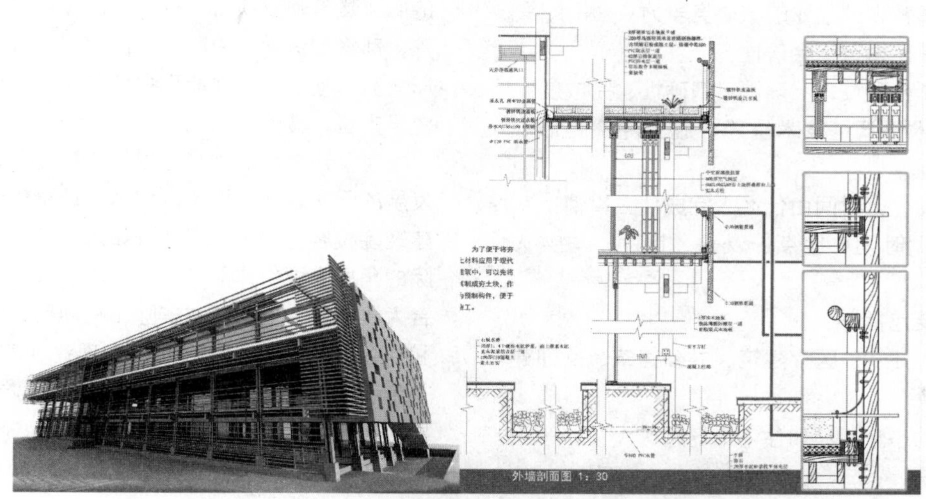

图 6　校园图书信息文化中心表皮细部模型（湖南大学建筑学院 2010 级 张珏 2013. 6）

图 7　学生公寓建构细部设计（湖南大学建筑学院 2006 级 张鹏飞 卿文浩 2009. 4）

3.2 建筑师业务管理能力的训练与了解

在建筑教育的职业化训练中，除了模拟建造课程的设置外，建筑师业务实践和业务管理的课程同样重要。业务实践主要是在生产实习中得以体现，实习是一个很重要的环节，是学生运用理论知识服务于实践的初级阶段，也是熟悉建筑师业务知识和建筑设计程序的重要阶段，也是学生的业务管理能力培养的初级阶段，是学生进入设计院或设计公司工作的重要过渡时期。但往往因为实习时间太短，或设计公司本身管理方面的缘故，学生在实习中达不到预期的锻炼目标，以致学生毕业进入工作岗位后仍然非常茫然无措，失去最好的工作初级阶段的锻炼。

建筑师业务管理理论课是生产实习的前导理论课，主要了解建筑师在设计实际过程中的职能和权利义务。

职业建筑师的管理工作主要包含技术管理和市场管理，技术管理主要包括：

①创新及研发：设计企业的核心竞争力；

②标准及规范的执行：合法性；

③设计质量：合理性、准确性、精确性、完成度；

④专业间技术协调：技术统筹，避免冲突，形成合力；

⑤进度控制：什么时间由什么人完成什么事情；

⑥会议管理：时间、地点、议题、目的、与会人员、纪要。

市场管理主要包括：

①市场分类：住宅、医疗建筑、办公建筑、交通建筑等；

②市场发展动态分析：如住宅市场起伏大；

③客户资料统计；

④市场需求分析：质量要求高、服务态度好……；

⑤客户维护：回头客、树立品牌（CCDI、华东院）；

⑥产品的市场定位：产业链中的位置、创意型、配合型等。

这是某设计企业所制定的业务管理内容，包括了主要的七项管理目标或任务：时间控制、成本控制、质量控制、合同管理、信息管理、危机管理、组织协调。即三控制、三管理、一协调。技术管理主要是在设计过程中各种事情的协调安排，市场管理则是设计单位对市场需求方向的敏锐的观察力和决策能力，决定了一个建筑设计公司、事务所或建筑师本人的发展方向。这些能力的习得并不是在课堂就能获得，但需要在本科阶段就有所了解接触，在社会实践工作锻炼中掌握，并且要不断追求才能熟练。在学习阶段的了解比如平时团队合作时组织协调能力的操练，社会实践调研能力和分析能力锻炼，业务管理理论知识介绍，并邀请设计单位经验丰富的职业建筑师或项目负责人来课堂向学生们现身说法等等，都将加深学生的印象，使他们对自己将来的建筑师职业有清晰了解，并能根据自身情况对自己的职业取向较早定位，减少茫然期。

为了让高年级本科生尽早接触社会，了解建筑业务发展的程序，一方面可以聘请设计单位资深的建筑师到建筑院校客座授课，评图（如图8所示）或讲座，从实际的角度来评价作品；另一方面也可和设计单位进行联合人才培养，借助参与实际工程项目设计，使学生更快和社会实践接轨，并可使学科理论在实践中运用消化，并带动社会实践，甚至一定程度地影响实践发展方向。再次回归现代主义初期的模式——理论引导实践发展，同时实践工程检验理论动态，使学校教育和社会实际需要达致平衡。

图8 湖南省建筑设计院建筑师在四年级“建筑师业务”课程中与学生进行座谈，并对“医院建筑可行性研究报告”进行中期讲评（2013.6）

参考书目

[1] 姜涌．建筑师职能体系和建造实践．清华大学出版社，2005.

[2] 刘延川．在AA学建筑．中国电力出版社，2012.

[3] 刘延川．在AA学建筑．中国电力出版社，2012.

[4] 姜涌，包洁，王丽娜．建造设计——材料．连接．表现：清华大学建造实验．中国建筑工业出版社，2009.

信息多元化背景下的建筑学本科教学

陈惠芳[1] 张一兵[2] 张永伟[3]
1、2中国矿业大学 3江苏师范大学
Chen Huifang[1] Zhang Yibing[2] Zhang Yongwei[3]
1、2China university of mining technology 3Jiangsu normal university

动静相宜
——信息社会背景下的建筑学本科教学探析❶

Dynamic and Static is Suitable
——The Analysis of Architecture Undergraduate Course Teaching Under The Background of Information Society

摘　要：通过阐释信息社会对高校教学带来的新挑战及教学中出现的问题，本文探讨了其背后的深层次原因，并试以建筑设计课程教学改革案例进行研究，得出建筑学本科教学要动静相宜——既夯实基础，又多元拓展，方能应对信息社会对教学的新要求。

关键词：信息社会，建筑学，教学

Abstract: Through interpreting the new challenges and the problems in colleges teaching that brought by the information society, this article explores the deep reason behind it, and tries to study the teaching reform case of the architectural design course, reaches a conclusion that dynamic and static is suitable in architecture undergraduate course teaching , not only solid foundation, but also diversified development, in order to cope with new requirements for teaching in information society.

Keywords: Information Society, Architecture, Teaching

1　信息社会带来的新挑战

1.1　信息的易得性使学生自学能力提升

毋庸置疑，当前我们所处的世界是一个高度开放的、信息多元的社会，其中互联网的应用更是使我们仿佛搭上了信息高速列车。而随着智能手机、便携电脑在学生中的普及，互联网在教育中发挥的影响力也越来越大。比如，美国艾柏林基督教大学（ACU）2008年提出了一个“one iPhone per student”项目，为每个入校的学生配备了一台iPhone，该大学在过去三年之中一直在追踪研究移动设备对学生学习的影响，2011年该大学的iPad研究显示那些使用iPad的学生在考试的时候成绩要比没使用过的高25%。另据报道，美国俄克拉荷马州立大学、俄勒冈州的乔治福克斯大学、加利福尼亚州大学尔湾分校、北卡罗来纳州立大学等一些大学都在2010年秋季学期采用iPad进行教学。学生需要什么资料，无论置身何处只需轻点屏幕即有海量信息供他们选择。这一切，大大提高了学生的学习效率、学习兴趣和自学能力，拥有较强自学能力的学生对教师的教学也必然带来了新挑战，这促使我们的教学内容、教学方式都要有所转变以与信息时代相适应。

1.2　信息的多元化使学生知识取向多元

自古以来，建筑学作为一门与自然、社会、人文、

作者邮箱：hfzlk@126.com

❶ 本文系2012年度中国矿业大学教改课题“建筑学专业2012版培养方案中高年级建筑设计教学体系改革”的研究成果

艺术等诸多学科相关的交叉学科，其知识体系本就纷繁庞杂，而当前，来自自然科学和社会科学领域的飞速发展与变化不断给建筑学科扩充新知识并带来新挑战。信息的多元化使得学生在学习知识的过程中，常常根据自己的兴趣点有所侧重，表现在对知识的取向上会对某一类，或几类信息大量关注与搜集并作进一步思考，这样每个学生所掌握的知识也日趋多元。对建筑设计来讲，其设计的起点立意也更加多元。因为：立意从何而来？从开始塑造建筑，脑子里会很快的闪现出许多你曾经看过的，浏览过的，想到的方方面面；与现状相匹配，对基地的调研，与环境风格的匹配等等；有的资料被淘汰，有的价值被认识到，对它们进行剖析，立意开始慢慢形成了。由此可见，立意不是无源之水，它决定于人脑在认知上可以把握的范围，这一范围可以包括学生对“任务”和“建筑”的哲学、社会学、技术和审美等等的把握与表现。而上述这些正是学生从所有的知识范围，以及生活中的点点滴滴中获得的，为自己所理解的知识结构——既包括直接知识又包括间接知识。所以，立意来源于知识，知识结构的多元差异直接导致了设计者对设计立意的多元差异。而立意作为设计之初关键的一步，很大程度上决定了整个设计的成败与否。而真正的好的创意，绝不会只来自于设计研究本身的启发，而更多可能的来自于相关的艺术和人文领域给予的灵感设计。这样一来，这个信息多元化的时代，对建筑学教师的要求更高了，必须努力扩充自己的知识储备，拓宽自己的眼界，与时俱进，方能在指导学生的过程中帮助学生去芜存真；另外，对于新鲜的知识，要本着“生不必不如师”的态度，与学生一起学习，共同进步，真正实现教学相长。

2　高校教学中出现的问题

2.1　翘课愈演愈烈

近几年来，高校学生翘课现象在各校司空见惯，也不仅囿于我国，2009 年日本一所大学就免费发给学生 iPhone 手机只为查考勤，该方法确实能督促学生走入课堂，但是并无法保证这些坐到课堂里的学生真的能专心听讲。建筑学教学中，学生直接翘课或课上睡觉神游的情况也屡见不鲜，据了解：一些课时周期颇长的，如城市规划原理等专业理论课程，上座率最高的竟是结课考试前最后的一次划重点的答疑课，而最受学生重视的建筑设计课的出席率也与年级的增长成反比。

为何我们的课堂教学失去了吸引力？究其因，一方面是学生受到整个社会环境，如普遍的社会浮躁心态、急功近利思想和享乐主义等不良习气影响，没有形成正确的人生观、社会价值观；另一方面，高校的授课内容在对真理追求、科学精神及人文关怀等方面的缺失，以及教学方式上的照本宣科，使得学生出于对现实教育的失望，再加上受到网络海量信息的吸引而远离课堂。正如电影“蒙娜丽莎的微笑”里开始的一个情节，朱莉亚·罗伯茨饰演的凯瑟琳·沃森老师来到卫斯理女子学院教授艺术史，第一堂课就遭遇了滑铁卢，她每放一张幻灯片，不等她开口，事先都认真预习过教材的学生们轮流抢着介绍幻灯所放内容，直到最后学生们一句“老师，如果你实在没有什么可教我们的，那我们可以去自学”，然后纷纷离开，留下空荡荡的教室和瞠目结舌的老师。当然，这可以理解为一次极端案例，因为我们社会的尊师传统暂时会保护我们免于出现这种尴尬境况，我们的学生鲜有用这种方式在课堂上向老师发起挑战的，只是他们选择了另一种非暴力的不合作方式——翘课。

2.2　抄袭防不胜防

一首 2002 年某高校建筑系学生写的双截棍之建筑学版歌词曾流传于网络：

双截棍 之建筑学 版

。。。
所谓雕塑感我习惯从小就捏过米饭
什么学生设计竞赛我都抄得有模有样
什么大师最喜欢贝聿铭 为国争光
。。。
怎么改怎么改
先擦掉室外平台
。。。
怎么改怎么改
这样设计要淘汰
我们中国要怪才
他总不来
一条任意弧线
一张旧习惯新概念
一种激动我的思想在浮现
一个灵感一张我脑中的画面
一放好多年 它一直在天边
。。。
哈，
快使用CAD 哼哼哈兮
快使用CAD 哼哼哈兮
再来张小透视 百里挑一
我想用粗6B 大师手笔
快使用CAD 哼哼哈兮
快使用CAD 哼哼哈兮
搞定了去休息 连夜星际
把画图当游戏 天下第一
。。。
快使用CAD——哼！
我用才华进取——哼！
漂亮的大楼梯……

歌词中唱到："什么学生设计竞赛 我都抄得有模有样"——确实，现在令高校倍感头疼的是对学生的作业成果是否抄袭越来越难以掌控。而就在十几年前，互联网还未普及时，教师与学生获取信息的平台并不平等，很多学校的图书馆还单设教师图书馆——里面有最新的专业书籍和价格不菲的外国期刊，只有教师享有借阅的特权，学生图书馆的资料相对老旧，教师跟学生相比既有先几年入门的专业经验又有占有最新信息方面的优先权。所以，学生在有限的几本教学参考书里一抄即被发现。但现在情况完全不同了，随着互联网的普及，教师与学生获得信息的平台是平等的，而大部分教师因为工作家庭诸事缠身，反而不如学生有足够的时间在网际遨游，这就导致了有时学生已获取了一些新鲜知识，而时间与精力相对有限的教师还不晓得，也就出现了某次评图时给的那份优秀作业在过一段时间之后忽然发现竟是一份抄袭作业。不得已，近年来高校普遍在毕业设计阶段启动电脑软件进行毕业论文的查重，以防止学生抄袭。但是上有政策下有对策，防查重的秘籍也跟着出来了。每份作业的背后都是来自互联网的海量资讯，教师就是手眼通天也难免疏漏——一不留神，那份优秀作业极有可能是抄袭所得。尤其对一些老生常谈的题目，可供参考或抄袭的资料更是汗牛充栋。

3 建筑学本科教学如何应对？

其实，上述高校教学中出现的问题都只是表象，固然有社会不良风气影响，从本质上来讲是反映了我们教学内容、教学方法与信息化社会不相匹配且滞后。因为在信息时代，网络储备就好比大百科全书，需要的信息可随手拈来，学生不再需要死记硬背去记住知识，在实际运用中掌握常用的知识即可。课堂上教师仍然沿袭以往按照教材照本宣科的灌输知识方式已广受质疑，更毋庸说教材出版本身有滞后性。另外，对教师布置的一些平庸的作业题目，由于已有大量参考答案，学生往往就图省事以少费脑筋的抄袭来应对。

我们不禁自问，信息时代的学生到底需要学什么？应该学：面对信息海洋，具有选择、追踪、思辨、掌握前沿信息的能力；面对现实世界，具有发现问题、分析问题、解决实际问题的能力。简单来讲，就是一种研究能力。而这种能力培养，需要教师提供合适的作业题目，以及相互交流、提高的平台来实现。

3.1 问题导向的专题题目设置

在近两年的建筑设计课教学中，我们对一些设计题目进行了小部分改动，使之更富有挑战性，以激发学生的创造欲。如下两例：

3.1.1 加入专题研究的集合住宅设计

集合住宅设计是四年级的第一个设计题目，一直以来，教学状态都比较正常，但近几年来，出现了较明显的问题。学生普遍对这个作业失去创作兴趣，拿来的方案雷同的居多，最后的成果乏善可陈。究其原因：学生经过三年的专业训练，已掌握一定的设计能力，对于作业要求的做三种不同套型平面和一幢单元式住宅楼，相对于以往做过的功能造型复杂的公建觉得相对简单，而相关的参考资料如楼书、网上比比皆是，学生经过一番比较选择，download 一下拿来应付教师，住宅设计被简化成住宅选型。

我们针对最近的这次住宅设计进行了一次教学改革，在题目里加入了以问题为导向的专题研究部分，以提高设计难度并减少抄袭。具体做法是，每个教师出一个结合自己研究方向的专题，每个班有两个专题，学生根据自己的兴趣点选择其一。最后本年级这次课程共有八个专题题目供学生选择，如：普适住宅、新生代农民工住宅等，题目大多关注学科前沿及社会热点问题，具有一定的社会价值与意义。在设计过程中，学生表现得比以往更为积极，主动与教师交流的次数多了，由于这方面的研究成果比较有限，学生可参考借鉴的东西也少，因而促使他们开动脑筋，认真踏实的自己动手研究思考解决问题。虽然很多方案都是几易其稿才成型，过程相当"难产"，但最终的成果却是皆大欢喜。大部分学生在教师的指导下经受了一次较为科学的研究方法训练，提高了自己的研究能力，并且不同题目组的同学通过交流，也拓宽了他们的眼界。通过这次教学改革，学生对住宅设计的深度和广度均达到了一定认知水平（图1）。

3.1.2 自选产业的矿区建筑更新设计

这是本学年三年级的最后一个设计题目，题目内容密切结合学校地处徐州的地域特色——煤矿资源城市，及任课教师的相关研究方向：权台煤矿原为徐州矿务集团的主力矿井之一，位于徐州东郊贾汪区境内，始建于1958年，共生产原煤近6000万吨，为国家和江苏经济建设做出了积极贡献。2011年3月，省委省政府决定对权台矿实施关井歇业。三千多名职工下岗分流，矿区建筑多闲置。本案在原有煤矿资源枯竭、产业急需改造升级的背景下，拟以权台矿区职工活动中心为例，从产业结构调整入手，通过对老矿区旧建筑进行更新，来引入新兴产业，增加就业机会，为日益衰败的矿区注入新的生命力，并探询社会、产业、地区、建筑可持续发展之路。该题目要求学生通过对社会环境、场地环境等综合调研分析，选择合理的产业并与“对旧建筑的更新再利用”相结合进行设计。

在这个题目之前，贯穿一、二、三年级所有的设计题目都是由教师指定具体设计内容，比如幼儿园、图书馆、博物馆设计等，学生只需按照任务书的要求入手设计即可。但这次的题目灵活度相当高，因为教师没有指定设计内容，而且增加了难度——要求学生前期必须经过研究比较最终确定选择何种产业实现老矿区复兴？由于所得信息的多元化，学生对产业的选择也是大相径庭，最终的成果可以说是丰富多彩（图2）。

3.2 促进交流的阶段汇报方式

课外，学生们普遍热衷于各种网络交流方式：bbs、blog、微博、qq空间、微信等，反观一些课内情况，则暮气沉沉，交流不积极。从小学、中学教育一路走来的大学生似乎已经习惯于以往课堂填鸭式的教学方式，还不能适应主动积极的课堂交流方式。在建筑设计课程的教学中，我们尝试着在阶段成果提交上做一些改变，以促进学生之间的交流，进一步提高学生的语言表达能力和思辨能力。以往的阶段成果我们采取收草图——批改——总结的方式，课堂上是以教师评讲为主，现在则转变为由学生进行阶段性方案汇报——教师当场点评的方式，课堂上以学生汇报为主，但在不同年级方式上又稍有区别：

（1）对二年级的学生，大部分学生在专业上刚刚入门，有的还没有开窍且不习惯汇报这种方式，就采取一种过渡形式——以学生自愿和教师指定的原则——重点保证优秀案例能在班里得到示范交流，因为身边的例子对后进同学具有明显促进效用；

（2）对三年级的学生，则是全体参与汇报——班级任课教师挨个点评，使每个学生都得到锻炼。因为进入三年级，学生们逐渐习惯了这种汇报形式，而随着设计能力的提高，上手速度加快，因而普遍对汇报采取积极参与的态度。这种方式加强了班级同学之间的横向比较，学生在比较中学习，提高得更快；

（3）对四年级的学生，则从班级扩大到年级之间的交流，采取中期作业展评的方式：把本年级所有草图一起展示⟶学生自由观摩⟶年级全体教师挨个点评。

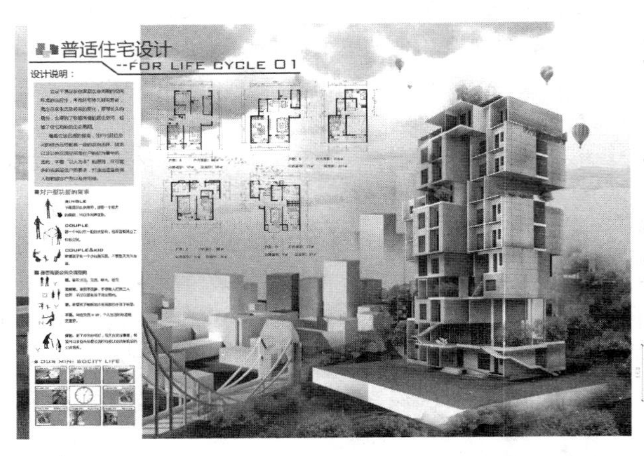

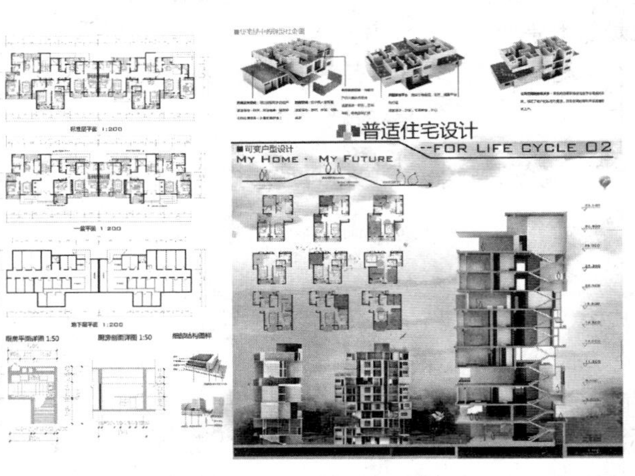

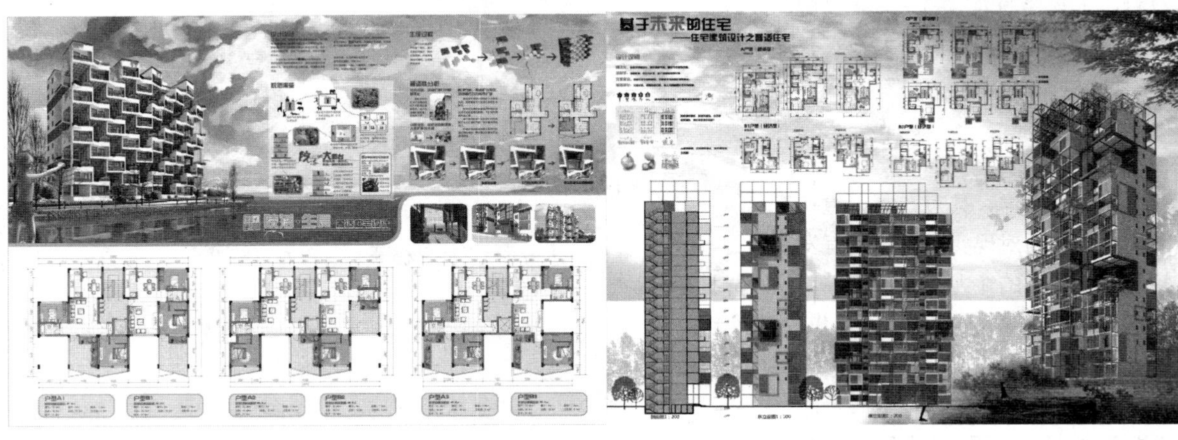

图1 集合住宅学生作品

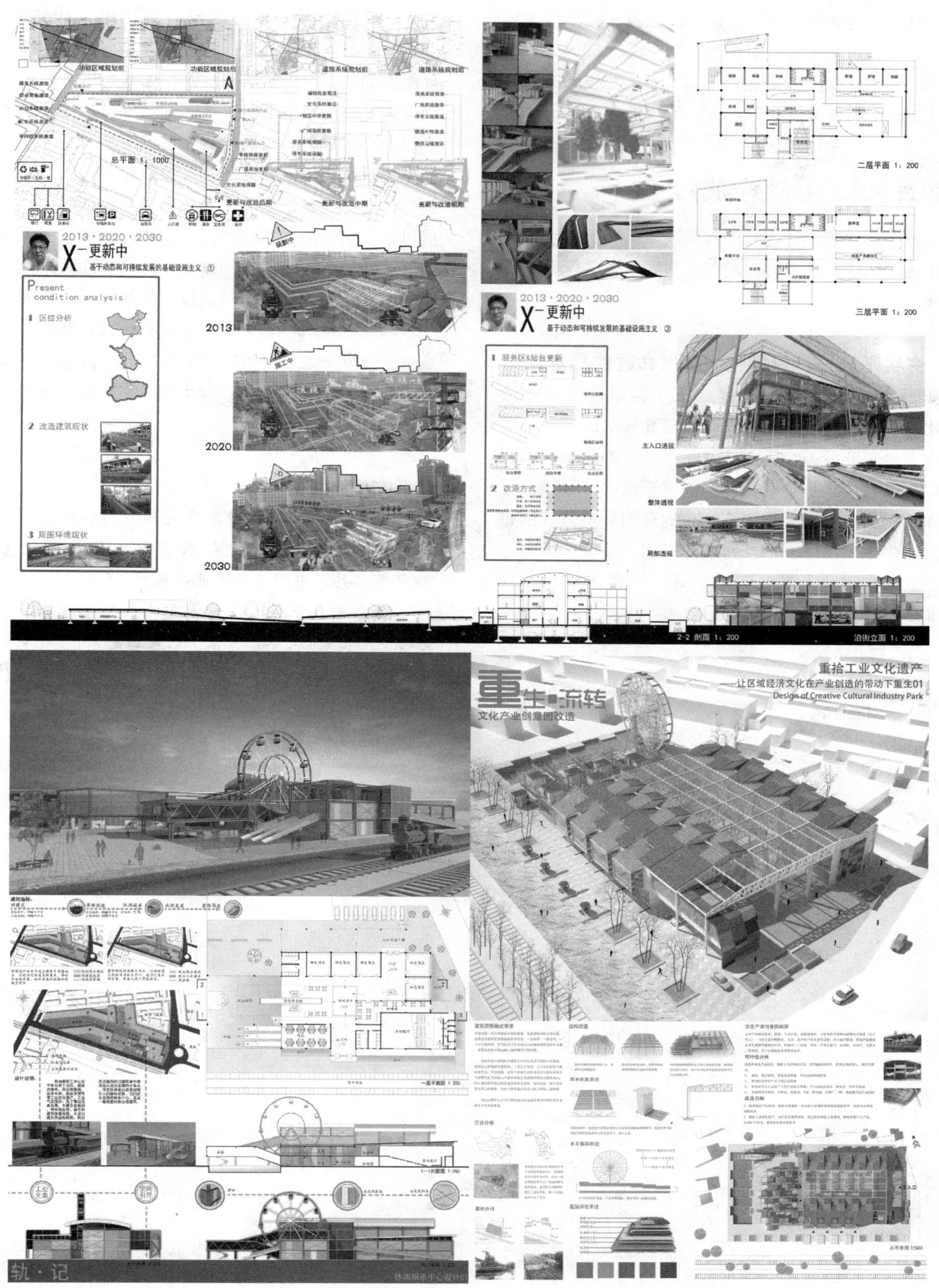

图 2　矿区建筑更新学生作品

这样，通过采取二年级有选择的汇报，三年级全体汇报，四年级全年级展评以及教师当场点评的方式，给学生创造了相互交流提高的平台，促使学生开动脑筋，互相取长补短，提高学生的研究、思辨能力，从而可以面对多元化的信息而不盲从。

4 建筑学本科教学的动静之辨

通过上述建筑设计课程的教学改革，我们逐步摸索出一些经验以应对信息社会的到来对建筑学教学带来的新挑战。

4.1 夯实基础——保证空间环境命题的稳定性

如图 3，空间环境设计是建筑学科研究的核心命题，建筑教育自始至终以培养并且提高学生的空间环境设计能力为主要任务，因而，空间环境作为建筑学本科教学的主体地位不容置疑。我们的建筑设计课程题目设置应保证一部分命题专门训练学生的空间环境设计的稳定性。比如独院住宅、幼儿园、图书馆、活动中心、建筑系馆、博物馆、多层旅馆设计等，题目本身相对静态，命题内容可以小部分变动。

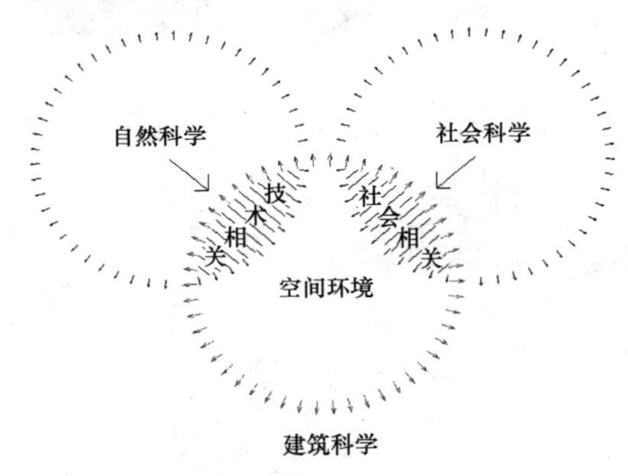

图 3 空间环境是建筑学教学的主体

4.2 多元拓展——适应学生能力的阶段性提升

学生每学年末经过一年来多个课程设计的训练，设计能力都会有一个阶段性提升，尤其到了三年级、四年级，大部分已经打下良好基础的学生，其专业方面的自学能力不容小觑。因而题目要适时增加一定难度，来拓展学生空间环境设计之外的其他技能，达到全面的专业训练，这也是在信息的多元化环境为自学能力强的学生提供一个创作能力检验的出口。比如结合各种竞赛的命题、结合社会热点问题的命题、结合教师研究方向的命题等，其研究内容与题目设置应该是常换常新的。

如此，建筑学教学的内容动静相宜，既保持一定稳定性又融入一定的开放性与灵活性，充分调动学生学习的积极性和创作的热情，便于建筑教育跟上信息社会的发展步伐。

参考文献

[1] 陈惠芳．新时期建筑教育内涵建设与发展模式初探．《2008 全国建筑教育学术研讨会论文集》，2008 年 9 月，中国建筑工业出版社．

[2] 陈惠芳．以三份方案为例探讨建筑教育中立意的多元化．《全球化背景下的地区主义："建筑教育国际会议"论文集》，2003 年 12 月，东南大学出版社．

陈景衡　袁　园
西安建筑科技大学
Chen Jingheng　Yuan Yuan
School of Architecture, Xi'an University of Architecture and Technology

解释与设计
——建筑设计原理的教学内容转型[1]
Interpretation and Design
——The Teaching Content Transition of Course Architectural Design Principles

摘　要：面对当前建筑设计新理念、新工具的冲击，传统建筑设计原理的教学内容依据单一的“空间效能”解释范式难以解释多元的设计现象，失去了原理教学对设计的核心支持作用。作为建筑学教学体系中设计理论的核心课程，围绕建筑设计的思维逻辑进行架构调整与转型，从“绘制”导向转化为“设计”导向，激发学生主动独立思考，以使用、空间、建构三大主题建立解释与设计的建筑理论框架。

关键词：建筑设计原理Ⅰ，设计，建筑解释范式，转型

Abstract: Impacted by the current new concept, new tools of architectural design, the traditional teaching content of Architectural Design Principles, which is based on "space performance" interpretation paradigm, is difficult to explain diverse design phenomena, and losing its supporting role for learning design. As the core design theory curriculum of architecture education system, the structure adjustment and transformation according to architectural design thinking logic, from "drawing" to "designing", stimulating students to think independently, establishing interpretation and design architectural theory framework, are the key transformation of architectural design principles curriculum construction.

Keywords: Architectural Design Principles I, Design, Architectural Interpretation Paradigm, Transition

1　矛盾背景——建筑解释范式的更迭

我国“老八校”建筑教育受“鲍扎”（Ecole des Beaux-Arts，法国巴黎美术学院之谐音）体系、美国学院式教育及苏联模式影响，基本沿袭了“师徒”式教学形式，按照建筑使用类别分类赋形学习设计，现有的建筑教育基础教学以强化“基本功”为理念，专注于“绘意”表达，专业设计课程中设计表达工具仍以草图、渲染、墨线为主导。虽然受现代主义建筑思潮启蒙，“空间、领域、场所”等内容在建筑设计教育中逐渐被广泛认识和强调，成为课程设计中师生讨论方案的核心内容，并且借助三维模型推动设计也逐渐成为广泛认可的方法，但从整体的建筑学教育架构上看，现有的主流教学体系中既没有实践和坚持“名师带高徒”——因循以个人体悟为主的高淘汰率的“鲍扎”式建筑精英教育体制，也并没有围绕建筑“空间”这一核心设计内容进行全面深刻的教学内容体系改变，这就造成了建筑教育中建筑设计与建筑教学内容错位的现实。而从“现代”以后，建筑学研究的“设计意识”更为凸显，建筑效果的

[1] 本文为西安建筑科技大学校级教育改革研究面上项目资助，项目编号JG021102

推动工具更为多元，多样的建筑设计工具发展与建筑设计观念演化不断的相互激发，如建筑数字设计工具的普及，以及数字技术向建造过程的延伸，都开始挑战传统的设计思维流程。从认知建筑设计的角度来梳理，可以简要归纳为以下几类典型的建筑解释范式的交织与变化：

其一为“效用”与“图像”的解释模式，以功能为核心理解建筑的本质，以“问题”推动解释建筑设计，按照使用要求分“类型”，落实功能空间形式，关心建筑“像什么”？

其二为现代建筑“设计”的解释范式，关心建筑设计“创意”、“概念”，强调以模型等工具调动空间观察与思维反馈。

其三为工程建设的经济技术解释范式，其逻辑核心重点在于对“建造”过程的关注，将“效果”推动的重点放在了建造本身，强调设计对建造真实性的掌控。

另外还有新锐设计师实验探索的先锋建筑设计理念，其中比较有影响力的有“景观”、“事件”等解释范式。不同的解释和观察角度引导出不同的设计态度与方法。

随着建筑理论前沿的发展更迭，建筑设计的理解方式正在激烈变化，传统建筑教学内容所提供的“空间效能”单一解释范式，难以对接多元的建筑现象，导致内容错位且低效。因此，正视解释范式的演化，推行并实践非言语的空间认知教育内容，帮助学生形成广博正确的建筑观，是建筑教育改革的核心所在。

2 建筑设计原理内容转型——因循设计逻辑、以理论窗口激发设计创新思维方法

基于上述理解，建筑学设计原理课教学内容的转型重点，在于补充包容不同的设计观，鼓励学生多接触、理解、思考、尝试、比较以掌握推动设计的各种方法，形成良好的设计研究态度与习惯。

建筑学专业“建筑设计原理Ⅰ”作为五年制建筑教育最重要的基础理论课程，旨在依据建筑现象、建筑作品理解建筑的存世方式，也即建筑本质所在及其演化，特别是理解建筑设计方法、建筑观念的理论发展，从而科学地建立建筑观：如何关注建筑、设计的关键是什么、如何评价解析建筑、什么是谬误或者仍存在局限等。简而言之，课程的教育目标是鼓励学生对“建筑是什么”有所思考，这将直接影响学生在设计学习中的逻辑表达以及对建筑对象的期望与目标。“建筑设计原理Ⅰ”授课一般正处于学生形成建筑观，开始独立思考专业问题的启蒙阶段，随着当前数字信息及新媒体的普及，学生时时面对形色各异的海量信息，因而以合适的理论导引激发他们独立且客观的思考尤为重要。要求课程教授内容应成为学习和理解设计的“窗口”。基于此，配合 48 学时的教学节奏，课程内容主体进行如下转型。

2.1 调整讲授逻辑

变知识传达的逻辑为理解建筑与“设计”逻辑来架构教学内容；突出“配合设计思维”这一转型要点，教学内容架构因循“设计”思维的逻辑重新梳理，如图 1 所示。

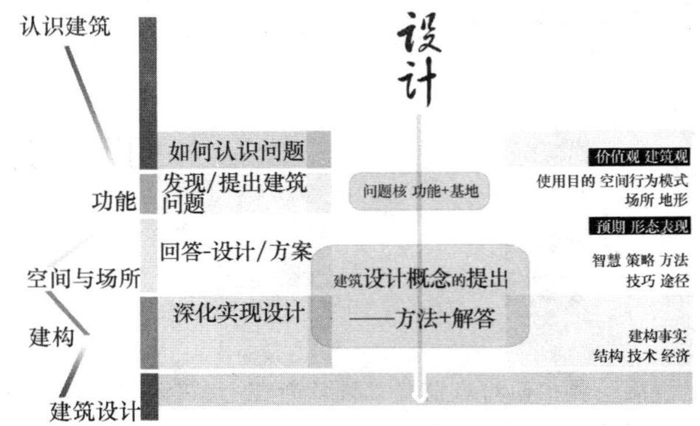

图 1 课程体系架构调整

2.2 分主题切入，讲授建筑设计原理知识

为了使学生能够以不同角度理解优秀的设计作品，熟悉观察和解释建筑的各种方式，启发学生在设计中寻找创意的激发点，建筑设计原理授课内容容纳了不同的建筑设计观念与思维方法。课程具体的讲述内容分为四个主题单元及结语五部分，共设七个章节，如图 2 所示。

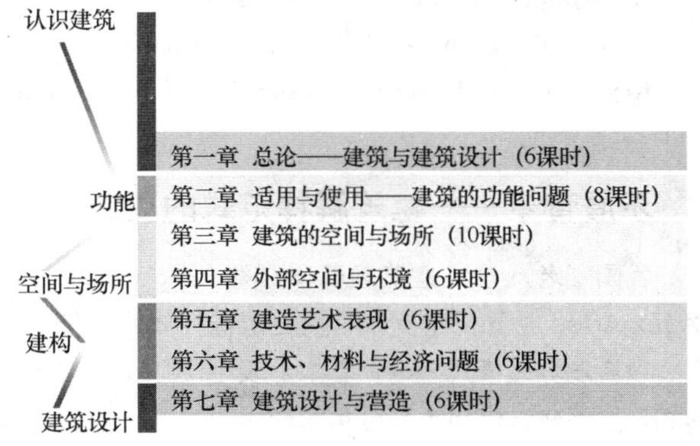

图 2 建筑设计原理课内容安排

图 3 所示是第二章使用与适用在阐释传统“建筑物质功能”观中，“空间效能”解范式下的建筑设计逻辑。斯坦・艾伦、雷姆・库哈斯等建筑师通过对“事件”关

注激发空间生成，可以看作是对功能问题、使用状态延伸的理解。

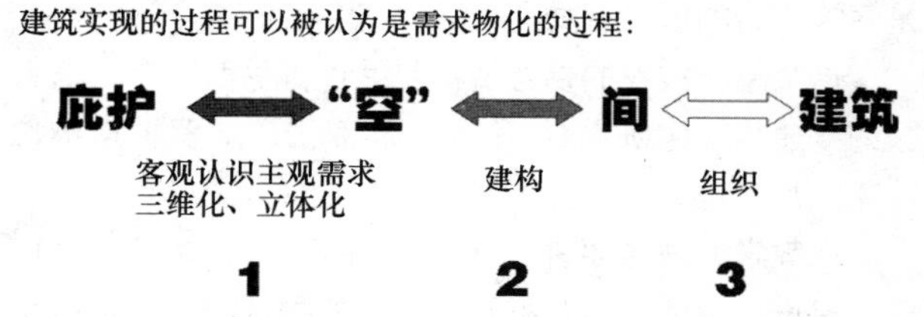

建筑实现的过程可以被认为是需求物化的过程：

庇护 ⟷ “空” ⟷ 间 ⟷ 建筑

客观认识主观需求
三维化、立体化　　建构　　组织

1　　2　　3

图 3　建筑“空间效能”解释范式下的设计逻辑

2.3　保留原来原理课中的建筑通识性内容保留大量的基本知识点，分单元结合主题渗透

2.4　打破单一教材限制，结合单元主题推荐使用参考资料

建筑设计原理课程目前所使用的教材《公共建筑设计原理（第三版）》成稿在 1981 年，最新一次修订（第三版）是在 2005 年，基本上因循了历史版本的文稿架构，内容逻辑与重点以“类型”为基础，以空间效能的解释范式来论述公共建筑设计内容。其中包含有量大、细碎的专业知识点，如尺度、规范、走廊、楼梯、卫生间设计等具体内容。高等学校建筑学专业系列教材《公共建筑设计原理》（刘云月编著，东南大学出版社 2004 年出版），更鲜明地围绕“设计”，在其内容组织上增加了“设计原理”内容——“从方案设计的角度对建筑空间与形式问题、设计原理与方法步骤进行较为系统而全面的归纳和综述”[2]，更进一步关注“如何做建筑”这一问题。建筑设计原理以此二本书作为课程的基本参考书，除此以外，根据主题，每个教学单元为学生推荐 3—6 本参考书。

2.5　教学方法的调整

强调引发学生主动的思考，依据“建筑与设计”、“功能”、“空间与场所”、“建构”等四个主题，以章为节奏提示学生进行思考与讨论。变被动灌输为主动思考。

第一章：建筑是什么？

第二章：功能对设计意味着什么？

第三章：空间在哪里？

第四章：景观和设计在何处关联？

第五章：建筑设计创新如何捕捉形式美与建筑艺术？

第六章：设计是决策么？

其中空间与建构两个单元是课程架构转型的重点。

3　建筑设计原理转型重点建设内容之一——通过“空间”解释建筑

建筑设计的对象——“空间”是使建筑设计区别于其他设计、艺术工作的关键所在，空间作为设计对象，相对抽象，对于学习建筑设计的人而言是一道门槛，也是设计原理课讲授的重点与难点。课程提出设计“人感知到的知觉空间”这一建筑解释范式，链接出尺度、比例、材料、光线、体验过程、领域、场所等建筑设计专业术语与研究对象，从而使学生理解这些相互关联的概念是如何在设计中发挥作用的。并以“空间的限定”、“空间的组织”两个小节配合大量实例讲解、归纳一些常用的形态手法，使学生明晰如何通过实例观察、搜集、提炼，再还原为设计手段。

图 4 所示是空间单元第一小节教学课件的六张幻灯，介绍了第三章的四节内容，以“空间在哪里?”这一思考开始，寻找建筑学研究视野下的空间。

图 4　建筑设计原理第三章空间概念主题课件

不同的空间观察理解方式激发相异的设计方法。课程特别在第四节阐释了以空间表达作为解释评价建筑的主导因素，可以理解一些设计概念所追求创新效果的设计路径——强调在设计流程中的操作感知，通过对实体模型中材料、虚实关系的观察、处理，发现空间创作的机会与趣味。这也是“现代设计”中强调的内容。并将其与“空间效能”这一解释范式的区别提示出来，以启发学生在设计中找到观察和操作空间的个人方法。

关于空间的议论很多，这一部分选择推荐的参考书目包括：布鲁诺·赛维《建筑空间论》、赫曼·赫茨伯格《建筑学教程——设计原理》与《空间与建筑师》、诺伯格·舒尔茨《存在、空间、建筑》、弗兰西斯·D.K·钦《建筑——形式、空间和秩序》、芦原义信《外部空间设计》。主要关注设计思维下的建筑空间问题。

4 建筑设计原理转型重点建设内容之二——理解“建构”，关注实践

建构内容是对原有课程内容的补充，旨在回应技艺、建造事实与技术的建筑解释范式。一方面探至生态节能、经济技术、构造设备等知识性内容，另一方面链接建筑历史传承，地域主义等设计观念，教学上以实例讲解使学生直接感受到建筑建造技艺与细部设计所推动的建筑艺术效果，理解通过移植、改良材料、优化技术是建筑创新的重要方式。

这个单元推荐的参考资料包括：肯尼斯·弗兰姆普顿的《建构文化研究》；伦佐·皮亚诺、卡罗·斯卡帕等建筑师的设计作品。

在教学方法的调整上，考虑中年级学生普遍对施工、建设、设计全程还不熟悉，对建构这一主题进行系统反思难以实现，应以启发引导为主，因此采用比较与辨析的方式讲授。图5为解释建构概念时的讲述逻辑概要——辨析结构、构造、节点、细部这组词汇，以及简要勾勒建构对设计创新的推动作用。通过这种简化与提炼使学生迅速理解设计中建构的内涵与积极作用。

图5 建构专题中对建构概念的解释

参考文献

[1] 顾大庆．中国的“鲍扎”建筑教育之历史沿革——移植、本土化和抵抗．建筑师．2007 第126期．

[2] 刘云月编著．公共建筑设计原理．北京，中国建筑工业出版社，2013．

[3] 西安建筑科技大学建筑学院建筑学专业“建筑设计原理Ⅰ”课程教学大纲．

陈 曦 吕健梅 辛 杨
沈阳建筑大学建筑与规划学院
Chen Xi Lv Jianmei Xin Yang
School of Architecture and Urban Planning，Shenyang Jianzhu University

引入“设计性思维”训练的建筑设计基础课教学实践

The Teaching Practice of Introducing the “Design Thinking” Training in Primary Architectural Design

摘　要： 以沈阳建筑大学建筑设计基础课的教学实践为例，分析了构成类课程重形式训练，缺设计能力培养的情况。针对原有教学中存在的问题，提出引入“设计性”思维、提高设计能力的教学内容和方法，对相应的教学实践进行了总结。

关键词： 设计性思维，设计能力，设计基础，教学改革

Abstract： Analyzing the teaching practice of primary design in Shenyang Jianzhu University. Summing up the existent problems ：to pay more attention on fashioning skill than the design ability development. Then put forward the new teaching method and content ：introducing “design thinking” training in the course to promoting the design ability of students.

Keywords： Design thinking，Design ability，Primary design，Teaching reform

1　问题提出

一直以来设计基础课以构成类训练题目为主，其教学体系源自 20 世纪 80 年代包豪斯《基础课程》（平面、色彩、立体三大内容）教学体系，后经国内工艺美术院校介绍影响到建筑院校。虽然这种简单抽象的要素组合训练方式极大地活跃了设计思维，建立了良好的形象感知力，但其作为建筑专业基础课所存在的问题也是比较明显的。

首先，建筑学其实是一个综合学科，其所关注的内容包含建筑设计及建造了过程的方方面面，而不仅仅限于形式审美构成。而如果过于关注形式内容，则会忽视建筑内部设计的内容，缺乏对建筑整体设计的把控，造成设计脱节。其次，我们在教学实践中发现，一年级基础课程中的构成内容与二年级建筑设计内容衔接不顺畅，学生在一年级基础课程结束后，接触二年级比较完整的设计内容，往往不知从何下手，缺乏全面思考和把握问题的能力。

如果在一年级入门阶段就直接设置建筑设计类的题目，显然违背循序渐进原则，不能很好地起到设计思维能力培养的作用。因而在课程实践中，我们进行了以真实环境为背景的空间认知、实体构成与空间构成的系列性题目的尝试。

2　引入“设计性”思维的教学实践

2.1　培养目标：具有整体观的设计能力培养

一年级的设计基础课程是专业入门课，其实质是一门关于如何观察、理解和设计建筑和环境的基础素质训练。设计的基本素质应该包括观念教育、设计意识的建立、解决问题的能力和造型能力的培养以及各种实用设计技术的学习[1]。在教学环节设置上应与专业特征相结合，有针对性地培养专业能力。

作者邮箱：xixiqch@163.com

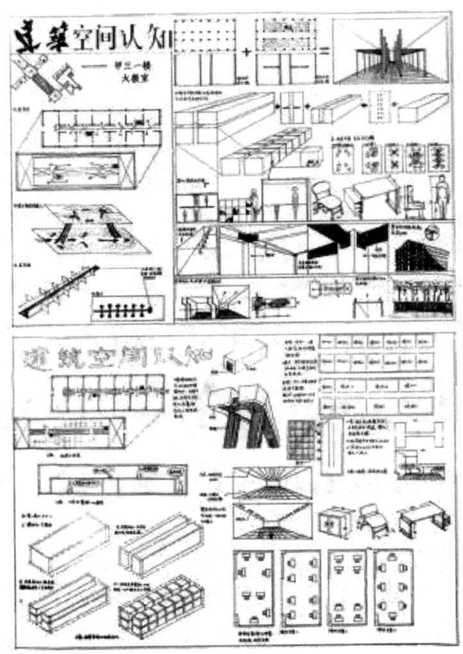

图 1　“建筑空间认知”作业
（作者：柴正军、崔兆，指导教师：陈曦、朱松）

原有建筑设计基础课的教学体系中更多关注培养学生的“形态”理解与创造。这对于培养设计类学生无可厚非，但对于建筑学专业的学生来说，基本能力培养则不应仅限于此。要想具有整体设计观还需培养：认知评价能力、形体空间想象力、组织力、创新能力、功能、尺度、行为、流线等多要素组织能力、表达能力等。

2.2　教学内容调整

在保留审美构成训练的基础上，逐步加入培养的设计能力题目。将设计性思维纳入到构成类课程体系当中，提供设计该如何入手和发展的思路，达到思维转化和系统设计的目的。系列课程以学生熟悉的日程生活环境“甲 3 大教室”为背景，设置了三个连续的设计题目：一是建筑空间环境认知；二是带有简单使用功能的实体构成，即模型展示装置设计；三是在现有环境中设计一个展评与讨论空间，进行空间构成训练（表 1）。

引入“设计性”思维的教学内容　　　　**表 1**

课程内容	设计内容		要求	知识技能
建筑空间环境认知	对甲 3 教室进行空间环境及使用的认知		空间组织利用、空间划分家具布置与尺度材质节点构造	·行为与空间尺度 ·空间设计组织 ·材质节点等
模型展示装置设计	在甲 3 教室选择一适当地点，设计一个模型展示装置，其用途是在进行讲评时放置模型，也可兼具一定储藏模型的功能		三种规格的模型，尺寸分别为：150×150×150 毫米、200×400×600 毫米、3000×600×900 毫米。展示的模型数量不少于 10 个	·平面构成、立体构成、色彩等造型基础知识 ·视距、流线、尺度分析等空间设计知识
展评与讨论空间设计	在甲三一楼教室选择一定的空间范围，完成“讨论与展评空间”的设计		面积为 $36m^2 \pm 5\%$ 的区域。并将上一个展示装置放入其中。	·行为与空间尺度 ·空间设计组织 ·空间与形体 ·空间与流线 ·材质节点等
	功能包含	设计讨论	满足 12 名同学和一名教师	
		图纸展评、储藏收纳等	12 张图纸（A1）和 16 个模型	

2.2.1　对设计要素的全面思考

作为建筑设计的基础能力训练课程，可以帮助学生对建筑有一个全面的认识。其中包括环境的认知、实体与空间的关系、构成空间的要素等。新的教学内容将学生从抽象的造“形”任务中解放出来。环境认知——通过体验，进一步理解建筑空间，是建筑学专业学习的正确方法与过程；建筑空间认知——通过切身的建筑体验发现造型、功能、空间尺度、材质甚至建造方式等关于建筑的基本问题（图 1）；模型展示装置设计——注重形式与环境、形式与功能、形式与空间的关联性；展评与讨论空间设计——解决行为（包含尺度与流线要素）与空间、实体之间的互动关系（图 2，图 3）。

2.2.2　对设计过程的连贯操作

课程内容设置考虑循序渐进，并且彼此关联。这种关联一方面表现在功能使用上的延续，另一方面表现在概念线索上的统一。功能使用上，三个题目限定的地点环境都是同一处，这样学生对环境的认知将不断加深；另外，展示装置要求能够放在展示空间中去，前一个设

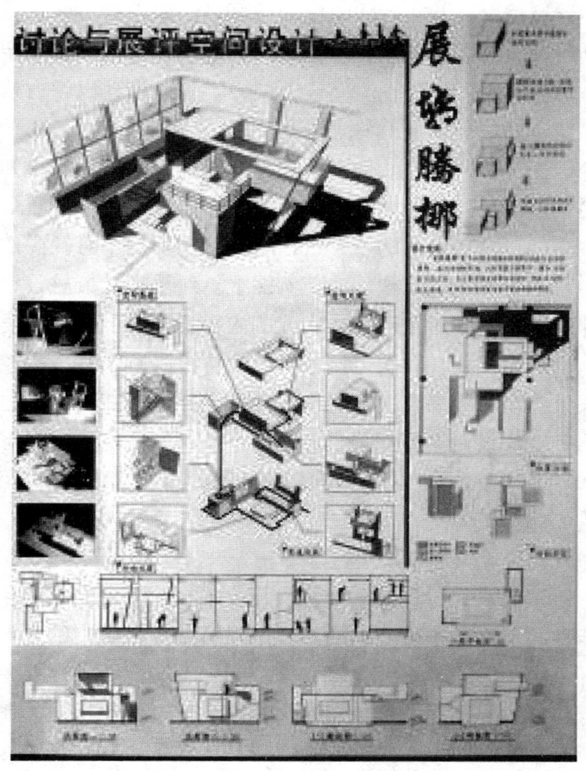

图 2 “展转腾挪——展评与空间设计”作业

（作者：张瑞琪，指导教师：陈曦、辛杨）

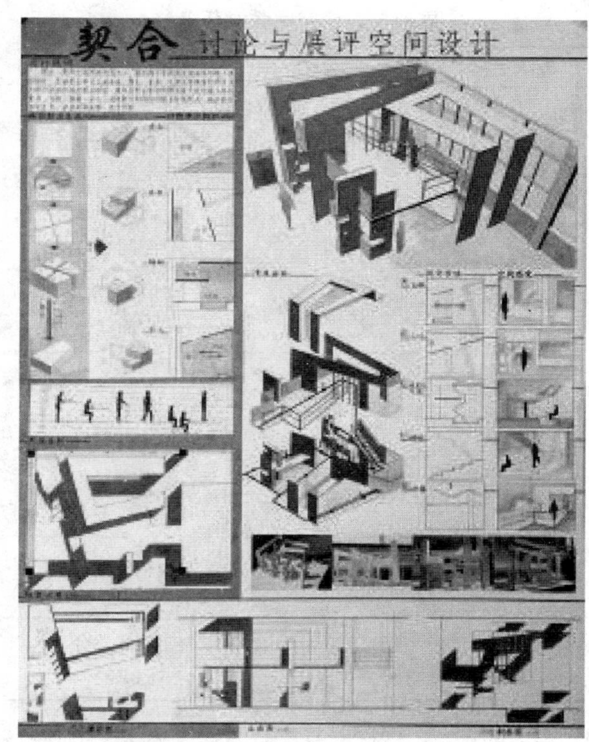

图 3 “契合——展评与空间设计”作业

（作者：柴正军，指导教师：陈曦、辛杨）

计已经为下一个设计埋下伏笔，前面设计靠考虑后面的扩展可行性，所以在设计时要考虑位置的摆放，规模的大小，对空间的占用等情况。后面的设计要考虑前面的延续性，也就是在空间设计时要考虑布置展示装置的合理位置，也可以将前一个展示装置作为空间分割的构件。正因为故事的连续，那么设计的概念线索也存在着统一和呼应，也就是说，后面空间设计的形式概念特征应该考虑延续前面的设计特点，或以前面展示装置的形式特征作为构思的来源。这样使两件设计作品放在一起形成一个整体，而不会显得突兀。（课程体系关系图见图 4）课程内容的关联设置不仅使学生的学习认知能够拓展深化，同时也培养了学生可持续发展的设计理念以及在限定条件中巧于因借的设计思想。

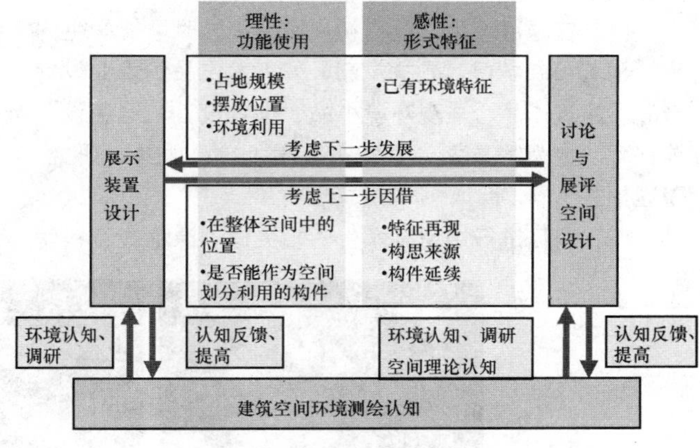

图 4 设计思考系统关联的课程体系

2.3 教学方法探索

2.3.1 教学环节细化

建筑设计基础课的主要任务是建筑设计的启蒙教育，是教会学生如何发现问题、分析问题、解决问题的过程。教学环节细化为各个阶段，每阶段解决一个或数个明确的问题，各个阶段既相互联系又相互制约，并在最后阶段完成综合的表达内容。例如：展评与讨论空间教学环节将整个设计过程分解为题目分析与构思——空间划分与组织——设计完善与表达三个主题，并在每个主题下分设了该主题需完成的训练内容（表 2）。教学环节的细化既能使学生将较复杂的设计问题转化为逐步解决的简单问题，同时逐渐增加的信息量也将逐步提高学生的综合运用和处理问题的能力。

2.3.2 进行拓展性引导

引导与启发是培养学生能力的重要手段，是能力教育的核心与本质。拓展性引导就是不局限于本课、本专业，向其他科目、相关领域中去发现寻找灵感、捕捉信

展评与讨论空间教学任务　　　表 2

教学主题	教学内容	训练内容
题目分析与构思	行为与空间尺度	确定设计范围 行为活动 空间尺度
	设计构思	设计创意 空间特色
空间划分与组织	空间布局	功能、空间 空间联系
	空间限定	形态要素 限定要素 家具引入
	围合界面	围合形式 虚实关系
设计完善与表达	细节设计	色彩质感 构造节点
	设计表达	设计整合 图纸绘制

息、学习知识。拓展性引导能有效地开拓学生的视野，激发学生的创新能力，快速进入题目的思考状态。引导的主要手段有：

(1) 在题目入手，进行初步设计构思时引导学生向相关领域拓展学习，寻找灵感，如美术作品、工业设计产品、建筑作品、景观环境小品、家具设计、服装设计等都可以成为构思之源，并布置学生自己收集、研究、整理相关资料。

(2) 题目进行中引导学生向相关理论课程或资料学习设计理念，并将其作为设计依据。例如，展示装置设计中，人的视觉要求，应参照展览建筑设计规范，并亲身体会；展评与讨论空间设计中，空间的设计组织方法可结合建筑设计原理课程或学习《空间组合论》，将理论运用于实际设计。使学生在设计过程中知其然，更知其所以然。

(3) 题目进行的整个过程中，范例都是不可缺少的内容。主要有范例模型，范例图纸。对于初次接触设计课程的学生，对自己将要完成的内容及其程度几乎没有什么预想预判，有了范例就可以使学生了解设计成果的大致方向、难易程度、制作标准等，并能够在其设计过程中提供设计指导和构思思路。一件好的范例作品能够引导绝大多数学生按照其标准完成题目，并努力超过范例作品。

2.3.3　强化动手能力

建筑设计过程是一个手、脑、眼相互配合完成的创作性工作。动手能力的培养也是建筑基础教学中的重要环节。同时建筑设计也属三维空间思考的范畴，需要建立良好的三维空间想象力，因此在设计过程中模型的制作与推敲是必不可少的过程。模型制作可也辅助学生建立三维空间感知能力，帮助其推敲整体设计的形体变化，也有助于其对各种图纸生成的理解（图 5）。另外在动手方面，除模型制作外也要不断强化培养学生的设计构思的徒手表达能力。构思草图能够更快速、准确地扑捉设计灵感，推敲设计环节的方方面面。设计过程也是实践参与过程，更多的动手、动笔实践才能带动更多的大脑思考，更有效地设计组织创作中的全部问题。

图 5　展示系列模型照片

（作者：娄爽亮、孙玉廷、潘祥岩、张琳、李晓瑜.
指导教师：陈曦、辛杨、莫娜）

2.3.4　突出设计分析与概念表达

在国内的建筑院校教学中，对课程作业成果表达往往更看重最终的结果性内容，而比较忽视其过程分析和成果解读。在近些年的建筑设计行业中也存在这样的现象，外国建筑师明显较国内建筑师，更善于通过理性的设计过程分析和对设计内容的解读来诠释设计作品，从而获得更多赢得方案的机会。所以作品的内涵、理念、过程的分析解读应该是建筑成果表达的一项重要内容。这种设计构思解读能力也是本科教学实践中迫切需要关注和提高的能力之一。主要包括三个方面，一是对学习目标的分析解读，解析其隐秘在复杂表象之下的本质设计逻辑，能够为己所用；二是设计构思的过程记录，展示设计者的动态思考过程；三是对设计内容、特征的诠释、解析、评价。例如在本课程题目“展示装置设计”中，分析思考包括：基本形体的演变、形体的组合等；内容解析主要有：整体的使用情况、视觉位置，形体的体量关系、虚实关系、均衡关系、层次关系等（图6）。设计分析表达更加明确了设计过程和设计内容中的思考，使学生能够有的放矢，更加深入地理解设计本质，更好地解决设计中的多种问题，以及更清晰明确地展示自己的设计成果。而这种分析解读应该贯穿设计的整个过程。

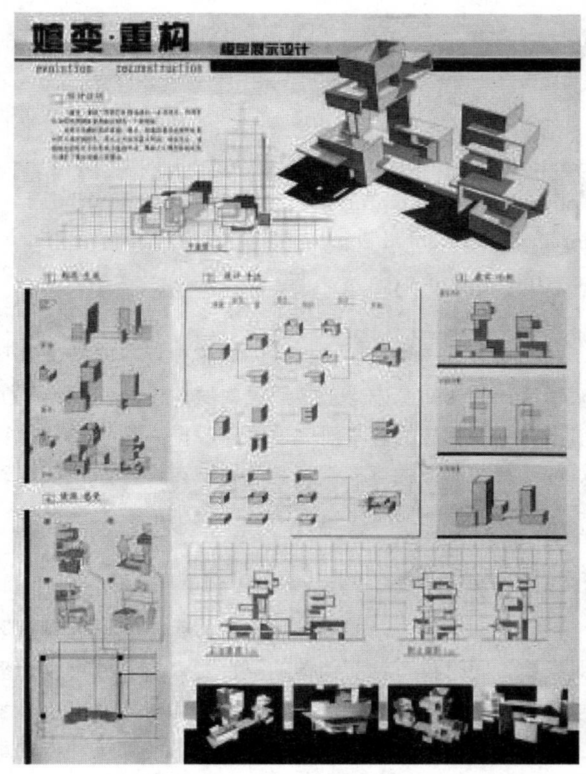

图6　“嬗变·重构——模型展示设计”中多种分析表达图
（作者：娄爽亮，指导教师：陈曦、辛杨）

3　结语与展望

建筑设计本科基础教育在当代信息多元化背景下，将会审视以往的教学探索过程，不断调整充实教学环节，并汲取借鉴国外先进教育理念、经验，寻找适合建筑设计专业教育的新思路。也将不断结合当前我国建筑行业发展培养专业创新型人才，并推动新型建筑教育模式下的建筑师走向世界舞台。

教学内容策划：沈阳建筑大学建筑基础教研室

参考文献

［1］ 顾大庆．论我国建筑设计基础教学观念的演变．新建筑．1992（1）：33-35.

［2］ 马跃峰，张庆顺．构成辅助设计启蒙．建筑学报．2010.10.

［3］ 待检，实强，张勇．建筑构成方法在建筑设计教学中的运用于探索．建筑学报．2010.10.

［4］ 韩冬青．分析作为一种学习的方法．建筑师．2007（1）：5-7.

陈 泳 庄 宇
同济大学建筑与城市规划学院
Chen Yong Zhuang Yu
College of Architecture and Urban Planning, Tongji University

面向建筑学本科教育的城市设计教学探索[❶]

——基于要素整合的视角

The Teaching Exploration of Urban Design Geared to Undergraduate Education of Architecture

——Based on the Elements Integration

摘 要：从探讨城市设计课程在建筑学本科教育的定位出发，依据城市设计系统整合的学科特征，提出了基于要素整合为导向的城市设计教学内容与方法。

关键词：城市设计，建筑教育，要素，整合

Abstract: Starting from the exploration of the position of urban design courses in undergraduate education of architecture, this article centers on the disciplinary character of systematic integration, and proposes the urban design teaching content and method based on the elements integration-oriented approach.

Keywords: Urban Design, Architecture Education, Elements, Integration

目前，国内大多数建筑院校在本科高年级教学中都开设了城市设计课程，特别是在国际化教育快速发展的背景下，城市设计也往往成为中外联合设计课程的首选项目，在日益频繁的交流过程中带来了很多新的教学方法与手段，大大推进了国内城市设计的教学研究与实践。然而，由于城市设计本身的丰富内涵，对于课程教学的目标、内容与技能培养等方面都有着不同的认识和观点，并存在以下困惑：(1) 城市设计是实践性强的学科，其诞生与发展都与当时独特的城市发展背景有关，目前的教学内容与方式是否应反映出社会的现实需求和学科的发展动态？(2) 城市设计作为多学科交融的领域，与城市规划、建筑与景观等专业密切联系，建筑学专业的城市设计教学相比其他专业有何不同？(3) 城市设计具有很强的综合性，需要广泛的知识结构和专业技能，对于刚刚完成建筑设计基础理论与方法学习的本科生来说，如何在较短时间内通过有效的设计训练达到教学目标？

对于以上问题的探讨，首先应该建立在建筑学本科教学活动的认知基础之上，通过对城市设计学科特征的辨析，寻找相应的教学研究途径，以提高教学目标的针对性和教学环节的可控性，避免将城市设计课程仅仅理解为价值观念的交流平台或建筑加景观的扩大性设计。

1 目标定位

同济大学建筑学的本科教学总体目标是培养具有职业素质，同时具有创新精神的复合型人才。城市设计教学应立足于培养尊重城市、理解城市和研究城市的高素质建筑师。对于高年级本科生而言，之前的设计教学重点在于单体建筑空间与形体的生成逻辑，对于建筑外部的城市环境思考相对较少。然而，社会经济的快速发展

作者邮箱：ch_yong2011@tongji.edu.cn

❶ 本文得到国家自然科学基金资助（项目编号：51278339 和 51178318）。

已使我国城市形态发生巨变，空间集约化、复合化和体系化建设的需求日趋明显[1]。面对复杂多元的城市环境，传统的建筑设计教学往往缺乏相应的训练与指导，无法适应社会发展的需求。因此，城市设计课程应帮助学生建立整体的城市环境观，了解复杂城市环境的构成要素及基本规律，学习和掌握基于宏观思维和微观操作的城市建筑形态生成方法。

2 学科特征

城市设计教学不仅是帮助学生解决设计任务书中的具体问题，而且更为重要的是引导他们学习城市设计的思考方式与工作方法。也就是说，教学过程应强调城市设计的研究性特征，这是对城市环境问题进行分析与思考并尝试提供答案的特定过程。

城市设计的学科发展在很大程度上是作为一种针对当代城市发展中要素分离、城市形态和空间环境缺乏整体性的现实状况而出现的应对策略[2]。早在 1953 年，英国 F·吉伯德在《市镇设计》(Town Design) 中指出“城市设计的基本特征是将不同物体联合，使之成为新的设计，设计者不仅必须考虑物体本身的设计，而且要考虑一个物体与其他物体之间的关系。”但是，城市学科的专业化分工和独立发展，在不断推动科技进步的同时带来技术人员片面孤立的思考模式和条块分割的管理体制，知识越来越多，但却越来越不完整，越来越不相容，无法满足城市空间的整体发展需求。因此，强调以一种系统整合的思路来观察和研究城市形态和空间环境的构成要素，是城市设计的重要学科特征，同时这也是建筑学专业切入城市设计研究的重要视角。如果没有对城市空间整体性的理想追求，城市设计实践中的社会经济分析和程序理性论证也就失去共同的价值基础与发展方向。

3 教学重点

城市要素的系统整合主要包括以下 3 个层面：(1) 区域层面，将地段的城市设计放在所处的区域背景中去分析，涉及设计地块与周边区域及城市整体环境之间的关系；(2) 时间层面，在动态的城市发展过程中研究新结构要素的加入对于过去与未来的影响，涉及地区空间肌理的连续性和新旧环境的共生等问题；(3) 环境层面，不仅指城市形态的构成元素（如建筑、街道、广场、水域、桥梁、绿化和地下空间等）通过空间组合的方式形成有机整体，而且还包括构成元素类型的组合方式及内在机理的体系化分析，研究内容涉及空间使用体系、公共空间体系、交通空间体系、景观生态体系和历史文化体系等方面[1]。

要素的整合过程在本质上是将多种交叉在一起的元素梳理出一个体系的行为组群，这与建筑设计过程具有一定相似性，只不过建筑设计关注建筑使用系统、空间系统和结构系统的内在关联性，而城市设计研究的体系与元素更为多元而庞杂，但相同的是都有一个在多体系和多元素之间反复推导的过程，这有利于高年级学生延续前阶段建筑设计的基本方法而拓展出新的知识内容。

4 课程训练

城市要素的整合设计需要通过课题的设置和教学方式传授给学生，使之成为具有可操作性的、并被证明行之有效的设计教学体系。在“苏纶场”城市设计（2012 年同济大学建筑系毕业设计课题，获得第 10 届中国环境设计学年奖城市设计金奖）的教学过程中，做了以下方面的尝试。

4.1 设计题目选取

设计基地选择在城市要素集中的复杂地区，是训练“要素整合”设计方法的重要前提与依据。“苏纶场”位于苏州古城南侧，紧临护城河、人民路，处于苏州三大商圈之一的南门商圈，总用地约 10 公顷。结合附近新地铁站的建设，将规划城市综合体项目。这里原来是清末创办的苏纶纱厂厂址，目前仍保留了多处老工业建筑。因此，此课题涉及建筑、交通、景观、商业、历史保护与市政等多种城市要素，有利于学生突破传统的建筑知识框架，寻找要素整合的机遇与途径。

4.2 教学过程分解

整个教学过程分解成“基地分析—目标设定—体系设计—节点深化”4 个环节，通过由浅入深、环环相扣的教学练习推进设计发展（图 1）。其中，基地分析环节中需要在现场调查和文献阅读的基础上提炼出地区发展的独特资源与制约条件，特别要求学生在区域层面和时间层面上进行思考，并关注历史文化、景观生态、商业发展和交通可达等研究主题，进而提出设计目标与概念方案，即明确要做什么；体系化设计则是综合考虑城市要素与社会行为的关系，通过空间整合的方式去实现设计目标，即怎么做，这是对概念方案进行推导与深化的过程，也是不断对各个空间体系进行专题分析又互动设计的反复过程（图 2）；在此基础上，对多要素影响的公共活动节点进行建筑层面的重点设计，引导学生对城市环境中建筑设计的重新认识。另外，在每个教学环

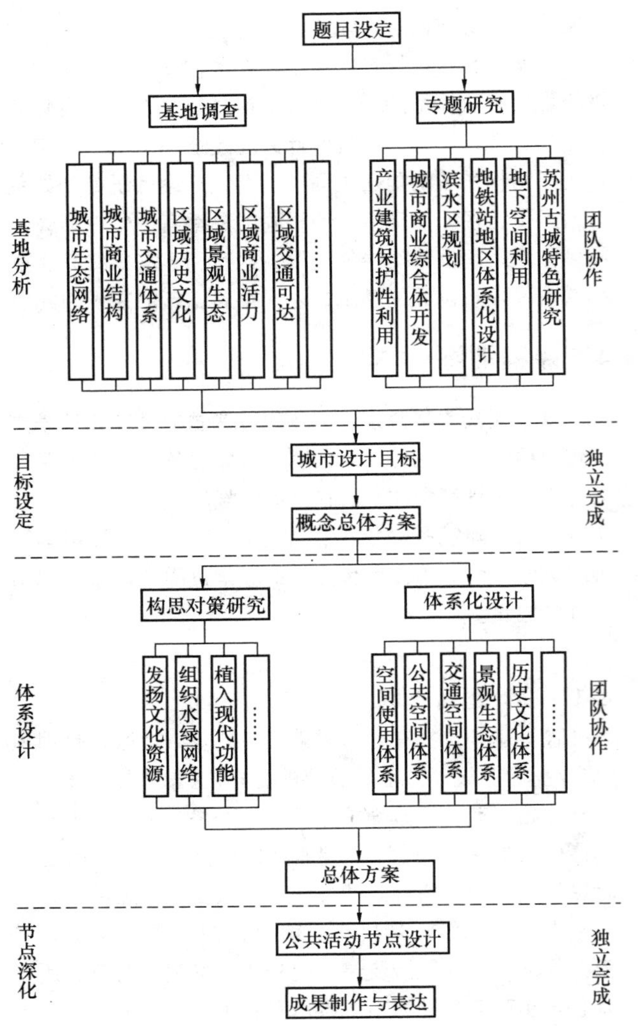

图 1　城市设计教学框架

节之间插入相应的理论知识课，讲解城市设计的基本内容、设计元素与工作方法，以增强教学的针对性与有效性。

4.3　社会行为导向

系统整合的依据来自于城市中不同社会人群的行为感知和活动需求，其目的是为人创造更好的场所，正如凯文·林奇所认为的“城市设计关键在于如何从空间安排上保证城市各活动的交织。”因此，城市设计教学也是一种充满人文主义的伦理活动，而不仅仅是城市建设规范的学习和设计技能的训练。在基地调研中，引导学生通过工作日和周末两整天的人群活动记录来分析各个场地的使用状况，自下而上地研究人在城市环境中的活动特征、潜在需求及现存问题；通过典型案例的分析，引发学生对城市公共利益、历史保护、绿色交通与社会职责的思考；在设计过程中，更是以社会行为特征出发，以公共空间为线索，帮助学生突破建筑单体的思维方式，整合不同类型的城市要素，使地铁站、道路、河道、历史建筑及绿化等独立因素通过体系化设计而成为有机整体，促使交通行为、购物行为与休闲行为的融合，形成了各具特色的设计方案（图 3）。这种以人为本、以城市要素整合促进社会活动交织的设计思想充分调动了学生的创造力和积极性。

4.4　工作组织模式

城市设计是项多学科多工种合作完成的工作，因此需要培养学生良好的组织协调能力和交流合作能力。为模拟未来真实的工作场景，同时也是考虑设计课程时间

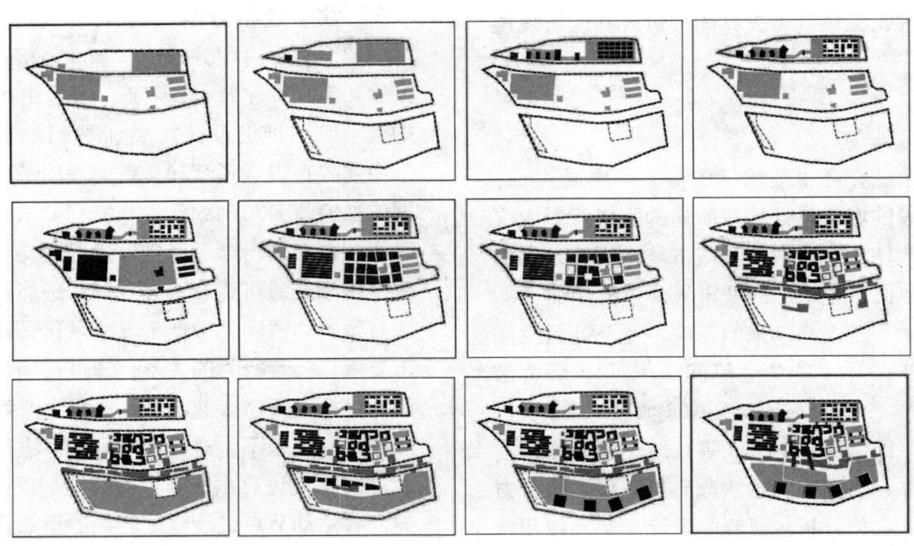

图 2　设计推导示意

图 3 下沉水街引导地铁站人流

有限的因素，采用个人思考和团队协作的工作方式展开设计研究，但对独立与合作方式提出明确要求，即构思必须独立，方案深化必须合作。基地分析中，6 个学生分成 2 个调查小组，要求每组完成完整的基地调查报告，每人完成 1 项与课题相关的专题研究，并通过答辩交流的方式共同分享对基地的思考和案例的分析；然后，依据学生提交的设计目标与概念方案的相似性，重新划分成 2 个设计小组，通过不同比例的实体模型和设计草图推进设计发展，最后要求学生在合作方案基础上独立完成公共节点设计（图 4）。这种以学生为主体、以设计小组为单元的教学方式，可以将团队的协作性和个人的创新性有机结合起来，有利于提高学生独立思考、换位思考与交流商讨解决复杂问题的能力。

图 4 立体复合的公共空间节点

5 结语

建立建筑学城市设计的教育体系，首先要分析当下城市设计研究与实践的共同基础与一般性规律，然后才能发展出一套城市设计入门的训练方法，并且具体化为一系列的基本练习。以要素整合为导向的城市设计教学在这方面进行了有益探索，它既可以超越教学过程中具体的城市设计问题，又可以避免经验型教学的局限性。当然，这并不是城市设计教学的唯一途径，在城市快速发展的今天，其本身也将随着学科的发展而不断充实与完善，但是最终目标是不变的，向莘莘学子传播城市生活理念与社会价值，积极探索建筑与城市相容共生的理性之路。

参考文献

[1] 卢济威. 论城市设计整合机制 [J]. 建筑学报，2004，(1)：24-27.

[2] 王一. 从城市要素到城市设计要素——探索一种基于系统整合的城市设计观 [J]. 新建筑，2005，(3)：53-56.

丁昶[1] 王栋[2]
1. 中国矿业大学艺术与设计学院副教授
2. 中国矿业大学力学与建筑工程学院副教授
Ding Chang[1] Wang Dong[2]
1. School of Art and Design, CUMT, Xuzhou, Jiangsu;
2. School of Mechanics & Civil Engineering, CUMT, Xuzhou, Jiangsu

建筑设计类课程的实践平台构建研究

Research on Practice Platform Construction of Architectural Design Courses

摘 要：建筑学专业具有很强的实践性，在教学计划以及课程设置中应突出实践性教学对人才培养的重要性。本文在对建筑学实践教学现状分析的基础上，认为设计类课程实践教学师资队伍的建设是实践教学平台能真正发挥作用的保证，而建筑设计类课程实践平台的构建除了要重视传统的实践环节教学外，还应探索教师工作室介入下的实践教学平台、校企合作模式下的实践教学平台等多种模式。

关键词：建筑设计，教学，实践平台

Abstract: Architecture is a strong practical major, so practice teaching seems particularly important in the teaching plans and course design. Based on the analysis of practice teaching this paper discusses how to construct practice platform for architectural design courses, deems practice teaching team should be built at first because only good team can make practice platform really playing a role and considers, studio practice teaching mode, school-enterprise cooperation mode of practice teaching and other models should be explored in addition to the traditional practical teaching.

Keywords: Architectural design, teaching, practice platform

建筑学专业具有很强的实践性，在教学计划以及课程设置中，应突出实践性教学对人才培养的重要性。在教学过程中，应把培养学生的实践能力、动手能力作为一个关键的环节。科学合理地设计实践教学体系，构建建筑设计类课程实践平台，一方面有利于提高学生的设计实践能力及创新能力，另一方面能增强学生对建筑设计专业知识学习和应用的兴趣。在建筑设计类课程中探索，如何构建强化学生实践能力和创新精神培养的实践平台，对培养高素质、创新型的设计人才具有十分重要的价值。

1 建筑学实践教学国内现状

21世纪是教育与科技深入发展，社会竞争日趋激烈的知识经济时代，这就要求我们建筑设计教育应尽快地适应社会发展的需要，在更高的层面上考虑人才培养模式，将教育创新作为一种理念渗透到整个教学与管理的全过程。国外许多著名高校都非常重视通过实践教学培养大学生的创新能力，不但设置相关课程，而且基本都规定了学生必须取得实践环节的学分。如美国麻省理工学院在教学计划中明确规定，大学生必须从低年级开始参加科研实践的创新活动；德国高等工程院校也十分重视实践教学环节，除了学完有关课程外，还要完成创新设计和创新实践教学任务。毫无疑问，当前我国的建筑学教育事业有了长足的发展，在人才培养模式、教学

作者邮箱：dingd_2002@163.com

计划、课程体系和教学内容改革方面取得了巨大成就。但是由于受到传统建筑学教育的影响，我国建筑学专业普遍存在重视单纯知识的传授，忽视创新能力和实践能力培养的现象。以我校建筑学专业为例，从 20 世纪 80 年代开始起步办学至今，已形成较为完整的学科体系，其发展状况在国内具有一定的代表性。多年来，我校培养的建筑设计专业学生在各类设计大赛中取得了较为突出的成绩，毕业生踏实肯干，也得到了用人单位的广泛好评。但是笔者在对已毕业工作的学生进行回访时发现，他们普遍反映了在大学教育时最缺乏的两个内容：一是创新思维训练不够，如果不具备创新的头脑很难在设计团队中成为领军人物，创新思维将决定一个设计师的发展空间和高度；其二就是在大学中的实践类教学与当前的社会发展状况有所脱节，在生态技术、数字技术等方面的实践环节薄弱，难以成就高端设计人才。一方面，在设计课程中结合实践的内容不够，而另一方面受到研究生入学考试、出国留学考试以及找工作等的影响，设计院生产实习的实践效果也受到影响。我校建筑学教育中虽然一直对设计课程的实践十分重视，但是受到传统建筑学教育的影响以及师资力量的局限，一直未能将前沿的设计理论融入设计教学中，设计实践教学中形式单一，无法满足高水平综合性人才的培养要求。近年来，学院在实践基地、实验室建设上投入很大，但是真正能发挥出实践作用的实践基地和实验设备却较少。产生以上问题的原因主要有两个：一是任课教师的创新思维不足，对实践教学的研究和重视程度不够；二是我校建筑学专业设计类课程实践体系还不够完善，缺乏提供设计实践教学的平台；三是在一般的设计类课程教学组织中，很少考虑发挥实践平台的作用，因而导致现有的实践平台未能得到有效利用。

2 建筑设计类课程实践平台构建

2.1 设计类课程实践教学师资队伍的建设

不论是在各个教学环节中，还是在实验室和实习基地的实践教学中，实践教学都需要教师来指导和落实，教师是实践教学质量提高的人才保证。建立一支既能够进行理论教学又能够进行实践教学的队伍，是实践教学平台能真正发挥作用的重要保证。建筑学实践教学师资队伍的建设，一方面对专业任课教师提出了更高的要求，因为很多实践环节需要在课堂教学环节中得到落实，教师的专业素养的高低、思想理论认识是否站在学科前沿、以及自身的设计实践能力都直接关系到教学实践环节的教学质量。在这一方面，国内不少院校展开了探索。如苏州科技学院建筑学专业，为提高实践教学质量，构建了“双师型”的实践教学师资队伍。“双师型”教师不仅要具备厚实的专业理论基础，而且还要具备熟练的行业职业能力，和将这一能力应用于指导学生的实践能力。该校建筑学专业现有专业教师 33 名，其中既有高校教师资格又具有国家执业注册建筑师资格的教师 17 名，这为该校实践教学的顺利实施提供了有力保证。[1]另一方面，建筑学实践教学师资队伍的建设对专门的实验室人员也提出了较高的要求。长期以来，我国建筑学专业并不重视实验室人员的培养，有的院校为了迎合评估工作的需要，会把大量资金用于实验室装修、先进仪器设备的引进上，但却几乎没有专门的实验室人员，结果出现一些实验室有先进的设备，却缺少使用先进技术的人才的情况，部分实验室成了仅供参观的摆设。实践教学水平不高使得高水平技能训练项目无法开展，综合性实训项目严重缺乏，学生得不到高水平的指导，创新和实践就成了空谈。

2.2 建筑设计类课程实践平台的构建

2.2.1 传统的实践环节教学

传统的实践环节教学依然是建筑学专业实践教学的重要平台。传统的实践环节教学内容包括各个课程中的实践环节、各年级实习课程中的实践教学、毕业设计以及各年级的大学生科研创新计划项目中的实践能力培养等。建筑设计各类课程中都应该围绕教学目标合理地安排好实践内容，以激发学生的创新思维和提高学生的动手能力。如在一年级建筑设计课程中，要求学生做空间构成类模型，通过动手训练学生对建筑空间、构成、色彩等方面的感知（图 1）；二年级建筑设计课程侧重于工作模型，训练学生对建筑场所、体量等方面的感知（图 2）；三年级以上专业结合不同的设计动手制作精细模型，深化对各种不同空间组合、变化及建筑细部表达的理解（图 3）。在相关的课堂教学中，还可以联系建筑工地，让学生在现场调查的基础上做实例分析，在教学中鼓励学生去跟踪一个建筑工地或对某些建筑实物进行构造分析，了解建筑的复杂性，对建筑产生正确的认识；同时，可以通过节点模型、实物搭建的训练，让同学们对建筑构造原理有更为深刻的理解。充分发挥认识实习、测绘实习以及生产实习的作用，要结合当前建筑发展的具体情况，制定切实可行的实习计划。通过大学生科研创新计划项目，为建筑学学生提供科研训练平台，培养学生科研意识和团队合作精神，提高科研素养和实践创新能力。

图 1　空间感知训练等实践作品

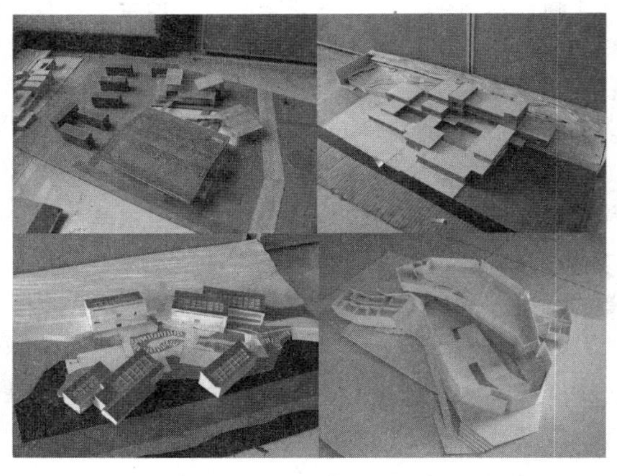

图 2　工作模型制作实践作品

2.2.2　教师工作室介入下的实践教学

建筑学是个专业性非常强的学科，有着自己特有的教学模式和规律。传统的建筑学教育讲究师傅带徒弟的方式，其实就是一种在实践中掌握知识和能力的方法。在高校建立教师工作室，本身就是教学与实践的紧密结合的产物。建筑学专业教师工作室一方面搭建了学生走向社会的桥梁，另一方面又起到产、学、研的孵化器之作用。工作室既是教学实践创新的场所，又可以为社会及地方经济的发展服务。相比于普通课程学习，教师工作室教学形式更为灵活，学习时间不定，参与工作室的学生也可能变动。这些特征一方面为工作室实践教学的开展提供了比较灵活的方式，不但培养了学生的职业素养、增强了学生的团队精神，也可以极大地提升他们的设计实践能力；但另一方面工作室教学活动的开展过于依赖该工作室导师的管理，因此对导师的设计能力乃至管理水平等都提出了更高的要求。可以说，介入到建筑学实践教学的教师工作室是教研合一、研训一体的建筑设计教学的实践平台，它可以反馈并解决教学中出现的问题，弥补课堂教学的不足，而解决问题的过程同时也是教师专业能力提高的过程，实现了教学相长的要求。如图所示是我校建筑学专业某教师工作室参与下的部分实践教学成果（图 4）。

图 3　精细模型制作实践作品

图 4　工作室介入下的实践作品

2.2.3 校企合作模式下的实践教学

"校企合作"，即通过学校与相关企业的合作实现学校在教学与企业在生产中相互支持，相互协作最终获得校企双赢的人才培养模式。其实对于"产—学—研"教学体系下的校企合作模式，国内外在很多年前就有所探索。但是作为企业，经济利益永远是放在最前面的，而作为校方，培养学生才是其最终目的。在现阶段的校企合作过程中，学校与企业时常会处于非对等状态：由于实际项目中经济效益的重要影响，双方合作容易演变成以完成项目为最终目标，而项目对于教学质量的作用则难以评估。所以要想真正取得双赢的效果，是需要对企业需求有充分认识，要根据企业项目实际情况精心设计课题，安排教学计划和设计进度。校企合作模式可以多样化，比如建立生产基地，定期派送学生过去参与实际工程项目；也可以把企业的实际项目拿到课堂上作为课程题目或毕业设计课题，让学生进行真实的职业体验；在教学方式上依托学校与企业建立实践训练中心和教学基地，教师与企业保持密切联系，以便及时合理地进行课题的设计研究等。在这方面，法国的设计院校经过长期的实践，给了我们非常好的启示。在法国校企合作中，企业寻求学校合作的目的多与经济效益无关，获得好的创意与想法、提升企业的质量与内涵才是其目的，把与学校的合作作为一种社会责任，其对学校有服务的义务：比如技术、场地以及一定的经济支持。而学校在为企业的服务过程中，是以服务教学，提升课程质量为合作的最终目的。因此，双方的合作没有强烈的经济效益关系，而是一种真正的伙伴关系，学校与企业处于平等地位，校企双方是一种相互服务、相互依附的关系。法国校企合作中课程指导教师承担着对外协调联络、课程组织、教学质量控制、项目进度等各方面的任务，合作项目虽然会按照一定计划进行，但具备较大的变通性与灵活性。[2] 如图所示的设计作品为我校建筑学专业和设计院之间合作、学生参与其中的实践项目。该项目顺利中标，也为校企成功合作探索了一条可行之路（图 5）。

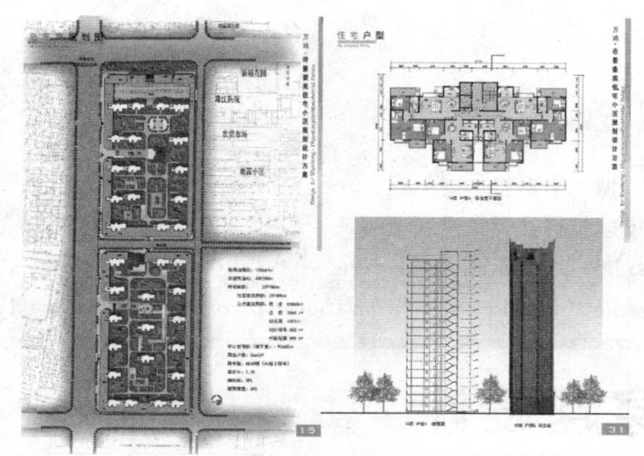

图 5 校企合作模式下的实践作品

3 结语

建筑设计实践教学在建筑学人才培养中起着非常独特的作用，它是解决学生综合能力、提升学生学习兴趣、整合课堂抽象理论知识的重要教学举措，同时也是培养创新智慧型人才的有效方法。当前社会上对建筑设计人才的需求也是全方位和多层次的，仅仅依靠课堂上单纯的理论讲授和校内的教学实习是远远不够的。大多数以经济导向的设计企业迫切地需要大量具有较高综合素质，既能掌握一定专业理论知识又具有较强设计创新能力，既能熟悉所在岗位的具体技术技能，又懂得建筑设计流程的综合性设计人才。研究如何通过建筑设计类课程实践平台的构建，来加强对学生实践技能的培养，打破传统设计教育模式，树立新型的现代设计教育观念，找到更加适合专业特点的方法与模式，培养出既具有创新能力又具有实践能力的建筑人才具有十分重要的意义。

参考文献

[1] 邱德华. 苏州科技学院建筑学专业实践教学体系构建及探索. 高等建筑教育，2011.5：114-117.

[2] 周潮. Workshop-法国设计教学校企合作的有效模式——勃艮第高等艺术设计学校插画博物馆改造项目侧记. 苏州工艺美术职业技术学院学报，2011.2：65-70.

高　博　李岳岩　周　崐
西安建筑科技大学建筑学院
Gao Bo　Li Yueyan　Zhou Kun
College of Architecture，Xi'an University of Architecture and Technology

穿越设计

——以剧场课程设计为例探讨中高年级建筑学设计教学新模式❶

Crossing Design

——Study on A New Pattern of Architectural Design Teaching for Middle and Senior College Student Taking The Theater Design as An Example

摘　要：本文在建筑学专业的高年级课程设计中提出了穿越设计的教学新模式，从命题、认知、对话、建构等设计环节完成教学大纲要求、体现其教学特点，在激发学生设计积极性和主动性的同时，引导学生在国际化视野下对建筑问题的多元化思考与实践。

关键词：穿越设计，国际化，教学模式

Abstract：This paper puts forward the new teaching model-crossing design in architectural design teaching for middle and senior courses，which embodies teaching features and completes teaching syllabus through design links，such as proposition，cognition，dialog and construction. The model leads college students diversified thinking and practicing on architectural problems，and stimulating their enthusiasm and initiative.

Keywords：Crossing Design，Internationalization，Teaching Mode

1　背景

UNESCO的《建筑教育宪章》曾经指出："建筑教育的多样性是全世界的财富"，建筑教育本质上就应是多元、多义、多样的，这种多样性的存在不仅是合理的，而且是发展和繁荣新世纪中国建筑教育所必须的。建筑教育多元化本身也反映了世界文化的多元性、地域的多样性。总体而言，中国建筑教育发展呈现出日益开放和国际化的特点，建筑设计教学随着时代的变革也不断进行着新的探索与尝试。在全球化、信息化、地域化以及多学科融会交叉日趋频繁的背景下，我国建筑教育需要拥有更加多样、开放的态度以应对未来的挑战。

2　中高年级"穿越设计"课程设计模式的提出

"穿越设计"是针对建筑学中高年级课程设计提出的教学新模式，即：结合中高年级课程设计的有关建筑类型，由任课老师在世界范围内选择同类型的、资料详尽的知名案例，用其所在基地环境为背景，按照课程设计目的、设计要求完成设计，具体分为基地认知、基地作品解析、课程设计三个环节。目的是引导学生在国际化视野下对建筑问题的多元化思考、分析，激发学生设计的积极性

作者邮箱：gb1949@163.com

❶ 本文为西安建筑科技大学校级教育改革研究面上项目资助，项目编号JG021102

和主动性，另一方面也使学生更为深刻、全面地理解和认识原有作品，从而提高理论水平和设计能力。

2.1 课程设计选题多元化需求

爱因斯坦在《物理学的进化》中说："提出一个问题往往比解决一个问题更为重要，因为解决一个问题也许是一个数学上或实验上的技巧问题。而提出新的问题、新的可能性，从新的角度看旧问题，却需要创造性的想象力，而且标志着科学的真正进步。"正如选题立项是科研基金项目申请的重中之重，建筑学课程设计选题也是非常重要的环节，好的选题是建筑设计教学成功的前提，它应充分考虑学生综合能力，兴趣点所在，学科动向等因素。

传统设计课程选题通常是学生较为熟悉的，与其居住生活相近的基地环境，设计任务书基本固定，甚至几年一成不变。近些年，随着建筑学专业生源数量、班级数量的增加（图1），一届学生甚至几届学生同做一个题目的课程设计，这样的选题模式一方面学生很难涉足更广泛的设计领域，丧失解决多元化问题的能力，没有了新鲜感也就失去了兴趣点，实践效果不理想，更不用说对学生综合运用能力的提高；另一方面指导教师也难以维持积极的状态，与学生探讨更广泛的问题。基于此，建筑设计课迫切需要开放式的、国际化视野下的选题。

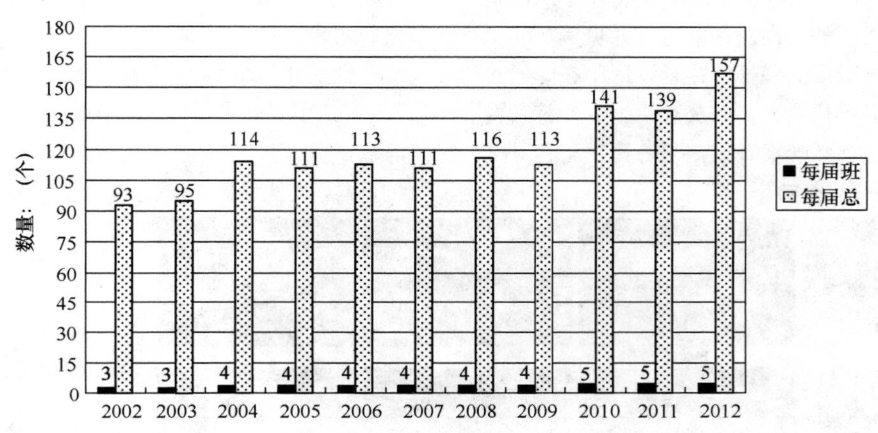

图1　建筑学专业每届学生总数与行政班级数量变化分析

2.2 学生开放性、国际化视野需求

随着境外建筑事务所纷纷抢滩中国市场，攻城略地，他们所拥有的相对开阔的国际视野、职业素质、执业水平和应对市场化的灵活机制，都使得同时期国内以综合性为最大特色的设计院相形见绌。这样的时代背景必然对国内高校建筑学教学内容、毕业生素质和学生对建筑市场适应能力提出了新的"质"和"量"的要求。

首先，数字信息技术及计算机网络的发展为学生创造了日益开放和国际化的建筑教育环境，其中最重要的一点就是教学媒介、研究方法和师生交往界面的改变。其次，当代学生自身也更多关注专业领域的国际动向，渴求课程设计的多元化、开放性，强调课程设计与国际接轨且各有不同针对性，涵盖城市、建筑、景观等多层面设计。再次，越来越多的同学在人生规划时，更愿意放眼全球设定发展目标，毕业后有意愿出国继续深造。由此，"穿越设计"的课程设计模式为拓展学生国际视野搭建了实践平台，也为学生更多更好地参与国际竞赛探究总结了有益的实践方法。

2.3 理论课程与实践课程交叉融合的体现

"穿越设计"课程设计模式在实践环节中充分交叉融合了相关理论课程与课程设计。目前，建筑设计方面的理论课程与设计课程往往是各自独立，缺乏交叉与关联，不能较好地达到理论指导实践的作用。"穿越设计"在实践过程中包括课程设计，以及较传统的课程设计模式新增加的基地认知与基地作品解析环节，并将建筑历史、建筑名师名作解析、公共建筑设计原理等专业理论课程自然地嵌入课程设计之前，作为设计成果的一部分，强调其重要性、指导性。这一过程中，学生带着各自对题目的思考和疑问去体验大师名作，再通过自己的设计实践形成与大师的对话。发现这些名作的精彩之处往往在于设计师是如何成功地将建筑设计中面对的问题巧妙地解决的，反过来会产生对原有作品更为深刻、全面的理解和认识，达到理论与实践的指导与印证。

2.4 中高年级践行的适宜性

我校教学计划在遵从教学规律和学生认知规律的基础上，充分考虑建筑学的专业特点，多学科、多专业知识的相互交叉、融贯发展，构建“三个平台、三个阶段、二个环节”的建筑学专业教学体系，“平台”、“阶段”、“环节”相互衔接，循序进行，整体推进。

三、四年级通过两三年的专业学习，学生具备了一定的专业理论基础和设计能力；经过几个课程设计实践，学生有了一定积累也发现了自身的问题，产生了越来越多对建筑及建筑设计的疑问。在这个阶段，学生求知欲望最为强烈，学习态度往往是自发和主动的。剧场课程设计设置在第6学期，是“第一整合环节——综合设计”，此环节以强化和检验学生在建筑设计中综合运用多种知识进行分析、解决问题的能力，并巩固、验证第一、二阶段的教学成果。鉴于“穿越设计”在选题难度，课程设计上的多样化要求，以及对学生专业综合能力要求较高等因素，该教学实践适用于在第一整合环节与第三综合拓展平台阶段推广采用。

3 “穿越设计”教学模式的实践特色

3.1 “穿越设计”命题选择

剧场设计的课程设计要求为中等规模的，具有比较复杂技术要求的综合性剧场建筑，如剧院、音乐厅、电影院等。在任务书的设置上，采用以班为单位的开放式命题方式，即由指导教师理性分析甄选国内外同类型的经典作品案例，择其所在用地及环境作为设计基地，进行课程设计。选题首先要求所选优秀建筑作品需出自名家名作；其次，所选作品与本课程设计对象在规模大小、功能配置、空间构成等方面比较接近；再次，所选作品相关背景资料应十分详实，学生获取信息渠道也多元便捷，便于引导学生在陌生的设计环境下有方向性地进行思考，梳理错综复杂、矛盾交织的建筑问题。

此次穿越设计教学实践的指导教师选择了，出自阿尔瓦·阿尔托的经典作品——德国北莱茵一威斯特法伦州埃森歌剧院建筑设计，教学组搜集整理出了大量有关该建筑的资料，为实现穿越设计提供了前提保证（图2）。

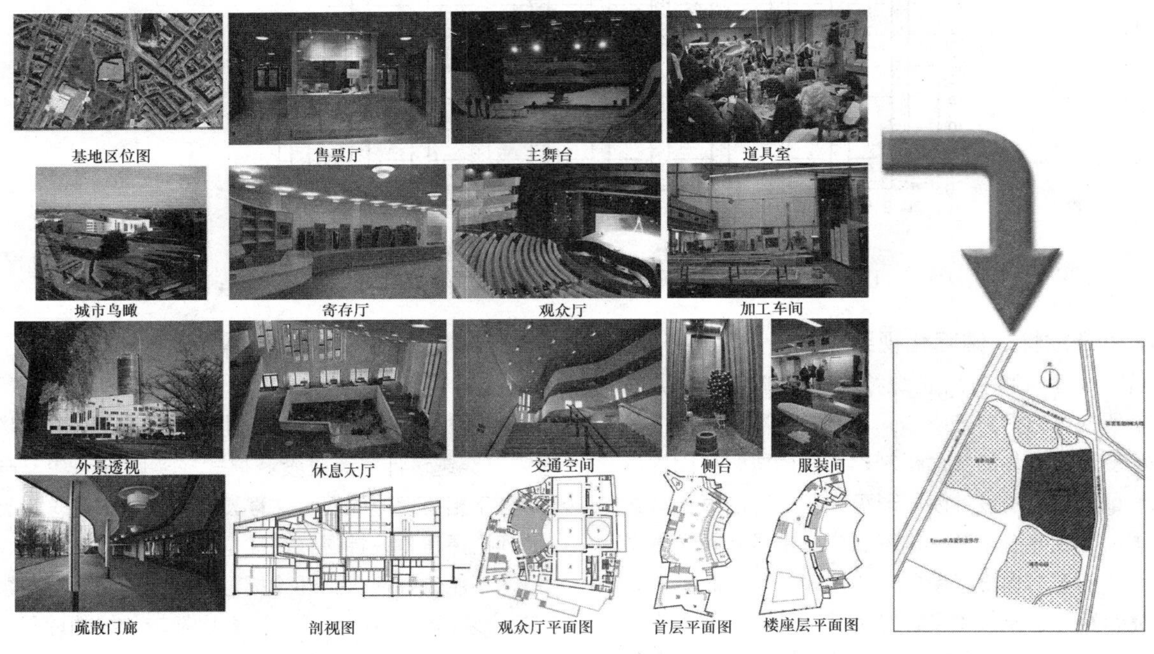

图2 “穿越设计”——德国北莱茵一威斯特法伦州埃森歌剧院建筑设计命题的形成

3.2 “穿越设计”从遥远到咫尺

“穿越设计”最难逾越的障碍恐怕就是设计在地域空间上的距离，看似遥不可及的基地环境会对学生产生莫名的畏惧与压力，如何帮助学生较好地完成基地认知显得尤为重要。基地认知要求学生学会认识和分析基地的环境背景、限定条件，并以此为设计的依据，建立场地构思的思维方法，树立尊重场地、尊重环境的设计观。

结合广义建筑观下的当代建筑教育，注重培养学生从建筑到城市的思考过程，“穿越设计”要从遥远的设计变成眼前的设计，广义建筑学中城市设计的核心作用更显突出，从而达到对建筑的本真进行综合性的追寻。具体实践为：在课程设计基地认知阶段，要求制作完成两种比例的实体模型——宏观小比例城市街区范围模型1∶2000，中观基地内建筑与周边环境模型1∶500，让学生自己理解，主动思考建筑与城市、街区、基地三者的关系（图 3），从而强化基地认知，建立从宏观到微观的广义建筑观。

3.3 “穿越设计”交叉融会了案例解析与课程设计

“穿越设计”选题本身出自于国内外优秀的作品案例，与以往课程设计前期要求学生进行案例分析、调研分析相比，此种情景下教师为学生甄选的案例对象最具有代表性与研究价值，一方面开阔了视野，另一方面后续同一基地上的设计也使学生在各方面不断地与之比较推敲，与大师“对话”，从宏观到微观都对这些经典案例有了全面系统的认识。这较之以往泛泛而谈、片段式主观性的案例解析要深刻具体的多，同时也将“穿越设计”对象作品解析纳入课程设计成果要求中（图 4），强化了该种课程实践的特点。

图 3 “穿越设计”基地认知环节

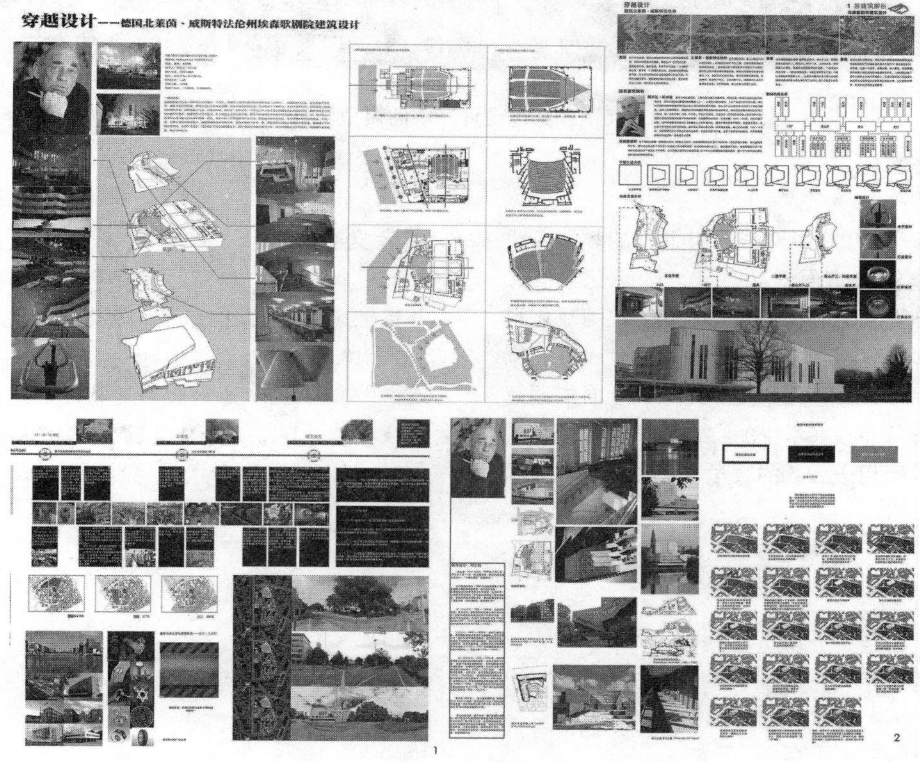

图 4“穿越设计”学生案例深度解析与课程设计融合

3.4 “穿越设计”教学中空间建构理念的实践

建筑学作为一门技术学科，以实践为导向，设计课程重视对空间的认知和体验，重视技术，重视空间的建构过程，强调学生的空间思维和构思能力。“穿越设计”教学中以空间建构方法作为教学主线，培养学生从空间角度出发思考和进行设计，除了前面提到的 1：2000，1：500 城市基地模型，在此还要求学生结合厅堂空间结构、材料、构造、建筑物理等问题，通过制作 1：200 比例的可拆分的建筑空间模型，使学生真正感受建筑与环境的协调、城市规划的合理性、细节设计、环境与人类行为协调等等，真正产生对建筑设计本质的思考（图 5）。过程中鼓励发动学生自己进行从设计到建造的系统化教学，让学生自己利用手中各种资源进行学习和操作，让学生进行自我成长。

图 5 “穿越设计”中的模型教学

4 结语

此次针对建筑学中高年级建筑设计课程的教学实践改革，是在我国建筑教育面对全球化、国际化、信息化、地域化背景下提出的。目的是引导学生在国际化视野下对建筑问题多元化思考、分析，激发学生设计的积极性和主动性，另一方面也使学生更为深刻全面的理解和认识原有作品，从而提高学生的综合素质和能力。这种教学模式将继续运用于后续的教学实践中，并在之后的教学实践中不断的探索与改进。

参考文献

［1］ 龙灏，田琦，王琦等．体验式开放性建筑设计课教学法探讨［J］．高等建筑教育，2011.20（1）：131～134.

［2］ 孙莹．专题化和开放式的建筑设计课程教学方法探索［J］．高等建筑教育，2009.18（6）：57～62.

李　帆　李志民　王晓静
西安建筑科技大学建筑学院
Li Fan　Li Zhimin　Wang Xiaojing
School of Architecture, Xi'an University of Architecture & Technology, lifan007@163. com

建筑学理论与设计课程结合的教学改革实践
——以建筑计划与医疗建筑设计“一体化”教学为例
The Teaching Reform for Combining the Course of Architecture Design and Theory
——Taking the Library Design as an Example

摘　要：建筑学是应用性的综合学科，如何将专业理论课程与设计课程进行合理有效结合一直是建筑学本科专业教学中的重点和难点问题。本文通过从学生学习方式、理论课程特点、设计课程特点三方面分析建筑学专业高年级的特点，提出专业理论课程与设计课程相结合的必要性及途径。并通过“建筑计划与设计”理论课程和“医疗建筑改造设计”一体化教学为例展示了教学改革实践的过程，具有推广和借鉴作用。

关键词：一体化教学，理论结合设计，建筑计划

Abstract: Architecture is the application of multi -disciplinary professional theory courses and how to design courses have been reasonably effective integration architecture undergraduate teaching is important and difficult problem. In this paper, from the way students learn, theoretical course characteristics, design features three aspects of curriculum high school in architecture to the characteristics of professional theory courses and the necessity of combining design courses and pathways. And through the "architectural plan and design" theory courses and "medical building renovation design" integrated teaching example illustrates the process of teaching practice, with promotion and reference.

Keywords: Integrated teaching, combine theory with design, architectural planning

1　建筑学理论与设计课程结合的重要性

建筑学专业具有与其他工科专业不同的特点。它具有物质技术及文化、意识形态的双重需求，注重自然科学与人文科学的结合，是逻辑思维与形象思维并重，涉及理、工、文、艺诸多领域的综合性、实践性学科。因此在建筑学专业的学习过程中，需要以建筑设计课程为主线，以相关建筑学专业理论课程为基础，两者相辅相成。建筑学专业理论课程是建筑设计的基础，是学生进行具体设计实践时无法回避的约束条件和前提；而建筑设计课程是建筑学科的核心内容，指向本专业建筑实践终极的目标，是对所有理论课程的具体运用，如果两者结合不好就会造成理论脱离实践，使学生学习理论课程死记硬背缺乏理解，学习设计课程浮于形式虚有其表。因此，如何将理论课程与设计课程合理有效地结合在一起成为建筑学专业教学中的重点和难点。

在西安建筑科技大学建筑学专业的本科教学中，按照各年级的课程设置，形成了逐渐递进的专业课程“集群”，尽可能地使理论课程与设计课程在教学中紧密结合在一起，并呈现出越往高年级结合越紧密的特点（见

作者邮箱：lifan007@163. com

表 1)。

各年级设计课程与理论课程结合情况统计　　表 1

年级	设计课程	教学中进行结合的理论课程
二年级	小住宅设计、幼儿园设计	“建构”相关理论课程
三年级	旅馆设计、住区设计	公建、住区相关“原理”课程
四年级	影剧院设计	“技术”相关理论课程
五年级	医疗建筑设计	“空间—行为”系列理论课程

注：参照“西安建筑科技大学建筑学课程体系”设置情况编制

下面将就建筑学专业高年级暨五年级的课程结合的教学实践作详细阐述。

2 建筑学专业高年级的特点

高年级建筑教育是建筑学本科教学中的一个重要环节。在西安建筑科技大学建筑学院，随着“三阶段两环节”的总体教学体系的建立（即将一、二年级作为基础教育阶段，三、四年级作为专业素质教育阶段，五年级作为专业实践与拓展教育阶段），高年级的建筑设计教学就具有十分重要的意义。它需要引领学生进行从学习知识到运用知识创新的转变，建立起“设计的研究、研究的设计”观念。同时，这一阶段的教学内容和教学模式特点还会和本科阶段最后一个环节的毕业设计起到衔接作用。在这一阶段的专业教学实践中笔者感受到以下一些特点：

（1）学生学习方式的特点

步入到高年级的学习阶段，学生的学习状态已经有了很大变化。由于生活和学习圈子的扩大，很难用做思想工作或行政命令的方式将其固定在专用课桌前。考研、应聘、出国等各种事务的影响使教学秩序受到一定影响，同时由于设计经验和水平都已有相当程度的积累，学生的设计效率相对较高，学生不愿意天天待在专业教室里。

为了应对学生学习特点的变化，在这一阶段建筑设计课程题目的设置需要作出相应调整，更具真实性和实践性，保证设计内容的新鲜度，提高学生的设计兴趣。适度增加“外出”学习的时间比例，并创造分组学习的机会，使教学方式更加生动丰富。

（2）理论课程设置的特点

高年级理论课程的内容与专业实践和拓展教育紧密相关，其中部分课程与更加细致和专门化的设计方向相关，例如“生态技术专门化”、“建筑数字化设计”等课程；另一部分则与专业实践密切相关，例如“建筑计划与设计”、“环境心理学”等课程。第二部分理论课程在教学上不仅注重课堂知识的讲授，同时有调查研究实践的要求，需要通过真实的相应建筑环境的观察来理解和掌握课堂讲授的理论部分内容。因此这部分理论课程需要配备一定比例的学时进行外出调查实践。

（3）建筑设计课程的特点

为适应教学计划的安排，高年级设计课程的开设具有专业深化的相应特点：需要进一步拓展和深化学生的专业认识、专业能力和专业基础，增强学生的学习自主意识和自我拓展能力，培养学生综合运用建筑学专业知识和技能，逐渐形成建筑设计方法。因此这一阶段的设计课程紧密结合实际工程项目，从设计原理到设计思想进而到设计方法逐步展开，形成循序渐进的教学模式。

在这一阶段进行的设计课程的具体内容变化包括：题目更加接近实际工程，或更具有研究性；设计过程中普遍包含了环境调查和分析的内容；设计任务书相对中低年级笼统粗略，需要学生通过思考梳理和明确详细设计任务；设计工作量大，通常分组进行。

通过以上分析可以看出，在建筑学高年级的教学环节中，理论课程有和建筑实践结合的需求，设计课程也加强了理论知识的指导作用，两者有相互结合的必要性；同时理论课程和设计课程在教学方式上都有相同的“外出”调查实践的教学环节，使课程结合有了合适的操作平台，在调整协调调查实践目的性一致的情况下，两者结合切实可行。

下面以设计课程与“建筑计划与设计”理论课程的结合教改为例，说明两者结合所带来的变化和益处。

3 “建筑计划与设计”的课程特点和要求

“建筑计划”的概念由日本学者首先提出，“建筑计划学”是日本建筑学专业中必不可少的一门理论课程。该课程是以人的生活、行为、心理与建筑空间环境之间的对应关系与设计方法等作为研究领域，为建筑设计提供科学依据的知识体系。“建筑计划”是建筑设计的前期准备工作及其成果，它通过调查和分析的研究方法，明确建筑设计的条件、需求、价值、目标、程序、方法及评价。狭义的理解，“建筑计划”就是建筑设计计划或建筑策划，它的主要研究方法是调查研究和理性分析，目的是明确设计任务，并控制设计过程更科学合理。其经常运用的调查方式包括观察调查、询问调查、意识调查、设计实测等。该课程特点决定了不能只在课堂灌输理论知识，必须走出校园进行相对应建筑环境的调查实践。因此和这一阶段的设计课程相结合成为合理又必然的一种选择。

4　课程结合的具体方法

建筑设计题目设定为“医疗建筑改造设计”。选择该设计题目的原因包括：设计内容具有综合性和复杂性，尤其是包含了复杂流线设计；建筑改造更新是目前建筑学研究领域中的热门课题，具有较强的实践意义；医疗建筑中存在各种公共活动内容，便于观察人的生活、行为、心理与建筑空间环境之间的对应关系。

该课程设计的特点在于设计进行之前只提出明确的设计对象，没有细致完整的设计任务书。学生需要通过调查研究，结合“建筑计划与设计”课程上提供的调查和分析方法，观察设计对象中不同类型人群行为和建筑空间的对应关系，发现空间和行为之间的矛盾，以适应使用者的需求为目标，确定改造设计的具体内容，并进行量化和任务的明确，再进行下一步的改造设计。设计中强调了设计前期“建筑计划”的环节，其中包含了以下一些有特色的实践内容：

(1) 空间调查

以西安市具有一定规模的综合性医院为调查对象(亦即改造对象)，通过现场实地踏勘，全面了解其功能布局、环境条件及建筑形象。调查内容还包括医院所处位置、周边环境、服务半径、服务对象等背景资料。通过运用图像记录、影像记录、尺寸记录的方法还原医院主要功能区，包括门诊、急诊、医技、住院、辅助用房各部分的功能布局，最终以二维和三维图形的模式加以展现，见图1。

这一阶段的学习重点是对改造对象建筑空间的熟悉和把握，同时使学生对其使用现状和可能存在的问题有感性认识。

(2) 行为调查

以医院内各种使用者(患者、陪护、探视者及医护人员)的行为作为观察对象，考察使用者与医院建筑空间的相互关系，发现医院目前存在的问题。需要通过图文并茂的方式呈现调查结果，例图见图2。

例如，通过对门诊部的患者行为观察挂号空间的位置和尺度是否合适，交通空间与等待区的关系是否合理；通过对住院部病人和陪护者的行为观察病房设计是否合理；通过对医生手术操作过程的观察分析医技部分设计是否符合流线要求等。

图1　学生通过空间调查绘制医院现状图

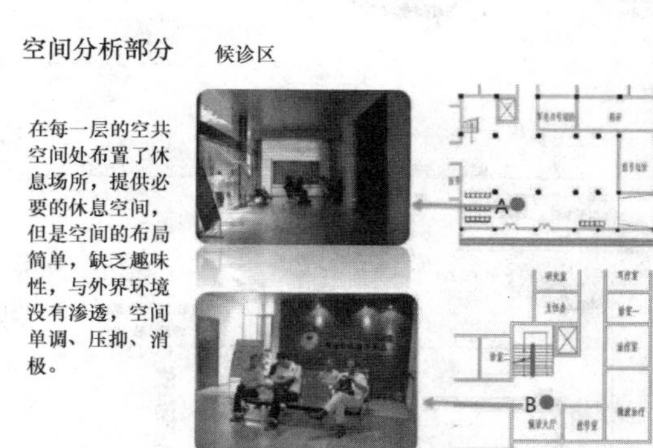

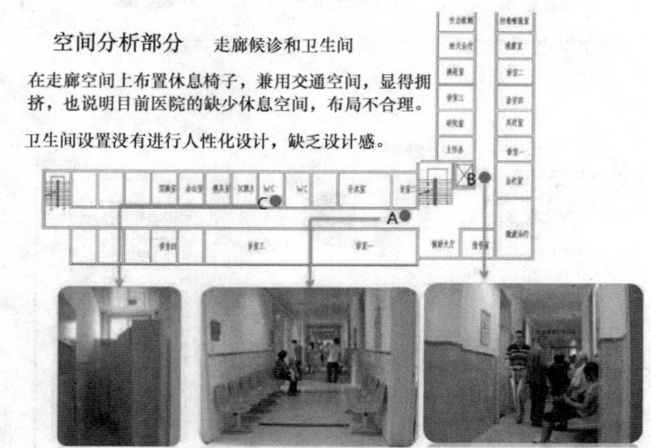

图2　学生通过行为调查绘制分析图

(3) 问卷分析

为了更直接有效和准确了解医院设施使用者的意见和需求，要求学生采取发放问卷和座谈调查的方式，探寻医院改造的方向。对调查结果进行量化整理，使改造的内容和要求不仅依靠感性判断获得，更倚重科学分析来进行。图 3 和图 4 分别是学生进行问卷调查和座谈调查的情景，图 5 是对调查的分析结果。

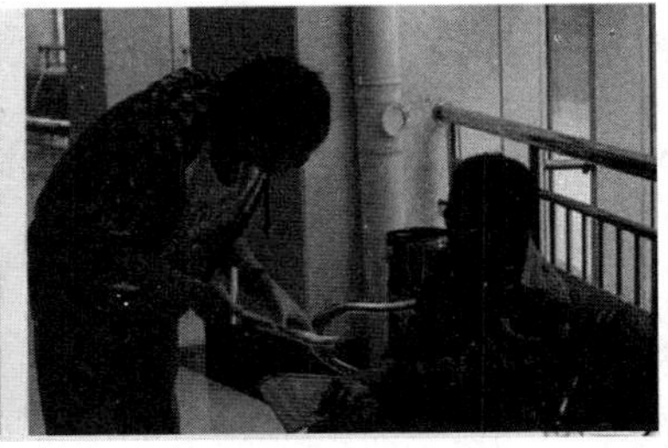

图 3　学生在对患者进行问卷调查

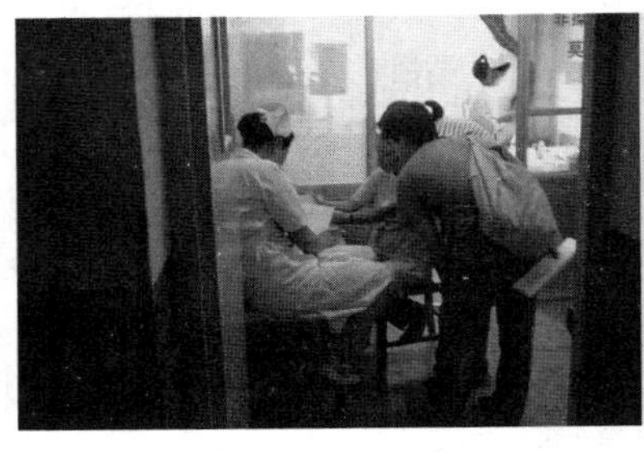

图 4　学生和医护人员进行座谈

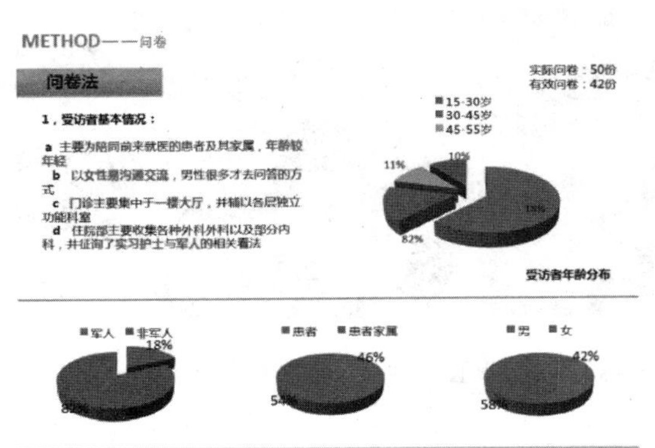

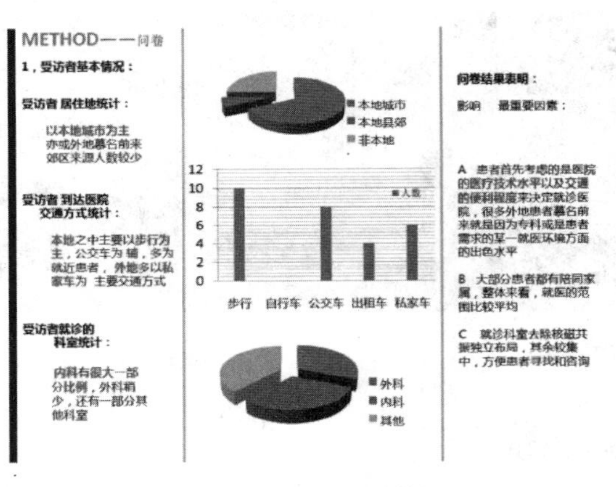

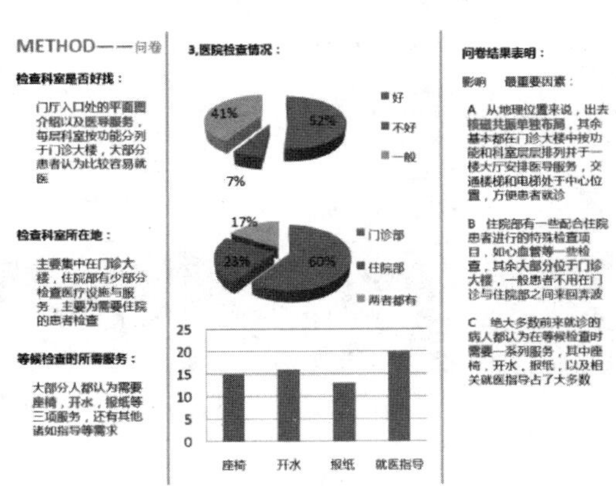

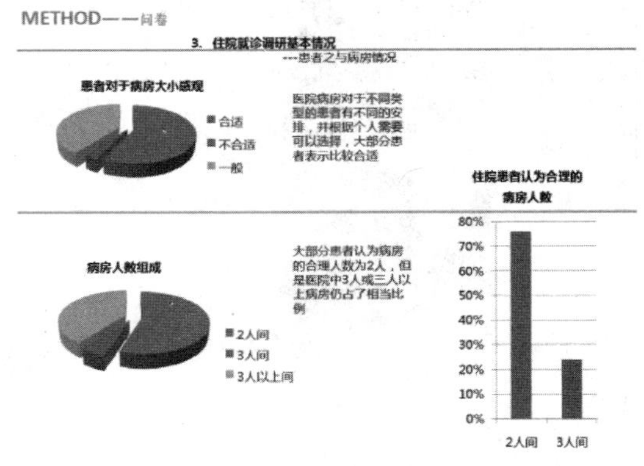

图 5　对调查的量化分析

（4）跟踪调查

分为整体性观察和典型案例跟踪调查两种方式。通过整体性的使用者数量、分布状态、轨迹观察，可以判断建筑空间尺度和布局合理性方面的问题；通过典型案例跟踪调查可以记录使用者利用建筑空间的全过程，发现主要矛盾，再从多个个例归纳总结出普遍性问题。图6是学生进行跟踪调查的过程，图7是学生进行整体观察和典型案例跟踪调查的量化结果。

图6　学生在进行典型案例的跟踪调查

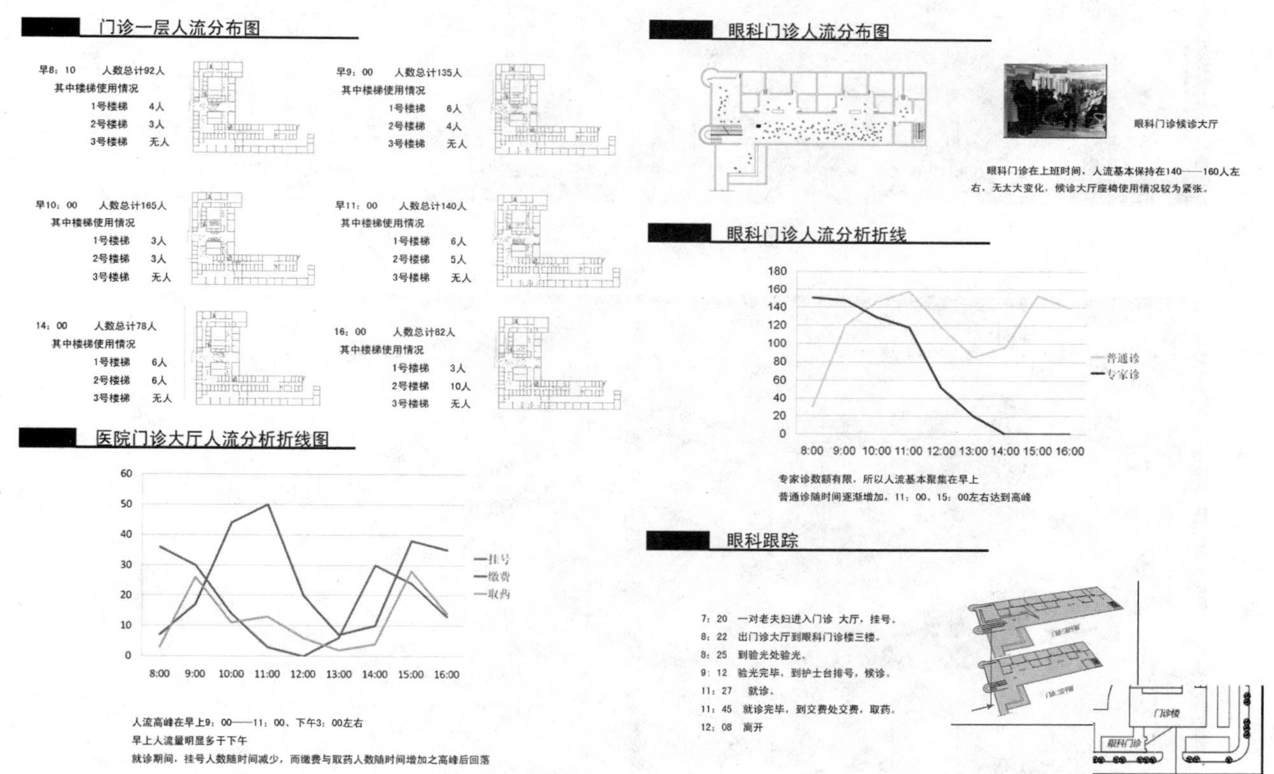

图7　跟踪调查的量化结果

5　学生设计案例及其收获

通过以上一系列“建筑计划与设计”的结合，学生最终明确了改造的具体内容和任务，并使建筑设计在理性分析的指引下科学进行，图8、图9、图10为学生的部分设计图纸。学生对“建筑计划”理论课和“医疗建筑改造”的设计课程理解更加深刻，对将来走上设计工作岗位经常会面对的调研方式更加熟悉和掌握，取得了较好的反响和教学效果。

作为建筑学专业高年级理论课程与设计课程结合的教学改革实践，这一做法在建筑学界具有推广和借鉴意义。

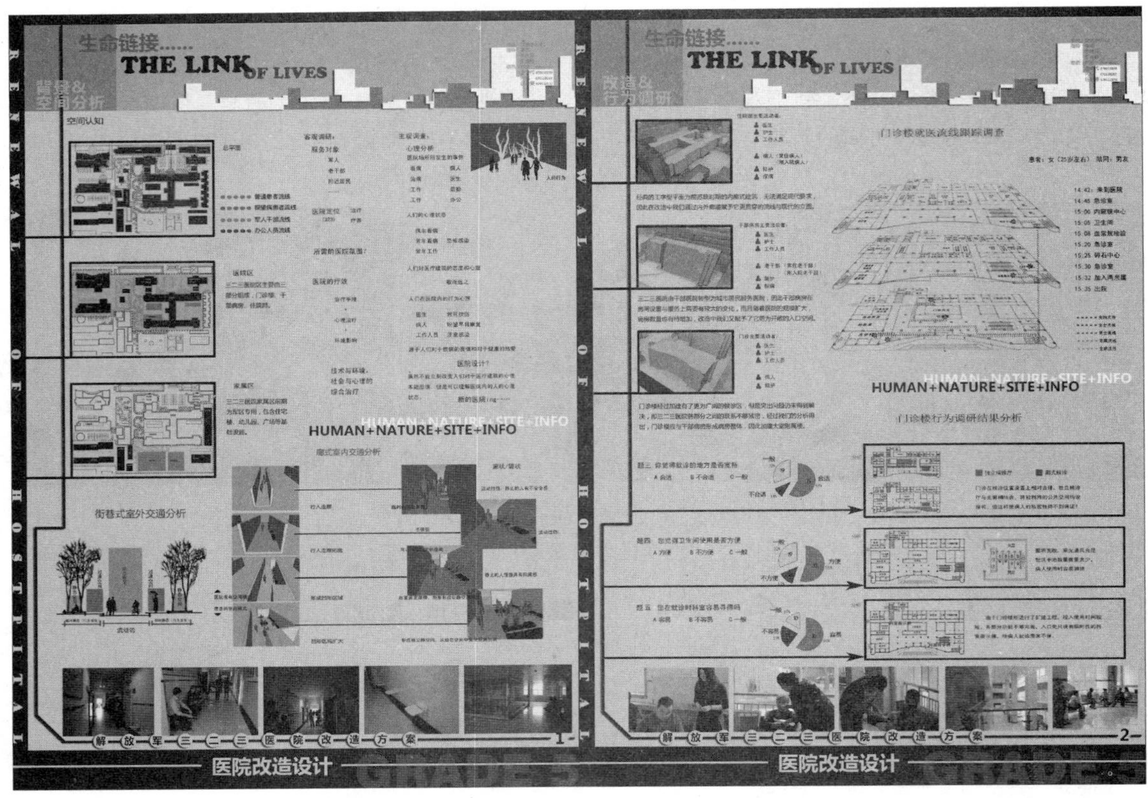

图 8　学生设计案例实例 1

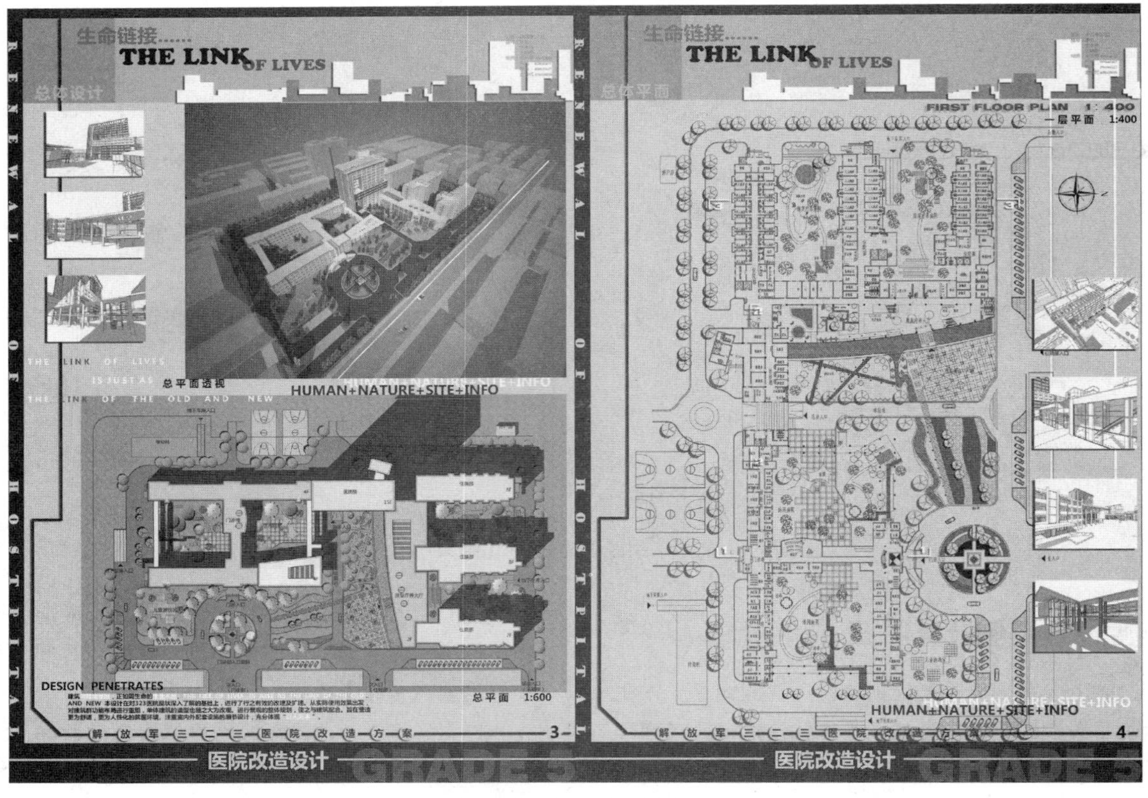

图 9　学生设计案例实例 2

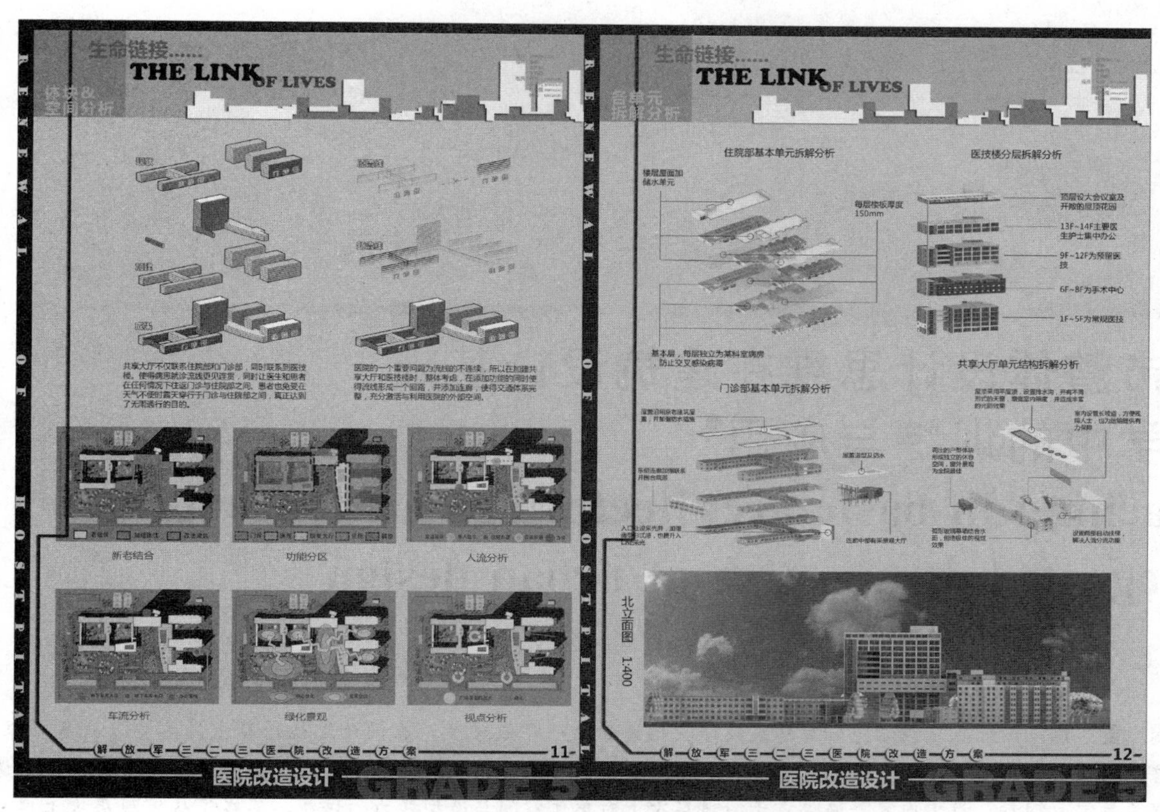

图 10 学生设计案例实例 3

注：本论文为西安建筑科技大学教育教学改革研究项目重点项目："案例式教学在建筑学专业高年级'空间—行为'系列理论课程整合中的研究与实践"研究成果中的一部分，项目编号 JG011104。

参考文献

［1］ 龚恺．东南大学建筑系四年级建筑设计教学研究．建筑学报．2005-12：24-26.

［2］ 李浩．城市规划社会调查课程教学改革探析．高等建筑教育．2006．第 15 卷．第 3 期：55-57.

［3］ 岳邦瑞，段德罡．城市规划专业低年级教学改革的探索．高等建筑教育．2006．第 15 卷．第 3 期：71-73.

李　伟
天津大学建筑学院
Li Wei
Tianjin University

城市整体设计思维在建筑设计基础教学中的训练与应用[1]

Teaching in basic architecture education with a integrated perspective of urban design

摘　要：建筑设计基础教学是针对建筑设计及相关专业一年级学生，在设计思维培养上的主要专业基础课，培养对象则是建筑学、城市规划、环境艺术三个专业的学生。但从目前改革后的我国各高校建筑设计基础课程的教学大纲看，教学内容普遍偏重于微观层次上对单体空间与造型能力的培养，忽略了从宏观层次上建立对城市设计整体思维的认识，和对城市与单体空间关系的训练。论文基于建筑设计基础教学中的内容缺失，系统分析了在基础教学中为学生建立起从宏观到微观，再从微观到宏观的思维模式的重要性与必要性，并以天津大学近年来在建筑设计基础教学改革中的课程设计为例，提出了城市整体设计思维训练在建筑基础教学中的应用方法与途径。

关键词：城市整体设计思维，建筑设计基础教学，宏观

Abstract: Architectural design teaching for first year students is a professional training in design thinking of major professional courses. The object contains three majors of architecture, urban planning, art design. However, the current basic architectural design syllabus emphasis architectural space and styling abilities on the micro-level, ignoring the teaching method of urban planning and design on the macro-level. Paper based on the missing contents in architectural design basic teaching, and analyzes the how to teach the students to build the thinking method from macro to micro, also micro to macro, and on the basis of Tianjin University design teaching Reform in recent years, Proposed how to presented integrated perspective of urban design into basic architecture education.

Keywords: integrated perspective of urban design, basic architecture education, macro level

纵观国内各高校的建筑设计基础教学，培养对象基本包括建筑学、城市规划、环境艺术三个专业的学生。但从目前我国各高校建筑设计基础课程的教学大纲看，教学内容普遍偏重于微观层次上对建筑空间与造型能力的培养，但单体空间都是要存在于城市特定的空间环境之下，并与周围的城市空间产生一定的关系，从而使之成为城市整体空间环境中的一部分。因此，如何在宏观层次上培养学生对城市空间和单体空间关系的理解，从而建立起城市整体设计观显得尤为重要。

1　城市设计整体思维对基础教学的重要性

近年来，随着建筑设计基础教学的改革，国内各高校大多摒弃了以仿宋字、墨线和渲染练习等训练为主的

作者邮箱：liweiwork@tju.edu.cn

[1] 国家青年科学基金资助项目 51008203

徒手能力的基本技法的教育，进而转向了以空间设计为主线的，以训练学生三维空间造型和创造能力为主的教学理念。但是，从目前各高校的教学实践来看，空间设计训练又大多集中于仅仅从空间形态美学为出发点的单体空间的构成或创造，例如，天津大学的“方盒子空间系列设计”，它仅仅是在一个在指定大小的12cm×12cm×12cm的立方体空间里，运用点、线、面等基本要素，做一定的空间分割和空间组合练习。众所周知，一个单体建筑的空间不能脱离环境而存在，其空间形态的形成是由所在城市的气候、地形、文化等综合因素共同作用而形成的，一个完整的设计需要从环境分析入手，遵循从宏观到微观，微观与宏观互动的设计过程。这就造成了一年级设计训练与高年级设计训练思维在某些环节脱节，往往是学生在设计基础课中对于空间造型能力已得心应手，但进入高年级设计阶段仍然对环境的分析，场地设计等问题觉得无从下手。因此，如果让学生总是单纯从单体的空间设计作为设计的出发点进行训练，必然会让他们在头脑中形成设计是先从微观再到宏观的设计习惯。如果我们要以在建筑基础教学中给学生建立起全面的设计思维为教学目标的话，这样做无疑是在教学思路上有所偏颇。因此，我们必须让学生认识到，设计是一个庞大的认知系统，让他们在设计学习之初建立起从宏观到微观，微观与宏观互动的城市整体设计思维观。

2 将“城市整体设计思维”融入空间训练的教学方法

基于天津大学一年级教学组已有的教学框架，遵循建筑设计思维培养的导向，我们改善并丰富了原有的以单体空间训练为主的空间课题设置，拓展教学思维维度，补充现有教学环节，提升设计研究方法，使“城市整体设计思维”的训练环节与内容能够有机地融入已有的教学内容中。使教学环节从抽象走向具象，使学生养成建筑设计过程中的从宏观到微观，微观与宏观互动的设计习惯，并形成单体空间与城市、环境、社会关系等方面的感知与初步认知。如表1所列，课程环节具有以下特点：

将“城市整体设计思维”融入空间训练的教学环节与题目设置 **表1**

学期	设计课题（学时）	基于城市的整体设计思维的纬度	课程环节	设计研究方法与途径	设计表达
第一学期	单体空间的城市属性分析思维训练（6周）	单体空间的城市功能属性分析训练	选择天津五大道区域，分析单体空间的城市功能定位	调查研究 图解分析	建筑徒手表达 多媒体汇报
		单体空间的城市艺术属性分析训练	选择天津五大道区域，分析单体空间的城市色彩，风格定位		
		单体空间的城市空间属性分析训练	选择天津五大道区域，分析单体空间的城市尺度功能定位		
	单体空间的城市适从性思维训练（4周）	城市空间肌理完形训练	1. 选择五大道区域，并将大约500m×500m的一部分区域在地图中留白。要求学生根据五大道区域本身固有的城市形态和肌理结构将空白部分在平面上重新填补完整，所填的建筑形态和道路形态必须与城市的原有的城市肌理衔接自然。	调查研究 图解分析	建筑徒手表达 模型制作 多媒体汇报
第二学期	单体空间的城市互动性思维训练（8周）	单体空间演变为群体空间的互动性训练	1. 在给定的空间结构体系内，利用点、线、面、体多种空间限定的元素进行空间形态构成训练。 2. 3－4人一组在给定的地形内，根据其功能空间及流线组织要求将每个单体空间通过拆解、扭转、拉伸、拼接等设计手法组合为一组有秩序的群体空间。	比较研究	模型制作 建筑制图
	单体空间的城市延展性思维训练（4周）	单体空间向城市延展的界面空间整合训练	学生在校园内选择某一建筑及其周边的基地，可以通过对单体建筑空间的局部改造，进行建筑单体空间和其周边城市空间环境的整合设计。	比较研究	模型制作 建筑制图

2.1 拓展教学思维维度

结合天津大学一年级原有的教学目标和体系，我们将整体城市设计的概念及其涵盖的维度补充到原有的设计课题当中，使一年级教学课题覆盖了单体空间设计、城市设计和景观设计中的主要问题点，使学生初步能从宏观到微观，再从微观到宏观，全面地把握设计的含义和概念。进而针对一年级学生的知识特点，教学组按单体空间的城市属性分析思维训练，单体空间的城市适从性思维训练，单体空间的城市互动性思维训练以及单体空间的城市延展性思维训练等各个方面，循序渐进地开展教学。

2.2 补充现有教学环节

扩充原有课题的教学环节和知识点，将每个课题拆解为多个不同的阶段，使每个课题包含若干子课题，使其能和原有教学题目良好衔接。例如在天津大学原有的“方盒子空间”创造拆解为两个教学环节，即：由原有的第一阶段学生在 12cm×12cm×12cm 的立方体空间里，运用点、线、面等基本要素，做一定的空间分割和空间组合的练习，拓展了第二阶段，根据阶段 1 分析结论，4 人一组，组内每人将第一部分空间作业利用拆解、扭转、拉伸、拼接等手法延展等手法将 4 个方盒子按照一定的秩序将其整合为群体空间。

2.3 提升设计研究方法

在教学中，按照“讲解基础知识→提出设计问题→进行研究分析→提出设计解决方案”的逻辑，使学生在教学中掌握设计思考和设计研究的方法。突破以前单一以模型作为评价媒介的单一教学方法，通过几个课题的实践，和教学方法的引导，强调学习方法和途径的多样化。以一系列设计课题为载体，培养学生在今后设计思维中需要认知的调查研究，数据分析，观察思考，讨论交流，团队合作等多方面来宏观考虑问题的方法。同时，题目设定的开放性使得学生能够自己发现并提出设计所针对的问题，因此能够最大化地激发学生的兴趣并充分发挥学生的创造力。

3 教学实践

教学组通过在一年级建筑设计初步课程中补充城市的整体设计思维在空间设计中的训练，以培养学生从宏观到微观的设计习惯和方法，在教学中收到了较好的效果。补充的课程设置设计如下：

3.1 单体空间的城市属性分析思维训练（第一学期）

第一学期，在原有教学课题“拼贴抽象”的作业前，加入一个教学阶段，即“单体空间的城市属性分析思维训练”。教学组选择天津有特点的原为租借地的五大道地区和意式风情区单体空间形态、城市形态认知作为主题，引导学生通过实地调查分析，让学生有机会接触设计的前期工作，建立宏观的设计理念，理解建筑与城市的关系。并指导学生从单体空间的城市功能、艺术、空间属性，三个方面体验城市基本单元空间的尺度与城市群体空间的关系；进而对街区、街道等城市形态进行概括性分析和综合，通过图解和抽象的方式将感性的认知转换为平面的和可读的图示语言，并将自己对空间的感受变成一张表达城市意象的拼贴图（图 1）。在教学过程中，教学组指导学生将调研的内容进行分析与整理，运用路径、斑块、图底等理论方法进行分析，掌握通过调查、记录、拍照等手段学习观察城市、记录城市的调研方法，理解单体空间到群体空间的尺度、肌理、节点等概念。

图 1 单体空间的城市属性分析思维训练作业

3.2 单体空间的城市适从性思维训练（第一学期）

在原有对天津五大道调研分析的基础上，绘制区域平面图，并将大约 500m×500m 的一部分区域在区域平面中留白。要求学生根据五大道区域本身固有的城市形态和肌理结构，将空白部分将留白部分重新填补完整，所填的每个单体空间形态必须与城市的原有的城市肌理衔接自然（图 2)。

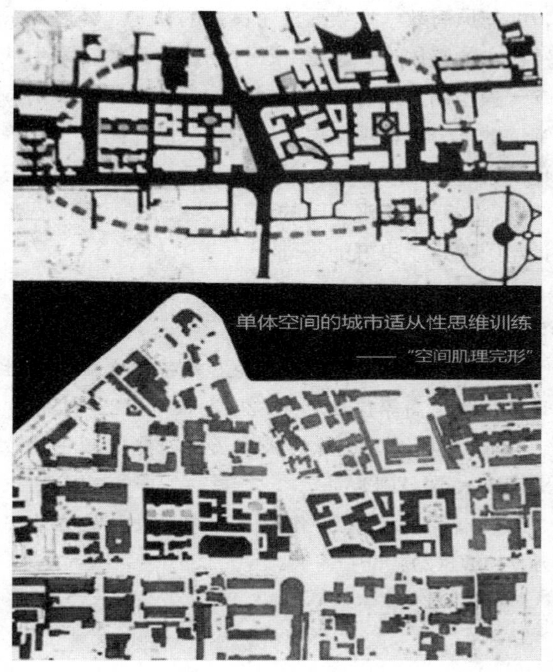

图 2　单体空间的城市适从性思维训练

空间肌理完形就是利用单体空间所在的城市环境，本身固有的形态和构成特征生成设计图形。这种方法注重分析周围环境，从城市空间本身的肌理入手，在设计阶段进行演绎和发展，利用图底关系推敲城市空间与建筑实体的关系，最终使设计后的建筑空间图形和城市环境自然地融合在一起。设计时应着重体会城市肌理的内在含义，其中每个单一空间构成的组织性，单一空间之间的互动关系和利用肌理进行演绎和完形设计的规律。这个作业也是使学生初步建立起从宏观的城市到微观的建筑的层级概念。

3.3 单体空间的城市互动性思维训练（第二学期）

将天津大学一年级第二学期原有的“方盒子空间”创造拆解为两个教学环节，即：在原有的第一阶段学生在 12cm×12cm×12cm 的立方体空间里，运用点、线、面等基本要素，做一定的空间分割和空间组合的练习的基础上，根据阶段 1 分析结论，4 人一组，组内每人将其第一部分空间作业进行变体，利用拆解、扭转、拉伸、拼接等手法将不同单体空间——4 个方盒子按照一定的秩序整合为群体空间（图 3)。

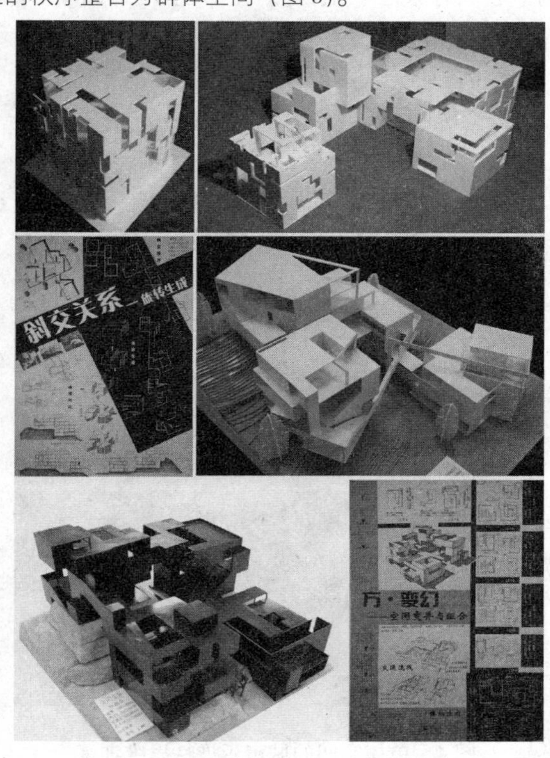

图 3　单体空间的城市互动性思维训练
——从单体空间到群体空间整合作业

此作业进一步让学生来理解每个单体空间之间的关系及其互动，体会单体空间到群体空间的演变过程与方法。

3.4 单体空间的城市延展性思维训练（第二学期）

将原有一年级下学期课程中单一的室外环境设计训练改变为“单体空间向城市延展的界面空间整合训练”。原有的课题设置主要训练学生环境艺术方面的专业知识，要求学生随意选择一块地形，并将其进行室外环境设计。新的课题则要求学生在校园内选择某一建筑及其周边的基地，可以通过对建筑单体空间的局部改造，进行建筑单体空间和其周边环境的整合设计。这个训练注重原有建筑单体空间与城市空间之间界面的整合与处理。并通过对外环境中活动人群的观察调研，设计出符合人的行为心理特点的城市室外环境，完成建筑单体空间的外延空间设计。在这个训练中，教学组引导学生充分理解建筑单体空间与其外延空间的关系，并了解外部空间构成的基本原理和人的行为尺度，创造出建筑空间与其环境空间的有机连接，并满足交流、休息、集会的需要，创造良好的城市空间环境。

新设置的课题合理地涵盖了从建筑单体空间—室外环境空间—城市空间的各个纬度的空间及其相互关系的训练，使原有课题得到良好的补充与完善。图4中，学生通过自己的观察，从自己独特的视角，对天大建筑系馆周边经常被忽略的一个紧张的三角地块作出了自己的设计，通过对建筑系馆一层进行半地下的局部改造，使单体空间与城市外部空间有了有机的联系与过渡。

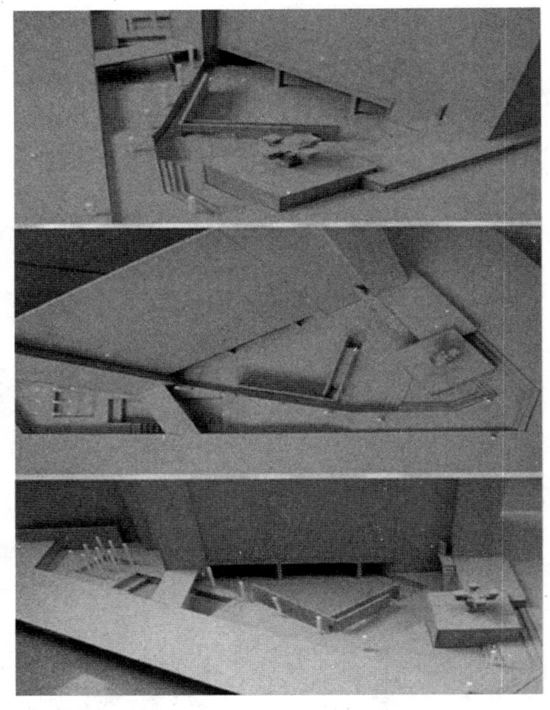

图4 单体空间的城市延展性思维训练
——“空间延展”作业

4 结语

调整后的教学题目已经过两年的实践，教学效果良好，并与原有教学框架形成了良好的补充。经过一系列的“城市的整体设计思维”设计训练为载体，学生从以前单一模型制作来进行空间思考的设计方法扩展到调查研究，数据分析，观察思考，讨论交流，团队合作等多元化的设计思路和方法，并进一步使学生建立起从宏观到微观，微观与宏观互动的设计思维方式，为下一步的设计学习奠定了良好的基础。

参考文献

[1] 许建和．宋晟．严钧．建筑学专业创造性思维训练思考．高等建筑教育．2013（3）：122～125.

[2] 申艳红．建筑的城市属性研究．硕士学位论文．湖南大学．2011.

[3] 韩冬青．分析作为一种学习设计的方法．建筑师．2007（2）：5～7.

刘 刚
同济大学建筑与城市规划学院
Liu Gang
Tongji University，College of Architecture and Urban Planning

阅读城市空间：对一种建筑学专业入门方法的教学探讨

Reading Urban Space：A Methodology for Introducing to Architecture Study

摘 要：在本科低年级学生中，存在从高中转入到建筑学专业学习入门难度提升的现象，针对这个问题，本文探讨如何通过“阅读城市空间”，帮助学生掌握对建筑及其建成环境相关信息进行收集、分析和表现的方法，培养问题意识，逐步学会从城市和环境分析入手的专业思维逻辑，建立基本的城市观，形成正确的建筑学价值观，从而使学生尽快进入建筑学专业领域，为高年级专业课程学习积累专业知识和分析技能。

关键词：阅读城市空间，建筑学，专业入门方法，教学探讨

Abstract：Difficulties for fresh students in undergraduate schools exist during the process of transferring from high school study to professional study of Architecture. This paper explores a methodology about reading cities to help students learn how to collect，analyze and represent urban space，in order to introduce them into the field of Architecture smoothly and provide knowledge and analytical skill needed in senior studio classes.

Keywords：Reading Urban Space，Architecture，Introduction to Architecture Study，Teaching Discussies

大部分建筑学专业本科生在从高中学习转换到建筑学专业学习的过程中遇到一定的挑战，除了数理化学习方式无法适应创造性的专业设计课，对于物质空间这一学习客体缺少认识和感知之外，学生在理解空间的形式与内容等问题上也存在困难。阅读城市空间是对建筑及其建成环境相关信息进行收集、记录、分析和表达的一种专业学习途径，有利于本科低年级学生转换理科学习思维和习惯，增强对建成环境中的空间要素、关联性和价值意义的理解，从而帮助学生尽快进入建筑学专业领域，为高年级学习积累专业知识和分析技能。

阅读城市空间的意义还在于认识到建筑学是一个整体的知识系统。对学生而言，相应的体系性的认知，宜在基础教学阶段就开始进行能力培养。建筑从来就不仅是一种器物或者技术，其丰富的文化多样性，与来自历史主义的经验、来自文化地理视角对特征的解读以及与来自观念和法规的生活秩序相互关联，成为一种具有内在价值的文化产品。通过在基础阶段的多项建筑学专业入门课程中置入阅读城市空间的内容，基础教育将体现出容纳多元知识的特点，在时间、空间与人（社会）这三个基本的维度上帮助学生培养专业思考和知识活用的习惯。

1 建筑学专业入门的难点

考入建筑学专业的学生在高中时基本为理科学生，而建筑学在传统上却是一门包含了与建成环境相关的社会、历史和文化等文科内容、注重美学和创新、并以城乡物质环境和空间生成作为专业知识重要构成的学科。在这种差异性下，高中生转变为建筑学专业本科生需要

作者邮箱：liugang_tj@126.com

一个入门转换过程，其难点包括：

（1）学习客体的转变

此处包含两个含义，其一，从高中的、通识型的学习客体向大学专业学习客体的转变；其二，在城乡规划成为独立的一级学科从建筑学分离出去的背景下，在高等教育完成后的就业方向日益多元化的形势下，建筑学专业的学习客体面临综合化倾向，对复杂的物质环境、特别是对城市空间的认识和处理能力变得更加重要。主要工作领域延伸涉及物质环境的多个方面，包括空间形态、社会与法规、历史文化、甚至传播和经济等等。学习的内容随之转变为以物质空间生成为核心、需要综合考虑技术、经济、社会、文化和环境发展的建筑学。

（2）学习方法需要转变

高中学习方式注重习题和考试，重复和记忆是主要的学习方式。而建筑学的专业课，特别是Studio形式的设计课，均没有简单的重复，而注重的是学生在对工作对象理解基础上的设计创意和技术运用。更好地理解设计客体将帮助学生将设计形式与内容联在一起。

（3）思维方式需要转变

高中时期的思维方式以接受知识灌输为主，而建筑学专业课则注重知识的实际应用，重在理解、积累和发现空间特征及其价值，并在此基础上创新。思维方式需要从简单的“接受”发展为善于质疑和反思。学生不仅需要注重精确的思维方式，还需要注重正确的综合性思维。

作为一种专业学习的形式，“阅读城市空间”将帮助学生实现思维方式的转变，并提供工具和路径理解城市空间这一复杂的学习客体。

2 现有建筑学入门课程

目前同济大学建筑与城市规划学院设置的，建筑学专业入门课程包括建筑概论、设计基础、艺术造型、建筑史和城市阅读这几项主干课程，其中，“城市阅读”作为一个专门的教学方向，是国内建筑类院校基础教学中，目前唯一被设置为理论类专业核心课的。这种重视，一方面缘于学院自身有很强的城乡规划学科和城市空间研究背景，另一方面，也与当代建筑学教育的知识构成和发展趋势有关。在相互衔接、本硕贯通的专业教学体系里（见图1），“阅读城市空间”不仅体现在专门化的“城市阅读”课程中，也是其他主干课程的重要内容之一。

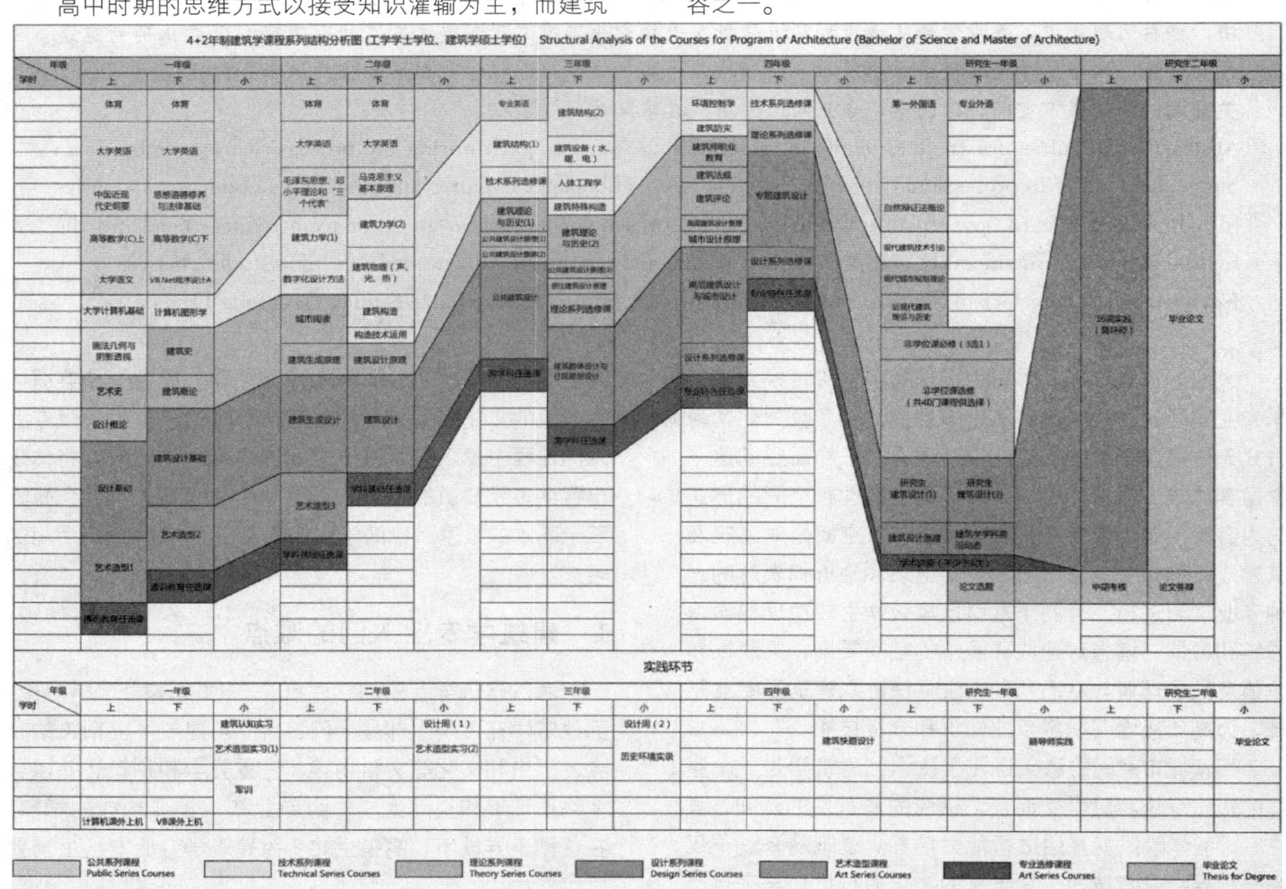

图1　建筑学专业本硕贯通课程系列分析图，选自2009—2012年同济大学教学改革项目验收汇报文件，2013年1月

国外高校，特别在类似麻省理工学院（MIT）这种传统上对城市空间非常重视的院校，已经就“阅读城市空间”设置了若干入门课程和高阶课程。通过对城市空间的观察、研究和分析，促使学生掌握专业方法、实现专业理解，是基本的教学目标。以“城市设计技巧：观察、解读和表现城市（Urban Design Skills: Observing, Interpreting and Representing the City）”为例，该课程重在介绍记录、评价和交流城市环境的方法。通过视觉观察、实地分析、测量、访谈等方式，学生将发展关于城市环境如何使用并生成评价的能力，从演绎、推论、质疑和测试城市空间问题，到采用画图、摄影、计算机建模等表现方式，学生将交流观察到的城市空间和设计理念，从而为进一步的设计专业课程（studio）提供基础。

3 “阅读城市空间”作为一种专业入门方法

3.1 阅读城市空间的目的

阅读城市空间能帮助本科低年级学生在概要地了解城市类型、空间特点及时代特征的基础上，尝试建立对专业学习客体的空间独特性、历史唯一性和文化多样性的认知，感知建成环境与建筑之间的相互意义。并从中理解到各类空间规划和设计问题，都与所在城市环境或自然环境密不可分。学生从而逐步学会从城市和环境分析入手的专业思维逻辑，建立体系性的空间环境意识，进而形成正确的建筑学价值观 。

3.2 阅读城市空间的内容

正如MIT同行提出的那样，“城市本身提供了比其他任何文本更丰富的阅读材料”，通过阅读城市空间，“我们应不仅能运用文字，地图，照片和图表，更重要的是通过自己的眼睛和心灵来认识城市”。阅读城市空间的内容可包括城市及其特定地区的历史文化特征、经济社会特征、自然地理特征、城市空间的结构、形态与肌理及其背后的成因。阅读的案例可包括不同城市发展阶段的亚洲、欧洲、美国的典型城市及其空间。

3.3 阅读城市空间的方法

作为学习客体的当代城市空间是一个始终处于变化中的开放性环境。从这一特征出发，如能尽早建立对应的、开放性的分析思维，以及建立探索空间意义和未来的习惯和技能，对学生而言是大有裨益的。此外，虽然早前的建筑设计更多体现为对外部形式的控制，但是今天的人们已经充分意识到，对于城市空间质量而言，有些自然的社会历史过程和最初的设计定义一样重要。因此，通过阅读城市空间，学生会对综合多学科的专业学习路径较为敏感，于是在专业学习之初，就能着眼建设一种重要的能力，即在复杂的物质环境中，思考什么是有远见和包容的设计。

因此，阅读城市空间的方式是多样的：在运用常识性的建筑历史知识基础上，一般包括注重物质空间形态与要素的城市意向方式、注重文化价值的历史解读方式，对于知识面开阔的学生，应当鼓励他们适度跨界学习其他专业原理，在注重空间发展的经济学解读方式、注重城市发展动力的政治经济学解读方式、关注结构变化的社会学解读方式等等方面，择要发展个人能力，试举其中三种方式的原理如下：

（1）空间形态的要素与组合解读：这种解读以凯文·林奇的城市意向（city image）为主要理论和方法支撑，分析城市形态中的特定要素、变化及其关系。林奇认为，“一个可读的城市，它的街区、标志或是道路，应该容易认明，进而组成一个完整的形态”。他对城市意象中物质形态研究的内容归纳为五种元素，包括道路、边界、区域、节点和标志物，为阅读城市提供了空间要素的意向解读工具。

（2）空间发展的政治经济学解读：这一解读方法着重探究城市空间发展变化的政治经济相关动力机制，以当前两个针对城市开发的政治经济学理论工具为例，一个是空间的使用价值和交换价值的增长机器理论（growth machine theory），一个是以个体理性及其联合行为作为核心的政体理论（regime theory）。它们均不是简单通过框架来解释城市空间的发展变化，而是强调基于具有价值判断和利益驱动的行为主体，为阅读城市空间提供了特定的理论分析工具。

（3）空间发展的社会学解读：这一阅读城市空间的方法关注城市发展的社会影响，主要包括空间使用者特征、社会的流动性和差异性、不同人群的相互作用等议题。大量社会学理论可支撑空间的社会学解读，例如分析城市化过程中家庭依赖性逐渐解体和个人责任的增加、对礼俗社会和法理社会的区分、探究工业化前后的社会心理比较等等，这些对理解社会关系与空间的互动，增加学生在设计干涉前的空间问题意识很有作用。

4 阅读城市空间的教学内容设置

4.1 教学平台与教学框架

就阅读城市空间这一主题而言，建筑学专业基础教学中存在两类课程平台，一是“城市阅读”这样的专门课程，二是设计基础这类通用型的课程平台，在后者置入“阅读城市空间”的教学环节，通常以“空间认知”或者“环境生成分析”为名义，开展一个轻量化的专题教学。

在上述两类课程平台上开展“阅读城市空间”，其教学框架具有基本共性，即，包括教师讲课、学生作业及成果汇报三个部分。

讲课内容以城市发展历程为脉络，选择已作充分研究的城市空间案例，在对其发展背景、空间特征进行介绍的基础上，重点展现与某个专业问题连通的特定局部，使学生理解整体与局部的辩证关系，梳理场所意义。在此案例介绍和示范性阅读中，同时向学生讲解阅读城市空间的方法和课后加强学习的资源。

课程作业的完成和汇报是在教学中开展城市空间阅读训练的重要内容。这是一个本科低年级学生摆脱单纯接受知识灌输的重要机会，他们将练习自己发现问题、主动提出问题、积极收集资料解决问题的主动式学习。课程作业的形式以一份综合性的报告为宜，内容框架可由以下四部分构成：城市空间阅读对象选取、空间客观发展分析、空间意义解读以及空间未来发展判断。

4.2 注重体验的课程作业

课程作业的名称可随着不同的课程平台、不同的教学主题而灵活设定。“阅读城市空间”既可作为完整的成果，也可以是更大成果的一部分。

学生将进行以“阅读城市空间”为实质内容的研究报告编写，以MIT“曾经和未来的城市（The Once and Future City)”课程作业为教学参考对象，成果可细分为如下四部分。

（1）城市空间阅读对象选取

需要选择一个特定的城市空间作为阅读对象并对此做出说明。以空间片段的完整性作为规模控制的原则，它的选择标准有三点：具有社会、功能和空间的多元混合特征；有经过分析解读后能够引人关注的现状处境、有发生变化的可能。从以上出发，要求进行基本描述，阐述选择的原因、可能存在的问题以及在进行深入的分析判断前、对空间变化的预感等。成果中包括一张建成环境的意象地图。

（2）空间客观发展分析

集中分析其城市化客观过程。通过文献和图档资料，对比现状空间痕迹，解析出影响和塑造了物质空间的自然地理和社会历史因素及其过程，并比较变化因素的重要性，判断变化的发展程度，建立空间因受到各种进程影响而发生变化的意识。学生需借助文献描绘基地成为建成环境之前的自然（地理）特征，分析它们对现状形态的影响；学生还需从土地利用、所有权、建筑密度、建筑物增加、建筑的样式、交通方式等的变化中了解空间形态的形成及其对应的社会历史进程。

如果是作为整学期大作业考虑的话，成果中还可包括基地发展阶段的合理划分，关键时间点的确定，对空间形态变化背后的原因和作用力进行综合说明等。所有成果均需地图、发展规划和照片等文献资料作为论据。

（3）空间意义解读

旨在揭示空间的多样性价值。根据划分的进程阶段，开展进一步的资料分析和访谈，比较不同阶段空间使用者的身份特征、活动和生活方式等，在此基础上进行空间意义综述。

学生在这里将体现出生成并思考问题的能力，鼓励思考一些较综合而有深度的问题，如：空间变化是来自具体个人的行动？还是与更广泛的力量（如社会、文化、政治、经济）或更直接的条件（如政策、事件、技术变化带来的影响等）联合作用的结果？各个阶段的发展模式是否相同？

学生应该整合各类线索，获得揭示建成环境意义的经验，为思考未来可能的发展创造条件。成果要求高质量的图表等论据表达。

（4）空间未来发展判断

最后对空间的未来发展趋势做出判断，学生要在理解的基础上，展示出关于空间发展的观点。论证内容包括基地未来变化的可能性、内容、所需的条件等，变化包括土地使用、空间功能、空间结构、空间使用者等尽可能多方面的内容。

预计学生将在以上任务完成方面展示出清晰的能力差异，这对于专业入门教学而言，是非常重要的。这些差异一旦呈现，更有利于教师进行专业入门学习的针对性辅导。

5 结语

阅读城市空间暂且还是一项有待成熟的教学内容，但以下方面的教学价值早已定义它的重要性：

（1）要求学生将特定的城市空间作为客观对象，进行认知、质疑和评判，并努力寻找空间发展的答案，这是从入门阶段就应该明确的专业状态；

（2）通过阅读城市空间所获的理解和表达训练，学生可形成建成环境随时间而变化的意识，这是入门阶段就应该训练的专业逻辑；

(3) 在现实中，通过空间特征识别各种发展线索和作用机制的能力，从而尝试理解城市发展动力和规律，这是入门阶段就应该树立的专业目标。

总之，“阅读城市空间”是一种非常具有意义和前景的建筑学专业入门方法，对之进行的教学探讨，将力求在方法总结的基础上，以价值观建设为目标，使学生对建成环境的意义和可持续的空间发展初步形成自己的观点，为进一步的专业学习提供坚实的“专业”基础。

参考文献

[1] 凯文林奇著. 城市意向. 方益萍等译. 华夏出版社，2001 年 4 月.

[2] 麻省理工学院城市研究与规划系开放式课程网站 http：//www. myoops. org/cocw/mit/Urban-Studies-and-Planning/index. htm.

卢永毅
同济大学建筑与城规划学院建筑系
Lu Yongyi
College of Architecture and Urban Planning, Tongji University

空间观念在早期同济大学建筑设计教学中的影响[1]

The influence of space concept in the early architectural design pedagogy in Tongji

摘　要：同济建筑系的独特性和影响力来自其创建时期就已显现的、在现代建筑教育及设计教学上的开拓与探索。本文试图以现代建筑的"空间"话题为例，以对黄作燊和冯纪忠两位同济建筑系奠基人在20世纪中叶的相关建筑教育理念和设计教学思想的追溯，进一步认识西方现代主义建筑的观念是如何在同济建筑教育中被移植、转化和发展的，并通过对两者的比较研究以揭示，这些探索在早期已呈现出多样性特征。

关键词：同济，现代建筑思想，空间观念，早期设计教学

Abstract: With the theme of 'space' in modern architecture, this article traces the exploring and experimental work in Tongji's architectural education by the two most important founders of its architectural department, Henry Huang and Professor Feng Jizhong, in the middle of 20th Century. Through such a historical review it tries to reveal how the ideas of western modern architecture could have been introduced, transformed and even interpreted and developed in various ways in a Chinese architectural education institute.

Keywords: Tongji, ideas of modern architecture, concept of space, early design pedagogy

同济大学建筑系在1952年院系调整后成立，汇聚了原圣约翰大学、原之江大学以及原同济大学等多个院校的建筑学师资[2]，在开始就形成了精英荟萃、多元并存的格局，也为其思想开放、兼收并蓄的教学传统奠定了基石。当然，与其他以"布扎"教学体系为主导发展起来的兄弟院校相比，同济的独特性和影响力更来自创建时期就已显现的、对现代建筑教育和设计教学的开拓与探索。因此，西方现代建筑教育理念如何经过同济前辈们的努力被移植、转化和发展的，已是多年来关注同济早期建筑教育研究的核心内容，而黄作燊（1915～1975）和冯纪忠（1915～2009），又是追溯同济现代建筑教育思想的核心人物。

关于这两位前辈的研究，已聚集了丰富的史料，也有引人瞩目的成果[3]，然大多仍以相对独立的个案研究为主。本文试图通过"空间"这一专门话题，来看两人是如何将西方现代建筑中的有关理论，在我们的建筑认识和建筑教学中引入和转化的。并且，以比较研究的尝试来看，即使在早期的现代建筑教学探索中，同济也显

作者邮箱：yongyi_lulu@sina.com

❶ 国家自然科学基金项目，批准号：51078278

❷ 其他还包括原杭州艺术专科学校建筑组、原交通大学和大同大学土木系以及原上海工业专科学校的部分师生。见董鉴泓的文章"同济建筑系源与流"，时代建筑，1993年第二期。

❸ 见钱锋、伍江对于中国现代建筑教育史，尤其是圣约翰大学建筑系的历史研究，以及同济建筑与城市规划学院出版的有关冯纪忠等前辈的纪念文集，以及赵冰主编的一系列冯纪忠文集，以及史建在《新观察》组织的"何陋轩论"笔谈，等等。

现出自身的多样和丰富性。

要准确而详尽地追溯西方现代建筑空间理论对两人的影响过程实不容易，但有一些关联性是可以基本确定的：(1) 他们的空间意识来自西方现代建筑的影响，黄作燊受到的影响应该更加直接，包豪斯设计教学中空间观念极为重要，而他在哈佛大学追随格罗皮乌斯和布劳耶等大师学习建筑时必定耳濡目染；但从另一方面，吉迪恩的著作《空间、时间与建筑》❶ 对他们的启发可能是更主要的；(2) 两人都认为对于空间问题的认识，是走出学院派建筑羁绊、认识现代建筑及其设计特征的关键；(3) 他们都认为空间不仅是认识建筑的原理性问题，而且可以发展成为现代建筑教学中的建筑思维与设计方法。先来看他们各自是如何在建筑认识与教学中展开空间问题的探讨的。

1 黄作燊："空间是现代建筑的核心"

关于黄作燊的探讨从他 1942 年创办、并一直主持的圣约翰大学建筑系的建筑教学中就已开始。一个贯彻约大设计教学的核心观念就是，"空间是现代建筑的核心"(Space is the core of modern architecture.)。黄作燊很早就意识到，建筑教育的改革涉及多层次的根本性问题："和以往（学院派）的教育模式完全不同，今天的建筑教学是试图从问题的本质入手寻找解决途径，而不是毫无依据地、或以先入为主的观念和固定模式来处理问题。设计的技能必须从分析问题开始……"，而"在对问题进行彻底分析之后，下一步需要考虑的就是如何进行空间组织……"，在他看来，"过去的教学并不考虑空间概念，建筑的外观才是更重要的，造成的结果往往是空间和形式的关联性被彻底忽视。今天，我们要让建筑学的学生学会由内而外进行系统化的规划和设计，让建筑的功能布局和美学处理齐头并进，以达成统一的整体。"

很明显，空间组织首先遵循的是功能理性原则。黄作燊要求，设计教学要训练学生们"会考虑每个房间的目的和要求，并以科学的方式回应每一种需要，例如：空间容量、新鲜空气、通风条件、照明状况（包括自然的和人工的）、声音和声学效果。同时，各个房间的安排必须形成恰当的关联性"。由此，"建筑构思设计是以空间体量的形式（in terms of volume）——平面和表皮围合而成的空间（space enclosed of planes and surfaces）——展开的，而不再基于体块和体积（mass and solidity)"。在此基础上，他又将空间概念从单幢建筑一直拓展到花园、景观以及城镇街道甚至更大区域范围，空间设计因此还成为连接所有建成环境与自然环境的根本方式。

当然，只要看到黄作燊自己在 1945 年左右为话剧"机器人"的舞台设计❷就能断定，以功能主义的思想来理解他的空间设计一定不够：舞台布景除了片段帷幕上的世界地图，均采用抽象形式，各个独立元素通过离散、层叠或悬置，组合出该剧的室内场景；以往舞台空间的中心性和稳定感一一消解，元素的并置和背景的深邃莫测远离了传统透视学，却形成很强的空间流动与渗透（图 1）。对黄作燊来说，空间既是建立功能组织的设计工具，更可成为建筑引发身体和情感体验的艺术语言。他在约大给学生讲解密斯的巴塞罗那德国馆时，引导学生欣赏其空间和"空间流动"的设计特征，并且还引出"spacious"这个概念，意指自由流动，游向深远之境，甚至认为这与他极为欣赏的中国山水画的"气韵生动"有共通之处❸。

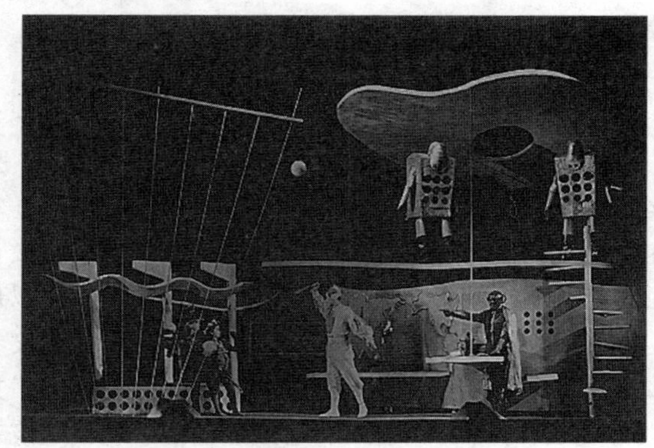

图 1 黄作燊在 1945 年左右为话剧"机器人"做的舞台设计

由此看到，早在 1940 年代末，黄作燊已将现代建筑的空间认识，拓展到对我们自己传统建筑特征的重新解读，其结果显然与梁思成和林徽因等同时代学者的解读很不相同。在他看来，中国传统建筑是以空间序列的艺术触人心灵的：任何一座单体建筑都无法体现故宫特征，因为它是"仪式空间"，它的轴线气势（approach）才是"中国气派"；走在天坛的空间序列上，就像"走

---

❶ 此书被列入黄作燊创办主持的圣约翰大学建筑系建筑理论课程的参考书中。见钱锋、伍江《中国现代建筑教育史（1920～1980）》中国建筑工业出版社，2008 年 1 月，P. 110；冯纪忠也直接提到该书是其思考空间问题的开始，见同济大学建筑与城市规划学院编《建筑人生——冯纪忠访谈录》上海科学技术出版社，2003

❷ 1944～45 年间为兄长、著名戏剧家黄佐临创建的"苦干剧团"的演出剧目《机器人》设计的舞台布景。

❸ 刘仲，回忆黄作燊先生，《黄作燊纪念文集》中国建筑工业出版社，2012

在升起的坡路上，两边的柏树好像在下沉，人好像在升天"❶；南京明孝陵也充满威仪，却是另一种顺应山势展开空间序列的建筑。而黄作燊最欣赏的，则是中国古代文人园林住宅中的空间幽僻。从他引用明代文人程羽文《清闲供》中的描述，可以想象他的理想住屋形式❷：

门内有径，径欲曲。径转有屏，屏欲小。屏进有阶，阶欲平。阶畔有花，花欲鲜。花外有墙，墙欲低。墙内有松，松欲古。松底有石，石欲怪。石面有亭，亭欲朴。亭后有竹，竹欲疏。竹尽有室，室欲幽…

黄作燊对这些建筑和园林在自然与人工环境交融，以及灵活空间的序列组织极其欣赏❸，如果说他自己未有机会尝试这样的空间设计，那么，其学生李德华、王吉螽在1956年设计的同济大学教工俱乐部，将现代建筑的空间流动和中国江南民居和园林的空间特质融合在一起，正是这种理想的珍贵实践❹。

2 冯纪忠："建筑空间组合设计原理"

"建筑空间组合设计原理"（以下简称"原理"）是冯纪忠在同济探索建筑设计原理和方法论并于1960年代初形成的教研成果❺。关于这个"原理"在建筑教育史上的学术和历史意义，顾大庆已给这样的评述：以现代建筑的空间概念替代"布扎"功能类型和形式主义教学体系，以设计"原理"超越"'布扎'的'师徒制'方法"❻。笔者认为，"原理"的起因还包括了现代建筑对中国的影响：一是在挣脱学院派束缚后的自由创造，会使学生在设计起点上不知所措，冯纪忠曾一再说的"光靠学生'悟'是不够的，教师要研究一般规律"即指这个；二是他批评的"建筑设计课……只有建筑成果经验，而无过程经验"❼，与其说是针对"布扎"的形式主义，还不如说是针对现代建筑引入中国，被形式化甚至风格化的显著问题。

始于1950年代后期开始构想的"原理"，无疑也受吉迪恩《空间、时间和建筑》以及如密斯这样的现代主义大师建筑设计的启示。不过冯纪忠很早就认为，吉迪恩提供的仅是空间的认识论问题，而设计"原理"是要建构"设计过程"和"一般规律"的方法论知识。如何实现后一目标，诺伊弗特（Ernst Neufert）的书《建筑师设计手册》（*Architects' Data*）对他影响颇深❽。这是一部他在维也纳高等工业学校留学时"几乎人手一册"的设计指南，提供了从初步构想到建筑组织再到建筑物的采暖、通风，热能、声学，采光、日照，门窗设计等一直到各种功能类型建筑的设计导则，而书中对他"最有吸引力"的，是那部分"共通的东西"。❾耐人寻味的是，上海里弄亭子间的生活经验也对"原理"的具体构想有直接启示。❿

诚然，在构想"原理"的年代，"空间"已不是国内建筑界陌生的概念，那究竟如何认识冯纪忠对于这一西方理论的引入和转化？

"原理"首先是要为现代建筑设计教学形成一种可教授（teachable）的设计思维和操作方法。冯纪忠不仅明确了建筑设计的"共通"概念是空间，还为"共通"概念建立了类型"规律"，于是，建筑设计归为空间塑造（大空间）、空间排比、空间顺序和多组空间组合四种类型展开，既超越了"布扎"的功能分类和形式思维，又使现代建筑空间理论从宏大叙述或特征描述转为设计工具。而在具体的落实中，冯纪忠也同样显现现代建筑的功能理性思想："原理"强调先求"使用空间"，要使"功能要求处于主动"，所以设计首先是"使用的具形"过程，而使用包含了从人的活动、物体的放置和运输以及通风采光和视线音质等所有方面，"主体空间"是核心，辅助空间围绕，而空间的排比、顺序和多组合

---

❶ 钱锋、伍江《中国现代建筑教育史（1920～1980）》中国建筑工业出版社，2008年1月，P. 118

❷ 黄作燊，Henry Huang，Chinese Architecture，1947～48年，黄作燊之子黄植提供，见《黄作燊纪念文集》中国建筑工业出版社，2012。黄认为这段描述出自明代李笠翁（李渔）之文，但由童明查证，该文实际出自明代程羽文的《清闲供》中"小蓬莱"一章，故译文中予纠正。

❸ 从明孝陵到李渔描述的理想住居，黄极为欣赏其自然与人工交融的空间序列，据 Henry Huang，Chinese Architecture，1947～48年，黄作燊之子黄植提供。

❹ 卢永毅，"现代"的另一种呈现——再读同济教工俱乐部的空间设计，《时代建筑》2007. No. 5

❺ 种种历史原因，"建筑空间组合设计原理"的完整文本未能出版，甚至文革后只一部分留存，后以"空间原理（建筑空间组合设计原理）述要"为题，首次发表于《同济大学学报》1978年第2期。

❻ 顾大庆，《空间原理》的学术及历史意义，《冯纪忠与方塔园》赵冰主编，中国建筑工业出版社，2008年1月，P. 94～95

❼ 冯纪忠，谈谈建筑设计原理课问题，《建筑弦柱》同济大学出版社，2003年4月，P. 12～17

❽ 冯纪忠《建筑人生》同济大学出版社，2003年4月，P. 55～56

❾ Ernst Neufert，1920年代初包豪斯成员，格罗皮乌斯设计包豪斯教学楼等建筑的最紧密合作者；1926年离开后，相继在魏玛办学及入伊顿所办建筑院校，1939年 Albert Speer 委任为德工业建筑制定规范，二战后任达姆施塔特理工学院教授。1936年，致力于将现代建筑设计过程理性化和规范化的著作 *Architects' Data* 出版，在欧美建筑界广泛传播。至今已第四版，译成18种语言。

❿ 同注❽。

的关联方式仍首先取决于使用或工艺流程关系。

另一方面，“原理”包含了现代建筑的结构理性思想在空间设计中的落实。“原理”同时强调，“建筑空间是按结构体系及其构造构成”，既建立“力与结构的关系”，又“必须在使用空间之外”，以体现功能优先；两者若相互矛盾，经济因素可以平衡与约束，使其实现统一。空间的排比、顺序和多组合的每一步，也是与柱距、结构单元、柱网组织和插入单元等结构的每个环节建立对应关系的过程。(图 2)

图 2　1940 年代末冯纪忠（左）与傅信祁教授共同探讨一个设计中结构、构造与空间问题

在此基础上，“原理”论及建筑造型问题。造型既以功能与结构的空间逻辑为主导，但理性主义并不是确定建筑形式结果的全部，因为造型也要为“补足”或“校正”提供可能，以符合人在空间中的感知经验。“原理”未讨论几何秩序或象征要素对空间组合的视觉意义，而是提出“空间感知的处理”的需要，关乎的是人与空间的最一般也是最根本的关系。空间感知虽只论及尺度问题，但指出以“比照”手法“有意识地创造条件，使人们能用熟知的尺度去比照建筑空间的局部并由此推引到全部”，显然表明其设计的理性思考终究围绕人的使用。当然，“原理”仍指出，感知处理具体要以“借助结构构造布置形成”，而非附加要素，这又是对结构理性主义立场的坚持。❶

3　比较中的再解读

简要的追溯即可看到，西方现代建筑的空间观念是如何在这两位前辈的努力中引入中国，并对同济建构现代建筑教育的基本理念和教学方法产生实质性的影响的，而解读他们的共性和差异，还能获得更深入的认识。

对黄作燊和冯纪忠来说，建筑空间理论是脱离学院派体系、树立现代建筑学教育理念的关键，它既是认识论，又可以发展为方法论。和黄作燊一样，冯纪忠认为，设计是建筑师的“看家本领”，而“设计是一个组织空间的问题”，“建筑师应根据使用要求，各方面条件，来组织空间”。❷而且，不论是前者强调的“设计的技能必须从分析问题开始”，还是后者关注的设计首先要“分析各方面的要求”，空间组织的起点都不是任何形式的先入为主，而是符合使用、活动、视线、通风、采光甚至音质等全方位的功能需要，功能理性的现代建筑思想由此充分体现。与黄作燊有所不同，冯纪忠更强调结构与构造对界定空间形式的影响作用，这些特征仍可追溯到他在维也纳工大所受的现代建筑教育的影响，即强调“工程与形式的关联”，当年的老师把古希腊多立克柱颈部槽线解释成建造过程固定吊线的痕迹，一定是他形成结构理性思想的重要源头。❸

冯纪忠的“空间原理”是功能理性和结构理性的综合，也是第一次为中国的建筑设计教学尝试发展一种基于现代建筑思想与认识的设计方法。无论是“使用空间-建筑空间-实体造型”的“塑-造”原理，还是“结构空间-建筑造型-感知处理”与其综合，这种方法追求缜密的逻辑思维，强调过程的系统组织，但同时又不忘最后落实到人的感知。与同代人相比，冯纪忠或许是理解西方现代建筑理性主义精神最透彻的一位。

相比冯纪忠借助空间理论展开建筑设计的理性思维和方法论建构，黄作燊则将空间观念关联到人的视觉、身体与运动；冯纪忠探讨“空间塑造”，而黄作燊更关注空间的渗透和体验，可以体味吉迪恩的“空间-时间”理论对后者的更深影响。吉迪恩从工业化时代新技术的成就和社会变化中，揭示出时代新建筑的特征——空间的渗透（*Durchdringung*）❹ 与新体验，而黄作燊不仅深刻理解，并将此拓展至对中国传统建筑空间艺术的重新发现，尤其是将现代建筑的自由空间与中国传统文人园的情趣空间融合，这是比同时代任何人都要超前的。而如果将冯纪忠“空间原理”中的“感知处理”，甚至维也纳工大“一个是技术的基础，一个是历史的基础，最后才是设计的理念”的教育思想都看作 1970 年代末方塔园时空设计观的前奏，那么，这不正是当代中青年学者重启的热议话题，以及重寻的地域文化之道吗？

---

❶　冯纪忠，空间原理（建筑空间组合设计原理）述要，《建筑弦柱》同济大学出版社，2003 年 4 月，P. 18～27

❷　冯纪忠，谈谈建筑设计原理课问题，《建筑弦柱》同济大学出版社，2003 年 4 月，P. 12～17

❸　冯纪忠《建筑人生——冯纪忠自述》东方出版社，2010 年 3 月，P. 55

❹　Siegfried Giedion，*Space*，*Time and Architecture*，*the growth of a new tradition*，The Harvard University Press，1947

鲁安东　窦平平
南京大学建筑与城市规划学院
Lu Andong　Dou Pingping
School of Architecture and Urban Planning, Nanjing University

可持续背景下建筑设计教学发展的趋势与途径
Trends and approaches in the development of architectural design education against the background of sustainability

摘　要：当代建筑教育面临着可持续问题的挑战，因此需要在新的技术体系和理论体系的基础上探索新的设计教学形式。本文分析了三所国外院校在可持续教学方面的尝试，对其课程设置、教学内容、思路和特点进行了讨论，对可持续背景下建筑设计教学发展的共同趋势和不同途径进行了归纳。这些教学实验为我国建筑教育的探索提供了有意义的借鉴。
关键词：可持续，建筑设计教学，国际，专门化，设计研究
Abstract: Contemporary architectural education is facing profound challenges of sustainability and needs explorations in new forms of design teaching based upon a new technology system and theoretical framework. This article will study the renovations in sustainable design education at three international architectural schools, examine their course structure and the contents, philosophy and features of their programmes, and summarise the common trends and distinctive approaches in the development of architectural design education against the background of sustainability. These teaching experiments will provide meaningful references for the explorations in architectural education in China.
Keywords: Sustainability, Architectural Design Education, International, Specialisation, Design Research

1　背景：可持续问题对建筑设计教学的挑战

伴随着世界范围的资源和环境危机，可持续成为社会、经济和政治的焦点问题。社会对建筑学的可持续责任提出了更高、更具体的要求❶，可持续也因此成为当代建筑教育变革的主要推动力之一。美国设计未来委员会（Design Futures Council）发布的 2013 年《设计情报》（*Design Intelligence*）《建筑教育报告》中对 392 个设计单位的调查明确显示了这一趋势❷。从市场角度而言，设计单位在期待员工具备优秀的设计能力之外（58.8%的问卷选择了该选项），跨学科整体设计和可持续与气候变化成为第二位（52.1%）和第三位（48.5%）的考虑。此外，64.8%的设计单位承认受益于员工的可持续教育。另一方面，对建筑教育机构的调

作者邮箱：alu@nju.edu.cn

❶ 社会对建筑可持续的要求正变得日益具体和明确，例如美国已有包括纽约、波士顿在内的 7 座大城市要求所有的建筑业主每年填写实际能源使用报告，并且每 5 年接受一次能源使用审计。节能建筑对商业出租会更具有吸引力，从而促使业主不断对建筑节能进行升级以保持经济上的竞争力。

❷ Design Futures Council. *America's Best Architecture and Design Schools 2013. Design Intelligence*, vol. 18 (6).

查则显示，67.8%的建筑学院院长认为，可持续与气候变化是建筑学的重要问题，这一比例远高于排在第二位的"技术变化"(44.3%)。与这种趋势相对的是现有建筑教育中对可持续认识的不足，例如超过半数的设计单位认为毕业生缺乏对于建筑和设备生命周期的认识。因此该报告提出，为了适应市场竞争，学生需要在四个方面接受充分的教育：设计、可持续设计的实践与原理、跨学科的团队工作以及建造方法与材料。以设计教学见长的传统名校未必能在可持续设计、跨学科课程、建造和材料实践等方面保持优势。

可持续问题对建筑设计教学的挑战是多方面的，包括设计的对象和目标、设计的评价体系、设计的方法和技术以及设计教学的形式，其影响可以从两方面加以概括（表1）：

可持续问题对建筑设计教学的挑战【来源：作者自绘】 表1

	对设计教学的新要求	核心知识点
技术体系	● 知识：跨学科的知识体系； ● 技术：测量、评价和模拟技术； ● 理念：科学方法与分析思维	● 专门化：增设相关学科新课程，学会进行跨学科的团队合作； ● 研究能力：对设计问题进行独立分析和处理； ● 实证式设计：通过分析和模拟技术预测和评估设计实效，并在其基础上优化设计
理论体系	● 在建筑历史与理论上，对建造与环境之间关系进行解读和分析； ● 从生态地理和社会、经济、政策等角度理解建筑； ● 建立新的价值观及评价体系	● 系统：建立对建筑内部系统的认识，从气候、材料、经济、社会等多角度理解技术及其作用； ● 文脉：能够全面地解读设计任务并建立目标→策略→技术的设计途径； ● 过程：对设计的使用工况和生命周期的认识

（1）一个新的跨学科技术知识体系对传统的设计工作室（studio）教学形式的挑战。工作室的学习模式通过基于任务（项目）的"设计实践"和讨论评价，以互动和反馈式的教学形式模拟建筑师的职业实践、培养学生的职业技能。这样一种职业化的教学形式，如何结合可持续所要求的专门化的团队合作和科学化的研究手段？

（2）一个新的理论体系对设计目标、分析框架和评价话语的重塑。这一体系要求我们重新审视建筑学的范畴，特别是长期以来被忽视的建筑设备和技术对建筑空间和形式的影响，并且在文化地理和社会经济的文脉中理解建筑与环境的关系。另一方面，它也要求我们转换看待建筑的视角，从对象式（object-oriented）思维转向成效式（performance-oriented）思维。这个新视角如何兼容传统的感知、视觉和意义等理论框架？

2 对国际可持续建筑设计教学的分析

近几年来，面对社会和行业对可持续教育的要求，欧美各大院校对设计教学进行了不同形式的调整。其核心是在职业化的设计工作室教学形式的基础上，引入新的理论体系和技术体系。下文将对美国和英国的三所建筑院校相关教学进行分析❶。与传统的设计院校相比，它们在可持续设计教学上进行了有益的探索。

2.1 俄勒冈大学建筑与应用艺术学院建筑学学士学位（B. Arch.）课程——优化教学体系和知识结构

俄勒冈大学的五年制建筑学学士学位课程延续了设计工作室与设计专门化相匹配的传统教学模式，并通过对现有课程体系的优化加强了可持续设计教育（图1）。

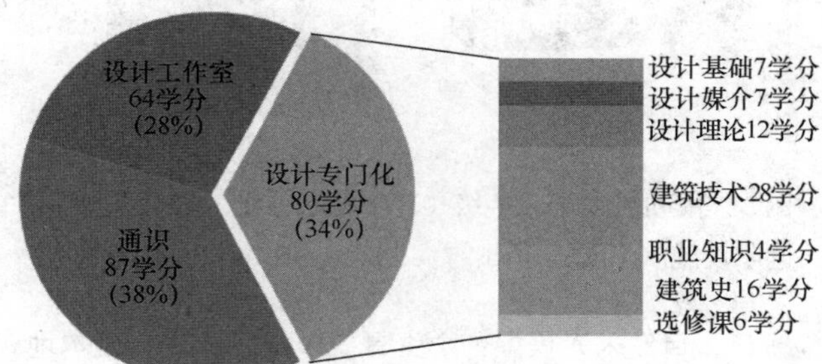

图1 俄勒冈大学建筑学学士学位课程设置
（来源：作者自绘）

在设计专门化教学方面，强调建筑设计的目标是，通过改造物理环境来改善环境质量和生活体验。建筑技术（共28学分）和历史理论（共28学分）并重：建筑技术教学的内容有环境控制系统、结构和建构、建筑围护体系与建造技术、可持续整体设计等；历史理论教学含建筑史（16学分）和建筑理论（12学分），包括乡土

❶ 俄勒冈大学和加州大学伯克利分校在2013年《设计情报》对美国可持续设计教学的排名中分列第一和第二。剑桥大学的建筑学在《泰晤士报》和《独立报》的排名中列英国第一、《卫报》排名英国第二、英国国家大学研究评估考核（RAE）排名第一。

和地域研究、跨文化和文脉研究等。值得一提的是，在该学位的课程设置中，必修课程《环境控制系统》贯穿整个二年级的教学，先于结构和建构课程。该课程的作业有：

（1）案例研究：学生组成3—4人的团队，对真实建筑的能耗问题进行研究，提出假设，制作物理模型并对其效果进行测试，最终完成一篇符合学术规范的论文。

（2）遮阳设施：学生针对真实建筑，独立设计并制作一个遮阳设施的模型（图2）。

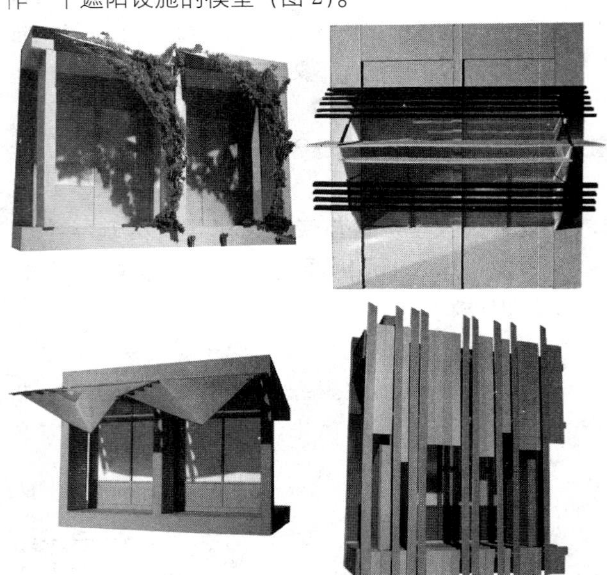

图2　俄勒冈大学二年级《环境控制系统》课程作业：遮阳设施（来源：http：//architecture. uoregon. edu/）

（3）自然采光模型：学生每3人一组，对一座本地建筑的实际自然采光条件进行分析，并使用测量设备和日照模拟提出改造方案。

（4）照明器设计：学生每3人一组设计并制作一盏灯，以满足特定的室内照明要求。

这一系列作业均以真实建筑为起点，通过寻找和分析问题、提出假设和设计、动手制作、进行测试，建立起问题→设计→实证的思维方式。一方面使学生认识到建筑对环境质量的作用，并且学会分析、实测和模拟的基本方法；另一方面强调动手制作，帮助学生在材料、建造的基础上理解形式的意义。此外，在低年级较早接触可持续设计更有利于学生接受可持续的理念和价值观。

此外，俄勒冈大学的一个教学特点是，通过实验室的形式将科研和教学进行结合，利用实验室整合软硬件设施并开展专门化教学，例如Baker照明实验室、建筑能耗研究实验室、高效能环境实验室、波特兰城市建筑研究实验室等。以Baker照明实验室为例，它可以进行场地和日照分析、室内温度度和空气质量监测、自然照明和人工照明分析、声环境测量、能耗监测、材料的热传递分析等，主要由该实验室承担《环境控制系统》课程的教学。

2.2　加州大学伯克利分校环境设计学院的可持续环境设计教学——建立基于科研的专门化体系

可持续环境设计是加州大学伯克利分校的教学特色，并在低年级基础课教学中进行了整合。各专业方向的一年级学生均需在《人与环境设计》、《设计与行动主义》、《全球化城市》、《未来的生态学》等课程中选修3门。而在建筑学的研究生阶段同样提供了多门环境设计课程，包括《建筑科学研究方法》、《自然降温：全球变暖下的可持续设计》、《绿色办公场所》、《作为形式生成器的光》、《建筑能耗模拟》、《自然采光设计与性能》等（表2）。

加州大学伯克利分校环境设计部分相关课程（硕士）【来源：作者自绘】　表2

专题研究	《绿色办公场所》	教学目的	探索绿色建筑设计与人的体验之间的关系；认识到物理环境、社会文化共同影响人的行为，并导致能源使用、舒适度和工作效率的改善。
		教学形式	实地调研；进行观察、实测和采访；课堂讨论。
	《自然采光设计与性能》	教学目的	了解自然采光的理论、问题和方法，包括视觉体验和能耗两方面。
		教学形式	基于材料阅读，对两种自然采光条件原型——顶部采光的美术馆展览空间，和侧面采光的图书馆阅读空间进行现场观察和记录、案例研究、设计练习、建模与模拟分析等。

续表

辅助设计	《作为形式生成器的光》	教学目的：	帮助学生对自己设计课作业的环境性能进行定量评估；使学生理解光环境对空间品质和建筑性能两方面的影响；将设计与实效综合考虑，对方案进行优化。
		教学形式：	辅助设计教学；通过测量、模拟、参数化建模和物理模型等方法对采光设计进行评估。
	《建筑能耗模拟》	教学目的：	学会对建筑能耗进行模拟；学会气候分析、风分析、建筑能耗分析软件；理解建筑围护系统原理及被动式采暖和降温策略。
		教学形式：	使用计算机能耗分析工具辅助设计教学和进行可持续评估。

这些课程大致可以分为两类：针对具体建成环境类型（如办公空间、展览空间、阅读空间）的专题研究和结合设计教学的辅助设计课程。

此外，加州大学伯克利分校设置了四年制可持续环境设计专业文学学士学位课程（B. A.）。该专业针对社会的可持续知识需求，提供了全面的可持续教育，涉及的领域包括可持续城市的技术和设计策略、可持续的社会因素、环境可持续的评估和检测、理解政策和管理因素等等，为学生提供技术的、分析的和设计的工具，允许毕业生有多样的职业发展选择。它提供了多种类型的可持续专门化课程，包括：

（1）1门入门课《为可持续发展的环境设计》，介绍可持续问题相关的能源、水、粮食、自然资源和建成环境等科学基础，以及这些知识如何用于可持续发展策略。

（2）1门理论课《对可持续城市研究的批判性讨论》，让学生对可持续的概念进行批判性思考，对当前的可持续城市和设计实践进行批评，并构想未来的机构和行为的变化。

（3）1门技术/方法课《地理信息系统》，教授环境设计学科的核心分析工具GIS，包括GIS的理论和应用，提供一个用于采集、解读和处理时间—空间数据的动态分析框架。

（4）一系列高年级专门化核心课程，包括能源与环境设计、全面绿色设计、城市原理、可持续城市规划、生态分析、可持续城市与景观等。

（5）一系列子领域强化课程，包括经济、商务和政策（共15门选修课），社会、文化与伦理（共16门选修课），资源与环境管理（共7门选修课），设计与技术（共14门选修课）。学生需要在4个子领域各选1门课或者在2个子领域各选2门课。

（6）一个终极的工作营课程《可持续环境设计工作营》，将可持续科学和技术与城市形态和社会相结合，要求学生通过独立和合作研究，与校外的"甲方"机构合作，为可持续环境设计提供创新的策略。

多样的专门化课程按照阶梯形设置。在通识阶段（一、二年级）需要和其他方向的学生一样完成3门环境设计通识课程和1门入门课；在专门化阶段（三、四年级）则需要完成9门必修（核心）课程和4门选修（强化）课程（表3）。

加州大学伯克利分校可持续环境设计专业文学学士学位课程设置

【来源：作者自绘】 **表3**

阶段	年级	基础课		必修课				选修课	总计
		通识课	A入门课	B理论课	C GIS	D核心课	F工作营	E强化课	
通识	一年级	6学分	4学分						10学分
	二年级	6学分							6学分
专门化	三年级			4学分		14学分		6—12学分	24—30学分
	四年级				4学分	8学分	5学分	2—4学分	19—21学分

2.3 剑桥大学建筑系建筑环境设计学术硕士学位（M. Phil.）——基于工作室模式的设计研究

剑桥大学的建筑环境设计课程学制为2年（6个学期），包括在校学习（2个学期）、校外职业实践（2个学期）和毕业设计（2个学期）。其教学思路是，通过学生的"设计研究"同时满足学术和专业两方面的要求。学生将同时获得剑桥大学学术硕士学位和英国皇家建筑师协会（RIBA）Part 2职业认证。"设计研究"要求学生对设计问题进行深入研究，并提出可实施的解决方案。其特色之处在于设计教学主干由一系列互相关联的子研究（论文）构成，在完成这些任务的过程中，让建筑学学生在接受设计教育的同时也获得必要的学术训练。整个课程由5篇论文和1个毕业设计构成。

（1）在入学前，学生就需要提交2000字的研究提案。入学后1—2周即需要提出明确的研究对象和具体的地理或区域范围。

(2) 在学术训练阶段（2 个学期；该阶段对学生的研究能力进行训练），学生需要完成 3 篇 3000 字的小论文，分别为《建筑类型研究》、《设计分析》和《历史和理论分析》，和 1 篇 9000 字的开题报告。

①《建筑类型研究》：学生对自己的研究对象和地域进行研究——具体的地理或区域范围使得研究对象带有确定的本地条件。在地域特征条件分析的基础上，学生需要发现带有本地特征及环境性能的“类型”，并对其进行创造性的扩展和改造，进而提出一个环境建筑的原型。

②《设计分析》：将该原型用于满足特定的需求和特定的场地条件。学生通过物理模型和计算机模拟等多种媒介对该原型进行科学的和建构的测试。

③《历史理论分析》：在这些技术研究的基础上，学生将通过对社会一政治条件以及文化传统的研究提出一系列更加具有普遍意义的设计提案。

④上述 3 篇论文构成了一组相关任务（从本地问题提炼原型、通过技术分析对原型进行具体化的应用、通过历史理论分析理解其普遍性）。开题报告要求对前 3 篇论文进行整合，将其组织成一个完整的研究报告。在这一阶段，学生在类型研究、模拟测试、理论分析的框架下逐渐学会相应的研究能力（图 3、图 4）。

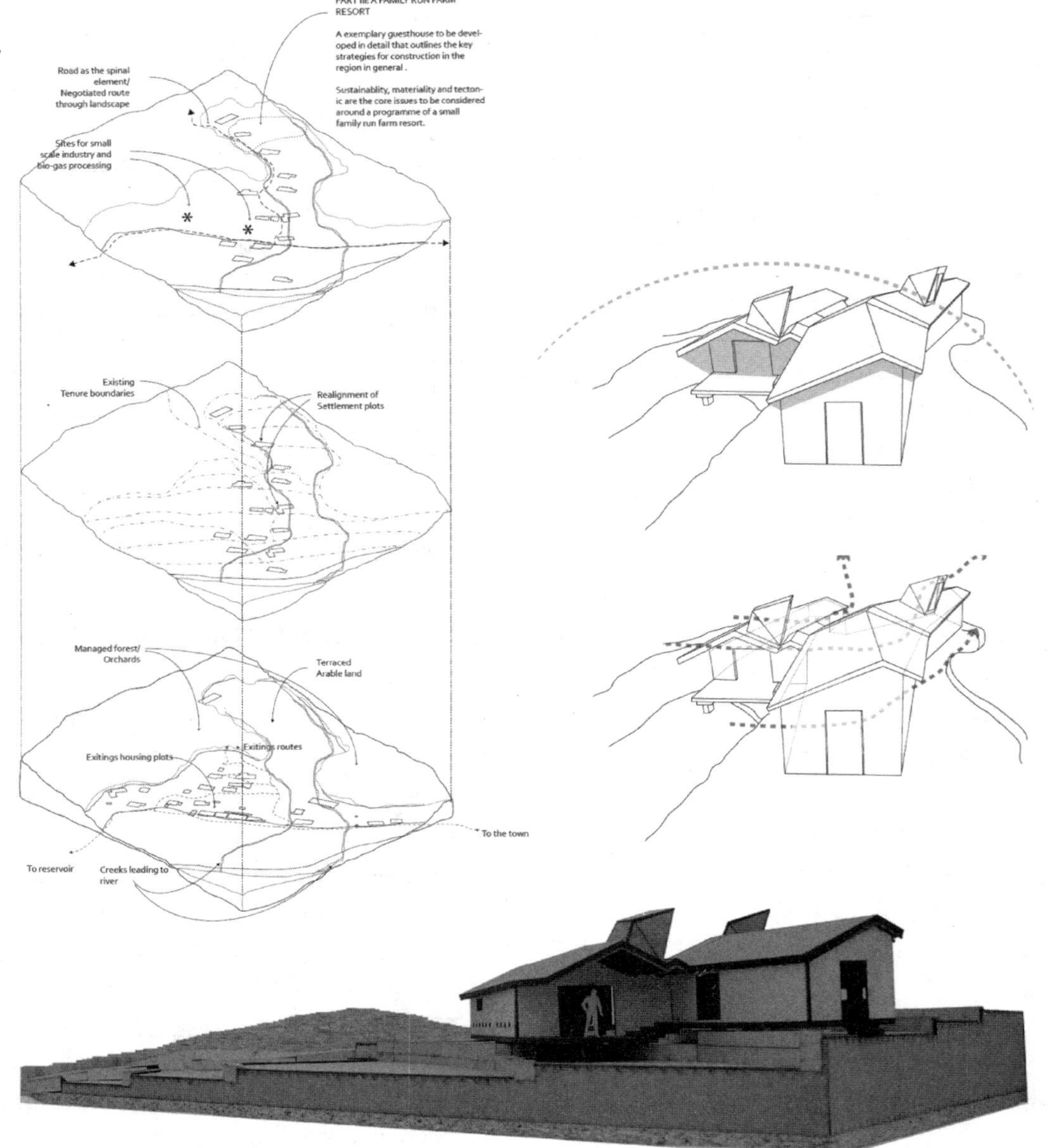

图 3　剑桥大学建筑环境设计硕士课程开题报告《重现桃花源》(2013)：在社会、经济、环境分析的基础上，为可持续农业旅游提出空间调整策略和建造策略。(来源：Ran Xiao. *Revisiting Peach Blossom Spring*. *Pilot thesis*, University of Cambridge 2013.)

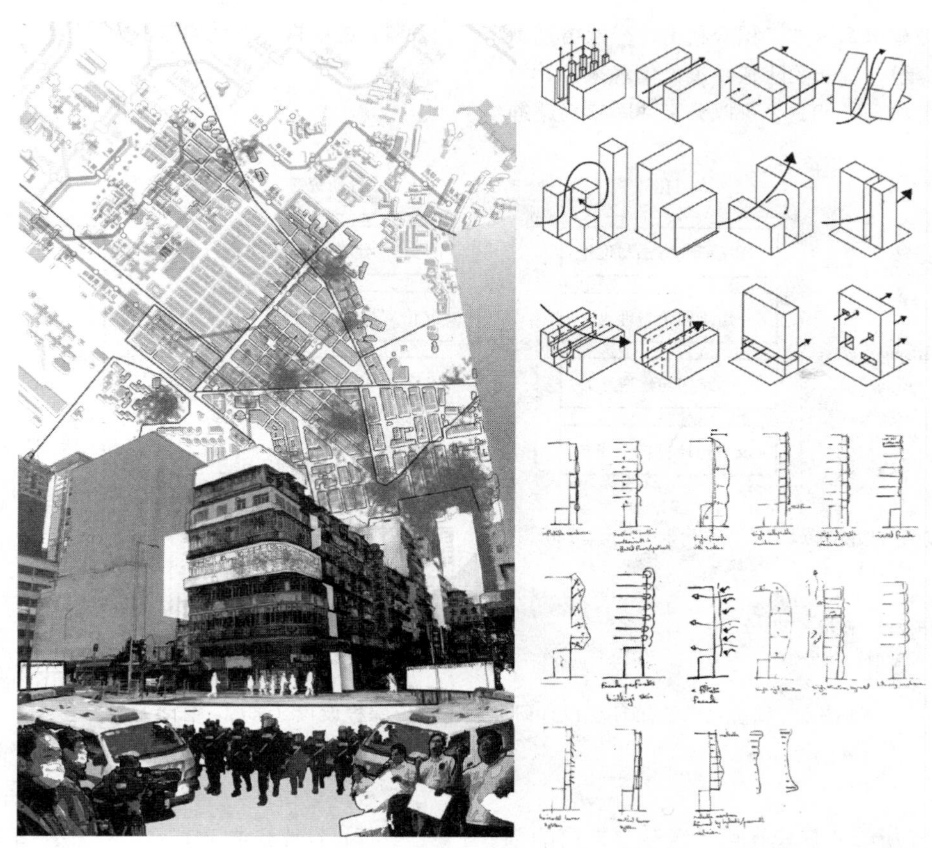

图 4　剑桥大学建筑环境设计硕士课程开题报告《SAR 城市》(2013)：通过对香港城市公共空间卫生危机的研究，提出新的可持续城市设计模型（来源：Tom Lindsay. *Severe Acute Respiratory City*. Pilot thesis，University of Cambridge 2013.）

(3) 职业实践阶段 (1—2 个学期)：作为皇家建筑师协会职业认证要求的一部分，学生需要选择合适的设计单位或研究机构，进行实践并完成 1 篇 3000 字的对实践或文化文脉的报告，例如每年派 2 名学生在南京大学建筑与城市规划学院访问。

(4) 毕业设计阶段 (2—3 个学期)：在开题报告和职业实践报告的基础上，完成 15000 字的毕业论文。学生需要从技术/建筑、社会/政治等角度分析与具体环境相关的性能、效率和特殊性，并且综合各种技术手段研究来论证自己设计提案的“可实施性”，这有别于通常的设计课程。

与设计研究教学主线平行的是可持续专门化课程，主要有《环境研究》讲座课程（方法和理论）、《历史理论研究》讲座课程、《结构与建造》课程（该课程包括团队建造作业），以及提供技术和计算机培训的专门工作营。此外，在入学时通过研讨会的形式使学生全面了解建筑系教师各自的研究领域。教师在学生设计研究发展的过程中承担了顾问专家的角色——学生在遇到问题时可以选择不同的教师进行咨询。剑桥大学的建筑环境设计课程通过将设计研究、专门化教学与科研相结合，达到同时培养设计能力和研究能力的教学目标（表 5)。该课程具有如下特点：

①用研究问题贯穿全课程：在为期二年的课程中，学生通过 6 篇论文对同一研究问题进行不断深化的研究，因此有充分的时间进行场地调研，对问题进行调查、测量和阅读相关文献，可以采取多样的研究形式和方法，从而培养研究能力。同时，人性化的专家体系使学生能够接触前沿的学术研究，并通过顾问咨询的形式学会跨学科合作。

②设计的可实施性：设计研究有别于科学研究之处在于，注重用“可实施的”方式综合性地解决问题。学生需要运用各种科学方法和表现形式，对自己提出的设计方案进行论证和表述。

③在工作室模式下进行教学：在学术训练阶段，按照研究问题和场地选择，将学生组织成 3—4 人的研究小组，组员在进行各自研究的同时，可以就共同的问题或场地进行讨论并分享资料；在教学上沿用评图的形式，每周进行 1 次互动讨论、每学期进行 2 次评图，邀

请校外专家和职业建筑师参加；积极利用社交网络（例如 Facebook 讨论组），增强团队感并扩大信息来源。学生们互相知道彼此的研究问题，可以分享共同感兴趣的资料，并将自己发现的与他人研究相关的信息及时发给同学。

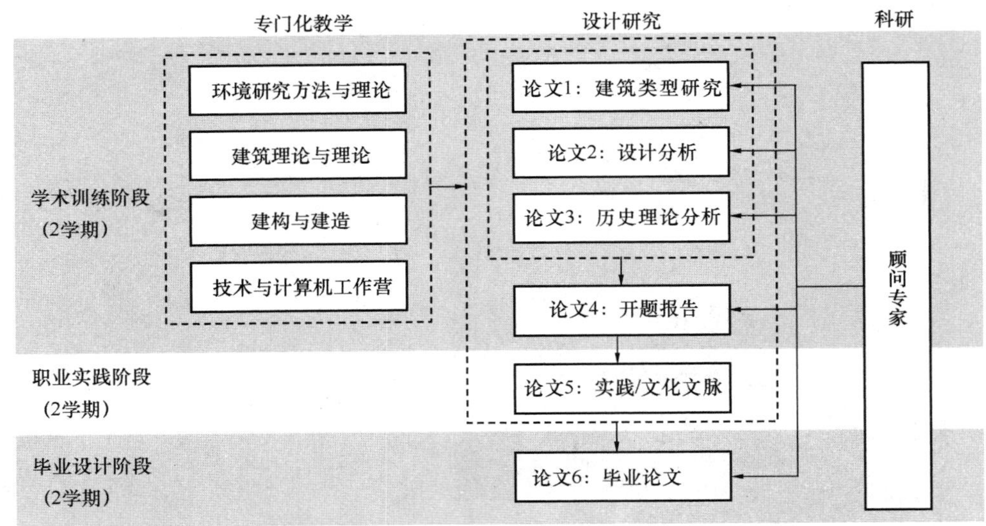

图 5　剑桥大学建筑环境设计研究硕士学位课程设置（来源：作者自绘）

3　总结

上文讨论了三所国外院校在可持续教学方面的创新：俄勒冈大学通过优化原有教学体系和知识结构，增加建筑技术课程，在低年级开设《环境控制系统》等课程。技术课程在实验室环境下进行教学，采用了“设计＋制作＋实证”的形式，因此构成了另一种形式的设计教学。加州大学伯克利分校建立了基于科研的专门化课程体系，开设了 60 多门专业课程，涵盖了可持续问题涉及的众多因素。在设计教学上，在一年级入学即开设了多门环境设计基础课程；在高年级强化了对建成环境类型的专题研究课程和辅助设计课程，有效地将科研与设计结合起来。剑桥大学则用专门化教学和科研支持主干的设计研究，让学生在工作室模式下，针对设计问题开展从实际条件、建筑原型、模拟测试，到应用论证的不断深化的研究过程。

这些教学实验呈现的一些趋势为我国建筑教育的探索提供了有意义的借鉴：

（1）设计教学与科研相结合的趋势。可持续问题带来的新的技术体系和理论体系，使科研日益成为设计的基础。无论是俄勒冈大学采用的实验室教学，还是加州大学伯克利分校开设的专题研究课程和辅助设计课程，或是剑桥大学在设计研究过程中提供的专家咨询，都体现了专门化和研究性对设计教学的影响。

（2）设计教学与建筑技术相结合的趋势。这反映在设计教学中重视真实、具体的建筑问题和策略方法的实际效果，大量采用测量和模拟技术对设计进行评估和验证，设计教学与建筑技术通过实证式设计结合了起来。另一方面，在建筑技术教学中，通过将测量、模拟、优化等任务与设计和制作相结合，使学生在设计分析的过程中进行技术学习。

随着设计与建造的知识日益专门化，社会和客户越来越了解和关注建筑的使用而不仅仅是形式。随着技术的进步，能够更精确地预测建筑的效能，我们面对着一个新的设计教学图景：建筑不再被视作静态的实体，而是能够适应使用者变化需求的动态系统；设计师需要在一个跨学科团队中进行合作，应对本地化的自然、社会和经济的条件，能够在设计过程中通过观察、分析和模拟等种种研究手段寻找可实施的巧妙解答。同时，技术体系的复杂化不能取代人在技术与环境之间的关键作用，建造和体验始终是建筑设计教学的核心问题。如何在这一新语境下进行设计教学，既有赖于理论体系的发展，也有赖于不断的尝试与反思。

盛　强
天津大学建筑学院
Sheng Qiang
School of Architecture，Tianjin University

符码转译
——形式的逻辑与意义的回归
Transcoding
—— A design strategy based on the formal logic and the reload of meanings

摘　要：本文介绍了天津大学四年级建筑学本科的一次以“符码转译”为题的设计课教学实践。学生被要求从自己感兴趣的爱好出发，从特定的过程或作品中提炼出一套符码，并将该符码“转译”为可以引导建筑形式生成的规则。作为一种设计方法上的探索，这种设计方式延续了埃森曼对形式逻辑的强调，但不拒绝符码本身的多样化意义，同时在对符码的提炼和操作手段上与后现代主义又有明显的差别。该课程为在本科生设计教学尝试建筑理论、分析与设计过程的结合，图解分析的应用技巧乃至参数化思维方式的训练都提供了一种新的尝试。

关键词：符码，形式逻辑，图解分析，参数化设计

Abstract： This paper presents a design studio entitled “transcoding” for the fourth year students in the school of architecture，Tianjin University. The students are required to extract a set of code from their hobby，and translate that code into rules to generate architecture forms. As an exploration on the design method，this approach is based on Eisenmann's experimental works on formal logic，but it is not refuse the multiple means from code. Meanwhile，it differs with the post-Modern approach on the way code is extracted and implemented. This course is an attempt to integrate theory，research and design. It also focuses on using analytical diagram and extending the parametric design thinking for undergraduate students in architecture.

Keywords： Code，formal logic，analytical diagram，parametric design.

“建筑师应该为自己的参数化实践寻找除形式主义（formalism）以外的更好的逻辑支撑点。这些支撑点可以是环境的，社会的，经济的或者文脉的等多方面的参数。”

——Michael Meredith

1　“符码”概念简析

“符码转译”（transcoding）的本义是指计算机技术中不同编码方式间的变换过程。这种变换的目的是多样的，例如为适合新的存储空间而缩编原有的符码，或将过时的、生僻的格式转化为通行软件可识别的格式。本文中的“符码转译”源自新媒体理论家 Lev Manovich 的《The Language of New Media》中对新媒体发展特征的描述[1]。“符码转译”指当代受电脑技术体系的影响，我们在各个文化领域中认识和表现事物方式的转型，突显了电脑符码逻辑作为当代一种新型的认知范式（paradigm）和既有的生活方式与媒体技术（特别是电影），如何反过来引导新媒体的发展。

具体到建筑领域，“符码（Code)”这一术语在 20 世纪 60 年代，讨论现代建筑与信息理论之间联系时多次出现。该术语原本引自通用交流理论，后被移植于建筑学理论中。基洛·多福斯（GilloDorfles）1967 年他在谈及建筑是否在一个“静止的、学院化的语义环境”中被建立时，用到了“标志性图像符码（Iconographic code)”一词[2]。他认为符码具有一种批判性和认识论上的功能，而非实际上的需要。与之不同的是，翁贝托·埃科（Umberto Eco）关注建筑符码的实用主义方面[3]，认为建筑元素的构成同时具有本义（connotation）和伴随义（denotation）。建筑的“本义”主要指建筑的目标和功能（“第一功能”)，建筑的“伴随义”指概念的类型和转译或其“意识形态”上的目标和功能（“第二功能”)。二者都包括了“应用”和“解读”层面：后者是观者或评论者描述和分析建筑实体前提条件。因此对于埃科来说，符码本身不仅仅具有符号的象征意义，同时也体现了建筑中多层次的逻辑体系。该理论直接导致了日后詹克斯对后现代建筑语言中“双重译码”的推崇。

20 世纪末兴起的中国实验性建筑，也可以理解为是一种对后现代主义装饰性符码泛滥的反动，一批青年建筑师曾一度以让建筑自治的理想来拒绝符码与意义。然而，我们在拒绝符码带来的修辞般的、风格式的、程式化的建筑手法时，是否有必要将孩子和脏水一起倒掉？电脑时代带来的符码式思维是否有助于我们针对每个具体项目和特定的设计概念，定制出独特的符码体系来引导建筑设计？该符码体系能否实现“应用”和“解读”层面的统一？从而在摒弃风格和手法的陈腔滥调，同时又摆脱技术决定论的影响下，如何使得设计过程仍能保持某种意义上的开放性和文化敏感性？

2 动态图解与抽象机器

建筑学对图解的关注大概可以理解为，把对建筑符码的研究从语义学拓展到语用学领域这一趋势的延续。符码本身有指代、索引其他事物的作用，但对建筑学领域这个层面的理解必然导向对风格语汇的探讨。而事实上，由一系列符码构成的语言如何发生作用，如何实现交流才是建立符码体系的目的。就像语言本身是思考的工具一样，图解被认为是建筑师思考和交流的工具，它是建筑师的工作语言。

建筑师对图解的使用也有很长的历史，比如在处理结构问题时，图解分析其实是作为几何学研究的一部分。在近代，亚历山大的模式语言研究应该可以被理解为是对图解方法比较系统的表述和应用。然而其工作方式却与后现代建筑对风格的符号化提炼没有本质别，只不过把操作的对象从实体的做法转变为抽象的空间。他以一种总体论的方式来处理形式的拟合（fitness of form)，这种图解分析导向了等级化的、稳定的结构信条，和对类型和原型等概念的关注，可以被认为是一种静态的图解。

与之相反，在埃森曼等建筑师看来，图解的价值应该在于释放形式的潜能，用符号记录形式的动态变化。动态图解从本质上说是反结构的、反类型学的、游牧的。事实上，埃森曼强调图解分析的工作方式所要达到的目的，也是要排除预先设定的符码含义，倒转“受驱动的设计操作”；发掘形式自身的逻辑[4]。在德勒兹的哲学理论体系中，图解是理解复杂系统运作逻辑的关键。德勒兹曾经将工程师图解（Engineer Diagram）作为他“抽象机器（abstract machine)”概念的一个注解。抽象机器具备的特性是既抽象又具体（abstract yet concrete)：它的抽象性体现在应能够解释表面上完全不同类型的系统运作；它的具体性体现在它不能停留在比喻层面的相似性，而必须真实反映系统运作的机制。举例来说，当马克思宣称生产力发展是社会进步的发动机时，这仅仅是一个比喻。而当工程师说涡轮式发动机的工作方式就像飓风时，这则是在说涡轮式发动机与飓风形成和运行的热动力机制相同，或者说这两种现象共享同一个工作图解。因此，对工程师来说，图解以一种抽象的、图形的方式描述一个具体系统的动态过程。

动态图解所具有的这种“抽象”而“具体”的开放性，成为笔者重新思考符码在建筑设计中意义的基础：是否可能将符码作为一种再现某种过程或其发生机制的工具，然后将这组由符码构成的图解转译为建筑可应用的符码系统？在这个转译过程中，图解成为连接两套符码系统的工具，成为一个抽象机器。而这种设计方式一方面可以突出图解作为形式生成的工具性（相当于埃科的“建筑符码”)，从而强调形式生成过程的逻辑性；另一方面又拥抱符码多样化的意义（相当于从其他系统中提炼出“设计符码”)，从而避免沦为纯粹形式的游戏。与埃森曼应用图解的方式不同，“符码转译”作为一种设计策略并不拒绝意义（并不排斥“受驱动的设计”)，而是期待更多意义与建筑逻辑的“契合”。但在具体操作过程中，“符码转译”又与后现代主义建筑对符码象征和隐喻式的应用有本质的区别，它期待发掘的是一种应用动态图解对现象（甚至是非建筑现象）的抽象描述，而这种抽象描述本身，应能够清晰的反映该现象的运行机制，而非仅仅是符号化的联系，甚至并非是类型化的空间。

3 转译的技术与艺术（课程特点与训练重点）

本课程是天津大学本科四年级设计课中的专题设计题目。基于前文中描述的理论背景和目标，本专题设计课程有如下特点：

首先，从设计任务的限定方式来看，传统课程设计任务书往往为成果导向型，即明确给出建筑的类型、技术经济指标、功能列表以及基地的限定条件。而一些竞赛任务书则为问题导向型，明确的是关注的主题而非任务清单式的列表，往往从某些特定的城市、建筑或社会问题出发寻求创造性的解决方案。“符码转译”的特点在于它限定的是设计建筑的方式方法，没有给定的地段或主题。为了激发设计兴趣，学生被要求从自己的兴趣爱好出发来提炼符码，可以是某种体育运动、某个电影或某段乐曲等等。根据这组符码转译出的建筑功能和类型也是不确定的，可以是展览、观演、社区活动等中文化建筑或商业综合体等商业建筑。

其次，从对设计成果的要求来看，“符码转译”不需要提供完整的建筑设计成果。而在设计成果中即使有平面、立面或剖面等技术性图纸，也不强调规范和结构等技术上的完成度。

具体的课程设置和日程安排完全围绕着如何建立符码体系，进而将该符码体系转译为建筑符码来展开。设计过程可分为初次符码化过程（Connotation），二次符码化过程（Denotation）和双向调整过程（Normalization）三个阶段，每个阶段为期一周。

初次符码化阶段（Connotation）中，每个学生将以符码的形式提炼和表达自己选择的“源文本”。需要强调的是，设计者需要对自己研究的领域有具体深入的了解，并要回避一种总体论式的、综述性的抽象方式，而需要以一个具体的片段出发来提炼符码。

二次符码化阶段（Denotation）中，通过对“转译规则”的制定，构成一次符码的元素被转换为可建筑化的二次符码体系。注意本编码过程的顺序与埃科描述的顺序是反向的，这里的出发点是与特定领域相关的源文本，建筑元素是伴随义。转译规则的制定需充分考虑建筑的固有结构和功能逻辑。

双向调整阶段（Normalization）中，每个学生将根据结构功能规范知识或设计概念来调整一次和二次符码体系，在保证作为一个建筑的合理性基础上，优化不同符码体系间的对应性，即二者的契合关系。

4 设计案例

4.1 建筑·足球

本方案为笔者指导的一个名为 Slum FIFA 的竞赛方案（学生：曾良、陈永辉），该方案的设计过程引发了最初对“符码转译”这一设计手法的思考。该方案的基本概念为，在巴西里约热内卢的贫民窟中建设一个融入街道的社区活动中心，其街头构筑物的形态源自对经典的足球过人视频场景的符码化处理，各个足球大师的动作特点也自然的被“书写”到空间构成中。

本文展示的片段源自梅西过人的一段视频剪辑（图1左侧）。该设计的初次符码化过程非常简单直接，类似足球教练的战术分析图。通过对视频剪辑中进攻和防守球员，及足球在球场上轨迹的落位，可以得出该经典片段的抽象图解（图1中图）。

在转译过程，即二次符码化的阶段中（图1右图），进攻球员梅西动作中被提炼出来的元素为轨迹和速度，其中速度被用作道路的宽度。防守队员动作被提炼出的元素为各时间节点的位置，与身体面对的方向与部分的动作特征，该元素被用作街道上的片墙（图2）。另外，足球的位置、球的速度和方向等信息也被提炼出来，用以确定灯柱的具体几何尺度。

有必要强调，这些转译规则的设定并不完全是武断的。以球的位置为例，球员在带球运球过程中必然要按一定时间间隔来触碰球，而作为支撑体系，本方案中的灯柱为结构需要也必须在一定距离之内出现。另外，其上悬挑的长度与其跨度也自然地存在一定的比例关系。足球与支持体系在空间位置上可以被理解为共享一套图解分析，这种联系成为转译得以成立的逻辑基础。

4.2 建筑·电影

另一份作品（设计者：高佟超然）选择的题目为电影《记忆碎片》，这是一部在叙事结构上非常有特色的作品。剧中的主人公是一位短期记忆丧失的患者，该剧也采用了正叙和倒叙穿插的结构，直接传递给观者类似短期记忆丧失的体验。在一次符码化阶段，设计者选择了故事中影响主人公对人与事信任度的一些关键性物体，如主人公自己给自己留的字条、带文字注释的照片、身上的刺青等等，以图解的方式展现了在正、倒叙故事链中主人公对所谓“事实”的信任度变化（图3）。

在二次符码化阶段，设计者首先确定了建筑的功能为“独裁者历史博物馆”，展示作为个体对历史的认识如何被特定的人或群体操纵，以及个体觉醒的过程（图

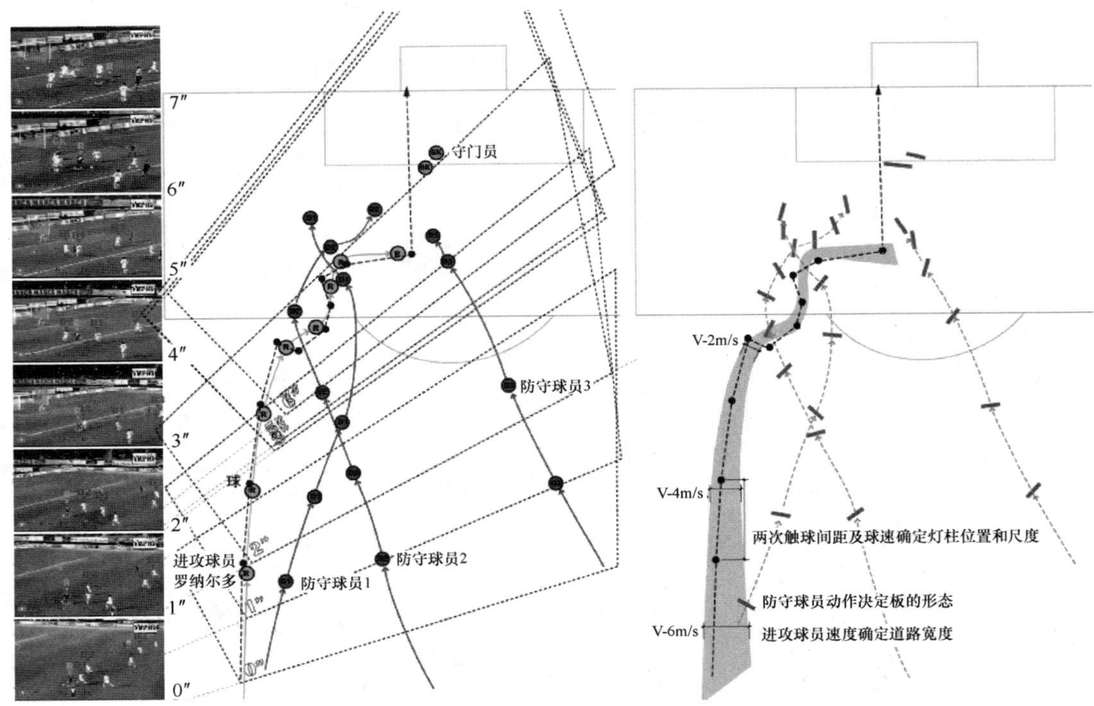

图 1　slum FIFA 方案中的源文本，一次符码和二次符码处理

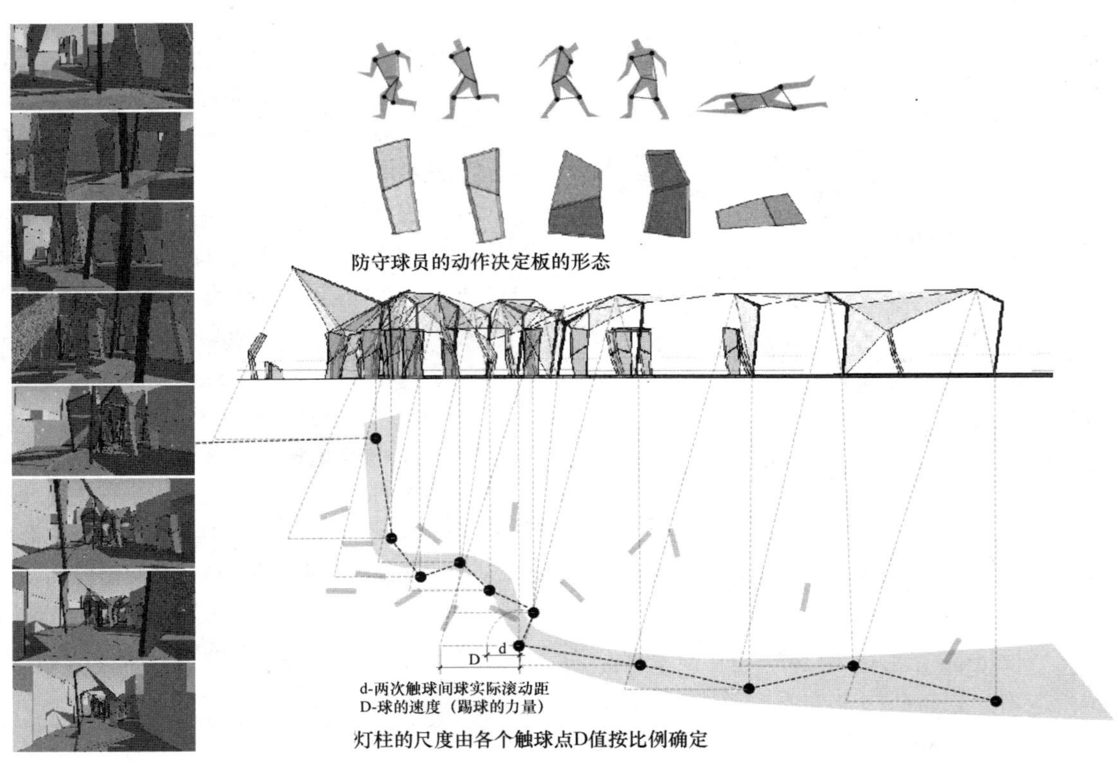

图 2　slum FIFA 方案中各形式元素细节的处理

4)。设计者将对电影情节的图解分析转译为该博物馆的室内外空间体验序列。故事中正叙的部分和信任度，随证物增加的过程以及影片达到高潮时信任度崩溃的过程被转译为建筑的剖面。而倒叙部分被转译为插入这个正向叙事过程的盒子，这些盒子朝向正向叙事的空间一面，展示的是那些独裁者或团体宣传的历史，而盒子内部则展示的是制造这些所谓“事实”的过程。当然，这个隐藏的流线是观众在体验完正向流线后才能经过的。在精心地把一次符码中的各要素转译为空间手法之后，设计者在建筑格局上也做了一定的安排：将流线设计成环绕形，使观众在经历正向历史空间中感觉到“中心”的存在，但在“回视”历史发生的一切时，或者说自己站到这个中心时，才感受到“中心”的虚无和历史的虚伪，从而实现个体意识的觉醒。

在该方案中，转译的技术和艺术体现在对设计概念和空间手法的操作上，而非对建造逻辑的强调（如前例）。这一切源于对电影源文本深入细致的图解分析，和对该图解创造性的应用，从而实现了两套符码体系的契合。

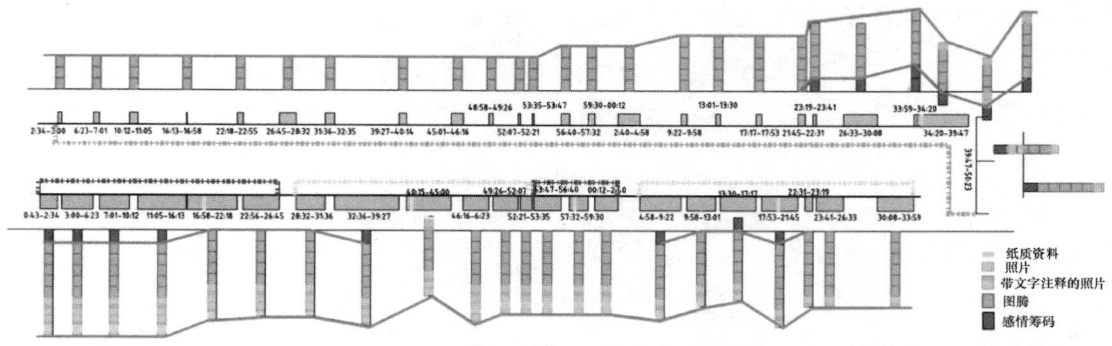

图 3　基于《记忆碎片》情节中各类关键物体的主人公信任度变化分析

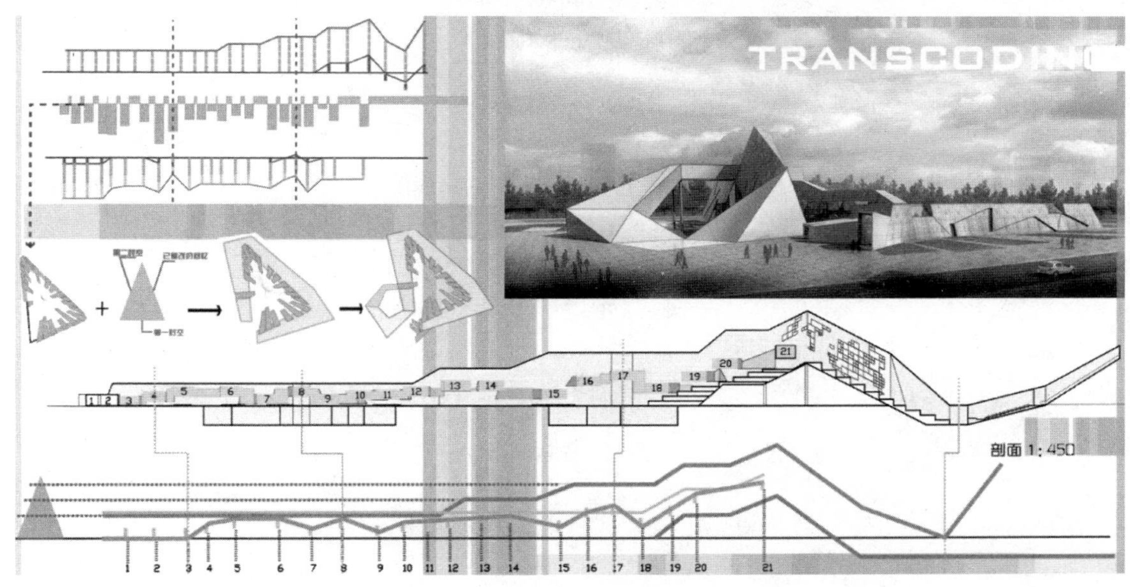

图 4　独裁者博物馆的空间组织与电影图解的对应关系

5　讨论

在后现代主义建筑褪出流行之后重提符码，其核心价值在于探讨一种应用图解分析的新方式。针对前文中的理论思考，当代研究参数化设计的学者可能会质疑其必要性：詹克斯、埃森曼的时代早已过去，我们现在的工具可以直接的处理形式与各技术参数之间的数据联系，而符码已经完全可以退居幕后，变为一套不需要设计者了解的数字联系了。诚然，随着电脑软件的发展，建筑设计从没像今天这样更接近于一门科学，特别是当代对绿色技术的普遍诉求，进一步促进了参数化设计方法的普及。然而，在我们逐渐实现“居住的机器”和动态自由的形式理想之外，如何将参数化的思维方式和系统化的分析方法，应用于对特定文化和社会现象的研究？如何能保持建筑的精神力量和社会文化意义？笔者是参数化设计的支持者，但它带给我们的绝不仅仅是技术上的革命，而更应该是设计思维上的革命。从这个角度上讲，Lev Manovich 对当代媒体发展的分析，对我们今天的设计课教学同样有直接的指导意义。电脑改变的绝不仅仅是我们展示社会文化的方式，更影响着我们认识理解和分析这些社会文化现象的方式。如何在设计中突出系统分析的方法和贯彻设计中的“逻辑性”，应该是当代设计教学中的基础内容，即使这一切并不依赖于特定的软件技术。

参考文献

［1］ Lev Manovich，The Language of New Media［M］，Cambridge，Massachusetts：MIT Press，2001.

［2］ GilloDorfles，Ikonologie und Semiotik in der Architektur［M］，in（Alessandro Carlini and Bernhard Schneider eds.）ArchitekturalsZeichensystem，Tuebingen，1971，pp. 91-98.

［3］ Umberto Eco，La Strutturaassente［M］，Laura Bruce. English Trans.，Milano：1968.

［4］ Peter Eisenmann，图解日志［M］. 陈欣欣译. 北京：中国建筑工业出版社. 2005.

苏　平
华南理工大学建筑学院
Su Ping
School of Architecture, State Key Laboratory of Subtropical Building Science, South China University of Technology

二年级建筑设计课程的分解式教学模式探索❶
Decomposition Teaching Method for the Second Degree Course of Architecture Design

摘　要： 二年级建筑设计课程是设计入门的重要教学阶段，但目前以模拟实践操作为特征的教学模式，由于过早采用综合训练和过多关注最终成果的导向，带来了学生设计逻辑模糊和方法理性不足等问题。结合教学改革的实践，笔者归纳出基于“分解式”理念的二年级建筑设计课程教学模式，以对上述问题进行优化。它包括教学体系的横向分解，即设计教学内容的“专题分解”，和教学体系的纵向分解，即设计方法训练的“过程分解”。文章结合“大学生宿舍设计”这一作业案例，对“分解式”教学模式的具体内容和操作模式进行了阐述。

关键词： 建筑设计，入门，教学模式，分解式

Abstract: Architecture design study of second degree is an important entry stage, but the operation mode of teaching by simulating the practice is characterized by premature integrated training and focus on the final outcome. These had caused some problems, such as fuzzy design logic and irrational method. Through the practice of teaching, the author summed up a “decomposition” teaching philosophy to optimize those problems above. It includes the horizontal decomposition of teaching system, separate the design teaching content into some “special resolution”; and the longitudinal decomposition of teaching system, separate the design method into the “process of decomposition” . It use the “Students’ Dormitory design” for case study to explain this method finally.

Keywords: Architecture Design, Second Degree, Teaching Method, Decomposition

1　面向设计入门的二年级建筑设计课程

1.1　二年级设计课程的教学要求

在五年制本科的建筑学教学中，经过一年级的设计基础训练（如认知、构成、制图等），二年级开始的设计课程可以视为正式进入建筑设计方法训练的入门阶段。设计入门的“特殊性在于其对设计基本概念和方法的强调，以及使得一个初学者具备初步的建筑设计能力的教学目标”[1]，此时形成基本的设计观念和方法是培养的核心所在。对建筑设计实践内容和过程进行模拟是国内最为普遍的教学模式，它采用从功能简单的小型建筑过渡到功能复杂的中型建筑的反复设计练习，通过操作体验的方式来帮助学生学习思考和解决建筑问题，逐步理解和掌握建筑设计的内在逻辑和理性方法。这种方式符合国内建筑学教育以培养工程型人才为目的的现实需求，而且经过长时间的教学积累，使其具有运作上的合理性和成熟性。但模拟设计实践的教学模式往往过于侧重以知识综合和结果导向为特征的设计练习，对于建

作者邮箱：suping@scut. edu. cn

❶　亚热带建筑科学国家重点实验室

筑概念依然模糊的二年级设计新人来说，缺乏具有针对性和有效性的引导，在作为设计入门的教学效果上存在着明显的不足。

1.2 二年级教学模式的存在问题

1.2.1 过早的综合训练导致设计逻辑的模糊

设计知识的综合运用是设计实践的基本特征，模拟式的设计作业任务书中也同样包括了空间、功能、环境、技术、规范等多元设计影响因素的要求，并随着影响因素复杂程度的增加带来设计难度的提高。但由于低年级学生对于建筑知识的掌握并不系统，过早让他们进行综合性的思考反而容易导致设计练习上的盲目和无所适从。在貌似面面俱到的综合框架下，不同设计影响因素与设计结果之间的内在关系难以准确的体现，目标指向的模糊也难以帮助学生有效地形成逻辑清晰的设计思维，和掌握系统性的操作方法。在教师的指导下，通过学生自己反复的思考和练习来理解设计门道的“顿悟”成为入门的重要途径，但这种所谓“顿悟”，在实践中其实带有某种时间和过程上的随机性和不确定性，恰恰说明现有教学模式在实际训练中的低效和偏差。特别是在近年扩招后生师比更高、指导时间更少的设计教学状态下，这一矛盾显得更为突出。

1.2.2 以结果为导向的教学带来方法理性的不足

实践项目的结果导向也导致设计教学中普遍存在着过于强调成果而忽视过程的弊病。教学效果的评价主要集中在图纸、模型等最终的成果，而学生如何得出这一成果，以及在练习过程中工作方法和思路的合理性无法得到指导和评判。入门教学的关键应该在于“授人以渔”，训练目的是为了让学生能够理解如何进行理性的思考和运用基本的技巧，完成质量较高的最终成果并不代表他就已经理解了设计方法的内涵。教学的重点应该更注重观察和引导学生在整个设计周期中，能否按照逻辑理性的思考模式和循序渐进的操作练习，进行设计的推进和深化，从而为今后高年级进阶的设计学习奠定观念和方法的基础。过程的理性保证了结果的理性，而结果的好坏并不能完全体现过程中的问题。特别是在资讯发达的当代，学生通过对外界信息的感性模仿也可以很容易产生貌似优质的作业成果，但这种缺乏内在理性推导的设计过程，无论在观念上还是技能上都容易出现误导。

2 “分解式”的二年级建筑设计教学理念

针对上述问题，很多学校都在通过不同形式的教学改革来研究更具成效的课程模式。我院二年级建筑设计教学组近年来也在这方面持续进行着探索，并取得了积极的效果。笔者在本文中将其归纳为“分解式”的教学模式，它包括了教学体系的横向分解，即强调设计教学内容的“专题分解”；和教学体系的纵向分解，即突出设计方法培养的“过程分解”。

2.1 教学内容的横向分解

横向分解是指在教学内容上将设计基础知识进行专题化的划分，在完整的类型建筑设计题目中突出建筑空间、功能、环境、技术、建造等特定设计问题的训练要求，明确各个设计作业的思考和操作重点。通过这种针对性强的作业内容设置和教学组织，帮助学生更好地理解不同影响因素与形式结果之间的逻辑关系，引导他们可以在不同作业中，根据特定的设计要求从专门化的视角来研究建筑形式结果的生成，为高年级的综合化训练奠定基础。按照特定专题的指引，每个设计作业的概念产生，可以通过目的明确地空间研究和设计操作来形成和推进，而不是来自于灵感式的“先入为主”。教学专题的纯粹性使教师可以更完整和明确地指导和评价学生作业中空间形式的组织关系和形成过程，其“可教性”更强；而处于起步阶段的同学也可以集中精力关注特定的设计问题和寻找解决思路，更容易领会空间思维和设计语言的内在逻辑。

2.2 教学过程的纵向分解

纵向分解是对教学过程的重构，目的是突出“过程优先”的设计能力训练要求。“循序渐进”是纵向分解的基本特征，一个设计作业可以划分为几个连续的设计阶段，每个阶段在统一的教学脉络下形成既相对独立又前后连续衔接、层层递进的工作内容和成果要求。无论是在分析、构思、深化、表达的方法层面，还是模型、图纸的工具层面，各阶段的训练要求和专题设计的思维演进过程是一一对应的，以形成逻辑清晰的完整练习周期。设计指导和评价不再局限于最终图纸和成果，而更关注如何帮助学生可以在不同阶段形成整体连贯的设计思路、系统有序的工作步骤，和掌握有效的设计技能。对于尚未掌握设计方法的低年级学生来说，这种进阶式的启蒙训练可以指引他们更合理的安排设计周期和开展设计思考，使设计概念的产生更多来自于思考的逻辑性和系统性，而不是依赖于偶然性和随机性，真正实现“授人以渔”的教学模式转变。

3 “分解式”教学模式的实践—以“大学生宿舍设计”为例

3.1 “人与空间”的教学专题

“大学生宿舍设计”是我院二年级建筑设计课程的第一个作业，是真正意义上的建筑设计入门的起点。引导新同学形成基本的设计价值观和理性的设计思维，是这个作业的培养目的所在，其横向分解的专题在于“人与空间”问题的探讨，比如基本的人体尺度、行为活动和空间形式之间的联系和互动。建筑空间形式与场所环境（学者住宅）、建造技术（高校餐厅）、复合功能（学生活动中心）等其他的课程专题则安排在后续的设计作业中，形成重点突出而结构完整的横向教学层次。选择“大学生宿舍”作为题目，也是希望以本科学生自己最熟悉的建筑空间作为设计对象，把自己设定为建筑的使用者，鼓励他们从切身的体验出发，直观地观察和思考使用者在生活、学习和交往行为中的空间需求，加强他们对“人与空间”这一命题的理解。

3.2 “阶段成果”的教学步骤

“人与空间”专题贯穿着作业的始终，并根据教学要求在纵向上分解为5个阶段。每个阶段有独立的设计要求和成果内容，并配合相应的操作技能训练，引导学生建立一种从分析到概念、再到形式生成、技术协调与综合表达的逻辑推导思维。在实践中特别强调了成绩考核与教学阶段的相互配合，作业成绩根据各阶段独立的成果评价形成，以综合考查学生对工作方法的理解和掌握程度。

（1）第一阶段：前期调研

要求学生从使用者的视角，对宿舍空间的使用行为进行调查和分析，结合案例的参观和文献资料的研究，探讨空间形态对宿舍居住行为的影响，并从人的需求出发探讨宿舍空间的合理模式，形成初步的设计目标。学习如何观察和思考人与空间的关系，以图纸、图像、文字等多种方式进行分析和表达是这一阶段的训练重点。

（2）第二阶段：基本单元设计

从具有一定限制条件（面积、人数、拼接等）的基本宿舍单元空间入手，进行启发式的设计构思训练。训练学生思考如何在有限的空间中通过高效和合理的布局，以及根据设计目标的指向获得更高品质的建筑环境。在设计中，不仅强调空间形式生成与人的居住体验相结合，而且鼓励从人的需求探索空间形式创新和开放的多元化可能，避免固有模式的思维束缚。利用大比例的宿舍单元模型进行设计探讨是主要的工作手段。

（3）第三阶段：单元组合设计

在形成基本宿舍单元的基础上，依然从人的使用视角引导他们进一步理解，将重复性标准单元进行整体组合的基本原理，如对宿舍单元空间之间以及内外部空间关系的考虑、人流组织对交通空间体系的影响等。相对而言，该作业中的场地环境、技术和造型要求较为简单，从而使学生的思路可以更加集中到“人与空间”这一基本问题上。设计过程中强调以草图和草模相互结合的操作模式。

（4）第四阶段：技术综合设计

这一阶段的目的是使低年级学生可以了解建筑设计和表达的基本技术合理性。一方面强调的是框架结构体系基本原理的掌握和运用，另一方面，则要求完整和准确地对方案图纸的技术细节和制图深度进行表达。结构概念模型和形体模型是综合设计的重要手段，而鉴于低年级学生在设计制图中的技术问题较多，增加了按照正图深度进行绘制的“预正图”阶段，并在指导教师进行详细批改后重新更正和绘制“正图”。

（5）第五阶段：设计成果修订

最终的设计成果包括常规的“正图”和“正模”，但它们在评价体系的分数比重已经让位于各阶段成果的综合评价。更重要的是，学生需要把各个工作阶段的模型、图纸、草稿等资料进行汇总，并和指导老师进行讨论和总结，促进学生对设计过程的思路和方法的重新梳理和消化（图1、图2）。

（附注：华南理工大学建筑学院二年级建筑设计教学团队成员

年级主持：杜宏武、苏平；大学生宿舍设计作业负责教师：苏平、王静、徐好好、钟冠球；指导教师：杜宏武、苏平、王国光、吴桂宁、罗卫星、庄少庞、陈建华、王静、魏开、许吉航、费彦、王朔、张智敏、徐好好、钟冠球、胡林、傅娟、禤文昊 等）

二年级建筑设计（一）大学生宿舍设计作业 2012　　B-08

姓名：谢林燊
指导教师：苏平
设计思考：

针对宿舍的现存问题（包括学生之间交流不足、宿舍空间狭小乏味等等），宿舍单元的设计以加强上下、左右邻里联系为出发点，创造了上层进，下层住的复式单元，提供了富有趣味的居住空间。上下不同的功能分区与生；舌和交往相关，小而精简的设计理念也渗透其中。在晨初的思考中，九宫格层叠错位的方式是直接而易于实现的，这也成为了发展到晨终的思路。

从一定程度上看，空间组合其实与单体的设计密不可分。在组合空间时，单体的上下错动自然形成了层间错位和镂空，楼栋变得轻盈通透，而更重要的是创造出了一系列公共空间，得以将入户花园、两户共享的公共阳台等积极的交往空间镶嵌于单元之间，与其有机结合，这些不同层次的公共空间提供了不同的交往形式，由此而生的丰富遐想令人欢欣。

由子选择了错动的形式，结构上的诸多问题让人纠结。与许多方案一样，我也曾努力尝试将结构体系尽后半无奈地采取结构外露的形式，却得到了意外发现. 这个施工棚一般的大家伙，竟能够将原本错落的体型统得界面变得齐整而清晰。架放于梁与柱之间的宿舍单体如同小巧的抽屉一般，灵动而富有生气，让人联想起马及框架体系的起始。

创新是这一方案贯穿始终的主题，从单体到结构，许多具有积极出发点的创新共同组合成了这个设计。形式可以说是不同寻常，但却是自然而然，甚至使无奈使然。总之，从设计初衷到应对创新自身带来的困难，个发现和解决问题的过程。

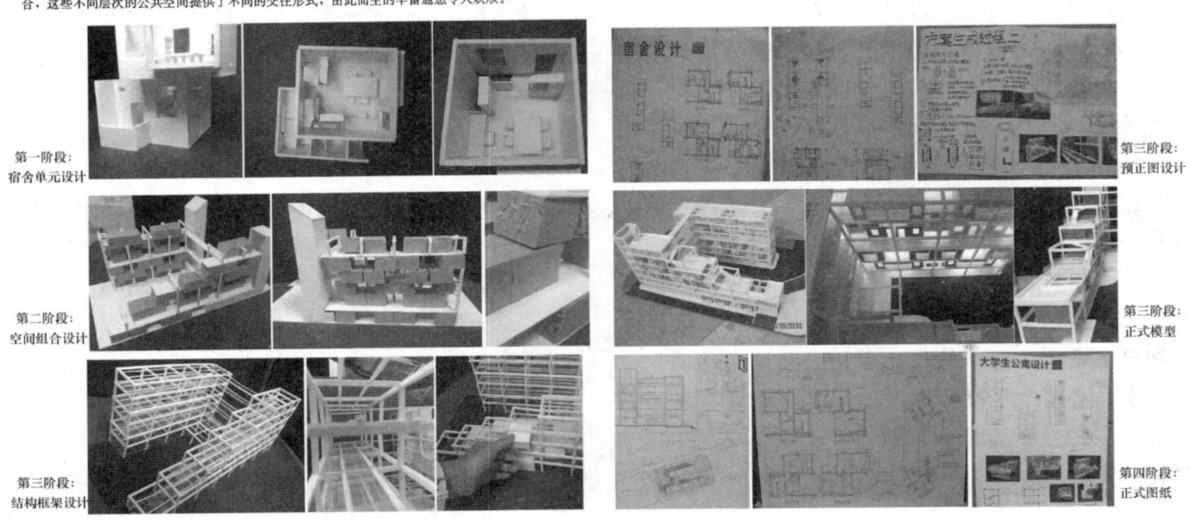

图 1　《大学生宿舍设计》作业过程成果汇总（学生：谢林燊，指导教师：苏平）

二年级建筑设计（一）大学生宿舍设计作业2012　　A-01

班　　级：建筑学乙班
姓　　名：周园艺
指导教师：罗卫星
设计思考：整体上看，我的宿舍设计运用了水平和垂直方向的错位和体块间的穿插，营造了一些丰富的空间，供同学们进行学习，生活，交流。单体上看，双层的设计给同学们一个舒适而私密的休息空间和一个宽敞而开阔的学习空间，整面的落地玻璃让起居室和学习室的采光通风非常好，通高的设计也令人身心愉悦。特别的，阳台上数木的加入使整个宿舍有了盎然生机，与窗外的景色遥相呼应，融为一体。

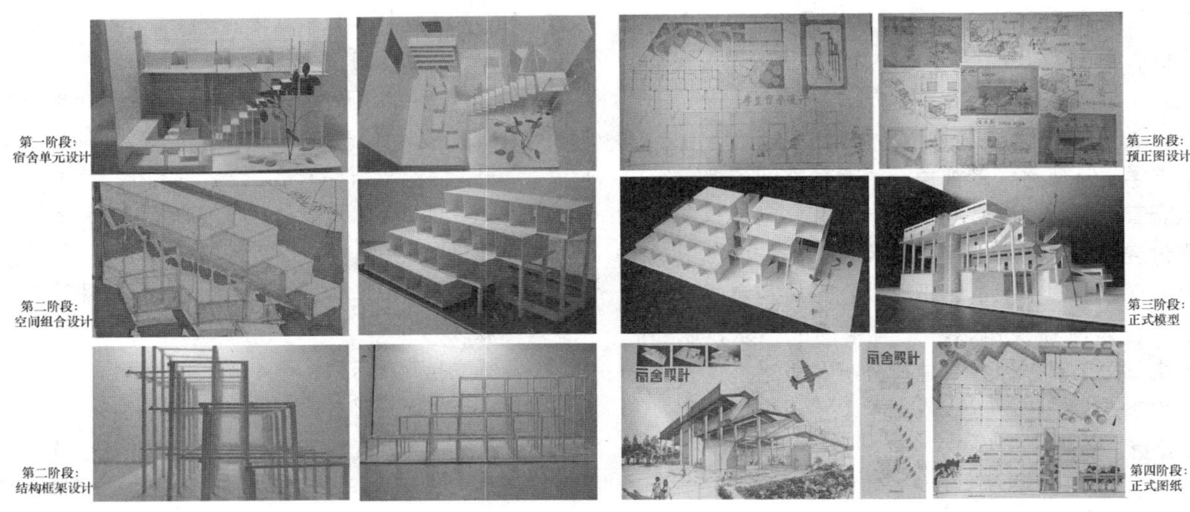

图 2　《大学生宿舍设计》作业过程成果汇总（学生：周园艺，指导教师：罗卫星）

参考文献

[1]　顾大庆，柏庭卫．建筑设计入门［M］．北京：中国建筑工业出版社，2010.2.

[2]　顾大庆，柏庭卫．空间、建构与设计［M］．北京：中国建筑工业出版社，2011.8.

滕夙宏　袁逸倩
天津大学建筑学院
Teng Suhong　Yuan Yiqian
School of Architecture Tianjin University

空间认知与设计训练系列教学单元在建筑设计基础教学中的探索与实践

The Applying of Space Acknowledges and Design Training vs. Research-based Learning Methods in Preliminary Architectural Education

摘　要： 文章介绍了天津大学建筑学院建筑设计基础课程中，以空间为核心内容，借鉴了认知学的理论，设立了空间认知与设计训练系列课程单元的教学探索。系列单元由人体尺度认知、城市认知与分析、经典建筑作品学习与分析、立方体空间设计训练、空间组织与整合训练和空间建造等六个单元组成，并在教学中贯穿以研究性学习为主体的学习方法，取得了良好的教学效果。

关键词： 空间认知与设计，系列教学单元，研究性学习，教学实践

Abstract: This paper introduces the teaching exploration of teaching methods of School of Architecture, Tianjin University, which includes using space as the core content of preliminary architectural education curriculum, which drawing on cognitive theories, and establishing the spatial cognition and design training series unit. This unit consists of human scale cognitive, urban cognition and analysis, study and analysis of classical architectural works, cube space design training, integration of spatial organization training and spatial construction. Research-based learning is the main learning methods in teaching process. This teaching practice achieved good teaching results.

Keywords: Space Cognition and Design, Teaching Unit Series, Research-based Learning teaching Practice

1　背景

在建筑设计和建筑教育的领域，空间从来都是其核心部分。诺伯格·舒尔茨（Christian Norberg-Schulz）在《存在·空间·建筑》一书中，把空间作为建筑与人之间产生互动的关键联系[1]。肯尼斯·弗兰普顿（Kenneth Frampton）也在其鸿篇巨制《建构文化研究》开篇伊始就讲到，“本书无意否定建筑形式的体量性，它寻求的只是通过重新思考空间创造所必需的结构和构造方式，传递和丰富人们对建筑空间的认识。”[2]在通篇论述中，我们也可以感受到空间是书中通过建构所探讨的重要主题。无疑，空间在当今的主流建筑观念中是具有极其重要的意义的，是建筑的核心价值之一。

建筑设计基础课程所针对的对象是一年级的新生，主要任务是帮助学生接触和了解建筑学这门学科，通过教学环节完成建筑设计相关知识的初步积累，进行设计

能力的初步训练，为之后的学习奠定专业基础。以空间为基础的教学训练，是这个阶段的核心内容，也是帮助学生进入建筑学领域的有效途径。

对建筑学的新生来说，如何把思维概念变成三维空间概念，并完成空间生成的过程是难点和重点。在传统的教学模式中，这一过程多通过抄绘图纸、临摹范例以及教师一对一的改图等方式进行，从方案构思到修改到完成，处处都能体现教师的意图和思想，学生的学习过程较为被动，以接受相关的知识和概念为主。然而，接受并不意味着能够吸收，也并不一定能把这些内容转变成学生自身的认知体系和能力。建筑设计基础教育的目标应该是通过优化教学单元设置和教学方法，让每一个学生都能够通过这一过程了解和掌握相关的专业基础。经过几年的摸索，我们在建筑设计基础课程中研究并引入了认知学的理论和方法，围绕着空间认知和设计训练设计了一个“空间系列单元训练”，力图让空间概念的认知和设计训练通过这一渐进的教学单元系列变得更加可操作（图1）。同时，引入“研究性学习”的观念，用更符合认知特点的学习方法提高教学效果，学生建立认知体系的过程也因此而更加明晰可控。

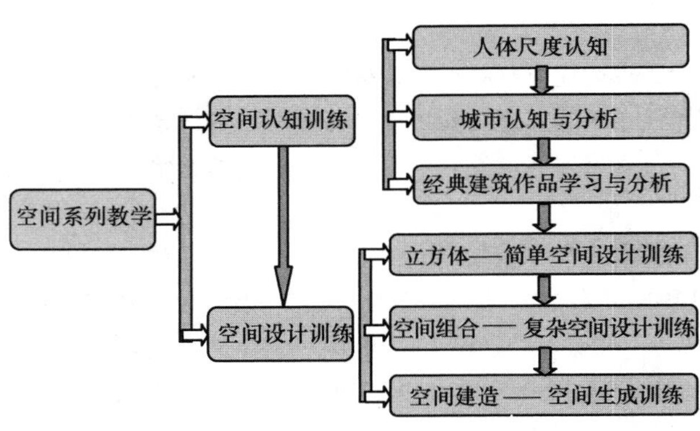

图1　空间认知与设计训练课程单元

2　以空间为核心的教学单元设计

空间系列单元训练的教学目标是通过一系列的课题，帮助学生建构对空间的认知，并能设计和整合相对比较复杂的空间模型。在这个教学单元系列的设计中，维果茨基的“邻近发展区”理论和“支架式教学”法给了我们很大的启发[3]。

邻近发展区的概念是指，学习者独立解决问题时的实际发展水平（第一个发展水平）和教师指导下解决问题时的潜在发展水平（第二个发展水平）之间的距离，而通过教学可以创造最邻近发展区，不停顿地把学习者的智力从一个水平引导到另一个新的更高的水平。建构主义教学方法中的支架式教学就是建立在这一理论基础上的。教师为学生提供一种“概念框架”，将复杂的任务分解，帮助学生建构对知识逐步深入的理解，这种教学方法就被称为“支架式教学（Scaffolding Instruction）”[4]。

空间系列教学借鉴了“支架式”的教学方法，将对初学者来说难以理解的空间概念拆解成为一系列的教学单元，运用学生在之前课程的知识积累，逐步加入新的内容，形成由浅入深的课程主题系列，像脚手架一样引领学生逐步建构空间概念的框架（附表2）。

3　研究性学习方法

这个框架除了要考虑到课程阶梯的合理性与可操作性，还应该有与之相适应的教学与学习方法。为了提高学生主动学习和主动思考的能力，更好地建构专业知识体系，我们引入了“研究性学习”方法。大学研究性学习是指学生在教师的指导下，以一个问题作为学习的起点，通过拟定探究主题、设计策略与方法，经过进一步的资料收集与分析得出结论的学习过程或学习方式。大学研究性学习的根本目标在于，通过带有实践性质的教学体验等活动，培养大学生提出问题、研究问题、解决问题的能力，促进学生之间相互探讨与交流，培养大学生的创新精神、实践能力、科学道德、社会责任感，并由课外到课内，逐步转变学生的学习方式[5]。

研究性学习也将会是建筑教育的新趋势。我们在空间系列教学单元中改变了传统教学模式中教师总是传授的一方（教），而学生总是接受的一方的（学）的局面，让教师和学生在题目中共同研究。教师的责任更多的在于探讨题目的组织和架构，而学生的责任则在于在这个架构体系下进行多方的探索。因此对于每一个课题来说，确定的部分是要达到的教学目的和成果的要求，以及学生探索过程中的方向掌控，但是对于作品的形式和走向却是无法提前预知的，因此教师经常能在这个过程中收到让人惊喜的思想和作品，仿佛教学中的“复活节彩蛋”。

4　教学环节

空间系列单元训练首先划分为两个阶段——空间认知与空间设计训练，空间认知阶段着重于了解和接触空间，从而建立学生思维中初步的空间概念；空间设计训练阶段注重空间设计思维的建构和发展，为之后的建筑设计学习奠定专业认知和能力的基础。

空间认知阶段分为三个部分：人体尺度认知，城市认知，经典建筑空间学习。首先从学生最熟悉和最容易理解的角度入手，遵循从小到大，由个体的尺度拓展到

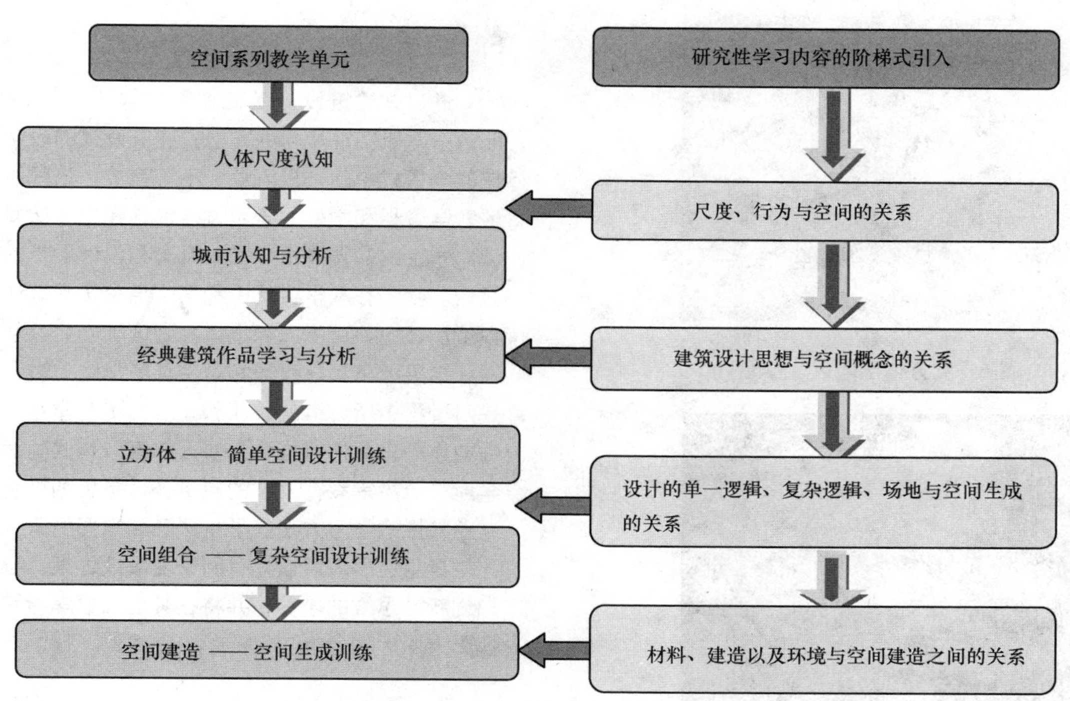

图 2　空间系列教学单元中研究性学习内容的阶梯式引入

街道和城市的尺度的顺序来接触和解读空间，从而建立尺度与空间的联系。经典建筑作品学习与分析则引入了建筑的概念，建立建筑与空间这个将始终贯穿于学生学习阶段的关键性联系。课程包括调研、测绘等实践的部分，将微妙的感觉变为可以理解和分析的内容，并通过模型和图纸进行分析和表达，既进行了基本的图纸和模型表达的技能训练，又在学生的认知体系中建立了空间思维的基础（图 3—图 5）。

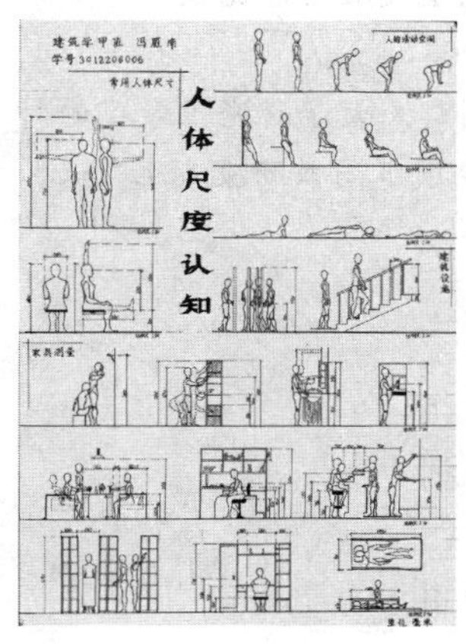

图 3　人体尺度认知

图 4　城市认知与分析

空间设计训练阶段同样划分为三个单元：立方体空间分割，空间组织与整合，空间建造。首先在一个给定的立方体空间中，做一定的空间设计和组织的练习。空间组织与整合是在立方体空间的基础上，以 3—4 个学生为一组，将每个人的作品都集中起来进行组织和整合，最终形成一个新的空间。在这个过程中，学生会学习更为复杂的空间处理手法以及建筑与场地的概念。空间建造是最后一个环节，要求学生以 3—5 人的小组为单位，在校园中选定场地建造空间实体。在这个过程中，学生小组需要就空间的形式，材料的特性，建构方式，以及与环境的结合等方面进行深入的研究，经历从设计到建造的全过程（图 6—图 8）。

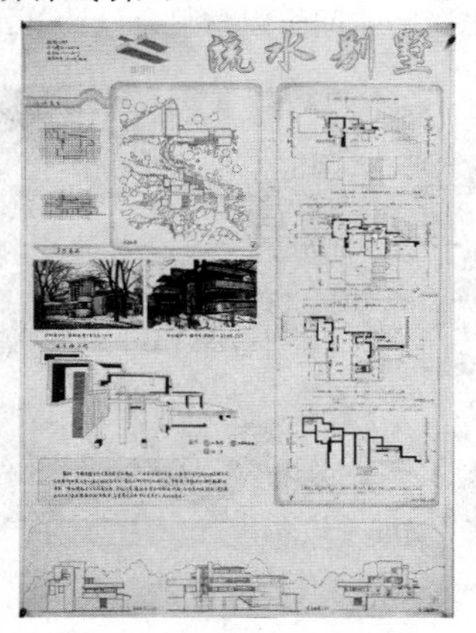

图 5　经典建筑作品学习与分析

在整个过程中，教师的作用主要体现在对课程框架的掌控和对学生的引导。教学中，教师与学生一起进行

图 6　立方体空间设计单元

图 7　空间组织与整合设计单元

图 8　空间建造单元

探讨和研究，以提问和启发的方式鼓励学生自己探索，并在关键节点上加以引导，避免直接提供答案和解决方案，学生更好地运用研究性学习的方法，培养学生发散性思维、批判性思维和创造性思维。

5　结语

通过在建筑设计基础课程中设立空间系列教学单元，引入研究性学习的方法，建筑设计的教学打破了传统教学模式中的“只可意会不可言传”的朦胧感，教师的教学过程和学生的学习过程都是建立在认知学的基础上，学生的知识体系中空间概念和设计思想的建构过程可控。我们在教学实践中和学生结束了基础课程之后的评价反馈中，可以深切地体会到这种变化。从教学的过程和结果上来看，教师和学生都更加注重过程性，尤其是对过程中所获得的收获和体验都更为重视，当然，最后的作品也更为多样化和令人惊喜。与此同时，研究性学习符合高等教育发展的趋势，也是更加符合建筑教育专业特性的学习方法。学生熟悉和掌握的研究性学习方法与自主性思考习惯，有利于发散性思维、批判性思维和创新性思维的培养，并将在其之后的学习和工作中发挥更为深远的影响。

参考文献

[1]　诺伯格·舒尔茨（C. Norberg-Schulz）. 存在·空间·建筑. 尹培桐. 北京：中国建筑工业出版社，1990：8.

[2]　肯尼斯·弗兰普顿（Kenneth Frampton）. 建构文化研究. 王骏阳. 北京：中国建筑工业出版社，2008：2.

[3]　何克抗. 建构主义的教学模式、教学方法与教学设计 [J]. 北京师范大学学报，1997，(05).

[4]　罗仙金. 简析建构主义教育理论及教学方法 [J]. 福建教育学院学报，2003，(01).

[5]　卢文忠. 陈慧. 刘辉. 大学研究性学习的特征和模式构建. 扬州大学学报（高教研究版），2006，05：61-64.

王丽洁
河北工业大学建筑与艺术设计学院
Wang Lijie
The Sohool of Arehibecture and Art Design in Hebei Uwiversity of Technology

低年级建筑设计基础课程教学思路探讨

Reseach on Teaching Design Basis for Junior Students Majoring in Architecture

摘　要：探索适合时代发展的教学模式，如何优化建筑学低年级建筑设计基础课程教学是值得研究与探讨的重要课题。文章分析了目前低年级建筑设计教学中存在的问题，并针对这些问题，从建筑学整个课程体系出发，探索通过优化教学组织、优化"问题型"教学的题目设置、优化相关课程有效衔接的教学方法、优化作业评价方法和优化基于师生互动的教学手段等一套科学理性的教学组织方法，使学生掌握理性设计思维与设计方法，完成从设计初步到设计入门的转换。

关键词：建筑学低年级，建筑设计基础课程，教学优化，教学方法

Abstract: Research the teaching mode based on the time of developing and optimization of teaching junior students majoring in architecture is a important issue. This paper analyzed some problems in teaching architectural design for junior students majoring in architecture at present. From the system of teaching, the author try to explore some teaching methods such as optimizing organizing teaching, optimizing setting training topics based on some problems, optimizing the method of connecting related curriculums, optimizing evaluation of design work and the teaching methods of teacher-student interaction. By these ways, students will master rational mode of thinking and method in architectural design by these teaching ways and finish the transform from preliminary design to rudiments.

Keywords: junior students majoring in architecture, teaching design basis, optimization of teaching, method of teaching

探索适合时代发展的教学模式，提高学生综合素质是建筑教育改革的当务之急。从建筑学整个课程体系出发，二年级建筑设计教学在教学体系中处于重要的位置，如何优化建筑学二年级建筑设计课程教学值得研究与探讨。

1　建筑设计基础教学中存在的问题分析

1.1　一二年级设计课程衔接的障碍

一年级设计基础教学重视形态教学，练习内容的抽象性、分解性、形式性的特征较强，和建筑设计的具体性、综合性、功能性特征存在一定的距离。学生到了二年级开始建筑设计时，由视觉思考（空间造型训练）转向对建筑的功能、环境、技术、经济等众多要素的综合权衡，并且面临设计思维方式的转变、多种环境因素的限制和更多设计矛盾的介入，学生往往不知如何下手，难以将一年级的训练知识与内容有效运用到设计中去，教学训练缺乏有效的连续性与层递性。

作者邮箱：jlw0011@126. com

1.2 题目设置重点不突出，针对性不强

现有建筑设计教学以“建筑类型”的划分为基础，以功能内容的不同为设置教案的依据，所有知识点均隐藏在题目的类型当中。题目设置的特点是逐步从“小而全”做到“大而全”。每个题目的训练目的不突出，往往要求面面俱到，从功能关系图到平面图、立面图，直至剖面图等，都是从图到图的学习训练过程，这样的题目设置缺乏针对性，重点不突出，面面俱到，而对设计教学的关键问题与重点问题难以深入。

1.3 教学中对于建筑的基本问题、重点问题强调不够

具体体现为：空间的基本构成要素对建筑空间与形式的生成及制约的作用强调不够；环境对建筑空间、建筑形体生成的限定关联作用强调不够；对建筑材料、建造方式与建筑空间的关系及建筑细部处理表达强调不够等等，致使对设计的基本问题与重点问题训练缺乏，设计缺少理性的思维过程。虽然设计的类型、规模在变化，但设计深度与表达并没有深入，呈现一种设计内容“扁平化”的状态。

1.4 忽视设计思维方法过程及工作模型在设计中的重要作用

目前的设计教学过程一般经历“一草、二草、三草、正式图”四个设计阶段，从方案萌芽、深化到完善，四个设计阶段看起来有过程教学的特征，但在实际操作中，由于四个阶段的要求和表达形式没有明显区别和针对性，各阶段强调的设计重点不突出，难以引导学生进行理性设计思维过程和体现过程化教学的作用。设计方法往往“从图到图”，忽视工作模型在设计各阶段中的推进作用。

1.5 设计成果考核方式不全面

建筑设计教学通常依据学生最终提交的设计图纸进行成绩考核，造成注重结果，轻视过程的现象，导致评价方式不够全面。

2 建筑学低年级建筑设计基础课程教学优化探讨

2.1 优化基于教学目标下的教学组织

2.1.1 明确在低年级教学总目标下的分目标

低年级建筑设计基础课程教学内容必须在总教学目标下展开，总目标由一套思路清晰、重点难点突出、先易后难、先分解再综合、环环相扣的分目标实现。各目标需要科学地编排与设定。通过有针对性的教学过程，分目标得以实现，学生在此过程中初步掌握设计方法，培养综合运用能力。低年级设计教学目标如图1所示。

2.1.2 科学合理地优化教学组织

采用长、短、快相结合的系列课题教学法，按照建筑学专业的教学规律，合理安排学时，在每学期的教学单元中安排长、短、快系列课程设计。合理地调节专业学习的节奏，培养学生的创新能力、专业兴趣与主动钻研的精神。在教学中采用布置任务、集中授课（对每个设计过程中的重点与难点以专题形式讲授）、学生研讨、过程辅导、阶段讲评讨论总结、最终评图观摩与总结等系列环节有机地组织在一起，实现教学组织科学的合理优化。

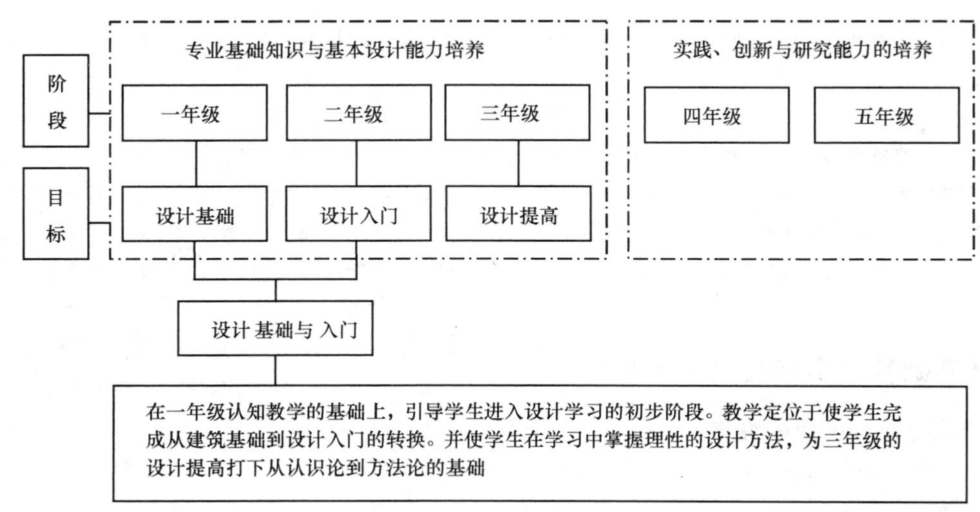

图1 低年级设计教学目标

2.2 优化基于“问题型”教学的题目设置

建筑设计教学是以学生的研究性学习为主，表现为连续的发现问题、分析问题和解决问题的过程。在建筑设计课程中引入“问题型”互动式教学，建立以问题类型为主，以建筑功能类型为辅的教学模式。问题为设计内容的主题，建筑类型为解决问题的载体。

2.2.1 “问题”的确定

设计研究的“问题”之确定，是教学成功的关键。建筑设计中的基本问题，如空间、环境、建构、艺术形式及设计方法等，都可能成为设计研究的“问题”，每个设计题目给出一个重点问题，有针对性地加以重点强化训练。各设计题目所强调的重点问题串联起来，成为设计教学的目的与实现目标 。这种“问题型”设计教学可使学生抓住主要矛盾，在有限的时间内掌握建筑设计的关键问题，建立起设计的概念与思维。以二年级教学为例，我们从环境、空间、技术、艺术四个方面尝试性地确定了每个设计教学中所重点解决的问题，见表1。

2.2.2 解决问题的途径

①过程引导性教学。强调设计练习中的过程性把握，根据理性的设计思维过程，科学设置一系列设计阶段，通过阶段性逐步深化的方式将每一设计题目科学地进行分解，在每一个阶段重点解决设计过程中的一个关键问题，强调方法与可操作性，减少“悟”的成分，形成一套理性解决问题的思维方法。

②专题讲座教学。针对每一研究问题，科学地确定解决方法，有针对性地合理安排系列专题讲座，讲座应重视设计思维方法与相应经典实例分析，重点解决学生在设计中方法上的困惑，扩展思路，引导运用学生理性解决问题的思维方法。与二年级教学中需要解决的问题对应，我们进行了一系列的专题讲座，见表1。

以“问题”教学为导向的二年级教学题目设置与专题讲座 **表1**

	问题1：环境 （场地与场所）	问题2：空间 （功能与形式）	问题3：技术 （材质与建构）	问题4：艺术 （工艺与细部）
讲座题目设置	教学目标：引导学生掌握基于场地、功能、技术条件下理性的思维和设计方法			
	解决如何协调建筑布局与基地的关系，满足建筑朝向、日照、通风、对外交通、景观等方面要求的问题。使学生学会处理建筑与环境关系的方法	解决如何通过对人体尺度以及行为的分析把握，并反映到建筑空间，合理地进行功能组织与空间安排、流线组织及空间尺度问题	解决从构造、材料、技术方面思考如何实现某种特定空间问题，了解技术约束中的灵活空间	解决建筑与其环境的细部形式、细部尺度与比例、细部节点的构造处理问题，使方案进一步深化，保证建筑整体的设计意向得以最终实现
题目1：小型居住类综合建筑设计 环境：自然环境限定 空间：单一空间 技术：框架结构 细部：室内家具布置	以环境出发的设计方法 授课内容： ①建筑设计基本方法 ②设计过程阶段与阶段成果要求 ③设计从分析开始 ④典型实例分析	空间体验与设计 授课内容： ①空间构成要素与空间表情 ②行为路径与空间表情 ③典型实例分析	—	—
题目2：小型文化类综合建筑设计 环境：人工环境限定 空间：单一空间 技术：框架结构 细部：建筑外檐构造设计	—	—	材料结构与建筑设计 授课内容： ①材料结构与建筑设计 ②建筑的表现与表达 ③典型实例分析	—
题目3：幼儿园建筑设计 环境：住区区域环境限定 空间：单元组合空间 技术：框架结构 细部：场地细部设计	环境与场地设计 授课内容： ①场地设计 ②建筑环境设计 ③典型实例分析	针对特殊人群的心理行为特征与空间设计 授课内容： ①行为心理与建筑设计 ②典型事例分析	—	—

续表

	问题1：环境 （场地与场所）	问题2：空间 （功能与形式）	问题3：技术 （材质与建构）	问题4：艺术 （工艺与细部）
讲座题目设置	教学目标：引导学生掌握基于场地、功能、技术条件下理性的思维和设计方法			
	解决如何协调建筑布局与基地的关系，满足建筑朝向、日照、通风、对外交通、景观等方面要求的问题。使学生学会处理建筑与环境关系的方法	解决如何通过对人体尺度以及行为的分析把握，并反映到建筑空间，合理地进行功能组织与空间安排、流线组织及空间尺度问题	解决从构造、材料、技术方面思考如何实现某种特定空间问题，了解技术约束中的灵活空间	解决建筑与其环境的细部形式、细部尺度与比例、细部节点的构造处理问题，使方案进一步深化，保证建筑整体的设计意向得以最终实现
题目4：社区活动中心建筑设计 环境：城市区域环境限定 空间：复杂综合空间 技术：框架结构 细部：建筑立面细部构造	—	—	绿色建筑设计 授课内容 ①绿色建筑概述 ②被动式节能建筑 ③典型事例分析	建筑细部设计 授课内容 ①建筑造型与立面设计 ②典型实例分析

2.3 优化一二年级设计课程有效衔接的教学方法

一年级教学是建筑设计的准备与启蒙，二年级设计教学要使学生完成从设计初步到设计入门的转换。两个年级设计课程关系极为紧密，都是建筑设计的基础阶段。

2.3.1 强调限定条件的控制

一年级设计教学重视开发学生形象思维和空间形态操作的能力。二年级则开始做建筑设计，而建筑具体的功能、环境与建构等特点就形成了对建筑限定。设计教学中可强化一些限定条件，让学生在限定中做设计，如可设置环境（多种环境地形）限定、体块（空间）限定、构成要素的限定及结构方式的限定等多种限定条件，使设计练习能够从各种限定中入手并获取设计入手点。

2.3.2 强化逻辑思维中的感性因素

探索从语言和文字这些学生极为熟悉的表达方式切入的教学方法。如我校二年级就设置了先补诗句，再编写小品文以解释其蕴涵的空间意境，最后提取意境关键词，完成具有空间意境的建筑设计题目。设计教学中学生讲述故事，拟写有关空间场景的剧本，先在头脑中形成空间意向，并与给定的环境发生着一定的联系。如此一来，学生的兴趣被调动起来了，原来设计也可以不从理性的分析开始，而可以从充溢着丰沛而细腻的情感入手。研讨中老师则聆听学生的故事和心声，一步步了解他们的设计。这样建筑有了故事、有了主题，为师生的探讨提供了依据和方向，避免了为了形式而形式的空谈，使得设计有了说服力。这正是改变学生入手困难的有效途径。

2.3.3 突出模型在建筑设计中的作用

现阶段建筑设计教学基本是以草图为媒介进行操作，设计过程较理性，倾向于二维设计，缺乏空间意识。应改变这种从二维入手的教学方法，采用将制作工作过程模型贯穿于设计全过程的教学方法。要求在设计之初，就从环境空间、构成要素及结构方式出发，而不是仅仅停留在从二维平面对三维空间的揣摩与想象之中。在模型的操作上，强调体块模型、结构模型与建筑模型三种模型操作方式在不同设计阶段的运用。体块模型用于设计之初，研究建筑体块与建筑环境之间的关系；结构模型贯穿于设计全过程，是重点的工作模型，用于研究空间结构、组织层次及要素间的关系；建筑模型用于空间与形式之间的研究，包括一些细部节点之间的处理与表现。各设计阶段借助不同模型的操作进行建筑设计，是使低年级学生真正地建立起空间概念、建造概念的必不可少的步骤和有效手段，使学生较快地掌握空间设计思维方法。

2.3.4 整合一二年级教学内容，建构建筑设计基础平台

整合一二年级教学内容，加强各年级、各阶段教学的衔接与连续。优化题目设置与教学组织，加强各设计教学环节的关联性，建构建筑设计基础平台。扩大教学空间，完成一、二年级由启蒙到设计入门——一个初步而完整的学习循环。让学生从初识建筑过渡到掌握建筑设计的基本过程和方法，实现一二年级专业教师的整合

与优化。

2.4 优化设计作业评价方法

引入“立体化”评图方法，在评价形式和评价内容上做出较大的改进。评价形式从以往单纯由任课教师在期末给出结论性的评价成绩，改为在不同的设计阶段分别由学生之间互评、任课教师评价、其他年级教师评价和校外设计院专家参与评价的多重评价体系；评价内容研究从单一的图纸评价，转变为对前期资料收集、调研报告、专题训练成果、设计的各个阶段性成果（包括模型和图纸）、学生答辩汇报的多元化评价。增加平时成绩的比重，注重设计过程思维的连贯性与一致性，关注设计过程与设计方法。增加评价后的“观摩交流”环节，在学院公共空间对全年级的设计成果（包括模型和图纸）进行展示，并抽取部分优秀学生做公开汇报，为师生交流与学习提供平台，也为成果的客观评价提供保证。通过作业评价，促进老师及时总结教学成果与不足，并在后续的教学中得以改进。

2.5 优化基于师生互动的教学手段

2.5.1 构建网络交流学习平台

信息社会背景下的数字技术，不仅更改了时下的生产方式，颠覆了人们的思维模式，重塑了时代精神，也在潜移默化中冲击着传统的教学模式。教学应依托现代教育技术、互联网络来辅助教学，进而运用建筑设计课程网络辅助教学方法，提高设计教学质量与效率。

(1) 建立以优秀设计作品与设计资料库为主的学习网站，利用网络提供信息量大、内容丰富、画面生动的建筑设计方案库，电子教案和多媒体演示系统，以及交互式的学习手段，形成生动、友好、轻松的学习环境，激发学生的学习热情，使学生加深对建筑设计课程内容的理解和掌握。

(2) 开设网上学习讨论板。在这里学生可以就学习的经验、感想、体会与困惑畅所欲言，老师也可参与进来，对教学中的问题共同进行交流与探讨。

2.5.2 创建教学资料信息库

开展以教材资源、图书资源、多媒体资源、优秀设计案例资源、建筑实例资源等教学素材资源库建设为主要内容的研究和实践。

3 小结

低年级建筑设计基础课程教学优化是一项很重要的研究课题，教学中我们仅仅基于当前教学中存在的问题和设计教学的特点规律，提出了一些优化思路，并做出了一些教学改革与实践。今后在教学中更要理论联系实际，将教学改革与思路将在实践教学中论证，并根据教学效果进行调整与完善。

本文受“2012 年河北省高等教育教学改革项目：本科建筑学专业建筑设计基础课程教学创新优化研究”(2012GJJG046) 的资助。

参考文献

［1］ 薛滨夏，周立军，于戈．从真实到概念—“建筑设计基础”课教学中空间意识培养［J］．建筑学报，2011，(6)：29-31.

［2］ 陈秋光．整体中的片断—关于建筑设计入门教学裸程设计的研究与实践［J］．新建筑，2009 (5)：101-103.

［3］ 朱怿．引入长周期课题，深化教学设计—以长、短周期课题组织建筑设计课程教学的初步构想［J］．华中建筑，2010 (5)：188-190.

［4］ 崔轶．培养理性思维过程的教学方法—关于二年级建筑设计课程的实验性实践［J］．华中建筑，2011 (10)：171-174.

王　倩　段建强　马　静
河南工业大学建筑系
Wang Qian　Duan Jianqiang　Ma Jing
Department of Architecture, School of Civil Engineering and Architecture, Henan University of Technology

立体思维，空间设计的摇篮
——二年级建筑设计课的教学实践与思考

Dimensional thinking, cradle of spatial design
——Teaching Practice and Thinking in Sophomore Architectural Design

摘　要：本文通过对传统建筑教学方法与以模型为先导的建筑设计教学方式的对比与分析，指出以模型为先导对于培养学生立体思维方式的重要意义，以及在教学实践中的具体做法和控制要点。

关键词：立体思维，模型，草图，空间

Abstract: Through the comparison and analysis of the traditional architectural teaching methods and the architectural design teaching methods leading by model-building, this paper point out the importance of the model leading design to shape student' s three-dimensional thinking, as well as specific practices and control points in teaching practice.

Keywords: Dimensional thinking, model, sketches, space

1　对传统教学的思考

在当今建筑科学技术高度发达的今天，一个优秀的建筑作品，不仅要有良好的功能，更要有好的建筑空间，以及由特定建筑空间而引起的环境认知与文化认同。空间作为建筑核心本质之一，未在建筑设计的教学进程中加以足够的重视。建筑设计，尤其是设计基础教学和前期建筑设计教学，其方法应该把建筑基本属性中的什么放在第一位，是寓空间设计于功能设计之中，还是寓功能设计于空间设计之中？（注：空间作为功能的物理承载和形态的直观表现，基本上是功能和形式的统合，亦即，“功能追随形式”还是“形式追随功能”？本质上，是空间表达建筑何种属性的问题。）这两种方式看似没有什么大的不同，实则差别却很大。它实质上分属于两种不同思维方式的结果，相应的会有完全不同的设计方法和教学方法，对于建筑设计作品的优劣也会产生很大的差别。

我国的建筑教育已经有了多年的历史，教学方法一直传承着由图纸入手进行建筑设计的传统教育方式，其间历经多次的教育改革，虽已充分认识到模型制作对于建筑设计的重要性，并进行了较大强度的模型介入，但从教学方法上，仍未完全脱离从图纸开始进行设计；设计中即使有模型的立即跟进，但归根结底仍然是草图设计在先，模型设计在后。

这是一种以二维思维开始，以图纸设计（尤其是平面草图）统领空间设计，或者是一种以功能为主导的设计方法，从思维方式的角度来看，这种设计方法仍然属于平面思维的方式。设计的重点还是有意无意地停留在了对功能的推敲上，从而忽略了作为建筑主角的空间设计。

国内多数建筑院系在自一年级基础教学至二年级建筑设计教学实践环节，采用了上述传统教学方式。其基

本思路和教学实践模式，沿袭自巴黎美院鲍扎体系的变体，是否完全适用于当下的教学实践，是值得商榷的[1]。同时，教育教学方式的改变，导致学生思维方式的转变，必然带来其建筑设计作品的巨大改观。学校是培养建筑师的摇篮，要想产生好的设计作品，教学时一定要从培养学生的设计思维方式方面入手，提倡以模型为先导，培养学生立体思维的教学方法。

2 以模型为先导：教学方法及在教学实践中的把握

以模型为主导的建筑设计教学方法，是指在建筑设计的教学过程中，以模型作为开始进行建筑设计的方法，在设计过程中，途中没有图纸的介入，始终是以模型为手段，培养学生进行空间思维的教学方式。教师对于学生方案的修改以及评价完全在模型上进行，图纸的作用演变成了对模型设计成品的表达方式。

与传统的教学方式相比，这种教学方法使学生在刚进入建筑设计时就练习三维空间的想象和设计，而不是首先进入二维图纸的思维方式。这种思维方式的训练对于培养学生的空间设计能力十分重要。

下面以独立式小住宅设计为例，介绍一下以模型为先导的建筑设计方法。

2.1 基础准备阶段

在给学生开题讲座之后，进入方案设计前需要有一定的过渡阶段，这个时期要向学生介绍教学方法，让学生在课下积极进行调研和设计资料的收集和整理，同时布置作业，要求学生对于空间的形成方式以及不同种类的关系进行梳理总结。同时还要按照要求准备模型制作所需要的材料，要求使用廉价的易于切割的材料。

然后进入模型设计，和原来的草图设计一样，进行第一次的草模设计。起初的草模设计也是比较概念化的模型，学生要尽量构思室内空间，把室内空间的组合关系做出来，并注意进行空间性质及组合方式等的分析，比如公共空间之间，公共空间与私密空间，室内空间与室外空间之间的关系。做了一定的铺垫之后，设计可以进一步深入。

2.2 设计的进行阶段

在设计阶段要注意的是，教师需要牢牢把握和控制学生的思维，始终围绕在模型亦即空间设计上，不要让学生的思维拐进平面思维。因为在一开始，画图比做模型容易，学生很容易提笔画草图。教师在这个时候一定要把学生的思维方式限定在模型上，帮助他们进行空间构思，引导他们把注意力放在对空间的分析和感悟上。并在他们的草模上找出空间组合的亮点，引导他们深入进行模型设计。需注意的是，模型不可以只做体块模型，一定要让学生做出室内空间，另外还可以根据学生的潜质做出室外空间环境。

具体到独立式小住宅设计，可以根据不同的空间性质，划分成公共空间，私密和半私密空间；公共空间有起居室，餐厅，客厅，休闲空间等；私密空间有卧室，书房等。这些不同性质的空间可以有多种不同的组合方式，尤其是公共空间的组合，可以通过地坪的高差，上下层空间的巧妙融会贯通，以及与室外空间、周围环境的有机联系，绿化的引入等不同方式进行建筑空间的设计（图1）。

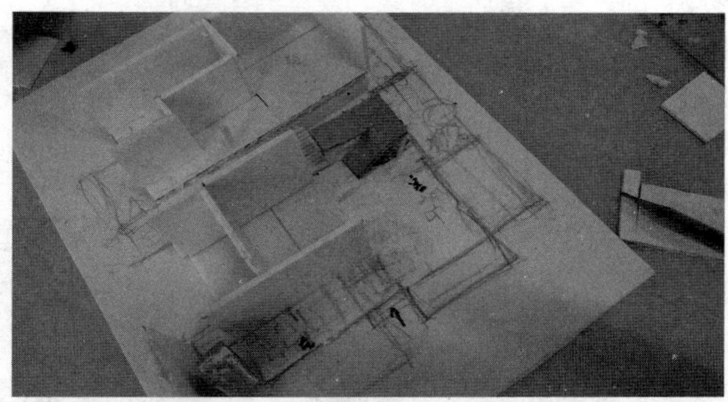

图1 小住宅方案修改模型

以幼儿园设计为例，在托幼建筑设计当中，很关键的一步是幼儿活动单元的设计。教学中我们尝试了直接用模型来探讨幼儿活动单元空间设计的方式，以启发学生的空间思维，并产生灵活丰富的活动单元空间（图2）。

平时可以让学生手工做一些相应比例的植物，例如树干可以用牙签制成，模型的底板可以选用KT板，因为这种板材能够很容易被用牙签制成的树扎上，可以很好地演示环境绿化效果；如果“种植”地点不合适，老师可以随手把它取下，“移植”到自己认为合适的地方，

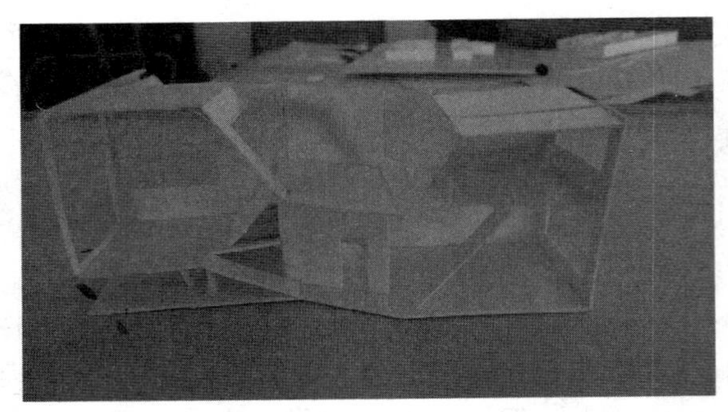

图 2　一个幼儿园活动单元模型

操作起来非常方便。草模里墙体要注意不要让学生粘得过于牢固，可以用胶水点式粘结，只粘两头或每隔一段距离用胶水点一下粘结。这样做的好处是，老师修改模型时可以很容易把它们取下来，然后放在更好的位置，形成新的方案。在这个时候，模型的优越性就会凸显出来，与画图的方法比较，不仅具有空间层次的直观性和丰富性，方案还具有极大的多样性和灵活性，并且能够极大地启发学生的创作灵感。在模型里，你会直接看到某个空间或空间组合，哪怕只是瞬间捕捉到的，或是不经意地放置了哪个房间和体块，或许都会引发设计者的设计灵感，从而形成非常富有个性的良好方案（图 3）。

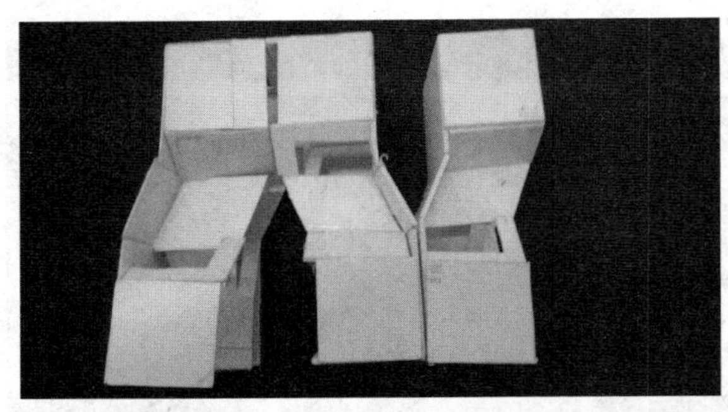

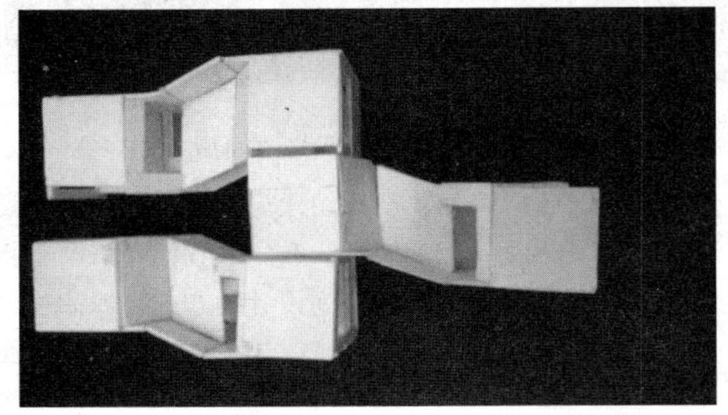

图 3　模型制作方案的灵活性与多样性组合

2.3 教师方案修改

模型做好以后，老师要进行方案的修改与讲评，这个过程也要在模型上进行，其间不要有任何形式图纸的介入，让学生的思维始终保持在三维模型的空间上。这样经过几个阶段的模型修改后，最终定下方案，然后让学生按照模型，根据建筑制图标准，画出图纸。

3　反思

这种教学方式笔者已经在教学实践中进行了五年多的尝试，起初以为很难，但经过不断的探索，总结出了一些经验，发现此种教学方法行之有效，易于操作，并且较之于从草图开始的设计方法，具有更多的优越性。这种立体思维方式对于培养学生的空间设计能力有很大帮助。在教学过程中，老师要注意总结学生的设计过程存在的优势和缺陷，以便在今后做到扬长避短。另外，我们在教学中也发现，一旦让学生从图纸开始进行建筑设计，其后来的思维模式将是很难扭转的。

但是目前存在的最大问题是，这种教学方法不能够很好地传承，因为我们只在二年级的教学实践中进行，没有在全建筑系展开，学生一旦换了老师或者换了年级，就会因为其他老师的指导方法仍旧是沿用传统的方法，其思维模式便又回到了二维的平面思维当中。要想让这种方法沿袭下来，真正产生良好的效果，需要学院全体教师，甚至是我们全部建筑设计教师的共同努力。

其次，二年级时的建筑设计相对比较简单，建筑面积也比较小，对于建筑面积比较大的设计，此种设计方法应该如何展开，有什么规律可循，我们还未进行更多的考虑。但是这种教学方式对于培养学生的立体思维非常有效，在此，我们希望能够抛砖引玉，能够有更多的同仁加入，进行更加深入的探索和研究。

参考文献

［1］　顾大庆．中国的“鲍扎”建筑教育之历史沿革——移植、本土化和抵抗［J］．建筑师，2007(126)．

［2］　贾娇娇，马令勇．建筑设计教学探索：构成与建筑设计对话——从幼儿园建筑设计入手．中国建筑教育 2012 全国建筑教育学术研讨会论文集．福州大学．北京：中国建筑工业出版社，2012．9：373-375．

［3］　李建红，陈静．“介入式”空间训练教学方法初探——以西安建筑科技大学建筑设计Ⅰ教学为例．中国建筑教育 2012 全国建筑教育学术研讨会论文集．福州大学．北京：中国建筑工业出版社，2012．9：315-319．

吴　农　景怀睿　杨智雄
西北工业大学力学与土木建筑学院建筑系
Wu Nong　Jing HuaiRui　Yiong　Zhixiong
Northwestern Polytechnical University

老龄化社会下大学本科相关建筑设计课程的设置与实践

The programs and practice of the architectural undergraduate curriculum for an old-age society in Chinese university

摘　要：目前中国是世界上人口老龄化最快的国家之一。根据2010年人口普查，中国已成为世界上唯一一个老年人口超过1亿的国家。然而，当今我国大学建筑学专业之中，老龄化社会下相关的建筑设计尚处于研究阶段，且建筑学专业本科生在这方面的理论及设计课程上也很少有涉及，本文根据笔者在西北工业大学建筑系开展的老龄化社会相关的建筑教学实践经验，分别从课程的设置及教学内容安排两个方面作一讨论。

关键词：老龄化社会，建筑设计，课程设计，毕业设计

Abstract：Now China is the fastest-ageing society in the world，with more than 100 million aging population，China is the world's largest country. The Architectural Design for an old-age society in the universities of China is still under research at present and the academic curriculum for an old-age society rarely emphasizes the design training in the undergraduate. This paper proposes the programs and content of correlative curriculums in architecture，and discusses how to use this model in teaching of design courses in the Department of Architecture of Northwestern Polytechnical University.

Keywords：Ageing Society，Architectural Design，Design Studio，Graduation Project

1　前言

目前中国是世界上人口老龄化最快的国家。在我国2010年人口普查中，中国已成为世界上唯一一个老年人口超过1亿的国家[1]。今年2月出版的《老龄蓝皮书-中国老龄事业发展报告（2013）》[2]指出到2053年，我国老龄人口将达到峰值4.87亿。比2010年增长1.7倍，占总人口的34.8%，这意味着每三个人中就有一个60岁以上的老龄人。

鉴于以上情况，在未来的相当长一段时间内，与老龄化社会相关的建筑设计任务将会大量涌现，新建和改造项目势在必行。这些项目既包括：养老院（老年公寓）、托老所、适宜老年人居住生活的住宅、老年活动服务设施等一批新建筑类型，同时也有居住区内的既有住宅、社区医院、社区活动服务中心、活动场地等既有社区内设施的养老适应性改造问题。其他，如设施或区域商业设施、文化设施等公共建筑设施的适应性改造项目等等。因此，建筑学专业学生有必要在本科阶段了解

作者邮箱：wunong@nwpu. edu. cn

相关知识，学习适应老龄社会的建筑设计手段。

然而，在当今我国大学建筑学专业教学之中，老龄化社会下相关的建筑设计研究虽然已经开展，但主要集中于研究性质，内容基本上处于调查和设计策略的探讨阶段。由于相关的建筑理论和实践还处于摸索阶段，且建筑学专业本科生在这方面的理论及设计课程上也很少有涉及，学生在该方面的设计基础知识几乎为零。

不仅如此，国内可借鉴的成功建筑实例偏少，教学用参考资料多为国外实例，国内较为权威的《建筑设计资料集（第二版）》中也没有相关内容。另外，根据文献查询，与“老龄社会对建筑设计的影响”相关的学术论著及文章有很多，而对于在大学本科之中，开展相关建筑设计课程的设置与实践的研究尚未发现。本文根据笔者在西北工业大学建筑系开展的老龄化社会相关的建筑教学实践的经验，以下就如何在建筑学专业本科生教学中设置相关内容，分别从课程的规划设置以及教学内容安排两个方面作一讨论。

2 相关课程的规划设置与内容

众所周知，建筑学专业教学课程一般分为三大类型，即：建筑理论、课程设计以及实践。由于老龄化社会下的建筑设计教学本身就是一个综合训练项目，课程涉及居住建筑、公共建筑、居住区规划、室外环境以及旧建筑改造等诸多问题。因此不宜早于大四下学期以前开设。目前，笔者尝试将老龄化社会下相关的建筑设计课程设置在大五上学期的课程设计，并将一部分的深入研究部分安排到毕业设计之中。

2.1 课程设计

课程设计的安排分为两个部分，共 36 学时。第一部分是前期理论教学，共 6 个学时，内容涵盖：(1) 人口老龄化及对社会的影响；(2) 我国及本地区人口老龄化状况；(3) 养老生活方式与特征；(4) 老龄化社会下的建筑与设计。

第一和二部分主要让学生了解什么是老龄社会和老龄社会的特征，以及未来几十年内，我国人口老龄化的发展速度和问题的严重程度。第三部分主要是让学生在初步了解不同年龄（低龄、中龄、高龄）、阶层（退休前职业、受教育程度、退休后经济来源）以及生活自理程度（自理、半自理、失能或痴呆）等情况下的老人的心理和生理特征及需求的同时，熟悉与之相应的养老生活方式和特征。第四部分是理论课程的重点，通过对国内外老年人住宅、养老院托老所、老年服务及活动中心，以及既有住宅和医院的养老改造等等设计实例的分析，让学生尽快掌握相关的主要建筑类型的设计要点。

经过 6 学时左右的理论课程教学之后，笔者选择一个既有的社区（西北工业大学家属区），以居住在这个社区中的原有老龄人为主要目标进行设计训练，首先将训练项目划分为以下四个部分：

(1) 社区内新建老年人住宅及室外活动场地的设计

(2) 社区内新建养老院和托老所综合体的设计

(3) 社区内老年人服务及活动中心设计

(4) 社区内旧住宅的养老改造和社区医院的临终关怀区的改造设计

然后将两个班的学生分为四组，每组针对以上一个部分进行设计训练，学生通过资料收集和参观访问，把握设计项目的要点。如“社区内新建老年人住宅及室外活动场地的设计”，需要让学生考虑：基地规划、户型选择、室内各房间设计等等。需要说明的是，以上设计项目的建筑规模都很小，其主要目的是让学生迅速消化和掌握养老建筑的设计要点和方法。

2.2 毕业设计

毕业设计是建筑学专业本科教育的重要环节，是在学生经过四年半学习的基础上，进一步培养综合运用所学知识，独立分析和解决实际建筑设计问题的能力，为他们适应实际工作和今后发展打好坚实的基础。毕业设计也是对学生四年半来所学的基础知识、基础理论和基本技能等掌握情况进行的一次大总结。因此，将老龄化社会下相关的建筑设计实践设置于此，不仅使学生对以前所需知识和技能进行一定的组合应用和发挥，也是为了今后更好地服务于社会打下良好基础。以下笔者就 2013 年指导的相关毕业设计情况进行重点分析和讨论。

该毕业设计题目为“某大城市郊外养老中心设计”。建设用地面积 54000 平方米，距市区 50 公里左右，靠近山边一处风景区内，景观良好，亲近自然。项目原为一个实际工程，但为了使学生得到更好的全面训练，将项目要求调整如下：

中心入住老年人客户不超过 300 人，分三种类型。第一种为基本健康，生活可以自理的老人（不超过 160 人）；第二种为生活可以半自理的老人（不超过 80 人）；第三种为生活完全不能自理老人（不超过 60 人）。中心总建筑面积不超过 3.5 万平方米。建筑高度不超过 24 米，居住建筑不超过 6 层，容积率不超过 1.0，建筑密度不大于 20%，绿化率不小于 35%。

该毕业设计实践的另一大特点是：不提供具体的建

筑类型、面积指标以及室外环境设计要求，而是将各种入住客户的养老生活方式提供如下，通过引导学生有一个正确的设计思路，即针对不同类型老年人的生理及心理特征，打造一个安全舒适、具有家庭氛围的养老环境。

首先是“基本健康，生活可以自理的老人”。该类型老人来养老中心的理由是项目所处位置远离大城市城市喧闹，空气污染小，风景宜人，可在此避暑、避寒、疗养康体。另外，原住区老年服务设施不健全，生活不方便等等。居住时间一般不长，一年之中分阶段，来去自由。

其次是“生活可以半自理的老人”。此类型的老人来养老中心理由是老弱多病，行动不便，一部分生活必须有人照顾。同时，原住区老年服务设施不健全，生活不方便。居住时间为长期，可短期回原住所。

最后一类“生活完全不能自理的老人”。这一类老人主要包括老年痴呆患者、终年卧床、行动完全不能自理、随时需要照顾及医疗救护的老人。来养老中心的目的是为了得到长期的护理治疗。

根据不同类型老人的需求，首先需要学生通过资料及实地调研走访，分析和判断养老中心内所需建筑以及所需室外空间的基本类型和相应功能。在指导教师的辅导和启发下，学生必须提出一个如“中心所需基本建筑及室外空间类型功能表”（表 1）或书面意见进行讨论。然后根据讨论结果，再利用之前所学的的设计理论和手法，将具体内容与所给场地进行有机结合。这种学习方式的优点在于：

（1）能够区别两种养老形式，即：“原（既有）社区养老”与“新建社区养老”两种养老模式对建筑及其周边环境的不同要求所在。

（2）能够针对不同类型老年人的生理及心理特征进行设计，做到“有的放矢”，目标明确。

（3）能够充分将学生四年半来所学的基础知识、基础理论和基本技能与“老龄化社会下相关的建筑设计”结合起来，为将来走向工作岗位，打下一个坚实的基础。

中心所需基本建筑及室外空间类型功能表 **表 1**

<table>
<tr><th>建筑类型</th><th>详细</th><th>使用对象及功能</th><th>形式或内容</th><th>比例或面积</th><th>备　注</th></tr>
<tr><td rowspan="5">老年人居住类建筑</td><td rowspan="3">“基本健康，生活可以自理者”使用的老龄住宅</td><td>夫妇两人或有较强经济能力的独居老人，子女探望可一同短时居住</td><td>A：两室两厅</td><td>20%，不超过 70m^2</td><td rowspan="3">住宅除提供给“基本健康，生活可以自理”的老年人使用之外，一部分还可临时出租给短期来探望老人的亲友居住。同时，每栋或每组团内必须设置：值班室、公共活动及交流空间、探望室、公共厕所等</td></tr>
<tr><td>夫妇两人或有一定经济能力的独居老人，子女探望可一同短时居住</td><td>B：两室一厅</td><td>40%不超过 60m^2</td></tr>
<tr><td>独居老人</td><td>C：一室一厅</td><td>40%不超过 45m^2</td></tr>
<tr><td rowspan="2">“生活半自理者”以及“生活完全不能自理者”使用的老龄公寓</td><td>针对“生活半自理者”的照顾单元模式</td><td>D：10 人单元组</td><td>70%</td><td rowspan="2">以楼层为单位，每层内必须同时设置：值班室、公共活动及交流区、餐厅、调理间、机能恢复区、休憩观赏区、探望室、公共厕所、公共浴室等</td></tr>
<tr><td>针对“生活完全不能自理者”的护理单元模式</td><td>E：5 人单元组</td><td>30%</td></tr>
<tr><td rowspan="3">老年人公共服务及管理类建筑</td><td>生活服务中心</td><td>以“基本健康，生活可以自理者”为主</td><td>超市、餐厅、理发、邮政、银行、理财、茶室、各种活动、健身康体</td><td></td><td>各种活动包括：室内器械运动，棋牌、舞蹈、书法、唱歌、阅览、授课讲课、网吧；交流与沟通空间（教室、多目的活动室）；作品展示及信息发布空间</td></tr>
<tr><td>医疗救护中心</td><td>全体人员</td><td>急救站、生理诊疗空间、心理诊疗空间</td><td></td><td></td></tr>
<tr><td>行政管理中心</td><td>工作人员</td><td>办公管理、应急处理、财务、接待、会议</td><td></td><td></td></tr>
</table>

续表

建筑类型	详细	使用对象及功能	形式或内容	比例或面积	备 注
园区辅助类建筑	职工生活用房	工作人员	职工宿舍、餐厅、活动及会议		
	其他辅助用房	工作人员	洗衣房、维修、库房、锅炉房、配电站、垃圾处理站		
室外空间类型					
运动空间	球类运动	以“基本健康，生活可以自理者”为主。	室外场地	门球、网球、乒乓等场地	
	器械运动			室外固定器械等场地	
	活动聚集广场			户外体操、表演场地	
	种植场地			种植园等	
	其他			特殊活动场地，如钓鱼等	
观赏休憩空间		全体人员	欣赏、漫步、聊天、晒太阳等室外空间		安静场所
园区交通空间		全体人员	园区入口聚散空间、各部分之间的联系通道、紧急车辆、专用车辆通道等		
其他	杂物场地	工作人员			

3 结论

通过以上两个阶段（课程设计和毕业设计）的学习之后，笔者根据对学生的学习成果的评判和访谈可以看到，学生们基本上对既有社区和新建社区两种模式下相关养老建筑，及其室外场地设计都有了一个较为基础而全面的了解和掌握。由此可以推断，学生在进入工作岗位之后，如果遇到类似或相关的建筑设计，他们将比那些没有受过此方面教育的人员更容易进入角色，担当起社会赋予的责任。

参考文献

[1] 新民晚报，我国成为唯一老年人口超1亿国家，[EB/OL]．http：//news. sina. com. cn/o/2011-08-25/153523050544. shtml，2011-08-25/2013-05-05.

[2] 吴玉韶，老龄蓝皮书：中国老龄事业发展报告（2013）[M]．北京：社会科学文献出版社，2013-2-1，05.

向　科
华南理工大学建筑学院
Xiang Ke
South China University of Technology

建筑设计：调研与分析的方法
Architectural Design：The method of research and analysis

摘　要：论文阐述了当前建筑设计课内关于调研与分析方法课程内容有所缺失的现状，详细论述了建筑设计中调研与分析的科学过程及其关键——结构化过程，并通过案例加以说明。进一步指出当前建筑教育体系中设计方法教育的片段式和随意性问题，通过调研与分析方法等设计方法的教学可以重新思考建筑教育体系的结构性问题。

关键词：调研，分析，方法

Abstract：This paper elaborates the current situation that the lack of course in research and analysis in architectural design teaching. As the scientific process and the key of research and analysis in architectural design，Structured process is described in detail，and analyzed by cases. It further points out the problem of section type and arbitrariness in current architectural education system，and makes us rethink the structural problems in architectural education through teaching design methods such as research and analysis.

Keywords：Research，Analysis，Method

1　教学实践中调研与分析方法的课程内容有所缺失

目前国内各高校的建筑设计专业课多是采取专题课程设计的方式，它能最直接和最综合地训练学生在设计环节的分析和思考问题的能力，并能在此基础上得出一个相对合理的设计结果。一个课程作业的时间跨度大概从 8 周到一学期不等，其中，在设计前期一般安排了供学生搜集资料和实地调研踏勘的时间，甚至在调研结束后有集中进行调研汇报的环节。❶

在教学实践中，相关资料的收集和调研踏勘被认为是深入到设计过程中必不可少的一个步骤，也是最容易引导学生进入设计状态的一个过渡阶段，是对该课题所涉及的相关知识的一个准备过程，在实际中也起到了良好的效果。当然，在多年的教学中也发现部分学生对于此过程并不重视，以至于在进入到一草、二草阶段后对于课题的背景和基本知识缺乏了解，需要回头重新补课，严重影响了设计进度。另一方面，更多的学生虽然非常认真地完成了分组调研的任务，但由于缺乏对调研和分析的目的和意义的理解，以及对其科学方法的掌握，使得调研的深度和导向性与教学要求存在较大落差。造成这种结果的原因也在于，本科教育中缺少对设计方法的系统讲授和引导，学生往往是在学习中摸索，付出了一定的时间成本。因而，建筑设计中调研与分析的方法应该成为建筑设计课程中一个必须向学生清晰讲

作者邮箱：xiangke@scut. edu. cn

❶ 华南理工大学建筑学院三年级安排有四个课程设计，大概 8 周到 10 周不等，其中在每个设计前期均安排有一周时间进行调研，调研一般分专题分组进行，并在调研结束后进行全年级的公开调研汇报工作。

授的内容。

2 调研与分析的科学过程

调研与分析是科学的研究方法，是获取知识的重要途径，其内容至少包括三个阶段（图 1）：

（1）原始资料的搜集和整理；

（2）对原始资料的分析与再构造；

（3）在此基础上的进一步分析与比较。

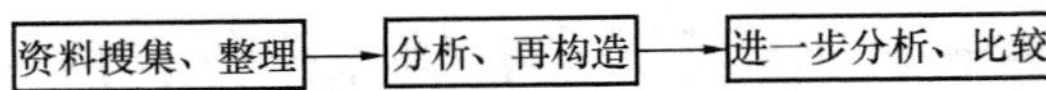

图 1 调研与分析的过程

应该认识到，调研和分析是一个从经验阶段到理论阶段的过程。调研和分析不仅仅是对课程知识的一个背景梳理和准备的过程，更是一种深化思维的方式，是一个对知识的认识和分析的综合过程。调研的目的一方面是为后面的课程设计提供支撑、指导设计，另一方面，实际已经在影响设计的思路，甚至触发设计的切入点。调研与设计过程（设计理念的推导与实现）实际上具有相互参照和互相激发的作用（图 2）。❶

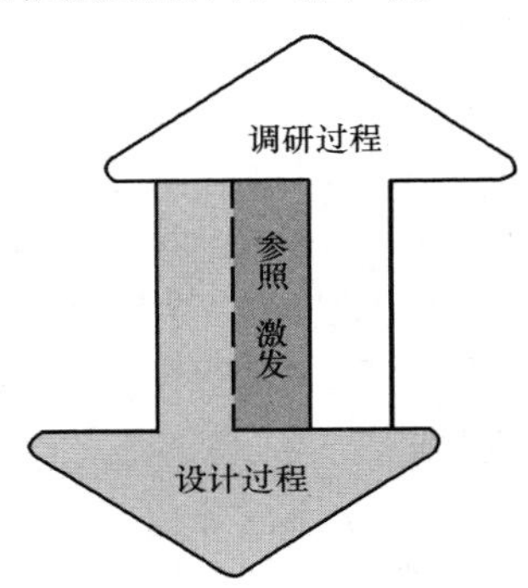

图 2 调研与设计过程示意

以资料收集为主的第一个阶段，是调研和分析的知识基础，它的主要实现形式包括现场踏勘、测绘，查新（图书馆、网络资料）等。原始资料的内容主要包括图片、论文、书籍，可以了解事物的背景、历程、外人的评价等。原始资料是工作基础，调研的第一步是获取原始资料以及对原始资料的理解（图 3）。

第二个阶段是对原始资料的再构造，是对原始资料的多角度分析和理解，是用自己的思维方式来重构整个事物——结构化过程。这个过程是调研和分析的关键环节，需要从不同角度提炼原始资料中的信息，并去除相对不重要的信息，从而形成一个相对概括，更容易处理的阶段性结果。

第三个阶段是在第二个阶段基础上的比较和深入研究，比较分为纵向和横向两种方式：一种是基于同类事物的相互间比较；一种是基于同一事物不同时间段、不同环境下的比较。同时需要多学科知识的融入，对调研的标的进行不同层次的分析，从而得出综合全面的认知（图 4）。

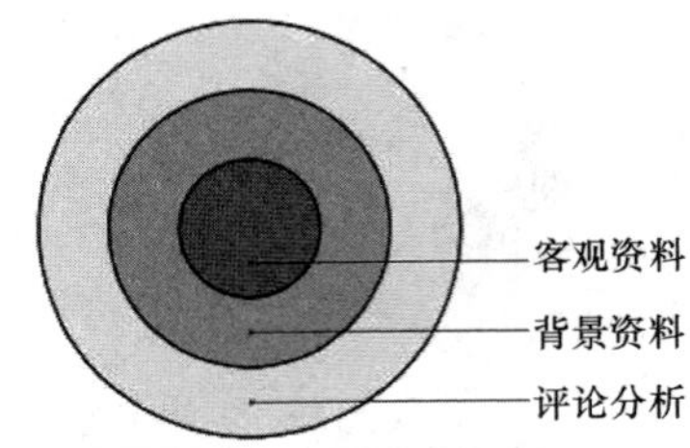

图 3 原始资料的内容

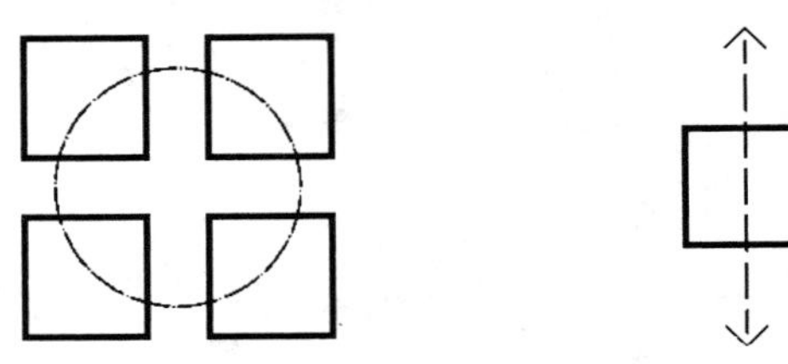

图 4 横向与纵向比较

对于调研和分析来说，进行加工和分析的资料比原始素材价值更高，原始资料是别人的成果，而经过分析的资料是自己的。

大多数同学对调研的理解仍处于第一个阶段，一部分同学能开始转向第二个阶段的操作。总体而言，并未能有意识和系统地展开分析和比较的工作，从而使得调研的结果比较表面化。

3 调研与分析的关键——结构化过程

经济学领域对于事物的认识分为四个层次，状态——结构——制度——利益，状态是一个事物表现出来最直观的印象，结构是事物构成的内在秩序，制度是制约事物规律的因素，当然最终所有事物的规律都归结于利益的因素。事物的四个层次论对于帮助我们理解事物的本质和事物规律的研究具有方向性意义。

如果将其借用到建筑设计的领域，四个层次大体可对应为：功能、形态——空间秩序、结构——空间模式、类型——空间动因（文化）。建筑设计的理想过程应该是从空间动因（文化）到空间模式，到空间秩序最终完善形态和功能。而对于调研和分析来说，则大体可

❶ 或许可以参照归纳和演绎的方法来看待调研（分析）与设计过程的关系，调研（分析）偏向一个归纳的路径，设计偏向一个演绎的路径。

看作是一个逆过程，需要从形态、功能等状态中分析事物的秩序、结构，并掌握空间模式，最终推导出文化性因素（图5）。调研和分析的关键就是一个从低层次不断向上追寻高层次的过程——即结构化过程。

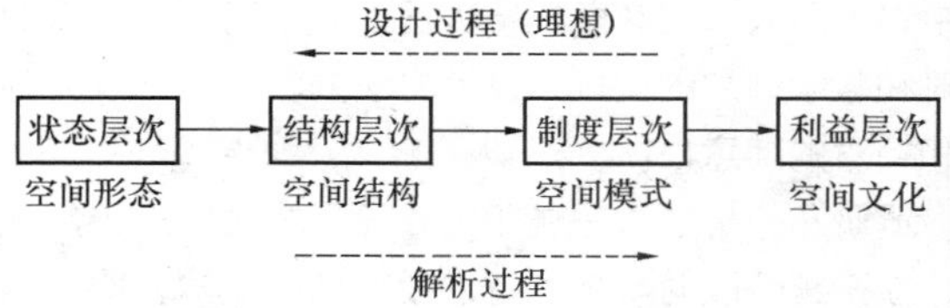

图5　事物的四层次与建筑设计过程

例如，从实地踏勘搜集的周边环境信息（包括照片）我们得出的地图实际上就是一个将状态转化为结构的结构化过程，类似的，在案例研究中的图底关系图、功能块图、空间结构简图、空间模式图、形体构成分析、设计过程构思图等均是结构化过程中加深对案例理解的方式。

朱剑飞对于明清北京紫禁城的研究可以作为事物四个层次分析的典型案例。❶

第一个层次为当前故宫所表现出的状态，由于其保护相对完善，结合相关史料对于分析明清紫禁城具有较好的基础（图6）。

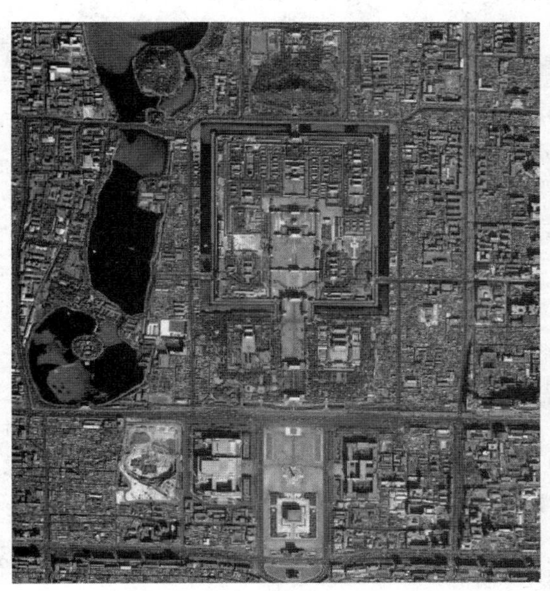

图6　北京故宫的状态图

第二个层次为紫禁城的结构分析，将最具代表性的中轴线强化出来，按照空间方位的重要性和私密性进行再构造，从而得出一个结构性简图（图7）。

第三个层次为紫禁城的制度性分析，通过相关文献的研究，发现紫禁城内部存在公共性（容易到达的程度）的一个渐变关系，即从紫禁城的东南角最为开放，而西北角最为封闭（图8）。在此基础上可以进一步得出紫禁城内各机构的简图以及彼此之间的相互关系（图9）。

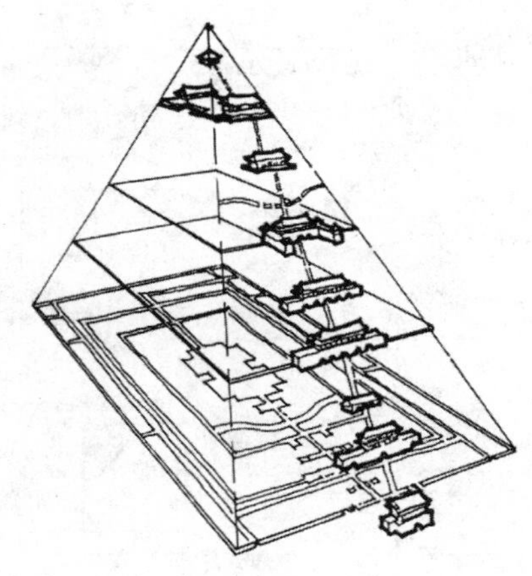

图7　故宫中轴空间结构简图

来源：朱剑飞 中国空间策略：帝都北京 1420—1911 2006

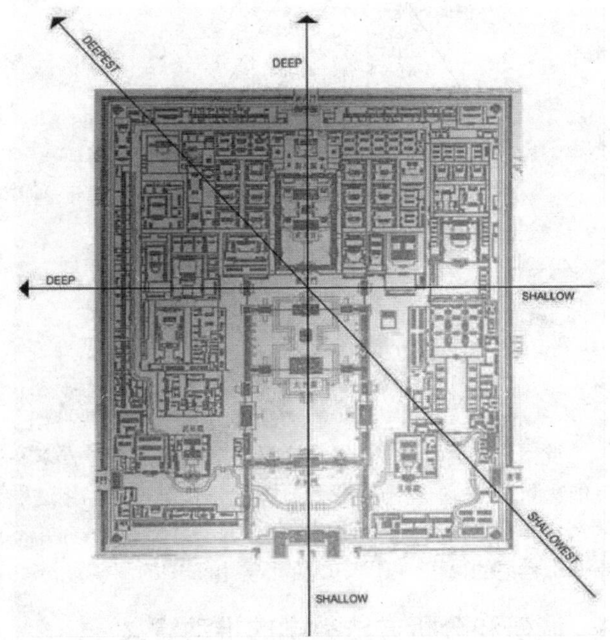

图8　故宫空间公共性示意图

来源：朱剑飞 中国空间策略：帝都北京 1420—1911 2006

第四个层次得出了明清时期的权力金字塔简图（图10），反映了明清时期君主和国家的“社会-空间”结构。从而完成了从明清紫禁城这个状态层面到利益层面的研究。

---

❶　转引自新书介绍：《空间策略：帝都北京（1420—1911）》李路珂，世界建筑 2005。

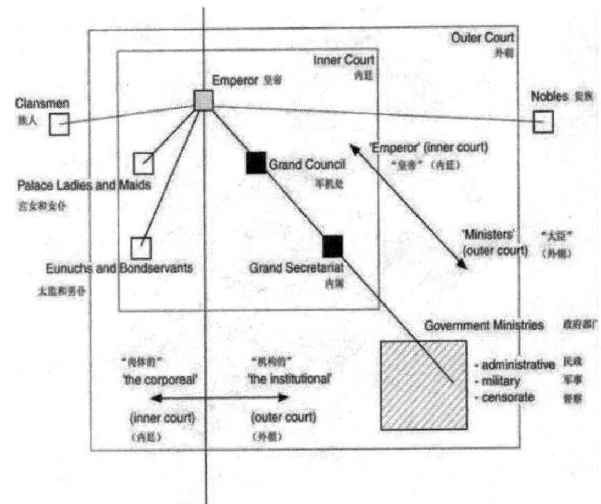

图 9 故宫各机构地位关系图

来源：朱剑飞 中国空间策略：帝都北京 1420—1911 2006

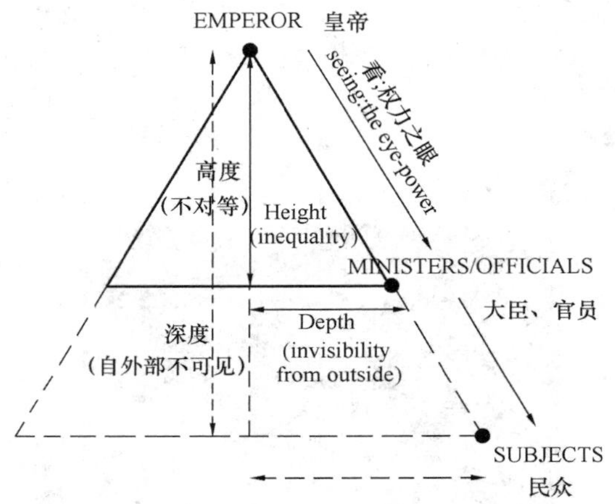

图 10 明清时期权力金字塔简图

来源：朱剑飞 中国空间策略：帝都北京 1420—1911 2006

此案例充分展现了一个研究所呈现的清晰的过程以及其能达到的深度，对于调研和分析的方法及其结构化过程的领会具有现实意义。同时案例也表明，调查和研究并不是一个容易的过程，需要知识的积累和深刻的洞察力。

4 调研和分析方法教学的推动意义

当前各建筑学院的建筑课程设计属于典型的案例教学和关键词教学模式，本质上属于对一些类型和与之相关具体问题进行探讨，这样的方式积累下来，会使得学生慢慢掌握设计的程序和方法，并逐渐形成对建筑设计的认知。❶ 与此同时，还有建筑历史、建筑设计理论、建筑结构、建筑构造等教学内容，来帮助学生建立更为完整的建筑观。总体而言，建筑学的基础教学体系形成了建筑理论（偏历史）——建筑知识——建筑设计实践的基本格局。一般而言，在理论与实践之间存在一个方法的层次，科学的设计研究方法会对设计起到相当关键的作用。目前，关于设计方法的教学实际上是融入到建筑设计实践，也就是贯穿到建筑课程设计中，但并未形成相对完整和清晰的体系。在当前呈主流的小组教学模式中，不同教师的教学执行过程各有不同，同时受制于学时和教学计划的安排，设计方法的教学也表现为片段式和相对的随意性。

调研和分析的方法属于建筑设计方法的一个组成部分，在开题阶段向学生进行讲授，可以使学生明确调研的目的和指向，了解分析的方式方法，对于调研的成果具有一定的提升作用。相应地，在教学中我们发现，学生对于课程设计的时间安排和各环节的任务要求虽然有清晰的了解，但并不太清楚每个环节该采取什么方式去展开分析和研究，使得设计变成一种随机性的灵感迸发或者相应案例的激发，变成一种被动的行为，失去了设计的意义。

除了调研和分析的方法以外，如何对设计任务进行量化、如何寻找切入点、建筑理念向建筑语言的转化，甚至设计表达的方法等等均是学生比较疑惑和需要指导的内容。或许我们可以寻找一种方式，结合课程设计来强化设计方法的教育问题。当然，切实的设计方法不仅仅体现在程序、道路、工具等方面，不仅仅是一个“事先”的描述和准备，不仅仅体现在教导学生在不同的阶段该去做什么，重要的是在过程中的引导，学生更需要的是一种细致的经验传授，它确实是贯穿在设计的全过程，但应该被着重强调出来，甚至加以制度化。❷

参考文献

[1] [美] 琳达·格鲁特，大卫·王 著. 王晓梅. 译. 建筑学研究方法.（M）北京：机械工业出版社 2005.

[2] 李路珂，新书介绍：《空间策略：帝都北京（1420—1911）》（J），世界建筑 2005-01.

[3] 向科，设计过程导向的博物馆设计教学研究（J）2011，建筑教育国际学术研讨会暨全国高等学校建筑学专业院长系主任大会论文集 2011.

[4] 张永和. 对建筑教育三个问题的思考（J）时代建筑 2001S1.

---

❶ 关于案例研究，也有学者认为个案研究的困境反映出系统的、超越了建筑类型的建筑设计原理的缺乏。不合理地要求学生通过个案研究，自己寻找建筑设计的规律（张永和 2001）。

❷ 设计方法也不是一个“范式”，强调的不是一套严谨的流程，而是在一个相对灵活的框架关乎“逻辑”的问题。学生需要的设计方法更多的是在框架下的每一个节点的具体的指导。

辛塞波
河北建筑工程学院建筑与艺术学院
Xin Saiko
Schoot of Architectune and Art，Hebei Uninersity of Architectunp

基于“材料逻辑”训练的建构教学探索

Based on the “material logic” Construction of Teaching Training

摘 要：建构设计来自于对所生成的空间的观察以及对模型材料的操作，我们的教学强调用科学技术措施保障构思的实现，从材料和建造的逻辑中获得设计生成的动力。运用某种材料，实际上已经决定了建构的方式，因此对于材料特性的探索是不可或缺的一个环节。

关键词：材料，逻辑，建构，探索

Abstract：we repeatedly stressed in practice from the generated design space observation and the operation of the model material. Constructing teaching emphasizes using science and technology measures to safeguard the realization of the idea，and constructed from materials obtained logic design generated power. The use of a material fact already decided constructed way，so for the material properties of the exploration is an integral part.

Keywords：Material，Logic，Constructed，Exploration

建筑系一年级开设的“建筑设计基础”主干课程内容，辅以“建构”教学，从体验、制作、观察等多维度进行创新训练，以实体模型作为设计操作工具，清晰理性地记录创作过程，深化对设计工具、创造方法的认识。在构建教学中，我们引领学生注重设计的过程，每个阶段的练习都要求学生提炼自己的设计逻辑，阶段前后发展也需要给出逻辑联系。例如，在特定的阶段，学生需要考虑形式和建造之间的逻辑关系，材料选择与形式本身的契合程度等问题。因此，学生在尝试操作时会首先梳理设计概念并使之清晰严密，具体体现在空间逻辑、材料逻辑、结构逻辑、建造逻辑等方面。

1 教学目标与定位

作为建筑设计入门阶段的建构教学，我们始终坚持将教学限定在建筑本体研究的范畴内，避免成为单纯的技术实验或施工操作课程。我们关注的研究主题是空间、形式与材料，侧重点是思维方法、设计方法训练，最终目标是在教学过程中建立正确的设计观念。为此，我们在建构教学中进行过一系列空间、材料、构造、力学等不同主题的探讨，使学生理解设计并非被感觉支配，而是可以通过逻辑方式理性生成，需要我们在设计时对所面临的各种限制要素进行理性分析与回应。

在具体的教学任务中，我们还是强调在综合性的基础上使用主题教学模式，对某些方面或环节有所侧重和强调，以此强化设计概念。比如，我们发现学生一般对材料性质只提出概念性的想法，这是一种估计和想象，而不能进行真实全面的感知或验证。建构教学强调用科学技术措施保障构思的实现，从材料和建造的逻辑中获得设计生成的动力。以建筑技术基础课程来开拓建筑设计入门教学的视野，重点在于如何通过各类练习，对材料、结构及建造的概念、知识和方法进行有针对性的训练。运用某种材料实际上已经决定了建构的方式，因

作者邮箱：xinsaibo2006@163.com

此，对于材料特性的探索是不可或缺的一个环节。

2　建构教学中的材料逻辑

2.1　材料逻辑的表达

材料作为建构关键的拐点，能够开启全新的空间体验。材料性能不是肤浅的，它会延伸到我们作品的各个方面。我们将生成空间的物质手段，根据它们的形式特征分为“体块、板片和杆件”[1]，那么空间概念就来自于对模型材料的操作。“材料逻辑”的任务就是完善前一阶段的空间组织，通过表面材料的区分来建立更丰富的秩序。首先在概念阶段，某种模型材料可弯曲、可切割的物理特性激发设计者的特定操作，从而生成特定的空间；在抽象阶段，单一模型材料的规定意味着材料表达的局限，这与这个阶段的研究重点放在空间的组织方面相吻合；在材料阶段，我们鼓励运用多种模型材料来制作模型，重点在于研究多种模型材料的视觉差别，来表达空间、形式、结构及使用的关系；在建造阶段，我们用模型材料来象征建筑材料，来研究建造的问题。

材料研究的引入增加了空间的可能性与可感知度。从前一阶段的单一模型材料发展为几种模型材料，需要对原先的形式和空间关系做新的区分和诠释，它实际上是在抽象形式和空间的表达基础上寻求更丰富的表达内容，其依据在于对空间、要素、结构和边界等方面的考虑。

案例一：“以多种材质尝试诠释原有空间的可能并进行观察和比较。先是基于原来瓦楞纸板模型的修改，利用瓦楞纸板不同方向切口肌理的差异强化了楼层之间的分化，并用颜色垂直突出了其中楼层的掏挖空间。其次是引入两种材质，按层间隔分配，产生了水平向的外部形体和内部空间，两者对应一致。再是引入第3种材质，分别用于外表面和两种类型的掏挖空间表面，强化了单一形体与两类掏挖空间的对比。材质的引入拓展了设计的手段，分配材料的不同方式，在原来的基本空间形体上发展出三种新的秩序，彼此迥异。模型最终采用瓦楞纸板的基本色质来明确外部形体，利用其次一级的差异来区分三个不同方向的表现，引入红黄色卡分别强化两类不同掏挖空间的表达，引入半透明塑料板暗示另一类室内空间。”（图1）——王正。

案例二：“对材料的深入理解赋予作品力量，通过对材料特性的挖掘生成设计。在对多种材料的模型进行推敲时，在材料的色彩和材质上进行区分，但色彩的区分只能在视觉上产生对比，对内部空间的结构表达并不清晰，因此，将所有水平方向上的板片变成透明材料，竖直方向的板片采用实体材料，强化插接位置的虚实对比，将结构逻辑通过材料的物理性质加以表达。透明材料的引入也使得内部空间结构的表达成为可能。”（图2）——程新宇

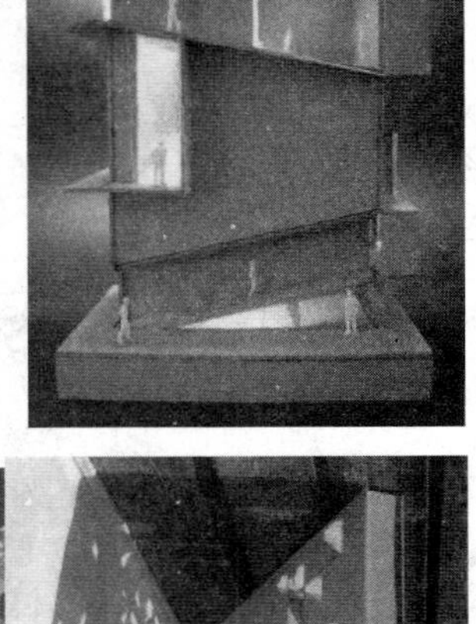

图1

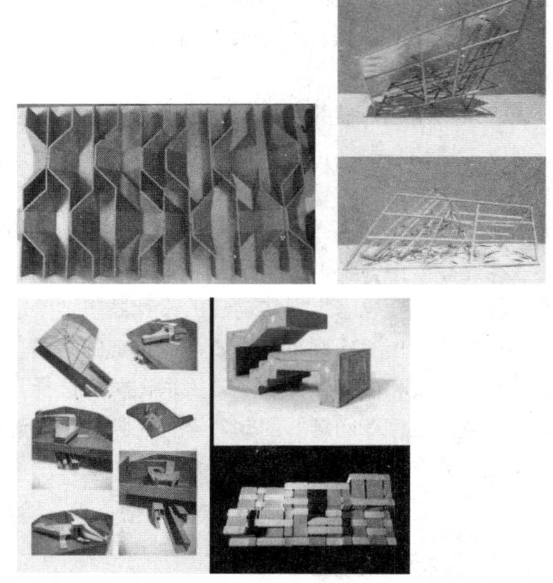

图2

[1] 顾大庆. 关于‘建构实验’课程的方法学和教学法意义. 中国建筑教育.（总第5册），第10页.

模型主要使用模拟的，以表意为目的的材料，关注的是材料的加工性能，强调的主要是视觉感受。模型材料的选取、表达与比例直接相关。小比例的模型采用单一的材料，空间是模型表现的焦点，而模型材料的美感以最佳形式呈现出来。在缩小的尺度上，模型一方面模拟真实建筑，另一方面展现并阐释设计概念。就模拟而言，要求选取的模型材料尽可能保持建筑材料的特有属性和视觉效果，是粗糙的还是光滑的，是厚重的还是轻巧的。就阐释设计概念而言，模型材料具有自身的视觉特性和独立的表现性。比如木材细微的色差和纹理结构，赋予模型以生命力。另外，塑料的精准感、黏土的粗糙感、有机玻璃的透明感使模型具有独立于方案的视觉表现力，这时，模型本身成为一件作品，可能被理想化。我们在建构过程中明白了材料的选择和加工，是模型作为设计操作工具的显著特征。常用的模型材料有纸张与纸板、木材、金属、塑料、石膏等，对这些实体材料的切割、粘贴打磨、抛光、焊接的加工过程使模型制作具有物质性和多重感官的特征。

我们前期的建构探索基本上还属于用形态或者空间设计来推动的，再通过选择合适的材料实现构思，这里面有一定的材料探索，但材料始终处于从属地位，还未被提到一个重要的认识高度，这样，材料选择、节点构造、力学结构、尺度感知等实现建筑成功的关键要点就都被忽略了。在大比例的模型中可以使用真实材料，而且模型材料与建造材料、模型制作与实际建造有很大不同，那么，最为接近地模拟实际空间的建成效果就要对真实建材具备一定的了解和经验。

2.2 材料逻辑的营建

2.2.1 对真实建材的了解和体验

在这个实验当中学生将会接触到若干种不同的真实材料，在建造过程中对真实材料性质产生直观的感受和体验，了解不同性质的材料需要应用相应不同的建造方法。除了传统意义上的已知建材，以及身边可利用的材料，我们鼓励学生去挖掘新型建筑材料，在这个过程中感知材料的物理、化学性能。将新型材料与传统材料进行对比体验，比如，在同等受热的情况下，学生可以通过手摸的方式体验传统黏土砖及新型砂加气材料背面的温度，明显能感觉到砖在烫手的情况下，砂加气材料仅仅是温热状态。

在建造的过程中，由于对材料的不熟悉，还可能产生对材料的误用或是对材料非常规的加工和处理。这些是难免的也是可喜的，因为在这些不熟悉的探索中，更容易发掘出材料的潜能和新的表达途径，同时在探索、实验的过程中也会迫使学生去思考什么是材料性能，作品最终的呈现质量与材料有什么关系，材料和形式有哪些内在的联系等等。对材料性能的了解和掌握是建筑师必备的基本素养，在这个基础上，我们更进一步培养学生对材料的兴趣和热情，帮助他们主动地对建造所需的材料进行选择和设计。

2.2.2 真实建材在建构教学中的应用

我们以空间为基础的逻辑生成练习赋予了建构成果空间感知的内容，但是，空间模型无法提供真实材料所带来的重量感、触感等感受。模型因不能真实传递荷载，故而也无助于学生深入进行结构力学的探索。“营建教学使用的是真实的、可建造的材料，不仅关注材料内在的物理、力学、构造等多种特征，还关注材料给人带来的外在的感觉、肌理、触感等多种感受。”❶

我们通过材料的接触与加工，以及工匠式地操作和整体化思考，培养学生对材料的认知，以使用要求、材料特性、制造过程和工艺为起点诱发设计的原动力。利用所学的材料加工知识和金工实践的经验培养动手能力，通过材料性能和加工技术的选择和实践，促发设计的灵感和创造力。利用观察、调研的成果和金工知识、加工技能，尝试工匠式加工探索过程，将设计性与制造性结合，实现创意、功能、材料、工艺的统一整合，观察、发现建造的解决策略，造价与时间控制的问题意识。

我们最早的教学实验目的在于积累建构经验，探寻多种材料付诸实施的可能性。学生们在这一阶段熟悉了木材、竹子、轻钢、pvc 管、纸箱板、胶合板密度板、纤维板等材料，同时对这些材料的美学表达进行了初步探索。采用这些轻型且易加工的材料，以保证自行加工试验和自由探索的可能性，还提倡使用环保材料和废旧材料的循环利用。之后，学生们学习建材特性及加工方法，试验材料和节点的性能，使用模型室的大型设备来加工建材和构件。

以学生作业为例，我们探讨了竹子和麻绳的材料特性。竹子的材料比木材更加坚硬密实，抗压抗弯强度更高；竹纹清晰、色泽自然；竹不积尘、易清洁；成材速度很快，且经济环保。麻绳材料防腐耐磨、坚韧、抗老化、抗拉伸，织成品透气性好、寿命长，适合编织多种产品。在此基础上，我们探讨了竹子和麻绳的连接方式，为之后的建构打下基础。

---

❶ 刘剀．建筑设计基础课程——1：1 营建教学．建筑学报，2013－2，第 55 页．

学生会针对自己选择的材料，检索可以采用的连接方式，选取其中比较有趣的案例，在此基础上进行变形和整合，就会产生很有趣的连接。好的连接很多时候并不是独立存在的，必须结合人的使用，如果能够满足人的某种需求，节点同样可以体现它的创造性。另外，建构教学中为表达设计构思，可以有多样的工艺作法，工艺性就成为一个重要的取舍标准。不仅重视材料的外在表现力，还要真实体现材料的内在性能，更要强调构造细节与材料加工的合理性与美感。

在以“帐篷”为主题的营建教学中，我们鼓励学生从材料出发进行设计。学生们分别选择竹、木、PVC管、铝管、帆布、涤丝纺等不同材料，结合材料的特性进行了各具特色的帐篷建造。选择竹条的小组，依据竹子中空质轻、有韧性、易加工的特性确定拱形受力结构，用钢钉锚固竹构件支撑起帐篷的梁架结构，把竹子的材料特征发挥到了极致。对于布料的选择，考虑到既要防雨又要透气，还要考虑到使用的舒适度，也费了一番脑筋（图 3）。

通过详细的教案组织，我们引导学生从砖的结构特性、力学特性、美学特性出发进行系列探索，在学生通过长时间的大量建造获得的经验上，顺利完成了大尺度作品的建构（图 4）。砖搭建的建构实体，主要利用砖砌块本身的重力特征，以摆砌的方式得以完成，对其结构、受力等内容有了较为直观的认识。部分同学通过对拱结构等的尝试，加工完成了一些初级的拱券，使其对于结构的表现形式也有了初步了解。在教学中使用“真实材料”进行真实建造，材料的力学性能、构造特征与美学特征实现了有机融合。

图 3

图 4

图 5

图 6

图 7

参考文献

[1] 中国建筑教育. 2012（总第 5 册）.

[2] 2012 年建筑教育年会论文集.

[3] 刘剀. 建筑设计基础课程——1：1 营建教学. 建筑学报，2013-2，第 55 页.

[4] 萨拉. 赫希曼. 泛用材料. 城市 空间 设计. 2013-6，第 41 页.

徐　蕾　张　敏　刘　力
天津城建大学
Xu Lei　Zhang Min　Liu Li
Tianjin Chengjian University，Tianjin 300384，China

基于自我认知培养的建筑设计基础课程改革❶

The Reform of Fundamentals of Architectural Design Base on the Cultivation of Self Cognitive

摘　要：建筑设计基础的课程改革以培养新生的自我专业认知为导向，运用大卫·科尔布的经验认知模型分析原有的课程情况，结合授课对象的特点，在教学框架和教学方式的改革中注入认知教学的"双主线"，在教学评价中将学生的认知也纳入考察范围。

关键词：学生认知，模块教学，主体性，思考能力

Abstract：The reform of Fundamentals of Architectural Design is based on student' s cognition oriented. It analysis the original course from the learning model defined by David A. Kolb. With the characteristics of the teaching object，"two lines" of cognitive teaching combine with the teaching framework and the way of teaching. The investigation of teaching evaluation include student' s cognition.

Keywords：Student Cognition，Teaching Modules，Subjectivity，Thinking Ability

在建筑院校中，建筑设计基础课程是整个教学进程的开端，承担着专业学习的启蒙任务，要为今后的建筑设计主干课乃至整个课程群的教学打下坚实有效的基础。由此可见，建筑设计基础课程对学生的整个学习过程，乃至今后的职业生涯都会产生深远的影响。

1　课程改革的核心观念

我校根据自身应用型人才的培养目标定位、已有的教学基础和学生特点等情况，结合国内其他院校教学改革的经验和成果，提出将构建学生的自我认知作为教学的主线。改革中的自我认知主要包括：学生的学习方式、个人思考的能力、全面的专业认知和职业规划等综合专业素质。

1.1　建立有效的学习方式是课程的首要教学任务

一年级学生要面对从应试教育的学习模式到建筑学专业学习模式的转变问题，要将培养学生如何主动、恰当地进行专业学习作为启蒙课的首要任务。学生学习方式的培养是以个人对专业的认识与兴趣，对今后学习的了解，对未来职业的愿望与规划等等为基础的，这些都与教学中对学生认知的引导密不可分。

1.2　培养个人的思考能力是课程的重要教学内容

在大卫·科尔布提出的经验认知模型（图 1）中，知识的形成是在两个相互垂直的认知过程向度上进行的，水平向量上，学生在左边从事行为实验，教师在右边从事观察反思（图 2）[1]。传统建筑设计基础教学的主要目标一般包括：技法训练、理论知识、设计思维，

作者邮箱：xlsair2006@126.com

❶ 基金项目：建筑学品牌专业建设综合改革与实践研究（C03-0828）

由此我们可以归纳出，抽象概念和外向行为实验是教学中的强项，而属于内向思考的观察反思和自我认知属于薄弱环节。以上分析说明，教学中学生发现、分析、解决问题的能力以及归纳、总结、反思的训练存在欠缺，只有通过强化学生思考能力，弥补好认知模型中的缺环，才能实现知识的螺旋上升。

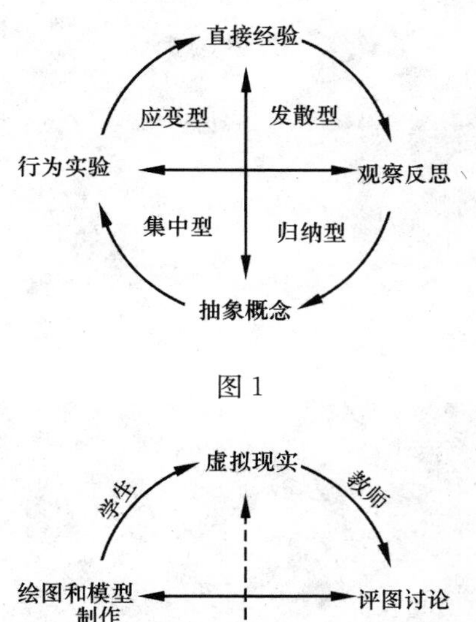

图 1

图 2

1.3 全面的专业与职业认知是学生发展的基础

随着时代的发展和社会对于建筑学人才需要的变化，我们逐渐认识到，建筑设计基础课作为专业基础核心课和启蒙课，应该重视学生人文素质的教育，尤其是对专业的理解和个人未来职业规划的认识，这些比狭隘的专业技能的教育更加重要。具备了良好的专业综合素质与全面的专业职业认知的学生，未来会获得更广阔的发展空间。

2 建筑设计基础课程的改革内容

在现有的教学基础上，将引导和培养学生的自我认知作为教学的主要目标，形成“双主线”的形式贯穿到教学的各个环节，在教学框架、教学方式以及评价方面做出一系列尝试和改革。

2.1 认知引导的主线之一——梳理课程结构

2.1.1 逻辑化的模块式教学

本次改革将已有的“教学模块”进行梳理，使之彼此之间形成有机联系的整体。四大“教学模块”的顺序分别为建筑感知、空间训练、环境认知和微建筑设计，以“整体——局部——整体”和“感知——体验——操作”的顺序呈现的学生面前，该过程奠定的关联性和逻辑性与学生的专业认知规律相一致，这也符合我们在设计中所倡导的“大环境”的设计观。“模块”之间彼此联系，例如模块三中的作业成果要为模块四提供建造基

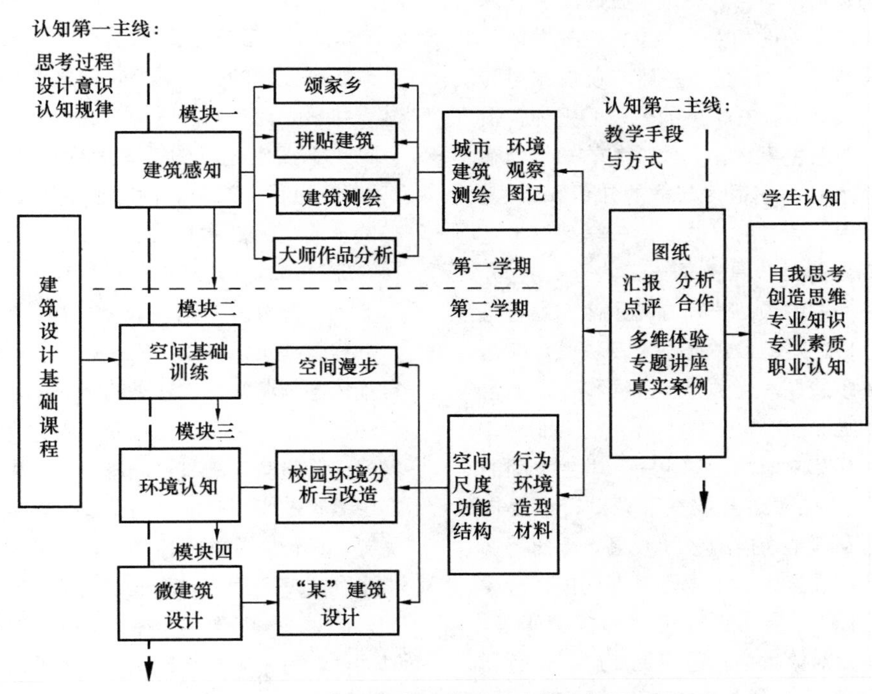

图 3 建筑设计基础课程改革框架图

地的选择。逻辑化的教学模块能够帮助学生更好地掌握知识点间的逻辑与承接关系，做到明确、有序地学习与认知。

2.1.2 固定的框架与灵活的内容

每个教学模块内设若干个小作业，作业的内容可根据社会需要和热点建筑问题进行更新变化，一方面给学生以新鲜感，激发学生学习的兴趣，另一方面使学生的视野更加开阔，不仅局限于某个具体作业，也关注现实中的建筑发展与建筑事件。

2.2 认知引导的主线之二——贯穿各个教学环节

2.2.1 以认知为主的技法训练

技法训练部分的教学重点已经不再是单纯的"图画"教育，而是融合了多方面的认知训练。如"颂家乡"作业中，要求来自全国各地的同学对各自家乡用相关表达技法进行描绘，实质上是促动学生用心认知建筑、街道、肌理等等，开始尝试和学习用建筑的视野观察和记录家乡；"拼贴建筑"作业则要求学生对具体建筑进行解构，着重从视觉上，通过形式和色彩的分析感知建筑的构成，及其对建筑表现的作用。在这些题目中，传统教学中的重头戏——技法训练只是作为学生对城市和建筑的认知载体，认知部分则成为重要的教学与考核内容。

2.2.2 重视学生的能动性与主体性

当代知识的多元，传播媒介的发达和学生的个性发展使学生的知识架构开始倾向自我完成，在改革中，课程组提出要突出学生的能动性和主体地位，在教学环节中增加学生的"话语权"，教师在一些环节仅仅作为聆听者而不是裁判人。实际上，在学生的公开汇报中，很多学生们思维活跃，对新生事物和其他领域的知识涉猎广泛，往往会带给老师和同学很多新鲜的知识和想法。在最后一个设计题目中，通过前一段时间的学习，学生已经积累了一定的专业基础，具备了一定的分析能力。于是，教师在设计任务书中预留一部分问题让学生参与完善，通过自己的分析，对题目进行设定及决策，在这里教学评判的标准更多的是学生的分析过程和逻辑的合理，而并不是答案的唯一。

教学中还在很多环节中增加了学生——学生之间的互动和沟通，学生的多样性如果能充分调动，相互借鉴，相互促进，可达到事半功倍的教学效果。因此，在实际授课中很多环节都设置了学生调研报告汇报、方案相互分析与点评（图4），合作完成设计和模型等等。一方面，使学生的认知对象类型与范围更加广泛，有利于专业视野的建立和分析鉴别能力的加强，另一方面，也培养学生在未来的实践工作中所需要的人际交往、协调沟通、组织管理及团队合作的能力（图5），提高学生的综合素质。

图4 学生相互分析与点评

图5 学生合作踏勘及讨论

2.2.3 增加全过程设计

模拟设计的整个环节，使学生完成设计的全过程形式，包括设计定位、方案设计、实施和使用评价，作业评判也不仅仅是以图纸或者模型为标准，而要将整个"项目"过程中的个人体验和使用后评价与分析作为考核的重要内容。全过程设计的训练可以使学生更加全面、完整地理解建筑设计，尤其是使用后的反思是非常重要的一部分。

在微建筑设计题目中，让学生以使用者的身份根据自我体验与认知，在熟悉的环境中，对设计项目进行功能的定位，以丰富和完善使用者的需要。在空间尺度的练习中，将教室的布置问题留给学生，引导他们对类似高中教室的学习空间进行改造，根据自己的学习生活和需要，设计空间的功能等等，教师们欣喜地发现有部分学生利用使用上的时间差，创造出多功能复合的使用空间，这对于一年级的学生来讲显得难能可贵。使用一段时间后，每个同学写出使用心得并对问题进行分析，进行公开汇报。

2.2.4 拓宽认知的范围

拓宽学生的认知范围是改革中必不可少的一部分。课程组邀请具有丰富实践经验的教师或建筑师为学生讲授如何树立正确的工作态度和未来的职业规划等问题。在题目设计中，也多采用真实地段，真实社会与生活环境，引导学生从熟悉的生活环境中主动发现、分析、解决问题，培养学生对生活的敏感和观察力，教师引导学生进行自己的思考（图6）。通过“实例”题目的设计，使学生更为直观地认知专业，认识社会，理解彼此之间的联系，树立正确的职业观。

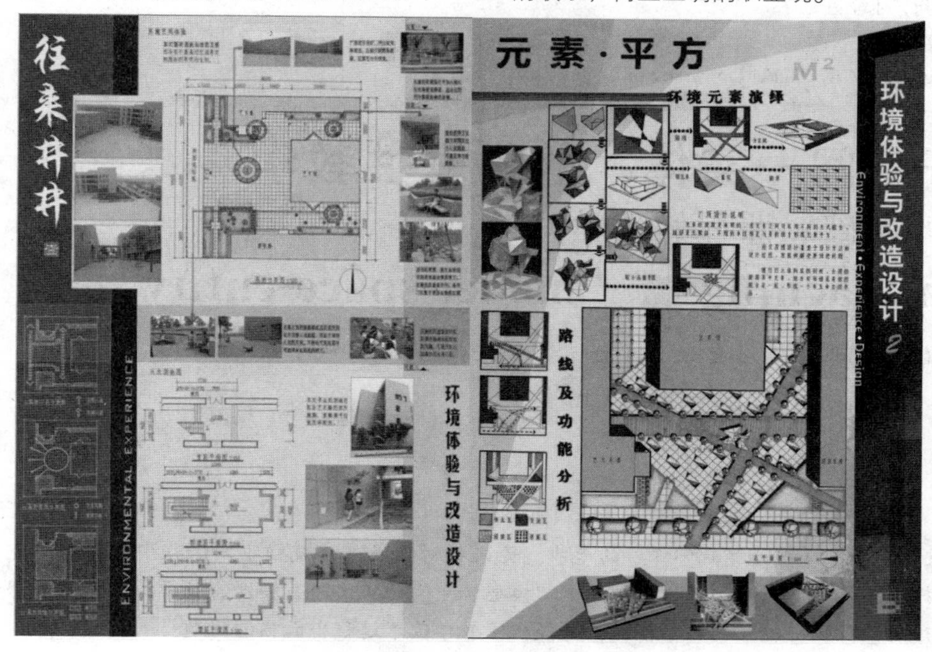

图6 真实的环境体验及改造设计

3 结语与反思

通过学期末的学生访谈和问卷，学生普遍反映课程的整体脉络比较清晰、连贯，掌握了必要的基础理论知识，在课程中，有更多的机会去“想”而不是一味地去“做”，并且在人际沟通合作方面都有了大小不等的进步，对专业和未来职业有了一定的了解。

但是在教学中，笔者也发现教师的参与“度”到目前为止还是个问题。传统的一言堂式的教育，使学生在从老师那里汲取知识的同时也局限在老师的专业知识与观念的束缚内，可是一年级的新生毫无专业知识基础，教师又不能完全地“袖手旁观”。这是一把双刃剑，如何更好地在教师的有效指导下发挥学生的自主性和创造性，还需不断的尝试和总结。此外，在评价考察方面，由于处在知识多元、兼容并蓄的时代背景下，学生认知带有很强的主观性，评价的具体标准如何界定尚需今后深入研究。

参考文献

[1] 贾倍思．从“学”到“教”——由学习模式的多样性看设计教学行为和质量［J］．建筑师，2006,(1)：22-27.

[2] 曹勇．开始的开始［A］．全国高等学校建筑学学科专业指导委员会 内蒙古工业大学建筑学院．2011全国建筑教育学术研讨会论文集［C］．北京：中国建筑工业出版社，2011：87-90.

[3] 吕健梅，戴晓旭，陈颖．基于创新型人才培养模式的建筑设计基础课教学研究［A］．全国高等学校建筑学学科专业指导委员会 福州大学．2012全国建筑教育学术研讨会论文集［C］．北京：中国建筑工业出版社，2012：325-327.

严　敏　任舒雅
合肥工业大学建筑与艺术学院
Yan Min　Ren Shuya
College of Architecture and Art，HeFei University of Technology

“模型—空间—实体”的关联性教学

——《设计基础》课程的教学思考

Relation teaching of “model-space-entity”

——Reflections on Teaching of the course of ‘Fundamentals of Design’

摘　要：《设计基础》课程是建筑学课程的起步。论文针对传统《建筑初步》课程中存在的对空间训练的缺失和不足，提出了《设计基础》课程中应注重“模型—空间—实体”关联性的教学，探讨了新课程关于空间构成向实体建筑设计训练过渡的教学模式，并提出了教学改革过程中面临的问题。

关键词：模型，空间，实体，教学思考

Abstract：The course of ’ Fundamentals of Design’ is the beginning of the architectural education. By pointing out insufficiency in spatial training of traditional course，the paper put forward that the teaching should focus on the relation of “model-space-entity”. It explored the teaching model on transition from space composition to architecture design and then it proposed the teaching problem during the teaching reform .

Keywords：Model，Space，Entity，Reflections on Teaching

在建筑学专业教学体系中，一年级的《设计基础》课程是整个建筑学课程的起步与开端，主要培养建筑学专业的基本功，设计的初步概念，引导学生完成设计入门。合肥工业大学建筑与艺术学院建筑学专业一年级的入门课程，在 2008 版教学计划的改革后，经历了由《建筑初步》向《设计基础》的课程名称的改变，其课程的内容、教学方法与方式也进行了较大的调整，从近几年改革的成效来看，顺应了建筑学教育的发展方向，也形成了自身的教学特色。

“空间是建筑的主角”，这一现代建筑发展的核心是建筑学课程教学体系中的教学与思考的重点，传统的《建筑初步》一直以来也试图在寻找适于一年级学生训练“空间”概念的模式，但从题目设置到教学过程都没有达到应有的效果。首先，传统的技法仍是训练的主角，强调平面构成，导致过于追求表现技法形式与构图

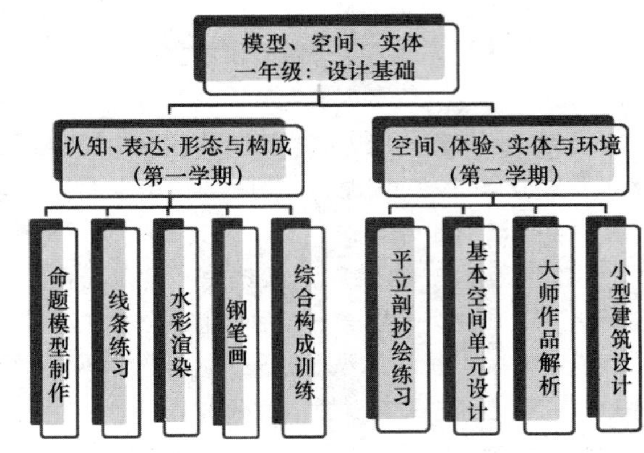

图 1　《设计基础》课程框架

技巧，忽视空间认知与体验。尽管也设置了立体构成的训练，但依然过于关注形式层面，无法与前后的训练内

作者邮箱：yanm131@163. com

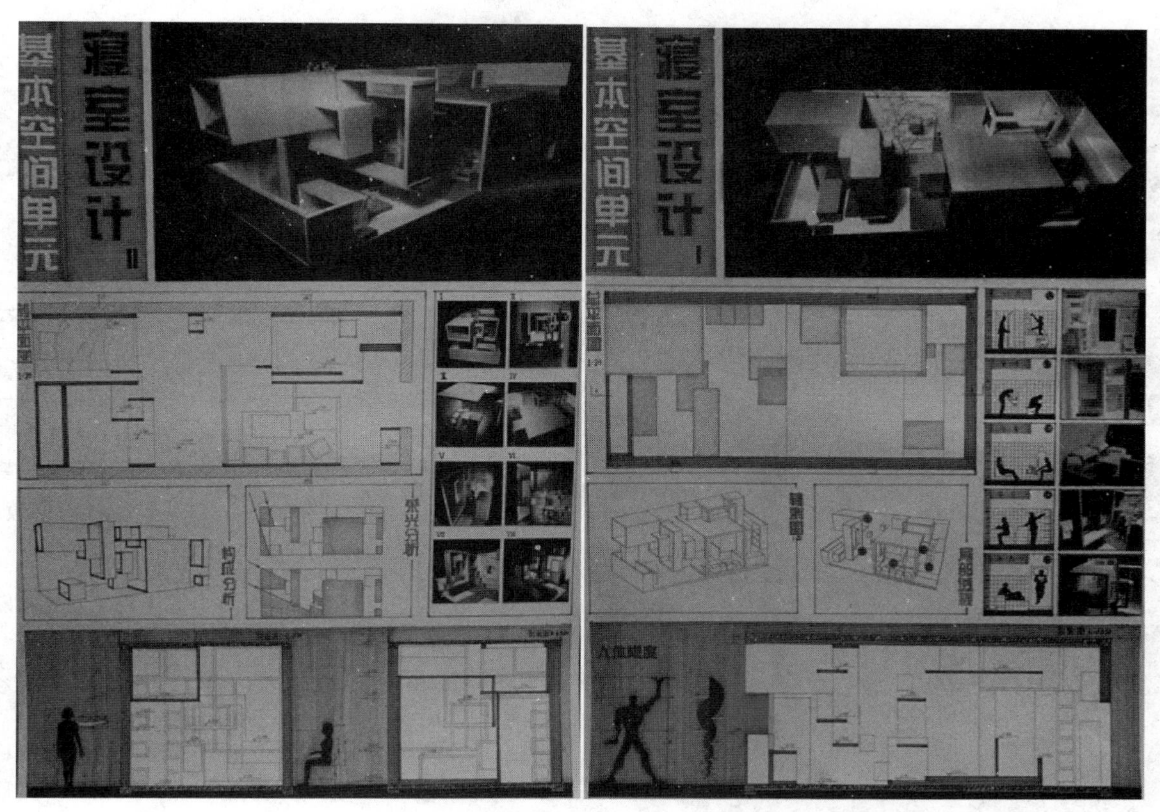

图 2　基本空间单元设计优秀作业

容相衔接，难以让学生融会贯通。其次，一年级学生认知空间最直接的方式是模型制作，而在传统的课程中，模型表达欠缺，造成了学生平面化的理解空间；或是把模型制作仅仅当作设计完成的一个表达而不是设计过程的体现，失去了模型制作的意义。第三，在题目设置上缺乏由“空间”向“实体”的训练梯度，缺乏为二年级建筑实体设计的准备。这也说明一年级的教学团队在关于空间构成向建筑设计过渡的教学思考不够，前后题目的设置没有连续性与启发性。

改革后的《设计基础》课程在训练内容、题目设置上，都试图突破原有《建筑初步》的模式，引入新的训练题目，注重对模型、构成空间、实体空间之间衔接性和关联性的探讨，让学生由浅入深、循序渐进地对空间有综合的认知与体验。

1　适当删减了部分技法训练的课堂教学，而改为课后作业

传统的铅笔线条、墨线线条与水彩渲染的训练仍得到了保留，但课时压缩，增加了课下的每周两张的钢笔画训练。作为建筑学专业必备的素质，传统技法表达在低年级我们仍然鼓励使用，这对于培养学生的设计感觉至关重要。手绘技能的训练，将贯穿在《设计基础》课程的整个学习过程中。

2　循序渐进地加入对空间的认知以及体验内容

把空间作为课程教学的关键点与联系点，教学内容由传统的基础训练调整为基于空间设计思维培养的基础综合训练，从内容和题目设置都加强对空间的认知与体验，把《建筑初步》中的单纯“立体构成”训练综合成“立体构成—空间构成 —实体体验”的系统训练，使学生循序渐进、由浅入深地理解“空间”。[1]上半学期的教学重点是对基本表达技法的训练以及对形体与空间概念的初步建立，而下半学期更偏向于对空间与环境的体验和设计。《设计基础 1》第一个作业题目是“命题模型制作”，要求学生根据给定条件使用 KT 板完成模型。对于没有接触过空间概念的学生来说，这是一个很好地让学生理解空间的题目。通过了解材料特性，理解形体空间的概念，掌握模型制作方法；同时，使学生从理性思维转换到形象思维，初步掌握形式美的法则。这个题目的设置为后面的“综合构成训练”打下了基础。“综合构成训练”要求学生在限定的尺寸内完成一个满足各种空间关系的设计，要求学生了解空间构成的基本要素及其基本特征、空间形体构成关系的基本类型、空间限定

的手段，对于不同空间类型的进行认知，初步掌握空间造型的模型与图纸表达。

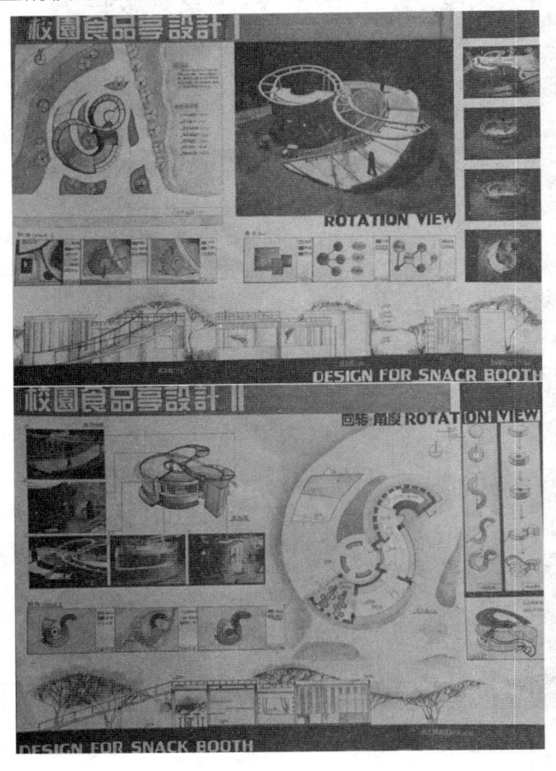

图 3　小型建筑设计优秀作业

课程在一年级下学期引入了两个与真实环境、场所有关的实体空间设计题目——基本空间单元设计和小型建筑设计，是对一年级上学期空间构成训练的延伸和拓展。设计任务要求学生从给定的基地环境要素入手，考虑人的行为模式和人体尺度，并且运用各种形式构成要素进行不同主题的行为空间设计，注重对空间整体设计意识的培养。“基本空间单元设计”要求在实地测绘的基础上，完成单人宿舍的空间设计。让学生通过了解人体基本尺度和家具尺度，并且在分析并掌握特定场所中人的行为活动规律和环境要求的前提下，学习单一功能空间、多功能空间和多个空间的设计组织，并初步建立有关空间的划分限度、空间的串联组合和交通流线组织的知识概念。而“小型建筑设计”是通过一个小品建筑及其外部空间环境的设计训练，使学生初步了解并掌握基本的设计过程与步骤，即从实例调研、场地勘察、任务分析开始，经过多方案构思、优化选择、修改调整、深入完善等步骤，一直到正式方案表现之全过程；并尝试把形态构成的原则、手法运用于建筑造型及空间组织之中。前者更侧重内部空间，而后者更倾向于内外空间的整体把握，两者从不同方面训练了学生的综合设计思维和空间的感知体验。

以上与“空间”有关的训练内容完成了从单纯立体构成的教学，向综合的“模型—空间—实体”关联性教学的尝试，也在试着探寻建筑学专业背景下空间构成与建筑设计的教学交汇点。

3　模型制作与表达成为理解空间的关键

设计是一个复杂的、创造性的思维过程，在训练空间概念的过程中，我们要求学生自始至终以三维模型来

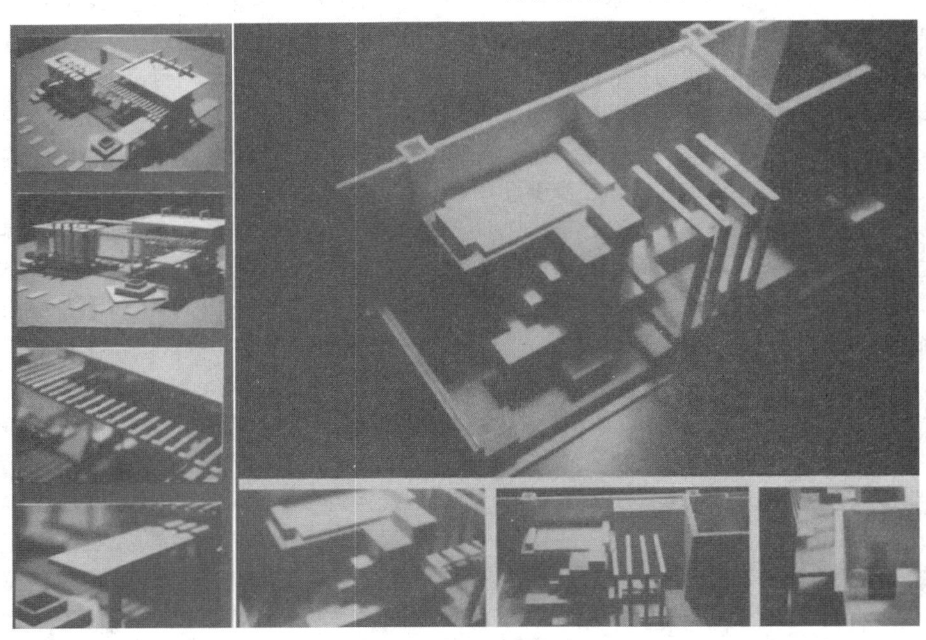

图 4　空间训练与模型制作

作为设计与构思的手段。

“命题模型制作”让一年级学生第一次接触到了模型制作，培养了学生对设计的兴趣，以及对空间的初步认知，同时引导学生对于建筑形式法则的理解，了解建筑审美的基本原则。教学中我们强调，《设计基础》要求的模型制作不同于模型课，不是为训练技法，而是作为学习、创作、构思的载体。“综合构成训练”进一步强调和巩固模型制作的教学效果，引入空间和构成两个概念，通过模型体会各种构成要素的空间关系。“大师作品分析”是一年级下学期一个重要的作业，指导学生掌握分析经典建筑案例的方法——图解建筑与分析模型。用“模型”的方法来研究大师的建筑作品，来深入理解作品的建筑形式、构造、结构及空间形态等方面的特征。模型制作的过程不仅是简单的模仿，也是二次创作的过程。大师作品分析的模型构建分为二个阶段，一是草模阶段，二是精模阶段。第一阶段并非要求学生直接达到精确表达分析对象的阶段，而是先在搜集作品资料的基础上，制作一个大致的三维形象，体现与环境、场所的整体关系，形体表达基本准确。而第二阶段，在进一步理解与思考建筑的基础上，特别是在加入自己对建筑理解的前提下，较为全面地展示建筑，属于再创造的过程。

借助模型建构来辅助教学是最直观的让一年级学生理解从二维语汇向三维空间转换的方法，通过教学实践的验证，模型建构是一种科学的、形象的、直观的工作方法，能够帮助学生完成思维转换，进行空间与形式的整体把握，弥补单一通过图纸表达空间的局限。[2]

4 以环境介入空间生成的综合设计方法的尝试

小型建筑设计是一个综合的空间训练题目，也是学生接触的第一个实体建筑设计。通过前期的技法训练、制图训练以及对空间认知的训练，这个题目应该是前面的综合或者是一年级学习成果的体现。从往年的教学经验来看，学生在面对具体环境、具体人群的限定下进行的设计，总是跳不出对功能的关注，以至于受功能条条框框的限制，设计缺乏小型建筑设计的灵活性和趣味性。因此，我们对教学方法进行调整，引导学生不要从单纯的功能入手，而是把“综合构成训练”的内容引入到此次的设计中来，从空间的构成入手。先有空间，再根据空间的特点引入功能，使之相互调整，相互适应，从而形成富有空间特色和趣味的建筑小品。在整个建筑所包含的内容中，实体空间只是其中的一部分，可供发挥的空间不大，但是室外空间的拓展并不受限制，因此，室内外空间的综合设计，是此次设计的关键，也是重点。在以环境介入空间生成的设计方法中，构成要素不再是简单点、线、面、体等空间要素，而是增加了场地、行为、情景、材料等设计语境，建立一个从场地出

图 5　环境与空间

发而非从造型或功能出发的空间构成。[2]学生通过模型设计、空间体验等学习手段，了解人的行为活动对于建筑空间塑造的影响，加强对于场所概念的理解。从最后的成果来看，教学效果有明显的提升，模型设计阶段学生表现出了对于空间塑造的积极思考和尝试，对于建筑设计有了进一步的理解和认识，这为二年级的建筑设计课程打下了良好的基础。

在对《设计基础》课程教学改革的过程中也出现了一些有待解决的问题。一方面，虽然教学中加强了形式与空间的训练，但也使得学生过分关注抽象几何空间，忽视了对空间中行为、尺度、视景的关注与体验，面对具体的建筑设计时往往采用形体化的空间思维方式。另一方面，在从空间构成向建筑设计的转换中，对于支撑空间产生的结构方式、材料选择及节点推敲等技术层面的训练比较忽视，虽然在一年级下的建筑抄绘和大师作品分析里涉及了部分结构、节点在空间中的应用训练，但学生对于建筑结构不能完全理解，只是被动地接受，因此在空间训练中，要进一步强化结构概念及其结构在空间塑造中的重要作用。[3]

对于低年级的学生来说，模型设计的能力及空间的构成训练必不可少，但最终是为实体设计作设计思维和能力上的准备。三者的关联性在教学上的思考要求我们不断完善课程体系，完成由单一的构成训练向综合的设计训练的转化，由视觉思考向对环境、功能、行为、技术的综合把握的过渡，从而不断拓展设计基础教学的内涵，探索多元创新的教学思路。

参考文献

[1] 钟力力. 建筑学专业本科一年级课程教学改革实践与体会. 华中建筑，2009 年，27 卷（期）：255～260.

[2] 马跃峰 张翔 阎波. 以环境要素介入空间生成. 室内设计，2013 年，1 卷（期）：6～9.

[3] 罗能. 对建筑学专业基础课程中“空间构成”教学的思考. 建筑学研究前沿，2012 年，11 卷（期）.

袁海贝贝　杨艳红
天津城建大学建筑城规学院
Yuan Haibeibei Yang Yanhong
The school of architecture and urban planning of Tianjin Chengjian University

建筑设计基础教学研究
——“微建筑”设计

The Innovation Research on Basic Teaching of Architecture Design
—— “Micro-Architecture” Design

摘　要：通过对建筑设计基础教学现状的分析和课程基本要求的解读，论证了“微建筑”设计题目应用于建筑设计基础课程的科学性和时代性，其对生态观念的培养、建造知识的普及和可变性建筑空间设计的实践，在建筑设计基础课程中具有创新意义。

关键词：建筑设计基础，空间延展，高效，微建筑

Abstract: The article demonstrates the scientificity and times on the topic of “micro-architecture” used in foundation course of architecture design through the analysis on present situation of basic teaching of architecture design and interpretation of basic requirements of course, which has innovation significance in foundation course of architectural design for the cultivation of ecological concept, the popularization of construction knowledge and the practice on variability architectural space design.

Keywords: Basis of Architectural Design, Spatial Extension, Efficiency, Micro-Architecture

建筑设计基础是建筑学的入门课程，是建筑学专业的起点，将为建筑师树立正确的建筑观念，养成良好的设计习惯奠定基础，并对建筑理念的形成有着举足轻重的意义。因此，它既要涵盖建筑知识的各个方面，又要寻找最恰当的训练途径，以便为学生在建筑设计中形成理性的思维模式做铺垫。同时，建筑设计基础课程的知识框架应该同时代紧密结合，培养学生具有生态和可持续发展的建筑观。教学框架应该反映完整清晰的建筑理论体系，浓缩当代建筑理论的关键点。

“微建筑”是近年来国际建筑界逐渐兴起的一种小型建筑设计理念，具有轻质、高效、空间可延展等特点，是可持续发展理念主导下产生的建筑设计概念。微建筑设计适应时代需求，符合建筑设计基础课程的大纲要求，有利于学生培养生态观、了解建构知识和开拓创造性思维（图1）。

1　课程特点

建筑设计基础涉及的内容广博而复杂，如何在作业题目的结构和设置上达到全面、系统并形成条理清晰的脉络，是教学的难点。课程包含了三个主要方面的训练：表达基础、设计基础和建筑知识基础，它们互相关联，相辅相成。

1.1　突出建筑学专业特点、强调主创设计

三大构成一直是设计类专业设计基础课程的重要内

作者邮箱：yuanhaibeibei@gmail.com

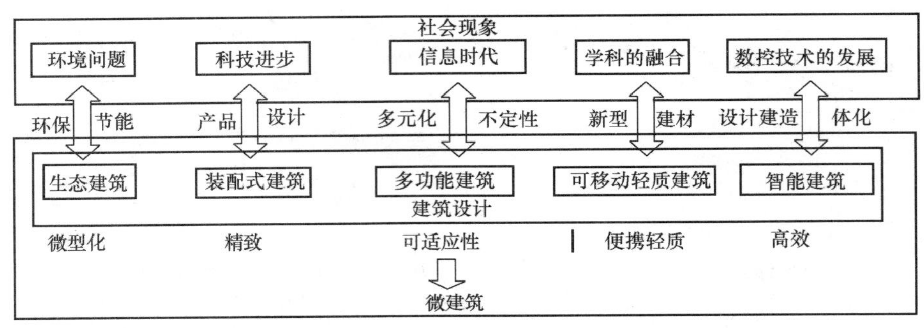

图 1　微建筑的设计原则同社会建筑现象的对应关系图

容，然而设计专业各门类之间特点鲜明各有侧重。以建筑空间形态设计系列为主线，取代传统的以建筑表现技法加三大构成为主线的教学体系，体现建筑学专业的特点，强调主创设计。传统的设计基础教学一般以绘图基本功的训练为起点，强化各种绘图技巧及图纸抄绘。然而，仅依靠平面训练难以形成对建筑的三维认知和建筑概念的全面理解，枯燥的抄绘也容易使学生产生厌倦。随着建筑市场需求的多样化发展，以及多媒体技术的兴起，在教学中强调对建筑空间的三维体验，注重动手能力的培养，展开多元化的建筑表达训练，这些既体现了建筑学专业的学习特点，也是建筑基础教育同国际接轨的有效手段。

具体措施是：以设计带动基本功的训练，强调创造能力的培养。设计作业分为 A、B 两类，A 作业体现设计概念的整体框架，互相关联并形成体系；B 作业以基本功训练和逻辑思维的培养为主，配合 A 作业加深学生对知识的理解。设计能激发学生的创造力，培养专业兴趣。由简及深地设计题目能引导学生主动思考建筑学的各种问题，体会设计的魅力，养成设计的良好习惯。B 作业中对基本功的训练，以与设计题目内容相关的课外作业形式帮助学生建立知识点之间的联系。作业形式多样灵活，如每个设计开始之前的资料搜集和材料整理，以抄图的方式汇总成册，既锻炼了学生的绘图能力也培养了良好设计习惯。

1.2　体现建筑理论的整体性及学科交叉的发展潜力

建筑设计基础的教学框架是建筑理论体系的表现，设计题目之间应体现关联性和整体性。自 1893 年施马索夫（August Schmarsow）首次提出建筑设计以“空间”为核心的概念以来，建筑空间概念日趋成熟，成为现代建筑理论研究的主要内容。在基础教育阶段强化建筑空间的认知是整个教学环节的中心。教学中选取影响

图 2　界面设计作业 1
（天津城建大学卓越班学生作品，指导教师：袁海贝贝，杨悦）

图 3　界面设计作业 2
（天津城建大学卓越班学生作品，指导教师：袁海贝贝，杨悦）

空间形态构成的重要因素来设置设计题目，对传统空间形态生成方法及当代建筑形态生成的新生概念设置侧重不同的训练。

建筑学从来就不是一门孤立的学科，在多元化、多方向的当代建筑文化背景下，建筑教育体现交叉学科的特点，优势互补，构建整体学科框架是未来建筑教育的趋势。微建筑涉及生态学、机械动力学、产品设计和数字化技术，是学科交叉的成果，学生在设计过程中真切体会到各学科对建筑设计的影响，从而扩大知识面、丰富知识结构，为将来成为复合型人才打下基础。

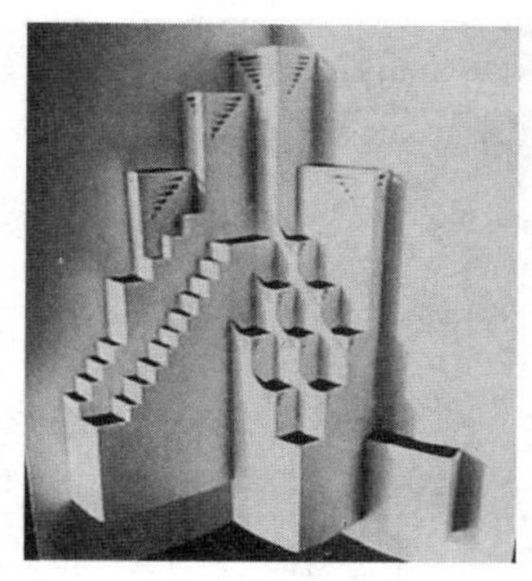
图 4　界面设计作业 3
（天津城建大学卓越班学生作品，
指导教师：袁海贝贝，杨悦）

图 5　界面设计作业 4
（天津城建大学卓越学生作品，
指导教师：袁海贝贝，杨悦）

1.3　全面训练学生的分析能力、表达能力、交流能力及团队合作能力

针对设计题目的不同阶段，要求提交多种表达形式的作业，包括图纸、模型、ppt 报告、小论文；课堂形式多元化，包括案例解析、集中评价、讨论及辩论、作业展示等。绘图除了传统的铅钢笔手绘及工具绘、渲染，还特别加入了素描表现和装饰线条表现，目的是强化学生对设计构图中黑白灰关系的理解和运用。写作是打开思维升华之门的钥匙，设计之后的小论文环节可以迫使学生养成动手并用脑的好习惯。初涉专业学习的学生其价值观是盲目和混沌的，集体评价是十分有益的一环。微建筑设计题目要求复杂，是全学年设计要点的综合体现，任务量较大因而由学生自愿组成小组完成，客观上为学生交流能力和合作能力的培养创造了条件。

2　训练过程

学生在进行空间构成作业时常存在以下弊端：（1）盲目抄袭工艺美术类专业作品，对建筑学的特定含义不求甚解；（2）对学习目的不清楚，不能很好地将空间构成知识应用于建筑设计；（3）对设计题目茫然，不知从何入手，缺少设计方法。产生这些问题的根源在于理论知识构架不清晰，如何建立起较为全面的空间认知是学习的关键。影响空间形态的要素复杂而繁多，总体分成两类：空间本体要素和空间围合要素，空间本体要素包括形态、比例、开放度；空间围合要素包括材料色彩、肌理质感、结构框架。整个教学体系以建筑空间要素演练为主线展开一系列设计题目，将空间形态、空间序列、空间尺度和空间结构的概念贯穿于设计题目之中（表 1）。

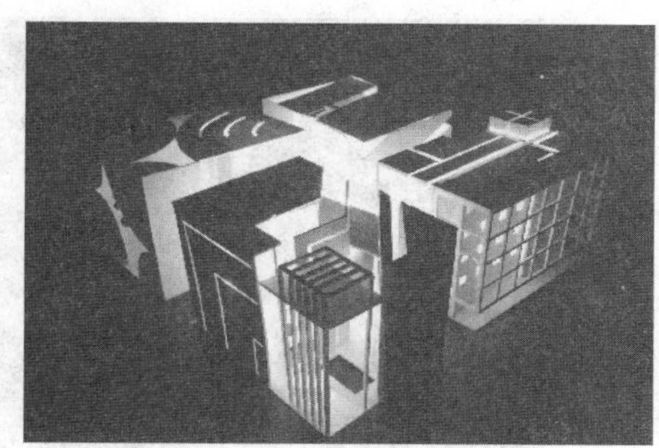
图 6　光影设计组合
（天津城建大学卓越班学生作品，
指导教师：袁海贝贝，杨悦）

图 7　空间形态设计作业 1
（天津城建大学卓越班学生作品，
指导教师：袁海贝贝，杨悦）

图 8　细部 1
（天津城建大学卓越班学生作品，
指导教师：袁海贝贝，杨悦）

图 9　色彩
（天津城建大学卓越班学生作品，
指导教师：袁海贝贝，杨悦）

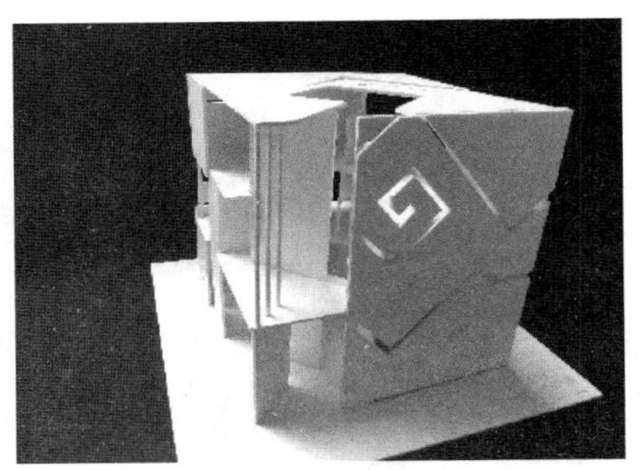

图 10　空间形态设计作业 2
（天津城建大学卓越班学生作品，
指导教师：袁海贝贝，杨悦）

图 11　材料
（天津城建大学卓越班学生作品，
指导教师：袁海贝贝，杨悦）

图 12　细部 2
（天津城建大学卓越班学生作品，
指导教师：袁海贝贝，杨悦）

课程内容及作业题目简表　　**表 1**

要素	作业 A	要求	作业 B
界面	①平面空间的分隔，迷宫设计	在给定范围内设计迷宫图案，要求有特征，反应一定的构成法则、空间张弛等。	字体及铅笔徒手练习
	②平面肌理设计（纸艺）	用纸板做切割折叠方案，形成表面有肌理变化的浅浮雕图案。	铅笔工具线练习
	③体量组合设计（纸艺）	用纸板切割折叠，表现建筑体量的韵律、对比、统一、变化等特征。	钢笔徒手练习
	④建筑立面过渡空间设计	在长、宽、进深为 15.3m×7.2m×3.6m 的空间范围内作界面空间设计，要求体现主次、进入、层次、均衡等特征。	钢笔工具线练习
形态	自定义网格体系下空间生成和序列设计	在给定空间范围内由学生自由设计网格，并依据网格作平面构成设计，由平面完成空间的转换，并进行整体调整。	点线面分项练习
			点线面综合练习
			大师作品抄绘 1
材料与色彩	对形态构成作品做色彩和材料搭配的深化设计	选取 4 种以上不同颜色和质感的建筑材料，从其中选取 3 种以下材料组成两组材料搭配方案，进行比较和讨论，确定一种方案，完成空间形态的材料匹配设计	渲染练习
			其他色彩技法练习

续表

要素	作业 A	要求	作业 B
光影	外部光影（日光下）	在宽、高、进深为 3.6m×3.6m×5.1m 的单一空间内，做表皮的开窗及透光效果设计。每个同学的方案将在暗室中同另外三个同学的方案自由组合形成建筑群，观察不同组合的光影效果，理解建筑群体之间围合、协调、对比等相互关系。	建筑体量素描
	内部光影（暗室）及造型组合		形态及色彩构成设计过程总结报告
结构	单一空间结构构架及组合设计	从自然界（动物、植物或微观）和生活中提取支撑构架方式，模型并图纸表现	大师作品抄绘 2
延展	微建筑设计题目	在自选的基地上，针对调查分析找出的问题，作空间可延展性建筑设计。利用切割、重组、扭转、拉伸、对比、重复等手法，协调空间形态同功能的呼应关系。	环境及功能分析报告
			空间构架模型
			功能匹配设计

2.1 界面

强化从平面构成到空间生成的转化，区别于美术专业的平面设计，强调由平面生成空间的方法和利用平面进行空间思考的能力。该系列题目对设计手法的训练和逻辑思维及秩序概念的建立有重要的启发作用。以期建立学生从平面到空间的整体思维模式；明确立体构成同空间构成的差异，认识空间的维度、体量及数学关系；涉及的建筑空间设计概念有过渡、灰空间、进入、比例等。图 2～图 5 分别说明了界面设计的各个阶段。

2.2 形态

空间形态及空间序列设计。以数学为基础发展而来的比例问题对建筑设计具有深刻的影响。很多空间形态生成的概念都离不开数学的帮助，如网格、折叠、重复、控制线等等。“现代数学关注的不是数本身，而是数之间的关系”。[1]培养学生在建筑中发现数的应用，发现比例对形态与视觉的控制力，对建筑设计的逻辑思维培养十分有益。

2.3 材料与色彩

将建筑材料构成、结构构成和色彩构成相结合，使学生从了解建筑材料的色彩属性入手，掌握材料在建筑形态设计中的重要意义；通过模型制作、分析以及绘图，引导学生对建筑空间形态的创作方法进行研究和演练；强调从抽象构成到建筑设计的转变过程，引导学生在空间形态构成的基础上为空间设定适当的功能，完成具有一定功能的建筑单体设计。如图 7—图 12，分别说明了空间形态、材料及色彩转换、内部空间的统一、协调等形式美的原则。

2.4 光影

认识建筑在日光下外表皮的光影塑造同夜晚（暗室中模拟）建筑自身发光的形态构成之间的联系和影响，学习光的建筑塑形作用。如图 6 为四名学生的作品，根据其形态特征组合成建筑群落，可以初步了解建筑外部空间的形成及统一。

2.5 结构

通过采集自然界及生活中形体支撑框架的案例，提取结构支撑体系模型，并要求模型具有一定的承载力。如原始建筑结构、动物骨架、植物脉络等各种具有受力特征的支撑体系。了解结构体系对空间形态的影响和作用，认识两者之间的关联和对应关系。如图 13，该设计有五个悬挑直臂，每个悬臂通过绳索控制可停留在三个不同的高度，因而具有 15 种不同形态的可能性。图 14 为立方体结构体系与四面体空间形态的有机组合。

图 13 结构设计模型 1

（天津城建大学卓越班学生作品，指导教师：袁海贝贝，杨悦）

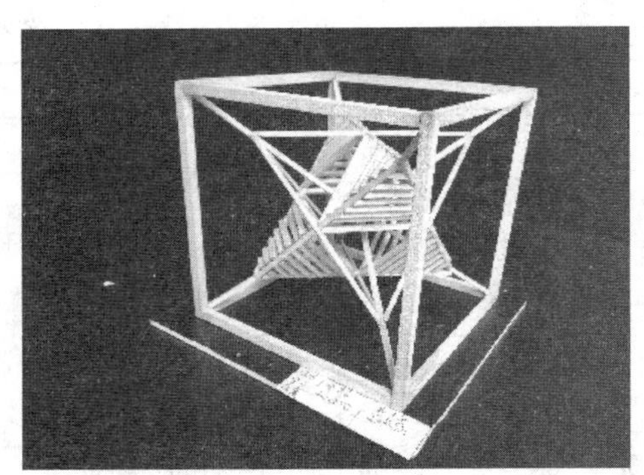

图 14　结构设计模型 2
（天津城建大学卓越班学生作品，
指导教师：袁海贝贝，杨悦）

2.6　延展

空间延展和建构的概念。人类步入信息时代的同时，环境恶化，为了减少人类活动对自然的影响，控制城市规模、缩减人类建筑空间范围将会起到积极的作用。随着空间的日益紧缺，未来建筑的设计理念应该体现高效、生态和灵活性等特点，以适应信息化、高速发展的社会之需求。微建筑设计强调空间利用的多功能方向，结合人体工学、机械原理的应用，创造可翻转可抽拉界面的组合利用，从而实现空间围合的灵活变化；从环境适应性着手，强调生态的建筑环境观，而完成微建筑的完整设计理念。空间延展建立在空间界面的功能细化和对建构的基本理解。空间变形离不开旋转和平移两种基本运动方式，在这基础上又衍生出空间的旋转平移和界面的旋转平移。

图 15　自然中的微建筑
（由波兰前沿建筑师事务所设计）

3　课程题目——微建筑设计要点

建筑学专业指导委员会于 2003 年编制的课程基本要求[2]对作业题目做了可选择的推荐，微建筑设计的训练目的同表 1 中所列的作业训练单元相吻合。

3.1　微建筑强调同自然融合的环境设计理念，具有可适应性

建筑同自然的关系，是建筑设计的第一课，它不仅是知识的传授，更重要的是责任心的培养。人类过分追求奢侈的建造行为对地球造成的影响，将会危及整个生态系统的平衡。最少地破坏现有土地资源，积极利用建成环境，减少建筑占地，将建筑设计同自然融合是可持续发展理论对建筑设计的基本要求。生态理念是微建筑的核心，通过微建筑设计，可以强化学生的生态意识、树立环境保护的思想。

图 16　微建筑小品
（来自雅虎 http：//images. search. yahoo. com/
images/view；_ylt＝A2KJkPvjqupRmxcAY1CJzbkF；）

微建筑具有极强的环境适应性，如极寒状态下的极地科考站，热带雨林林冠上架设的轻钢结构体，城市建筑间挂靠的轻体建筑屋舍，这些案例的解读带给学生丰富的建筑知识，相对单一的体量和亲体的尺度是建筑设计初学者能够驾驭的建筑规模。该设计要求学生自己寻找建设场地，搜集与场地相关的环境条件，包括当地的气候、地形、周围的建筑和植被情况、景观特点、文脉特征等，通过案例的搜集和分析，拟定建筑服务人群，并用课堂演讲的形式展示调研成果，经过教师评论和学生小组讨论，帮助学生判断方案的可行性，拟定任务书。

这一过程强化学生在建筑设计过程中对基地概念的理解，并能运用空间要素训练体系中的知识分析案例，初步形成自己的方案构思。如图 15 是以巨型广告牌为灵感的单人住宅设计，具有极强的环境适应性。

3.2　微建筑设计教学给学生带来建造知识的初步了解，加深对建构概念的理解

建构是近年来建筑学界十分重视的课题。微建筑的可适应性使建设基地囊括了房屋之间、废墟等城市缝隙空间以及几乎所有的自然环境，建筑材料的轻质化对结

构稳定性和建造精度也提出了更高的要求，建筑同产品设计及汽车制造开始发生关联。在微建筑设计的空间选型上，要求学生采用空间结构设计的成果，体现结构同空间的关系，并在空间延展的设计中思考结构体系的稳定性，构件连接与空间衔接的关系以及结构体同维护体的关系。鼓励学生做真实材料模型，利用数控实验室制作等比例节点模型。从概念草图到模型制作，再到车间建造，使学生加深对建构概念的理解，为下一步更复杂的建构知识学习打下基础。如图 16 由构成模型建成的实际微建筑小品。

图 17 微建筑室内
（由德国理查德·霍顿教授设计）

3.3 微建筑设计强调建筑的可变性，深化学生对尺度与功能的理解

微建筑空间设计的基础是多义空间，即物理意义上的，同一空间在不同时间段里借用各种空间延展手段使其具有多种功能模式。这一概念打破了以建筑面积作为评价指标的单一模式，引入空间效率的概念，用空间容积来体现建筑的功能。设计要求学生熟练掌握人体尺度的相关知识，并应用于单元空间设计。通过墙体的移动或设施的翻转对同一空间，至少要做出两种以上不同使用状态下的功能布局。学生在推敲空间变化的使用状态中，锻炼了单一空间家具组合及界面围合方式的设计和思考能力。这些同设计基础的教学要求相吻合。如图 17 微建筑案例室内，2.65 立方米的空间可容纳 3～4 人的用餐、休息等基本居住功能，是对人体尺度及功能设计的最佳训练。

参考文献

［1］ 任军．当代建筑的科学之维：新科学观下的建筑形态研究．南京：东南大学出版社，2009.

［2］ 高等学校土建学科教学指导委员会，工程管理专业指导委员会．全国高等学校土建类专业本科教育培养目标和培养方案及主干课程教学基本要求．北京：中国建筑工业出版社，2003.

［3］ 朱雷．空间操作：现代建筑空间设计及教学研究的基础与反思．南京：东南大学出版社，2010.

袁　园　李岳岩
西安建筑科技大学建筑学院
Yuan Yuan　Li Yueyan
School of Architecture, Xi' an University of Architecture and Technology

"去类型化"的建筑设计原理课程教学探索[❶]

"De-typological" Teaching Mode Study of Course Architectural Design Principles

摘　要：在中外联合教学盛行、国外建筑设计教学方法被纷纷引入国内的背景下，本文就建筑学专业理论教学体系应该如何进行相应调整做出了探讨；并通过对国外建筑理论课程的特点分析，以"建筑设计原理Ⅰ"教学为例，提出理论课程"去类型化"、"去原理化"、"去本本化"的教学模式。

关键词：建筑设计原理，理论课程体系，去类型化

Abstract: This paper studies how to make adjustments of architectural theory curriculum accordingly in the prevalence of joint international workshops. And through the analysis of foreign architectural theory courses, the paper proposes a "de-typology", "de-principle" and "de-bookishness" teaching mode for the course ' Architectural Design Principles I'.

Keywords: Architectural Design Principles, Architectural Theory Curriculum, De-typology

1　引言

结合国家"卓越工程师教育培养计划"的要求，我校建筑学专业教学计划做出了相应的优化调整：强调专业教育整体结构和学生综合素质与职业能力的培养；注重多学科渗透以及建筑理论发展前沿的探讨；强化以建筑学为核心的厚基础、宽口径教育，增强学生的适应性和发展潜力；并由此构建了"三平台、二环节"的建筑学专业教学体系（图1）。其中一项细化调整是将位于第二平台——专业教育平台的"公共建筑设计原理"课程更改为"建筑设计原理Ⅰ"。以"建筑设计原理Ⅰ"为核心，配合开设多门选修课程和系列讲座，如"建筑空间专论"、"建筑设计方法"等，以及学生创新实践"空间实体搭建竞赛"，从而形成较为完整的建筑设计理论课程体系。并在"建筑设计原理Ⅰ"的课程中首度推行教师挂牌教学，使教学内容在保持教学大纲的整体性原则下各有特色，学生能听到不同教师的声音，获得了良好的教学效果。

2012—2013学年开始，我校的建筑设计课程尝试推行模块化教学实践，即将设计课程集中在每学期10周的时间模块内完成，其他课程则安排在学期内的其余时间段来授课。这种集中教学的方式，使学生在相对完整的时间内，集中精力地完成课程设计作业，也为"建筑设计原理Ⅰ"课程的内容调整带来了灵感与契机。

2　课程定位

建筑设计任务的复杂性要求学生具有，能够同时在不同层面、不同尺度下思考与操作的能力。基于此，建筑设计理论课的存在不仅要为学生提供建筑设计的理论基础，更要能够推动学生对建筑问题的深度思考。在我

作者邮箱：orcawhalelover@gmail. com

❶ 本文为西安建筑科技大学校级教育改革研究面上项目资助，项目编号JG021102

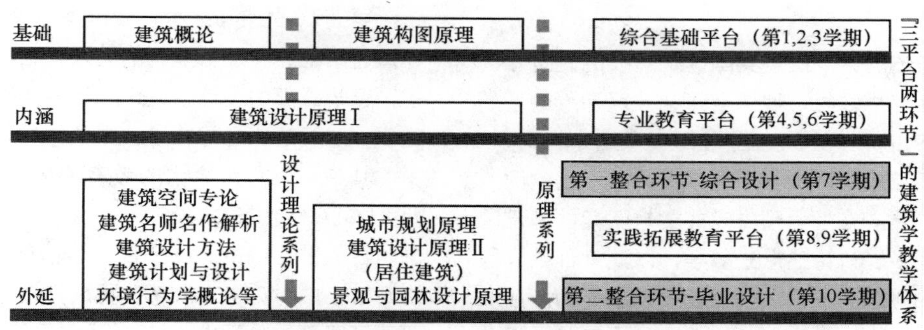

图 1　建筑学专业理论课程体系

校的建筑理论课程体系中，“建筑设计原理Ⅰ”处在核心位置，不仅承接专业启蒙教育阶段的基础理论课，而且扩展出了一系列专业深化阶段的设计理论课程（见图 1）。

但在中外联合教学频繁、国外建筑设计教学方法纷纷引入国内的大背景下，建筑理论课程是否应该进行适应性地调整，这成为一个需要思考的问题。更进一步的是，如此背景下的建筑设计原理课应该如何讲授？如果说建筑技术课适合以自然科学理论的方式讲授，而建筑历史理论则宜用人文学科理论的方式来讲授，那么建筑设计理论课是否应该融合两种理论的讲授方式？例如建筑的技术问题，就需要在介绍不同结构形式、材料特性对建筑空间形态影响的基础上，对结构、构造、材质等建构问题在理论层面上进行讨论；通过建构问题的探讨，在设计理论课中将建筑设计课与建筑技术课在思维层面上有效地联系在一起（见图 2）。

图 2　建筑学专业课程框架

让学生理解建筑形态背后的建造逻辑，在技术课中了解怎么做的基础上（How），在理论课中理解为什么这么做（Why），并直接作用到设计课中产生想法、决定自己要做什么（What）。因此，“建筑设计原理Ⅰ”的课程教学进行了以下三个方面的尝试：

2.1　去类型化

根据对美国排名前十的建筑本科院校、欧洲具代表性的瑞士苏黎世联邦理工学院（ETH Zürich）、荷兰代尔夫特理工大学（TU Delft）以及伦敦建筑联盟学院（London AA）本科课程的调查发现，其中唯一在理论课程中开设设计原理课的苏黎世联邦理工学院，其原理课也是针对“广义的设计”而非建筑设计原理[1]。而在我国“鲍扎”式的建筑教育体系下，“公共建筑设计原理”是一门由建筑类型为基础的教学大纲所指导形成的本土化理论课程。课程以讲授自然科学理论的方式，将建筑设计的原理及方法进行总结归纳来教授给学生。因此，通过对国内外建筑理论课程的对比分析，“公共建筑设计原理”课程更改为“建筑设计原理Ⅰ”，并不是简单地去掉“公共”二字的调整，而是在对建筑设计相关理论课程进行梳理和整合的基础上，以“建筑设计原理Ⅰ”为核心向外扩展形成完整的理论课程体系。并且用以建筑设计要素为线索的教学大纲取代了以建筑类型为基础的大纲，注重与学期设计课程、技术课程的结合。“建筑设计原理”课的去“公共化”调整已在清华大学、天津大学等院校实施；同济大学、东南大学更是将设计原理课程展开到大二、大三的四个学期当中讲授，其中东南大学的原理课程更名为“建筑设计理论”系列课。

2.2　去原理化

学习建筑的初期，学生不理解为什么场地条件、空间形态、材料结构等都能够成为设计的概念或出发点。因为一个关于建筑的“定义”没办法让他们明白“什么是建筑”，然而这个问题不仅是学生在这门课里要学习，更是需要花费他们五年时间甚至整个职业生涯去探索。建筑设计原理课的主要目的之一，应该是让学生树立起科学完整的建筑观，并更进一步强调学生个人成长，自我反思和处理建筑设计问题的能力。所以，“去原理化”意味着以建筑设计问题为导向、注重建筑设计思维培养的讨论式授课方式，目的是将记忆型的知识积累逐步转换为主动性地思考学习。

2.3 去本本化

根据笔者自身的教育经历，美国建筑院校的建筑理论课程基本不规定课程教材，授课老师会按照课程的章节主题来提供相应的阅读文献，通常每个学期末打印、复印的文献可以集结成厚厚的一本课程读物；学生的阅读面也随之大大扩展。在学生预先完成文献阅读的基础上，老师在课堂上多以讨论的形式教学，以此来训练学生对于建筑问题的研究、评价、辩论及反思的能力。所以，“建筑设计原理Ⅰ”以多维视角看问题为目的，提倡广泛的文献选读。在张文忠老师《公共建筑设计原理》的基础上，学生不仅要阅读例如赫曼·赫兹伯格的《建筑学教程2：空间与建筑师》、芦原义信的《外部空间设计》等国外的建筑教材，更要能够回归本源，阅读维特鲁威、勒·柯布西耶等的经典著作。针对不同章节的内容，还将选择阿尔多·罗西、布鲁诺·塞维、肯尼思·弗兰姆普敦等人的研究著作进行阅读。

3 教学内容及形式

“建筑设计原理Ⅰ”目前安排在建筑学专业的第六学期讲授，先修的设计理论、历史理论及原理课程分别为“建筑概论”、“设计史”与“建筑构图原理”。考虑到在同学期开设的建筑设计课在教学上采用分解与整合循序渐进的教学模式，即围绕建筑设计三大基本问题“场所/环境，功能/空间，材质/建构”进行分解教学，每个环节针对具体问题设置不同的题目，分环节训练后再整合进行完整的设计。相应地，建筑设计原理课的内容体系也基本依照此顺序展开，课程具体的安排如下：

第一章　建筑与建筑设计：从建筑到广义建筑，目的是让学生建立起完整的建筑观，了解建筑设计的特点与过程；

第二章　场所与文脉：让学生全面认识建筑与其外部环境之间的关系，理解建筑的设计需要考虑其所处的自然环境、人工环境及人文环境；

第三章　空间与形态：由“空间”概念在建筑学中的演变开始，依次讨论空间的特性，空间与场所、领域的关系，空间与体量、形态的关系，逐步建立起学生的建筑空间思维；

第四章　功能的问题：让学生了解建筑功能的历史演变、功能的动态特征、功能与形态的关系等基本的功能问题，并在对建筑的物质功能详细讲解的同时，拓展学生对于建筑精神、社会以及环境方面功能的思考；

第五章 材质与建构：通过学习建构的概念和理论，建造、结构、构造与建构的关系，结构与空间构成的关系，建筑细部的设计，让学生理解建筑形态背后的建造逻辑，以及建构思想在设计中的体现与实践。

其中，空间和建构的教育[2]是当前设计课程中的两大核心，所以建筑设计原理课也相应加重了对这两部分内容的理论讲授。每个章节都以介绍一个有争议的建筑开始，由讨论引发思考，再展开理论部分的讲述，并以建筑实例的分析作为结尾，以便让抽象的概念落到实处。例如，第一章建筑与建筑设计，将以山琦实设计的美国普鲁特·伊戈住宅区（Pruitt Igoe）为例，该居住项目在1951年获得了美国建筑师论坛杂志“年度最佳高层建筑奖”后，由1972年3月被圣路易斯市政府全部炸毁。由此可以引发什么是好的建筑、建筑师的责任、建筑设计的复杂性等一连串本章中将要讨论的问题；又如，在第五章材质与建构中，会以刘家琨老师的鹿野苑石刻博物馆所引发的建构争议为起点，展开建构问题的讨论。学生需要在课前完成老师所提供的规定文献的阅读，并提交一页纸的简要综述，为上课时的讲授与讨论做好准备工作。由于我校正在施行设计课程的集中教学，因此每个章节也会结合本章内容布置相应的设计作业，既延续了设计课的训练，又能将学生在设计课中没有消化的问题结合理论知识进行再思考。

4 结语

笔者认为建筑设计原理课的发展趋势，应该是随着对课程中每个主题内容的建设积累，逐步将一门内容复杂的课程分解为建筑设计理论的系列课程，将部分课程主题单独开课，并分散到各个学期当中去讲授。例如现在已经开设的《建筑空间专论》、《建筑设计方法》等，就是在这个方向上迈出的一大步。这样不仅保证了在专业素质教育阶段，围绕建筑设计课程，每学期都能向学生提供相应的设计理论课程，也能够更好地与高年级的专业深化理论系列课程对接。同时，“空间实体搭建竞赛”等课外建造实践活动，也会积极地促进学生对于设计课中问题的思考。

参考文献

[1]　顾大庆．中国的“鲍扎”建筑教育之历史沿革——移植、本土化和抵抗［J］．建筑师，2007（2）：5～15.

张 丛[1] 秦 姗[2]
1 北京建筑大学
2 中国建筑设计研究院
Zhang Cong[1] Qin Shan[2]
1 Beijing University of Civil Engineering and Architecture
2 China Architecture Design and Research Group

基于建筑策划课程的建筑设计反思
——以综合医院病房楼的建筑策划和设计为例

Rethink Of The Architectural Design After Study Of Architectural Programming
——Take The Hospital Design And Programming For Example

摘 要：本文基于综合医院病房楼的方案设计，以建筑策划的理论指导建筑设计实践，通过对建筑策划不同环节的学习与运用，达到对建筑方案设计的反思，将建筑的时空发展、城市环境、历史文脉等要素纳入到考虑的范畴，使建筑方案的设计更具有合理性、前瞻性以及可持续性。同时，通过建筑方案的设计，可以将策划理论充分实践，并更好地掌握这门理论。

关键词：建筑策划，外部条件，空间构想，综合病房楼设计

Abstract: This article mainly discussed how to use the principle of architectural programming to guide a real project of a hospital design. By the study and practice of architectural programming, various elements , such as the future development and city environment of the hospital, the history of the construction site, and so on, were brought into consideration to make sure the hospital design reasonably and sustainability. Meanwhile, through the real programmed design, the theory and principle of architectural programming can be well studied and practiced.

Keywords: Architectural Programming, Environmental Conditions, Space, Elements, Hos pital Design

1 建筑策划与建筑设计

1.1 选题原因

建筑策划课程是近几年我国各大建筑院校新兴开设的研究生课程。对本科并不曾接触的学生来说，这是一门全新的学科，最初让人感觉陌生而新鲜，同时其繁复的研究环节令人望而生畏。我们习惯的设计模式往往从概念设计开始就存在严重的弊端，缺失前期重要的环节——建筑策划。建筑策划课程的重要意义，在于它是衔接建筑学科与城市规划的重要环节。就建筑策划本身而言，它填补了建筑周期中的空缺环节，连接了规划立项到建筑设计的过程，甚至指导后期建筑运营，形成了完整的体系。而对建筑学教育，建筑策划系统地培养了学生更加缜密的思维方式，这种成熟的思维模式也会有助于学生在日后的实际工程中上手。因此，建筑策划是真正将建筑学的理论研究与近现代科技手段相结合，为总体规划立项之后的建筑设计提供科学而具有逻辑性的设计依据[1]。

作者邮箱：zci73@126. com

本文所选择的项目——综合医院病房楼，是基于课程设计的一个题目，以期在设计过程中建立起建筑策划课程和设计课程学科之间的联系，对学科交叉进行总结和反馈，从建筑策划的角度对建筑设计进行反思。

1.2　问题提出

策划先于设计，围绕问题具体分析进而合理解决是其重点。医疗建筑设计具有很强的专业性，在本次策划过程中，最主要的是解决以下两个问题：

1.2.1　医疗建筑设计的出发点

医疗建筑作为特殊的公建类型，在组织形式、使用功能、内外流线等方面有其鲜明特点。任何一所医院，无论其设计的形式有什么独特之外，其出发点无疑都是“以人为本”——人，不仅是患者，还包括探视家属、医护人员、行政人员、其他服务人员等[2]。了解各类人群的需求，是前期策划和解决问题的基础。

1.2.2　病房楼的建筑形式

建筑策划在前期就应考虑到设计的创新点，并在整个设计环节中不断修正和完善。在病房楼设计中，护理层在一定程度上类似于酒店、住宅标准层。但这种公认的“类似”，使病房楼作为特殊公建的识别性很低。如何在重复单元的设计中求“变”，将是策划最重要的环节。

2　外部条件分析

2.1　背景解读

建筑策划对设计条件要有准确的把握。设计课程项目为洛阳市中心医院附属综合病房楼，用地长 100m，宽 85m，占地 8500m^2，拟设计床位 1300 床。策划围绕“河南→洛阳→河洛文化”进行逐级分析，对基地所属地域传统文化进行总结，为设计提取要素。

2.2　场地周边

基地周围建筑类型繁杂，包括居住区、商区、文化区及政府单位等。在策划中需考虑建筑形式的中和作用。同时，基地位于城市主干道交汇处东南角，周围重要节点分布密集，交通压力大，车行入口受到限制。故需要在设计中考虑控制人车流线，实现人车分流。此外，清晰的交通系统也反映出明确的城市肌理，需要设计遵从区域内的建筑肌理。

基地北侧为城市主干道，西侧为次干道，南侧和东侧均有已建成的门诊楼、实验楼。建筑策划中需充分考虑建筑与城市之间的相互影响，兼顾新建筑与已有建筑的相互关系，提出可行性方案。

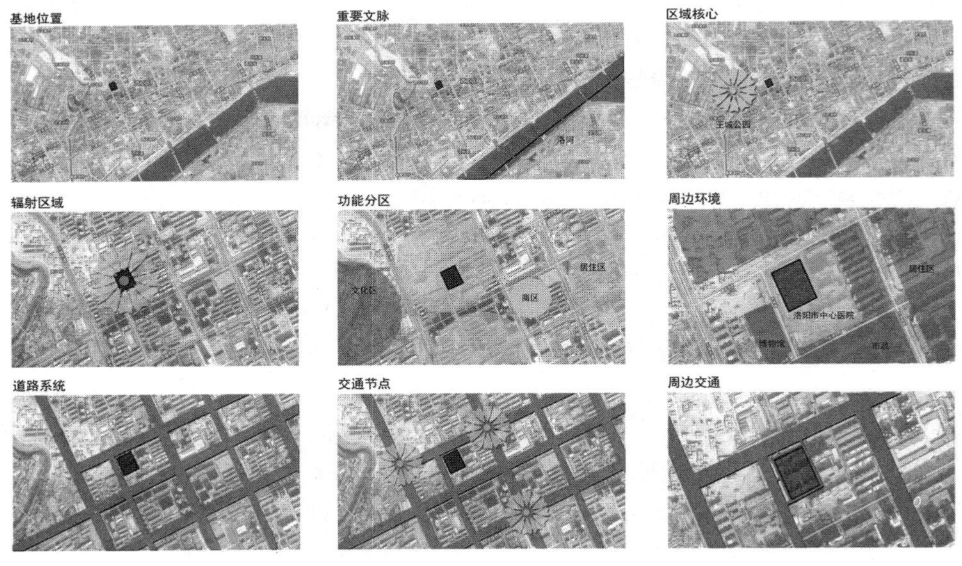

图 1　场地周边分析

3　空间模式构想

3.1　建筑形式

建筑形式的策划是为建筑设计输出具体的产物，空间形式的产生需要根据条件的限制进行多方案比较及优化组合。结合医疗建筑的特殊性，以实现护理单元最优效益为出发点进行选择和比较，并结合场地、周围建筑关系、建筑形式及形体等方面进行深入考虑。

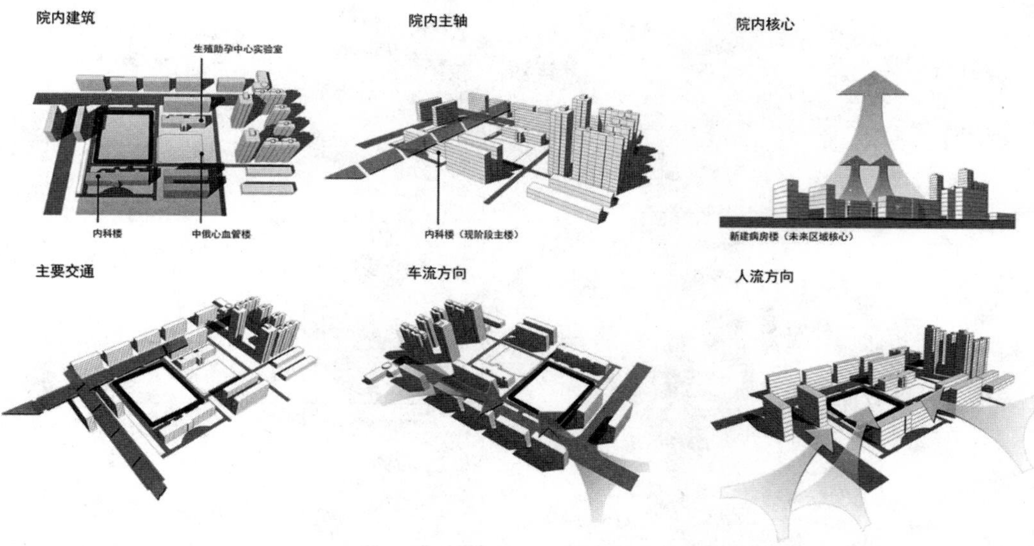

图 2　院区内分析

不同病房楼建筑形式分析　　表 1

方案一单侧通廊护理单元	方案二双侧通廊护理单元
方案三分区设置护理单元	**方案四点式护理单元**

基于建筑策划的方案推演，并非完全否定某一个方案，而是对其取长补短，逐步完善。方案一中，三个护理单元独立存在，采用桥接形式，并希望创造出更多共享空间。但将每个护理单元当作单体处理打破了护理流线，不利于医护人员照看病人。同时，三座点式高层必会产生严重的相互遮挡。预期中的每层空中花园，也超出了医疗建筑的限制条件，过大的共享空间会造成交叉感染。经分析之后，结合方案三，策划最终优化到方案四上：点式护理单元，环状护理流线，是实现医生对患者照顾的最佳组合。此外，这种形式也是对传统医疗建筑板楼形象的一种突破和尝试。

3.2　外部流线

基于对场地的认识，病房楼外部流线的策划应本着人车分流、医患分流、洁污分流的原则。该基地处于交通汇集点，南侧与原院区连接，故在此设置主要出入口，方便来自门诊楼的病人办理入院手续。西侧设置次要出入口，以供探视人员和工作人员使用。东侧设置后勤小院以及地上停车场供员工使用；同时在东侧设计供货入口。两个护理单元对应到首层分别设置污物出口，流线互不交叉。

交通流线设计遵循最大限度避免车行与人行流线交叉，做到人车分流。车行道路主要借助院区内的干道，道路宽 6m。在主入口面增设救护车专用道。人行道路的设置独立于车行道路，宽 3m。

3.3　功能组织

病房楼的功能组织需要较好地处理“隔离空间”和“联通空间”。例如，医护办公区与患者病房区需要分隔设置，后勤办公区与制药区需要分隔设置，洁污需要分隔设置。同时，每个护理层必须保证相邻护理单元的融通，可以通过公共活动区通向任何一个区域等。

为解决这些功能的矛盾，采用同功能用房采用竖向分区设置，可以最大限度地避免水平跨区或者流线交叉，使每个功能区域的特征性更加鲜明地呈现出来。

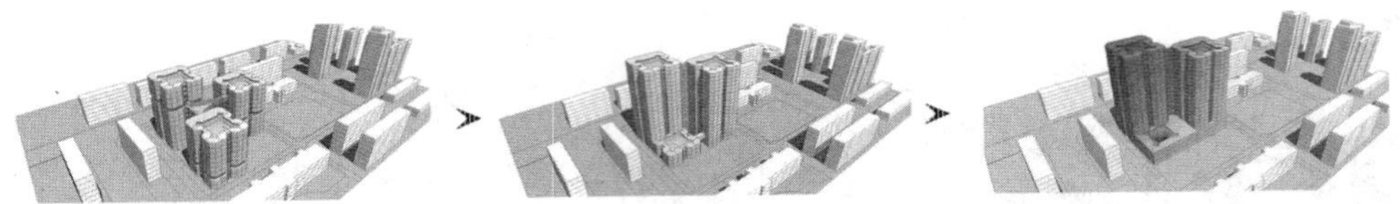

图 3　病房楼建筑形式分析

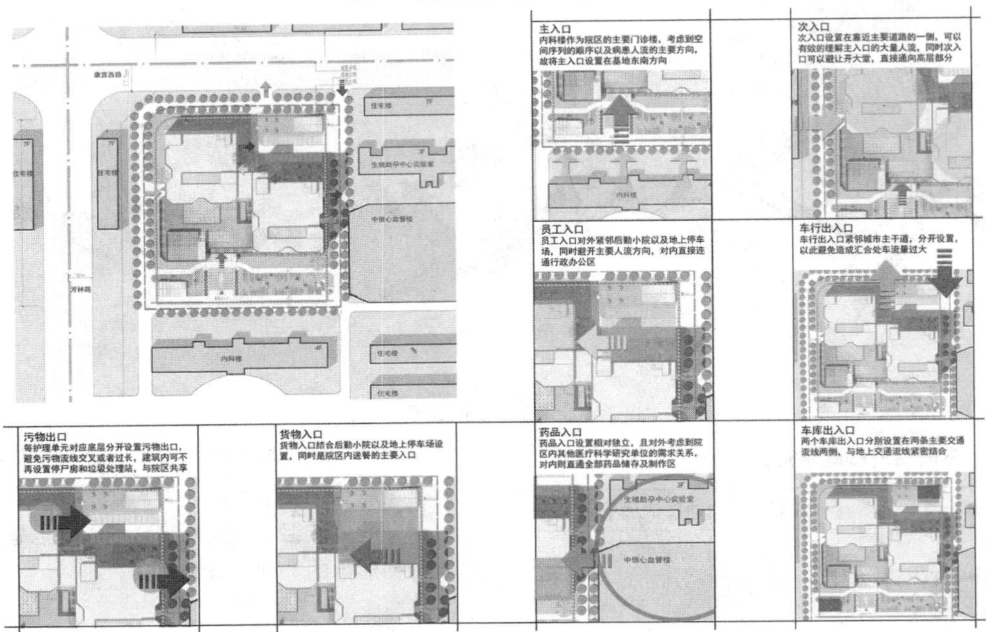

图 4　场地开口分析

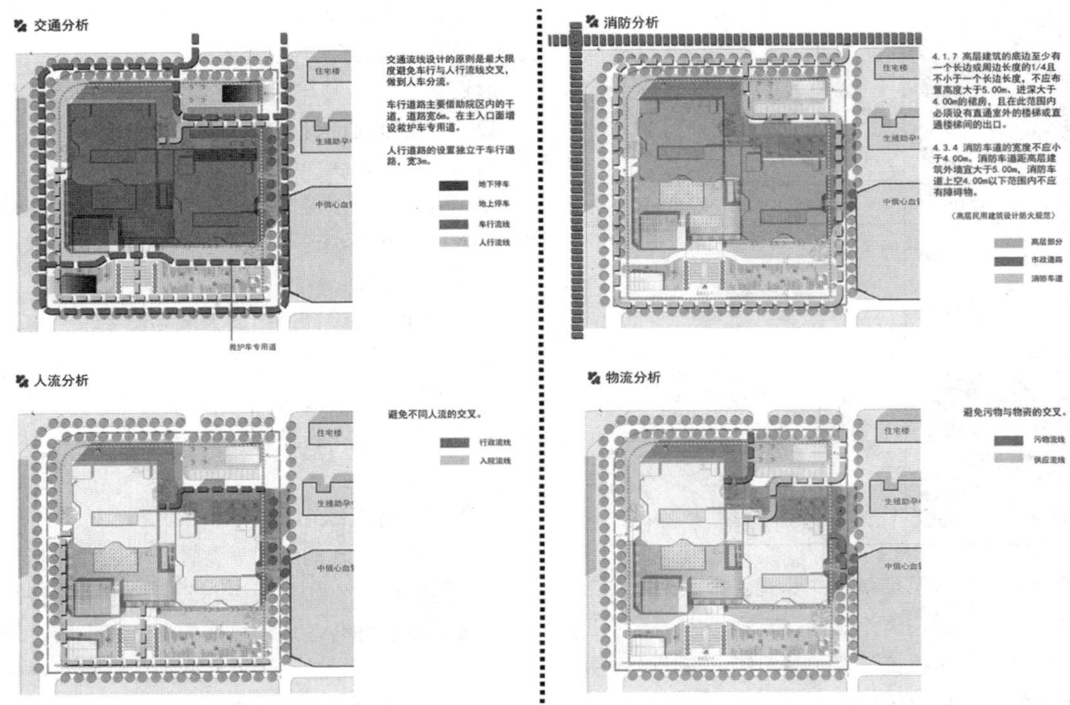

图 5　外部流线分析

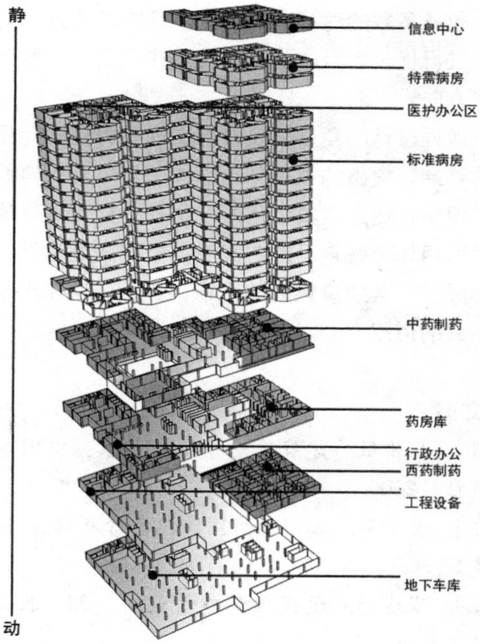

图 6　竖向设计分析

3.4　内部流线

病房楼内部流线设计策划应从使用者的角度出发，切身考虑不同人群的需求，最大限度降低流线交叉。医院流线设计特别需要注意的一点是，流线与等候空间之间的矛盾关系，等候空间不得阻碍流线，流线也不得穿越等候空间[3]。各病区设有独立的洁污电梯，洁梯布置相对集中，便于洁物、药物和食品的发放。需设有医护专用梯以供医护人员、办公人员专用，保证流线顺畅、不交叉。

3.5　建筑形象

建筑策划应对建筑风格的定位有正确引导，虽然具体的设计形式及手法会随设计者的主观认识而改变，但有效的建筑策划可以为建筑形式提供可控的依据。针对本方案，建筑整体形象应遵循医疗建筑现代、简约的特点，注重空间的流动感与体量感，并努力创造出富有洛阳特色的现代化医院，整体改善医院的城市空间形象。

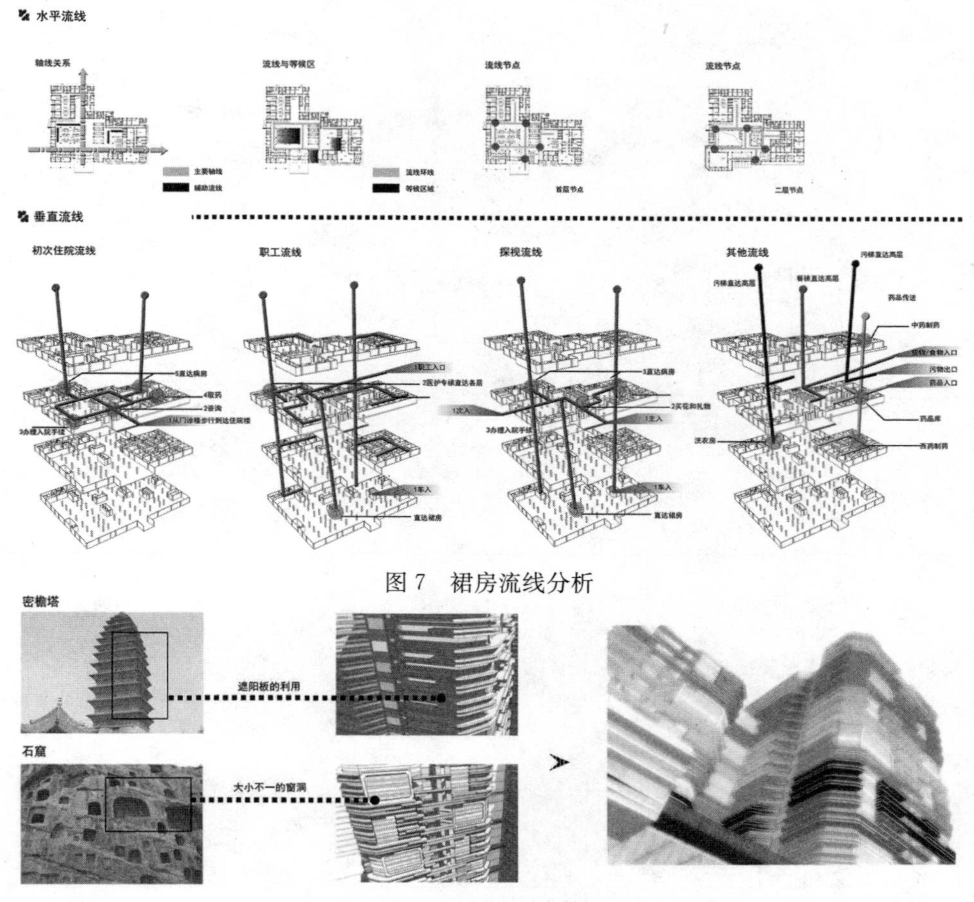

图 7　裙房流线分析

图 8　病房楼建筑形象分析

结合策划前期收集整理的基础资料，整个造型设计提取洛阳元素——牡丹、密檐塔、石窟作为设计元素，传承历史文脉。建筑以白色外墙面为主，加上牡丹花九大色系的遮阳板设计，从地色过渡到天色，最终整个建筑消隐在天空中，体现生生不息的寓意。在裙房部分，着重强调墙面与玻璃在材质上的对比，同时不同色彩、肌理的搭配和变化及细部的处理，以求建筑的人性化。玻璃采用全透和半透两种，或虚或实，丰富了立面元素，并保留了使用者的私密性和遮阳效果。

4 总结

在课程设计过程中，从建筑策划的角度分析建筑设计，不仅在设计前期阶段建立了城市规划层面和建筑设计层面的良好关系，使整个设计环节变得更加完整。更重要的是通过建筑策划，把握外部条件和内部条件的限制因素，分析优劣，正确选择了发展方向。此外，就建筑设计本身而言，建筑策划实现了为其最大程度的完善。笔者认为，在一定程度上，建筑策划为建筑设计打开了发散式多解的途径，提供了多样性的选择，在这些选择中进行优化重组，为最终设计提供了一个最为适宜的发展方向。

从课程设计的角度来说，这次的病房楼设计还存在很多的弊端，提出的很多创新也似乎仅仅只能停留在设想上。但是，通过这次运用两个学科的交叉，将建筑策划所学所用体现在自己的方案中，指导建筑设计，最终有效形成了一套建筑策划的思维，势必可以在未来从事建筑实践的道路上学以致用。

参考文献

[1] 庄惟敏. 建筑策划导论. 北京：中国水利水电出版社. 2000.

[2] 黄晓群. 北京朝阳医院门急诊及病房楼［J]. 城市建筑.

[3] 罗运湖. 现代医院建筑设计［M］北京：中国建筑工业出版社. 2010.

张昕楠　许　蓁　孔宇航
天津大学建筑学院
Zhang Xinnan　Xu Zhen　Kong Yuhang
School of Architecture, Tianjin University

综合设计与专题设计教学及效果比较研究
——以天津大学建筑学院三年级设计课教学为例

Comparison of Thematic and General Teaching System
——A Questionnaire Study on Year 3 Architecture Design Teaching of Architecture School in Tianjin University

摘　要：本文分析了目前我国建筑教育面临的问题，介绍了天津大学建筑学院专题设计课程改革的目的，分析和阐释课程实践的部分成功案例，并结合教学成果研究分析了专题设计教学的成果和存在于现行专题设计课程中的问题。

关键词：建筑教育，专题设计，课程分析，教学效果分析

Abstract: This paper analyzed the contemporary situation of architectural education in China; by presenting the curriculum case study, and with the data analysis by questionnaire data, the author clarified the idea, the purpose and the difficulty in thematic teaching system of Architectural School in Tianjin University.

Keywords: Architecture Design Education, Thematic Teaching, Case Study, Teaching Effect Analysis

随着我国建筑市场的国际化、计算机和信息技术的发展，建筑教育走向开放和多元将是其发展的必然趋势。因此，设计教学不可能再像过去那样被禁锢在单一的价值体系中，多种价值体系共存将成为未来国内建筑院校的典型生态。

1　专题设计课程设置背景

面对建筑教育国际化的趋势，传统设计教学中封闭的知识体系已经无法满足学生学习的需要，需要建立多元化的知识传授机制。传统设计教学模式强调的是培养学生均衡的知识结构和实用的控制能力，对于设计中未知领域的涉足明显不足。教师的整体知识结构趋于一贯化和均质化，设计题目和评价标准单一，难以彰显特色。这种设计教学体系必然造成许多教师的教学特色和研究方向不突出，在教学中的主动性和创造性无的放矢，学生对新知识的追求无法得到满足。

建筑设计是以人为核心的创造性活动，以“人”作为价值判断的核心才是国内外不同体系的最大交集。值得关注的是，国内设计教学与评价虽然注重知识性和技术性，却忽视了学生的选择权与主动参与性。在传统教学中要求全部学生做同一题目的情况下，学生虽然被灌输了专业知识与技能，却丧失了一个处于自然状态下的“自我”，缺乏一个让学生主动选择课题，从而提高增强其学习主观能动性的机制。同时，由于国际联合设计、短期工作坊等项目更多地引入本科教学环节，设计课程系统性和彼此的衔接问题开始显露。因此，建立更有弹性的教学体系和框架是一个亟待解决的问题。

2 “8+3”教学模式的设置目的

针对以上问题，笔者所在的天津大学建筑学院对专业设计课程教学计划进行结构性的调整，在三、四年级专业设计课程中，在总学时基本不变的前提下，将原来每学期的两个设计课程整合为“8+3”设计模块，系统地增加了研究型的设计命题，鼓励研究型与实践型教学方法的探索，并建立了完善的设计答辩过程。

“8+3”设计模块课时安排、课程内容及评价标准说明　　表 1

设计周	综合设计周（8周）	专题准备周	专题设计周（8周）
课时安排	为期8周，每周2天，每天4学时，共64学时。	为期2周，课时灵活布置，学生自主安排。	为期3周，每周5天，每天4学时，共60学时。
课程内容	综合性的设计命题，全面掌握设计教学大纲要求的知识点，培养综合处理设计问题的能力。	对综合设计周成绩进行评定。专题设计题目的主持教师进行主题宣讲。学生选择专题设计组，准备资料。	结合指导教师的研究课题和国际合作工作坊等设置专题性设计，针对设计领域中某一热点问题展开，强调设计命题的特点和创新。
评价标准	由学院教师按统一的评分标准对学生设计成果进行评定。	—	由各组的指导教师制定书面的《专题评价标准》提交答辩委员会。答辩委员会的组成方式由各专题组指导教师邀请。

0　1　2　3　4　5　6　7　8　9　10　11　12　13[周]

如表 1 所示，在“8+3”设计模块中，“8”为 8 周的“综合设计”(8[学时/每周]×8[周]=64[学时])，旨在通过综合性的设计命题，全面掌握设计教学大纲要求的知识点，培养综合处理设计问题的能力；“3”为 3 周的“专题设计”教学(4[学时/每天]×15[天]=60[学时])：教师与学生全天候地高强度互动，共同探讨和完成设计任务。随后的 1 周内(即 3 周之后的第 4 周)，学生在无教师评价的状态下独立完成设计表达、展示等环节。

同传统教学模式的综合设计相比，专题设计的目的更加具有针对性，其集中体现在以下四点。

首先，“专题设计”实现了“研学相长”和“与时俱进”。“专题设计”的题目或出自指导教师的研究课题，或结合建筑领域的最新热点，针对设计领域中某一热点问题展开专项研究和探讨，并在授课期间邀请相关领域的研究者进行指导，在实现“研学相长”的同时提到了教学质量。

其二，双轨制为学生提供了更加多样的选择。根据专题设计前的课题公开宣讲，学生可根据兴趣和自身特长选择课题组并准备资料。同传统的统一标准的生产型教育相比，这种报选课题组的方式最大程度地尊重了学生作为个体的选择，在一定程度上实现了因材施教。

其三，高效、紧凑的学时安排可与国际交流课程灵活对接。由于“专题设计”的节奏更快，强度更大，有利于培养学生设计思考的连续性和快速反应能力。同时，针对国外到访的师生无法长期滞留的情况，三周的设计周期更加契合组成国际联合设计工作室的时间要求。

综上所述，“8+3”模式的教学课程以灵活的教学框架、前沿课题的设置、尊重学生主体的自由选择和开放多样性的评价体系，最大程度地契合了当代建筑教育领域的环境变化和要求。

3 专题设计题目设置类型

经历三年的教学实践，“8+3”设计教学模块初步展示了成效：设计题目趋于多样化和特色化，专题教学取得了良好效果。下文中（表 2），笔者就在三年级教学中部分实施的“专题设计”课程题目进行分析，阐释其命题目的及教学效果。

指导教师及设计专题题目、教学目的一览（部分）　　表 2

专题题目	生命周期中的建筑	现象-数据-建筑	山心精舍—— 自然环境中的精神之家
指导教师	杨崴　孙璐	王志刚	王迪　张昕楠
指导教师研究方向	①建筑存量可持续性演进 ②建筑生命周期生态与经济评价 ③低碳建筑发展策略	①紧凑型城市住区及住宅 ②参数化设计方法 ③地区主义建筑设计及其理论	①传统建筑文化的继承与表达 ②设计结合自然 ③佛教建筑及景区设计

续表

专题题目	生命周期中的建筑	现象-数据-建筑	山心精舍—— 自然环境中的精神之家
教学目的	①建筑整体设计观念 ②量化分析设计方案的生态性能和成本 ③掌握优化建筑生命周期的基本原则 ④分专题探索相应的设计方法和技术手段	①在行为研究的的基础上，通过对统计的行为学数据进行统计分析 ②培养学生利用 **Rhino** 软件进行建筑设计的能力	①尝试将艺术、历史等理论学科知识转化为建筑设计与分析的技能 ②强化环境感受和环境分析的能力
相关能力 技术要求	①**Ecopt，LEGEP** 等能耗模拟软件 ②**ISO** 14040 系列的生命周期清单分析方法	**Rhino** 软件	—

3.1 环境与建筑技术相关专题

针对我国当前建筑设计缺乏利用相关节能评测体系，和环评虚拟软件进行设计指导的情况，专题设计的部分选题从可持续建筑设计的角度出发，对学生进行相关的训练，引导学生建立更加整体的设计观念。

例如，杨崴、孙璐老师指导的题为“生命周期中的建筑”专题设计组，从整个建筑生命周期的范畴考察技术方案的综合环境影响和成本来设定题目，训练帮助学生建立整体设计观念。在教学中，教师指导学生从中长期时间范畴量化分析设计方案的生态性能和成本，掌握优化建筑生命周期的基本原则，从整体建成环境可持续发展的层面分析设计方案的可行性。

3.2 数字化与参数化设计专题

契合目前国际建筑教育领域应运数字化设计软件的热点，部分教师主持的专题组从数字化设计软件应用和非线性设计的层面出发，训练学生利用计算机技术生成建筑设计结果。

例如，王志刚老师主持的题为“现象一数据一建筑”的专题设计组，在行为研究的基础上，通过对统计的行为学数据进行统计分析，培养学生利用软件进行建筑设计的能力，并帮助学生形成现场调研——行为研究——数据统计——数据转化——形体生成的建筑设计思维过程。

3.3 传统建筑文化与现代设计专题

结合近年来我国建筑领域探索本土化设计风格的特点，部分专题设计以探寻传统建筑文化与现代设计相融合的方式为主旨，培养学生将传统文化、艺术转化为建筑语汇和塑造具有中国文化精神空间场所的能力。

例如，笔者和王迪老师主持的禅修中心专题设计组，结合宗教、文化、艺术的特质进行建筑形式和空间的设计。在设计过程中，教师训练学生对于空间的洞察力和想象力，同时培养学生的环境设计思考——强化环境感受和环境分析的能力，培养山地设计中处理坡度、景观、流线等各种矛盾的综合能力。

综上所述，对比于传统的教学模式，多元化、专题性的课程设计题目为学生们提供了更加丰富的选择，使教师在设计教学中结合自身研究课题进行更加深入的指导（表 2）。同时，契合建筑领域热点的选题定位和前沿设计方法的授课方式，使得教学跳出了唯形式和功能论的窠臼，帮助学生深度掌握了较为先进的设计方法和技能，完善了学生的建筑设计思维，利于培养学生形成更为全面的建筑设计观。

4 综合设计与专题设计教学及效果比较研究

针对专题设计与综合设计的教学效果，笔者自 2011 年起至今采取调查问卷的方式对 2 届三年级学生进行了 4 个学期的跟踪调查，共取得 632（生/次）的有效数据。下文中，笔者即对专题设计教学及效果进行比较研究。

在专题课程设置与学生选报方面，超过 70%的学生对自己选报的专题感到满意或很满意，对自己所选专题设计组感到失望的只占 4.3%（图 1）。对准备周中专题知识讲座的调查显示，超过 80%的学生认为讲座对他们之后进行的设计有帮助并产生了积极影响（图 2）。

在教学时间方面，设计课上学生同教师交流时间明显提高。交流时长“45-60 分”的学生比例由综合设计的 12.9%提高到约 30%（图 3），认为交流时间充分的学生也由 51.9%提高到 70%（图 4）。这一比较结果，证明了专题设计有效调动了师生的教、学热情，使学生在课上得到了充分的指导。

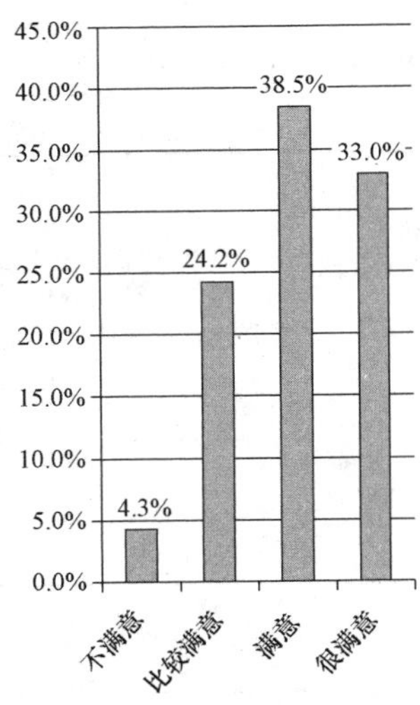

图 1　专题选报满意度

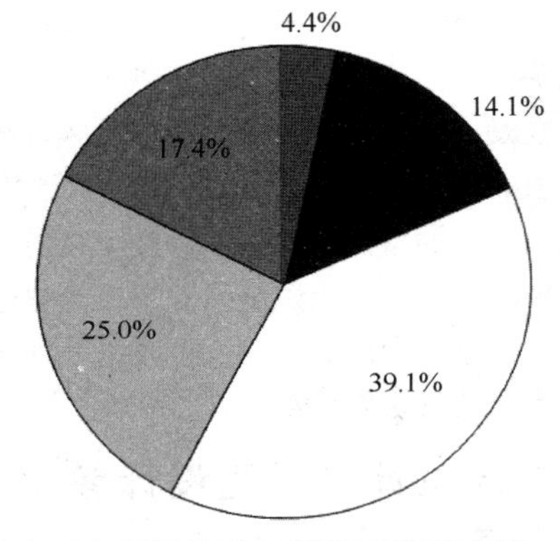

图 2　学生对专题设计准备周讲座的满意度

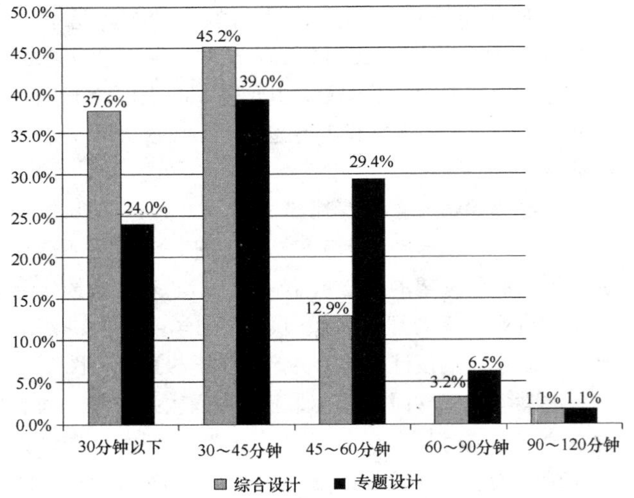

图 3　每节设计课学生同教师交流时间比较

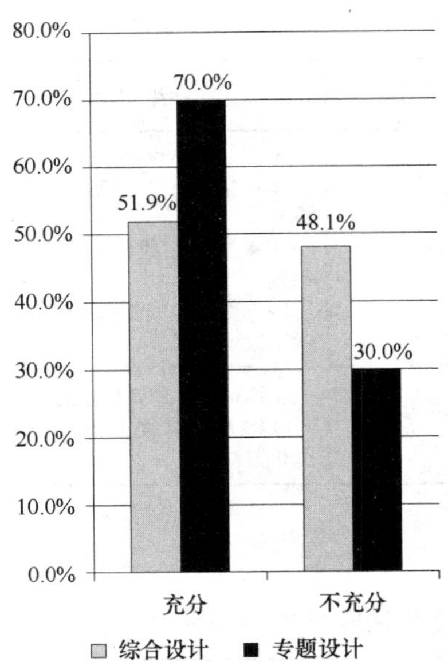

图 4　师生交流时间充分度比较

在学生投入设计时间方面（图 5），学生投入时间分别为 45.6 时/周（专题设计）和 27.3 时/周（综合设计），每个设计题目的总投入时间为 228 小时（专题设计）和 218.4 小时（综合设计）。这一结果充分证明了专题设计尽管压缩了设计周期，但高强度的时间安排和学生自主选择专题组的方式，提高了学生对设计学习的投入程度。

在学生学习效果方面，超过 60%的学生认为专题设计较之综合设计，完成了更为深入的设计成果（图 6）；同时，认为在专题设计中设计思维训练更加连续的学生超过了 65%（图 7）。

以上分析结果表明，专题设计充分调动了师一生的教一学热情，在高效的课程设置下达到了更好的教学效果。然而，笔者不得不指出，在现行“8＋3”模式的教学中仍存在着问题：首先，学生与教师对设计课程节奏与进度的把握有所不适，部分学生的设计进度难以满足课程设定的要求；其次，教师的专长展现的仍不够突出，“专题设计”选题有待进一步丰富，教学深度有待加深。

5　结语

随着“8＋3”模式教学改革的进一步推进，天津大学建筑学院的“专题设计”教学模式将逐步得以完善。总之，专题设计教学模式使教师在教学过程中承担独立的研究方向，以多元化取代一体化，使教师的教学与科研互相促动，形成良性循环，更好地面对国际化建筑教育的趋势，从而在更高的层次上完成学院教学资源的整合。

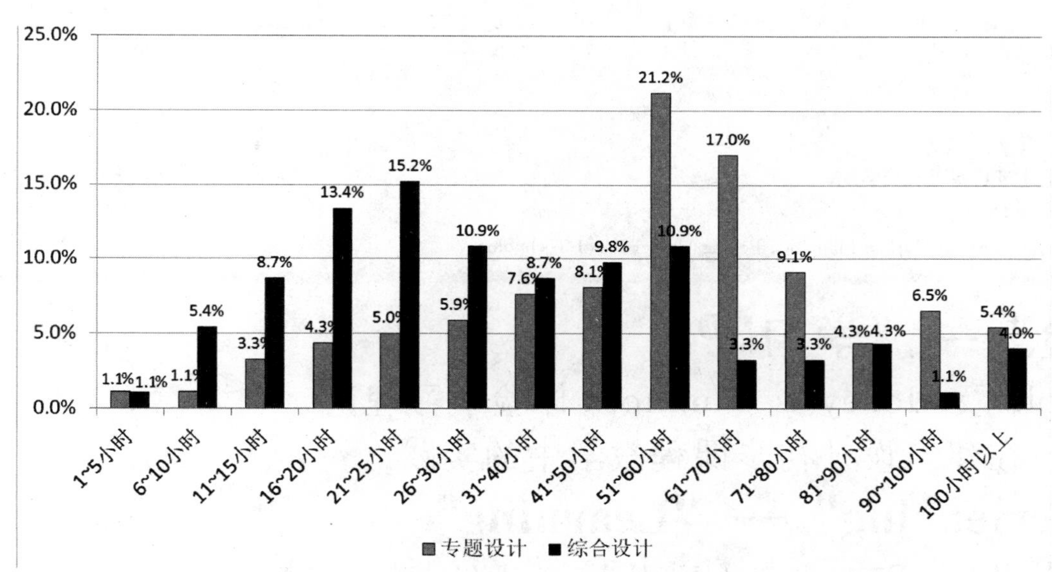

图 5　学生每周投入设计时间较

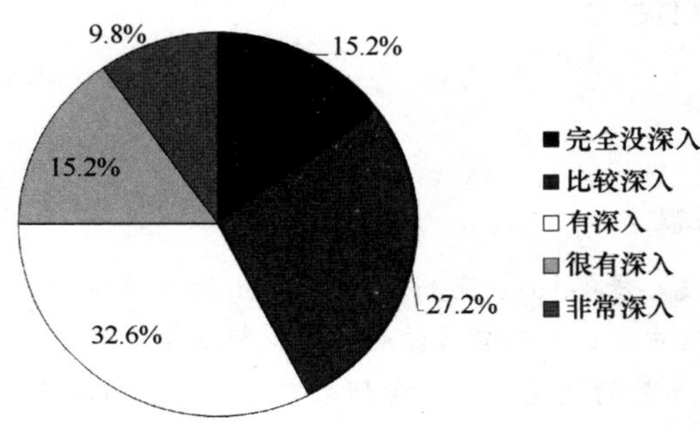

图 6　设计深入程度分析

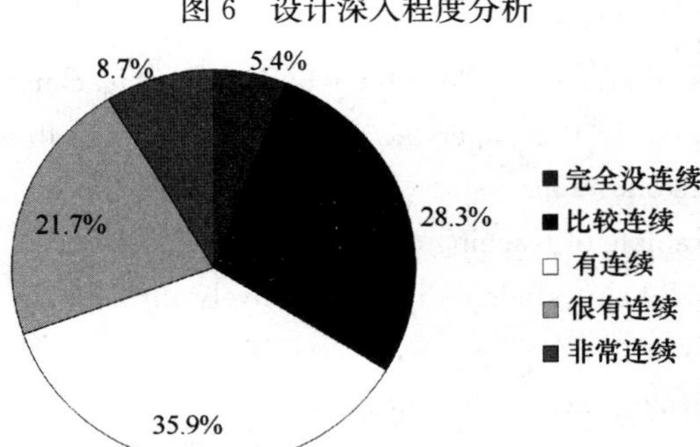

图 7　设计连续性分析

参考文献

［1］ 天津大学建筑学院组编．建筑教育—天大专辑［M］．北京：中国电力出版社，2010

［2］ 张颀．两种关系 两种研究［J］．建筑与文化，2009（07）

［3］ 张颀，许蓁，赵建波．立足本土 务实创新——天津大学建筑设计教学体系改革．［J］．城市建筑，2011（03）

赵 睿 张 青
北京工业大学建筑与城市规划学院
Zhao Rui Zhang Qing
College of Architecture and Urban Planning, Beijing University of Technology

"体验"—"学习"❶
——Kolb 及 Honey & Mumford 体验学习理论（ELT）在建筑设计初步课程教学中的实践

"Experiencing"—"Learning"
——Teaching Practice of Kolb's and Honey & Mumford's Experiential Learning Theory (ELT) in the course "Introduction of Architecture Design"

摘 要：本文作者从十几年建筑学一线教师的实际教学思考出发，借鉴 Kolb 及 Honey & Mumford 体验学习周期和学习风格理论的基本模式，在建筑设计基础课程教学实践中尝试新的教与学的过程，帮助学生在每一个课程设计中都能完成一个完整的学习周期即具体体验——对体验的反思——形成抽象概念——行动实验，从而进行最有效的学习，培养具备良好学习能力和思维能力的全面发展的建筑师。

关键词：建筑设计初步课程，体验学习理论，教学实践

Abstract: This paper is based on the teaching practice and considerations of a lecturer who has been teaching the course of "Introduction of Architecture Design" for 17th years. In this paper the author introduces Kolb's central principle of experiential learning theory (ELT) which sets out a four-stage learning cycle and four distinct learning styles which are based on the learning cycle. A example of teaching practice in the course in Beijing University of Technology is given to show that how the ELT helps students learn effectively through the complete learning cycle designed by the teachers.

Keywords: Introduction of Architecture Design, experiential learning theory, teaching practice

1 引言

作为一名建筑学专业的一线教师，笔者从事建筑学基础教学工作已近 17 个年头，面对一届又一届学生，始终在思考"教"与"学"的问题，执教初期一直认为作为教师就应该将自己的专业知识尽可能多地传递给学生，更多地关注学生们的学习内容，然而实际教学效果和学生的反馈并不尽如人意。在教学实践过程中渐渐发现，同样的学习内容，不同的学生学习方式和理解程度差异巨大，表现为最终的学习成果也存在很大差异。这种现象让我不能不思考"教"和"学"之间的关系，对于教学的关注点也慢慢从"学习内容"转向学生们的"学习过程"。在学习和思考过程中，发现 David Kolb 以及其后的 Peter Honey & Alan Mumford 提出的体验

作者邮箱：zhaorui@bjut.edu.cn

❶ 北京工业大学教育教学研究项目资助：项目编号 ER2013C40。

学习周期和学习风格的理论给了笔者很大启发，在近几年的教学实践中也尝试着运用这些理论来设计课程任务书和进度，现将实践成果进行简要总结和回顾。

2 Kolb 及 Honey & Mumford 体验学习理论和学习风格简介

2.1 David Kolb 的体验学习理论

David Kolb是美国社会心理学家、教育家，著名的体验式学习大师。他在总结了约翰·杜威（John. Dewey）、库尔特·勒温（Kurt Lewin）和皮亚杰经验学习模式的基础之上，提出自己的体验学习模式亦即体验学习理论（Experiential Learning Theory，简称 ELT ）。1984年，David Kolb 在其著作《体验学习：体验——学习发展的源泉》（Experiential Learning：Experience as the source of learning and development）中将体验学习阐释为一个体验循环过程（图 1（*a*））：第一阶段：具体的体验 Concrete Experience —（CE）——第二阶段：对体验的反思 Reflective Observation —（RO）——第三阶段：形成抽象的概念 Abstract Conceptualization —（AC）——第四阶段：行动实验 Active Experimentation —（AE）——第一阶段：具体的体验 Concrete Experience —（CE），如此循环，形成一个连续贯通的学习经历，学习者自动地完成着反馈与调整，经历一个学习过程，在体验中认知。如果从行动中发现有新的问题出现，则学习周期循环又有了新的起点，意味着新一轮的学习周期又开始运动。人们的知识就在这种不断地学习周期循环中得以增长。

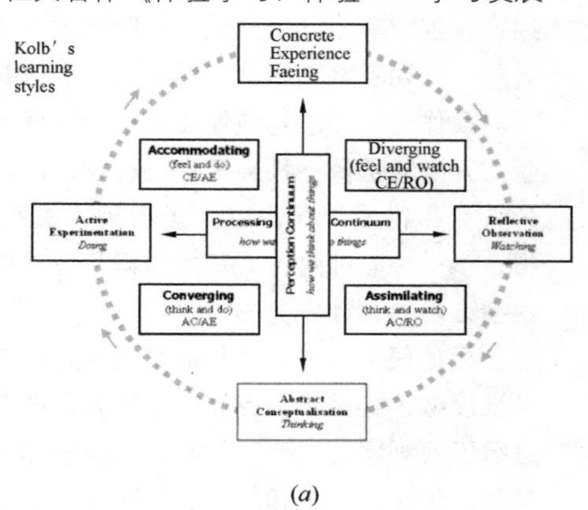

(*a*)

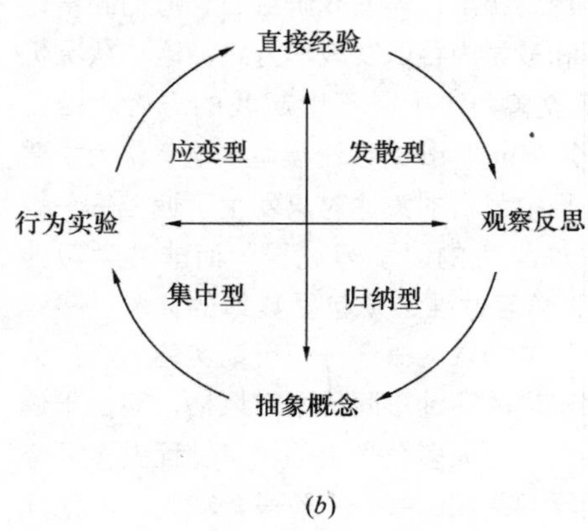

(*b*)

图 1 （*a-b*）David Kolb 的体验学习周期和学习风格图

2.2 Honey & Mumford 在 Kolb 理论基础上提出的学习风格理论

在不同的学习阶段和学习情境中，每一个学习者都必须亲自感知信息，对信息进行处理、储存和提取运用。但是不同的学习者之间存在着生理上和心理上的个体差异，其获取信息的速度、对刺激的感知及反应各不同。据此，在 Kolb 理论的基础上，Peter Honey & Alan Mumford 提出四种学习风格，分别对应着 Kolb 体验学习周期的四个不同阶段，每一个风格使你能进行学习周期中的一个不同阶段，分别为行动型——应变型（Activist = Accommodating）、反省型——发散型（Reflector = Diverging）、理论型——归纳型（Theorist = Assimilating）、实际型——集中型（Pragmatist = Converging）（图 1（*b*））。

通常情况下，人们会采用自己感觉最舒适的方式进行学习，而较少采用我们感觉不舒适的方式。如果一个人能够拥有全部四种风格，那么他将能实施体验学习周期的全部过程。但是实际上，研究表明只有 2%的人可以做到这样，这类人群被称为全面的学习者，绝大多数人在学习中偏爱一种到两种学习风格，实际上，这种学习方式上的欠缺已经成为人们有效学习的阻力。

3 建筑设计初步课程教学中体验学习理论的应用实践及实例

3.1 建筑设计初步课程教学现状分析

根据 Kolb 及 Honey & Mumford 的理论模型，在多年的教学实践中，通过观察可以发现，学生中确实存在上述理论中提到的各种学习风格，例如，（1）发散型或反省型学习风格的学生有丰富的想象力，思维开放，在头脑风暴等学习活动中表现良好。（2）理论型或归纳型学生能将不同的观察结果总结形成一个完整的解释，思考能力较强，更注重理念和抽象概念而非实际应用性。（3）实际型或集中型学生最擅长于解决问题做出决定，以及理念的实际应用。(4) 行动型或应变型学生的强项就是动手做，对具体做设计和做模型等实际行动感兴趣，愿意在尝试和错误中学习，解决问题时常依赖直觉或其他信息而不是自己的分析。

每一届学生都表现出上述不同的学习风格，当面对同样的设计任务书和同样的理论学习时，他们所表现出来的学习和解决问题的方式各不相同，有的擅长学习理论却不能灵活运用，有的想象力超级丰富，却不能找到针对设计任务的突破点，有些凭直觉很好地完成了设计任务却说不出来到底运用了哪些规律或手法。当然不排除有个别学生能够在这四个方面均衡发展，最终达到教师的教学目标，但是，大多数学生还是处于混沌状态，常常抱怨学期结束不知道自己学了什么，或者不知道学到的东西能够运用到哪里，即使教研组的教师们经常讨论变换教学计划和教学内容以及教学方式，这种状况仍然不能得到彻底改善，这不得不引起我的思考。结合 Kolb 及 Honey & Mumford 的理论模型，笔者认为主要问题在于教学过程中我们的关注对象发生了偏差——教师应当更多地关注学生的“学习过程”而非“学习内容”，一个完整的学习过程必须包括具体的体验——对体验的反思——形成抽象的概念——行动实验——具体的体验，以及相对应的四种不同的学习风格，而由于偏爱的学习风格不同，绝大多数学生的学习过程大多只经历或停留在整个学习周期的某一个阶段，缺失了其他几个阶段。

因此对于学生而言，应该做的是了解自己的学习方式，一方面采用最适合自己的方式去学习，另一方面努力改善自己不擅长的学习方式。对于教师而言，我们迫切要做的是在了解学生的学习风格基础上区别教学，同时有必要重新进行课程设计，寻找合适的教学过程来尽可能帮助所有的学生，在每一个主题设计中都能够完成一个完整的学习周期，进行真正有效地学习。

下面以笔者从事的建筑设计初步课程中的一个专题练习——形态构成设计基础训练为例简单介绍体验学习周期理论在实际教学中的实践尝试。

3.2 根据体验学习理论的学习周期制定形态构成教学计划实例

作为视觉艺术的一种，形态意识的培养和建立在建筑设计基础课程教学中占据较为重要的地位，北京工业大学建筑与城规学院建筑设计初步课程大纲也体现了这样的教学思想。一年级下半学期的教学内容基本以形态构成和空间构成设计为主，以往的教学方式通常是教师用 4—6 课时左右时间进行课堂讲授，授课内容为构成基本知识，以及形式美基本原则，然后学生根据任务书的要求进行平面构成、立体构成设计并绘制图纸。在教学过程中，经常有学生反映无法很好地将课堂授课内容应用到自己的设计之中，无法真正理解构成手法及形式美原则的含义。反思其原因，根据 Kolb 学习周期理论，在这种教学设计中，学生实际上只进行了第三阶段—形成抽象概念和第四阶段—付诸行动实验，缺失了前两个阶段具体体验和对体验的反思，这种缺失造成学生整个学习链条的断裂，学习效果自然不能保证。

2012 级学生的建筑设计初步课程中，教研组经讨论将平面构成和立体构成作业整合为形态构成训练，在原有的课堂讲授和设计任务书之外，增加了观察笔记的内容。观察笔记分长期观察和结合形态构成作业的短期观察，长期观察笔记为为期三个月的植物观察笔记。短期观察作业和形态构成作业相结合，任务书要求学生在学习开始时选择一种果实进行观察，发现果实在形态上的特点和构成规律，以图示再现，进行全班讨论和汇报，下一步教师对构成基本知识和形式美原则进行课堂讲授，发放设计任务书 (图 2)。

根据任务书的设计和进度要求，首先选择大小及复杂程度适中的实物 (自然形态或人工形态均可) 为对象进行细致观察，正确理解其几何关系和组合关系，绘制其正、侧、俯视图和剖面图。通过观察身边物，发现形态构成的一般规律，并以图形再现，训练学生设计逻辑思维 (图 3)。通过剖析实物的形态关系和结构关系，总结出构成基本要素和形式美的一般规律，这样再通过课堂讲授的形态构成的基本理论知识，形成对形态构成这一抽象概念的基本理解。接下来在前期分析和思考的基础上，开始完成任务书要求的平面构成和立体构成设计，这样就形成了一个完整的体验学习周期，学习效果明显提高。这一点从本届学生作业质量普遍较高中可以得到充分体现。在学习的每个阶段，由教师组织学生进行汇报讨论，实际教学中发现这样的讨论效果远远好于仅由教师进行评价，因为不同学习风格的学生在完成每阶段任务的时候采用的方法、表达的结果各不相同，平等的讨论能够促进学生开阔思路，取长补短，往往会激发出意想不到的结果。

图 4 (*a*) 为 2012 级某同学在第一阶段——具体体验和第二阶段——对体验的反思时的汇报草图，图 4 (*b*) 和图 4 (*c*) 则是其形态构成设计基础训练的最终作业成果，从图纸中可以看到她完整的思维过程，逻辑清晰，表达完整。

形态构成设计基础训练

一、作业内容：形态构成设计。

二、训练目的：

1. 通过观察身边物，发现形态构成的一般规律，并以图形再现，训练学生设计逻辑思维。

2. 学习并初步掌握形态构成的基本方法和一般形式美法则。

3. 运用所学知识，在设计中实践点、线、面等构成基本要素的排列与组合，体会形式美的基本原则，培养基本的形态认知、分析能力，以及初步的形态构思和形态处理能力。

4. 学习二维平面和三维立体之间关系。

5. 通过具体操练，初步学习并掌握简单形态及其设计构思的工具铅笔及墨线表达、模型表达和语言表达技法。

三、作业要求：

1、选择大小及复杂程度适中的实物为对象进行细致观察，正确理解其几何关系和组合关系，草图绘制其正视图、侧视图、俯视图和剖面图。

2、利用所学的构成知识，剖析实物的形态关系和结构关系，并进行模型提炼表达。

3、运用构成原理将实物结构形态打散重构，深入细化各部分间的比例关系和衔接方式，完成立体形态构成设计。

4、截取立体模型的立面或剖切面，转化生成平面图形，以此为起点，运用各种构成原理、手法，重新创作，深入细化各部分间的比例关系和位置关系，完成平面形态构成设计。

5、模型材料：不限。

四、作业最终成果：

1、立体构成模型1个(高度不大于40cm，底盘尺寸不大于40cm*40cm*5cm)。

2、2号绘图纸（594×420mm）1-2张。

图纸内容包括：

—— 实物观察及分析、构思过程图示。

—— 平面形态构成图(20cm*20cm)。

—— 立体形态构成图及模型照片。

3、色彩不超过3种，构图均衡、美观、有创意。

五、进度计划：2013年。

3月4日：观察讲课。

3月4日-3月11日：

——选取果实进行观察及分析，绘制分析草图（3号草图纸）。

——形态构成设计任务书。

3月11日：

——构成基本知识讲课。

——果实观察作业汇报（图纸）。

3月11日-3月18日：

——选择大小及复杂程度适中的实物为对象进行细致观察，正确理解其几何关系和组合关系，绘制其正、侧、俯视图和剖面图。

——利用所学的构成知识，剖析实物的形态关系和结构关系，并进行模型提炼表达。

——课堂汇报及讨论（3号草图、工作模型）。

3月18日-3月25日：

——运用构成原理将实物结构形态打散重构，并完成三个构思方案及工作模型。

——从三个立体构成方案中选择确定发展方案，放大比例尺并进行必要的体块关系调整，完善整体形态，深入细化各部分间的比例关系和衔接方式，完成立体形态构成设计。

——课堂汇报及讨论（3号草图、工作模型）。

3月25日-4月4日：

——截取立体模型的立面或剖切面，转化生成平面图形，以此为起点，灵活运用各种构成原理、手法，重新创作完成三个平面构成方案。

——从三个平面构成方案中选择确定发展方案，进行必要的层次关系调整，完善整体形态，深入细化各部分间的比例关系和位置关系，直至完成平面形态构成设计。

——课堂汇报及讨论（3号草图）。

4月11日：完成并上交图纸，集体评讲。

图2　建筑设计初步课程——形态构成训练任务书及教学进度

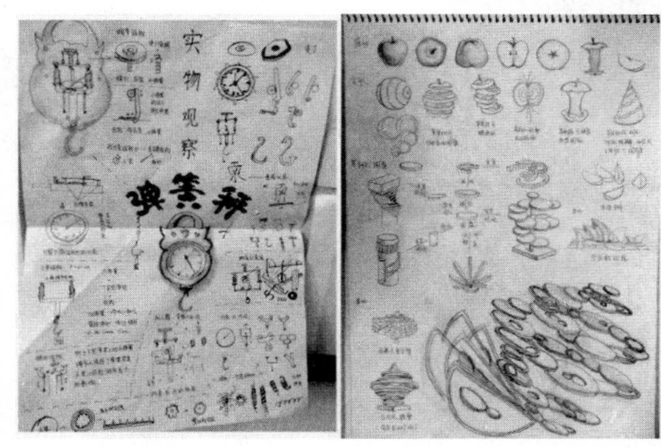

图3　形态构成设计基础训练学习过程中对实物进行分解、剖析的过程草图
（作者：北京工业大学建筑与城市规划学院20121211班欧阳雨霏、汪鑫）

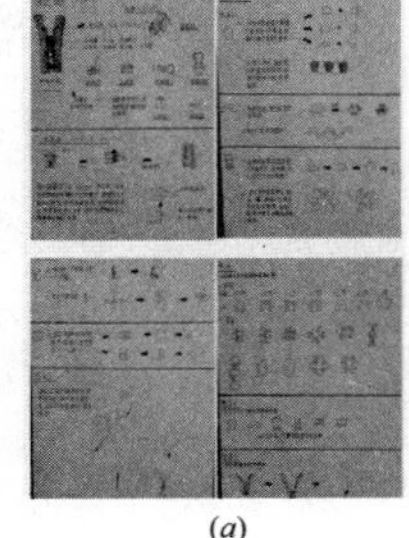

(a)

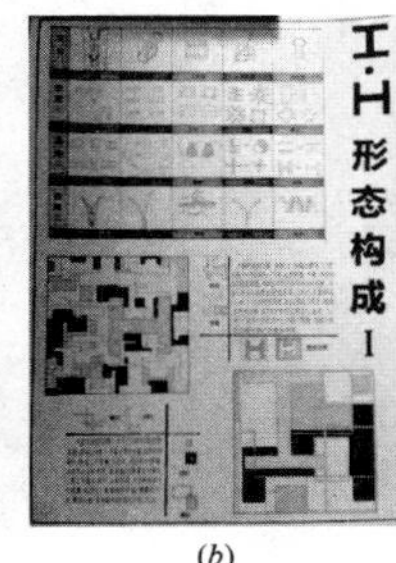

(b)

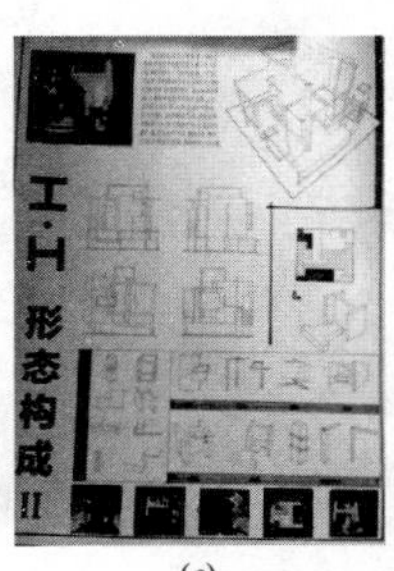

(c)

图4（a—c）　建筑设计初步课程作业——形态构成训练
（作者：北京工业大学建筑与城市规划学院20121211班殷楚红）

4　对教学实践的反思和改进计划

通过一个完整的教学实践的尝试，我认为在建筑设计基础教学中引进“体验——学习”的方式是卓有成效的，但是也存在一些问题，主要表现在：

(1) 没有相对准确的对所有学生学习风格的判定，导致在具体辅导的过程中只能依靠教师个人经验，针对性不强，无法达到最好效果。

(2) 对学习周期每个阶段的成果要求并不是十分明晰，不是所有学生都对自己每阶段应该完成的具体任务有清楚的认识。

(3) 学习周期过程中进行阶段汇报时，不同学习风格的学生表现差异巨大，作为教师意识到了这个问题，但是讨论结果没有充分做到取长补短，引导不够。

(4) 学习周期应该是一个循环进而螺旋上升的过程，在最后一阶段结束后，在教学实践中即学生完成图纸绘制后，应该有一个重新体验并总结的过程，目前这一过程并未实施，对学生而言，图纸上交即是结束。针对上述问题，在今后的教学实践中，笔者计划从以下方面进行改进：

(1) 引进Kolb学习风格量表，对学生进行初测，加强学习辅导的针对性。

(2) 将学习周期阶段性任务标准化，争取应用到每一个设计之中，帮助学生养成良好的学习习惯。

(3) 阶段汇报之前提前做准备，鼓励不同学习风格的学生积极讨论，互相启发，图纸完成后增加汇报讨论，有始有终，形成良性循环。

5 结语

Kolb 及 Honey & Mumford 的体验学习周期和学习风格研究在几十年的发展中完善了自身理论，其目的是在个体差异背景下更好地优化学生的学习过程，提高学习效率和学习质量，对于建筑学教育的一线教师而言，我们应该将关注焦点从学习内容转移到学习过程之上，研究如何将体验学习周期和学习风格理论更好地应用于教育实践。

参考文献

［1］ Kolb，David A. 1984 . Experiential Learning ：Experience as the source of learning and development.

New Jersey ：Prentice Hall Inc.

［2］ Dennis Coon 心理学导论：思想与行为的认识之路. 郑钢等译. 北京：中国轻工业出版社，2004.

［3］ 贾倍思. 从“学”到“教”——由学习模式的多样性看设计教学行为和质量. 建筑师，2006（119）：38～46.

郑先友　陈丽华
合肥工业大学建筑与艺术学院
Zheng Xianyou　Chen Lihua
College of Architecture and Arts，Hefei University of Technology

建筑学专业学生创新思维类型的分析与教学对策

Analysis of Innovative Thinking Type of Architecture Speciality Students and Teaching Countermeasures

摘　要：不同类型的建筑师大脑对建筑创新思维有着深刻的影响。建筑师的创造性思维类型结构包括三个层级，其核心分别是元思维与一般心理能量、建筑教育风格与多元能力、各种特殊能力。当代建筑教育应该重新认识学生创新思维的多元性，尊重学生的自主性和自由选择权，以充分释放其多元智力。

关键词：思维类型，元思维教育风格，多元智力，自由选择

Abstract：Different architect′s brain has profound influence on architectural innovative thinking. There are three levels in architect′s creative thinking type and the core respectively is meta-thinking and general mental energy，Architectural education style and abilities，and kinds of special ability. In order to fully release the students′ abilities，their diversity of creative thinking should be reconsidered and the students′ autonomy and free choice should be respected in modern architectural education.

Keywords：thinking type，meta-thinking，style of education，abilities，free choice

茅尔格里夫（H. F. Mallgrave）在建筑理论上开创了一个全新的研究方向——概括了历史上形形色色的建筑师大脑类型，阐述了不同类型的大脑对建筑创造性的密切关联，以及在建筑学领域的深刻影响。[1]我们进一步追问，不同类型的建筑师大脑具有什么样的建筑创新思维结构？不同的创新思维结构能否成为建筑教学的新起点和目标？我们应该有什么样的教学对策？这正是本文探讨的宗旨。

1　建筑创新思维类型

1.1　创新思维的结构

1961年英国心理学家弗农（Philip E. Vernon）提出了智力层次结构理论（hierarchical structure theory of intelligence）。1993年美国卡洛尔（J. B. Carroll）提出了智力的三层级理论（the three-stratum theory of intelligence）：顶层代表一般智力，相当于Vernon的G因素；中层代表几种主要能力；底层为各种特殊能力，如倾听能力、记忆广度、知觉速度、言语流畅性等。

借鉴两种智力层次结构理论，并通过中国当代青年建筑师思维类型的实证研究，将建筑创新思维类型的结构分为三个层级。[2]

最高层：一般因素（G），包括元思维和一般心理能量。

中层：包括建筑教育核心风格和霍华德·加德纳等

作者邮箱：xyz1808@163.com

提出的十种多元智力。

底层为各种特殊能力。

1.1.1 元思维

何克抗在其著作《创造性思维理论——DC 模型的建构与论证》中，将思维形式分为时间逻辑思维和空间结构思维，进而又将空间结构思维分为形象思维和直觉思维。由现代脑科学研究得知形象思维、逻辑思维和直觉思维分别对应于大脑中的三个区域——情感脑、思维脑和反射脑。

T1 逻辑思维：借助概念、判断、推理反映现实的认识过程。

T2 形象思维：主要用直观形象和表象解决问题的思维。

T3 直觉思维：指人在无意识或潜意识下，不经过逻辑推理而迅速、直接认知事物的能力。

1.1.2 建筑教育风格

S1 建构型：强调建筑的自主性，如东南大学、南京大学。

S2 理念型：强调形而上的理想、理性，如清华大学、同济大学、华中科技大学

S3 技艺型：强调个人体验与技艺，如天津大学、中央美术学院

S4 折中型：功能、艺术与技术的折中，如重庆大学、华南理工、哈尔滨工程大学

1.1.3 多元智力

美国哈佛大学霍华德·加德纳（Howard Gardner）认为人类的多元智力至少可以分成九个范畴（后来增加至十个）：言语/语言智力（Verbal/Linguistic），逻辑/数学智力（Logical/Mathematical），视觉/空间智力（Visual/Spatial），身体/运动智力（Bodily/Kinesthetic），音乐/节奏智力（Musical/Rhythmic），人际交往智力（Inter－personal/Social），自我内省智力（Intra－personal/Introspective），自然探索（Naturalist），生存智慧（Existential Intelligence），灵性智能（spiritual intelligence）。

1.2 创新思维结构图谱分析

从"建筑创新思维结构图谱"（表 1）显示了元思维、教育风格与多元智力之间配置的各种思维类型，以及强弱级别。图表中的 ABCD 显示了类型由强到弱。因篇幅关系，本文省略了"直觉思维（T1）"分析图谱。

通过上列图表以及部分实证的分析，我们发现：元思维为逻辑思维的，与各种教育风格和多元智力的配置，多构成人文型、格式塔型、先验型和活跃型；元思维为形象思维的，与各种教育风格和多元智力的配置，多构成移情型、人文型、格式塔型、活跃型、感知型和现象型；元思维为直觉思维的，与各种教育风格和多元智力的配置，多构成格式塔型、感知型、现象型、先验型、神经型和启蒙型。

2 教学对策

2.1 创新思维结构的多元性

英国当代思想家赛亚·柏林（Y. Burlin）的名著《刺猬与狐狸》，书名取自古希腊诗人阿寄洛克思之语——"狐狸知道很多的事，刺猬则知道一件大事"。将学者分为两类："狐狸型"和"刺猬型"。刺猬型的思想者善于创建宏大的体系，囊括世间所有问题；而狐狸型的思想者是那种对什么问题都感兴趣，对宏大体系不屑一顾的人。两种学者类型的这种划分虽然没有建筑师大脑类型划分那般细致，却道出了人有不同禀赋的真谛。

学生的禀赋不同，其思考模式、关注点、感知方式、形体操作、解决问题的策略、表达、交流等各方面都是不同的。

首先，建筑教学应该尊重学生的自主意识；其次，要科学的设置对不同的思维类型的训练单元，尽可能做到与学生全身心的共振；第三，激发学生的多元智力，特别是建筑范围以外的；第四，唤醒学生各种特殊潜在能力。

2.2 Unit 的自由选择

伦敦建筑联盟学院（AA）的教学模式值得借鉴。他们尊重学生的自主意识，培养学生的目的也不再是传统意义上的建筑师，而是具有创新意识的、突破学科界限的新一代建筑师，还有与建筑相关的作家、评论家、研究人员……

众所周知，AA 的 UNIT 教学体系极富特色，它是跨年度、以项目为驱动的教学模式（project-driven pedagogy）。令人感兴趣的是，"在中级学院有大量确定的、各种不同层次的单元可供学生选择。这些单元来自于客观工作的实际：材料的构成、现代文化课题、数字化模型、社会热点以及城市尺度下的建筑等等。"[3]这些多层次、丰富多彩的 UNIT 供学生根据自己的目的、兴趣和经验自由选择，这正是中国建筑教育所缺少的。

建筑创新思维结构图谱（逻辑思维型、形象思维型） **表 1**

风格	多元智力	思维类型				风格	多元智力	思维类型			
		A	B	C	D			A	B	C	D
建构型（S1）	语言			移情型		建构型（S1）	语言	移情型			
	逻辑	人文型					逻辑	人文型			
	空间	格式塔型					空间	格式塔型			
	肢体运作		感知型				肢体运作		感知型		
	音乐节奏		活跃型				音乐节奏	活跃型			
	人际			人文型			人际			人文型	
	内省			移情型			内省		感知型		
	自然探索			感知型			自然探索	感知型			
	生存智慧				现象型		生存智慧	现象型			
	灵性智能				先验型		灵性智能			先验型	
理念型（S2）	语言		活跃型			理念型（S2）	语言		移情型		
	逻辑	人文型					逻辑	人文型			
	空间		格式塔型				空间	格式塔型			
	肢体运作			感知型			肢体运作		感知型		
	音乐节奏			移情型			音乐节奏		活跃型		
	人际			人文型			人际			人文型	
	内省	先验型					内省		移情型		
	自然探索			启蒙型			自然探索	感知型			
	生存智慧			感知型			生存智慧	现象型			
	灵性智能				先验型		灵性智能		先验型		
技艺型（S3）	语言		移情型			技艺型（S3）	语言		移情型		
	逻辑		人文型				逻辑		人文型		
	空间	格式塔型					空间	格式塔型			
	肢体运作		感知型				肢体运作		感知型		
	音乐节奏	活跃型					音乐节奏	活跃型			
	人际				人文型		人际			人文型	
	内省			先验型			内省		移情型		
	自然探索			神经型			自然探索	感知型			
	生存智慧			现象型			生存智慧	现象型			
	灵性智能				先验型		灵性智能			先验型	
折中型（S4）	语言			移情型		折中型（S4）	语言	移情型			
	逻辑	人文型					逻辑	人文型			
	空间	格式塔型					空间	格式塔型			
	肢体运作		感知型				肢体运作			感知型	
	音乐节奏			活跃型			音乐节奏		活跃型		
	人际			人文型			人际		人文型		
	内省				先验型		内省			先验型	
	自然探索				神经型		自然探索			神经型	
	生存智慧				现象型		生存智慧			现象型	
	灵性智能				先验型		灵性智能		先验型		
元思维：逻辑思维（T1）						元思维：形象思维（T2）					

如何在教学过程中设置 UNIT，涉及教学计划、教学方法等一系列复杂问题的解决，这不是本文研究的范围。下面探讨的是，在建筑创新思维类型理论背景下，UNIT 应该具有哪些特点。笔者认为主要包括情境、核心教育内容、身体感知、设计策略、知识元、多元智力等，因为篇幅的关系，重点探讨前面三个。

2.2.1　情境

这是激发学生自主意识的第一步，在 UNIT 中借助一种场景，或创设一种类似于科学研究的情景和途径，引导学生主动探索、发现和体验。

"Shin 的单元教学目的是揭示表现空间的不同方式，并且这些表现方式是与设计和构造的手段直接相联的。首先，学生需将某个特定城市和森林的经验通过实物的制作表现出来：制作一个包含某个城市碎片（fragments)、细节（details）和个人记忆（memories）的便携箱（suitcase）和一张可以将身体与森林的感受相联系的椅子，然后将其一并带入到两间房的设计中：一间房置于城市里，另一间在森林中。不同的地貌景观（landscape），不同的现象和经验会产生不同的却相关的结果。"[4]

2.2.2　建筑基本型

所谓建筑基本型主要体现在各个学校的基础教学中，它体现了一个学校关于建筑最基本的理解、最核心的内容、最精炼的"招数"。它位于建筑创新思维三层次结构的中间层，其重要性仅次于先天的元思维，是后天培养中最重要的涉及建筑思维（操作、运算）的部分。

例如香港大学通过"型"的探索试图解决"教学程序和由此产生创造性的思维的关系"[5]。内容包括造型训练：空间和实体，加法和减法；用木条和纸板划分空间；蒙特里安的方盒子。水平地域中的空间：形、尺寸和比例；材料和质感；韵律和动感：曲径通幽；演绎和转型，一个雕塑。转型和解型。寻找和发现；观形和造型；作品和工具。形的隐喻；宇宙的隐喻和全球市场；材料、造型和信息；先进技术和灵活程。

AA的Mark的单元探讨了建构体系的核心操作方式，如铰接（hinging）、编织（weaving）、折叠（fold-jng）、褶皱（pleating）等等，和其空间组织体系中的系列结点（knots）以及结点之间的内在联系（link）。

2.2.3　身体感知

创新思维的能力是多元的，既有言语、逻辑、视觉、人际交往、自然探索，还包括身体/运动智力、音乐/节奏智力、自我内省智力、生存智慧和灵性智能。建筑现象学揭示了身体、记忆与建筑的关联，思维不只是大脑的操作，而是全身心的体验。

AA的城市记忆单元研究就是一个很好的身体感知教学案例。该单元基于不同类型的空间和景观——都市的、乡村的、森林的、山区的等等，分析在这些空间边缘的经验，不同的行为和在这些空间穿梭的体验；研究人体的尺度及其与不同空间的关系，空间的构成方式，材料的特性、构造方式及与地点的关系等等，"并通过他们自己制作的模型、装置和'家具'，以及绘制的设计图纸、记录的文字或拍摄的录像短片，将从个人的经验中提取的概念和想法予以物质化和空间化。"

参考文献

[1]　茅尔格里夫．建筑师的大脑——神经科学创造性和建筑学．北京：电子工业出版社，2011年6月．引言第3页．

[2]　吴克勤，导师郑先友．当代中国青年建筑师创新思维类型研究．合肥工业大学建筑与艺术学院硕士论文，2013年5月．16—28页．

[3]　Mark Cousins，李华．AA的建筑文化．世界建筑导报，2004年4月．165页．

[4]　李华，沈慷．过程设计的教育——英国AA学校建筑作业展一瞥．室内设计，2002第3期：33-34页．

[5]　贾倍思，型与现代主义．北京：中国建筑工业出版社，2003年1月．前言．

钟力力　邹　敏　钟明芳
湖南大学建筑学院
Zhong Lili　Zou Min　Zhong Mingfang
School of Architecture，Hunan University

材料建构与空间认知
——湖南大学“建构实验”课程实践与思考❶

Material construction and spatial cognition
——Teaching Practice and Rethinking on “Construction experiment”

摘　要： 建构教学作为一种强调材料与模型建构的建筑设计教学模式，通过“概念-抽象-材料-建造”四个阶段，学生能够自己完成设计概念、抽象形体、选定材料来真正实现和体验，实现建筑物体的材料建构、空间认知以及建造使用的全过程。本文介绍了湖南大学“建构实验”教学改革的缘由、目标、过程和成果，结合教学实践思考了其中的不足并提出相应的改进建议。

关键词： 材料建构，空间认知，教学实验，模型

Abstract： The teaching on construction is an emphasis on education model of material and model construction in architectural design . Through the four stages of “concept-abstract-materials-construction”, students can complete their own design concepts，abstract form，select materials to realize the material construction，spatial cognition and the whole process. This paper examined the training of “construction experiment” . We also rethink the course，and try to find a way to make it more substantial.

Keywords： Material construction，spatial cognition，teaching experiment，model

1　缘由：基于设计基础的教学思索

传统的建筑设计基础源于鲍扎体系，在多年重复之后部分内容陈旧亟待更新。表现为：对当今媒体信息时代空间与建构认知不足，偏重类型化、模式化教学，设计上过于追求形式与构图技巧，而在材料、建构、体验等方面理解薄弱。且设计基础教学往往是围绕任务书展开，到完成设计交图截止。学习过程欠缺足够的材料操作和模型建构的体验，以及真正把设计成果实施建造完成的环节。这也导致学生常常桎梏于设计图纸本身，而对于设计的综合调研、材料建构、施工操作、经济造价等隐性制约因素不甚了解。

自从瑞士苏黎世高级理工学院将材料和建构引入教学，其后大多数欧美国家的建筑教育都引入了类似建构的概念和方法，在这一体系的启发下，大量国际一流建筑师设计出优秀的建筑作品。材料建构的研究使现代建筑的设计从关注功能到多元生成与表达，空间认知则趋向体验和艺术感受，材料建构与空间认知使得建筑学与其他艺术门类相互融合和借鉴，设计者能够更好地切入

作者邮箱：365184608@QQ. COM

❶ 湖南省自然科学基金资助项目（项目编号：13JJ3045）
2013 年湖南省普通高校教学改革研究项目“基于数字技术建构下的大跨度大空间建筑设计及模型实践教学方法研究”

设计主题，建筑与空间的表达手段更加自由和富于表现力。

基于以上思考，我们在基础教学中，调整了设计基础和模型制作的部分课程，增设了“建构实验”的教学环节，希望通过一个综合的建构过程，使得学生能够在初学阶段就接触和体验真实的建构活动。一方面，希望学生真正意识到设计是由概念到建成的全过程。材料与建构有时比概念、形式等更能影响建造和使用，设计者应更多关注材料、建构等物质范畴，而非简单图面、形式等概念表达。另一方面，建构实验使学生更深刻地认识到模型的巨大作用。小尺度模型较草图能够更直接地表达设计概念，成为设计思维的工具，而非设计的表达工具；而大尺度实体模型则能够促进空间的认知与体验，发现和处理材料、建构、节点等实际问题。

2 “建构实验”课程实践

建构教学作为一种强调材料与模型建构的建筑设计教学模式，是由学生自己完成概念、通过一定材料来进行模型建造、实现建筑物体的设计与施工过程。建构实验可以使学生更真切地感受真实的材料、结构、空间、尺度，更好地理解建筑设计中的现实制约因素，体验从设计到材料、到模型建构、空间认知，到完成建造并使用的全过程。

2.1 教学要求与目标

本次“建构实验”采取分组完成1：1实体模型的方式。以“亭”为题，要求学生在建筑学院室内自选一空置场地，设计并建造能提供人交通、停留的交往空间。“亭”应能很好地适应场地，能满足人的简单活动，如停留、1—2人围坐、交通等。空间尺寸定为2.1米x2.1米x2.1米。主体材料限定为：竹木材料（如：木板条、标准木方）；金属材料（如：角钢、门窗铝材）；PVC管材及其连接件；其他建筑材料等。设计与建造的时间为6周。

教学目标是：

（1）掌握以模型为主的设计手段，用建筑材料通过建造的手段来形成建筑空间。特别是通过1：1实体模型建构的过程，掌握真实空间形态的准确比例关系，理解特定材料受力关系以及节点交接，体验材料加工和实体建造。

（2）初步理解建构及其相关理论，强调建造活动的本质和设计过程，通过行为体验提升对材料结构逻辑性和空间美感的认知。

（3）归纳和掌握空间形式语言，建构即建造及空间的表达。通过“亭”的建构，更深刻地认识概念与建成实体之间的差别，这些差别对认知与体验来讲恰是决定性的。

（4）掌握模型建构的基础知识和相关实践，完成“概念、抽象、材料和建造”四个阶段。通过对材料操作、模型建构、空间认知，掌握空间语言系统，如：建构、形体、操作、观察、层次、连接等内容。

2.2 课程设置

“建构”课程设置　　表1

时　间	教学内容	评价标准	备　注
第一周 概念阶段	讲座1：建构内在逻辑和秩序 现场调查和案例分析	案例的深度解析	布置任务书 选定场地
第二周 抽象阶段	讲座2：材料的解析 1∶10草模评图	模型形式与空间逻辑	草模为PVC材料 每人1个模型
第三周 抽象、材料阶段	讲座3：模型建构 1∶10优化模型二次评图 评选出优选方案准备实施	逻辑清晰 结构合理、形式美观	公开评图 每班选出3个方案 学生按优选方案分组
第四周 材料阶段	选择材料，确定实施方案、造价、 加工方式、施工时序	1∶1模型部分实验 建构的可操作性	材料市场调研 分组讨论，比对材料
第五周 材料、建造阶段	材料加工与操作 节点设计 试错环节	1∶1模型构件 关键节点设计	分批采购材料
第六周 建造阶段	现场装配、组合 拼接施工、调整	1∶1实体模型建造	检查材料强度 结构的稳定性
	模型拍照、整理成果	材料使用合理性 建构整体完成度	公开评图、展示； 跟踪观察效果、使用状况

2.3 教学过程

“建构实验”课程教学有2012级建筑学专业三个班同学参加，教学按“概念一抽象一材料一建造”四个阶段，分两大步骤（概念与抽象、材料与建造）依次展开，随着课程推进，学生的研究和关注焦点由开始的概念、抽象到中期的关注模型、材料，再到后期的加工、建造。整个过程始终关注的是：方案的可建造、材料合理建构和模型制作。材料认知、模型建构、空间体验成为教学过程中推进的重要内容。

（1）概念与抽象

进行现场调查与案例分析：分组对“建筑学院”的室内空间进行调查，分析人的行为活动，选择可供建造的具体地点；结合课程讲座，针对性解析案例，对材料、构造方式进行分析。

方案设计与比选：学生每人完成1个方案（图1），提供1：10工作模型，通过两轮次比选，全体同学和老师进行充分讨论，评选出9个方案（每个班3个优选方案）准备实施。

（2）材料与建造

市场调研与材料认知：每组学生根据各自确定方案深入材料市场调研，并结合材料特点多轮优化方案。然后进行等比模型试验、尝试部分节点设计；同时，比较不同材料的基本造价、加工方式的难易、施工时序、人员分工等内容，最终确定方案、实施材料和后续建构的内容。(图2)

试错环节与施工建造：在材料与节点通过多次试错环节试验验证后，批量采购材料与配件。依据已确定的实施方案，对选购材料进行加工，然后通过现场装配施工，完成1∶1实体模型的建造。建造完成后，对建造成果、使用状况进行跟踪观察，总结材料与建造环节的不足与潜在问题。

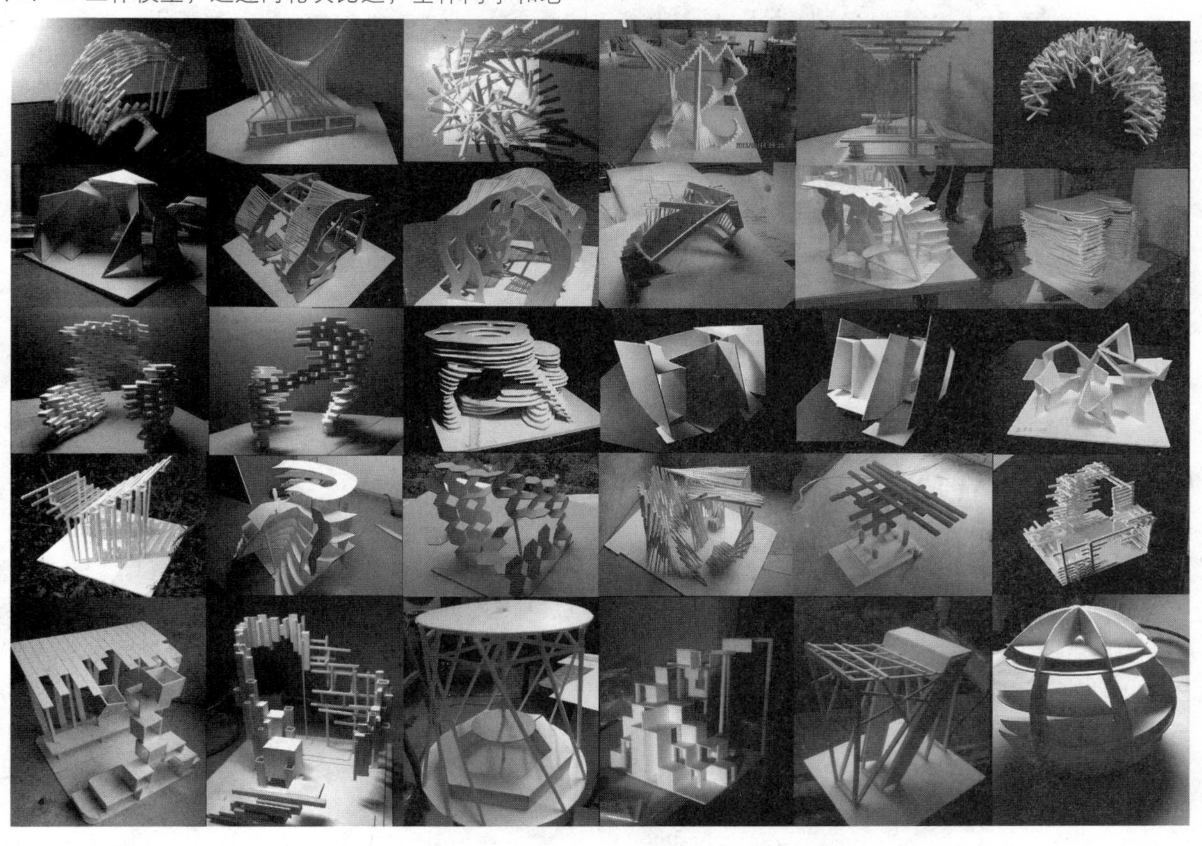

图1　初步方案1∶10模型

2.4 教学评价

“建造实验”课程教学中，教师鼓励学生自主调研、围绕问题学习和改进方案、根据材料灵活建构和优化设计、强调在建造过程认知和体验；而且还组织学生进行集体决议、自由分组而确定内部分工等。这些过程中，教师不再是教学的决策和判断者，而是整个教学过程的引导和合作者。再者，“建造实验”较以往课程，存在大量的过程环节和模型制作，以往的评价体系多偏向图纸表达和二维成果。因此，本次“建造实验”课程的评价体系补充考虑相关的课外调研、材料试错、加工制作和施工建造环节；偏向模型制作和三维操作；同步考查学生更多的组织实践、建造把控能力。使得“建构实验”的教学评价体系趋于开放、动态且多元化。

图 2 评选方案的建构过程

3 成果与思考

不论是从教学过程中的反馈，还是从学生的成果来看，本次“建构实验”课程教学改革都达到了课程改革的初衷。学生通过材料建构与空间认知，完整地体验了从“概念-抽象-材料-建造”的建筑活动的全过程；对模型在设计过程中的重要作用也了最直接的体会。

当然，在实践过程中也发现了诸多不足，有待进一步改进。

(1) 课程周期、时间、场地等方面准备不足。课程周期为 6 周，在实际操作时间仍显局促。前期方案比选和材料选定时间进度有所耽误，而后期阶段试错、建造、拼装工作量大于预期，学生以满负荷的强度连续加班，最终完成时间仍超出近 2 周。这在一定程度上也影响了模型的节点设计和实施的完成度。此外，尽管已考虑了实体模型所需的场地尺寸，但对 1∶1 实体模型所需的材料摆放空间、多人加工操作空间、拼装施工以及搬运通道等仍预计不足，导致搬运材料、模型装卸费人费时，降低了建构实施的效率。

(2) 在设计过程中，学生依然有过分注重形态结果、忽视材料建构的思维惯性。对实施成果欠缺足够的预判；对待突发问题的调整能力不足；以及对特定材料特性的探索不够，这需要在未来的教学过程中加强对学生设计过程的引导，更加注重材料、模型、结构等方面的知识积累，以及后续课程中建构内容的持续探讨与深入展开。

(3) 本次“建构实验”中技术与结构只起到了辅助和保障的作用，如果未来能针对主要建构材料进行主动引导和深度指导，则技术和结构对建构过程以及成果会有更积极的作用。此外，由于 1∶1 实体模型是准建造，还不能完全真实地反映建构的所有情况。如在后续的课程内容中加强真实的建构内容，则建构教学能够进一步

图 3　建构实验的模型成果

拓展和延续，趋近与真实建筑活动。

4　结语

“建构实验”是建筑学设计基础以“空间”为核心的教学延续，是关于材料、建构、空间要素的实验性初步探索。它是对原有设计基础课程体系渐进改革和逐步优化，是动态和连续的过程。未来我们还会在材料的地域建构、材料的生态建构等方向进行尝试，而这次“建构实验”没有实现的内容以及些许遗憾，激励着我们在后续课程中把关于材料建构与空间认知的教学改革引向深入。

参考文献

[1]　顾大庆. 空间、建构和设计——建构作为一种设计的工作方法 [J]. 建筑师，2006 (1)：119.

[2]　李海清. 教学为何建造？——将建造引入建筑设计教学的必要性探讨 [J]. 新建筑，2011 (4)：6-9.

左 琰
同济大学建筑与城市规划学院
Zuo Yan
College of Architecture and Urban Planning, Tongji University

建筑学毕业设计的教学实践与探索

Teaching practice and exploration on Graduation design of Architecture

摘 要：本文结合多年的毕业设计教学实践，从培养目标、课题选择、教学模式及评价机制等4个方面对建筑学毕业设计教学进行了阐述和分析，在此基础上提出了一些教学思路和方法，供同类院校教学实践参考。

关键词：建筑教育，毕业设计，产、学、研结合

Abstract: Based on the author's teaching practice on Graduation projects many years, the thesis discusses and analyses the issue of Graduation design with four aspects of training objectives, subject selection, teaching mode and evaluation system as well. It further advances some teaching ideas and methods which could be the reference of teaching practice for the same kind of colleges and universities.

Keywords: Architectural education , Graduation design , Combination of production, study and research

毕业设计是五年制建筑学教学体系中最后，也是最重要的环节，是学生综合运用以往所学知识对于实际工程项目的模拟训练。作为教育部评估建筑院校教育质量的重要内容之一，毕业设计对于指导教师和毕业生双方都有着无形的压力和挑战，一些参加多校联合毕业设计的师生更觉责任在肩。与其他年级的课程设计相比，毕业设计有着两大特性，一方面它要用一个学期来完成，学时多，工作强度大，师生均要全力以赴；另一方面由于课题选择和内容要求完全由指导教师决定和安排，以导师负责制的方式开展教学，因此导师权限和自由度较大，所担负的责任也更多，对导师的专业能力和教学水平将是一次全方位的考验。

1 培养目标：有思想、有担当

对于一个毕业生来说，专业能力的学习和掌握固然重要，但对于其未来人生走向和职业生涯来说，建立正确的人生目标和价值观显得尤为必要。价值观的形成与所处的社会、政治、经济、文化紧密相连，学生在学校里不仅要掌握专业知识和技能，还要学会思考如何成为一个有思想、有担当的社会人。一名合格的建筑师应当关注社会经济发展中的热点现象，关注城市更新中的历史保护问题，以建设低碳节能的可持续社会和弘扬中国传统文化为社会责任和使命。然而价值观的形成并非一蹴而就，在本科最后阶段，指导教师应优先挑选具有社会意义和人文价值的工程项目作为毕设课题，在专业知识和技能的教授过程中启发学生对社会问题和价值思考的兴趣，从而提高他们的思辨力和感悟力。

在本科阶段学生往往重设计轻理论，重形式轻技术，重现象轻本质，这使得建筑人才培养易于陷入肤浅和功利化的泥潭，不利于今后的发展。故毕设阶段重视培养学生的综合能力和工程意识，将使他们在未来的工作中受益。

作者邮箱：yanzuo724sh@sina.com

2 课题选择：产、学、研相结合

找寻适合的设计课题是毕业设计指导老师最具挑战的工作。目前，国内建筑院校毕业设计普遍由院校全职教师负责出题和指导，学生根据兴趣和自身情况自由择题。以同济为例，由于指导老师来自不同的学科团队，在教学经验、科研方向及和工程实践积累方面都不相同，每年推出的十多个设计课题涵盖建筑学不同学科方向，提供给学生宽泛的选择机会。产、学、研相结合的设计课题最受指导老师的青睐。长期从事教学和设计实践的老师对毕业设计教学要求比较了解，选题的目的性和针对性较强，熟悉何种项目类型、规模及深度符合教学要求，若与导师的专业研究相结合，就更能使毕设环节发挥出导师的专业特长与教学积极性。相反，若导师无法将产、学、研三者有机地结合起来，课题选择和设置必然会出现随意性和不稳定性，无法建立有效，系统的教学成果积累。

笔者在同济建筑系执教逾十年的毕业设计，自2004年开始，毕设课题均围绕历史建筑保护和再生这个社会热点，注重历史理论、建筑保护与改造及室内设计等多学科的交叉与综合。课题选择依据以下五个原则：

(1) 均为实际工程项目，有真实的现场条件和设计诉求，真题真做或真题假作；

(2) 设计介入必须在项目开工前或早期，便于学生记录现场的客观条件和状况；

(3) 优先选择有较高历史文化价值的老建筑保护与再利用为课题对象；

(4) 项目规模不宜大，便于设计深化，注重建筑整体性保护和再生利用的设计过程；

(5) 考虑到教学成本和调研可达性等因素，优先选择上海及长三角地区的项目。

2004—2012 同济大学历届毕业设计选题一览

表 1

年份	课题名称	备注
2004	外滩轮船招商局大楼修复与更新设计	市级保护建筑
2005	上海卢湾区思南路花园住宅保护性再利用设计	市级保护建筑
2006	同济大学文远楼保护性改造设计	市级保护建筑
2007	吴淞军港“小白楼”保护性改造及其环境修景设计	区级保护建筑
2008	上海华山路831号花园住宅保护性再利用设计	市级保护建筑
2009	复旦大学子彬院保护性再生设计	优秀历史建筑
2010	陕西西乡鹿龄寺及其周边环境保护与再生设计	省级保护建筑
2011	常熟沙家浜度假村别墅型酒店改造设计	既有建筑改造
2012	同济书院功能模式研究及空间环境设计	既有建筑改造

3 教学模式：优化师资，弹性分配

师资是教学质量的重要保证。通常一个指导教师负责指导6～8个毕业生，而有些学校学生数则更多。以同济为例，2013年20余位指导老师来自建筑学5大学科方向，10个研究领域，其中以建筑设计及其理论为最多，包括公共建筑设计、住宅与住区发展、集群建筑、大跨建筑、建筑设计方法等，有12位指导教师，其他教师则来自建筑历史及历史建筑保护、建筑技术、城市设计、室内设计等学科团队，每人限额指导6名学生，这些教师中三分之二有5年以上的毕设指导经验。

社会发展对建筑教育和人才培养提出了新的目标和要求，也对现行“一对多”的毕设教学模式提出质疑。未来的毕设教学将依托学科团队的力量，以责任教授牵头，以学科团队为基础，对教学和研究作进一步整合，团队内研究方向相同或接近的指导教师组成联合指导教师组，改变以往单一教师指导为团队协同授课的模式，并充分发挥校友资源和社会力量，聘请具有社会知名度的业界资深建筑师和行业专家担任毕设教学顾问和评审嘉宾，通过优化师资结构和教学模式来提升毕设教学水平。

在实际项目转化为教学课题时，教师在落实设计内容和工作强度上，将根据教学要求和项目实际情况，为学生制定合理的教学计划和分组模式。对于一些规模小、设计要求高、项目可控性强的课题，宜采取个人独立完成的方式，而规模大、操作性强、设计强度高的课题，包括多校联合毕业设计，则可两人一组合作完成。指导教师要充分利用这一权限，在课题设置和分组形式上因材施教，以此激发学生的学习主动性和创造性。

4 评价机制：亟待改革和完善

对于毕业设计最后成果的评价，是考核毕设教学质量的一个重要环节。传统的评价指标和方法在不断更新和发展的毕业设计教学中显得力不从心。目前大部分高校都在推行优、良、中、及格和不及格的五级制评分体系，根据普遍的教学规律，成绩处于良的学生占大多数，优和中的学生为少数，对于良档的学生来说，这种粗放的评分体系不能完全体现学生的真实水平，也在一定程度上削弱了师生教与学的积极性，而学校对于优良率的严格控制助长了一种僵化的评审意识和态度，也给许多指导老师在评分时出了难题。若能将良这一档再做细化，以 85 分为基准线分出上下两段，将会使评价结果更加客观公正。此外，评委构成、评审标准的制定及评审过程的公开化、透明化都是影响评价结果的重要因素。同济近几年在评价模式和方法上不断改革和探索，学生的最终成绩由三部分组成：平时分（40%）、初评组评分（展板形式，30%）及答辩汇报评分（30%），平时分由指导教师给出，而初评组和答辩组评委中有近半来自校外专家，这样的分数组成将降低个人主观因素，从而尽量真实地评价出每个学生的专业水平和综合实力，实际操作后效果显著。不过这一评审体系仍需要不断磨合和完善。

作为建筑本科教育的一个重要组成部分，毕业设计教学改革任重而道远。对于指导教师来说，与时俱进，把握住当下社会的现实需要，将、产、学研结合起来，引导学生以虚心务实的态度在传承和创新中树立起正确的建筑人生观，是我们共同的责任和目标。

适于地域特色的建筑教育探索

陈 翚 罗 荩
湖南大学建筑学院
Chen Hui Luo Jin
Schoo of Architecture, Hunan University

捷克当代建筑教育的特点及其启示
The Feature and Revelation of Contemporary Czech Architectural Education

摘 要：本文从历史、学科定位、培养体系、教学模式与特色等方面全面分析了捷克当代建筑教育的优缺点，同时参照欧洲院校建筑教育的特点，结合目前我国建筑教育的现状，试图找寻其对我国建筑教育改革模式与方法的启示。

关键词：建筑教育，职业建筑师，工作室制度，教学模式

Abstract: The article is trying to analysis the advantages and disadvantages of the contemporary Czech architecture education from the aspects of history, orientation, training system, educational mode and characteristic, as well as reference to the characteristics of architectural education in the other European colleges and schools, combining with the present status of the architecture education in China, in order to study on the revelation to Chinese modes and methods of architectural education reform.

Keywords: Architectural Education, Professional Architects, Design Studio, Educational Mode

1 捷克建筑教育的发展

捷克的建筑教育有着悠久的历史和与欧洲一脉相承的传统。在现代建筑教育体系建立之前，建筑教育主要集中在重要建筑的施工团队里面，这些团队有着严格的秩序和复杂的体系，建筑师的培养就是在团队的师傅——即主石匠❶的指导下在建筑实践中完成的，团队的传承往往也是家族世袭的。由于完成的每个建筑都是一件非凡的艺术作品，因此当时对于工匠的技术和艺术造诣要求极高，需要经过特殊的训练，培养过程极其严格，一般都要经过学徒、熟练工人和工匠三个阶段的长期训练以及严格的测试。直到 1690 年欧洲的现代建筑师制度建立之后，这种徒承师业的“主石匠”体系才最终被宣誓的专业建筑师替代。

17 世纪和 18 世纪，基于古老艺术研究和古典教育模式的鲍扎美术学院（Ecole des Beaux-Arts）在欧洲盛极一时，主要以古希腊和古罗马艺术为指导纲领来教授绘画、雕塑和建筑，这也是当时布拉格建筑教育的主流模式。直到 1842 年，由私人贵族协会组建的布拉格美术学院才将建筑学作为一个单独的学科，沿袭了巴黎艺术学院的建筑教育模式，即将培养的重点集中在富有经验的建筑师指导下的设计工作室中，引入解剖、几何和透视等科目。同时附加一些其他的专业技术学科以及人文学科的课程，如建筑构造、历史、艺术等等。这种模式开启了捷克斯洛伐克现代建筑师的培养体系，其精髓一直延续至今。

到 19 世纪末 20 世纪初期，捷克斯洛伐克已经在 4 所院校建立了专业的建筑学教育：布拉格美术学院、布拉格理工学院（捷克技术大学前身）、布拉格实用美术学院以及建立在摩拉维亚中心的捷克布尔诺理工学院。在这期间，捷克斯洛伐克的建筑教育受到了由新艺术运

作者邮箱：archi joy@hotmail. com

动的先锋建筑师奥托·瓦格纳（Otto Wagněr）执掌的维也纳美术学院的强烈影响。瓦格纳认为现代建筑是由构造方式、材料和结构框架明确界定的空间，这种全新的理念吸引了多位来自布拉格的建筑学子。捷克斯洛伐克现代主义运动的代表人物杨·科捷拉（Jan Kotěra）以及著名的建筑教育家安东宁·恩格尔（Antonín Engel）等等都曾师从并追随瓦格纳。他们学成之后回到布拉格，开始在建筑教育和创作实践中传播现代主义的思想，他们以及他们的学生成为捷克斯洛伐克现代主义运动的主流，如捷克立体主义的代表人物约瑟夫·戈恰尔（Josef Gočár）和实用功能主义的代表人物巴维尔·亚纳克（Pavel Janák）等。1920 年代开始，布拉格的建筑院校参照德国包豪斯学校的模式进行了改革，激进的实用功能主义在捷克斯洛伐克占据了重要的地位。第二次世界大战之后，德占时期被迫关闭的捷克院校开始复课。由于实行社会主义的计划经济，这段时期建筑教育与土木工程结合，其教学重点着眼于适应由中央拟定的建筑计划所需要的预制装配式的工业建筑上。当然建筑师们的创作热情并没有就此被扼杀，他们借鉴了实用功能主义的优势，在经济极度贫困的条件下，将新的建筑技术与艺术和手工艺相结合，以寻求新的表达，被称为“社会主义风格”。这种情况一直持续到 1976 年独立的建筑系在捷克技术大学成立。随后因为经济的增长，特别是 1989 年社会转型以及“回归西欧”之后，捷克的建筑院校逐渐增多，教育模式与组织结构也有了重大的变化。[1]

2　技术与美学

当前，国际通行的建筑学教育体系大都是以培养职业建筑师为目标的，捷克也不例外。但是，由于历史、观念以及体制等原因，捷克至今仍保留了两种不同的培养模式：一种是隶属于各技术大学的建筑学院的教育模式；另一种是设置于各类美术学院的教育模式。这两种模式在教学方式上并没有本质的区别，只是在具体的培养方案与课程设置上各有侧重。很显然，前者是在确保人文、技术与艺术学科的课程相对均衡的前提下，适度增加技术课程的分量，以引导学生探索建筑构造、生态节能、防震减灾等技术类课题，技术大学所特有的技术学科平台为这种教育模式提供了很好的支撑。而在布拉格美术学院和实用美术学院的建筑教育则侧重于美术训练和美学教育。在这两种教育模式下毕业的学生所获得的学位也是有差别的，从技术大学毕业的学生，获得的是建筑工程师学位（Engineer Degree of Architecture）；从美术学院毕业的学位，获得的则是建筑学专业学位（Academic Degree of Architecture）。当然，他们最终从事的工作内容并没有绝对的差别，其主要决定因素是毕业生个人的天赋、爱好和素养而非学位的差异。有一个更特别的例子是在捷克技术大学，除了建筑学院的建筑学专业教育之外，土木学院也开设了建筑学专业的教育，这里的学生会更加注重技术、规范与工程类的科目，同时也会接受完整的建筑师训练课程。这些毕业生除了从事建筑技术类的研究工作以外，往往作为设计管理者进入房地产开发公司或者建筑公司，来协调建筑师、业主和施工队之间的关系，并确保完整地实现建筑师的意图。

3　培养体系

前文提到捷克当代建筑教育沿袭巴黎艺术学院的建筑教育模式，受到维也纳美术学院的影响，并最终参照德国包豪斯学校的模式进行了改革。因此，捷克的建筑教育模式和培养体系跟大多数欧洲院校相似。依据《博洛尼亚宣言》，捷克院校的教育跟欧洲大多数院校一样，采用 3＋2＋4 的模式：即分为本科 3 年、硕士 2 年、博士 4 年的三个阶段，其中职业建筑师的培养主要集中在前面的 3＋2 以内。不管是技术大学还是美术大学，建筑学专业的课程体系是基本一致的，除了建筑设计等专业课程之外，学生还需要学习总共 14 个大类的课程，涵盖了人文、艺术和技术方面的内容。这些课程以设计课为主线，目的在于健全知识结构，增强动手能力和培养思辨能力。当代捷克的建筑教育中有一个明显的特征就是课程设置与欧洲其他国家的院校保持高度一致，以利于加强欧盟内部各国家之间的合作与交流。

4　教学特色

4.1　工作室制度

目前，捷克建筑教育中最有特色和保留最完整的体

[1]　Michaela Brozova. 捷克建筑教育的过去与现在. 叶扬译. 世界建筑，2009，04：30-36.

❶　主石匠一词源于拉丁语 Magister fabricae。

❷　捷克斯洛伐克（Czechoslovakia）是指第一次世界大战之后于 1918 年 10 月 28 日成立的联邦制国家，全名捷克斯洛伐克共和国，后更名为捷克斯洛伐克社会主义共和国以及捷克和斯洛伐克联邦共和国。原捷克斯洛伐克位于欧洲中部，面积 12.79 万平方公里，人口 1563.8 万（1989 年）。1993 年 1 月 1 日，正式分裂为捷克共和国（Czech Republic）和斯洛伐克共和国（Slovakia Republic）两个国家。

系就是纵向分布的工作室制度，这里的工作室不仅仅限于建筑设计，学生毕业所需的课程大约有 1/4 是在各种工作室里完成的，比如美术训练、模型制作、建筑保护等等。以建筑设计课程的工作室为例，学院通常会邀请国内外著名的建筑师来主持各自的工作室，学生从二年级开始（一年级学生主要在建筑的基础训练工作室里学习），就可以自由选择工作室并在老师的指导下完成各种具体项目的设计工作。每个工作室有不同的设计方向，比如工业与农业建筑工作室，历史建筑保护工作室等等，但不会完全根据建筑类型来区分，因此完全打通了班级或年级之间的壁垒：从二年级直到硕士毕业，不同年级的学生可能同时聚集在同一个工作室里，在导师的指导下完成设计，有利于学生之间的纵向交流。每个学期的设计课题主要由工作室的指导老师依据自己的设计经历、研究方向或喜好来确定，一般为真实的设计课题。

每个学期的第一周一般都是选课周（Orientation week），指导老师或其助手会在这一周将本学期的设计课题张贴在工作室内，并在约定的时间对各个题目做一到两次详细的介绍。学生们根据入学时制定的培养计划、已经完成的科目、个人喜好等等来选定工作室和具体的设计课题。为了均衡学生的知识结构，培养全面的能力，并避免出现学生扎堆选择某个工作室的现象，学校一般会要求学生在整个大学学习期间，至少要参加 3 个以上的工作室，同时对于设计课题的类型和难易程度也有相应的规定。

捷克的教师比较注重设计过程，选定工作室以后，学生被要求必须按照指导老师预先确定的进度计划一步步地完成整个设计过程，在此期间跟指导老师交流的次数和总时长是考量学生学习成果的重要因素之一。在整个学期中，老师会组织 1～2 次公开讲评和一个集中的设计周，有时候还会跟别的工作室甚至其他院校的学生互动。每学期的设计周是另一个比较鲜明的特色。在设计周里，其他的课程一般都会暂停，学生和老师以工作室为单位，集中解决设计过程中遇到的重大问题。有条件的学校还会在校外安排一个合适的集中地点，以便师生们能完全脱离平时的环境，全身心地投入到设计课题中。由于没有外界的干扰，学生们能完全进入角色，沉浸在对于项目的思考之中，往往能获得比平时更多更快的进步。每个学期末，在正式的公开讲评之前，学院会组织举办以工作室为单位的为期 2 周的作业展览。展览期间，工作室往往准备一些小贴纸，参观者可以将自己的意见贴在某个感兴趣的作业上，这些贴纸对学生的最后得分有一定的影响。

4.2 建筑师与教育

捷克建筑教育的另一大特色是邀请富有经验的执业建筑师参与教学。受到传统的石匠体系的影响，捷克的建筑教育非常注重学生实践能力的培养，因此，从现代主义运动初期开始，邀请正在执业的著名建筑师到学校来任教，开设工作室，就已经成为捷克建筑院校的惯例。当时异常活跃的捷克斯洛伐克的大多数先锋建筑师都曾经在执业的同时在各大院校任职，如前文所提到的杨·科捷拉就曾经担任布拉格实用美术学院的建筑专业负责人，安东尼·恩格尔也曾在布拉格理工学院建筑学院执教，并主持设计了现捷克技术大学的新校区。这种与实践紧密结合的方式不仅可以使学生解决实际问题的能力得到大大提高，而且还确保建筑教育能紧跟甚至引领时代的步伐。

4.3 对外交流

由于地理上的特殊地位——位于“欧洲的心脏”，捷克共和国历来是东西欧文化冲突与交融的前沿阵地，同时与欧洲其他国家保持着密切的联系和相互影响。这种国际化的地域和视野为他们与外界的交流提供了便利的条件，尤其是在 1990 年代“回归西欧”运动之后，捷克的对外交流更是成为一种常态。这种频繁密集的交流不可避免地给捷克的民族传统和文化带来了冲击，也影响了捷克的建筑教育。目前捷克建筑院校的培养计划和课程设置都尽可能地与欧洲其他国家的建筑院校保持一致与连贯。因此，大多数欧洲国家的院校都能与捷克保持互认学分和课程共享，实现零障碍的学生互换计划，其优越性是显而易见的。比如有些学生甚至可以第一个学期在捷克学习，之后便开始在欧洲的各个院校之间“游学”，等到修满学分，再返回捷克完成毕业设计和毕业答辩，最终获得捷克院校颁发的文凭。

5 结语

综上所述，不难看出捷克在建筑教育的教学方式上与我国大多数建筑院校有较大的差异，主要体现在：（1）设计课程不分年级，不以类型为主要的教学和考核内容，有利于因材施教和相互交流。（2）注重实践环节和动手能力的培养，知识和理论传授仅作为辅助手段。（3）重过程，轻结果，重思辨，轻手法和形式。（4）强化对外交流与合作。跟其他学科相比，建筑学的教育有其特殊性，如何充分利用当代教学手段，发掘合适的教学方法，是建筑教育界一直思考争论的主要问题。捷克当代建筑教育所采用的方式方法，继承了传统建筑教育中的有利之处，并吸取了欧洲各国大多数院校的优点，扬长避短，形成了自己的特点，值得我们深入研究与探讨。

陈 雷[1] 李 燕[2] 陈 宇[3] 张东旭[4]
1，4 东北大学江河建筑学院；2，3 沈阳建筑大学建筑与规划学院
Chen Lei [1] Li Yan[2] Chen Yu[3] Zhang Dongxu[4]
1，4 School of Resources and Civil engineering，Northeastern University；
2，3 School of Architecture and Urban Planning，Shenyang Jianzhu University

地域性“文化语境”背景下的三年级建筑设计课教学实践

The teaching practice of the third grade architecture design course in the background of regional “cultural context”

摘　要：本文通过对东北大学建筑学专业三年级建筑设计课程教学实践的探讨，针对当前建筑学科在地域特色建筑教育方面的发展趋势，提出了基于地域性“文化语境”背景下的建筑设计教学理念，并对教学中的问题进行总结和反思。

关键词：东北大学，地域特色，文化语境，建筑设计教学

Abstract：Through the discussion of the teaching practice of the third grade architecture design course in the major of architecture in our school，in the view of the development trend of the architecture in the aspect of regional characteristics of architecture education，this paper proposes the teaching philosophy of architecture design on the background of regional “cultural context”，and summaries and reflects the problems of the teaching.

Keywords：Northeastern University，Regional Feature，Culture Context，Architecture Design Teaching

1　建筑教育的地域特色教学发展趋势

全球化是人类社会发展的历史潮流，它对人类社会的影响层面正在逐步扩张，并体现在政治、教育、社会及文化等学科的各个领域。建筑文化作为当今社会文化的一个重要组成部分，也同样不可回避的受到全球化势力的强烈冲击。为了应对全球化对于建筑文化的挑战，建筑领域所倡导的地域性建筑观成为一个值得关注的话题，在建筑教育中建立体现地域特色的教学模式也成为近年来建筑学科的发展趋势。在学生真正认识建筑及建筑创作的学习阶段，培养其对建筑地域性特色的重视，并使其建立正确的建筑观和设计思维是很有必要的。

东北大学建筑系的历史可以追溯到 1928 年，是中国最早成立的建筑系之一。自 2000 年恢复招生以来，学校以培养创造性思维的建筑师和具有扎实功底的实用性与综合型人才为目标，参考国内外传统知名建筑学专业的教学方式和方法，并加入自身的传统特色，不断创新，试图摸索出一种既符合时代特征，又符合自身特点和东北地区地域特征的教学模式。在建筑设计教学系列

框架中，通过突出版块主题的教学模式，使学生在五年的学习中较为全面地了解不同建筑类型的设计方法和原则，同时由浅入深地逐步认识什么是建筑、建筑设计及其相关的知识领域。在这个过程中，功能与空间、形式美与尺度感、技法与技巧、文脉与环境、建构与材料、结构与技术等一系列问题将随着主干设计课程的推进而层层展开，并适时配以其他专业课程，使学生在潜移默化的过程中把握住学习的主线，进而正确地了解和学习建筑设计。

2 基于地域性“文化语境”背景下的建筑设计教学理念

在教学中，我们根据教学的目标和方向，在充分考虑环境因素的前提下，确定了这个阶段建筑设计以功能与空间、文脉与环境、建构意识、构造与材料等作为主要的教学内容，明确这个阶段的教学重点和主题，以突显基于地域性“文化语境”背景下的建筑设计教学理念(图1)。

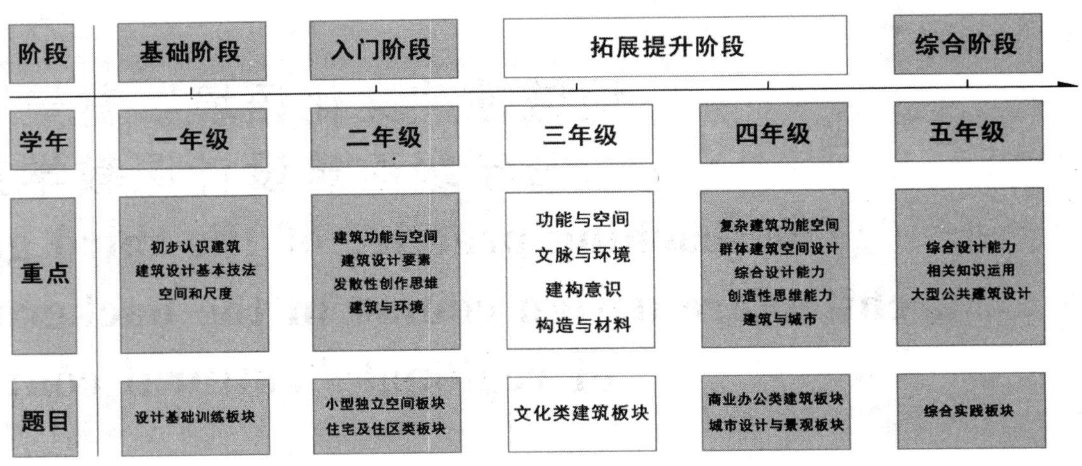

图1 建筑设计专业教学目标图

2.1 突出地域环境下的建筑设计教学创新

2.1.1 设计选题

根据教学大纲中对于建筑设计课程的整体安排，三年级的设计选题重点强调题目中所包含的文化属性，文化的主题贯穿此阶段的设计过程。在突出“文化语境”的背景下，选题以“文脉意识”来体现地域因素作为设计的出发点，同时强调对历史建筑文化背景、空间、结构、材质等因素的认知与把握。

2.1.2 题目选址

为了突出地域特色，题目选址均为具有地域特征和历史文脉的地段，有助于让学生体会到历史建筑与周边环境的既有现实特征，在调研与分析环境的过程中挖掘有利于启发设计思路的环境条件和特征要素，切实解决现状中的问题，激发学生的创作热情。

2.1.3 教学方法

重视引导学生对历史建筑文化内涵的挖掘，将新建筑与历史建筑的文化背景相融合，并以此引领整个设计过程，在对历史文化的高度尊重和动态保护前提下，使新建建筑找到平衡点。

2.2 加强灵活性的“教”与“学”互动关系

2.2.1 相关知识与技术

改变只在第一周收集资料的传统做法，让学生多时段、多渠道、多方式进行资料和相关知识的收集整理，注重技术、生态元素在建筑设计中的作用。在教学过程中，同时开展建筑物理、构造、结构、建筑生态等相关知识的专题讲座，并定期组织学生之间进行交流和研讨，达到最大限度的资源共享。

引导学生使用先进的计算机辅助设计软件，加强计算机模型+工作草模相结合的方式在方案设计推敲过程中的作用。

2.2.2 互评与讲评

针对当代大学生乐于展示自己的特点，在教学中充分发挥学生的创造力，将评审由教师单独的主观评价，改为在教学过程中进行阶段性的讲评与互评，并由教师把握方向，对重点问题补充点评，加强教师与学生的互动交流，使学生对设计成果获得更为准确的判断和感悟。

3 教学过程的实践探索

3.1 教学设置

三年级的建筑设计课程在整个教学阶段中是能力的拓展提升阶段，也是承上启下的重要环节。在三年级的建筑设计教学设置中，根据教学大纲的整体要求，在统一版块主题——“地域环境下的文化类建筑主题”的设定下，主要在建筑功能类型与规模、“新”与“旧”的设计“语境”、选址与地段、设计重点和强化地域性特征等几个方面进行重点的体现（图2）。

图2　三年级设计课程主题图

3.1.1　功能类型与规模

在本年度教学中，主要完成4个类型题目的设计，并按照功能由简到繁，规模由小到大，难度由浅入深，环境由易到难的渐进层次，使学生能够逐渐认识到功能与空间，建筑与环境的问题。

3.1.2　“新”与“旧”的设计“语境”

在4个不同地域环境的文化类设计题目中，“新”与“旧”这组对立统一的矛盾问题将贯穿教学始终，并层层递进，使学生建立“文脉”意识，在环境意识中融入“文脉”和“传承”的概念，并掌握建筑设计中文脉理念的设计原则和方法。学生通过现场调研、实地考察，加强对环境的理解，有助于提高设计中的分析问题和提出问题的能力。

3.1.3　选址与地段

为使学生能够建立“文脉意识”，在教学中突出地域性的特色，设计题目的选址均属于能够体现东北地区地域特征并带有浓郁地方特色的真实地段。如：城市主要河流沿岸，生态湿地区域周围，城市历史保护街区，历史悠久的高校校园等。为学生切身感受环境特征、把握环境要素创造有利条件，使学生更直观、准确地对地域环境特征对建筑设计的影响进行分析和掌握。

3.1.4　设计重点

强调递进性的教学原则，在考虑环境因素的同时，将建筑功能、空间、场地、文脉、建构、技术和材料等知识点在学习过程中逐步展开。

3.2 教学内容

3.2.1 知识点与能力培养

以文化类建筑作为设计题目的主线，通过对各种功能类型的建筑设计，了解各种类型的文化建筑的功能要求、流线组织和空间特色，掌握此类建筑的设计原理和设计方法。同时，强化学生的环境意识和文脉意识，使学生进一步了解建筑的文化属性与地域特色之间的关系，以及融入文脉观念的建筑设计方法。

另外，除了新建建筑的设计类型之外，在这个阶段的设计题目中，还适当增加了旧建筑改建扩建的设计类型，要求学生通过设计此类题目了解旧建筑改建扩建的原则和方法，掌握建筑功能与空间置换的可行途径，从建构的角度了解材料、结构构造技术在深化建筑设计中的作用，理解技术要素与造型形式的相互影响。

3.2.2 教学内容

教学内容以阶段性目标为基础进行教学组织，将设计内容分 4 个阶段进行控制。

第一阶段，重点进行场所及建筑分析、文脉解析。这一阶段主要对题目选址的环境进行深入的现场调研和分析，对场地的地形地貌、气候特征、周围环境肌理进行分析，收集相关设计资料，并建立环境模型，突出对地域环境特色的把握，力求准确的发现设计的切入点。

此阶段为设计的入手阶段。在此阶段学生将以小组合作的方式进行，2～3 人一组，重在多角度讨论分析问题，集思广益。学生将以模型和图示的方式表述阶段成果，并以分组 ppt 汇报的形式互相展示交流。

第二阶段，重点形成设计概念。这一阶段是在设计的整体构思方面进行把握，确定设计的方向和整体关系，学生通过建立方案构思模型，探讨建筑在环境中的可能性。

此阶段中，学生对于环境的理解深度在某种程度上决定了设计概念的形成，因此教师在此阶段的重点在于帮助学生更深层次的剖析环境，并通过文化内涵、功能空间和结构形式等方面的深入解析，使学生对建筑本身有更清晰的认识，进而对如何切入设计，提出概念具有一定的指导作用。

第三阶段，深化设计、建立结构模型。这一阶段要综合建筑功能与空间、流线组织、文脉与环境、构造形式等多方面因素，对建筑主体进行深化的设计与推敲，并将体块模型转换为空间结构模型深入推敲。

此阶段主要体现功能与空间的互动关系，推进设计方案的具体化，深化建筑功能、空间特色、符合建筑规范，以及建筑造型等问题。其次，确定结构方案，整合优化建筑形态，合理安排结构体系。在这个阶段中还将邀请技术与构造专业教师来给学生进行讲座与交流，并对学生设计做出前瞻性的指导。

第四阶段，从建构层面进一步深化完善设计，引导学生从结构技术、材料构造以及节能技术等方面深化建筑设计，实现各设计要素的有机整合，达到最终的设计成果要求。

此阶段重在“深化完善”，使学生能够在纵深上发展完善设计，而避免以往设计多流于“形式”，要求教师进行更为深入细致的指导。在此阶段的教师评价环节，将引导学生最终审视自己的作品，并能够建立合理的建筑评价标准（图 3）。

3.3 教学进度

除了在教学方法和教学内容上进行整体部署以外，教师还对整个设计过程的进度进行控制，明确各个阶段的教学重点和目标，对学生的阶段性成果进行统一要求和评价，加强“教”与“学”的互动交流，力求达到较好的教学效果（图 4）。

4 教学总结与反思

通过我们近几年的教学实践，三年级的建筑设计课程已经初步建立了明确的教学体系，并且在整个课程框架中凸显出了地域性“文化语境”背景下的阶段目标。学生通过这一学年的建筑设计课程的学习，在调研分析、建筑概念的初步形成以及深化设计等方面，其能力有了较为明显的提高。在近三届学生的设计成果中，由于选题设计契合学科发展方向，符合学生的研究兴趣，深受学生的欢迎，取得了较好的成绩。在 2010～2012 年这三年“全国高等学校建筑设计教学成果评选活动”和“AUTODESK REVIT 杯全国大学生可持续建筑设计竞赛”中，均有我系的三年级的学生作业获得优秀作业奖项，达到了较为理想的教学效果。这可以说是对我们开展教学实践探索的一种肯定和鼓舞。

在喜看成绩的同时，我们在教学过程中也发现了存在的一些问题。如题目中对与建筑功能和规模的统一要求问题，对学生设计的灵活性稍显不足；题目中在强调地域特色的同时，还应加强适当的变化，突破地域劣势、摆脱资源束缚，进一步建立更为开放、灵活的教学模式。这些问题都有待在今后的教学中进行不断地改进，以期在教学中发挥更好的积极作用。

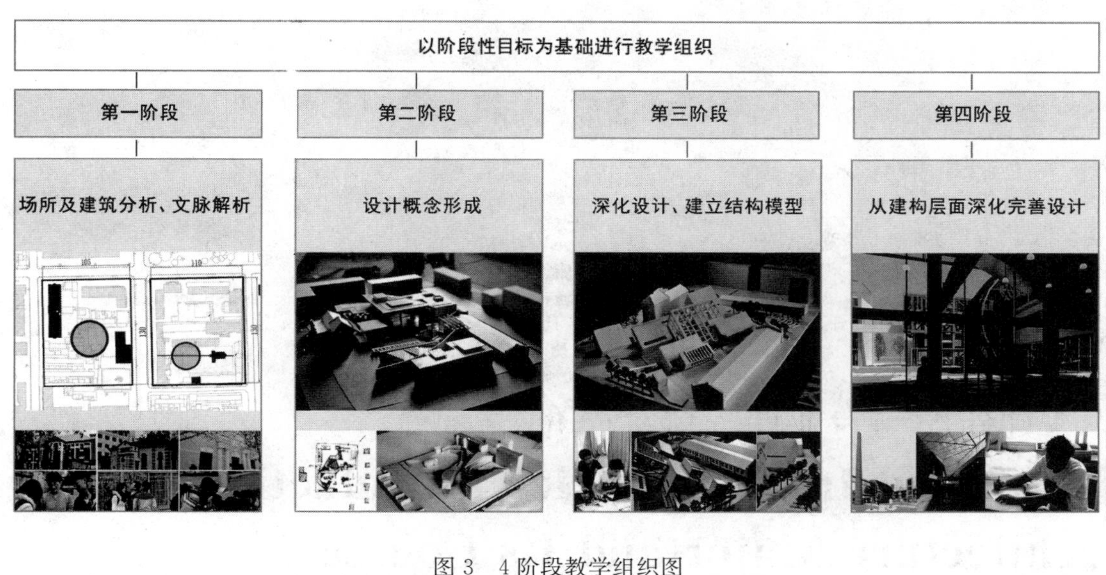

图 3　4 阶段教学组织图

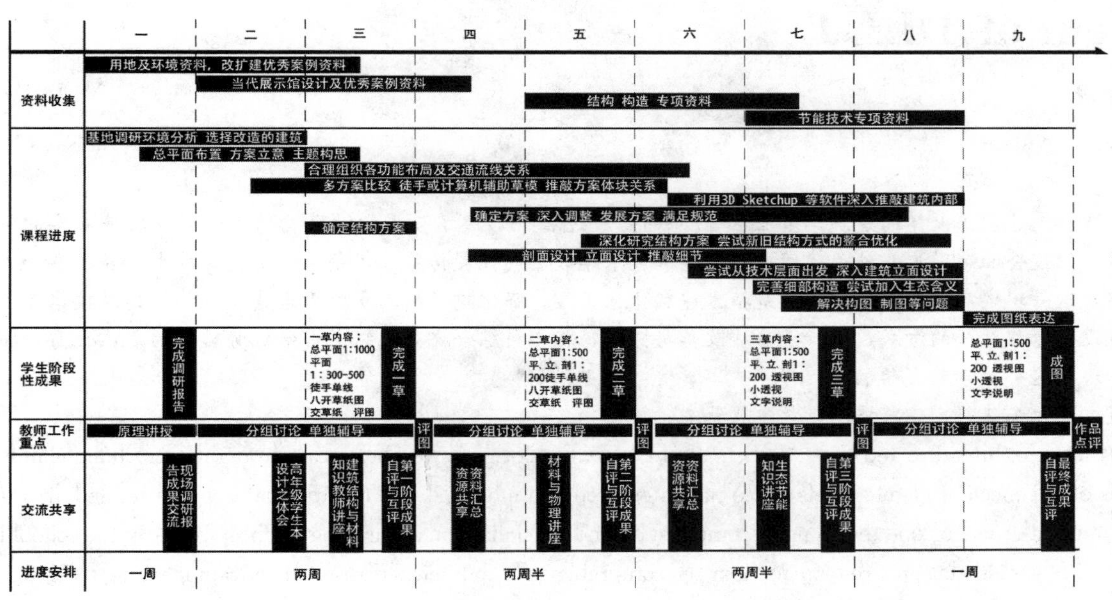

图 4　教学进展图

参考文献

［1］ 陈静，仲德崑．建筑师的培养与建筑教育模式研究．中国建筑教育 2007，国际建筑教育大会论文集．北京：中国建筑工业出版社，2007:64-67.

［2］ 吴良镛．建筑文化与地区建筑学．华中建筑，1997，(2)：13-17.

［3］ 东南大学建筑学院．东南大学建筑学院建筑系三年级设计教学研究．北京：中国建筑工业出版社，2007 年，31-43.

范 悦 郭 飞 祝培生 王时原
大连理工大学建筑与艺术学院
Fan Yue Guo Fei Zhu Peisheng Wang Shiyuan
Architecture and Fine Art School，DLUT

“泛”与“专”
——大工建筑学与专业课程体系简介
Extensive and Intensive-Brief Introduction to Architecture Major and Its Course System of DLUT

摘 要：大连理工大学的建筑学专业在30年的发展过程中形成了一支学缘结构均衡，专业功底扎实的师资队伍，比较全面地融汇和传承了国内建筑学和艺术学教学的优良传统。近年来针对建筑技术日益复杂和专业化趋势这一现实问题，通过完善建筑技术课程体系设置、强化建筑技术支撑平台建设、加强建筑技术课程同建筑设计课程结合的方式，进行了一些改革与探索，将学科综合优势、纵向科研优势转化为教学优势，推进人才培养这个大学教育的核心目标。

关键词：大工建筑，建筑技术，教学改革

Abstract： Architecture and Fine Art School of DLUT had formed a teachers team from different famous universities of advanced academic levels，who has integrated and inherited fine tradition of architecture and art major in China. In order to cope the trend of complication and specialization of building science，recently the school had made a few research and reform to turn its comprehensive and science research advantage into teaching resources and to promote the core objective of talent training.

Keywords： DLUT architect major，building science，teaching reform

1 大工建筑的历史沿革

大连理工大学的建筑学专业最早可以追溯到1949～1952年的大连大学工学院土木水利系“建筑组”，1953年全国高校院系大规模调整，建筑专业组调出与东北工学院建筑系合并停办。其后1983年重新开办建筑学专业，距今已经整整30年了。现在的建筑与艺术学院共有4个系、6个专业（表1）。

20世纪的大工建筑专业的先驱者——汪坦先生1949年、1985年先后两次兼任大工教授，汪先生和钱令希

大工建筑专业的历史沿革　　表1

学校历史沿革	年份	建筑学专业沿革
大连大学工学院时期	1949	大连大学工学院土木水利系“建筑组”
大连工学院时期	1950	学校独立为大连工学院
	1953	建筑组专业停办
	1983	成立大连工学院土木水利系建筑教研室
	1984	成立建筑系

续表

学校历史沿革	年份	建筑学专业沿革
大连理工大学时期	1988	学校更名为大连理工大学
	1996	成立土木建筑学院，含建筑系与土木系
	2002	成立建筑与艺术学院，设建筑系与艺术系
	2009	成立城市规划系
	2010	成立工业设计系

院长一起为校园选址。先后选了两块地都因太小而作罢，后来两处分别成为现在的大连医科大学和大连海事大学。最终选定现在的凌水校址，总计1100余亩，是一个背靠群山、面朝大海的宝地（图1）。汪先生在大工期间还主持建设了一系列重要的校园建筑设计，包括二馆、机械馆等（图2）。

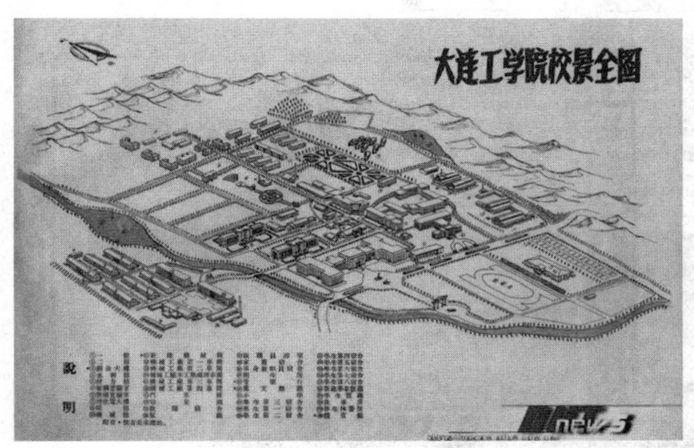

图1　大连工学院校景全图[1]（汪坦）

图2　二馆外景图

1984年建筑系创系之初，大连工学院院长钱令希先生聘请了东南大学的齐康先生担任系主任，在他的大力邀请下，当时国内一大批知名的学者到我院兼课，使我院办学上一方面拥有一支学缘结构均衡，专业功底扎实的师资队伍；另一方面也比较全面地融汇和传承了国内建筑学和艺术学教学的优良传统（表2）。

20世纪80年代在大工建筑专业兼教的部分知名学者　　表2

学者	工作单位	专长
汪坦	清华大学	建筑理论家
童鹤龄	天津大学	建筑理论家
车世光	清华大学	建筑物理学家
聂兰生	天津大学	住宅建筑专家
刘先觉	东南大学	建筑理论家
刘叙杰	东南大学	古建园林家
王其亨	天津大学	建筑史学家
章又新	天津大学	建筑理论家

大工一直有重视建筑技术的传统。1960年由于饥荒大批工人返乡，当时工学院主楼只剩23个工人，后面2年的建造任务完全靠学生完成，建造质量还受到教育部表扬（图3、图4）。

图3　学生参与的大连工学院主楼建设图[2]

图4　大连工学院主楼建设工地图[2]

2　“泛”——大平台通识培养

欧美发达国家建筑学专业的历史已有数百年，并且随着工业化和现代化的过程的发展而不断变革，已从最早的单纯强调“建筑是艺术”到“建筑是技术和艺术的综合”的转变。建筑学专业本身实现了再次细分，以应对社会分工的日益复杂和专业化趋势。一些大型重要建筑工程虽是由建筑师牵头，但项目的出色完成是建立在众多顾问工程师的协同合作基础之上的，带动了各专业顾问事业的发展，而且在处理技术问题上可以更加深入和提高。这对建筑师的宏观协调能力有了更高的要求。

我们常常用“乐队指挥”来比喻建筑师，也就是说建筑师要有统筹全局的能力，既要把握好建筑创意的发挥，又要具备将各种新技术应用到建筑设计中去的能力。对这么多日新月异的新技术，不可能全都要求建筑师深入地掌握吸收，只应要求有协调好相关的许许多多工程技术性问题的能力。因此，在建筑系学生的培养计划中，需要对众多的课程提出合适的要求，不仅仅是将各技术专业的内容简单浓缩一下而已，到底要求建筑师掌握到什么分寸，需提出合理的教学目标。

在我们的建筑学课程设置中，建筑设计是主线，建筑设计能力是培养的核心内容。城市规划和建筑学按照大类进行培养，前两年学习基础平台课，后两年学习专业课。低年级尽量接触广泛一些的课程。课程分为5个大的模块，每个模块对应不同的培养目标，将课程分门别类地组织到整个体系。课程分基础理论、专门的选修课，对设计起到非常重要的支撑作用。我们还发挥大平台的优势，开设艺术类的选修课（图5、图6）。

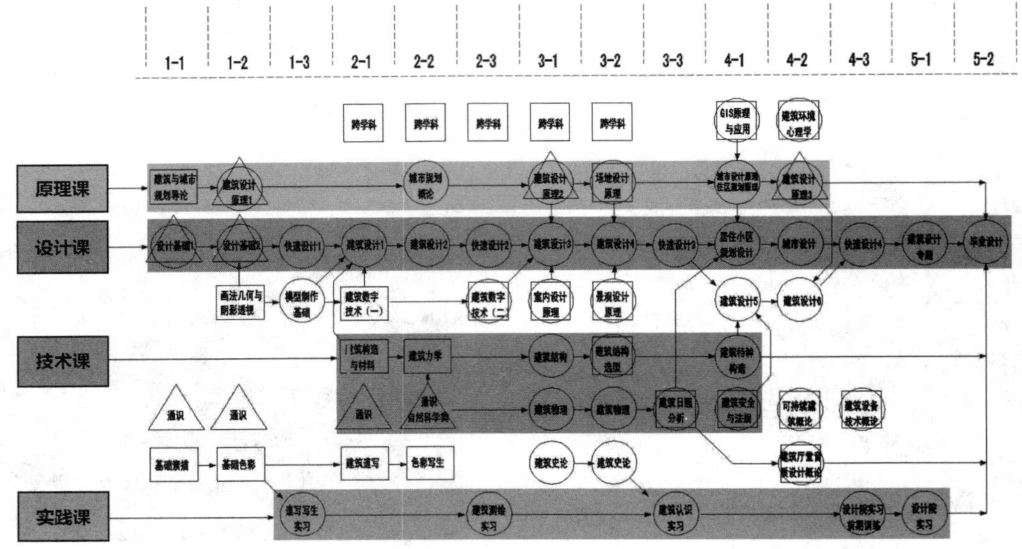

图5　建筑学专业课程体系设置图

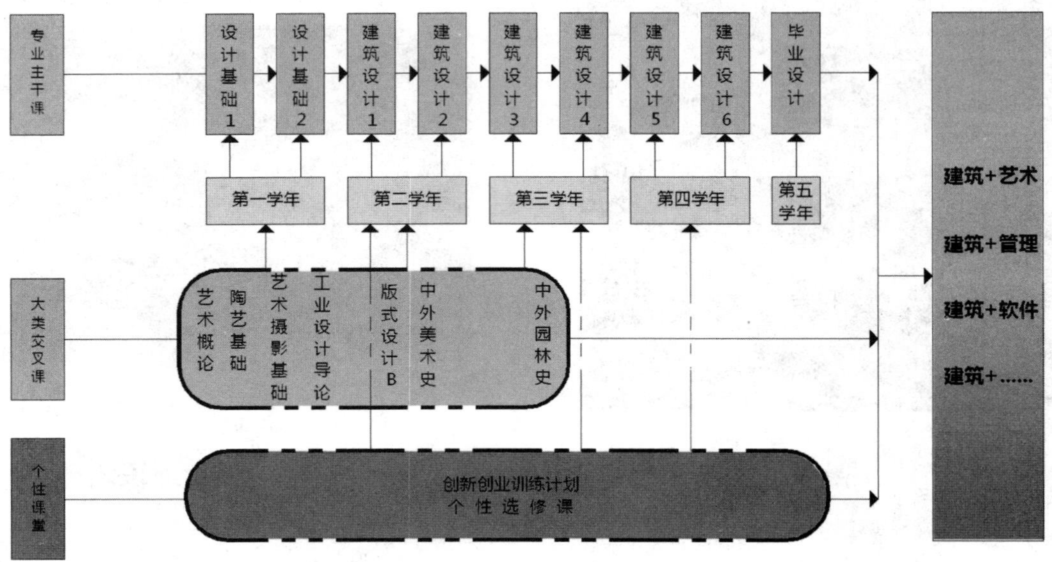

图6　大平台培养的课程设置图

3 “专”——研究能力和技术协调力

在建筑学课程设置中，建筑设计是主线，学生对此的兴趣大，投入最多，但不免带来一些忽视建筑工程技术的倾向。如果这些建筑工程技术课程的内容安排得不合适或教学方式不佳，更会降低学生的兴趣和注意力，无法掌握相应的建筑技术知识[3]。根据我们对就业单位情况的调查，尽管建筑学本科学制长达五年，但在传统的技术与设计割裂教学体系下培养出来的学生，到了设计单位之后仍然需要三年乃至更长一段时间才能适应建筑设计实践的要求。

当前国际知名建筑学院校如哈佛大学设计学院、耶鲁大学艺术和建筑学院等，教学中近年来普遍吸收最新技术创新成果以保持建筑设计的专业领导地位，并大力邀请知名建筑师从事教学，引入职业实践当中的技术难题，引导学生提高对技术问题的认识和掌控能力，加强学生的技术素养。随着科技的进步，建筑设计中的建筑技术含量越来越多，很多建筑创作也以建筑技术的创新为突破点，当前生态建筑、绿色建筑、可持续发展建筑等理念都离不开建筑技术的支持。建筑技术教学包括建筑构造、建筑材料、建筑物理（包括建筑声学、建筑热工、建筑光学）、建筑结构等课程，涵盖了建筑技术的各个方面，是解决建筑工程技术问题的主要理论基础，课程涉及内容较多，需要将之与设计教学紧密结合。

面对这些现实问题，必须通过强化建筑技术支撑平台的建设，加强建筑技术课教学同建筑设计课程教学结合的方式来整合。我们将整个建筑学技术课程体系做一个通盘考虑，由全部技术课程的老师参与，将技术与设计课程、工程实践更紧密的结合，提高设计的技术含量，在培养计划层面的整体顶层设计进行改革。技术类课程使学生通过调研对比分析，认识到建筑与技术是一个有机整体，建筑设计必须认真考虑技术问题。我们建筑技术不单是对科学定律进行验证，而是通过技术手段实现建筑与环境结合，来创造空间艺术形式的探索和发现[4]。

具体内容包括为建筑设计课开设技术讲座、评图，设置设计性、综合性的技术课程，开设建筑物理实验课，加强国际交流、鼓励竞赛和组织创新创业计划、设计工作坊等。我们将技术课程与不同年级的设计课一一对应，要求学生在对应的设计课程中必须完成相应技术设计，从事建筑技术研究的教师参与方案的评图和评分（图 7、图 8）。建筑技术的老师同时还兼任设计课程的指导老师，因此在两者的结合方面具有优势。

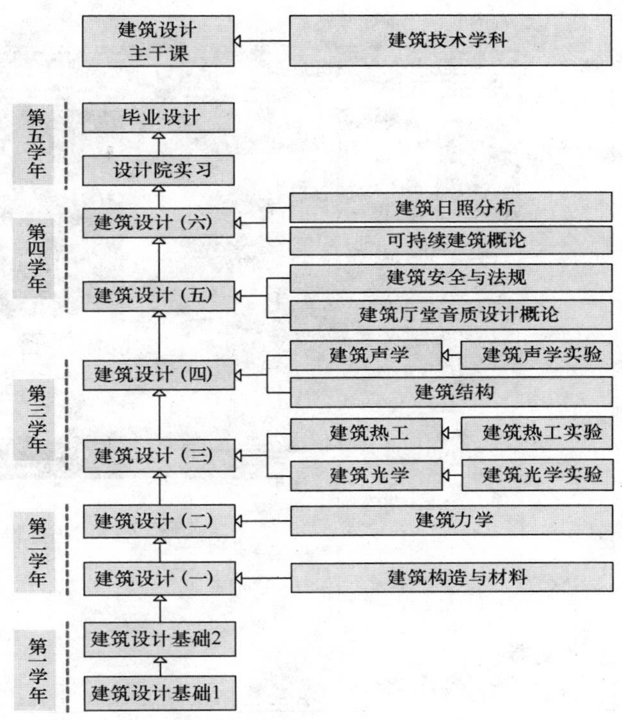

图 7　建筑技术课程与设计课程的对应关系图

4 思考与展望

针对建筑学专业的技术方面的课程改革，应是培养学生具有将建筑技术原理结合到建筑设计中的能力和自觉性，以及应用这些依据和思维方法进行设计创作的能力。学生要有基本的建筑技术概念和常识，能自觉对建筑设计中的建筑环境要求采取应对措施，从建筑技术理念出发，将建筑技术与方案设计完美结合，甚至能够应用新技术创造新颖的建筑形式[5]。

许多改革的措施已在我院逐步全面推广，教学效果改善明显，用人单位、保送、考取的研究生院校普遍反映我院学生基本功扎实，能较快适应工作岗位。这种改革已经开了个好头，当然还需要不断地完善和深化。我们也发现了许多问题：一是学生学习兴趣和积极性存在两极分化现象；二是功利心太强，对未来的规划普遍存在从众心理，例如出国或考研风气浓厚等。这也促使我们继续思考，教育是百年大计，如何应对这些变化；如何将建筑学教育回到其本源目的——不只是传授知识和技术，而是学会做人和做事。我们将进一步结合团队建设、科研建设关注学科前沿，将学科综合优势、纵向科研优势转化为教学优势，将人才培养这个大学教育的核心目标继续推进。

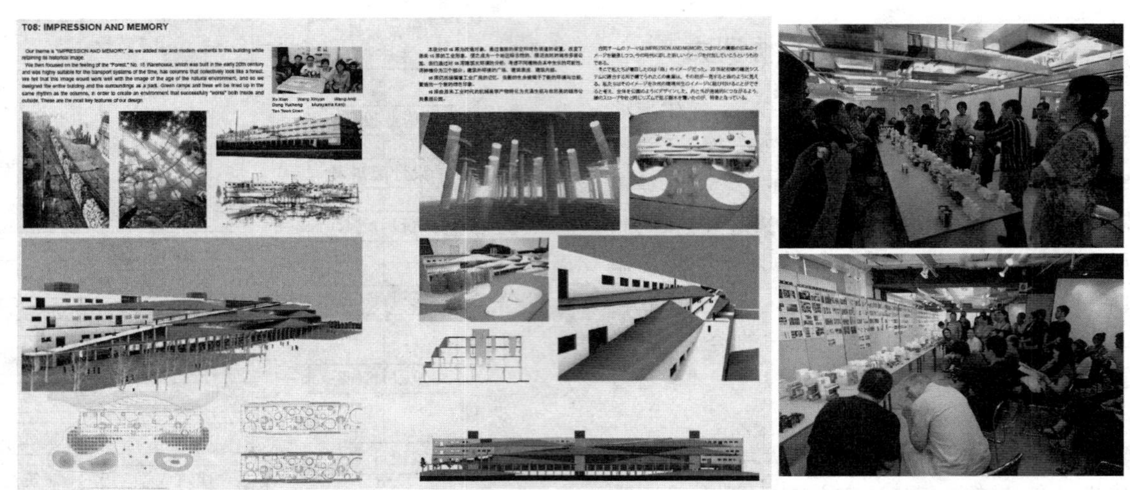

图 8　国际设计工作坊及成果图

参考文献

[1]　大连理工大学. 学校整体规划全景图变迁. 2011 [2013-6-16]. http://news.dlut.edu.cn/photo/2011/0628/37917.shtml.

[2]　王晓雪.【走近老教授】自力更生创奇迹——同学亲手建设主楼的传奇. 2012 [2013-6-16]. http://news.dlut.edu.cn/article/2012/0221/37974.shtml.

[3]　祝培生，王季卿. 从建筑声学教学谈建筑技术课程改革. 中国建筑协会建筑师分会建筑技术专业委员会，东南大学建筑学院. 绿色建筑与建筑技术. 北京：中国建筑工业出版社，2006，523-526.

[4]　郝洛西. 建筑与城市光环境教学的发展与创新思路. 第十届全国建筑物理学术会议论文集. 北京：中国建筑工业出版社，2008，531—534.

[5]　张宇峰. 建筑热工学教学新方法初探. 第十届全国建筑物理学术会议论文集. 北京：中国建筑工业出版社，2008，659-661.

季　宏　王　琼
福州大学建筑学院
Ji Hong　Wang Qiong
School of Architecture，Fuzhou University

文化遗产教学中的社会调查与遗产再认识

——以福州大学 SRTP 项目与毕业设计为例❶

Social Survey in the Cultural Heritage Teaching and Recognition in the Cultural Heritage:

——Case Study in SRTP Project and Graduation Design in Fuzhou University

摘　要：通过 SRTP 项目与毕业设计中的社会调查环节，福州大学建筑学院文化遗产教学中尝试引导学生发现文化遗产保护中的社会问题，并将其反映到文化遗产保护的现实中，避免单纯从文化遗产本体出发的保护。

关键词：文化遗产，社会调查，保护

Abstract：In teaching of cultural heritage education in School of architecture in Fuzhou University，we try to guide students to find the social problems of the protection of cultural heritage by the social investigation in SRTP projects and graduation design，and reflected such social investigation to the cultural heritage protection in reality，in order to avoid the protection only on the noumenon of cultural heritage.

Keywords：Cultural Heritage，Social Investigation，Protection

1　序

为什么在文化遗产的教学中增设社会调查环节?

长期以来，我国建筑院校中的文化遗产教学工作一直将重点放在文化遗产本体的保护与更新上，如历史建筑、工业遗产的改造与再利用，历史文化街区与历史文化街区名镇、名村的保护与更新。无论是高年级的城市设计、五年级的毕业设计，还是近年来举办的各种建筑设计竞赛，上述选题的比例都呈现出明显上升的趋势：2006 年 6 所建筑院校举办联合的毕业设计，选题为北京“798”工业遗产区改造再利用。[1]之后逐渐发展成“八校联合毕业设计”，其选题中还有我国近代最重要的工业遗产之一江南造船厂的改造与更新设计。[2]清华大学建筑设计课程“城市翻修”主题系列❷以历史地段作为选题的主要内容，如北洋水师大沽船坞工业遗址改造设计、天津碱厂工业遗址改造设计、天津塘沽外滩改造设计、

作者邮箱：jihong0008016@163. com

❶ 基金项目：国家科技部“十二五”支撑计划项目(2012BAJ14B05)，福州大学科研基金资助项目(022452、2012-XQ-20)。

❷ 清华大学的“城市翻修”教学是一项设计课程教学的探索，针对的是本科高年级和研究生设计课程，意在启发学生关注中国大规模、高速度的城市建设中出现的焦点问题。有的课程关注城市设计视角下的建筑设计问题，也有的注重城市设计与建筑设计的结合。学生在完成设计课程作业的过程中，通过学习城市空间优化和整合的理念、策略及方法，感悟“城市翻修”的内涵。

唐山启新水泥厂工业遗存保护更新设计等。

2013年Autodesk Revit杯全国大学生可持续建筑设计竞赛的选题为“传统商业空间的更新与改造方案”，依旧与文化遗产密切有关。值得注意的是本次竞赛中提到“鼓励参赛者在针对现象展开实地调研，关注基地的历史文化、社会经济环境和消费者的行为”❶，这样的要求对于与文化遗产相关的建筑设计来讲，十分必要。文化遗产不仅具备“空间、肌理、风貌”等备受建筑学院师生的密切关注信息，还必须作为一种社会资源对公众开放，发挥着无可替代的教育意义。单纯从文化遗产本体出发的保护与再生已经远远不能满足当前社会进步、城市发展乃至公众参与的需求，文化遗产保护的前期调研工作中设置社会调查板块、文化遗产再生后进行社会评价总结，这些内容在文化遗产保护中的重要性正逐渐凸显出来，公众参与文化遗产保护与再生的可能性也越来越多地受到重视。因此，在文化遗产的教学中增设社会调查的相关内容，不仅可以直接避免学生在文化遗产保护与再生的课程设计中过多天马行空、不切实际的想法，将文化遗产的再生与社会发展、公众需求紧密结合，还可以增强学生的社会责任感。

笔者自2012年来到福州大学建筑学院，是本科中外建筑史、近现代建筑史、历史文化名城保护与研究生文化遗产保护的主讲教师之一，同时担任多项SRTP项目与毕业设计的指导教师，承担文化遗产保护相关课程体系的建设。在文化遗产相关课程的教学过程中引导学生理论结合实践，进行社会调查，对低中年级学生通过SRTP项目，以培养兴趣、发现问题，对高年级的毕业设计，要求结合实际、解决问题。本文以笔者指导的社会实践为基础，介绍相关工作的开展情况以及如何将社会调研运用于教学工作与课程设计。

2 福州大学建筑学院文化遗产教学中的社会调研案例

2.1 三坊七巷历史文化街区社会调研——低中年级SRTP项目实践

2.1.1 SRTP项目中三坊七巷历史文化街区社会调研概述

SRTP指大学生科研训练计划（Student Research Training Program），通过教师或学生立项，给予一定科研经费的资助，为本科生提供科研训练的机会，通过SRTP，学生不仅要学习和掌握本专业的基本知识与技能，而且学习具备创造性地解决所学专业领域内理论和实践问题的基本能力。由笔者作为指导教师，由建筑学院2011级城市规划专业郭雅兰等5人成功申报福州大学SRTP项目“国家级历史文化名街三坊七巷再生现状与问题研究”，展开了三坊七巷历史文化街区的社会调研，主要包括问卷调查、实地勘察与数据分析等内容。

问卷调查针对原住民、福州市民、省内游客、省外游客等不同人群设置问题，主要内容包括“是否觉得三坊七巷历史文化街区的改造过于商业化”、“是否参观了三坊七巷内的民居博物馆”、“对三坊七巷内的民居博物馆是否感觉到能够参与其中，并体会到三坊七巷的文化内涵”、“是否知道三坊七巷中的南后街历史上的功能”等等。SRTP项目小组成员从2013年1月至2013年6月共进行了5次调研，获得有效问卷500余份，并对问卷进行统计（图1、图2）。

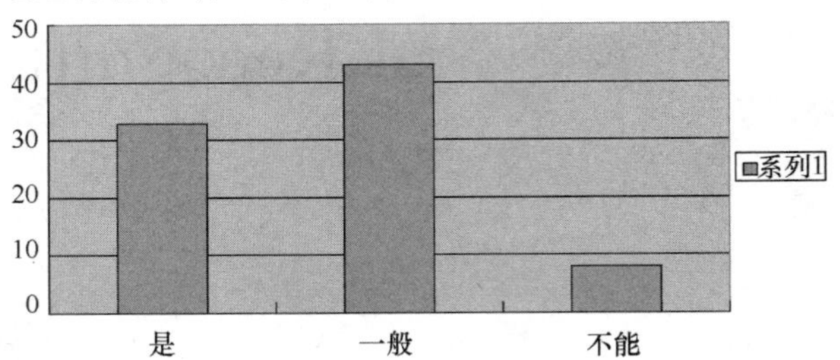

图1 游客对“能否体会三坊七巷文化的文化内涵”这一问题的统计数据

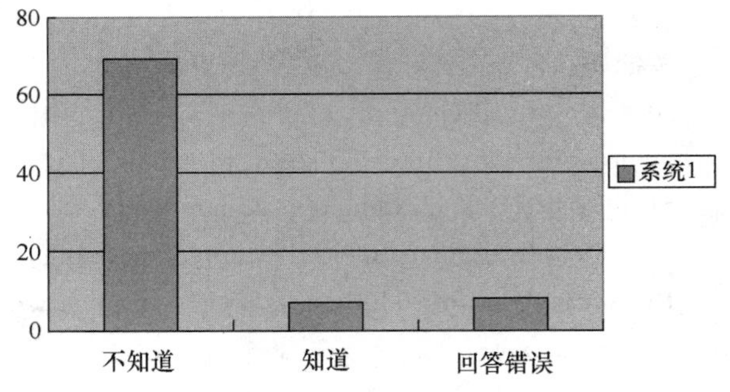

图2 游客对“是否知道三坊七巷中的南后街历史上的功能”这一问题的统计数据

小组成员对多次调研的问卷进行数据统计，并在笔者的指导下进行了初步分析，部分结论如下：

（1）认为三坊七巷历史文化街区的改造过于商业化的游客占总游客的比例占90%以上。

（2）知道三坊七巷中的南后街历史上曾经就是商业街的游客比例不到0.5%。

（3）70%以上的游客对“能否体会三坊七巷文化的

---

❶ 参见2013 Autodesk Revit杯全国大学生可持续建筑设计竞赛的“竞赛主题与背景”。

文化内涵”这一问题的回答是一般或者不能。

2.1.2 三坊七巷历史文化街区保护模式概述

在小组成员进行问卷调研的同时，笔者对三坊七巷历史文化街区保护理念进行详细讲解，让学生初步认识到历史文化街区的保护方法。

三坊七巷历史文化街区曾面对“开发”与“保护”并重的“孤岛式”保护方案，在专家学者、公众、媒体等“自下而上”永不气馁的呼吁与住房和城乡建设部、国家文物局“自下而上”的介入与引导下，地方政府从支持港方的《福州三坊七巷保护改造规划》转向支持“整体保护”的《福州市三坊七巷文化遗产保护规划》。[3]保护规划在时任国家文物局局长的单霁翔的建议下由清华大学张杰教授负责编制，进行的“以文化空间为依托对非物质文化遗产的保护”[4]探索，在国内的历史文化街区首次尝试文化遗产与非物质文化遗产的“整体保护”，实现了从“文物保护”走向“文化遗产保护”。[5]❶

除此之外，三坊七巷历史文化街区还是大陆全国首批“生态博物馆”，通过街区建筑格局、整体风貌、生产生活等传统文化和生态环境综合保护及展示，整体再现人类文明发展轨迹。

2.1.3 三坊七巷历史文化街区再认识

通过三坊七巷历史文化街区保护模式概述与SRTP项目的开展，小组成员可以清晰地认识到文化遗产的保护理念与公众的认知之间存在着巨大的差异。三坊七巷出现了对文化遗产的保护来讲是优秀的方案，而公众的反映却是负面居多的现象。

随着我国教育的普及与公民素质的提高，公众的辨别能力与认知能力也在迅速提升，从《富春山居图》这一极差影片的反应中可见一斑。然而，对文化遗产的认识需要的是坚实的文化基础，公众显然是在对三坊七巷中的南后街历史上曾经就是商业街不知情的情况下做出改造的商业性太强，而对三坊七巷内的民居博物馆采用“生态博物馆”的理念却毫不关心，因此做出的判断过于武断。面对这样的现象，我们在第二次以后的问卷发放过程中增加了相关的科普知识，在调研的同时进行教育宣传。虽然像SRTP小组这样仅有5人力量进行宣传，力量十分有限，但是作为从事文化遗产保护的成员，我们做出了应有的贡献。

2.2 城村历史文化名村社会调研——五年级毕业设计实践

2.2.1 毕业设计中城村历史文化名村社会调研概述

城村，全名为福建省武夷山市兴田镇城村（以下简称城村），是住房和城乡建设部与国家文物局公布的第三批中国历史文化名村。福州大学建筑学院张鹰教授主持的“国家科技支撑计划”《传统古建聚落规划改造及功能综合提升技术集成与示范》中，城村是重点研究对象。福州大学建筑学院2012年与2013年两届五年级的毕业设计都选题将城村，笔者与张鹰教授作为指导教师。

城村作为国家级历史文化名村，本应保留数量众多的古建筑与完整的历史格局。2010年6月福建南平发生洪灾，导致城村大量历史建筑倒塌，没有住房，村民只能在自家宅基地建房，自此建房现象愈演愈烈，一发不可收拾。2012年8月笔者到城村进行现场考察时发现，新建、在建水泥抹面的三、四层楼房布满了古村落（图3、图4），造成历史文化名村的严重破坏，目前较完整的保存古代民居院落格局的建筑仅存20余座，且破坏现象仍在进行中。

图3 水泥楼房林立的历史文化名村图

图片来源：作者自摄

相比做一个漂亮的历史文化名村改造方案作为毕业设计，更为重要的是找到历史文化名村的破坏根源。在笔者的指导下，课题组成员首先对现存20余座古建筑的主人进行调研，针对古建筑主人的居住条件与对古建筑的保存或拆除计划展开问卷调查。主要内容包括“人均居住面积”、“家庭人口构成”、“是否还有其他住房”、“是否将拆除古建筑，并在基地上建设新房”等。

---

❶ 2009年7月19日《福州日报》的《单霁翔：三坊七巷将成为推动海西发展的积极力量》一文中单霁翔对三坊七巷的评价为：“是一个具有开创性的规划，是按照国务院文化遗产保护要求在国家文物局组织下进行的第一次有意义的尝试，属国内首创。”（刘复培/文）

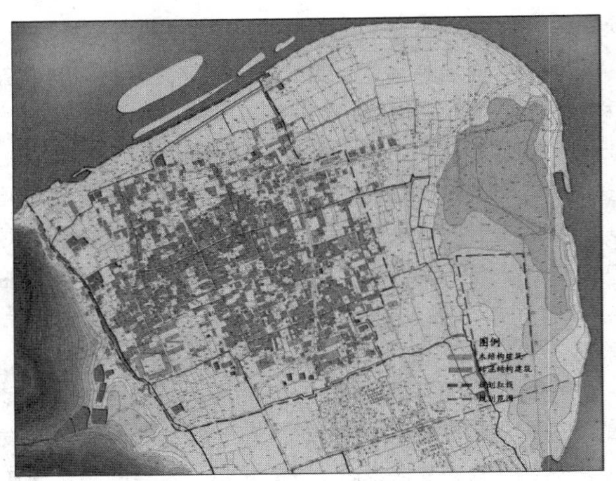

图 4　截至 2013 年新建洋楼所占整个村落的比例图
图片来源：作者指导、柏苏玲绘

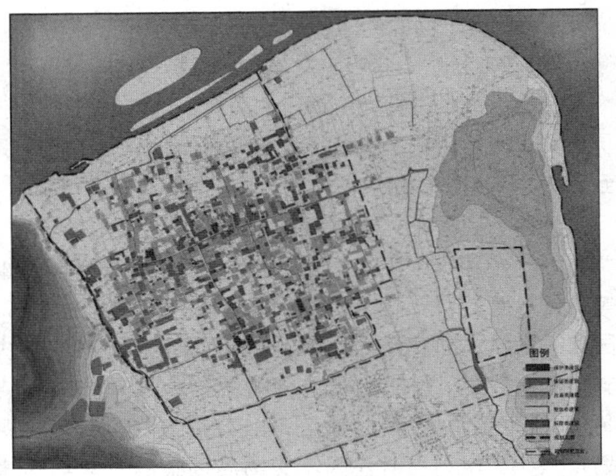

图 5　安置区选址与保护建筑确定图
图片来源：作者指导、柏苏玲绘

通过问卷调研，课题组成员可以得出如下结论：

(1) 古建筑中的居民，人均居住面积不足 $9m^2$，远低于"人均最低居住面积 $15m^2$"，同时，居住的物理环境极为恶劣，这些居民子女的婚姻受到家庭居住条件的极大影响。

(2) 20 余处古建筑未被拆除的原因有 2 个：其一是古建筑的主人经济条件差，尚没有建设新房的能力；其二是古建筑的主人在其他地方已经有新房，满足居住的需求，保留古建筑作为休憩的场所，两个原因中前者占 80%以上。

(3) 那些经济条件差、尚没有建设新房能力的古建筑主人中，全部会在未来 1～2 年经济条件允许时，对古建筑进行拆除，建设新房。

(4) 如果地方政府有安置的可能性，古建筑的主人可以不拆除古建筑，如果没有安置，即使在政府与相关专家的协助下对古建筑进行维修，满足居住的舒适性等条件，他们仍将拆除古建筑，主要原因在于居住面积过小，直接影响到子女的婚姻问题。

2.2.2　社会调研在城村历史文化名村保护毕业设计中

毕业设计基于上述调研工作，分主次、有步骤的展开，首先进行古建筑中居民的安置工作，以对古建筑的破坏进行遏制，在城村周边选择合理的居民安置点，城村周边是武夷山世界双遗产地的文化遗产构成要素古汉城遗址的所在地，居民安置点的选择应较为慎重；其次，重点保护 20 余处古建筑，而村落的风貌、肌理、民居类型等研究对于城村的保护就要放在相对次要位置(图 5)。

3　结语

20 世纪 50 年代初，梁思成先生和费孝通先生曾谈论到社会学与建筑学的联姻问题，半个世纪之后，文化遗产作为重要的社会资源，展现出社会学与建筑学的密切联系。福州大学建筑学院通过 SRTP 项目与毕业设计中开展的社会调查，建构文化遗产保护与社会需求的联系，让学生意识到文化遗产保护所存在的诸多社会问题，避免单纯的建筑学视野。基于社会发展进行文化遗产的保护与关注公众参与等一系列问题无疑将是未来文化遗产保护的学科建设中需要不断探讨的话题，更有待从事文化遗产保护与教育的同仁共同协力促进与成长。

参考文献

[1]　许懋彦等. 走进 798——六校联合毕业设计作品. 北京：中国建筑工业出版社，2006，1.

[2]　黄一如等. 走进 EXPO2010——2008 七校联合毕业设计作品. 北京：中国建筑工业出版社，2008，1.

[3]　季宏，王琼. 三坊七巷历史文化街区保护历程回顾，兼论福州文化遗产保护 10 年（2002～2012). 金磊、段喜臣主编. 中国建筑文化遗产年度报告（2002～2012）. 天津：天津大学出版社，2013，512.

[4]　张杰. 古街新貌福州市三坊七巷文化遗产保护规划暨南后街建筑保护与整治设计. 城市环境设计 2009（09）：108.

[5]　单霁翔. 从"文物建筑"走向"文化遗产保护". 天津：天津大学出版社，2008，5.

蒋甦琦
湖南大学建筑学院
Jiang Suqi
School of Architectare，HuNan University

"四面墙"
——城市更新下的建筑转型教学研究❶
"Four Walls"
——Teaching Research on Architectural Transition under City Renewal

摘　要：为了消融建筑、城市、景观和环艺这"四面墙"的隔阂，以"城市更新下的建筑转型"的三年级设计课题为依托，讲述所经历的一系列教学过程。教学中，以思维方法作为线索，通过渐进的限制，将思维朝向广度与深度的两极拓展。运用城市和景观分析的方法，强调建构的设计深度，综合文本的表达方式，最终落点于城市更新下的建筑转型。

关键词：四面墙，建筑/城市/景观/环艺，城市更新，建筑转型，城市与景观分析的方法，建构研究，综合文本

Abstract：For the purpose of breaking the restriction among "Four Walls" （Architecture，Urban，Landscape，Environmental Art），we focus on the teaching task："Architectural Transition under City Renewal" in design class of the third grade. For the completion of this task，a series of teaching process have to be adopted. By increasing the restrictive conditions in the design gradually，the range of thinking can be expanded greatly from the breadth to the depth. Attempting the method of urban and landscape analysis in architectural design，and emphasizing on the tectonic，we can eventually fulfill the topic.

Keywords：Four Walls，Architecture/Urban/Landscape/Environmental Art，City Renewal，Architectural Transition，Methods of Urban and Landscape Analysis，Tectonic Research，Syntext

1　"四面墙"

随着建设的发展和研究的深入，从最初的建筑学专业中相继分化出城市规划、风景园林和环境艺术诸专业，四者之间因而必然存在"剪不断，理还乱"的联系，同时，每一分支都有其独立的系统要素构成、结构和层次。但在学科壮大的过程中，也与原初孕育它们的专业渐行渐远。一方面，随着城市问题、景观问题和环艺问题的解决，逐渐摸索中有一整套的体系和方法，这无疑有助于精细地解决问题；另一方面，这四个专业之间也随着学科的分化，彼此越来越陌生，就像四面高高耸立的"墙"，如果试图跨专业到另一领域探寻一番，很快就会发现力不从心。

作者邮箱：746952689@qq.com

❶ 本文写作基础为"2011 年全国高等学校建筑设计教案和教学成果评选活动"中的优秀教案。编写者：蒋甦琦；参与者：李煦、向昊、李旭。获奖作业为：建筑 0802 班 裴泽骏、曾德晓，以及建筑 0801 班 王旭，黄子铭。建构部分与结构教师邓广合作，城市理论部分与许乙青合作，综合文本部分与阮国新合作。

为了在建筑的教学中突破“四面墙”的藩篱，我们尝试以“城市更新下的建筑转型设计”这一课题作为依托，以建筑学的本体为核心向外辐射，试图融合城市、景观和环艺之间因层次跨越而带来的裂缝，使得建筑在一个相对完整的系统中建立起来。这四个方面不应彼此为墙，而应该成为道路，通向一个人们心之向往的生活世界（图 1）。

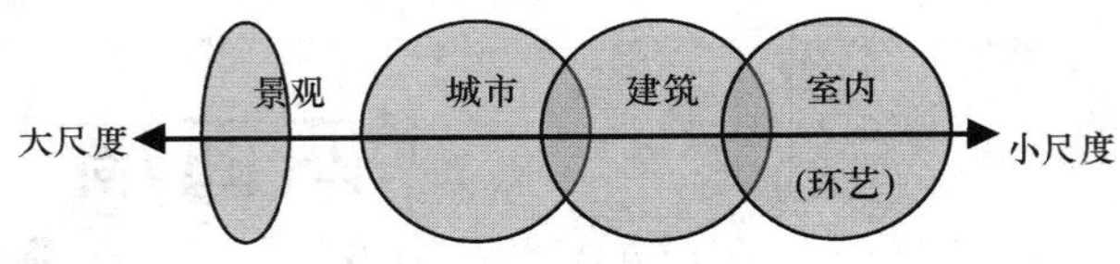

图 1　人居环境尺度层次图

2　课题探源

与城市的新陈代谢相近的词有：更新、修建、改造、重建、建设、改扩建等，可归纳为一个词：“有为”。一阴一阳之谓道，老子说：“无为无不为”，“无为”可具化为保护、复原、不更新等。人们并不是一开始就拿捏好了保护与更新间的“度”，人类善变的天性和欲望驱动，容易使人往“有为”的方向倾斜，有为的比例高了，无为的部分就会受到伤害，保护与更新的矛盾就这样在不断激化和妥协中此消彼长。

从“保护”而言，就经历了一系列探寻过程。19 世纪下半叶，欧洲进入“复修狂潮”。从一开始的“风格性修复”到“破坏性修复”，促使拉斯金（John Ruskin）倡导“反复修运动”，要求忠实地复原；20 世纪 60～70 年代通过了一系列国际章程，使人们对“保护”的理解，从最初保护重要的历史建筑和街区，扩展到不重要的建筑，以及建筑的整体环境。1964 年 5 月，《威尼斯宪章》指出所保护的建筑“不仅适用于伟大的艺术品，也适用于由于时光流逝而获得文化意义的，在过去比较不重要的作品。”简言之，对“保护”的认识发展，以其内涵而言，区分了忠实地复原和解释地复原；以其外延而论，则从个体的保护走向系统的保护。

保护与更新作为一阴一阳，构成一对作用力与反作用力，其效应取决于两者的作用关系，我们可以预判以下几种可能的结论：

(1) 双方协调：保护与更新两种力量相互协调合作，以至于生成一个具有共同基因的新整体。

(2) 双方对峙：保护与更新势均力敌，则有可能产生并置结构，或双方之间由于力的作用而深刻改变彼此应有的结构，从而碰撞出新的结构变体。

(3) 一方独大：保护与更新的其中某一方力量强势，使得另一方成为强势方的附属部分。如果保护效应强，新结构将顺延原有空间结构；若更新效应强，则新结构有可能覆盖原有结构。

对于“城市更新下的建筑转型”的课题设定，一方面源于建筑伦理，2012 年统计显示，自新中国成立以来，长沙市 648 处不可移动文物因各种原因拆毁 208 处，占总数的 31.2%，其中 71.63%是因为建设而毁；另一方面则是因为这一课题能够将建筑、城市、景观和环艺四者的矛盾与关联比较典型地展现出来。建筑的建设与旧城保护的矛盾，高密度与景观生态的矛盾，以及传统民间艺术与当代艺术的矛盾，均高度浓缩于其中。

2.1　课题一：长沙市城南火车站改扩建——城市记忆博物馆

长沙原火车南站始建于 1934 年，背靠南郊公园，面朝湘江，远对岳麓山脉。抗日战争期间，转运过各种抗战物资。2000 年是其鼎盛期，后因火车改线，2007 年停运，历时 73 年。现建为怀旧广场，到 2010 年仍保存了一截老蒸汽机车车头和一列火车车厢、两条铁轨、一座 3000 ㎡左右的物资仓库，以及 6 座小型物资仓库。

2.2　课题二：长沙市潮宗街片区工人第二文化宫改扩建——城市社区文化中心

在长沙市北正街和湘春路交汇处的工人第二文化宫，现拟在原址上建设城市社区文化中心。这一片区为“长沙六大公馆群”聚集区之一，文化宫内的左宗棠祠石山，从 1885 年留存至今；附近有三座近现代的教堂建筑；文化宫紧邻传统街巷“西园北里”，内有 4 栋不可移动文物，是 20 世纪初期或 20 世纪三四十年代的砖木混合结构的民居。

3　教学过程

对教师来说，教学是一个渐进的领会过程。文字记录下来的程序，常常不是一次成型的，而是经过了反复多次的尝试和调整。三年级设计课教学在二年级空间训练的基础上，拓展至城市和景观，深入至细部和建构。

3.1　功能的限制——生活场景的白描

在进行功能策划时，从“头脑风暴”开始，无成见地记录下闪现的灵感火花。提供一份不完全的任务书，具体的设计定位、功能和面积构成，要求通过调研、类比、分析、假设等方法等修正和完善。功能分析从人的行为和需求出发，还原生活的场景，以叙述者的身份讲述空间中可能发生的故事。以文学的语言改编成空间剧本或小说，可以用影像的形式表现。

对于“长沙市城南火车站改扩建——城市记忆博物馆”，当截取城市记忆断面时，可从时间方面入手，如抗战博物馆，城市历史博物馆等；也可从类型方面切入，如火车博物馆，交通博物馆等。

（1）联想：发散式思维。关于铁轨，可联想到送别、流浪、远方、重工业等；关于仓库，可联想堆积、集装箱、后方等。

（2）错接：将不相干的事物嫁接在一起，出现戏剧性的效果。比如在火车厢内唱戏、喝咖啡，在仓库里收容宠物等。

（3）逆向：与联想反向，从另一个极端与主题产生强对比。比如这里可以引申出团聚、家园、轻盈、梦幻等。

对于“长沙市工人第二文化宫改扩建——城市社区文化中心”，给学生们提供了两个方向：博物馆和图书馆。功能策划时，通过对当地人生活行为的观察和深度访谈，记录下当地人的生活状态，倾听他们的需求，以此作为功能组成依据。对于博物馆，可以说其空间形态是展品和流线的函数。拟邀请博物馆人、策展人加入教学实践，使得学生理解博物馆的核心在于“实物”，总结展品实物与陈列空间之间的关系，再提出具体的设计功能任务书。

3.2 基地的限制——城市与景观的视点

感受土地，聆听当地人的声音，对天地怀有敬意，是了解基地的第一步。体验基地的场所气氛，然后再进行理性的基地分析。当面对复杂城市地段时，基地分析难以应付杂乱的城市要素，则引入城市和景观分析的方法，从更高站点考察建筑，使建筑不是一个自我封闭的个体，而是开放的城市系统中的一环。

3.2.1 城市空间分析

（1）节点分析：厘清节点和空间之间的关系，即“图”与“底”的关系，这是基本的阴阳关系分析，这里节点可视为单体建筑，而城市灰空间等公共空间既可看成“图”，也可为“底”。

（2）联系分析：节点与节点之间的关联，可具象为建筑线、景观线等物质实体线网；人与节点（或空间）之间的关联，可转化为视线、行为轨迹等虚的线网；而空间与空间之间的关联，可表现为道路线、广场线等城市空间线网（图2）。

（3）整体描述：包括缺失点与场所精神两方面。从

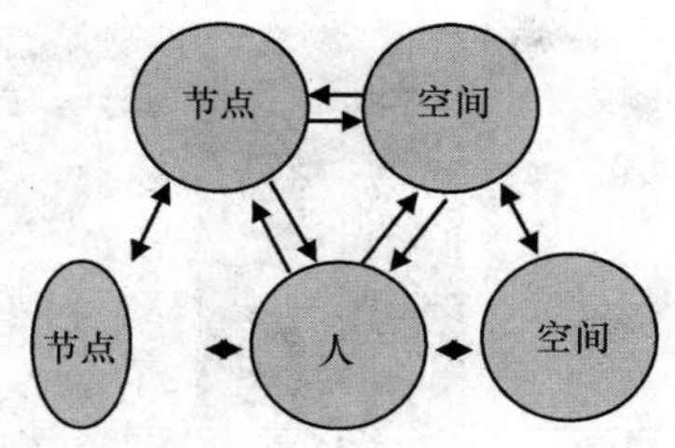

图2 城市要素关系图

联系分析中寻找缺失的层次并加以弥补。而场所精神，通过阅读诺伯舒兹的《场所精神——迈向建筑现象学》，要求句读“布拉格”一章，将自己感受和提炼的场所精神，按其格式写出来。

3.2.2 景观分析：

将认识从城市拓展到景观。首先了解景观的“斑块—廊道—基质”生态模式，理解景观生态的基本原理，并在微观和中观的层次加以运用，使空间格局满足生物多样性和自然过程。

（1）景观生态分析：收集生态因子数据，从中区分和判断出主要景观元素与特征、次要景观元素与特征，以确定基地内需要保留的部分、强化的部分和剔除的部分。

（2）确定空间格局：运用景观生态原理，结合城市空间布局，确定建筑区、生态区与过渡区的空间格局，进行多方案比较。

（3）景观/城市/建筑整合：将基地分析、城市分析和景观分析的结论进行整合，抓住主要矛盾，找到设计目标，并通过多方案比较确定合理的设计策略（图3）。

3.3 本体的限制——空间、形态与建构

所有的分析、想象和感知，最终要落到建筑的本体，也就是建筑的空间、形态、结构、材料与构造等，不然就是飘在空中，无法落地的想法而已。

弗兰普顿在《建构文化研究》中指出：“建筑的全部建构潜能就是将建筑的本体转化为充满诗意的和具备认知功能的技术手段。”建筑空间不是抽象空间，可看成“行为—空间—材料”复合在一起的综合概念。通过1∶1节点模型制作，向工匠学习，在实际操作的过程中切身感受材料的特质，理解材料的力学性能和构造节点的表现力（图4）。

3.3.1 课题一：长沙市城南火车站改扩建——城市记忆博物馆

属于产业类旧建筑改造的实例。物资仓库本身不是

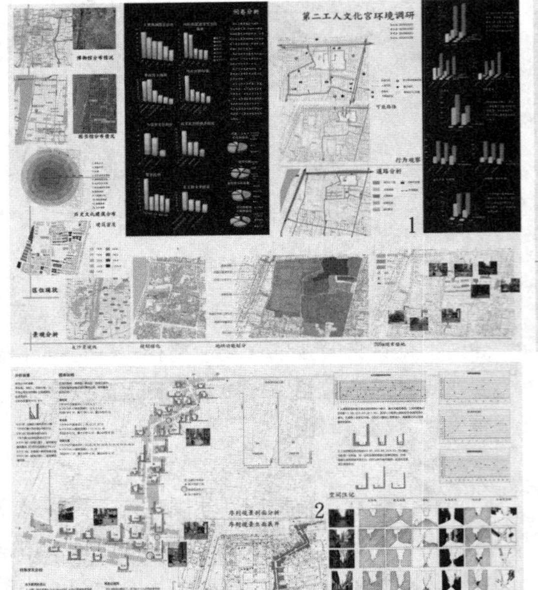

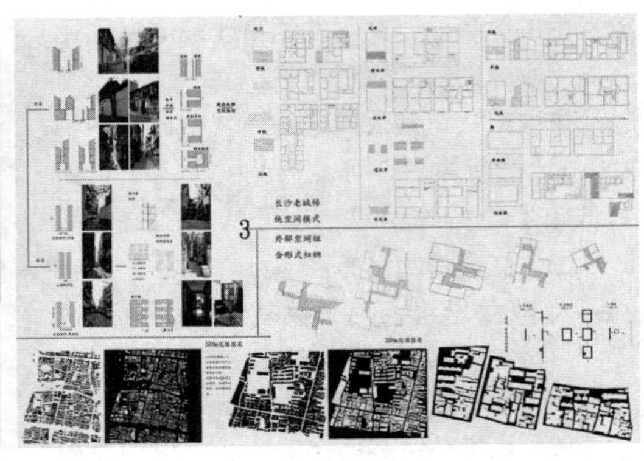

图 3　城市与景观分析图（建筑 1002. 陈虹璇、黄雨蓓、廖梦君、张远仪）

图 4　木构与节点图（建筑 1002. 彭浩辉、屈思、欧梦琪、王佳骥）

文物，但因承载了一段城市记忆，而有了保留下来的理由。从保护和更新的关系来看，更新部分可占较大比重。所保留的，可以是大跨度排架结构（或其一部分），和外立面（或其一部分），而内部空间，可以重新设计（图 5）。

3.3.2　课题二：长沙市工人第二文化宫改扩建——城市社区文化中心

基地内保留一座 1953 年桁架结构的舞厅建筑，一座 1885 年左宗棠祠石山，以及一栋 2000 年建起来的 7 层活动楼。三者对于保护和更新部分的比例是不同的，显示了保护、更新之间的 3 种关系：一方主导、双方和谐以及双方对峙（图 6）。

3.4　综合文本表达

“综合文本”一词，原为哲学家赵汀阳提出的方法论，以促成不同知识体系间互惠的改写（Reciprocal Rewriting）。本文仅借用其意味，旨在促使对建筑进行自由表达，并反作用于设计。传统的建筑设计表达法将空间分解成不同的向度，以平面和静态的方式表现，其局限在于不能表达空间本身，以及连续动态序列，也不具备更超脱的表现力。抽象绘画更擅长把某种意象、感觉、梦境表达出来，而影像可以将时间感传达出来。在教学中，要求抓住方案的核心空间意象、场所氛围，或者设计的最初原点、构思来源等，进行抽象绘画的表达（图 7）。

4　教学中的问题

4.1　从分析到设计

教学中令人沮丧的一件事情是：分析是分析，设计是设计。虽然设计并不是分析的线性逻辑结果，但思维应有连续性，分析的结论应一直贯彻落实到建筑整体设计、细部构造设计之中，这样的分析才是有效的，这样的设计也才是令人信服的。

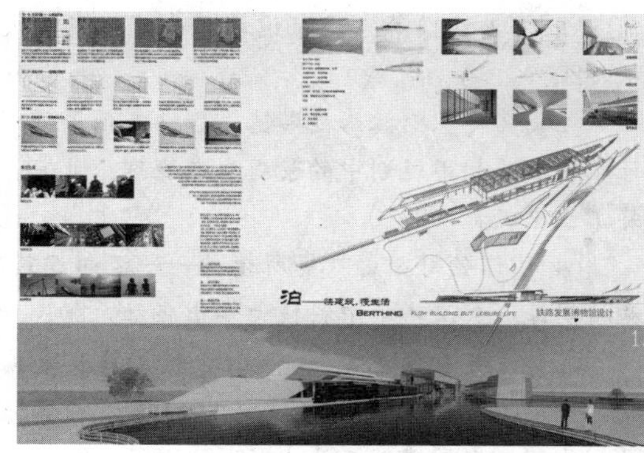

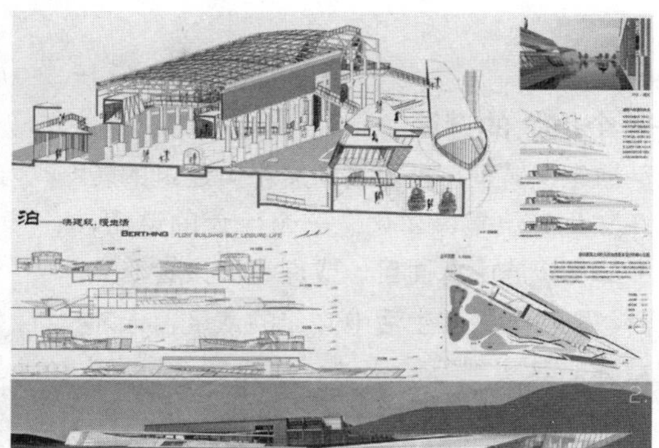

图 5　城市记忆博物馆设计图（建筑 0802. 裴泽骏）

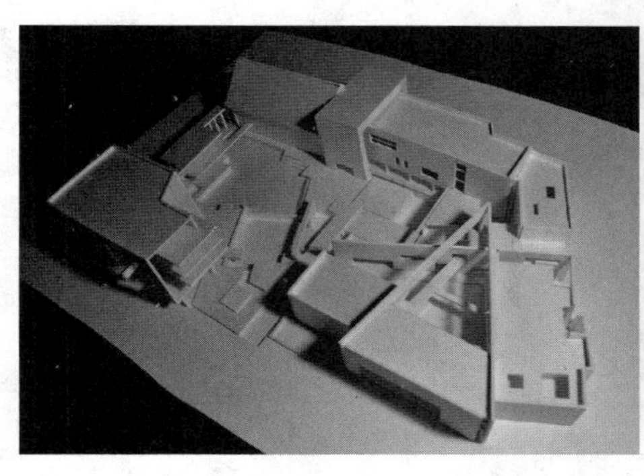

图 6　城市社区文化中心设计图（建筑 0902. 王雅舒，贺晏明子）

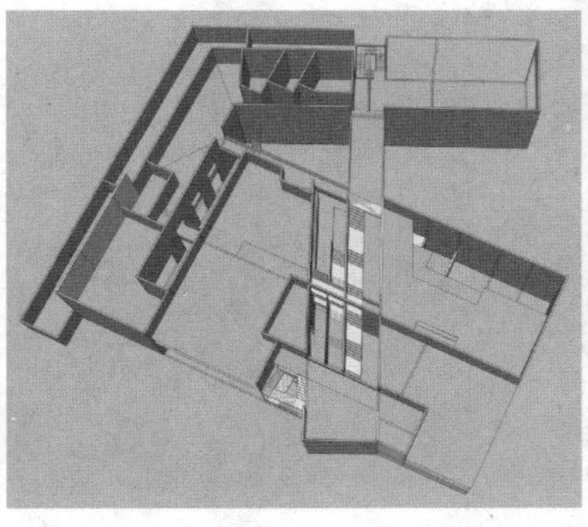

图 7　抽象绘画与建筑设计图（建筑 1002. 屈思）

4.2 文化是一个巨大的谜团

城市更新下的建筑转型，大多是向文化类建筑的转型，自然离不开文化。但是，文化像一个巨大的谜团，使我们身在其中却不识庐山真面目。或许我们该看淡文化，文化的东西，取决于平常生活中文化的浓度，人才是文化的真正载体。其实“万法皆法，法无定法”。相信直觉，顺从内心，让建筑自然地呈现出来。这一瞬间，就蕴含了创作的全部意义。不刻意说文化，而文化自现。

参考文献

［1］ 周卫著. 历史建筑保护与再利用——新旧空间关联理论及模式研究. 北京：中国建筑工业出版社，2009.

［2］ 王建国著. 城市设计. 南京：东南大学出版社，2009.

［3］［美］德拉姆施塔德等著. 朱强等译 . 景观设计学和土地利用规划中的景观生态原理. 北京：中国建筑工业出版社，2010.

［4］ 诺伯舒兹著. 场所精神——迈向建筑现象学. 施植明译. 武汉：华中科技大学出版社，2010.

［5］［英］肯尼斯·弗兰姆普敦著. 建构文化研究：论 19 世纪和 20 世纪建筑中的建造诗学. 王骏阳译. 北京：中国建筑工业出版社，2007.

胡惠琴
北京工业大学建规学院
Hu Huiqin
College of Architecture and Urban Planning，Beijing University of Technology

研究生课程教案与作业设计
——关于研究生阶段文献阅读的思考
Graduate Curriculum and Homework Design
——Thoughts about Reading Materials during Graduate Study

摘　要：作为研究生阶段培养的内容之一，如何学会相关文献的深度阅读是必不可少的，为此本文介绍了在研究生课堂作业设计中设定文献阅读环节，进行训练指导的思考与实践。

关键词：作业设计，深度阅读，专注思考

Abstract: Postgraduate training as one of the elements，how to learn to read the depth of relevant literature is essential，this article describes the design of classroom work at the graduate literature reading session set for coaching Thinking and Practice.

Keywords: Job design，depth reading，focused thinking

随着时代的进步，信息化社会的突如其来，研究生的教学如何进行是需要与时俱进地持续去探讨的课题，此篇就文献阅读的专题做一个探讨。

1　阅读背景

研究生针对自己的选题，要奠定坚实的学术基础，应有一定的阅读量，特别是对相关主题的经典著作的精读是十分必要的。

目前流行的微博大大改变了人们的阅读方式，然而微博只有 140 个字，所以它的信息是呈碎片化的，扁平的，话题很广泛但是深度不够，往往只会给你一个结论，而省略论证过程，失掉了思考空间。如果习惯于不加思索地接受任何论点，这是一个弊端，笔者认为微博代替不了读书，也代替不了思考。

当前泛泛浏览的微博已经成为常态，诚然微博让我们看到了前所未有的方便，快捷和涉猎广泛，然而这种简短，迅速，转换很快的阅读方式，不由得使人担心，除了对信息的处理，知识会完整留下吗？这样的信息往往来得快走得快，很难去深入追踪，对一个人建立独立的见解和对事物的评判能力是无益的。

网络特有的信息扁平化、碎片化对人们的阅读习惯、思维方式带来了冲击。微博的碎片化效应使人无法专注于阅读一本书，无法持续地思考同一件事，在信息碎片爆炸的世界中，使得自己成为一台自动信息处理机的危机是存在的。

因此，在浮躁的年代，培养学生潜心阅读，特别是长文本的阅读，专注深度思考一个问题，沉淀自己是研究生阶段的必修课。

2　现状问题

作为研究生的作业，一般的做法是做一个调研，写一篇小论文。然而通过调查得知，有的学生一个学期选修 10 几门课程，雷同的作业，重复的训练，使得他们感到厌倦和疲惫，收效甚微。

作者邮箱：sky@aj.org.cn

记得在国外读研时，老师常常列出一大堆相关的书单，一下课就往返于图书馆借书还书，背着沉重的书包回到住宿，夜深人静时，挑灯夜读，这样毕业时完成了几百册的阅读量，并做了大量的读书笔记和阅读卡片，奠定了深厚的学养，顺利完成了博士论文的撰写，受益匪浅。而如今的研究生有多少人会是这样的阅读，从在校的研究生的状态来看，目前很少有人坐下来专心阅读一本书，难有10年磨一剑的毅力，更谈不上对本课题相关的经典专著进行精读，做到“如数家珍”。碎片化的信息，使他们难以完整地进行思考。为此笔者认为面对目前阅读方式对传统阅读的冲击，要重拾阅读，在研究生阶段补上如何阅读这一课。

3 作业设计

根据住居学理论研究课程教案，每学期都针对一个主题进行深度探究，本学期是以工业化住宅为主题，在进行课程导入和专题研究、案例研究的环节后，进入互动环节。笔者设定的研读交流，结合专题研究的内容，给学生列了一个书单，例如：周燕珉的《住宅精细化设计》，杨小东的《普适住宅》，涂山等的《先进住居》，贾倍思、王薇琼的《居住空间适应性设计》，童悦仲等的《中外住宅产业对比》，吴东航等的《日本住宅建设与产业化》，鲍家声等的适应市场的开放住宅——商品住宅特点及其设计理念，以及从支撑体住宅到开放建筑，（日）内田祥哉的《建筑工业化通用设计》，（日）松村秀一的《住区再生》，（美）丹尼斯，贝尔的《后工业化社会的来临》，（英）波普的实验性住宅等。这些书都是笔者研读过的，认为比较好的，推荐给学生，同学们可以从中选择自己感兴趣的书，也可以选择其他相关书籍。同时在阅读前提出下列10项阅读要求：

（1）首先对书名，作者，主要章节有个概述

（2）学会用自己的语言对文献内容进行描述

（3）有主题地介绍，提炼精华，不是碎片化、面面俱到

（4）不仅仅是原文本的资讯，还可以进行课外延伸，相关知识的拓展，相关信息的链接

（5）对某一个问题感兴趣可以深入研究，从该书列举的参考文献，以及网上寻找相关研究成果加深理解

（6）鼓励相关文献和案例的比较研究

（7）与现实问题联系进行深入思考，得出自己的结论

（8）为让第三者易懂，对图片进行加工处理，有一定的版式的设计，图文并茂

（9）为了表明自己的观点，可增加示意图，分析图等

（10）批判和怀疑是创新的起点，可以有与阅读文本不同的观点和看法。

学生通过阅读，将自己的感想用PPT的形式进行介绍，与大家分享，老师进行讲评。

4 成果反馈

通过这样的训练，收到了一定的成效，看得出学生们是在认真阅读了，而且学会了如何读书。

研读交流的目的是不仅自己要把书的内容吃透，还要传达给别人，因此演示文件幻灯的制作，构图的设计，字体、颜色的选择都是训练的内容。有些同学PPT做得很好，汇报远远超出了规定的时间；有的原书图片是黑白的，为了让第三者易懂，同学通过网上找到精美的彩色照片配上。在信息增量上做了很多工作，展开相关话题，通过相关信息的链接，使得原书又有了附加价值。

大多数同学做到了带着问题读书，设定一个主题来写读书心得，收效颇丰。虽然有些同学选读了同一本书，但都有着不同的解读，例如有4个同学选择阅读了周燕珉的《住宅精细化设计》，由于角度不同，收获了不同的感受。有的从小户型的解决对策入手，讲述了空间回路的手法，并结合了日本的“全能改造王”的视频，阐述空间的可变性和可改性，总结出“空间越小创造力越高”的观点；有的结合住宅现状问题，提出（1）住宅受社会发展的影响，（2）应从使用者的角度考虑住宅设计，（3）针对不同年龄阶段应对变化等更多的思考；有的从如何进行调研受到启发。

5 作业示例

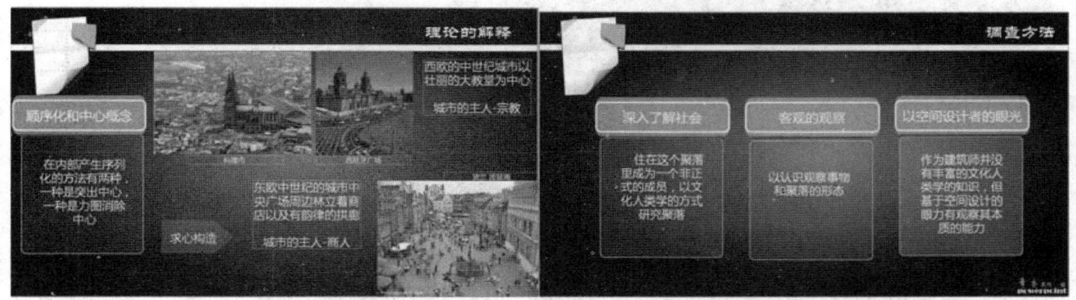

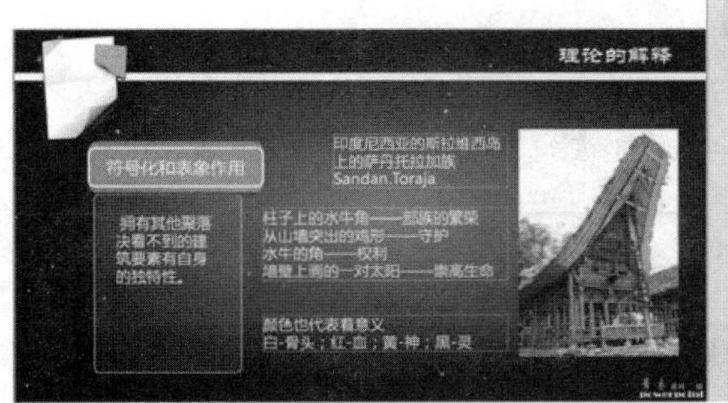

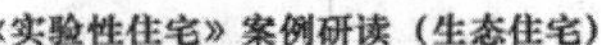

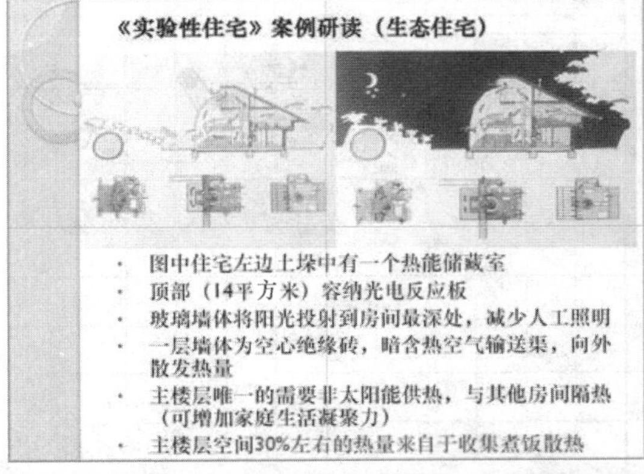

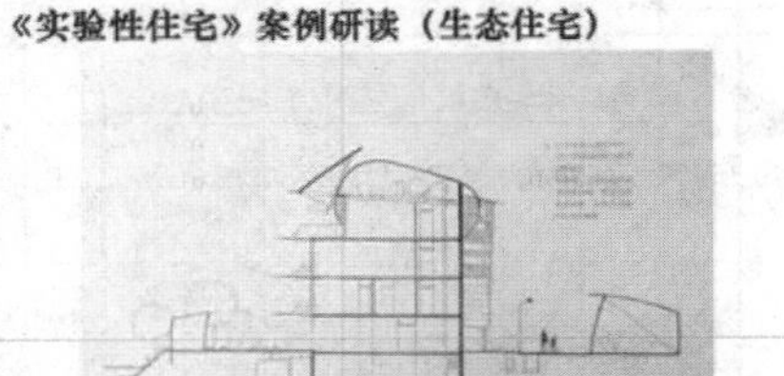

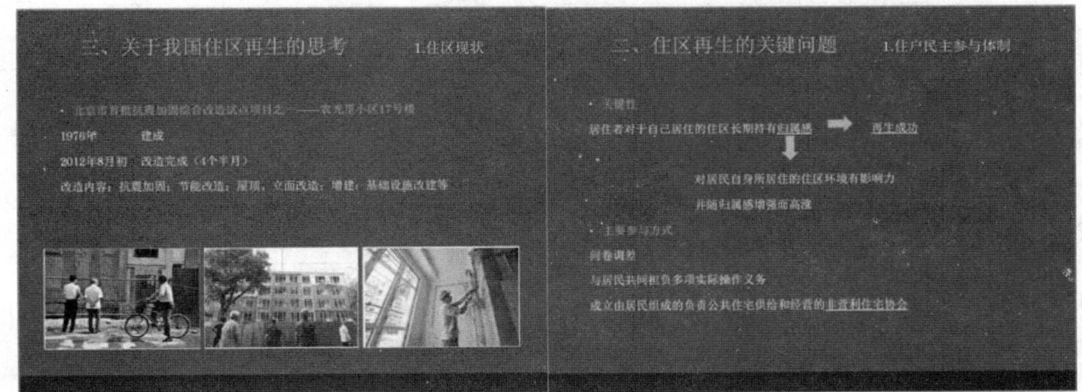

图 1～图 8 作业示例（一）

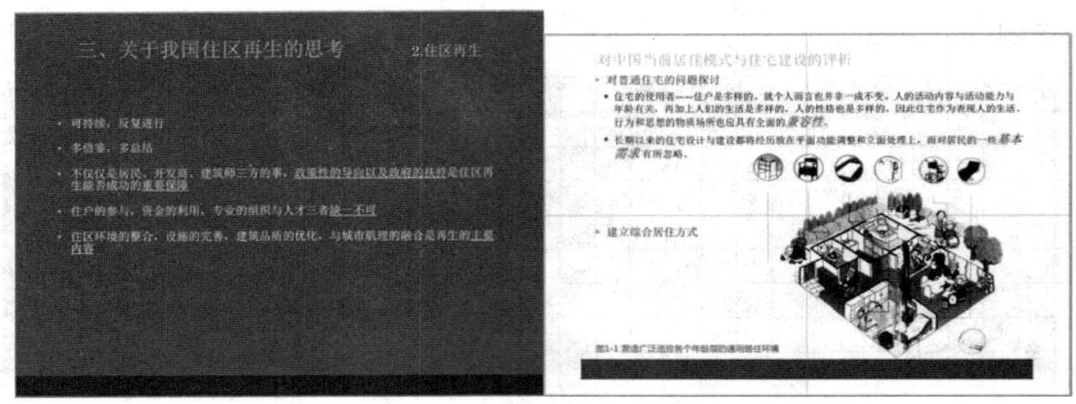
三、关于我国住区再生的思考
2.住区再生
可持续，反复进行
多借鉴，多总结
对中国当前居住模式与住宅建设的评析
建立综合居住方式

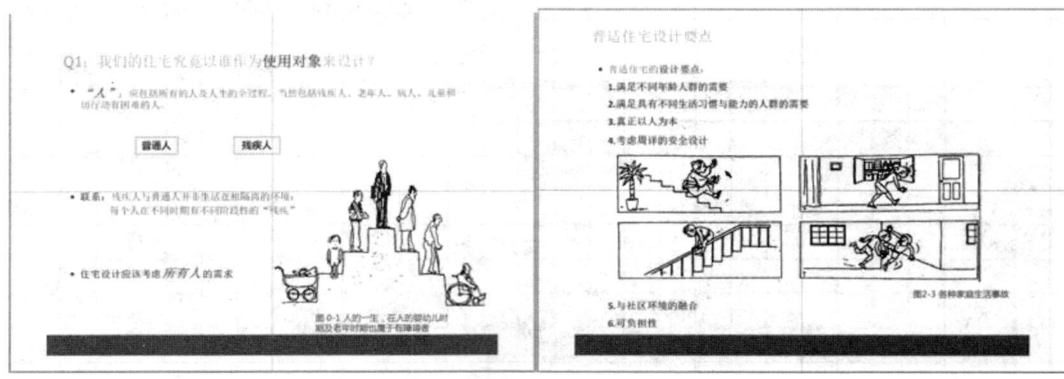
Q1：我们的住宅究竟以谁作为使用对象来设计？
普通人
残疾人
住宅设计应该考虑所有人的需求
普适住宅设计要点
1.满足不同年龄人群的需要
2.满足具有不同生活习惯与能力的人群的需要
3.真正以人为本
4.考虑周详的安全设计
5.与社区环境的融合
6.可负担性

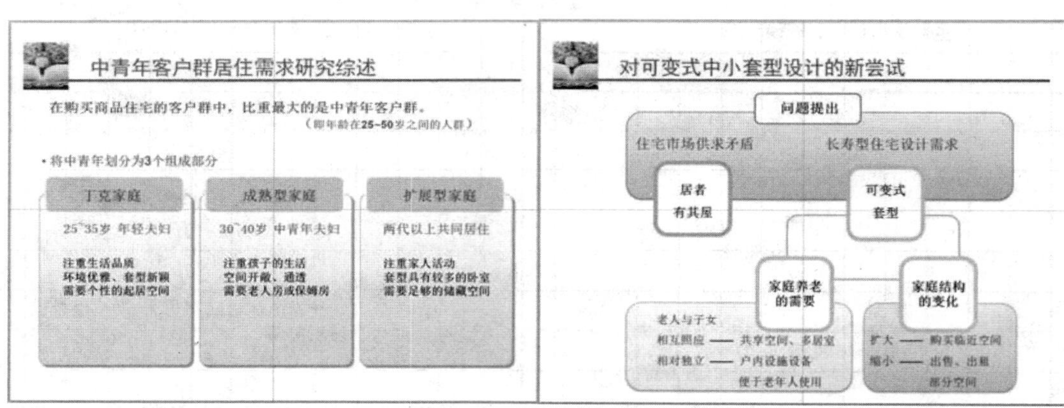
中青年客户群居住需求研究综述
在购买商品住宅的客户群中，比重最大的是中青年客户群。
（即年龄在25~50岁之间的人群）
将中青年划分为3个组成部分
丁克家庭
25~35岁 年轻夫妇
注重生活品质
环境优雅、套型新颖
需要个性的起居空间
成熟型家庭
30~40岁 中青年夫妇
注重孩子的生活
空间开敞、通透
需要老人房或保姆房
扩展型家庭
两代以上共同居住
注重家人活动
套型具有较多的卧室
需要足够的储藏空间
对可变式中小套型设计的新尝试
问题提出
住宅市场供求矛盾
长寿型住宅设计需求
居者
有其屋
可变式
套型
家庭养老
的需要
家庭结构
的变化
老人与子女
相互照应 —— 共享空间、多居室
相对独立 —— 户内设施设备
便于老年人使用
扩大 —— 购买临近空间
缩小 —— 出售、出租
部分空间

住宅复合型厨房空间研究
设计尝试
3 复合型厨房空间的量化研究
4 复合型厨房空间在住宅设计中的应用
5 复合型厨房空间的柜体布置及细部处理

图 9～图 15　作业示例（二）

6 教学启示

通过一个学期的教学实践，笔者深深感到这项作业是有益的，这是一个阅读能力，思考能力，提炼能力，以及表达能力的综合训练。

ppt 汇报不仅仅是介绍，是共同学习探讨的互动过程，是互相学习的过程，是体会分享的过程。有的同学选读了老师推荐以外的书，但与本课程的主题没有冲突，也为我提供了很好的资讯，可以补充到今后的课程教案中。

参考文献

[1] 胡惠琴．研究生课程教案与作业设计——住居学理论研究课程的启示．2012 全国建筑教育学术讨论会论文集．福州大学．北京：中国建筑工业出版社，2012.264～269.

李 旭 柳 肃 李 煦
湖南大学建筑学院
Li Xu　Liu Su　Li Xu
School of Architecture，Hunan University

基于地域建筑文化的显性表达与探讨

——以建筑设计课程二年级专题教学实践为例❶

The dominant culture on regional architectural expression and Discussion

—— Architectural Design Course sophomore teaching practice related topics

摘　要：通过对湖南大学建筑学院近年来在本科建筑设计课程二年级当中进行的关于地域建筑文化方面的教学实践的总结和回顾，提出了从设计目标及命题到教学实践过程以及设计成果评价方面的教学探索和思考。针对如何在建筑设计课程当中加强学生对地域建筑文化的解读并成功表达．

关键词：建筑设计课程，地域建筑文化，显性表达，教学实践

Abstract：Based on the Architectural Department of Hunan University in recent years in the undergraduate course of architectural design，two or three grade on the regional architecture culture in terms of teaching practice are summarized and reviewed，put forward from the design goal and propositions to teaching practice and outcome evaluation of teaching exploration and thinking. In the architectural design courses and strengthen the students' attention on the regional architecture culture and expression.

Keywords：architectural design course，regional architectural culture，dominant expression，teaching practice

一直以来，在保护传统文化、保护多样性的意识的前提下，产生了很多的有关地域建筑的理论和实践，诸多建筑师进行了相关的地域建筑实践，与地域文化关联的建筑受到了越来越多的关注。

英国建筑教育大纲中明确把文脉建筑设计作为一个题目进行学生课程训练，对于地域建筑文化的研究逐步体系化，教育、研究和实践相互映衬。[1]耶鲁大学建筑学院院长罗伯特·斯特恩在《耶鲁大学建筑学院 2009～2010 年鉴》讲到“在耶鲁大学的建筑学院，建筑的理念在这里是最重要的。当然，建筑并不是一个单一的前提，而是处在一个多方面视角的位置上：它能回顾过去、审视现在、预测未来。”在耶鲁的建筑学教育中，强调了在人文学科学到的东西比建筑学更多，这种跨学科的教育打开了学生的思路，使他们有这能力换位思考。

国内的建筑院校中，清华大学建筑学院的建筑设计课以人居环境科学为基础，强调教学、科研、实践三结合；实施了多元化、开放型、互动式教学模式。同济大学建筑与城市规划学院办学 50 余年来，在办学思想和培养目标上有一条贯穿始终的主线，即：以当代技术与地域文化的并重交融为导向，以国际学科前沿的跟踪交

作者邮箱：leexu_2004@163．com

❶ 本文为湖南大学 2012 年校级教学改革研究项目及湖南省哲学社会科学基金（11YBA055）项目成果。

流为背景。湖南大学建筑学院在建筑设计课程本科教学实践过程当中，一方面必须按照教学大纲的要求，制定严格的教学目标及计划，另一方面，我们又要引导学生如何去学习与借鉴中国传统的地域建筑文化，寻找当中的隐性特征，并在设计过程当中做适当表达。这样既训练了学生的构思、综合分析、设计实践的能力，又提高了学生的本土设计意识和独创性的思维。

1 建筑设计二年级教学中有关地域建筑文化的相关设计目标及命题

1.1 序

凯瑟琳·斯莱塞在《地域风格建筑》通过不同国家当代四位建筑师（包括安滕忠雄的作品），指明了由于它们“都散发出他们各自拥有的哲学修养与其所处地理位置的独特背景，所以尽管在建筑形式与材料运用上表达出了某些‘共性’，但他们的作品仍各自具备了强烈的且富生命力的地方语言”。[2]建筑学专业的学生作为中国未来的建筑师，他们的思考方法、设计理念将直接影响到中国今后的建筑领域，我们旨在培养既有全球视野又能根植于本土文化的建筑师。因此，在达到这些建筑设计课程基本设计目标基础上，我们试图从地域建筑文化的隐性解读、符号的抽象、设计手法上的显性表达等三个方面做建筑设计课程教学上的改革与实践。并围绕这些设计目标设置了相关有代表性的课题命题。

湖南大学建筑学院建筑学专业本科二年级阶段建筑设计课程基本目标主要以“空间”、“功能”、“形式”为基本线索，掌握空间思维方法，对小型公共建筑及居住建筑的空间、功能进行分析与设计，理解建筑的形式与空间的关系，熟悉建筑设计的基本过程。三年级阶段的基本目标是掌握公共建筑设计基本理论及知识，培养学生掌握常用的平面功能组织和空间设计的方法。从总体环境、功能构成、空间组合、结构基本概念等方面培养学生多种公共建筑空间组合的能力。

1.2 相关设计目标

设计目标包括了解传统聚落特征，其中包括：(1)自然与人文场所所构成的系统。(2)聚落生态文化特征——与自然共生以及遵循自然规律的生长机制等。

运用聚落形态的原理，以掌握和运用功能、空间、形式等为基础，综合考虑建筑与基地环境、人与建筑、建筑与文化、艺术、建筑的建构方式等多方面的因素。

在空间组成当中，主要通过居住尺度、住居的方向以及居住单元之间的距离等方面的考虑，体现地形空间、聚落空间之间的关系。

1.3 相关设计命题——微型文化艺术聚落设计

1.3.1 课题概述

根植于传统的聚落及聚落文化，选取的特定的文化艺术人群，如建筑师、服装设计师、自由作家、画家、雕塑家、音乐人、媒体从业者等。选取校区内沿江附近地段，重点强调对传统聚落文化的现代更新设计（图1）。

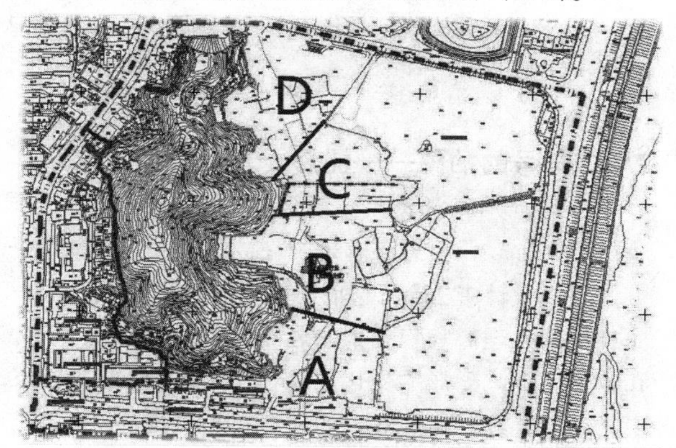

图1 桃子湖聚落设计地形图（每组可选取不同地块进行设计）

1.3.2 设计内容

选取岳麓山脚下桃子湖地段，根据基地选址原则自行划定基地范围。设计内容主要应包括工作及居住单元（4～5组）、微型群聚单元、适当的展示空间（室内、室外均可）以及不同尺度的室外广场。此外还应包括道路及绿化景观植被等。可考虑部分临时停车及自行车停放区。

2 教学实践过程解析

如前所言，教学思路上，我们从地域建筑文化的隐性解读、符号抽象化、设计上的显性表达等三个方面做建筑设计课程教学上的改革与实践。教学方法上，采取以“面”带“点”，一方面进行开放式教学，发挥学生的自主能动性，并形成与教师的良好互动，这种方法会贯穿整个教学过程。另一方面会根据不同年级甚至不同学期的情况，安排不同的设计重点。二年级一期以“传统空间的现代转换”为重点；二年二期以研究“本土材料”为主题；做一系列有序的深化设计与实践。具体的教学实践过程主要循序渐进地采取以下三个步骤：

2.1 对地域建筑文化的隐性解读——前期社会调研以及基础资料收集

前期调研包括社会调研和基地调研两部分。以二年级的微型文化艺术聚落设计为例，社会调研部分安排学生到各地的传统聚落调研，调研方式以实测或第一手照片资料为主、结合调研问卷，并收集相关文字及图片资料。基地调研部分则包括场地踏勘、基地实测、基地手工模型制作、基地地形模拟等。社会调研部分安排了为期两周的外出调研，针对设计命题收集相关工程案例、调研基地以及设计调研问卷等。基地调研过程则类似。从大量的社会调研资料的收集以及实际案例的了解当中，可以让学生解读到地域建筑文化当中某些隐性基因的传达。

2.2 符号的抽象——提炼要素、分析手法

路易斯·康说过："建筑不是抽象地玩弄无根的'形'和'饰'，更重要的是把握当地的文化精神并把它们灌注到设计中去"。地域文化是世世代代传承下来的民族深层心理。它包括人的思维方式、价值观、道德观和鉴赏品味。无形的文化深藏在一个民族、一地民众之中，一旦外界条件成熟，它还会在新的条件和手段下创造新的地域文化。我们要尊重地域性，但并非拘泥于传统的逻辑和形式。合理的做法是在前期社会调研以及大量的资料收集的基础上，提炼出可供设计参考的地域建筑文化的符号要素。这个过程中要求学生大量地进行解析，其中包括调研资料分析、基地环境、气候特点、朝向、地形特点的分析以及科学理性地分析设计课题并指定设计任务书。

2.3 设计上的显性表达——传承地域建筑文化理念，创新传统设计手法

在许多情况下，传统建筑中典型部件即使是经过提炼加工也很难自然而有机地融入新生的建筑作品中来。因而在对空间与环境设计合宜选择的前提下应该更加注重解决建筑设计中的"同质异构"的关系。在课题设计当中运用如何恰当地手法表达出地域建筑文化的理念，成为这一阶段的重点和难点。我们教学要求的原则是，在中国传统的建筑和环境当中找到可以提取的符号，通过合适的建筑语言和手法表现出来。这样的建筑手法包括运用新的建筑材料、结构和技术来表达传统的空间、场所等。

建筑设计课程教学的基本环节包括前期调研、选址、总平面、空间、功能、建筑结构、建筑材料、建筑细部及节点等方面。所有这些环节都可以涵盖在地域建筑文化所涉及的范围内。根据学生的设计经验以及阶段性的安排的不同，不同年级的学生所涉及的重点会有所不同。例如，二年级二期的聚落设计当中重点涉及的研究以"对传统建筑材料"的本土化、生态化创新设计为主。同时会以对传统建筑的建造方式和建筑细部的设计为主。

3 设计成果评价

3.1 前期调研情况

大部分同学利用寒假分组调研了湖南省郴州板梁古村、岳阳张谷英村、永兴县何三岩村、河南巩义康百万庄园、北京西郊爨底下村山地四合院等。例如调研张古英村组的同学提出关于古村落的一些思考："城市人眼中的古村落是小桥流水，炊烟袅袅，戴着斗笠雨中潜行的村民，溪水里用棒槌洗衣的村妇，水井挑水吃砍柴伐木烧土灶的农家菜，青砖黛瓦满目疮痍的古建筑。而村落居民的需求是逐渐改善居住条件并走向现代生活，乡村城市化。历史遗产的保护目前来说主要是物质形态的保护和保存，而不是生活方式的保护和保存。因为生活方式是生活在那些历史建筑中的人们的，选择做保护的人没有权利要求人们按照他们设想的方式生活。那么古村落的居民是否可以改善生活条件？从心理学角度讲，人的需求是多方面的。在精神需求上，村民必然渴望聚会交往娱乐的场所，那么是否还需要配备小型广场，酒吧，商铺。接着势必是一系列的公共设施基础设施道路系统通信网络等等大刀阔斧的完善举措等，最后古村落终将成为明信片中的记忆了。"从中我们可以看到中低年级的学生已经对传统聚落文化有了一定深度的思索（图2）。

图2 学生聚落调研实地拍摄图

3.2 方案实例分析

3.2.1 方案一

设计：张珏、廖曦、白慧仪、石铮铮、刘子靖

概念来源：从郴州板梁古村聚落中提取合适此基地

的结构线性关系图，参考民居聚落宜人尺度，创造由主街串联建筑、庭院以及街巷的文化聚落。

功能分区及交通流线：山坳部分高差达 7m，留做自然景观。居住建筑与公共建筑沿街伸展。居住区域向内依靠山体、公共部分则朝向外环境部分。人车分流、人行街道连通各家院落及公建活动区域（图 3）。

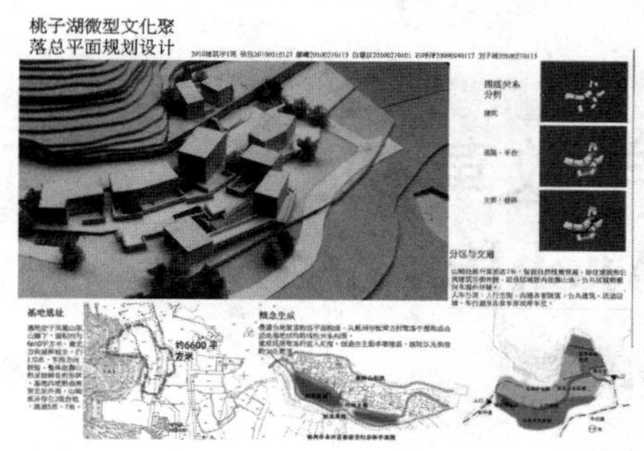

图 3　设计方案一　总平面图

3.2.2　方案二

设计：黄飞亚、黄佳鸿、魏晓宇、刘佳、朱甜馨、张冰曦

提出问题：（1）如何营造与自然和谐的传统聚落。（2）如何激活只有六户人家的传统聚落，创造居民间融洽的氛围。

概念形成：由于现代住宅行为中缺少居民间融洽的氛围，所以设计想还原传统聚落中的交往空间，而交往成所并不局限于某些特定场所。所以从传统聚落中提取“窥”的元素。将传统痛聚落空间当中的象征性元素应用到现代住居空间当中来（图 4）。

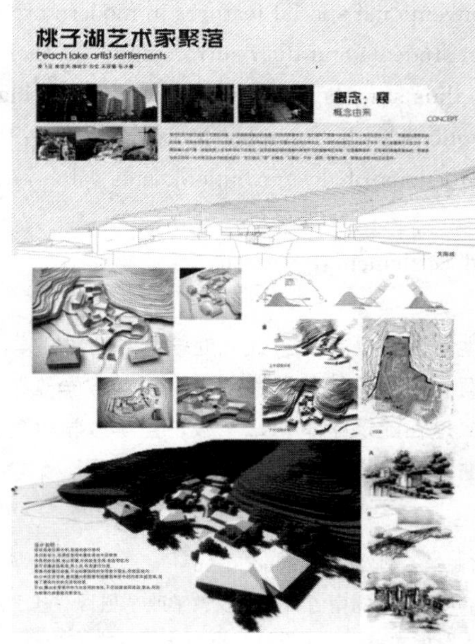

图 4　设计方案二　总平面图

4　结语

近年来的教学实践当中，我们在对学生进行专业知识教育的同时，同时加强对于地域建筑文化的应用研究。针对如何在建筑设计课程当中加强学生对地域建筑文化的关注并成功表达，我们设计了一系列的课题，并正在进行当中。从与学生的互动中我们总结了一些教学思路：

4.1　地域建筑文化的隐性解读

通过一定形式的社会调查、基地调研、基础资料整理等方式，引导学生关注本土设计、关注地域文化。

4.2　符号的抽象

解析调研资料分析，通过对基地环境、气候特点、朝向、地形特点的理性分析，提炼出可供设计参考的符号或模型。

4.3　设计手法上的显性表达

在当地传统的建筑和环境当中找到可以提取的符号，并通过合适的建筑语言和手法表现出来。

在这几年的教学实践中，我们与华中科技大学、台湾东海大学、德国卡尔斯鲁大学等国内外高校进行过联合设计研究，加强了教学实践和研究。二、三年级作为建筑学专业本科教育的基础与提高阶段，一方面，我们加强学生的基本功训练；另一方面，我们从思维理念方面引导学生在地域建筑文化方面的探索与研究，并取得了一定成果。这些都使得我们更有信心走下去。我们也将在今后的教学实践当中根据实际情况调整教学方式、改善教学效果，并继续引导学生根植本土设计意识、加强设计手法运用的教学实践。

参考文献

［1］ 徐震，顾大治．当代建筑多元文化现象背后的技术操纵力．合肥工业大学学报（自然科学版），2008，(31)12：21-24.

［2］ 凯瑟琳．斯莱塞．地域风格建筑．南京：东南大学出版社，2001：113-115.

李 煦
湖南大学建筑学院
Li Xu
School of Architecture, Hunan University

体现地域特色的建筑学本科教学改革初探❶

A Research on the Reform of Architecture Teaching for Undergraduates Based on Regional Features

摘 要：本次教学改革突破了传统教学模式局限，引入地域性的主题，对湖南地区的建筑与地形的关系、传统聚落和民居的空间特点进行研究和总结并探讨了这些具有地域特征的空间语汇在当代建筑设计中的运用方式。这种“此时此地”的课程教学让学生感受到设计不再是一个抽象体系中的自娱自乐的游戏，而是和他们学习生活的空间息息相关，更容易激发其探究和解决问题的热情，同时在具体操作层面上也更为便利。此外，通过向传统和民间智慧学习来关注当前中国建筑的地域性表达能够让学生在设计价值观日益混乱的今天不至于迷失方向。

关键词：地域性，坡度，民居，传统聚落，剖面

Abstract: Compared to conventional teaching patterns, the teaching reform focuses on regional features, discusses the relationship between buildings and terrains in Hunan area and the special features on traditional settlements and residences and shows the application mode of these conventional special features in modern architectural design. This teaching mode establishes a connection between students and their surroundings, rather than provides a chance for students to perform in an abstract system, thus stimulating their passions on asking and solving problems. Besides, it is simpler to teach abstract conceptions with examples. Moreover, it will help students keep their design outlook right in a society full of distortions of design outlook and value outlook through focusing on traditions and folk wisdoms.

Keywords: Regional Features, Gradient, Residences, Traditional Settlements, Section

地域性又称地区性或地方性，是建筑的本质属性之一。概括地讲，它包含了建筑所在地域一切条件及关系总和，既包括建筑与所处地域的自然生态条件及技术水平的联系，也与当地的经济形态、文化传统、社会生活方式相关联。[1]对建筑地域性的深度挖掘是抵御中国当代城市建筑同质化、肤浅化的一剂良方。将地域性相关的理念和操作策略引入到本科课程设计中来是湖南大学建筑学院所确立的教学改革的方向之一，这主要是因为隶属江南丘陵地区的湖南有着独特的自然气候、社会文化等地域性特征，而身处此处学习和生活的学生对这些特征有着直观的体验和深刻的认识。教学改革具体的实施对象是在建筑学本科二年级，全年教学（包括上下两个学期）都是围绕地域性这一主题进行。

作者邮箱：417362601@qq. com

❶ 本项目受湖南省普通高校教学改革项目“基于数字技术建构下的大跨度大空间建筑设计及模型实践教学方法研究”、湖南省自然科学基金 13JJ3042 资助

1 任务书和进度安排

二年级的同学经过一年级三大构成及相关美术基础训练已经形成了基本的空间认知和掌握了初步的绘图技巧，但是设计观念尚未成熟、设计手法相对贫乏，设计的表达也颇为稚嫩。从另一个角度来看，正因为如此，他们有着不被传统羁绊的想象力和无与伦比的求知热情。对于教师而言，必须针对学生的这些特点制定出适合的任务书和教学计划，这些任务书和计划应当具有较强的可操作性和适合不同层次的学生。

1.1 二年一期——“爬坡的游戏”

第一个学期的主题是“爬坡的游戏”。任务书的制定受到了柳亦春先生在《建筑师》上出的一道竞赛题目的启发，主要内容就是在一个18m×18m×18m的范围内，坡度为10°的基地中设计一个面积300m²的小型校园公共服务建筑。任务书的核心就在于这个10°坡地的设定，其充分体现了湖南地区浅丘地形的地域特征。为了更好发挥学生的主观能动性，任务书被有意识设计成一个抽象的指导性框架，没有规定具体的功能类型和特定的基地环境，大部分的内容需要学生自己通过调研去填充。

教学按照“基地选择与调研——功能调查——任务书填充——理论传授——设计——评图”的步骤依次展开：(1) 同学以组为单位（4～5人）根据任务书的基本要求各自在湖南大学内及周边寻找一块符合条件的基地，并对基地环境进行周密的考察，写出基地调研报告。(2) 对区域范围内进行整体功能需求调研，以明确具体的功能类型。在确定类型之后通过对相似的功能建筑的调查来完成功能细节的要求。(3) 在基地和功能调研的基础上完成任务书的填充工作。(4) 学生开始动手设计，在这一过程中老师会讲述地域主义的相关理论和经典的坡地建筑案例。(5) 最后成果进行开放式评图。

1.2 二年二期——传统聚落空间的现代演绎

第二学期教学是在第一学期基础上进行拓展，将传统聚落的概念引入到课程中来，进一步强调设计的地域性。设计任务分为两大部分：第一部分由6个人左右的小组在一个1.2～1.5万m²的具有丘陵地形特征的基地中设计出8～12户的小型艺术家村落。第二部分由小组中每位同学任意选取自己小组村落方案中一个居住建筑进行设计。具体操作流程包括：(1) 邀请民居研究专家来讲述湖南民居及聚落的整体概况和空间特色。(2) 同学收集湖南传统聚落和民居的相关资料进行分析，同时对一些典型的聚落和建筑进行现场调研。(3) 学生在老师的指导下研究传统聚落的肌理构成并提炼空间组织模式原型。(4) 将萃取的空间原型进行拓扑转换，形成抽象图解，并以此图解反推设计。此时同学们开始艺术家村落的构思。(5) 第一阶段村落设计完成之后，同学们开始学习民居建筑和当代一些建筑作品适应地形、气候的策略，并进行横向对比从而获得完整的认知。同时，学生开始单体建筑设计。(6) 在单体方案基本确定后，构造老师介入，讲解构造的基本知识，并且要求学生结合自己的方案设计出体现地域性的构造节点。(7) 作业公开展览与评图。

2 教学体会

2.1 教学目标的转变

教学改革目标并非是让学生只是学会这种类型建筑或群体的设计方法，而是以此为契机拓展学生的视野，让他们认识设计背后所蕴含的某些本质规律，在基础学习阶段就培养他们自主分析问题和独立解决问题的能力。教学中最关键的问题在于避免过多理论的堆砌和老师的直接传授，在这次改革中，任务书由同学自己填充，聚落原型语言的归纳和转化也是学生通过调研和相关案例的分析得到成果，学生研究和发现规律的过程也就是催发设计的过程。学生必须认识到所谓地域性的研究归根结底是为处于此地的人服务，防止为了表面化形式而导致手法的滥用。

2.2 弹性的教学机制

老师授课内容、自身对基地的思考、相关案例研究、学生之间的相互观摩等多重因子都会在不同阶段对学生设计方案的生成施加不同权重的影响。同学的基础各异、思维习惯不同、软件工具掌握的程度不一以及形式偏好的差异使得他们不同时期出来的成果差别很大，从整体来讲学生的设计过程呈现一种波动式前进状态。老师要根据学生的不同特点施加不同的教学方式，此外在总体教学框架限定的基础上，也需要灵活安排各个分段教学目标实施的周期。

2.3 剖面图示语言

剖面既是一种图解表达方式也是一种空间生成方式，它体现了空间之间的关联性，具有技术、美学、文化等层面的特征。在建筑的多维表达中，剖面是最为隐蔽也是最为本质表现空间的方式，此外它也是最不被所谓风格流派影响的要素。长期以来同学关于剖面的思考处于一种碎片化和相对缺失的状态，虽然偶尔一些同学会运用一些剖面图示来和老师交流，但总体而言同学们对剖面的重视还远远不够。以剖面为媒介来探讨湖南传统民居和聚落的地域性特征能让同学们更为清晰和深刻的理解这些空间本质关系与生成机制，并藉此来启发自身的设计思路。

2.4　实施主体和实施对象及相互关系

传统的设计课教学一般由 1～2 位建筑学的老师贯穿始终。囿于老师本身专业视野的范围和从业经历，学生所获得指导往往带有明显的老师个人的主观色彩。这次改革打破了专业隔阂，在不同教学阶段有不同专业背景的老师介入传授专业知识，拓展了学生对知识理解的广度与深度。最后的作业成果也由多位老师联合公开评审，最大限度地保证成绩得出的客观性。二年级教学改革所针对的对象除了建筑学外也把规划、景观各个专业班级也囊括进来，实施的过程不是在各班封闭进行而是形成不同专业的跨界与融合。联合教学和各班级交流的常态化让不同专业学生在沟通中相互启发，扬长避短。教学中老师与学生角色定位也发生微妙的改变，老师在控制节奏的前提下有意识让学生来成为课堂的主导，为其个性和能力发展提供一个广阔的平台。

3　作业成果

二年一期学生的设计经验积累较少，教学上主要强调建筑和坡度的关系处理。同学围绕这一问题提出了各自的应对策略：如韦柳熹同学设计采用三个 12m×12m 的方盒子叠加，限定出题目要求的 18m×18m 的大盒子范围，同时三个盒子也随着地形层层跌落，内部也顺势采取多级平台并以坡道或踏步连接，形成“回”字形流线，内外之间形式契合完美图 1。崔洋同学将建筑分成两部分，其中一部分顺应自然的地形做出坡道与楼梯，并且形成建筑的主要入口，另一部分则底部架空达到建筑轻触大地的效果。两者之间通过一个高起的形体联系起来，内部各空间根据地形也有各自的标高，从而产生错层关系，而且这种关系也清晰的体现到外部的形态上（图 2）。

在第二学期，同学们经过第一学期的训练和知识储备，对于建筑的空间、光线、功能、材料、构造的认知提升到了一个新的层次，作业的完成度较上学期有本质提升。以王元钊同学为例，他的村落设计方案分析蒙德里安的两幅抽象画作品中线面关系，将其叠加基地平面上，同时参考多个传统村落的平面构成，赋予建筑群体

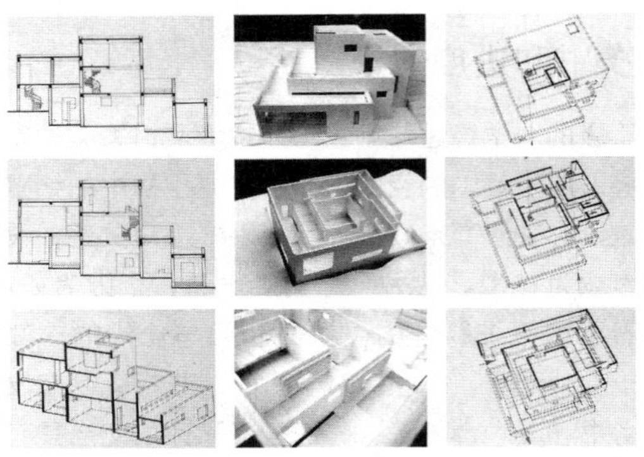

图 1　作业图 1

图 2　作业图 2

疏密变化，形成了村落平面的整体构想。此外结合基地条件，设计以当地光照最佳朝向和主导风向作为村落网格偏转的依据，建筑单体随着丘陵地形的起伏错落布置并在相互之间构成尺度不同的院落关系（图 3）。他的

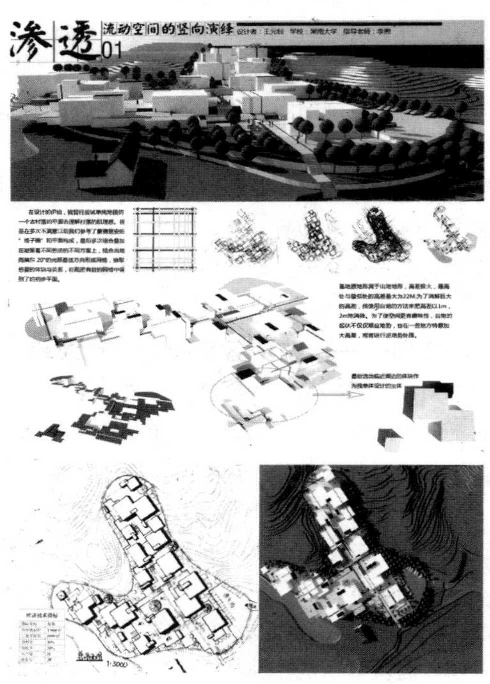

图 3　作业图 3

单体构思是把一个建筑分解为高低错落的多个方盒子空间，整体呈现出来一种均质而流动效果，让居者在各个空间都得到最大化的景观视野。同时，建筑上借用了传统民居“吊脚楼”的形式语言，化解了地形起伏的不利影响。底部架空有利于建筑的通风防潮，提供人必要的舒适性（图 4）。

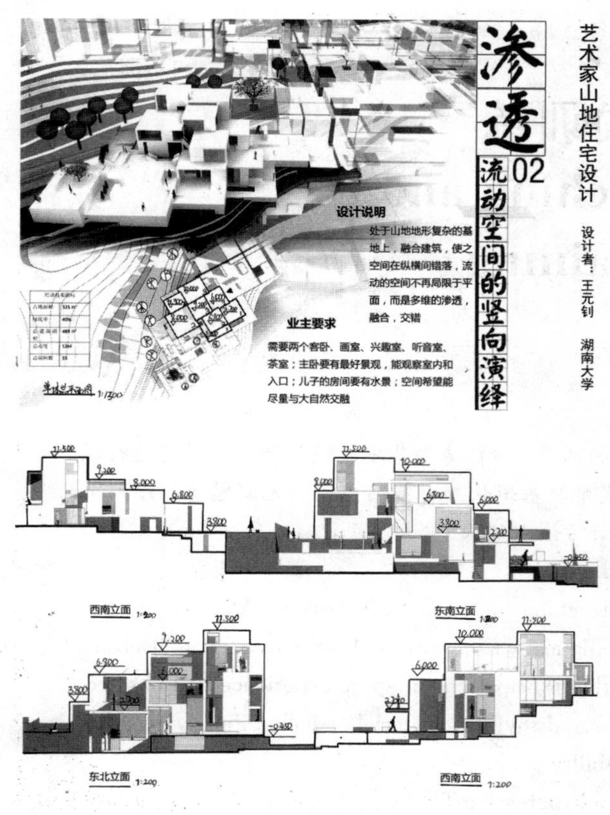

图 4　作业图 4

4　结语

建筑设计课程教学并非是要给学生灌输某种特定的知识和技巧，而是要培养他们的综合设计能力。如果学生在二年级这一设计相对初始阶段就开始有意识地发挥自身的思辨才能，进入到一种研究状态，对他们未来发展的裨益更大。这次教学改革突破了传统教学模式局限，引入地域性的主题，对湖南地区的建筑与地形的关系、传统聚落和民居的空间特点进行研究和总结并探讨了这些具有地域特征的空间语汇在当代建筑设计中的运用方式。这种“此时此地”的课程教学改革让学生感受到设计不再是一个抽象体系中的自娱自乐的游戏，而是和他们学习生活的空间息息相关，更容易激发其探究和解决问题的热情，同时在具体操作上（如场地调研、资料收集等）也更为便利。此外，通过向传统和民间智慧学习来关注当前中国建筑的地域性表达能够让学生在设计价值观日益混乱的今天不至于迷失方向。

参考文献

［1］ 魏春雨．地域建筑复合界面类型研究．南京：东南大学学位论文，2012：23.

刘宗刚　刘克成　陈义瑭
西安建筑科技大学建筑学院
Liu Zonggang　Liu Kecheng　Chen Yitang
School of Architecture, Xi'an University of Architecture and Technology

专题集中式教学与分解递进式训练

Thematically Concentrate Teaching and Decomposition Progressive Training

摘　要：本文基于西安建筑科技大学建筑学院在教学模式上的调整，分析专题集中式教学特点并对其进行教学设计，提出“分解递进式”教学训练。以空间体验为主线串联基地认知、空间塑造、光影魅力、序列节奏、材料建构等阶段环节，着重学生专业认知能力培养与设计方法训练。

关键词：专题集中式教学，分解递进式训练，空间体验为主线

Abstract: Based on the adjustment on model of architecture teaching in Xi'an University of Architecture and Technology, the thesis analyzing the characteristic of the Thematically Concentrate Teaching, raising "Decomposition Progressive Training" as an instructional design. On the principal line of space experience, it links sections such as site study, space design, light and shadow, order and rhythm, material and skin. Finally, emphasizing the cognitive competence and design method of major ability training.

Keywords: Thematically Concentrate Teaching, Decomposition Progressive Training, Principal line of space experience

1　集中式教学改革

2012年9月，西安建筑科技大学建筑学院建筑学专业的本科课程安排做出了重大调整，由原有的公共通识课、专业理论课与专业设计课程在每学期平行上课的方式，调整为理论课与设计课分别集中教学的课程安排模式，即通识课、理论课集中于一段时间教授，设计课程安排于另一教学时间段。

具体以笔者所在的三年级第二学期教学为例，由8周理论课和12周设计课组成。在学期前8周开设外国近现代建筑理论、建筑空间设计专论、建筑法规、数字建筑设计概论、城市对外交通、建筑生态环境、建筑名师名作解析、建筑光环境等理论课程，9～12周开设建筑设计专题课程，13～20周开设建筑设计课程。其中，4周的专题集中式教学分为3周的课程教学和1周的设计周，计划学时40+K，平均每周上课3～4次，每次4学时。课程以教学小组为核心，以班级单位，分设多个设计题目。

2　“专题集中式”教学的优点

2.1　应对原有设计课程状况与问题

原有的教学安排中，一个学期设置1～2门设计课程，贯穿始终，在长达4个月的时间里，学生往往呈现“两头紧，中间松”的状态，设计在学期中期出现反复、停滞或拉锯战的状态，时间得不到充分地利用。加上理论课程分散于学期中，学生的设计思路与设计状态容易

作者邮箱：zonggangliu@gmail.com

被理论课程布置的作业和论文打断而不能形成连续的思考状态，同时，理论课程的考试对设计课程的影响更大。

调整为集中式教学后，理论课与设计课分开，将两者在时间安排上的冲突减至最小。学生在完成理论课程的学习与考试后，进入到设计课程中，能投入更多的精力，在一段时间内较为单纯的思考设计问题，进行设计尝试。

2.2 适应未来快节奏的设计工作

建筑学专业毕业生的主要就业方向是建筑设计院和事务所，在这些生产单位，快节奏与高效率是不容忽视的，一般的投标项目设计周期也多在一个月左右。专题集中式教学从低年级到高年级，从建筑小品设计，到复杂建筑设计，由浅入深，着重训练学生控制时间与进度的能力，能更好地培养学生在较短的时间内，高效率的完成设计任务的技能，从而适应就业后的设计节奏。

2.3 适合模块化与专题化教学

“专题化教学”是建筑学专业教育的趋势，基于本领域内不断涌现的思潮、热点与新的知识，以及学科交叉产生的可能性，专题化或模块化教学有着更好的适应性。例如数字化建筑、生态绿色技术在建筑设计中的应用、城市文脉下的建筑设计、旧有建筑改造加建等等方向，包括各种设计竞赛，都可以通过专题设计的方式组织教学，将知识传递给学生。从时间安排上，集中式也更利于专题教学进行相关理论的阐释、学习、讨论以及整体和连贯的设计。

2.4 适应国际联合与邀请教学

应对国际联合设计，专题集中式的教学安排能更好地适应双方学校教学的协调，国外院校的师生来到我院，能以 workshop 的方式高效的与我院学生沟通互动，共同提高设计水平，我院学生也有机会赴国外参加设计答辩而不至于影响其他课程的学习，能在相对较少的资金投入下获得更好的教学质量。

专题集中式教学也同样适用于邀请国内外专家来我院进行试验教学。相对于以往松散的设计课程安排，专家要么疲于两地的交通往返，要么因其他事物耽误教学计划的实施；学生方面也会因为其他课程与事件的影响而延误课程进度，双方的积极性相互影响。而专题集中式教学时间段单纯完整，有利于专家自主安排教学计划，学生也能全身心的投入教学环节，师生双方能有更为良好的互动交流。

3 针对“专题集中式”的教学设计

依据专题集中式教学的特点，教学团队以“建筑博物馆观展建筑”作为设计题目，以建筑设计基本方法与设计语言能力的掌握及运用作为设计目标，促进学生自我认知，拓展创造性设计思维，培养与训练学生建筑设计能力。教学设计有以下特点：

3.1 单纯化与小型化

设计题目以观展建筑为题，“单纯的”关注设计方法的问题，“单纯的”就某一项设计因素进行训练，“单纯的”激发学生对于设计的自我感知能力。以 500m^2 作为面积控制，避免简单的面积叠加与功能复合，将建筑规模控制在学生可控、可感、可深入设计的范围内。

3.2 分解与递进

在 4 周的课程设计中，如何有效地推进设计进展是教学设计面对的重要问题。三年级的课程教学意图教会学生如何做设计、如何切入、如何考虑问题，着重设计方法的训练。教学设计将题目分解，拆分为独立的部分，学生在相对独立的时间段（2～3 天设计周期）着重考虑单一的设计因素，完成阶段成果。同时，分解的各部分又由设计主线有机联系，前后呈递进关系，即后加入的设计因素是对之前设计成果的再塑造、新补充与更完整，形成环环相扣的设计链。

3.3 控制与发散

信息多元化与丰富化是时代所赋予的背景，面对庞大而混杂的信息，如何去表象信息而抓设计内核，需要在教学设计中明确一系列的约束条件。正如 20 世纪伟大作曲家斯特拉文斯基所说：“削弱限制的东西，也势必削弱力量。谁加给自己的限制越多，谁就愈能使他自己从束缚精神的枷锁中解脱出来。”控制与发散是课程中的一对相互促进的因素，如控制建筑规模而对建筑空间可能性进行发散；控制基地选择范围而对具体场地认知进行发散；控制观展建筑的展品仅为十件建筑作品模型或展板而对展品的叙事主题进行发散等等。

3.4 模型与材料

设计课程强调手工工作模型在各设计阶段的作用，

学生利用模型材料，通过杆件、板片和体块的构筑方式快速的塑造、体验、推敲、表达各阶段的设计内容，相对于电脑模型的注重表现，手工模型更贴近设计思路的展现。此外，通过模型材料的组合而关注实体建造材料间的构筑方式，体会材料及其相互间的搭配、过渡、分割与肌理，通过手、眼观察与触碰达到认知与体验的目的。

4 分解递进式训练

基于原有课程教学经验与基础，依据专题集中教学的新模式，教学团队合理计划，以学生自身对于空间的体验与认知作为教学主线，以有机分解的方式将建筑语汇与空间体验相联系，以扩展递进的方式联系各教学环节、延续设计思路（图 1）。

图 1 分解递进式训练阶段成果图

4.1 设计的开始（3 天，8 课时）

该分解训练设置在设计课程初始，主要包括 3 项内容：建筑博物馆观展建筑设计任务书解读，限定区域内的基地体验，限定数量的展品——10 个建筑作品选择。任务书让学生明确最终的设计目标，对设计有概括的认知；基地体验让学生在限定的校园环境内，发现环境的动人之处，通过现场——分析环境各构成要素，在场——以场所、行为、场景三者关系表达自身对基地的真实感受，入场——考虑建筑以何种姿态介入场地，选择合适的用地；选择展品可能影响到空间、展线、风格等方面，一个建筑师的作品、同类建筑作品、不同风格建筑作品等等均能成为启发设计的点。

4.2 空间——看与被看（4 天，8 课时）

空间是建筑的灵魂，空间体验是课程的主线，而看与被看是典型的空间设计游戏。阶段训练以展示空间作为载体，限定 2 个 150m^2、1000m^3 的空间体量，通过对 2 个体量的并置、交错、叠合、完型、碰撞等方式塑造空间的可能性，以展览模式与路径设置的方式，体现空间、人、展品三者的关系。同时，借助对相近体量的实际空间的体验，帮助学生建立准确的空间尺度概念。

4.3 孔洞——光影魅力（3 天，6 课时）

光线是塑造形体和空间的手段，通过量、色、质影响建筑空间与体量的感知，光线经由孔洞、构件、穿透性介质所形成的影亦是塑造空间，丰富视觉体验的设计要素。该阶段训练以之前的空间设计成果为基础，通过对空间维护界面开洞形式、光进入方式的研究，营造有主题性格的光影空间。

4.4 序列——空间节奏（3天，6课时）

序列与节奏是人们在空间游走过程中感知体验的线索。该阶段训练基于前两次分解设计成果，解决内外两个设计问题：对内，通过对展线的设计，确定展线长度与游历时间，调整经由展线所体验到的空间的尺度变化、组合方式、明暗过渡，丰富空间层次，同时建筑面积也会因空间分层、辅助功能介入而扩展，向最终的500m^2规模趋近；对外，以如何进入观展建筑作为引导，促使学生关注前序空间与核心庭院的设计问题，通过室外环境设计、空间转换、层次过渡、序列引导等手段，完成入口前空间与庭院的心情转换场所设计。

4.5 建构——材料之美（3天，8课时）

材料通过其质感、色彩、肌理以及相互之间的搭配，以表皮的外在表现成为建筑视觉要素。在本阶段的分解训练中，设计由内转而向外部拓展，从塑造内部空间转向建筑形体表现。教学通过对单一材料——砖所能形成的建筑表现力的讲解为例；以带领学生到陶艺砖厂的材料堆场亲手排布搭建作为实践；以等比例打印材料肌理，为手工模型“穿衣服”或电脑模拟为手段，探讨单一材料对设计方案表皮的肌理、尺度、排列、表现的影响，并着重建筑洞口、转角、交接处的材料构造方式与处理。

4.6 整合——设计切入（4天，4课时）

经由开题、空间、光影、节奏、材料等分解递进式训练阶段成果，学生以工作模型为主要设计载体与表达手段，已经形成了较为完善的设计方案，此时的整合环节，主要包括技术图纸的绘制、观展建筑空间与功能的落位、方案与模型的局部调整，以及为最终设计成果表达的前期准备工作（图2）。

图2 设计专题最终成果图

5 教学反思

整个课程体系以空间体验为主线，以分解递进式训练为环节，以专题集中式教学为方式，培养学生以个人体验为导向的设计方法观。经过本次教学实践，教学团队认为分解递进式的训练内容与专题集中式教学有较好的契合度，阶段任务的单纯、密集与递进关系能有效促进学生快速进入设计状态，单个阶段任务也对最终设计成果的质量有一定的保证。

反思教学过程，专题集中式教学仅有4周时间开展教学工作，授课过程中调整教学安排的余地极为有限，需要对教学环节的充分设计与师生双方的高度配合，同时建立较为完整的评价机制，激发学生热情，提高教师学生面对面交流的有效性。

孙自然　李岳岩　高　博
西安建筑科技大学建筑学院
Sun Ziran　Li Yueyan　Gao Bo
Xi'an University of Architecture and Technology

基于“卓越工程师培养计划”背景下的建筑设计理论课程体系多元化教学探索[❶]

Based on "outstanding engineer training program" architectural design theory courses system explored into diversified teaching

摘　要：建筑设计课程与建筑设计理论课程是建筑学专业的两大核心课程，而在当前的实际教学过程中，与设计课程相比，设计理论课程的内容与建设相对滞后，缺乏特色。西安建筑科技大学建筑学院建筑设计理论课程小组在校级教改项目的支持下，进行了多元化的教学探索，以期使建筑设计理论课程成系列化纵深发展，在对学生达到统一的主流化教育基础上，又能满足学生个性化发展需求，获得良好的教学效果。

关键词：建筑设计理论课程体系，多元化，教学探索

Abstract: Architectural design and architectural design theoretical courses are two core courses in architecture, but in the current actual teaching process, compared with the design curriculum, design theory course content and construction is lagging behind, the lack of features. Xi'an University of Architecture and Technology School of Architecture, the team of Theory courses, supported by the university teaching reform project, carried out a wide range of teaching to explore in order to make architectural design theoretical courses into a series develop in depth, for students to achieve unity in the mainstream educational, but also to meet the development needs of individual students, access to good teaching.

Keywords: Architectural Design Theory Curriculum, Diversification, Teaching

全球化与多元化共生的世界建筑格局逐渐成为建筑学界热议的话题，富有地域特色的多样性建筑语言不能在全球化语境中消失。建筑学教育应该是多元的、建筑设计理论教学也应是多元化的，各具特色的。

1　当前所面临的问题

在当前的实际教学过程中，与设计课程相比，理论课程的建设相对滞后。2005～2011 年，由西安建筑科技大学建筑学院李岳岩副教授主持的“建筑设计理论课程体系建设与人才培养”校级教改项目，在对建筑设计相关理论课程进行梳理并整合的基础上，目前已经基本建设起了系统化的建筑设计理论课程体系；而当前随着世界建筑多元化格局的形成，理论思潮不断地推陈出新，以及旨在培养创新能力、工程实践能力为目标的

作者邮箱：381956018@qq.com

❶　本文为西安建筑科技大学校级教育改革研究面上项目资助，(项目编号 JG021102)。

“卓越工程师培养计划”的出台，现有的建筑设计理论课程体系又显不足，主要体现在以下几个方面：

（1）建筑设计理论课程体系缺少多元化、特色化走向，不能提供建筑学设计所需要的开放性、针对性强的知识体系。一些相关的基础理论与设计环节衔接不够，理论的指导作用没有得到较好的体现。

（2）笔者学校建筑学专业是首批实施“卓越工程师培养计划”的专业之一。针对培养学生实践与创新能力的“卓越计划”，整个设计理论教学体系也面临着系列化、特色化教学的调整。

（3）当前教授理论课程教师还比较少，授课方式往往传统、呆板，授课内容照本宣科、常年不变，由此导致建筑理论观点陈旧、单一，缺少多样性，也不利于理论水平的提高。

（4）教材建设滞后，当前建筑学理论教材主要是以1980年版的《公共建筑设计原理》为基础的教材。随着建筑理论迅速的发展，目前的教材已难以全面适应新的知识及教学要求。

2 教学探索

针对以上在教学过程中所遇到的问题，提出了教学改革的思路：

强调学生在教学中的中心地位，“以学生为中心，在整个教学过程中由教师起组织者、指导者、帮助者和促进者的作用，利用情境、协作、会话等学习环境要素充分发挥学生的主动性、积极性和首创精神，最终达到使学生有效地实现对当前所学知识的意义建构的目的。”[1]

具体操作措施如下：

2.1 自主编写建筑设计原理教材作为教学的主要内容

目前建筑理论的发展呈现出多元化的趋势，各种建筑理论、思潮层出不穷。在建筑教育上，这些理论很多都体现在建筑理论教育上。在国内，目前建筑理论教学的核心体系建立与20世纪80年代初，其代表《公共建筑设计原理》（张文忠著、中国建筑工业出版社）、《建筑空间组合论》（彭一刚著）虽然在21世纪初修改再版，但修改和增加的内容有限，其中很多内容如建筑设计方法、建筑师对材料的认识与把握等都没有涉及，特别是一些新的、当代建筑界所共同关注的问题如可持续发展的观点、广义建筑的观点、建筑与场所及建筑空间的精神意义等均未涉及。在新版的《公共建筑设计原理》（刘云月著、东南大学出版社）中虽然增加了一部分建筑设计方法的内容，并对建筑空间的创造与组织的新方法作了介绍，但仍有缺憾。

针对理论课程的多元化和特色化，另外国内的一些学校中，在开设了公共建筑设计原理课程的同时还开设了一定的选修课程，来弥补原理课程的缺环，并在一些方面进行了深入的发掘。如东南大学的建构课程就是代表。另外，随着中外交流的增加，国外的一些著名建筑理论与教材也被介绍到国内，如芦原义信的《外部空间设计》、凯文·林奇的《总体设计》、赫曼·赫兹伯格（Herman Hertzberger）的《建筑学教程：设计原理》、《设计与分析》等。这不仅让我们看到了国外建筑设计理论教学的内容，也给了我们很多思考与启示。

通过多年的探索与实践逐渐建立起了以公共建筑设计原理课程为核心的建筑设计理论课程体系。我们将公共建筑设计课程归纳为7个方面：

（1）总论——建筑与建筑设计：目的让学生建立起科学完整的建筑观，基本了解建筑设计的特点与过程；帮助树立对建筑设计全面和科学的认识。

（2）建筑的功能问题——适用：让学生全面了解建筑的功能问题，在对建筑基本的物质功能详细讲解的同时，拓展学生的视野，使学生对建筑在精神、社会以及环境方面的功能展开思考。

（3）建筑空间与场所：让学生全面了解什么是建筑空间，掌握创造建筑空间的基本方法以及建筑空间的基本组织模式，并且能够运用这些模式进行建筑空间的分析与空间创造；在此基础上，让学生逐步了解什么是场所，场所与建筑空间的区别，以及场所的意义与在建筑设计中的运用；协助学生们逐步建立自己的建筑空间思维。

（4）建筑外部空间与环境：让学生认识全面的建筑空间，意识到建筑的外部空间也是建筑不可或缺的一部分；全面认识建筑空间与建筑外环境之间的关系；让学生掌握外部空间环境设计的基本方法。

（5）建筑艺术表现：让学生了解建筑形式与建筑空间、建筑功能、建筑技术的联系；介绍建筑艺术美的原则——建筑构图原理及其运用；介绍当代建筑思潮的缘起及理念，引导学生正确看待当今多元的建筑思想；理解当今形式各异的建筑背后的创作理念，避免盲目的形式抄袭。

（6）建筑技术：让学生建立全面的建筑技术观，理解建筑技术与建筑创作之间的关系；介绍当前主要的建筑结构形式与其构成空间和建筑形态的主要特点；介绍给排水、供暖、通风和空调以及供电的主要方式；介绍当前新的建筑技术以及技术理念，帮助学生构建绿色的设计理念。

(7) 建筑营造与建筑经济：让学生充分认识建筑设计不仅仅是空间和建筑造型的设计，同时还体现在对建筑材料的运用、建筑细节和构造的设计、建筑建造方法的设计等方面。介绍当前建筑"建构"的思想以及"建构"在建筑设计中的运用，启发学生在设计中融入"建构"的理念，创造性地运用材料，并注重建筑设计的每一个细节。

围绕"公共建筑设计原理课程"开设了本科生选修课"建筑空间专论"和研究生课程"建筑空间专题研究"。同时整合"建筑设计方法论"、"建筑构图原理"等课程，形成了完整的建筑设计理论课程系列。

2.2 教学方法改革

2.2.1 梯队建设

通过多年的建设建立了公共建筑设计原理教学梯队，相比2005年时仅2位教师承担过"公共建筑设计原理"课程，目前共有7名教师可以独立承担"公共建筑设计原理"课程，这些教师年龄均在45岁以下，最年轻的教师年龄30岁，教学梯队建设和发展良好，为建筑设计理论课程的持续发展奠定了良好的基础。

2.2.2 实施挂牌教学

经过多年的教学梯队建设，目前"公共建筑设计原理"课程的教师均具备了较好的教学水平，在教学方法上，采用挂牌教学与选修结合的方式，同样一门理论课程，同时有两名以上的教师开课讲授，既保证了教学效果又可以让学生听到不同的"声音"。针对建筑学科中不同的专业方向在建筑设计理论课程上各有侧重。

2.2.3 教学形式多样化

教学改变过去传统的"一言堂"的教学方法，教学形式多样化，提高信息传达与被接受的效率。根据课程内容的不同，分别采取讲授、讨论、自学相结合的教学方法。对于重点章节的内容进行深入细致的讲解，使学生真正掌握那些必须掌握的内容。对于需要讨论部分的内容，教师制定明确的讨论题目，并事先通知学生，采取课堂分组讨论和答辩的形式，最后以小组为单位上交讨论报告。对于一些易理解的内容，采取让学生自学的形式，提交相应的报告或汇报材料即可。

3 结语

通过对建筑设计理论课程体系的多元化探索，我们凸显了以下几点主要特色：

(1) 整合建筑设计的理论课程，联系建筑设计的专业基础课程，形成以建筑设计原理为主干的有机的设计理论课程体系，使各课程不再是各自为政，而是相辅相成。如，作为建筑设计专业基础课程的建筑材料课程，着重讲解材料的特性与工艺，涉及材料的质感表现、材料性格反映、材料在设计中的创造性运用等与设计手法密切相关的部分较少。但是在设计中对材料之感的把握、材料创造性的运用必须以材料的特性与工艺为基础。在此次建立的设计理论课程体系中，我们力求在原理课程和选修课程中将这两部分联系起来，一方面使学生更加了解专业基础课程的学习意义，另一方面也使这些专业基础课程更好地为设计课程服务（图1）。

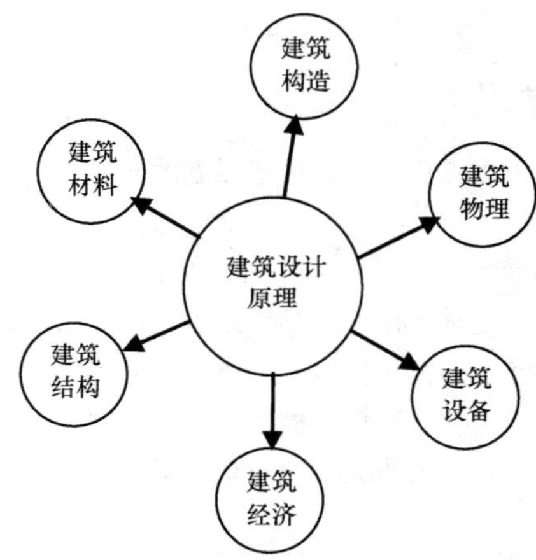

图1 建筑设计原理课程的整合图

(2) 系列课程特色化建设与教材建设、教学梯队的建设同步进行。在进行建筑设计理论系列课程特色化建设的同时，建设富有我校特色、反映当代建筑思潮的教材，同时培养年青教师，建设教学与研究梯队。通过教材反映建筑设计理论课程体系，通过教学梯队建设丰富系列课程特色，通过系列课程的特色化建设促进教材和教师梯队的建设。

(3) 系列课程的特色化建设与教学方法改革同步进行。在系列课程的特色化建设同时加入新的教学方法与模式，推行挂牌教学、选修辅修、分项深入研究，形成百家争鸣的多元化建筑理论教学模式。

在改革的过程中，也出现了一些不尽如人意的地方，主要是因为所教授的对象则是在经历了十余年的应试教育模式下培养的学生，他们对于这种教学模式还不能完全适应，采纳这种教学模式可能导致学生在实际的学习过程中束手无策或失去控制，这对于教学来说也是不利的。因此如何在实际的教学中实现对学生的有效引导，还需进一步的研究，不断地通过实践加以完善和发展。

参考文献

[1] 何克抗．建构主义革新传统教学的理论基础．中学语文教学，2002，8：58-60.

[2] 胡莹．意义建构与信息传达——建筑设计原理课程教学模式改革初探．南方建筑，2009，2：68-70.

王方戟　肖　潇
同济大学建筑与城市规划学院
Wang Fangji　Xiao Xiao
College of Architecture and Urban Planning, Tongji University

长周期建筑设计课在不同阶段中的教学手段探讨

A Research on Teaching Methods in Different Stages of Long-term Architectural Studio

摘　要：本文以一位同学的设计课程发展为例，介绍了同济大学“复合型创新人才实验班”三年级为期 15 周的设计课，并借助详尽的记录，对课程进行研究，讨论了长周期设计课各个阶段的教学手段。

关键词：长周期设计课，教学手段，课程阶段，设计深度

Abstract: The paper introduces a 15-weeks architectural studio of experimental class in Tongji University. With explicit record of the entire studio, the whole process is studied and teaching methods in different stages of long-term architectural studio are discussed.

Keywords: Long-term Studio, Teaching Method, Stages of Studio, Depth of Design

1　课程介绍

本文结合对一次建筑设计课程中一位同学作业发展的梳理，探索一些长周期建筑设计课题在不同阶段中的教学手段及内容。该次作业是同济大学建筑与城市规划学院“复合型创新人才实验班”❶三年级的建筑设计课题。课程的基地在同济大学附近，鞍山路、抚顺路口转角处。课程的前 2.5 周为“都市微更新”作业。该作业首先要求同学在基地周围找到可以进行设计介入的侧重点，并以集体作业的形式对该侧重点进行调研。然后，学生以该研究为基础在基地周围寻找进行微调后能大幅度提高城市空间品质的点，并做一个更新设计改造。这部分作业是一个设计，也是让学生通过设计对基地中各种事件及现象背后的原因进行了解的手段。课程的后 12.5 周是在场地上设计一座新的社区菜场及住宅综合体。场地上内原有一家国营厂房及若干住宅楼。课程拟将厂房搬迁，场地内原有居民户数的 70% 按原建筑面积回迁。课程基地面积 4710m^2，需要建造建筑面积 6000m^2，容积率 1.28，建筑限高 24m。任务要求社区菜场面积 2000m^2。其功能包括：一座中型菜场所需各类摊位及出租店铺、菜场管理、公共厕所、变配电房、垃圾压缩站等。住宅为该基地原有居民的回迁住宅。面积 4000m^2。其中包括建筑面积 60～65m^2 住宅 40 户，建筑面积 100～105m^2 住宅 6 户，建筑面积 125～130m^2 的住宅 6 户。

我们在课程中对每位学生的每个设计过程进行了记录，并及时在网上进行发布交流❷。课程完成后，通过对这些资料的分析我们对课程在不同阶段中的内容与教学手段进行了总结。在此我们首先将其中一位同学朱静

作者邮箱：wangfangji@tongji.edu.cn

❶　同济大学建筑与城市规划学院“复合型创新人才实验班”是由来自学院的建筑、规划、景观、历史建筑保护、室内 5 个专业的 20 位本科生组成。他们从二年级第二学期开始到四年级第一学期结束，在实验班中完成两个学年的学习。结束后回到各自专业完成剩余课程。在实验班的学习期间，他们要共同学习与各专业的相关课程。本次建筑设计课时间为 2012 年 9 月 10 日～2012 年 12 月 20 日的 15 周。任课教师为王方戟、张斌和水雁飞。

❷　该记录的成果参见网络上的本次作业过程公布：http://site.douban.com/126289/

宜的方案发展及教学过程的记录表展示一下。表中记录了课程发展的主要部分，部分图纸没有列入。

2 教学过程个例记录

朱静宜课程进度记录表❶

表 1

周/时间	课程内容	完成情况	底层平面	住宅平面	模 型
1/0910	课题讨论	—	—		
1/0913	大组评图，分组	个人调研成果汇报	—		
2/0917	大组评图	集体作业 1：街面设施与空间研究			
2/0920	讨论	集体作业：街面设施与空间研究			
3/0924	大组评图，布置大作业，要求做案例分析	个人作业：围墙改造			
3/0927	评案例分析，要求做菜场实地调研，从调研中获得初步概念，小组	案例分析及汇报：Ferry Building Marketplace			
4/1001	国庆假期	—	—	—	—
4/1004	国庆假期	—	—	—	—
5/1008	概念确认	概念，底层平面 1，住宅平面 1，体量模型 1	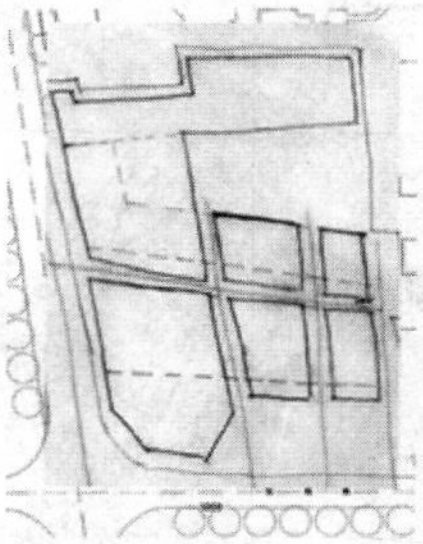	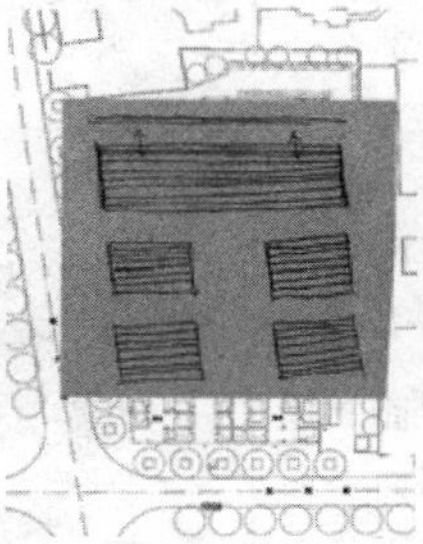	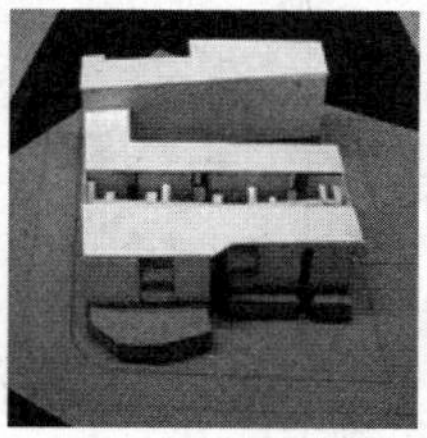

❶ 在表格中“完成情况”中数标的含义，第一个数字指的是此工作的版次，后一个数字指的是此工作在不同版次中的轮次。比如“底层平面 3～5”指的是该次课程中出现的“底层平面”是第 3 个版次中的第 5 轮修改稿。

续表

周/时间	课程内容	完成情况	底层平面	住宅平面	模　型
5/1011	概念梳理	底层平面 2，住宅平面 2，体量模型 2	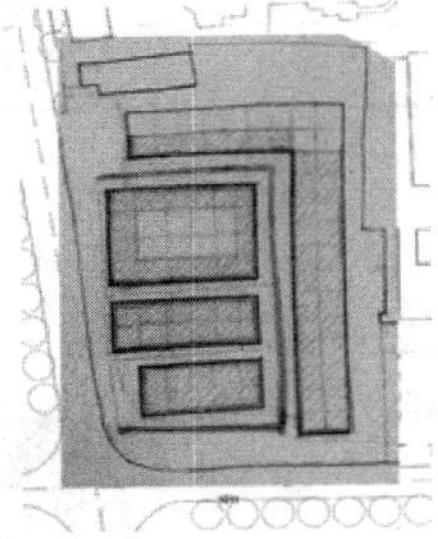	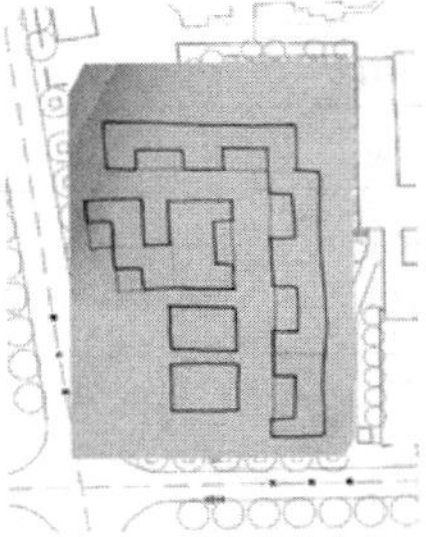	
6/1015	空间组织结构梳理	底层平面 3-1，体量模型 3	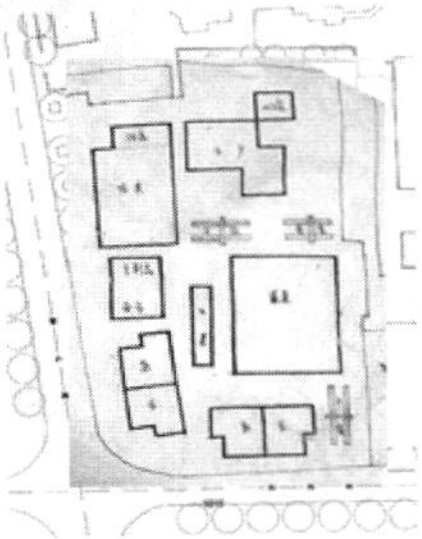	—	
6/1018	动线、户型、不同部分之间的相互组织关系讨论	底层平面 3-2，住宅平面 3-1，体量模型 4-1	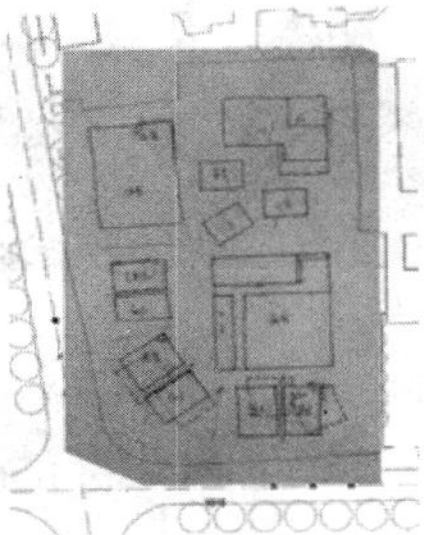	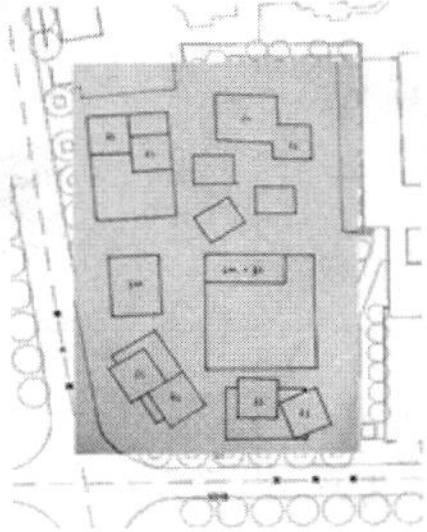	
7/1022	中期汇报-1，底层空间组合梳理	底层平面 3-3，住宅平面 3-2，体量模型 4-2	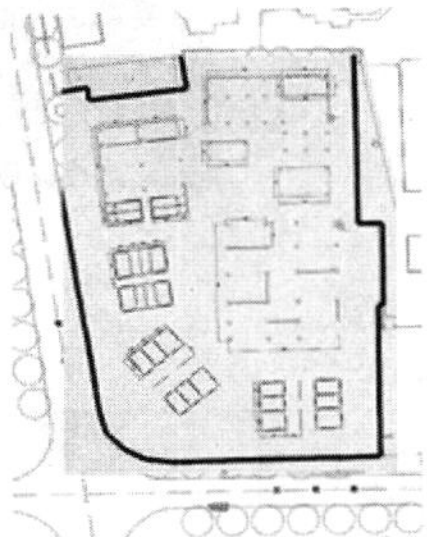	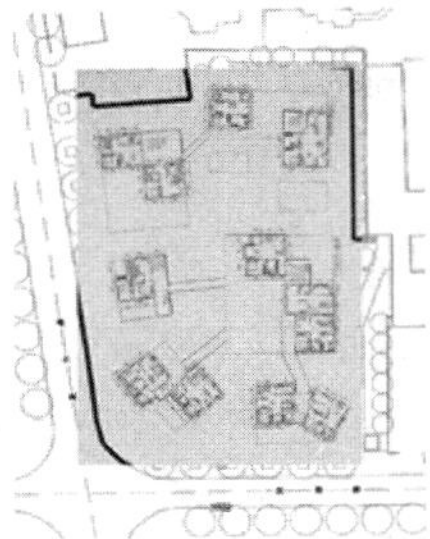	
7/1025	底层动线及空间关系梳理 1，	底层平面 3-4，住宅平面 4-1，体量模型 5-1	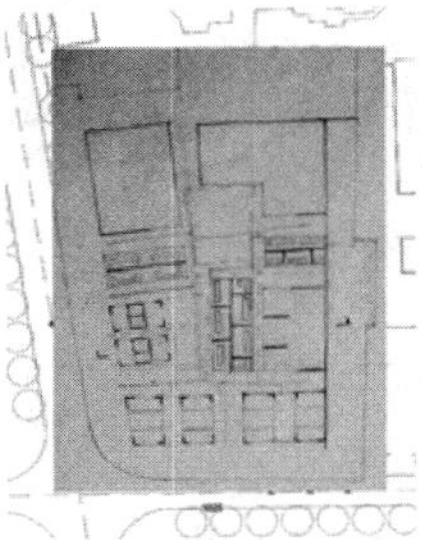	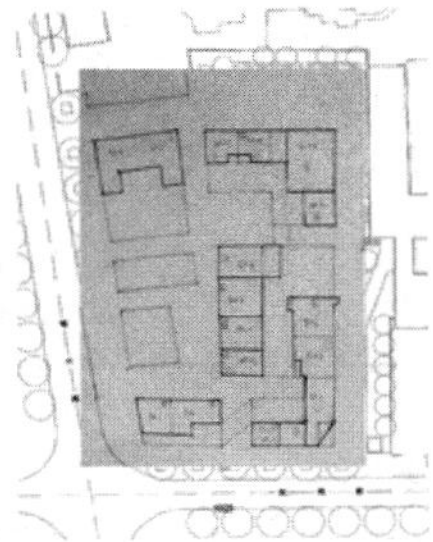	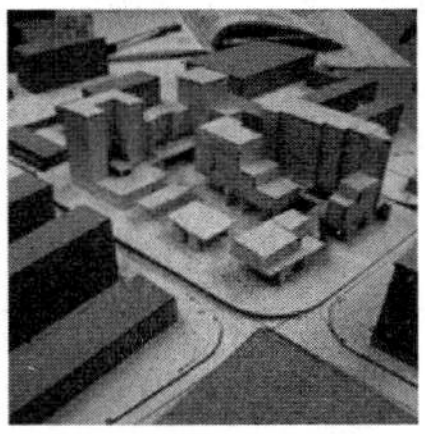

续表

周/时间	课程内容	完成情况	底层平面	住宅平面	模　型
8/1029	立面与平面关系讨论，基本确认住宅平面排列，其后不对户型作专门讨论	底层平面 3-5，住宅平面 4-2，体量模型 5-2	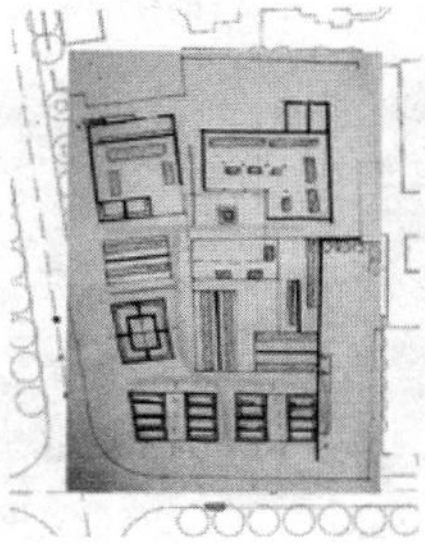	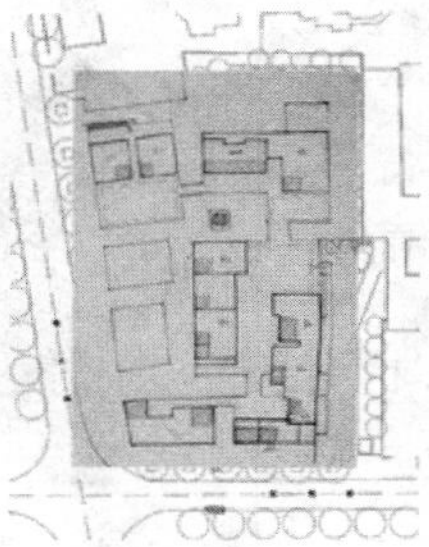	
8/1101	结构讨论	底层平面 3-6，住宅平面 4-3，体量模型 5-2	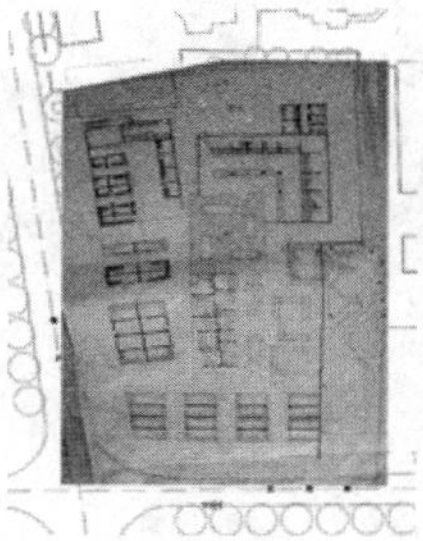	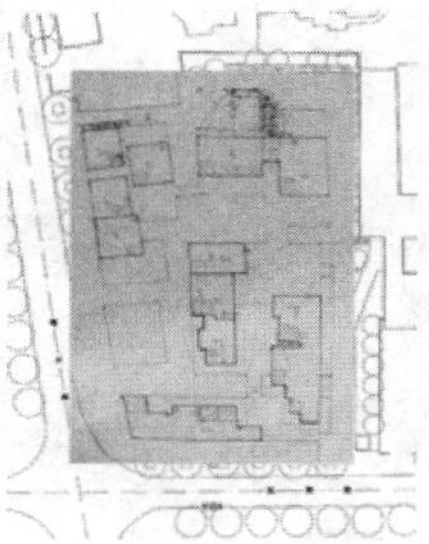	
9/1105	准备中期成果，未上课	—	—	—	
9/1108	中期汇报-2	底层平面 3-7，住宅平面 4-4，1/200 模型 6-1	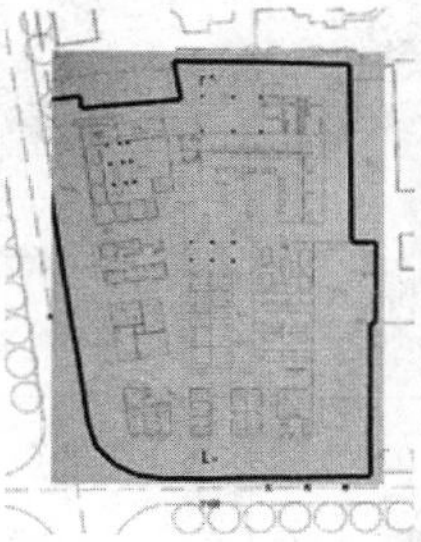	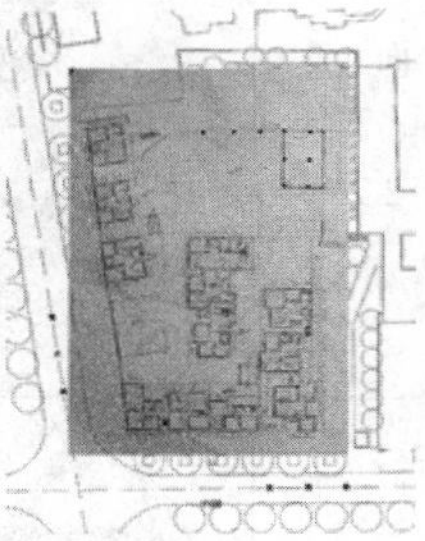	
10/1112	细微形式交接、底层空间精排	住宅平面 4-5，1/200 模型 6-2	—	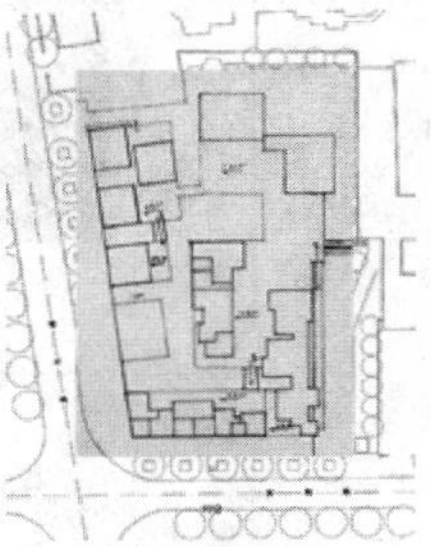	
10/1115	底层及二层空间微调	1∶200 模型 6-3	—	—	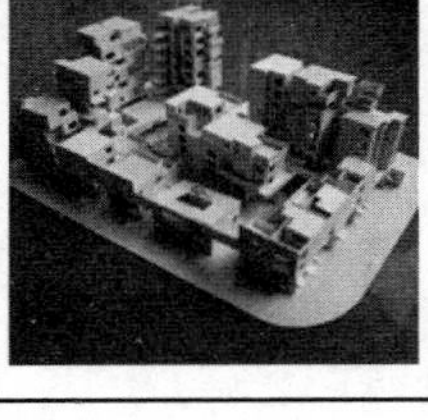

续表

周/时间	课程内容	完成情况	底层平面	住宅平面	模　型
11/1119	底层平面及景观微调	底层平面 3-8，住宅平面 4-6，1∶200 模型 6-4	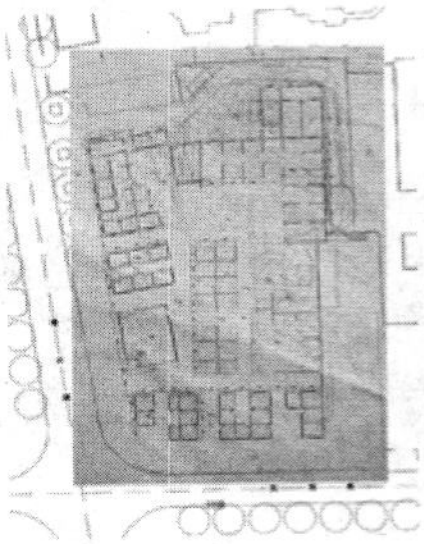	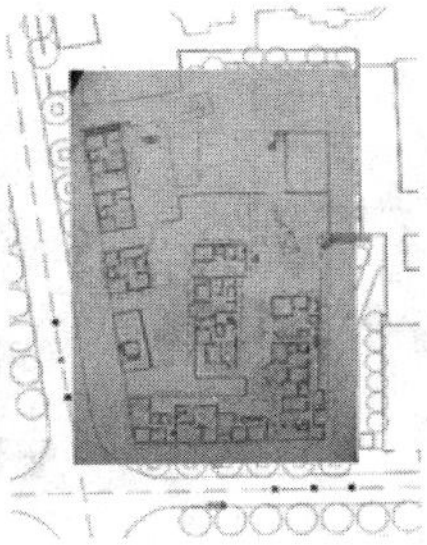	
11/1122	—	Sketchup 模型 1-1	—	—	
12/1126	总体立面与平面关系讨论	底层平面 3-9，住宅平面 4-6，Sketchup 模型 1-2	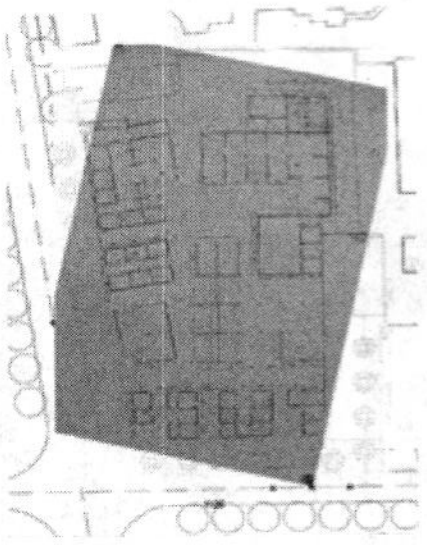	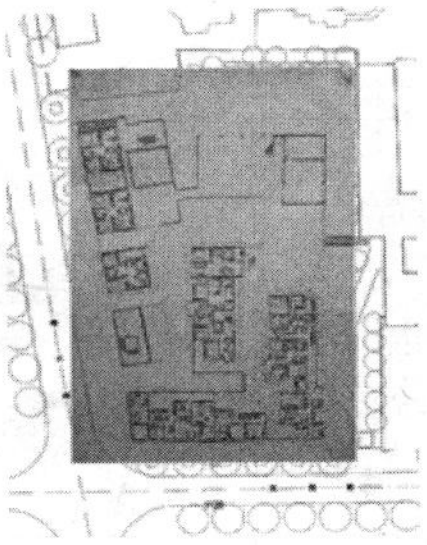	
12/1129	空间处理微调、透视表达讨论	底层平面 3-10，Sketchup 模型 1-3	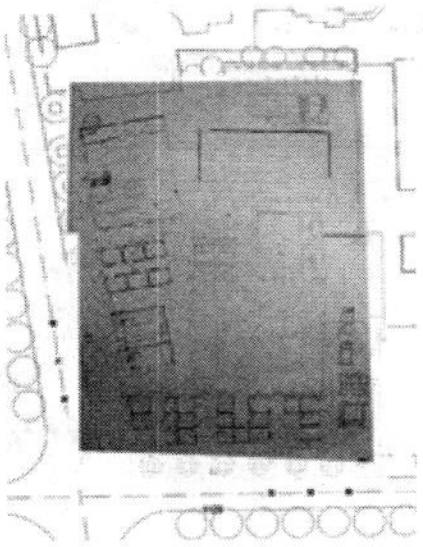	—	
13/1203	构造讨论及结构微调，要求 1∶100 模型开始	底层平面 3-11，住宅平面 4-8	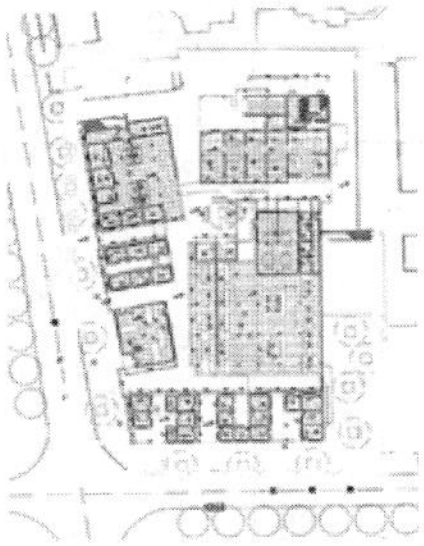	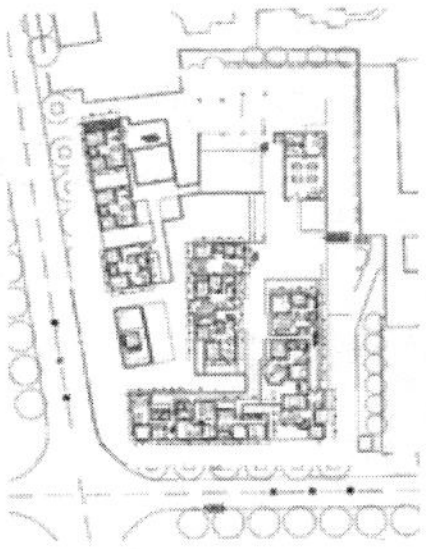	—

续表

周/时间	课程内容	完成情况	底层平面	住宅平面	模　　型
13/1206		剖面，墙身	—	—	—
14/1210		1∶100 模型制作	—	—	
14/1215	底层平面景观及动线关系梳理，平面微调，图面表达、景观设计、细部设计讨论	底层平面 3-12，住宅平面 4-9，1∶100 模型制作		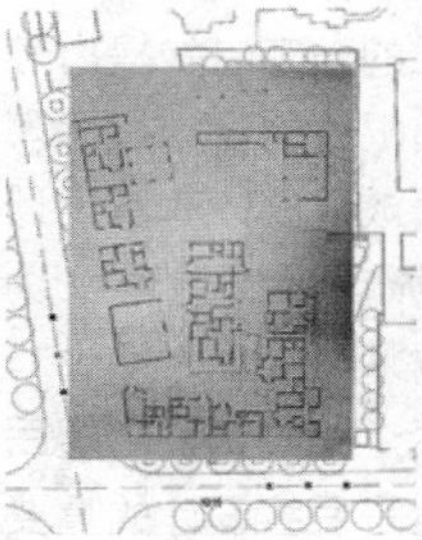	
15/1217	景观、图纸表达、模型拍照讨论	底层平面 3-13，住宅平面 4-10，1∶100 模型完成	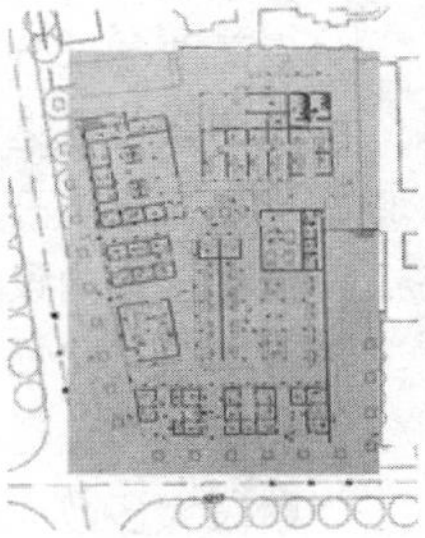	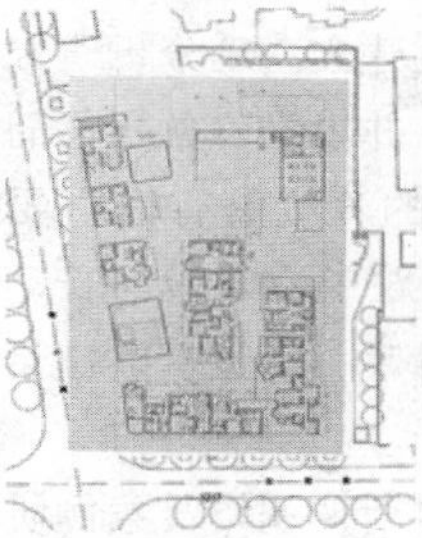	
	模型拍照、及排版讨论	无图像记录	—	—	—
15/1220	终期评图	最后成果	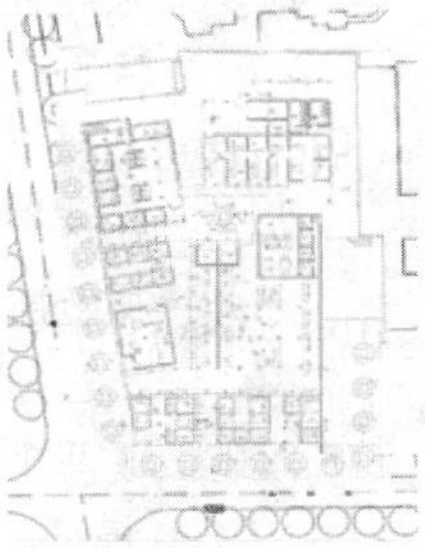	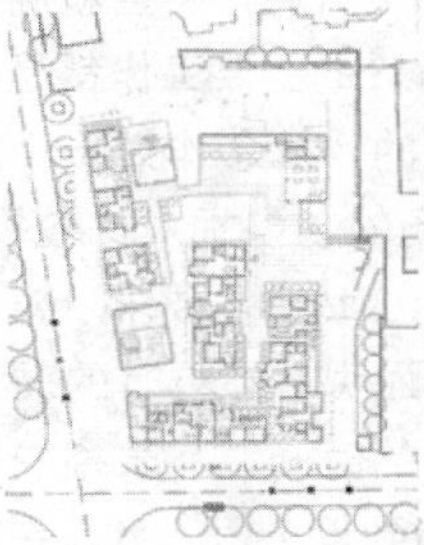	

3　教学阶段及个阶段内容

这个作业是我们首次在建筑设计教学中尝试 15 周的长题课程。通过这次尝试我们感觉到，与 8 周半的课题相比，10 周以上长题确实是可以使学生在设计深度的训练方面得到加强。但是这个深度并不是将 8 周半的内容简单放大拉长后就能得到的。10 周以上课题在各个阶段中所实施的一些针对性教学内容是设计深度的重要保证。下面我们结合朱静宜同学的设计发展过程对本次课题的教学内容进行剖析。在本次课程中，教学大致可以分为期调研、概念落实、设计深化和制作表现 4 个阶段。

第一是前期调研阶段中的主要内容是前面提到的"都市微更新"部分及随后进行的菜场设计的案例分析，时长 4 周（包括 1 周的国庆假期）。在这个阶段里，同学们首先对基地周围的许多都市现象进行分析。老师按学生分析成果将他们分为：居住调查、菜场调查、街道及空间及行为调查、垃圾收集及处理这 4 个小组。每个小组再到现场进行更深入的调研。在调研基础上每位学生完成个人的作业。这个部分作业虽然从成果上看并没有太多非常完整的东西，但我们觉得它对整个课题的后期发展具有很积极的意义。比如说，像上面介绍的朱静宜及其他多位同学，都能在课程的一开始就提出可以一直延续到设计最后的，具有长远眼光的设计概念。这证明了他们通过课程中对集体调研成果的分享及设计中的思考，建立起了对课题任务及城市现象的理性认识框架。通过课程上的密集评图，教师与学生之间也非常透彻地沟通了对当代中国城市发展逻辑的认识。随后的菜场案例分析及小组集体讨论，也是后续设计的重要基础工作。前期调研阶段在以往我们的一些课程中不被太重视或是大大被压缩的，它对学生建立主动分析研究项目条件，从城市的角度思考建筑，并摸索以分析，而不是以草图勾画为开始的设计方法的养成具有很重要的价值。这个阶段在 10 周以上的长题中能够被延长，使前期分析更加深入并对后面的设计起到更直接的作用，这应该是长题课题的主要价值之一。

第二是概念落实阶段。经过前期调研及案例研究之后，学生提出设计概念。学生首先在 1∶500 城市关系底盘模型中研究包含了基本概念的建筑体量模型。建筑在城市中的体量关系基本确定后，学生开始研究建筑平面的基本秩序。在平面基本秩序可行后，再重新确认城市体量关系是否依然合适。这阶段的主要工作都是围绕体量/平面的相互制约关系展开的，概念作为一个线索贯穿其中。在这个设计中，菜场的功能相对比较灵活，住宅则有比较严格的通风、采光、私密性要求。对住宅这些条件满足的要求便成了平面秩序排步时的硬性要求。这个阶段一般需要 3～4 周的时间。从表格中可以看到朱静宜的作业从第 5 周开始到第 7 周一直是在这个阶段之中。值得注意的是，在这一阶段中，有的学生的概念会与建筑体量有直接关系，有的则可能没有直接关系。比如朱静宜的概念是"松市散区"。她想做的是一个按不同功能分散开，功能之间形成露天街道，具有开放感的菜场。这个概念与具体的形态没有一一对应的关联，所以，在这个阶段中，相比于其他同学，她进行了更多的不同体量关系的研究。虽然如此，从设计实质性开始的第 5 周开始，她的设计概念本身并没有变化。表格中没有展示的是为了进行平面深化，同学们都进行了大量户型研究，并将它们落实到场地中。这些研究为后来设计的局部调整铺平了道路。学生方案最核心的部分是在这个阶段形成的，所以它是整个课程的焦点。在这个阶段中学生要在设计概念、建筑在城市中的体量关系及平面可行性之间来回推敲，期间难免忽略某些方面。但这个阶段的设计是方案的核心，学生方案在这个阶段存在的缺陷是很难被后面的阶段吸收的。对于学生的明显的设计缺陷，教师都应该非常直白地及时指出，并明确要求修改。相比起 10 周以下的短题，长题中教师可以花更多的时间与学生进行问答，并与学生在概念上达成共识。避免短题中可能出现的方案仓促推进的现象。

第三是设计深化阶段。这个阶段为从第 8～13 周的 6 周的时间。概念及落实阶段之后，学生设计的基本形态及总体布局都已成形，可以开始设计的深化。这个阶段大致可以分为前后两个过程。前一个过程以平面图及 1∶200 的模型为主要工具，对建筑的空间秩序及功能合理性进行综合推敲。建筑的空间秩序是本课程设计中最重要的部分，它被设定为本课程设计的先决因素。其他因素都在这个因素成立之后逐渐加以推敲。后一过程就是随后展开的对包括：形态、结构、材料构造、环境景观、室内设计这些因素在内的各方面的推敲。这个过程中除了平面及模型外，还有诸如：电脑模型、1∶50 局部剖面、透视图、拼贴图等工具都将被利用。在这个阶段大多数同学的设计从体型关系上看都没有太多的变动。但是正是这个阶段内进行的大量推敲工作才使设计从上一阶段的概念成立及基本可行，逐渐发展到各个方面的几近完美。这也是赋予方案以设计深度的主要阶段。以朱静宜的作业为例，虽然看模型照片，设计在第 7 周最后的形态与第 13 周的形态相差很小，但是这两个时间上的平面在细节上则有很大差别。从表格中可以看到，在这个阶段中，朱静宜作业的底层平面图（菜场部分）与上层平面图（住宅部分）没有大的版本上的调整，但都进行了 7 个轮次的深化调整。同时，在这个阶段她做了两个版次的模型，一个是体量模型，另一个是 1∶200 模型。前者调整了 2 轮，后者调整了 4 轮。在这个阶段她的 Sketchup 电脑模型研究做了 1 版 3 个轮次。另外她还有大量未列入表格的诸如墙身大样、透视、立面材料研究等方面的图纸。毫无疑问，10 周以上的长题可以比较从容地做到这些多轮次的调整，保证设计的深度。另外，10 周以上的长题还可以在诸如材料构造及环境景观这些短题比较难涉及的领域进行深化，让设计的层次更多。这次课程的第 9 周（11 月 8 日）中期评图时，评委老师们针对不同方案提出中了很多很好的意见。虽然这时大多数方案都已成形并有一定的深度，但我们还是积极听取评委意见，让多位学生进行了比较大的中期调整。这些调整让他们的方案质量有了非常大的提升。这种大幅度的调整也只有 10 周以上的长题相对比较容易做到。

第四是制作表现阶段。在这个阶段中最主要的工作是做一个 1∶100 的大模型。通过这个工具，学生可以在最后对自己方案的各个部分进行设计，尤其是一些图纸上画不到的部分。这个模型也将建筑放大到一定的尺寸，让学生可以在新的尺度上对建筑建立新的理解。除了模型工作外，在这个阶段进行的讨论主要包括：制图、排版、渲染的效果、模型拍照等。朱静宜的这个阶段用了 2 周的时间，其中做模型需要起码完整一周的时间，最后一周有一次课是评图，所以真正用在方案上的时间为 1.5 周。通过这次课程，我们感觉到从教学效果上看，这个阶段与上一个阶段之间的界限应该更加模糊一点，让 1∶100 模型的工作再提早 1～1.5 周开始。这样，在学生完成了模型之后，还可以利用模型与老师进行很多讨论，进而做一些设计上的调整。这样可以将后一阶段比较好地融进整个设计过程。这个阶段中的一些内容，如通过对透视渲染的研究来找到设计调整新依据等，也是在长题里才比较容易做到的。

4 总结

在中国的本科建筑设计教学中，可以在部分课题中实行长周期的建筑设计课题。虽然从阶段安排上看，长周期的建筑设计课题与短周期的课题之间没有太大差别，但是在每个阶段中，教学手段会有不少的差异。只有抓住长题的教学手段特征才能更好地利用长周期的建筑设计课题，让学生得到相对更加深入的设计训练。

王炎松　黎　颖
武汉大学城市设计学院建筑系
Wang Yansong　Li Ying
School of Urban Design at Wuhan University

三年级建筑设计课程的教学思考与体会

Teaching Features in Junior Architectural Design Courses

摘　要：建筑设计需要并且能够实现对人文特色的表达。通过对武汉大学建筑学大三建筑设计课程的教学实践进行思考和深入体会，提出具有人文特色的建筑设计课程教学体系的重要性，提倡建筑设计应充分考虑自然环境和社会需求，通过融合地域特征和传统元素来展现人文内涵。武汉大学建筑学三年级的教学实践积极探索人文特色在建筑设计中的转换，通过土家族乡土民俗博物馆，主题式聚落更新等设计课题，引导学生探索与思考如何通过空间的变化、形体的组合以及文化元素的提取，体会建筑对人文特色的表达。

关键词：人文，建筑设计，课程教学

Abstract: Architectural design needs and can realize the expression of humanistic characteristics. At the conclusion of Architecture third grade teaching practice of Wuhan University, we promote that architecture design should take full account of environment and social needs, to demonstrate the connotation of humanities by the integration of geographical features and traditional elements. The teaching practice of Wuhan University actively explore the conversion of humanistic in architectural design, by Tujia local folk museum, theme settlements updating design subjects, thinking about how to guide students to explore the changes through space, the combination of forms and the extraction of cultural elements, and achieve architectural expression in humanistic.

Keywords: humanistic, architectural design, course teaching

1　概述

人文就是重视人的文化，人文具有历史性、地域性，包括重视人的文化的形式、内容等。具有人文特色的建筑拥有时代的烙印，同时具有所处地域特点。

现代科技的发展使得地域之间交通方便，经济与文化交流愈加频繁，而地域文化却流失严重，变得浅淡和模糊。城市之间千篇一律，建筑也缺乏地方特色。吴良镛先生提出，“在一种世界趋同或一致化的现象下面，民族的传统文化特色面临着失去其光辉而走向衰落的危险，建筑文化表现更为强烈”。当代建筑创作中对人文精神的诉求越来越强烈，这也要求我们在建筑设计课程教学中进行探索并且完善建筑对人文特色的表达。

2　建筑设计课程设置

国内现有建筑设计课程的教学研究，主要集中着手于以下几方面：从建筑表现、创新思维、设计实践等支点入手，采用多种教学手段将训练模块串联起来，全面培养学生的设计能力和专业素质；从技术规范和技术知识角度着手对生态建筑、数字化建筑等进行理论认识及设计方法的探索。

建筑设计是一项创造性的活动，并没有可遵循的固

作者邮箱：875778984@qq.com

定模式和设计规律。建筑规范和现代化的建筑技术可以通过学习掌握得以应用，而建筑的人文精神却难以简单复制创作。国内外文化背景存在较大差异，而当前刻意模仿国外的流行风潮，导致我国对于地域文化在建筑上的表达并没有给予应有的重视。并且，国内高校的建筑教育在引导学生基于人文精神、地域文脉进行建筑创作与表达的方面尚未形成成熟的理论体系和教学模式。

武汉大学建筑学建筑设计课程教学注重培养学生在建筑设计中对人文精神的表达，努力打造具有人文特色的建筑专业人才培养方式。通过对教学实践经验进行不断思考，武汉大学建筑系在教学模式上进行更新、教学方法上不断创新，积极探索地域建筑特色的设计方法，突出建筑设计教学理念中的人文主题。

2.1 确定教学指导思想

武汉大学建筑设计教学实践中将人文精神、地域文脉作为教学的指导思想，注重人文特色教学理论的更新和完善，随时关注国内外人文特色在建筑表达上的最新教学研究成果。积极吸收先进教学理念的同时，不断探索适合中国本土化文化建筑的表达方法，推进中国地域文化建筑设计理论与实践的研究。

教学实践过程中，老师对于设计课题的确立、建筑基址的选取，引导学生围绕如何将人文背景融入建筑，培养学生对人性尺度的理解与认知，探寻文化建筑设计的方法和规律。全面提升学生建筑人文内涵与形体空间表达转换的能力，从立意、基地环境处理、组织空间序列等环节将文化内涵与形体空间转换与表达融会贯通，逐步走向设计语言表达的自由，达到符合现代建筑的创作趋势且能够表达建筑人文精神的要求。

2.2 确立人文教学主题

通过一二年级的基础训练，大三学生已经基本掌握了建筑空间的设计和功能布局的方法，具备进行人文特色建筑设计训练的基础。

建筑学专业三年级的建筑设计课程，在本科专业学习中起到承上启下的重要作用。武汉大学建筑系充分依托武汉大学深厚的人文背景来更新传统教学模式，在建筑设计教学与训练中确立人文主题，引导学生重视文化，培养学生利用建筑语言对人文思想、地域特征和人性尺度的表达能力。将建筑创作怎样实现人文特色及文化内涵的表达，如何充分体现人的使用诉求、审美需求，关注人体尺度和空间感受等当作教学目标，培养具有高度社会责任感、深厚人文底蕴和富有创新精神的综合性人才。

2.3 明确人文课程教学模式

建筑设计课程是建筑学专业培养的主干核心环节，然而各个高校在专业课程设置上的差异和建筑设计本身的复杂性，使得建筑设计课程侧重点各不相同，培养学生设计能力的教学方法也有所不同。武汉大学建筑学专业的设计课程充分依托自身深厚的文化底蕴，使学生理解建筑作为文化载体的基本特质，注重多学科交叉培养，建立学生自身对人文精神的独立思考能力，提高建筑设计能力，构建出具有武汉大学建筑学专业特色的教学模式。

在人文主题的课程教学实践中，老师积极引导学生形成正确的创作思维观及人文建筑表达的思维模式。透过意在笔先——人文主题的探寻与立意，山水入画——基地环境的处理与协调，渐入佳境——功能空间的组织与排列，融会贯通——人文主题的提升与体现等设计过程，提高建筑创作在文化表达上的理解和尊重人文精神的设计水平。

3 教学实践过程

3.1 确立目标及选择题目

通过反复总结大三教学实践经验，教师科研团队从确定设计目标及选定具有人文特色的设计题目入手，构建出人文主题的建筑设计课程教学方案。

建筑学三年级上、下两个学期设计课的设计题目，都给定了真实的基地环境，如（一）“土家族民俗陈列馆”选址在恩施州彭家寨；（二）“珞珈文化研究中心”选址在校园内珞珈山麓；（三）“历史街区中的图书馆”选址在武汉市的著名的历史街区昙华林；（四）“古村落更新”选址在浙东四明山区。

设计题目所选的基地环境，绝大多数是可进行实地考察，其中“珞珈文化研究中心”和“历史街区中的图书馆”选址在学生生活的校园和武昌区内，便于学生在设计过程特别是前期调研中实际感知地形环境，亲身体会基地所处空间的人文特色。而第四个设计题目以浙东四明山区为设计背景，刚结束的大二暑期古建筑测绘实习就选在浙东四明山区，学生对当地环境已经留下深刻的印象。教学过程中通过针对不同的基地环境进行设计，引导学生建立起对建筑的人文特色的认知，并在建筑设计中灵活地转换实现。

3.2 教学中人文主题的转换

3.2.1 人文主题的探寻与立意

建筑设计之中，人文主题的设计立意可谓点亮建筑灵魂之光，基于人文的设计将赋予建筑地方文脉的闪光点。如何才能把握人文主题并且进行立意？这就要求学生全面、深入地研究当地的文化思想与地域特征，亲身体会当地的人文特色，发现设计的切入点，将特定的文化思想或元素转换为设计中的形态空间。

设计立意着手的人文元素可以是具体的物象，如土家族极具特色的吊脚楼，土家的民族服饰，土家传统织锦西兰卡普等人文特色也可以从抽象的元素中汲取，包括地域所特有的诗词、戏曲、书法、绘画等传统文化，如学生作业“吟筑”（珞珈文化研究中心设计），通过对珞珈人文精神的领悟，选取中国传统诗词中王维《终南别业》中的“行到水穷处，坐看云起时”，以其循环往复、生生不息之意，就其随处得安，绝境逢生之意，在曲径通幽、峰回路转的场景中，体会空间布局中场景的渲染和层次的递进。

图1　珞珈书院设计（设计刘子锷，指导老师王炎松）

3.2.2　基地环境的协调与处理

基地环境的限制条件也可以成为环境协调与处理的特色因素，包括地形地貌、景观朝向、道路交通、周围建筑以及所处的文化背景等都可能成为建筑设计启发点和切入点。不同的自然条件和人文环境，给予了设计者多样的建筑设计手法，用建筑的轴线、轮廓、开合、材质、色彩以及形态去呼应和融入基地所处的环境。

土家民俗陈列馆设计课题中基地环境的协调与处理，主要在于如何协调与原有村寨的空间关系，如何融入周围的自然环境，如何呼应场地原有的土家文化氛围。有些学生从起伏的山势和水流形态中受到启发，提炼出流动的意境，并转化为顺山顺风顺水的空间布局原则，使作品具有较为强烈的人文气息。有些学生则选择抓住场地内蜿蜒流淌的小溪，采用“水样流动的布局”进行总平面设计和青花韵味的建筑设计来呼应宁波地区的黄酒文化。

3.2.3　功能空间的组织与排列

建筑有多变的空间组合排列方式，包括轴线排布、院落空间组织、迂迴循环形式等，不同的空间功能组织和排列秩序营造出变幻的建筑空间体验。同时，串联和组织空间序列的流线通过起承转合的设计和悬念的设置，将空间前后递进和转折变化融进功能布局里。

在历史街区中的图书馆课题设计过程中，老师引导学生充分运用功能空间组织中的虚实对比、序列递进、转折等手法将建筑完整的体量依据地形、功能分区等进行灵活解构。在设计中可以将主要空间、辅助空间以及交通空间分置在不同的体块之中，分离却不分散，将空间层次逐渐推进，使得建筑各部分空间有机和谐地存在，更深层次地传达设计者的感情，展现建筑自身的人文特色。

3.2.4　人文主题的提升与体现

经过不断的进行研究和推敲，建筑的形体、空间、功能、流线逐渐得到完善，文化内涵的传达也进一步融入建筑的设计之中。设计中对于文化内涵的阐述并不是简单地将文化符号和概念僵化地附着在建筑上，而是融入建筑的空间布局、肌理表皮以及材料工艺，与建筑整体有机融合与升华，传达出“有意味之形式”而绝非为“形式而形式”。

在“不了残局”——中国象棋体验园中，学生发现当地村落布局肌理与中国象棋的神似之处，抓住地形中的“一水中分”、“悬于两端”的特色所在，运用中国象棋的传统元素，于错落的山体等高线和河流之中将古谱象棋残局融入总平面设计之中，以“引龙出水”的格局模拟出象棋行走的规则和路线，完成建筑单体在整个基地范围内的排布，推演出灵动的总平面布局和丰富的空间形式。同时通过挖掘中国象棋元素，用建筑单体隐喻棋文化中的棋子，借鉴生动的象棋语言在建筑造型、意境、空间变换中创造出对建筑不同的解读与转换，也营造出生动的节点空间氛围。

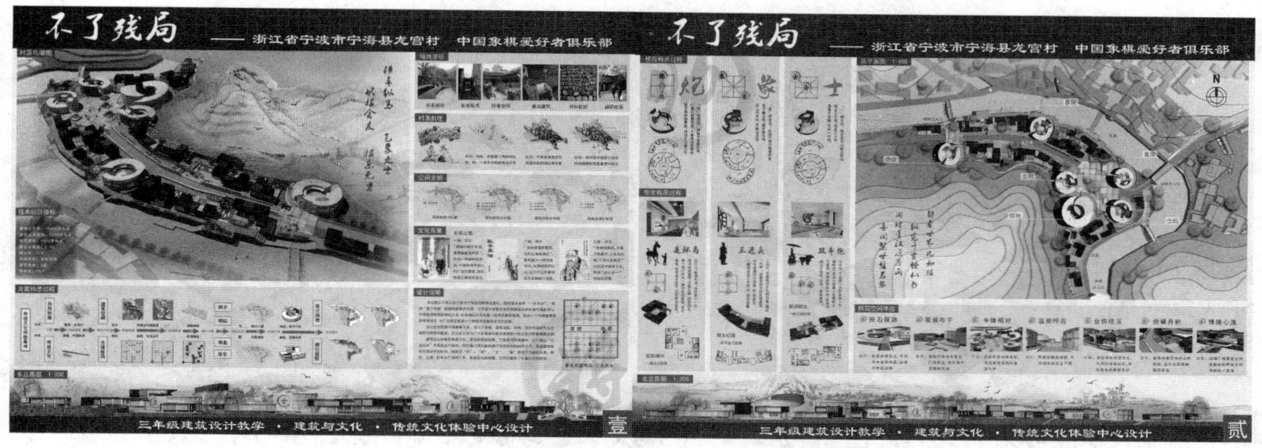

图2　古村落更新设计（设计刘溪，杜亚薇，彭强，指导老师王炎松）

3.3　对设计过程有效控制

在教学中，老师将课程时间跨度划分为前期资料收集、中期设计构思、后期成果完善三部分。通过对设计过程进行层层控制，严格检查各阶段草图，使得前后草图具有延续性和层层递进，设计中的理念和思考能够真正得到持续发酵，最后收获细腻的设计成果。同时，对学生的中期、末期两次设计成果进行全年级联合评图，打破传统成绩评定模式，对教学成果公开进行检验。

4　相关成果与体会

在多年的大三建筑设计课程教学实践中，武汉大学建筑系保持国际、校级之间密切的学术交流，开阔师生视野。教师团队积极深入研究，发表了多篇理论研究论文，相关教案连续两年被全国高等学校建筑学学科专业指导委员会及建筑学专指委评选为优秀教案，连续五年共十余份以富有人文特色的学生作业获得优秀作业，初步形成了鲜明的人文教学特色和成果。同时，在老师的指导下武汉大学建筑学学生思维活跃，建筑设计成果及论文在国内国际各种层次的竞赛中不断崭露头角。

三年级建筑设计课程以人文为主题，让学生有机会对每个任务的特定文化背景、地域特色以一种开放性姿态去进行充分体验，并且在尊重人文的基础上进行创造性方案设计，以公开评图取代传统的一对一的修改与评价方式。课程的教学过程建立在突出学生自主性的基础上，使学生由被动接受的客体转变为主动、积极的创造的主体，促进学生对地域文化及人文精神的认知，并在课程学习中体会到设计创新的乐趣。

大三建筑设计课程教学实践表明，在教学过程中强调并有效地组织和引导学生体验实地环境、关注社会和人文特征，让学生做到在对特定地域的文化内涵的充分理解和体验的基础上进行设计构思，通过“人文立意的确立——场地的合理布局——空间的组织与功能流线的设计——主题的升华”一系列的探索实践，将人文元素融入建筑设计之中，使其更加拥有本更加土化、人文化的表达，应成为建筑学教育改革不断探讨的新命题以及未来发展的趋势。

参考文献

［1］　王蓓，建筑设计基础教学改革的研究与实践，浙江万里学院学报[J]，2011(3)：109-112.

［2］　奚于成，建筑 · 生态建筑 · 数字生态建筑，华中建筑[J]，2005(5)：82-8.3.

［3］　吴良镛，论城市文化[A]. 顾孟潮，张在元．中国建筑评析与展望[M]，天津：天津科学教育出版社，1989.

［4］　刘抚英、金秋野，国内高校建筑教育发展现状探析，华中建筑[J]，2009(7)：235-237.

［5］　王丽，浅谈建筑学教育中应强调建筑地域性特色．理论探究[J]，2010(9)：23-24.

段忠诚[1] 姚 刚[2]
1 中国矿业大学力建学院
2 东南大学建筑学院
Duan Zhongcheng[1] Yao gang[2]
1 Architecture Department of Mining and Technology
2 School of Architecture in Southeast University

基于徐州城市特色的三年级建筑设计教学探索
A Probe into Architectural Education Based on Xuzhou Features

摘 要：徐州深厚的历史文化特色和城市产业特色，为建筑创作和建筑设计课题的选取提供了丰富的素材。作为位于徐州的高校的建筑学专业，利用这种区位优势，采取了基于城市特色的建筑设计教学方式，把三年级建筑设计教学定位为：强调建筑设计选题适应城市历史文化特色和适应城市产业转型这两大特色和四个引导模式，提高了教学效果。

关键词：城市特色，建筑设计教学

Abstract：Xuzhou has profound historical features and characteristics of urban industry. It can provide a wealth of material for architectural design and the selection of architectural topics. Located in Xuzhou，we take advantage of this location to adopt architectural design teaching methods making use of the city's characteristic. The grade three positioning for architectural design teaching is as follows：the architectural design topics should adapt to urban historical features and adapt to urban industrial transformation. Finally，these methods have improved the teaching effect.

Keywords：City Characteristics，the Architectural Design Teaching

1 引言

我国城市大规模地激进地开发建设，几乎给所有城市带来了同样的问题与困惑：城市面貌趋同、地域特色丧失、城市定位模糊。如何在建筑设计教学中，引导学生找到应对这些问题的策略和方法，成为建筑学教育中一个需要高度重视的课题。

江苏是中国建筑教育的重镇，通过建筑学本科专业教学评估的学校就有 5 所（截至 2012 年 5 月，全国共有 48 所）。在这几所学校中，东南大学、南京大学的建筑学教育定位为与国际化接轨，苏州科技学院和南京工业大学所处的城市，比笔者高校所在城市徐州具有更强的区域优势，与外界的交流更为便利与频繁。显然，建筑教育需要更多的外界咨询与交流，但是，如何把城市劣势转化为优势，是我们需要思考与研究的。很幸运的是，徐州这座三线城市，地域特色非常明显，历史上为华夏九州之一，自古便是北国锁钥、南国门户、兵家必争之地和商贾云集中心。徐州有超过 6000 年的文明史和 4000 年的建城史，是著名的千年帝都，有“九朝帝王徐州籍”之说。徐州是两汉文化的发源地、中国佛教的发源地，有“彭祖故国、刘邦故里、项羽故都”之称。徐州一直是江苏省唯一的煤炭工业基地，在计划经济时代，全省曾有 8 个地级市在徐州取煤。这种极度依靠资源产业的粗放型发展模式给徐州留下了巨大的隐

作者邮箱：yaogang110@126. com

患：大面积的煤矿塌陷地，307 万 m^2 棚户区，严重的生态赤字和环境污染威胁着徐州的可持续发展。随着徐州煤矿资源的逐渐枯竭，徐州走向了资源枯竭型城市转型的道路。

上述的这些徐州深厚的历史文化特色和城市产业特色，为建筑创作和建筑设计课题的选取提供了丰富的素材。在中国矿业大学建筑系的办学特色中，特别强调和利用了这些地域上的优势。笔者所在的三年级建筑设计教学组，也充分挖掘了徐州城市特色，在三年级的四个建筑设计课题中，就有矿区老年社区活动中心、汉文化艺术馆、工矿区旧建筑改造 3 个课题与之相关。在适于地域特色的建筑教育探索中，我们把三年级建筑设计教学定位为强调 2 个特色和 4 个引导模式。2 个特色为建筑设计选题适应城市历史文化特色和适应城市产业转型特色，4 个引导模式旨在强化与引导学生如何重视和挖掘两大特色。

2　以地域性为特点的建筑设计教学的两个特色

中国矿业大学建筑学学科始建于 20 世纪 80 年代，设立伊始就确定了以矿区建筑设计为主的服务目标，为国家经济建设和矿山行业发展培养了大量的高素质人才。经过近 30 年的努力，形成了以矿区建筑环境和老工业城市改造、建筑文化与地域性建筑为主的学科特色，建构了较为完备的学科体系。依托上述完善的科研平台和显著的学科优势，三年级建筑设计教学中，也充分利用和强调了这些特色—立足城市历史文化特色和立足城市产业转型特色。

2.1　立足城市的历史文化特色

作为我国的历史文化名城，徐州历史文化遗存特别丰富，特别是古文化遗产中的汉代三绝，即汉墓、汉兵马俑、汉画像石。其中又以汉墓位列第一，迄今为止，徐州汉墓已发掘清理近 300 座，在这些形式各异的汉墓中尤以十几座汉代王侯陵墓最具规模。因此，如何引导学生通过对建筑遗存、文化特色及历史文献的研究分析，研究建筑构筑、形制、材料、装饰、空间、流线等在地域历史文化传承背景下的设计方法，是一个很有意义的课题。而这种以地域性建筑为教学重点，突出建筑文化与地域性结合的专题，颇具特色。在这样的背景下，三年级建筑设计教研组确定了以“汉文化”为主题，将之与三年级必修的博览类建筑设计相融合，把该教学设计任务题目定为了“汉文化艺术馆设计”。

在课程建设上，教研组不断探索适应徐州汉文化特色的建筑设计理论与方法，用于指导学生的课程设计中。近几年，我们通过归纳、总结、反馈与提高，促进了学生作业水平的不断提升（图 1），同时，进一步完善和充实了教学内容，在 2012 年专指委的“全国高等学校建筑设计教案和教学成果评选”中获得了优秀教案奖。

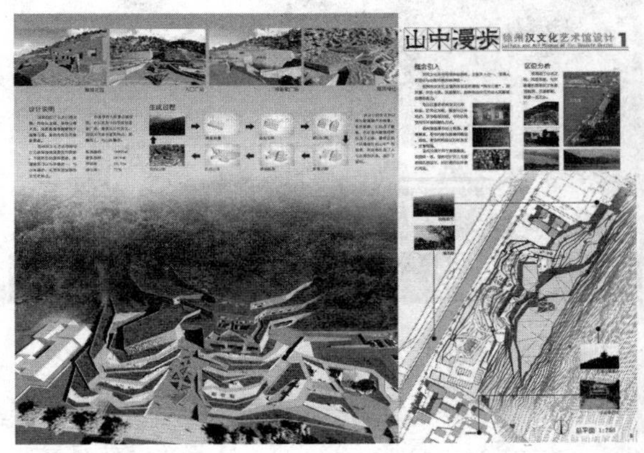

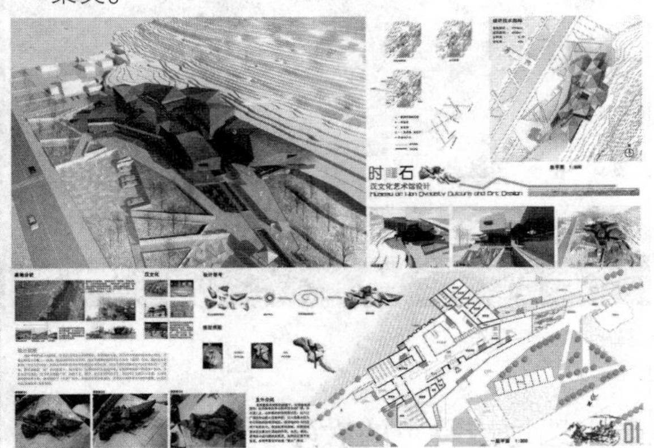

图 1　学生汉文化艺术馆设计作业图

2.2　立足城市的产业转型特色

我国大量资源型城镇自 21 世纪以来进入衰退期，部分工业场地和建筑闲置。徐州这样一个长期以来依赖煤炭开采产业的资源枯竭型城市，有大量的矿区建筑处于半荒废状态。因此，如何应用建筑批评与空间评价理论，分析工矿区既有建筑和空间的价值，建立空间评估体系，完成矿区既有建筑更新、矿区棚户区更新、工矿废弃地城市设计研究等多项任务，提出适宜性再利用策略，有较强的教学价值。因此，三年级教研组基于徐州城市的这种产业特色，提出了立足地方、依托行业特色，通过前期调查研究、教师的设计实践、中外联合教学交流等手段，逐步形成了三年级设计课题的另一个特色鲜明的方向——工矿区既有建筑改造设计。（图 2，获第三届中联杯竞赛三等奖）

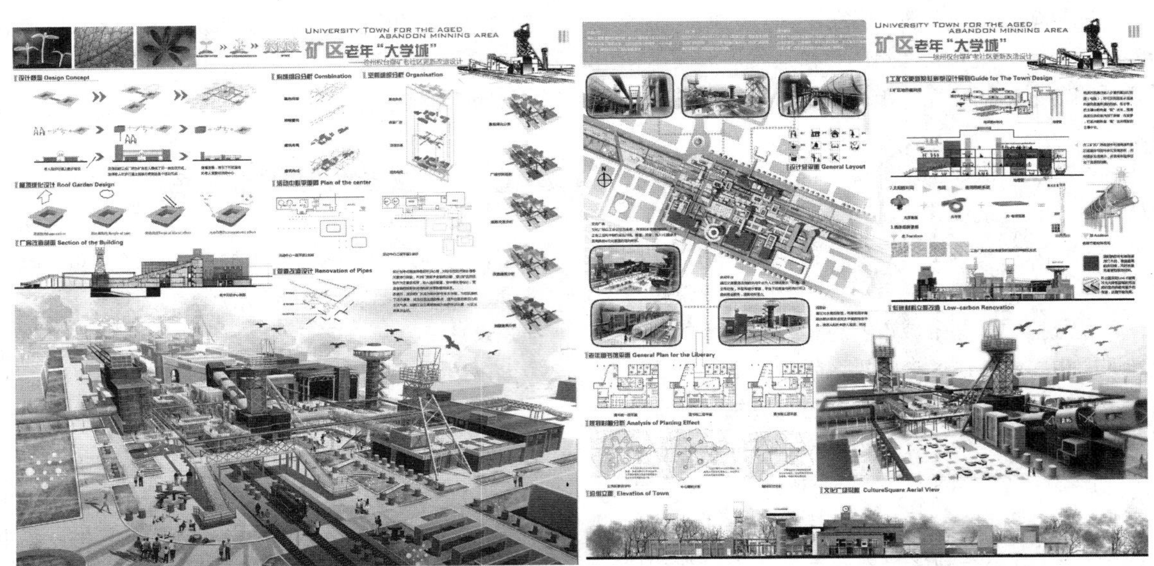

图 2　学生矿区改造作业图

另外，在后工业化时代，徐州这个矿业城市由逐步生产型转变为消费型，工业文化遗产的保护和再利用研究得到广泛关注。依托我校的行业特色和学科优势，我们对矿区工业文化遗产进行了开创性的调查、研究和发掘，探讨了工业建筑生命周期空间演变的脉络关系和潜在动因，初步构建了矿区工业遗产价值认定、保护和适宜性再利用的理论体系，并把这种理论价值体系也引入到了建筑设计教学中，将它与“矿区老年社区活动中心”这个设计课题相结合（图 3），充分挖掘和体现了城市的产业特色和我校建筑学的教研特色。

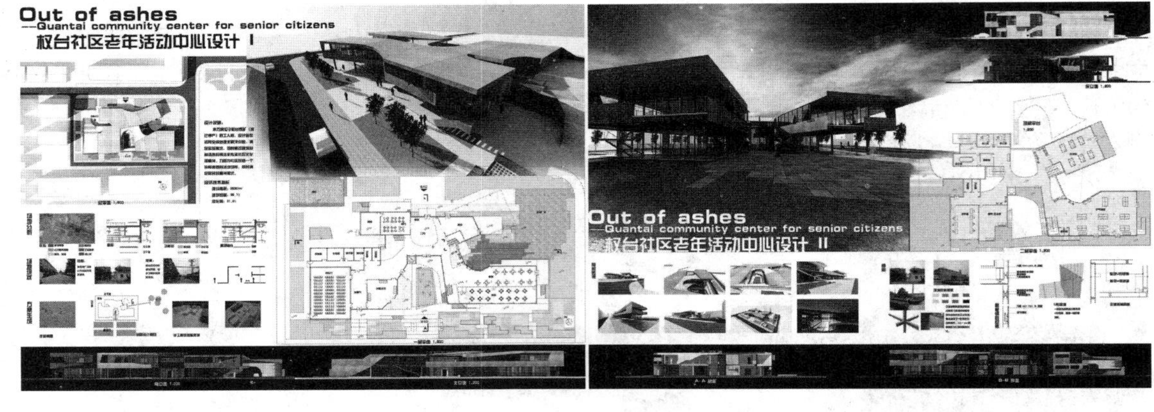

图 3　学生矿区老年社区活动中心作业图

3　基于上述地域特色的教学引导模式

3.1　重视培养学生设计前的调研能力

为了使学生能够充分了解设计任务和设计对象的地域性特点，教师除了详细讲解任务和要求以外，对于设计中应掌握的主要的基地条件信息、历史文化背景和产业化背景资料给予适当的提示，首先让学生明确着眼点和着手点，要求学生自行调查研究，然后写出调研报告，然后由教师组织讨论汇总，去粗取精、去伪存真，明确与设计相关的环境和背景信息。在此期间，学生对不确定的信息还可以再去进行实地调查，并查找多方面的相关资料。通过这个过程，学生对设计对象认识更加深刻，加上对类似的个例分析与讨论以及与相关理论的联系，设计思路逐渐清晰。随着研究的深入，学生对设计中涉及的各种问题的兴趣也越来越浓厚，可以为方案的形成奠定充实的基础。

3.2　结合实际，加强现场教学

学生的设计思维与家庭背景、周边环境有密切关系。设计者心目中所设想的，可用 4 个字概括：身临其境。因此，让一个从未去打过高尔夫球的学生去做高尔夫球场设计，和让从未吃过螃蟹的人去描述其鲜味一样，缺乏生活基础。因此，了解和体验地域性强的建筑，也是强调地域性特点的教学模式的一个重要环节。譬如，在汉文化艺术馆设计初期，教研组的老师就带领学生参观徐州市内的地域性建筑，如关肇邺先生设计的徐州博物馆和徐州汉画像石博物馆等，在参观的过程中，还对这些建筑进行专业角度的讲解。这种抓住实践契机，提高学生实际能力，带领学生走出校门的教学方式，使绝大多数同学感到新鲜、新奇，表现出极大的兴趣和很高的积极性。实践性教学方式得到学生好评，按他们的反映，归纳起来有以下几点收获：提高获取知识的能力，开阔视野，拓宽知识面，丰富和充实教学内容，提高分析问题和解决问题的能力。

3.3 引入模型辅助教学

我校以往的建筑教学一般停留在二维纸面上的研究，学生在学习过程中均觉得较为枯燥，提不起兴趣；而计算机的应用使建筑学教学中的虚拟成分太多而脱离了实际。在具体的教学过程中，要求学生们运用简易材料，根据生活体验和空间想象，制作建筑空间模型，着重于建筑基地环境的分析。以矿区旧建筑改造为例，我们就要求学生把设计地块周边的矿区旧建筑的模型一并做出来，以体会这种空间环境和文脉延续的感受。模型虽然简单甚至粗糙，但具有很强的直观性、参与性和体验性，对于帮助学生了解新建筑如何与既有建筑的结合具有很强的导向作用。只有多种教学手法并用，才能在手脑结合、人脑和电脑结合的设计过程中，开发培养学生的想象力和创造性思维能力，鼓励他们对设计创意进行过程化的充分表达。

3.4 教学中引入专题讲座的模式

专题讲座是指每个设计专题均以建筑设计的一个特定方向命名，结合本系具体情况组织几个专题讲座穿插其中，每个专题讲座均包括了不同学习阶段的设计要求和设计重点，教师分别在不同专题讲座中承担不同的工作任务。以工矿区既有建筑改造设计这个专题为例，我们在课程设计中穿插了若干个讲座，最具亮点的是，依托了我校的矿业学科强的特点和学科优势，我们会邀请一些矿业方面专家来给学生讲解工矿区一些建筑的特点，譬如矿区建筑中井架的作用等。这有利于学生加深对设计对象的理解和感悟，启发了他们的设计思路。

4 结束语

经过实践的检验，以矿区建筑环境和老工业城市改造、建筑文化与地域性建筑为主的特色专题教学方式不仅可以强调建筑教育的地域特点，提高教学效果，而且更有利于培养学生观察、分析、表达能力等多方面的综合素质。先进的教学模式决定着教育发展的方向，建筑学专业教学中新思路的探索在本专业的教学改革和建设发展中显得极为重要。只有按照建筑学专业的培养目标，充分开发调动学生学习的主动性，根据社会发展需要随时调整教学思路，促进教学的改革和发展，才能培养出适应社会需求的人才。

参考文献

[1] 丁沃沃. 重新思考中国的建筑教育. 建筑学报，2004(2)：14-16.

[2] 王建国. 中国建筑教育发展走向初探. 建筑学报，2004(2)：5-7.

[3] 仲德昆，陈静. 应对生态可持续发展的建筑教育. 全国建筑教育学术研讨会论文集. 全国高等学校建筑学学科专业指导委员会，山东建筑大学. 北京：中国建筑工业出版社，2006：2-10.

[4] 王少飞，徐岩. 营造体验——建筑学专业二年级教学实践课初探. 全国建筑教育学术研讨会论文集. 全国高等学校建筑学学科专业指导委员会，山东建筑大学. 北京：中国建筑工业出版社，2006：242-245.

[5] 朱雪梅，王国光，陈渝. 立足城市特色 培养创新人才. 高等建筑教育，2004(03)：18-20.

殷俊峰　白　瑞
内蒙古科技大学建工学院建筑系
Yin Junfeng　Bai Rui
Inner Mongolia University of Science and Technology

开放背景下的内蒙古地域建筑教育❶
The Regional Architectural Education Under the Background of Open Environment in Inner Mongolia

摘　要：文章梳理了中国建筑教育现状，并针对全球化背景下的内蒙古地域建筑教育进行了分析。结合建筑学专业特点，通过在建筑教育的启蒙阶段，各年级的课程设置，以及教学实践与研究的不同教学环节中融入地域特色，探寻了一条实力薄弱院校的建筑教育之路。

关键词：开放，传统，地域，教育

Abstract: The article combs the Chinese architectural education's present situation, and analyzes the regional architecture education of Inner Mongolia under the background of globalization. Combining with the characteristics of architecture specialty, we integrate into the local characteristics in some aspects, such as architecture education stage of enlightenment, the curriculum setting of each grade, and different teaching stages in teaching practice and research. In this way, we explore the architectural education of a weak colleges and universities.

Keywords: Open, Traditional, Regional, Education

1　开放的全球化背景

中国的传统建筑教育源于中国匠人的手口相传，世代承袭，“匠师被编为匠户，子孙世袭其业”（图 1）。[1]在近代中国建筑教育先贤梁思成、刘敦桢等人的共同努力下构建了的建筑教育的框架，也由此奠定了中国现代建筑教育的雏形。1992 年，全国高等学校建筑学专业教育评估委员会成立，开始实行建筑学专业学位评估，中国的建筑教育由此逐渐规范化、系统化。

中国建筑学会建筑教育评估分会理事长朱文一指出“教学经费的投入、高端人才的引进、新建筑系馆的建设、实验设备的购置等，大大提升了院校办学条件的整体水平。对教育规律的探索形成了相对成熟的教育理念、课程体系和教学方法，院校的办学水平得到了整体提高。”但是，中国建筑院校空间分布不均衡，多集中在中东部发达地区，西部和少数民族地区的院校较少、实力薄弱。

目前中国经济飞速发展、科技日新月异、文化快速变迁、社会日益多元，基于这样一个开放的全球化、信息化、地域化以及多学科融贯交叉日益频繁的背景下，中国的现代建筑教育也面临着如何继承传统、尊重地域的问题，以应对未来的发展。尤其是对于那些处于少数民族地区的实力薄弱的建筑院校，这一问题显得更加尤为紧迫。

作者邮箱：junfeng0413@163. com

❶ 内蒙古科技大学重点教改项目：培养学生设计思维与兴趣的建筑设计基础课程教学改革（项目编号 JY2012004）。

图 1　中国古代传统的师徒制图
（图片来源：《绘图鲁班经》）

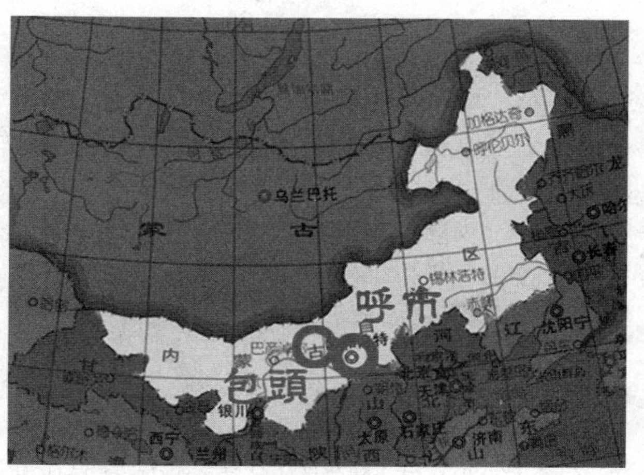

图 2　内蒙古的建筑院校分布图
（图片来源：自绘）

2　开放多远的内蒙古

2.1　内蒙古地域特色

内蒙古在明末清初直至民国，经历了三百多年“走西口”浪潮，发生了翻天覆地的变化，尤其是几年来内蒙古经济的飞速增长使内蒙古逐渐走向开放。短短几百年的时间，内蒙古人口的变迁带来了社会、经济、历史、文化、宗教的碰撞。蒙汉多民族的融合、游牧与农耕经济的碰撞、喇嘛教与汉传佛教的交流等等这一切的变化为建筑学在内蒙古的发展创造了一个契机。这一变化在内蒙古的中西部地区体现尤为明显。特别是处于内蒙古中部的黄河以北，阴山以南的呼包地区，而内蒙古有建筑学的院校也主要集中在呼包二市（图 2）。

“发挥地域特色”指的是“建筑院校根据所在地区的自然、文化、社会、经济等因素，探索和形成有特色的建筑教育体系”。[2] 内蒙古地处中国北疆，与其他发达地区的建筑教育无法相比，但地域特色非常浓厚（图 3），发挥地域特色是内蒙古建筑教育的必然之路。

2.2　内蒙古建筑教育

内蒙古的建筑教育起步较晚，是在建国初期毕业于清华大学、南京工学院和同济大学等高校的老一辈学者李大厦、肖铿等人的共同努力下创建的。目前，以内蒙古工业大学和内蒙古科技大学较为完善。1964年，梁思成先生曾两度来内蒙古工业大学讲学，推动了内蒙古建筑教育的发展。近年来内蒙古工业大学在张鹏举老师的带领下发展迅速，于 2009 年 5 月率先通过了全国高等学校建筑学专业评估。内蒙古科技大学也正在积极筹措申请建筑学专业评估。

图 3　内蒙古的地域建筑文化图

3　基于开放背景下的内蒙古建筑教育

内蒙古的建筑院校多年来一直立足于内蒙古的地域建筑文化，开展具有地域特色的教学研究。以内蒙古科技大学为例，1956 年，学校建筑学专业由来自于清华大学及东北大学、西安建筑科技大学等院校的资深教授创建，受地理环境和经济条件的制约，虽然经过 20 多年的不断建设与发展，但是高学历人才流失较为严重，师资力量严重不足，队伍结构极不合理，学历结构偏低。

建筑学的课程体系受清华的影响沿袭的是 20 世纪

50 年代学习苏联莫斯科大学建筑专业的教学体系："课程安排分为公共基础课、专业技术基础课和专业课……课程门类多，学生奔波于听课教室之间，设计学士常常被挤占，苏联填鸭式的教育体制与方法至今尚有深刻影响。"[3]

近年来，内蒙古科技大学积极组织申请本科建筑学评估，在教学环节中加强地域特色，逐渐走出一条适合自己特色的建筑教育之路。

3.1 关注少数民族学生的建筑教育

学校针对少数民族学生提前进行一年的预科教育，通过每年举办少数民族文化节、扶持"苏力德蒙古文化学会"等方式对少数民族学生进行培养引导，一部分少数民族学生第二年进入建筑学。

我们对这部分学生与当年统招生在分组时糅合在一起，对他们同等要求，但是在考核中适当降低标准要求。在设计中鼓励这部分学生挖掘自己家乡牧区的文化特点进行创作。增强了这些同学的民族自信心，教学中每次都有意想不到的成果。2013 年，内蒙古第二届建造节以及少数民族学生提取蒙古族文化要素搭建的一些作品（图 4）。

3.2 建筑启蒙教育中渗透地域特色

内蒙古的宗教由最初原始的萨满教演变为藏传佛教，其思想在蒙古民族中根深蒂固。宗教建筑在内蒙古呼和浩特市就曾经达到"七大召八小召、七十二个免名儿召"之说，号称"庙宇林立、比似佛国"。在内蒙古包头市连绵起伏的大青山深处，就有一座气势磅礴，规模宏大的藏式喇嘛庙，这就是与西藏的布达拉宫、青海的塔尔寺和甘肃的抗卜楞寺齐名的我国喇嘛教的四大名寺之一的五当召。

我们在教学中充分利用这一地域资源优势，带领学生参观考察，实地教学，在建筑设计基础课程中的水彩渲染中引入五当召的局部，改变以往垂花门渲染中没有实际参照只能临摹高年级范图的弊病，使学生在实地的参观与渲染中感受当浓厚的地域特色（图 5)。

3.3 低年级设计过程考虑地域特色

内蒙古虽然地域辽阔，但历史上都是蒙古民族游牧之地，蒙古族逐水草而居，蒙古包是草原大地上最早的建筑。设计中立意取材于蒙古包常常成为学生设计中的出发点，所以在设计前期的草图推敲过程中重点引导蒙古族同学对蒙古包建筑进行解构，同时让汉族学生对中国传统四合院民居进行了阐述，双方在交流中增强了对内蒙古地域特色的了解。

图 6 为指导 2010 级建筑学蒙古族学生白其海日玛同学通过蒙汉双语对蒙古包由聚落到单体、由苏力德到盘长图案、由哈那到乌尼、由陶脑到围毡的系列解构分析，同时对比了由于历史、文化、经济、社会等因素造成的四合院与蒙古包的差异，在锻炼学生徒手表达能力的同时对内蒙古的地域文化进行深入分析（图 6)。

图 4　2013 年内蒙古第二届建造节图（图片来源：自摄）

图 5　从内蒙古包头市五当召提取的水彩渲染技法作业图（图片来源：自摄）

图 6　指导 2010 级建筑学蒙古族学生白其海日玛同学的蒙汉双语设计推敲草图（图片来源：自摄）

3.4　高年级课程设计融入地域特色

为了更好突出地域特色，便于学生实地调研与分析，高年级的课程设计在考虑整体教学的同时结合内蒙古的实地，选择一些具有当地文化特色的题目，尤其是在毕业设计中结合教师的工程与项目实践，使学生能更加真实的对内蒙古的地域情况有深刻的了解。

3.5　实践教学环节加入地域特色

包头市是一个受“走西口”影响较大的移民城市，是曾经的“西口重镇”和“水旱码”，人口的流动带来了文化的交流，留下了大量的召庙、教堂、民居等古建筑。我们在古建筑测绘课程等实践教学环节中积极联系当地文管部门，对这些古建筑进行测绘，增加学生对当地了解的同时给包头市留下一份宝贵的资料。

同时积极深入当地农村与牧区组织展览，进行建筑改造。图 7 为指导学生去包头蒙古族家庙福徵寺、旅蒙商民居以及农村牧区进行调研测绘（图 7）。

图 7　指导学生去包头蒙古族家庙福徵寺、旅蒙商民居以及农村牧区进行的调研（图片来源：自摄）

4　结语

在当今日益开放多元的社会中，中国建筑院校如雨后春笋，从最早的工科院校到现在各种院校都在开设建筑学专业，但是建筑学专业的特点造成建筑学专业创办容易办好难，办好建筑学专业需要多年的积淀，而积淀中很大一部分就是来源于地域特色。对于绝大多数实力薄弱的建筑院校，紧跟时代步伐，参考名校方法，把握地域脉搏，从自己身边踏实做教育才是其生存发展与壮大之道。

参考文献

[1]　李浈．中国传统建筑形制与工艺．上海：同济大学出版社，2006. 7-8.

[2]　朱文一．当代中国建筑教育考察．建筑学报，2010(10)：1-4.

[3]　荆其敏，张丽安．透视建筑教育．北京：中国水利水电出版社，2001：33-34.

于红霞
青岛理工大学建筑学院
Yu Hongxia
Qingdao Technology University, School of architecture

以宜居更新近代历史住区为特色的建筑教学探索
Exploration of Architectural Education with the Characteristics of Iivable Updated Modern History Settlements

摘　要：适于地域特色的建筑教育是立足于本土化、特色化的教学模式。使学生通过对地域特色文化的认知、地域特色建筑的测绘及调查、地域特色居住环境的体验，来挖掘历史住区的保护价值及其宜居更新的方法。青岛的近代历史住区具有很强的地域特色，近年来，在近代历史建筑测绘、近代历史建筑保护与修复实践、历史街区保护与更新改造等相关课程均围绕青岛的地域特色展开教育探索，形成了较为系统的地域特色教学体系，取得了较好的教学效果，并为青岛近代历史住区留下了一系列可以借鉴的技术资料，为老市区的宜居更新提出了较为可行的对策和方法。

关键词：近代历史住区，宜居，更新，建筑教育，地域特色

Abstract: Architectural education which is suitable for regional characteristics is a teaching mode that is based on the localization, the characteristics. Through the cognition on the regional characteristic culture, the surveying and mapping on the regional characteristic building and the experience on the living environment of regional characteristics, students can dig out the conservation value of historical residential district and the method of livable update. Qingdao's recent history settlements has a strong regional characteristics. In recent years, there are courses, which include the surveying and mapping on the modern historical building, the protection and restoration practice on the modern historical building and the historical block protection and renovation and so on, expending education exploration around regional characteristics of the Qingdao. All these explorations form a more systematic local characteristics of teaching system and get a nice teaching effect. They also give us a series of useful technical datas for Qingdao's modern history settlements . At the same time, we can learn some countermeasures and methods about livable update of old urban districts.

Keywords: Modern Historical Residential District, Livable, Update, Architectural Education, Regional Characteristics

我国目前已有近百所高校建立了建筑系科，由于我国幅员辽阔、历史悠久，南北文化差异较大，各地的自然地理条件和风土人情不尽相同，学生所受的环境熏陶也不尽相同。建筑地域性的存在，在建筑教育中也不可避免地会形成各自的教学特色。在 20 世纪 80 年代，根据当时的建筑风格把建筑学派分为以清华大学为代表的“京派”、以同济大学为代表的“海派”和以华南理工大学为代表“广

作者邮箱：xaxa@163. com

派”。地域建筑是地域文化在物质环境和空间形态上的体现，建筑学教育中对这一教学方向不能忽视。[1]青岛的近代历史背景和山海一色的地理环境使得青岛近代建筑地域特色较为明显，留下了大量的近代历史住区。近年来，在近代历史建筑测绘、近代历史建筑保护与修复实践、历史街区保护与更新改造等相关课程均围绕青岛的地域特色展开教育探索，形成了较为系统的地域特色教学体系，这个教学体系中包括了四个教学环节（图1)。

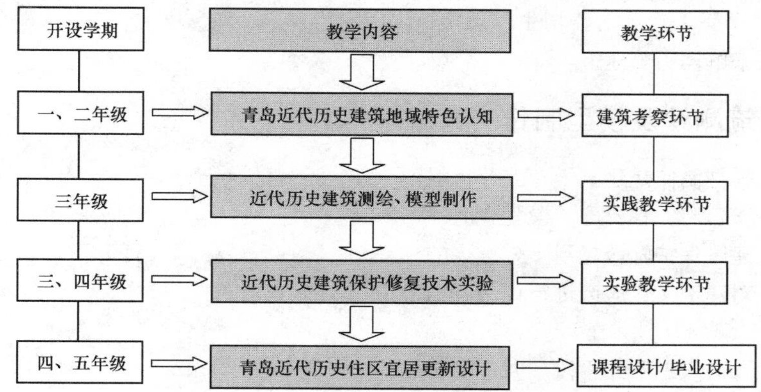

图1　青岛地域特色教学体系图

1　青岛近代历史住区地域特色认知

近代的青岛历经了德、日、北洋政府、国民政府的统治以及不断的城市建设。特殊的历史背景、丰富的历史人文遗迹与地方传统形成了住区多样化的建筑风格。多种建筑形式以及具有海滨、山、城于一体的城市特色风貌构成了具有地域特色的住区空间。青岛城区早先的住宅是当地传统的合院住宅。1897 年德国占领青岛后，城区中的传统合院住宅被全部拆除，土地被强行收购，随之出现了大批的西式居住洋房。青岛历史居住建筑发展可划分为 3 大类型：一是独立庭院式住宅；二是公寓式住宅；三是合院式集合住宅（里院住宅）。其中具有代表性的是八大关历史街区的独栋别墅和中西合璧的青岛特色里院住宅。

建筑学专业一年级结尾安排了 2 周的青岛本地建筑认识实习，其中包括了对青岛近代历史住区的考察。学生要亲身走入具有地域特色的近代历史住区中，认真观察各种风格的建筑，用相机记录下建筑的每个细节，同时用速写的形式将建筑形态准确的描绘出来（图 2)。对于历史优秀建筑，要对其历史沿革、人文背景进行档案调查和文献搜集。最终以调研报告的形式，将考察成果整理成图文并茂的文本(图3)。通过这个教学环节，

图 2　学生速写作品图

图 3　学生调研报告图

使低年级的学生对于建筑的地域性有了初步的认知，了解历史居住建筑的文化内涵不但包括物质性的因素，例如，建筑空间环境、建筑风格，也包括非物质性的文化形态，例如，建筑中居民的生活方式、文化观念、传统艺术、民俗精华与名人轶事等。并且培养学生从历史、人文、艺术、文化等方面来解读历史建筑。

2 青岛近代历史建筑测绘及模型制作

青岛历史建筑测绘及模型制作是建筑学专业三年级学生的实践课程。历史建筑测绘是 2 周，模型制作 1 周。历史建筑测绘在历史建筑保护领域起到十分重要的作用，是利用测绘学知识对建筑文化遗产进行记录、监测以及保护等。[2]历史建筑测绘从技术上可归为工程测量学的范畴，但是，技术方法只是测绘手段，并非历史建筑测绘的全部，因此历史建筑测绘应该区别于工程测量课，应该让学生感受到历史建筑在科学与人文、技术与艺术方面的体验、认知、理解乃至探究、甄别、发现和评价。测绘过程应该包括对建筑实体、空间及其精神意蕴的理解、再现和表达。历史建筑测绘的教学内容包括教师讲授测绘的基本知识、测绘工作程序、测绘成果制作等。学生每组 4～5 人为对某个历史建筑进行现场测绘，绘制 CAD 图、模型图（图 4）。教学组在教学内容和方法上进行了改革和实践，以往历史建筑测绘成果与社会需求存在差距，如今从难从严要求，使教学直接同社会需求接轨，测绘的同时要求学生对建筑的历史沿革、文化背景、风格样式、结构形式、技术水平等进行详细的调研，绘制图文并茂的测绘成果（图 5）。最后通过模型制作周，将测绘成果用真实模型展示出来（图 6）。

图 4 学生测绘过程图

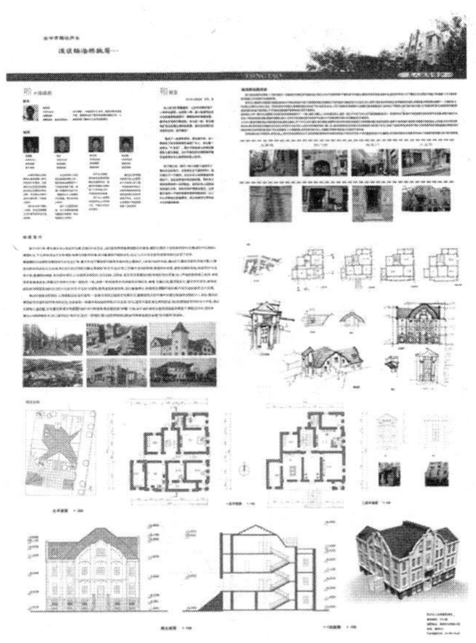

图 5 测绘成果图

图 6 模型成果图

3 青岛近代历史建筑保护修复技术综合性实验

建筑学是一门实践性非常强的学科，教学不只是理论知识的传输，而是在研究性的设计实践过程中理解、掌握和运用具体的设计原理和理论。因此在建筑学三四年级将历史建筑保护修复技术纳入建筑学实验教学中，开设相关的技术研究实验项目。学生将综合建筑历史、建筑测绘、建筑构造、建筑物理、建筑结构等课程的理论知识，搜集国内外先进的经验，通过资料搜集、调研考察等方式，在总结前人研究成果的基础上，制定实验原理、实验技术路线和实验方法，对青岛近代历史建筑保护修复技术进行实验研究，对调研的青岛近代历史建筑制定保护修复方案（图 7）。例如：墙体修复、清洗、

图 7　近代历史建筑修复研究报告图

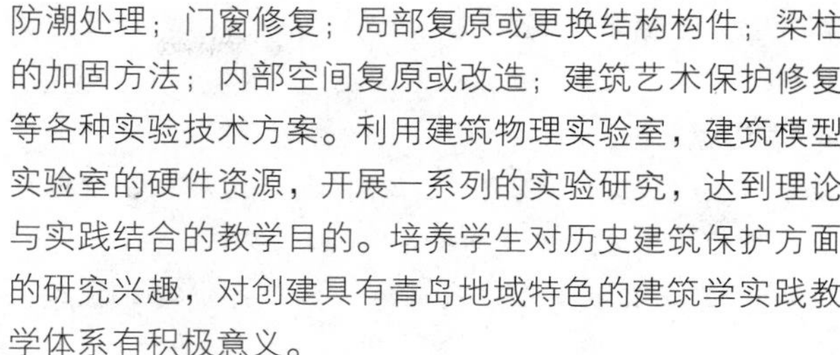

防潮处理；门窗修复；局部复原或更换结构构件；梁柱的加固方法；内部空间复原或改造；建筑艺术保护修复等各种实验技术方案。利用建筑物理实验室，建筑模型实验室的硬件资源，开展一系列的实验研究，达到理论与实践结合的教学目的。培养学生对历史建筑保护方面的研究兴趣，对创建具有青岛地域特色的建筑学实践教学体系有积极意义。

4　青岛近代历史住区宜居更新设计

在建筑学四五年级的教学中，以青岛近代历史住区宜居更新为题进行课程设计或者毕业设计（图 8）。本课题均为指导教师的实际科研项目，地点均在青岛市老城区内，使得学生实地调研十分方便。学生首先要了解其历史背景，对其进行全方位的调查研究及现状分析。宜居更新模式定位阶段是对近代历史住区调研结果进行整理分析的阶段，教师引导学生运用正确的理论方法分析研究历史住区现状，提出现状存在的问题，分析发掘历史住区的价值。让学生对历史住区保护与改造提出自己的思路和方法，对于该住区进行合理的定位，自主设计任务书。改变以往因为统一的任务书使得学生都采用千篇一律的更新模式。[3] 方案设计阶段的教学内容更加丰富多彩，教学内容与教师的科研结合地十分密切，给学生创造了面对社会地学习和锻炼机会。最终的设计成果在深度上和广度上均达到较高的水平。

图 8　老城宜居更新设计作业图

5　结语

通过几年来的教学实践，取得了丰硕的教学与科研成果，在教学效果提高的同时也为社会提供了大量的研究成果。对青岛信号山历史文化街区、青岛中山路历史文化街区等多个地块进行宜居更新研究，许多成果已经应用到了实际的城市建设中，学生设计作业多次获得全国大学生建筑设计作业观摩与评选优秀作业。教学模式的成功实践证明，具有地域特色的教学内容、教学方法和培养模式，更加适应当前建筑教育

和社会人才需求。

参考文献

[1] 仲德崑，屠苏南. 新时期新发展——中国建筑教育的再思考. 建筑学报，2005，12.

[2] 王其亨，古建筑测绘 . 北京：中国建筑工业出版社，2006，3-4.

[3] 于红霞，徐飞鹏. 以历史文化街区保护与改造为题的课程设计教学研究. 2012 全国建筑教育学术研讨会论文集 . 全国高等学校建筑学学科专业指导委员会. 北京：中国建筑工业出版社，2012.9.

张 凡
同济大学建筑与城市规划学院建筑系
Zhang Fan
College of Architecture and Urban Planning Tongji University

"体验"与"共生"开启的创新设计教学研究

——建筑与城市人文环境课程设计教改思考

The Training about the Innovative design Method based on Experience and Symbiosis

——educational reform and research on the curriculum design of architecture and the urban humanistic environment

摘　要：本文从建筑与人文环境课程设计的教学实践出发，提出在尊重历史环境、符合地域特色的教学过程中，应培养学生以城市与建筑体验为设计灵感来源和设计深化线索，以新旧共生为价值取向和建筑形态操作依据。努力探索以历史文化为基本动力的创新设计训练方法。

关键词：城市建筑体验，新旧共生，创新设计教学

Abstract: Proceed from the educational practice on the curriculum design of architecture and the urban humanistic environment, the paper suggested with concrete cases that during the educational process, on the one hand, architecture and the urban experience should act as the sources of inspirations of project and as a clue to the design development, on the other hand, symbiosis can act as the value orientation of the design and as the a way of formal operations. Both the experience and symbiosis are the bases of the training about innovative design.

Keywords: Architecture and Urban experience, The symbiosis of the new and old, Innovative design Training

适于地域特色的建筑教育，始终贯穿于同济大学建筑系本科教学体系之中。其中建筑与人文环境、建筑与自然环境这两大主题是建筑学专业三年级上半学期课程设计主要内容，作为全年级的必选课题，突出体现结合地域特征的设计训练的必要性与重要性（图 1）。

建筑与城市人文环境的课程设计选题以民俗博物馆设计为功能载体，以上海城市中心里弄历史文化街区为背景，是职业化训练与卓越人才培养重要教学环节。在注重建筑设计基本技能培养的同时，有意识地强化学生的社会意识、城市地域特色意识与文化意识。

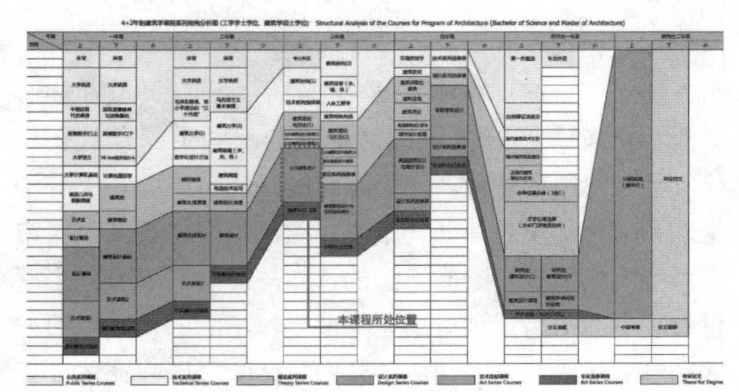

图 1　本课程在教学体系中所处位置图

作者邮箱：E-mail：zzffjean@163.com

1 城市及建筑体验作为设计灵感来源和设计深化的线索

拟建的民俗博物馆位于上海市中心威海路与茂名路交叉口东北侧，三面邻接历史保护里弄住宅。街区文化底蕴深厚、城市生活气息浓郁。将拆除基地内现有多层建筑为博物馆建设用地（图 2）。

图 2 基地位置及其所属里弄文化街区（虚线内基地范围）

城市体验的训练，注重培养学生从“识别、结构和意义”❶ 3 方面了解里弄街区的环境意象和特征[1]。即要求学生通过观察、拍照、采样分析和测绘研究的方法解读里弄街区的个性特征，及其在尺度和建构方式上区别于其他城市空间的特殊性，进而从里弄街区的空间结构和图形关系等方面，分析里弄街区的空间组织方法和空间层次，以及建筑形式的关联特质，从而理解和发掘里弄街区环境在建筑学和社会学方面的意义，包括从观察者角度出发所体会到的直接感受，以及思考和现场访谈和问卷调研的分析与思考两方面。

城市体验环节以调查报告、测绘图、分析图为成果进行小组讨论，和选择共性及典型性问题的全班讨论，引导学生分析历史上里弄街区意象聚合的原因，体会基地中的城市文脉，形成建筑设计的入手点，讨论历史街区在新发展条件下城市意象延续与发展的可能方式，形成总体设计构思。

建筑体验的训练则注重培养学生从“空间、时间、交流和意义”❷四方面研究博物馆的空间组织及其在现代社会生活中的意义。空间组织的认知与体验，引导学生联系城市环境思考博物馆内外空间组织，及其对城市公共空间的贡献。时间组织的认知与体验，引导学生联系参观者的行为活动方式思考博物馆不同的流线组织方式和参观体验。交流组织的认知与体验，则强调体会环境与交流在文化上的可变性。思考空间与环境的设计，特别是博物馆中光线的设计与控制，如何促进交流、调节它、引导它、控制它甚至是阻碍它。意义组织的认知与体验，则更注重建成环境意义，具体说是里弄内外空间意义的转译和引用，例如，里弄采光天井空间形式与布展空间配合产生的意义，以及通过符号、材料、色彩、景观等表达出来的意义。

由此，建筑体验的训练，一方面，强调对里弄住宅内部空间及使用方式的观察和感受，积极寻求历史空间类型与现代博物馆空间组织结合的现实意义；另一方面，强调对博物馆空间，在流线、布展方式、光线运用等方面的体验，要求学生参观和阅读一座让其着迷的博物馆，描述展区流线、评价其展示方式，并且做出主要空间的剖面模型，学习其空间和光线的营造。在方案设计及其深化过程中，探求用建筑语言创造独特体验的空间环境（图 3～图 5）。

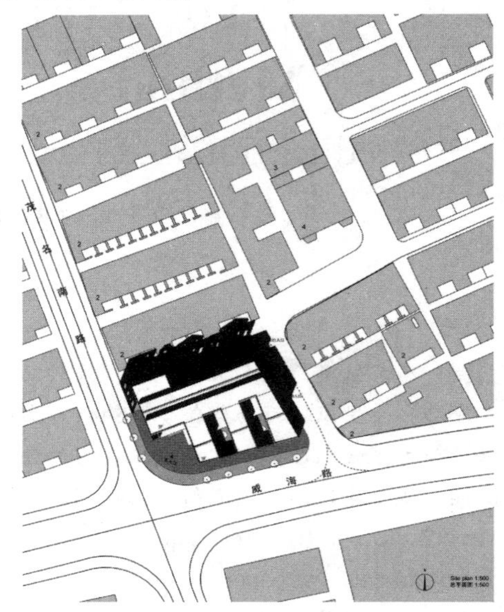

图 3 1 号学生作业总平面

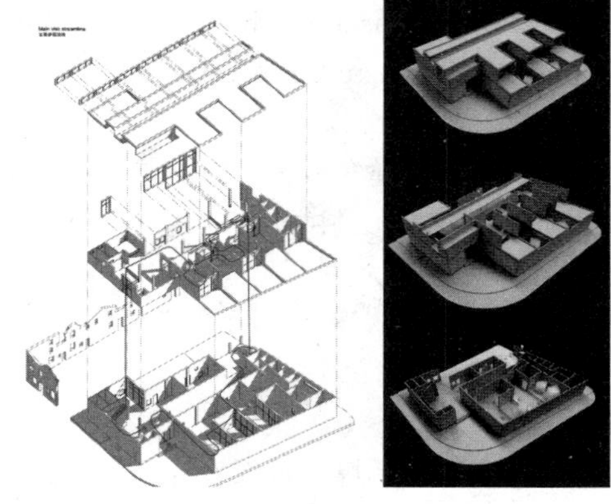

图 4 1 号学生作业流线设计

❶ ［美］凯文·林奇．城市意象．方益萍 何晓军译．北京：华夏出版社，2001，6-9.

❷ 美阿摩斯·拉普卜特．建成环境的意义—非语言表达方法．黄兰谷 等译．北京：中国建筑工业出版社．1992. 164-181.

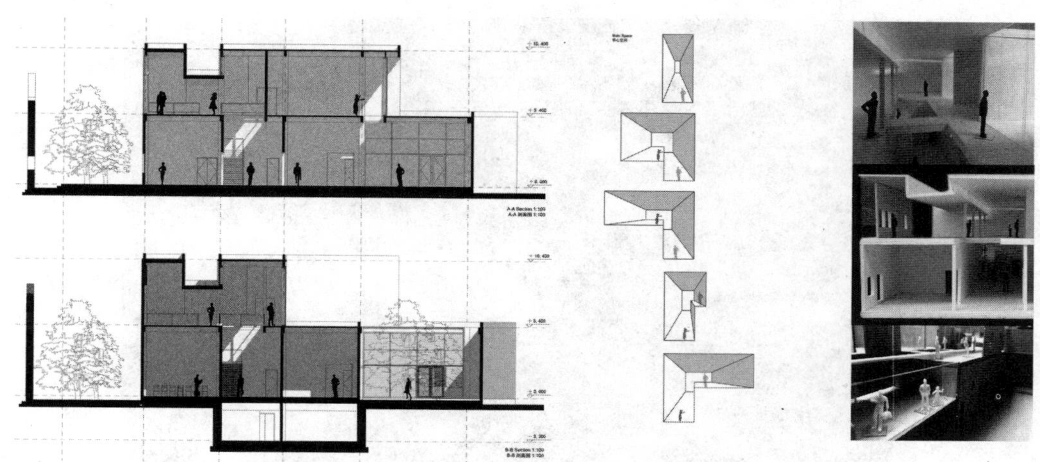

图5　1号学生作业剖面研究

2　新旧共生作为创新设计的动力源泉和形态操作手段

黑川纪章的共生领域理论认为："共生是包括对立与矛盾在内的竞争和紧张的关系中，建立起来的一种富有创造性的关系，是相互尊重个性和领域，并扩展相互共通领域的关系"❶，新旧共生则强调新与旧之间"中间领域"的关系及其共同影响力的拓展。

把新旧建筑在空间和形态上的和谐与共生，放在形成和历史相关联的特色城市意象的目标体系下，是一种积极而具有创新精神的价值取向。应该在民俗博物馆教学与研究中得到应有的体现，并贯彻到各个教学环节里。

我们首先引导学生将新旧共生作为一种价值取向贯穿于课程设计的始终。对于一个地区来说，民俗博物馆就是一个标志，一个象征，她的建设和发展紧紧围绕挖掘、整理、再现本地区的历史和文化这个核心。因此本课题中的博物馆建筑设计，与一般新建博物馆设计从其自身功能与形态研究出发不同，强调对周围建筑文脉，乃至对城市文脉应予以特别关注。课题任务书❷中涉及了"必须保留基地范围内原里弄住宅的北侧和西侧外墙，并且与新建筑形成整体"，就是培养学生形成尊重场所、尊重文化、尊重历史的创新设计构思的具体体现。从而进一步引导学生思考新建的博物馆建筑如何与里弄文化街区在功能、空间与造型等方面和谐共生，使历史场所精神得到延续和发扬。

在具体的建筑形式生成过程中，新旧共生也可以视为一种形态操作的手段。我们配合理论课的教学，鼓励学生从"生长与变异"、"新旧对话"、"对比与协调"、"映射与衬托"、"嫁接与超越"、"覆盖与包容"等方面，研究历史与未来在空间与形式等方面共生的多种模式，发掘并强化学生自身的设计构思，并形成有场所特色的设计作品。❸

以"对比与协调"的新旧共生方法为例，新建筑的形式不直接模仿里弄建筑的形态，而是运用全新的形态构成原则进行设计，但新建筑在尺度与材料与色彩等方面力求与里弄文化街区相互协调，可创造出以新旧对比为基调的和谐共生的新建筑景观（图6～图8）。反之，

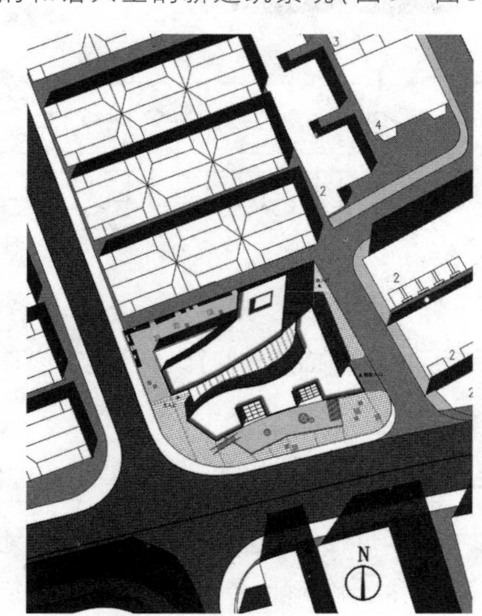

图6　2号学生作业总平面

❶　日黑川纪章．新旧共生思想．覃力 杨熹微 慕春暖 吕飞 译．徐苏宁 申锦姬 覃力校．中国建筑工业出版社 2009.

❷　庄宇．民俗（老建筑）博物馆建筑设计作业指示书．2012.

❸　张凡．创造中的创造— 尊重城市历史环境的创新设计思维训练．2010 全国建筑教育学术研讨会论文集．北京．中国建筑工业出版社．2010. 86-87.

图 7　2 号学生作业街区鸟瞰

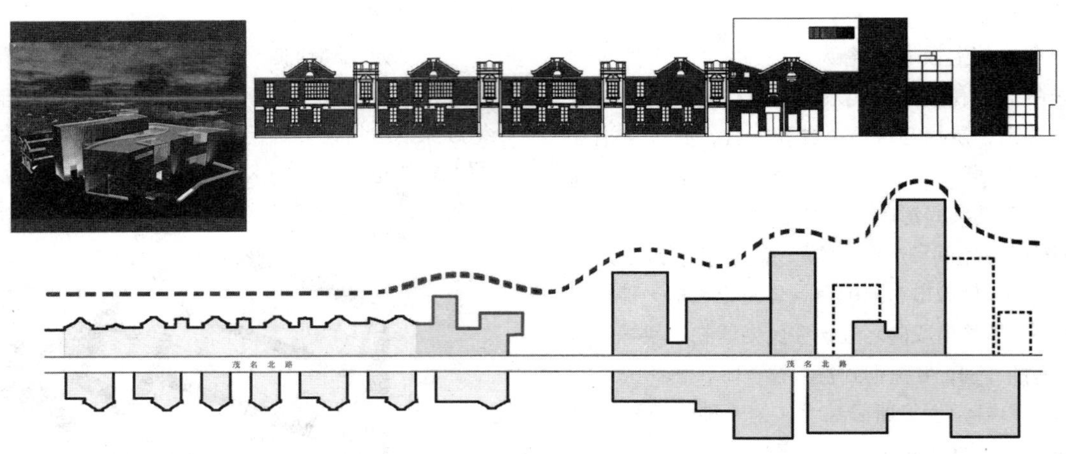

图 8　2 号学生作业茂名北路沿街立面研究

以统一和谐为基调的加入新旧对比要素也是可取的一种的共生方法。

3　总结与思考

3.1　在教学过程中，首先强调体验的基地及城市认知与分析方法，突破以往基于功能分析、流线分析的基地研究方法，强调城市生活体验、历史意象构成的体验与研究。主要依托自下而上的主客观融合的设计方法：例如，引导同学思考，通过采用不同交通工具，在不同时间到访基地，以及在基地及周边街区的步行踏勘，直观感受不同的街区尺度、环境氛围与街道景观序列，采用拍照与测绘等记录方法，发现问题，内发心源地思考基地的诉求，从而形成总体构思策略的线索。并且要求对历史建筑做采样分析与研究，截取历史建筑重要特征，从建筑比例与尺度、材料、色彩等方面做具体的徒手图表化的研究，外师造化，从多方面总结基地在物质层面的基本特征，作为新旧建筑共生创新设计的出发点。

3.2　注重内外兼修的基本功训练，突破以往仅仅基于博物馆自身功能与形态要求的研究方法，强调融入城市生活的公共空间营造的总体布局策略。例如，考虑由外到内及内外结合的设计方法，将城市需求、原住民需求与建筑本身需求相结合，制定建筑总体布局与外部空间设计策略。

3.3　着眼于新旧共生的建筑与环境的创新设计——场所感的营造与历史文化的延续。引导同学运用以历史文化保护与发扬为基础的创新设计思考与方法。强调基于保护地域特色的创新设计价值取向。同时，在教学中融入多学科的，具有不同知识结构与视野的教学团队的力量。例如，邀请建筑技术团队在构造、外墙剖面及表皮设计方面给予技术支撑，在学生方案定稿后的正草图阶段，组织有关构造设计课程，介绍建筑表皮与表意结合的深化设计方法，促进学生把民俗博物馆的个性塑造、场地身份认同与建筑材料选择与构造设计结合，深入外墙剖面设计，在表达博物馆建筑个性的同时，表达建筑的地域特征。

在多年的教学实践中，我们强调体验与共生思想的结合，鼓励“外师造化，内发心源”的学习方法。如果说本科阶段的建筑学教育是为了使同学们在未来的城市建设中，能乘风破浪，大显身手。那么，我们现在正努力给他们这每一艘珍贵的小船，加载上城市与建筑体验的发动机，让内发心源能够充满动力；并且，配置上引领新旧共生的方向舵，让外师造化能掌握正确的方向。愿同学们在未来事业的进程中激情启动，自由远航！

注释：

(1) 1 号学生作业：选自阮忠指导，建筑学 2010 级陈伯良同学作业

(2) 2 号学生作业：选自张凡指导，建筑学 2010 级 承晓宇同学作业

参考文献

[1] [美]凯文·林奇．城市意象．方益萍 何晓军 译．北京：华夏出版社，2001，6-9.

[2] 美阿摩斯·拉普卜特．建成环境的意义——非语言表达方法．黄兰谷 等译．北京：中国建筑工业出版社．1992.164-181.

[3] 日黑川纪章．新旧共生思想．覃力，杨熹微，慕春暖，吕飞译．徐苏宁，申锦姬，覃力校．北京：中国建筑工业出版社 2009.

[4] 庄宇．民俗(老建筑)博物馆建筑设计作业指示书．2012.

[5] 张凡．创造中的创造— 尊重城市历史环境的创新设计思维训练．2010 全国建筑教育学术研讨会论文集．北京：中国建筑工业出版社，2010：86-87.

周立军 刘 滢 于 戈
哈尔滨工业大学建筑学院
Zhou Lijun Liu Ying Yu Ge
School of Architecture, Harbin Institute of Technology

面向“工程领军人才培养”的建筑学专业设计类课程体系建设与实践

The Construction and Practice of Architectural Course System towards Commanding Troops Talents Training of Engineering

摘 要：本文以“工程领军人才培养”的教育理念与目标作为教学定位，探寻建筑学专业设计类课程体系的建设模式。并结合建筑学专业的本科生培养方案和教学环节，探索建筑教育改革，介绍哈尔滨工业大学建筑学院建筑学专业“工程领军人才培养”的设计类课程教学实践。

关键词：工程领军人才培养，教育理念，课程体系建设，教学实践

Abstract: This article aims at seeking construction mode for architectural design course system, based on educational idea and goal of “Commanding Troops Talents Training of Engineering” as teaching orientation. This article explores education reform combining with training program and teaching link for architectural undergraduates, and introduces teaching practice of architectural design course from commanding troops talents training of engineering in the school of architecture in the Harbin Institute of Technology.

Keywords: Commanding Troops Talents Training of Engineering, Educational Idea, Curriculum System Construction, Teaching Practice

1. “工程领军人才培养”的教育理念与目标

2012年哈尔滨工业大学建筑学专业获批哈尔滨工业大学“工程领军人才培养计划”试点项目，计划启动一年来，哈尔滨工业大学建筑学专业“工程领军人才培养”以适应创新型国家建设需要，坚持以学生为中心、因材施教、分类管理的指导原则。以专业“帅才”为培养目标，结合建筑学学科特点和哈尔滨工业大学的人才培养定位，在我院建筑学专业“卓越工程师计划”人才培养的基础上，通过强化社会责任、职业修养、团队精神、多学科协作能力和领导力等综合素质的培养。提升工程领军人才解决复杂工程技术问题、进行工程技术创新的能力，使其具有规划和组织实施工程技术研究开发工作的能力，在推动建筑行业发展和工程技术进步方面做出创造性成果。在校企联合培养模式下，培养工程领军人才工程创新实践及综合能力，培养工程领军人才的职业精神和职业道德。毕业后可在建筑工程及其相关领域内从事建筑设计组织管理、建筑技术研究等方面工作，为学生更快成为工程领军人才打下坚实基础。

作者邮箱：zzz82281438@163. com

2 建筑学专业设计类课程体系建设

依据哈尔滨工业大学建筑学专业“工程领军人才培养”的教学理念和目标，重构本科建筑学专业课程体系和教学内容，在课程模块化基础上构建以建筑设计系列课程为主线，三个平台、三级体系、四类课程统筹渐进的基于项目教学的建筑学专业工程领军人才培养设计类课程体系（图1，图2）。

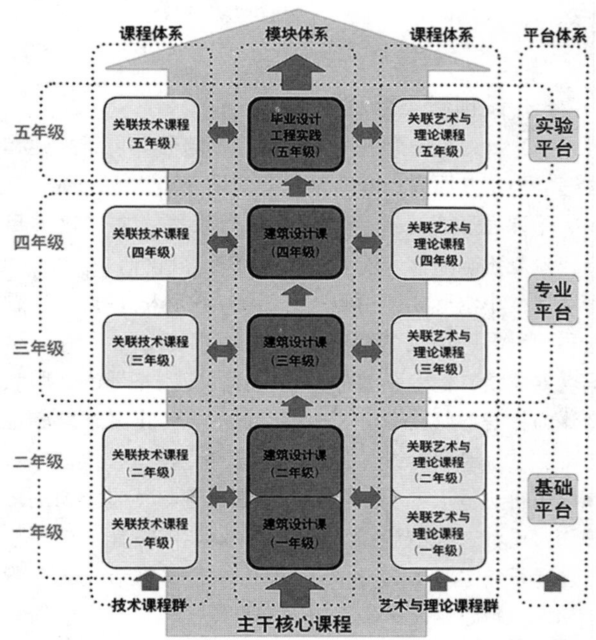

图1 建筑学专业工程领军人才培养课程体系框架图

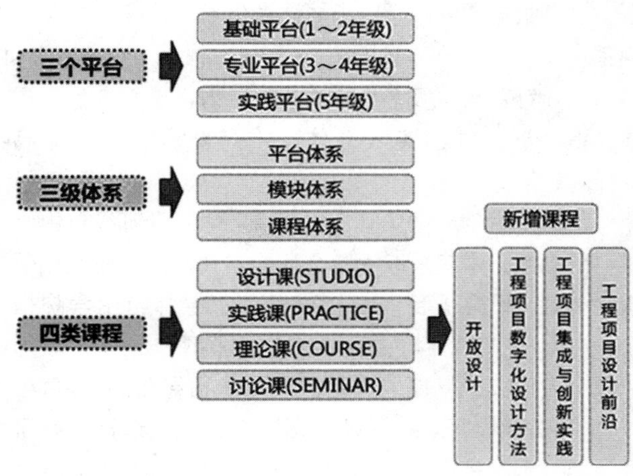

图2 建筑学专业工程领军人才培养课程体系模块图

（1）三个平台：基础平台（一、二年级）、专业平台（三、四年级）、实践平台（五年级）。分别针对不同年级的人才培养需要和教学特点，搭建不同的工程领军人才学习平台，逐步提高其综合实践专业能力与水平。培养和提升工程领军人才的创新意识、创新理念及综合工程管理素质。

（2）三级体系：平台体系—模块体系—课程体系，以三个平台为基础，在“工程领军人才培养”的实施过程中通过将设计类课程的模块化建立实现矩阵，每个模块分别有不同的内容针对专业培养标准。每一模块由若干门课程组成，解决不同的培养标准。在课程模块化基础上，为“工程领军人才培养”构建以设计类课程为主线的课程体系结构，增设本学科与其他相关学科的创新类课程，拓展创新理论学习，提高建筑学专业工程领军人才培养的创新性。

（3）四类课程：设计课（STUDIO）；实践课（PRACTICE）；理论课（COURSE）；讨论课（SEMINAR）。原五年制课程计划包括74个教学节点，包括设计、表现、技术、实践、相关知识、外国语等，新的工程领军人才培养课程建设拟重点在设计课、实践课、理论课、讨论课等四类课程中，将设计、实践、国际化等相关课程节点进行加强，并新增“开放设计”、“工程项目数字化设计方法”、“工程项目集成与创新实践”、“工程项目设计前沿”等课程，在建筑学专业优良的工程教育传统基础上，加大工程与管理学科的相关跨学科课程的开设，以工程项目领军人与相关行业管理人培养为目标，突出“工程领军人才培养”的教学特色。

3 建筑学专业设计类课程教学实践

3.1 拓展“纵横平台”

哈尔滨工业大学建筑学院建筑学专业拓展“纵横平台”建立“平台—模块—课程”三级体系，包括理论课、设计课、实践课、讨论课等四类课程，重新构建以创新能力和领军素质培养为主线的设计类课程设置体系。

（1）纵向平台

针对本科生各教学阶段的不同特点，分为基础平台、专业平台和综合平台。

①基础平台　以“基础设计”为设计板块定位，并在素质板块中以邀请院士、资深教授与建筑大师做系列讲课/讲座形式，加强建筑师的社会责任与职业修养。

②专业平台　以建筑、规划、景观、历史、技术多学科介入的“专业设计”为设计板块定位，并通过邀请著名建筑师、科研学术带头人、杰出校友做系列报告/讲座形式，特别是通过作为实践环节的“建筑师业务实践”课程，通过实际工程项目参与培养建筑师的团队精神与合作意识（图3）。

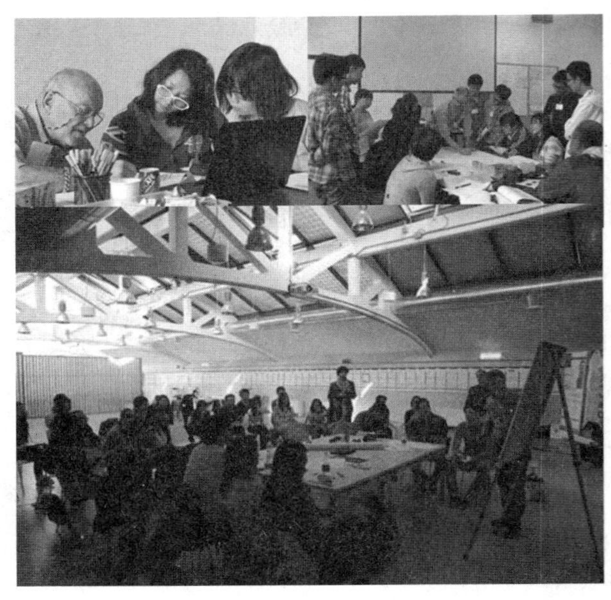

图 3　海外名师走入课堂

③综合平台　以“专业设计”为设计板块定位，并通过邀请院士、学术大师、政府领导、行业领袖等做系列报告/研讨形式，特别是半年的联合培养专业实践基地的实践环节，培养“具备国际竞争力的专业帅才(professional leadership)”所需的领导力和多学科协作能力（图 4）。

图 4　联合培养专业实践基地

（2）横向平台

以研究所和设计院为依托，建立教研室和工程教育实践基地共同组成的横向平台。研究所的工作是由教师和研究生、本科生共同组成团队，组织科研基金申报、参与横向设计实践课题研究，重点是与东北老工业基地紧密结合，形成实践学习基地。利用哈尔滨工业大学建筑设计研究院和哈尔滨工业大学规划设计研究院等设计机构做学生的实习基地，同时进一步积极拓展国内外先进的设计机构作为学生的实习基地。

3.2　开设创新类课程

（1）针对大一学生的求知特点，培养其创新兴趣和推理能力，开展设计专业基础认知培训。

①课程形式与特色：依据工程领军人才的培养目标，建立正确的核心价值观与品格培养目标，由大一学生以课程小组形式自由组队（每组 4～5 人），自主选题与导师（导师组由学院指定，成员 12 名以上，并可根据需要聘请其他院系教师和校企合作实践基地的外聘教师作为指导教师），在一年内完成一项创新兴趣培养任务（工艺、装置、设计、调研、数字化模拟、模型等），课程内容选择不求专业性，重点在兴趣与领导能力的培养和对设计过程的认知。要求每个小组在开题、中期检查、课程结题中，以书面、PPT 等形式总结表达课程计划、执行过程及成果。

②实验场所与设备：学院和校企合作实践基地的所有教学与科研实验室均可为相关创新实验提供实验平台，并可根据需要由学院出面协调借用其他院系的实验设备。

（2）针对高年级本科生的求知能力，培养其创新素质，提供全方位的实践合作，并开设领导能力提高课程。

①大学生创新性实验计划项目。学生跨班级自由组成科研小组，学院采取双向选择的方式，为本科生创新实验计划与研究项目派出指导教师（导师组由学院指定，成员 12 名以上，并可根据需要聘请其他院系教师和校企合作实践基地的外聘教师作为指导教师），每组 1～2 名指导教师。在教师的指导下，学生选择创新研究课题（选题将有计划地倾向于工程领军人才培养），填写申请书申报学校、国家研究项目，根据项目要求开展研究与创新设计工作，撰写研究报告。研究过程中进行开题、中期检查、结题与评奖（图 5）。

②建设基于工程领军人才培养的竞赛类课程教学体系，并开设开始领导力培养相关课程，聘请企业高管、

图 5 “中国式的‘LOFT’”参展第五届全国大学生创新创业年会

专家为学生开设选修课程或学术讲座。有针对性地将一些高水平竞赛纳入本科设计课程体系以内（图 6，图 7），根据国际、国内设计竞赛题目要求，开展教学，激发学生参加课外设计竞赛的热情及实际效果，推动教师参与课外设计竞赛辅导的工作积极性，提高学生基于工程领军人才培养的自主创新、团队组织、合作与领导的能力。

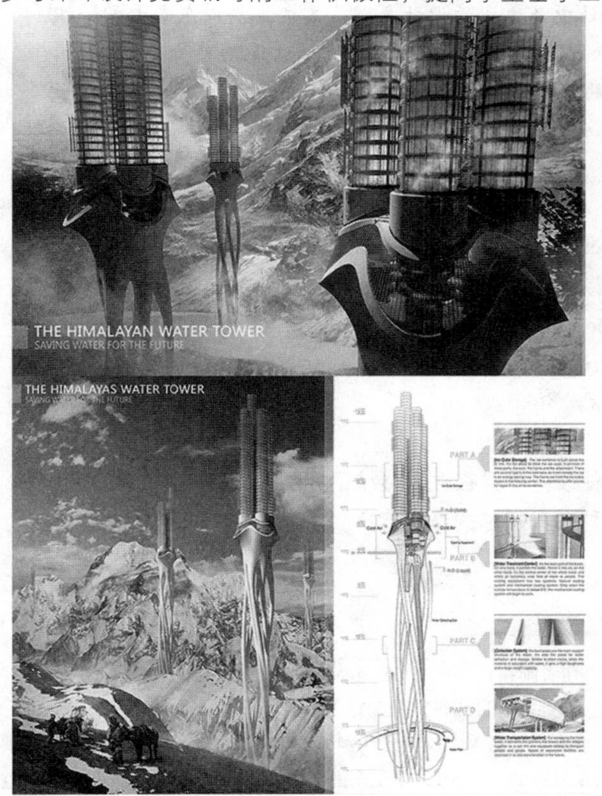

图 6 2012 年 EVOLO 美国摩天楼设计竞赛一等奖

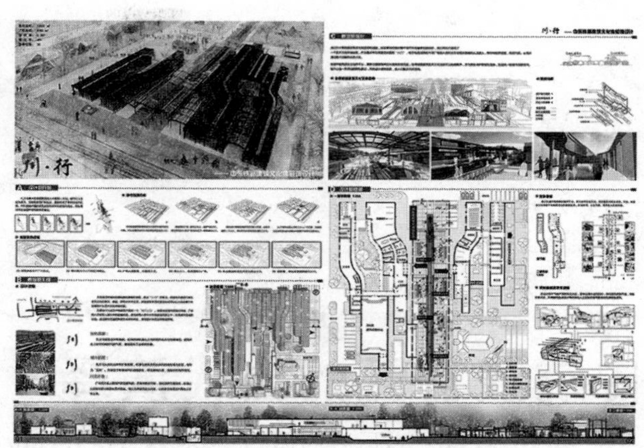

图 7 2012 Autodesk Revit 杯大学生可持续建筑设计竞赛特等奖

4 结论

建筑学专业教育改革应以工程实践为基础，构建分层次的培养目标，重视工程领军人才的培养，通过强调主动学习和实践学习的综合项目的实施带动建筑教育的改革。哈尔滨工业大学建筑学院建筑学专业基于“工程领军人才培养”的教学定位，探讨如何培养未来建筑学专业工程领军人才的学生培养理念、方法与实践措施，为培养专业拔尖创新型人才，积极营造鼓励独立思考、自由探讨、用于创新的良好环境，使学生创新智慧竞相迸发，努力为培养造就更多的通识与专业复合型高水平人才做出积极的贡献。通过优化生源选拔，建立“校企合作实践教学基地”，实施“联合导师制度”等措施，鼓励企业参与工程领军人才的培养，使学生更快地适应校企、校际、学研之间相结合的培养模式。

参考文献

[1] 崔军，汪霞. 培养工程领军人才：麻省理工学院的工程领导力教育. 高等理科教育，2010(6)：30-35.

[2] 王芳. 发挥特色优势 培养创新型行业领军人才. 中国高等教育，2011(2)：12-14.

[3] 蔡信海. 我国工程本科人才培养模式改革研究. 华南理工大学硕士学位论文. 2012(5)：20，22.

朱　渊
东南大学建筑学院
Zhu Yuan
Southeast University, Nanjing

传统演艺区的当代演绎❶
——记 2013 年东南大学八校毕业设计北京天桥演艺区重点地段城市设计与建筑设计

Contemporary Interpretation of traditional performance District
——SEU Final Joint Design of Eight Universities in 2013 on Urban and Architectural design of Beijing sky-bridge district

摘　要： 北京天桥演艺区的复兴在 2013 年八校联合毕业设计中是主要的设计主题。本文主要以东南大学一组毕业设计作为分析对象，并从城市脉络的梳理、演艺模式的探讨、现代演艺的转化三方面进行分析与阐释，并最终从传统的现代演绎、城市作为大尺度建筑以及演艺的日常性对建筑教学进行讨论，由此在地域性的当代呈现中得以反思。

关键词： 天桥，演艺，传统，日常性

Abstract: The intervention and renovation of the sky-bridge district in Beijing is the main topic of the final joint design from eight universities in 2013, in which we are discussing the urban texture mapping, the diagram of performance, and the transformation of modern performance. The translation from tradition to modern, city as big scale architecture and the everyday performance are becoming the reflection themes in the architectural teaching research in terms of regional performance in modern way.

Keywords: Sky-bridge, Performance, Traditional, everyday

本文源于 2013 年八校联合毕业设计课程的总结与反思。本课题由北京建筑大学与中央美术学院共同主持，题为"介入与激活：北京天桥演艺区重点地段城市设计与建筑设计"。这是对北京传统区域的批判性思考与研究，也是一次对地域特色的当代转译。对设计实践而言，这仿佛透析着某些未来中国城市的发展命题，一种普遍性价值观的体现。而对于建筑教学本身，则是联系设计实践的一次特殊的教学思考，是一种基于日常性思考的乌托邦理想的反思。其中，大家普遍关注的过去与未来、城市与建筑、生活与演艺等各种命题的叠加，使设计本身在融入传统话题的同时，被强烈地呼唤着一种自我超越的当代选择。

作者邮箱：zzhuyuan@gmail.com

❶ 国家自然科学基金青年基金（51308099）

本文受高等学校博士学科点专项科研基金新教师类资助（项目编号：6201000015），受东南大学城市与建筑遗产保护教育部重点实验室 2012 年度开放基金资助（项目编号：KLUAHC1212）。

1 项目简介

天桥演艺区坐落于北京旧城南部中轴线正阳门外，永定门内，天坛和先农坛之间❶。元代天桥处在大都城的南郊。天桥是旧时代老北京百戏杂练的市井喧嚣之地，因此成为数百年来最能体现京城民俗的地方。由于历史原因，南城的经济发展一直滞后，再加上天坛世界遗产保护规划的限制，天桥—先农坛地区的城市建设始终处于落后状态。2010 年，北京市十二五规划重点项目通盘考虑城市南北发展的均衡问题，提出了建设天桥演艺区的战略规划意图，希望重新唤起天桥地区的活力与生机。

本次设计课题要求同学在此背景下，以解决历史保护与更新发展的矛盾，整合新老建筑的关系，延续历史文脉，保持城市特色，提升用地价值，复兴城市活力为目标，从城市设计与建筑设计两个层面，展示对现代演艺空间的思考与呈现。

本文从东南大学毕业设计一个组学生整个教学过程为线索，主要从城市脉络的梳理、演绎模式的探讨、现代演绎的转化几方面，展示本次设计对天桥地区未来的城市构想以及建筑体验展开的研究与展望。

2 城市脉络——抽象与叠加下的城市印象

设计之初，我们首先对城市要素进行梳理与叠加，这对于本次设计来说，是权衡矛盾、疏通关联的重要基础。从天桥现场的调研开始，问题的发现、特色的提取，日常的关注，历史的探寻等已经成为设计之初需要逐渐清晰的问题。如果我们将城市作为一种历史的演化舞台，那么城市的发展，在不同时期留下的印记，将成为我们可以整合的潜在资源。在设计的过程中，学生以一种“CIAM 格网”❷ 式（图 1）的分析模式，将各种要素进行梳理，并选取清代、明代以及当代的地图，从交通、绿化、空间集聚度、控制线等方面进行展现，并最终以纵向与横向的叠加提出对未来城市肌理的设想。这些来自不同时代、不同分析要素的叠加成果（图 2），在形成对未来城市愿景的理性判断的同时，也让我们清晰地感受天桥地区清晰的演变脉络与发展趋势。

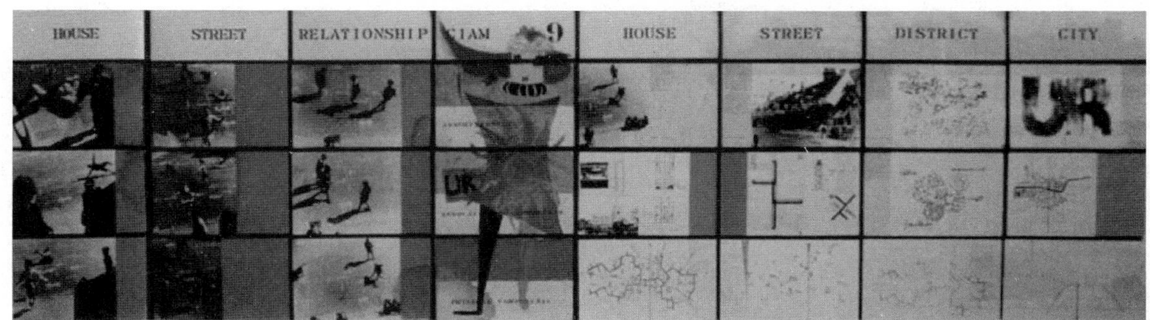

图 1　CIAM 格网——“Urban Re-ldentification”格网

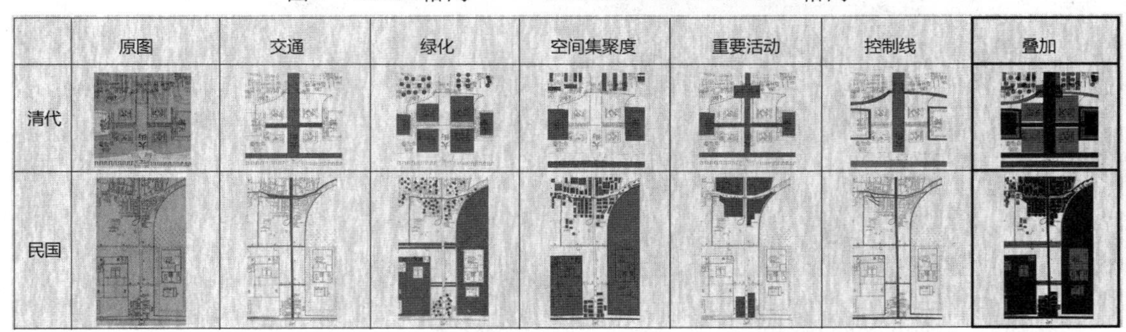

图 2　城市叠加分析

❶ 天桥，在历史上是一座南北方向的“锣锅桥”，它纵卧在东西向龙须沟上。由于是天子（封建帝王）经过这里祭天、祭先农的桥，故而称天桥。明嘉靖年间增筑外城后，成为外城的中心。天桥一带曾出现了茶馆、酒肆、饭馆和卖艺、说书、唱曲娱乐场子，形成天桥市场的雏形。清康熙年间，内城的灯市也迁到此处。

❷ 20 世纪中叶，CIAM 成员在项目的研究中进行分析的一种信息整合的模式。

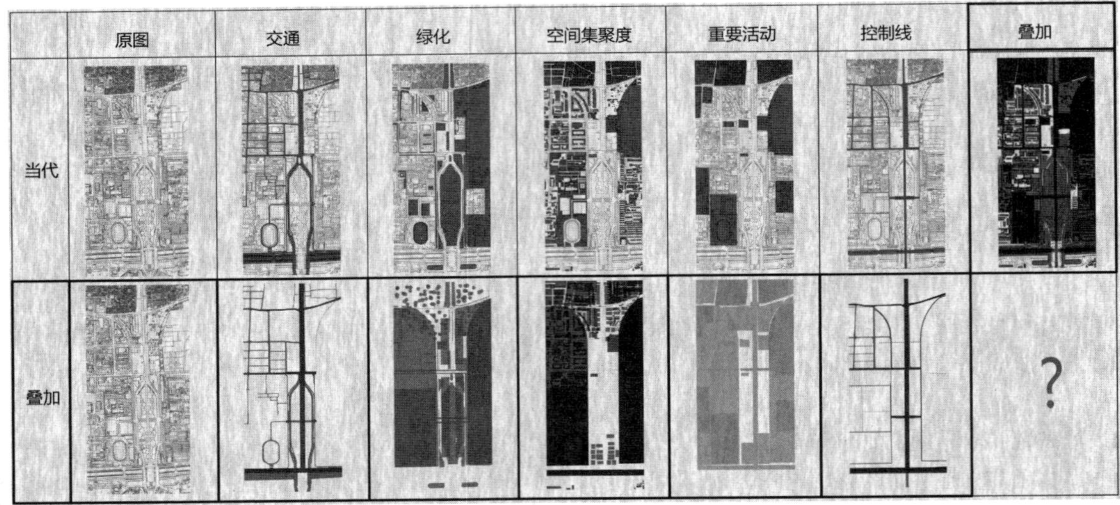

图 2　城市叠加分析续图

其次，我们试图从城市特性中提取具有生命力与可发展的原型进行发展。对于北京的城市原型提取，起源于我们对早期城市院落的关注，一个院、一棵树、一片整体的城市绿色（图 3），带来的是对于未来城市与绿色格局的畅想。这就仿佛是一种细胞分裂与重组的过程（图 4），并由此引发了层级化的细胞生长，并最终激发对未来城市的设想。这种原型的设计意图，源于一种原始信息的抽象，一种当代设计的解读，一种面对未来的重组，而这种重组的过程，将最终以时代的印记，回应历史的沉淀与活力（图 5）。

图 3　老北京城市印象

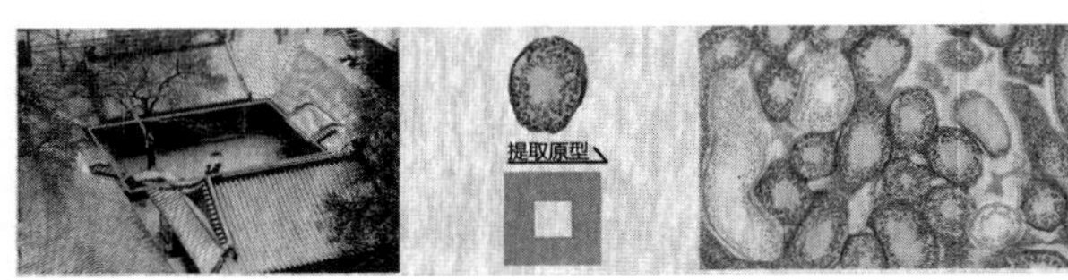

图 4　城市细胞的汲取与分裂

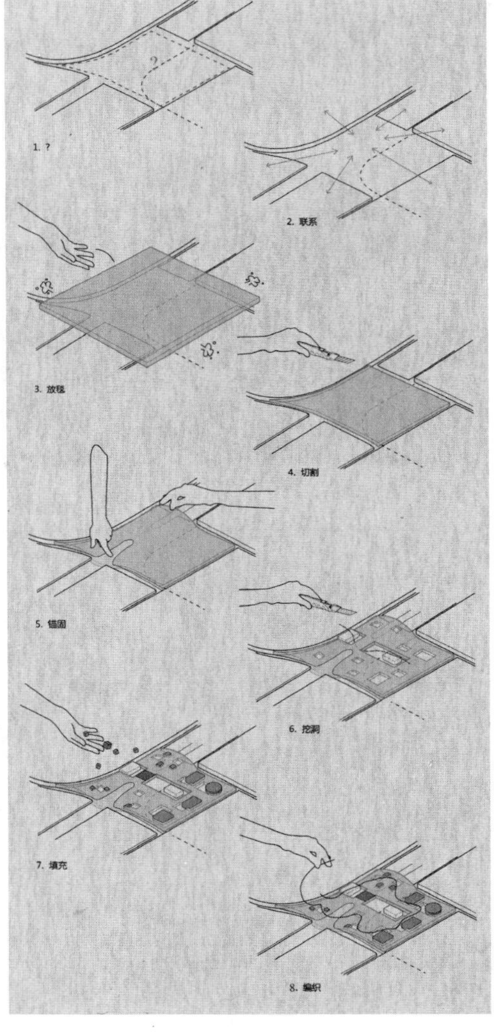

图 5　城市重组的过程

可见，城市脉络分层化的梳理、提取与整合，为设计带来设计判断的理性依据。

3 演艺传承——演艺原型的提取

演艺，是本次课题的主要话题。什么是演艺？怎样组织演艺？为怎样的人群演艺？有怎样的演艺空间？……这些话题在设计之初成为我们主要的探讨命题，而“怎样创造具有‘天桥’印记的时代演艺场所?”是所有题设基础上需要最终实现的目标。因此，为了充分地了解“演艺”的具体内涵，演艺空间模型的提取，成为我们最初需要进行研究和最终抽象展示的重要工作。其中，传统的会馆、戏台以及各种公共场所的表演成为我们对于演艺原型关注的对象，而这种平面模式的抽象，以及表演方式的总结，为今后演艺空间的现代呈现提供了各种原型的积累，这些原型也将在未来天桥地区的城市空间中找到呈现方式（图6）。

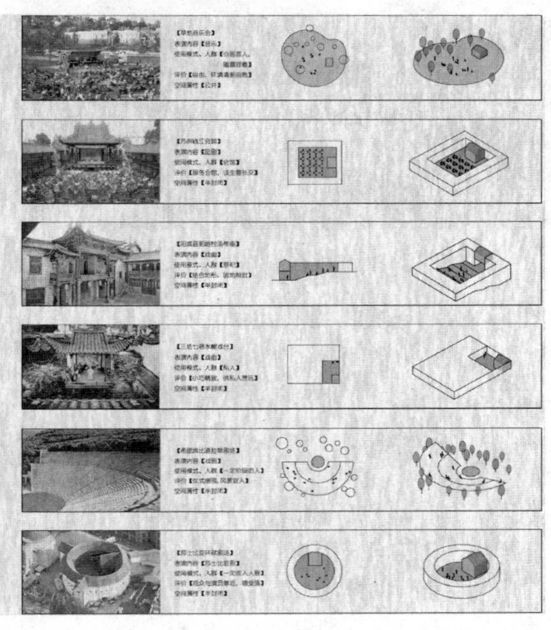

图6 演艺模型的提炼

在此过程中，我们特别要求关注于对各种日常使用方式原型的研究与归纳，如表演内容、使用人群、大众评价，以及由此得出的空间属性，在这种原型的归纳中，呈现了感性与理性的叠加表述，而这种思路的梳理以及关注点的强化，也将为未来表演空间的现代转译提供有效的观察、思维以及表达途径。

不难看出，原型的提取对应于演艺的继承与发展以及未来的设计来说，具有潜在引导的控制力与说服力。

4 现代演艺——城市与建筑的“毯式”呈现

基于前期的研究分析，从传统演艺街区的原型向当代城市演艺空间的转化，是设计教学延续的重点。如何在当代的城市肌理及未来的发展趋势中找到恰当的结合点，成为设计的难点，也是教学中挑战与愉悦并存的地方。

在城市设计层面，“毯——Mat”的概念在城市肌理原型的驱使下油然而生，这是一种对城市未来的期许，也是对传统绿色城市格局复苏的期待。每个“毯”的模型中，都有一个绿色的院子。一个能唤起人们儿时游戏记忆的场所，而这种游戏，正是一种“演艺”，一种期待着天桥地区未来的城市愿景的日常性“演艺”。

不难看出，这是一个具有层级的毯（图7），从城市的公共性的不同中，我们看出了不同层级的“院落”原型的核心尺度有所差别。这是一种细胞的组织方式，一种聚集化的有机结构。在此结构系统中，原有重要建筑的组织，为城市带来具有全新特质的核心焦点，也为整体城市的标志性带来历史的证据。

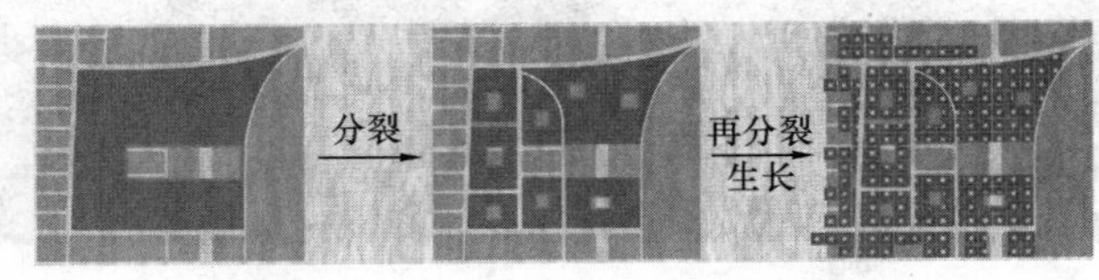

图7 城市之毯

于是，在这种系统中，演艺场所自然生成，也伴随着事件的发生，平日作为城市空间的场所瞬间成为一种可以容纳千人的表演场所（图8），而这里的观众，可

图 8　日常舞台的事件化使用

以是过往的行人，可以是在此长住的居民，也可以是为了特定的目标来此聚集的参与者。而在此欣赏的可以是大屏幕中的表演，也可以是来回穿梭的车流，也可能是具有世界顶级的现场盛会。可见，在这里，演艺是一种生活方式，一个事件。

深入建筑层面，我们不难发现，建筑与城市之间的界限已经模糊，建筑已成为城市不可或缺的组成部分。其中，原本高低错落的城市之“毯”开始有了厚度，而在这种厚度中，蕴含了各种中、小型的表演舞台，一种具有“日常性”的生活舞台，人们在这里喝茶、聊天、舞剑、锻炼……在这种错落的城市“舞台”中，我们又仿佛看到了与演艺舞台的传统原型之间千丝万缕的联系(图 9)。

当然，我们不会忘记，在城市的地下，还有另一个世界，一个城市的地下交通的动脉。而在这种城市的基

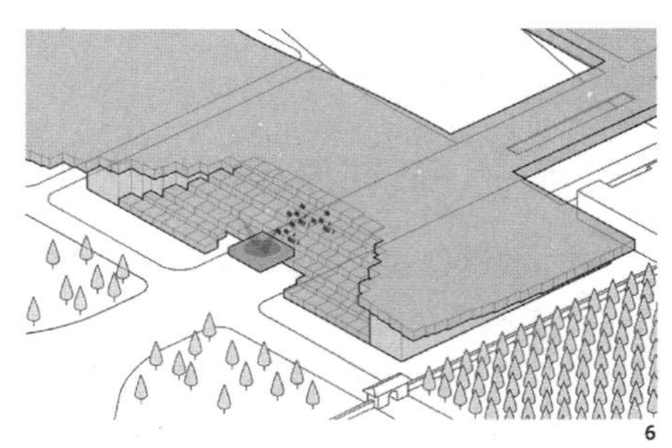
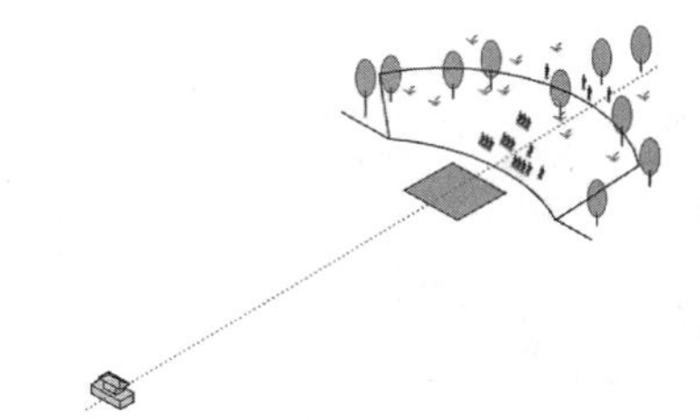

图 9　传统表演舞台的当代表达

础设施中，也合理地利用人们的上下流线，形成了内与外，上与下，前与后，大与小不同的表演空间，其中，室内感知，室外参与，内外间的互动，组织成一个具有高度复合性与参与性的城市综合体（图 10)。

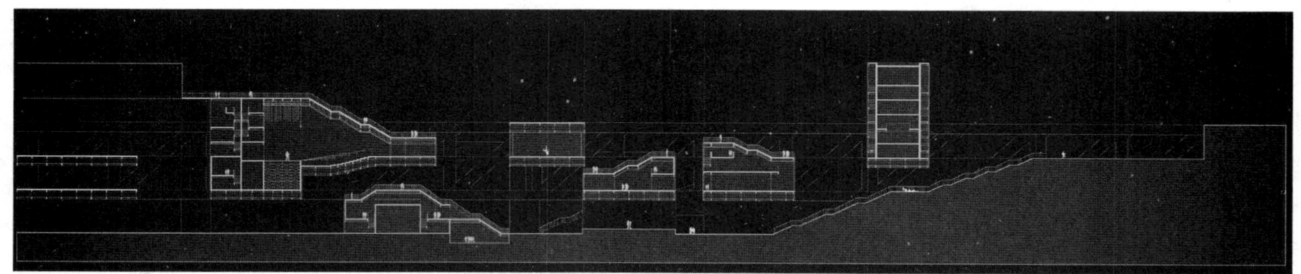

图 10　地下的演艺城市

可见，“城市是一个大的建筑，建筑是一个小的城市”人们在进行城市与建筑的转化中，逐渐能够清晰地感知城市建筑化与建筑城市化的持久魅力。

5　设计教学的反思

如何在传统区域反思地域性的当代表达？如何在对

未来的憧憬中融入不同时代的日常行为？如何在城市与建筑之间找到“中介”关联？……这些仿佛是在设计之初，过程之中以及设计之后需要被关注、研究、梳理与总结的话题。

5.1 传统的现代演绎

如今，传统与现代之间的转译已逐渐成为时代的必然，但这种必然有时候仿佛承载更多的是设计过程的迷惑、犹豫与踌躇。传统怎样在现代城市之中找到具有辨识度的全新表达的方式？这是一个难以名状的话题。而这个答案，在不同的地区，不同的视角以及不同的诉求期许中，具有不同的表述方式。传统的现代演绎，不仅是形式，更是一种印象，一种生活方式的传达，一种日常性的综合体现。因此，怎样在传统中，挖掘其可以转译的基本属性，即一种多元叠加、物质与非物质性并存的遗产，是一种重要的思维方式与价值观的树立，更是未来发展的依据与发展方向。这些，对于学生来说，是在其设计早期需要最早明确的价值取向。

本次设计教学之中，城市的格局、日常生活、建筑空间、演艺模型等传统要素的当代演绎，在作为大家普遍关注的话题的基础上，仿佛找到了一个合适的载体(天桥演艺区)，引导着设计以一种理想的方式发展而革新。

5.2 城市作为一个大尺度的建筑

城市与建筑的互动，不是一个新的话题。但在本次设计的演艺主题下，该命题逐渐呈现其持续研究而拓展的潜力。怎样以一种建筑的视野，关注城市问题，怎样以城市的维度体现建筑的层级性，这在从城市到建筑的设计互动中，体现了无处不在的整体性与层级化的诉求。这种互动的载体，离不开作为地域属性的日常生活的特征，并呈现于对日常表演空间的营造与预留。在此，根植于天桥的，是一种市井的演艺，一种生活化、自由的艺术呈现。而这种呈现的场所，是一种介于城市与建筑之间游离的场所。如果能在设计之初，了解城市与建筑之间的差异与联系的必然，那么，其思维的视野也将是宽广而深刻的。

设计教学的目标中，对建筑的要求，已不再停留于一种传统的表述，而是对城市关联度的关注。这种城市视角下的建筑营造与建筑视角的城市体验，展现了当代城市发展以及未来都市革新的全新动力与方向。

5.3 行为作为一种空间的启动——演艺的日常性

德博拉·伯克（Deborah Berke）在《关于日常建筑的思考》(Thoughts on the everyday) 中认为，“日常建筑可以触发感官。”日常的感官可作为一种激发建筑生成的要素之一。城市或建筑的生成启动是多元的，而将人的行为作为一种启动的方式，似乎可将城市、建筑与人联系得更加紧密，换言之，可展现更为人性化的城市与建筑。这种人性化体现在一种行为与城市建筑的自然融合，而非追求乌托邦式的英雄空间。由此，如果我们可将城市人的行为作为一种演艺的方式，那么这种演艺，可以与城市广场、基础设施、街头巷道等城市要素紧密结合，而由此获得的这种全新的演艺空间，这也将从深层的内涵中清晰而自然地流露城市与建筑的日常性，一种具有广义的演艺特征，一种史密森夫妇所认为的“As Found”❶ 的日常美学。

设计教学中有关日常性的关注，是一种潜移默化价值观的输出。在此，设计者关注的不再是建筑本身，而是与建筑相关，每日使用的本体，而这种对本体的关怀与行为的植入，将为未来的城市与建筑品质的提升带来更为深层的催化与驱动，并由此带来具有生命力的“形式”与“标识”。

6 结语

设计复杂，设计教学更为繁复。学生能够从中收获的不仅是一次设计，更重要的是能够从思维的潜意识中，收获一种思维的方式，一种对城市与建筑的态度和立场。这些似乎远比设计本身重要。虽然一次设计无法呈现完满，但持久的设计教学意识输出的坚持，将带来更为宽广的反思、革新与演绎的空间。

图片来源：

图 1：Team 10——in search of the utopia of present

图 2～10：学生绘制。

参考文献

［1］ Steven Harris. Deborah Beake，*Architecture of the Everyday*[M]. Princeton Architectural Press. 1997.

［2］ Max Risselada、Dirk van den Heuvel，*Team*

❶ 这是一种以一种积极身份，出现于城市与建筑的发现与发展序列之中的态度，一种积极的日常体验。

10——*in search of a utopia of present* [M], Rotterdam, NAI Publishers, 2005. 8.

[3] Francis Strauven. Aldo van Eyck : the shape of relativity [M], Amsterdam , Architectura & Natura 1998.

[4] Johan Huizinga, Homo Ludens [M], London, Routledge, 2000.

[5] Claude Lichtenstein, As Found : The Discovery of the Ordinary [M] Baden : Lars Müller, cop. 2001.

全球化语境下的建筑历史教学

陈春红
天津大学建筑学院
Chen Chunhong
School of Architecture，Tianjin University，300072

外国建筑史教学的几个问题及一点建议
Several Questions and Suggestions to Foreign Architectural History Teaching

摘　要：随着信息时代的来临，外国建筑史教学面临更多挑战。教师必须突破传统模式的束缚，摆脱语言障碍，加强科学研究，努力探索新的教学方式，着力培养学生的创新能力和思维能力，才能适应快速发展的建筑学教育。

关键词：外国建筑史，教学，问题，建议

Abstract：In the information age，foreign architectural history teaching is facing many challenges.

Teachers must break the shackles of traditional teaching mode，get rid of language barriers，strengthen scientific research，efforts to explore new teaching methods，strive to cultivate students' creative ability and thinking ability before we can adapt to the rapid development of disciplinary education.

Keywords：foreign architectural history，teaching，questions，suggestions

外国建筑史是建筑学教育最基本的一门课程，大凡开设相关学科的院校都会开设本门课程来强化学生对建筑基本知识的熟悉和掌握。笔者经历了八年的外国建筑史教学，在反复修改教案和调整教学内容的同时，感受到外国建筑史课程在各大高校的教学设置和教学效果良莠不齐，不同层次高校学生的接受能力和本门课程的实际影响力也表现不一。外国建筑史集历史、文化、艺术和技术等多学科内容于一体，是一门非常吸引学生的课程，但在一些院校出现了学生不愿意上课的情况，甚至有些学生质疑为何要学习外国建筑史。对于这种现象的出现，清华大学建筑学院的一名教师在《危机与生路——外国建筑史教学的问题》一文中进行了深入的剖析，笔者在此不再赘述。综观当前外建史教学的现状，的确尚有一些问题存在，笔者在此针对个别问题提出以下几点浅薄的建议：

1　几个问题

1.1　传统教学模式遭遇现代瓶颈

国内大多院校的外建史教学延续以前的教学传统，采用课堂授课的方式，教学中多以教师讲授为主，结合课件展示优秀案例的基本信息。传统的外建史教学模式从出生到现在经历了近百年的时间而长盛不衰，究其原因，是传统教学模式易于被学生接受且效果良好，更多学生愿意接受这样的教学方式。然而，传统式教学在信息喷涌的时代却显得有些盲从，国内的外国建筑史理论研究进步缓慢以及教学投入有限使得教学内容跟进来自世界各地的信息时有些踉跄。能够长期坚守在教学第一线的教师为数不多，其教学方法和内容虽不断进步，但毕竟力量单薄，投入有限。部分院校科研投入少进而导致传统教学内容缺乏更新，甚至十几年内容不变。

作者邮箱：historychen@126. com

然而，信息时代的大跨步来临往往让坚守在教学第一线的教师无暇应顾，网络信息的扑面而来迫使教师的课件和知识内容不断更新方能跟上学生的脚步。中国家庭的子女教育以及经济状况的大幅度提升让更多的学生在接受外国建筑教育之前便游览四方，看遍世界各地真实版建筑的百科全书。传统的外国建筑史教学模式受到了现代信息浪潮的有力冲击。

1.2 国际视野下的语言碰撞

中国正在走向国际化并已然成为世界的焦点，越来越多的世界关注需要我们懂得更多，能否对西方建筑词汇的外文释义作有效的把握关系到是否深入到外国建筑构造的深处。现代学生对知识的渴望和语言的优势让教师们不得不增强外文的阅读和理解能力。对外国建筑背景和详细构造的理解，单凭国内翻译的著作很难探索到科学的深度，而这种深度是教师在正确理解建筑语言的基础上言传身教的必需基础。部分教师语言的不足成为外国建筑史教师进行深入教学的障碍。

1.3 灌输式教学成为启发思维的迷雾

迫于外国建筑史广度和深度的压力，在没有深度科研的背景下，一些教师成为灌输式教学的传承者。灌输式教学的弊端显而易见，多数学生的学习主动权被灌输式教学剥夺殆尽，而教师在教学中的主观能动性也基本上被扼杀。因此，我们会看到这样一种普遍现象：在课堂上，教师在竭尽所能地传播教科书中所谓的必需的知识点，而学生则看似虔诚地被动地接受着教师的良苦用心。师生的主动性完全丧失，一方成为不断敲打键盘的输入者，一方成为不断强化记忆的存储器，在建筑学教育上所追求的开放性思维和个性张扬的理想随着灌输式教学的深入开展消失殆尽。

古语有之，以史为鉴。学习外国建筑史最重要的目的无非是了解历史上的优秀案例在创作、营造、重要技术等方面的精华来启发现代学子去深入开展有思维、有创作力的设计作品。教学除了让学生了解建筑的形成机制、历史价值和发展过程外，更注重在知识的传授过程中充分发挥学生的主观能动性，引导学生开拓思维，主动体验和感悟建筑创作的过程并引发深入思考的能力。灌输式教学往往缺乏鲜活的课堂氛围，无视思维的启发，使外国建筑史成为了学生死记硬背且最终必须面对的压力，而学生的创造性思维被这种全方位的限定抹杀了。这种灌输式的外建史教学只带给学生必须完成的课程考试，原本通过这些经典案例开启学生创造性思维的绝佳机会失去了。

1.4 科研基础薄弱导致内涵教育的缺失

外国建筑史是一个涵盖性特别广的课程，它融历史、哲学、宗教、民族、美术等不同学科的知识于一体，讲好外国建筑史课程本身就是一个挑战。当前，大多数院校在知识传授方面做得较好，但以外国建筑史为圆心所辐射的内涵式教育有待提升。何为内涵式教育?即我们在讲授外国建筑史时，应该对经典案例作足够的分析，让学生了解案例好在哪里，案例好的原因是什么，什么是好的建筑，好的建筑的评判标准是什么，在案例分析时，对于案例产生的历史背景、技术水平、关键技术、美学特征，甚至还原古人当时的创作能力等要作足够的分析，与之相协调的是教师文化水平的提升。然而，这一系列的产生归根结底在于当前外国建筑理论研究的薄弱，中国古代建筑研究已经具备一定深度且呈良性发展态势，外国建筑史的研究迫于语言、地域、文化、资源等多方面障碍而进步缓慢，大多数学者仅将外国建筑史作为一门课程而未能作为长远的研究方向，教师本身的外国建筑历史背景的缺失是阻碍内涵式教育向前发展的障碍。建筑创作深层次的科学内涵、营造技术、美学分析是提升内涵式教育的有效手段。

2 几点建议

要想为外国建筑史教学带来活力，同时激发学生的创造力和想象力，教师的教学必须突破传统模式的束缚，摆脱语言障碍，加强科学研究，努力探索教学方式的改革，把教学的重点放在启发和引导学生的自学能力方面，着力培养学生学会思考如何在当代的建筑设计中借鉴和提升古代的建筑设计方法和技术，提高学生的自主创新能力和思维品质。

2.1 去除唯教科书论

当前教科书虽不断改进并变换版次，但科研时常会有新发现，同时信息时代的学生对建筑的认识也具有一定深度，所以教学内容亦应随之调整。在教学方法上，教师也不能单一讲授，而是要应用多种方式、多种媒体，可通过开展课堂经典案例讨论，组织建筑作品辩论会，举行建筑欣赏故事会，举办案例分析讲座，进行经典案例调研，观看带有优秀外国建筑历史题材的影视作品，阅读欣赏艺术、文化、哲学、美学等方面的作品，撰写相关学术论文、著名建筑师生平小传等各种有效的方法和途径，使学生在学习知识的同时，学会思考，能将建筑知识和文化背景融会贯通，养成正确的历史思维习惯。教学方式上要正确处理继承与发展的关系，不能一味地继承因而缺失了教学的活性，也不能一味地发展因此丢失了传统的精华，在教学中应不断实现继承的优化与传统的不断完善，建立起学生主动学习、认真思考、注重能力与方法培养的现代教学模式。

2.2 着力培养学生由古知今的创新精神和思维能力

课堂教学的关键在于让学生开动脑筋以服务于日后的建筑创作或教学科研工作。外国建筑史内容丰富，古代建筑设计作品精华很多，设计方法和设计理念值得回味。教师在教学中不应一味地教，应该教会学生如何去鉴赏好的建筑，如何将古代优秀的建筑设计方法应用到现代的建筑创作中，更应该深入思考在古代相对落后的背景下经典建筑创作的背景和原因是什么，如何能突破现有条件的限制开展深入的建筑设计，只有学生进行了深入的思考，才能达到增长知识和提高创作能力的目的。至于如何启发学生的创新能力，不同的教师应该有不同的教学方法。中西对比教学、优化经典案例、学生上讲台、课堂大讨论等方式只是一种手段，关键在于教师在教学上的深入思考。

2.3 教师队伍加强自身建设

信息时代的教师要不断完善自己，力争在语言上有所突破，能够达到双语教学的水平。相信在高校国际化快速发展的脚步下，语言问题已不再是困扰内地教师深入科研和教学的基本问题。

信息时代的教师必须加快时代的步伐，与时俱进方能适应当前的外国建筑史教学工作。教科书的知识往往在快速的信息更新面前不能跟进新知识的速度。作为一名主讲教师，倘若基础研究不足，在教学上只能照本宣科，课堂缺乏活力和创造力。科研深度不足，教师很难将历史建筑与现代建筑创作实际相联系。为了适应现代的教学要求，除了必须了解的基本信息之外，承担外国建筑史教学的教师应该加强相关科学研究。必要的外国建筑理论研究不仅可以增强教师教学的深度、拓展教学的广度，还可以更新教师知识结构，完善教师的知识体系，提高教学效果。

3 结语

建筑学专业要想得到长远发展，需要以长远的眼光培养人才。外国建筑史课程是一门内容覆盖范围广、教学水平要求高的课程，教好本门课程并不容易，需要更多教师付出更多的投入才能达到更好的效果。建筑院校应该给教师更加宽松的环境，让他们能够投入更多并致力于教学，外国建筑史课程也会因此更上一个台阶。

参考文献

[1] 刘先觉．外国建筑史教学之道——跨文化教学与研究的思考．南方建筑．2008(1)：28-29.

[2] 王蔚，严建伟．加强外国建筑史教学的目标性．高等工程教育研究．2001(3)：92-93.

[3] 李渔舟．危机与生路——外国建筑史教学的问题．新建筑．1993(3)：43—44.

贾娇娇　李静薇
东北石油大学
Jia Jiaojiao　Li Jingwei
Northeast Petroleum University

外国建筑史课程“参与式”教学方式的探索
“Participation” Teaching Method Searching On Foreign Architectural History

摘　要：本文根据当今外国建筑史的教学内容及特点，结合教学实践，提出了方法灵活多样、适应性强的“参与式”教学方式，进一步增加学生的学习兴趣和主动性，从而提高外国建筑史教学品质和效果。
关键词：外国建筑史，参与式，教学
Abstract：According to the content and character of the course of foreign architecture history，this paper presents the diverse，flexible forms and adaptable “participation” teaching method，with educational practice，thus further increases the interest and initiative of students，so improves the teaching quality and effect of foreign architectural history.
Keywords：Foreign Architecture History，Participation，Teaching

当今建筑学专业发展的复杂化和多样化，给学生带来了各种机遇，也同样提出了新的要求与挑战，不仅要求学生具有较强的创作能力和扎实的理论知识，也要求他们具有分析和评价建筑作品和建筑流派的能力。外国建筑史作为建筑学本科教学的重要环节，既是史实的讲解，也是设计技巧与方法的传授，面对如此现状，建筑史教学无论在内容上还是手段上都应该适应时代的发展和需要，并在教学过程中提升学生的主动性，因此，提出了“参与式”教学方法。

传统教学内容与方法以教师为主体，以时间的发展和地域的划分为基准，罗列讲授世界建筑的发展。“参与式”教学方法则侧重提高学生的参与性与积极性，增加学生的兴趣，提升学生的主动性，从而有效地增进其学习动力。

1　“参与式”教学内容的调整

“参与式”教学主要是为了让学生更加积极、主动地学习外国建筑史，使其能够更加具体、深入地了解专业知识，掌握好学习的方法。学生可以参与到课程教学的过程中，既能够开阔视野，熟悉专业技巧，也能够在学习过程中更好地提出问题，评价与分析史实。根据多年来的教学经验，课程教学组扩充了教学的内容，增强了理论教学深度，扩展了历史学习的广度，对建筑学学生加强理论修养、拓展学科视界和加强教学中各课程教学的整体性起到了很大的推动作用。

1.1　案例的扩充

修订后的教学大纲体现了理论与历史教学在新的高度上的有机结合，理论主题以及历史意向专题设计的方式取代了过去单一的编年史教学。扩充后的教学内容主要以经典案例分析作为课程讲授的基础，因为任何理论、流派和概念对于学生来说都是生硬而抽象的，只有案例与民族发展、历史兴衰和时代变迁直接关联，并且具体而生动地展现在人们面前。遗存或已存的实例反映

作者邮箱：jjjd1467@126.com

了不同的民族性格，当时的科技和建造水准，建筑师的个性激情，甚至建筑式样的发生、发展及衰落。通过这种方式的教授，学生可以亲切而自然地融入建筑历史的脉络中，理解和掌握风格化的历史建筑。

1.2 理论与实践的结合

通过外国建筑史的学习，一方面能够使学生理解相关的理论知识，另一方面则是通过史学的教育培养学生的能力，使其更好地掌握相关的设计技巧和方法。建筑历史的教育能够促进学生从感性认识到理性认识的持续发展，也是训练学生建筑理论与建筑设计相互转化与联系的主要手段。因此，调整后的教学内容，增加了将理论与实践相结合的环节，将历史理论教学和历史建筑测绘与保护研究相联系。由于我校所处的地理位置与安达市和哈尔滨市比较近，这两座城市有许多近现代历史建筑，所以在教学环节中增加了对近现代建筑进行测绘和保护的研究，并要求学生制定初步发展规划。

2 “参与式”教学方法的改进

传统的外国建筑史教学方法中，学生作为被动的接受者，一方面跟着老师的讲解迅速地记录和整理笔记，另一方面观看幻灯片里放映的图片，希望能够消化知识、理解建筑，每节课的容量很多。学生记住的却很少。同时，这种方式也很容易产生懈怠的情绪，不利于课程教学的进行和学生对知识点的消化和吸收。“参与式”教学方法对其进行了补充和改革，采用多种方式，引导学生参与到教学中来，学生通过亲自动手动脑，直观地理解建筑，掌握建筑的发展脉络，体验建筑的艺术魅力，学习建筑创作的方法和技巧。在此过程中，学生的兴趣和积极性提高了，促进了其对建筑历史的深入学习。

2.1 课堂上的互动

建筑学专业设计类课程的重点环节就是课堂上的讨论，这种教学方法能够开阔学生的思维，锻炼学生的应变能力和积极探索的能力，培养学生理论思维的能力和批判学习的能力。“参与式”教学方法侧重于课堂上师生的互动，因此，在外国建筑史的课堂上采取讨论的形式，以学生作为主体，主持并进行汇报和讨论。此部分教学更适用于外国建筑史的“现代主义”之后的章节，学生既可以选择不同的流派，也可以选择同一流派的不同建筑师进行研究分析。

同时，在互动式的教学环节中，要求学生课前根据兴趣、喜好分组，然后，进行资料收集、汇总，并制作相关模型，整理知识，点编制研究成果和汇报文件。课堂上，每组学生的汇报情况，其他人进行认证，讨论和提问。这种教学方式极大地提高了学生的热情，课堂氛围活跃精彩。

2.2 开放式的学习

建筑史的学习也容易陷入与当今时代创作脱节的尴尬境地，尤其是古代建筑历史部分，很多学生认为这些与我们所处的时代太过遥远，没有直接的借鉴意义，因此，在学习此部分知识时，具有较大的懈怠情绪。“参与式”教学方法强调给学生提供开放式的学习环境，使得建筑历史不仅是作为一种知识、更是增强认识、启发独立思考的途径。“参与式”教学要求学生按比例绘制经典案例，并根据历史意象做设计方案，或以文献比较和不同视角的方式解读历史建筑、建筑流派或建筑师，形成自己的建筑历史学习的文本与观点。

此外，瞬息万变的网络为我们提供了丰富有趣的资料，在教学中，有效地利用这些立体的影像资料能够缩短与经典的建筑案例之间的时空距离，使得学生能够更加立体、直观地了解历史建筑，并利于学生深入地进行研究。同时，这些影像的放映也能够更好地活跃课堂的气氛，激发学生对外国建筑史的学习兴趣与求知欲。

2.3 课程间的链接

“参与式”教学还延续到了外国建筑史与建筑学专业其他课程的衔接上，外国建筑史作为辅助引入到其他课程中，强调了理论与设计课程之间的过渡与转化。例如在建筑绘画中关于艾奥尼柱式的临摹，对于柱式的比例、尺度与细节一无所知，只能依样画葫芦，学生既不了解该建筑，也不知道临摹这个建筑的意义，此时，在绘画过程中适当地加入外国建筑史中此部分章节的讲授，一方面，可使学生理解这种柱式的历史、发展与样式做法，也能更好地指导学生进行下一步的临摹、制图。

这种“参与式”教学不仅体现形式的多样化，更重要的是使学生思维更加灵活，知识体系更加完善。同时，这种教学方式也训练了学生提出问题、分析问题和解决问题的能力。这些分析能力、创新能力和表达能力的培养一直是建筑学专业教学的重点和难点。同时，教学中有效的手段莫过于方式灵活，学生广泛而热情的参与了，“参与式”教学从时代、社会的发展需要和建筑学学生的就业前景出发，扩充了内容，并采用多样的教学手段推动外国建筑史教学的积极发展，在教学过程中，既注重调动学生的主动性和综合能力的训练，也加强了建筑学专业理论学习和设计创作实践的结合。

参考文献

[1] 朱兵司，毕 芳．关于中俄建筑设计课程教学模式的研究——链接式的教学模式探索．2012全国建筑教育学术研讨会论文集．北京：中国建筑工业出版社，2012：222-223.

[2]张 娟，宋 波．外国建筑史互动式教学研究与实践．华中建筑．2011(06)：189-190.

李　娜
南京财经大学 艺术设计学院
Li Na
College of Art and Design，Nanjing University of Finance and economics

生动的建筑历史教学
——见证城市历史建筑的演变
Vivid architectural history teaching
——witness the evolution of urban historical buildings

摘　要： 建筑历史教学在建筑发展与社会生活的联系方面存在欠缺，将城市历史建筑案例引入建筑历史教学可以促进理论与实践的结合。通过对城市历史建筑的调研、分析和论证，帮助学生增强建筑策划能力，通过研究式、讨论式和开放式教学方法的运用，提高学生的自主学习能力，通过城市历史建筑的案例研究，促进历史建筑保护工作，实现产学研的有效结合。

关键词： 城市历史建筑，研究式教学，建筑保护，建筑策划，产学研结合

Abstract： The current architectural history teaching has some defect in linkage of building pattern and social life. Introduce the case teaching of historic building into architectural history teaching can achieve the combination of theory and practice. Through the historic building case research，analysis and demonstration，architectural students could improve their capacity of building planning. Through using research teaching method，discussing teaching method and open teaching method，students' self-learning ability could be improved. It is help to promote historic building's protection by studying the urban historic building in architectural historic teaching and it also help to achieve goal of the effective integration of production，teaching and research.

Keywords： urban historic building，research teaching method，building protection，building planning，integration of production，teaching and research

每一座城市都有自己的发展印迹，它们记录在历史文献中，流传于地方故事里，显形于老街老巷中，镌刻在历史建筑上。城市的历史直观地显现在历史建筑上，历史建筑就是一部生动的城市发展史书。然而，面对如此真实而丰富的现实案例，我们的建筑历史教学却视而不见，自顾自地专注于抽象的建筑历史知识的讲解，某一历史时期的社会生活、重要事件、风土民情、经济活动、技术革新被抽象成几幅图片和几段文字，建筑与生活之间生动的联系被割裂，某种建筑形式的产生与消亡似乎只是一个逻辑推演而不是社会生活与意识形态的体现。这样的建筑历史教学很难帮助学生理解社会、经济、文化与建筑的内在联系，很难帮助学生建立处理复杂建筑问题的历史观。

城市的历史建筑不仅包括列入文物保护单位的建筑，还有大量的一般性历史建筑，它们具有过去某一时代的典型特征，虽然接近或者已过设计使用年限，但建筑质量良好，结构坚固，形式美观，改造后能够满足继续使用的要求。将城市的历史建筑作为案例纳入建筑历史教学，通过挖掘它的过去，分析它的现状，思考它的未来，帮助学生进入建筑历史的语境中，建立社会生活

作者邮箱：minilana@163. com

与建筑形制之间的联系，从而培养科学的建筑历史观。基于此，本研究探讨将城市历史建筑案例引入建筑历史教学的教学组织方法。

1 全球化与城市化背景下的建筑历史

全球化与城市化是当代中国城市发展最为鲜明的主题。当2011年城市人口首次超过农村人口时，当国家大剧院和奥运场馆出自国外建筑师之手时，我们的建筑师该如何面对全球化与城市化对国内建筑市场的影响？我们的建筑学高等教育该如何应对全球化的教育市场的冲击？我们的建筑学师生该如何实现与全球化的建筑教育的接轨？当我们深入思考这些问题时，发现我们真正需要理解的是技术给人们的生活带来的改变，需要面对的是不同文化之间的沟通。在建筑学的教学体系中，建筑历史最符合这样的知识架构和研究视角，最能够帮助学生从历史的角度，从文化交流的角度理解建筑设计思想的形成和发展。常规的建筑历史教学着重于世界几大文明体系中建筑范例的讲解，并已经形成对此建筑的社会背景知识的理论梳理，然而仅从理论上阐述建筑设计思想从何而来，为何而来，如何实现，难以使缺少历史知识积累，缺乏社会生活经验的本科生将授课内容转化成自己的经验，难以使他们理解不同文化背景下的不同建筑语言。为使学生更容易理解建筑历史的教学内容，将现实案例研究引入理论教学，通过现实案例与历史案例之间的对比学习，产生历史与现实对话的效果，以历史案例的研究方法分析现实案例，带着现实案例的问题到历史案例中寻求经验。我国有着丰富的历史建筑资源，唐宋时期有少量遗存，明清时期的建筑量大且保存较好，清末到民国时期的殖民地建筑和早期的现代建筑分布于上海、南京、天津等城市。一般省会及大型城市都有历史建筑遗存，而这些城市也是建筑学院集中分布的地方，因此借助周边的历史建筑资源进行建筑历史教学是现实可行的。同时，在房地产经济的刺激下，城市历史建筑被拆除以让地于新的房地产项目的事件层出不穷，城市特色也因为历史建筑的消亡而日益丧失。出于保护历史建筑的目的，将其作为研究案例，记录它的生与死和围绕它发生的人情世故，鲜活地理解建筑，理解建筑师的社会责任，不失为建筑历史教学创造的社会效益。

2 历史建筑案例教学组织

历史建筑案例教学首先需要选择易于开展研究活动的案例，然后制订研究计划，组织学生进行调研活动，经过讨论和反复论证的过程，最后得出研究结论。

2.1 确定研究对象

从所在城市的历史建筑中选择便于开展研究活动的案例，这些案例可能包含文物保护建筑和一般性历史建筑，可能建筑类型不同，可能残破程度不同，可以根据保护的紧迫性、社会影响力、相关项目的支撑情况来确定研究对象。为便于学生了解案例研究的基本方法，教师需讲解相似案例的研究方法，通过讲解范例帮助学生建立案例研究的框架体系。

2.2 文献搜集与现场测绘

历史建筑的过去隐迹于历史文献中，这些文献既包括地方志和建筑档案，也包括记录历史事件和历史人物的史书、民间传说、小说、戏剧、报纸杂志等，包罗广泛且内容繁杂，需要进行仔细的甄别与梳理。与文献搜集同步进行的是现场测绘，现场测绘过程中需要秉持怀疑和追问的态度，多问为什么，多去思考原因，带着问题搜集文献资料也会产生事半功倍的效果。现场测绘还需要分辨历史建筑哪些部分作了改变，对原来的形式、功能、结构产生怎样的影响。

2.3 利益相关者调查

利益相关者是来自经济学的概念，指的是“能影响组织行为、决策、政策、活动和目标的人或者团体，或是受组织行为、决策、政策、活动或目标影响的人或团体”。用利益相关者分析方法便于明确历史建筑与其相关群体的关系及这些群体的利益诉求。历史建筑的利益相关者群体包括居民、公众、学者、房地产商、政府、媒体，他们各有不同的利益诉求。一般而言，大多数居民关注地改善自身的居住条件，他们愿意离开老旧而狭小的老房子搬进宽敞明亮的新居；公众对历史建筑更多地投射了怀旧的情感，这些老房子承载了他们的地方记忆；学者关注历史建筑的艺术价值和社会价值，遗存至今的老房子大多设计精美，它们维系着稳固的社会网络；房地产商追逐商业利益，希望简单地以拆旧建新换得高额的经济回报；政府既负有管理城市的责任，又有追求经济利益的现实需求；历史建筑的保护需要借助媒体引起公众的关注，媒体肩负着引导社会舆论的任务。虽然利益相关者具有上述基本态度，但每一个历史建筑的案例中，他们的利益诉求会有变化，他们之间的力量对比也会发生改变。学生通过对利益相关者的调查，能深入理解与建筑设计密切相关的各方群体的利益取向，他们的调查工作也为今后从事建筑设计工作积累了经验。

2.4 案例比较

对于历史建筑的活化利用，国内外已经有许多成功案例。将这些案例与所研究案例进行对比分析，有助于帮助学生全面地认识所研究案例的限制性要素，将抽象的经济、社会、文化影响转化成具体的经济测量指标、社会影响因子和文化表征。案例比较开阔了研究视野，通过借鉴和实际运用成功案例的经验，进一步体会历史建筑与其利益相关者的关系。

2.5 改造利用的方案设计

在以上对历史建筑的调研和分析的基础上，提出历史建筑改造利用的方案。这些方案需要有科学严谨的论证过程，包括历史建筑的文脉，利益相关者的态度和利益取向，方案对各方的回应，方案的可行性论证，方案成果的评价方法等。改造利用方案的论证过程就是建筑设计的前期工作，历史建筑改造利用包含了更为复杂的社会环境因素，这种训练对学生解决建筑项目的社会问题有很好的帮助。

3 历史建筑案例教学方法

将案例研究理念引入建筑历史教学，改变了以往的以授课为主的教学方法，转变为“发现问题—界定问题—分析研究问题—寻找解决方案—多方案比较—设计成果”的研究型教育模式。研究型教学能够提高学生学习的主动性，主动发现问题，主动寻求解决方法，进而提高学生独立获取知识，独立应对问题的能力。

3.1 研究与授课相结合

学生缺乏独立进行案例研究的经验，因此需要教师讲述案例研究的方法，示范案例研究的过程，监控研究的进展。同时，案例研究的目的是帮助学生理解建筑历史教学中各时期和各种文化语境中的建筑范例，使抽象的理论知识与生动的社会现实产生联系，因此用研究的方法和过程学习建筑历史知识，可以为自己搜集与组织相关学科知识融入建筑历史中，建立个性化的建筑历史知识体系。

3.2 讨论式教学

讨论式教学模式打破了信息的单面传递方式，促成了教师和学生、学生和学生之间设计思想的多向交流。讨论式教学不再以教师为教学中心，而是以研究问题为中心。学生和教师作为平等的研究主体，通过陈述、怀疑、提问、争辩等交流促成对研究问题的深度解析，对解决方法的多向思考，进而实现共同探索、共同发现、共同创造的教学结果。历史建筑案例研究的过程中经常需要开展多层次的讨论，包括研究组内讨论、研究组间讨论、利益相关者讨论等，讨论的目的是各抒己见，拓展思路，求同存异，解决问题。

3.3 开放式教学

历史建筑案例研究本身就需要建立一个开放的知识体系，涵盖历史学、地理学、社会学、经济学、艺术学等多个相关学科的内容，这些学科知识为案例研究搭建了跨学科研究的平台。走出校园，进行历史建筑的社会调查的过程中，生动而丰富的社会现象又构成了另一个开放的课堂。社会的感性体验与课堂的理性体验相结合，有助于提升学生的实践能力。开放式教学需要教师具有开阔的眼界和广阔的胸怀，通过点拨思路、提供建议的方法形成师生合作的开放式教学氛围，从而促进学生的探索热情，激发其创造性。

4 结语

把历史建筑案例教学引入建筑历史教学组织，既丰富了课堂教学的内容，又能促进学生社会实践能力的提高。建筑学的教学一向注重学生实践能力的培养，现在通行的假期实习和毕业实习的目的也是强化教学与社会实践的联系。然而建筑设计院的工作以实用性和功利主义为导向，并不能帮助学生建立职业价值观和社会责任感。纵观建筑学的课程体系，唯有建筑历史能够担当起将以史为鉴、承前启后、兼济天下的职业道德传继的重任。但当前建筑历史教学缺少思想性、缺乏与现实社会的联系，在讲述建筑历史的同时研究现存历史建筑，能够很好地弥补上述不足，校正建筑历史教学纸上谈兵的倾向。

参考文献

[1] 邓庆坦，邓庆尧．中国近代建筑在房地产业主导下的发展演变[J]．天津大学学报(社会科学版)，2005，7(6)：453-456.

[2] 杨春蓉．历史街区保护与开发中建筑的原真与模仿之争——以成都宽窄巷子为例[J]．西南民族大学学报(人文社科版)2009，214(6)：108-112.

[3] (美)弗里曼(Freeman，R. E.)．战略管理：利益相关者方法[M]．王彦华，梁豪译．上海：上海译文出版社，2006：37.

刘 征 林 耕 王小惠
天津城建大学建筑学院
Liu Zheng Lin Geng Wang Xiao Hui
School of Architecture，Tianjin Chengjian University

三维教学法在中国建筑史课程教学中的应用

The Three-dimensional teaching courses in Chinese Architectural History Teaching

摘 要：本文从对传统中国建筑史教学的特点和问题的分析出发，指出传统教学方法往往造成学生理论与实践的脱节，通过对现代教育策略与教学方式的思考，提出三维立体教学法，作为对中国建筑史教学的改革与尝试，并从电脑数字技术模拟、sktechup软件应用、实体模型辅助教学与制作等方面具体阐述了该教学法在教学实践中的运用，最后总结并阐述了三维立体教学法的理论和实践指导意义。

关键词：现代教育策略，三维立体教学法，改革

Abstract: This paper analyzes the characteristics and problems of the teaching of traditional Chinese architectural history, pointing out that the traditional teaching methods often causes the student to the disjunction between theory and practice; by thinking of the modern teaching methods and teaching methods, the three-dimensional teaching method, as the reform and attempt to the teaching of Chinese architectural history; and, from computer simulation application digital technology of sktechup software application, entity model aided teaching and some aspects of the teaching method in the teaching practice; finally summarizes and expounds the three-dimensional teaching method in theory and practice.

Keywords: Modern Education Strategy, TheThree-Dimensional TeachingMethod, Reform

1 缘起

中国建筑史作为建筑学专业核心课程，使学生系统了解中国建筑发展史、演变史，了解中国古代建筑的设计意匠，理解不同地域、不同民族建筑风格的多样性与主流；掌握在自然、社会、经济、文化、技术等影响因素下建筑的发展演变规律，培养分析、评价建筑的能力，为建立新的建筑观和创造性设计方法提供坚实的基础。国内各大建筑院校使用的中国建筑史教材为潘谷西先生编著的《中国建筑史》。这本教材先以时间顺序叙述中国建筑史发展概论，后以中国传统建筑类型为主线，阐述中国类型建筑发展的一般史实和风格特征，后一部分是教材的主要内容。这本教材是近几十年来全国建筑类院校师生认识中国传统建筑历史特征与作用的主要读本。因此，学生对于中国建筑史的学习，主要精力在于对不同历史时期、不同类型建筑及重要建筑之风格特征的认知，即“史”的学习。

然而，中国建筑史课程，除具有史类课程的共性外，还应发挥建筑学类课程的特征，即对建筑造型与空间环境的认知。传统的讲授对此特点关注不够。事实上，中国建筑史教学既应关注以时间为线索的史实层面，又应关注建筑造型与空间环境层面。传统教学方法虽然能够丰富学生的建筑历史知识，但对建筑造型与空间环境方面的认知的忽视，往往造成学生理论与实践能力的脱节，这也是全国建筑学院校毕业生普遍存在的问题。

2 现代教育策略与中国建筑史的教学方式的思考

随着社会信息化发展，培养创造性人才逐渐为全国建筑高校所重视。近二十年来，国际教育理论界的“以学为主”和“协作式”教学策略研究进展飞速。认知学习理论的观点认为，学习过程是每个人根据自己的态度、需要、兴趣、爱好并利用原有认知结构对当前外部刺激（教学内容）主动作出的、有选择的信息加工过程。当学生按照自己的需要和自定的进度学习，积极主动地完成课程要求并体验到成功的喜悦时，就能获得最大的学习成果。

随着认知学习理论研究的发展，较高层次认知能力的学习场合被发现，例如对复杂问题分析综合的场合，采用协作学习方式更能奏效，且利于培养创造性人才的合作精神。这种教学策略为多个学习者提供对同一问题用不同观点观察比较、分析综合的机会，对深化理解问题、知识的掌握运用和能力的训练提高大有好处。

结合中国建筑史教学，“学以致用”可以大大提高学生学习的积极性。对梦想成为出色建筑师的学生而言，建筑造型与空间环境认知的学习是实现目标的重要内容。三维立体教学法强化知识点的讲授，通过新的教学改革刺激学生更为主动地完成学习任务。教师布置有一定复杂性与难度的作业，要求学生协作完成，例如制作斗栱，通过分工合作、观察比较、分析综合，学生不仅深化理解了建筑造型与空间的知识，而且提高了动手能力、团队协作能力与综合素质。

3 三维立体教学法的教学改革与尝试

随着计算机技术的普及与发展，多媒体教学手段在高校的教学活动之中应用广泛，对于中国建筑史教学来说，即视频与图像的应用。但由于历史上许多重要建筑与城市已经消失，仅留存少许文字资料或图像碎片，这些资料对于学生更直观地理解古代城市布局，建筑群体空间组合以及建筑单体空间特色帮助不大。因此，运用现代数字技术再现古代城市与建筑，重现历史场景，更利于学生培养空间思维。

3.1 电脑数字技术模拟城市复原和群体建筑再现

古代城市复原和群体建筑再现的目的是展现整体的城市规划形态，再现群体建筑的组织秩序。通过三维模型、环境模拟及动态展示等电脑数字手段，直观、全面、形象地再现历史场景，是学习和深入了解古代城市及群体建筑的规划思想、空间组织原理的有效手段。

再现的具体过程，是将传统二维的图像、图纸等资料，数字化并输入电脑，利用数字技术和相关软件，转化为三维 3Dmax 模型，并以动画、多媒体等形式输出。

例如新加坡国立大学很早就开始研究运用电脑科技重筑唐代长安城，让长安跨越 1300 年的时空，再次展现在世人眼前。许多动画和多媒体公司也做过类似的数字再现，例如水晶石数字科技有限公司曾做过动画短片《梦回唐朝》，《唐长安剪影》。

古代城市复原和群体建筑再现的数字技术在建筑史教学中的应用，应注重三维教学法与传统教学法的结合，使学生不只停留在直观的“印象”中，而是能够深入理解具体规划和群体关系背后的理论思想。注重表达整体的规划形态、环境因素和群体秩序，是城市复原和群体再现的特点，而对于单体建筑的细节表达，一般适可而止。

以古代城市隋唐长安城为例，在隋大兴基础上建立的唐长安城，规模宏大，是古代世界上规模最大的城市，面积达 84.1 公顷，约为西方古罗马城市规模的 6 倍。规划严整，道路呈棋盘式，经纬分明，主要道路尺度惊人，最宽达 150 米。但关于唐长安城的资料大部分为文字资料，有少量考古图片资料，对中国建筑史教学来讲，仅一张完整的总平面复原图常用于教学，因此学生很难理解唐长安城市空间的尺度与特征。结合已有的三维数字模型成果，这座城市的空间形态得以再现。

图 1 唐长安城复原图（资料来源于新加坡大学制作的三维数字模型）

3.2 Sketchup 软件模拟古代单体建筑再现

单体建筑再现的基本原理同样是将二维数据转换为三维数据后再输出，但单体建筑再现更强调建筑的细节，力求最大程度地表达建筑的各个构件、材质以及室内外空间等。其输出形式多以静态三维效果图为主，以动态三维模型和动画为辅。

单体建筑再现可以多角度、全方位地展示古代建筑的外立面、室内空间、细部构造关系等。与传统的二维平立剖面图表达方式相比，更加直观、全面和细致，对于学生学习和理解古建筑构建原理等具有巨大的帮助。

Sketchup 模型是建筑单体再现的一种形式，该软件简单、易于操作，其输出的三维模型可手动旋转，展示不同角度，因而该软件广泛应用于单体建筑再现中。

目前 Sketchup 软件公司拥有庞大的模型数据库，很多古代建筑单体的再现模型可以通过网络得到共享。结合建筑历史教学的具体环节，除给学生讲解展示三维单体建筑再现模型外，还可以让学生利用电脑软件，按照要求分组制作某一单体或者某一构件，其中的优秀作业可作为三维再现电子数据库的补充。

以唐长安城麟德殿为例。麟德殿是唐大明宫的国宴厅，是大明宫最主要的宫殿之一。底层面积达 5000 平方米，由四座殿堂组成，是中国古代规模最大的单体建筑，也是体量最为复杂的建筑。结合数字模型的讲解，可深入展示古建筑宏伟而又复杂的建筑造型与空间。

图 2　通过数字模型分析唐长安城麟德殿、含元殿（资料来于 Sketchup 3D 麟德殿、含元殿）

图 3　通过实体模型辅助理解福建土楼、干阑式民居

图 4　学生制作斗栱模型过程记录

3.3　实体模型辅助理解建筑构造与建筑空间

中国古典建筑富有特色，常以庭院为纽带组织功能更为复杂的建筑群体，而集中式外观、趋于统一的完整几何形大体量建筑并不常见，福建土楼建筑即为此特殊建筑实例。但土楼内部空间并不像外观那么封闭与单一，而是富有层次、高低变化的内向集中式空间模式，简单地通过外部与内部实景照片或总平面图等难以直观表达，而通过该建筑的模型，可以清晰显示建筑的空间

组合关系。

3.4 制作三维实体模型，体验建筑构造与空间

教学中，教师利用三维数字模型以及实体模型的方法大大提升了学生对建筑造型与空间的理解，相对以前的教学内容，生动形象很多，但学生仍旧是被动地接受信息。因此，结合课堂教学内容，强化师生互动，布置三维实体模型作业，要求学生提前准备，深入讨论，动手制作，不但提高了他们的专业素养，而且激活了他们对空间与建筑构造的认知。

以“斗栱的构造”一课为例：斗栱是中国古代建筑中构造精巧、富有魅力而又特有的构件，它是较大建筑物的柱与屋顶间的过渡构件。它的功能在于承受上部支出的屋檐，将其重量或直接集中到柱上，或间接地传力至额枋上再转到柱上。重要的和纪念性的建筑物大部分都有斗栱。它以标准化的构造，形成了丰富的种类。在功能上，除了起出檐悬挑、传导重力的作用外，还有装饰檐下、显示等级等功能。其榫卯的精巧代表了中国传统木工技术的高超水平。斗栱在中国建筑史教学体系中占有重要的地位，区别于西方古典柱式，具有很强的代表性与典型性。布置学生 4～5 人为一组，制作清式平身科斗栱，要求以九等斗口为模数，先制图，后制作构件组装。整个制作模型的过程持续四周，最终以课题组集体答辩的模式结课。学生可以利用 PPT 直接演示，也可以把制作模型的过程用影视短片或剪辑软件编辑，结合制作的模型形成丰富多样的最终成果。教师作为答辩委员，对学生提问、点评和打分。制作过程中，学生与教师探讨互动，深入理解了古代建筑构造与空间的特点，增强了读图能力，大大增强了中国建筑史的学习兴趣。

4 总结

综上分析可知，在中国建筑史教学中，有意识地将建筑造型、空间认知概念与理论教学结合，对教学效果的改善将大有裨益。电脑数字再现及模型的使用不仅丰富了学习认知的手段，更是中国建筑史知识体系的变革。中国建筑史教学史料十分丰富，且与中国历史文化紧密结合。在知识编排上，仅以时间为线索的“史”的串联往往造成学生学习兴趣索然，并感觉与专业课脱节。显然，建立中国建筑理论知识学习的多维视野十分必要，建筑造型与空间环境是其中重要一环。数字模型与实体模型的使用，也完全符合学生认知活动的心理需求。

实践环节的增添是全国建筑院校教学改革的普遍思路。“学以致用”，将理论课程与实践课程紧密结合，是改革的重点。结合中国建筑史教学，帮助学生从城市空间到建筑构造强化认知古代建筑空间与造型知识，有助于从传统营造中汲取养分，理论与实践相结合。

从教学效果与教学成果来看，三维立体教学法的改革方向是正确的，但仍需要不断完善，例如如何更好地运用数字软件使已有研究成果更丰富、充实并保持持续性发展等。

参考文献

[1] 钟启泉，黄志成．美国教学论流派[M]．西安：陕西人民教育出版社，1996，1.

[2] 胡颖．运用现代教育理论研讨中国建筑史教学方式[J]．浙江交通职业技术学校学报，2007，9.

[3] 梁思成．清式营造则例[M]．北京：清华大学出版社，2006：25.

柳　肃
湖南大学建筑学院
Liu Su
School of Architecfure，Hunan University

《日本建筑》课程教学的几点思考

本人从2003年开始在本学院开设“日本建筑”选修课程，先在本科生中开设，后来改为研究生选修课。不论是本科生还是研究生，此课程大受欢迎，选课的学生很多。课程开始已有十年，至今回头总结，或有些许心得体会拿出与读者交流，希望得到好的建议以便使这门课程开得更好。

1　关于教学目的

在多数建筑院校建筑学专业的教学计划中是没有“日本建筑”这门课的，在过去的建筑历史的课程体系中一般也没有这门课，只是在外国建筑史的教材中以很小的篇幅作了一些介绍，而且这一点介绍也往往因为教学课时有限而被省略了。

古代日本比中国落后，长期学习中国，受中国文化影响很大，日本古代建筑也在很大程度上受中国建筑的影响，但同时也保持着自己的特色。近代日本与中国同时开始学习西方，但是结果却大不相同。在世界近现代建筑史上，日本建筑异军突起，出现了一批世界著名的甚至领先世界潮流的重要人物，当代更是不断在世界建筑舞台上出现亮点，普利策奖得主层出不穷。认真考察日本建筑史就会发现，近代以来日本建筑界的成就与历史上的日本建筑和日本文化以及日本人对待文化的态度都有着重要的关系。

据此，本人觉得让学生们学习了解日本建筑、借鉴别人的经验、开阔学生视野、提高学生的思维水平，均有益处。这就是本人开设此课程的初衷。

2　关于内容编排

课程开设之初，名称究竟定为“日本建筑”还是“日本建筑史”，经过了一番考虑，最后还是决定用前者。主要出于以下几方面的考虑：

（1）如果定为“日本建筑史”，就是一门很专很大的课程，照例又有古代史和近现代史之分，需要较多的课时才能完成，势必增加历史理论类课程的课时压力。另外，对于学生来说，要专门花较多时间来学一门“日本建筑史”也没有必要。

（2）“日本建筑”不同于“日本建筑史”具有较多的灵活性，课程的容量和课时数可以增减，比较灵活，可以把古代、近现代甚至当代都放在一起讲。

（3）最主要的还是出于教学内容编排的考虑。本人认为，近现代以来日本建筑取得成就最主要的原因是日本的历史和文化。因此，课程的内容实际上已经超出了建筑的范畴。从日本的地理环境，到日本的历史文化和民族性格，都在很大程度上影响到当今日本建筑界的思维方式和文化特性。尤其是近代和中国同时学习西方的过程中所表现出的差异，在学习西方和保存自己的民族特色方面所获得的成功，更值得我们中国人好好思考。

出于以上几点考虑，本人开设的“日本建筑”主要内容如下：

（1）日本的自然和文化背景。内容包括：日本的地理形势、气候条件、日本民族和日本文化、日本历史发展概况。

（2）日本古代建筑的类型。内容包括：城和町、宫殿、神社、寺庙、园林、住宅（农家、町家、武家）、茶室等。

（3）日本近代建筑。内容包括：文化的变迁、新建筑类型、新风格和新技术。

（4）日本现代建筑。内容包括：现代早期、新思想的传入、重技术和重艺术的争论、新风格、新流派。

这些内容可以深也可以浅，课时可以长也可以短，比较有弹性。

3 启示与思考

此课程开设最初缘自于本人留学日本后的一些想法。日本在近代以来给中国造成了很多的灾难，以致今天仍然处在一种对立状态。但是我们不能否认它在国家建设上的成功，尤其在建筑领域，在学习西方之后，后来居上，领先世界。

启示一：关于“和魂洋材”与“师夷之长技”。

日本在近代与中国同时开始学习西方，但在土木建筑领域却出现了不同的状况。中国和日本古代都是由工匠建造建筑，没有建筑学科，没有建筑师职业。学习西方的建筑学科是从纯技术的土木学科开始的。然而不久，日本就跳出纯粹技术性的土木学科，开始注意建筑学。1870 年，一位英国建筑师康德尔应邀来到日本，在东京帝国大学内创立了“造家学科”（建筑学科），而这时中国仍然坚持只学土木，不学建筑。直到 1923 年，从日本学习建筑回国的柳士英、刘敦桢等在苏州工业专门学校创立中国的第一个建筑学科，比日本晚了五十多年，而且还是从日本学回来的。中国近代学习西方是“师夷之长技”，只学技术，凡涉及政治性、文化性的内容就不学，建筑学不是纯技术性的，带有文化性、艺术性的特征，这可能是中国近代只学土木不学建筑的原因。然而这一开始就有的差异，似乎预示了中国建筑在后来较长的时间中仍然落后于日本。

日本近代在学习西方的时候也曾经有过“和洋之争”，最典型的理论观点就是“和魂洋材”，有点类似于中国的“师夷之长技”，即在物质的、技术的层面上——“材”学西方，而在文化思想的层面上——“魂”则坚持本国的。这种观点在日本近代历史上曾产生过较大的影响，但是实际上日本在学习西方的时候还是学得比较彻底的，尤其是明治维新以后，很多属于“魂”的东西也都西化了。例如海军，中日海军同时向西方学习，同样从西方购买军舰火炮，海军军官同时在西方培养受训，但是中国海军的军服仍然是传统的，军官顶戴花翎，士兵对襟褂布包头，而日本海军则完全换成了西式的白制服，精神面貌就不同了。建筑也是如此，不学点内在的“魂”的东西，光学点表面的“材”东西，很难会有自己的建树，中国今天的建筑似乎还是没有跳出这个框框。

启示二：关于现代化和民族传统。

日本是一个最现代同时又最传统的国家，它在经济、科学技术、生活方式等方面的现代化人所共知，但在文化上，却顽强地坚守着传统，这一点恐怕世界上没有哪一个现代国家能出其右。在居住上，今天仍然坚持着席地而坐的古代生活方式；服装上，凡节日或重要场合都会穿和服；在语言和日常生活中，坚持着传统的礼仪习惯，甚至有些过分；节日庆典等活动更是完整地继承着传统方式不改变，如此等等。

在建筑上当然也是如此，日本现代建筑与传统的结合是世界上公认做得比较好的。主要表现在两个方面：一是在住宅建筑和居住方式上保持传统。日本人今天仍然坚持着古代席地而坐的生活方式，住宅内大多仍然铺“榻榻米”，房间之间的分隔采用推拉门，分隔灵活自由。住宅建筑式样也大多采用传统住宅的式样，结构也仍然以木结构为主，只是门窗等构件上多采用现代材料。第二，也是最重要的，是完全现代风格的建筑，不论是公共建筑还是住宅建筑，都在很多时候体现出传统的意向。在很多日本著名建筑师的设计作品中，常出现传统建筑的特征，例如木造建筑的做法、直棂形推拉门窗的造型等，作为一种符号常出现在日本现代建筑上。然而日本现代建筑上出现的传统因素，或者说现代和传统的结合，做得非常自然，结合得非常好。相比之下，我们中国每当说到现代和传统相结合，往往流于表面拼贴，很别扭。学习日本古代、近现代建筑可以理解日本在文化观念上把传统成功地用于现代的内在因素。

启示三：注重思想观念上的创新，而不是只关注外观造型。

日本现代建筑较早就开始创立自己的风格流派，例如 20 世纪 60 年代的“新陈代谢派”就成为世界上众多现代流派中的一个著名派别。今天一批世界著名的日本建筑师的作品，无一不是以新颖的思想而著称，看一年一度日本建筑学会奖的获奖作品，也大多含有新观念、新思想、新技术的运用等因素。绝不只是以一个奇特的造型来取胜，相反，日本的现代建筑往往在造型上比较平淡，甚至光从外观来看没觉得有什么特别，但是当人们了解到它所蕴含的新思想、新观念或新技术的时候就明白了它的奥妙。

反观我们国家近年来的新建筑，往往把主要注意力集中在外观造型上，以为造型的奇特是新建筑的主要特征，这就流于肤浅了。

启示四：注重舒适实用，不追求豪华气派。

日本古代建筑就比较朴素，不尚华丽，一方面是因为日本古代相对比较落后贫穷，另一方面是承续了中国古代儒家文人的审美趣味，追求朴素淡雅，不尚奢华。中国古代建筑是追求华丽的，不仅宫殿、寺庙，就是民居住宅，凡有经济条件的情况下，都雕梁画栋，装饰精美。艺术上的成就当然值得称道和骄傲，但是奢靡之风也是不能不注意的。

发展到今天，现实似乎仍然如此，日本和中国的建筑仍然各自体现着各自的审美特征。日本的现代建筑追求的是舒适实用，不以豪华宏伟来显示建筑的价值。他们往往在舒适性、实用性方面舍得投入较多的精力和钱财，而并不会有意花很多钱去追求宏伟壮丽。但在我们中国，往往花大量的钱财用于追求豪华气派、巨大的体量、昂贵的材料等，而在真正的实用性方面并没有好好解决。

日本建筑确实有很多值得我们学习之处，开设“日本建筑”课程可以观古鉴今，也可以对照别人，看到自己的不足之处，如果能够达到这一目的就足够了。

孟祥武　叶明晖
兰州理工大学设计艺术学院
Meng Xiangwu　Ye Minghui
Design & Art Academy, Lanzhou University of Technology,
Lanzhou, Gansu, 730050, China

兰州理工大学“中国建筑史”教学系列课程修订研究❶

Research on Revising the Teaching Series Courses about Chinese Architecture History in Lanzhou University of Technology

摘　要：“中国建筑史”课程作为建筑院校建筑学专业的学科基础必修课，其重要性不言而喻。但是随着建筑学教学改革的不断深入，作者发现课程之间的衔接与提升都不够。对于现在全球背景下重视地域建筑文化的发展趋势来说，单一的课程教学已经不能够满足社会对精神层面的需求。因此兰州理工大学建筑系结合新培养方案修订的契机，对课程进行梳理，更加重视课程之间的衔接，旨在呼吁从事建筑教育的同行重视“中国建筑史”课程教育在“建筑教育与文化传承”之间将发挥的重要作用。

关键词：中国建筑史，课程体系，培养方案

Abstract: As a basic required course of architecture major in some architecture college, the importance of Chinese Architecture History is obvious. However, with the deepening of teaching reform in architecture, authors find that the connection and advancement between the course and course are not enough. There is a development trend that more and more people pay attention to the culture of regional architecture in a global context. Towards this background today, single curriculum teaching is no longer able to meet the spiritual needs of the community. Therefore, Lanzhou University of Technology, Department of Architecture will combine with the new training program revision opportunity, and card the course. Trying to pay more attention to course interface. Aimed at appealing the counterparts who engaged in architectural education value the course Chinese Architecture History, and realizing this course will play an important role between Architectural Education and Cultural Inheritance.

Keywords: Chinese Architecture History, Curriculum System, Training Program

兰州理工大学自从 1987 年开办建筑学专业以来，就严格按照全国建筑专业教育指导委员会的要求，设置了“中国建筑史”的必修课程，讲的是中国古建史，没有涉及中国近现代建筑史的部分。随着新一轮的教学大纲与培养计划的重新修订，实验室计划的进一步完善，建筑系对“中国建筑史”这门课程的基础与外延进行了

❶ 作者邮箱：mengxiangwu2008@163.com
兰州理工大学 2010 年度教学研究资助项目
建筑学专业新培养方案修订的探索与研究，编号：201029

深一层次的探讨，旨在从现今的课程设置与衔接方面对以“中国建筑史”课程为代表的课程体系作进一步的完善，从而使全球视野下的、建筑学教育背景下的建筑史课程发挥更大的作用。

1 “中国建筑史”课程设置的问题

在2010年以前，与中国建筑史有关的课程主要包括两门：“中国建筑史”课程，64学时，在第五学期开课；“古建测绘”课程，2学周，在第六学期的期末进行。从两门课设置的情况来看，符合修读顺序的要求。但是将两门课纳入到整个课程系统当中也出现了一些问题，尤其是“古建测绘”课程的问题比较突出。首先，“古建测绘”课程是实践课程，要找到可供学生测绘的地点就不是很容易；其次，“古建测绘”课程因为要攀高作业，路途较远，存在一定的不安全因素；再者，课程的设置时段一般位于春季学期的期末，在这个时段，学生马上要面临的是期末的课程考试环节，致使学生无法专心致志地对待“古建测绘”课程，穷于应付。单从“古建测绘”一门课当中就会看到存在这么多的问题，更何况将整个教学课程系统有机地完善了。

2 “中国建筑史”课程体系的调整

2010年开始，针对培养计划要重新修订的契机，根据从现在的教学体系当中发现的问题，对“中国建筑史”课程系统进行调整。在新的教学体系的修订过程之中，注意对“中国建筑史”的知识进行分解，并对各组成部分进行循序渐进的引导，从而达到对“中国建筑史”知识的认知，甚至是对中国传统文化的渗透。

2.1 “中国建筑史”的基本认知过程

该过程主要是针对一年级与二年级的学生，对建筑的认识还处于懵懂时期。课程设置在“建筑初步一A”与“建筑初步三A”之中：

“建筑初步一A”的总学时是64学时+1学周，建筑史的基础部分所占学时为6学时。所讲述的内容为“中国传统建筑之美”与“中国建筑师”，要求学生对中国古建筑有一个感性认识，在课程的表达方式上，“中国传统建筑之美”会以精挑细选的中国古建筑的图片为主，“中国建筑师”则主要以建筑师及其营建思想并行，以建筑实例来说明建筑师是如何体现中国建筑的精髓的，所涉及的建筑师包括梁思成、齐康、程泰宁、崔恺、张锦秋等。

“建筑初步三A”的总学时是64学时+2学周，建筑史的基础部分所占学时为9学时。所讲述的内容为小建筑测绘，对象选择了学院的“槐园”建筑群，仿古建筑，集古建与园林空间于一身。它是学生在初步了解建筑的平、立、剖面的基础之上，对建筑的内部空间与外部空间的一次综合考察。

2.2 “中国建筑史”的认知深入过程

该过程主要指“中国建筑史”课程的教学阶段，该课程总学时为64学时，设置在三年级的第一个学期（第五学期），讲述内容以中国古建史部分为主，授课形式除了一贯以来的课堂讲授，还增加了课外调研以及实体模型制作两个方面的内容。

课外调研主要是要求学生在课外的三周左右时间内对一些具有地方典型特色的古建筑类型进行实地调研，例如兰州地区的传统民居建筑以及古堡等。要求学生加强对古建筑的直观认识，除了对学生的调研方法进行训练外，还要让学生在自己的角度上来亲自感受古建筑之美。

实体模型制作则是结合实验室计划不断完善，在“中国建筑史”课程当中加入的一个内容。

模型1：斗栱

在中国古代建筑大木作营造做法的教学中，为了让学生直观地认知学习这一部分，加深对古代建筑成就的认同，体验中国传统建筑的精髓与博大，任课教师尝试让学生亲手制作大木构件模型。以中国古建筑最具有创造性的斗栱为第一个实例构件，通过采用三维立体式教学，以平面讲述、动画演示、透视解剖、实物模型制作的递进方式，让学生真正认识斗栱，认识中国古建筑。

模型2：梁架

“墙倒柱立屋不塌”是一句形容木结构建筑防震抗震的建筑谚语，它非常形象地说明了木结构建筑良好的防震抗震特性和在地震中坚强不屈、傲然挺立的姿态。中国传统木结构建筑是中华文明和东方古建筑文化的重要组成部分，具有独特的结构形式，至今遗存有天津蓟县独乐寺观音阁、山西应县木塔、浙江宁波保国寺大殿等木结构建筑，历经千百余年依然表现出了较好的抗震性能，其独特的结构特性和构件连接方式可谓精妙绝伦。以七檩硬山建筑的木构架为例，从计算到加工到安装，遵循古代匠人的营造方法，深刻体会中国传统建筑文化。

通过对以上几个部分的训练，学生不会感觉像以往“中国建筑史”课程教学一样乏味，提高了学生学习建筑史的兴趣，增进了对中国古建筑的认识，并且锻炼了学生自主研究与动手的能力。

2.3 “中国建筑史”的认知强化过程

该过程主要是指“古建测绘”，课程原本设置在三年级的期末阶段，但是从以往的教学效果来看，存在一些问题，最主要的是期末考试临近，学生很难做到专心致志。限于各种原因，在 2010 年调整培养计划之时，把实习阶段安排在四年级第一学期的开学两周，有的时候因为测绘的对象繁杂或者是学生报到不全，会提前一周进行，这样就避开了考试周，学生刚刚来学校，兴趣很浓，实际操作比讲述更加直观。在课程内大概需要 4 学时的讲授时间，对测绘的方式与方法，使用工具、注意事项以及整体步骤进行陈述。之后到现场大概用 1 学周至 2 学周不等的时间进行实地实物的测绘工作。

3 课程体系调整的效果

从 2010 年直至今日，已经完整执行该计划有 3 个学年，从学生学习“中国建筑史”系列课程的情况来看，收到了一定的效果。首先，在建筑国际化的背景之下，使得学生能够感受到中国建筑文化的深远；其次，循序渐进的学习与深入过程使得学生在学习之后对“中国建筑史”有一个系统的认识；最后，在“中国建筑史”的讲述过程之中穿插了中国建筑师方面的介绍，使得学生对自己国家的建筑师增进了解，这样一来，将会有更多的后辈建筑师走向了中国传统文化复兴的道路。

4 结语

“中国建筑史”作为大量建筑学课程之中的建筑文化理论课程，它承载着将中国博大精深的传统建筑文化传授给学生的任务。因此，在建筑学培养计划的修订过程当中，兰州理工大学建筑系的教师们注意学生在学习当中的问题，并且结合全球化背景下地域文化的重要性，对“中国建筑史”教学的系列课程进行调整。目的是让学生不仅关注建筑文化的发展，同时也注重地域文化的传承，尤其是对于快速发展的中国建筑业，培养什么样的建筑师直接关系到中国未来的建筑面貌。这可能就是建筑教育对建筑文化传承所起的重要作用所在吧。

乔迅翔
深圳大学建筑与城市规划学院
Qiao Xunxiang
School of architecture and urban planning, Shenzhen university

基于设计视角的中国建筑史教学初探
On Teaching of Chinese Architecture History from Design Viewpoint

摘　要： 在建筑学课程体系中，建筑史一般被定位为建筑设计主干课程的辅翼，如何实现这一“辅翼”角色因而成为重要议题。对此，本文提出了设计视角的教学思路，并对教学要求、知识准备、具体做法以及存在的问题等进行了探讨。

关键词： 中国建筑史，课程教学，设计视角

Abstract: Architecture history is often regarded as the support of architecture design in architecture education system, then this is an important subject that how to become ture. This paper brings up the ways of architecture history from design viewpoint, and explores the teaching requirements, knowledge conditions, some measures, and some questions.

Keywords: Chinese Architecture History, Teaching, Design Viewpoint

1　中国建筑史教学的设计视角

加强建筑系学生的中国建筑史素养极为重要和紧迫。但在教学实践中我们发现，不少学生对中国建筑史课程从开始的极高期待到一筹莫展，甚至畏惧、抵触。究其原因，除了对古建筑缺乏亲身体验外，更重要的是课程内容与他们熟悉的现代建筑理论体系往往有很大距离，不少建筑考古学内容及特有术语也让学生难以把握。

这种现象之所以出现，与我们对于作为“学科”的建筑史和作为“课程”的建筑史存在模糊认识有关。在此，有必要对两者加以区分。对于前者，我们认为，中国建筑史具有特定的研究对象和研究内容，与考古学、历史学、人类学、文化史等紧密相关，是一门富有特色的相对独立的建筑分支学科；对于后者，中国建筑史作为建筑学专业一门必修课程，在专业课程体系中或被定位为建筑设计这门主干课程的重要辅翼❶。由此，中国建筑史作为一门学科与作为一门课程差异明显：课程建设虽以科学研究为基础，但无疑具有自身的目标，即为建筑系学生——未来的建筑师提供学养和帮助，不是培养从事专门研究的建筑史学家，两者不可混为一谈。

那么，建筑史课程如何充当好主干课的辅翼呢？对此，我们提出基于设计视角的中国建筑史教学思路。也就是，在中国建筑史教学中，除了建筑史知识传授外，同时侧重讲授我国本土建筑设计经验，如设计方法与技艺、建筑生成的观念及理论等。这些设计经验具有某种规律性，贴近历史真实。提出这一设计视角，目的是力求更多地观照建筑学专业的学习特点及其要求。当然，“设计视角”并不是出于简单套用和所谓借鉴历史经验的纯功利目的，而是通过增强对我国本土建筑文化，尤

作者邮箱：qiao@szu.edu.cn

❶ “重要辅翼”这一提法，源于东南大学建筑学院课程体系。在2011年6月，在东南大学举办的建筑史课程建设的研讨会上曾引起来自不同院校教师的讨论。此文受此启发。

其是设计文化的理解，努力与当代建筑理论话语建立关联，提升中国建筑史素养和设计水平。

应该说，从设计视角看待和研究中国建筑史，是自学科开创以来的一个重要倾向。1935 年梁思成在《建筑设计参考图集》中指出："创造新的既需要对于旧的有认识……可以帮助创造的建筑师们，定他们的航线❶"。1956 年刘致平在《中国建筑类型与结构》的"序言"中认为"对于新创作（尤其是建筑理论及民族形式）的支援帮助"是研究者的责任，因而"经常结合今后在建筑设计时如何灵活运用传统做法适应新的情况和新的需要"。❷1980 年李允钰的《华夏意匠——中国古典建筑设计原理分析》不仅希望"为设计者提供足够的参考资料和设计论据"，更是"希望能够较为系统和全面地解决对中国古典的认识和评价问题"，并力求"表达自己对建筑设计多年来积累的意见和体会"。❸

设计视角在当前建筑史教材编写中开始得到初步落实，其标志是潘谷西先生主编的《中国建筑史》于 2001 年（第四版）所作的修订，专门增加了"建筑意匠"一章。此处"意匠"或与李允钰所言类似，即"建筑的设计意念"。对于增加此章，"前言"作了简要说明，是"为了开展对古代建筑的理论探讨"，"以适应建筑学专业人才培养的需求"。❹确实，这是适宜建筑学专业的、适应教育要求的及时举措，从而弥补了原教材在设计理论上不足的缺憾。但由于此次修编仍是保留原有格局的调整，这多出的一章，在实际讲授中如何与其他部分有机结合，还是难事。从设计视角的教学要求来看，教材在体例上还可进一步完善。

2　基于设计视角的教学要求和知识基础

设计视角倾向对中国建筑史的教学提出如下要求：

（1）强调对设计经验（包括设计方法、设计思路和设计观念）的科学系统的总结和传授，为学生理解传统建筑设计提供理论基础和探索思路。

（2）从城市规划、建筑群布局、建筑设计等方面提炼当代建筑史研究成果，加以传授，为学生高层次的学以致用提供直接的知识准备。

（3）延续并加强建筑史的人文修养功能，重点对传统建筑设计中的历史社会因素进行释读阐发，以加深对我国本土建筑特征形成的理解。

也就是说，基于设计视角的建筑史教学，在知识讲授结构、侧重点等方面都有调整深化，同时必须吸收纳入最新研究成果。当前，学者对建筑史进行的卓有成效的探索，中国古代城乡规划、建筑群布局、单体建筑设计等方面的"意匠"，不少已被揭示出来，为相关教学提供了大量素材。

城乡规划方面，已在"城市建设史"的基础上初步提炼出我国古代城市规划史和城乡规划理论方法，如贺业钜以营国制度传统为线索，对古代城市规划体系的发展进行了梳理❺，吴庆洲对我国古都象天法地的规划思想进行了探讨❻，苏畅对管子的规划思想作了研究❼，傅熹年利用作图法、文献法发掘了古代城市以面积模数为基准的规划方法❽。村落规划更多地体现地域或民族文化特征，王昀通过村落数理分析得出了聚落配置结构规律❾。

建筑群布局方面，历来被认为是我国古代建筑特色的重要方面。侯幼彬对建筑组群形态进行的系统研究，归纳出了庭院式布局的类型、构成方法和空间意象。❿傅熹年发现的建筑群布局的使用面积模式，置主体建筑于建筑群地盘之几何中心，以方 10 丈、5 丈、3 丈、2 丈数种方格网控制尺度等方法，已为学界所熟知。⓫朱光亚对园林空间布局的拓扑同构关系的发现，揭示了园林空间结构复杂表象下的内在秩序。⓬缪朴以体验为基本手段所开展的传统空间研究成果⓭，尤其适用于对园林空间的解读，与上述的科学分析成果互为补充，对于理解传统建筑空间精髓极富启发性。

---

❶ 梁思成．建筑设计参考图集序．中国营造学社汇刊，1935，6（2）：73-79.

❷ 刘致平．中国建筑类型与结构．北京：中国建筑工业出版社，1987.

❸ 李允钰．华夏意匠——中国古典建筑设计原理分析．北京：中国建筑工业出版社，1985.5-7.

❹ 潘谷西主编．中国建筑史．北京：中国建筑工业出版社，2001.

❺ 贺业钜．中国古代城市规划史．北京：中国建筑工业出版社，1996.

❻ 吴庆洲．建筑哲理、意匠与文化．北京：中国建筑工业出版社，2005.

❼ 苏畅．〈管子〉城市思想研究．北京：中国建筑工业出版社，2010.

❽ 傅熹年．中国古代城市规划建筑群布局及建筑设计方法研究．北京：中国建筑工业出版社，2001.

❾ 王昀．传统聚落结构中的空间概念．北京：中国建筑工业出版社，2009.

❿ 侯幼彬．中国建筑美学．哈尔滨：黑龙江科学技术出版社，1997.

⓫ 傅熹年．中国古代城市规划建筑群布局及建筑设计方法研究．北京：中国建筑工业出版社，2001.

⓬ 潘谷西主编．中国建筑史（第四版）．北京：中国建筑工业出版社，2001.228-232.

⓭ 缪朴．传统的本质——中国传统建筑的十三个特点．建筑师，1989，36：56-67；40：61-69.

陈明达较早对单体建筑设计规律进行科学探索，对《营造法式》"以材为祖"提出独到见解❶；张十庆在唐宋建筑的柱间尺度和空间构成、应县木塔的尺度构成、模数制发展等方面有重要的阐述和发现❷；傅熹年对以柱高为扩大模数的设计方法进行了富有成效的探索研究，对佛教建筑内部空间视觉设计规律进行了揭示❸；王贵祥对建筑正面檐部的比例尺度规律进行了归纳总结❹。至于构架与构造方面，与空间构成相结合、揭示原理的成果，如抬梁和穿斗架建构思维❺，斗栱结构和构造意义及其演化规则❻，门窗构成规则等也取得了丰硕成果。近些年来对民间设计技艺进行的调研，如闽南、潮州、梅州、侗族等地区民居，拓展了传统建筑设计研究领域，提供了大量鲜活的教学素材。

3 我们的初步尝试

东南大学潘谷西教授主编的《中国建筑史》❼（"十一五"国家级规划教材）作为通行教材，是我们的课程教学之"本"。为落实上述设计视角，我们在原教材基础上，对讲授的体例、内容以及教学方法等作了如下变动尝试：

（1）讲授体例的调整尝试。总的做法是对现行教材的章节进行重新组合，除了"绪论"、"发展概况"外，其他主体内容纳入"城乡建设与规划"、"建筑群布局"、"单体建筑设计"三大部分（表 1）。经此调整，脉络清晰，总体结构上基本满足设计视角的教学需要。

"中国古代建筑"课程体例调整尝试　　表 1

讲授内容	教材章节
中国古代建筑的特征	绪论
中国古代发展概况	第 1 章
"城乡建设及规划"	第 2 章（城市建设）；第 3 章（住宅与聚落）"聚落"部分；第 6 章（园林与风景建设）"风景建设"部分
"建筑群布局"	第 4 章（宫殿坛庙陵墓）；第 5 章（宗教建筑）；第 6 章（园林与风景建设）"园林"部分；第 3 章（住宅与聚落）"住宅"部分
"单体建筑设计"	第 8 章（古代木构建筑的特征与详部演变）；第 9 章（清式建筑做法）

（2）具体讲授内容的调整尝试。上述体例调整必然对所讲授内容提出相应要求，我们一方面仍重视传统建筑实体形态空间等知识的传授，另一方面强化有关设计内容的讲授，如设计手法、创作思想以及设计价值观念、文化心理等（侯幼彬把前者归纳为"硬"传统，后者为"软"传统）。以下试作列举。

1）城乡建设及规划

城乡建设和规划活动的过程怎样，建设的社会政治动因、规划观念是什么，此类兼有文史知识方面的讲授，着重解答城乡建设规划"为何如此"的问题，也就是为"建设"背景与"规划"理论方法建立紧密联系，如巫鸿对于汉长安之未央宫、城墙、皇陵及陵邑、建章宫等建设历史的探索❽，避免了对最终状态的静态描述，深入到建设过程和具体情境中，进而发掘城市规划的深层次政治和政治人物心理缘由，加上充满趣味的故事化叙述方式，是极好的课件素材。规划方法方面着重讲授城市规模、布局和尺度等问题，有关的实证研究成果，傅熹年、王昀等的成果，有效拓展了现行教材有关内容。

2）建筑群布局

现行教材已明确指出建筑群布局为我国传统建筑最主要特色之一，并强调庭院在空间组织中的灵魂地位。这样的重要线索，理当贯穿宫殿、寺庙、园林等章节，以分别揭示各类型院落布局的特征。但在现行教材中，这条线索似乎没有得到强调，内容也不全面，如宗教建筑群布局等多有缺失。为此，我们一方面需要分头讲授各类型建筑群布局特点，另一方面还需要加以归纳和比较，丰富我国传统建筑群布局的内涵。我们尝试增加的内容有：建筑群布局类型及其形态意象、建筑群布局方法及建筑群尺度控制方法。

3）单体建筑设计

我国以木构建筑为主体，现行教材也以很大篇幅进行讲述，除了第 8 章、第 9 章外，坛庙、佛教建筑等各类型建筑章节中，往往也详于单体，如此难免琐碎重

---

❶ 陈明达．营造法式大木作制度研究．北京：文物出版社，1981

❷ 张十庆．中日古代建筑大木技术的源流与变迁．天津：天津大学出版社，1992

❸ 傅熹年．中国古代城市规划建筑群布局及建筑设计方法研究．北京：中国建筑工业出版社，2001

❹ 王贵祥，刘畅，段智钧．中国古代木构建筑比例与尺度研究．北京：中国建筑工业出版社，2011

❺ 张十庆．从建构思维看古代建筑结构的类型与演化 [J]. 建筑师．2007（2）：76-79

❻ 王鲁民．中国古典建筑文化探源．上海：同济大学出版社，1997

❼ 潘谷西主编．中国建筑史（第六版）．北京：中国建筑工业出版社，2009

❽ 巫鸿．中国古代艺术与建筑中的"纪念碑性"．上海：上海人民出版社，2009. 184-245

复，尤其详部做法等近乎考古学，更让学生畏惧三分。如何接近传统建筑学的本体，如何运用当代建筑学话语系统解说，是我们在教学中遇到的难题。我们尝试吸收学界成果，重新整理进行讲授，主要内容有：单体空间构成、尺度构成、构架构成、构造原理。

（3）教学方式的调整尝试。除了一般讲授之外，重视学生对传统建筑的直觉体验和探索。与不少高校一样，我校所在地缺少古建筑，学生大多对古建筑没有直接感受，我们一方面借助三维课件在课堂上展示传统建筑影像，另一方面要求学生利用 sketchup 技术进行古建筑三维数字建模，从中体会传统建筑韵味。我们在江南私家园林教学中进行了尝试（图 1）。在建模过程中，特意略去古建筑的多变外形和烦琐装饰，注重突出空间围合方式、尺度及其他重要构成要素，力求展示并体察建筑空间的本质。

园林作业 1 （2011 级刘民浩）

园林作业 2 （2011 级刘民浩）

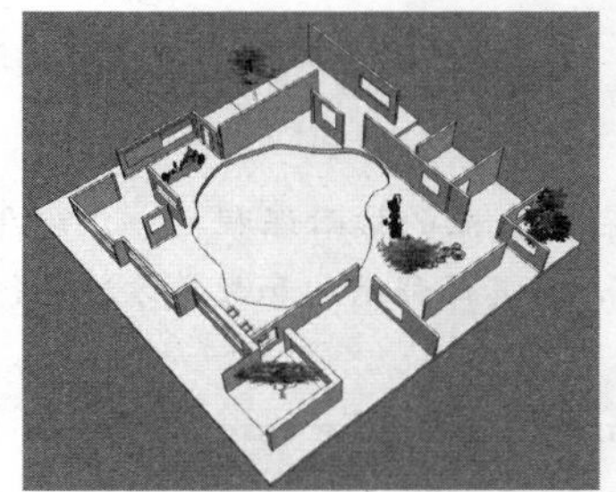

园林作业 3 （2011 级李奕霖）

园林作业 4 （2011 级周子豪）

图 1　园林课程作业

4　问题和讨论

基于设计视角的中国建筑史教学，在当前还有不少问题需要进一步思考。

（1）基于设计视角的建筑史教学，或带有某种技术实用倾向，是否与人文素养培养目标相偏离了呢？在我们看来，建筑史学习当然不局限于建筑设计理论，但也不是一般性的宽泛的人文素养，其“专业性”必须得到落实，即设计视角并不是消除历史或人文内容，而是重视与设计相关的人文背景，特别是设计思想、观念、思路的历史人文因素。专业性无疑是建筑史人文素养提升的真正价值所在。不过，如何实现这种技术与人文的融合，还需要长时间的摸索。

（2）当前建筑史研究新成果不断出现，如何加以辨别，选取为教学素材呢？对此，我们首先判别新成果是定论还是有争议的，选取其中的定论作为教学素材，而某些富有启发性的争议成果也适当介绍给学生，并说明其探索性，激发学生的钻研热情。由于研究成果大多需要相当长时间的验证讨论，最新成果转化为教学素材确是慎之又慎的事。

（3）我们所尝试的设计视角的中国建筑史教改，主要是在现有教材基础上的局部补充或调整，至于体系化的相关教材及教学方法的形成、成熟，一方面有赖于相关基础研究的不断深入，另一方面还需要对已有研究成果作系统性的梳理。在当前，为满足设计视角的建筑史教学需要，正亟须相关书籍的面世。这一工作任重道远。

王红军
同济大学建筑与城市规划学院
Wang hongjun
College of Architecture and Urban Planning，Tongji University

同济大学历史建筑保护工程专业“保护建筑设计”课程教学初探

Study on the course teaching of “Design of historic architecture conservation and renovation” in Tongji University

摘　要：“保护建筑设计”课程是同济大学“历史建筑保护工程”专业的核心课程之一，近年来，针对专业要求对该课程教学进行了一些探索，文章以一次课程教学为例，对其课程结构和教学方法进行了介绍。

关键词：保护建筑设计，历史信息采集，价值解析，保护技术

Abstract：“Design of historic architecture conservation and renovation” is the core course of the program of “Historic Architecture Conservation” in Tongji University. There are some teaching experiments of this course in recent years according to the program feature. With an example，this thesis introduces the structure and teaching method of this course.

Keywords：Design of Historic Architecture Conservation and Renovation，Historic Information Collection，Value Analysis，Conservation Technology

2003年，同济大学在我国建筑院校内率先开设了四年制本科“历史建筑保护工程”（Historic Architecture Conservation Program）专业。经过十年的探索，逐步形成了较为完整的教学体系。“保护建筑设计”是该专业的核心课程之一，旨在培养学生综合运用所学知识，对建筑遗产进行保护与再生设计的能力。近年来，针对专业特点，对该课程的教学进行了一些探索，收到了较好的成效。

1　课程背景

保护建筑设计课程设在大四第一学期，在此之前，学生接受了建筑学的基础训练，完成了“历史建筑保护概论”、“保护技术”、“材料病理学”、“历史建筑形制与工艺”等专业核心课程的学习。因此，保护建筑设计课程具有较强的综合性，是对前期专业课程的一个总结。其主要目的在于培养学生针对具体案例进行现场调查，综合分析，完成保护和再生方案的能力。一方面需要学生在建筑遗产环境中进行设计操作；另一方面，也需要学生在掌握相关建筑遗产保护专业知识的基础上，融会贯通，并在实践中进行综合运用。

历史建筑保护工程专业以建筑学基础教学为基础，学生前三年的建筑设计课程与建筑学专业基本相同，其中不乏历史环境中的建筑设计选题。那么，与此类设计课程相比，保护设计课程有哪些不同？其教学目标和方法有何针对性？这是教学首先面临的问题。

作者邮箱：redarmy912@163.com

2 课程结构

面对建筑遗产保护与再生设计，需要有一个从“认知”到“判断”，从“概念”到“手段”的过程，即首先应使学生对建筑遗产物质本体有所认知，并将其置于一定的时代和社会背景中进行阅读，进而对建筑的价值进行综合分析判断，并在此基础上提出保护与再生概念，此外还需要在设计阶段考虑适当的技术手段和构造措施。下面以2011年的保护建筑设计课题“吴同文住宅保护设计”为例，对课程结构进行简要说明。

吴同文住宅位于上海铜仁路333号，也称“绿房子”，建成于1938年，是颜料商吴同文邀请建筑师邬达克为其设计的私人住宅。吴同文住宅是邬达克的重要作品，也是颇具代表性的早期现代花园住宅，1994年被列为第二批上海优秀历史建筑。建筑面积1689m^2，占地33.3亩。选择这样一座建筑作为设计对象，不仅可以使学生实地接触丰富的历史信息，而且由于规模适当，便于学生较为深入地体会建筑遗产的材料、构造、工艺细节（图1）。

图1 吴同文住宅外景图

在教学计划制定中，我们针对“认知”、“判断”、“概念”及“手段”这一系列过程，安排相应的教学环节。目前，保护建筑设计课程包括四个基本单元：“信息采集”、“价值解析”、“设计单元一（保护与再生概念）”以及“设计单元二（技术深化）”，形成四个教学环节，课程时长8周，共64课时（表1）。

吴同文住宅保护设计课程结构表　　表1

学时	课程单元	提交成果
第一周	建筑信息采集单元 采用实地参与的教学方式。学生进行现场调研，重点在于对具体历史遗产进行信息采集，通过建筑实体测绘、社区现状调查、人文历史研究等手段，初步掌握历史遗产环境信息	前期背景材料阅读汇报，每人10分钟ppt
第二周		
第三周	价值解析单元 采用探究式和讨论式教学方式，在现场调研的基础上，结合相关案例的扩展阅读，通过学生陈述、研讨与辩论，教师启发、点评的方式，激发学生进行深入思考，对设计对象进行多层面研究和价值解析（可以是多种模式），进而形成设计概念	提交测绘成果图纸和调研报告，建筑价值分析汇报，每人10分钟ppt
第四周	设计单元一（保护与再生概念） 在前期研究、现场调研、价值分析的基础上进行设计构思，提出基本设计概念，明确对历史建筑的处理方法	提交中期汇报成果，图纸及10分钟ppt汇报
第五周		
第六周	设计单元二（技术深化设计） 技术设计在建筑保护设计中是重要一环，理解当地建筑结构、构造、材料、工艺等问题，针对设计中的技术环节和设计方法，开展专题教学。此环节结合各人选题而有不同侧重	
第七周		完成设计成果
第八周	公开评图及答辩	提交正式成果

通过课程训练，不仅使学生完成整个设计过程，更重要的是让学生掌握一整套分析和设计方法，面对之后的保护设计实践，能够形成自身的工作模式。包括：

（1）历史建筑信息采集的一般方法：通过对建筑遗产的实地观察、测绘和文献研究，完成建筑遗产的信息采集，包括基地环境、历史沿革、结构体系、构造与材料、破损病理、空间状况等方面。

（2）对历史建筑进行价值分析的基本方法：利用之前学习的相关知识，使学生基本掌握对历史建筑进行价值分析的方法，让学生理解建筑遗产价值的多元结构，亲身体验到保存、修缮、复原、再利用的复杂性，深刻理解历史遗产与社区生活及城市之间的关系。

（3）在具体环境中进行保护与再生设计的基本方法：在信息采集和价值分析的基础上，对建筑遗产进行保护设计，提出保护策略和修缮措施；结合任务书要求，面对当下具体城市环境，对原有物质空间进行活化设计和再次定义。

3 授课过程

课程前两周为建筑信息采集单元。这一教学单元是在建筑物质本体层面，使学生对历史建筑的建造过程以及物质材料在时间作用下的变化形成深入的认知。后续的设计和技术环节都是在这一层面的基础上展开的。信息采集在三个层面展开：一是对建筑遗产及其关联域的整体调研；二是对建筑本体进行测绘；三是对建筑部件的现状信息进行深入了解。最终结合历史图纸和相关文献资料，形成调研报告。在对吴宅的前期调研工作中，我们将学生分为若干小组，每个小组有不同侧重，包括建筑的风格特征和历史沿革、室外场地、建筑材料、建筑结构与构造体系、空间格局、设备系统等。图 2、图 3 为学生对该建筑结构和构造体系的分析，通过实地勘察和历史图纸阅读，对其外墙的两层构造、楼板下贴空心砖的做法、密肋梁的使用以及地坪中管道的敷设等特色做法有了深入的认识。这代表了上海 20 世纪 30 年代的典型工艺和建筑师本人的一些习惯做法，也是建筑价值的重要组成部分，对这些问题的理解有助于同学对建筑的价值形成全面认识，在后续设计中可有的放矢。由于课程时间有限，这部分工作需要学生利用一定课余时间完成。

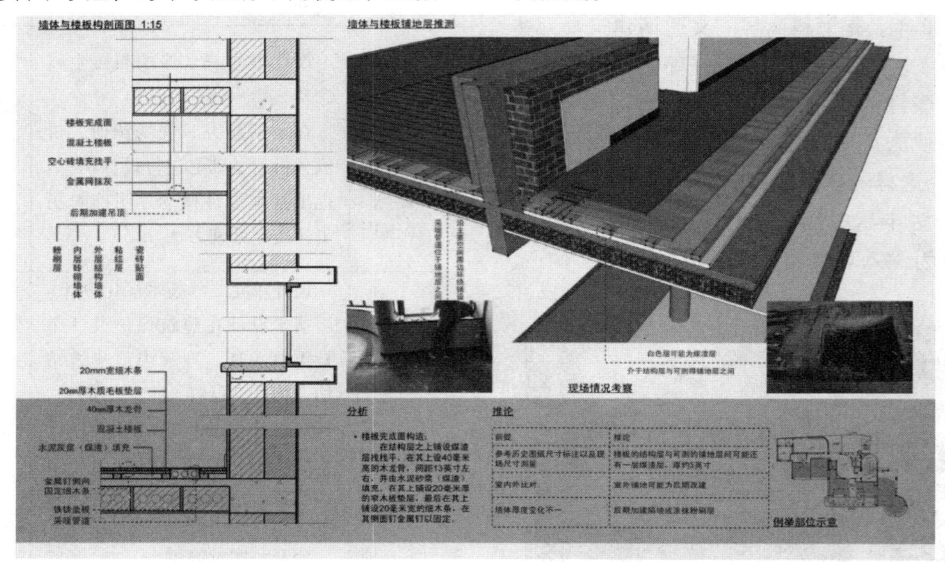

图 2 墙体及楼板构造分析图

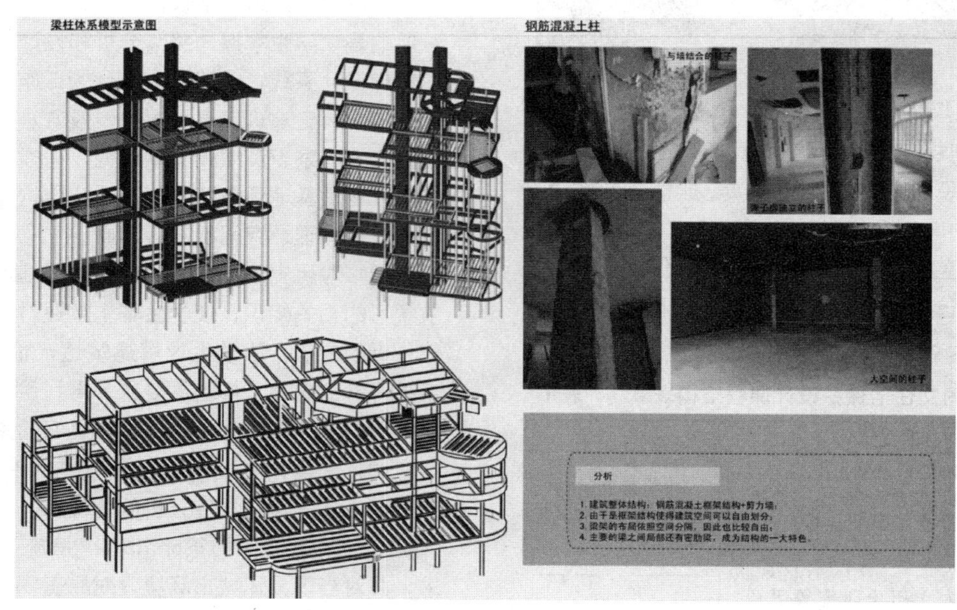

图 3 结构体系分析图

课程第三周为价值解析环节。与传统的设计授课有所不同，这一环节采用课堂讨论的形式进行，由学生分组发言，师生或学生间互相提问和辩论。由于建筑价值体系是开放性的，并具有多元特征，因此，价值讨论的目的不在于使学生形成共识或某一特定答案，而是通过学生互相讨论和启发，对保护对象的特征要素和核心价值形成自己的认识。在这一认识的基础上，希望学生进一步思考以何种方式呈现建筑的特征要素与核心价值，历史是怎样被诠释的，这也是保护设计概念产生的开始。

进入设计单元后，授课一般会采用一对一辅导的方式，明确设计概念和深化方向，在设计概念形成的过程中，需要引导学生同时思考建筑遗产保护的技术逻辑。

技术环节教学是保护设计的重点。在此之前，学生已在保护技术和材料病理学等课程教学中对建筑遗产保护的结构和技术问题有所认识，在此，我们希望学生首先掌握保护设计的一些基本结构概念，例如新旧基础的处理方式、建筑加固和加建的基本结构体系等，重点在于理解其逻辑，并反映在设计构思过程中。其次，使学生掌握保护设计中的一些关键构造做法，例如墙体保温、新旧部位搭接构造等。最后，要求学生在材料病理学、保护技术课程的基础上对历史建筑材料的特性和基本修缮技术手段有所了解。在这一教学环节中，我们会邀请土木学院相关教师进行专题讲解，并结合学院历史建筑保护实验室中心资源，对建筑材料进行试验分析。

4 结语

历史建筑保护是复合型学科，同济大学“历史建筑保护工程”专业一方面以建筑学教育为基础，另一方面，则要使学生系统掌握历史建筑和历史环境保护与再生的理论、方法与技术，成为“具有较高建筑学素养和特殊保护技能的专家型建筑师或工程师”，其培养目标和对学生的要求与建筑学专业有所不同。保护建筑设计课程作为核心课程之一，其教学构架和方法是针对专业教育需要而制定的，另一方面，也有助于学生面对实际工程时能够形成正确的工作方法和思考方式。

王立君
烟台大学建筑学院
Wang Lijun
School of Architecture，Yantai University

从全球化语境下思考建筑测绘课程对保护工程的意义

Reflections from the Global Context mapping program for the protection of architectural significance of the project

摘　要：本文针对我国出现的城市和建筑特色缺失的危机问题，从分析全球化语境入手，提出了历史建筑保护的必要性和紧迫性，探讨了只有通过建筑测绘对历史建筑进行深入的研究，对历史建筑进行抢救性的发掘和保护，才能有助于历史建筑保护工程的顺利开展。

关键词：全球化语境，建筑测绘，保护工程

Abstract：In this paper，our emerging urban and architectural features missing crisis，starting from the analysis of the context of globalization，protection of historic buildings raised the necessity and urgency，explored only by building mapping depth research on historic buildings to rescue excavation and protection，in order to solve the Chinese architectural features facing crisis.

Keywords：Globalization，Building Survey，Protection Project

引言

建筑语境的全球化，消融了城市的可识性，使得不同的城市和不同的建筑越来越相似，城市特色渐渐消失，城市本土风貌在全球化风潮下面临丧失的危险。很多老城和老建筑被拆，甚至许多有价值的历史建筑也都没有逃过如此厄运。今年6月，广州发生了非常罕见的强拆历史建筑的事件，四十年代现代主义建筑一夜被拆光，两栋曾引起社会广泛关注的金陵台、妙高台民国建筑未能在“缓拆令”下幸存。这一切让我们吃惊，让我们心痛，我们这些建筑教育工作者该如何为之呐喊?

1　背景

我国幅员辽阔，历史建筑资源十分丰富。随着时代发展，全国新城市、新城区、新建筑都在走全球化的发展道路。近几年在国内，无论走到哪里，看到的都是千篇一律的“新城”。老城区也打着与时代同步的旗号拆除老建筑，取而代之的是所谓的向全球化发展的“时尚”新区。

我们知道，没有历史记忆的城市是肤浅的，城市遗留下来的历史建筑，为我们勾勒出城市成长的轨迹。真正了解历史建筑，更好地对其保护和修缮，需要多方的努力，建筑教育就是其中重要的一个环节。建筑测绘工作在保护历史建筑中起着非常重要的作用，尤其在全球化语境的背景下，更要重视民族建筑特色。要从重视建筑测绘工作开始，抓紧对历史建筑进行抢救性的保护、

作者邮箱：Wanglijun1000@126.com

发掘、调研、评估和建档。

1.1　建筑测绘与历史建筑保护的关系

建筑测绘的目的是使学生通过实习课程的亲身体验、考察、测量和绘制，对历史建筑有更深刻的体会，对建筑历史和建筑设计等理论课程进行检验，并结合全球化的时代背景，对历史建筑做出保护和调研，完成测绘成果，对历史建筑保护提出建设性方案。

近些年，我国在向全球化发展过程中，城市不断发展扩张，但历史建筑数量却在不断减少，保留下来的历史资料少之又少，对历史建筑进行保护研究工作的专业人员也相对匮乏。只有把保护历史建筑的调研工作重视起来，将城市当中尚未经保护和测绘的老建筑调研整理出来，提供一整套系统的可供政府参考的测绘文献，才能有助于政府对历史建筑的研究评估、城市规划、建筑设计和保护工程实施工作的顺利开展。

1.2　现状

全球化带来了技术和文化的更新，同时也带来了不属于中国这片土地的建筑。中国每一座城市都在除旧更新，多数历史城市的老街都在翻新，街道两边出现方块式的商业建筑和空旷的广场，城市居民以为这些事物新鲜而时尚，殊不知，“时尚”的背后是古城最珍贵的历史文化在消失。

建筑测绘是全国各高校建筑院系重要的必修课，其结合暑期实习，记录了大量历史建筑的珍贵信息，为建筑教育、建筑史学研究和历史建筑保护做出了重要的贡献。然而．由于多种因素的影响，测绘与历史建筑的保护工作出现一些问题，主要表现在以下几个方面：

首先，由于国内历史建筑管理保护单位不作为，对历史建筑的保护和测绘投入不够，越来越多的保护建筑面临拆除的厄运。十年前测绘过的古城区的 50 多栋历史建筑，在十年后的今天却拆除过半。当你面对着见证古城区发展历史的街区居民，听他们满含惋惜和痛心之情的陈述时，你会做何感想？只有测绘、设计和保护单位联合起来，一起寻求历史建筑保护和发展的合理方法，才是当务之急。

其次，在全球化语境的影响下，学生对国际化建筑风格更感兴趣，尤其对异形建筑比较痴迷，而对于历史建筑保护和测绘课程的学习热情度不高。这些需要教学在测绘、建筑史、建筑设计等课程中不断引导和改进。

第三，建筑测绘课程学时少，时间多安排在暑期放假前或暑期中。学生一方面不期望占用暑假时间做测绘，另一方面暑期的天气多处于酷暑和暴雨情况之下，影响测绘工作的进程，多数学生投入的精力有限，学习的积极性不高。面对课程的周期和时间问题，测绘安排还有待调整。

最后，测绘工作缺少资金支持，学生只能自行解决测绘期间的饮食、交通、成果打印等费用，学生的经费投入有限，也影响了测绘工作的有效进行。测绘工作如能得到保护单位或相关企业的资金支持，将有助于测绘工作的顺利开展。

2　教学内容

建筑测绘实习课程强调保护和测绘历史建筑的重要性，使学生了解测绘的目的、内容、要求及方法。

2.1　课程定位

以保护工程为己任，结合全球化背景，加强多元化信息、多技术复合知识的应用力度，通过体验式教学，加强学生对历史建筑的认识，从而使历史建筑的保护和修缮工作更具可行性。

2.2　测绘与相关课程的结合教学

建筑测绘课程重视结合运用建筑史、建筑设计、建筑技术等课程内容进行教学，重视对历史建筑的测绘资料进行系统的整理、研究和绘制，其成果为保护单位提供了可靠的参考依据。在测绘初期，学生通过对所选城市的历史建筑的考察，搜集掌握第一手资料，选取代表性建筑，进行历史建筑的测绘。在测绘中后期，教师指导学生运用建筑历史课程内容，加深理解历史建筑的基本知识；运用建筑技术课程知识，进一步对历史建筑的建造技术有一个感性认识；运用建筑设计课程内容，强化绘制建筑测绘图的能力，进而提高学生在历史建筑测绘和保护方面的综合素质。

连续几年，我们组织了大二学生对烟台朝阳街的历史建筑进行抢救式的测绘工作，完成了朝阳街历史文化价值调研、史料考查、重点历史建筑测绘、保护性测绘报告（图纸、模型、日志、研究报告）等成果，为保护单位提供了宝贵的参考资料。

2.3　教学内容扩展

建筑测绘可帮助完成历史建筑的修缮设计，或拓展到为新建筑设计作参考。在研究建筑测绘成果中，要发掘其深层价值，对其进行拓展式学习，把测绘成果进行总结、对比、创新，渗透到建筑设计和历史建筑的保护工作当中，不断指导历史建筑保护设计的创新；指导学生把建筑测绘课程所学到的成果，应用到有关历史地块保护开发的建筑设计竞赛当中。这样既帮助学生完成了一项体验历史性建筑的有创意的设计成果，又使学生认识到了测绘工作的特殊意义。

3 教学方法

3.1 观念的转变

在二年级测绘教学中，需重视测绘工作的潜在价值，促进教学由理论到实践的转化，把测绘的理论成果，应用到建筑设计实践当中。通过测绘的理论成果，寻求历史建筑群体组合、设计手法、工程做法的理解，探索历史建筑背后的发展规律，为设计提供更为有效的发展模式。

3.2 课程的渗透

建筑测绘课程与建筑史、建筑设计、建筑技术等课程是相辅相成的，课程之间相互结合、相互渗透。将这些课程整理、分析、研究，使其系统化，形成一个相对完善的教学体系，培养学生加强各门知识的综合运用能力。

3.3 教学反思

通过二年级测绘的体验式教学，学生对历史建筑保护有了深刻的认识，测绘的目的性有所增强，测绘成果也不断趋于合理化。教师也在教学中，不断提高自身素质，注重理论和实践的结合，参与历史建筑保护性测绘和设计工作，丰富实践经验，不断反思，进一步提高教学理论成果。

结语

受外来文化的影响，基于城市本土风貌不断消失、历史建筑不断被拆除的现状，保护民族优秀的传统建筑文化，是我们迫切而紧要的责任。要知道，只有突出民族特色，反应地方风格，才是中国建筑走向全球化的最终方向。通过开展建筑测绘课程和研究工作，可以深入挖掘和继承历史建筑的文化精髓，加强全民对历史建筑的认识，从而为保护工程的实施工作提供可靠的技术参考。

参考文献

[1] 王其亨. 古建筑测绘.［M］. 北京：中国建筑工业出版社，2006. 2～4.

王　凯
同济大学建筑与城市规划学院
Wang Kai
College of Architecture and Urban Planning，Tongji University

介于历史理论与设计之间的“制作”：作为建筑历史理论教学工具的装置设计

Making in-between Design and History & Theory: Installation as an Instrument in Teaching Architecture History and Theory course

摘　要：作为建筑历史理论课程教学改革的尝试，本课程在历史理论课中引入了装置设计和制作作为教学工具，试图在历史、理论和设计之间架起桥梁。作为传统的知识传递性建筑历史课程的补充，本课程旨在使学生通过动手操作，理解到理论的历史语境与现场的实践之间的关系，同时加深学生对理论话题的理解，思考理论与设计之间的多层次的联系。

关键词：建筑历史与理论教学，装置设计，制作，场地，体验

Abstract: As the first article on thereform of course of Architecture History and Theory, this course introduced installation design and making as a instrument of teaching history and theory, trying to build up a bridge between history theory and design. As a supplement to traditional lecture based courses, this course tried to enhance deeper understanding of the multi－dimensional inter－relationships between theory and historical context, theory and practice by introducing the idea of thinking through making.

Keywords: Teaching Architecture History and Theory, Installation, making, site-specific, experience

一般而言，本科生的建筑历史课一直被看作是专业基础类课程，从某种意义上来说，类似于通识性的纯粹知识类课程。由于历史的原因，20世纪90年代末期以前，国内建筑设计实践领域“向外看”的倾向比较普遍，历史课也曾一度因为有比较灵敏的信息来源而占有了相当重要的地位。最近10年来，由于信息资源的日益丰富带来的实践领域的变化，历史课作为了解外国建筑的窗口的作用逐渐减少。在这样的条件下，在以职业教育为主要培养目标的建筑学本科教育阶段，建筑历史课因而陷入了某种程度的尴尬境地：在学生不再单纯依赖课程获得信息的情况下，历史课应该如何发挥自己的独特作用?

在同济大学整体的建筑教学改革契机❶的支持下，笔者有机会在一部分学生中尝试教学改革，试图把建筑历史理论课从一门纯粹知识性的课程转向一定程度上“以思维训练为主导”的课程，就是尝试将历史理论和设计相结合，希望可以把它作为传统课程的补充。

装置设计和制作是其中的主要环节和手段之一。

1　为什么选择装置?

装置艺术兴起于20世纪60年代的西方，也称为

❶　同济大学建筑城规学院从2010级起进行的“复合型人才综合素质实验班”，给了本教案实施比较大的自由度和可能性。

“环境艺术”，一般具有临时性、在场性（site-specific）和互动性的特征。作为一种艺术，它与六七十年代的“波普艺术”、“极少主义”、“观念艺术”等有联系。在短短几十年中，装置艺术已经在当代艺术中占有重要地位。装置艺术是一种开放的艺术手段，观众的介入和参与是装置艺术不可分割的一部分，是人们生活经验的延伸。装置艺术的环境，是用来包容观众，促使甚至迫使观众在界定的空间内由被动观赏转换成主动感受的，这种感受要求观众除了积极思维和肢体介入，还要使用所有的感官，包括视觉、听觉、触觉、嗅觉，甚至味觉。

装置引入建筑学教学早已不鲜见，早在20世纪中期开始，就有一些年轻的带有实验性的建筑师把装置作为他们探索和思考的主要工具之一。美国的一些设计院校（例如Cooper Union，Cranbrook等）同时开始把装置设计制作引入，作为教学手段之一，特别是海杜克和霍夫曼在库伯联盟的装置设计作品、李伯斯金在匡溪的作品，在建筑教育领域影响深远。近几年，国内也有一些院校在各种程度上引入过装置设计甚至建造的课程训练任务，都取得了不错的效果和影响。

然而，本课程引入这一手段主要出于课程本身的考虑。

传统的历史理论课程通常注重知识的传授，往往较少考虑历史理论特别是理论和设计之间的关系。设计课往往提供另外一种理论、设计之间比较直接的应用关系，因此忽略了理论可以给我们打开的另外的广泛的可能性。学生会产生历史理论和设计之间关系的疑惑。这门课希望做到的是建立理论与设计之间的桥梁，让学生开始理解理论思考和实际建造之间的多维关系。在这方面，与设计课具有功能性的设计不同，装置设计没有功能等实用因素，同时又容易和理论话题产生关联，并且装置可以提供体验，通过体验把抽象性和现实联系在一起，因此特别适合满足建筑历史理论课程的任务和要求。

2 作为理论思考工具和教学手段的“制作”

因此，笼统地说，整个课程架构在于建立理论、历史和设计之间的关系。课程教学共分为三个部分：理论的历史讲座、历史建筑案例综合研究、装置设计，分别对应历史和理论的关系、历史和设计的关系以及理论和设计的关系。如图1所示，装置设计在整个课程计划中是几个重要的环节之一。在教学过程中，它和其他几个环节一起发生作用。

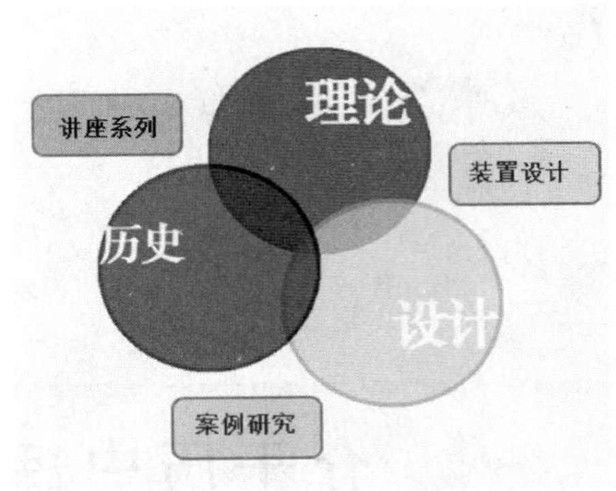

图1 历史理论课程改革训练结构

在知识性方面，教学过程由若干讲座引导，讲座的内容涉及西方文艺复兴以来直到当代的一些共通性的理论话题的历史演变过程，例如“材料”、“结构”、“身体”、“几何”、“再现”等。学生通过在讲座中穿插的课堂讨论以及独立完成的案例研究，在历史资源和当代案例之间穿梭，理解理论话题的历史性和当代性之间的关系。

本文主要讨论装置设计和制作的问题。装置设计的要求主要包括三个方面：与理论话题的关系、与指定场地的联系以及实施的可行性和体验的有效性。教学分布在整个学期的课程之中，大体上分为四个环节：

（1）根据讲座的内容，学生分组之后根据各自感兴趣的题目阅读一定的相关文献，对理论话题或者涉及的历史细节有一个更深入、全面的理解；

（2）经过2～3次的讨论，确立基本概念。概念的基本评价标准包括与理论话题的契合度、与场地的关联以及建造的可能性。

（3）随后，确定选题之后，学生被要求通过讨论完善建造细节，发展装置的概念。在这个过程中，教师会和学生讨论布展方式、设计说明的写法等细节问题。

（4）最终由学生自己完成制作和布展过程。邀请历史理论、设计教学和实践建筑师参与评图。学生在评图讨论的基础上完成文字介绍和相关图纸绘制，最终完成装置报告。

在学生的反馈中可以看到，无论是建造还是展览互动，都是一种非常有趣的体验。一方面，学生对这种新的形式比较感兴趣；另一方面，学生的持续投入是教案得以比较完整地完成的最重要的基础。毕竟涉及制作，和一般的历史课程的听课、读书、考试比起来，工作量大很多。然而，对我来说，而连接理论思考和实际建造之间的媒介恰恰就是“制作”。

相对于以图面为媒介的设计，制作的好处主要包括两个方面：学生在制作的过程中耗费的时间和体力多于绘图，有助于学生加深对有关概念的理解；制作成果的可感知性也会大大加深学生对相关问题的认识，特别是身体性知识的体会更加重要，例如学生在制作“穿越”历史图像的装置的过程中会注意到“比例”和“尺度”概念的联系和区别。

3 几份作业和解读

图 2 评图场景（地点：同济大学建筑城规学院评图展厅）

装置一：“看见看不见”

装置由两个部分构成，“前望镜”＋“倒走器”。

“前望镜”通过叠加过去的场景和现实场景，讨论场地和记忆之间的关系。

“倒走器”讨论身体感知与空间的关系，尝试通过改变人的视线方向，对人的行为习惯造成改变，以此来讨论对空间感知的变化。

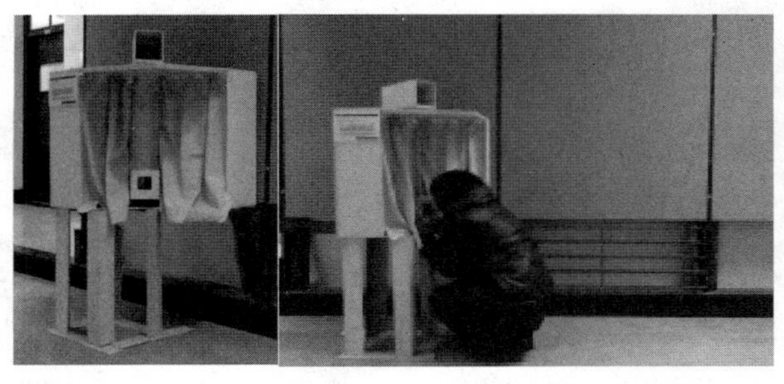

图 3 前望镜（设计制作：陈玲榕、汤懿鸣、朱静宜、赵正楠）

装置二：透视“透视”

在给定的视点处运用线形透视法的原理创造场景和虚幻之间的拼贴连接，展览过程中，在虚幻和真实之间错位，以此来批判性地表达表现透视的作用和局限。

装置三：2.x 维的再现

图 4 倒走器（设计制作：陈玲榕、汤懿鸣、朱静宜、赵正楠）

图 5 透视（设计制作：冯奇、吴舒瑞、周阳、陆伊昀）

将气球、投影作为所在场地（评图厅）图示再现的媒介，借以思考再现媒介的特征。在再现媒介（气球）从平面到立体逐渐涨大的过程中，观察到媒介本身的维度发生了变化，同时反思再现和现实之间不可达到的距离。

装置四：天窗取景器

结合场地的特征，利用附着于天窗上面的木结构，设计了一个类似于相机镜头的装置。参观者可以站在地面平台上自己手动控制装置来改变开口的大小，并以此来改变透光强弱、地面光斑的大小和天窗外的景观范围。

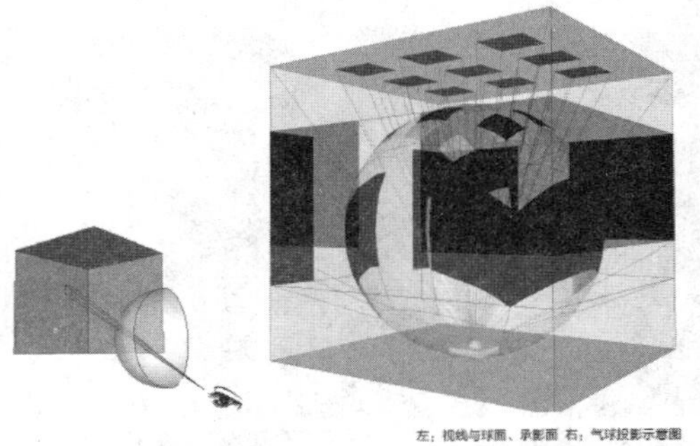

图 6　2. x 维的再现
（设计制作：刘旭、妥朝霞、罗琳琳、尤玮）

图 7　天窗取景器（设计制作：周兴睿、刘晓宇、王智励、曾顺）

装置五：穿越

将建筑史中的几幅最著名的与身体有关的建筑图组合排列在一起，参观者在穿越这些图像的过程中，用自己的身体去体验历史图示所表达的概念，并且在体验的过程中思考“身体、尺度和比例”的不同概念的区别和联系。

图 8　穿越（设计制作：章于田、马赛、杨倩雯、徐晨鹏、贾程越）

4　结语：作为历史理论课程教学工具的装置

无论在训练目标还是在整体课程体系里面所处位置来看，历史理论课都和设计课不同，这就决定了作为历史理论课程教学工具的装置和一般的建造类设计课程作业的不同。本课程由于是首次尝试，尚有很多不足，例如由于希望学生主导，教师只起到建议和指导监督的作用，实际上设计和制作基本上是学生独立完成的，因此在概念的完成度以及制作的水平上还有待提升。不过总的来说，一个学期的实验对任课教师以及学生而言，都是一个令人兴奋的开始。由于教学规模较小，师生互动充分，学生主动性较高，最终效果较好，甚至一定程度上超过了最初设想。从效果和学生的反馈来看，这种改革尝试是有益和有效的。

（感谢柳亦春、王飞老师参与教学讲座；感谢王方戟、卢永毅老师的评图和对教改的大力支持。以及特别感谢同济大学建筑城规学院 2010 级综合素质实验班同学的投入和配合。）

参考文献

[1]　Sarah Bonnemaison，RonitEisenbach. *Installation by Architects：Experiments in Building and Design*. Princeton Architecture Press，2008.

[2]　John Hejduk. Education of an Architect：*The Cooper Union School of Art and Architecture*，1964-1971. The Monacelli Press，2000.

[3]　Dan Hoffman. *Architecture Studio：Cranbrook* 1986—1993. Rizzoli. 1994.

[4]　（美）简・罗伯森. 当代艺术的主题：1980 年以来的视觉艺术. 南京：江苏美术出版社，2008.

杨春燕　林　茂
西南交通大学建筑学院
Yang Chunyan　Lin Mao
School of Architecture，Southwest Jiaotong University

城市中心历史文化保护区城市设计教学特色思考
——基于模型研究的分级评选体系教学改革

Reflection on Teaching Characteristics of the Urban Design in Historical and Cultural Conservation Area in Downtown
——Teaching Reform of the Classified Rating System Based on the Model Approach

摘　要：“城市设计实践”是大学四年级开设于城市规划与建筑学专业的主干设计课程。西南交通大学建筑学院2013年大四城市设计选题为“大慈寺历史文化保护片区的城市更新设计”。本文总结了城市设计教学过程、特色及此次城市设计的教学改革探索，并解读了两份基于教改的学生设计作品，希望对建筑学专业高年级的城市设计教学有所启发。

关键词：城市设计，历史文化保护区，教学改革，学生作品解读

Abstract：URBAN DESIGN is a main design course of architecture and urban planning in senior class. The 2013 design project of the school of architecture at Southwest Jiaotong University for Grade 4 is the Urban Renovation Design of Historical and Cultural Conservation Area around Daci Temple. This paper sums up the teaching process of Urban Design，characteristics and exploration of teaching reform. Two students’ works based on teaching reform are read in this paper so that some enlightenment could be provided to the urban design teaching of the senior class in architecture.

Keywords：urban design，historical and cultural conservation area，teaching reform，students’ design profits

1　课程说明

“城市设计”是建筑设计专业本科生的一门集城市规划、建筑设计、景观设计等于一体的综合性课程。建筑学四年级建筑设计课程依据建筑设计课程主题式教学体系的要求，围绕本年级建筑与城市课程主题式教学体系而展开。“城市设计”正是“建筑与城市”课程主题式教学体系的核心课程。教学内容是针对学生对城市和空间环境的整体构思和布局展开的训练，并帮助学生建立贯穿于城市设计全过程的设计思维及方法。高年级的城市设计课程使建筑设计课达到了综合性设计能力提高阶段。城市设计课程时间为8周，任务量大，必须在教学过程中进行合理的时间安排和环节组织，使学生在有限的时间内发挥创造力，完成设计。

作者邮箱：annieyang@163.com

城市设计是一门综合性很强的设计课程，因而在本科阶段要求学生在具备一定的专业知识的前提下进行学习，在教学上针对高年级学生的特点，尽可能地结合实地考察、政策研究、社会调查、理论研究、案例研究等环节引导学生完成方案。

2 教学模式与教学组织

此次“城市设计”教学过程中，分组进行的“师徒式”教学模式依然得以沿用：全年级3个班的学生按教师分为6组。在建筑设计教学上，由教师教授相关城市设计原理，举例说明相关理论特征的具体实现机制，并通过课上与学生的沟通让学生意识到设计中的问题，提高设计方法。

由于城市设计的综合内容相对复杂，为了取得良好的教学效果，还采用了合作式教学模式，学生两人组队，通过实地考察等形式提出自己的设计概念。教学过程中的时间安排显得尤为重要，所以任课教师每次授课都须严格把关，每一阶段的草图、草模都要进行评分和点评，并在班级中进行公开评图讲解。

3 选题“大慈寺历史文化保护片区的城市更新设计”的解读

此次设计研究主题来源于国家自然科学基金青年项目课题“唐末成都古城形态及其后世演变过程复原——兼探古城形变机制在当代旧城更新中的作用”❶ 研究组成部分第四模块的工作，即选择成都旧城区的唐代大慈寺片区保护和发展为研究对象。

成都大慈寺片区❷处于成都市中心城区域：春熙路商业片区❸，紧邻成都市形象窗口——蜀都大道、红星路和东大街三条城市主干道。大慈寺始建于晋魏时期，多次废兴，是成都市历史悠久的佛寺之一。大慈寺从唐代开始就佛事兴盛，周边商业繁盛，一直延续至今。

本课题的提出，着重于城市空间形态的生成研究。针对现代大城市发展面临的难题，探讨古城空间结构在当代生存的可行性，提出相应的设计理念，在旧城更新方法上提供借鉴。此次城市设计将以中观的尺度，探讨在城市中心区对历史文化保护的可行城市建设研究模式，提供给城市规划局作决策参考。

学生需要根据现场调研考察的结果对地块形成初步印象，然后围绕历史文化保护区域更进一步地提出未来城市发展形态的概念设想。在过程中，要求学生运用建筑、规划、景观多学科的知识，确定空间形态生成作用力的客观现实依据，以建构“体系”的整体性思维提出策略与空间解决方案，具体化城市空间尺度与建筑尺度。通过对群体建筑空间与环境的相互关系的探讨，着重研究城市风貌与建筑风格的相互关系，并掌握具复合功能性质的公共建筑的群体空间的组合特征与流线组织，研究“场所精神”理论并运用于设计。最后通过设计对城市化综合问题形成自己独特的见解。

针对本课题可能需要考虑的问题：

(1) 综合考虑历史文化保护区的自身特色，尽可能地保留历史文化保护区的原真性，充分挖掘其文化价值。

(2) 综合考虑基地周边开发现状，实现成都市中心区的可持续发展。

(3) 协调文化保护与市中心的矛盾，使市中心城市发展与历史文化保护区相互促进共生。

(4) 合理处理地铁等城市交通枢纽与城市商业空间、历史文化保护区的交通及空间关系。

4 教学改革特色

4.1 挖掘理论，强化概念设计

鼓励学生在基地调研的基础上，进行社会调查，以问卷调查及认知地图等研究方法为主，在此过程中发现城市问题，从而查询相关理论，提出设计概念。教学过程中鼓励学生在设计课程中自由提出构思和设计思路。设计中注重建筑与城市的关系，从城市的特色出发思考空间问题。

4.2 分级建构评选体系

每周安排两次设计课，在课上分组与老师进行一对一的草图讨论。城市设计方案周边情况复杂，信息量巨大，因此，讨论与交流在设计过程中显得非常重要。此次城市设计教学改革特色之一是设置了分级评选环节。

根据教学进度，在整个教学过程中安排了第一级评选阶段，为全班评讲环节，共3～4次。学生自我陈述观点，教师提问，实现相互讨论。在此环节中，由各班

---

❶ 国家自然科学基金青年项目，主持人张蓉，项目编号51108380

❷ 成都大慈寺片区：成都大慈寺片区以成都大慈寺为中心，在成都历史上曾是体现宗教文化、市井文化与商业相成为融合的文化混成区。未来的大慈寺片区将成为融合佛教文化、川西建筑文化、民俗文化和新商业文化的“寺市合一”新街区。

❸ 春熙路商业片区：成都市最著名、最繁华的商业中心，位于成都市中心区。同成都市的其他商圈相比，春熙路的最大特色在于汇集了众多品牌的各类专卖店以及拥有众多的中华老字号商场，是外地游客和本地白领偏爱的购物地点，1998年7月23日，被命名为中国首批“百城万店无假货”示范街。

学生票选或任课老师推荐的方式选出每班优秀方案，参与全年级方案评比环节。

图 1　第一级评选阶段：
全班公开评讲模型的过程

图 2　第一级评选阶段：全年级
公开评选环节（一草汇报）

第二级评选阶段为全年级公开评选环节，在全班必选汇报时，由学生投票、任课老师推荐、同学毛遂自荐等方式确定参与全年级公开评选的方案。

由各班得票最多的三个优秀方案参与全年级方案评比，在一草、二草及正草三个关键的环节进行评比和汇报，再由全体任课教师就必选方案的内容进行评分，根据综合得分，得出第一、第二、第三的名次，依次可以得到 1～3 分的正图加分。此次横向必选加分环节是城市设计教学改革的亮点，极大地调动了学生学习过程中的积极性。将整个设计过程也纳入最后成绩的得分点，体现出师生之间的互动与公平。

4.3　群体空间的模型研究

在整个过程中，特别强调运用模型表达概念，研究群体建筑、天际线和城市街界面等，将设计方案深化。

模型设计分为概念模型、体块关系研究模型等几种形式。

概念模型表达了城市的宏观结构意向。通过体块关系的构建研究城市空间尺度是否合理以及天际线关系。

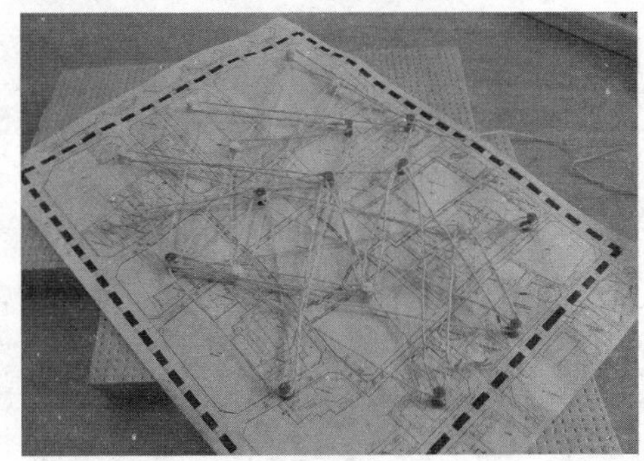

图 3

图 4
概念模型——新共生“双城”

图 5

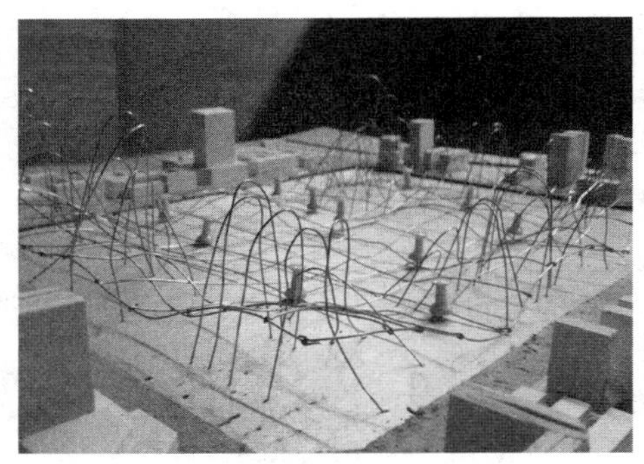

图 6
概念模型：学生方案——蜂窝城市基于“空间句法”的热点空间研究

图 7

图 8
体块关系研究模型：学生方案——城市山林

5 学生作业对大慈寺历史文化保护片区的城市更新设计的应答

题目的挑战性以及教学环节的合理安排，教学方式的改革，这些因素都大大地激发了学生的创造热情。以下是对几个学生设计作品的解读，这些作品也是对教学改革特点的映射。

5.1 作业案例一：城市绿脉

该方案提出了一个很有想象力和空间秩序的概念构想：城市的绿脉。方案结合周边现状，就如何打造一个能协调周边重要商圈的过渡区与连接区进行探讨，考虑了不同人群对该地区的不同需求，提出了打造城市公园这样一个策略。基地本身的可持续发展、城市形态、城市的可持续发展等诸多因素被纳入设计中。

城市公园是城市生态系统、城市景观的重要组成部分，是满足城市居民的休闲需要，提供休息、游览、锻炼、交往以及举办各种集体文化活动的场所。

5.1.1 公共空间脉络探索——空间模式的探索

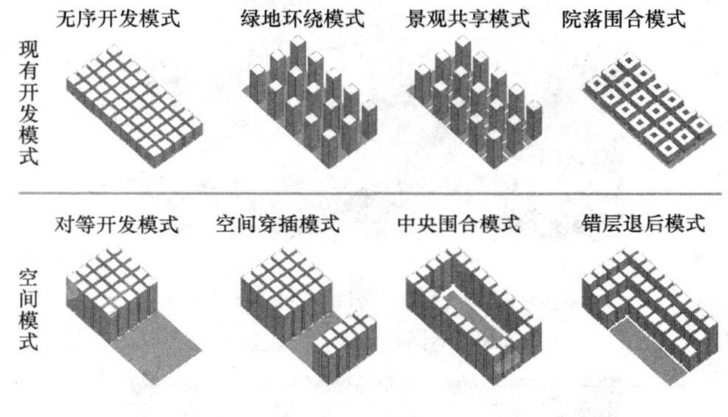

图 9

公共空间集中起来，空间范围影响加大，可达性、使用性更强。如将绿化空间等公共空间分散布置，影响力减弱，高楼遮挡下，植物生长受限，形成阴影死角。

5.1.2 绿地脉络探索

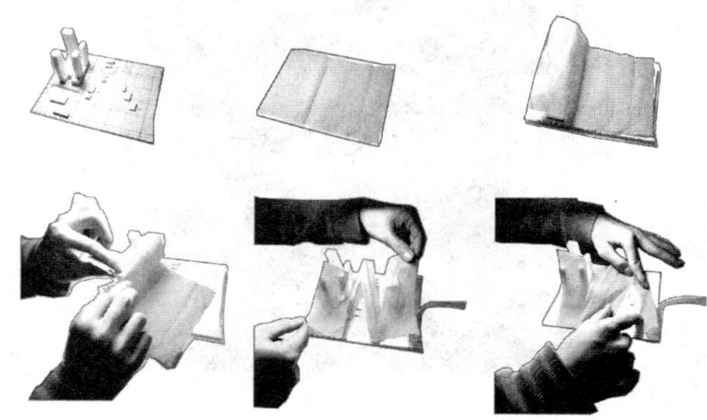

图 10

公共集中绿地比分散绿地更加开放、少死角，可达性强，并具有防灾功能。

5.1.3 城市形态脉络

城市形态与城市的可持续发展：考虑城市经济发展与人的需求、同等容积率的基地建筑，高层能节约更多的用地，可建设成绿地等公共场所，将所需的建筑面积集中到高层，同时建设城市公园。

5.2 作业案例二：蜂窝城市——基于空间句法的热点空间营造

该组同学结合现场调研，对空间的使用情况进行评估，找出地区热点，总结出街道空间与人行为的关系，并通过模型演示表述其概念。采用六边形“蜂窝”的形状，有效地结合虚实热点空间，提出多中心概念。

5.2.1 人对空间的认知

我们如何理解空间？ ● 人 ◎ 空间

人类沿直线运动

在凸状空间和其他人交往

在移动是看到改变的视域范围

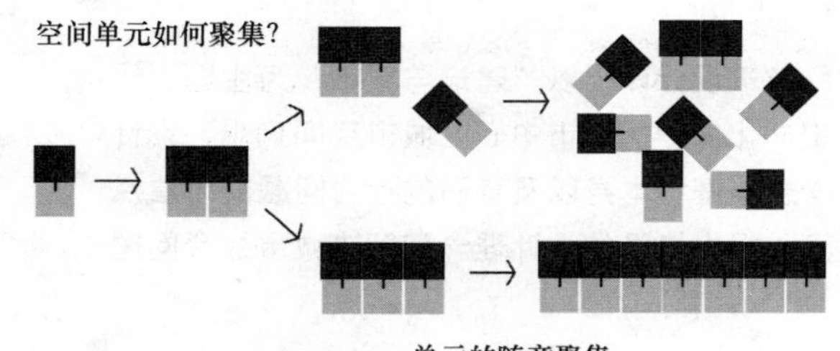

图 11

5.2.2 空间句法热点分析

场地分析热点为整合度高的外部公共空间，在这些外部空间中，人的可见性较高，增加了交往的可能性。

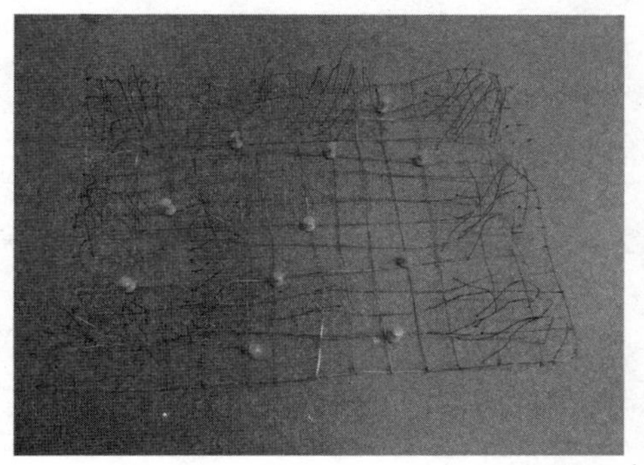

图 12

图 13

5.2.3 虚实热点与蜂窝城市

基于空间句法分析和场地调研的热点整合，以蜂窝网络为切入点，在实热点增大建筑密度和容积率，在虚热点释放空间，营造公园、景观小品等怡人场所。

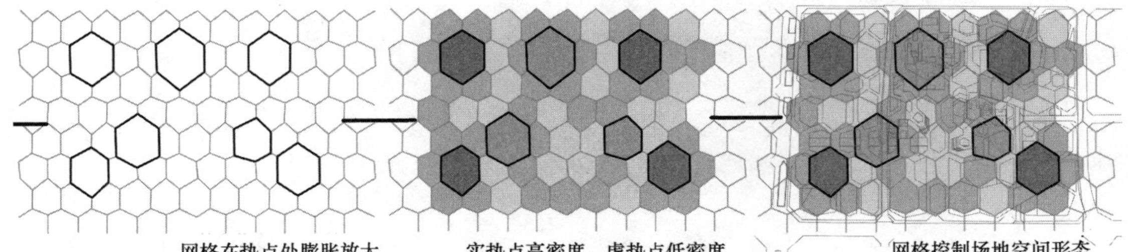

图 14

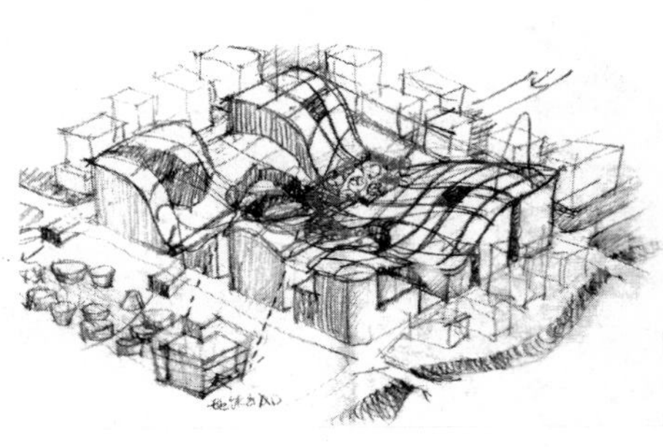

图 15

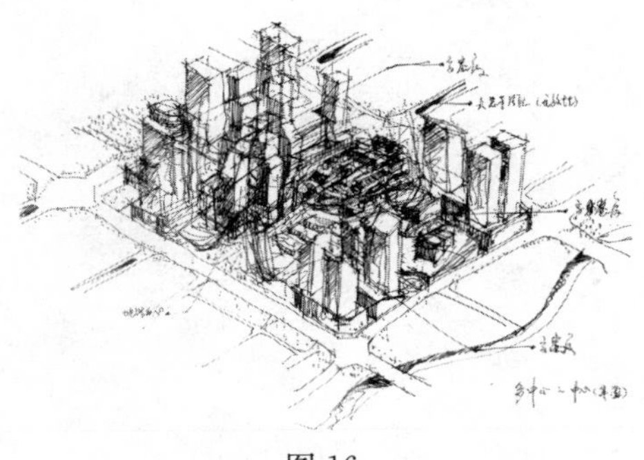

图 16

该学生作业将课堂理论教学与设计实践很好地结合，学以致用，有一定的学术研究价值，是一个将理论与实际相结合的典范。

6 结语

四年级建筑设计课程以“建筑与城市”为主题，研究基于历史文化保护的城市中心区城市空间构想，设计之初需要学生以基地本身以及背后的社会问题的矛盾点作为出发点，提出自己的设计理念和解决城市综合问题的措施。这样综合的城市设计大课题，有利于增强学生综合处理复杂问题的能力，提高理论与设计过程的关联。

题目的挑战性以及教学方式的改革，大大地激发了学生的创造热情。从教学效果来看，学生作业反映出了学生活跃的思维能力和丰富的创造力，并形成了自己对于特殊城市综合问题的见解。本文通过对教改特色的思考及学生作业的解读，希望对建筑高年级城市设计课程教学有所启发。

杨 菁
天津大学建筑学院
Yang Jing
School of Architecture，Tianjin University

2013 年民勤县圣容寺测绘及教学思考
Architectural Surveying and Measuring of Minqin Shengrong Temple and Thoughts on Teaching in 2013

摘　要：2013 年 7 月 3 日至 15 日，天津大学建筑学院在甘肃省武威市民勤县圣容寺进行本科生和研究生古建筑测绘实习，共测绘单体建筑 20 座。结合圣容寺的特点，在教学中进行了三项尝试，包括测绘教学和本科基础教学相结合、河西走廊特殊工艺和北方官式建筑对比教学、测绘对象档案的收集和整理。随着三维扫描技术等手段在测绘中的普遍应用，如何寻找机械测量的"高技术"和手工测量的"低技术"之间的平衡，如何在测量中减少对文物建筑的扰动，如何通过测绘增强学生对中国古建筑的兴趣，是对此次测绘存在的问题及相关问题的延伸思考。本文希望抛砖引玉，能为今后相关教学的开展和革新积累经验。

关键词：天津大学建筑学院，古建筑测绘，民勤圣容寺，测绘教学，三维扫描

Abstract：From July 3th to 15th，2012，teachers and students from School of Architecture，Tianjin University，have an ancient architecture surveying and measuring in Shengrong Temple of Minqin，including 20 buildings. Combined with its own characteristics of Shengrong Temple，the author attempts to use three new methods to improve the quality of teaching. First，contrasts the architectural features between Hexi Corridor architecture and imperial architecture. Second，records all information including architecture documents and files. Third，combines other basic course like design studio with it. Using advanced instrumentation such as 3D laser scanner in ancient architectural surveying and measuring is increasingly common，How to find a balance between the "high-tech" and "low-tech"，between the "surveying" and "conservation"，and between the "course" and "interest" become the key problems in this time. This article hopes to promote future development and innovation in the course of ancient architectural surveying and measuring.

Keywords：School of Architecture，Tianjin University，Surveying and Measuring of Ancient Architecture，Minqin Shengrong Temple，Teaching of Surveying and Measuring，3D Laser

1　2013 年民勤县圣容寺测绘基本情况

2013 年 7 月 3 日至 15 日，结合本科二年级暑假建筑学、城市规划和建筑历史和理论专业研究生古建筑测绘实习，天津大学建筑学院对甘肃省武威市民勤县圣容寺进行了现场 12 天的古建筑测绘（图 1、图 2）。本次测绘分为测绘和三维扫描两组同时进行：测绘组教师 2 人、本科生 41 人、研究生 5 人、天津大学建筑设计研究院 3 人；扫描组教师 1 人、本科生 3 人、研究生 3 人（名单见附录）。

作者邮箱：yangjing827@aliyun. com

图 1　扫描组在屋面进行三维激光扫描操作（杨菁摄）

图 2　大雄宝殿屋面测量（杨菁摄）

武威市民勤县位于河西走廊，旧名“镇番”，是明清西部边陲重镇，圣容寺位于城内西南，是县城内唯一遗存的古代寺庙建筑群。明洪武九年（1376 年）由指挥使陈胜创建于城东南隅，成化五年（1469 年）由守备马昭移建今址。“圣容”得名由于其正殿内供奉的不是佛像，而是明太祖朱元璋的“万岁金座”。此后历经嘉靖三十年（1551 年）、崇祯二年（1629 年）、康熙六年（1668 年）、道光十三年（1833 年）和民国八年（1919 年）的多次改扩建，形成现今规模：寺庙坐北朝南，占地面积 7062.5 平方米，中路由山门、大雄宝殿、三圣殿、藏经阁四座建筑组成，并形成前、中、后三组院落，加上大殿东侧的观音堂院和西侧的韦驮殿院，共五个院落，各院均有配殿和斋房等辅助建筑，共计房屋 163 间，总建筑面积 2480 平方米（图 3）。现存主体建筑年代从明至民国，时间跨越大，是河西地区 500 余年建筑演变的缩影。圣容寺于 1981 年由甘肃省人民政府公布为省级文物保护单位，2013 年由国务院公布为第七批全国重点文物保护单位。

图 3　圣容寺鸟瞰（刘瑜摄）

2　圣容寺测绘教学新尝试

天津大学建筑学院近年来多次对甘青地区进行测绘，取得丰厚成果。针对河西走廊建筑的测绘是其中重要的组成部分（表 1）。

天津大学在河西走廊地区的测绘　　表 1

年份	地　点	人数
2000	甘肃张掖大佛寺及山西会馆和鼓楼测绘	100
2005	甘肃安西（瓜州）踏实墓阙测绘	4
2008	甘肃山丹无量殿和圣经楼测绘	6
2010	甘肃武威文庙及大云寺古建筑群测绘	60
2011	甘肃张掖高总兵府、西来寺、民勤会馆测绘	36

时至今日，虽然古建筑测绘的技术设备相较从前有了极大提高，地面三维激光扫描和无人飞机的引进为古建筑测绘“加速”甚多，但作为一门依托于建筑学及相关专业教学的课程，如何在已经“利其器”的情况下，“善其事”是一件值得思考的问题。结合圣容寺的特点，教研室在测绘教学上进行了三项尝试：

2.1 测绘教学和本科基础教学相结合

如何通过古建筑测绘加强建筑学院学生相关专业素质的培养是天津大学古建筑测绘教学一直以来关注的重点问题。作为国家级精品课程，古建筑测绘教学主要承担着检验和提升相关课程教学成果的作用，如徒手绘图、机械制图、画法几何、测量学、CAD 软件教学、古建史、建筑设计基础和美术等，是一门综合性实践课程。近几年，古建筑测绘教学过程中暴露出一些问题，造成了教学工作量急剧增加，教学质量呈下降趋势。面对这种情况，教研室尝试采取了一些对应措施：

首先，测绘前对学生进行相关专业技能培训，如现场草图绘制、画法几何、CAD 制图的模拟训练。以往测绘前也进行相关知识的讲座和草图训练，但由于知识点庞杂，实战性不强，学生往往抓不到重点，测绘过程中问题较多。本次模拟训练选取天津大学校园内的北洋大学堂和湖心亭两座建筑作为模拟训练场地，在两天内要求学生完成一套完整的测绘测稿，进行平面测量并绘制出 CAD 平面图。这两座建筑虽然复杂程度远不及圣容寺，但学生在模拟训练中还是会在有限的时间内矫正最基本的草图、测量和 CAD 绘制问题。

然后，在测稿和最终成果的表达上，充分考虑圣容寺的建筑特点和开学后三年级设计课在软件使用方面的要求，鼓励学生绘制分件图和渲染图。以往测绘教学中，在绘制测量草图即测稿阶段需严格按照平、立、剖、梁架仰俯和大样的 CAD 成图形式进行草图绘制，具有表达简洁和实用性强的优点。但是在这种经典模式下，很多学生的兴趣点不是集中在最能表达建筑结构和空间的剖面图上，而更喜欢花费大量时间绘制立面图甚至门窗大样图。究其原因，除了受到设计课教学的一些思维定式影响，最重要的一点是学生缺乏对古建筑结构和空间的基本认知和兴趣。因此本次测绘尝试鼓励学生绘制分件图和非常规剖面图，希望能够深化学生对古建筑的了解（图 4）。当然，传统测稿绘制的基本要求（基本形象和比例关系；形体和空间关系；辨识材料，归纳构造规律和结构逻辑；提炼有意义的特征；绘制优美的草图线条）也是一直贯彻始终的（图 5）。

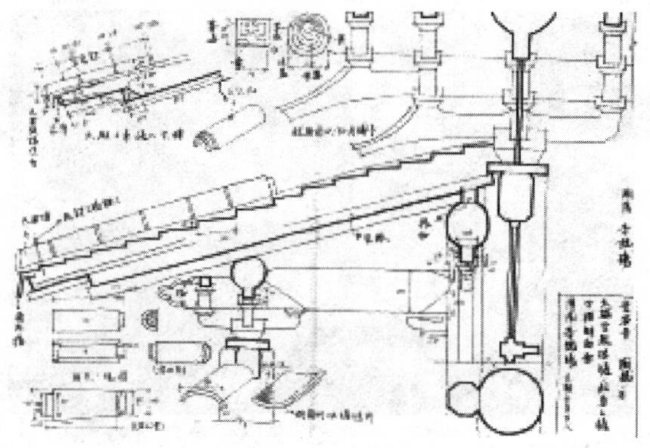

图 4　大雄宝殿檐口横剖面图（李竞扬绘）

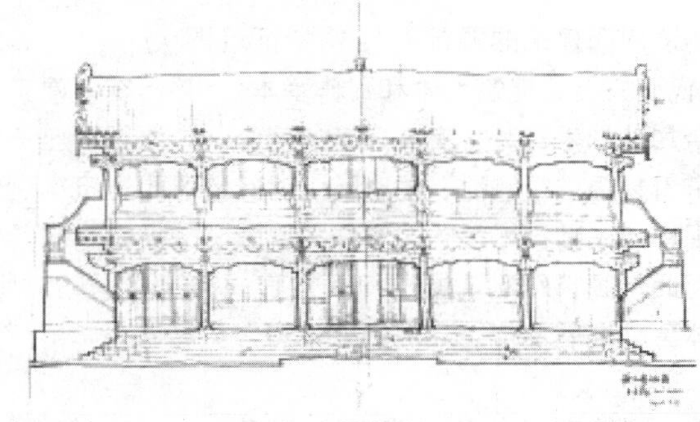

图 5　藏经楼南立面（杜若森绘）

2.2 河西走廊特殊建筑做法和北方官式建筑对比教学

河西走廊自古就处在丝绸之路即中西文化交流的要道上，多元文化共生，明清以来，在适应河西走廊地区的地理条件和文化背景下，河西走廊建筑形成了鲜明的特征，并于晚晴时期发展出了相对独立的河西建筑工艺体系，与一直以来在明清中建史教育中唱主角的北方皇家官式建筑在布局、形制、构造和装饰等方面有显著的区别（图 6）。

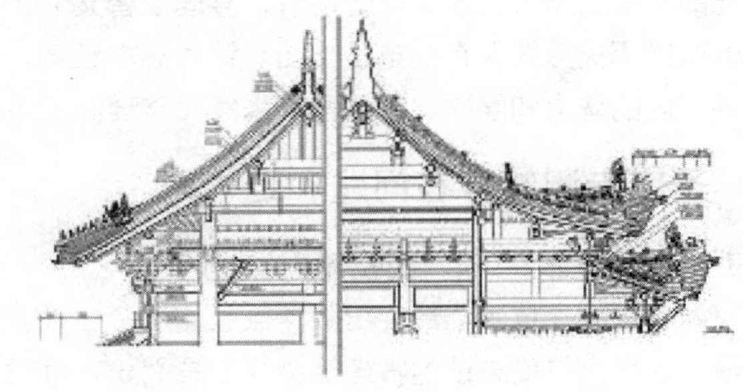

图 6　明清河西建筑（古）和北方官式建筑横剖面对比（天津大学建筑学院测绘图）

针对河西走廊建筑的特殊性开展了两场专题讲座：一讲名为“河西走廊建筑及民勤圣容寺测绘”，重点讲

图 7　针对测绘教学的河西走廊及民勤圣容寺测绘讲座（杨菁摄）

解明清河西建筑的源流和结构特征（图 7）；一讲名为“清代北方官式建筑大木和瓦作基本知识”，在中建史课之余加强学生对北方官式建筑的认知。这两次讲座使学生带着兴趣进行测绘，同时配以对其他河西建筑实例的参观，如民勤县郊区的瑞安堡和武威市文庙等，现场讲解河西走廊特殊建筑做法和北方官式建筑之间的对比，立体生动地展示传统建筑的独特魅力。

2.3　测绘对象档案的收集和整理

文物建筑“四有”要求文保单位必须建立“保护档案”，不仅包括建筑测绘，也涵盖其历史沿革和修缮情况。这部分内容既是文物保护的需要，也是测绘过程中教师需要做的功课，本次测绘在前期准备和现场作业过程中均有意识地加入了此项内容。

圣容寺由于地处偏远，文字和图像资源都非常稀少，在到达现场之前，已经收集了民勤相关县志 5 种，最重要者是道光年间的《镇番县志》，内有 140 字的描写和一篇明代碑文，是厘清圣容寺历史沿革最重要的史料。现场测绘过程中，邀请熟悉当年圣容寺使用和修缮情况的文博工作人员现场回忆讲解，整理录音文件，建立以口述历史形式保存的电子文档。针对县志记载，对圣容寺内的碑文和匾文进行了数据采集和整理。

3　圣容寺测绘存在问题和延伸思考

3.1　“高技术”与“低技术”如何平衡

本次测绘在技术上最突出的特点是使用了三维激光扫描，这是目前最先进的古建筑测绘工具之一，有对文物建筑干预小、大尺寸数据准确度极高的特点。但是三维扫描并不是万能的：首先由于遮挡和扫描精度等原因，点云图反映的是完全的建筑现状，且在细部上并不如传统的手工测量准确；然后，古建筑测绘教学要求的测绘图是一种介于“法式测量”和“现状测量”的中间状态，而对古建筑结构还不能充分理解的学生，不加分析盲目依赖点云图会造成诸多问题，如搞不清梁、柱、枋的穿插关系而将本应在同一高度的构件绘制出高差，将平行的屋脊线脚绘制成不平行，按照点云描图尺寸不能精确到毫米等问题。虽然目前的点云利用上有“大的控制尺寸利用点云，小的细部尺寸依靠手工测量”等原则，但是多数学生在甄别使用方法上还是疑问重重，这也是此次测绘存在的最主要问题。

3.2　“测量”与“保护”如何平衡

众所周知，只要对文物建筑进行测量，就会对现状产生一定的干预，其中一些能够普遍被大众所接受，如采样和扫描等，但是还有一些存在着争议，如上人测量引起的屋面瓦件受损和对文物建筑进行测量标记等。本次在完成测绘的基础上，尽量减少对文物建筑的不良干预，如：藏经楼的屋面瓦较易受损，测量过程中使用了三维扫描和摄影测量相结合的方法，没有上屋面直接测量；对其他建筑，严格控制上屋面的人数，严格按照规程操作，同时，用毛毯、垫子等对较易受损部位进行保护；三维激光扫描过程中需要在建筑上进行测量标记，这些标记是采用粘贴的方法，没有直接在建筑上绘制，且粘贴工具是撕下不伤害物体表面、不留残胶的美纹纸压敏胶粘带（Masking Tape）。

3.3　“课程”与“兴趣”如何平衡

诚然，“古建筑测绘”是一门本科生和建筑历史专业研究生的必修课，但如果学生们只是关注其 4 个学分的成绩，那么最终测绘图再优秀，也只是完成了“课程”层面的要求。古建筑测绘这门课前后持续一个月的时间，要经历半个月现场艰苦的工作，但也提供给学生难得的与古建筑接触的机会。如何利用这段时间，增强学生对古建筑的兴趣和文物保护的意识，才是这门课最终的目的，也是教师需要持续思考的问题。

附录：2013 年民勤县圣容寺测绘全体参加名单

教师：

吴葱（扫描）、杨菁、谢舒

天津大学建筑设计研究院：

刘畅、刘瑜、张猛

研究生：

程枭翀（扫描）、王依、石越、董瑞曦、徐龙龙（扫描）、张家浩（扫描）、李竞扬、邓婧蓉

本科生：

班培颖、常炜晗、郭亮、郭鹏熹、谢靖怡、张遨宇、杜若森、卜楠馨、葛康宁、李思颖、林超、卢孟君、杨新榆、张瑜、曹智峰、傅林霞、沈馨、石泽垣、叶葭、应亚、周宇凡、吕立丰、翟轶闻、冯磊、李晋轩、李梦珂、刘其汉、刘涛、刘兆东、王懿宁、王琪、袁瑜、陈雨祺、董宏杰、胡从文、许宁婧、周宜笑、姚嘉伦、尤智玉、金程、张彧、杜雅静（扫描）、王琰（扫描）、尹仲昊（扫描）

致谢

本次测绘特别感谢朱蕾老师大量细致的前期工作；感谢武威市文物局和民勤县博物馆对测绘工作的全力支持；感谢圣容寺僧尼在测绘过程中的理解与帮助。

参考文献

[1] 王其亨主编. 古建筑测绘. 北京：中国建筑工业出版社，2006：1.

[2] 李江. 明清时期河西走廊建筑研究. 博士论文. 天津：天津大学，2012：1-3.

张　楠
天津城建大学建筑学院
Zhang Nan
TianJin Chengjian University

外国建筑史课差异化教学的探索与实践

Differentiated Instruction and Practice in Foreign architectural history lesson

摘　要：本文简要分析了建筑学及非建筑学专业的外国建筑史课教学的共性与差异，借鉴心理学中的认知理论，分析不同专业学生在外国建筑史认知学习方面的差异表现，得出差异分析带来的启示，并且从授课内容、课程组织、考核目标和教学激励等方面分别探索差异化教学的原则与方法。

关键词：外国建筑史，差异化教学，认知理论

Abstract: This paper analyzes the architecture and other professional teaching foreign architectural history commonalities and differences, learn psychology, cognitive theory, analysis of different architectural history of foreign students learning differences in cognitive performance, variance analysis results Implications and from lectures, course organization, assessment objectives, weaknesses and teaching incentive to explore other aspects were differentiated teaching principles and methods.

Keywords: Foreign architectural history, differentiated instruction, cognitive theory

作为建筑学专业核心课程的外国建筑史，同时也是其他一些相关专业的选修课，对于建筑学专业的外建史教学，时间安排上采用长学时（48～64 学时），而对于建筑学以外的相关专业的外建史教学，采用短学时（24～32 学时），通常短学时外建史课从内容上看是对长学时外建史课的精简版。实际上二者在教学目标、教学重点上都有差异，不仅仅是数量上的问题。如何对不同教学要求的学生采取有针对性的教学，达到相应的教学目标，值得认真思考。

研究长、短学时外建史课的差异，需要从两门课所针对的不同专业学生的差异开始：长学时外国建筑史是面对建筑学专业的学生，而短学时外国建筑史一般面对规划、园林等建筑类专业，有时也作为艺术类专业的任选课程。

1　差异性的存在

对照几个相关专业的培养目标，不难发现建筑类专业对于外国建筑史课的教学要求有一定相似性，而且从学生认知的角度看，有相同的规律。因此，可以采取一些共同的方法来激发学生的学习兴趣。但建筑学专业不仅要求学生了解外国建筑的基本史实，而且需要学生建立对于隐含在风格、样式之中的有关建筑本质、源流的深层次认知，对于教学提出了更高的要求；而规划、园林等建筑相关专业更多地是提出了解、识记等基本要求，同时对于城市规划、景观设计方面的知识点相对强调，如果把建筑学专业与相关专业对于外国建筑史课程的教学要求的差异仅仅理解为讲授知识点数量的差别，是过于简单化的看法。在教学中面向不同专业的学生，针对差异化的教学目标，分别设置适当的教学要求是合乎情理的选择。在教学实践中，确实可以感到不同专业学生的认知风格存在差异，这样的差异直接影响到学习

作者邮箱：liqiuke@gmail. com

风格的差异，促使我们针对这些差异做出相应调整。

2 差异性的表现

不同专业的学生对于外国建筑史课程的知识的理解特点不同，并不是说他们在智力上有什么差别，而是由于在低年级分别以不同的培养目标和基础教学进行的培养带来了对建筑史知识的关注程度、理解层次、学习目标上的全方面差异。

外国建筑史课是建筑学专业的核心课程，也是大多数学校该专业考研时的必考课，因此学生相对比较重视。从理解层次上来看，对于学生的要求相对较高：课程要求通过理论和实践教学，使学生熟悉各个历史时期建筑风格的成因，不同地区、不同时期的建筑风格特征；掌握世界建筑发展的一般历程及基本史实、相互关系以及相应建筑学派的理论与主张，掌握在自然条件、生态环境、社会、文化、技术等因素影响下的建筑发展规律；有能力对建筑进行分析评价，并结合建筑设计课程的设置内容，进行建筑认知与设计。这是三个逐层递进的要求层次，对于非建筑学专业来讲，只需要实现第一个层次的教学目标即可。

不同学时外建史课情况对照　　表1

课程名称	教学对象	关注程度	考核方式	教学目标
外国建筑史A	建筑学专业	相对较高	课程作业与闭卷考试	掌握建筑史基础知识、建筑基本理论 理解自然条件、生态环境、社会、文化、技术等因素影响下的建筑发展规律，有能力对建筑进行分析评价，并结合建筑设计课程的设置内容，进行建筑认知与设计
外国建筑史B	其他专业（规划、园林等）	相对较低	开卷考试或大作业	了解建筑史基本知识； 把握建筑历史与规划史、园林史、艺术史等的联系

3 差异分析与启示

学习主要可以从两方面来考虑，即认知因素学习与非认知因素学习。认知是信息加工的过程，是心理上的符号处理，主要研究人类如何有选择地接受外界刺激，清理原始印象，取出和利用这些保存的记忆来完成日常生活中的活动——研究这一切的结构和过程。注意的指向性是指心理活动对客观事物的选择。在课堂上，如果不能将学生的注意力引向教学内容，那后面的一切都是空谈。实际教学中采取如下方法：

3.1 故事化

尽量以一个建筑史中有代表性的故事性事件，如讲述文艺复兴建筑时从佛罗伦萨主教堂穹顶的建造故事、介绍建筑大师柯布西耶时从他在青年时东方旅行的经历切入，以生动有趣的方式将学生的注意力留在课堂，再通过分析典型事件中的历史背景、理论背景与建造方式等展开相关课程。

3.2 教学内容密切结合专业学习

如给建筑学专业授课时，介绍密斯建筑的构造处理，给规划、园林专业授课时，重点介绍自然风景园林在现代建筑空间的形成中的作用等，把教学内容从学生熟悉和关心的角度引出。

奥苏贝尔认为，影响课堂教学中意义接受学习的最重要的因素是学生的认知结构，而认知结构是学生现有知识的数量、清晰度和组织方式，是由学生眼下能回想起的事实、概念、命题、理论等构成的。因此，要促进新知识的学习，首先，要增强学生认知结构中与新知识有关的观念。从安排教学内容这个角度来讲，要注意两个方面：首先，要尽可能先传授学科中具有最大包摄性、概括性和最有说服力的概念和原理，以便对学习内容加以组织和综合，在实际的课程中，第一次课与最后一次可分别为概述和总结，把帮助学生建立外国建筑史知识体系放在重要的位置上。其次，要注意渐进性。因此，课程也遵循由易到难、循序渐进的原则：教学从基础知识的讲述开始，在学生对基础知识有较好了解后，再进一步从建筑的空间设计、材料营造、建筑理论源流等多个角度不断深化。对于建筑学专业的学生来说，外国建筑史的知识在前期专业设计基础课上已有涉及，建筑设计原理、中国建筑史等课程也为学生学习外国建筑史做了相对较好的知识储备，教师的任务在于帮助学生把本课程的知识纳入学生的知识体系并对这一体系进行梳理与完善。对于其他专业的学生来说，他们的相关知识储备是比较欠缺的，需要课堂教学的更多精力放在知识体系的建立与联系的建构上。

理解了认知风格和学习风格的差异性，我们就可以对学习能力的组成采取一个更为宽泛的视角。对不同专业的学生来说，对他们的考核目标绝不仅仅在于考核的深度，还要包括考核的方向，通常情况下，建筑学专业对于外国建筑史的学习提出了较高要求，但具体到某个方面，学习小学时建筑历史课的规划专业学生在规划相关的方向上的要求未必会低于长学时建筑学专业的要求，甚至可能更高。

4 差异性教学方法

4.1 讲授不同的内容

对于48＋8学时的外国建筑史A，在48学时的理论讲述中，设立一些专题，使课堂教学不会仅限于知识的传授，而且涉及方法的灌输与对学生分析能力的培养，如在长学时外建史课中，对于现代主义源流、几个现代主义建筑大师的建筑作品的深入分析，在短学时建筑史课中并不涉及，而关于巨构建筑的内容，则在对规划专业讲授建筑史时加以强调。短学时课上并不涉及设计内容，而长学时建筑史课则包含8学时的实践课程，采用建筑测绘或结合建筑设计课做出建筑设计方案的形式，建筑史课老师进入学生的设计课教学，在指导设计课的过程中，结合外建史课的知识指导学生活学活用建筑史课上学到的一些理论方法。

4.2 采用不同的课程组织

对于建筑学专业，在古代建筑史部分以时间线索为主，使学生建立起建筑历史发展的客观认识，而到了近现代部分，则以多条线索引导的多元视野来看待课程，强调空间组织的自身逻辑；对于其他相关专业的学生，采取时间线索主导的大的知识框架，强调风格变迁及建筑发展与相关学科如城市规划、景观、艺术史等的联系。

4.3 设立不同的考核目标

长学时外建史课采用闭卷考试的方式结课，并结合不同的学习阶段布置2～3次课程作业；短学时外建史课采用开卷考试或大作业的方式结课。我们需要一种工具，能够表示外国建筑史知识体系中的概念以及概念之间固有的联系，还有学生认知结构中的概念以及概念之间的固有联系，以便尽快发现学生内在的认知结构和知识本身的结构体系之间的差别，从而改进方法，促进学习。在实际教学中，对不同专业的学生布置作业采取差异化的方式，帮助学生建立起对于外国建筑历史的整体认识。布置的作业包括：

作业1：要求建筑学学生整理和建立外国建筑史数字地图和模型库。建立罗马、雅典、巴黎、伦敦、布拉格、柏林这几个城市的外建史数字地图。对外建史课本（上、下册）中提及的所有该城市的建筑、广场、公园等在google earth上加以标记，并尽量将标记与Panoramio网站的照片建立关联（照片对应地标）。搜集相关建筑的skp模型。

作业2：要求规划、园林专业的学生以思维导图的形式整理出其心目中的世界古代建筑发展线索，可以时间为线索，也可以以材料进步、建筑空间演化、文化进程更替或者是建筑理论发展等任何觉得合适的因素为线索。可以用一张或多张轴线贯穿建筑历史，也可以按自己认为合理的方式展开。

作业3：完成建筑设计历史专篇：主要结合“现代建筑的空间设计”学习的内容及历史建筑的构图、立面处理方法和建筑设计课的“复杂功能流线与建筑空间的关系”部分完成建筑设计，要求在建筑设计课的作业中体现出历史建筑空间设计的某一种或几种特征和手法，并将设计方案反映到sketchup模型中，且结合google earth软件，利用外国建筑历史课学到的方法对建筑方案与其所在城市空间的空间形态、图底关系、交通组织、体量协调等问题加以分析。

上述三个作业中，作业1与作业3是针对建筑学专业设计的，而作业2则针对其他专业。这样的作业设置考虑到不同专业的特点——建筑学专业学生因为课时较多、重视程度高，对于整个知识体系有了一定了解，问题在于这样的知识体系是以时间为线索的“宏大叙事”铺陈开来的，对于建筑学本质要求的空间属性并未有更多涉及，指导学生建立数字地图是希望打破他们的固定思维，引导他们以空间关系为线索，在头脑中重构建筑历史的知识体系，从而实现对于空间概念的建立并调动他们的主观能动性。建筑历史专篇与设计课相结合，帮助学生将建筑历史课程与设计课程在建筑学专业大背景下整体考虑而不是割裂开来。对于其他专业来说，较少的学时和重视程度较低限制了他们对于建筑历史知识体系的深入理解，要求他们以思维导图的方式整理知识体系，正是帮助他们条理化所学知识的过程。同时将思维导图引入学习过程也会对他们其他课程的学习有帮助。

4.4 帮助学生扬长避短

人们应该明白自己在哪方面做得好，并且充分利用自己的优势，他们还必须知道自己不擅长什么，从而改进或者回避它。学生在学校里至少在一定程度上是可以进行选择的，通过对不同专业做出合理的选择，他们能充分使用他们的智力，并最终实现自己的目标。知识内容偏好的差异可能与学生的专业背景相关，比如园林专业的学生往往对法国古典主义部分知识比较关注，这正是由于法国古典主义建筑与园林有不可分割的密切联系。同样地，规划专业学生往往对于巨构建筑更为关注，因为这往往与城市规划理论密切相关。在教学中有意识地细化相关知识讲解能够收到较好的效果。

4.5 针对学生的不同动机实施激励

学生在课程学习过程中的动机是有差异的。从心理学角度来看，内在激励（ontrinsic motivation）是由于发自内心想去做的愿望所导致的，而不是为了获得某种外部的奖赏，其对立面是外在激励（extrinsic motivation)，指之所以做某事是为了获得某种奖赏，如表扬、好成绩等。因此，教学中也应考虑不同专业学生学习的动力而分别加以适当激励。对于建筑学专业而言，大多数学生希望能在设计中融入建筑史课所学的原理，那就需要作出相应的回应，例如将现代主义建筑从功能出发进行空间设计的思路与以路易斯·康为代表的从建筑的形式逻辑出发，但考虑功能合理性的不同思路加以对照讲解，帮助学生解决建筑设计课中的构思问题。对于规划、园林专业的同学，则把巴洛克建筑的空间关系与巴洛克城市对应讲解，以内在激励激发学生的学习兴趣；而对于规划、园林专业同学通常不够关注的其他建筑知识，则通过需要评判成绩的作业等外在激励方式引导其学习活动。

教学实践中发现，差异化教学方式能够适合不同专业的学生特点，有效改善教学效果，但对于相关专业的教学计划和教学内容了解的深度广度达到新的高度后，才能更有针对性地开展差异化教学，从这个角度来看，实践过程才刚刚开始。

参考文献

［1］（美)斯滕伯格，威廉姆斯. 教育心理学. 张厚粲译. 北京：中国轻工业出版社，2003. 111-207.

［2］施良方. 学习论. 北京：人民教育出版社，1994.

［3］东尼·博赞，巴利·博赞，思维导图．叶刚译，北京：中信出版社，2009.

［4］张楠. 外国建筑史教学中的空间观念培养. 2012全国建筑教育学术研讨会论文集. 2012.

周 荃
大连理工大学建筑与艺术学院
Zhou Quan
Dalian University of Technology School of Architecture and Fine Art

持经达变，根深叶茂
——在全球化语境下探讨深化中国建筑史课程的传统文化教育问题

Hold to the Variable, Be Well Established and Vigorously Developing
——Discussion on Deepening China' s Traditional Culture Education in Chinese Architecture History Teaching under the Context of Globalization

摘 要：中国传统文化是研究中国建筑史的基础。本文从中国建筑史课程教学与中国传统文化教育的关系入手，论述了在当前的全球化语境下，在中国建筑史教学实践中加强传统文化教育的必要性以及深化中国传统文化教育的途径，认为全球化语境下的中国建筑史教学应该结合课程自身的特点、规律和内在要求，让学生吸收和借鉴传统文化中的有益因素，在本土文化的基础上坚持建筑本土化特色，以积极的态度面对全球化挑战。

关键词：全球化，中国建筑史，人文教育

Abstract: Chinese traditional culture is the basis for the study of Chinese Architecture history. This paper first analysis the relationship between curriculum teaching of Chinese architectural history and Chinese traditional culture education, and then discusses the necessity of strengthening the education of traditional culture in the teaching practice of Chinese architectural history and the way of deepening Chinese traditional culture education in the current context of globalization. So that the Chinese architectural history teaching should be combined with courses of their own characteristics, and the inherent requirements of the law, allowing students to absorb and learn the traditional culture of beneficial factors in the local culture, to promote the construction of the localization characteristics on the basis of local culture, with a positive attitude to face the challenges of globalization.

Keywords: Globalization, Chinese Architecture history, Humanistic Education

在当前全球化进程日益深入的背景下，中国向西方学习已经成为一个全方位的和普遍性的选择。但是，中国向西方学习的主要目的之一是为了实现中华民族的伟大复兴。因此，在学习过程中应该保持民族文化的独立性，要立足于“全球化的思考，本土化的行动”，力求做到既学习西方又不受制于西方。正如“持经达变”这句古语所说，只有真正形成具有中国特色的完整的建筑思想体系，才能应用其中最本质、最核心的东西去应对

作者邮箱：zqjhs2000@hotmail.com

随着全球化而来的千变万化的新事物和新问题。否则，就难免陷入随波逐流、人云亦云的泥潭中而无法自拔。

中国传统的建筑文化是从几千年前的农耕时代起形成并逐步演变而来的，是中国传统文化艺术的重要组成部分。它一方面是古代劳动人民创造性智慧的体现，一方面又渗透着封建统治阶级的政治哲学观的影响。在工业化、信息化、数字化、商业化高度发展的今天，传统建筑文化的发展进程不但被完全破坏和中断，其生存的土壤也在逐渐消散。但是，这并不意味着中国传统的建筑文化应该受到轻视甚至否定。相反，通过认识中国传统建筑的发展规律，可以促进传统建筑文化的内在要求与全球化发展趋势相适应，找到带有地域特色的建筑文化的生存之路。只有让中国的建筑之根重新深深植于底蕴深厚的文化土壤中汲取营养，才有可能使其再度焕发生机、枝繁叶茂并结出累累硕果来。从这个角度来看，去年荣膺普利兹克建筑学奖的建筑师王澍已经为我们做出了优秀的榜样。

1　中国建筑史课程教学与中国传统文化教育的关系

1.1　中国建筑史课程教学内容与目标

中国建筑史是建筑学专业本科教学的基础理论课程，在专业课程体系中占据着重要地位。通过了解中国古代建筑艺术及发展过程，可以以史为鉴，提高学生的设计能力以及对于建筑的综合理解能力。因此，对于中国建筑史的了解与掌握既是建筑学专业本科教学的基本要求之一，也是建筑学专业学生应具备的基本专业素质之一。

中国建筑史的内容在时间上跨越数千年，涉及与历史建筑密切相关的社会环境、经济条件、文化背景、地域特色与技术水平等各个方面。在教学过程中，教师一般结合实例以及大量图片来介绍说明中国古代的城市建设、宫殿、坛庙、陵墓和宗教建筑以及住宅和园林的演变发展过程，使学生对传统建筑的特征和做法有所了解。同时，中国建筑史教学大纲中也明确提到，要培养学生对中国传统文化的热爱。这也是中国建筑史教学的一个重要目标。

1.2　加深中国传统文化教育的必要性

从教育层面上看，中国民族建筑传统的缺失，根源在教育。目前国内的建筑学专业多以建筑设计为主要培养方向，建筑教育的来源也多以现代建筑，特别是国外的现代建筑为主，涉及传统建筑，特别是中国传统建筑的内容极少，在这种教育体系中培养出来的学生往往很难深入理解中国传统建筑的特点和精髓。他们对中国传统文化的肤浅了解和轻视很容易导致在建筑创作中对国外现代建筑的盲目崇拜和模仿，因而很难设计出符合本国国情、符合本民族审美观、符合本地区实际的好作品。

从个体发展上看，由于中国建筑传承几千年，如同雕刻、绘画、诗词等艺术门类一样，其本身已形成了一个比较完整的艺术系统，并且与这些艺术门类之间也有着互相交叉和融合，共同成为了中国文化的重要表现形式和民族精神的依托。所以对中国建筑史的认识和学习，一方面有助于提高学生的建筑审美观和建筑艺术设计能力；另一方面，对于博大精深的中国传统文化更深入的了解，有助于学生提高自身的人文素质和文化修养，从而使这部分文化财富能够转化为专业素质的有机组成部分，在将来能更好地运用在工作实践当中。

中国建筑史作为一门专业基础课，除了让学生掌握建筑历史与理论基础知识、培养学生的专业文化素质外，还应重视与设计相结合的综合人文素质的培养，让学生在创造力、传统文化的知识面、艺术修养和社会责任感方面取得均衡发展。深化建筑历史学科中的中国传统文化教育，同时探讨建筑历史学科与建筑设计学科相结合的后续交叉深化课程体系的建构，符合时代需求，在进一步深化中国建筑史教学改革的过程中必将起到积极的推动作用。

1.3　存在的问题与分析

目前在中国建筑史的教学中存在着一些普遍性的问题，比如教学内容偏重于建筑构造与建造技术，或者局限于简单的历史史实的介绍与罗列，或者仅仅要求掌握部分重要的标志性的建筑物的特征和做法等。这样往往会导致学生在学习过程中，视野狭窄，知识横向运用能力以及创新能力低下，仅能了解古建筑的表象而难以进一步理解其形成与演变的内在原因；另一方面，教师在传统教学模式中，往往偏重于专业知识的灌输，容易使学生感觉授课内容枯燥，导致学生学习热情不高，处于被动学习状态，只关注如何通过考试，并不清楚如何将所学到的建筑史知识运用到实际的建筑设计和建筑分析当中。

如何改变这一被动局面，真正提高学生的学习积极性和学习热情，是每个中国建筑史教师需要认真思考的问题。在国家提出“高校人才培养应该注重知识、能力、素质的综合教育”的今天，提高学生的综合素质已成为各高校努力的方向。当今的建筑学本科教学改革，也更注重能积极适应市场需求的复合型建筑设计人才的培养。综合素质的培养可以体现在方方面面，即使是中国建筑史这样的常规专业课程也同样可以发挥作用。

实践证明，在中国建筑史教学中深化中国传统文化教育，是改善上述现实问题的一条切实可行的途径。由于中国建筑史教学内容中包含了许多民族情感和文化因素，因此，在教学内容的选择上，可以通过有意识地选取一些相关史实或典故来激发学生的民族自豪感和民族责任心。这种日积月累，潜移默化的感染和启发其实更有利于学生真正认识到这门课的重要性，其效果也要远远强于在教学中照本宣科的灌输方式，学生也相对容易接受。

2 在中国建筑史课程教学中深化中国传统文化教育的途径

2.1 与传统思想文化相结合

建筑文化和传统思想文化一样，有着鲜明的时代特征。在历史发展不断继承与革新的过程中，形成建筑形态的传统思想文化对建筑产生了非常重要的影响，它直接决定了中国建筑的时代特征，也成为了产生场所精神的根源。因此，中国建筑史的教育在沿着历史发展的主线进行的同时，应该结合当时的思想文化条件，从传统思想文化的角度入手展开系统分析与论述。传统思想文化是前提，重点仍然是建筑自身的形成与发展。追根溯源，可以让学生更加深刻地认识中国古代建筑及其历史发展。

中国传统思想文化涉及宗教、哲学、科学、史学、文学等诸领域，其中能典型代表中国文化特征的主要有儒教的礼制文化，道教的风水文化，佛教的世俗文化以及世间的民俗文化等。这些都对中国传统建筑思想的发展产生了极其深远的影响。可以说，中国古代建筑的发展，实际上就是中国传统思想文化发展的一个缩影。在教学中，结合这些文化特征和思想内涵对建筑进行解读，并鼓励学生对此发表自己的观点，对于那些自认为已经了解中国传统思想文化的学生而言是一件比较新鲜的事情，为他们学习和认知中国传统建筑提供了一条新的思路，也容易激发他们参与和学习的兴趣。例如在讲述坛庙、宫殿、陵墓、民居的布局时，就可以结合儒家思想中的礼制、等级、家族等传统观念如何规范社会和影响建筑布局秩序加以分析和引导，使学生对“前朝后寝”、“前堂后院”、“中轴对称”、“四合拱卫”、“向心”、“主从秩序”等建筑形式的形成和内涵有一个更加深刻的认识和理解。再如，在讲述建筑选址和园林空间布局时，对于崇尚“道法自然”，崇尚“天人合一”的道家思想的解读是必不可少的。事实上，类似于“封而不闭”、“虚实相生”的传统设计手法至今仍然经常被应用在一些景观造园设计中。没有对道家思想文化的深入了解，就很难真正领悟其中的真谛，只能是机械地或者盲目地照搬照抄这些布局手法，而根本无从谈及传承和创新。

事实上，中国传统哲学思想的显著特征之一就是强调人与自然的和谐统一。不论是儒家的“上下与天地同流”，还是道家的“天地与我并生，而万物与我为一”，都把人和天地万物作为统一的整体来看待，使人们的现实生活与自然紧密相连，相辅相成。同时，崇尚自然、喜爱自然的传统也使“天人合一”的思想长期占据了中国传统建筑思想的核心地位。从建筑现象学的视角来看，一方面，在中国传统建筑中包容的历史文化和社会生活沉淀，能使居者产生无法割舍的归属感，另一方面，中国传统建筑大多内向含蓄，善于通过建筑的有序安排、空间的阻隔和通敞以及色彩、光影的变化，给人带来丰富的精神感受。单体之间、内外之间的相互融合和高度统一，又赋予了中国传统建筑更完整、更真实的场所精神。对于今天众多对传统建筑感到日渐陌生的学生来说，不亲身经历，不细心体味往往无法领会其中的情趣和独特魅力。因此，即便历史发展变迁到了今天，我们仍然有必要通过专业教学与传统思想文化相结合的方式，引导学生正确看待建筑与传统思想文化的关系，不要妄自菲薄，为中国建筑的传承和发展，为中华传统人文精神在建筑领域的全面回归贡献出自己的力量。

2.2 与人文教育实践相结合

中国建筑史教学的目标，除了让学生掌握相关的建筑演变过程、特征和做法，还要培养学生对中国传统文化的热爱。为此，需要引导学生通过理论与实践相结合，去深刻地理解个体和社会的关系，把握人的生理需要和精神文化需要，成为同时具备建筑专业知识、社会人文知识和较高文化艺术修养的高素质人才。

在这三者之中，建筑专业知识的实践往往最受重视，各种校企合作和社会实践也为在校生提供了大量实际运用所学专业知识的机会，而人文教育实践由于短期内很难见到实际效果，处于被轻视甚至忽视的地位。事实上，加强相关的人文教育实践，例如对于古建的实地测绘、实地访谈或短期居住，古建模型制作，用摄影、素描、水彩或者钢笔画来表现古建等，有助于提高学生的观察能力、表现能力、审美能力和独立思维能力，有助于学生体验和领悟蕴含在传统建筑中的对环境、功能、技术因素的考虑，也有助于学生全方位、多角度、深层次地了解和认知传统建筑的形式与功能、建筑与技术、单体与环境的有机结合等内容。所以，这些人文教育实践同样可以成为学生获取知识的手段，为学习和思考建筑提供原材料、原动力，最终的目的在于从亲身体验与领悟这个过程中体尝到建筑史学习的快乐，感受到充实与满足，对中国建筑史课程的学习产生更大的兴趣。

国外许多知名大学历来有重视人文教育的传统，通过浓厚的人文氛围的营造使学生受到熏陶，并且使这种人文精神得以不断地继承和发展。这一点非常值得我们借鉴。作为今后一个努力的方向，我们应该在正常的建筑史教学活动以外，有意识地让一些课外活动，如学术活动、文化活动、鉴赏活动、社会服务等也成为教育过程本身的组成部分。在通过这些活动潜移默化地影响学生的同时，使人文精神逐渐内化于学生之心，外化于学生之行，真正成为其综合素质的重要组成部分。因此，加强人文教育实践，对于中国建筑史教学将是直接的和有效的补充，是一条值得进一步深化的切实可行的途径。

2.3 与建筑史教学基本内容中的重点相结合

要想全面和系统地向学生传授中国建筑史知识，并且在教学过程中有意识地加强对传统文化的教育，在课时的分配上以及对教师自身综合素养的要求上都有现实上的困难。因此，在实际的教学中，应该突出重点，注重建筑历史教学的文脉延续和加强多种教学方法的互补，有效地把中国传统文化融入中国建筑史教学中，在提高学生学习兴趣的同时提高学生的建筑文化修养，促进学生继承和借鉴中国传统建筑文化中的精华部分。这也是在建筑史教学中加深传统文化教育的基本出发点。

建筑史教学基本内容中的重点包括中国各个历史时期的城市建设与建筑艺术成就、各个历史时期的建筑风格特征及主要建造技术、中国各种类型建筑形态特征与代表作品以及其主要艺术和技术成就、中国传统建筑设计思想与哲学等。在这些地方中应结合授课内容，适当加入包括中国古代城市规划、建筑风水、传统建筑哲学、古代宇宙观、传统建筑技术与艺术、古代建筑装饰与民俗文化等内容作为补充，不能仅仅满足于照本宣科。有条件的话，还可以把具有传统特色的建筑，如北京四合院、江南园林、徽州民居等作为范例来加以专题分析，引导学生从感性和理性层面都加深对于中国建筑文化遗产的认识，更加深入地理解建筑文化的地域性、时代性和民族性，并进一步理解中国建筑与社会、政治、经济、文化等因素的深刻联系，从而通古而知今，帮助学生建立起全面而合理的“建筑历史发展观”。

3 结语

中国建筑史作为一门真正关系到中国传统历史与文化的学科，不仅是整个建筑专业教育体系的基础课程之一，从未来建筑人才的培养、未来人居环境的形成以及未来整个民族建筑业的发展等角度来看，它也有着至关重要的作用。通过在中国建筑史教学中深化中国传统文化教育，明确中国传统文化教育对中国建筑史教学产生影响的作用机制与表现，可以激发学生对祖国的热爱，消除当前各种盲目崇洋媚外思想的影响，更好地继承和发扬中华民族优秀的传统思想文化，使中国建筑的文化艺术精神得以世代相传，并在新的历史时期焕发出新的生命力，实现真正意义上的学科、专业、民族精神的可持续发展，从而创造出中国建筑发展史的新篇章。这是我们的目标、责任和使命所在。

参考文献

[1] 陈惟．复合型建筑设计人才培养中的中国建筑史教学改革．华中建筑，2008，7：209-210.

[2] 玄峰，蔡军．中国建筑史教育内容浅析．华中建筑，2007，8：188-190.

[3] 刘戈，詹健．浅谈建筑学专业学生人文素质教育．新建筑，2006，3：118-119.

[4] 贾尚宏．中国建筑史课程的教学与中国传统文化．合肥学院学报（自然科学版），2005，2：78-80.

周　荃
大连理工大学建筑与艺术学院
Zhou Quan
Dalian University of Technology School of Architecture and Fine Art

以巧手制玲珑，循古朴习真知

——浅论模型制作在中国建筑史教学中的应用

Delicate made by skilled, study the true knowledge of ancient learning

——Discussion on modeling in Chinese architectural history teaching

摘　要：本文论述了信息多元化背景下，在中国建筑史课教学实践中导入模型制作的必要性以及如何通过模型制作深化实践性教学环节，指出在教学中重视模型制作的同时应该结合中国建筑史课程的特点，侧重于加深学生对传统建筑的构造和结构形式的理解，从而为学生正确理解与把握中国传统建筑的精髓提供帮助。

关键词：模型制作，构造，中国建筑史

Abstract: This paper discusses the necessity of introducing modeling in teaching practice in the course of Chinese Architecture history and how to deepen the practice teaching by modeling in the background of information pluralism. Then it points out the importance of modeling in teaching should be combined with the characteristics of Chinese architectural history courses, and to enhance the students focused on the understanding of construction and structures forms of traditional buildings, thus provide assistance for students to correctly understand and grasp the essence of traditional Chinese architecture.

Keywords: modeling, construction, Chinese Architectural History

当今社会是一个信息多元化并且信息高度开放和发达的社会。人们通过电视、广播、书本、报刊、电脑、手机等众多渠道源源不断地获取着外界的信息。在这一背景下，学校，包括大学的教育也受到了一定的影响。比如说中国建筑史，作为建筑学专业一门重要的专业基础理论课和学习建筑的必不可少的环节之一，常规的教学就是老师讲，学生听。很多知识点，学生或多或少地通过其他多种途径或方式已经有所了解。实践手段的缺失，又往往使学生难以深入理解传统建筑的结构形制和各部分构件间的相互关联，难以达到理想的教学效果。此外，对于中国建筑史的教学，如何提高学生的学习兴趣和积极性，改变课程枯燥乏味的传统印象，也是一直困扰任课教师的难题。模型制作这一教学手段的导入，在一定程度上对于改善上述问题起到了积极的作用。

在中国建筑史课程教学实践中导入模型制作，可以帮助学生直观和深入地探讨在学习中国建筑史的过程中遇到的一些问题，更好地理解传统建筑的设计意图，把握设计的方向。在动手制作模型的过程中，能够培养学生独立思维、提出问题和解决问题的能力，为日后更深入地研究建筑构造打下坚实的基础。

作者邮箱：zqjhs2000@hotmail.com

1 在中国建筑史课程教学实践中导入模型制作的必要性

建筑模型，在中国古代称之为“法也”，有着“制而效之”的意思。《说文》中注曰：“以木为法曰模，以竹为之曰范，以土为型，引申之为典型。”从建筑的角度来讲，模型制作是建筑设计从平面到空间的过程。通过模型制作，可以更好地考察建筑的空间、比例及体量关系，使设计效果直观地呈现在人们面前。因此，模型制作是建筑学专业学生必备的基本能力之一。相应地，模型制作也是建筑学专业学生必修的实践环节。建筑史课程教学实践中加入并强化模型制作这一环节，是帮助学生接受中国传统建筑文化教育实践的重要途径，也是知识技能教育与思想文化教育并重的具体体现，对于学生通过动手制作模型来体验中国传统建筑的魅力，建立正确的建筑审美观将起到积极和有益的作用。

模型教学在国外也是受到重视的一种教学手段。比如在日本，由于传统的木造建筑仍然占有约一半左右的市场，加上日本一向重视传统文化的继承，因此传统木结构的模型制作有着比较高的水平。特别是在一些大学或建筑专科学校，传统木结构的模型制作成为了考核学生是否掌握木结构建筑基本原理的一项重要内容。例如芝浦工业大学，在二年级开设的日本建筑史课程中专门设有与日本建筑史相关的模型作品的讲评，通过让学生结合日本建筑史教学内容进行两次模型制作（一次是寺庙的结构模型，一次是住宅的整体模型，附有照片与报告书），督促学生真正下功夫去研究和理解日本传统建筑的样式和构法。另外，在古建保护和遗迹复原等实际应用方面，传统木结构模型制作的能力也发挥了一定的作用。例如神户大学的日本建筑史研究室，按照 1/10 比例制作的极乐寺遗址模型和 1/50 比例制作的出云大社推定复原模型堪称精品，后者更被出云历史博物馆展出，很好地推动了历史古迹的保护和历史文化的传承。这些地方都值得我们认真研究和借鉴。

随着电脑技术和数字化的不断发展，建筑在设计阶段更多地成为了一个模拟性的操作过程，这样很容易因为用进废退而使设计者的手工艺操作能力逐步退化。动手能力的低下又会直接影响艺术美的创造。从这个角度来讲，制作建筑模型的过程，实际上就是通过培养动手能力和操作能力来进一步加强审美能力和技术理解力，同时对于传统建筑的保护和修复也会产生积极的影响。

2 如何通过模型制作深化实践性教学环节

回顾以往的中建史教学实践，在对古建筑的结构进行解读的时候，特别是对于建筑构造与细部造型方面进行分析的时候，教师往往侧重于抽象的说明和平面化的解读，学生则往往满足于了解古建筑的表象，而不愿或无法进一步理解它们产生与演变的根本原因。因此，近些年来，我们在中国建筑史课程教学中开始加强模型制作环节，有意识地培养学生的动手能力和思维能力。教师精选优秀中国古建筑实例，使学生通过观察照片、学习认知图纸等教学环节了解图纸表达的相关规范，再通过模型制作过程将图纸和照片还原为三维实体模型，从而使学生通过动手制作古建筑模型达到认知古建筑的目的。通过引导学生参与模型制作，使其较深入地了解和理解古建筑构造体系，吸取中国传统建筑的历史经验，提高学生的建筑修养和建筑设计思维能力，为学习专业课和建筑设计创作活动奠定基础，也为进一步深层认识中国古建筑打下良好基础。

实践证明，在中国建筑史的特定教学阶段，模型制作的导入不但大大提高了学生的学习热情和主动性，而且能够帮助学生对古建筑的构筑形式有更深入的了解。比如在学习斗栱的时候，由于其名称繁多，节点复杂，仅仅通过文字描述或两维视图，教师讲得也费劲，学生听得也吃力，而如果能够导入模型制作这一实践环节，让学生通过自己动手来加深对于斗栱的理解，既可以加深学生对课堂所学知识的记忆，又有助于学生进一步理解斗栱在古建筑中的屋顶和结构构架之间所起到的承上启下的重要作用，在教学上会取得事半功倍的效果。再如，通过大木架组合、单体建筑组合等方式，引导学生把不同的建筑形式融合到建筑模型中去，可以帮助学生体悟中国古代建筑文化中道器合一、师匠合一的传统，对其形成建筑设计理念具有一定的启迪和借鉴意义。

3 在中国建筑史的教学实践中导入模型制作的具体实施方法

首先是选题和分组。教师应根据教学实际需要确定若干题目供学生参考和选择。因为在中建史教学中引入模型制作这一环节，最主要的目的是加深对中国传统建筑的形式结构和空间功能的认识。有时运用少量而且简单的材料就能够明确地表达出学生对于形式与架构的理解。同时，过于复杂和精细的模型制作往往又要占用老师和学生大量的时间，在现阶段中建史的课时安排上难以保证。

以中国古亭小品模型制作为例。它的结构和构造形式相对简单，但又包含了中国传统木结构建筑的主要结构构架关系和节点的做法，如基础，柱，梁，檩，椽，屋面做法等，所谓“麻雀虽小，五脏俱全”。制作古亭对材料的要求不高，而其样式又相对灵活多样，学生在制作时有足够的发挥余地，有利于发挥他们的创造性。因此，类似这样的模型制作题材还是比较受欢迎的（图1）。

在确定模型制作方向后，选择中国古代传统建筑中的经典案例，由教师引导学生查阅相关资料，总结及概括这些经典案例的结构技术和美学特征，让学生通过史料文献的记载进行恢复设计并制作模型，可以培养学生的创造思维和逻辑思维，深化其对传统建造手法的认识（图2）。

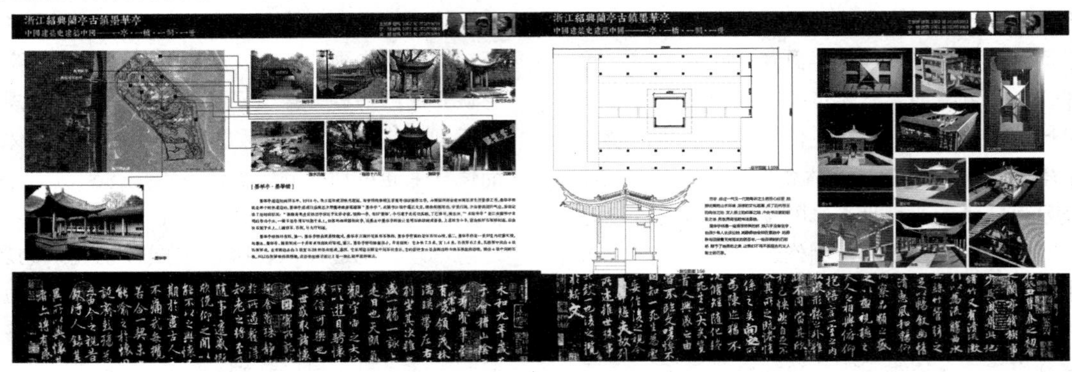

图1 古亭模型

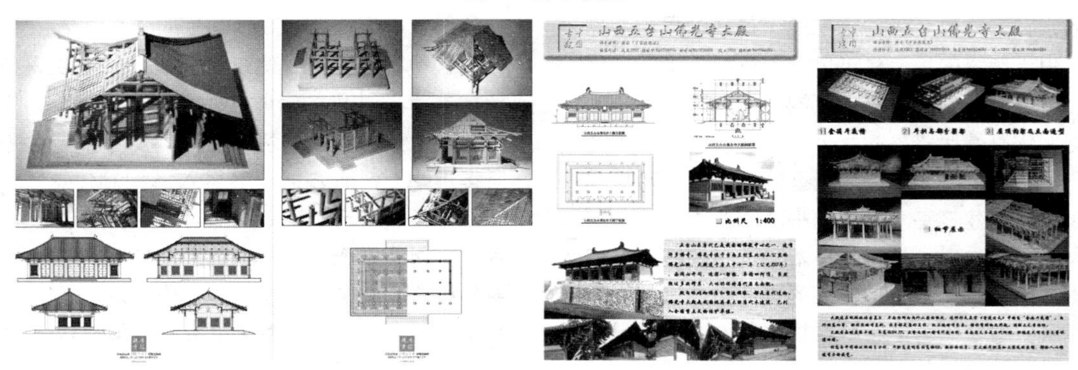

图2 唐招提寺和佛光寺模型

其次是确定材料和模型的相关尺寸。制作不同造型的模型，需要选择恰当的表达特征的材料，选择不同特征的材料，就要选用不同的加工工艺和处理方法。在确定比例之后，由于在古代尺寸和现代尺寸的换算方面容易出现问题，教师应及时给予指导和确认，并检查学生的制作进度，及时纠正错误。力求做到在教师的具体指导下，既强调学生个人的主观能动性和独立思考能力的发挥，又能兼顾团队配合与协调合作意识的培养。

在动手制作的过程中，应该注意以下要点：

（1）在分阶段建模时保证阶段内成果自身的相对完整性，这样既方便小组成员的分工参与，也有利于教师按建筑完成度与所完成部分的精确性进行阶段性评分。

（2）重视对结构的表现。力求使模型能够准确表现建筑结构特征及构造节点的联系，使模型能够起到反映学生对相关知识的理解程度的作用。

（3）制作过程最好能有所表现和记录，以便清楚地表现出组员间学习和交流的过程以及各组员在制作过程中所起的作用，保证创作权益。

（4）加强师生间的交流与沟通。一方面有利于教师全面把握模型制作的进展情况，及时指导和帮助解决制作过程中出现的问题，另一方面也可以增进学生对课程知识的全面了解。

（5）以实物模型与电子文档并重为原则。在电脑建模和计算机辅助设计已经普及的今天，电脑操作能力与实际动手制作能力都应该得到重视。这也是为学生适应日后的实际工作提供一个锻炼的机会。

最后是双向反馈，以教师的点评与学生的提问相结合的方式进行总结和交流。因为模型制作本身不是目的，学生是否真正通过模型制作掌握了相关知识点才是关键。如果能够通过模型制作激发起学生对于学习中国建筑史的兴趣，并且对日后的实际设计产生有益的影响的话，这样的模型制作无疑是成功的，也是有价值的。

4 问题点与思考

目前我国的高校在建筑设计的模型教学领域也有着不少研究经验和成果，但是在中国建筑史教学中导入模型制作这一方面较少有系统的研究和专门的论述。不少地方还是停留在课堂分析教学模型或者按照模型绘图等相对简单容易操作的阶段，一些学生本身也对传统建筑有着轻视或排斥的心理，更青睐于学习电脑建模，因此可以说模型制作在中国建筑史教学中还没有得到应有的重视。

同时，在目前的教学实践中，也存在着一些局限性和问题点，例如制作完成实物模型需要花费不少的时间和精力；廉价传统的材料有时难以保证模型构件的精度；完成的模型不再具备可变更性等。解决这些问题的方法之一是在经费允许的前提下尝试导入仿真拼插组合式中国古典建筑模型，指导学生通过自行动手拼插组合模型来理解和体会一些相对复杂的建筑形式，加深对于中国传统的营造术的理解和领悟。拼插与手工相结合的模型制作方式，可以丰富教学手段，适应体验式和启发式教学在中国建筑史教学中的应用趋势。

另外，教师对于模型制作包括电脑建模的能力也要与时俱进。中国建筑史本身讲授的是传统建筑，但是如何利用现代化的工具将其博大精深的内涵更完美地展现出来是教师需要思考和努力的方向。在模型制作中如果能够引导学生利用一些实用性软件进行辅助，无疑会大大提高学生参与的积极性，对其日后的进一步实践也是很有帮助的。

5 结语

在中国建筑史的教学实践中导入模型制作的主要目的在于通过模型制作学习中国古建筑，使其与传统的通过书本或图像学习中国建筑史互为补充，是沟通回顾历史的经验积累和面向未来的技术创新的有效途径，有助于学生完成知识与技能之间的转换，也为中国建筑史教学“古为今用”提供了新的思路。

刚刚获得有“建筑界诺贝尔”之称的普利兹克奖的中国建筑师王澍在接受《设计家》杂志专访时曾经说过：“……在东南学建筑的时候，说实话就已经开始对简单地模仿西方的建筑学教育方式产生质疑，它对应起来其实就是中国传统的营造法式，核心就是你要真地会做，甚至应该亲手去做，你才能够了解真正的建筑是什么。”这句话对于我们这些从事中国建筑史教学的教师来说有着相当深刻的启示，也更加坚定了我们在中国建筑史课程教学实践中继续完善模型制作环节的决心。我们相信，在师生的共同努力下，中国建筑史课程将如同中国古代建筑中的重要构件“斗栱”一样承托在建筑学教育框架体系中的经典内容与现代内容之间，在继承和传递的道路上不断得到发展和完善，从而焕发出新的生机和活力。

参考文献

[1] 黄健，冯柯，李冠华．建构主义学习理论在课程设计中的应用．华中建筑，2009(5)：236-237.

[2] 王娟，王文明，苏浩．试析构造节点模型制作在教学中的应用．建筑，2009(19)：80-81.

[3] 高燕，栾蓉，李晓琴．中国建筑史课程教学改革方法探讨．吉林省教育学院学报，2009(10)：104-105.

多技术复合支撑体系下的建筑设计教学

陈朝晖[1] 龙 灏[2] 卢 峰[2] 文国治[1] 廖旻懋[1] 蔡 静[2]
1. 重庆大学土木工程学院 2. 重庆大学建筑城规学院
Chen Zhaohui[1] Long Hao[2] Lu Feng[2] Wen Guozhi[1] Liao Mingmao[1] Cai Jing[2]
1. Faculty of Civil Engineering, Chongqing University;
2. Faculty of Architectural Design and Urban Planning, Chongqing University

在力的流动中把握结构的空间特性
——建筑学专业结构教学改革与实践❶

Understanding of the Structural Spatial Features Via Force Flow
——Reformation and Practicing of the Course of Architectural Structures

摘 要：面向建筑学专业的我国传统力学和结构课程长期以来内容相互隔离而陈旧，落后于建筑的发展。为此，重新构建了面向建筑学专业本科教学的建筑结构课程体系，弥补了传统建筑力学中三大力学划分造成的内容和教学安排的隔离与冗长，弥合了力学分析与结构功能和形态之间的脱离，建立了结构力学特性与建筑功能及形态的关联，促进了学生对于结构性能、结构与建筑关系的深入认识，激发了学生的设计创新思维。

关键词：建筑，结构，力流，结构空间

Abstract: The traditional mechanics and structures courses, in our country, to the students of architectural design are isolated from each other for quite a long time, and the materials in these courses are very much behind the developments of modern architectures. Therefore, the architectural structures teaching system to the undergraduate students in the discipline of architectural design is reformed. The proposed new system fetches up the isolation between the so called three main mechanical courses in the traditional system, and set up the relationship between mechanics, functions and spatial forms of structures. The several years practicing of the new course system had shown that the understanding to the connection of structural natures and architectural functions and forms are getting deeper for the students.

Keywords: Architecture, Structure, Force Flow, Structural Space

1 困境

结构，是建筑空间和形态得以实现与维持的首要且唯一的工具，是建筑的物质保障和骨骼。勒·柯布西耶将建筑师与工程师之间的合作比作两只紧握的手，这两只手的交握对当代建筑实践尤为重要。然而，长期以来，我国高校面向建筑学专业的建筑结构课程主要包括“建筑力学”与“结构选型”两大部分。“建筑力学”通

作者邮箱：zhaohuic@cqu. edu. cn

❶ 本文得到以下基金资助：重庆市重点教改项目（132002）“面向建筑学专业的建筑结构课程体系改革与重构”；重庆大学通识教育核心课程“建筑结构的空间艺术”；重庆市重点教改项目（09-2-002）“大土建类工程力学系列课程创新与精品化建设”。

常是土木工程专业三大力学（理论力学、材料力学和结构力学）的简写本，内容、教学时间与教材均相对独立。且偏重定量分析和计算技能，忽视了基本构件在建筑结构中的组合、变换机制及其创新的可能性，忽视了结构固有力学特性所蕴涵的结构空间形态。而“结构选型”很长一段时期是结构设计规范或建筑结构构造措施的简介，缺乏与建筑力学相关内容的衔接，也很少涉及对结构体系与建筑形式及功能的结合的分析。建筑结构的教与学长期以来面临以下困境：一边是“面孔生硬”地讲授、训练力学计算方法和计算技巧，一边是学生对在建筑设计中如何合理、灵活地应用各类结构形式以满足建筑功能和空间形态的知识需求，对现当代建筑结构演变规律与创新可能性的渴求。

作为建筑骨骼的结构是否只能以规则的框架形式、脱离于运动变化的建筑空间形式之外、隐身于建筑之内而存在，是否仅能起支撑作用？结构能否以其固有的空间形态成为建筑空间的有机组分？结构工程师只能把建筑师的想象拉回“刻板的现实”还是能共同参与创造？……事实上，当代建筑实践已对结构在建筑设计中的积极性和创新能力给出了肯定的答复，而我国传统的面向建筑学专业的结构课程却落后于建筑的发展，无法圆满回答甚至根本没有触及上述问题。

为此，重庆大学土木工程学院建筑力学系在建筑城规学院建筑系的大力支持和协助下，重建了面向建筑学专业本科教学的建筑结构课程体系，并付诸实践。新的课程体系与教学改革切实面向建筑学专业，本着让学生在力的传递途径中认识与把握结构固有力学逻辑所决定的空间特性为根本目的，最终认识建筑空间创作中结构形态的合理应用规则。

2　重构

面向建筑学专业本科教学的建筑结构课程体系彻底摒弃了以量化计算为主要目的、内容相互隔离、冗长的传统建筑力学课程教学模式。新课程体系的定位为：以定量分析为辅助手段，以培养建筑学专业学生对结构固有力学逻辑所赋予的结构空间特性的认知与运用能力，培养具有突出综合素养和创新能力的新一代建筑师为根本目的。以力的传递途径——力流——为贯穿始终的认知线索，从建立简单杆件力学性能的基本概念入手，掌握结构的传力特性以及构筑结构传力途径的基本规则，把握结构固有力学逻辑所赋予的结构空间特性，认识结构与建筑空间创作结合的途径。量化分析与计算技能在此仅仅是掌握结构力学性能的手段和依据而非目的，是进入结构性能及其空间特性这一庙堂的台阶。

该课程体系由以下三个层次的课程构成：建筑力学、结构选型和建筑结构的空间艺术，体系框架见图1。三个层次的课程各有侧重、相互衔接、循序渐进，教学和考核方式各有其针对性。

第一层次“建筑力学”是整个教学体系的基础和出发点，在此将传统教学体系中相互隔离的三大力学知识（理论力学、材料力学和结构力学）完全融合、有机统一，基于直杆（和简单杆件结构体系）建立力流的基本概念。以概念为主、计算为辅，结构为主、材料为辅，力学性能为主、使用功能和形态特性为辅。第二层次“结构选型”以直杆的传力特性为基础，通过直杆的组合、密排、重叠和弯折等定性认识典型结构体系以及简

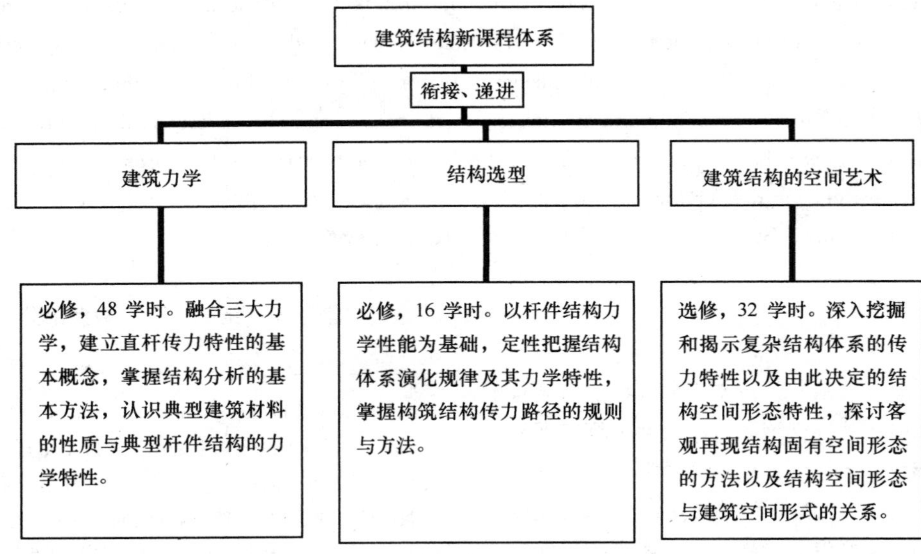

图 1　建筑结构课程新体系框架

单空间结构的力学性能，着重于结构体系的传力途径及其空间特性，把握结构演化的规律，掌握建筑设计中结构选型的基本规则。第三层次“建筑结构的空间艺术”不是为了探讨建筑师如何通过对结构或构件形式的人为美化而使结构看上去“很美”，而是在前两个层次的基础上，通过对现代建筑作品中结构形态与其建筑空间形态相互关系的深入探讨，挖掘和揭示复杂结构体系的传力特性以及由此决定的结构空间形态特性，认识结构在其固有力学逻辑基础上具有的巨大创造空间，认识结构具有再现建筑空间形态乃至创造新的空间形态的可能。

3 实践

新课程体系全面改革了课时设置、教学方法和考核方式，编写了教材《建筑力学与结构选型》（见参考文献）。该体系不再停留于结构内力图绘制、截面强度与刚度校核的教学上，而力求达到力学分析服务于对结构特性的认知，结构形式及功能服务于建筑。建筑力学与结构选型的总课时大大缩短（64 学时），教学效果显著。教学中还注重与建筑学专业相关教学环节的密切配合，以期相互促进并不断完善。

整个体系的教学遵循感性—理性—高层次的感性的认知规律，以直杆建立结构基本力学概念，以工程意义明确、形象易懂的图示介绍力学基本概念，结合动手制作、亲身体验等方式让学生感知力在结构中的传递，避免生硬的数学力学概念和烦琐的演算。自始至终贯穿力的传递这一认知线索，使力这一无可捉摸的抽象概念形象化、动态化，使不同结构的传力特性直观明确。如图 2 所示，由荷载在结构整体的传递路径入手，建立对力的传递的感性认识，再由定量分析揭示杆件截面内力与应力分布特性，逐步深入地认识结构的传力本质，最终通过力流的差异把握不同结构的力学特性。在这一认知过程中，定量分析可将感性模糊的认识导向理性明晰，是不可或缺的台阶和拐杖。在教学过程中，不断对各类直杆的量化分析结果进行总结、对比并反馈于工程应

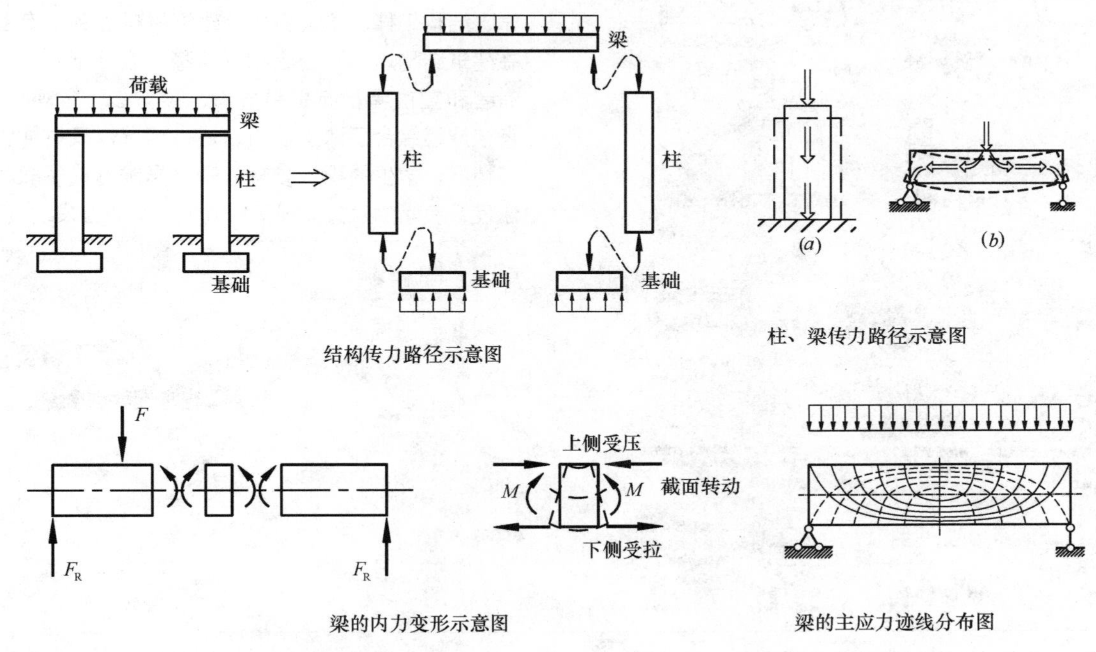

图 2 荷载—内力—应力的结构传力方式示意图

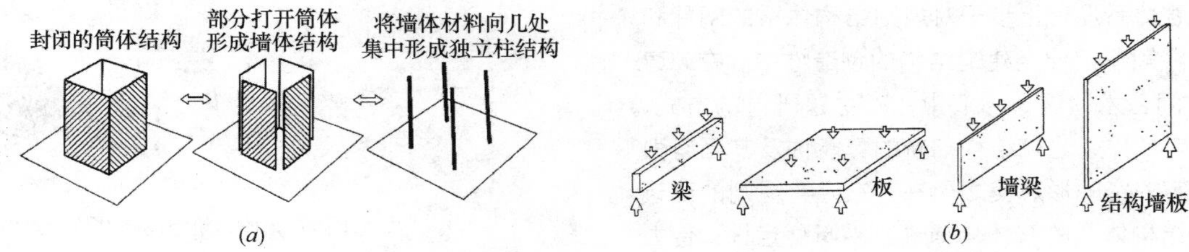

图 3 基本结构的相互转换

（a）竖向体系的相互转换；（b）梁—板的相互转换

用，以提升感性认识，从而避免使量化分析陷入盲目、流于数字游戏。在基础部分“建筑力学”中仍进行计算技能的练习，但题型与要求以建筑师职业考试为依据。

紧随建筑力学之后，“结构选型”以直杆力学性能与形态特性为基础，由直杆的演化与组合来构筑典型规则的结构体系（墙、板、框架、筒体等）（图 3），并定性认识其传力特性，了解曲面和空间网格结构的演变规律和特性，从而建立了力学与结构、杆件与体系、结构特性与选型规则的紧密关联。结构体系既不再是必须依赖复杂的力学知识才能触碰的高不可攀的空中楼阁，也不是随意拼搭的无序之作。通过对经典建筑结构案例的分析和讨论，使学生体会与掌握构筑结构体系传力路径的规则与方法，认识到传力路径的构筑绝非仅限于布置柱网或剪力墙，使学生今后的应用不仅有规则可依，且有案例可循（图 4、图 5）。

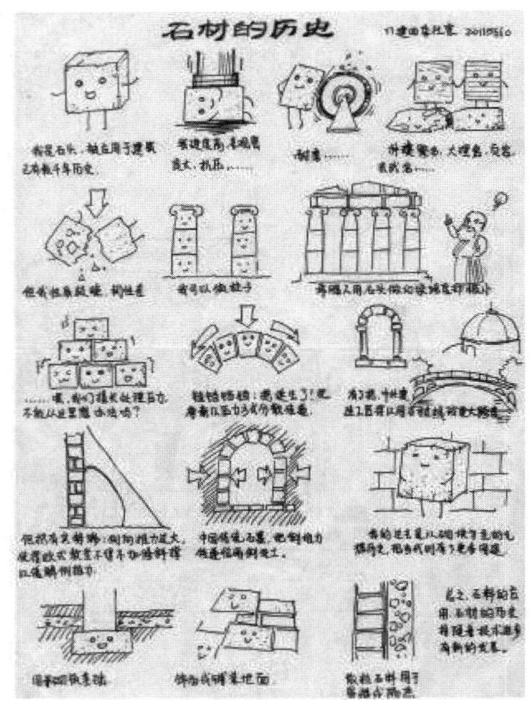

图 4　建筑力学与结构选型作业之一——“浅述结构形式的演变与建筑材料应用的结合”

新的课程体系没有止步于对规则结构体系的阐释和认知，而是将触角延伸至建筑结构的创造性中。在“建筑结构的空间艺术”这一环节中，以主题研讨的方式，引导学生思考和探究建筑结构创新的可能性及其固有力学逻辑所决定的空间形态美之所在。在经典规则的建筑结构中认识结构体系的整体均衡性、平衡稳定性、传力高效性及经济性，体会结构的空间形态之美。通过对人类社会艺术、文化、经济与科学技术等对结构发展的影

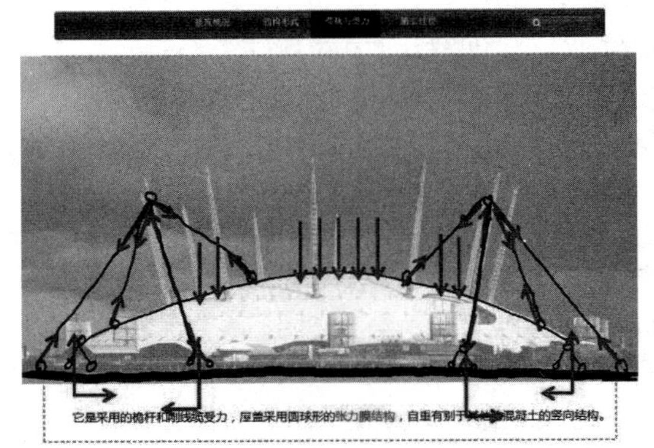

伦敦 千年穹顶建筑结构分析（学生研讨 PPT）

图 5　建筑力学与结构选型作业之二——课堂研讨“建筑结构选择案例分析”

响的讨论，探讨现当代建筑实践中变形、运动、反平衡、反稳定、反重力等看似违反规则的建筑所必须遵循的结构传力规则及其突破与创新。该课程探索了一种全新的探究式、开放式与学科交叉的过程教学方法，来自建筑学、结构工程、建筑环境、建筑材料等各个专业的学生在建筑结构这一平台上相互碰撞，教师不再是讲台的占有者和宣讲者，而是引导者、参与者、旁观者和听众，考核成绩综合了课堂参与、演讲情况以及书面讨论作业等情况，学生的积极参与、开放思维达成了教学的相互激发，教学的双方实现了自我发现与相互发现（图 6）。

“代代木体育馆的建筑空间与结构形态”

图 6　建筑中的结构空间艺术作业——“建筑空间与结构形态共同生成过程的探讨”

4 总结

建筑结构全新教学体系始终本着以结构固有特性为出发点、以量化分析为手段、以对结构体系的力学性能、结构演化的规律性与创造的可能性的认识为目的，既突破了囿于计算而忽略了结构的应用和创新的传统教学框架，又避免流于对现代建筑结构形式感的肤浅的讨好。已历 4 届的教学实践表明，新的建筑结构课程体系保障了内容的连贯性和整体性，弥补了传统建筑力学中三大力学划分造成的内容和教学安排的隔离、间断与冗长，弥合了力学分析与结构功能和形态之间的脱离，使抽象的力学概念和分析方法融入结构之中，建立了结构力学特性与建筑功能及形态的关联。学生克服了对结构力学知识及分析技巧的畏惧和抵触，从力流出发把握了典型结构的力学性能，并认识到建筑形式的自由源于内在结构骨架和材料的突破，而后者以技术和理论的发展为支撑。烦琐的计算不是结构设计的代名词，“方盒子”不是牢不可破的结构形态。在学生的建筑造型课程的创意中该课程已初见成效（图 7）。“每一种结构都有着自己独特的品质，它同时会深深影响到建筑的外部形态和内部空间，甚至会给予你一些意想不到的收获，这或许也是结构最吸引人的地方吧。”（建筑学本科生于思）“建筑师提升自己的结构素养，寻求和结构师的更紧密合作，看来是未来更震撼人心的建构美学作品的必然前提。”（建筑学本科生宋然）

结构究其根本不应成为建筑的束缚，良好的结构素养可以让建筑师体会到更深层次的空间逻辑，赋予其更大的创作自由。我们希望从教育起步，实现建筑师与工程师两手的紧密交握，希望未来震撼人心的建构美学作品是出自我们自己的设计师之手。

(a)

奖状

(b)

空间认知设计之“纸板建造”获奖作品及奖状（建筑学一年级）

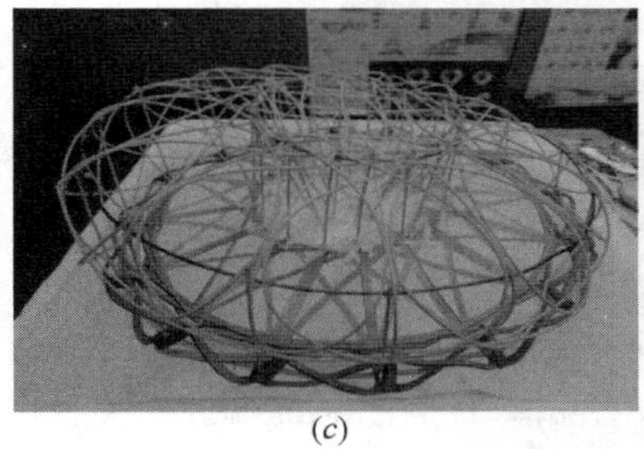

(c)

(d)

“大空间建筑设计”作业（建筑学四年级）

图 7 学生建筑设计作业

参考文献

[1] 戴维·比林顿．塔和桥：结构工程的新艺术[M]．钟吉秀译．北京：科学普及出版社，1991.

[2] Cecil Balmond，Jannuzzi Smith，Christian Brensing. Informal：The Informal in Architecture and Engineering [M]．Prestel Verlag GmbH & Company KG.，2002.

[3] 安妮特·博格勒著．轻·远：德国约格·施莱希和鲁道夫·贝格曼的轻型结构 [M]．北京：中国建筑工业出版社，2004.

[4] 罗小未主编．外国近现代建筑史 [M]．北京：中国建筑工业出版社，2010.

[5] 陈朝晖主编．建筑力学与结构选型 [M]．北京：中国建筑工业出版社，2012.

杜晓辉　夏海山
北京交通大学建筑与艺术学院
Du Xiaohui Xia Haishan
School of Architecture and Design of BeiJing Traffic University

以学科竞赛为载体探讨建筑技术实践教学改革
——以太阳能建筑设计竞赛为例[1]

Discuss on the Architecture Technology Practice Teaching Reform based on the academic comprtitions
——Case in Solar Architecture Design Competition

摘　要：对于建筑学专业学科，建筑技术教学在创新人才培养和素质教育中起着非常重要的作用。组织参加学科竞赛，是培养学生综合实践能力的重要途径之一。本文以北京交通大学建筑与艺术学院参加太阳能建筑设计竞赛为例，阐述了学科竞赛对于提高学生综合运用建筑技术能力所起的积极作用，并在此基础上，结合实践经验，从教学方案、教学手段、教学平台等方面探讨建筑技术实践教学改革的思路和措施。

关键词：学科竞赛，建筑技术，太阳能建筑设计，实践教学

Abstract: For the architecture specialty, architecture technology teaching plays a very important role in innovative training and quality education. Organizing students to participate in academic competitions is a one important way for training comprehensive practical ability. Taking School of Architecture and Design of Beijing Traffic University participating solar architecture design competition as the case, this article Elaborats the positive role played by academic competition for Improving the comprehensive technical capacity. And in this base, combining with the practical experience, from the Teaching programs, teaching methods, teaching platform construction, the author Discuss the ideas and measures on the architecture technology practice teaching reform.

Keywords: academic competitions, Architecture Technology, Solar architecture design, Practice Teaching

建筑学是一门技术与艺术相结合的综合学科，随着科技的进步，建筑设计中的建筑工程技术含量越来越多，很多建筑创作也以建筑技术的创新为突破点。而当今世界环境与生态问题已成为亟待解决的全球性问题，建筑环境中的能耗问题、城市热岛现象、噪声污染、光环境污染等问题已越来越严重地影响到我们的生存环境。随着绿色建筑设计理念的深入人心，如何设计出节能、环保，同时又具有高度居住舒适性的建筑变愈加重要，而这离不开多种建筑技术手段的灵活运用。这就要求学生不仅了解绿色节能建筑的概念，还要对涉及的较多技术方面的知识，能够理解并综合运用。

建筑设计学科竞赛正是在紧密课堂教学或新技术应用的基础上，以竞赛的方法培养学生发现问题、解决问题的能力，强化技术思维，引导学生将建筑设计构思的源泉扩展到建筑技术方面，深入考虑绿色能源、建筑空间造型、物理环境、构造之间的相互关系，完成作品的

作者邮箱：xhdu@bjtu. edu. cn

[1] 中央高校基本科研业务费专项资金资助（课题编号2011JBM154）
国家自然科学基金资助（课题编号 51078022）
住房与城乡建设部研究项目（课题编号 2012-R1-11）

完整表达。

本文以北京交通大学指导学生参加太阳能建筑设计竞赛为例，分析学科竞赛对建筑技术实践教学工作的积极作用，探讨其教学改革的思路和措施，对于丰富和发展建筑设计教学体系具有重要的现实意义。

1 太阳能建筑设计竞赛介绍

太阳是人类生存的能量源泉。太阳能是取之不尽、用之不竭、没有污染的可再生能源。近年来为了推动太阳能建筑的设计与建造，推动绿色建筑技术应用，国内外举办了一系列的太阳能建筑设计竞赛，如“太阳能十项全能竞赛”、2005 年开始由国际太阳能学会、中国可再生能源学会每隔两年举办的“台达杯国际太阳能建筑设计竞赛”等。该类竞赛强调太阳能技术与建筑的一体化设计，通过创新技术和综合可持续性设计策略，来应对零能耗太阳能住宅所面临的环境、社会和经济方面的挑战。北京交通大学建筑与艺术学院自 2007 年以来，连续参加由台达杯国际太阳能建筑设计竞赛，并于 2011 年与 2013 年两次荣获一等奖，其中 2013 年竞赛方案定为实施方案（图 1、图 2）；2011—2013 年组织学生参加由国家能源局、美国能源部主办的“太阳能十项全能竞赛”，并实际建造一栋太阳能小住宅，获得各方好评（图 3）。

图 1 获奖作品“6 米阳光”

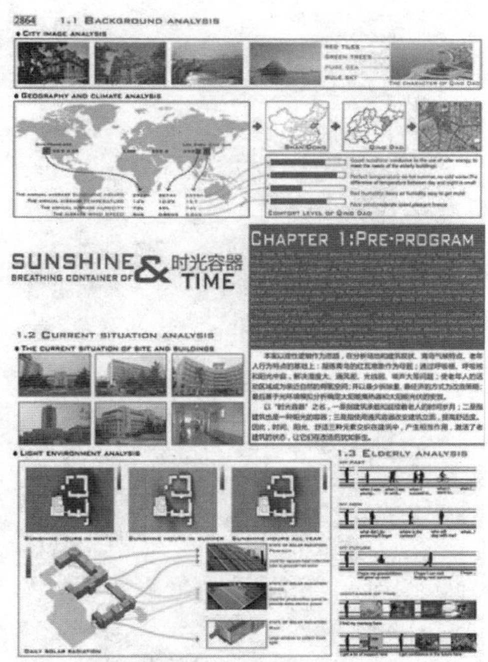

图 2 获奖作品“时光容器”

图 3 参赛作品“i-Yard”

2 学科竞赛对建筑技术实践教学的积极作用

随着学生多次参加太阳能建筑设计竞赛，学科竞赛对学生建筑技术创新实践能力的载体作用也凸显出来（图 4～图 6）。

图 4 学生环境参数测试

图 5 学生模型制作

图 6 参赛作品"i-Yard"校园试建

2.1 有利于培养学生对技术知识的综合运用与实践能力

太阳能建筑设计竞赛要求学生在规定时间、规定空间内，结合当地太阳辐射资源、人文情况、气象条件等设计出满足要求的参赛作品。由于太阳能建筑不仅关注光热、光伏等现代科技与建筑的和谐应用，而且更加关注传统建筑理念的提升和生态设计理念的传播。因此需要学生实地调查、了解场地现状，研究能源结构，分析建筑需求。因为，太阳能建筑设计过程中，涉及集光产品选择、构造节点、美学思考、资源优化配置等诸多细节，故要求学生在整个设计过程中，对涉及的具体技术原理彻底清楚，并对专项技术，如建筑热环境、光环境、风环境等进行深入分析，并反馈到建筑设计方案中，而不仅仅是停留在概念阶段；要求学生定量分析较多，而不仅仅是定性分析。通过综合考虑形体策略、被动式设计策略、主动式设计策略、能量收集、存储与分配、环境平衡等众多因素，实现最终的设计目的。这个过程对锻炼学生的综合实践动手能力有重要意义。

2.2 有利于培养学生建筑技术创新能力

当前学科竞赛的选题，多注重理论联系实际，也注重新技术新工艺的应用，可以很好地锻炼学生的创新能力。以太阳能建筑设计竞赛为例，设置题目均为实际工程，以满足业主需求为准则，使其在生命周期内最大限度地保护环境、节省能源，达到提高人们生活质量的目的。建构学生的绿色思维，希望学生从建筑创作的构思阶段就具备这种可持续发展的意识，并将这一思想贯穿于建筑创作的整个过程。同时，题目的灵活性给学生提供了广大的创新空间，学生可以发挥想象，再结合经济的角度考虑建筑空间塑造与技术的运用，以创造出合适的节能方案，使建筑物理环境是一个有机的整体，而不仅仅是太阳能技术与绿色节能技术的堆砌。

2.3 有利于培养学生的团队协作能力

学科竞赛通常以小组形式参赛，每个参赛队在组队时就考虑了对不同素质人才的需求。如参加太阳能十项全能竞赛，该竞赛要求在建筑、市场、工程、宣传、经济、舒适性、热水、室内设施、家庭娱乐、能量平衡十个方面进行评定。竞赛组织过程中，将同学们根据不同特长与性格，设成 10 个小组，负责从调研、撰写报告到任务协调、施工跟进等，学生在不断学习专业知识的同时，也提高了与人沟通的能力。通过团队之间的交流，也可以拓宽队员的视野，为后面的学习和实践提供经验。

2.4 有利于建筑技术课程教学改革

学科竞赛的内容一般紧扣当前建筑学专业培养目标与教学内容，命题一般围绕工程实际应用，所以对高校教学改革，特别是实践教学改革起到积极作用。以太阳能十项全能竞赛为例，竞赛内容包括实际工程图纸、市场营销、宣传理念、产品认知、室内设计、与厂家的沟通协调，以及具体施工图的绘制等等，竞赛期间还需进行数据测试与分析、模型制作、实验模拟等环节。这些具体要求均需要一定的语言组织能力与心理素质。这就要求课堂教学改进课堂组织形式和考核方式，适当添加适用于学生的陈述练习与调研报告练习等。

3 依托学科竞赛，积极推进建筑技术实践教学改革的措施

为了凸显学科竞赛对建筑技术实践教学的积极作用，进一步加强培养学生的实践能力和创新能力，可以从以下思路推进实践教学改革。

3.1 教学方案改革

在建筑技术实践课程环节中分别设置基础型项目、

综合设计型项目，按照由浅入深的原则合理布局三部分的比例，综合设计型实践项目要占总实践实验项目的30%以上。根据现有课程基础，优化实践项目，尤其突出以绿色建筑设计为核心的实践项目开发与设计，形成比较完整的实践实验项目、教学大纲、环境技术指导书，以具体环境技术项目为依托，全面提高环境技术教学与设计能力的密切关系。

将建筑环境技术内容与绿色建筑设计紧密结合，提供实际建筑实例，引导学生完成相关综合型实践；根据当前节能设计理念，精选设计型项目课题，鼓励学生自愿报名申请，指导学生撰写申请书，并对操作方案的可行性进行审核。

3.2 教学手段改革

（1）课程与大学生创新竞赛及学科竞赛项目结合

结合大学生创新竞赛与学科竞赛项目，指导学生进行选题、资料检索，制定建筑环境技术研究方案，确定技术路线，引导学生自主解决实践过程中出现的问题，培养学生科研训练的基本素质，提高学生解决实际问题的能力。

（2）课程与实际建成建筑项目结合

选择已建成建筑，指导学生针对其建筑声环境、光环境、热环境进行相应的技术评价与分析，并选择专项绿色建筑环境控制技术进行解读与研究，定期组织学生交流讨论和阶段检查，不断完善调整总体思路。在整个建筑环境技术实践实验过程中，始终让学生感受到真实设计环境的氛围，充分调动学生的求知欲，鼓励学生有所创新。

3.3 与国际太阳能设计竞赛结合，构建专业特色实践教学平台

在建筑学专业学生培养计划中逐步增加实践项目学时，利用科研成果为学生开出研究型实验。结合当前国家中长期规划目标，构建太阳能建筑特色实践平台。结合各类国际太阳能设计竞赛，设计易于与建筑结合的太阳能利用方式和系统，进一步设计技术与艺术双重属性的太阳能建筑集成构件；同时该实践教学平台也是绿色建筑和参数化设计研究的基础支撑。部分综合设计型实践项目围绕太阳能建筑设计逐步展开，进行整合设计与仿真模拟，侧重建筑环境的品质设计与相关光环境和热环境的技术问题。

4 结语

对建筑学专业而言，建筑技术学科竞赛整合了课内外实践教育教学的重要环节，是培养和提高大学生实践能力和创新能力的重要途径之一。建筑技术实践教学应该坚持以学科竞赛为载体，进行实践实验项目化训练，使建筑技术课程成为建筑设计课的有机组成部分，从而提高学生的设计能力和技术运用水平，切实实现创新人才培养的目标。

参考文献

[1] 南新军，建筑物理课程教学法研究．长江大学学报（自然科学版）．2008，5（3）：343-344.

[2] 苗吉，徐雷，刘春燕等，构建实践性设计竞赛平台，培养创新型人才，高等建筑教育，2007.16（3）：142-145.

[3] 肖大威，黄翼，许吉航．建筑学毕业设计教学思考．华中建筑．2006（5）：135-138.

[4] 陈仲林，杨春宇，何荥．建筑物理实践教学法研究．南方建筑．2008（5）：58-60.

冯　刚　苗展堂
天津大学建筑学院
Feng Gang Miao Zhantang
School of Architecture，Tianjin University

可变的建筑表皮设计
——建筑学二年级设计课专题教学实践

Design of Variable FaÇade of Buildings
——Architecture design course teaching practice of the second grade

摘　要：本文主要介绍了天津大学建筑学院在二年级教学中引入专题设计“可变建筑表皮设计”这一教学实践的主要情况。文章对于这一课程设计的基本内容、步骤与要点及主要成果进行了详细的介绍，并对其中的经验与不足进行了探讨。

关键词：专题设计，可变体系，表皮

Abstract：This paper introduces the topic design teaching practice of the second grade architecture design course in school of architecture Tianjin University. This topic design is to design a variable system of a building by which we could control the quality of the light and air into these buildings. This paper describes the content，procedures，and key points of this teaching practice.

Keywords：Topic design，variable system，architecture surface

按照通常的“2＋X”教学模式，一、二年级教学是建筑学本科教学的基础。一年级通常偏重于制图基本功训练、建筑感知与空间认知训练。而二年级则注重建筑设计的理念与基本技能的培养。诚然，扎实的制图基本功、立面造型能力、对于空间氛围把握的能力等都是非常重要的设计基本功。而对某一特定课题所应具有的分析问题、解决问题的能力，也需要从低年级开始培养。这样才能做到使学生全面发展，逐渐成为具有创造力的建筑师。我们在二年级教学中，有针对性地引入了专题设计训练，指导学生对某一特定问题进行研究，并通过创造性的工作提出解决方案。本学年专题设计的题目为“可变表皮设计”，通过 12 周的教学工作，取得了令人满意的教学成果，也受到了学生们的好评。

1　“可变表皮”专题设计

本次课程设计题目为“售楼处设计”，选择这一题目主要是因为售楼处的功能相对简单，空间也相对灵活，有很大的发挥余地。通常售楼处面积在 1000m^2 以下，也适合二年级教学深度。通过设计一、二的训练，学生对于建筑设计的基本原理已经有了初步了解，适当介入研究性题目也可以增强学生的学习兴趣，避免重复训练。本设计教学组的学生被要求在限定的条件内完成设计：“可变表皮设计——设计作品要能够提供一种可以改变与调节‘光’与‘风’进入建筑的途径和方式的可能。”

建筑表皮是建筑室内空间与外部环境和城市空间之

作者邮箱：E-mail：fenggangarch@163. com

间的过渡，它为建筑内部空间提供了限定空间的界面、控制物理环境的围护结构与私密性的必要保护。随着生态建筑理论的发展与现代材料及构造技术的不断发展和丰富，当代建筑理论对于表皮的可变性有了更多的关注，认为建筑表皮应当具有随外界环境自动变化、适应外部环境的能力。如德国建筑师托马斯·赫尔佐格等一些有远见的建筑师，已经通过许多富有创造力的建筑，使得可变表皮理论逐步进入了实践阶段。动态表皮的概念其实并不陌生，我们常见的百叶窗就是一种初级意义上的动态表皮，它可以有效地控制光线进入室内的程度，也可以对视线间的干扰进行控制。"建筑表皮细胞"是一种新的表皮设计概念，其特点在于将外表皮独立单元化，力求产生一种智能细胞，让建筑的外表皮能够自觉地随着风，光，雨水等环境变化而自主变化，从而产生一种能够呼吸的外表皮。动态表皮有以下特征：具有一定的自动或人工调节装置，通过该装置的工作，建筑的动态外表皮可以随着环境的变化进行改变，从而控制建筑内部空间与外部空间之间物质与能量的交换，以节约能源并改善室内环境品质。动态表皮通常具有双层外围护结构，内层外围护结构主要起围护作用，而外层外围护结构为可变体系，主要起到调节作用。总体看来，随着技术的进步，建筑表皮的可调节性已经成为建筑发展的重要趋势之一。

该课程设计题目要求如下：

(1) 提供一种可以调节的建筑表皮设计思路，使表皮可以根据室内物理环境的需要进行调节，以控制光线与空气进入室内空间的数量与品质；

(2) 结合这一表皮系统来布置室内平面与功能，使建筑空间、技术与功能协调统一；

(3) 提供动态表皮可变单元的细部设计构思；

(4) 不少于2张A1图纸，表现方式不限，建议使用计算机辅助设计。

"可变表皮"专题课程设计进度表　　表1

1—2周	调研阶段	主要工作是进行相关领域基础资料的整理与分析，完成调研报告
3—4周	设计构思阶段	进行初步设计构思，对多个可行方案进行比选
5—6周	构思调整阶段	确定构思发展方向，并提出可行的设计方案，进行中期评图
7—8周	设计深化阶段	对前一阶段的设计成果进行深化设计，落实相关尺寸，规范制图
9—10周	构造设计阶段	对于可变表皮单元的构造进行细节设计，使构思落到实处
11—12周	制图阶段	将设计过程图整理成为完整的设计图纸

2　可变表皮研究教学过程及要点

2.1　可变表皮研究

"变"是第一阶段设计教学的重点所在。教师需要在这一阶段有针对性地进行讲解，向学生介绍成功的案例，如让·努维尔、托马斯·赫佐格等建筑师的成功作品。这一阶段也是学生最感兴趣的阶段，大家充分发挥了想象力与创造力，通过大量的草图与工作模型，提出了许多有创意的设计思路。下面举出最终进入深化阶段的几例，以表明这一设计题目需要解决的核心问题。

可变表皮专题设计四组学生的不同构思　　表2

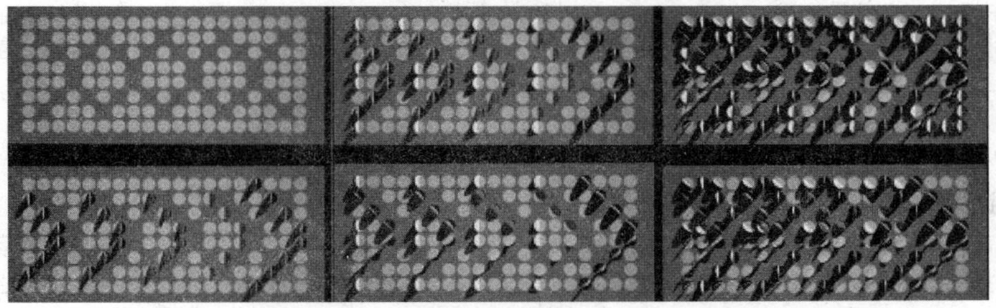

设计构思一：方案在墙面按照一定的模数布置了很多圆形小窗，每扇小窗具有两片半圆形的可以改变旋转方向与开合角度的半透明片组成。可以在特定的控制系统作用下，根据日照状况改变开洞的大小与方向，达到调节日光进入房间的强度，并通过控制开窗的角度与方向，以顺应或阻挡室外气流进入室内的强度。

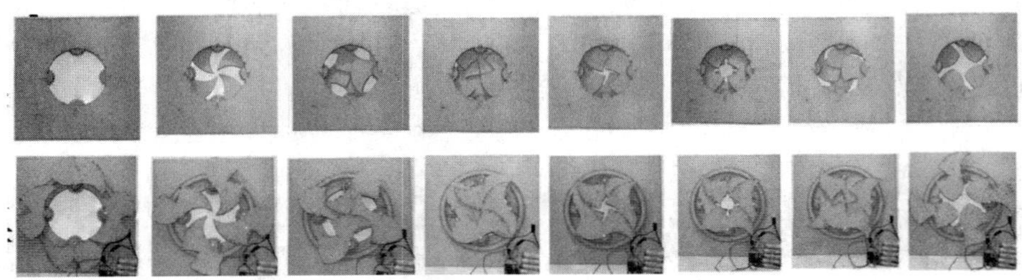

设计构思二：方案在墙面按照一定的模数布置了很多圆形大窗。每个圆形窗背面有四片叶片，这些叶片由一个公共齿圈带动，可以做同步 180 度旋转。这样圆形窗经叶片遮挡可以得到不同大小的空洞，从而可以控制室内光照的强度与质量。

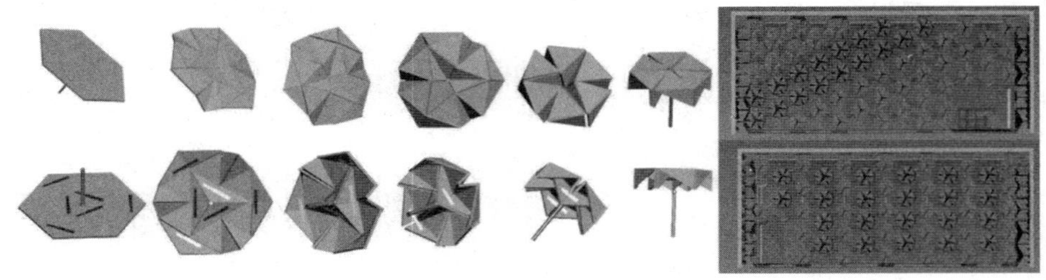

设计构思三：方案将墙面切分为多个六边形单元。每个单元由 24 片三角形半透明板组成。这 24 片三角形板由一套类似于雨伞支撑结构的杆件控制，可以在控制系统的操控下按照需要打开或折叠，从而改变墙面的透光性能与通风性能。

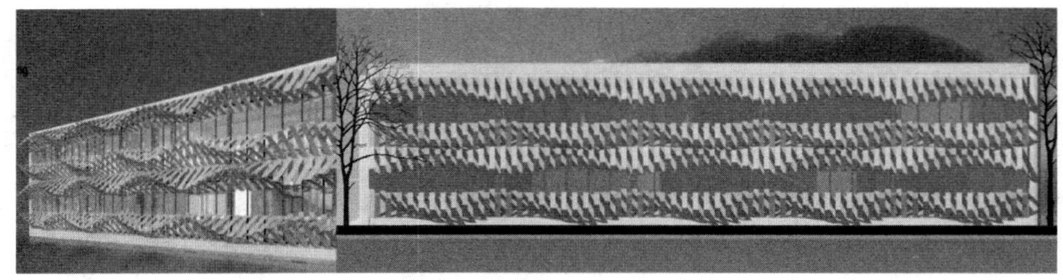

设计构思四：方案采用了竖向的遮阳板覆盖建筑表面。不同的遮阳板依次在不同的位置折叠。当控制杆向上抬起时，墙面遮阳板会折叠成为一条条弧线，类似于人的眼睛。当"眼睛"睁开不同的程度时，室内的采光条件也随之而改变，而且建筑立面会随着遮阳板角度的变化而呈现多种造型。

2.2 功能与空间的整合

由于专题设计的限制，要实现表皮的可变，就需要建筑形体简单平直，避免过多的凹凸。本课题的四个方案均为矩形平面，内部空间则通过其他设计手段来达到活跃空间的效果。同时，对于基本设计规范的运用能力、功能的准确把握与规范的制图能力，也是本课题的考察重点，这样才能使学生学到扎实的设计基本功，而非流于形式的空想（图 1）。

2.3 节点与细部设计

"细部是建筑的灵魂"，没有细部的建筑，即使构思巧妙，也难以成为一件精致的作品。我们的教学希望从二年级起，培养学生推敲设计细部的能力与意识。本题目要求学生根据设计构想，提出解决问题的细部设计方案，并绘制某一外檐断面的构造图与节点图（图 2）。我们专门为这一阶段的训练增加了课时，并指定专门教师进行指导。通过这一阶段的设计工作，原本构思中存

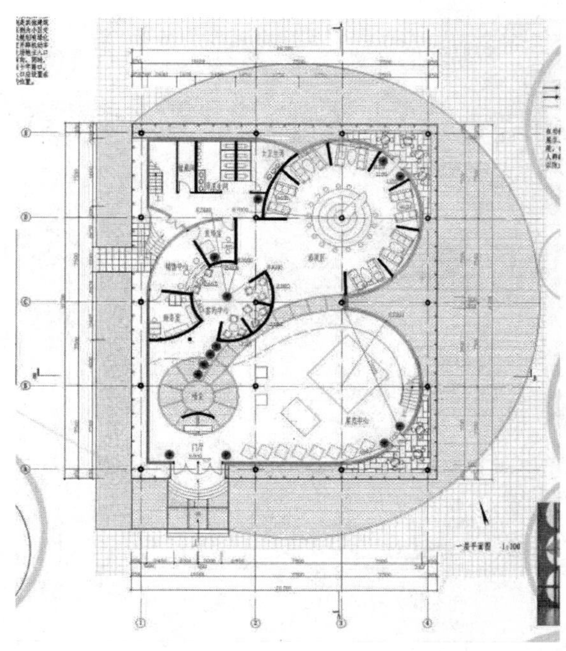

图 1　平面与内部空间设计图

在的很多问题就会暴露出来，并且解决问题的过程中，学生们对于原方案设计又进行了很多改进使之更加深入和全面。学生们也认为通过这一阶段的节点与细部设计练习受益良多。

2.4　多学科联合教学与团队协作能力的培养

在本次课程设计教学中，我们也尝试了多学科联合教学的工作模式。课题小组由一名建筑学专业教师与一名构造课教师共同负责教学工作，从不同方面给学生以专业的指导。不定期还会邀请结构专业的教师介入，对于技术上的疑难进行指导。多学科的联合教学使学生得到了更加全面的指导，有利于建筑设计课堂教学的健康发展。在以后的教学中，还将邀请从事绿色建筑研究的教师加入我们的队伍，将一些先进的软件和分析方法介绍给学生，进一步提升教学的技术含量。在学习过程中，要求 2 名学生为一小组完成课程设计，一方面降低工作强度，另一方面也可以培养学生的团队精神与协作能力。

通过这一教学方式与教学内容的改革，我们得到了很多有益的启示，也受到学生的好评。通过专题设计教学，培养了学生针对某一特定问题进行设计的能力，自主学习与自主创新的能力以及深化设计的能力。在今后的教学中，我们还会将这种积极的尝试继续下去，并弥补遗漏与不足，争取获得更多的成果。

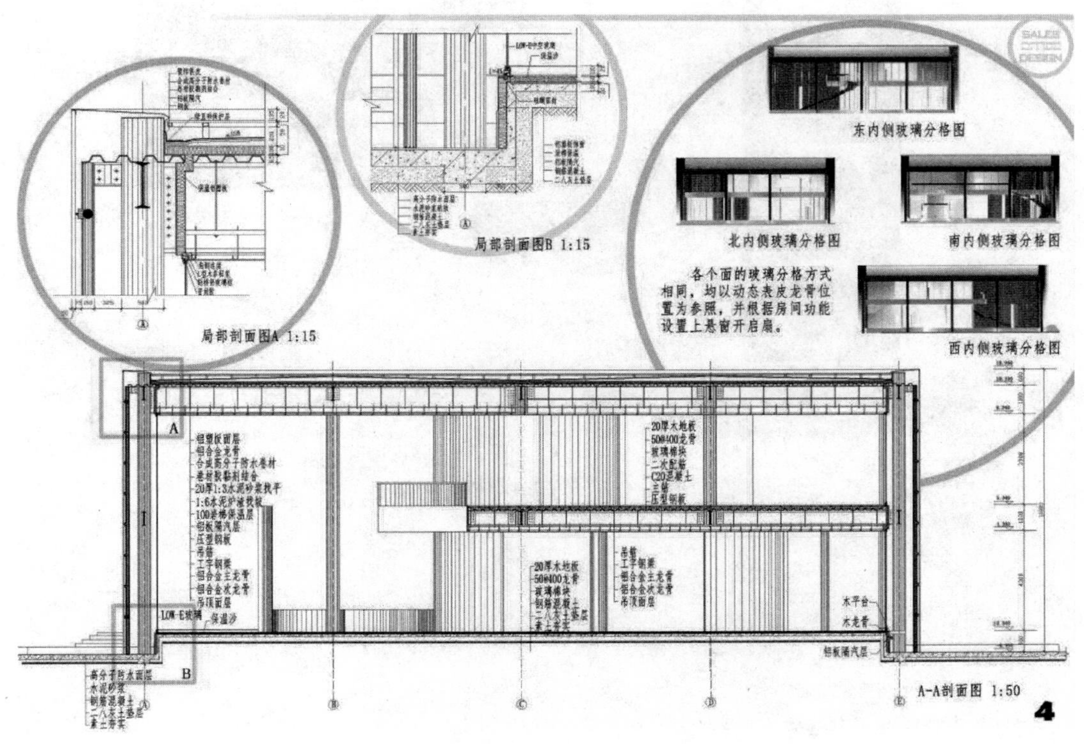

图 2　学生作业细部与节点设计图节选

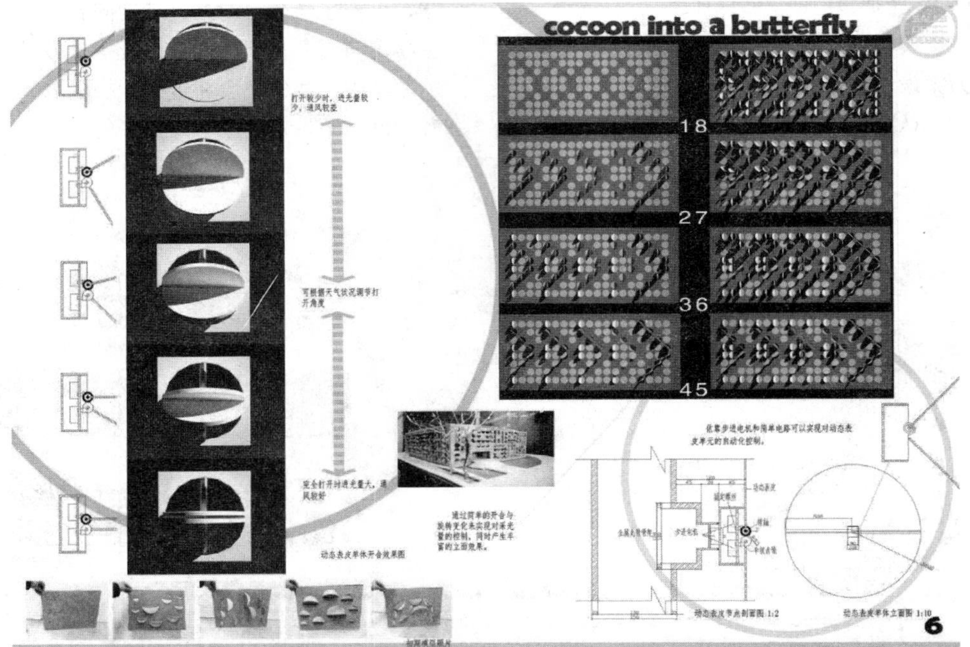

图 3　学生作业设计图节选

郜 志 刘 铨
南京大学建筑与城市规划学院
Gao Zhi Liu Quan
School of Architecture and Urban Planning, Nanjing University

绿色建筑设计教学的实践和展望
——以南京大学/美国雪城大学 “虚拟设计平台（VDS）在绿色建筑设计中的应用”为例

The Practice and Prospect of the Teaching of "Virtual Design Studio for Green Building Systems" by Nanjing University and Syracuse University

摘　要：南京大学绿色建筑与城市生活环境国际研究中心自2012年开设了“虚拟设计平台（VDS）在绿色建筑设计中的应用”的研究生课程，对绿色建筑设计进行了教学探索。虚拟设计平台是一个面向建筑师，整合了建筑能耗分析、建材特性分析、室内环境质量分析等的系统模拟工具，是对建筑能源与环境系统（BEES）进行整合、协调与优化的数字设计平台。基于虚拟设计平台的学习和开发，南京大学对于绿色建筑设计人才的培养已经得以深化开展，并取得了一定的成果，为今后绿色建筑人才的培养，积累了宝贵的经验。
关键词：虚拟设计平台，绿色建筑，城市生活环境

Abstract: The course of "Virtual Design Studio (VDS) for Green Building Systems" is offered for graduate students in the International Center of Green Building and Urban Living Environment of Nanjing University since 2012. VDS is designed for architectures. It is a simulating tool for the analysis of building energy, building materials and indoor environmental quality. It is a digital platform for integrated, coordinated and optimized design of building energy and environmental systems. Based upon the teaching and development of VDS, the training of architectures for green building design is on the right track.
Keywords: VDS, Green Building, Urban Living Environment

1 引言

基于可持续发展的目标，绿色建筑设计是未来建筑学研究与教学中的重要方向，因此南京大学建筑与城市规划学院在2011年建立了南京大学绿色建筑与城市生活环境国际研究中心。该中心是以建筑和城市物理环境为研究主体的多学科交叉研究中心，分别由来自物理学科、环境科学、地球科学、大气科学和计算机科学等学科的教授组成，自成立以来已主持举办了多次以学科交叉研究为主要内容的学术研讨会。美国雪城大学（Syracuse University）的张建舜教授是南京大学的思源讲座教授，为该中心的外籍带头人和中心的学术顾问。张教授每年都有在南京大学的固定工作时间，除了开展科研工作，也进行了绿色建筑设计教学的探索，并于2012年开始每年夏季在南京大学主持开设“虚拟设计平台在绿色建筑设计中的应用”（Virtual Design Studio for Green Building Systems）的硕士研究生课程。

虚拟设计平台（图1）由张建舜教授在美国雪城大

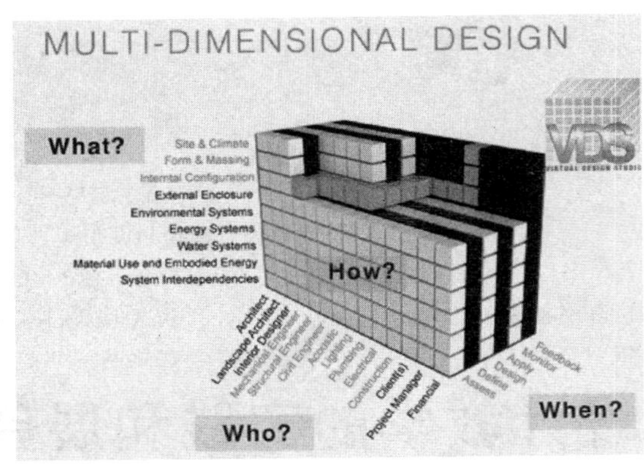

图 1　虚拟设计平台多维设计图解

学的课题组开发，是一个面向建筑师，整合了建筑能耗分析、建材特性分析、室内环境质量分析等的系统模拟工具，是对建筑能源和环境系统进行整合、协调与优化的数字设计平台。该平台能够在建筑设计的各个阶段根据设计方案进行模拟计算分析，为建筑师提供关于建筑节能等方面的建议和设计指南。

该课程的设置，是希望学生们通过掌握运用虚拟设计平台，理解在绿色建筑设计中进行的多学科、多目标和多阶段的设计过程和方法论，理解热、空气、湿度和污染物在建筑能源和环境系统中的流动传递及对建筑能源和环境系统性能的影响。运用虚拟设计平台分析气候和位置，建筑物个体体量外观和建筑群的组合及朝向，内部构型，外部围护结构及供热，通风与空调（HVAC）系统对建筑性能的影响。学生通过案例研究和设计平台操作，就可以掌握在绿色/可持续建筑设计中开发一体化创新技术的基础理论和技能。

2　课程设计

2.1　课程内容

课程安排分为建筑技术知识的授课、计算机模拟软件教学和绿色建筑案例研究三大部分。其中，授课部分主要是希望学生建立对多学科、多目标的设计过程和方法论的认识，以及传授绿色节能建筑中一些基本要素的知识，其中包括如下内容：

（1）虚拟设计平台概述——设计过程分析，系统整合和示范。

（2）概念化绿色——目标、标准和进程。

（3）社区建筑——历史、文化、社会、经济和生态考虑；城市街道布局与历史；城市审美。

（4）气候与地址选择——自然驱动力及环境条件的相关性。

（5）建筑物个体体量外观和建筑群的组合及朝向——初期设计对建筑性能的影响。

（6）内部构型与外部围护结构——建筑规划、功能与被动式建筑技术。

（7）建筑材料与围护系统——热、空气和湿度控制。

（8）环境系统——负荷、系统选择、室内空气质量（IAQ）策略、房间气流分布及绿色能源技术（如光伏系统、冷梁、地热源热泵、太阳能热水、风能等）。

计算机模拟软件教学包括对虚拟设计平台及相关整体建筑室内环境质量（IEQ）和能源性能分析软件的简介与辅导，使学生基本能够运用此设计平台进行分析操作。课程的研究与设计项目为绿色建筑案例研究，包括运用虚拟设计平台对已有建筑案例进行分析，替代方案的分析与选择，最终替代方案与已有方案的比较等。

2.2　教师配备

2012 年的主讲教师为美国雪城大学工学院建筑能源与环境系统专业的张建舜教授，中方配备了建筑技术学科的教师一名。课程考虑到由于虚拟设计平台的终端用户为建筑设计师，故需着重考虑建筑师的使用感受和用户反馈，同时也有助于建筑设计专业的学生更好地理解、吸收课程内容，因此在 2013 年增加了一名建筑设计专业的主讲教师，雪城大学建筑学院的副教授 Michael Pelken，中方亦增加了建筑设计学科的教师一名。需要指出的是 2012 年 Michael Pelken 在美国通过远程视频参与了六个课时的教学，而 2013 年则来到中国课堂全程参与了教学活动，与中国教员和学生的互动更加直接、全面。

2.3　教学语言

作为中美合作教学，课程采用全英文的授课方式。学生提问、回答问题、PPT 文稿写作与演示均采用英文的交流方式。学生如实在无法用英语交流建筑设计或建筑技术方面的专业词汇，中方教师会代为翻译。通过这样的教学方式，学生的专业展示能力和沟通能力有较显著的提高。

2.4　考核安排

课程结束后的考核安排主要包括以下三部分：

（1）文献阅读、课堂参与及讨论情况。

（2）绿色建筑案例研究。

（3）虚拟设计平台的评价及改进方案。

3　两年教学实践的讨论

3.1　建筑能源与环境系统软件的教学

虚拟设计平台已经整合了能耗分析软件 EnergyPlus，及多区域传热传湿、空气流动和污染物传输模型 CHAMPS Multizone 用于单体建筑的性能模拟和分析。经过若干年的发展，虚拟设计平台的漏洞在逐渐减少，开始逐渐走向应用。虚拟设计平台的软件界面见图 2，其窗口包括四大部分，显示了虚拟设计平台的基本操作步骤。首先是建筑设计过程分析，包括项目经理、建筑设计师和系统工程师对各阶段的评价、定义、设计、实施、监控及协调过程；其次就是模型和相关参数的输入，包括气候条件、地址、内部分区、外部围护结构、供热、通风及空调系统、照明系统、水系统，包括定性和定量的要求及参考资源；然后是结果的图形化展示，包括建筑设计，采光和照明分析，热、空气、湿度和污染物的传播和分布图；最后是建筑设计的性能分析，包括能源、室内环境质量及成本分析。其中已内嵌的绿建指标为 LEED (Leadership in Energy and Environmental Design) 指标，包括可持续选址、用水效率、能源与大气、材料与资源、室内环境质量、设计创新和区域优先性等。

Design Builder 是相对比较成熟的能耗模拟软件，其内核求解器采用 EnergyPlus。由于建筑设计专业的学生对 SketchUp 比较熟且与虚拟设计平台整合较容易，故 2013 年虚拟设计平台版本采用插件 OpenStudio 加 E＋求解器进行建筑能耗模拟，见表 1。目前的教学还包括其他相关的软件，未来考虑实现与虚拟设计平台对接。Ecotect 对太阳辐射和日照的模拟较为准确，故一直沿用。风环境的模拟 2013 年新加入 Envi－met，用以模拟建筑小区或建筑群的微环境。建筑物中的多区域流动模拟和房间气流分布模拟仍分别采用 CONTAM 和 Airpak。Envi－met/CONTAM/Airpak 等联立求解，可以系统地完成从宏观到微观的风环境模拟。

由于建筑围护结构模型已嵌入到虚拟设计平台中，而建筑设计专业的学生对建筑围护结构的模拟的理解还稍显吃力，故目前的教学仍未触及与围护结构相关的墙体模型 CHAMPS-BES 和多区域模型 CHAMPS-Multizone。未来虚拟设计平台模拟处理器还将同专家系统相结合调用相应的子模型，包括日照模型（SOLAR/E＋），采光模型（Daylighing/E＋，RADIANCE），供热、通风和空调系统模型（HVAC/E＋）等。2013 年强调了软件使用时需首先理解物理意义，这样就可以避免“垃圾输入，垃圾输出”现象的发生。比如有学生轻信软件模拟的结果，但被教师及时指出边界条件等的设置不符合物理常识，模拟结果没有意义。希望学生在模拟之前对结果有定性上大致的预期和判断。

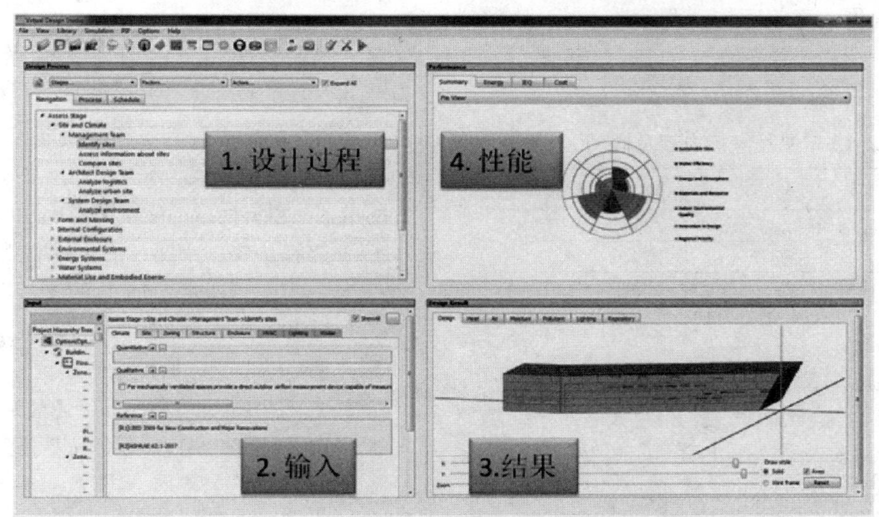

图 2　虚拟设计平台软件界面

建筑能源与环境系统模拟软件　　表 1

功　能	2012 年	2013 年
1. 建筑能耗模拟	Design Builder	SketchUp ＋ OpenStudio
2. 日照、采光	Ecotect	Ecotect
3. 风环境、自然通风	CONTAM/Airpak	Envi-met/CONTAM/Airpak

3.2　绿色建筑案例研究

2012 年的绿色建筑案例研究（图 3）包括美国雪城

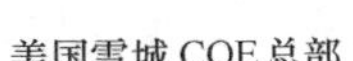
美国雪城 COE 总部

南京紫东国际创意园办公楼

南京大学文科楼

图 3　绿色建筑案例研究

COE（Center of Excellence）总部和南京紫东国际创意园办公楼，涵盖了严寒地区和夏热冬冷两个典型的气候区。2013 年的案例研究保持了美国雪城 COE 总部，而国内的案例则换成了南京大学文科楼的节能改造方案研究。雪城 COE 总部获得美国 LEED 绿色建筑白金级认证，也就是最高级别的认证，有许多值得研究的绿色建筑设计及绿色能源技术。南京大学文科楼相比紫东国际创意园办公楼而言，具有距离优势，学生对其建筑物理环境可以有更为方便的测量。

3.3　考核安排

相比 2012 年，2013 年的考核内容不变，但所占比重略有调整。由于授课对象多数是建筑设计专业的学生，而虚拟设计平台也是面向建筑师的，因此对虚拟设计平台的评价和改进方案所占比重不宜过大，2013 年调小了这部分的份额，更加着重在案例研究的部分（表 2）。

2012 年与 2013 年课程考核内容及比例　　表 2

考核内容	2012 年	2013 年
1. 文献阅读、课堂参与及讨论	25%	30%
2. 绿色建筑案例研究	50%	60%
3. 虚拟设计平台的评价及改进方案	25%	10%

4　反思和展望

基于虚拟设计平台的学习和开发，南京大学对于绿色建筑设计人才的培养已经得以深化开展，并取得了一定的成果，为今后绿色建筑人才的培养，积累了宝贵的经验。

4.1　绿色建筑设计思想的培养

南京大学建筑技术科学专业成立的时间不长，大部分学生之前的专业背景均为建筑设计方向。这为课程的教学带来了巨大的挑战。目前，传统的建筑设计师通常是用 AutoCAD 画图，并用 SketchUp 进行三维空间造型研究，对建筑的关注点仍然较为传统。如何让学生从内心接受建筑设计的可持续性并贯彻到今后的学习和工作中去，是一项重大的课题。目前看来填鸭式的教学事倍功半，学生的主观能动性仍需激发。虚拟设计平台的教学如何从研究生向高年级本科生甚或低年级本科生进行推广并与常规的建筑设计课程相结合，是未来需要考虑的课题之一。

4.2　绿色建筑设计的阶段性成果

本课程的教学，一直强调从选址的当地气候开始分析。但这个概念直到若干节课后才被学生从实践中接受和采纳，并贯彻到案例研究中去。课程作业需提交相应的源文件，以方便教师检查哪里出现问题。从课堂讨论、案例研究和虚拟设计平台的评价和反馈等方面来看，2013 年的学生结课水平均比 2012 年有了非常显著的提高，也增强了教师对未来教学的信心。由具体的案例分析研究来带动学生对抽象概念的理解，会是较好的一种教学方法。图 4、图 5 展示了绿色建筑设计的阶段性教学成果，包括对建筑物理现状的分析及改造方案的展示。

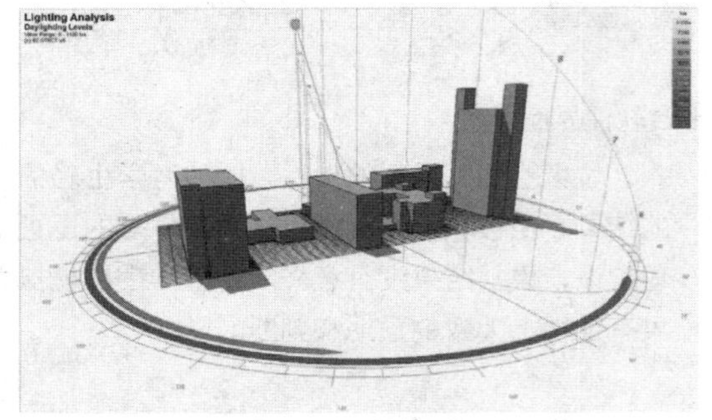

文科楼附近建筑群采光与遮阳分析(Ecotect)

文科楼附近建筑群风环境分析(Airpak)

图 4　南大文科楼建筑物理现状分析

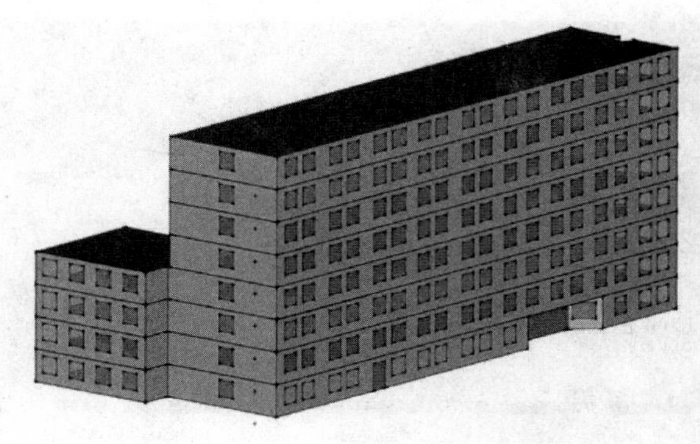
文科楼 外立面改造方案

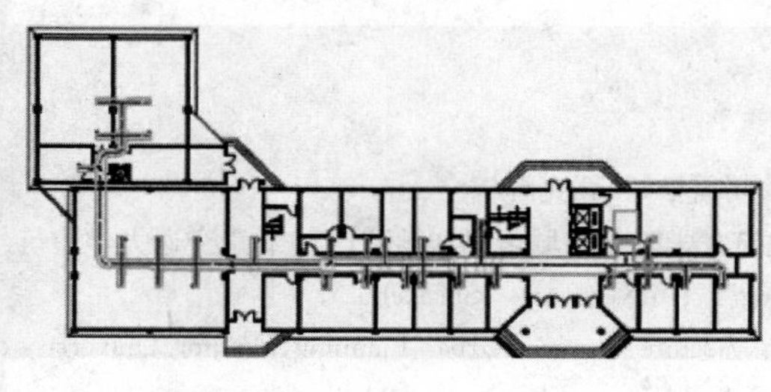
文科楼 中央空调系统改造方案

图 5 南大文科楼改造方案

4.3 绿色建筑设计的团队理念

经过本课程的教学，学生加强了团队协作的概念。每个学生在团队中既有合作，又有各自的分工。比如对建筑的朝向、体量和结构等是共同分析的，但日照和热辐射、天然采光、风环境、水电系统等则是由学生分别完成，然后集体汇总并交流。目前，虚拟设计平台中如何实现建筑师、设备工程师、管理团队之间的协调和运作仍处于探索阶段。

参考文献

[1] Pelken M. P., Zhang J. S., Chen Y. X., et al. Virtual Design Studio-Part 1: Interdisciplinary Design Processes [J]. Building Simulation, 2013.

[2] Zhang J. S., Pelken M. P., Chen Y. X., et al. Virtual Design Studio-Part 2: Introduction to Overall and Software Framework [J]. Building Simulation, 2013.

[3] 刘加平，谭良斌，何泉著. 建筑创作中的节能设计 [M]. 北京：中国建筑工业出版社，2009.

葛国栋[1] 胡雪松[2] 石克辉[2]
1. 北京建筑大学建筑与城市规划学院；2. 北京交通大学建筑与艺术学院
Ge Guodong[1] Hu Xuesong[2] Shi Kehui[2]
1. School of Architecture and Urban Planning, Beijing University of Civil Engineering and Architecture;
2. School of Architecture and Design, Beijing Jiaotong University

技术等于进步？
——使用计算机作图软件过程中的几点思考

Technology Means Progress?
——Reflections on Computer-Aided Graphing

摘　要：计算机软件在建筑设计表达过程中越来越普及，不仅方便了作图，提高了效率，而且最终表达效果相对来说可以比手绘更加精致和精确，在光鲜的效果图的外表下，对于软件可能带来的负面影响或者思维方式的转变却很少能引起我们的注意，本文主要从个人在软件使用过程中的体会和调查来反思软件可能带来的问题以及由此折射出的课程设置当中的一些问题，得出一些观点，望能给设计学习中软件的使用者以正确的引导，同时对于“使用软件时代”的课程设置提出一些个人看法。

关键词：绘图软件，思维工具，手工模型，课程设置

Abstract: Computer software is becoming more and more popular in the process of building design, softwares not only make it more convenient to construction, but also impvove the efficiency. And the final effect expression of software is more delicate and perfect than hand-painted. Under bright appearance drawing, we imperceptibly ignored the change of analysis and the negative effect of software. This paper mainly reflect things aroused by softwares and something about the courses. Finally, I hope to achieve some ways to correctly use these softwares. At the same time, I hope some personel points about architecture courses of our school can give us some suggestions.

Keywords: Drawing Softwares, Implement of Thinking, Hand-Crafted Models, Curriculum

1 引言

在越来越多地运用到建筑实践过程中的趋势下，计算机软件的使用越来越引起大家的重视，各种新鲜的软件不断地涌入到学生的设计学习过程中，似乎我们的建筑设计已经离不开电脑，但是计算机软件技术的发展是不是就会给设计带来进步呢？在建筑教育过程中，尤其是本科阶段的建筑学学生教育更多的是在打基本，如对建筑空间的练习和设计能力的提高过程，这时候软件的使用在给我们带来方便的同时能否对学生的设计思维方式带来积极的影响还值得商榷。在建筑设计学习过程中，尤其是方案初期，软件会不会局限我们的思维呢？另外，平时我们不注意的软件使用习惯是否从侧面反映了建筑设计课程设置的一些问题呢？建筑学的学生们平时的时间总是很紧张，习惯了计算机作图软件的使用就可能会没有时间思考其他问题，有些问题可能就在这忙碌的习惯中慢慢产生。而且，紧张的绘图工作过程中，一些与课程设置有关的漏洞也会从软件的习惯使用方法的侧面暴露出来。本文主要根据个人使用软件的感受和

作者邮箱：geguodongGGD@163.com

调查对以上问题提出自己的看法。

经过调查可知，现在的大学本科建筑专业的学生，下面几种软件是最常用到的：SketchUp、3ds Max、犀牛、Revit、ArchiCAD、AutoCAD、天正建筑、Photoshop 等（图 1）。

而前面五种主要是用来做三维模型的，从调查结果中相应软件的使用比例，可以看出在建模过程中使用比例最高的是 SketchUp 和犀牛。本文主要阐述由两个软件的使用和调查过程中想到的问题和作出的反思评价。

2 计算机软件带来的设计思维方式上的转变

2.1 思维工具和绘图工具的差异

通过调查可知，学生们对待计算机作图软件的态度一般分为两种：一种是把它作为一个帮助作图和表达的工具，即前期方案的产生很少使用计算机，主要是通过手绘、做手工模型等方式，反复推敲，用软件主要作最终的方案成果来满足图纸上的表达。第二种是设计开始就用模型软件如 SketchUp 进行推敲，把计算机软件代替手绘等方式来思考，一方面可以减少后期建模的负担，再一方面可以用模型很直观地和老师交流。我们暂且把第一种态度下的绘图软件称为“绘图工具”，第二种称为“思维工具”。在设计时间较紧，学生经常熬夜的情况下，第二种做法占了学生中的大多数，仔细分析这两种对待软件的方式就会发现它们带来思维方式的差异和问题。

侧重“绘图工具”的把软件作为辅助大脑和具象思维的手段，将“绘图工具”置于辅助的位置定时建模来观察阶段的方案效果。设计方案的产生过程更多地来自于草图的绘制和大脑抽象思维对于空间的把握，通过草图和大脑思维的不断反馈来优化提升方案的确定性，在一次又一次的线条的叠加中，方案慢慢浮出水面。同时，在草图绘制过程中一些不确定的线条可能成为灵感的来源，也给思维带来了很大的弹性，给建筑方案的设计预留了发散思维和联想的空间，这种思维方式显然会更加有助于建筑师的创造力的发挥。

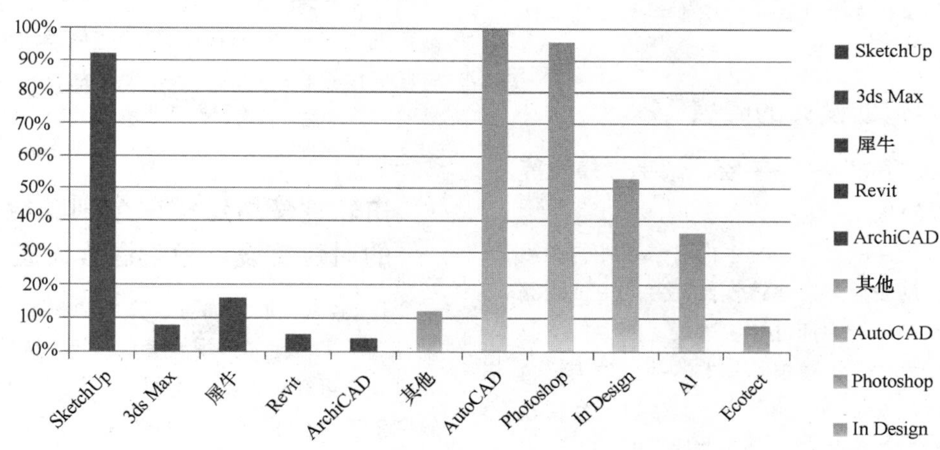

图 1 建筑常用绘图软件使用比例调查

侧重“思维工具”的把软件作为思考方案的一个过程直至方案完成。广义地说电脑上的软件模型也是图式思维的一种，不同于草图的思维方式，软件模型的显示很直观且确定，所以当学生们看到电脑上具体的建筑形象时，很难去思考和此形体相去甚远的建筑空间语汇，能够想到的修改方案也会由于现状模型的存在而受到影响，很少敢也不愿意去作大面积的修改。这样和手绘思维方式比较的话，电脑软件对学生的思维带来的局限就显而易见，尤其是学习初期需要拓展思维、练习空间能力的时候，长时间地使用电脑做模型对空间思维能力的训练无形当中就带来了障碍。

2.2 不同绘图软件建模方式的不同引起的思维方式的变化

建筑设计过程中需要用到很多种软件，仅仅做三维模型的就有很多种，如 SketchUp、犀牛，平面的也有多种，如 CAD、ID、PS。每一种软件的建模方式不同带来的思维方式也不同，尤其是三维建模软件对学生的空间思维方式就有很大影响。

SketchUp 便利的建模方式，方便地推拉，直观地展现三维空间的生成过程，建模方式如同建筑施工，不断的“施工过程”加深了学生对建筑建造的认识和空间建构的直观表达，长时间地使用对于建筑本身的建造逻辑和空间构成逻辑都有很好的帮助。调查发现学生使用SketchUp多用来做规则的、方正形体的建筑模型，而用犀牛来做一些复杂的曲线形体和参数化设计，比如犀牛在更多地用模型思考建筑外部形体的时候建筑本质的内部空间的考虑会相应地削弱。

由于CAD建模的操作性相对较差，学生们普遍用CAD来做平面、立面和剖面的设计，在作图过程中没有直观的三维模型可以实时观察，都是在二维的空间下来处理问题，比如立面作图，在现实中很难看到图纸中那样的状态，如果单用CAD，它带来的二维思维对我们空间思维能力的影响是好是坏，我们还有待探究。

在设计初期，建筑教育过程中学生应该注重空间设计能力的锻炼，而学生的能力不可能穷尽所有软件，在习惯一个软件之后，也会习惯相应的思维方式，比如习惯SketchUp的学生，由于设计时间、设计过程等因素的影响对复杂曲线形体的设计就会较少去做（SketchUp对于复杂形体的建模还是有一定难度的），当然这种影响在合理的教学训练下可以减小，但是更加关键的是如何让学生们学会让自己的思维主导设计软件思维方式的羁绊。

3 计算机软件辅助设计的隐患

3.1 学生“手头功夫”——手绘、做手工模型等能力的下降

现在随着建筑软件的普及，学生们对于软件的使用越来越早，长时间地使用虚拟建筑软件就会产生依赖问题。徒手草图或者速写的便捷性和快速表现能力是电脑无法企及的，徒手草图作为建筑师基本的手头功夫，也是和团队内其他成员交流的快速手段，学生过早使用软件加上长时间的对电脑的依赖，期间占据了时间，这也势必会减少动手画图的时间，一旦学生没有养成手绘的习惯，在以后的设计工作过程中是很难再拾回来的。另外，现在软件十分便捷，如建模完成后就可以把剖面、立面、平面等直接导出来，失去了自己动手画图推敲的过程，学生们对于平面或者剖面结构的理解一定会受到影响，对于建筑基本知识的掌握就会大打折扣。所以，对于初期学习建筑设计的学生来说，软件的学习在基本知识掌握好、手头功夫比较熟练的情况下开展，才会更加有益于学生的正确发展。

3.2 计算机软件虚拟世界使得学生对真实材料感知和体验缺乏

建筑终究来说是个容纳人居住、工作的地方，它是可以感觉和感知的，不管什么建筑它的材质或者色彩都会给人带来生理或心理上的不同感受，只有真实的感觉才能增加你对一个建筑的感触，在虚拟的计算机辅助模型里面，你无法用身体直接感知这个建筑的材料质感，无法体验，在计算机建模过程中一般是先有无材质的“素模”，然后再去附上材质，这里的材质是没有厚度的，和真实的材料完全是两个概念，充其量可以说是一个色彩的表达。而且你无法感触材质本身，只能用平时的经验来想象这个材质的感觉。这个时候计算机模型就没有手工模型来得真实，在手工模型中我们可以通过各种材料的选择来体验模型带来的不同感受，并且，在手工赶制模型的过程中我们会对模型的材料进行加工，如挖洞、打磨、裁剪，这种体验过程可以加深对材料的认识和体验，更重要的一点，模型制作过程中，材料都有厚度和质量的存在，需要自己搭建，而计算机中的软件并没有重力的存在，无论什么样的形式都可以建出来，在现实当中手工模型有可能直接垮掉，计算机的“无所不能”是会带来问题的，这时候手工模型的真实体验或许更加有参考意义。并且，随着比例的增大，手工模型就更加接近真实，而电脑中的图像再放大也是没有材质的任何体验和感觉的。人是要生活在建筑当中的，没有体验、没有触觉、没有尺度感的计算机模型和现实的效果还是有差距的。

4 由软件使用过程中个别功能的运用想到的对建筑设计教学课程设置的反思

在SketchUp里面可以方便地将某个视角的模型场景存储下来，比如人视或者鸟瞰等，如图2、图3所示。通过调查可知，大部分本科学生的设计任务书设置中一般会要求至少有一个大的效果图，而很少要求有轴测图，或者空间生成分析图，为了出图学生们多在SketchUp里面选定一两个场景来满足出图的需要，这样带来的后果是同学们往往选择自己方案里面最好看的一个角度而规避其他角度来获得更好的效果，更为严重的是多数同学为了节省时间而只考虑建筑的两个立面，其他两个看不到的立面就不管不顾，但是现实中的建筑都是三维的，在方案推敲过程当中只考虑两个面就失去了建筑的本质意义。我们都清楚学建筑的需要大量时间来画图以完成一个设计作业，熬夜赶图的现象在学校或者设计院屡见不鲜，这样一来省事省力的“两面”场景的做法似乎有了合理的理由。到最后出图时，一个建筑设计竟成了满足图面效果的构图上的手法设计或者仅仅把建筑当做一幅画来做设计。有些学生甚至为了单一场景的效果而去加一些没必要的构件。这种情况的出现不

是软件的设置使得学生有了空子可以钻，主要在于课程的设置注重对效果图的要求，在建筑教育过程中建筑的本质是空间的设计而不仅仅在于外表，忽略了课程设置中轴测图或者空间分析图等更加能够训练学生的空间思维的图纸的要求反射出的问题应该值得我们注意和思考。

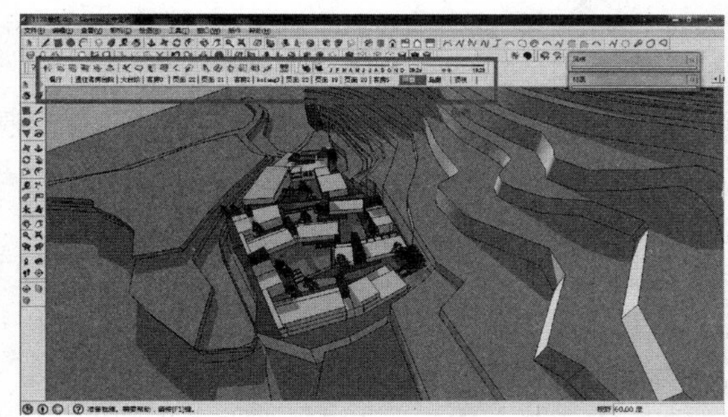

图 2　SketchUp 中的场景

图 3　SketchUp 中的场景

另外，在 SketchUp 当中一般默认的视角是 35°，这个角度大概跟一般人的视角相似，有时候为了图纸的需要，在效果图占据设计成绩一定分量的时候，学生们都会不遗余力地来“推敲”一个角度的透视效果。比如在默认的视角下看到的场景是不能看到要表达的建筑全貌的，这时候就可以调节一下视角（视角越大看到的视野越大，类似于相机的广角镜头）（图 4～图 7)，这样的处理虽然带给我们方便，但是在一定的情况下却误导了我们，在频繁的视角切换当中我们很难知道哪个是真实的哪个是虚假的，对于处在本科教育阶段的学生来说，这样的设置完全会混淆他们的尺度感，而且图纸作业表达上一般学生会选择最好看或者最有视觉冲击力的视角，这无形当中对以后的建成效果有一定的误导。

实习过程中认识的一个有经验的建筑师就给我讲过他在电脑模型中想做自己很想要的一种效果的时候，结果建筑建出来达不到那么强的透视效果，而是很平常的建筑，这也许就是过度追求软件夸张表达效果值得思考

图 4　35°视野

图 5　45°视野

图 6　60°视野

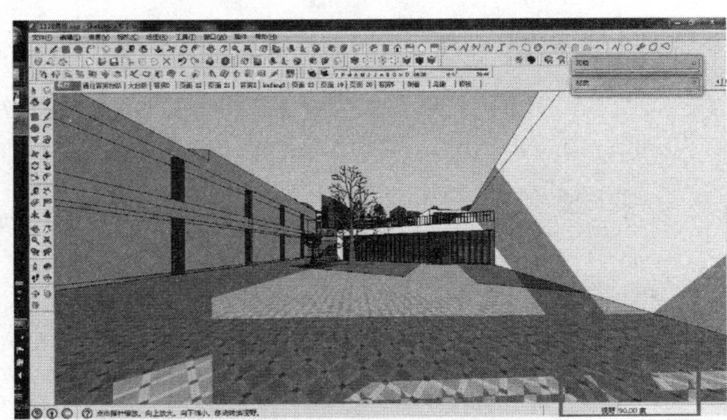

图 7　90°视野

的地方。

课程设置中透视效果图的推崇在一定程度上会带来一些没有预料到的影响，比如考研考快题之前有人背透视，使得建筑也可以“应试”，不免令人感叹建筑设计

的本质是否真的在一次快题就可以体现，现在有些考研考试过程中对轴测图和分析图的考察从侧面反映了一些院校对建筑本质——空间的重视，也从侧面反映了现在建筑教育的现状中对建筑本质不知不觉的偏离。

5 结论

在建筑生涯当中有很多东西需要慢慢学习，而建筑教育过程中尤其是学生教育过程当中更多的是培养学生的方案创作能力，和建筑基本知识，具体到实际工程实践的一些知识不可能在学校全部掌握，只有到实际工作过程中和各专业配合并且结合实际的法规才能慢慢学习。在建筑教育阶段虚拟软件的过多过分应用不仅减少了自己动手画图基本功的训练，而且容易掉入到虚拟软件的思维定势当中，更要命的是如果没有正确引导很可能会走到偏离建筑本质的方向。所以，合理正确地对待软件是学生阶段必须注意的问题，要掌握基本的思维技能，用正确的思维来控制软件的表达，才能不被软件思维局限了自己的建筑思维。

另外，在软件大面积普及的时代如何通过合理的建筑课程设置来引导学生更加合理地运用软件，更加关注建筑空间本身的练习值得我们思考，建筑教育课程应注重建筑空间技术、材料构造、造型等的全面发展，尤其是空间的练习而不应因课程的设计而带来无形的偏颇。

技术带来了方便和便利，多技术支撑体系下的建筑设计教学无疑是促进设计教学进步的强大动力，但是在利用技术的同时无形当中被忽略的习惯对于设计思维带来的一些隐患和我们容易忽视的问题应该引起我们足够的重视，只有合理利用技术，让技术为我们服务而不限制我们的思维，这才是技术推动进步的正确道路。

参考文献

[1] 余爱民．计算机辅助建筑设计基础教程[M]. 北京：中国科学技术出版社，2001.

[2] 罗志华．计算机草图技术在建筑设计中的应用剖析 [J]．工业建筑，2005.

[3] 李文，傅睿．设计源于构思——谈草图设计大师 SketchUp [J]．中国勘察设计，2004（6）.

郭 莲 万 达 刘 辉
天津城建大学
Guo Lian Wan Da Liu Hui
Tianjin Chengjian University

以建筑设计课为中心的专题实训系列课程建设初探❶

Exploration on the Course Construction of a Series of Special Trainings Based on Architectural Design

摘 要： 天津城建大学建筑学专业为天津市品牌专业，也是“十二五”综合投资的重点学科。近年来，建筑系进行了相应的教学改革和实践。本文通过对天津城建大学建筑学专业在二至四年级开设的以建筑设计课为中心的专题实训系列课程的设置背景、教学目的、教学组织、教学过程及成果的深入剖析及反思，总结教学经验并指导今后的课程建设，提升学生的应用能力、实践能力及职业素养。

关键词： 专题实训，课程建设，复合式教学

Abstract: Considered as the featured major of Tianjin, architecture of Tianjin Chengjian University is one of the key subjects of “the 12th five-year” comprehensive investment. The department of architecture has made appropriate teaching reform and practice in recent years. This paper analyzes and reviews the background, goal, arrangement, content and achievement of a series of special trainings based on architectural design courses for architecture students from Grade 2 to Grade 4 in Tianjin Chengjian University. It summarizes teaching experience to direct the course construction in order to improve the application competence, practical ability and professional quality of graduates.

Keywords: Special Training, Course Construction, Composite Teaching

1 课程建设背景及目的

随着我国城市化进程的加快，建筑对文化传承、节能减排、生态保护和可持续发展等领域的影响日益凸显，因此建筑学人才的培养也必须作出相应的调整和改革。针对建筑设计的复杂性，天津城建大学建筑系尝试构建复合式建筑理论教学体系，以期全面提升学生专业理论知识的学习与应用能力，帮助学生建立开放的知识体系。在教学改革过程中，逐渐形成以建筑设计课程为主线，将专业理论与技术类课程融入其中的多课程协同体系。

为了配合专业与课程建设，我院实验中心在天津市高等学校“十二五”综合投资规划中先后购置了一批分析与测试软件（表 1）。同时，作为首批“教育部—欧特克公司专业综合改革项目”获批项目，欧特克公司给予了我院建筑学专业综合改革项目多达 24 款软件支持。

作者邮箱：lguo0925@gmail.com

❶ 本文属“建筑学品牌专业建设综合改革与实践研究”重点项目及“教育部—欧特克公司专业综合改革项目”支撑。

经筛选，我院初步选定部分软件（表 2）同时添加入专题实训课程建设中。

天津市高等学校“十二五”综合投资规划购置软件　　表 1

编号	软件名称	版本语言	专业领域
1	SM005	简体中文	光环境测试
2	SM009	简体中文	采光系数测试
3	IES 5.9	英语版	建筑性能集成化分析
4	IES 6.2	英语版	建筑性能集成化分析
5	IES V2012	英语版	建筑物理环境模拟
6	TSun8.0（单机版）	简体中文	日照分析
7	TSun8.0（网络版）	简体中文	日照分析
8	Star-CCM+	英语版	通风分析
9	Star-HPC	英语版	通风分析
10	LMS Raynoise 3.1	英语版	声环境分析

“教育部—欧特克公司专业综合改革项目”支持软件　　表 2

编号	软件名称	版本语言	专业领域
1	AutoCAD	简体中文	所有工程、制造、设计相关专业
2	AutoCAD Architecture	简体中文	建筑工程
3	Revit Architecture	英文版	建筑工程
4	Autodesk Ecotect Analysis	英文版	绿色建筑、节能分析

2　课程分析与教学安排

专题实训课程是建筑学专业 2010 年版教学培养方案设置的实践教学课程，是构成学科基础平台的重要课程，是配合建筑设计系列课程的技术类实践环节，其作用在于为建筑设计提供技术理论与实践支撑。通过课程的理论和实践教学，使学生了解计算机辅助设计类软件的基本知识，掌握其操作方法，并且有能力进行建筑及规划设计技术方面的模拟分析，并辅助其进行更加深入合理的优化设计。

基于各年级学生培养目标和设计课内容的不同，我们首先对专题实训课程所涉及的软件进行分类，并分析其与设计课及相关课程的关联性。根据教学大纲的教学内容和要求，我们在二至四年级开设不同层次的专题实训课程，结合先期和同期开设的相关理论课程，穿插在建筑设计课程当中，教授学生解决建筑设计实际问题的方法和手段。专题实训（1）主要教授和应用 Autodesk Ecotect Analysis，使学生在建立基本设计思维和设计方法的基础上，对建筑技术方面产生一些感性认识；专题实训（2）主要教授和应用 IES 系列软件，使学生能够模拟建筑能耗，并就建筑节能方面进行方案比选；专题实训（3）主要教授和应用天正日照，使学生能够进行精确的居住区日照模拟分析并改进方案（图 1）。

3　教学过程及成果——以专题实训（1）为例

3.1　教学过程

在建筑学专业二年级（下）的教学安排中，我们综合考虑了建筑设计、计算机辅助设计、专题实训等相关理论与实践课程，整体安排复合式教学计划及考评机制：建筑设计课第一个题目时间为 1～7 周。计算机辅助设计课中的 Autodesk Revit 部分安排在第 1 周～第 7 周授课，在第 4 周前可以讲授完创建基本建筑图元，即学生可在第 3 周末完成设计课一草方案的模型并在第 4 周初导出相关 gbXML 文件。在第 4 周进行相应的专题实训（1）课程，即对自己的一草方案进行 Ecotect 分析，并指导二草设计和优化。如此，整合并穿插各课程教学安排（图 2），督促学生设计有条不紊地进行，促进学生即学即用，并且切实反映到自身设计中。成果要求图面包含分析及改进过程，并在学期末提交较完善的 Revit 模型和分析报告，与设计课统一考核、评价，保证了学生设计成果的完整性和延续性。

3.2　教学成果

建筑学专业二年级（下）的第一个设计任务是在校园内自选基地设计一个主题餐厅。在一草方案确定后，通过计算机辅助设计课程的学习，该学生建立了较完整的 Revit 方案模型（图 3），并对方案的各项指标进行研究分析，用于二草阶段方案的分析和优化。

（1）场地气候环境。根据计算，得出建筑最佳朝向为 162.5°，约为东南方向（图 4）。通过焓湿图分析（图 5）得出，天津地区夏季保持建筑室内良好的通风条件，即可在大部分情况下使室内湿度保持舒适，因此建筑应尽量设计得通透，以利于通风。

（2）建筑风环境。根据天津风环境图（图 6），选择风速为 8.3m/s 的北风模拟冬季风环境（图 7），建筑整体南北长、东西窄的造型减小了冬季寒冷北风对建筑的影响。建筑南侧大厅产生大量涡流，有助于防止寒冷北风的大量侵入，同时由于东西两侧流体速度高于室内，在压强差的作用下有利于室内污浊空气排出室外

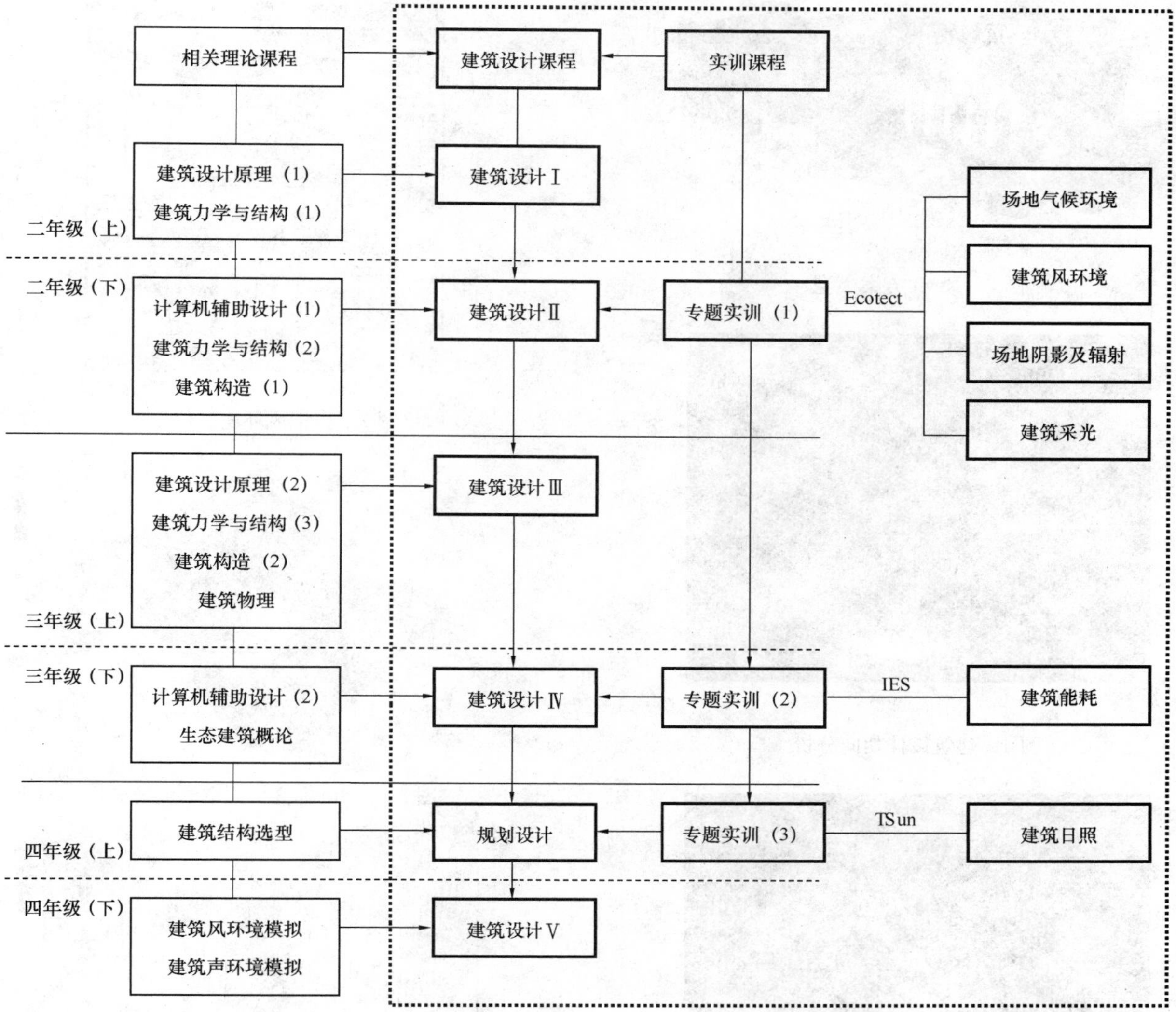

相关理论课程
建筑设计课程
实训课程
建筑设计原理（1）
建筑力学与结构（1）
建筑设计Ⅰ
二年级（上）
场地气候环境
二年级（下）
计算机辅助设计（1）
建筑力学与结构（2）
建筑构造（1）
建筑设计Ⅱ
专题实训（1）
Ecotect
建筑风环境
场地阴影及辐射
建筑采光
建筑设计原理（2）
建筑力学与结构（3）
建筑构造（2）
建筑物理
建筑设计Ⅲ
三年级（上）
三年级（下）
计算机辅助设计（2）
生态建筑概论
建筑设计Ⅳ
专题实训（2）
IES
建筑能耗
建筑结构选型
四年级（上）
规划设计
专题实训（3）
TSun
建筑日照
四年级（下）
建筑风环境模拟
建筑声环境模拟
建筑设计Ⅴ

图 1　二至四年级课程设置示意图

计算机辅助设计
专题实训
分析报告
Ecotect 分析
优化
Ecotect 分析
二次优化
建筑设计一草
建筑设计二草
建筑设计三草
成果
建筑力学与结构
建筑构造

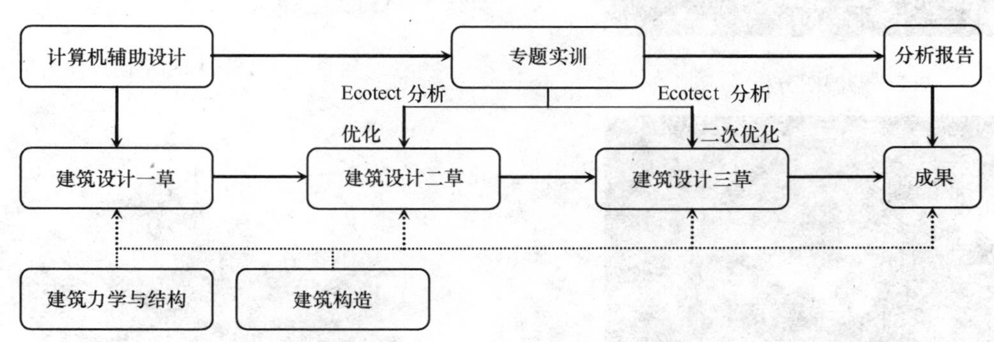

图 2　二年级（下）教学安排示意图

（图 8、图 9）。

（3）场地阴影及辐射。根据冬至日白天周边建筑阴影范围（图 10），把建筑向北移动后避开了阴影区，使得建筑能得到更好的光照和视野。同时，根据夏至

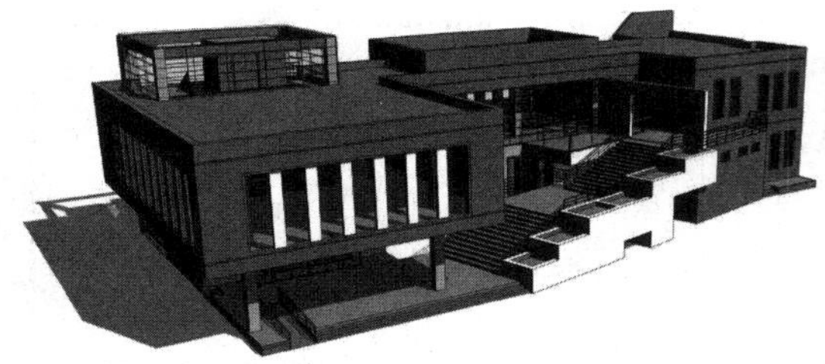

图 3　Revit 方案模型

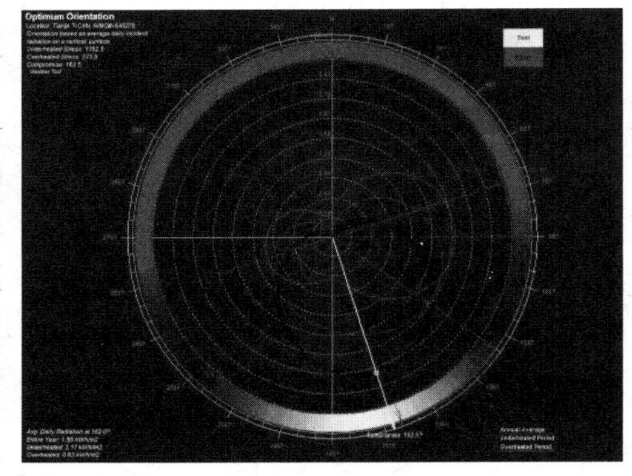

图 4　建筑最佳朝向分析

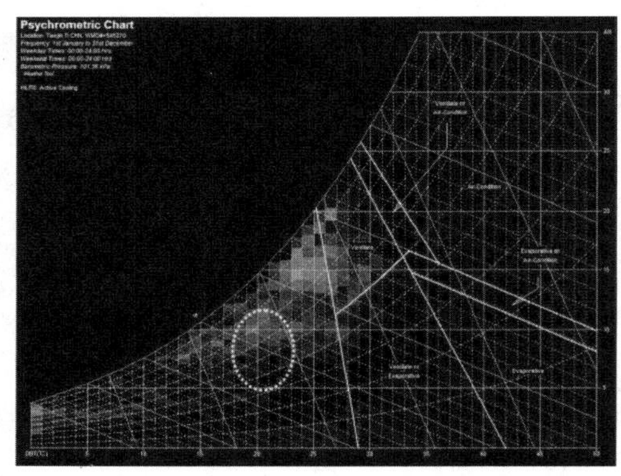

图 5　焓湿图分析

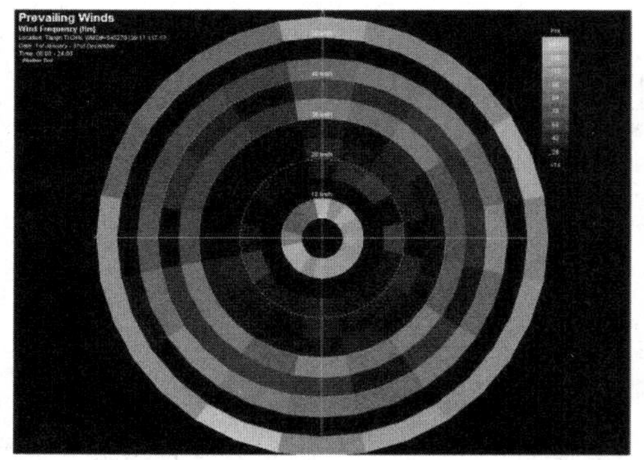

图 6　天津地区风环境图

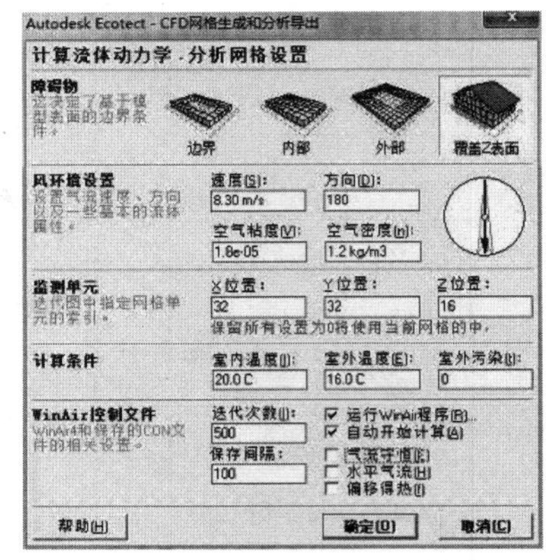

图 7　模拟风环境参数设置

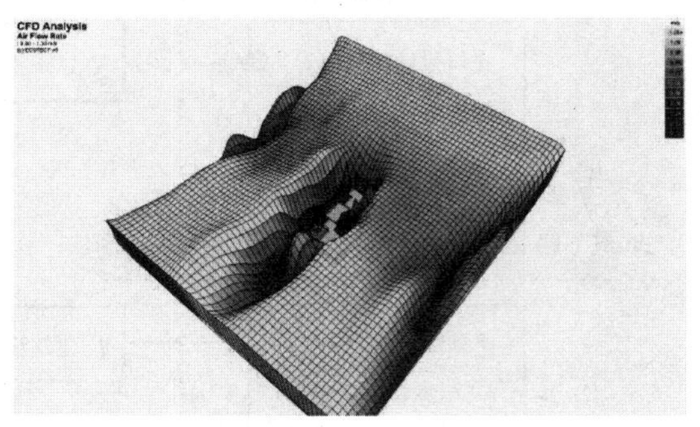

图 8　4.8m 标高平面空气流速分析

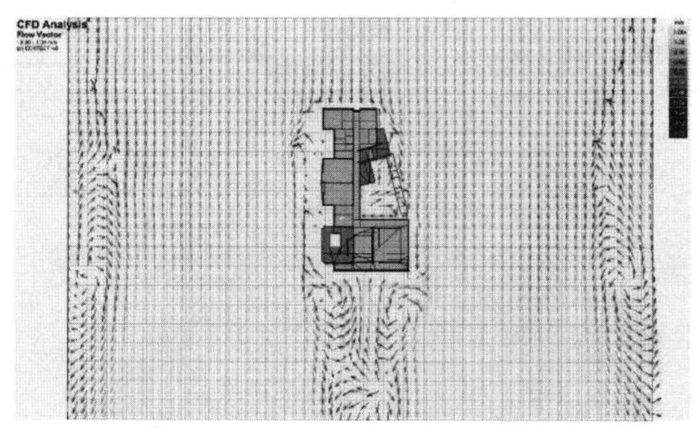

图 9　4.8m 标高平面风向矢量图

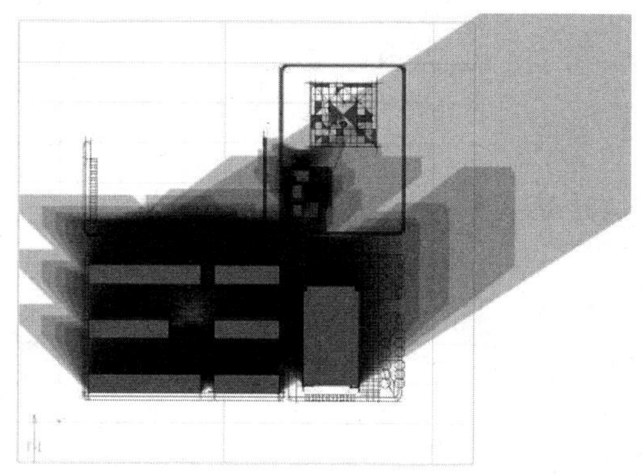

图 10　冬季场地周边建筑阴影区分析

日白天周边建筑阴影范围（图 11），把建筑东侧凹陷处设计为人们乘凉、休息、交流的场所。从全年太阳辐射得热分析（图 12）得出，由于周边建筑物干扰较少，项目用地内的得热主要受建筑自身影响。在建筑东北侧种植的树木距离建筑不宜过近，防止由于遮挡而影响生长。

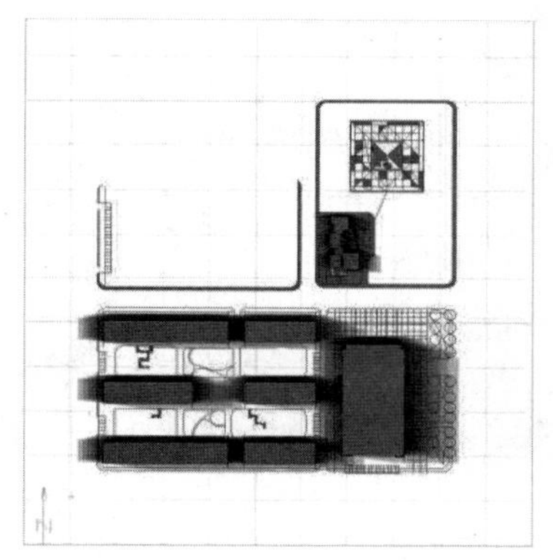

图 11　夏季场地周边建筑阴影区分析

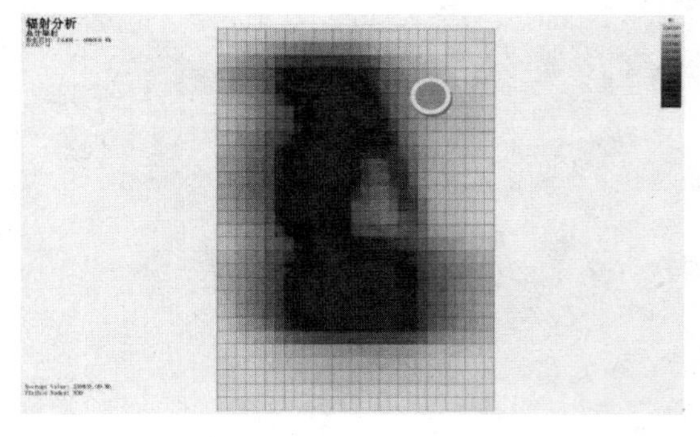

图 12　太阳辐射得热分析

（4）建筑采光。从建筑采光系数分析图（图 13、图 14）看出，一层除东北侧的员工更衣和休息沐浴区采光相对较弱外，其他各主要使用空间采光良好。二层两个大厅采光很好，但是厕所采光较差。因此，将厕所改到北侧，并且把开间改大，同时去掉东侧中间突出部分的屋顶。优化后采光系数稍有增大，厕所使用部分采光提高，大厅也变得更加明亮（图 15）。

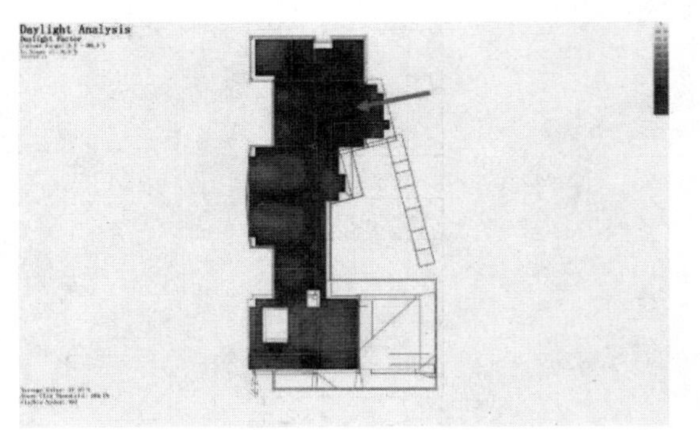

图 13　建筑一层采光系数分析

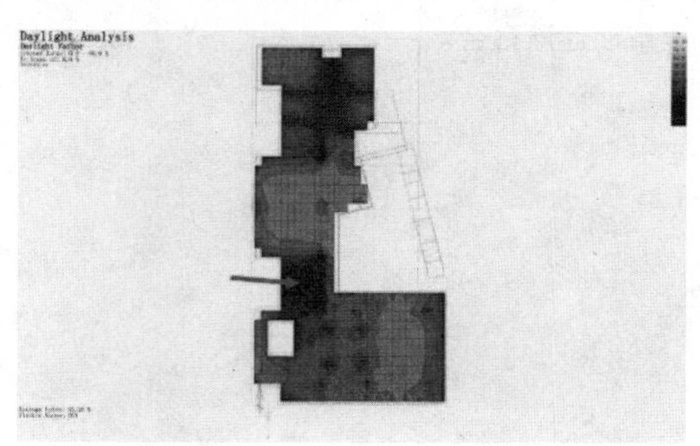

图 14　建筑二层采光系数分析

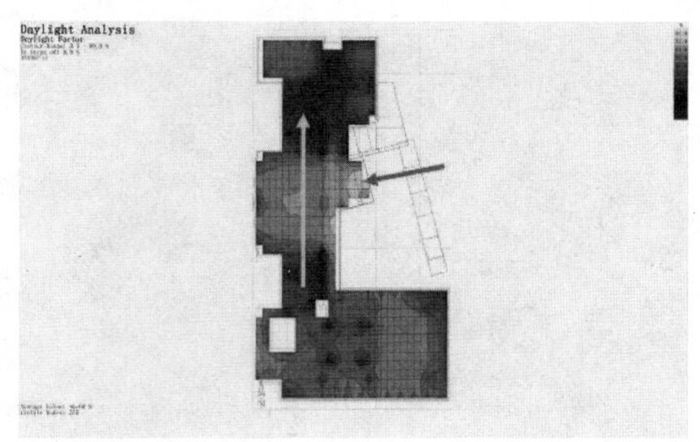

图 15　优化后建筑二层采光系数分析

4　总结与反思

现阶段设置的专题实训（1）、（2）、（3）课程与设计课相辅相成且具有相当的延续性；在各年级课程选题设置上，具有一定的进阶性，从感性认识的 Ecotect 到专业的 IES 再到实际操作应用最广泛的天正日照；在培养目标上，具有不同的针对性，从认识到理解到应用，层层递进；在成果要求上，具有跨平台的综合性特点，可以汇聚不同研究方向的教师共同在一个操作平台下教授不同侧重点的知识；同时，具有一定的前瞻性，符合我们培养“厚基础、宽领域、强能力”的复合型专业应用人才的培养目标。

在总结优势的同时，仍然存在一些不足：首先是软硬件仍不够完善，尤其在参数化建筑设计辅助软件和在参数化数字建构方面，如 3D 打印机、CNC 数控机等方面仍然是空白，致使教师、学生热情很高而实践却很少；其次，师资队伍仍然匮乏，尤其是复合型教师和跨学科的教师，短期内可以通过对部分教师进行短期培训解决部分问题，但如何使大部分的教师都具有这样的视野，仍是一个课题；最后，课程的复合性有待提高，如建筑构造、建筑力学与结构、建筑设备等必修课程仍然与核心设计课结合不足，仍需要通过人才引进、教学研究和改革而逐渐融合。

通过一系列的专题实训课程建设，使其复合入建筑设计系列课程，能够为设计课提供理论和实践平台，提高学生的应用能力、实践能力及职业素养，提升品牌专业内涵，为“十二五”综合投资提供有力支撑。

胡　彪
湖南大学建筑学院
Hu Biao
School of Architecture，Hunan University

回到原点
——湖南大学数字建筑工作营总结与反思❶
Back to the Origin
——Digital Architectural Workshop in DAL of Hunan University

摘　要：湖南大学数字建筑实验室（DAL），采取“走出去、引进来”的教学思路，与 ZHA _ CODE 等设计研究机构合作，近年来主办多次主题丰富的数字建筑工作营，参与的教师和学生在教学过程中，逐步了解数字建筑设计的理论与方法，特别是掌握基本的参数化设计软件和数字加工设备在设计中的运用，制作大尺度数字化物理模型和参与建造大型空间构件，完成数字设计到数字建造的全过程。数字建筑实验室反思数字建筑工作营的教学经验，在建筑学四年级的大跨度建筑课程设计中进行教学改革，取得了初步的教学成果，为今后的建筑设计课程数字化探索，打下了良好的基础。

关键词：数字建筑实验室，工作营，反思

Abstract：Based on the educational principle of “Open up，Bring in”，DAL (Digital Architectural Laboratory) has set up the collaborations with many other research institutions，such as ZHA _ CODE team，and has conducted workshops regularly every year. During the participation of the workshops，tutors and students started to build up their own understanding of digital architecture design，and learnt the skills of using computational software and applications through making real scale models and prototypes. Empowered by the last couple of years’ experience，DAL starts the revolution in the educational system by introducing digital design tools to the fourth year students of university while their design brief is aimed at big span architecture design. The achievement at current stage lays out a strong foundation for the future prospect of digital education.

Keywords：Digital Architectural Laboratory，Workshop，Reflection

湖南大学建筑学院，近年通过与国内外同行的交流，采取“走出去、请进来”的策略，成立了“数字建筑实验室”，在暑期举行国际化的数字建筑设计工作营，期望提供一个开放的平台，打破学生对数字建筑的神秘感，探索建筑设计新思维、新方法的可能性。通过多次联合数字建筑工作营的教学实践，数字建筑实验室将数字建筑设计与本科四年级的大跨度建筑课程设计相结合，正快速而审慎地开展与数字建筑相关的教学改革，期望进一步探索其诱人的形式感背后的生成逻辑与数字建构经验，还原其本来面目。❶

本文将通过比较详细地介绍湖南大学建筑学院近年来三次联合数字建筑工作营的基本情况，客观地展示教学内容与过程。但笔者探讨和关注的重点并非这些数字

❶ 湖南省教育厅教学改革研究项目（项目编号：521298486）；湖南省学位与研究生教育教学改革研究项目。

建筑设计教学的具体内容、方法与成果，而是试图透过这些教学实践活动总结与反思数字建筑的教学规律和实践经验，并发现有待进一步探索的问题，为国内其他情况相似的建筑院校开展相关教学活动提供参考。

1 联合数字建筑工作营

1.1 2010年8月，数字建筑实验室＋扎哈·哈迪德建筑事务所数字设计研究组_Komorebi暑期工作营

数字建筑实验室指导：

胡 骉

杜 宇

ZHA_CODE导师：

Shajay Bhooshan

Chikara Inamura

John Klein

Alicia Nahmad

Mustafa El Sayed

工作营设计主题：

通过对Maya 2011中的nCloth工具的使用研究，要求学生设计一个室内空间界面，能够给予这个室内空间一定的功能性，或者能解决已存在室内空间中的一些实际问题，并选定数字建筑实验室的室内空间为此次工作营的实际基地。

全体师生工作成果（图1）：

通过对拉索结构体系的研究，基于Maya 2011 nCloth工具的使用，设计了一个由钢索连接的连续的室内吊顶。在这个吊顶面自我伸展的同时，由于设计时对结构的实时分析与考虑，每一个钢索圆圈都承担起整个构架的拉力，使整个系统中的拉力能沿钢索均匀分布，从而得到整个结构上的稳定性。整个吊顶面所需要的固定点数量、面边界钢索长度以及完成整个吊顶面所需要的钢索圆圈的数量都在施工前以各种数字软件工具计算得出，从而保证了施工时的精准度，也对整个吊顶的造价和加工周期进行了有效的控制。[1]

小结：由于这次工作营安排在暑期，10天的软件、设计教学和4次专题讲座对于学生和老师均比较充裕，设计完成度很高。在设计上，基于Maya的单一命令，便可基本完成设计的雏形，使得设计能很快往下深入，也让学生用在设计本身的注意力和时间更多，大部分参与者不再会被软件操作所困扰；老师在设计教学中也鼓励与引导学生用"自下而上"的思维方式来进行设计研究与系统发展，但由于思维惯性的原因，大部分同学仍习惯于"自上而下"的模式来完成设计；[2]在最后的四天时间里，全体老师与学生共同用手工的方式完成了名

图1 Komorebi_拉索天花

为“Komorebi”的金属拉索天花，其意义在于探索了基于中国现实技术条件下数字化设计与手工建造之间的平衡点。

1.2 2011 年 7 月，数字建筑实验室＋扎哈·哈迪德建筑事务所数字设计研究组＿Aggregated Porosity 暑期工作营

教学目标：

使学生了解 Grasshopper 的一些基本知识；

使学生能够建立一个可操作的、交互式的 Grasshopper 脚本界面；

学生以组为单位，在 3m × 3m × 6m 的空间内，以“聚集多孔性”为主题，设计一个雨棚方案。

导　师：

胡　骉（数字建筑实验室）

杜　宇（数字建筑实验室＋扎哈·哈迪德建筑事务所）

Suryansh Chandra（扎哈·哈迪德建筑事务所）

张朔炯（Unstudio Architects）

全体师生工作成果：

最后完成的雨棚主体结构为 40mm 角钢，锚固于墙体，在其上固定着激光切割成的 18mm 厚的木质结构龙骨。一张由钢拉索编织成的网格固定于木质龙骨上，再通过定制的钢片节点将 600 多片激光切割的六边形面板用螺栓固定于拉索网格。在可调整节点与重力的共同作用下，面板将被固定在预先设定的空间位置。安装面板时，板边的开槽将垂直于定制节点中的不锈钢金属片，在这样的安装方式下，通过调整现有的节点组件，定制的钢片节点可以使面板在各个方向上都具有灵活调整的可能性。[3]

雨棚的设计牵涉一系列在电脑上的调整与优化过程，以正交的网格开始，最初的 L 形截面的、仅止于提供遮蔽的设计被一步步改进成可提供坐凳的、具有动态性的有机形体。最初的形体上的表面分割线被用来划分六边形的面板，每一块面板都在数字软件的控制下，以六边形中的三个点固定自身，以另外三个点来创造开口。这样的一个方式能最大限度地保留原有形式的曲率并同时创造出渐变的开口效果。其中，最大的几块面板上添加了三角形的开口以保证面板间的连续性（图 2、图 3）。

小结：本次工作营亦安排在暑期，15 天的软件、设计教学和 2 次专题讲座强度比较适中，设计完成度很高。而且基于 Rhino 的可视化编程插件 Grasshopper 对于建筑学的同学比较容易掌握，并用其完成和修改设计

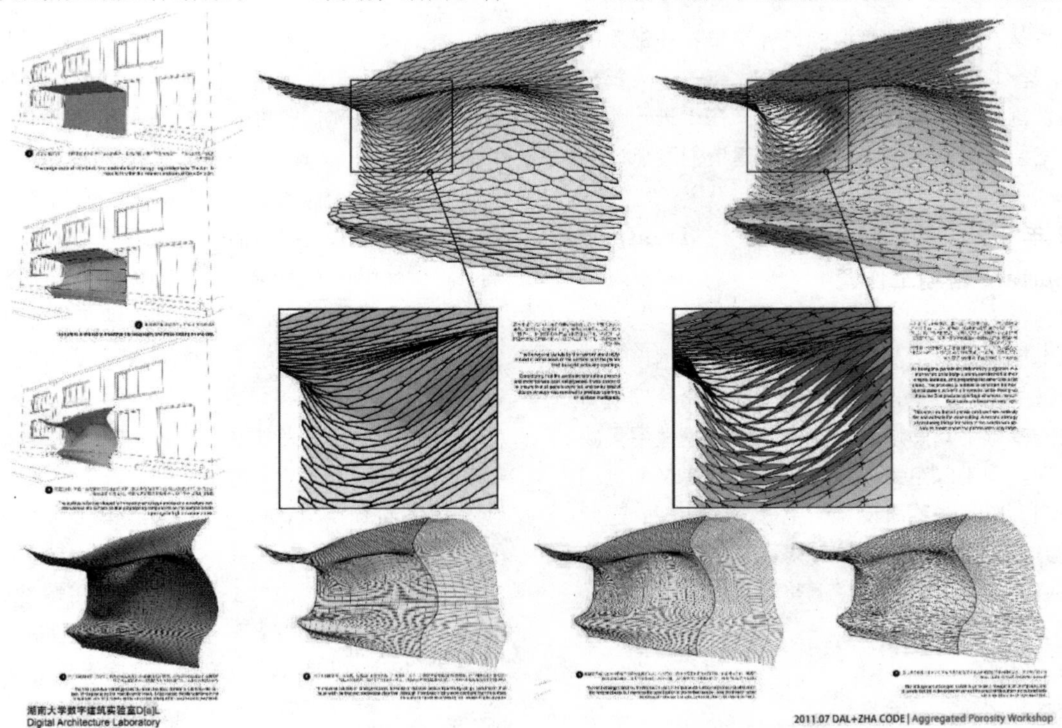

图 2　Aggregated Porosity＿雨棚设计图解

（资料来源：杜宇）

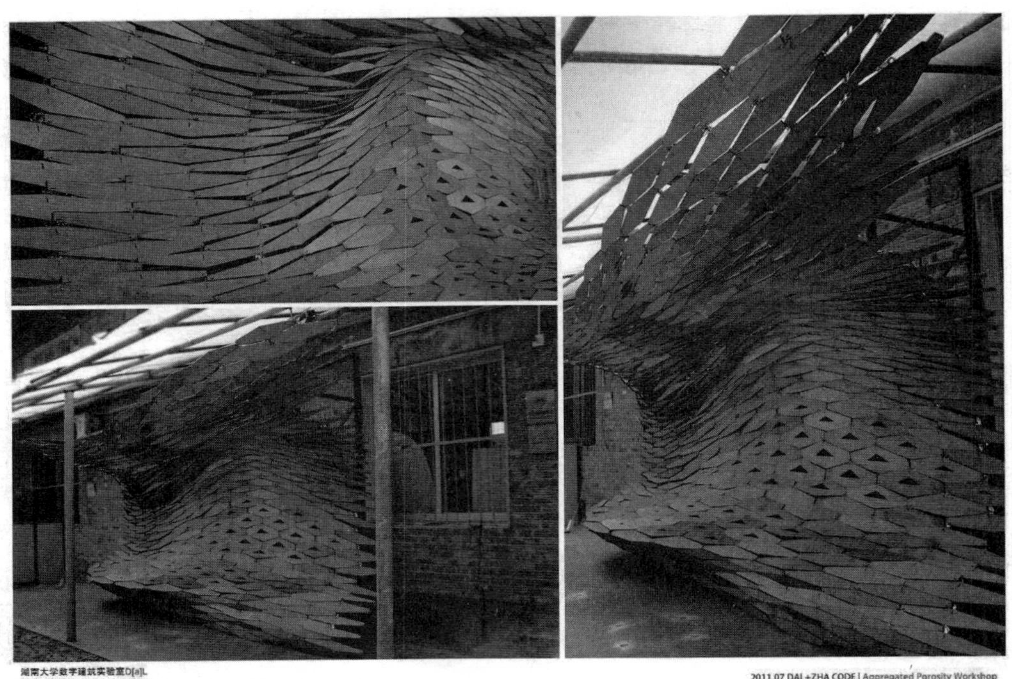

图 3 Aggregated Porosity _ 雨棚

雏形，使得设计能一步步推进，参与者不再会被软件操作所困扰；大部分同学也渐渐习惯“自下而上”的模式来思考与推进设计，通过建立原型，慢慢推动设计系统的演化。[2]依靠 Grasshopper 在计算机模型和手工物理模型上不断推敲，最终得到可控的设计结果；在最后的 7 天时间里，全体师生共同用装配的方式完成了大部分组件以激光切割加工而成的雨棚，其意义在于进一步探索了在实验室层面上从数字设计到数字建造的可能性。

1.3 2012 年 7 月，数字建筑实验室 _ Transparent Surface 暑期工作营

教学目标：

通过自上而下或自下而上的设计策略，根据设计要求去探索合适的设计方案，这个方案应该在充分理解材料基本属性的基础上巧妙地完成设计方案从虚拟到实物的一系列过程。学生以组为单位，在建筑学院老系楼门厅的室内空间，以“透明表皮”为主题，设计一个连续变化的顶棚方案，这个方案应该考虑原有空间的功能改造、流线重组、光影变化、视线调整等基本设计内容。

导　师：

胡　骉（数字建筑实验室）

杜　宇（数字建筑实验室）

Johannes Elias：（Coop Himmelb（l）au Architects）

万新宇（University of Applied Arts Vienna，Coop Himmelb（l）au Architects）

学生设计优胜方案的及建造成果（图 4）：

最后实施的优胜设计方案是基于巧妙解决原有门厅的日照问题为设计主题，因为老系楼的门厅的顶部为 8 个锥形玻璃采光顶，在长沙这样典型的夏热冬冷地区，一年有很长一段时间白天门厅都处于比较强烈的阳光直射状态，原来设计的供师生休息与交流的区域几乎没有人停留，这个方案在日照分析与模拟软件的辅助下，配合 Grasshopper 软件调整由 10 个连续面组成的透空折叠单元的大小与角度，形成一个连续变化的自由曲面吊顶，从而可以很好地解决日照和采光的矛盾。

通过不断的材料研究与实验，最终确定使用 3mm 的灰色铝塑板为主要材料，通过数控切割机的精密加工，一共做出了 320 个折叠单元，每个单元由 2 片可以折叠的铝塑板组成，再将这 320 个单元分为 12 组在地面用螺栓组装好，最后将这 12 组主体结构用钢索吊装在门厅玻璃顶下的钢梁上，再在空中用螺栓将 12 片组件连为一个整体。由于事先在 Rhino 模型中已将各部分精确定位，所以最终的成果尺寸非常准确。通过从上午到太阳落山的这段时间对改造后的门厅的连续观察记录，这一组学生的设计目标可以说是圆满达成，现在也成为这个 20 世纪 90 年代扩建的门厅的一景，最重要的

图 4 Transparent Surface _ 顶棚，学生设计优胜方案

（资料来源：谢易桓、文炜等）

是现在师生们可以在此轻松地聚集和交流（图 5）。

小结：本次暑期工作营分 2 个阶段：第一个阶段是 12 天的分组集中进行软件、设计教学，其中有针对性地安排了 2 次主题讲座和四次评图，强度比较高，设计完成度也很高。由于工作营这种模式很多同学都比较熟悉并习惯了，并且有相当一部分同学之前也基本了解和掌握了 Rhino 和 Grasshopper 这样的数字化建模和编程软件，大部分参与者不再会被软件操作所困扰，从而使

图 5 Transparent Surface _ 顶棚，完成照片

得这个工作营更加偏重于设计与建造的本体研究。大部分同学已经习惯运用“自下而上”的模式来思考与推进设计，基于对材料的研究，依靠软件的模拟与实体模型的推敲，最终 7 个小组基本都获得了满意的设计结果；第二阶段是在选出优胜方案后，有兴趣的同学在接下来的 20 天时间里，在老师的指导下优化设计，继续试验各种建造材料的可能性，并制作 1：1 的实物小样，经过全面的测试后，再大规模加工与组装，参与的学生们积极努力共同装配完成了全部以数控切割加工而成的金属板组件，最后在专业技术工人的协助下完成了整个顶棚的吊装，其意义在于数字建筑实验室终于结合实际场地与功能，探索了用数字设计和数字建造的新范式解决最基本和最具体的设计问题的可能性。

2 总结与反思

经过三年多持续不断工作营模式的数字建筑设计教学探索，数字建筑实验室在本科生和研究生教学环节中积累了一定的与数字建筑设计及建造有关的教学经验与教训，笔者认为最具代表性的有如下几点：

首先，对于参与学习的师生来讲相关的数字化设计软件及数字化加工设备使用的充分掌握非常必要而且十分重要，否则设计与建造的过程几乎难以进行。第二，在教学环节中，安排一些与数字建筑设计有关的专题讲座对参与的学生非常有意义，可以向他们展示设计的背景与逻辑，帮助他们快速理解与消化这些新的信息，并期望他们最终能批判地看待与思考建筑界正在发生的这些事情。第三，每次工作营结束后的集体评图与公开展览特别重要，可以让更多的师生了解与参与数字建筑现象的讨论，以期在更大的范围内听到不同的声音并促使参与者进行更深的思考。第四，建筑学是关乎空间、材料、性能与加工和建造的实用类学科，对于数字建筑设计在虚拟层面上的探索数字建筑实验室始终并不满足，所以数字建筑实验室积极向学校争取经费与场地，购置相关的数控加工设备，在教学中倡导从数字设计到数字建造的工作模式。第五，笔者认为最重要的一点便是面对全球化的数字建筑研究热潮，作为中国的建筑学教育如何在保持国际视野的同时，去探索地域性的设计议题比用软件完成酷炫的造型要更有意义。因为我们现在的设计工具几乎和国际一流的建筑院校没有区别，所以笔者更加以为回到建筑的原点，创造性地运用这些先进运算工具解决中国的建筑现实与未来问题才是第一要旨。还有一点，我们要清醒地认识到所有软件与算法都只是高级工具，都不能取代我们建筑学教育对于功能、空间、环境、人文、历史等建筑要素的学习与理解，否则就有可能陷入被诟病只是玩空洞的形式而已。第六，数字设计工作营毕竟只是计划内建筑教学环节的有益补充，对于老师与学生在教学计划内的课程设计中进行的与数字设计有关的积极尝试，作为学院应该给予大力的支持，毕竟工作营教学时间太短，建筑设计的深度与广度有限，而在一个完整的本科生或研究生建筑设计 Studio 的教学环节中，基于数字设计的思维与技术平台，可以更充分地研究建筑设计的本体性问题，这也是数字建筑实验室积极推动与实践的目标。[3]

注释：

①数字建筑实验室．数字建筑研究初探（2009－）［Z/0L］．

http：//www.abbs.com.cn/bbs/post/view？bid＝1&id＝338514664&sty＝1&tpg＝1&age＝0.

② 数字建筑实验室．数字建筑研究初探（2010－2011 年）［Z/0L］．

http：//www.abbs.com.cn/bbs/post/view？bid＝1&id＝339087109&sty＝1&tpg＝1&ppg＝1&age＝0＃339087109.

参考文献

［1］ 胡骉，杜宇．KOMOREBI——2010 湖南大学 DAL＋ZHA | CODE 工作营的建造实践［J］．城市建筑．2011（9）：42-43.

［2］ 刘延川．在 AA 学建筑［M］．北京：中国电力出版社，2011.

［3］ 胡骉，杜宇．基于工作营模式的数字建筑设计教学初探［J］．新建筑，2012（1）：28-33.

华晓宁　郜　志
南京大学建筑与城市规划学院
HUA Xiaoning　GAO Zhi
School of Architecture and Urban Planning，Nanjing University

本硕贯通背景下本科毕业设计专题化改革的探索

Research on the Specialization of Graduation Design for Bachelor Degree in the Continuous System of Undergraduate and Graduate Education

摘　要：在南京大学建筑系基于通识教育的本硕贯通建筑学专业教育体系背景下，开展了本科毕业设计专题化的改革，强化毕业设计的连贯性、研究性和跨学科性，设立符合未来建筑学发展趋势、适应社会发展需求的专题模块，包括“数字化建筑技术研究”和“绿色可持续建筑技术研究”，并探索新的教学目标、内容、方法、师资队伍和评价体系。

关键词：毕业设计，专题化，建筑学，改革

Abstract：Under the background of the continues system of undergraduate and graduate architectural professional education based on the general education，Department of Architecture of Nanjing University devote into the specialized reform of the graduation design for bachelor degree. The new system strengthen the characters of continuity，research and interdiscipline，propose some specialized modules of design themes which match the future development of architecture and social demands，including “Research on the technology of digital architecture” and “Research on the technology of green sustainable architecture”. The new course objectives，contents，teaching methodologies，teaching staff and evaluation systems will also be researched.

Keywords：graduation design，specialization，architecture，reform

毕业设计，历来是我国建筑学专业本科教育中的一个重要环节。通过毕业设计，学生对本科阶段学习的专业知识和技能进行一个全面的回顾、梳理和综合，并将之综合运用到一个较为复杂并较为接近实际工程项目的设计课题中，初步训练学生解决实际问题的能力，为其进入未来的职业实践打下基础。

然而，随着社会对于建筑学专业人才培养要求的变化，国内大部分建筑学专业院系的本科毕业设计暴露出了越来越多的问题和局限，突出表现在教学目标不明确，研究性弱，效率不高。大部分毕业设计仅仅是本科其他课程设计的重复，在选题上往往受到指导教师生产实践的较大影响，其学术价值和对建筑学前沿课题的敏感性较低，甚至沦为教师从事项目生产的附属品。在时间上则往往受到就业求职等因素的影响而被学生忽视，草草了事。毕业设计教学进程的阶段性控制、教学成果的评价等方面都显得较为混乱。此外，由于大部分建筑学专业院系的本科教育和研究生教育相互独立，连续性和系统性较弱，本科毕业设计对于研究生阶段较高层次

作者邮箱：huaxn@163. com

的专业教育的贡献与价值非常有限。

南京大学建筑与城市规划学院建筑系在国内率先建构了基于通识教育的本硕贯通建筑学专业教育体系，打破了传统的本、硕阶段分段独立设置人才培养目标的思路。该体系具有宽基础、多层次、多类型、体系性和连续性强、高效率的特点，培养专业型、复合型和研究型人才，大部分学生在完成四年本科阶段学习后直接进入研究生阶段进行学习和研究，硕士专业学位成为主要的人才的出口。在这一体系中，本科毕业设计在很大程度上已不再是建筑设计课程的一个终了，而是从本科阶段到硕士研究生阶段整体贯通的建筑设计课程体系上的一个承前启后的环节。在这样的背景下，传统意义上的本科毕业设计课程已经难以适应新的需求，对其进行全面改革成为必然。

自 2013 年起，南京大学建筑系在应届本科毕业生的毕业设计中，率先开始了本科毕业设计专题化的改革试点。这一改革的目标，是要解决传统的建筑学本科教育毕业设计环节存在的与研究生阶段专业教育脱节、目标单一、类型重复、效率不高、研究性弱等问题，在传统的本科毕业设计课程中引入新的思路，将其整合入南京大学建筑与城市规划学院所实施的宽基础、多层次建筑学专业本硕贯通教育体系之中，建设专题化、跨学科、研究型的毕业设计课程模块，培养跨学科的毕业设计教学团队，探索新的毕业设计教学方法，建构新的毕业设计教学成果评价体系。

新的本科毕业设计课程以专题化、模块化为基本特征，在保持其作为综合性建筑设计训练这一传统基础上，强化其连续性、研究性、前瞻性和跨学科特点，增设若干代表着当代学科发展趋势和未来社会需求的专题。一方面，强化毕业设计课题的研究性、实验性和前瞻性，拓展学生的专业视野，培养学生的研究能力、综合能力和创新能力，为学生进入硕士研究生阶段开展进一步的专业知识学习和科研做好方向和方法上的准备，打好坚实的基础，促进他们从接受型学习向研究型学习转变。另一方面，强化毕业设计课题的跨学科特征，拓展毕业设计课题关注的领域，促使学生将所学的建筑设计知识、技能与其他相关学科的知识相整合，从而有助于复合型人才的培养，以适应社会未来对于多元化建筑人才的需求。同时，通过对跨学科的毕业设计选题的指导，也能有效促进学院跨学科研究的发展。

具体来看，本科毕业设计专题化改革主要包括以下内容：

专题模块的选择是这一改革探索的核心。专题的确定首先必须将其整合到本硕贯通的建筑设计课程体系之中，充分考虑学生专业知识结构的整体培养计划，同时兼顾前瞻性和现实性，既要把握学科未来发展趋势，又要紧扣社会对于不同类型人才及其知识结构的需求，此外还要结合学院的总体发展规划、学院和科研教学团队的配置情况。综合以上考虑，本科毕业设计初步确定在原有的综合性建筑设计选题方向之外，新增“数字化建筑技术研究”和“绿色可持续建筑技术研究”两个专题。

从国内外建筑学发展的趋向来看，建筑技术的快速发展深刻改变着传统建筑学，先进的数字化设计技术和制造技术展现了巨大的潜力，极大地拓展了建筑学解决各种实际问题的能力和领域。而在可持续发展的大背景下，绿色可持续发展计划的发展也代表了建筑学未来发展的主要方向，尤其对于我国未来的社会经济发展和转型具有极为重要的意义。这两个领域同时也是南京大学建筑与城市规划学院学科发展与建设的重点方向，业已建设了具有较高水平的师资队伍，并取得了一系列得到国内外认可的研究成果。这就为这两个毕业设计专题方向的顺利实施提供了有力保证。未来根据教学改革的进展和学院科研队伍的发展，还将不断探索增加新的专题方向。

在选定专题之后，进一步根据各专题的特点和具体要求，制定差异化的教学目标、教学内容和教学方法。以往最常见的以综合性建筑设计为基本内容的本科毕业设计，教学内容和方法较为成熟，其成果一般均为建筑或规划设计方案。新增的跨学科专题，其教学目标、教学内容和教学方法需要进行新的探索和研究，强化其研究性和探索性。根据不同专题的各自特点和不同教学目标，教学成果的形式可能更为多样化，评价标准也必然有所不同。需要建立一个可操作性强，既具有差异化特征，又能进行相互比较的教学成果评价体系。

具体来看，“数字化建筑技术研究”专题注重于数字技术对建筑设计思维范式的革命性影响。本专题引导学生通过编写计算机程序脚本完成一个建筑的设计，从初始概念的落实，到环境要素的限定，到构造节点的生成，再到数控设备的加工，最后完成实体模型的建造。在整个过程中，学生除了传统建筑设计知识之外，还要学习包括计算机编程、数控加工等多种技术手段，综合性极高的训练过程有助于学生对数字技术的优势和局限得到充分的体验，也为他们在今后的类似研究积累了宝贵的财富。

而“绿色可持续建筑技术研究”专题着眼于引导学生将建筑设计策略与绿色可持续建筑相关技术紧密整合，以建筑设计、改造为载体，对绿色可持续建筑技术的特定专项进行较为深入的研究，或对绿色可持续技术与建筑设计的相互结合展开探索，达到拓宽视野、获得知识、训练技能、培养意识和锻炼创新的目的。本专题方向的成果可以是紧密整合绿色可持续技术的建筑方案，也可以是绿色可持续技术某一专项的研究论文或研究报告。

这两个毕业设计专题的教学都得到南京大学建筑系在相应方向从本科一年级到四年级开设的一系列通识和专业基础课程群的支持。数字化建筑技术专题的专业基础课程群包括“计算机基础”（一年级）、“CAAD 理论与实践”（二年级）、“BIM 技术运用”（四年级）。绿色可持续建筑技术专题的专业基础课程群包括三年级的“建筑技术（二）——声光热”、“建筑技术（三）——水电暖”和四年级的“建筑环境学”、“建筑节能与绿色建筑”。这些通识和专业基础课程为学生在这两个方向上提供了较为坚实的知识准备和积累，尤其是使学生能够更快地适应与一般的建筑设计有所不同的、更为理性和研究性的思维方式和技术路径。

在 2013 年上半年的 09 级建筑学本科生毕业设计中，笔者具体负责了“绿色可持续建筑技术研究”专题的教学。首次“绿色可持续建筑技术研究”专题的试点以“南京大学逸夫文学馆改造”为载体，要求将南京大学鼓楼校区内一栋建于 20 世纪 80 年代的 8 层框架结构办公楼进行功能置换与改造，用作未来的建筑系馆。在此过程中，要求学生将建筑物理环境的改善和绿色节能技术的应用作为主要导向，并将之与建筑空间与形象的重构进行紧密的整合。这一载体在现状和目标两方面都较为适合承载“绿色可持续建筑技术研究”这一专题。旧建筑本身建于 20 世纪 80 年代，囿于时代背景，对于建筑节能技术的运用相当匮乏，同时由于使用年限较长，现状的建筑室内物理环境舒适度低，建筑能耗较大。另一方面，建筑未来作为建筑系馆使用，空间重构的自由度较大，更有利于学生想象力和创造力的发挥。

在上一学期期末，相关毕业设计专题方向就开放给 09 级学生供其报名，特别要求将进入建筑技术方向研究生学习的学生必选此专题。经过师生双向选择，最终确定四名学生作为首批进行“绿色可持续建筑技术研究”专题试点的学生。教学小组则由两位老师组成。一位为建筑学背景，负责建筑方案设计方面的指导与控制。另一位老师为建筑技术科学背景，负责绿色节能技术方面的指导与控制。两者始终协同工作，共同对学生进行指导，从而保证了“建筑设计与节能技术的整合”这一主要教学目标的实现。

毕业设计开始阶段首先要求学生进行知识准备，包括相关案例的调研、绿色节能建筑技术和相关软件应用的专项讲课和辅导。与之并行，学生对设计对象进行详细的现状调研。通过运用各种仪器进行实测，以及建立建筑现状的计算机模型进行相关模拟，对其建筑物理环境的现状进行全面的了解和研究，分析其现状存在的主要问题和缺陷，同时也针对未来其新的使用功能，分析在物理环境方面需要进行哪些改进。另一方面，针对建筑未来新的使用功能，学生开展广泛的走访、问卷、案例分析等研究，以期全面把握新的使用功能对建筑空间重构的需求。这一阶段持续约三周。学生需要完成三个报告，一是建筑现状的分析报告，二是相关案例分析报告，三是建筑改造的空间配置报告（亦即自行拟定详细的任务书）。

第二阶段是策略研究阶段。学生在这一阶段需要提出初步的改造策略，而其关键在于将建筑空间与形象的重构与物理环境改进、降低能耗的策略进行深入的整合。在此过程中，不同专业背景的两位指导教师的作用相当重要，他们需要紧密合作，启发学生将建筑的空间与形象策略和技术策略同时加以考虑，非常仔细地研究两者之间的相互影响，尤其鼓励学生提出以空间和形象重构的方式达成改善建筑物理环境和节能的解决策略。任何空间与形象策略的引入都会导致在建筑物理环境和能耗上的效应；对物理环境的改善和能耗的降低可能通过建筑空间与形象重构的方式来达成。此外，教师还提示学生不仅仅关注建筑本身室内空间的舒适度和能耗问题，还必须考虑改造策略对建筑周边外部空间，以及其他建筑在物理环境和建筑能耗方面造成的影响。

策略研究阶段之后是技术深化阶段。这一阶段的重点是在技术层面对上一阶段提出的策略进行验证和修正，从而将方案不断优化。学生在教师的指导和帮助下综合运用 Ecotect、Design Building、Airpak 等软件工具，针对上阶段提出的以定性描述为主的策略进行定量的优化和多方案比选，以优选出综合效能最佳的方案（图 1、图 2、图 3）。在此指导教师尤其强调的是建筑策略与技术策略的综合平衡。同时达到两方面的最佳状态固然是终极目标，但在大部分情况下还是必须做出权衡，在某一方面有所侧重。

方案表现阶段，要求学生不仅表达方案设计的最终成果，还必须表达整个毕业设计全过程的研究，包括前期的研究和分析报告，中间阶段多方案的比选等。这其中对于综合运用多种建筑节能技术对建筑物理环境的改善是表现的重点。最终方案成果中必须附有改造前后物理环境的详细比较和能耗优化的相关计算说明。

通过 16 周的教师教学和学生工作，最终本毕业设

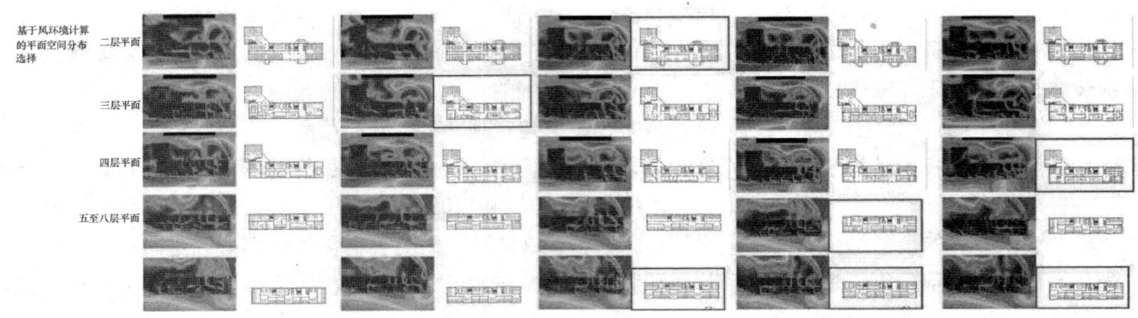

图 1　以自然通风为主要导向的平面布局优选

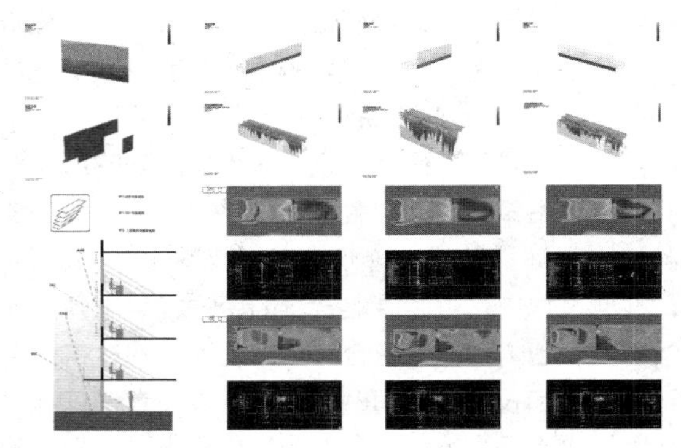

图 2　立面遮阳的形态优选

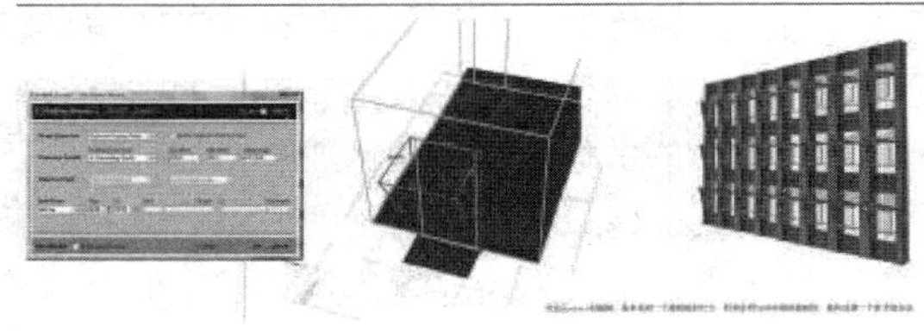

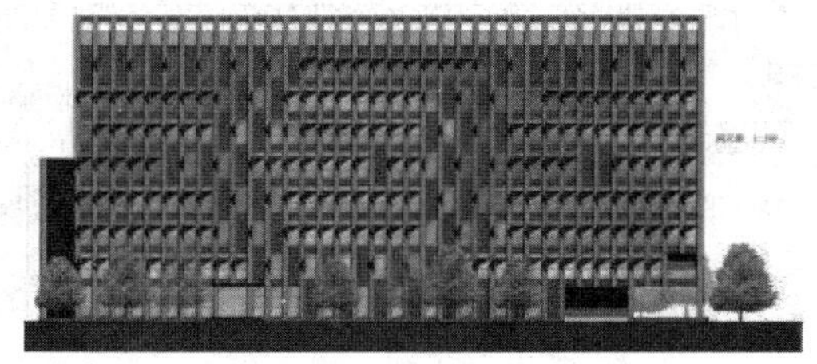

图 3　立面遮阳的自动生成

计专题组呈现的教学成果基本达到了预期的目标，学生初步了解了绿色可持续建筑对于未来的重要性，对将相关建筑节能技术与建筑空间、造型策略整合的技术路线有了一定的认识。尽管毕业设计的成果还显得不成熟，建筑设计与技术的整合还显得十分稚嫩和粗浅，存在许多技术细节上的问题，但最重要的是学生对建筑技术与建筑设计的整合产生了兴趣，初步形成了相关的意识，尝试了以技术为导向的研究工作方法。这对于他们进入研究生阶段的学习和研究，乃至未来的职业实践都有着积极的意义。

总的来看，本科毕业设计通过专题化的改革，将成为南京大学建筑与城市规划学院“4＋2”本硕贯通建筑专业教育体系中更为重要的一个环节，发挥更大的作用，对学生专业知识和技能的进一步完善、专业视野的拓展、创新能力的训练产生积极的意义，使之更能适应社会对于研究型、专业型和复合型建筑专业人才的需求：为学术型人才未来从事学术研究打下学术视野、研究方向和创新研究能力的基础；为专业型人才打下专业技能和综合能力的基础；为复合型人才打下学科交叉和复合能力的基础。目前，全国建筑学专业高等教育正在普遍进行学制和专业教育体系的改革，以进一步顺应国际潮流和学科发展趋势，适应未来经济发展与建设的需求，强化本科与硕士阶段专业教育的衔接，缩短整体教学周期，提高教学效率，完善人才培养机制。在此大背景下，传统的本科毕业设计必然面临着改革与转型。南京大学业已在国内率先探索建立与国际一流大学接轨的宽基础、多层次、多类型的本硕贯通建筑学专业教育体系。笔者期许通过师生的共同努力，在这一体系下进行的本科毕业设计专题化改革也能获得具有广泛借鉴意义的成果。

李　明
中国矿业大学力学与建筑工程学院
Li Ming
School of Mechanics & Civil Engineering, China University of Mining and Technology

碰撞与融合：数字技术与建筑设计

Collision and Mergence: Digital Techniques and Architectural Design

摘　要：本文回顾了中国矿业大学建筑数字化设计教学，并结合本科课程作业进行解析，总结教学过程中的经验与教训，以促进建筑专业师生与同仁间的认知交流。

关键词：工具应用，数字化认知，数理模型

Abstract: The paper is analysis student' s works of Architecture Digital Design based on cases of experimental teaching in China University of Mining and Technology recent years. And summarize some experiences and lessons as exchange of knowledge in teaching of digital design.

Keywords: Tool Application , Knowledge of Digital Design, Mathematical Model

传统意义上的建筑设计课程，采用的是以修改学生设计图纸为基础的讨论式传授知识的体系。近年来，这种教学模式在建筑设计课程教学中，特别是高年级的课程中，有一个问题日益凸显：建筑设计与建筑体验的可解释与不可解释的矛盾。究其原因，主要来自两个方面。第一，社会进步与技术发展，新的建筑技术与材料的层出不穷让我们目不暇接，传统的设计方法受到了前所未有的冲击。第二，教学中所秉承的传统教学模式能否适应时代的发展，能否与技术思想的更新相合拍，基于数字技术的建筑设计方法虽处于探索与发展阶段，但对整个建筑设计领域产生了全方位的影响。

教学究竟是告知解决问题的答案还是传授解决问题的方法，这是我们需要反思的问题。建筑设计本身是一个涵盖了诸多不确定因素和矛盾的综合体，而不仅仅是平面和空间的构图游戏。如何才能将新的技术思想和相应的建筑理论融入建筑设计教学模式中？如何使在建筑设计中应得到密切关注的问题，如建筑技术、建筑表皮与构造、结构乃至空间的关系、建筑节能等内容，融入到教学中来。基于以上原因，笔者与年级组的其他教师一起，在四年级的课程设计中，结合蓝星杯全国大学生建筑设计方案竞赛：美丽中国·我的家——中小城市社区活动中心方案设计，进行了一次关于多技术复合支撑体系下的建筑设计的教学实验。

1　教学内容的设定

2013年，为了探究数字技术与建筑课程设计的结合方式，笔者与年级组的老师共同调整了教学方向，依托本院“Ecotect生态建筑模拟分析实验室”（由GDI和Square One Research联合授权，2008年4月建立），在四年级增设了基于数字技术设计理念的建筑设计课程，将以往纯粹以功能、空间为主体的建筑设计，定位为以数字技术为主体的多技术复合支撑的建筑设计课程，并重新拟定了课程的教学过程。

2　数字化建筑设计

科技的每一次进步都或多或少影响到建筑和城市的发展，古典时代，建筑师以柱式规范作为基本语言；现代，以空间作为基本语言进行操作。多少个世纪以来，

我们手中都是砖石、木、钢、水泥和玻璃这些具体的物质：我们谈论着功能、形式和艺术之类的问题。尽管计算机和辅助设计软件大大改变了我们工作的方法，但也只能算作一场范围和深度都很有限的设计手段和设计方法的改良而已。数字技术由最初的表达手段发展到一种设计方法，目前已上升到动摇传统建筑构成元素和形态。数字技术的快速成熟，为设计和建造过程提供了前所未有的可能，是一场继现代主义之后的真正意义上的建筑革命，是基于设计工具所带来的设计意识的变革。

3 课题内容定位

本课题内容定位是解除尺规对难以量化的自由空间的束缚，利用软件生成参数化模型并将其发展为三维形态，对概念性设计进行可视化推断、客观舍取、即时调整和准确定位，最终形成与原有体系紧密结合、张弛有度的完整方案图。设计课程注重培养学生对建筑建构的掌控能力，实现的是建构诸如与建筑紧密结合的生态系统等原来难以表达的设计理念和结构体系。从三维空间结构入手以无纸化的方式来完成整个设计过程，强调计算机技术在建筑设计中的表达深度和应用广度。在提高作业广度与深度的同时，课程教学大多要求灵活采用各类文字和图形演示软件进行课堂交流。学生在整个设计过程中既能保持思维的活跃性和独创性、讲求逻辑推理的严密性，同时也能确保设计作业整体质量的提升；在设计过程中三维造型能力也为学生提供了应用新型材料表达空间构造设计的更多可能性，促进学生对建筑的深入理解。

4 教学的过程

我们认为数字化设计教学可以在建筑学的中后期教学中实施。与数字化设计相关的主、次课程已经完成，针对数字技术领域的介绍新知、澄清概念、修正认知等教学环节更应尽早增加到课程设计实践中来。为了明确学习的方向，我们向学生提出两个问题。第一个是关于社区活动中心与社区乃至所处小城镇的关系，并提出注重生态型的活动中心的建成对社区这个居住综合体的影响。作为设计方法的研究，第二个问题是如何利用数字技术完成课程题目的设计。

第一个阶段，由学生自发组成兴趣小组，结合自己的初步构想，进行前期研究，并以影像和多媒体的方式和工作室的同学、教师演示。在经过共同的讨论分析后，各组同学加深了对课程题目的理解，并以此为出发点，从不同的视角提出了各自具有独特角度的发展方向，明确了自己下一个阶段的任务以及准备工作。

第二个阶段，是分组进行设计，建立初步的概念框架的阶段。笔者在此以一个完整的学生作品案例为基础，用来说明一下这个课程的教学成果。设计者初始的关注点在三个方面。其一，目前我国大多数城市社区活动资源较为丰富，但在一些城市边缘以及乡村等较贫困地区，缺乏居民相互沟通、共同活动的社区场所。其二，现阶段我国处于高速发展时期，城市更新过程中造成了大量资源的无谓浪费。其三，近年来我国屡遭自然灾害，灾后重建是一个漫长的过程，社区活动中心相对灾民来说更是一个精神慰藉的场所，但在建设过程中常被忽视。这是设计者从社会、城市角度提出的问题，对于如何解决，设计者提出了设计的理念：以“蒲公英”为理念，提供一种可拆卸重组、可移动的普适建造——既能适应不同气候环境，同时又能满足地域性的独特地形条件。

第三个阶段，是探讨设计概念可实施的建造可能。设计以三维的形式进行构想、表达、推进，使在空间利用、公共空间组织及交通流线布局等方面更接近真实的使用需求；从材料—建造技术—结构—空间的关系入手，实现实体建造的设计概念。材料的选取，原则是必须节能与可持续。设计者选取的可循环利用的材料，主要为竹钢、钢丝网、玻璃，同时装配一定的太阳能电池板。竹钢：高强度竹基纤维复合材料，是一种新型的结构材料，其强度比普通钢材高出很多，尤其是竹钢的拉伸强度，是同等重量钢材的三倍。钢丝网填充：主要作为非承重围护系统，以单一模数的钢丝网为基本建造单位，填充不同的材料，以适应不同的气候。太阳能板：可再生能源的载体，可吸收太阳能转化为电能，供活动空间用电。拆分重组建造模式：建筑可拆分成单元，并运输到目的地，重组后继续使用，避免了拆毁建筑物造成的资源浪费。从整个建造体系来说（图 1），以竹钢榫卯连接成一个结构单元，N 个结构单元组合形成整体的结构体系；以钢格栅与自然植被复合形成水平楼板构件体系；以钢丝网填充石块、干草或种植竹子形成围护

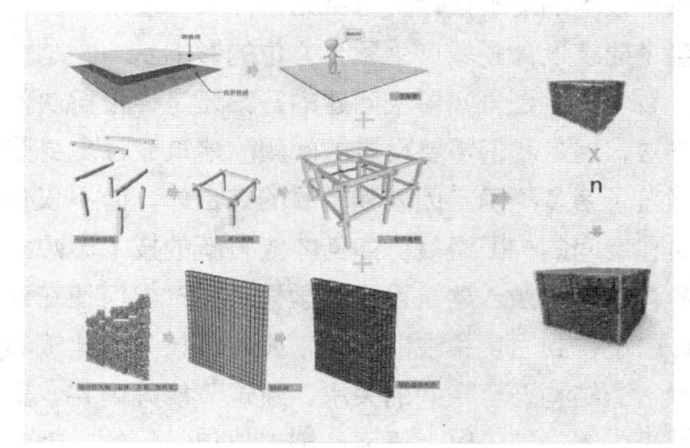

图 1　建造模式

体系。多种体系复合叠加，进而完成整个建造过程。

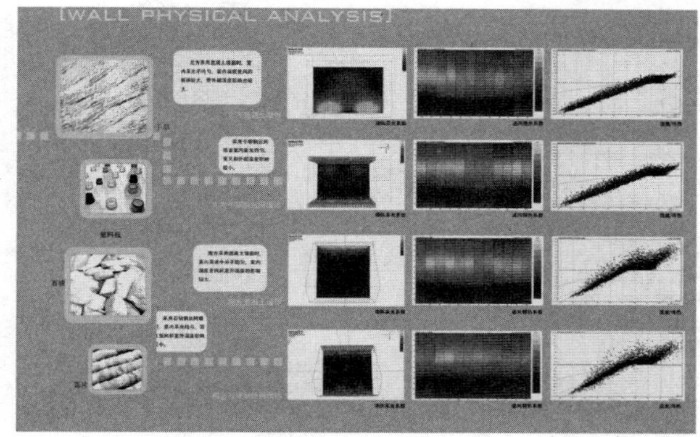

图 2　Eco 分析结果

为体验建造后空间的物理环境效果，设计者应用生态分析软件对基地容量进行采光、通风、得热、温度等测试分析。如图 2 所示，将北方地区的实体填充墙与干草钢丝网墙面跟南方地区的实体填充墙与石块钢丝网墙对室内空间的环境影响进行分析比较，对比总结出使用钢丝网填充物组合围护墙体在技术上的优势所在。

下一个阶段，设计者的主要目的，是探讨所设计建造模式的普适性。首先是拆除移建的可能性。经过研究分析，设计者将建造的最小建造单元的尺度与货运客车的车厢空间相统一，利用便利的交通工具，让活动中心具有流动的特质，为不同场所环境提供必要的服务。如同蒲公英的种子，在找到适合生长的土地之前总是在探索。设计者设计的小单元流动站就是采用这种临时的策略，在没有特定场所可以长期存在的时候，担当某些指定的功能，如医疗流动站、文化宣传站、科普小基地等，为社区服务提供临时性的空间。这种灵活移动的空间形式，能够形成一种网格遍布城市，达到比固定集中设置的活动中心更高的覆盖率——每一个服务中心的覆盖率约为半径 3km 的区域。基于这种可移动的重组形式，设计者针对南北方地域的差异性，利用数字技术进行实体建造的体验。在北方地区，冬季采暖时间相对较长，对建筑的保温隔热性能要求较高，建造采用设定好的基本构架，通过不同的组合方式和填充物质的改变来实现建筑普适的设计构想。如图 3 所示，建筑北向不适合大面积开窗，为了避免冬季散热过多，仅开设了北向小高窗；结合构件组合出的单坡屋顶形式，在顶部可形成烟囱效应。在南面墙体，采用钢丝网填充墙和温室结合的做法，通过温室和对墙面通透性的调节，来控制烟囱效应。例如，夏季打开温室，将钢丝网内填充颗粒较大的石颗粒，可以形成双重的过滤网，对进入到室内的空气起到降温的作用；冬季封闭温室，在钢丝网内加填热惰性大的干草扎，实现双层保温的效果。同样地，如图 4 所示，对于南方地区的建造模式，设计者也进行了分析，这在下文的实际案例中将详细分析，暂不赘述了。通过南北方建造形式的数字化分析设计，设计者普适性的构想，初步得到了实现。

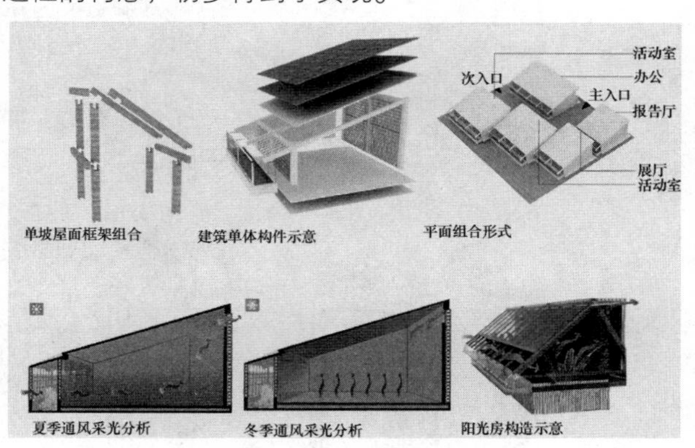

图 3　北方建造模式

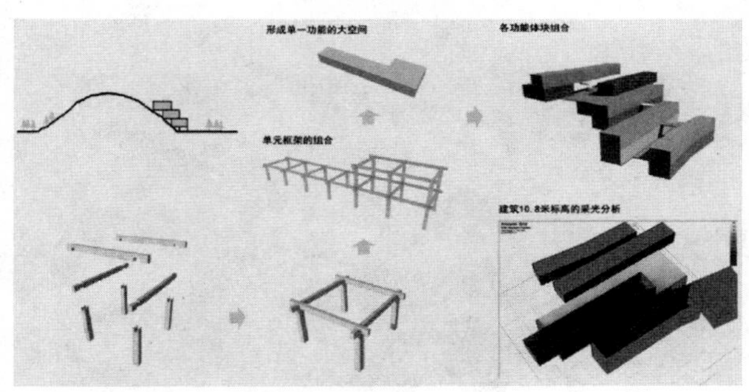

图 4　南方建造模式

最后一个阶段，设计者在重庆巫溪县山区中，选取了一个村落进行了数字化的虚拟建设。此地区位于长江上游，冬暖夏热，无霜期长，雨量充沛，常年降雨量在 1000～1450mm。设计者运用 ECO 软件得出全年温度分布曲线、全年太阳辐射、日轨以及最佳朝向。针对地区特定的地域条件，通过 ECO 软件对地区的被动节能策略进行分析，包括被动式采暖、直接蒸发、间接蒸发、自然通风、高热容材料及夜间通风。如图 5 所示，得出其中最为有效的方式为自然通风、高热容材料以降低温度，间接蒸发以降低湿度。基地周围布有数个村落，村落与水库相隔较远。选址于村落与水道之间的山坡上，与各村落距离较为适中。由于要减少对山体的破坏而山地较为陡峭，因此需要建筑依靠山体架空设置。同时，针对山形，使用长条形与架空的叠放方式。针对地区湿热的气候，使用较大的石头填充入钢丝网内，使用自然通风的方式降温。由于是山地建筑，利用软件进行了采光系统的分析（图 4）。最后完成了整体的设计，如图 6～图 8 所示，是最终的设计成果。

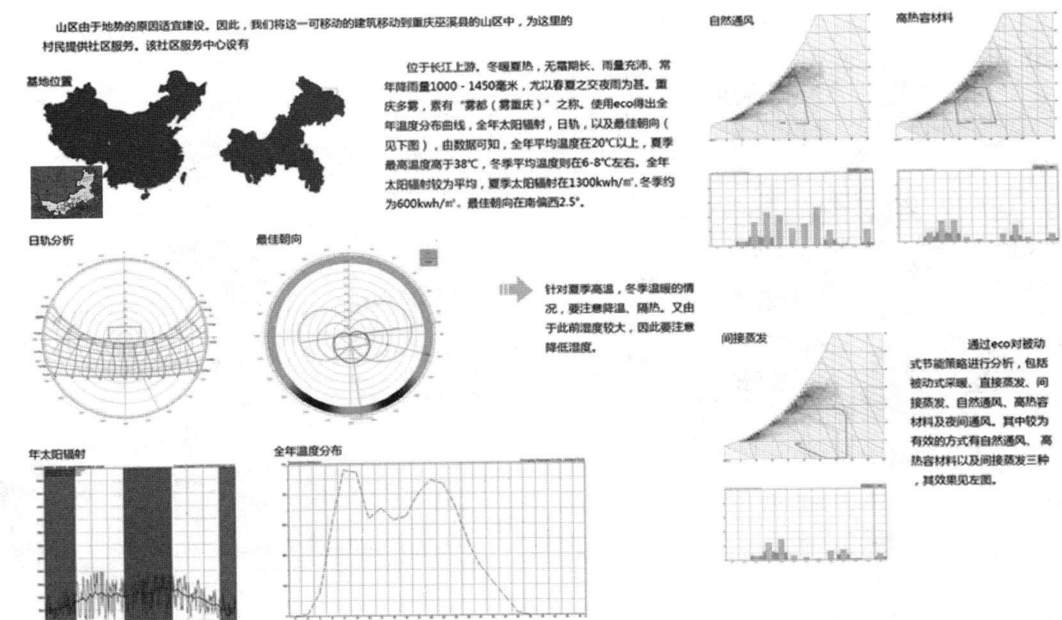

图 5

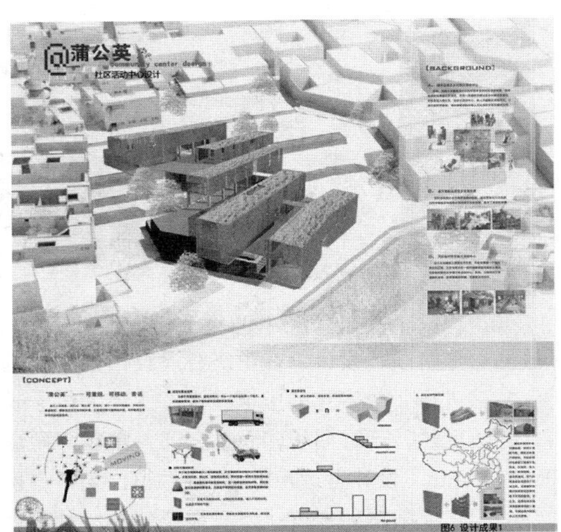

图 6

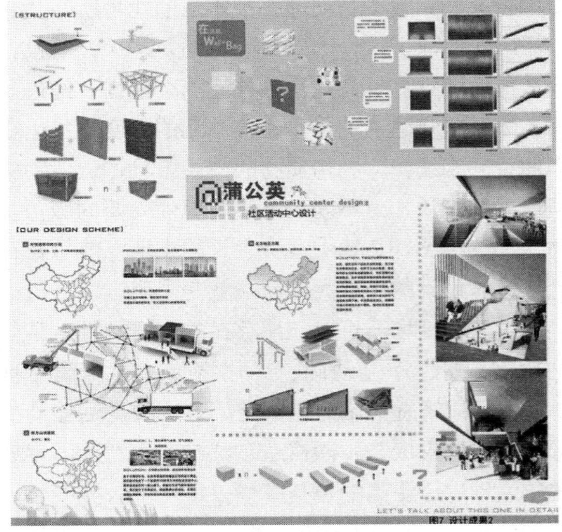

图 7

5 总结

在以数字化技术为基础、运用多技术的建筑课程设计中，师生共同探讨式的教学模式，是由当前数字建筑的前沿性和不确定性所共同决定的。其优势在于能在既有技术条件下最大程度地确保建筑问题与操作手段两者之间良好的适应性：前提是需要清晰的数理逻辑及较强的数字化概念。数字化设计的真正核心应是有了这部分的支撑，它可以面对更广泛的问题，包括建筑非形态方面乃至方法本身，其中就有基于算法的数理模型。本文案例式的探讨，是一次在数字化设计方面技术操作性较强的尝试，远不能说成功与完整，但它强调的是对曾提

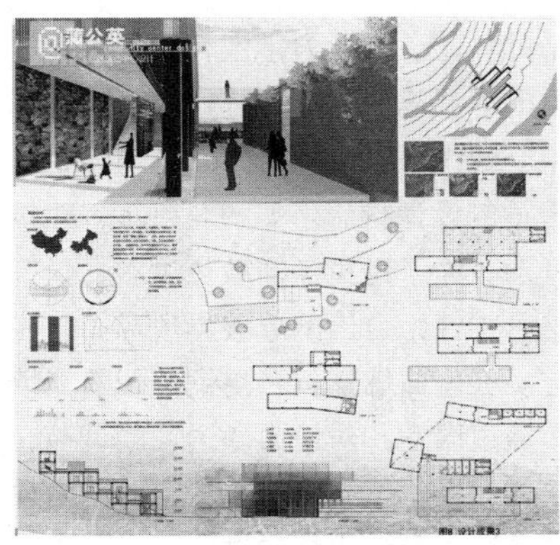

图 8

及的技术路线通达性的探究。在这里设计结果并不重要，因为数理模型能产生太多种可能性。本文列举方案只是其中的任一，多方案可能均能解决设计者所设的问题，而这恰恰展示出数字化设计令人着迷的无限前景。行文至此，笔者认为现今建筑设计以数字化技术为基础的多技术支撑的建筑设计，处于一个转变的时代：建筑设计教与学的过程中，师生共同学习思考的时代。

参考文献

[1]（英）绍拉帕耶著．当代建筑与数字化设计[M]．吴晓，虞刚译．北京：中国建筑工业出版社．2006.

罗　鹏
哈尔滨工业大学建筑学院
Luo Peng
School of Architecture, Harbin Institute of Technology

建筑与结构的交响

——大跨度建筑与结构协同创新教学实践探索❶

The Symphony of Architecture and Structure

——Teaching and Practice Based on Coordination and Innovation of Large Span Architecture and Structure

摘　要：本文系统地介绍了哈尔滨工业大学开设的大跨度建筑与结构协同创新课程的教学实践过程。探索了跨学科联合教学在当代建筑教育中的意义，以及在教学内容、教学方法等方面的创新。指出通过跨学科交流与协作，突破专业局限，培养具有整体意识、宏观视野和综合知识体系的创新型人才是当代建筑教育的重要发展方向。

关键词：大跨度建筑，结构工程，协同，创新，教学实践

Abstract: This paper introduces teaching practice of large-span architecture and structure collaborative innovation design initiated by Harbin Institute of Technology, explores the significance of interdisciplinary teaching cooperation in contemporary architecture education and the innovation in teaching content, method, evaluation mode. It points out that it's an important development trend to carry out interdisciplinary communication and collaboration, to break the boundaries of major, to cultivate innovative talents with overall awareness, macroscopic horizon and comprehensive knowledge.

Keywords: Large-Span Architecture, Civil Engineering, Collaboration, Innovation, Teaching Practice

建筑是由多学科交叉与合作产生的，技术与艺术有机结合的整体。当代建筑教育，在突破专业桎梏，强调多学科融合、协同创新的背景下不断向整合、多元、开放型发展。建筑与结构自古以来就密不可分，特别是在大跨度、大空间公共建筑领域，这一关系尤为紧密，而对于大跨度建筑空间结构的研究也一直处于建筑和结构领域的前沿。哈尔滨工业大学针对大学本科四年级建筑学和结构工程专业的学生，整合大土木学科群的综合技术力量，由建筑学院联合土木工程学院跨专业开设了“大跨度建筑与结构联合创新设计课程”。本课程以大空间公共建筑中具有代表性的体育场馆为载体，通过建筑专业与结构专业的密切合作和跨学科联合指导，使学生在掌握大跨度建筑与结构的相关知识和设计方法的基础上，进一步开展大跨度建筑与结构体系创新研究。强化学生的结构意识，培养学生的创新型思维，提高学生的科学研究能力。同时，通过本课程探索跨学科教学和科研合作的新途径。

设计题目以实际工程项目为依托，要求学生依据任务书，通过建筑与结构专业的联合设计，形成概念设计方案，并在定性设计的基础上通过计算机模拟定量分析

作者邮箱：lp-hit@163. com

❶ 黑龙江省高等教育教学改革项目：基于扩展式教学理论的建筑与结构跨学科协同创新系列课程与教学方法研究。

与实验，对方案进行优化设计，并由宏观的建筑功能、形象、结构体系设计深入到材料、细部结构节点设计，最终形成完整的建筑设计成果和结构分析、研究成果。

1 教学过程

本课程为期一个月，分为理论教学与实践教学两大部分，具体按周又细化分为四个教学阶段（图1）。

第一部分为理论教学部分（第一教学阶段）。通过教师的讲授和学生的资料调研、分析，弥补学生对于空间结构和大跨度建筑设计知识的不足。课堂教学首先由课程负责教师向学生讲述本次课程的主题、内容和研究方法；然后分别由建筑和结构专业的教师面向全体同学开展题为“体育建筑设计专题”和“现代空间结构”的专题讲座；最后，分别针对建筑专业与结构专业的学生进行 Rhino、PKPM 等相关软件的培训。在此基础上，利用课余时间，组织学生对体育场馆进行实地调研；布置学生有针对性地进行资料收集、抄绘和分析讨论。通过理论教学，使学生加强了对于大跨度建筑及结构相关知识的认知及理解，掌握了建筑与结构协同设计的工作方法，建立了建筑与结构一体化的整体建筑观念。

第二部分为实践教学部分。通过具体的设计实战练习，使学生巩固理论知识，掌握跨学科协同工作方法，提高协调和创新能力。这一教学部分又分为三个阶段：

（1）概念设计阶段（第二教学阶段）。这一阶段从任务书解读和基地环境分析入手，明确总体构思和设计理念、确立主要研究方向，并在此基础上通过建筑与结

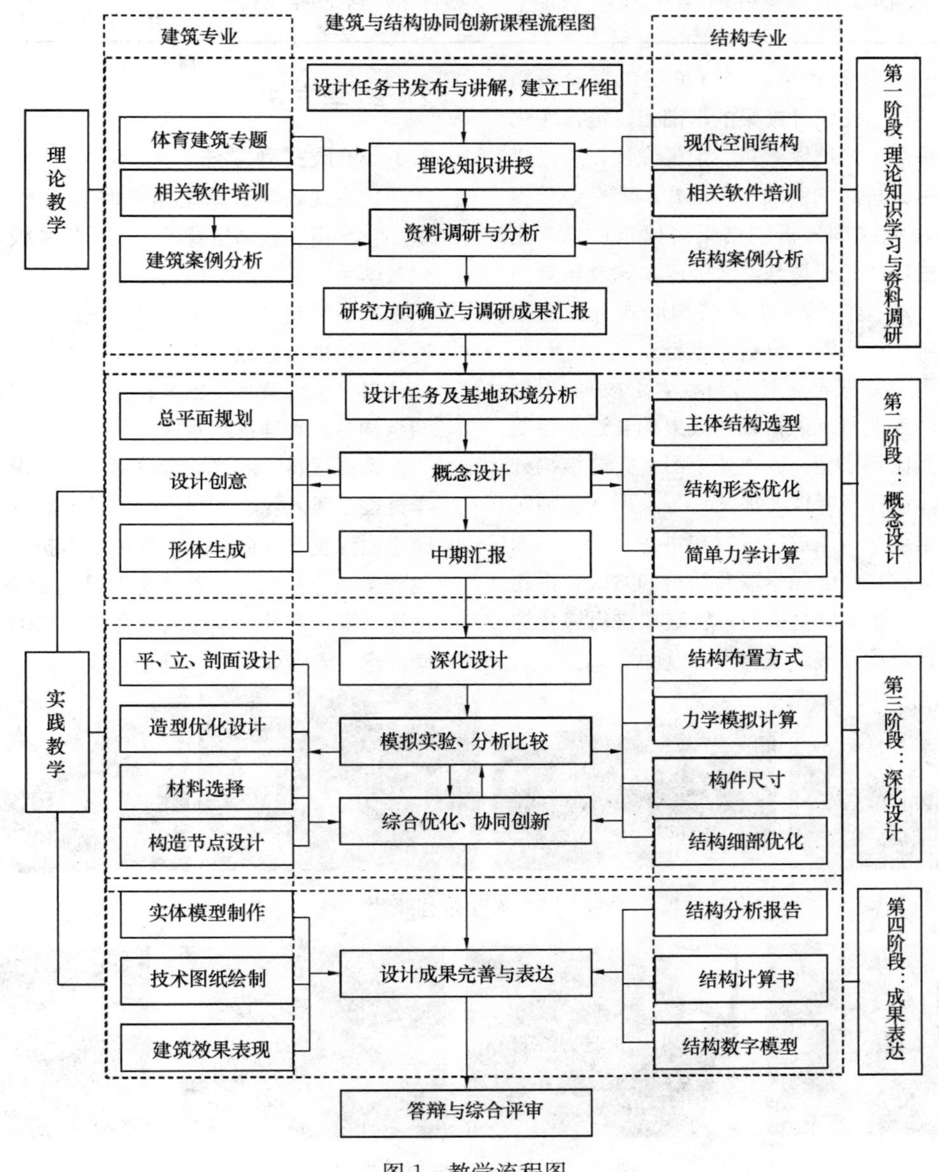

图1 教学流程图

构专业的合作与交流，完成方案的总平面布置、形体生成、结构选型等工作。以本年度课程为例：今年的联合设计题目为“Study from nature”，要求从向自然学习入手，通过调研自然界中所存在的事物和现象，分析其与大跨度建筑和结构的关联性，研究其形成机制和原理，进而从形态、体系、力学、材料等多方面研究结构与形态的关联关系，共同寻求建筑与结构的综合创新；学习从分析、研究到创新、应用的研究型设计方法。六组同学分别根据所调研的自然现象，提出了“基于风环境的建筑结构与形态研究”、“屋盖开合机制仿生研究”、“大跨度结构体系仿生设计”等各具特色、前沿性较强的研究课题，并根据各自的研究方向开展了一系列设计工作（表1）。

设计选题与研究方向　　表1

组别	第一组	第二组	第三组	第四组	第五组	第六组
方案名称	定风坡	旋	Jellyfish	子母贝	展翼	龙鳞
研究方向	基于风环境的建筑结构与形态研究	建筑形态与结构体系仿生设计	建筑形态与结构体系仿生设计	建筑形态与结构体系仿生设计	屋盖形态与开合机制仿生研究	屋盖形态与开合机制仿生研究
结构选型	三铰张悬拱	索桁架体系	拱索复合结构	拱、网壳组合结构	拱组合体系，开合结构	网壳，开合结构

（2）技术分析与综合优化设计（第三教学阶段）。本阶段在已确定的概念性设计成果的基础上，进行深化技术设计。教学重点由定性设计转为定量设计，通过模型实验与数字模拟分析对构件尺寸、形式、节点进一步进行落实，并且根据结构分析的结果对建筑形体、空间、构造体系等进行优化和调整。教师以讨论及辅导的形式，通过草图、模型向学生讲述结构形式及受力原理，启发学生对结构进行深入分析与创新。

（3）设计成果完善与表达（第四教学阶段）。根据建筑与结构不同的专业特点进行设计成果的表达：绘制技术图纸、制作大比例模型、制作效果图、完成结构分析报告与计算书、制作多媒体汇报文件等。期间教师对成果制作过程中出现的问题进行辅导与讲授。最后，课程考核采用建筑与结构专业同学联合答辩的方式，由建筑学专业与结构专业的教师共同对设计成果进行综合评审，并对学生设计过程及成果进行点评（图2）。

2 教学方法

2.1 扩展式教学法

扩展式教学法原是语言课堂教学中采用的一种方法。它是指在教师指导下，学生借助板书、图片等形象化教学手段，不断地由词扩展到词组、句子，然后再由句子扩展到句群或段落，最后由段落连成课文。在这一过程中，学生经教师的引导和启发，每向前走一步，都能从自己的现有水平出发，把新学的知识纳入已有的认知结构并达到理解和掌握。

本课程将扩展式教学法引入建筑设计教育，实现教学过程由浅入深、教学内容由单一专业向跨学科、教学时空由课堂教学向课外教学的全面扩展。教学过程从理论到实践、从概念到技术、从定性到定量，环环紧扣，由浅入深，有助于学生对于复杂问题的理解与掌握。教学内容在专业学习的基础上扩展到跨专业领域，通过跨

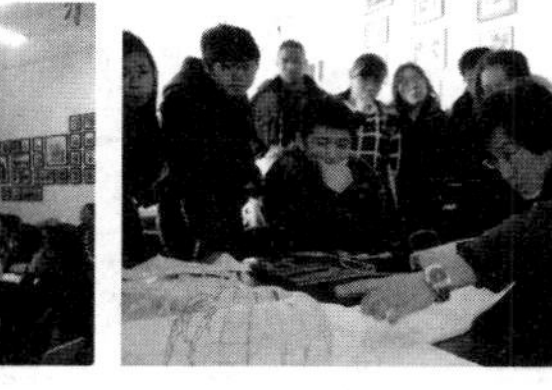

图2　教学过程照片

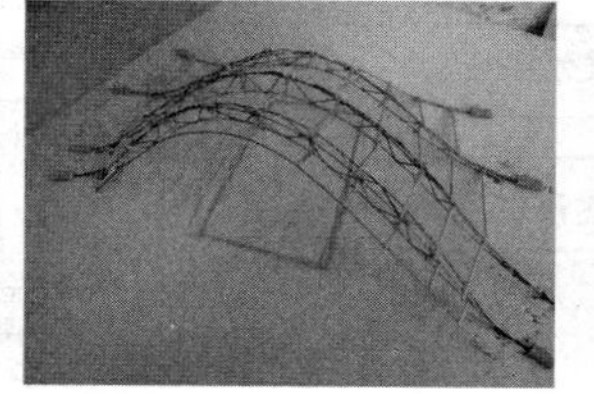
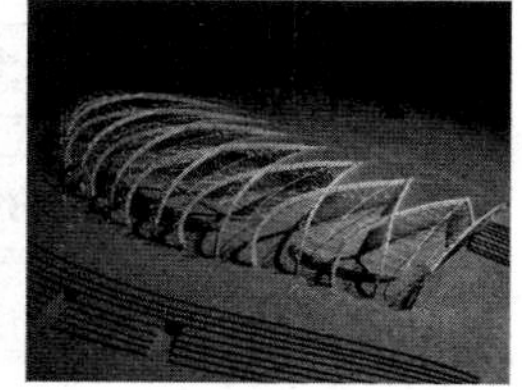

图3　第一组方案推敲过程模型

专业的联合教学，开阔了学生的视野，扩展了学生的知识范畴。同时，本课程以课堂教学为核心，由课堂教学到全面教学，通过对课外工作内容的合理安排，使课堂教学与课外教学有机结合，形成了连续的、系统的教学体系，保证了良好的教学效果（图 3）。

2.2　互动式教学法

本次设计课程尝试采用跨专业师生混合分组的方式，以小组为单位完成设计方案。指导教师共分两组，每组包括建筑专业 2 人和结构专业 1 人，共同指导 2～3 组学生方案。每组学生包括建筑学专业 3～4 人和土木工程学院 1～2 人。通过两个专业学生之间、师生之间、教师之间的相互交流、协同工作，共同完成跨专业研究型设计方案。

互动与交流贯穿于整个教学过程之中。课程中每个工作组都被安排公开讲述自己的调研内容、研究方向、设计方案、模拟分析及结构选型优化等。工作组和工作组之间、工作组内学生之间、教师与学生之间都可以形成讨论。另外，土木与建筑专业教师之间、学生之间及师生之间也可以就跨专业问题和本专业问题展开讨论。通过互动式教学方法，使教学过程由被动学习变为主动学习，由单向教学变为共同研究，极大地激发了学生的主动性和创新意识，培养了学生的合作能力和团队精神。

2.3　数字教学与实验教学相结合

随着数字技术的飞速发展，参数化设计和建筑信息模型更为建筑与结构专业的交叉与结合提供了有力的工具和平台。教学过程中注重运用计算机数字技术，对建筑方案进行模拟分析、比较和优化设计。例如，运用“Rhino”建立建筑形体模型，以此为基础与结构专业配合，建立结构数字模型，对在地震、风荷载等作用下建筑的力学性能进行分析和多方案比较。通过本课程，教研团队正在探索通过建筑信息模型，以数字模型作为核心，并建立数字模型的共享和跨专业合作平台，为专业协同工作提供纽带。

另外，在教学过程中大量应用实体模型，直观地对设计方案的空间效果、建筑形象、结构机理和力学性能进行推敲。并且，引入结构专业“倒吊试验”、“水滴试验”等试验方法，通过实际体验，使学生理解自然规律，建立概念与实物、虚拟与现实的关联关系，增强学生的创新意识与科研能力（图 4、图 5）。

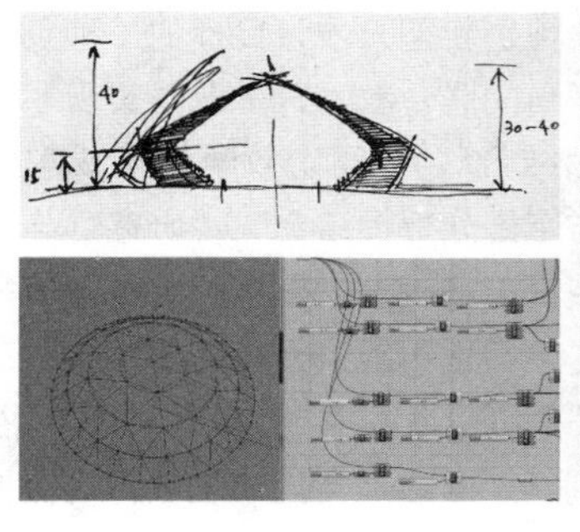

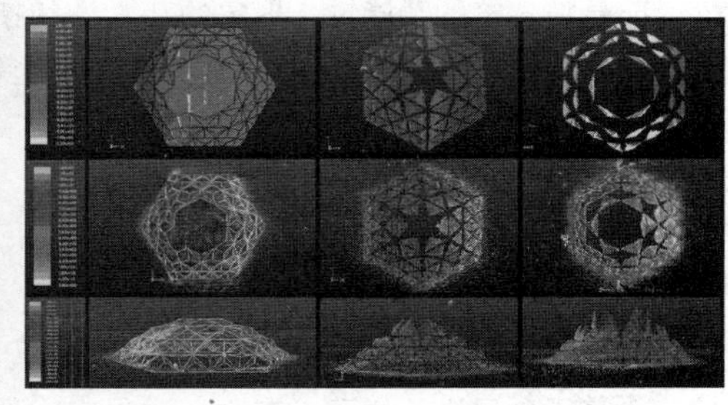

图 4　第六组方案草图、模型及结构模拟分析

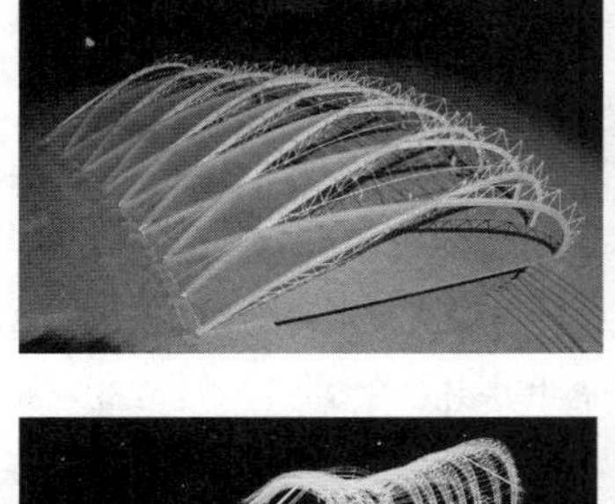
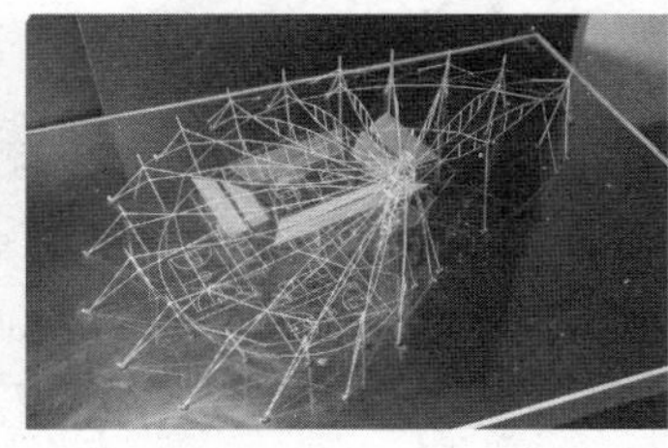

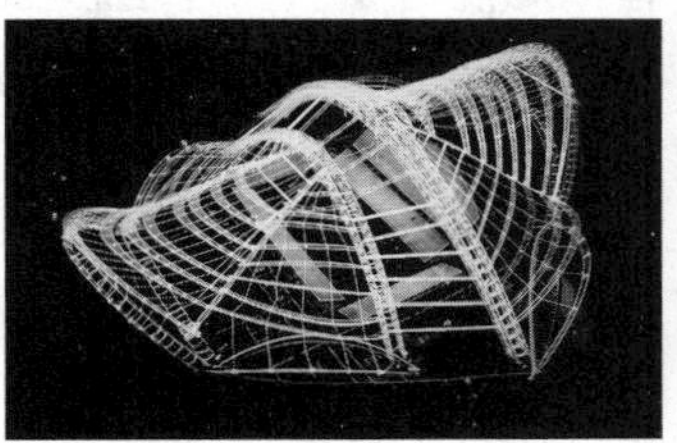

图 5　教学最终成果模型

3 教学特色与创新

本课程通过跨学科的联合教学，实现了“建筑专业与结构专业相结合”、“理论教学与实践教学相结合”、“定性设计与定量分析相结合”、“研究性与开放性相结合”的“四结合”。在教学内容、教学方法和考核方式方面进行了创新性实践探索。

3.1 建筑专业与结构专业相结合

建筑与结构专业的交叉、融合是本课程的主要特色和创新点。本课程由哈工大建筑学院大空间公共建筑研究所和土木工程学院钢结构研究中心联合执教。两个团队在科研和生产领域具有长期、大量的合作经验。课程内容设置与两个团队的科研课题和实际设计项目紧密结合，教学过程中研究生参与助教与联合研究，使本课程融入跨学科的协同研究大体系之中。在课程的教学内容方面，强调建筑业结构一体化，互补互融；在教学组织、教学方法方面，兼顾了建筑学专业和结构工程专业的特点，并着力为跨专业的协同创新创造条件；在考核方式与评价标准上，强调综合评价。不是单纯地评价建筑的功能性、艺术性，也不是单纯的结构技术的科学性与合理性，而是将建筑的功能性、形象的艺术性和技术的合理性、创新性看作一个有机的整体，跨专业、多角度地进行综合评价，从而使教学评价更加全面，更接近于实际评价。

3.2 理论教学与实践教学相结合

本课程突破了传统设计课与理论课的界限，以研究题目为核心，基于项目进行学习。在教学过程中将理论教学与实践教学相结合，使学生在理论指导下进行实践，通过实践加深对理论的理解与掌握。理论教学与实践教学互补、双赢，实现良好的教学效果。

3.3 定性设计与定量分析相结合

建筑的艺术性和结构的科学性是一个对立统一的整体。在整个教学过程中既有感性的艺术素质和审美能力的培养，又有理性的、科学的技术分析、实验、研究能力的训练。设计过程由浅入深、由定性到定量、由概念到实现，弥补了国内建筑学专业教育技术性、科学性不足的缺陷，同时也丰富了结构专业同学宏观的、艺术的创造力。

3.4 研究性与开放性相结合

课程秉承研究性与开放性相结合的原则，在题目设定、教学指导过程中强调前沿性和创新性。课程题目结合指导教师团队的科研成果与实际项目逐年更新，教师和学生的构成跨专业、跨院系开放，形成了一套资源互补、多元结合、动态发展、不断更新的教学体系。

4 结论

建筑是凝固的音乐，而构成这一华美乐章的是技术与艺术的合奏与交响。在大空间公共建筑这一复杂、壮美的交响乐中，建筑与结构的有机统一，建筑师与结构工程师的默契配合，是成败的关键。用跨越专业分野的眼光看待建筑，用积极合作的态度对待同仁，用开拓创新的精神不断探索，是当代卓越建筑人才所应该具有的素质。建筑与结构协同创新设计课程，正是在广义建筑学的视野下，在学科之间加强融合、交流的发展趋势下，以培养建筑领域创新型人才为目标的一种创新性教学改革。通过跨学科的联合教学，本课程实现了“建筑专业与结构专业相结合”、“理论教学与实践教学相结合”、“定性设计与定量分析相结合”、“研究性与开放性相结合”的“四结合”。在教学内容、教学方法和考核方式等方面进行了创新性实践探索。通过跨学科交流与协作，突破专业局限，培养具有整体意识、宏观视野和综合知识体系的创新型人才是当代建筑教育的重要发展方向。

参考文献

[1] 刘莹，罗鹏．引入结构设计与分析的建筑设计教学方法探索［C］//全国建筑教育学术研讨会论文集，2012：301-304.

[2] 罗鹏，李玲玲．建筑设计课程扩展式教学方法研究［J］．华中建筑，2008（10）：230-236.

苗展堂
天津大学建筑学院
Miao Zhantang
School of Architecture, Tianjin University

面向建筑设计和模型体验的建筑构造课程创新体系教学实践

Building Structure Course Innovation System Teaching Practice Oriented to Building Design and Model Experience

摘　要：天津大学建筑学院构造课围绕着建设“横向联系、纵向拓展”的课程体系框架，在教学改革中通过同步联合设计课、改革构造课程作业构建面向设计的教学模式；通过建设的建筑构造模型展示厅、设置模型创作体验环节、增加建筑材料调研来构建模型体验教学模式，致力于建设提升学生构造设计创新能力的可持续建筑构造课程体系。

关键词：建筑构造，教学模式，课程体系

Abstract: The building structure course in tianjin university is committed to building horizontal, vertical development sustainable course system. The teaching pattern oriented to building design has been created by synchronization jointing with building design course and reforming building structure course task. Structure model exhibition hall is an important step during the constructing the new teaching system. Four bases-structure node display, enterprise experiment teaching, materials exhibition experience and curriculum model display have been created by six exhibition areas. Model teaching experience space based on materials, methods and details has been established which has become a model experience teaching method out of class teaching range.

Keywords: Building Structure, Teaching Model, Course System

1　引言

21 世纪以来，我们已经从传统的砖、木、石建造时代进入大量采用先进技术的工业化建造时代，建筑构造的不断演进使建造技术和建筑艺术进入了一个新的境界。当今世界发达国家的建筑生产已经普遍采用了工业化的建造方式，新技术、新材料层出不穷，在建筑产品上体现了人类文明发展的水平。

在此建筑行业突飞猛进发展的背景下，传统的建筑构造教学方式面临来自各方的挑战。其中：

一方面，如何让学生熟悉、了解各种新型建筑材料的性能及其组合原理，并能够在建筑设计中灵活运用、充分发挥材料的特点。在这一点上由于现在 90 后学生远离了施工场所、接触材料的机会少之又少和新型材料的更新速度加快两方面因素的矛盾加剧，导致学生建筑构造初步基础知识的缺失。

另一方面，如何让学生将在建筑构造课程中学习的知识灵活运用于设计课程中。许多学生并没有建筑构造

作者邮箱：miaozhantang@126.com

知识与建筑设计创作进行对接，把建筑构造作为孤立的一门课程，上完了通过考试就万事大吉，而设计课程中却面临构造知识不会运用的困境。这些矛盾的加剧促使我们在构造教学中应及时调整思路，建立起适应时代背景的建筑构造教学模式。

2 以往建筑构造作业体系

为了让学生能够将课堂讲授的理论灵活掌握，在建筑构造课程教学过程中按照 1∶1 的比例设置了 48 学时的课外练习作业。根据课程讲授的进度和知识点的结构分布，以天津市某六层单元式住宅建筑方案为基础，给定建筑平面、立面、剖面及相关尺寸，要求学生对关键节点进行构造设计，主要设置了基础构造设计练习（图 1）、墙体与楼板构造设计练习（图 2）、屋顶构造设计练习（图 3）、楼梯构造设计练习（图 4）四个作业，这样学生通过系统地学习建筑构造课程以后，能够掌握自基础到屋顶的连续构造剖面。从而达到激发学生对建筑构造课程学习的兴趣，培养学生构造设计的能力；熟悉"三步节能"的基本要求，掌握节能设计的基本方法；了解建筑物各组成部分以及各部分之间的构造方法和组合原理；训练与提高绘制建筑施工图的基本技能的主旨目标。

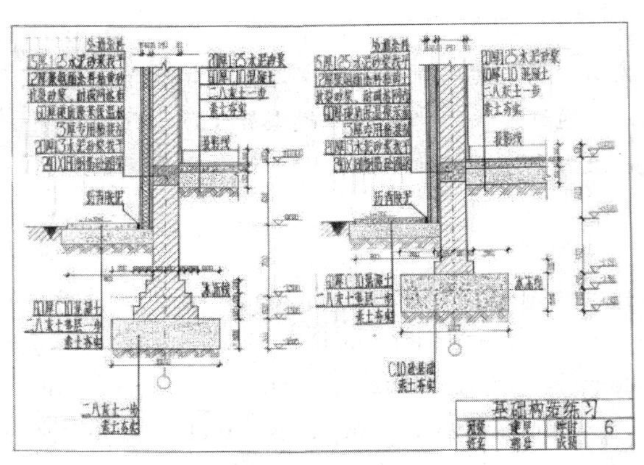

图 1 基础构造设计练习

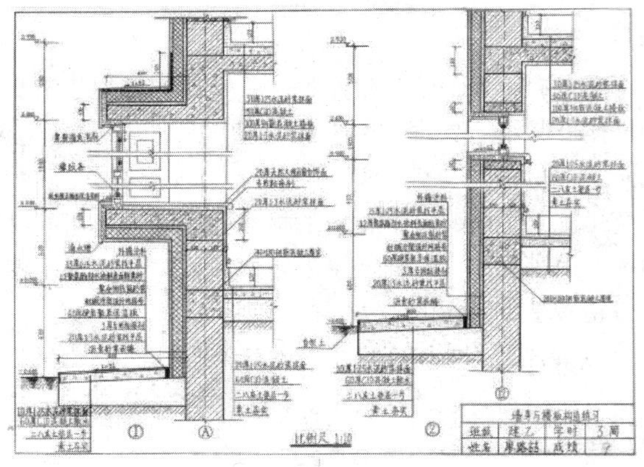

图 2 墙体与楼板构造设计练习

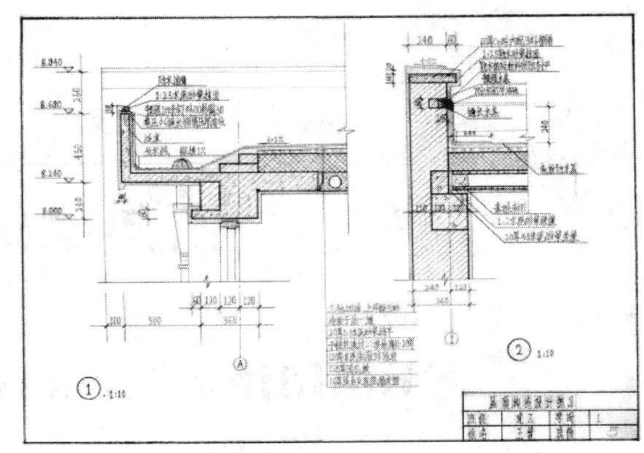

图 3 屋顶构造设计练习

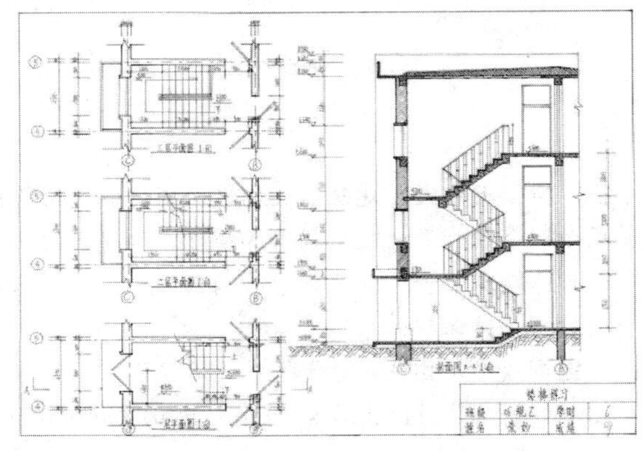

图 4 楼梯构造设计练习

同时，为了让学生形象直观地体验这些建筑构造节点，又要求同学设计制作其中一个节点的构造模型（图 5～图 7），提高同学的动手制作能力，并通过模型来推敲建筑构件的组合原理。

图 5 墙体构造模型作业练习

图 6　楼板构造模型作业练习

3　横向联系、纵向拓展的课程体系框架

自 2008 年以来，天津大学建筑学院二年级建筑构造课程在教学改革中努力创造自身的教学特色，针对建筑构造技术突飞猛进和学生构造及材料常识缺乏等一系列问题，从教学模式、教学训练体系多方面进行改革，以培养学生创造性思维为目标，全面提升学生在构造设计中的创新能力。并提出了横向联系、纵向拓展的可持续建筑构造课程体系教学模式。[1]

图 7　基础构造模型作业练习

横向联系，是一方面通过教师在教授构造技术课程的同时还承担主干设计课程的教学，为横向联系提供了有力的支撑，另一方面，在课程体系上通过施工图环节、二年级课程设计中增加的构造设计环节、设计课程中增加的构造节点设计环节、工地实习参观环节等实现建筑构造设计与主干课的横向联系。纵向拓展，是由原来的建筑构造（1）、（2）适时增加建筑装饰构造、可持续建筑设计、生态建筑策略，使建筑构造课程体系能够很好地融入主干设计课程中，并与 21 世纪建筑的可持续发展趋势紧密结合。希望通过纵向和横向两条脉络加强建筑构造与其他课程的联系，使学生所学的构造知识能够与相关学科融会贯通。

4　基于建筑设计和模型体验的构造教学实践

围绕着建设“横向联系、纵向拓展”的课程体系框架，天津大学建筑学院先后通过建设建筑构造模型展示厅、改革构造课程作业体系、联合设计课同步构造课教学、设置模型创作体验环节、增加建筑材料调研等多种举措，致力于提升学生构造设计创新能力的可持续建筑构造课程体系教学模式。

4.1　构造课教学面向建筑设计课程

为了解决构造课程作业在实际操作过程中存在的一些问题，比如：其中最突出的就是由于作业题目、设计条件都是统一的，不便于发挥学生的创造力和想象力的问题；还有学生为了偷懒进行作业抄袭的问题等。虽然以前通过限定铅笔制图和一定的管理控制起到了一定效果，但学生自我学习和知识点的把控却难以从根本上解决。

为此，天津大学建筑学院尝试将建筑学二年级第二学期设计课的第一个设计课程由 8 周适当延长至 12 周，增加了调研、模型和构造三个教学学习内容。其中的一个改革就是将建筑构造课程教学与建筑设计课有效结合起来，在设计课成果中要求学生绘制完整的建筑构造剖面（设计与绘制外墙墙基至屋顶的剖面详图）（图 8）和楼梯构造（图 9），构造课教师同步进行设计课的教学。这样一方面可以使学生设计的建筑能够深入到建筑构造节点细部，让设计能够脚踏实地；另一方面，提高了学生建筑构造设计的创新能力，避免了统一作业导致的学生惰性，发挥了学生根据自己的建筑设计进行构造知识自我学习总结的主观能动性，有利于学生将所学的局部的构造知识从建筑全局的角度串接起来形成完整的构造知识结构。在这个设计中，学生的构造设计既作为设计课程评定的内容，同时又是建筑构造课分数评定的依据。

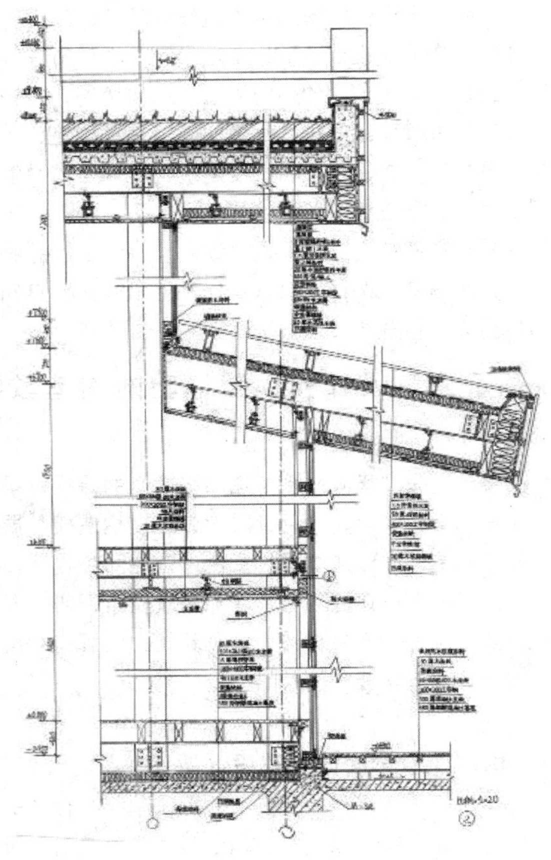

图 8　设计课作业中的建筑构造剖面

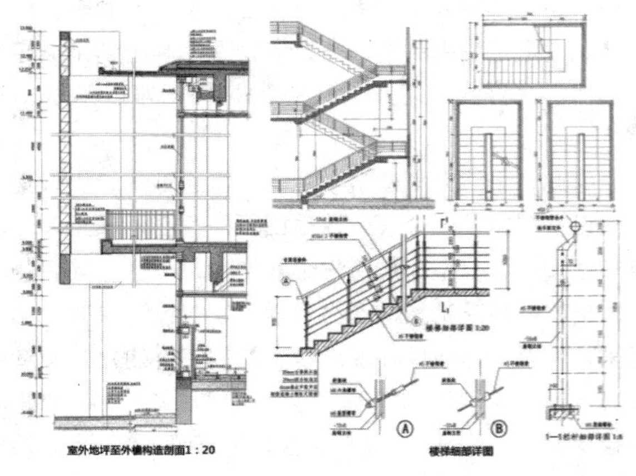

图 9　设计课作业中的建筑构造剖面及楼梯构造

4.2　构造课教学面向模型体验教学

针对学生对新型建筑材料了解的缺失，在“横向联系、纵向拓展”的课程体系框架下，天津大学建筑学院利用教学西楼北面空间，运用钢结构构建了建筑构造模型展示厅，建立了一个基于新课程体系的模型教学体验空间（图 10）。在这个展示厅中共分出了建筑材料陈列区、构造课程作业展示区、建造体验区、建筑构造节点陈列区、新型材料体验区及建筑小屋六个区域，打造构造教学课程的构造节点陈列、企业实验教学、材料陈列体验和课程模型展示四个“基地”。[2] 建筑构造模型展示厅成为构建新课程体系中的重要一环。

以前上设计课过程中经常会遇到老师与学生就一个节点或新材料通过口述、讨论、草图、手势等多种途径进行沟通，学生还是一脸茫然。现在老师就直接带学生进入建筑构造模型展示厅，通过 1：1 的节点模型、现实材料样本等可触可观可感的途径将设计课中的构造和材料问题轻而易举地解决（图 11）。

图 10　天津大学建筑构造模型展示厅

图 11　设计课中师生在模型厅体验教学

另外，在建筑构造课外作业中又增加了发挥学生动手制作能力和创新能力的“动态表皮”的构造设计作业（图 12～图 14），将学生按照每 5～7 个人进行分组，加强同学之间的团队协作能力，通过模型建构过程探讨动态表皮自身动态模式的多种可能性、表皮系统与建筑构件结合的构造关系，以及材料的选择意向，鼓励学生对新颖构造做法进行探索设计。在这个设计中，考察了学生的材料知识、建筑热环境知识、建筑光环境知识、构造节点知识、机械知识、美学知识等多种相关知识，并锻炼了他们的协作能力。比如有的组的同学利用与机械

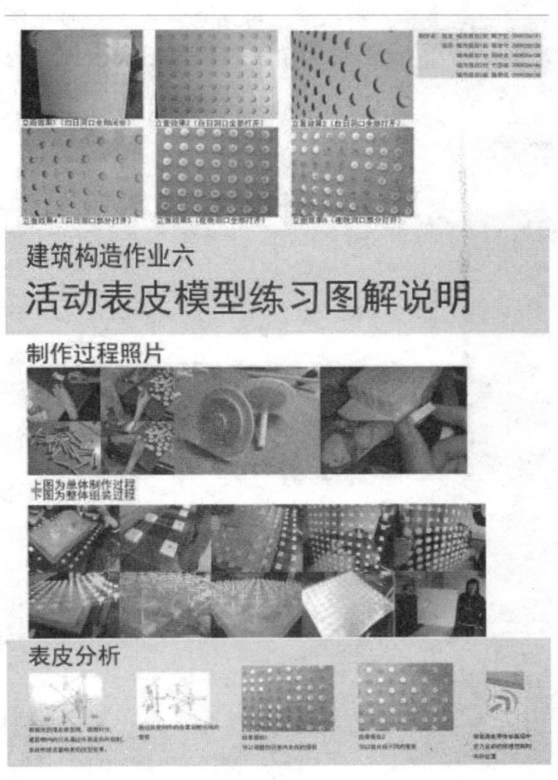

图 12　2009 级学生动态表皮作业练习

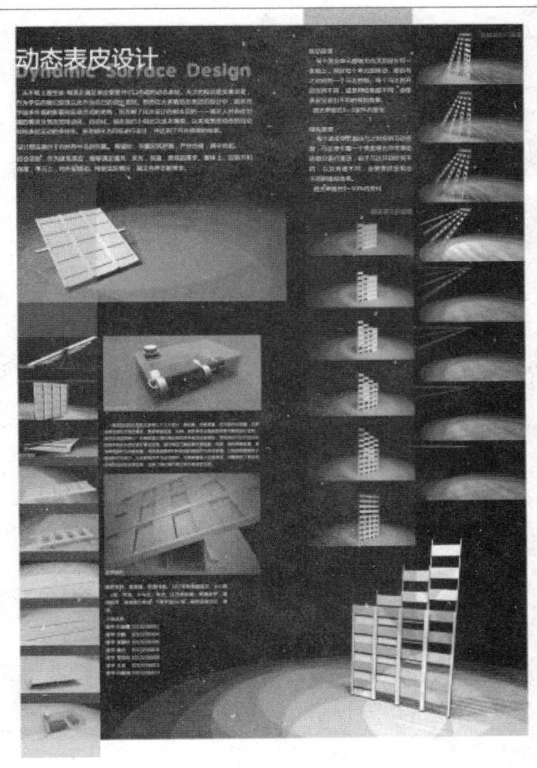

图 13　2010 级学生动态表皮作业练习

学院、精仪学院等学院的同学进行联合，单片机、舵机、减速器等都应用进来。在与建筑物理老师共同评图过程中也在思考将这一作业与建筑物理的作业练习结合起来的可行性。

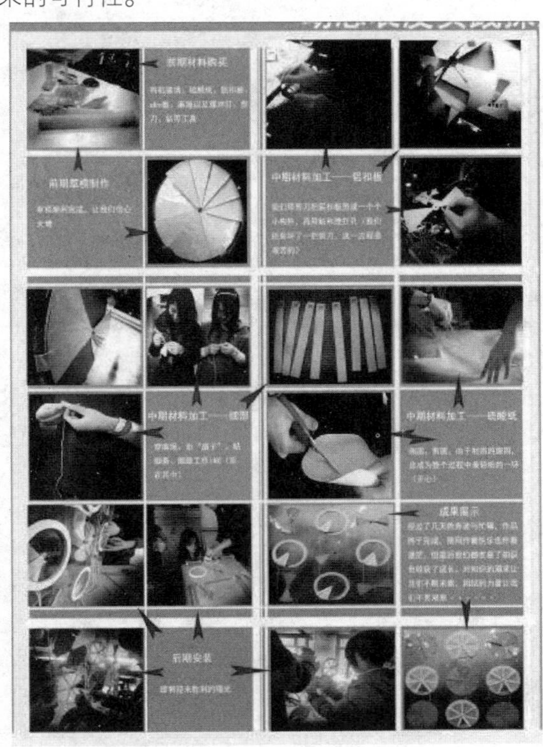

图 14　模型制作与团队协作

5　结语

建筑技术教育改革是一项任重道远的艰辛工作，而建立一个开放且持续发展的建筑技术教育框架模式是最为有效的工作方法，它可容纳来自各个方面的努力，更可保证建筑技术教育体系的多样性。[3]经过几年的建筑构造课程改革，尤其是将构造课程的孤立教学拓展至面向建筑设计课、面向模型体验教学的模式，使学生对建筑构造课程知识的学习更加系统、深入、直观，使其学习的构造知识能够与建筑设计紧密结合、脚踏实地，为学生今后在建筑设计中能够进行构造创新设计奠定了坚实的基础。

参考文献

［1］ 苗展堂．横向联系，纵向拓展——可持续建筑构造课程体系教学模式探讨［C］．重庆大学，全国高等学校建筑学学科专业指导委员会．2009 国际建筑教育论文集．北京：中国建筑工业出版社，2009：243-246.

［2］ 苗展堂，崔轶．材料、构造、节点——天津

大学建筑构造模型体验教学实践［C］．福州大学，全国高等学校建筑学学科专业指导委员会．2012 国际建筑教育论文集．北京：中国建筑工业出版社，2012：507-511.

［3］ 王雪松，周铁军．与建筑设计整合的建筑技术教育初探——以重庆大学建筑城规学院为例［J］．新建筑，2004（4）：65-67.

覃　琳　王朝霞
重庆大学建筑城规学院
Qin Lin Wang Zhaoxia
Key Laboratory of New Technology for Construction of Cities in Mountain Area，
Faculty of Architecture and Urban Planning，Chongqing University

结构构思与建筑空间
——体育建筑设计教学探讨
Structural Conception and Architectural Space
——Explorations on Design Teaching of Sports Building

摘　要：大空间建筑以较大跨度的空间类型作为设计训练对象，涉及较为复合的综合技术支持。体育馆建筑作为一种紧密结合结构形态的建筑类型，其内外空间形态的塑造与结构形态的选择与细部实现有着直接、明确的关系。本文结合体育馆建筑类型，尝试以结构造型思维作为一种设计方法，对建筑设计教学进行探讨。
关键词：结构构思训练，大空间建筑，课程教学
Abstract：Large space constructions taking the space type with large span as the design subjects，involve comparatively compound and comprehensive technical support. Sports building are a kind of space type with a close integration of form and the shape of its outer and inner space，as well as the adoption of structural form has a direct and explicit relationship with detail design. Combining the architectural type of sports building，this paper attempts to take the conception of structural form as a kind of design method to conduct explorations on the architectural design teaching.
Keywords：Training of Structural Conception，Large Space Constructions，Subject Teaching

建筑设计课程教学在建筑学本科高年级，除了设计方法的引导，在技术综合训练上有一定的加强。在大型公共建筑设计中，复合技术的支撑往往成为建筑空间实现、进行研究型设计的基础。相较于毕业设计课程较为复杂的技术综合性，体育建筑作为以结构技术为主要支撑的单一建筑空间类型，其设计训练具有较为明确的技术思维方向。

1　大空间建筑的技术特性

大空间建筑，顾名思义是以空间特征为主导的“类型”建筑。而这一“类型”建筑与之前“以类型为导向”的建筑类型相比，属于大的类型范畴。在当代建筑中，以“大空间”为重要和必要的主导空间类型的建筑，涉及了体育场馆、观演建筑、博览建筑等多种民用建筑，以及部分工、农业建筑。在这一大的“类型”中，功能流线关系多样化，很难以简单的类型建筑训练方式进行教学。同时，在大学本科有限的教学周期，不可能亦无必要实现对于所有类型建筑的学习。

近年来的建筑设计教学，已经从类型建筑为导向转为以解决问题为导向。作为大空间建筑之共性的“大空间”，其功能对于跨度的需求各异，技术需求差异化巨大。随着技术设计与建筑设计的关联性日益占据了重要的支撑地位，以技术为导向的设计思维训练显得非常必要。下表对当代几类大空间建筑类型的技术约束性进行了比较。

教育部“山地城镇建设与新技术教育部重点实验室”
作者邮箱：yqinlin@126.com.

几类大空间建筑类型对于“大空间”的技术约束性　　　　表 1

建筑类型	空间特征	结构表现关联	建筑物理环境与设备要求
体育场	具有开敞界面	较大关联	弱
体育馆	较大的空间跨度，观众席与比赛场地共同作为完整的空间表现区域，空间形态密切结合结构形态	结构作为重要的美学展现方式	部分有顶部采光要求，有通风、空调要求
剧场	基于视线和声学经验的较为经典的平面布局，较大的空间跨度，观众厅为主要的空间表现区域	大厅一般隐藏结构	有较为严格的声学要求
电影院	主要基于视线要求和座席舒适度的空间布局，停留时段单一	大厅一般隐藏结构，且多厅式影院无较大跨度要求	电声设备为主导，无主要使用状态下的自然采光要求
博览建筑	复合型的空间组织类型，大小空间穿插，对大空间的跨度要求一般，对空间界面的美学表现关注较多	可以选择性地表现结构	有通风、空调要求，对于声学、光学可根据具体功能及建筑心理学需求进行个案研究

从上表可见，在这些大空间中，除了疏散流线、视线等大空间功能可能带来的设计内容，结构技术与设备技术起到重要的支撑。基于此，课程组结合四年级大空间建筑设计专题设定了不同的技术综合训练目标。而体育馆建筑在设计中，与结构的美学表现有着紧密的关联。在这一建筑类型中，建筑设计与结构形式的选择难以进行前后阶段的划分，建筑师需要对于所创造的内外空间形态有充分的把握，需要明确所创造空间形态的“可完成度”。这是选择体育馆这一建筑类型进行结构构思训练的主要原因。

2　结构作为建筑内外空间造型的引导方式

进行结构形态的讨论，首先是基于形态目标的确定，结构形态并非第一阶段的目标。在课程设置中，我们选择了具有较多周边环境因素限定的重庆江北嘴中央公园一侧的地块，学生在设计的前期阶段进行场地调研，通过对基地的解读，形成形态的判断。这一形态的判断是基于“需要什么样的外部形态”这一城市设计角度的提问，以对不同矛盾的认知和解析，形成方案的形态目标。这一形态目标的形成是确定的，不因结构形式的选择而改变；结构形式的选择，则是为了回答“什么样的结构方式可以实现这样的建筑形态”。在这一问题的解答过程中，对于结构形式的讨论和深化，成为了实现建筑内外空间造型的引导方式。

结构形式的讨论分为三个层级，在设计训练中简单

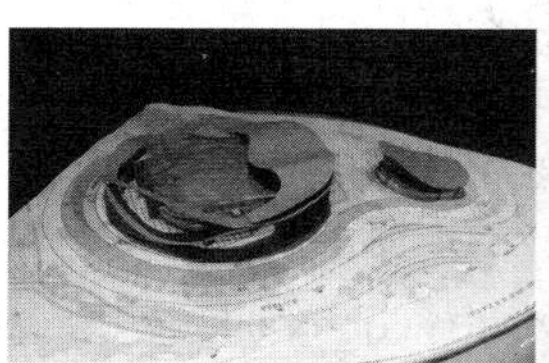

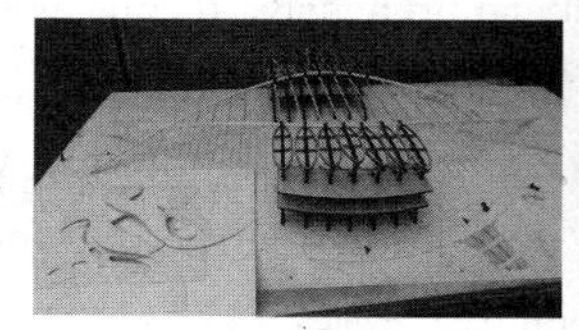

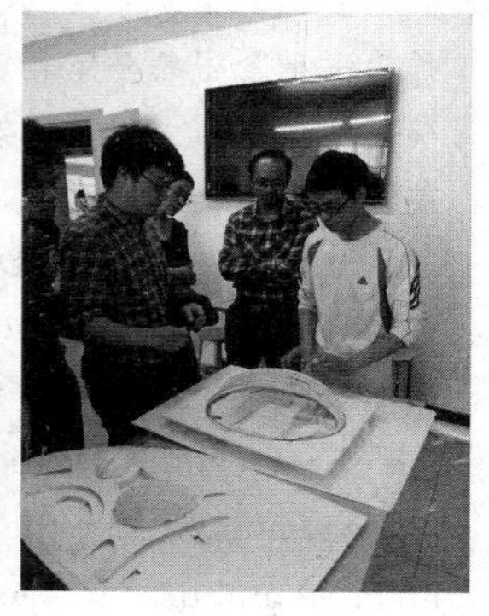

图 1　草模与结构骨架模型作为课堂讨论的主要手段

地表述为“一级结构、二级结构、构造实现”这三个方面。“一级结构”指实现建筑跨度的结构方式，“二级结构”指结构主构件之间的跨度实现方式。“一级结构”与“二级结构”的关系并非结构专业的术语，仅仅是为了将结构的实现跨度作用进行可能的拆解，以助于学生的理解。有的结构形式中，这两者是不可分割的，如平板网架结构。可以分割的方式如拱结构：实现主要空间跨度的是拱，这一平面结构形式，在拱与拱之间还有二次空间跨度的实现，而这拱架与拱架之间的跨度实现方式，称为“二级结构”。这样的分级方式是为了强化学生对于结构不可变因素的分析，有助于形态的进一步确定。在结构形态论证之后，构造的实现则是为了更好地利用结构骨架作为造型的元素，突出现代体育建筑的结构美学张力。同时，在构造实现中加入对于不利的天然

光条件、通风引导、排水系统的讨论，使学生从构造体系中认识到建筑实现的影响因素，并尝试做出积极的回应。

在课程设计中，要求学生在不同阶段均以模型的方式作为主要的讨论手段：草图阶段制作大的场地模型，通过大比例的整体模型进行形态推敲；二草阶段制作大比例的结构骨架模型，讨论结构的实现方式；正图阶段则在大比例模型的基础上，增加部分构造细部的分析。直观的模型手段对空间实现的探讨非常有效，而模型制作的过程本身也促进了学生对于结构关系真实性的把握。

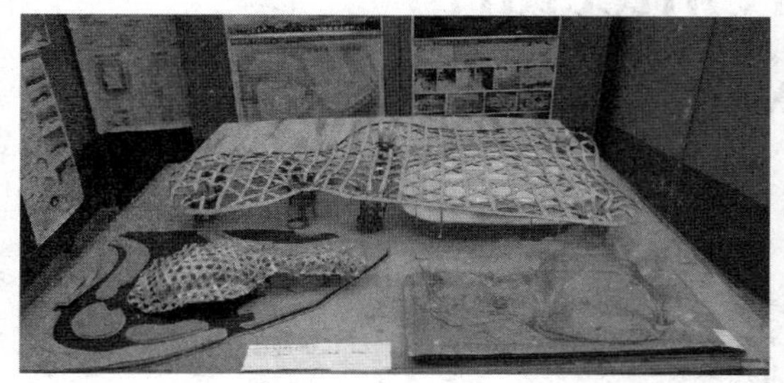

图 2　某一方案不同阶段的模型推进

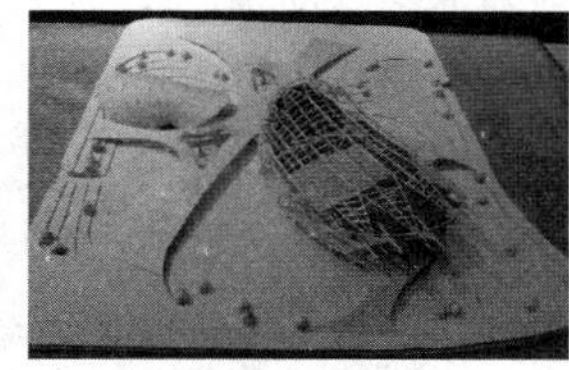
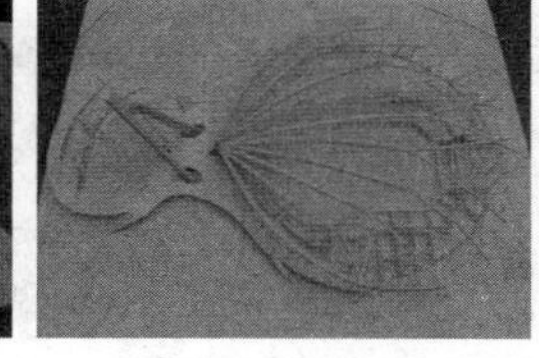

图 3　完整的空间结构模型

图 4　结构骨架模型的探讨

3　教学讨论与实践总结

虽然课程设计教学组的老师都承担过《建筑构造》的教学，对于结构选型有一定的把握，但是随着结构手段的不断发展，教师的知识储备并不一定能够满足方案讨论中对于结构的部分内容要求，尤其是涉及具体形态尺度的一些定量问题。因此，教学组在评图采用了交叉评图的方式，每个教学小组均请有兴趣的结构教师参与评图，就方案的结构可行性进行讨论，给出优化建议，并就结构专项评定成绩。在正图的评定中，结构的最终“实现”也需要进行评价。在这一教学交流活动中，结构教师对学生们的大胆创意给予了很高的评价，也激发了学生们利用既有知识主动解决问题的积极性。

由于模型尺寸的限制，手工模型的制作仍然有一定的困难，尤其是结构构件交接处理较为复杂的部位。电脑模型可以起到一定的辅助作用。但自始至终，手工模型都作为主导手段，这样可以改变学生依赖二维图面讨论的习惯，更从实体模型的推敲中得到启发。

这一课程设计的结构技术训练环节，已经进行了连续 3 年以上的教改尝试。学生从最早的独立设计训练，到现在 3～4 人一组完成拓展后的设计任务，得到了比较持续和有建设性的教学反馈。通过与结构专业教师的配合，也促进了课程设计任务在深度和可行性上的确认与完善。

曲翠萃　许　蓁　黄　琼
天津大学建筑学院
Qu Cuicui　Xu Zhen　Huang Qiong
School of Architecture Tianjin University

数字化背景下的建筑设计教与评

Teaching and Evaluation in Architectural Design within a Digital Context

摘　要：传统建筑教学中的设计工作室形式因其教学方式比较单一且师生互动频率较低、教学评价标准单一且倾向结果评价等问题，不断受到建筑教育界内部专家的批评。数字技术给传统建筑设计带来了巨大冲击的同时，也对建筑设计教学影响深远，其对学生的影响主要体现在建筑认知、思维方式和表达方法三方面。针对此问题，构建建筑设计"双线教学"的教学模式和相应的评价体系可以充分利用数字技术带来的优势，为学生和教师及学生之间的互动交流提供多种可能，创建一个适应环境发展、需求变化的教学体系，促进我国建筑教育的发展。

关键词：设计工作室，数字化，双线教学，评价

Abstract: In traditional architectural design teaching, due to the single method and the low frequency interaction, the single standard and results evaluation, studio has been criticized by some educational experts. Digital technology has not only brought a huge impact on the traditional architectural design but also on architectural design teaching which includes three aspects: architectural cognition; thinking mode and representation form. In order to solve this problem, to build "double teaching studio" and the corresponding evaluation system can make full use of the digital technical advantage, provide various possibilities for interaction between students and students, create a developing educational system, promote the development of China's architectural education.

Keywords: Studio, Digital, Double Teaching Studio, Evaluation

1　设计工作室（studio）教学

Studio，有人称之为"工作室"、"设计教室"，也有人将之翻译为"工作坊"，是国内外建筑学院里的设计课教学普遍采用的教学方式，也是建筑学科区别于其他专业学科的独特之处。这种传统的方式起源于法国巴黎美术学院，其形式是以某位授课老师为主导，数名学生为从属，围绕某个特定的主题在一段特定的时间里进行相关建筑类型的设计、练习和讨论。在设计工作室里，"观念、技能、建筑思想通过教师和学生之间的互动得以传递、展示和评估，在这里，学生要掌握建筑的视觉表现方法，要学会运用建筑语汇，而且要学会建筑思维方式。"[1]

设计工作室教学方式在我国已应用了很多年，培养出了大量的优秀设计人才，但也不断受到教育界内部专家的批评，如果撇开教学内容和教师个人能力的因素不谈，单就其形式方法来说，设计工作室所遭受诟病的方面主要集中在以下两点。

作者邮箱：qucuicui@sina.com

1.1 教学形式单一，师生互动频率较低

在设计工作室里，教师与学生每周定期参加设计课（大多数为一周两次），进行面对面的交流与探讨，跟随学生的设计进度，教师给予意见，学生根据意见在设计课后进行修改，等待下次设计课教师再次进行讲解。一个设计作业的设计周期一般为八周，周期结束进行设计作业评图。

依靠面对面的交流方式，教师对学生讲解题目、观察成果、提供建议，解决授课问题，因此，师生间的互动频率受设计课设置节奏左右。学生需要在设计课上与教师充分探讨，否则，在接下来的几天里有可能得不到任何来自教师的意见。同时，单一的教学形式束缚了学生的自主性，设计课就是教师挨个给本组学生看方案、改图，单对单的交流使教师有可能要重复很多遍相同的问题解释，而学生有可能在短时间内无法全面记录教师的建议，也无法在课上就结合教师意见对方案进行修改得到进一步的意见，双方的因素使得设计课的气氛沉闷，师生渐渐失去教与学的兴趣。

1.2 教学评价标准单一，倾向于结果评价

设计工作室所采用的评图方式依然延续着巴黎美术学院时期的传统形式：评图之前，学生把图纸（手绘或者打印）统一挂好，有的时候会以建筑模型辅助说明。一个小组的学生由一个包括了3—5名教师的小型评审团负责，有的时候会有外来建筑师参与，由于时间限制，每个学生大约有10分钟左右的时间进行方案陈述，然后由评审团各位老师进行提问或者点评，最终根据图面效果、语言表达、方案概念等标准来给出分数（图1、图2）。

图1 巴黎圣母院教授评图场景
（资料来源：顾大庆教授讲座）

设计评价主要围绕作业成果展开，对于初次理解设计题目、见到学生作品的评审团，显然作品的直观视觉感受更能赢得其好感，作品表达、方案陈述尤其是图面效果几乎成为评分的优先标准。为了避免教师自教自评，评审团往往会避免本组指导老师的加入，有的学校在最终的分数加权中，会给予指导老师一定的修改权利，但这个比例一般都不高，这样虽体现了一定的公平

图2 作业讲评

性，但也忽略了对整个设计教学过程的反馈。另一方面，由于设计过程都在教师与学生的面对面交流中进行，教师的建议多以口头和草图的形式给予，无法记录成档，也给过程评价带来难度。

2 数字化时代变革——对学生的调查研究

数字技术给个人生活带来了很大的冲击。作为教学客体，学生们的生活已经渐渐被信息化，没有学生不知道互联网的存在，没有学生不使用设计软件，针对建筑学本科230人的调查结果显示，100%的学生每天登录互联网，其中87.8%的学生拥有人人网、开心网等社交平台账号，76.1%的学生每天登录时间在3h以上（图3），43.5%的学生上网途径已经不仅限于使用电脑。

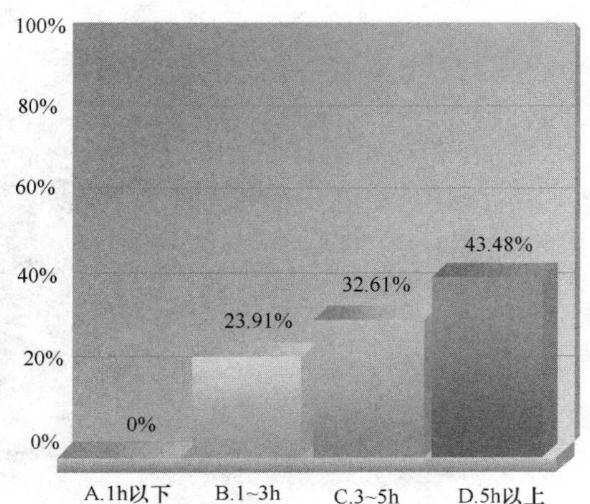

图3 学生登录互联网情况
（资料来源：根据调研结果绘制）

建筑学科的职业性目标要求学生除了掌握建筑设计方法，还必须关注快速发展、变化的设计表达工具并学习应用。国内很多建筑学院已经率先设立了数字建筑教育课程，也有一些学院将传统设计与数字设计相结合，学生在软件学习方面也表现出绝对强的优势，他们是接受、学习能力很强的一个群体，每一种新的建筑设计软件几乎都会被他们迅速地掌握并使用。接受问卷调查的学生中 56.5%表示基本掌握一种软件的使用大概只需要 7 天，80.4%的学生目前至少掌握了 3～4 种设计软件用以进行建筑设计推敲和表达（图 4）。从总体来看，数字化对传统建筑教学最重要的改变在于数字图形在成为建筑设计表达手段的同时，也促进了认知方法乃至思维方式的根本变化。

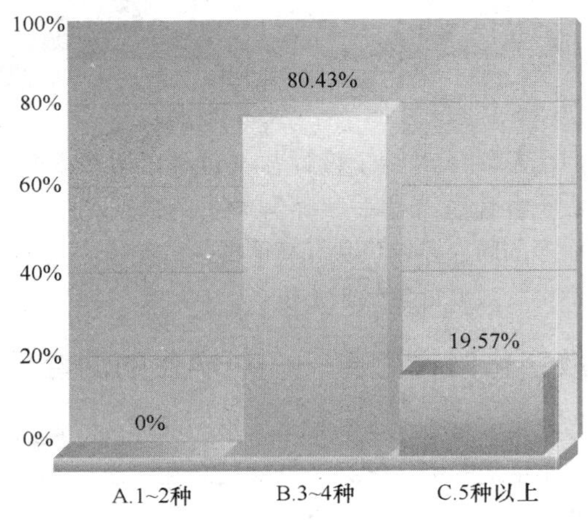

图 4　学生设计软件使用情况
（资料来源：根据调研结果绘制）

2.1　认知障碍的突破

以前建筑院校多采用平面图纸（包括草图、图纸）和三维空间（包括实体模型、电脑模型）相结合的设计手段，然而由于学生常需要在几种表达手段间交替工作，不断变换设计平台，因此很容易出现顾此失彼的状况。而且，由于二维图纸的“维度缺失”，并非最终的建造结果，导致学生们设计初始就对空间认知存在障碍。

采用数字化软件，运用软件计算、虚拟的功能，可以相对缩短绘图和表现时间，将更多的时间用于设计过程，直接生成模型，并能极大地发挥工具、材料和方法的实时性效率及信息承载度，形成对三维空间的、造型整体的直接判断[2]，有利于学生深入思考、强化认知。

2.2　思维方式的转变

与一开始将 AutoCAD 作为绘图软件不同，现在学生们使用的设计软件已经不仅限于制图、表现，他们越来越倾向于使用软件辅助建筑体块推敲与生成，借助于 Rhinoceros、Grasshopper、Autodesk Revit 等数字化软件，他们越来越多地尝试复杂形体，对思维限度进行挑战（图 5）；借助于参数化设计方法，他们越来越多地运用不同算法，分析数据，生成建筑形式；借助于计算机对现实的虚拟模拟，他们也获得更及时、更好的空间体验和表达方式，这从根本上促进了设计思维方式的改变，改变了设计进程。

2.3　表现形式的更新

就教学而言，正确、充分的表达非常重要，这是交流、探讨的前提和基础。因此，畅通的设计表达对学生

图 5　学生用数字化软件进行复杂形体设计（学生：胡蝶）

完善设计和树立信心是非常重要的。随着空间设计的复杂程度增加，传统的建筑表达方式越来越难以适应需要，而通过电脑三维模型甚至动画视频体现则更直观。[3]应用计算机软件建模进行建筑设计，更容易进行修改和操纵，并可以结合虚拟环境，通过设置行走路径等模拟轻易感受到自己设计的空间，动态的空间观察得以实现，这是二维图纸和实际模型所无法比拟的。调研结果显示，有60.9%的学生经常在课堂教学中选择电脑三维模型讲解方案构思（图6），78.3%的学生认为目前的图纸表现形式限制了设计思维的转达（图7），这在很大程度上反映了三维表现需求的合理性。

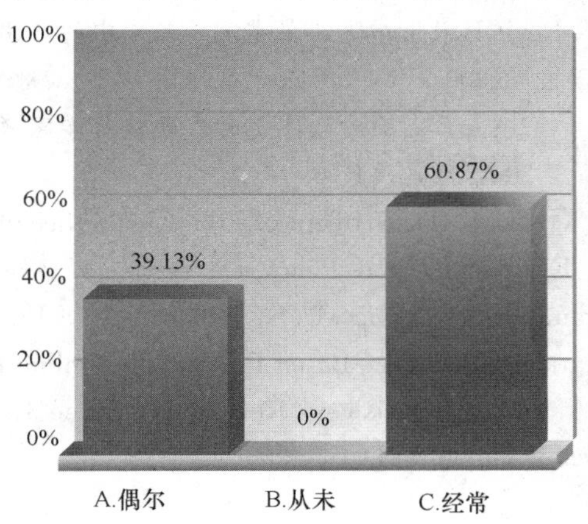

图6 设计课学生选择电脑讲解作品情况
（资料来源：根据调研结果绘制）

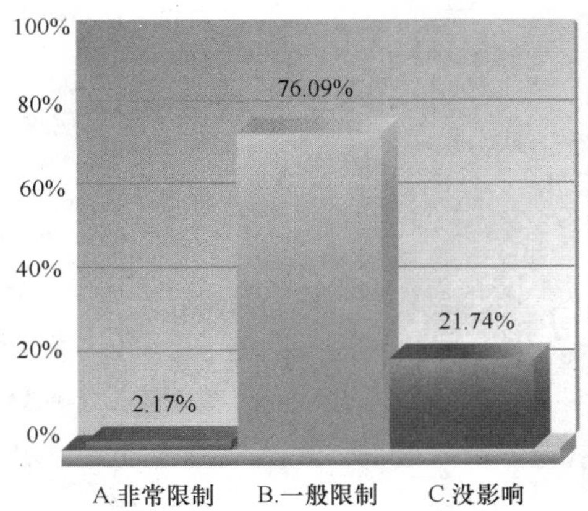

图7 学生认为目前的图纸表现形式限制设计意图表达情况
（资料来源：根据调研结果绘制）

3 针对教与评的讨论和建议

建筑设计教学中的重要角色——学生，已经充分融入了数字化生活，在日常生活交往中运用网络手段，在建筑设计学习过程中运用数字化软件，在设计成果表达中运用数字化媒介，作为教师，我们同样无法回避这个问题：传统的建筑教学形式正受到数字化时代的强大挑战，难以满足新一代学生的需求。[4]我们必须思考如何将设计工作室向数字化开放，顺应新潮流，运用新工具，改变旧模式，来寻求设计教学的新途径，使数字化在建筑设计教学过程中能发挥更大的作用，为促进教学提供更大的可能性。

国内曾经有学者提出虚拟设计室的概念，将设计教学向数字化开放，然而美国教育部的相关研究也证明，将面对面授课、网络虚拟授课和混合环境授课相比较，混合环境效果最好。[5]因此，笔者认为建立“双线教学”工作室是较好的做法，除了定期的课堂教学，还利用学生们每天登录网络的特点，建立在线交流，构筑网络、现实双重设计平台相结合的教学体验。

3.1 教学与交流

计算机及网络技术的发展，提供了学习者不同的体验方式。相比面对面的交流方式，在网络世界生活成长起来学生们更容易接受网络交流，数字化软件的使用也使得网络交流设计成为可能。学生掌握主动权，将最新的设计思考上传到个人网页，教师及时进行查看，可以充分利用彼此的空暇时间，轻松的环境也容易缓解设计课的沉闷气氛。同时，同学之间也可以相互访问个人网页，浏览他们的设计进度及成果，并发表意见，在熟悉的环境里运用熟悉的界面进行交流，给出批评与建议，某种意义上来说，这种教习比教师的讲解更有效。

其次，利用网络交流，改变学习的节奏，使其作为定期设计课的有效补充（图8），可以加强教师与学生的交流，了解记录学生的设计思维发展，对其进行有针对性的指导。

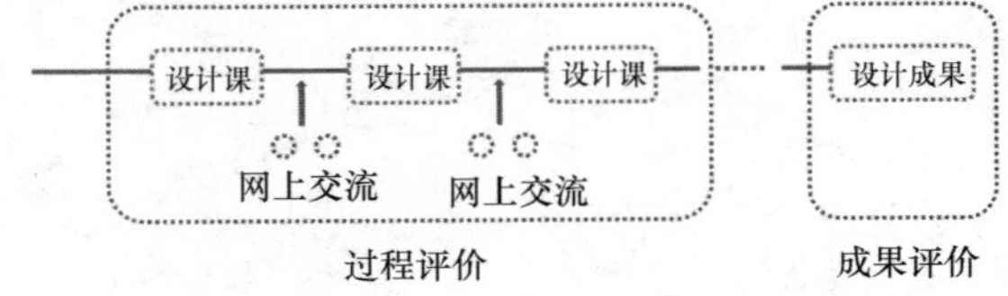

图8 “双线教学”工作室教学方式示意

3.2 评价与记录

传统的工作室教学评价容易使人过多地关注表现效果，使其成为主要的评价标准，而缺乏对问题思考和学习过程的理解。借助“双线教学”工作室，可以形成“全过程”的设计训练，这对教学评价最直接的改善是可以加大过程评价的比重（图8），相比较总结性评价，形成性评价更注重学生的过程表现。针对设计教学，记录评价结果并在网上对学生开放不但有利于学生反复观看，理解教师建议，也有利于教师追踪学生的设计过程，评价其教学实践。

在建筑设计中，成果评价是不可避免的，但我们可以对评价标准和评价形式作出改革。新的评价标准可能不只包括图片、模型、文字，还包括视频和音频文件，基于数字化的非传统的表现形式更有利于表现二维图纸无法表达的复杂空间以及有效组织空间的设计想法。计算机模型还可以随时切换视图，满足评审者的需要，使评审的焦点从图面效果转移到建筑本体。另一方面，相对于二维的图纸，三维模型使评价者能更快地理解建筑设计，并更容易产生互动，尽管最后的结果需要以定量的数字来衡量，但互动的过程会给出对学生定性的中肯评价。

4 结语

数字化给建筑设计带来了巨大潜力，促进了学生的建筑认知方式、改变了设计思维模式、丰富了设计成果表达，同时也为建筑设计教学带来了变革的机遇，通过“双线教学”实践，我们会体会到将数字化引入教学中将会是非常积极、进步的教学手段。这种方法可以加强师生交流、提高学生主动性，还可以记录教学过程、修正评价标准，建立一个更加便捷的设计思考、修改、交流的平台，促进建筑设计教与学的不断发展。

参考文献

［1］ 贾倍思．从“学”到“教”——由学习模式的多样性看设计教学行为和质量［J］．建筑师，2006（7）：38-46.

［2］ 王一平，贾志林，张巍．建筑数字化之教育论题［J］．华中建筑，2009，27：177-179.

［3］ 许蓁，曲翠萃．认知·思维·表达——Autodesk Revit Building 软件在建筑学教学中的应用［J］．建筑学报，2007（5）：99-101.

［4］ 项秉仁．面对数字化时代的建筑学思考［J］．新建筑，2001（6）：14-16.

［5］ U. S. Department of Education Office of Planning，Evaluation，and Policy Development Policy and Program Studies Service. U. S. Department of Education Evaluation of Evidence-Based Practices in Online Learning：A Meta-Analysis and Review of Online Learning Studies. Washington D. C.，2009：37-48.

史立刚　孙明宇
哈尔滨工业大学建筑学院
Shi Ligang　Sun Ming Yu
School of Architecture Harbin Institute of Technology

结构理性与建筑创新
——体育建筑研究型开放设计教学探索
Structural Rationality and Architectural Innovation
——Exploration on Research-based Open Teaching of Sports Buildings Design

摘　要：作为哈尔滨工业大学建筑学院开放式研究型的设计课程之一，体育建筑开放设计首次尝试了校内跨专业联合教学实验，多维度探讨了体育建筑设计创新的潜能，激发并深化了学生的创新思维。本文从合作教学背景、作品实现过程及教学经验启示等方面进行介绍，为同类教学提供参考。

关键词：体育建筑，结构创新，六边形张拉结构，网架巨构

Abstract: As one of the research-based open teaching at Harbin Institute of Technology , we try interdisciplinary teaching experimental in open teaching of sports building design firstly , discuss the potential of sports building design innovation in multidimensionality, stimulate and deepen the students' creative thinking . This article introduces the background of cooperative teaching background, teaching process and teaching experience, which provides a reference for the similar teaching .

Keywords: Sports building, structure innovation, hexagon tension structure, giant grid structure

引言

斋藤公男曾论述过建筑空间与结构的关系："建筑物像'织物'似的——以技术（科学技术）为经线、以感性（形象）为纬线织成布。"[1]结构是体育建筑的首要基础，优秀的体育建筑应实现新颖的建筑造型、创新的结构形式与建筑功能的统一，并且符合建筑技术的发展方向。创新性的体育建筑更是离不开建筑师与工程师多层面的合作与互动。哈尔滨工业大学建筑学院首次将建筑学与土木工程的合作引入到本科开放式研究型设计教学中，打破专业界限，促进学科融合，多维度探讨空间结构创新的潜能，培养、激发学生的创新思维能力。

1　"建筑—结构"创新设计教学背景

1.1　我国建筑设计课程从传统模式转向开放式设计

源于巴黎美院体系、包豪斯以及苏联模式的影响，我国传统的建筑设计课程多以不同功能建筑的设计训练为主，然而学生依然对建筑的结构、材料、施工等基本问题比较陌生。20 世纪 80 年代后期以来，一些建筑院校开始将建造引入设计课，从材料（如木、竹、砖、纸等）、结构入手进行足尺度的建造研究；2000 年之后随着数字化建筑的普及，我国部分院校率先进行了数字化设计及建造实验。[2][3]这种新兴的教学模式多以国际间、

作者邮箱：slg0312@163.com

校际间的联合设计作为媒介，将学术交流真正地落实到设计作品，并激发了每位参与者更多的思考与灵感。

1.2 哈尔滨工业大学两大特色学院的合作背景

我院开放式研究型设计的开创性在于首次在教学中尝试了不同专业之间的合作。一方面，我校同时拥有建筑、结构两大重点学科，具备良好的先天条件；另一方面，我校建筑学院与土木工程学院在大跨建筑设计中素有合作创新的优良传统，共同创造了数项结构合理、形式新颖的体育建筑。

1.3 学科交融的迫切需求

长久以来我国建筑教育的课程分隔比较机械，难以培养出对结构知识掌握得游刃有余的建筑师；再者，建筑与土木学科的学生间的学习生活欠缺交集，互动较少。建筑学科的大跨建筑结构选型课程涵盖了较全面的大跨结构理论知识与实例解析，但思维角度仍然受限于建筑空间形式方面，较难对结构的实现性作评价。凭借着研究型开放设计的平台，我们将联合土木工程学院师生共同探讨体育建筑与结构的综合创新，多层面地提高学生的设计能力与对建筑的认知能力（图 1，图 2）。

图 1 建筑—土木开放式联合设计教学现场

图 2 建筑—土木开放式联合设计答辩现场

2 课程内容简介

2.1 设计任务

本次课程选取真实场地——安庆市大湖风景区南侧、菱湖南路以北约 300 亩的用地，预建设一座全民性体育中心，包括 5000 座体育馆 1 座、综合训练馆、配套商业服务设施、室外休闲健身设施和公园景观。要求对基地进行整体规划，着重探索体育馆结构技术创新。

2.2 工作组人员构成

将 30 名学生（包括建筑 21 人，结构 9 人）的队伍分成 6 组，每组包括建筑 3～4 人、结构 1～2 人；教师队伍 9 人（包括建筑 6 人，结构 3 人）分成 3 组，每组包括建筑 2 人、结构 1 人；每组教师负责 2 组学生，且全体成员在各设计阶段进行综合汇报与讨论。

2.3 教学过程

该课程采取为期 4 周的短期集中型教学模式。第一周分别请建筑和结构的专家就体育建筑和空间结构专业知识结合具体案例，进行深入浅出的剖析和教授，使同学对之有直观感性的认识；第二周建筑与结构专业同学分别从各自的专业出发点构思方案，并进行选择与优化；第三周则是双方就优化方案通过计算机模拟和模型实验进行建设性深化；第四周进行成果制作表达。首次跨专业的合作教学，对教师和学生来说都是巨大的挑战，在制定好的工作计划基础上，根据实际进展情况及时作出调整。

3 设计成果

我们首先从建筑策划的角度出发，将安庆市体育中心定位为全民健身场馆。我国全民健身场馆的概念发展至今呈现出两种发展趋势：其一，将体育设施建设和城市的规划、环境、园林结合起来，形成体育公园；其二，将体育设施与商业设施结合并集中在一座整体建筑里，或与交通枢纽相结合，适应现代城市居民快节奏的休闲健身交通一体的生活方式。我们因势利导地沿这两种趋势进行推导演绎，一组追求建筑形态的消隐，另一组则致力于实现健身娱乐购物的功能集约化和体量的巨构化，两组方案分别通过建筑结构创新来实现其理念。

3.1 第一组：消隐的六边形张拉结构

3.1.1 总体规划——自然界中的形与力

自然界遵循最低能量原理创造的万物都呈现出是形与力的完美统一，而结构创新思路也离不开大自然的仿生。本组设计灵感来源于安庆市著名的茶叶文化，取自茶叶叶片漂浮在水面上的清逸姿态（图 3）。这片环境怡人的城市滨水区犹如水面，建筑犹如漂浮其上的叶片，总体规划一座融体育设施、园林、商业于一体的体育公园，建筑形态主次分明，着重突出体育馆，而综合训练馆与配套服务商业设施采用覆土形式，成为生态景观的有机组成部分。

图 3　总体设计布局构思

3.1.2　主体建筑结构形态——逆吊找形法

在覆土结构衬托下，体育馆屋盖——整体的椭球形单层网壳成为结构表现的重点，其结构形态生成过程尝试了科学的逆吊找形的模型试验方法，采用悬链网模型完成悬挂结构的找形工作，呈现出拥有最小曲面及最佳传力途径的张力结构，然后将结构倒置之后得到承压网壳结构模型。

3.1.3　结构创新——六边形张拉结构单元

为选取单层网壳网格单元，首先结构专业运用计算机模拟分析（弯矩图、轴力图、跨中变形图）比较了正三角形、正四边形和正六边形网格。从刚度来看，三角形最稳固，四边形受力介于三角形与六边形网格之间，六边形次之；另一方面，将三种单元体重叠铺满平面空间，六边形是以最省材料得到最大空间的终极几何形。为提高六边形单层网壳的刚度，对每个单元体几何中心施加飞柱与预应力索网，上覆双层 PTFE 膜并局部点缀 ETFE 膜，通过内外表面的均匀透光形成柔和的散射光线，使结构更加轻盈（图 4）。

3.2　第二组：城市巨构

3.2.1　城市综合体——由城市通往自然的大门

基于触媒效应原理，从当前城市居民社会生活的角度出发，提出设计一座以体育馆为核心的城市文化商业休闲综合体，多种开放空间可提供人们更多行为选择，

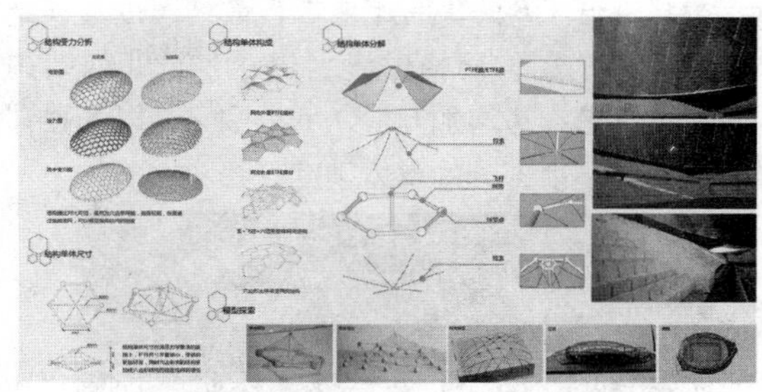

图 4　体育馆屋盖结构分析——六边形单层网壳

也利于解决体育馆的赛后利用问题。但在这个临湖风景区，庞大建筑体量与城市景观视线发生矛盾，如若逆向思维，将建筑想象成引导景观视线的标志，则可创造出一条连接城市与景观的轴线。为创造类似“牌坊”的透空空间，功能布置为由体育馆部分与训练馆部分共同支承起作为商业及园林空间的巨型屋盖，而其下面形成了巨大开放活力的灰空间（图 5），这样可促进人们交流并带来多样活动方式，如体育锻炼、休闲健身、商业、展览、集会等。

图 5　活力开放的城市灰空间

3.2.2　结构复合创新——体育馆巨型屋盖

巨型屋盖在作为体育馆维护结构的同时，包含双层商业主题公园功能，强调最大化开放及空间的简洁性与灵活性，也将成为观赏湖面的最佳视点。普遍认可的轻型化大跨建筑转向巨型综合体，迫使本次设计成为一次在结构上突破探索性的学习，设计尺度及结构刚度上的转变使得结构形式选择变得尤为重要。首先，结构专业从结构经济性考虑，提出使用 6m × 6m 的均质网架结构，但却难于实现屋盖空间最大化开放；经多次计算机模拟分析，结构专业创新性地提出以 24m × 24m 为单元的超巨型桁架，满足商业功能空间开放及自由分隔的要求，主要杆件采用管径达到 1m 的箱型截面。屋盖整体被设计为一个由厚到薄的流线型箱体。最初建筑专业希望屋盖薄的部分做到 2m 左右；而结构专业认为 2m 的屋盖厚度与较大跨度达不到 1:6 的高跨比，可减少跨度或增加屋盖厚度。首先，尝试减少跨度需在训练馆上方屋盖增加数条肋状支承构件，破坏了体量的纯粹性，转而探索增加屋盖厚度的方法。当屋盖厚度达到 7m 时，

可满足悬挑部分 1:6 的高跨比要求，最终通过转换结构将 24m×24m 的结构网格过渡到 12m×12m 的结构单元，且在训练馆周边增加 6m×6m 的圈梁，以加强训练馆结构部分与屋顶部分的整体刚度（图 6）。

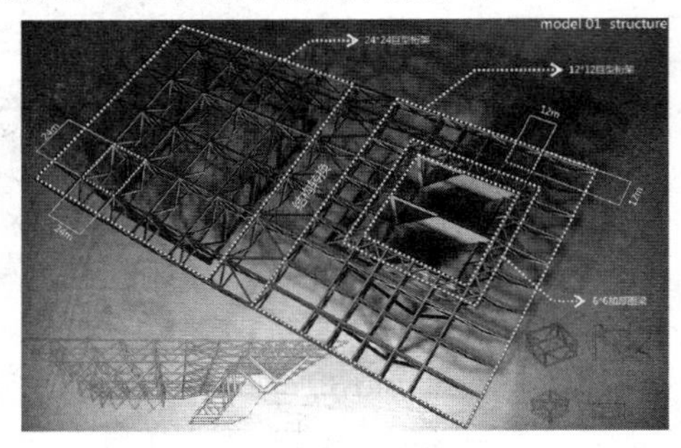

图 6 巨型屋盖结构解析

3.2.3 结构理性的忠实表达

体育建筑的目标皆为实现结构体系的完整统一、实现力流的最佳传递。在该方案中，作为结构体系的重要组成，支承结构延续屋盖巨型桁架结构形式，从构件尺度和倾斜角度上推导出巨 V 型支承构件，在满足结构构型的同时获得视觉上的冲击力（图 7）。

图 7 结构外显气势恢宏的城市综合体

4 教学经验与启示

4.1 差异化套餐式配置，倡导师生创新研究

传统教育中同年级课程设计采取相同的题目，统一标准化的课程配置不利于师生的特长发挥。本次教学打破这一惯例，根据教师的研究方向，同时开设如历史街区保护、大跨建筑、数字化设计、养老设施等几个各自独立的教学组，选择不同的设计题目和专业侧重，形成平行的专业课“套餐”。差异化“套餐”式配置使学生有更多的选择余地，充分调动了师生双方的主观能动性，使培养的人才具有多样性，实现了教师教研相长。

4.2 选择真题实战演习，重视营造实物情境

海德格尔曾经指出，建筑地点是第一性的，空间因地点获得其存在。如果抛开地点性来设计体育建筑，将无异于产品设计，那也就扼杀了体育建筑的地域特色。作为研究型教学，本次教学题目选取真实科研项目和场地，便于师生有的放矢。

4.3 基于本体结构理性，注重专业技术协同

当前建筑教育中呈现出许多令人炫目的发展点，但对本体结构理性的忽略和边缘化的倾向却愈演愈烈，本次开放设计积极探索建筑与结构专业的互动，注重双方在方案构思、优选、深化及模拟方面共同进行技术研究，使建筑学和结构工程专业的同学都对建筑设计方案的形成演化有了更深入的体验，并对于双方工作性质及结合切入点的把握形成了更准确的认识。

4.4 协作互助创意共享，全面训练空间建构

数字化设计无疑使设计师的灵感插上了翅膀，但随之而来的虚幻存在感也扭曲了传统的建筑教育观，而数字化软件的过度使用易使学生误以为，建筑设计即是建筑师个人主义的全能包办和虚拟空间的建模，事实上，缺失了设计团队的协作设计师将寸步难行，而模型制作环节的淡出也使建筑师忽略了建筑设计的本体问题——空间建构。本次开放设计教学通过分组跨专业合作的方式进行方案创作，计算机建模模拟与实体空间手工模型制作相结合进行空间建构训练，无疑对学生树立正确的建筑设计观具有建设性的意义。

参考文献

[1] （日）斋藤公男．空间结构的发展与展望——空间结构设计的过去·现在·未来［M］．北京：中国建筑工业出版社，2006.

[2] 李欣．设计结合建造——Design-Build 模式下的建筑设计工作制度探索［J］．建筑学报，2012（3）：78～83.

[3] 申绍杰．材料、结构、营造、操作——“建构”理念在教学中的实践［J］．建筑学报，2012（3）：89～91.

宋明星　刘尔希　袁朝晖　卢健松
湖南大学建筑学院
Song Mingxing　Liu Erxi　Yuan Zhaohui　Lu Jiansong
School of Architecture，Hunan University

引入参数化数字技术的大跨度建筑设计教学方法研究❶
The Introduction of Teaching Methods in Long Span Architectural Design by Using Digital and Parametric Technology

摘　要：本文通过湖南大学建筑学专业四年级教学小组近年来在大跨度建筑教学中，引入参数化数字技术，阐述了教学小组以参数化为手段激发学生想象力和强化对结构体系的理解的教学改革理念。教学分为基本知识授课、参数化设计介入的方案设计、以激光切割机为工具的模型输出、公开教学评价等几个步骤，其教学方法的核心在于利用日趋完善的计算机软件和数字切割技术，结合大跨度建筑设计的特点，启发学生开展设计构思。

关键词：参数化数字技术，大跨度大空间，激光切割机，公开教学评价

Abstract：In this paper，Hunan University Architecture fourth grade teaching team teaching in recent years in large-span buildings，the introduction of parametric digital technology，elaborated parameterized as teaching group to stimulate students′ imagination and means to strengthen the understanding of the structure of the teaching system reform ideas. Teaching basic knowledge into teaching，parametric design intervention program design，laser cutting machine as a tool to model outputs，open teaching evaluation steps，the core of its teaching method is to use the increasingly improved computer software and digital cutting technology，combined with span Building design features to inspire students to carry out design ideas.

Keywords：Digital and Parametric Technology，Long-Span，Laser Cutting Machine，Public Teaching Evaluation

1　研究背景

建筑是个注重艺术、历史、文化的学科，因此对于以科技为主导的变革，经常反应较迟缓而且有时会有反变革的情况。建筑圈内谈到科技，许多时候仍停留在运用玻璃、金属材料来表达科技“意象”，而不作任何追赶数字技术发展的企图的层面。目前，建筑教育界对数字技术在教学上的理论研究与教学实践日趋重视，随着技术的迅速发展而跟着改变课程的内容与方向，如近年来麻省理工学院、哥伦比亚大学与瑞士联邦工业大学等校建筑课程的新发展皆是如此。透过电脑引入的参数化数字设计这个数码媒体的特质，即 Computer-aided Design 与 Design with Computer，产生新的设计思考模式与在此新模式下的建筑物，有可能成为未来建筑发展的方向之一。在大跨度建筑中，参数化数字建筑技术的引

作者邮箱：mason song@qq. com

❶　项目资助：本项目受 2013 年湖南省普通高校教学改革研究项目“基于数字技术建构下的大跨度大空间建筑设计及模型实践教学方法研究”、湖南省自然科学基金 13JJ3042 资助。

入可以极大地拓宽学生对常规大跨度建筑形式的束缚，产生众多新颖的、超出常规想象的、无法用常规表达方式表达的新的方式，这对大跨度建筑作为城市的标志性而言，具有重大的形象意义。

在湖南大学建筑教学体系中，四年级作为高年级具有大跨度大空间设计的教学安排。因此，在四年级二期的教学环节中引入参数化数字建筑，一方面，从国内外大型体育建筑、观演建筑、展示建筑设计潮流发展趋势看，利用参数化技术开展非线性建筑设计已经是大势所趋，另一方面，学生在四年级也逐渐具备掌控技术手段和方案设计的综合能力，可以避免低年级学生设计方案被参数化技术控制的弊端，同时参数化技术在大跨度建筑教学中的应用可以极大地激发学生的想象力和对结构体系的兴趣，形成建筑教育新的教学培养特色。该课程为建筑学四年级下学期专业设计课，总时长 16 周，大跨度模型建构设计占 8 周，观演建筑设计占 8 周。

2 教学目标

（1）研究数字建筑设计与大跨度建筑设计相结合的新的教学方法，让学生掌握对网架结构、网壳结构、悬索结构、折板结构、膜结构、拱结构等大跨度结构形式的参数化变形方法，为今后的实际工作打下应用数字建筑的基础，具备进一步研究数字化技术在大跨度建筑设计中运用的能力。

（2）掌握大空间大跨度建筑的设计方法，尝试创新建筑形态和建构方式，提高综合运用结构知识解决结构表现与建筑空间的矛盾统一关系，达到“技艺交融”的目的。强化对建构理论的了解，强调建造活动的本质和设计过程，提升对建造节点细部的逻辑性和美感的认知。

（3）研究激光切割等原型设备在数字建筑设计课程中将三维数字文件转化为实体物理模型与大跨度建筑节点的方法与实践经验。鼓励运用拓扑几何学、建筑仿生学、非线性建筑参数化设计、空气动力学等前沿理论和 Rhino、建筑信息模型等三维设计软件进行创作实践，锻炼学生综合各类知识和工具进行建筑创作。

（4）分析大跨度建筑设计中引入参数化数字技术后与其他相关课程的关系和新的教学方法。分析和总结数字建筑设计课程与设计基础、建筑结构、建筑设备、建筑历史等课程如何对接，为今后高年级教学计划和教学大纲的调整提供理论与实践依据。

3 教学过程

第一阶段：体验感知

此阶段以理论讲授和实例参观为主，为其后的设计准备理论基础和感性认识。

（1）理论又分为技术理论和设计理论两部分。技术理论偏重于大跨度结构特点，空间结构与平面结构的区别，结构的类型适用范围及创新方法，大跨度结构的选型。设计理论讲授大跨度建筑结构表现力、建构的原则与方法、节点设计、材料表现、大跨度建筑的形体和空间构思。

（2）安排学生参观篮球馆、跳水馆这样的建筑实例，感知其空间与细节。

（3）释放大量案例与优秀学生作业提振学生信心。

（4）提醒避免设计中易闯入的误区：多种大跨度结构的堆砌拼贴，受力概念不清导致的简单问题复杂化，过分强调形式感。

第二阶段：理解提升

（1）首先是学生根据命题进行分组，确定设计主题及选址。

（2）场地分析与调研，接下来根据其兴趣所在帮助确立结构和形式的创新方向。

（3）此阶段除安排小组讨论还会释放一些经典案例，把案例中暗藏的设计技巧进行引导性讲解，避免学生对其简单抄袭。

第三阶段：实践磨合

（1）由于是分组进行设计，方案推举必然在组内遇到一些争议，在同组推出的两三个初步方案中，教师不是指令性地确立哪一方案，而是对所有方案的潜力和难度进行提示，让学生自己判断。通过分析归纳—发散演绎—相互评价的研究性教学过程自行确立一个深化方案。提高学生的鉴别判断能力，锻炼其结构直觉。

（2）方案骨架模型制作和节点细部构造论证。

（3）结构专业教师参与排除不合理方案并优化可行方案。

（4）受力构件形态的优化。

第四阶段：整合输出

（1）整合所有设计因素，确定方案终稿。

（2）三维计算机模型分解为二维骨架构件，导入激光切割机或数控刀具加工成型。

（3）根据确定的建构方式搭建、拼接、组合成精细模型。

（4）建筑表皮的选材加工及固定。

（5）模型强度检验。

（6）绘制正图。

第五阶段：验证评价

（1）探索“开放性、多样性、个性化”的验证与评价方式。

（2）邀请相关学科及校外专家参与开放式评价，允许学生通过模型、过程视频与多媒体演示多样化的个性化表达方式，是对设计的总结和提高。

STEP1	知识授课 Teaching	一周	各种大跨度结构类型特点
STEP2	分组调研结构类型 Grouping Research	两周	学生分组分别针对各种结构调研和资料收集
STEP3	交换结构类型信息 Share Information	三周	每个组讲各自研究成果，以 PPT 形式
STEP4	方案展开设计 Plan Design	四、五周	本组同学各出方案比选，讨论，确定组内最终提交方案，期间穿插构造、古建筑等专业知识的授课
STEP5	结构模型设计 Structural Model	六、七周	结构模型草模制作，结构老师一草评图，确定后结构精模制作，绘制图纸
STEP6	模型成果公开评图 Assessment	八周	请来校外专家、设计院知名建筑师、专业老师、学院教授等开放评图
STEP7	观演建筑知识授课 Teaching	九、十周	教授观演建筑舞台、视线、光学、声学、设备等课程
STEP8	观演建筑设计 Plan Design	十一至十三周	各位同学独立开展方案设计，开展草图比选
STEP9	细节节点设计 Details	十四、十五周	将建筑物理关于声光热、视线分析等的内容融入教学
STEP10	最终成果评图 Assessment	十六周	最终成果包括图纸和实体模型，公开评图

4 教学方法

4.1 重视理性推导，淡化个人灵感

题目没有过多功能及场地条件限制，最终形态也体现出较多的感性特征，因而学生容易受所谓“想法”和“灵感”误导，而不是建立在分析、综合和评价的想象空间。设计过程中教师不给予太多形态上的建议，以免带上个人主观审美判断，避免“经验式”的教育方式，而应该不断提醒和暗示案例背后的设计逻辑和方法。

4.2 设计过程的颠倒与切入点选择

基地的模糊性与设计类型的特殊性，使得模糊不确定性和自由度引发了学生探讨和研究的兴趣。教学方法上不再像以往年级先从场地和功能分析形态，而是从建构节点及形式生成方法的探索开始，引导学生从自然界仿生、古代建造过程、单一节点受力分析逐步扩大等方面去寻求设计概念，这种极具原创性逻辑思辨性的设计激发了学生的探究热情，通过学生自我的思辨，分组的探讨和教师的指导拔高了创新思维能力，避免了模仿抄袭的可能。

4.3 三维设计软件与数控激光切割机的运用

需要借助计算机三维模拟，数字化控制切割工具，结构荷载实验来辅助设计。建筑由简洁明了的建构单元搭建出复杂的连续性变化的大空间，设计过程需要在计算机模拟和实物模型之间反复切换和推演。计算机模拟帮助从表现语素到建造语素之间的顺利转化，参数化的控制、三维空间到二维构件的数字化生成，使得模型的组建更为精准，更有可操控性。实物模型则用以检验空间形态，并通过结构加载实验来验证其受力特征和稳定牢固性。这是非常强调设计过程的教学方法，经历手绘构思—图示表达—计算机二维推演—计算机三维定型—计算机二维导出—计算机控制加工构件—实物模型受力实验、风洞试验等过程，这一过程不是简单的线形进程，而是会有反复和穿插，呈现非线性的递进式教学方法。

4.4 开放式的评价和指导

在教学过程中不仅是建筑专业的授课老师，还会有建筑结构、建筑材料、建筑构造、数字建筑实验室等专业教研人员共同参与方案设计指导，协助学生整合各种

技术资源，优化设计方案。方案完成之后进行集中评图，此过程会邀请学院内资深教授及院外著名建筑师共同参与点评，使得方案评价更全面、更公正。评图完成后会将作业在院内进行展出，与各年级学生和教师交流意见。

4.5 多学科知识融合升级到多课程内容打通

本课程教学改革强调对大跨度建筑空间与形式相互关系的理解，大跨度建筑模型建构＋观演建筑功能植入是本课程的两大构成版块，尤其强调其他课程的横向联系。在大跨度大空间建筑设计中融合中国古建筑设计、传统建筑保护与更新、建筑力学、工业建筑设计、建筑材料、建筑物理、建筑构造、装置设计、体育建筑设计、建筑细部设计、建构方法学、模型设计与制作等课程，涵盖建构、文化、材料等多个课程领域。在对前期多学科知识平台融合的探索后，教研组提出了多课程内容打通的教改方向，即最终的设计成果不仅体现建筑设计课的教学成果，其最终结果还需要在深度和内容上完全达到建筑物理、建筑构造、室内设计等课程教学要求，也就是说最终成果还包含了部分其他课程的考查成绩，这样既可以让学生制图时针对技术图纸不是带着应付的心态去完成，当与其相关课程成绩建立关联，学生的积极性也会激发出来；同时，还可以解决部分技术课程教师授课的课时量计算以及外聘教师积极性的问题。

5 教学案例

为进一步了解大跨空间的结构与造型特点，本课程设计选取桃子湖畔的临水位置，完成平面尺寸大于 30m×30m 的无柱空间。根据场地特点自行确定功能主题。要求选用合理的空间结构形式及建筑材料，但不得采用平面网架结构及混凝土结构（如网架、拱结构、悬索、折板、薄壳、膜结构等)。通过不小于 1∶20 的空间结构模型及电脑模拟，借助相关的图纸表现本构筑物的造型特点、设计意图、节点构造以及相应的受力关系。

参考文献

［1］ 申绍杰. 材料、结构、营造、操作——“建构”理念在教学中的实践. 建筑学报，2012(03)：89-91.

［2］ 胡滨. “天空之下”——空间叙事 模型表述空间. 建筑学报，2012(03)：84-88.

［3］ 张彧，朱渊. “空间、建构与设计教学研究”工作坊设计实践——一种新的设计及教学方法的尝试. 建筑学报，2011(6)：20-23.

［4］ 曾旭东. “虚拟建筑”技术在建筑教育中的应用. 2005 建筑教育国际学术研讨会论文集：147-152.

［5］ Jon H. Pittman，AIA. Computing in Western Architectural Education. 2005 建筑教育国际学术研讨会论文集：156-162.

孙澄宇
同济大学建筑系
Sun Chengyu
Architecture Department of Tongji University

关注数字化设计的物质属性
——程控机械臂技术在建筑形态设计教学中的发展趋势之小议
Digital Design Focusing on Materialization
——A Brief Introduction on International Form Design Studios with Robots

摘　要：文章回顾了数字化设计从关注抽象视觉形态，到完整空间，再到各种建筑物质属性的发展历程。看到新兴的基于程控机器臂技术的建筑形态设计，在建筑实践与教育中，具有美好的前景。从一批此类设计与教学案例中，揭示了目前该领域的两种发展趋势，即"结果决定"模式与"过程生成"模式。最后，建议教学中以后者为探索方向，以便加强数字化设计对于建筑物质属性的关注。

关键词：形态设计，机器臂，建筑教育

Abstract: With reviews on the development of digital design focusing on virtual form, space, and materialization, a bright future is forecast for the form design with robot both in architectural practice and education. Several samples are studied and two trends are revealed. Between the model of result-pursuing and the model of process-generating, the latter is recommended as a good option for digital design education focusing on materialization.

Keywords: Form Design, Robotic Arm, Architectural Education

1　背景

近年来，数字化设计正在国内外如火如荼地快速发展。其教学中的数字化形态设计，以其复杂、流畅、多变的绚烂视觉特征，俨然成为建筑教学中的一大热点。然而，由于资金与技术等多方面的原因，数字化形态设计教学往往易于停留在虚拟三维模型的表达与推敲之上。教学往往以某几个角度的渲染图为终结。而学生对于自己所设计的复杂形态的完整空间与各种物质属性（如结构、构造、材料、建造工艺等）并没有取得应有的认识。因此，这样的数字化形态教学往往会被传统教学方法视为一种"浮于表面"、未触及建筑本质的纯几何形态教学，也曾遭到一片质疑声。

随着模具领域的快速成型技术进入建筑教学，国外大量高校以及国内一批高校在数字化形态教学中开始使用三维打印技术。它可以将学生的形态设计成果以实物模型的形式展示出来。这也就要求学生不仅仅从几个有限的视角去推敲自己的设计，而必须对完整空间进行思考。可以说这是数字化形态设计教学的一大进步。但三维打印，这种同质化的、从虚拟构思到实物建造的简单转换方式，客观上让学生忽视了建筑视野下的形态设计所应具有的物质属性。这与建筑教学的核心关切存在差距。[1]

2006 年，苏黎世联邦理工学院的格拉玛兹（Fabio

作者邮箱：ibund@126. com

Gramazio）与科勒（Matthias Kohler）教授，在“干腾贝恩葡萄酒庄项目”（图 1）中，向国际建筑界展示了如何运用现代工业制造领域的程控机器臂技术，来完成这种从虚拟构思到实物建造的转换。[2] 其间，他们以计算机程序将完整空间与物质属性整合于建筑形态设计之中。由此，开启了一扇程控机械臂技术辅助建筑形态设计的大门。

2 建筑形态设计教学中的机器臂技术

两位教授继 2006 年的实践项目后，于 2007 年开设了研究生设计课程“多分辨率墙（The Resolution Wall）”（图 2）。学生被要求编写程序，按形态设计去控制机器臂对边长 5～40cm 的砌块进行全自动墙体砌筑。墙体的形态设计就蕴藏在程序之中，它既包含了对于形式美感的考虑，又兼顾了结构稳定性、构造合理性、材料特性、施工可行性等多种设计的物质属性。

在他们的引领下，程控机器臂技术开始在一些国际顶尖建筑院校的教学课程中发展开去。截至 2013 年 6 月，据“Robots in Architecture”协会的不完全统计[3]，全世界已经有 26 所院校开始在教学中了引入了这一技术（表 1）。目前主要集中在一些欧美院校（图 3），而未被计入的国内清华大学、东南大学、同济大学也都先后采购了机器臂，相关研究与教学也在逐步展开。

图 1　干腾贝恩葡萄酒庄项目

图 2　学生课程设计“多分辨率墙”的部分成果

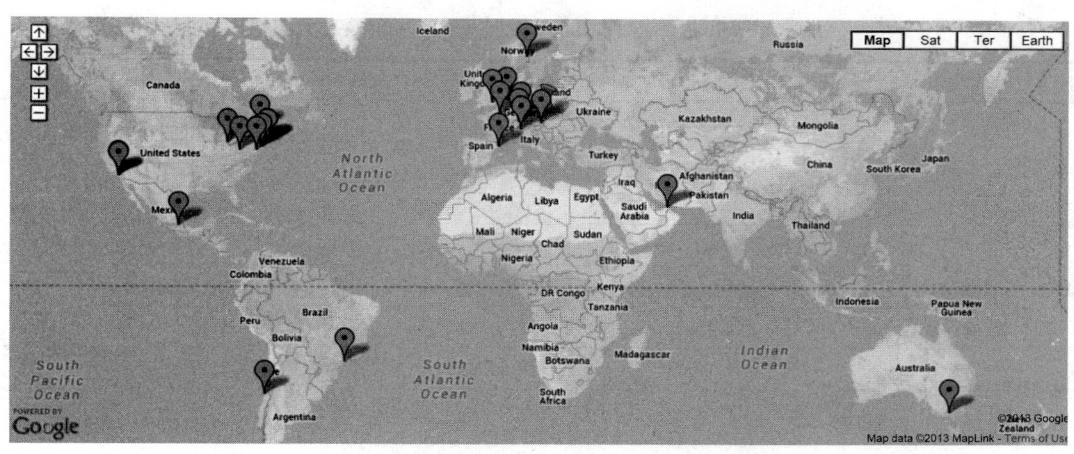

图 3　开设有机器臂辅助建筑形态教学课程的高校分布

开设有机器臂辅助建筑形态教学课程的高校　　　　**表 1**

学校（Institution）	位置（Location）	型号（Robot Type）	主页（Homepage）
Graz University of Technology	Austria，Graz	ABB 6600；ABB 140	www. tugraz. at
Robots in Architecture / Vienna University of Technology	Austria，Vienna	KUKA KR60HA；KUKA KR5 650	kunst2. tuwien. ac. at；www. robotsinarchitecture. org
McGill University	Canada，Quebec	Fanuc	www. mcgill. ca
EZCT Architecture & Design Research	France，Paris	ABB IRB 120	www. ezct. net
Responsive Design Studio / Cologne University of Applied Sciences	Germany，Cologne	KUKA KR125	www. responsivedesign. de
University of Stuttgart，Institute of Computational Design	Germany，Stuttgart	KUKA KR125-2	icd. uni-stuttgart. de
RMIT	Melbourne，Australia	KUKA KR60HA；KUKA KR150-2 with linear track	
R MAS E Arquitectos	Mexico，Mexico City	ABB 6400 S4C M97	www. curva. com. mx
Politecnico di Milano	Milan，Italy	Staeubli RX90B	www. polimi. it
Hyperbody Robotics Lab	Netherlands，Rotterdam	ABB 6400 x2	
Snøhetta	Norway，Oslo	KUKA	www. snoarc. no
DL Robotics	Sao Paulo，Brazil	KUKA KR210R 3300K Ultra Quantec	www. dlrobotics. com
IaaC	Spain，Barcelona	KUKA	www. iaac. net
ETH Zurich，Architektur und Digitale Fabrikation	Switzerland，Zurich	KUKA & ABB	www. dfab. arch. ethz. ch
American University of Sharjah	UAE，Sharjah	KUKA KR150 x2	www. sharjah. ac. ae
Robofold	UK，London	ABB 6400 x2	www. robofold. com
Guy Martin Design	USA，California	KUKA	www. guymartindesign. com
SCI-Arc	USA，California	Stäubli TX40 x2；Stäubli TX90 x3；Stäubli RX160	www. sci-arc. edu；www. machinators. org

续表

学校（Institution）	位置（Location）	型号（Robot Type）	主页（Homepage）
Harvard University	USA，Massachusetts	ABB	www. harvard. edu
Massachusetts Institute of Technology	USA，Massachusetts		www. mit. edu
Radlab Inc.	USA，Massachusetts	KUKA KR15-2	www. radlabinc. com
University of Michigan	USA，Michigan	KUKA KR100HA	www. umich. edu
Carnegie Mellon University	USA，Pennsylvania		www. cmu. edu
Greyshed	USA，Princeton	ABB IRB6400	www. gshed. com
Universidad Técnica Federico Santa María	Valparaíso，Chile	KUKA KR125/2，KUKA KR6，KUKA KR15/2 (on a linear track)	www. cima. utfsm. cl in collaboration with www. arq. utfsm. cl

经过短短7年的发展，在这些高校师生的努力下，程控机器臂的控制软件正越来越符合建筑师的工作模式。原本，任何一个交给机器臂进行加工的设计成果都必须经历至少三个中间步骤：由CAM软件完成从虚拟三维模型文件到通用加工路径描述文件（G—Code）的转换；由特定型号的机器人工具包完成从加工路径描述到该机器人指令文件（如KUKA的.SRC文件）的转换；由该工具包对指令文件进行模拟加工，予以最后确认。最后才能用指令文件控制机器臂完成加工。而建筑设计的一大特点就是设计推敲过程中修改频繁，如果每次都要在不同工具包间手动转换，显然不利于设计思维的顺畅运转。所以，维也纳工大的Sigrid Brell—çokcan与Johannes Braumann教授基于建筑设计界流行的Rhino与Grasshopper平台，开发了控制KUKA品牌机器臂的控件KUKA | prc。它将上述三个步骤完全整合于其内部，设计者只需要将自己的Grasshopper程序连接上这一控件，就可以直接产生并验证机器臂指令文件。

当然，除了KUKA具有这种面向建筑师的工具软件外，其他机器臂品牌（ABB、Fanuc等）也都纷纷跟上。他们都看到了这一技术在建筑领域的广阔前景。而随着软件技术的升级，硬件手臂价格的降低，将程控机器臂技术引入建筑形态设计教学俨然成为了一种国际趋势。

3 两种发展趋势

随着机器臂技术的软硬件对建筑设计者越来越“友好”，设计者的工作模式也正在发生着悄然的变化。传统的由委托者、设计者、建造者构成的“三元”协作模式，在机器臂可能替代建造者的趋势下，出现了向“二元”模式转变的可能。[4]越来越多的建筑师、建筑教育者开始在这一命题下展开探索。目前，已经可以在相关教学中看到，基于程控机器臂技术的建筑形态设计出现了两种不同的发展趋势。

3.1 工程师的“结果决定”模式

在这种模式（图4）中，设计者在运用机器臂完成自动建造前，就通过数字化设计的代码，形成了对于形态设计最终成果的准确数字描述（三维模型），用以推敲、检验、表达设计。而他非常清楚，其为设计所赋予的各种物质属性，都会在机器臂加工过程中使得数字描述与最终成品间产生各种“误差”。而设计者将力图使这种误差最小化，即尽可能忠于之前的数字描述。该模式可以说是脱胎于工程师的思维习惯，即把机器臂的加工看做是一个会产生各种误差与问题的过程，它们犹如摆在虚拟构思与实物建造间的障碍，必须被尽可能地克服。

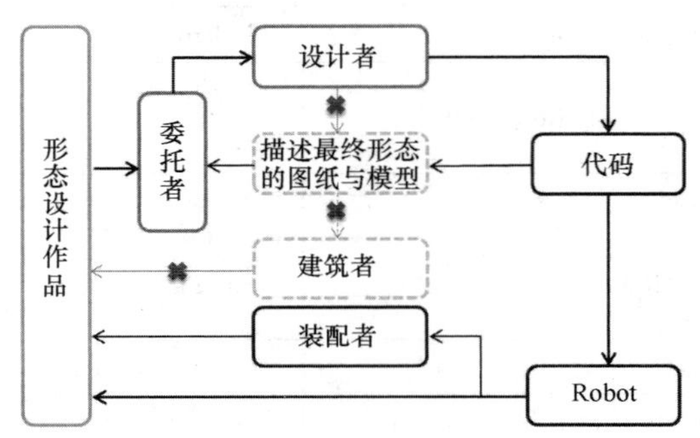

图4 “结果决定”模式的工作流程

如贝塞尔2007年的多摩特拉瑞士建筑展休息馆项目（图5），可以清楚地看到描述最终作品的数字模型与最终的建成作品高度一致。

又如，2008年的“序列墙（The Sequential Wall）”课程（图6），可以看到斜向木条的数字模型准确预示

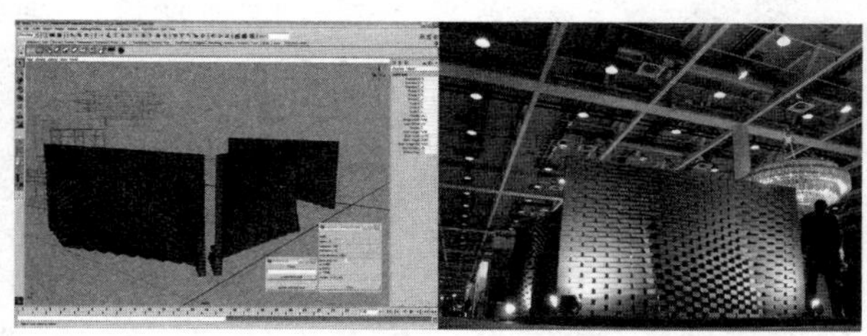

图 5　多摩特拉瑞士建筑展休息馆

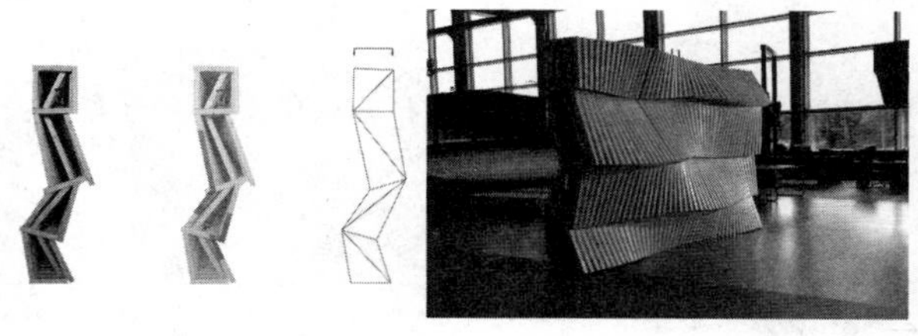

图 6　“序列墙”课程成果

了建成作品。

在 2008 年威尼斯建筑双年展的“结构的摆动(Structural Oscillations)”作品中（图 7），设计者甚至在数字模型中精确地加入了实现孔洞的预留泡沫砖。

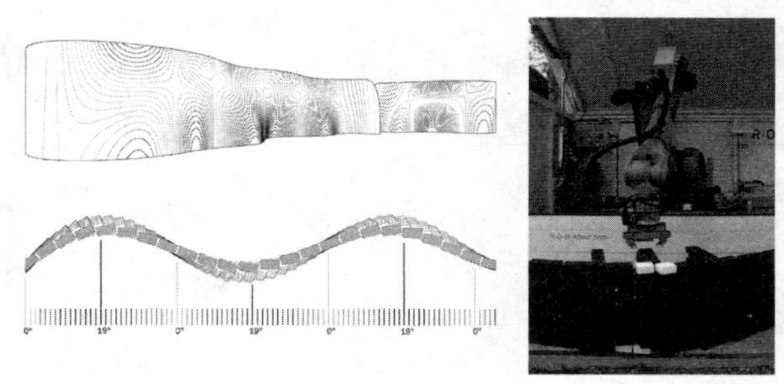

图 7　“结构的摆动”作品制造过程

3.2　艺术家的“过程生成”模式

在这种模式（图 8）中，设计者在完成建造前，只拥有对作品的初步意象以及用于控制加工过程的代码。由于加工材料的变形与变态过程具有不确定性，无法像上一种模式那样，事先形成对形态设计最终成果的准确数字描述，更谈不上以此与委托方交流。设计者必须对不同的材料与工艺进行尝试。由形态设计的各种物质属性所带来的变形变态都被乐意地接受为创作的手段，成为了形态设计的一部分。

目前，探索这一模式的教学还非常有限，比如维也纳工大的 Sigrid Brell一? okcan 与 Johannes Braumann 教授所主持的一些课程。最近的一次是 2013 年 7 月在同济大学建筑系与作者进行的联合工作坊教学（图 9）。

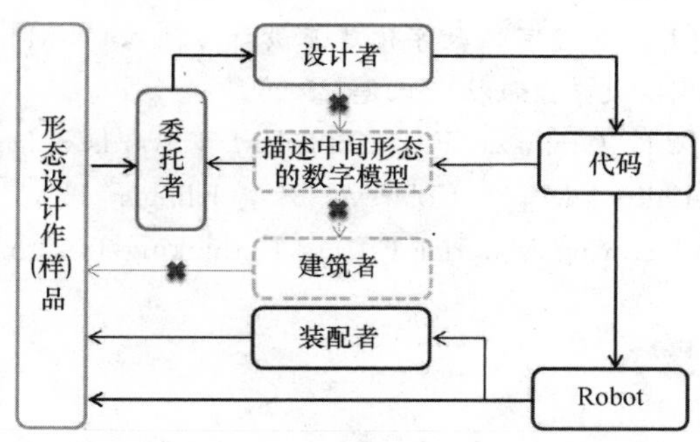

图 8　“过程生成”模式的工作流程

其间，学生编写程序，操纵机器臂将聚苯乙烯薄板分别在热源上作局部烘烤，在各种“手指”状物件上拉拽变形，从而完成其形态设计。这里的烘烤时间、角度、拉拽的速度、加速度、材料的局部特性等物质属性，都使得形态生成的结果不可预知。学生看到其作品在加工过程中被拉拽损坏的过程，即是充分认知材料与工艺的过程。

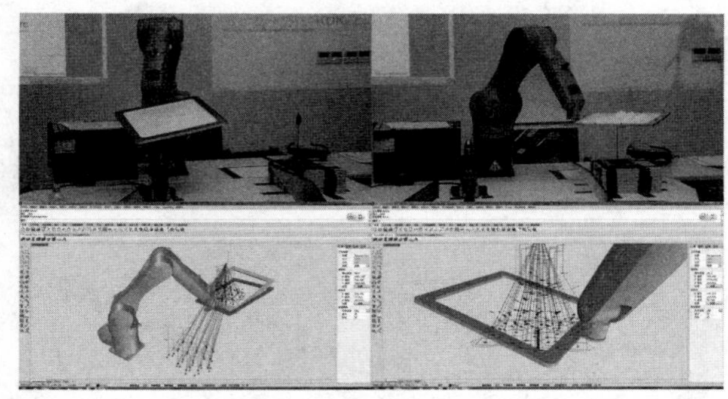

图 9　同济工作坊加工过程

4　结语

综观本文所描述的基于程控机器臂技术的建筑形态设计，其在国际范围内发展迅猛，并在教学中已经出现了两种发展趋势。显然，对于注重认知各种物质属性的建筑学教育而言，“过程生成”模式，相较于“结果决定”模式更加具有意义。它能够将材料的特性与工艺的影响更加夸张地展示给学生，加深他们的认识。而从中积累的经验也能够很好地服务于未来自身的建筑实践，或成为“结果决定”模式的知识基础。由此，数字化建筑形态设计教学的重点将不再是炫目的虚拟形态，而将回归于对于各种物质属性的不断认识。

最后，感谢 Gramazio & Kohler Architecture and Urbanism 事务所，以及 Robots in Architecture 协会，提供的素材与支持。

参考文献

［1］ 孙澄宇．数字化建筑设计方法入门［M］．上海：同济大学出版社，2012：25-26.

［2］ Gramazio F.，Kohler M. Towards a Digital Materiality［M］// Kolarevic B.，Klinger K.，eds. Manufacturing Material Effects Rethinking Design and Making Architecture. New York：Routledge，2008：103-118.

［3］ http：//www. robotsinarchitecture. org/.

［4］ 孙澄宇．当建筑师开始撰写"代码［J］"．时代建筑，2012(5)：46-51.

童滋雨　钟华颖
南京大学建筑与城市规划学院
Tong Ziyu　Zhong Huaying
School of Architecture and Urban Planning, Nanjing University

毕业设计专题化——数字设计与建造教学方法研究

Research into the Teaching Methods Concerning of Digital Design and Construction as Part of Theme-Based Graduation Design

摘　要： 本科毕业设计在南京大学建筑与城市规划学院所建构的通识教育和专业教育相衔接的教育模式中，是承上启下的重要环节。数字设计与建造作为毕业设计专题之一，有效地完善了从本科到硕士阶段的计算机辅助建筑设计教学体系。课程设定一方面是对学生本科阶段所学知识的总结和检验，另一方面则是引入新的数字化技术，并达到两者的平衡统一。课程强调了从设计到建造的全过程学习和体验，使学生掌握脚本语言和算法等基本数字设计技能，为研究生阶段的相关学习研究铺路。课程内容分为基础知识学习、数字造型训练、参数化建筑设计、加工与建造四个阶段，通过分解与合作、简化与抽象、深度与弹性等措施保证教学目标的达成。通过毕业设计专题化训练，加强了学生对数字设计技术的掌握，提高了对计算机辅助建筑设计（CAAD）的整体性认知，拓展了设计思维。

关键词： 毕业设计专题化，数字设计，数字建造，教学方法

Abstract: In the educational mode that integrates general education with professional education established by School of Architecture and Urban Planning, Nanjing University, graduation design of undergraduates is an important link of digital design and construction, as one of the themes for graduation design, have effectively perfected the teaching of computer aided architectural design in the period from undergraduates to post-graduates. On the one hand, curriculum-design serves to sum up and check the knowledge acquired by students in the period of their undergraduate study and brings in new digital technology on the other, hence reaching the balance and unity between them. The curriculum lays stress on the entire process of study and experience from design to construction, enabling students to acquire such basic digital design skills as script language and algorithm and pave the way for related study and research of post-graduates. The curriculum consists of the study of basic knowledge, training of digital-modeling, parameter-oriented architectural design, fabrication and construction. A number of measures are taken to ensure the fulfillment of teaching objectives, such as resolution, cooperation, simplification, abstraction, deepness and flexibility, etc. Graduation design as theme-based training has reinforced student mastery of digital design techniques, enhanced their cognition of the entire CAAD and expanded their thinking of design.

Keywords: Theme-Based Graduation Design, Digital Design, Digital Construction, Teaching Methods

作者邮箱：tongziyu@gmai. com

1 背景介绍

南京大学建筑与城市规划学院自 2007 年首次招收本科生以来，对建筑学人才的培养实行两年通识教育(基础通识十学科通识)、两年专业教育、两年专业提高教育（研究生）的方案，探索了通识教育和专业教育衔接的新模式。该体系将建筑学专业教育的出口提高到研究生层面，并分层次分类型地建构人才培养方案。在该体系下，本科毕业设计不再仅仅是对建筑设计课程的一个总结，而成为从本科到研究生连贯的课程体系上一个重要的承上启下的环节。正因为如此，南京大学建筑学教育的本科毕业设计创新地引入专题化、模块化的特征，在保持其作为综合性建筑设计训练这一传统的基础上，强化其连续性、研究性、前瞻性和跨学科特点，增设若干代表着当代学科发展趋势和未来社会需求的专题，以期拓展学生的学术视野，初步训练学生的研究能力，为他们进入研究生阶段的学习和研究做好方向、知识和方法上的准备。

从国内外建筑学发展的趋向来看，建筑技术的快速发展深刻改变着传统建筑学，先进的数字化设计技术和制造技术展现了巨大的潜力，极大地拓展了建筑学解决各种实际问题的能力和领域。同时，计算机辅助建筑设计研究也一直是南京大学建筑学教育的重点研究方向之一，在本科和研究生阶段都有着相关课程的开设。数字设计与建造成为本科毕业设计的专题之一，有效地完善了从本科到硕士的计算机辅助建筑设计教学体系。

2 数字设计与建造的教学目标

数字设计与建造作为本科毕业设计专题化的重要组成部分，既要部分承担毕业设计的总结回顾工作，又要满足计算机辅助建筑设计自身特点的要求。为此，我们为该课程设定了明确的教学目标。

2.1 回顾和引入

南京大学本科建筑设计教学以建筑设计为核心，以基本问题为出发点，以材料—建造、空间—环境、结构—技术等为线索，递进式贯穿六个设计题目，涵盖了建筑设计中最重要的一些基本问题。作为对该教学体系的回顾和学生学习效果的检验，本课程需要在教学安排中反映出这些基本问题，包括对材料、空间和结构的基本要求。

数字化设计所蕴含涵新的思维范式和技术要求对于学生来说又是全新的体验，需要引入新的知识点的学习，包括软件、编程语言、算法、数控加工等。所有这些新的知识点都是帮助学生掌握数字设计的重要工具，也为他们在以后的学术研究中打下了良好的基础。

结合这两方面的需求，本课程要求学生灵活运用新的数字化工具进行设计，该设计必须反映出对环境、空间、材料和构造等要求的呼应，实现从信息到参数、从逻辑到规则的设计转换。

2.2 设计到建造

随着计算机软硬件技术的发展，计算机辅助建筑设计本身所覆盖的范围也有了很大的扩展，从概念到设计再到建造，都可以看到计算机技术的影踪。在本课程中，我们强调了设计的生成和建造这一过程的连续性，让学生在学习过程中完成对计算机辅助建筑设计的全方位、全过程的体验和认知。

当前数字设计往往表现为不规则造型，容易让学生误认为这就是数字设计追求的唯一目标。在目前技术条件下，即使仅输入几个点就有可能生成一些很复杂的形式。然而，一旦涉及建造，形式本身将受到材料、加工方法以及经济预算等因素的影响和限制。数字设计教学仅仅关注形式是不够的，因此本课程不仅要求学生通过编写计算机程序脚本完成一个建筑设计，而且需要由学生自己操作数控设备进行加工，最后搭建完成 1∶1 的实体模型。综合性全过程的训练有助于学生全面理解数字技术的特点、优势和局限。

2.3 脚本与算法

作为毕业设计，共有 16 周的教学时间，周期较长，区别于目前常见的为期两三周的数字设计训练营。周期长意味着学生可以有更多的时间进行新知识的学习和巩固积累。因此，循序渐进，深度与过程并重，也成为本课程的重要特点。软件平台及编程语言的选择没有设定范围，学生可根据需要自行选择。同时，引导学生深入理解所用软件工具的基本原理。以建模软件 Rhinoceros 为例，不仅讲解了目前流行的 Grasshopper 编程工具，鼓励学生掌握更基本的 RhinoScript 脚本语言，更好地理解程序结构、编程逻辑、数据管理等内容，而且本课程还加强了计算机算法知识的教学，认识算法的本质和作用以及算法与设计生成之间的关系。

3 数字设计与建造的教学内容

教学内容设定首先考虑了毕业设计的要求，即对本科学习阶段的教学进行总结，检验学生的学习成果。同时，基于本科学生的知识范围以及我们对参数化设计的认识与态度，教学分为四部分内容，分别是：基础知识学习，数字造型训练，参数化建筑设计，加工与建造。

3.1　阶段一，基础知识学习

基础知识学习分为基础软件、计算机编程、算法设计三个方面。鼓励学生自行选择适合的软件及编程语言进行学习。授课则是考虑了适应性、难易度等方面，选择三维建模软件 Rhinoceros 及其编程语言 RhinoScript 进行重点讲解。授课的重点不是软件的具体功能和操作，而是通过对编程原理、几何工具、算法的作用机制等基础原理的分析，使学生理解数字技术和数字设计的实质。由于授课时间短，内容多，跨度大，每次授课以分项练习和实际编程操作，加快学生对新知识的理解和掌握（图 1）。

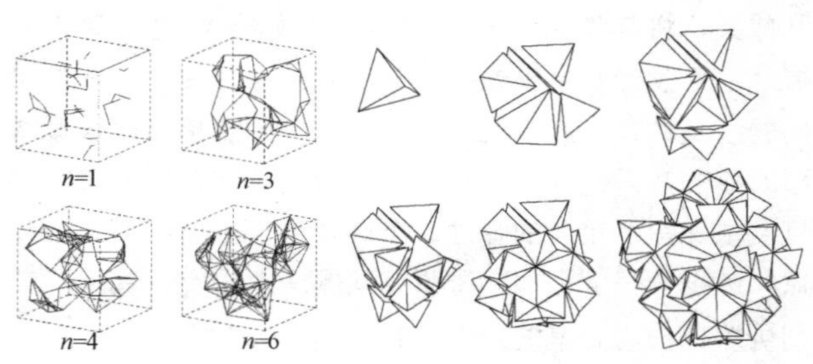

图 1　编程基础练习

（资料来源：王适远）

3.2　阶段二，数字造型训练

在抽象的基础知识学习之后，阶段二利用三维打印机进行不设限定条件的数字造型训练。巩固第一阶段的学习成果，通过实物感知数字加工的可能与成效，从中体会数字化加工方式的特点、工艺工序要求等技术限制条件，使学生形象地理解了数字设计与数字加工之间的关系，为后续设计和全尺寸模型的加工建造作准备（图 2）。

图 2　三维护打印用于造型训练

（资料来源：何家斌）

3.3　阶段三，应用参数化方法的设计生成

将阶段一和阶段二学习的知识用于建筑设计，考虑在典型的建筑设计条件，如场地、功能、空间的要求和限定条件下，创造新的数字化解决方案。要求以参数化方法进行设计操作和控制，通过改变参数生成适应不同场地条件的设计结果（图 3）。

3.4　阶段四，加工建造

设计由计算机模型转入 1∶1 实物模型的加工建造。设定了四方面的限定条件。预算限制，规定了总的预算，需要在预算范围内完成实际建造。材料限制，考虑满足设计要求的真实材料，预算限定下可以使用的材料数量。加工限制，加工设备采用学院配备的三轴数控木工雕刻机、激光切割机。施工限制，实际的搭建过程由同学在没有大型机械辅助的条件下完成。根据四方面限制条件，进行设计深化和调整（图 4）。

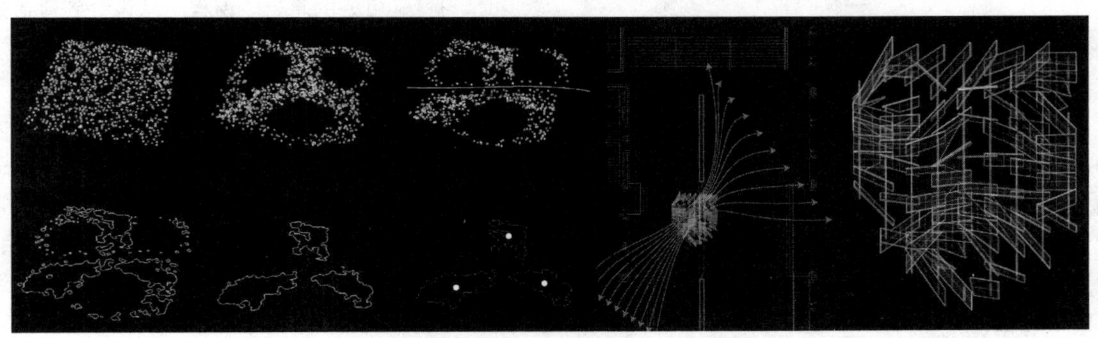

图 3　参数化设计生成

（资料来源：王适远）

图4　1∶1实物模型的加工与建造
（资料来源：刘铨摄）

4　数字设计与建造的教学方法

对于本科同学，参数化设计教学时间短，难度大，同学之间掌握的水平差异大。为了实现四个阶段教学内容的完整和教学质量，采取了以下措施对教学成果进行控制。

4.1　分解与合作

教学内容分解为四个阶段，每一阶段分解为若干小的设计和技术问题。通用性的技术问题分组解决，共同分享和合作，完成设计。本次参数化设计教学涉及了建筑设计、计算机编程、数控加工等多个领域的知识，各领域涉及了若干技术问题。一个环节的问题没有解决可能使整个设计过程陷入停滞。一位同学很难在短时间内深入解决所有问题。因此，将设计问题分解为若干小的操作步骤，每一步骤再分解为几个具体的技术问题，分工合作，逐一解决。编程手段为这种设计合作提供了技术基础，将各个细分操作的程序串联，完成整个设计操作。

4.2　简化与抽象

题目的总体设定对设计问题进行了简化，对计算机难于描述的设计问题，如功能问题，降低了要求。将建筑设计中的环境、场所、流线、形体等问题抽象为数量、几何、拓扑关系。进一步转化为计算机可以输入、识别的数据，通过运算得出以数据或几何体描述的设计结果。通过抽象与转化，实现建筑设计逻辑与计算机运算逻辑之间的衔接。

4.3　深度与弹性

教学要求，考虑本科阶段学习的特点，明确了各阶段的深度要求，同时也设置了较大的弹性。设计要求根据设计进程的四个阶段分别设定，完成一个阶段的目标和成果，将其作为下一个阶段的开始条件继续深入发展。数字设计本身仍处在飞速发展当中，其中一些技术问题涉及数学、计算机领域的知识，可能超出建筑学本科阶段的知识范围。因此，教学对设计解答的方式及深度要求保留了较大的弹性，允许学生根据自己的设计特点和进程，有侧重地选择重点问题深入研究，其他环节则可选择相对简单的处理方式。

5　结论与展望

南京大学建筑学教育体系中的本科毕业设计专题化，将毕业设计作为承上启下的重要环节，为本科到硕士的一体化学习提供了良好的平台。保证了学习的连贯性，也为学术研究提供了一个更连续、更有效的教学机制。从目前的教学成果来看，数字设计与建造专题一方面能够有效地检验本科的通识加专业的教学成果，另一方面通过新的知识点的引入，为学生在硕士阶段的研究和学习打下良好的基础。课程中从设计到建造的全过程体验加强了学生对计算机辅助建筑设计的整体性认知，有助于学生的设计思维范式的转变。

在未来的教学中，我们将继续深入对教学内容和方法的探讨，改善各阶段之间的联系，使之形成一个更有机的整体。同时，深入研究算法、规则与空间效果之间的关联关系，以及材料、机械与构造之间的相互制约，形成模块化、菜单化的设计素材库，为学生创造更通顺流畅的学习体验，获得更好的教学效果。

王小荣
天津大学建筑学院
Wang Xiaorong
School of Architecture, Tianjin University

培养广义思维的“无障碍设计”本科教学模式探索

Research on a Undergraduate Teaching Mode for “Accessible Design” to Developing Broad Thinking

摘　要：本文分析了“无障碍设计”课程在高等院校设置的必要性，并探讨了课程教学中采用的多媒体教学、案例分析、随机调研、辅具体验、现状研究等多种方式相结合的模式，试图从学生的基本专业素质培养开始，强化学生对无障碍意识及基本理念的理解，开启学生多学科交叉、多元化发展的广义思维能力，拓展对当今我国建筑实践和未来发展的思考途径。

关键词：广义思维，无障碍设计，教学模式，专业素质培养

Abstract: This paper analyzed the necessity of “accessible design” course in colleges and universities and discussed the multi-way integrated mode in teaching of applying of multimedia, case studies, randomized survey, assistive experience, and status research, trying to begin from developing students’ basic professional quality, strengthen students’ awareness of accessibility and understanding of fundamental concepts, inspire students’ multidisciplinary and diversified developed broad thinking abilities, and expand the thinking approach on China’s architecture practice and future development.

Keyword: Broad Thinking, Accessible Design, Teaching Mode, Development of Professional Quality

我们在关于无障碍设计专题的研究中发现，无论是设计者还是研究人员大部分对无障碍设施的关注仅停留在规范层面，很多高校都没有开设专门的无障碍设计课程，普通民众对无障碍更是知之甚少。而残障人士的要求，和谐社会的发展，无障碍的无序现状，狭隘单一的思维方式，都促使我们不得不认真思考改变这些。因而天津大学建筑学院于今年开设了本科生“无障碍设计”理论课程，并对课程设置教学模式进行探讨研究。

1　课程设置的必要性分析

（1）思维方式的培养。目前我们正处在一个多元化发展的社会环境中，科技的更新、跨界的研究都对设计者的思维方式产生了重大的影响，提出了更高的要求。而“无障碍设计”不仅体现在建筑学科中，而且涵盖了产品、电子、信息、人文、社科等各个领域，涉及人体工学、行为学、心理学、城市设计、艺术设计等各个学科，必须培养学生开放思路、跨界思考，在教学中将广义的思维模式灌输到学生的设计意识中，拓展思维能力，以应对快速发展的需要。

（2）设计意识的形成。进入建筑学院学习的学生大部分将是我们未来的设计人员，因此需要学生在校能够掌握无障碍设计的理念与方法，从行为、心理等各方面了解残障者，形成自觉的无障碍意识；而且，高等院校是全民素质教育的重要基地，开放校园环境、感受文化

作者邮箱：tjuwxr@163. com

氛围、共享教育资源已成为大势所趋，无障碍教育环境的形成对于我们整个社会全体民众的无障碍素质影响也是很重要的，而设计者与全体民众的无障碍意识认知则直接关联着我国城市无障碍环境的建设。

(3) 社会发展的需要。由于对无障碍教育的忽视、无障碍意识的普遍薄弱及对无障碍相关知识的不解，侵犯了残障者平等生活的权益，也造就了很多“表面文章”的工程。因而，无障碍研究专家周文麟老先生指出，无障碍设计是一门专业性很强的学科，相关专业的高等教育中应该要有无障碍设计的教学任务，而且要有必要的课时和教材来保证教学内容的完整。否则，这会给城市无障碍建设在源头上设置障碍。

2 教学内容的特色解读

2.1 课程内容安排

“无障碍设计”为建筑学院本科生教学中三年级建筑设计、规划设计、风景园林、艺术设计学生的专业选修课，课程选用普通高等教育土建学科专业“十一五”部级规划，并获得“高校建筑学专业规划推荐”的教材。内容安排包括无障碍设计意识认知；设计内容、对象及尺度；无障碍设计法规、理念；无障碍标识与环境；建筑空间及外环境无障碍设计（包括各类实例分析）等内容，分为课堂教学（32学时）和实践研究（16学时）两部分，具体见表1。

课堂授课以讲授无障碍设计的意识理念、基础知识及设计方法为主，实践研究以社会调研、现状分析为主，在此过程中探讨优秀设计及不良状况的形成、特性及无障碍设计方法要点，并提出解决现状问题的基本提案。通过本课程的教学、实例分析及社会现状调查研究，从设计专业素质培养开始，强化学生广义无障碍意识及理念的认识理解，开发学生集多元素、多学科、多信息为一体的综合设计思维模式，以应对当今社会全球化、信息化、多元化发展对设计人员创新思维能力的需求。

无障碍设计课程内容安排　　表1

教学环节	教学内容	课时
课堂教学	进行无障碍意识解析，认识其重要性，了解广义无障碍设计理念；讲解无障碍设计的内容、涉及对象及人体、设施空间尺度	6
课堂教学	讲解法规的理念及发展进程、趋势；了解国内外目前法律法规的内容、特点及实践现状	4
	认识国际无障碍通用标识，懂得各类无障碍标识的意义，以及无障碍标识环境的设计、设置要素	4
	建筑无障碍设计及建筑外环境、场地、园林景观无障碍设计。了解设施、设计内容，讲授主要部位、家具洁具、建筑构件以及城市道路、交通设施、社区环境无障碍设计的空间尺度和设计要求	12
	居住建筑、公共建筑及外环境无障碍设计实例分析。研究日本、德国、中国香港等较有特色、优秀的建筑、环境设计，启发设计的广义思维方式	6
实践研究	调研1：主要以天津市内各类公共建筑空间为对象，如新建地铁、旧建筑改造、室内家具陈设类等，提出既存问题、更新设计理念、解决问题的方式	8
	调研2：以天津市内公共环境设施为主要对象，如道路交通、城市广场、社区公园等。指出现状中存在的问题，基于广义思维理念的解决方法	8

2.2 教学特色解读

首次将无障碍意识作为独立的授课内容。从无障碍意识认知入手，对概念认识的转换和思维方式的变化进行解析，并辅以较为典型的、非常规布局方法的空间设计实例分析，启发学生多元化、多方式的设计思路，建立“为少数人负责”的构思意识，由过去单纯以健全人为研究基础的“以人为本”，扩展为包含残障者群体的所有社会人，其设计构思需要兼顾残障者功能需求并同时方便健全人，对建筑空间与公共环境设计以无障碍设施的实用性、功能性、适用性为主导，而不是用健全人视线中的“完整”、“规则”弱化残障者的行为特征。这部分教学帮助学生建立起正确的“无障碍”意识，了解由此引起的信息、产品、视角、社会因素的多种变化，对其将来的设计思维方式、构思角度都会有至关重要的影响。

我们对开设此课前后学生的认知程度进行了研究比较，在授课之前与授课之后作了同样的问卷调查，对无障碍设计的认知程度由55%上升到99%，对障碍类型的认识由五花八门的回答提升到正确率100%，并高度关注无障碍意识问题及法规的健全。

3 体验性、实践性教学模式探索

3.1 体验障碍的教学方式

一般理论课程的授课方式通常都是较为单调的，需要理解并记住相关知识及数据，而“无障碍设计”课程又相对陌生，与我们在校健康学生的生活状态相距甚远，一时无法真正理解残障者的行为方式，“以人为本”难免流于纸上谈兵。因而，结合无障碍设计相关科研项目的展开，考虑对建筑教育基本素质的培养研究，我们在教学中配备了相应的无障碍辅助器具，如轮椅、双拐、盲杖等用于教学过程，使得学生通过自身的体验对残障者群体的活动方式、行动状态及心理感受有了初步的了解和体会，虽然健全人的模拟、体验并不能代表全部的了解，但已达到认识、掌握现实生活中影响残障者生活环境的各类障碍及危害程度的目的，得以正确判断目前大量无障碍设施存在的问题。也有助于建筑学等本科生专业素质教育的研究，以及拓展思维路径，学会换位思考，真正做到非口号式的“以人为本”。

3.2 结合建筑设计课程应用

结合专业设计课程题目需要，总结无障碍设计要点，运用多学科交叉思考的方式，提示学生变换视角，站在“我”（残障者）的角度分析，掌握无障碍设计的原则、方法与设计过程，从而实现设计的适用性最大化，营造富有人性化的空间和生活环境。

设计题目：“我”的一天——基于通用设计理念的生活环境设计（设计题目由刘彤彤老师提供），要求学生运用通用设计、无障碍设计、人体工学、环境心理学等的原理与设计方法，以特定人物“我”一天的生活故事为主线，围绕活动和行为的内容合理设定具体场景和行为活动，并设计相应的建筑和空间环境标识、装置或产品系列。围绕“我”一天的行为活动设定生活环境场景，包括起居、出行、学习/工作、购物/餐饮/娱乐、参与公众活动等。通过设计训练，使学生懂得了如何关注老龄化问题和社会特殊人群，如何站在弱势人群的立场思考建筑及其环境的人性化设计，以及“广义思维”模式指导下的设计方法。

3.3 进行调查研究、实践检验

“无障碍设计”课程的结课论文要求必须进行实际调研，结合所学知识，在调查、归纳中用所掌握的“广义思维”方式分析思考，并提出问题的结症及解决的建议和方法。调研分为公共建筑空间调研和城市环境设施调研。公共建筑空间主要以天津市内新建筑、旧建筑改造、室内空间无障碍设施设计为主要对象，提出既存问题并广义无障碍思想指导下的解决方式及可行性分析、可持续发展的方案。目前调研的主要建筑空间有：天津图书馆、天津地铁站、天津博物馆、保康医院等。城市环境设施主要有道路交通、城市广场、社区公园等，指出现状中存在的问题，基于广义思维理念的解决方法，评价其可行性及发展趋势。分析研究的主要对象是：天南大校园、周边社区环境、社区公园、旅游景点规划、城市道路等。

4 结语

“无障碍设计”理论课程的必要性已毋庸置疑，我们在课程教学中采用的多媒体教学、案例分析、随机调研、辅具体验、现状研究等多种方式相结合的模式，增强了学习的主动性和挑战性，以开启多学科交叉、多元化发展的广义思维能力，从学生的基本专业素质培养开始，逐步改善无障碍意识薄弱造成的无障碍教育缺位、无障碍设施建设和改造工程表象化的状况，将广义无障碍设计理念真正融入未来设计工作者的构思意识中去，拓展对当今我国建筑实践和未来发展的思考途径，并希望对我国普通高等院校的无障碍设计教育有所启发。

王桢栋　李麟学
同济大学建筑与城市规划学院
Wang Zhendong　Li Linxue
College of Architecture and Urban Planning, Tongji University

以生态塑形为核心的超高层综合体课程设计[❶]

——多技术背景下的同济大学研究生建筑设计课程教学

Ecological Shaping as the Core of Super Tall Building Complex Studio

——Introduction of the Core Studio for Graduate Student of Tongji University under Multiple Technologies

摘　要：通过对同济大学研究生建筑设计核心课程的介绍，以2012～2013年秋季学期的超高层综合体课程为例，通过对五组学生设计方案的点评，分别从日照辐射、自然通风、空间结构、垂直景观和立体城市五个视角介绍以“生态塑形”为核心的教学思路。

关键词：日照辐射，自然通风，空间结构，垂直景观，立体城市

Abstract: To analysis the Core Studio of Graduate Student in Tongji University and take the Super Tall Building Complex Studio in fall semester of 2012—2013 academic year as example, this article introduced the thinking of course basis on Ecological Shaping, via the proposals from five groups through solar radiation, nature ventilation, space structure, vertical landscape and vertical city.

KeyWords: Solar Radiation, Nature Ventilation, Space Structure, Vertical Landscape, Vertical City

1　课程背景

建筑设计（二）是同济大学建筑与城市规划学院建筑学专业全日制硕士专业学位研究生教学的核心课程，也是本硕教学贯通的主干课程。这一课程是建筑设计及其理论方向、城市设计及其理论方向和室内设计及其理论方向研究生的必修课程，同时也是建筑历史与理论方向、建筑遗产保护及其理论方向和建筑技术科学方向研究生的选修课程。[❷]这一课程由各学科梯队责任教授及主讲教授领衔，选派骨干教师结合不同学科组的特点开设不同选题。

“群体建筑设计”为A4（公共建筑）学科梯队开设的选题。在吴长福教授领衔下，A4梯队的教研核心为“高层及超高层建筑”和“城市建筑综合体”两大方向，专注于大型公共建筑实践，先后获得多项国家级和省部级课题资助，并以此为核心开设建筑学本科生和研究生系列必修及选修课程，达到“产、学、研”结合。

近年来，结合学科梯队实际项目及科研课题重点方向，选题均围绕“超高层综合体”建筑类型展开。基于

作者邮箱：E-mail：banban1414@163. com

❶　本论文由国家自然科学基金资助（项目批准号：51008213）。

❷　研究方向根据2013年5月修订的《同济大学建筑与城市规划学院建筑学专业全日制硕士专业学位研究生2013年培养方案》划分。本次修订基于最新一级学科调整，将原建筑设计及其理论、建筑历史与理论、建筑技术科学三个不同培养方案合并，并将研究方向调整为6个。

以上背景，2012 年秋季学期课程选题为“生态塑形——重庆市渝中区摩天楼概念设计”。

2 教学核心

教学目标：掌握基于“生态塑形”的现代城市超高层建筑设计方法，了解和运用生态模拟、结构动力学、设备、垂直交通及消防等相关专业知识。了解基于数字化设计的生态手段，掌握超高层建筑的群体造型处理方法，认识超高层建筑与城市环境及景观的关系。

教学要求：掌握建筑群体，局部及城市的关系；培养调查研究，立论，评议综合设计能力；了解高层建筑特点和基本设计方法。

教学重点：绿色生态条件的定量化分析，总体城市关系解析；高层建筑单体组织；系统设计方法；建筑模型与三维表达方法。

基地与总体：重庆市渝中区解放碑中心区南端，基地面积 18369m²，总体建筑面积 38 万 m²；包括商业、酒店、办公和公寓四大板块。总容积率约 16，建筑密度可由设计者根据实际情况确定，绿地率不小于 13%，建筑高度控制：360m 以内（图 1）。

在教学中我们还强调：本次设计着重研究超高层综合体的形态生成逻辑关系，平、立、剖面图可以简图形式表达，但与设计构思密切关联部分应针对局部加以详尽表达。

3 方案介绍

本次课程共有 15 名学生报名参与，其中包括一名建筑技术科学方向的学生。学生自由组合为五组，我们在教学中结合学生的专业特长以其兴趣点为切入点，帮助每组学生建立不同的设计概念。同时，强调“生态塑形”要素，结合每周教学重点穿插 6 个讲座[1]，使得各组同学在深化推进方案的同时保持良好的视野，营造大组内的良性互动氛围。下面，就设计成果作简要介绍。

3.1 方案一：Twisting——基于日照辐射及阴影控制

总体构思起于重庆地区全年日照总时数仅为 100～1200h，处于高密度中央商务区的基地日照条件更为恶劣的事实，而期望建筑形体对周边环境的日照辐射及阴影影响最小，同时追求能获得日照辐射最大化的建筑形体之目标。

在总体布局上，设计小组首先基于重庆地区日照数据，通过软件模拟获得基地全年日照情况。随后，通过对多种塔楼布局形式对基地其他地区日照情况影响的分析，来获得最佳布局形式：布局于基地西北角的单塔形式。最后，再使用 Autodesk Ecotech Analysis 软件（以下简称“Ecotech”）模拟这些布局形式对基地周边环境及建筑立面所接收日照辐射的影响，来进一步定量地验证建筑布局的合理性（图 2）。

图 1 基地位置及周边环境分析
（资料来源：互联网）

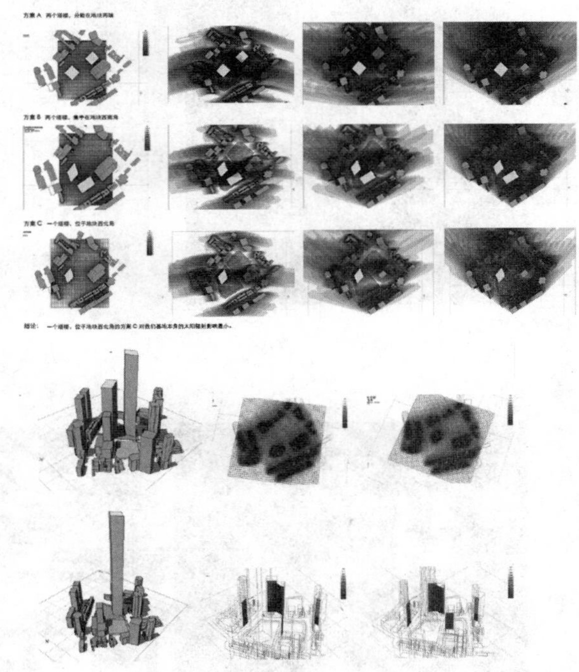

图 2 利用 Ecotech 的分析结果进行场地布置及形体设计
（资料来源：学生作业）

[1] 讲座邀请了学科组责任教授、任课教师及特邀国内外专家，涉及：城市高层建筑综合体概述，高层建筑生态塑形研究，基于生态功效的超高层建筑设计，绿色及可持续建筑设计综述，日照辐射及风环境模拟软件应用介绍，世界范围内的高层比高竞赛。

在塔楼形态设计中，设计小组同样基于塔楼外表面获得日照辐射最大化的期望来进行塑形。首先，设计小组预判螺旋形态最利于在不同日照角情况下获得更多辐射。随后，利用 Ecotech 来比较分析预判形体及各种典型形体的接收辐射情况(图 3)。最终，通过直观结果和导出数据表证明预判，并对螺旋形态进一步优化(旋转角度、方向等)(图 4)。

3.2　方案二：Air+Channel——基于自然通风

第二小组通过分析重庆气候特征，总结出“热”和“湿”两个特点，从而找到生态塑形的切入点：有效利用自然通风。设计小组将研究重点放在：如何祛湿除热，创造舒适的热环境，同时减少能耗（图 5）。

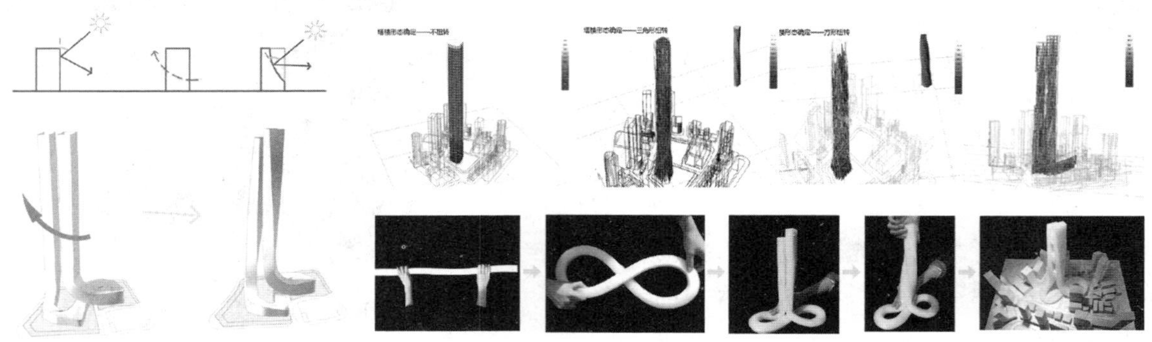

图 3　基于获得最大限度日照辐射的生态塑形策略

（资料来源：学生作业）

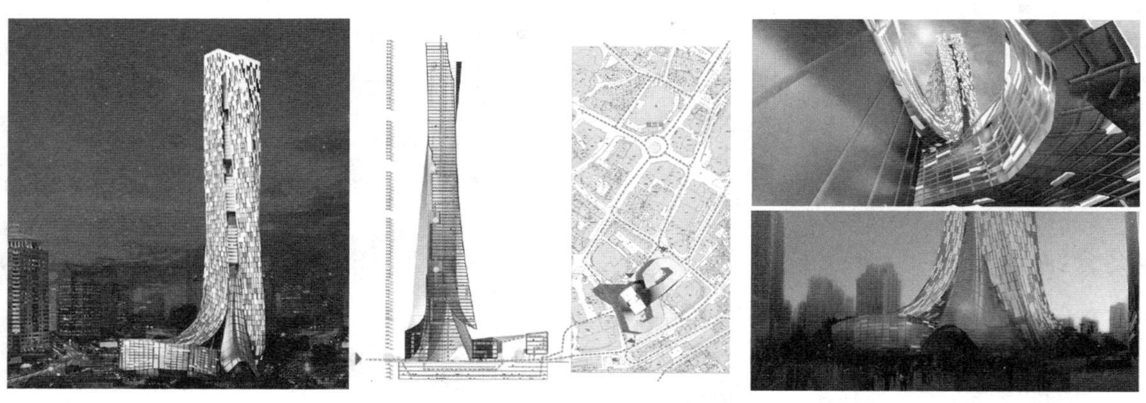

图 4　方案一效果图

（资料来源：学生作业）

图 5　方案二效果图

（资料来源：学生作业）

在总体布局上，设计小组使用 Autodesk Project Vasari 软件（以下简称“Vasari”）来进行多方案比较的总平面设计探索。一方面，对夏季主导西南风进行分析，发现建筑间距过大不利于导风，而将体量聚集紧凑可以增强导风效果。另一方面，在保留夏季风道的同时，将建筑界面规整化，有利于在冬季阻挡东北风。在塔楼设计中，设计小组通过 Vasari 来分析不同核心筒布局的节能性能、塔楼形态的导风性能，并确定形态（图 6）。

在裙房设计中，设计小组通过对重庆传统民居天井院通风原理以及峡谷风生成原理的研究，来布局内部共享空间，并将线性空间剖面设计为下大上小加速拔风，而将空间交汇处剖面设计为下小上大，以调节公共活动空间的适宜风速。另外，设计小组还结合对蚁穴结构的研究，在裙房中设置 45 根既可作为结构，又兼具通风换气和冷热交换功能的风塔（图 7）。

3.3 方案三：格构生长——基于空间结构

这一方案的视角和先前两个有所不同，设计小组试图以空间结构来塑造建筑，通过节约材料和增加适应性来达到可持续目标，并利用空间结构形成边庭，对建筑室内的生态环境进行控制。

设计小组通过 Ecotech 和 Vasari 共同优化建筑总体布局的光环境和风环境，确定三座塔楼的位置。同时，通过 Ecotech 对空间结构形成的塔楼竖向光环境进行分析，结合获得结果来布置空中边庭（图 8）。

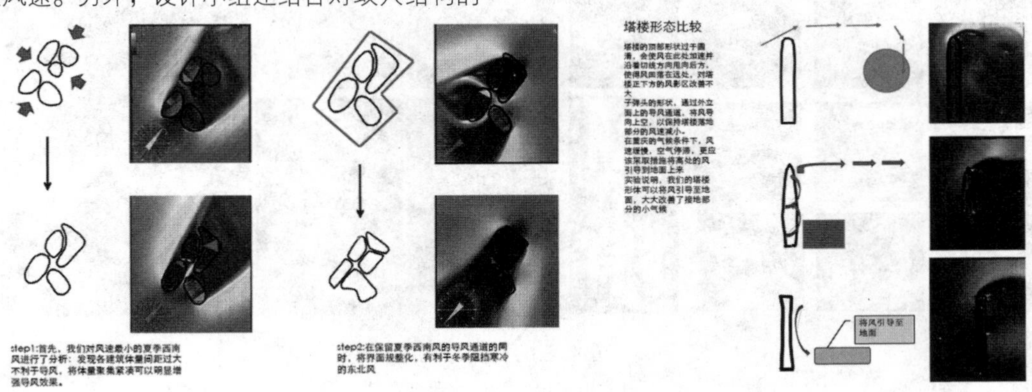

图 6　通过 Vasari 的分析结果进行裙房布局及塔楼望形

（资料来源：学生作业）

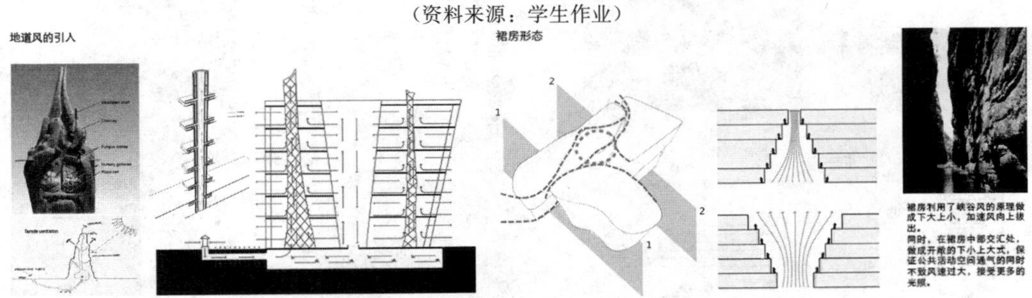

图 7　结合自然界中的自然通风经验进行裙房空间设计

（资料来源：学生作业）

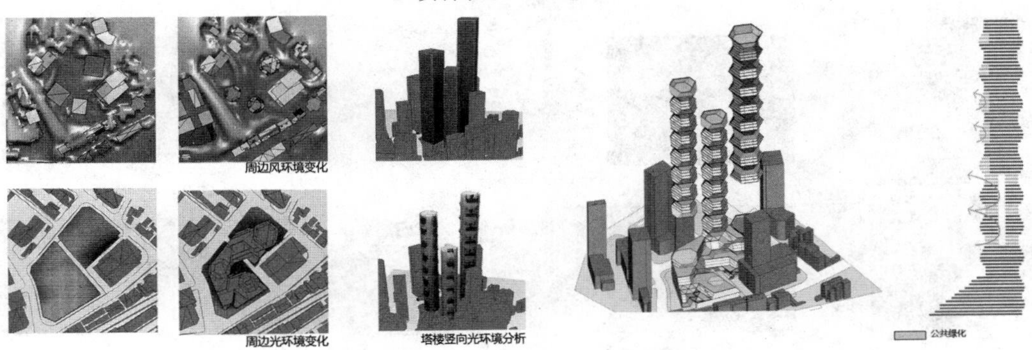

图 8　利用 Ecotech 和 Vasari 进行塔楼生态塑形

（资料来源：学生作业）

在空间结构设计中，设计小组通过协调空间结构与建筑尺度的矛盾，对结构组合方式进行优化，从而获得既减少建筑结构材料，又具有大刚度，利于抵抗地震力和风力的空间结构系统（图 9）。

3.4 方案四：绿色·梯田——基于垂直景观及风环境

第四小组基于一个单纯的出发点，即希望将重庆地区的梯田景观在建筑中重现，以此在低层裙房创造开阔视野，而在高层塔楼创造地面尺度（图 10）。

在整体规划上，设计小组首先通过周边环境分析、平面能耗分析、综合气候分析，确定塔楼数量、位置和基本形态。随后，通过城市商业环境和人流分析以及夏季主导风向确定裙房的基本形态。最后，通过城市周边重要景观分析，确定空中景观基面。

在建筑设计中，设计小组以塔楼对基地及周边风环境影响最小为出发点，基于 Vasari 对塔楼造型进行定量分析，优化形态。随后，以在夏季创造适宜风速的裙房自然通风及降低室外平台和地面风速为出发点，通过 Vasari 优化裙房形态。最后，通过空中景观最佳视角，确定塔楼开洞位置，并使用 Vasari 软件优化开洞形态（图 11、图 12）。

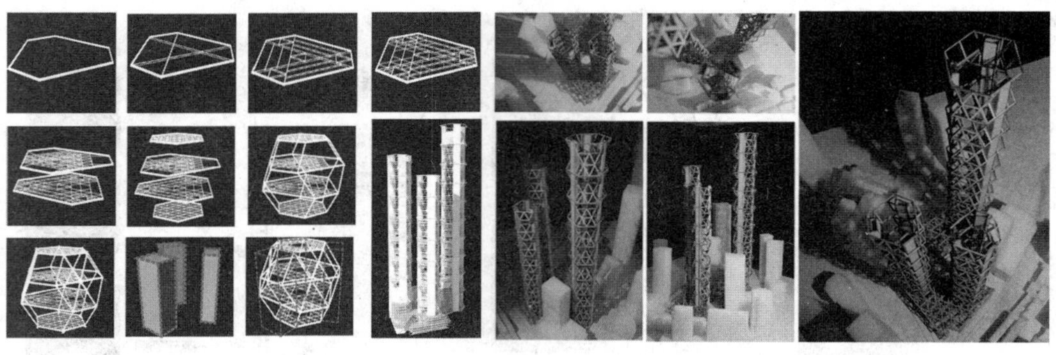

图 9　方案三的空间结构生成

（资料来源：学生作业）

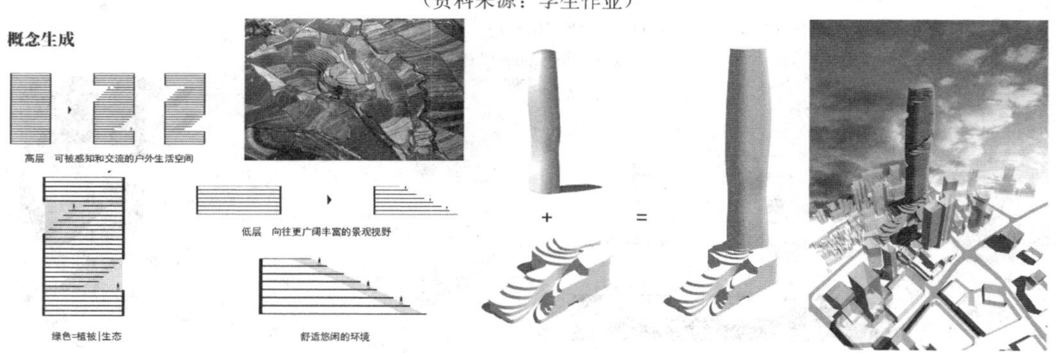

图 10　方案四的概念生成分析图

（资料来源：学生作业）

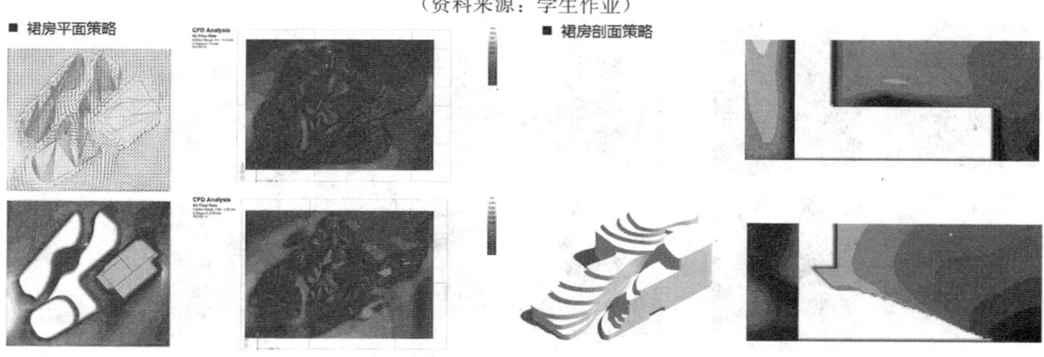

图 11　利用 Vasari 进行裙房生态塑形

（资料来源：学生作业）

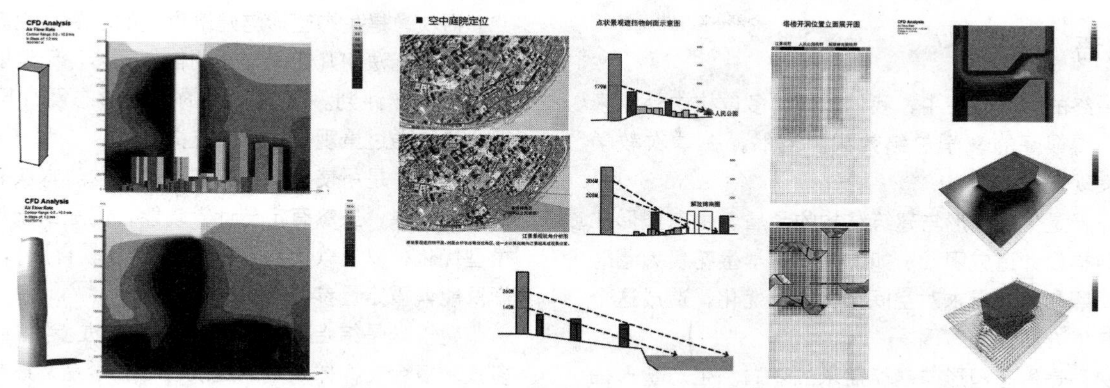

图 12　结合 Vasari 及景观视线分析进行塔楼塑形
（资料来源：学生作业）

3.5　方案五：微城市——基于立体城市基面及绿化

这一方案从立体城市出发，试图打破超高层建筑的常规设计思路，改善其对城市景观及空间的负面影响，通过空中城市基面设计，来营造城市的复合性、事件性和生态性的特质（图 13）。

设计小组以城市设计视角打造具有丰富活动基面和适宜尺度的立体城市。首先，在复合性方面，整座建筑在有限的地块通过竖向复合叠加来保护城市空间和城市功能的复杂性。其次，在事件性方面，设计小组通过建筑空间营造来提供事件生发场所，以体现地域性。最后，在城市生态方面，通过营造空中绿地（将重庆山水意象引入垂直路径），在建筑中塑造立体绿化，利用建筑形体在不同标高营造风道增强自然通风，利用立体绿化作雨水收集等来共同创造城市微环境（图 14）。

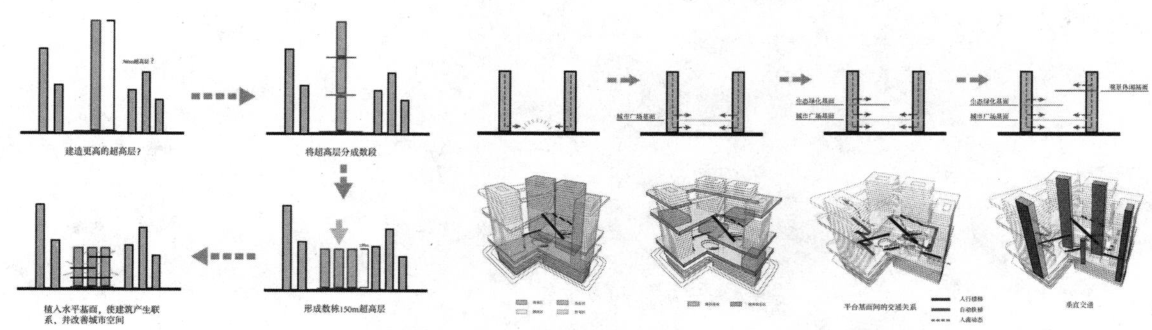

图 13　方案五概念生成分析图
（资料来源：学生作业）

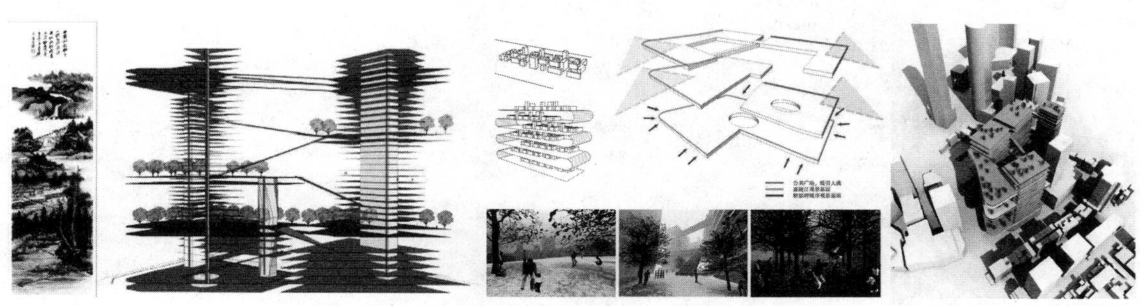

图 14　立体城市营造示意图
（资料来源：学生作业）

4　结语

在最终的公开评图中，我们邀请到多位校内外专家学者，获得很好的教学总结效果。当然，在本次教学中，也发现一些问题：

首先，是生态塑形与建筑结构的矛盾。生态塑形往往会给结构设计造成困难。如方案三，学生花费大量时间基于日照和功能需求对空间结构进行优化，造成这个方案在其他方面较为薄弱。

其次，是生态塑形与功能需求的矛盾。生态塑形往往会形成异形空间，不仅难以使用，而且与建筑规范相左。如方案一的连续形态虽然符合概念初衷，但是塔楼与裙房衔接部分的功能处理给学生带来不少困扰。

再次，是生态塑形与建筑审美的矛盾。生态塑形往往会生成无法用几何学描述的自由形体，无法以传统建筑审美标准评判。如方案四的塔楼形态及梯田空间处理，最终通过景观视线获得支撑。

最后，是所使用软件的准确性问题。本次教学中所使用的软件，虽然有定量计算功能，但是由于涉及数字模型优化，以及软件本身的局限性（教育版），使得教学只能偏重定量参考和概念设计。

建筑学是综合性学科，随着科技进步和社会发展，多技术复合支撑体系下的建筑设计教学是必然趋势，希望本文能将我们的一些粗浅想法和尝试与大家分享，以抛砖引玉。

吴 静 杨春宇
重庆大学 建筑城规学院
Wu Jing Yang Chunyu
College of Architecture and Urban Planning，Chongqing University，
Key Laboratory of New Technology for Construction of Cities in Mountain Area，

在光的容器中冥想
——“建筑环境控制”课程教学模式改革初探
Meditation in the Vessel of Light
——Exploration on Teaching Mode Reform of Building Environment Control Course

摘 要：国内建筑教育长期偏艺术、轻技术，导致培养的建筑设计师对建筑物理环境设计不够重视。为改变这种情况，重庆大学建筑城规学院教师在“建筑环境控制”课程进行教学改革，根据建筑光学的特点与建筑学教育的自身特点研究分析，将建筑光学与设计结合，取得了一定的成绩。

关键词：建筑环境控制，光的应用，教学体系改革

Abstract：Domestic architecture education has favored arts over technologies for a long time，so that many educated architects do not pay enough attention to the design of building physical environment. In order to change this situation，teachers of College of Architecture and Urban Planning in Chongqing University have reformed the course teaching of building environment control，combined architectural optics with architectural design based on the analysis of the characteristics of architectural optics and architectural education，and have made certain achievements.

Keywords：Building Environment Control，application of light，reform of teaching system

1 “建筑环境控制”课程简介

我国的建筑教育长期以来过于偏重艺术训练，对建筑技术能力培养有所忽视。造成国内城市规划师与建筑师做设计时，过于注重视觉形象和外在形式，忽略建筑环境设计；或是虽然重视建筑环境，但在设计时没有足够的方法解决实际遇到的问题。

为改变国内建筑教育重形式、轻技术的趋势，2002年后国内知名建筑院校开始增设与建筑环境有关的课程。2009年重庆大学正式设置“建筑环境控制”课程，针对的为二年级城乡规划学、建筑学与风景园林学的学生，是三年级“建筑物理”课程的启蒙入门教学。该课程的研究对象是人类居住环境以及与之相关的土木工程学、环境科学、交通工程学、物理学、化学、信息科学与社会学等，充分体现了学科交叉与知识综合的特点。“建筑环境控制”课程包括建筑热环境、光环境、声环境、空气环境、环境污染等的控制原理及控制技术。

“建筑环境控制”课程实践性很强，是理论联系实际工程材料的课程，而目前新技术、新材料、新工艺不断出现，针对环境保护的新规范、新规则不断出台。课程设置后，建筑技术科学系老师针对课程的特点及学生的需求，坚持对课程进行维护与改革。建筑光环境设计、应用是建筑环境课程中重要的一部分，团队教师对建筑环境控制的建筑光学部分教学进行了教学改革，在

光与建筑的结合方面取得了一些进展。

2 国外建筑光学的发展及教育特点

建筑光学在设计领域不只是电气工程师的设计范围，更应该是建筑设计师重要的修养。因为只有建筑师真正明白建筑所表达的含义、建筑的心理，才能将建筑的机理、建筑的心理用光准确地表述。

西方建筑十分注重光与建筑的融合，西方古代的重要建筑——教堂都无一例外地运用各种方式塑造光的空间，表现神圣的教堂、神秘的色彩，引发了虔诚的教徒对天国的美好向往和对宗教的顶礼膜拜，最著名的建筑就是震撼人心的古罗马万神庙。

在西方现代建筑的发展历史中，人们逐步加深对光的认识，不断探索着以新的形式和手法去塑造光的空间。路易·康曾说过：设计空间就是设计光。光是建筑空间设计中不可缺少的要素之一。现代建筑大师勒·柯布西耶也曾赞叹过光："建筑是对阳光下的各种体量的精确的、正确的和卓越的处理。"柯布西耶同时认识到光对创造场所精神的重要性。在朗香教堂（图 1）的设计中，他创造了一个诗意的、雕塑般的空间作为"一个强烈的集中精神和供冥想的容器"。

图 1 朗香教堂
（资料来源：网络）

国外很多建筑院校在建筑师的培养中，十分重视光在建筑中的表达，国外基础美术课程——油画就十分重视光与影的和谐。美国麻省理工学院在四年级时将建筑光学作为专门讨论课程进行授课，英国伦敦建筑联盟学院（AA）在大学三年级有专门的技术设计课题，将建筑热、声、光等技术融入设计。因此，国外培养的建筑师大部分具有较强的光学运用能力，对于自然光在建筑中的运用以及人工照明的设计在方案设计初期均会主动考虑，在设计时能达到融会贯通的境界。

3 国内建筑光学教学体系的问题

3.1 国内建筑光学的教学特点

与国外不同，国内的建筑设计教学忽视光对建筑形象和空间的塑造。如同西方的油画与中国的水彩之间的差别一样，中国的建筑设计从不表现阴影的效果，表现图就像建筑在全阴天中，没有构件在光影作用下的效果。

清华大学教授秦佑国先生曾说过："在国内建筑院校上课时，学生们无意识地在一个均匀的光照下（犹如无影灯下）构思建筑体形和空间，只是在渲染图上画些阴影，在拍模型照片时给个光照。因此毕业后，一般建筑师在设计时也缺乏这方面的思考。"

3.2 我学院建筑光学在传统教学中存在的不足

我学院的情况与国内其他建筑院校相一致，不重视自然光、人工光在建筑中运用的方法。一些师生将光学设计等同于灯具设计。传统教学的模式也存在以下的不足。

3.2.1 缺乏实践教学环节

2008 年前，同学们接触建筑光学知识只是通过"建筑物理"课程，该门课程以理论课程为主。课程中的公式多、原理多，很多学生对建筑光学感觉望而生畏。

"建筑环境控制"课程属于建筑技术系列课程，实践性强，随着课程进度的讲解，学生需要将书本中所学到的内容与看到的实际案例相对应。光与建筑都是用眼睛来获取信息、效果的，只有加强感性认识，才能提高对光学手法的理解能力。传统建筑光学部分教学以理论讲授为主，没有与实际照明工程联系，造成"建筑环境"课程重视理论的教学，而轻视实践的现象。学生没有感性的认识很难对课程感兴趣。

3.2.2 与其他相关课程教学脱节

"建筑环境控制"课程知识点繁多、涉及面广。传统教学体系中，"建筑环境控制"与"建筑设计"是两门相对独立的课程，课程内容较少联系、交叉，造成教学课程设置与其他相关课程脱节，特别与建筑学专业最重要的课程——"建筑设计"课程教学脱节，学生完成课程后不知道如果运用。

在"建筑设计"课程教学中，教学往往偏重于对学生进行建筑功能组织、空间造型、构成的培养，学生只感兴趣"抽象"的建筑，仅仅停留在建筑表面的形式关系，不会应用相关光学技术去追求建筑形式和空间造型，表现建筑的意境。例如，很多同学在学习展呈空间设计和工业厂房改造时，在涉及窗型的选择时仍然会感到困惑。

3.2.3　教材内容陈旧

随着新材料、新技术、新设备的不断出现，一些老的技术、手法已趋于被淘汰。同时，最近几年国内十分重视环境保护，很多新的规范、地方法则迅速出台。教材内容修编滞后。虽然教材不断新编、补充，而编著、出版教材需要时间，导致教材的修编速度滞后。教材有些内容早已过时，对建筑设计课及今后工作产生阻碍。

4　适应新要求的“建筑环境控制”教学方法改革

重庆大学建筑城规学院建筑光学专业在全国处于领先地位，为了能使学生学习有兴趣、能学到有用的知识并能用于今后的设计中，我们在“建筑环境控制”建筑光学部分教学中进行了一些改革和尝试。经过建筑学专业、规划专业两个专业近年来的教学实践，根据学生的反映和自身的要求，建筑环境控制课教学效果得到了一定程度的提高。

4.1　激发学生兴趣

“建筑环境控制”课程设置在二年级上学期，同学们刚接触建筑不久，对知名建筑师作品和著名建筑十分有兴趣。在光学部分课程第一讲，结合很多著名的光运用案例，如很多知名作品，如光之教堂、美国 MIT 教堂等。讲述设计师对自然光在建筑中的运用，提升建筑的意境；人工光方面，介绍 2009 年上海世博会夜景照明的设计，世博会中国馆内有一面五彩斑斓的墙，是光投射在平时最常见的塑料袋团而形成的，普通材料的巧妙使用使同学们感到十分惊讶。眼睛是人很敏感的感觉器官，通过视觉冲击，使他们有深刻的认识，充分了解该课程的重要性，使他们明白善于用光是优秀建筑师的本职工作。同时，以图片的形式向同学们介绍早晨、中午、傍晚天空的色彩与温度之间的变化，学生不再觉得光学比较遥远，而是存在于人们的生活中。

4.2　改变教学方式，采用实践与理论相结合

课程将光学的计算部分进行简化，从实际情况入手，引入很多实际案例，通过案例再来理解光学的原理。在学习基本理论的同时，将主讲教师承担的国家、地方环境控制科研项目引入本课程，如重庆市夜景照明设计、重庆市巫溪县照明设计、重庆市江津区夜景照明设计等。结合实际工程讲解设计理念、设计手法、技术指标，最后学生通过实际图片感受效果，使学生懂得了书本理论与科研、社会实际需求的具体结合。课程变得具有很强的实践性，学生的学习热情空前高涨，本部分内容改革后受到学生普遍欢迎。

4.3　新知识迅速更新

由于生态节能技术的科技进步甚快，新技术、新方法逐年更新，因此，本课程每年均进行教学内容、教学方法和手段的更新，得到学生的好评。例如：在上海世博会开幕后，我们迅速将世博会的夜景照明的新技术、新材料的信息补充到教学课件中。广州亚运会闭幕后，亚运会闭幕式的绚丽夜景吸引了全国人民的目光。老师将亚运会夜景图片加入新教学内容，通过对夜景进行技术分析，包括照明等级、采用的灯具、光源、光色进行了细致的分析，使同学们从感性地认识美上升到如何产生美的照明。同学们感到与时代结合紧密，内容新颖，十分感兴趣。

4.4　以建筑设计教学引导建筑光学教学

本课程各高校历来作为纯理论性讲授的一般性控制理论，学生觉得很抽象，与设计实践比较脱节，不知道将理论怎么样应用于具体的控制设计中。

在“建筑环境控制”光学部分实践课程中，教师采用将理论与实际结合，将设计与技术结合的方法。首先先通过理论授课，使同学们对光的设计有初步的认识，知道一些初步的光的表现手法。比如：何种打光手法可以使建筑看起来更高；灯具采用什么布置方式会使室内空间变得比较开阔；不同的色温能给人们带来不同的心理感受：温暖、明亮或是清冷。通过案例讲解不同的采光方式会给建筑表现、建筑空间、人的心理带来不同的感受。例如：古建中亭台楼榭设计中为了表现古建原有风格采用了合适的光学设计手段，现在建筑照明设计已不像以前那样简单地采用彩色灯泡将建筑的轮廓勾勒出来，那样会造成光污染，而是在斗栱或屋顶外增加很小的 LED 光源，这样既体现了绿色照明，还能表现出建筑的立体感；夜景照明的建筑特色不只是建筑在白天时的重复，应该有其他的特色，二者互补。

理论授课后，同学们自由组成小组，人员在 4 人左右，通过对案例的讨论，增强对光的认识。最后，进入自选题目设计环节，同学们通过对建筑与光的理解，运用老师讲解的光的设计手法，通过对自然光的利用和人工光的设计两个方面，将选择的建筑表现得十分准确。

突出了建筑的意境，增强了建筑的使用功能，光与建筑相得益彰。

图 2　梦幻教堂作业

资料来源：学生课程作业

《梦幻光庭》（图 2～图 4）为学生设计作业的光学设计的深化，此作业为教堂改造项目。学生根据教堂建筑的特点，通过光的运用来增加教堂的神圣感。学生在自然光引入教堂方面，从建筑形态及材料方面进行考虑：①建筑采用坡屋顶将原教堂罩起，赋予老教堂新的艺术形式，改变原来的采光形式，采用屋顶天窗为主、侧窗辅助的共同采光形式。②建筑外墙及屋顶采用不同透光性的材料做表皮，控制光线的渗出与进入，同时引入网架结构，对主堂的天光进行过滤和再分配。③圣堂的主要光源来自屋脊的半透明天窗，光通过漫透射后，光线柔和地洒在整个大堂。整个大堂只有圣坛处的灯光最亮，作为视觉的焦点。④教堂圣坛最前端的天窗上架置了一块三棱镜，调节角度后，可使早上七点钟有一束彩虹光照射到圣坛上，就像神给信徒的礼物。在人工光源照明设计方面，同学们也作了很多精细的考虑，基本采用暖光源，设计手法上有以下方式：①大堂灯光选用阿尔托设计的小橘灯，通过灯具的悬挂来消减高大空间对人们的压抑感。②在教堂的侧墙上，灯具采用间接照明形式，通过反射材料将光反射到侧廊顶棚，再由侧廊顶棚柔和地投向整个大堂。③夜晚教堂室内的人工光通

图 3　梦幻教堂作业

资料来源：学生课程作业

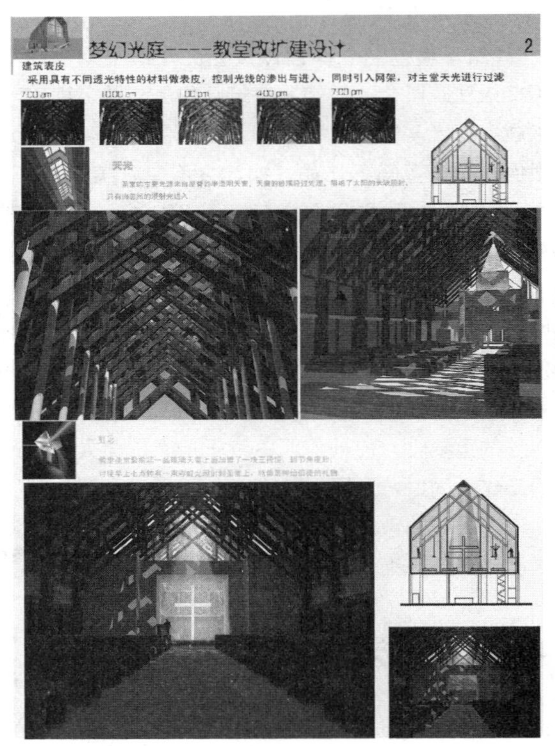

图 4　梦幻教堂作业

资料来源：学生课程作业

过天窗及侧窗投射，从外部看明亮的窗形成了清晰的拉丁十字，充分体现了教堂的外部特征。

学院推荐学生的部分作品参加“2011 第九届中国环境艺术设计学年奖‘光与空间’最佳创意奖”竞赛，所有作品均入围，其中一份银奖、一份铜奖。

通过本课程的教改，学生能更容易理解抽象的理论，学会目前社会迫切需要掌握的生态环境控制手段，应用于实践中；学生从中明白了“建筑环境控制”的深层含义，加深了对建筑物理环境的关注，这也是建筑艺术创作的源泉。与过去学到的生态知识仅限于理论与概念不同，本课程是将这些理论概念改革为技术化和实践化，指导学生将理论应用于建筑设计。

5 结论

“建筑环境控制”课程光学部分教改实验，作为建筑环境控制部分教学改革体系建设的一个尝试，取得了一些有益的经验，也仍有很多不足，主要的不足有如下三点：①建筑环境控制课程讲述内容繁多，但课时量有限（32 课时，理论 16 课时，实践 16 课时），为保证课程内容的完整性，在建筑光学设计实践部分指导无法深入、细致；②光学实践部分一名教师要辅导近 20 个光学设计作品，与同学之间沟通设计理念与手法有所欠缺；③目前本课程的实践环节主要以定性为主，现在建筑照明设计要求以绿色照明为主，要有理念定量设计。实践部分不深入难以应对建筑环境教育发展面临的新挑战。面对这些主要问题和不足，将在下一阶段进行针对性的深化研究、改正和完善，以期将本课程建设推向更高水平。

参考文献

[1] 吴硕贤. 建设建筑科学重点实验室的必要性[J]. 南方建筑，2011(4).

[2] 李大夏. 路易·康[M]. 北京：中国建筑工业出版社，1993.

[3] 陈志华. 外国建筑史(19 世纪末叶以前)[M]. 北京：中国建筑工业出版社，2004.

[4] (法)勒·柯布西耶. 走向新建筑[M]. 西安：陕西师范大学出版社，2004.

吴 蔚
南京大学建筑与城市规划学院
Wu Wei
School of Architecture and Urban Planning, Nanjing University

“建筑设备”课程的改革与探索

An Experimental Pedagogy of Building Services Systems to Architectural Students

摘 要：由于“建筑设备”课程涉及较多跨领域、跨学科的理论知识，我国传统的设备课程较少能与建筑设计有直接的联系，因此一直被建筑学学生“公认为”最不受重视的专业必修课之一。然而，无可否认的是，建筑设备与技术改变了现代建筑设计和理念，尤其是近十几年来，我国对建筑节能日益重视，建筑师对相关知识的需求量日益增大，因此改革“建筑设备”课程的教学内容和方法刻不容缓。本文主要介绍笔者对南京大学建筑与城市规划学院建筑学三年级本科“建筑设备”课程所进行的教学改革，分析在改革实践中所遇到的困难和问题。希望这些不同的改革理念和经验，能为业内同行起到一个抛砖引玉的作用。

关键词：建筑设备，改革，教学内容，教学形式

Abstract: “Building Services Systems” is one of required building technology courses in all architectural schools in P. R. China. This course involves a lot of interdisciplinary theories and knowledge. In addition, the traditional design of this course in China has a little connection with architectural design. As a result, it is well-know that architectural students would like to ignore this course. However, it is undeniable that building technology strong affected modern architectural design and concepts. In particularly, the sustainable technology has played an important role in architectural design in recently years, which needs architects to master more technology-related knowledge. This paper introduces an experience of teaching building technology course “Building Services System” to senior undergraduate architectural students in School of Architecture and Unban Planning, Nanjing University, P. R. China. The author analyzed and summarized the major problems during the experimental teaching reform. The purpose of this study seeks to engage educators in this field in lively discourse about technical teaching in order to educate the next generation of architects in China.

Keywords: Building Services System, Innovation, Teaching Contents, Tectonics of Teaching

“建筑设备”课程是我国建筑学本科建筑技术类的必修课程之一，由于该课程涉及很多跨学科的知识和理论，加之传统的《建筑设备》课程过分偏重基础理论和课堂教学，教学内容往往与建筑设计相距甚远，因此被“公认为”最不受建筑学学生所重视的专业基础课程之一。无可否认，先进的建筑设备与技术改变了现代建筑设计和理念，尤其是近十几年来，随着建筑的可持续发展在设计领域占有越来越重要的地位，以及全球范围内对建筑节能和环保的日益重视，建筑师急需相关领域的技术知识，但传统的“建筑设备”课程显然无法满足当前社会的需要，课程改革势在必行、迫在眉睫。

由于建筑学专业的特殊性，如何让建筑学学生更好地学习和理解建筑技术类知识，使之更好地融会贯通到

作者邮箱：akiwuwei@gmail. com

他们的建筑设计当中，不仅是国内外建筑学专业在教授建筑技术课程上面临的主要问题，也是建筑设计实践中很多建筑师在探讨的热点问题之一。目前，我国建筑学院、系比较关注的是“建筑物理”课程的改革和创新，但对于“建筑设备”课程却很少有人提及。这主要是因为“建筑物理”课与建筑设计、特别是目前广为关注的建筑可持续设计有更多的联系，此外也有可能是在我国建筑院、系教授“建筑设备”课程的老师基本上都是非建筑学专业出身的教师，因此对于建筑学学生真正需要什么样和想学什么样的建筑设备知识，以及如何针对建筑学学生的特殊性采用不同的教学方法，并不是十分了解，因此“建筑设备”课程的改革与创新一直在我国建筑学专业中发展较慢。

虽然笔者在硕士和博士阶段主要从事建筑技术方向的研究工作，但是是一个有着建筑学专业背景，并一直从事一定建筑设计的老师。2010年开始在南京大学建筑与城市规划学院教授建筑学三年级本科的“建筑设备”课程，笔者认为该课程的教学内容和方法应该更加针对建筑学的专业特点，适当减少基础理论知识部分，增强实践认知能力，更多地了解与各专业的配合问题，以便让学生将所学的建筑技术融会贯通到建筑设计中。本文主要介绍课程教学改革的理念和经验探索，总结和分析在革新实践中所遇到的困难和问题，笔者希望这些经验教训，可以引导和促进我国“建筑设备”课程的全面改革和创新。

1 课程介绍

南京大学建筑与城市规划学院的前身是2000年建立的南大建筑研究所，以前主要从事研究生教育。从2007年起，开始招收建筑学本科学生。在2010年与南大城市规划系合并，改称为南京大学建筑与城市规划学院。南大建筑与城市规划学院建筑系一直积极探索和尝试建筑学的教育改革，致力于培养具有坚实基础理论和宽广专业知识的高层次实用型人才。南大建筑学本科教育建构的是与国际建筑教育界接轨的4+2模式，即充分利用南大基础学科的优势，第一年进行通识教育，后三年进行建筑学专业基础培训。本科毕业后，对建筑学有兴趣及能力较好的学生可以进入研究生教育，进行建筑学专业高级培养。相较于我国其他五年制的建筑学教育而言，这种模式的优点就是南大建筑学本科学生具有较坚实宽广的基础知识，但缺点就是建筑专业基础理论课不得不压缩在较短的时间内，这给教师教学与学生学习都带来了较大的压力。

笔者教授的“建筑设备”课程（建筑技术III，课程号：291180）安排在建筑学本科三年级下半学期，课程跨度为18周，共36个课时。课程安排详见表1，教学内容分为四大部分，前三部分涵盖传统的建筑给水排水系统、采暖通风与空气调节系统，以及建筑电气工程，每个学科共8个学时，基本理论知识介绍各占6个学时，工程实践占2个学时，一般是邀请设计院水、暖、电的资深工程师来讲解。第四部分综合部分主要包括：计算机能耗模拟软件学习、建筑设备实地参观学习、国内外先进的建筑节能技术介绍和学生自己的课程实习报告汇报。

课程安排　　表1

第1周	课程介绍；建筑设备整体介绍
	建筑给水排水
第2～4周	建筑给水排水理论知识
第5周	邀请南京大学建筑设计院给水排水工程师作建筑给水排水实例设计介绍
	暖通与空调设备
第6～8周	供暖系统、通风及高层建筑防烟、排烟、空调设备理论知识
第9周	邀请南京大学建筑设计院暖通、空调工程师作实例设计介绍
	建筑电气
第10～12周	建筑电气理论知识
第13周	邀请南京大学建筑设计院电气工程师作建筑电气实例设计介绍
	综合知识和实地参观
第14周	建筑设备中的数字技术方法
第15周	建筑设备认识实习
第16～17周	建筑环境与节能
第18周	建筑设备设计与研究课题（学生汇报）

建筑设备的主要参考书为三本，一是我国建筑学专业指导委员会所推荐的普通高等教育土建学科专业“十一五”规划教材《建筑设备》[1]，该教材主要用于基础理论知识；其次为诺伯特·莱希纳著的《建筑师技术设计指南——采暖、降温、照明》[2]，该书是一本为建筑师所写的建筑设备和技术书籍，内容深入浅出，通过大量的图例和许多优秀的实例来讲解建筑设备及其技术；最后是 Reyner Banham 的《Architecture of the Well-Tempered Environment》[3]，该书讲解建筑设备和技术如何影响和改变现代建筑设计和理念，这本书是西方建筑类院校的建筑技术类课程的必读教材，这本书可以帮助学生认识到建筑设备在现代建筑设计当中扮演的重要角色，对扩展学生的设计思路有较大帮助。

课程作业包括两部分。一是小组作业，一般由 3 名学生组成，选择一个小型公共建筑，对建筑的水、暖、电设备进行实地学习和评估。另一个是个人作业，结合建筑设计课的内容，为自己所设计的住宅进行建筑给水排水和电气设计。笔者取消了传统的考试，因此学生的评分标准主要根据课程作业，其中小组报告占 40%，给水排水和建筑电气设计作业各占 20%，学生的出勤率和课堂表现各占 10%。

2 教学改革与探索

我国建筑学院在教授“建筑设备”这门课时，传统上偏重基础理论教学，但主要问题是基础理论点过深，但与建筑设计实践联系较少。如在第 4 章建筑给水部分会详细介绍水泵构件，但这些知识对于建筑学学生而言，基本上是用不到的。此外，建筑学的学生由于其专业特点，比较喜欢直观的图示表达和理解，而设备课程的教材还主要是以文字为主。与我国在建筑设计教学上的不断改革和创新不同，目前“建筑设备”在我国建筑学院、系里基本上还保留着传统的填鸭式教学，即一门课、一本书、一次考试，一次性归还给教师的模式。虽然近几年来有些院系也开始逐步改革，但总体上变动不大。因此，笔者尝试从教学内容和方法上全面改革，以下几个方面是改革的主要内容：

（1）课程在内容上除满足我国建筑学专业指导委员会所规定的基本要求外，还参考了新加坡和中国香港地区大学以及美国 MIT 建筑系的相关课程内容。根据笔者长期从事建筑设计的经验，尽量减少一些不必要的理论知识，增添许多较新的知识点，如引入计算机能耗模拟软件教学，强调从单体到小区整体环境规划方面的主动和被动节能设计理念，增添美国 LEED（Leadership in Energy and Environmental Design）的标准介绍。此外，笔者还加入了大量的经典和优秀的设计实例，特别是建筑设备和设计相结合的实例，穿插在基础理论部分。建筑实例的介绍不仅吸引建筑学学生的学习兴趣，还能开阔眼界，了解国内外最新建筑节能的发展趋势。为配合课程内容，每次课笔者都会给出附加的大量中英文参考阅读书目，列出相关的国内外网站，要求学生能够做到课前和课后阅读，提高学生的自我学习和研究的习惯，让其从整体上拓宽和提高建筑技术方面的知识。

（2）教学理念上强调理论与实践相结合，增加设计内容，减少死记硬背部分。如笔者取消设备课程的考试，将其改成课程设计作业。笔者认为建筑学学生对建筑设备的学习应偏重于建筑设备与设计之间的关系上。相较于单纯地介绍建筑设备的原理和设备要求，笔者强调的是不同的设备对建筑设计的影响，并通过建筑实例来说明建筑设备与建筑设计之间的关系。笔者认为实地参观是教授建筑设备最好的方法之一，如有可能，笔者会带领学生到实地观察和认知不同的建筑设备（图 1）。

（3）在作业设置上也是偏重对实践知识的理解和动手能力。小组作业是要求学生带着设备图纸到现场进行观察、实地测量和手绘图纸，通过对比学习来真正认知建筑设备与建筑设计之间的关系，特别是实地评估建筑设计和设备设计由于配合不当而产生的问题。图 2 是设备实地调研评估作业的例子，图右侧为学生在作调研时所绘制的草图。南大建筑学三年级下半学期的建筑设计课题是住宅和小区设计训练，所以设备作业的个人作业就是对自己所设计的住宅，进行给、排水设计和建筑电气设计。建筑给、排水和建筑电气设计不仅能让学生掌握一些最基础的设备设计知识，也能帮助学生更好地进行建筑设计。

图 1 笔者带领学生实地参观建筑设备

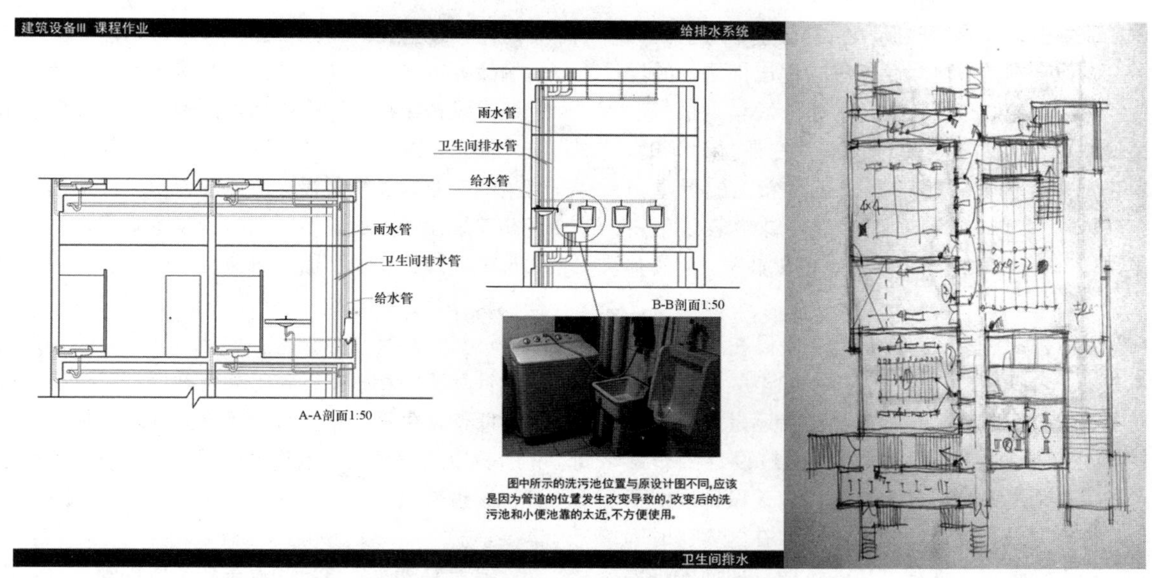

图 2　建筑设备实地调研评估作业实例

(4) 在教学形式上，笔者一般会采用大量的图片、动画、甚至播放录像来帮助建筑学学生学习相当枯燥的基础理论知识，也采用组织学生讲演等方式来活跃课堂气氛，并经常鼓励和组织学生进行课堂讨论，培养学生的自主思考能力。根据课程内容，笔者还会邀请不同领域的工程实践人员作专题讲座，以丰富学生的知识面，扩大学生的视野。笔者发现学生非常喜欢“走进来和走出去”的课堂教学方法。如笔者邀请设计院的工程技术人员走进教室，与学生面对面畅谈他们自己的实践经验，从他们的角度了解如何与建筑师合作，讨论建筑设计和设备之间的整合关系，同时带领学生走出教室，去观察、学习不同的建筑设备，亲身体会设备的要求、尺度以及与建筑设计之间的关系。

总而言之，尽管“建筑设备”课程是我国建筑学本科的必修课程之一，但我们培养的是建筑师，而不是设备工程师。因此，笔者认为建筑设备课程改革与革新的方向，应是减少基础理论知识，重视工程实践内容，其最终目标是辅助建筑设计，甚至是扩展设计思路。如何将与技术相关的理论和知识更好地服务于建筑设计，是国内外建筑学专业在教授建筑技术课程上所共同面临的挑战。

3　主要问题和经验教训

课程改革和创新并不容易，在教学探索中，笔者也遇到了不少问题：

(1) 因为“建筑设备”课程仅有 36 个学时，加之笔者又增添了许多新的教学内容，所以只有在课堂教学内容上减少一些基础理论知识，尽量提纲挈领，强调培养学生的自我学习、实践认知以及一些基本的研究能力。然而，由于我国学生更习惯于被动式、封闭式、单向式的教学模式，经常是老师教多少，学生学多少，即使到了大学生阶段也一样缺乏自主学习能力。以课程阅读为例，很多同学普遍没有课前阅读的习惯，当课程进度快，每节课内容涵盖很大时，会有个别学生表示难以跟上课程进度。其次，一些同学经常出现不知道读什么、怎么读和什么时候读等问题。特别是我国学生从小就习惯于一门课、一本书，这种填鸭式的学习模式后，当被要求进行大量资料的泛读，以及从大量的参考书目中自主选择阅读时，学生们则显得有点无所适从，力不从心了。他们显然不太习惯根据自己和课程的需要筛选资料，分门别类地进行泛读和细读。

(2) 教授新知识、新理论总会带来新的问题。如为了让学生了解 LEED 的最新信息，由于没有中文翻译，笔者直接引用英文原文，但大部分学生表示在理解上有一定困难，这可能与我国英文教育的应试培养有关。笔者也曾尝试组成读书小组，以期能互帮互学，但对于这种国外学校学生普遍采用的互助式学习方式，我国学生还不太习惯和适应，基本上还是各自为政。计算机能耗模拟技术的学习，不仅可以帮助学生更扎实地掌握基础理论知识，也能更好地开展建筑节能设计。但教授计算机能耗模拟软件与传统的课堂教学不同，会耗费比预计多得多的课堂时间。幸好笔者目前还教授建筑物理课程，所以软件学习可以穿插在这两门课之间，但如果只放在一门课里，时间显然是不够的。

(3) 在课堂上，笔者为鼓励学生的自主思考能力和活跃课堂气氛，会常常鼓励学生回答或提出问题，并组织学生进行分组讨论。但令人失望的是，同学们很少能自愿回答问题，更别说自主提出问题，在课堂讨论时，也不愿发表意见，因此很难形成真正意义上的课堂讨论。2012～2013 学年笔者有意识地提高课堂表现所占的分数，并告诉学生课堂上积极发言可以加分，但改善不大。

(4) “建筑设备”与“建筑设计”课程在互相配合上还是需要进一步探索。建筑给、排水和电气设计作业是依托在课程设计上的，因此物理是笔者还是建筑课程设计的老师，都希望该作业能够成为建筑设计的一部分。虽然在每学期的开始，笔者都与“建筑设计”课程的指导教师进行推敲，尽量跟建筑设计课在内容、时间安排上保持一致。但由于课程性质的不同，如何安排提交课程作业的时间就是一个大问题。如提交时间太靠近设计答辩时间，会影响最终课程设计的出图和答辩。但如距设计答辩时间太远，学生的设计户型和单体确定不了，而以此为依托的水、电设计就没法做。即使笔者与设计课教师尝试将二者的设计合二为一，但学生往往顾此失彼，大部分仅专注于整体设计，而忽视后面的水、电以及单体的节能设计。

尽管出现了不少问题，但值得欣慰的是，绝大部分同学十分愿意配合和响应老师在教学上的不同尝试。特别是改革后的“建筑设备”课程，由于添加了很多新的知识点，尽管取消了考试，但大量的课程阅读、实地实习报告和两个设计作业都需要学生花费大量时间，大部分学生都认真完成。当每学期课程结束后，笔者都会选择一部分学生作访谈，几乎所有学生都认为《建筑设备》课程很有意思，他们学到了很多有用的东西，对开阔他们的设计思路很有益处，认为学到的知识对今后发展和提高有一定帮助。同时，他们都觉得老师的教学方法较新颖有趣，能够帮助他们掌握和思考所学知识。同学们反映的主要问题集中在课堂信息量大，节奏过快，在完全掌握上有一定难度，加之大量的课外阅读和课程作业，使他们感觉负担过重。

4 结语

我国传统的“建筑设备”课程存在着很多问题，改革这门课程势在必行。但如何改革这门课程却面临着很多挑战：首先，谁才是教授这门课的最佳人选——建筑师还是设备工程师？很显然，设备工程人员更了解相关技术知识，这也是传统上我国建筑院系都选择设备技术背景的专业人员来讲授这门课的原因。但是建筑师更能了解建筑设计人员需要什么样的设备知识，对什么样的知识感兴趣？其次，面对迅速发展的世界，我们应该教些什么和怎么教也是一个大问题。如很多建筑院校开始教授计算机能耗模拟技术，但什么才是最适合建筑学学生的计算机能耗模拟软件？如何教授计算机能耗模拟软件才能使学生真正掌握和使用这些软件。最后，是如何将所教授的与建筑技术相关的理论和知识服务于建筑设计，这也是吸引建筑学学生对技术相关知识感兴趣的关键要素。

笔者希望通过自己的改革和创新探索，对国内同行有抛砖引玉的作用。笔者认为西方先进国家的本科教学培养模式，即采用引导式、开放式、双向式的教学，可以更好地培养学生的自主学习能力。因为大学期间所能教授的理论和知识是极为有限的，只有让学生认识到该知识的重要性，以及正确的自主学习方法，才是保证学生学到真正知识的根本。根据对这门课程结束后的回访，很多同学都表示这门课影响和开阔了他们的设计理念，所学到的学习方法对建筑设计有一定帮助，笔者认为这已经达到了预期的改革教学目标。

参考文献

[1] 李祥平，闫增峰主编. 建筑设备[M]. 北京：中国建筑工业出版社，2008.

[2] 诺伯特·莱希纳著. 建筑师技术设计指南——采暖、降温、照明[M]. 第二版. 张利等译. 北京：中国建筑工业出版社，2004.

[3] Reyner Banham. Architecture of the Well-Tempered Environment[M]. Architectural Press，1969.

邢　凯　姜宏国　孙　澄
哈尔滨工业大学建筑学院
XingKai Jiang Hongguo Sun Cheng
School of Architecture，Harbin Institute of Technology

数字化建筑设计系列课程教学实践[1]

Digital Architectural Design Curriculum Construction Practice

摘　要：近20年来，在数字技术的推动下，国内外建筑教育和建筑设计实践发生了深刻的变化。为了适应这种变化，哈尔滨工业大学建筑学专业系统地研究了数字技术类课程，设置了完善的数字化建筑设计课程体系。本文描述了数字化建筑设计课程体系设置，总结了数字化建筑设计课程体系建设和教学实践过程。

关键词：数字化建筑设计，课程体系，教学实践

Abstract：The past 20 years，under the impetus of digital technology，domestic and international architectural education and architectural design practice have undergone profound changes. In order to adapt to this change，School of Architecture of HIT studied digital technology courses systematically，set up a complete digital architectural design curriculum. This paper describes the curriculum system of digital architectural design，sums up the construction and the teaching practice of the curriculum system of digital architectural design.

Keywords：Digital Architectural Design，Curriculum System，Teaching Practice

近20年来，国外的高等院校和建筑师开始探索利用数字技术进行复杂形态的建筑设计研究与实践，特别是21世纪初的10年，数字技术在建筑教育和创作实践两条线索上的发展尤为迅猛：一方面，相关领域的教学和研究工作在国内外的大学中日益普及与深入；另一方面，基于数字技术的先锋建筑设计实践也已经在世界各地展开，其中许多成为标志性的作品。

在数字技术的推动下，哈尔滨工业大学建筑学专业系统地研究了数字技术类课程，设置了完善的数字化建筑设计课程体系。

1　课程体系设置

课程体系是为教育对象设计的知识结构，应该能够满足培养目标的需要。数字化建筑设计课程体系的设置要立足当下，同时着眼于未来，既要有利于适应行业发展变化的需要，又要有利于学生的专业素质和能力的培养。因此，课程设置在体系上应具有相对完整性、系统性、层次性及遵循个性化的原则。

依据上述课程体系设置原则，我们将相关课程分为三个模块：基础型、应用型和研究型模块。不同的大学可以根据各自的办学目标和特色，有选择地设置课程，以形成每所大学完整的、系统的、个性化的数字化建筑设计课程体系。

哈尔滨工业大学建筑学院在1993年为建筑学89级学生开设了数字技术类的课程，使用数字化仪和AutoCAD进行二维图形的绘图教学。以后陆续开设新的课程，1997年增设了渲染内容，2006年增设了建筑信息模型技术的教学内容，但没有能形成完整的、系统的课程体系。为适应新的发展变化需要，近几年来，我们依据完整性、系统性、层次性原则逐渐设置并完善了数字

作者邮箱：hagongdaxk@126. com

❶ 2011年黑龙江省高等教育教学改革项目。

技术类课程（表 1、图 1）。

数字技术类课程　　　　表 1

序号	课程	性质	学时	学期	内容说明
1	计算机辅助建筑设计技术基础	必修	24	3	设计表达建筑信息模型建模
2	参数化设计模式研究	创新	24	3	基于计算技术的设计过程研究
3	表达实践	必修	2 周	4	建筑信息模型表达训练
4	参数化设计技术	必修	24	4	参数化设计技术类软件应用
5	算法与设计	必修	24	5	计算机语言规则，脚本语言编程
6	数字化设计概论	选修	24	6	虚拟现实、模拟分析、数字建造、技术与理论
7	参数化建筑设计	必修	56	8	设计课程

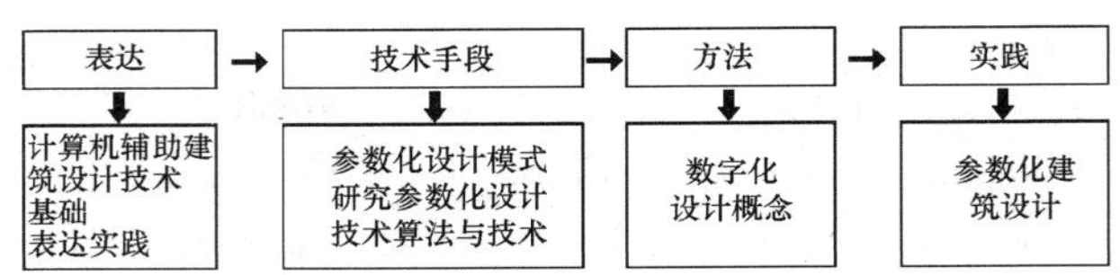

图 1　数字化建筑设计课程的递进关系

2　课程教学实践

课程体系制定之后，教学内容和教学组织决定了是否能够实现培养目标。不同类型的大学可以根据自己的人才培养目标选取教学内容和教学组织方式。我校参考了美国两所大学相关课程的组织方式和教学内容。

2.1　教学内容

教学内容确定应遵循内容新、针对性强、符合现状等三个原则。

由于数字技术在快速发展变化中，所以要求教学内容应该随之调整。如建筑信息模型技术处于成长阶段，而未到成熟阶段，其软件每年都在更新变化，新的技术应用不断地推出，因此讲解建筑信息模型技术应用的内容就应该随着变化，且能够做到及时更新。有的软件每三个月就更新一次，有时更新的幅度很大，如果不及时更新教学，就无法达到教学目的。

由于学时有限，课程内容多，所以需要选取有针对性的内容进行教学。所有数字技术课程的教学实例都要与学生设计课程内容相关联，这样更容易让学生有针对性地来掌握相关内容。如计算机辅助建筑设计技术基础中第一次课程训练设计方案表达，教学内容和作业都以学生设计课程的作业图纸表达为准。

由于学生基础不一样，课程内容的起点高低也不一样。随着时代的进步和高中课程教学改革的不同，每一届学生的数字技术使用的程度也不一样，所以教学内容应该根据学生状况适当调整。这样才能确保多数人在课程内收获最大，因为无论课程内容过易或过难，都达不到教学目的。

2.2　教学组织

有了正确的教学内容，还需要好的教学组织，主要体现在教学设计上。每门课程都制定严格的、详细的教学设计，从讲述内容的时间、实例内容到作业要求及评分标准都进行了详细的规定。表 2 至表 5 概括了参数化设计技术课程中 NURBS 建模实例的教学设计、参数化设计技术课后作业上交流程、作业要求、电子文件要求等规定。这些详细、操作性强的教学设计确保了课程教学能够达到其教学目的，保证了课程的教学质量。

2.3　教学效果

新数字化建筑设计类课程在 2008 级建筑学专业实施，经过 2008 级和 2009 级运行和 2010 级 6 门课程实践和 2011 级 2 门课程教学。经历了 5 年时间的教学实践验证和不断地调整已经形成相对稳定的教学体系，也获得了一定的教学经验和教学成果。

数字技术课程的作业，如果每位同学的作业都一样，很可能部分同学不能完成作业，也有可能学生在网络中找一份作业交上，在教学过程中为了确保学生的作业真实、有效，反映教学效果，也确保每位学生独立完成作业，每位学生作业完全不同，且要写过程说明。如果过程说明不能反映其作业成果，该份作业为零分。如在建筑信息模型技术表达训练中，要求每位同学把自己的设计作业（设计未要求使用数字技术表达）完整地表达一次。图 2 所示是 2010 级建筑学专业学生只用 Revit 软件完全表达其建筑设计课程中的活动中心建筑设计的成果的图纸。在参数化设计技术课程中每位同学自己找一个能够体现参数设计过程的大空间建筑模拟设计过程（图 3），并要认真写出其模拟过程（图 4）。有些同学的作业过程说明文本多达 50 页，详细程度可以做教科书。

NURBS 建模实例的教学设计　　表 2

主题	内容	要点	说明	时间（分）	备注
Rhino 建模的实例	场地	等高线	曲线 loft	10	
		位图	Heighfield	10	
		点	点云、曲面	10	
	高层建筑	螺旋形	array rotate loft	20	
		瑞士保险大厦	Revolve ApplyCrv CreateUVCrv	25	
		自由曲线	辅助框架	25	
	大跨空间	网状盖	曲面分点	20	
		鸟巢	CurveBoolean	30	
		安联体育场	基本单元建立	40	
	数学曲面	莫比乌斯环	Loft twist bend flow	10	

参数化设计技术的作业上交流程　　表 3

序号	作业名称	实例要求	流程	说明	备注
1	工业品建模	小型工业品，如鼠标。能体现自由曲线调整的样品	第一次课程布置样品	拍照片，背景白色	像素点 2000 以上
			第二次课前审查	不合通知	班为单位
			第四次上课交结果	图纸、光盘	
2	大跨空间建模	有自由去面的大跨度建筑。如体育场馆、展览馆	第二次课程布置样品	—	
			第三次课前审查	不合通知	
			第五次课程上交	图纸、光盘	
3	大跨空间建模	能够使用 GH 进行参数调节的大跨度空间建筑	第二次课程布置样品	不合通知	
			第三次课前审查	—	
			课程结束后一周交	图纸、光盘	

参数化设计技术的作业要求　　表 4

作业要求	内容	①选能够体现 Rhino 和 Grasshopper 特点的形体。 ②Rhino 的特点是自由曲线或曲面，Grasshopper 的特点是用参数控制有规律变化的形体。 ③无法体现上述内容的作业分数为 0 分
	图纸	①表达形式能够体现形体特点，形体背景一律白色（表现图除外）。 ②标签的文字字体、大小要统一，位置要对齐，内容要全。 ③图纸为 A3 铜版纸（200～300g）。 ④违反上述规则的作业扣 20 分

续表

作业要求	说明文本	①说明制作过程的文本包括封面、作业实例照片、命名（英文）、制作过程。 ②制作过程要详细，能够让不懂的人看后能做（教科书标准）。 ③过程照片清晰，简单明了，不易过大或过小。 ④A4 打印纸，左侧装订（如书）。 ⑤违反上述规则的作业扣 20 分
	模型文件内容	①模型为 3DM 格式，要分层。 ②要保留过程线，如果过程线多要分层保留。 ③违反上述规则的作业扣 20 分

参数化设计技术的电子文件要求 **表 5**

序号	作业名称	电子文件说明	上交说明	备　注
1	工业品建模	文件数量 3 个，图纸 JPG（3000 像素以上），模型文件 3DM（模型制作过程线保留，可以分类放到不同辅助线图层中），过程说明 WORD	1. 以班级为单位。 2. 在光盘面上用油性笔写，课程名称、作业名称、班号、时间。 3. 光盘内每人一个文件夹，名称为学号＋姓名：例：103410101 王申。 4. 班级要有备份	
2	大跨空间建模			
3	大跨空间建模	文件数量 4 个，图纸 JPG，模型文件 3DM，参数模型 GH，过程说明 WORD		3000 像素以上

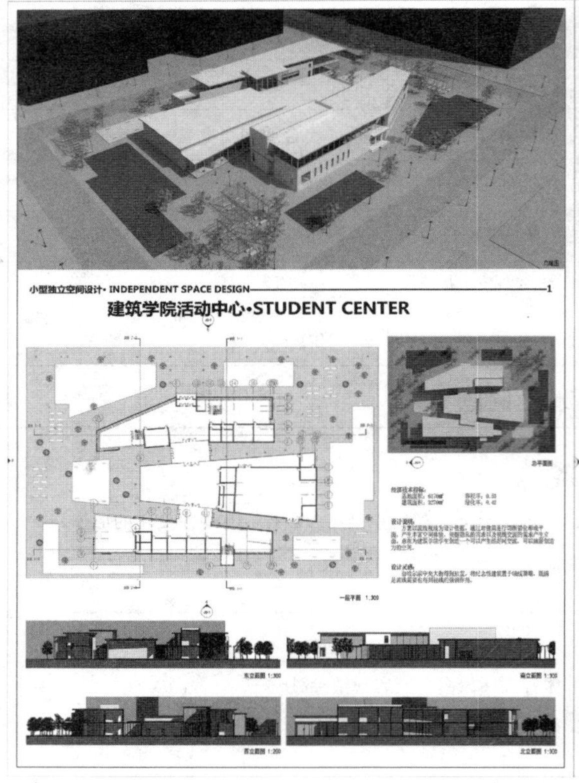

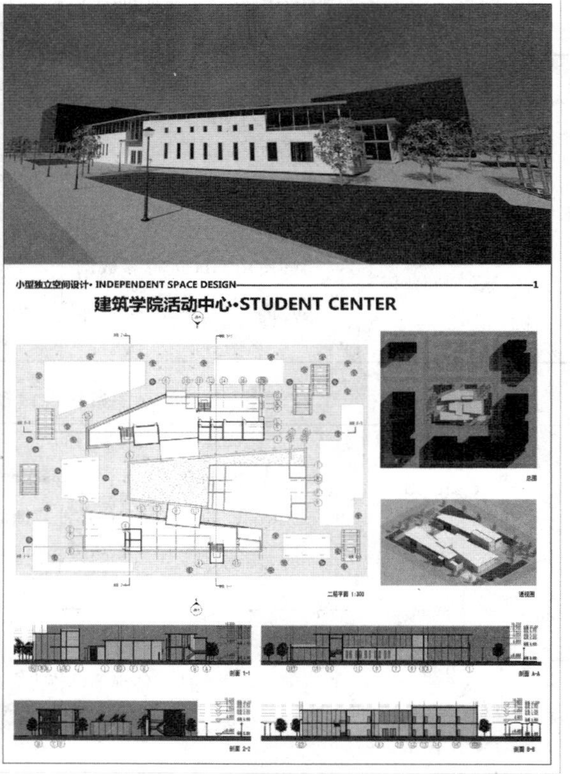

图 2　建筑信息模型技术表达训练

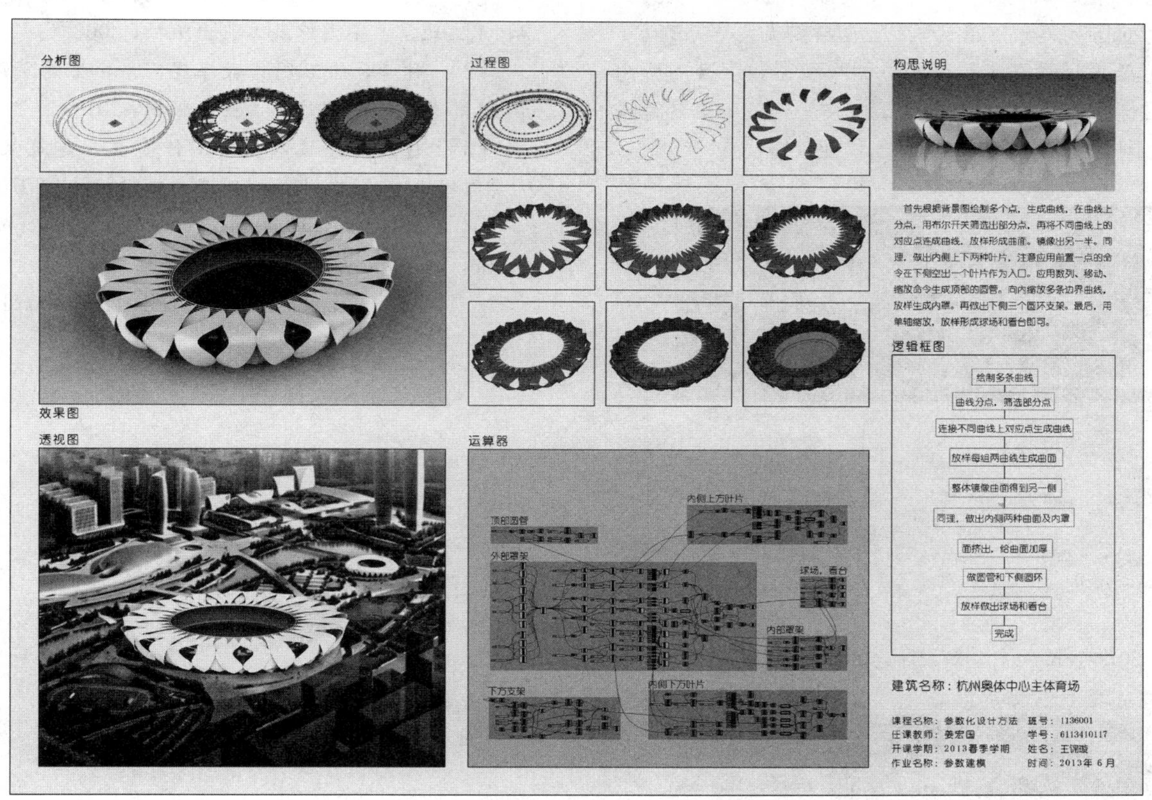

图 3　参数化设计技术课程作业

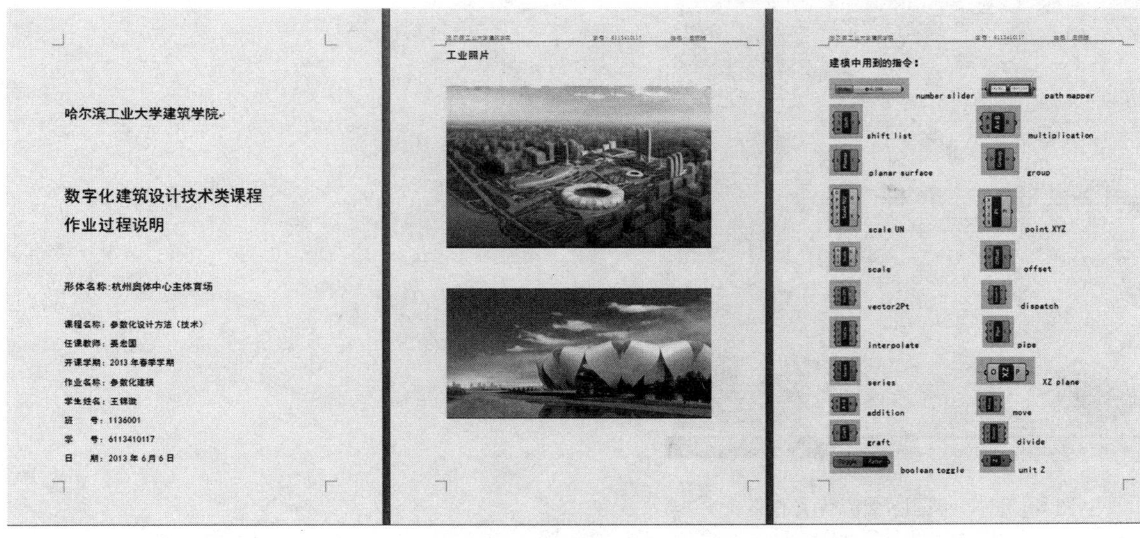

图 4　参数化设计技术的过程说明

经过数字技术系列课程的教学，很多同学的数字技术应用非常娴熟，在一些相关竞赛中获得奖项。在2012年全国高等学校建筑学专业指导委员会举办的Revit杯建筑设计竞赛中，有两位同学获得数字技术应用奖（图5）；中2013年中国建筑学会举办的中国建筑院校学生国际交流作业展中有两份作业获得优秀（图6）。

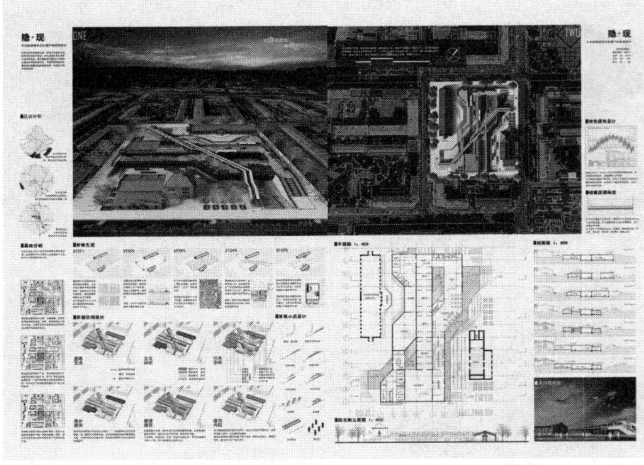

图5　2012年Revit杯建筑设计竞赛中数字技术应用奖作业

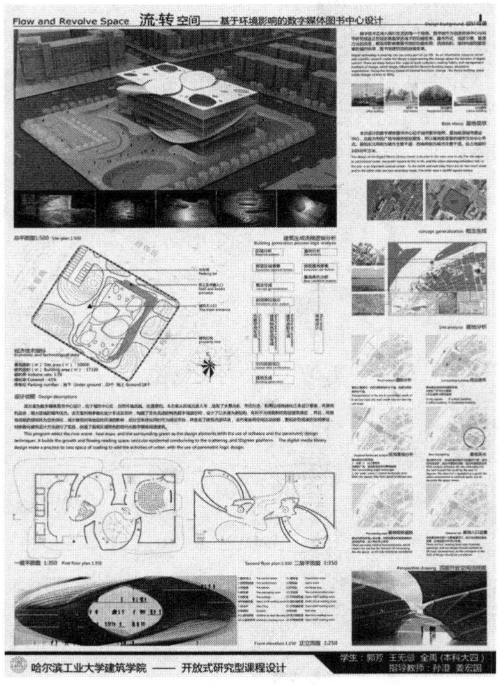

图6　2013年国际交流优秀作业

参考文献

[1]　林奇，徐卫国．数字建构：学生建筑设计作品[M]．北京：中国建筑工业出版社，2008.

[2]　林奇，徐卫国．数字现实：学生建筑设计作品[M]．北京：中国建筑工业出版社，2010.

[3]　建筑数字技术教学工作委员．建筑数字流：从创作到建造[M]．上海：同济大学出版社，2010.

[4]　http：//www.gsd.harvard.edu/research/design-robotics/index.html.

[5]　http：//architecture.mit.edu/computation.html.

许景峰　王雪松　覃　琳
重庆大学建筑城规学院
重庆大学山地城镇建设与新技术教育部重点实验室
Xu Jingfeng　Wang Xuesong　Tan Lin
College of Architecture and Urban Planning, Chongqing University
Key Laboratory of New Technology for Construction of Cities in Mountain Area Chongqing University

建筑构造实验课程的教学实践

Teaching Practice on Experimental Course of Building Construction

摘　要：建筑构造是建筑学专业的一门重要课程，随着近些年高校本科阶段培养模式的改变，建筑构造实验课程的重要性日渐凸显，其课程教学改革逐渐受到高校教师的关注和重视。本文以重庆大学的建筑构造实验课程为例，系统介绍了该课程的课程组织和教学实践成果，为提高建筑构造实验课程的教学质量提供新的思路，为课程的教学改革提供实践参考。

关键词：建筑构造，实验课程，课程组织，构造解析

Abstract: Building construction is an important architectural professional course. With the recent changes in training mode in the universities, and the growing importance of building construction experimental courses, its teaching reform has gradually been concerned by teachers in the university. In this paper, building construction experimental courses of Chongqing University, for example, has introduced systematically the course organization and teaching practice. It provides new ideas for improving the teaching quality of building construction experimental courses, and provides practical reference for teaching reform of this courses.

Keywords: Building Construction, Experimental Courses, Course Organization, Structural Analysis

1　引言

建筑构造是研究建筑物的构造组成以及各构成部分的组合原理与构造方法的学科[1]。它是建筑学专业的一门重要专业基础课，其主要任务是通过对建筑物的基本构造组成、构造特点及细部构造的基本原理和方法的讲解，使学生在建筑设计实践中具有进一步深化方案和细部设计的能力。但是，如果在建筑构造课程中大量讲解构造的原理和详图绘制，则很难达到与建筑设计融合联结的目的。

因此，建筑构造实验课逐渐成为建筑构造教学必不可少的环节，它的设置就是为了加强建筑构造理论课程与建筑设计课程的联系。这也是近些年来，课程教学团队进行课程改革的重要方向之一。

2　建筑构造课程教学的挑战与机遇

如前所述，建筑构造是建筑学专业的一门重要课程，其相关训练在建筑学培养计划中，基本上从二年级一直贯穿到五年级。[2] 但近些年高校在本科阶段实行“宽口径、厚基础”培养模式，即在本科基础教育阶段增设了大量的素质类课程，而相应挤压了原有的专业类课程。建筑构造作为一门重要的专业基础课，在新的教学体系中也面临着挑战和机遇。

2.1　理论课程教学课时的大幅减少

以重庆大学建筑学专业的课程设置为例：建筑构造在二年级的课程时间，从 20 年前的 108 学时，减少到

目前的 32 学时。[2]其课时的大幅减少，迫使该课程必须进行改革和调整，以适应整个学科教学体系的变化。因此，在理论课程教学中，不得不加快课堂教学的节奏，减少甚至删减一些拓展教学内容，部分重点和难点只能寄希望于在设计实践中进行强化。

由于课时的“压缩”，学生在理论课程教学环节上的“浅尝辄止”，很难理解建筑构造与建筑设计之间的联系，更无法谈及将构造技术设计真正应用于建筑设计实践中。因此，如不进行相应的课程改革，则建筑构造很容易会被学生误认为是纯技术理论课程，且与建筑设计无紧密联系。

2.2 实验课程教学改革的逐渐重视

随着现代建筑技术体系的迅速发展，新材料、新技术的不断涌现，建筑设计观念和建筑构造内容发生了很大的变化。若干成功的建筑设计在建筑构造上探索创新，让世人看到建筑设计与建筑构造之间密不可分的重要关系，这在不同程度上促进了学生对建筑构造课程的重视。

在理论课程教学课时大幅减少的背景下，如何深化建筑构造理论？如何强化建筑构造与建筑设计的结合？建筑构造实验课程的重要性日渐凸显，许多高校教师把注视的目光放在建筑构造实验课程的教学改革上来。为了更好地适应本科教学体系的变化，提高建筑构造课程的教学质量水平，我校的课程教学团队从 2009 年起就进行了课程改革，将建筑构造分为了理论课程及实验课程两大部分，并对建筑构造实验课程的教学进行了探索和实践。

3 建筑构造实验课程的课程组织

建筑构造实验课程设置的教学目标就是希望学生通过该课程的学习，加深对建筑物基本构造组成及相互关系的理解；了解常用结构体系、建筑材料的基本建造特征；掌握建筑物各重要部位的构造设计原理和细部设计；学会从技术理论的角度分析和指导实践中的建筑设计。简而言之，就是将建筑构造理论融合到建筑设计实践中。

为了这一目标，该课程在教学的选题策划、进程安排和成果展示方面进行了如下的考虑。

3.1 教学选题策划

教学的选题策划综合考虑了社会需求、学科知识体系和学生发展三个方面的因素：

(1) 社会需求，即需要了解社会对建筑学专业毕业生的期望和要求。无论毕业去向是建筑设计院还是房地产开发企业，都希望毕业生能具有良好的综合能力，而不仅仅只是方案设计能力。特别是在国家注册建筑师考试中，建筑技术设计作为其中的一门重要科目，要求建筑师具有准确表达和绘制建筑平剖面、掌握各重要部位构造节点的能力。因此，在选题要求上应当培养学生在这方面的能力。

(2) 知识体系，即需要与建筑学本科五年的整个知识体系相协调。为了保证课程设置的科学性和循序渐进，在选题定位上需要综合考虑二年级学生已经掌握的建筑设计能力、相关科目的知识基础，以及后续知识体系的架构关系。

(3) 学生发展，即考虑学生自身对知识的兴趣与期望，以及学生后续发展中的需要。不同阶段的学生，其能力水平及兴趣点不同，因此，在选题对象和要求上需考虑学生当前的状况和自身特点。

综上所述，课题组最终选定以幼儿园建筑设计作为实验课程的解析对象。一方面，其解析对象是同一时期的建筑设计课程作业，选题的难度适宜且符合循序渐进的原则；另一方面，以学生自己设计的幼儿园建筑作为解析对象，无疑能大大提高学生对实验课程的学习兴趣，进一步加深对建筑构造专业知识的理解。同时，从社会需求角度出发，该课程要求学生结合选定的幼儿园建筑设计，从结构体系、材料表皮、建造的角度解析建筑，并绘制大比例的平剖面和主要构造节点大样。

此外，为了落实教学目标，课程强调幼儿园建筑的构造解析不仅与建筑设计紧密关联，而且最后要将设计成果从二维的“图纸”落实到大比例实物的“模型”上，让学生体验自己的设计作品被“营造”的过程，从而加深对建筑构造理论以及构造处理在建筑设计中重要性的认识。

3.2 教学进程安排

3.2.1 选定解析案例

在案例选取上，应遵循几个原则：①可行性，即选取的案例与课程教学要求吻合，可进行构造解析；②难度适宜，即选取的案例与学生已掌握的理论知识相匹配，可以有个别的拓展知识点；③技术与艺术结合，即选取的案例在建筑设计上具有良好的艺术形象，要求构造解析与之配合，让学生进一步理解建筑中技术和艺术之间的辩证关系。

虽然确定了建筑构造实验课程的解析对象为幼儿园建筑设计，但如果要求每个学生完成各自的案例解析，这是不现实的。一则对学生来说难度和工作量太大，难以进行深入解析；二则对指导教师而言无暇顾及那么多的设计方案，不可能进行深入辅导。

为了保证在有限的课时内完成课程教学内容和要求，培养学生在设计中协调合作的能力，教学上安排6位学生为一个小组，由小组在充分了解课程教学任务书的要求和案例选取原则后，自行推选出2～3个方案，并由学生自己阐述推选的理由，然后指导教师与学生一起讨论选定其中一个作为解析案例，进行后续的构造解析和模型制作。

3.2.2　案例的构造解析

确定了解析案例后，则需要从结构体系、建筑材料等方面对选定的幼儿园建筑设计方案进行剖析和表达。这是建筑构造实验课程教学的关键，也是此前建筑设计课程设计中很少考虑和涉及的内容，学生对此充满了好奇与期待。

在构造解析过程中，学生不断面临着此前在方案设计阶段未考虑或未充分考虑的技术性问题，这大大激发了他们的学习兴趣和求知欲望，积极主动地查找资料，运用构造课程的相关理论知识补充、完善和调整原设计方案。

幼儿园建筑设计的构造解析主要包括以下几个方面的内容。

(1) 结构逻辑体系解析

结构逻辑解析的关键是对案例所采用的结构体系进行分析和设计。在幼儿园建筑方案设计时虽然已经具有了基本的结构布置理论知识，并进行了大致的设计，但是主要还停留在“能做，可以做”的阶段，而未深入到“如何做，怎么做”的阶段。

通过对幼儿园建筑的整体结构解析，使学生对某一结构体系（如钢筋混凝土框架结构体系）的特点、适用范围等进行系统深入的了解。特别是对于一些特殊部位(如建筑转角处）的结构布置，则需要反复推敲。

该阶段需要学生提交幼儿园建筑的整体结构体系布置图，要求体现出承重墙或框架柱、楼板、楼梯等承重构件的布置和设计。

(2) 围护结构解析

在围护结构解析过程中，要求学生在设计时考虑围护结构与主体结构如何相连接、立面设计效果如何实现等非常实际的问题。而这些问题在之前的建筑设计中也几乎未被考虑过，学生通过自己的学习、相互之间的讨论，积极探索着实现和解决的方法，并且还经常与指导教师进行激烈的讨论。

通过围护结构解析，学生进一步加深对墙体、门窗、屋顶等围护结构知识点的理解，同时学会了多种构造处理的方法。

该阶段需要学生提交幼儿园建筑的整体围护结构布置图，需要体现出隔墙或幕墙、门窗、屋顶等围护构件的布置及与承重结构体系之间的关系。

(3) 细部构造解析

建筑学专业的学生一般具有良好的艺术修养，特别是在建筑设计中，往往具有强烈的创新精神，很多节点部位的做法并非教材中传统的构造做法，因此，学生无法直接照搬课本中的内容，而必须充分理解该节点构造做法的原理，才能设计出合理的节点构造。

通过细部构造解析，学生对原本相对枯燥无味节点大样的学习兴趣大大提高，尝到了自己动脑思考、自己动手设计的乐趣，从中真正体会到“学以致用”的道理。

该阶段需要学生提交幼儿园建筑关键细部节点部位的大样图，其中包括如屋顶泛水、门窗洞口、散水等处的细部构造，如图1所示。

3.2.3　案例的模型制作

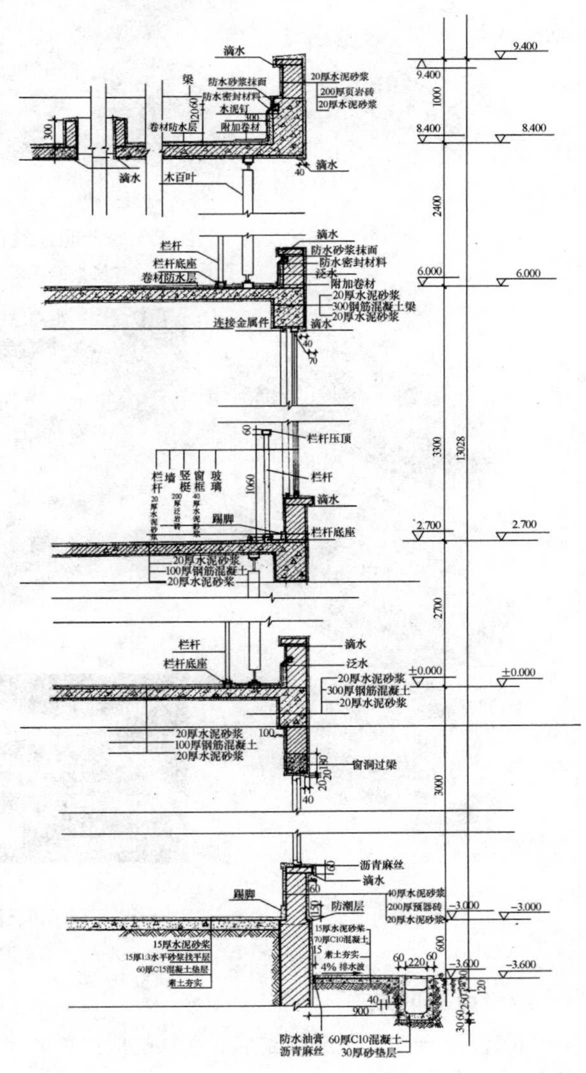

图1　墙身构造解析

（资料来源：学生课程作业）

建筑学专业十分重视学生的动手能力，实体模型一直是建筑学学生重点训练的表现手段。[3] 在课程设置上，模型与图纸占有相同的比重。通过模型的制作，可以将建筑构造的原理和此前的构造解析潜移默化地植入学生的头脑中，将原有对理论知识的“被动灌输”转变为“主动记忆”。

模型的制作主要分为两个阶段：电脑模型与实物模型。

电脑模型通常采用目前常用的 SketchUp 三维设计软件所建的模型。通过前面的构造解析，幼儿园建筑的各构造的建构关系已经基本清晰，在此基础上，利用 SketchUp 软件将幼儿园建筑首先在电脑上“营造”起来。这样不仅可以从三维的角度充分展现整个建筑的建构关系，还可以为后续的实物模型制作提供重要参考，如图 2 所示。

该实物模型与以往建筑设计中所制作的模型不同，它是幼儿园建筑典型部位的一个剖断模型，要求学生采用 1∶20～1∶30 的大比例进行制作，且需要从基础、墙柱梁、楼板到屋顶的全貌剖断，表现断面和部分建筑内部空间，呈现清晰的建造逻辑，从而真正体现出建构实物模型的特点。

虽然模型制作的难度远高于之前的建筑设计模型，但有小组 6 人的通力协作，各组均能很好地完成实物模型的制作要求，如图 3 所示。

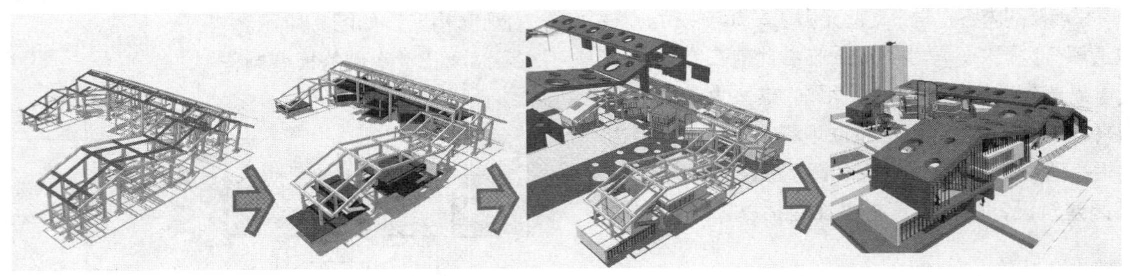

图 2　幼儿园建筑构造解析的 SketchUp 模型
（资料来源：学生课程作业，整理绘制）

图 3　幼儿园建筑构造解析实物模型
（资料来源：学生课程作业及照片，整理绘制）

3.3　教学成果展示

与建筑设计一样，建筑构造实验课程的成果需要提交正式的图纸和模型。但也有所不同，即图纸的内容不仅包括深化了的建筑平、立、剖面图，而且更侧重构造解析的内容，包括结构体系解析图、围护结构解析图，以及建造过程、材料做法的分析图等，如图 4 所示。大比例实物模型是最后提交的重要成果之一。它不仅充分展示了建筑的体形和内部空间，更重要的是从三维视角

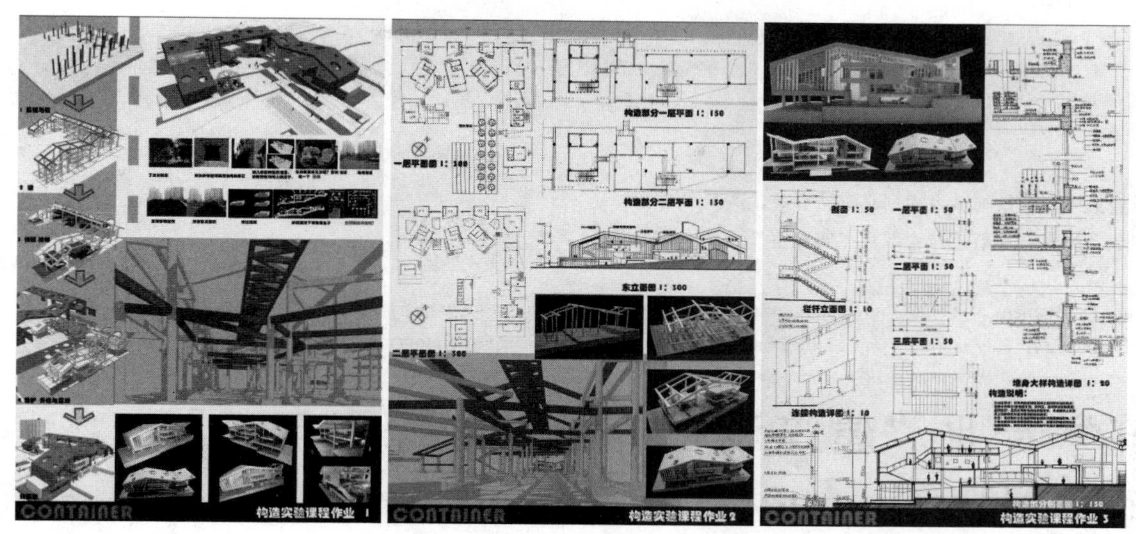

图 4　幼儿园建筑构造实验课程作业图纸
（资料来源：学生课程作业）

更清晰、更直观地展示了建筑的建造逻辑。这也是课程结束后，学生觉得很有“成就感”的一个重要原因。

虽然实验课程的解析和模型制作都需要我们投入很多的时间和精力，但在很大程度上激发了学生对建筑设计的兴趣，加深了他们对空间创作与技术支撑关系的理解。在最后的年级课程总结上，许多小组十分乐意把该课程的学习过程、成果、花絮等以 PPT 或图片的形式展示出来与大家进行分享。学生在回忆学习过程中所经历的惊奇—纠结—痛苦—喜悦的心情。这也是他们在总结中经常提到的一句话——“累并快乐着”。

4　结语

建筑构造实验课程的本质就是为了通过案例构造解析和实物模型制作，让学生自主地将建筑构造理论知识运用到建筑设计实践中去，培养学生在建筑设计方面的理性思维能力，提高学生在建筑设计中的综合能力。

同时，学生也给指导教师、学院提出了一些意见和建议，这些都对建筑构造实验课程的教学探索和改革提供了有益的参考。课程教学团队也将不断总结课程改革的经验教训、完善课程的教学体系，为提高实验课程的教学质量而不懈努力。

参考文献

[1]　李必瑜，魏宏杨主编．建筑构造(上册)[M]．第 4 版．北京：中国建筑工业出版社，2009.

[2]　覃琳，王朝霞．从空间到建造——建筑构造基础实验课程实践[C]// 当代建筑教育中的建筑技术科学学术研讨会论文集，2010：13-16.

[3]　王静，蔡伟明．搭接技术与艺术的桥梁——建筑构造教学探索有感[J]. 华中建筑，2010(8)：198-199.

叶 海
同济大学建筑系，建筑与城乡规划高等研究院，
高密度人居环境生态与节能教育部重点实验室
Ye Hai
Architecture Department of Tongji University，Advanced research institute of architecture and urban-rural planning，Key laboratory of ecology and energy saving study of dense habitat，ministry of education

建筑学专业“建筑设备”教学的探索与实践

The Exploration and Practice of Teaching for “Building Equipment” of Architectural Specialty

摘　要：本文分析了建筑学专业“建筑设备”课程的特点和现状，依据笔者多年的教学实践，从教学内容、教学方法等方面探讨了改善教学效果的途径。结合近年来绿色建筑与生态城市的发展，提出了调整教学内容的必要性。

关键词：建筑学，建筑设备，教学方法，绿色建筑

Abstract：The characteristics and current situation of the course，“building equipment” for architecture specialty，are analyzed in this paper. On the basis of many years' teaching practice of the author，the methods of improving teaching effect are discussed from the perspectives of teaching content and teaching method etc. Combining with the development of green building and ecological city in recent years，the necessity of adjusting the teaching content is also put forward in this paper.

Keywords：Architecture Specialty，Building Equipment，Teaching，Green Building

1　“建筑设备”课程特点

“建筑设备”课程是土木工程、工程管理等许多专业的必修课，建筑学专业因涉及机房和各类管线的空间布置，自然也必须学习该课程。

随着社会的发展，建筑的空间功能也在不断分化。这一方面是因为社会文化的进步和人们生活习惯的改变，另一方面则是因为产生了大量的建筑设备，需要相应的安置场所。从产业革命以前几乎没有任何建筑设备，到今天建筑设备充斥着建筑的各个角落，成了不可忽视的存在。为了实现现代建筑安全、舒适、高效、低碳的目标，建筑设备发挥着不可替代的作用。也可以说，现代建筑对设备产生了高度依赖。

“建筑设备”内容广泛，覆盖了给水排水、暖通空调、建筑电气、电梯、智能化等诸多机电内容。不同专业课时长短、学习的侧重点也不一样。建筑学专业学习“建筑设备”，重点在于掌握建筑设备的基本知识，理解建筑学与其他相关专业的关系，具有综合考虑和合理处理各类建筑设备与建筑主体之间关系的能力，为机电专业预留适当的空间。

2　“建筑设备”教学的现状

“建筑设备”作为建筑学专业的技术必修课，要求学生对建筑设计有基本的认识，具有初步的建筑设计实

作者邮箱：yehai@tongji. edu. cn

践，因此通常在三年级或四年级开设。建筑学专业学生经过了三四年的紧张修业，基本都将学习重点放在建筑设计等专业课程上，“重设计、轻技术”的现象表现得较为明显。

建筑学专业每学期都有建筑设计课程，在设计作业期间，尤其是交图前夕，其他课程的缺勤较为明显，技术类课程尤为严重。这当然与学生认识上不重视有关，有些以结果为导向的学校领导则怀疑，缺勤率高的课程有无继续开课的必要。部分学校在学制改革过程中，技术类课程学时大幅度缩减，如同济大学建筑系，“建筑设备”由原来的51课时缩减到现在的34课时，扣除参观、放假、考试等因素，实际有效课时更少。另一方面，建筑设备不断涌现出新的产品和系统，课程教学也需要与时俱进、推陈出新。

3 “建筑设备”教学探索

正因为“建筑设备”内容较多而课时相对不足，且学生多少有些不重视，所以需要探索较为有效的教学方法，提高教学效果。笔者从教材选择、讲义准备、案例选取等多方面进行了尝试，取得了一定的效果，在此抛砖引玉，与同行共勉。

3.1 紧扣注册考试大纲

一个好的建筑设计方案，除了建筑外表造型新颖美观、引人注目外，还需要各项功能完善，空间分区和流线组织合理，运行维护方便，使用安全舒适。这要求建筑设计者具有多方面的知识。建筑师应该掌握的知识在“注册建筑师”考试大纲中有了明确的规定。

二级建筑师的4门考试科目中，其中1科为“建筑结构与设备”。一级建筑师则需要考9门科目，包括“建筑物理与建筑设备”。这些都应向学生简单说明，以期引起重视。大纲中涉及“建筑设备”的内容相差无几，一级建筑师考试覆盖的范围稍宽，题目难度也比二级有所提高。

考试大纲中，有关“建筑设备”的各部分内容都应该进行讲授。根据最新的考试大纲，除了传统的“水、暖、电”三部分外，其实还包括了燃气、弱电及节能环保等方面的新内容。

3.2 对教学内容进行合理的取舍

“建筑设备”内容较多，教材也五花八门，大多数对建筑学专业而言内容及深度都不太合适，需要教师对教学内容进行取舍。

大多数“建筑设备”教材第一章都是讲授流体力学和传热学基础。对建筑学专业学生而言，建筑设计中高等数学、物理基本不用。这些内容对他们而言，既过于困难，更让他们感到枯燥无味，同时课时也不允许。因为内容众多，相关规范更新频繁，新技术、新设备、新材料又在不断出现，任何一本教材都无法反映最新成果，这需要教师在授课中及时吸收最新知识，替换陈旧内容，在讲义中加以体现。

注册建筑师的考试大纲中，对“建筑设备”的内容全部都是“了解”。加上建筑学专业偏向艺术，有的学校对高考学生是“文理兼收”，所以学习的内容不宜过深，以讲解系统流程为原则，重点介绍与建筑设计关系较大、建筑设计规范中有明确要求的部分。对其他专业而言并不重要的内容，建筑学专业可能需要加以关注。如供水的水塔，可以介绍不同的水塔设计来说明水塔对供水的作用；楼梯间的送风、排烟、疏散更是建筑学专业必须关注的重点。

3.3 与建筑设计作业相结合

如何让建筑系的学生对“建筑设备”课程感兴趣？简单强调课程的重要性当然是不够的。建筑学专业每学期都有“建筑设计”课程，而建筑技术类课程较少、但教学的形式可以改变，可以尝试将课程教学融合在建筑设计中。

如在学生的课程设计或毕业设计中，安排一定的设计内容，教师可以结合“建筑设备”的教学内容进行讲解与指导，及时纠正错误。这样做的好处在于，学生不会觉得所学“建筑设备”内容无用，从而对课程产生兴趣，也逐步养成与其他专业合作的意识，理解不同专业的各种需求，避免在设计方案完成后产生较大的修改。

3.4 引入热点新闻教学

研究表明，听众集中精力的时间最多只有10min，因为大脑会遵循固定的计时模式运行。在课堂上正常的情况下，学生至少每10min可能会看一次手表或手机。因此，课堂上需要每10min设计一些特殊的环节，比如提问、视频、实物演示，或者换个有趣的内容，才能不让学生思想上开小差。

结合教学内容引入一些最新的热点建筑介绍是不错的选择，但需要教师搜集许多相关的建筑资料。当“秋裤”成为新闻热点时，我就结合效果图和现场照片介绍了该建筑的一些特点，如“国内规模最大的整体开发城市综合体"、"国内最高、规模最大的空中生态花园"等八项全国之最，以及该建筑的共同管沟设计、冰蓄冷、太阳能光伏发电、中水回用等生态技术应用。让·努维尔中标中国国家美术馆新馆时，我结合建筑通风讲解了对该方案的中庭设计。同样，中储棉山西棉库雷击火灾可以作为建筑防雷内容的生动案例。

如果课时充足，还可以组织课堂讨论。如2013年4月21日，天津大剧院因剧场舞台温度无法达到新西兰皇家芭蕾舞团要求的23℃，导致演出被迫取消。可以组织学生讨论该温度要求是否合理、大剧院采用城市集中供暖的优缺点、建筑设计上需要注意哪些问题等，这样可以激发学生的积极性和创造性。

3.5 结合著名建筑设计实例进行设备教学

建筑学专业学生学习本课程的主要目的在于设计出更好的建筑方案，因此在"建筑设备"的教学中，应尽可能结合著名的建筑设计讲解，这样一定会使学生印象深刻。

如建筑防雷的课堂教学中，我结合了多哈大厦（设计有明显避雷针）、国家大剧院（外表钛合金板作为接闪器）、国家体育馆（鸟巢，钢结构避雷笼）、国家游泳馆（水立方，槽型钢构件）、岳阳慈氏塔（约在1100年重建，自塔顶有六条铁链下垂至地面）等不同的建筑防雷方案，这些建筑学生都很熟悉，但对其防雷设计肯定不了解，相信这些例子对他们理解建筑防雷有很大帮助。

3.6 信息多元化背景下的教学手段

传统的教学方法，教材、课堂讲解、粉笔板书或幻灯片的模式显然已无法满足现代课堂快节奏、高信息量的要求。十多年前开始进入多媒体时代，这对教学有很大的促进，借助电脑、投影仪，教师可以制作信息量相对较大的多媒体课件，但基本上教学互动仅限于课堂时间。

现代信息高度发达，学生学习的途径也更加多样化。借助网络，可以轻易搜索到海量的信息内容，唯一困惑的是，如何筛选判断这些信息的真伪。在此背景下，教学手段更加开放和多元，传统的手法也可以加以利用。

对于一年级学生，同济大学设有一周的"建筑技术认识实习"，这是个较好的做法。我们建筑技术专业老师带领学生参观不同的建筑，尤其是到平时不会去的机房、屋顶、设备层等处参观水泵房、空调设备、锅炉房、制冷机房等，大致介绍各设备的作用，让学生有个基本认识，以后学习时不会毫无概念。

在课堂教学中，我采用了大量的图片、视频来制作课件，这样传达的信息量大，也更为直观，同时也便于课堂发问，提起学生的兴趣。对于一些阀门、消防喷淋头、管材管件等，可以在课堂上展示实物。

课堂讲授之外需要答疑环节，答疑可以在课后当面进行，也可以通过网络方式，如电子邮件、微博留言等，选择方式非常多。以前上课学生做笔记或拍照，影响听讲效果，我后来将所有的课件内容在微博上公开，学生可以自由下载，比较受学生欢迎。除此之外，我根据课堂内容，有选择性地补充一些阅读文献，或发布一些与课程内容相关的微博，补充课堂教学内容，拓展学生的知识面。

4 可持续发展背景下建筑设备教学内容的更新

十八大报告中提出了"大力推进生态文明建设……着力推进绿色发展、循环发展、低碳发展"，同济大学建筑城规学院也确立了以"绿色建筑与生态城市"为教学特色，在此背景下，"建筑设备"的教学内容也需要进行相应的调整。

最近几年，同济大学学生参加了多次国际太阳能十项全能竞赛，同时，校园里经常有各类绿色建筑设计大赛的海报，因此，结合绿色建筑的设计需要，借鉴美国LEED、英国BREEAM、日本CASBEE以及中国的绿色建筑三星标准，对"建筑设备"中的一些内容需要重点介绍。

如涉及给水排水的内容中，虹吸排雨、中水回用、雨水回用、垂直绿化喷灌相关的系统流程与设备，以前几乎可以忽略不讲，现在则必须适当介绍。涉及暖通空调的内容中，地源热泵、水源热泵、污水源热泵等技术，也必须让学生知道。至于与建筑供配电相关的BIPV（建筑光电一体化）技术、热电联产技术、能源管理系统也要进行一定的讲解，以适应时代的需要。

参考文献

［1］ 谈莹莹，肖轶．建筑学专业建筑设备课程教学改革初探[J]．山西建筑，2010，36(13)：193-194.

［2］ 李伟．建筑学专业建筑设备教学改革初探[J]．南方建筑，2006，(3)：72-73.

［3］ 黄文胜，黄文娟．谈建筑学专业建筑设备工程课程的教学[J]．南方建筑，2003(4)：61-62.

［4］ 曹辉．建筑设备课程教学的探讨[J]．中国电力教育，2008(7)：77-78.

于洪飞
南京工业大学
Yu Hongfei
Nanjing University of Technology

关于先进设计方法引入本土建筑教育的思考
——以参数化和建筑信息模型为例

Thinking about Drawing New Design Methods into Local Architecture Education
——Take Parametric Design and BIM for Instance

摘　要： 文章首先分析当代中国本土建筑教育体系的现状，总结出多学科结合的背景下发展新型设计方法的趋势。并以参数化和建筑信息模型（Building In formation Modeling）为实例探讨新型设计方法的优势以及如何在现有建筑教育体系下引入新型设计方法。

关键词： 教育，设计方法，参数化，建筑信息模型

Abstract： The article analyze the current situation of architecture teaching system in china firstly, and then summarize the tendency of developing new design methods as the combination of muti-course being the background. Take parametric design and BIM for instance to discuss the advantage of new design methods and how to draw new methods into the current architecture education system.

Keywords： Education, Design Method, Parametric, BIM

中国在城市化进程不断发展的大背景下，建筑学处在一个空前难得的环境和时机中。建筑学教育在中国经过几代人的不断探索和发展，从早期的布扎体系❶向现代建筑教育体系发展的过程中形成了一个综合的、相对完善的建筑教育体系，也培养了一批有作为的建筑师并为城市化进程作出了很大的贡献。[1]在建筑理论百花齐放的环境下，建筑技术科学等建筑学分支学科，也取得了很大的发展。多学科、多元化的发展，促成了诸多设计方法上的创新和改变。而怎样将这些衍生出的先进的设计方法引入到建筑教学中，不仅要求教师能力上的提高，也对现有建筑学教育体制有了新的要求。

1　本土建筑教育背景

我们看到很多城市化进程中的标志性建筑或者重要建筑都由国外事务所来设计，这不是一个偶然现象。中国成为外国先锋设计师的试验田，这个背后是在先进设计方法的掌握上，国外更胜一筹。更深一点层次，国外建筑教育在设计方法上进行了积极的探索和多元化的发展，所以培养出的设计师能够掌握新的设计方法并走在设计的最前沿。

当代中国高校的建筑教育学科是分离的，而教师大多都是受过中国本土建筑教育出身的。这就造成一个现象，设计理论和方法上沿用布扎传统，而设计本身也受到其他学科的限制，没有形成一个多学科交错的发展。而国外建筑师在不断地探索新的设计方法的同时，也积极探索发展其他建筑相关学科，如建筑物理、建筑结构

作者邮箱：yuhongfei. young@163. com

❶　参见：缪军，张竞予. 从布扎传统看中国当前的建筑审美教育［J］. 南方建筑，2012（2）.

等。这就形成了一个良性的发展。多学科的共同发展能够为建筑设计提供一个创新的平台。譬如，构造设计已尝试整合到建筑设计课教学之中的必由之路；建筑热工以节能技术应用为教学改革的重点目标；以建筑光学为基础的光环境设计和照明设备优选组合方法成为了一个受到社会瞩目的教学实验性改革亮点。[2]

2 设计方法探讨

在设计方法上，首先以参数化设计（Parametric design）为例。在建筑数字化的影响下，相关建筑设计教学团队已经将教学从计算机辅助设计工具的应用，向整个设计过程的数字全息化呈现过渡。随着 Revit、Rhino、ArcGIS、Pepakura、Ecotect 等数字软件的应用，参数化设计正成为一种设计教学的新潮。[3]参数化设计为建筑设计提供了一个全新的思路。建筑设计不再是简单的楼板、柱子、墙体等各种构件在图纸上的排列组合，而是每个构件都作为一个可变参数，由设计师来调控掌握，在电脑软件的辅助作用下，可以不耗费较大的人工物力并且只需要调控参数就能形成数以百计千计的建筑方案。这些方案，平面可以不同，立面可以不同，空间形态和建筑造型也可以不同。而参数化设计不仅要求设计师对于参数化软件有较强的把握，同时对建筑形态和空间的想象力以及建构逻辑也是一个全新的挑战。参数化设计赋予了人们对建筑更多的想象空间，把许多属于未来的建筑变成了现实，是名副其实的设计方法的先锋。参数化设计不仅是设计上的创新，同时对于建筑结构、建筑构造也是一个相当大的挑战，这就要求建筑学需要和其他学科密切地配合，才能完成建筑的奇迹。在未来的发展中，参数化将更加全面和精确，建筑环境可以作为多个参数对建筑进行调控，使建筑达到具有视觉冲击力的同时，能够适应和利用当地环境，如风环境、光环境、热环境，以达到节能的目的。

建筑信息模型是以建筑工程项目的各项相关信息数据作为模型的基础，进行建筑模型的建立，通过数字信息仿真模拟建筑物所具有的真实信息。它具有可视化、协调性、模拟性、优化性和可出图性五大特点。基于建筑信息模型技术的设计目前在国内大型建筑中常常被用到。而每年一度的 Revit 杯竞赛也在提倡和强调建筑信息模型技术的应用。建筑信息模型是一个多学科协同设计的平台，暖通、结构、水电和建筑设计被同步运用到一栋建筑设计之中。多学科的互动有利于建筑设计交流，可以迅速发现因为其他学科和建筑设计冲突而造成的设计上的缺陷，从而也大大地减少了因为学科冲突而造成的设计上的改动。同时，建筑信息模型在设计完成后可以直接作为一个完整的方案施工图，而传统设计则需要通过方案、初步、扩初、施工图等诸多步骤，期间的改动和交流也需要大量的时间，而建筑信息模型技术则节省了这方面需要的时间。而近些年来，国家大力提倡的绿色建筑，更是能够作为建筑信息模型技术的一个优势。多学科的跨界综合，在设计的开始就可以把绿色建筑的设计定位目标，在设计中利用分析软件进行风环境、光环境、热环境等绿色分析，得到的结果反馈到设计中进行调整，经过不断的反馈最终达到建筑节能的目的。大环境下，绿色建筑的设计为建筑信息模型的发展提供了良好的契机。而上海中心（图 1）、杭州奥体中心博览城主体育场（图 2）也都是通过建筑信息模型技术多学科协同设计完成的成功案例。

图 1 上海中心

图 2 杭州奥体中心博览城主体育场

3 引入教育体系探讨

如何将先进的设计方法引入到建筑教学中是一个具有重大意义的课题。首先是师资，在国内 200 多所开设建筑学的本科高校中，通过建筑学专业教育评估的 49

所建筑院校❶中老八校的师资一直走在最前列。以同济大学和清华大学为代表，建筑学教师大多有留学经历，对国外建筑教学方式有很好的了解，同时鼓励学生的创新精神，为学生提供接触新型设计方法的机会。这也造就了他们能够运用多元化设计方法的局面，学生根据自己的兴趣和实践，选择自己倾向的设计方法。而形成对比的是，大多数高校都没有这样的资源，学生不能够及时地接触到相关的信息。即使有相当多的学生对于新型设计方法很有兴趣，也只能通过文章、期刊接触相关的理论，而不知道从何学起，从何入手，只能靠自己摸着石头过河而不能够系统地学习。

拿参数化为例，近些年的发展势头比较好，国内外事务所都开始争相进行尝试，比如凤凰国际传媒中心

图 3　北京凤凰国际传媒中心

图 4　广州歌剧院

(图 3)、广州歌剧院（图 4）都是比较成功的案例。怎样将这些相对陌生的设计方法引入建筑教学中呢？首先是概念理解，也是基本方法论上的知识。这就要求建筑学教师在备课讲课的时候要对参数化有所了解，让学生知道参数化建筑和常规建筑设计方法上的不同，知道通过什么途径可以达到参数化建筑的设计，由此来发展学生对于参数化建筑的兴趣，这种知识性的东西通过对老师的培训能够很快地让老师掌握对参数化的了解。参数化的设计辅助工具和传统设计有所不同。目前，能够提供参数化平台、比较流行的有 Maya 上的 Mel 平台，Rhinoceros 的 Rhinoscript 平台。而 Rhinoceros 平台上的 Grasshopper 被开发出来之后，基于节点可视化图形编程的特性让其很快成为目前最为主流的建筑参数化设计平台之一。[4]对这些软件的掌握要比普通设计表达软件难得多，其中涉及计算机的编程，需要很好地掌握树形数据，如果没有人来指导，靠自学很难能对其熟练掌握。然而，如果对老师培训或者引进新教师又有些不切实际。这就要求对参数化有研究而且具备成熟教育体制的学校能够建设一个综合的大平台，而这个平台不仅可以为学生提供学习的帮助，也可以作为一个资源库对其他建筑学校有榜样的作用，同时专业教授可以被邀请进行短期教学讲座，让学生通过网站、论坛以及讲座来加深对参数化的理解和应用。在以后的数年时间内我们希望能够逐渐将这种国外普及的设计方法在国内高校中普及。

而建筑信息模型技术和参数化有所不同，建筑信息模型技术需要多学科的协同设计。这对于高校中建筑学学科相对独立地提出了新的要求。很多同学即使了解建筑信息模型并在学校的课程设计中使用建筑信息模型，也很难达到精确的设计要求，而且相关专业只是简单地涉及，而不是真正地应用到设计中。这里我们提出一个设想。在课程设计中把几个学科综合到一起进行布置，按照实际工程的标准来做。这样，水电暖、土木工程和建筑学的学生可以进行协同设计，而不是由建筑学的学生单独设计。在学校中就进行学科的交流和沟通有利于提高日后工作中与其他设计部门的合作效率。这就要求在设计基础教育中，就要逐渐给学生灌输建筑信息理念，开设相关的理论课程和软件课程，让学生对建筑信息模型的优势和适用范围进行探讨，积极发展建筑技术科学与建筑设计的结合，让学生学完建筑构造或者建筑结构后能够及时地运用到建筑信息模型设计之中，而不是学过之后存储在大脑之中。最终达到能够让学生明白设计原理，可以同其他学科同步进行设计，并且能够将建构通过图面表达出来。达到进一步通过环境模拟软件诸如 Ecotect、Energyplus 来对建筑设计进行模拟分析，以达到绿色建筑标准要求。在掌握设计和表达之后，老师应该鼓励并指导学生参加以 Revit 杯为代表的相关竞赛，通过对任务书的分析设计以及竞赛指导强化对建筑信息模型的掌握。

---

❶ 详见 2012～2013 年度高校建筑学专业教育评估结果。

4 结语

国外高校建筑学经过多年的探索发展，设计方法上具有很强的预见性和指导性。建筑信息模型和参数化在国外也得到了大量的实践，这是因为不仅学校鼓励学生掌握先进的设计方法，同时在课程设计上也对学生提出了很高的要求，学生在经过大量的训练和练习之后，毕业之后能够迅速地加入到先锋设计团队中，运用自己的专业知识进行相关设计。而国内大多高校的课程设计方式对学生的图纸要求不高，使得学生的图纸表达质量不高，在加入到设计团队之后还需要再加以学习。所以，在掌握新的设计方法的同时，对课程设计的内容，包括设计精度、设计时间、设计任务量都要加以严格要求，唯有这样，才能为祖国培养出一批高质量的、先进的设计师队伍。

参考文献

[1] 曲静，张玉坤．从中德联合设计看德国的建筑教育特点[J]. 建筑学报，2007(5)：62-66.

[2] 郝洛西，林怡．建筑物理光环境实验性教学探索[J]．建筑教育(美国 Journal of Architectural Education 中国版)，2008(2)：28-31.

[3] 常青．建筑学教育体系改革的尝试——以同济建筑系教改为例[J]. 建筑学报，2010(10)：4-9.

[4] 曾旭东，王大川，陈辉. 参数化建模[M]. 武汉：华中科技大学出版社，2012：8-9.

张 健 田惠晓
解放军后勤工程学院军事建筑规划与环境工程系
Zhang Jian Tian Huixiao
Dept. of Military Architectural and Environment Eng of Logistics Engineering College PLA

建筑构造课程运用建构主义理论的教学实践初探

The Preliminary Research of the Practice of Constructivism in the Architectural Construction Education

摘 要：本文剖析了目前建筑构造教学的现状问题，提出建筑学教育应注重发挥学生的创造性和主动学习能力。为此，我们在建筑构造教学中运用了建构主义的教学方法。建构主义教育理论强调教师和学生之间的互动和交流，激发学生主动学习和思考，发挥创新精神，建立专业思维和知识框架。这些教学改革改变了传统的传授知识的教学方式，丰富了教学实践。

关键词：建筑设计，建筑构造，建构主义，建筑教育

Abstract：This topic analyzed the status quo of the teaching of architectural construction education，architectural education should focus on stimulating innovative capabilities and self-learning ability of students. Therefore，we introduce the constructivism principle in the architectural construction education. the constructivism principle insist the intercommunion between the teacher and students，and encourage the students active thinking and learning，so as to give full play to the innovative spirit of the students，and to establish their own framework of thinking and knowledge. These reforms have changed the formerly transmission of knowledge of education，and enriched the practice of teaching.

Keywords：Architectural Design，Architectural Construction，Constructivism，Architectural Education

建筑是建筑艺术与工程技术相结合，而建筑构造主要是研究建筑物的构造组成以及各构成部分的组合原理与构造方法的学科。建筑构造研究的范围涵盖了建筑物的材料选择、构造方案、节点细部乃至施工的全过程，建筑构造是建筑设计过程不可分割的一个重要步骤，是建筑艺术表现的重要手段。因此，从整个学科发展来看，掌握建筑构造是进行建筑设计方案深化设计的关键。

1 教学中存在的问题

1.1 建筑构造课程和建筑设计教学脱节

在传统教学体系中，建筑构造与建筑设计被分成两个独立的课程。建筑设计常偏重于对学生进行建筑功能组织、空间造型和艺术形象的培养，而较少实质考虑到建筑的结构构造要素，因此学生往往脱离构造来进行设计，导致设计方案华而不实。建筑构造则偏重于构造原理和构造做法的讲解，与建筑设计几乎没有联系，导致学生错误地认为建筑构造与建筑设计没有关系。在实际的教学当中，学生们对建筑构造的重视程度远远不及建筑设计。对于学生而言，本身就缺乏实践工程的认知和感性体验，因而学习的积极自主性和教学效果很难得到提高。

造成这一现象的根源有社会环境因素，如由于受造

作者邮箱：E-mail：zhangjian_cq@sina.com

价、工期、设计费和施工工艺等因素影响，构造仅停留于用标准图或照抄同行做法，建筑师很少去研究建筑构造问题，有创造性的细部构造设计能力不足。但主要原因是我国长期以来建筑学专业教育明显的“重艺轻技”倾向，即偏重建筑造型，而忽视建筑构造技术。建筑技术类课程教学与设计教学脱钩，建筑设计课程注重空间创作、形态构成以及表现手段，却很少顾及采用何种材料、何种方法来构建建筑实体。

1.2 教学方法与手段的不足

建筑构造的教学存在着若干教学弊病，例如：构造理论内容的非系统化，教材内容的陈旧脱节，构造的教学手段有待更新，构造知识的实践性和感性认知欠缺等。

随着建筑工业的不断发展，建筑的结构体系和材料体系发生了很大的变化，一些材料及做法由于能耗高、性能差、污染环境（如黏土砖、预制钢筋混凝土楼板、普通木窗钢窗、油毡防水等），已经被限制或禁止使用，然而它们在教材里仍占有不少篇幅，而现在国家大力推广的绿色建筑、节能建筑相关的知识内容却没有在教材里及时补充。加上建筑行业新的国家标准、技术规范、标准图集不断更新，导致学生在学校接受的专业知识已落后于建筑行业的实际发展水平，已无法适应当前的社会需求。国家注册建筑师资格考试中，与建筑构造有关的“建筑材料与构造”及技术作图题通过率一直很低，也反映了学生在学校对这门课基础知识部分掌握程度有限。

近年来，各建筑类院校不断探索改革并取得一定成效，但还需继续努力寻找更为有效的教学新模式。

2 建构主义理论及其教学观

2.1 建构主义的学习理论

传统的教学注重知识的传授，师生之间的教与学的关系，在心理学上是刺激与反应的关系。随着心理学和教育学的发展，人们发现人的头脑中知识结构的形成不仅仅是被动地接受过程，还需要主动的建构过程。

建构主义（constructivism）也译作结构主义。建构主义认为，学习是在一定的情境即社会文化背景下，借助其他人的帮助即通过人际间的协作活动而实现的意义建构过程。知识是学习者在一定的情境即社会文化背景下，借助其他人（包括教师和学习伙伴）的帮助，利用必要的学习资料，通过意义建构的方式而获得的。

2.2 建构主义的教学观

建构主义提倡以学生为中心的学习，强调学习者的主动性、社会性和情境性。学习不是被动接受信息刺激，而是主动建构意义，是根据自己的经验背景，对外部信息进行主动选择、加工和处理，从而获得自己的意义。创新性和自我学习能力，是建构主义教学的核心思想。

建构主义提倡在教师指导下的、以学习者为中心的学习，也就是说，既强调学习者的认知主体作用，又不忽视教师的指导作用，教师是意义建构的帮助者、促进者，而不是知识的传授者与灌输者。学生是信息加工的主体、是意义的主动建构者，而不是外部刺激的被动接受者和被灌输的对象。

3 教学改革初探

3.1 营造基于建构主义的教学环境

基于建构主义营造的教学环境是：学生主动参与学习和研究，鼓励和要求学生自我学习；教与学关系相对开放，鼓励和要求学生提问和质疑；教学方式是互动式，以学生的情况和疑问为主；教师创造出一种“学生向自己负责”和“学生自我管理学习”的学习过程；学习以“解决问题”、“批判性理解知识”和“教师起向导作用”为关键。

积极运用启发式讨论教学，教师在讲授过程中，要具有启发性、趣味性，鼓励学生思索之后提问题。在教师看来，一个学生能提出问题比得出结论更难、更重要。

教师要成为学生的帮助者，就要求教师在教学过程中从以下几个方面发挥指导作用：

（1）激发学生的学习兴趣，帮助学生形成学习动机。

（2）通过创设符合教学内容要求的情境和提示新旧知识之间联系的线索，帮助学生建构当前所学知识的意义。

（3）组织开展讨论与交流，并进行引导。引导的方法包括：提出适当的问题以引起学生的思考和讨论；在讨论中设法把问题一步步引向深入以加深学生对所学内容的理解；要启发、诱导学生自己去发现规律。

3.2 建筑构造与设计的整合

建筑构造设计本身就是建筑方案设计的深入、继续和完善，这种做法和建筑设计的规律完全吻合。学生在结合自身设计方案的过程中，才能知道学习构造课程的目的，从中体会到掌握建筑构造知识的重要性。学生在深化设计的过程中，不断发现原本设计的缺陷与不足，领悟到建筑造型与构造结合的统一和不可分割性，这也是对建筑设计能力的促进。

3.3　构造知识内容的更新

传统构造教材把建筑分割为基础、墙体、楼地层、楼梯、屋顶、门窗等六大组成部分，各自内容联系甚少。另外，目前构造教材的内容普遍落后于实际工程，尽管有些最新版本的教材加入了新的构造做法，作了补充和重新编排章节，但大部分还是以前教材的内容，部分内容已经过时。针对这些问题，我们采用了以下措施：

进行构造内容的系统化整合。建筑构件从功能上分为两大部分：承载部分和围护部分。在教学过程中，有意识地将具有同样功能的不同部位构造做法集中介绍，比较它们之间的共同之处和差别，让学生在理解个体的基础上从大局上把握问题。

我们强调构造原理学习的关键作用，使学生知其然还要知其所以然。构造原理是相对不变的，掌握构造原理，目的在于提高学生对建筑构造的整体把握能力，举一反三，加强对建筑设计的创造性、科学性以及合理性的充分认识；而建筑构造做法没有固定的模式，地区不同就会有一定差异，并且随着新材料、新技术的出现，建筑构造的做法会不断变化。在掌握构造设计的基本原理和方法后，学生才真正拥有属于自己的构造理论思路，才有可能在今后的建筑设计中产生创新实用的构造方法。

多渠道增加教学内容，介绍现今国内外最新的构造理念和做法，系统讲述具体建筑构件的多种构造做法的演化，提供国内外书刊、图册和网址供学生查询。

3.4　教学实践

3.4.1　现场教学

我们在教学中安排学生参观不同结构类型的施工工地，学生身临其境，边参观实测边听老师讲解，收到在课堂上达不到的效果。比如，楼梯设计及构造处理是建筑构造中的一个难点，有的同学直到毕业设计还出现各种问题，针对此情况，带领学生参观校内建筑的各种楼梯形式，测绘一个楼梯，完成楼梯设计作业。学生从课堂走入实际工程后，在参观过程中结合具体问题具体分析，获得了丰富的感性认识。

3.4.2　直观教学

建筑工地的参观由于受到时间、地点的限制，不可能经常外出现场教学，不能满足学生随时随地感知实践的要求，我们利用自制的多媒体课件辅助教学，通过动态的、虚拟化向学生展示新材料、新技术、新工艺，达到形象化教学目的，并节省了教学时间。

3.4.3　建设建筑模型室和构造实验室

我院建立了建筑模型室和构造实验室，为建筑构造的教学实践提供了必要而有力的硬件支持，将构造做法中常见的节点类型如楼梯、墙面、屋面、装修构造等做法演示出来。还提供部分材料和设备，学生能将一些构造亲手制作出来，这大大提高了学生的学习主动性和动手能力。

3.4.4　实物教具

提供教学实物教具，包括建筑材料样品、建筑构件等，丰富课堂教学内容。

3.5　作业与收获

《建筑构造（1）》中，安排有墙体构造、楼梯构造和屋顶构造等，要求学生将空间构成与构造设计紧密结合起来。指导学生将自己方案中的特殊节点进行构造设计并制作成模型，提高学生的动手能力和对其方案的技术性表达能力。《建筑构造（2）》中，安排有高层建筑构造、大跨度建筑结构与造型设计，要求学生结合自己的建筑设计方案完成相应的节点构造设计，使教学过程与实际工程的设计过程相吻合。将构造设计与建筑设计相结合，以建筑设计启动构造教学。这不仅实现教学思路与建筑设计过程的内在逻辑和规律相统一，而且使学生体会到建筑构造是建筑设计不可分割的组成部分，充分体现出构造设计是建筑方案的深入与延续，为整体设计打下了牢固的基础（图1～图3）。

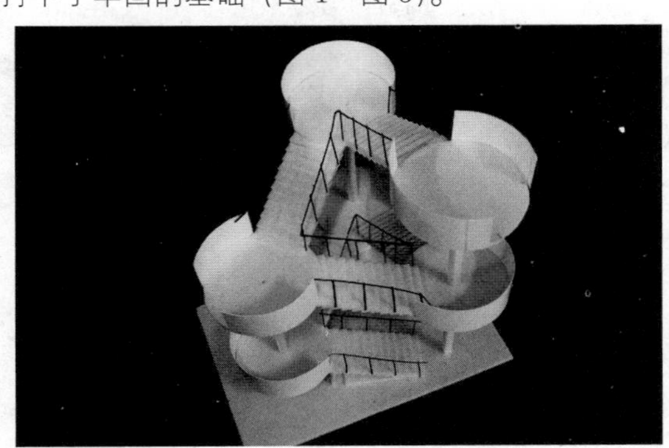

图1　空间构成与楼梯构造设计（学生作品1）

我们深感建筑构造课程的改革任重道远，应在教学改革中不断总结经验，努力提高学生对建筑构造知识的全面认识和综合把握，激发学生对建筑构造学习的兴趣。

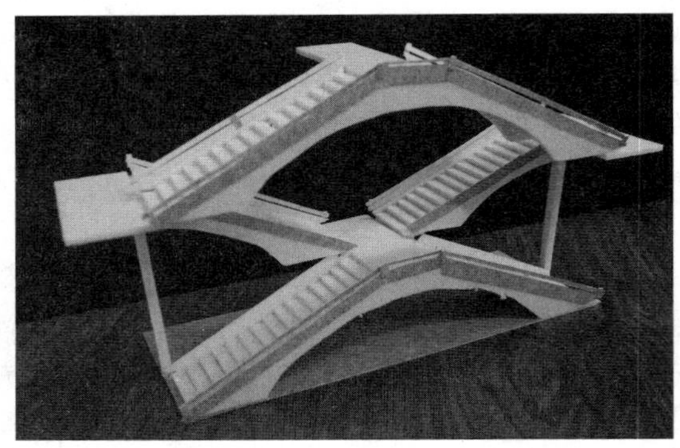

图 2　空间构成与楼梯构造设计（学生作品 2）

图 3　大跨度建筑结构与造型设计（学生作品）

参考文献

[1]　樊振和. 从建筑构造课程教学改革实践看学生综合能力的培养[J]. 华中建筑，2007(4)：137-141.

[2]　滕夙宏，袁逸倩. 建构主义理论在建筑初步教育中的应用与实践[C]//2009 全国建筑教育学术研讨会论文集：145-149.

[3]　李必瑜，魏宏杨. 建筑构造 [M]. 第 3 版. 北京：中国建筑工业出版社，2005.

[4]　陈瑜. 结合建筑设计与构造教育的整合谈构造课程的教学改革 [J]. 华中建筑，2009 (11)：164-165.